Veröffentlichungen des Deutschen Historischen Instituts London

Publications of the German Historical Institute London

Veröffentlichungen des Deutschen Historischen Instituts London

Herausgegeben von Christina von Hodenberg

Band 82

Publications of the German Historical Institute London

Edited by Christina von Hodenberg

Volume 82

Peter Kramper

The Battle of the Standards

Messen, Zählen und Wiegen in Westeuropa
1660–1914

DE GRUYTER
OLDENBOURG

ISBN 978-3-11-057923-9
e-ISBN (PDF) 978-3-11-058195-9
e-ISBN (EPUB) 978-3-11-057948-2
ISSN 2192-0257

Library of Congress Control Number: 2019930768

Bibliografische Information der Deutschen Nationalbibliothek
Die Deutsche Nationalbibliothek verzeichnet diese Publikation in der Deutschen Nationalbibliografie; detaillierte bibliografische Daten sind im Internet über http://dnb.dnb.de abrufbar.

© 2019 Walter de Gruyter GmbH Berlin/Boston
Titelbild: Albert Decaris, Timbre-poste: Le système métrique, © VG Bild-Kunst, Bonn 2019

Satz: Typodata GmbH, Pfaffenhofen/Ilm
Druck und Bindung: CPI books GmbH, Leck

www.degruyter.com

Inhalt

Vorwort

Das vorliegende Buch ist die geringfügig überarbeitete Version einer Habilitationsschrift, die im Wintersemester 2015/16 an der Philosophischen Fakultät der Albert-Ludwigs-Universität Freiburg eingereicht und im Sommersemester 2016 angenommen worden ist.

Die Arbeit an diesem Projekt hat viele Jahre in Anspruch genommen. Ohne den Rat und die Unterstützung zahlreicher Personen und Institutionen wäre das Buch nie zum Abschluss gekommen. Ein besonderer Dank gilt meinem Erstgutachter Franz-Josef Brüggemeier, der nicht nur dieses Vorhaben, sondern auch meinen akademischen Lebensweg insgesamt entscheidend geprägt und gefördert hat. Ich habe fachlich und persönlich in höchstem Maße von unserer Zusammenarbeit profitiert und tue das noch immer. Andreas Gestrich, dem Zweitgutachter, danke ich ebenfalls von Herzen. Als ehemaliger Direktor meiner zeitweiligen akademischen Heimat, des Deutschen Historischen Instituts London, hat er sehr zum Fortschritt des Buches und meiner beruflichen Laufbahn beigetragen. Sylvia Paletschek danke ich für die spontane Bereitschaft zur Übernahme des Drittgutachtens. Angesichts des Umfangs der Arbeit ist das wahrlich keine Selbstverständlichkeit.

Das Projekt ist mehrfach durch Stipendien und Freistellungen aus dem Alltagsbetrieb gefördert worden. Die Archivrecherchen hätten ohne die Unterstützung der Deutschen Historischen Institute in London und Paris nicht durchgeführt werden können. Für die Verschriftlichung der Ergebnisse waren Aufenthalte am Freiburg Institute of Advanced Studies (FRIAS) und am Historischen Kolleg München unverzichtbar. Diesen Institutionen sowie der Gerda Henkel Stiftung, die das Stipendium am Historischen Kolleg finanziert hat, danke ich nicht nur für die großzügige materielle Förderung, sondern auch für die Schaffung eines Umfeldes, das der wissenschaftlichen Arbeit außerordentlich zuträglich war. Namentlich gilt das für Gudrun Gersmann als Direktorin des Deutschen Historischen Instituts Paris, für Ulrich Herbert und Jörn Leonhard als Direktoren des FRIAS sowie für Andreas Wirsching als Kuratoriumsvorsitzendem und Karl-Ulrich Gelberg als Geschäftsführer des Historischen Kollegs.

Neben den genannten Einrichtungen haben auch zahlreiche Kolloquien und Tagungen die Möglichkeit gegeben, die Arbeit oder einzelne Teile davon vorzustellen und zu diskutieren. Dafür danke ich allen, die diese Veranstaltungen ausgerichtet, organisiert oder meine Überlegungen in diesem Rahmen kommentiert und diskutiert haben. Dazu zählen unter anderem Desirée Schautz, Helmuth Trischler, Martina Heßler, Karin Zachmann, Jakob Tanner, Kim Christian Priemel, Alexander Nützenadel, Michael C. Schneider und Jens Ivo Engels.

Auf vielfältige andere, z. T. direkte, z. T. indirekte Art haben zudem Kolleginnen und Kollegen, Hilfskräfte sowie Freunde in Freiburg, London, München, Bielefeld und anderenorts zum Gelingen der Arbeit und zu ihrer Veröffentlichung beigetragen. Namentlich genannt seien Peter Itzen, Sonja Levsen, Jan Eckel, Julia Obertreis, Christian Wieland, Kata Kottra, Sebastian Schlund, Volker Köhler, Robert Bernsee,

https://doi.org/10.1515/9783110581959-202

Aashish Velkar, Michael Schaich, Felix Römer, Cornelia Linde, Angela Schattner, Valeska Huber, Silke Strickrodt, Indra Sengupta, Karl Siebengartner, Stephan Fasold und Ezge Sezgin.

Dem wissenschaftlichen Beirat des Deutschen Historischen Instituts London und der Direktorin Christina von Hodenberg danke ich für die Aufnahme des Buches in die Reihe der Institutsveröffentlichungen. Markus Mößlang hat das gesamte Manuskript gründlich lektoriert und es dadurch inhaltlich und sprachlich erheblich verbessert. Jane Rafferty hat daran mitgearbeitet. Die Grundstruktur der Arbeit ist jedoch unberührt geblieben. Die seit 2016 erschienene Literatur habe ich in den Fußnoten, aber nicht mehr in den zentralen Argumentationslinien berücksichtigt.

Der größte Dank schließlich geht an meine Familie – an meinen Vater für die langjährige Unterstützung, vor allem aber an Andrea, Josephine und Felix. Josephine und Felix sind noch zu klein, um die Höhen und Tiefen erlebt zu haben, die das Verfassen einer Habilitationsschrift mit sich bringt. Andrea hat sie dafür umso intensiver wahrgenommen. Ich bin glücklich darüber, mein Leben mit ihr verbringen zu dürfen. Ihr ist das Buch gewidmet.

Bielefeld, im März 2019

Einleitung

1. Das Thema

> Keine Wissenschaft scheint trockener und dürrer als die Metrologie: wer sollte glauben, dass sie zu Träumen und Phantasien einlade? Und doch ist nirgends mehr geträumt und phantasirt worden.[1]

Warum ist ein Meter überall gleich lang?[2] Die Frage mag banal erscheinen. Am ehesten stellt sie sich vielleicht bei einer Reise in die USA, wo ein Meter nicht einem Meter, sondern 1,0936 Yards entspricht. Diese Differenz zu übersehen, kann gravierende Konsequenzen haben. Eine Marssonde im Wert von 125 Mio. US-\$ stürzte 1999 in die Weiten des Weltraums, weil die NASA ihre Navigationssoftware auf die amerikanischen Einheiten ausgelegt, die Flugbahn aber anhand des metrischen Systems berechnet hatte.[3] Nur in solch seltenen Momenten tritt zutage, dass die ortsübergreifende Einheitlichkeit von Maßen und Gewichten keine Selbstverständlichkeit ist, sondern eine soziale Konvention, die unter großem Aufwand in Gang gehalten wird. Historisch betrachtet, ist sie relativ jungen Datums. Erst seit dem 18. Jahrhundert sind die heute gebräuchlichen Maßeinheiten bekannt, und es dauerte bis zur Wende vom 19. zum 20. Jahrhundert, ehe sie in der westlichen Welt fest etabliert waren.[4]

Ein Blick ins mittelalterliche und frühneuzeitliche Europa wird diesen Befund schnell bestätigen. Denn dort waren Maße und Gewichte von einer solch außerordentlichen Vielfalt geprägt, dass sie auf den ersten Blick extrem chaotisch erscheinen. Jede Region und teilweise jedes Dorf verfügte über eigene Einheiten, und auch wenn manche Begriffe wie Elle oder Yard überlokal verbreitet waren, konnte die ihnen zugrunde liegende Größe von Ort zu Ort variieren. In Frankreich beispielsweise existierten vor der Revolution 700 bis 800 verschiedene Maßbezeichnungen, hinter denen sich etwa 250 000 lokale Varianten verbargen.[5] In den übrigen europäischen Ländern war die Situation ähnlich. Zwar gab es schon seit Karl dem Großen und, wenn man über das Mittelalter hinausgreift, auch zu sehr viel früheren Zeitpunkten immer wieder Initiativen zu einer Vereinheitlichung von Maßen und Gewichten. Doch alle diese Bemühungen blieben im Kern ergebnislos. Auch Mitte des 18. Jahrhunderts waren die Hindernisse, die einer

---

[1] BÖCKH, Metrologische Untersuchungen, S. 3.
[2] Die Formulierung ist angelehnt an, aber nicht deckungsgleich mit: ALDER, Revolution, S. 39. Alders Frage („Why is a Meter a Meter?") zielt nicht auf die Ubiquität, sondern auf die Länge des Meters ab.
[3] Metric Mishap Caused Loss of NASA Orbiter, 30.9.1999, URL: <http://edition.cnn.com/TECH/space/9909/30/mars.metric.02/> (Stand: 15.8.2018).
[4] Vgl. als knappen Überblick ROBINSON, Story, S. 10 ff.
[5] Vgl. ALDER, Revolution, S. 43; ders., Maß, S. 15 sowie ZUPKO, Revolution, S. 113.

https://doi.org/10.1515/9783110581959-001

Standardisierung entgegenstanden, noch so groß, dass sie deren Befürworter in die Verzweiflung trieben. Der schottische Ökonom James Steuart stellte 1760 resigniert fest: „The greatest Princes, the greatest politicians, have projected and afterwards abandoned an undertaking so difficult to be accomplished".[6]

Umso bemerkenswerter erscheint es allerdings, dass sich die Situation in dem Moment, in dem Steuart dies schrieb, zu ändern begann. Unter Einsatz des gesamten zeitgenössischen Arsenals an Präzisionsinstrumenten und Beobachtungstechniken versuchten Gelehrte seit dem 18. Jahrhundert, Maße und Gewichte mit wissenschaftlicher Exaktheit zu definieren. Den wichtigsten Ausgangspunkt hierfür bildete die naturphilosophische Debatte über die Gestalt der Erde. Aus ihr resultierten zahlreiche Überlegungen zur Etablierung allgemeingültiger Einheiten. Während der Revolution von 1789 mündeten sie in den Versuch französischer Wissenschaftler, auf der Grundlage des Umfangs des Globus ein neues Standardmaß zu gewinnen – den Meter.[7]

Im Laufe der nächsten Jahrzehnte hatte diese Initiative in vielen europäischen Ländern politische Reformen zur Folge, durch die die traditionellen, lokal variierenden Einheiten Zug um Zug verschwanden. An ihre Stelle traten Maße und Gewichte, die sich durch eine Reihe von neuartigen Eigenschaften auszeichneten. Dazu gehörten ihre Uniformität, ihre abstrakte Natur, ihr systematischer Aufbau und ihre wissenschaftliche Fundierung. In diesem Sinne erfolgte 1795 in Frankreich die Festlegung auf das metrische System, 1816 die Kodifizierung des preußischen Fußes und 1824 die Etablierung der *Imperial Measures*, durch die auch die britischen Einheiten nach den genannten Kriterien umgestaltet wurden.[8]

Die meisten dieser Maßnahmen hingen eng mit dem politischen Interesse an einer Rationalisierung der Steuererhebung zusammen. Sie resultierten deshalb durchweg im Aufbau von Inspektionsämtern. Damit schufen sie ein eng geknüpftes Netz von Interventions- und Sanktionsmöglichkeiten, das eine neue Stufe der staatlichen Durchdringung des Alltagslebens markierte. Zunächst stießen diese Bemühungen allerdings auf große Schwierigkeiten. Vor allem in ländlichen Gebieten kam die Standardisierung nur schleppend voran. Doch auch im Handel, im traditionellen Gewerbe und in vielen modernen Industriezweigen war sie mit erheblichen Hindernissen konfrontiert. Die Auseinandersetzungen, die daraus resultierten, fielen so heftig aus, dass beispielsweise in Frankreich das metrische System 1812 wieder aufgeweicht und erst 1837 erneut in seiner Ursprungsform eingeführt wurde. Auch danach dauerte es noch mehrere Jahrzehnte, ehe die reformierten Maßeinheiten fest im Alltag etabliert waren.[9]

---

6   STEUART, Plan, S. 4. Allgemeine Überblicke über die vormodernen Standardisierungsversuche bieten HOCQUET, Métrologie, S. 9 ff.; ROBINSON, Story, S. 47 ff.; HAUSTEIN, Weltchronik, S. 18–118 sowie JEDRZEJEWSKI, Histoire universelle, S. 45–183.

7   Die wichtigste Darstellung hierzu ist ALDER, Maß. Für die weitere Literatur vgl. Abschnitt 5 dieser Einleitung.

8   Vgl. RONCIN, Système métrique, S. 15 ff.; WANG, Vereinheitlichung, S. 65 ff. u. S. 166 ff.; HOPPIT, Reforming, S. 98 ff. sowie die ausführliche Darlegung in Kap. 4 dieser Arbeit.

9   Vgl. ALDER, Maß, S. 409 ff. u. S. 425 ff.

Mitte des 19. Jahrhunderts nahmen die Debatten über diese Frage jedoch eine neue Wendung. Während sie zuvor primär im nationalen Rahmen stattgefunden hatten, standen sie nun im Zeichen einer zunehmenden transnationalen Verflechtung von Wirtschaft, Wissenschaft und Politik. Im Zuge dieser Entwicklung erklärten fast alle europäischen sowie zahlreiche südamerikanische Länder anstelle ihrer autochthonen Einheiten das metrische System zur alleinigen Maßgrundlage. Mit dem *Bureau international des poids et mesures* entstand zudem 1875 eine Organisation, die die Kontrolle über dessen wissenschaftliche Grundlagen internationalisierte. Zwischen 1850 und 1914 entwickelte sich der Meter damit von einer spezifisch französischen Einrichtung zu jener globalen Institution, als die er seither bekannt ist.[10] Zwar waren dieser Entwicklung auch Grenzen gesetzt. Viele asiatische Länder sowie Großbritannien und die USA blieben von ihr ausgenommen. Einige Überreste der traditionellen Maße bestanden zudem noch weit über 1914 hinaus fort. Trotz dieser Einschränkungen war die metrologische Standardisierung an der Wende vom 19. zum 20. Jahrhundert aber so weit vorangeschritten, dass einheitliche Maße und Gewichte als schiere Selbstverständlichkeit gelten konnten. Aus der Infrastruktur moderner Gesellschaften sind sie seither nicht mehr wegzudenken.

2. Fragestellung und historiographische Relevanz

Dieser Befund wirft die Frage auf, „how we have arrived at such a state."[11] Warum entstanden seit dem 18. Jahrhundert Maße und Gewichte, deren Charakteristika sich so grundsätzlich von denjenigen ihrer spätmittelalterlichen und frühneuzeitlichen Vorläufer unterschieden? Warum fanden sie im Laufe des 19. Jahrhunderts allgemeine Verbreitung, obwohl eine solche Entwicklung lange Zeit als unmöglich gegolten hatte? Welche Faktoren begünstigten ihre Etablierung? Welche Hindernisse stellten sich ihnen entgegen? Wie weitgehend kamen die neuartigen Maßsysteme tatsächlich in Gebrauch? Wo lagen die Grenzen ihrer Durchsetzung? Und warum erlangte eines von ihnen internationale Geltung, die anderen aber nicht? Die vorliegende Arbeit soll diese Fragen beantworten. Zu diesem Zweck wird sie die Vereinheitlichung von Maßen und Gewichten, ihre Ursachen, ihren Verlauf und ihre Grenzen untersuchen. Aus Gründen, die im Folgenden noch detailliert erläutert werden, konzentriert sie sich dabei zeitlich auf die Phase zwischen 1660 und 1914 sowie räumlich auf Frankreich, Großbritannien und die deutschen Territorien.[12] Zugleich versucht sie, die Analyse des skizzierten Themenkomplexes systematisch in den Kontext historiographischer und soziologischer Debatten über das Phänomen der Standardisierung einzubetten.

---

[10] Vgl. ebd., S. 421–447; GEYER, One Language, S. 57–69; COX, Metric System, S. 137–159 u. S. 194–217; BIGOURDAN, Système métrique, S. 239–425; QUINN, Artefacts, S. 3–172 sowie Kap. 7 u. 8 dieser Arbeit.

[11] O'CONNELL, Metrology, S. 129f.

[12] Vgl. Abschnitt 4 dieser Einleitung.

Den Ausgangspunkt dafür bildet die Beobachtung, dass die Vereinheitlichung von Maßen und Gewichten kein isoliertes Phänomen darstellte. Sie ist vielmehr ein paradigmatisches Beispiel für einen Prozess, der in ähnlicher Form auch zahlreiche weitere Einrichtungen menschlichen Zusammenlebens erfasste. Dazu zählen beispielsweise Währungen, Sprachen oder Rechtssysteme. Für sie alle entstanden im Laufe der Neuzeit gemeinschaftliche Regelungen, die sich kollektiv als Standards bezeichnen lassen – als soziale Institutionen, die Komplexität reduzieren, indem sie Selbstverständlichkeit produzieren.[13] Solche Mechanismen der Vereinfachung scheinen für die Kommunikation in hochgradig differenzierten Gesellschaften unabdingbar zu sein. Ihre Entstehung – der Prozess der ,Standardisierung' – lässt sich daher gleichermaßen als zentrale Voraussetzung, als integraler Bestandteil und als wirkungsmächtiges Symbol für die Herausbildung der modernen Welt interpretieren. Einige Autoren haben gar die Frage aufgeworfen, ob dieses Konzept analog zu anderen, von der Soziologie Max Webers inspirierten Prozessbegriffen wie Modernisierung, Rationalisierung, Bürokratisierung, Urbanisierung oder Professionalisierung als Basiskategorie für die Erfassung und Beschreibung neuzeitlicher Geschichte dienen kann.[14]

Vor diesem Hintergrund will die vorliegende Arbeit die Untersuchung der Vereinheitlichung von Maßen und Gewichten für allgemeine Rückschlüsse auf den Verlauf und die Charakteristika von Standardisierungsprozessen nutzbar machen. Als Leitfaden dient dabei die Frage nach den „historische[n] ,Standards' der Standardisierung."[15] Gewann dieses Phänomen im Laufe der Neuzeit tatsächlich an Bedeutung? Gab es einzelne Faktoren, die dabei eine besonders wichtige Rolle spielten? Lassen sich im Zeitverlauf Variationen oder Verschiebungen in den Ursachen von Standardisierungsprozessen erkennen? Gab es länderspezifische Faktoren, die ihren Verlauf beeinflussten? Zogen Standardisierungen in bestimmten Teilbereichen Standardisierungen auf anderen Feldern nach sich? Und inwiefern stellen solche Entwicklungen wirklich ein konstitutives Element moderner Gesellschaften dar?

Bei der Untersuchung dieser Fragen geht die Arbeit davon aus, dass jeder Standard eine eigene Geschichte aufweist, „and [that] it is the specificity of that history that makes the standard a compelling topic of social analysis."[16] Diese Auffassung beinhaltet auch die These, dass dem Prozess seiner Herausbildung keinerlei Zwangsläufigkeit innewohnt. Zwar zeichnen sich erfolgreiche Standards in der Regel dadurch aus, dass sie als objektiv und unkontrovers gelten. Dennoch sind sie, wie alle sozialen Institutionen, prinzipiell historischer Natur. Im Laufe ihrer Entstehung unterliegen sie deshalb gruppenspezifischen Interessen, die untereinander ausgehandelt werden müssen und Konflikte zur Folge haben können. Dabei stehen die Anforderungen, die ein Standard erfüllen muss, nicht ein für alle

---

[13] Vgl. RUSSELL, Open Standards, S. 16 sowie AMBROSIUS, Standards, S. 15.
[14] TANNER, Standards, S. 45 f.
[15] AMBROSIUS, Standards, S. 17. Vgl. auch ebd., S. 33 f.
[16] TIMMERMANS und EPSTEIN, World of Standards, S. 75.

Mal fest. Sie sind vielmehr wandelbar und verändern sich periodisch.[17] Dieser Befund trifft auch auf Maße und Gewichte zu. Der britische Antiquar John Taylor hat den Prozess ihrer Vereinheitlichung deshalb 1864 als einen „Battle of the Standards"[18] bezeichnet – als eine aktive Auseinandersetzung zwischen unterschiedlichen Gruppierungen mit differierenden Absichten, deren Ausgang Gewinner und Verlierer schuf.

Aus dieser Auffassung ergibt sich die Notwendigkeit, die Untersuchung der Vereinheitlichung von Maßen und Gewichten explizit auf die Frage nach den mit ihr verbundenen Interessen auszurichten und systematisch nach den kontextspezifischen Konnotationen und Bedeutungen der jeweils ausgetauschten Argumente zu fragen. Die Arbeit gewinnt dadurch an historiographischer Relevanz. Denn aus dieser Perspektive erscheint die Standardisierung nicht mehr nur als ein technisches Problem, sondern als ein Kristallisationspunkt der Reorganisation sozialer Beziehungen und politischer Machtverhältnisse im Übergang von der Agrar- zur Industriegesellschaft. In deren Verlauf waren Maße und Gewichte Gegenstand permanenter Debatten, in denen zahlreiche allgemeine Charakteristika und Probleme dieses Wandlungsprozesses zur Sprache kamen.

Die Forderung nach einer konsequenten Kontextualisierung der Vereinheitlichung von Maßen und Gewichten, die mit dieser Sicht der Dinge einhergehen muss, läuft allerdings auf eine starke Betonung ihres Einzelfallcharakters hinaus. Um das Thema dennoch in die allgemeine historiographische Debatte über Standardisierungsprozesse einbetten zu können, ist es unerlässlich, die mit ihr verbundenen Begrifflichkeiten sowie die einschlägigen methodischen und theoretischen Zugriffe genauer auszuleuchten.

3. Begriffe, Theorien und Methoden

Prinzipiell handelt es sich bei Standards um soziale Institutionen, die für das „Leben in Gemeinschaften"[19] von zentraler Bedeutung sind. Sie zielen darauf ab, die Welt gleichförmig und dadurch raum-, zeit- und kulturübergreifend verständlich zu machen.[20] Standards können die ganze Bandbreite menschlicher Aktivitäten betreffen, also beispielsweise kulturelle Phänomene, wirtschaftliches Handeln oder technische Systeme. Ihre außerordentliche Vielgestaltigkeit macht es schwierig, sie

---

[17] Vgl. ebd., S. 84 sowie zum Vorangehenden RUSSELL, Open Standards, S. 16f.

[18] TAYLOR, Battle, Titel. Vgl. auch REISENAUER, Battle, passim sowie Kap. 7.3.2 dieser Arbeit. Taylors Phrase ist vermutlich eine Anspielung auf das englisch-schottische *Battle of the Standard* (die Standartenschlacht) von 1138.

[19] AMBROSIUS, Standards, S. 15.

[20] TIMMERMANS und EPSTEIN, World of Standards, S. 69. Allgemeine Überblicke über Standards und Standardisierungsprozesse in historisch-soziologischer Perspektive bieten neben diesem grundlegenden Aufsatz auch AMBROSIUS, Standards; BUSCH, Standards; RUSSELL, Open Standards; ders., Standardization; TANNER, Standards; BRUNSSON und JACOBSON (Hrsg.), World of Standards sowie LELONG und MALLARD, Présentation. Zur ökonomischen Literatur vgl. Fn. 52 dieser Einleitung.

allgemeingültig zu definieren. Immerhin existieren aber vielfältige Überlegungen zur Klassifizierung unterschiedlicher Arten von Standards. Sie sind nützlich, um das hier untersuchte Fallbeispiel in einen größeren Rahmen einzuordnen. Dabei ist zunächst festzuhalten, dass Maße und Gewichte nicht oder zumindest nicht primär als sprachliche oder soziale Standards gelten können. Sie stellen vielmehr eine Einrichtung dar, die sich auf wirtschaftlich-technische Zusammenhänge bezieht.[21]

Diese Kategorie von Standards ist wiederum äußerst vielfältig. Ihre genauere Beschreibung kann anhand unterschiedlicher Kriterien erfolgen. Viele geläufige Klassifizierungen von technisch-ökonomischen Standards beruhen auf den Auswirkungen, die ihnen zugesprochen werden.[22] Auf dieser Grundlage lässt sich etwa zwischen regulativen und koordinativen Institutionen unterscheiden. Bei regulativen Standards handelt es sich um Vorgaben, die negative Externalitäten verhindern sollen. In diese Kategorie fallen z. B. Sicherheitsvorschriften oder Umweltbestimmungen. Koordinative Standards dienen hingegen dazu, positive Externalitäten hervorzubringen, also etwa den Austausch von Gütern zu erleichtern. Sie sind ihrerseits in ‚technische‘ und ‚transaktionale‘ Einrichtungen zu unterteilen. Erstere zielen darauf ab, „die Kompatibilität von Komponenten und die Interoperationalität von Systemen herzustellen und zu sichern – von einheitlichen Steckern über eine gemeinsame Spurbreite bei Eisenbahnen bis zu gleichen Modulationstechniken". Transaktionale Koordinationsstandards verfolgen prinzipiell denselben Zweck. Sie beziehen sich aber nicht auf technische, sondern auf rechtliche Systeme. Beispiele hierfür sind „ein standardisiertes Vertragsrecht, standardisierte Bilanzierungsvorschriften oder [...] einheitliche Maße, Gewichte oder Währungen."[23]

Eine verwandte, aber nicht deckungsgleiche Klassifizierung unterscheidet zwischen Leistungsstandards, Kompatibilitätsstandards und Maßstandards. Leistungsstandards definieren einen Prozess oder ein Ergebnis, also z. B. einen innerbetrieblichen Ablauf oder ein Bildungsniveau. Kompatibilitätsstandards legen Schnittstellen zwischen technischen Systemen fest. Maßstandards schließlich dienen der Quantifizierung von physischen Objekten oder abstrakten Phänomenen.[24] Sie umfassen nicht nur die grundlegenden Einheiten für Länge, Fläche, Volumen und Gewicht, sondern auch die Zeitmessung, die Temperatur, die Währung sowie eine Vielzahl weiterer Phänomene wie Schuhgrößen oder Drahtlehren. Ihnen allen ist gemeinsam, dass sie es ermöglichen, zu messen.

Messen bedeutet dabei, eine Größe mit einer anderen Größe zu vergleichen, die als Einheit der Messung dient. Diese bildet den Bezugspunkt des Vergleichs. Sie ist also der Wert, durch den die gemessene Größe ausgedrückt wird. Das ge-

---

[21] Einen breiten Überblick, der sowohl sprachliche als auch technische Standards umfasst, bietet TANNER, Standards. Eine nützliche Differenzierung zwischen unterschiedlichen Arten von technisch-ökonomischen Standards findet sich bei AMBROSIUS, Standards, S. 28 u. S. 30.

[22] Vgl. RUSSELL, Open Standards, S. 17f.

[23] AMBROSIUS, Wettbewerb, S. 136.

[24] Vgl. RUSSELL, Open Standards, S. 17f.

schieht mittels einer Zahl.[25] Wer messen will, muss folglich auch zählen können. Dennoch sind Messen und Zählen distinkte Phänomene. Messen kann man nur Kontinuierliches, Zählen hingegen nur Diskretes. Die Einheit fungiert demnach als Brücke zwischen Maß und Zahl.[26] Für sich genommen konstituiert sie allerdings noch keinen Standard, denn es handelt es sich bei ihr um ein Abstraktum. Wer sie in Raum und Zeit realisieren will, muss sie auf eine physische Größe beziehen. Eine solche reale Verkörperung einer Einheit wird im Deutschen als (Maß-)Normal, im Französischen als *étalon* und im Englischen als *standard* bezeichnet. Im Gegensatz zur Einheit selbst ist sie „not independent of physical conditions; it is a genuine [...] representation of a unit only under certain controlled conditions.“[27]

Die vorliegende Arbeit betrachtet physische Normale zusammen mit den ihnen zugrundeliegenden Einheiten als Maßstandards und diese wiederum als eigenständige Kategorie im Feld der Koordinationsstandards. Eine solche Vorgehensweise erscheint auch im Hinblick auf einen weiteren, geläufigen Modus zur Klassifizierung von technisch-ökonomischen Normalien angemessen. Dabei handelt es sich um einen Ansatz, der nicht die Auswirkungen, sondern die Genese dieser Institutionen in den Blick nimmt. In der Regel lassen sich drei zentrale Mechanismen für ihre Entstehung unterscheiden. Als erstes ist der marktwirtschaftliche Wettbewerb zu nennen. Aus ihm gehen sogenannte de-facto-Standards hervor. Sie werden von einzelnen Akteuren gesetzt, können aber – wie beispielsweise das Computer-Betriebssystem Windows – unter bestimmten Voraussetzungen weite Verbreitung erlangen. Ein zweites Entscheidungsverfahren besteht in der Aushandlung von Standards durch Vereine, Verbände oder eigens zu diesem Zwecke gegründete Organisationen. Die Ergebnisse solcher Aktivitäten werden im Deutschen gelegentlich als Konsensstandards, üblicherweise aber als (technische) Normen bezeichnet. Drittens schließlich können koordinative Institutionen auch durch Anordnungen des Gesetzgebers entstehen, also die Form von Rechtsnormen annehmen. Dabei handelt es sich dann um de-jure-Standards.[28]

Prinzipiell ist es möglich, metrologische Bestimmungen im Allgemeinen und Maße und Gewichte im Besonderen auf allen diesen Wegen zu bilden. Beispielsweise spielten de-facto-Standards für das praktische Messen im gesamten Zeitraum der vorliegenden Untersuchung eine wichtige Rolle. Ab der zweiten Hälfte des 19. Jahrhunderts entstanden Maßnormen zudem vermehrt durch konsensuale Übereinkünfte.[29] Der weitaus überwiegende Teil der Debatten über Maße und

---

[25] Vgl. PERDIJON, Maß, S. 15; ZUPKO, Dictionary, S. xxxiii sowie WITTHÖFT, Maß, Zahl und Gewicht, S. 343.
[26] SCHUPPENER, Dinge, S. 18 ff.
[27] ZUPKO, Dictionary, S. xxxiii. Vgl. auch International Vocabulary of Metrology, S. 46 f.
[28] Vgl. AMBROSIUS, Standards, S. 22–28 sowie RUSSELL, Open Standards, S. 18 f.
[29] Vgl. Kap. 9 dieser Arbeit. In breiterer, auch andere Arten von Normen umfassender Perspektive ist dieser Befund eines der zentralen Argumente von VEC, Recht und Normierung, v. a. S. 1–21 u. S. 379–387.

Gewichte im weitaus überwiegenden Teil des Untersuchungszeitraumes fokussierte allerdings auf die Frage nach den de-jure-Standards, also nach der gesetzlichen Regulierung von Länge, Fläche, Volumen und Gewicht.

In diesem Rahmen bezeichnet der Begriff der Standardisierung zunächst nichts weiter als die rechtsnormartige Festlegung von Einheiten und die Herstellung von physischen Verkörperungen für sie. Im allgemeineren Sinne umfasst er aber noch vier weitere Aspekte, die eng mit diesem Vorgang verknüpft sind. Der erste von ihnen besteht in der Etablierung der sogenannten *traceability* (Rückführbarkeit). Komplexe Gesellschaften können die Maßnormale in der Regel nicht für alle Akteure zugänglich machen. Um dieses Problem zu beheben, bedarf es einer Kette von physischen Standards, durch die eine Einheit auf dem Umweg über Gebrauchsmaße, Gebrauchsnormale, Eichnormale und Kopien der Urmaße von jedermann auf das letztgültige Maß zurückgeführt werden kann. Das zweite Element des weiteren Begriffs der Standardisierung besteht in der *Systematisierung* von Maßen und Gewichten. Viele Einheiten stehen untereinander in Beziehung. Das kann z. B. für unterschiedliche Arten von Längenmaßen wie Fuß oder Elle gelten oder auch für unterschiedliche Maßdimensionen wie Länge und Fläche. Diese Bezüge können im Rahmen der Standardisierung systematisch aufgedeckt und ebenfalls rechtsnormartig festgelegt werden. Eine solche Vorgehensweise ermöglicht als dritten Schritt eine *Rationalisierung* der Einheiten. Darunter ist die Reduzierung ihrer Vielfalt durch die Eliminierung von mehrfachen Festlegungen für ein und dieselbe Maßdimension zu verstehen. Einen vierten Aspekt der Standardisierung im weiteren Sinne bezeichnet schließlich der Begriff der *Vereinheitlichung*. Während die zuvor genannten Gesichtspunkte den inneren Aufbau eines Maß- und Gewichtssystems betreffen, umfasst dieser den Vorgang seiner Verbreitung und der damit einhergehenden Verdrängung von inkompatiblen oder konkurrierenden Einheiten.[30]

Alle diese Aspekte der Standardisierung von Maßen und Gewichten fallen aufgrund ihres rechtsnormartigen Charakters primär in die Domäne des Staates. Mit der gewählten Begriffsdefinition ist deshalb auch bereits ein erster von drei dominanten methodisch-theoretischen Zugriffen auf dieses Problem benannt, die im Folgenden genauer geschildert werden sollen.[31] Bei diesen Ansätzen handelt es sich allerdings nicht um homogene Gebilde, sondern um breite, in sich heterogene Denkschulen. Ihre Auflistung erhebt zudem keinen Anspruch auf Vollständigkeit. Vielmehr konzentriert sie sich auf jene Perspektiven, die für die vorliegende Arbeit besonders relevant erscheinen.

---

[30] Die Definitionen von Rückführbarkeit und Systematisierung sind angelehnt an: International Vocabulary of Metrology, S. 8, S. 29f. u. S. 47f., diejenigen von Rationalisierung und Vereinheitlichung an VELKAR, Markets, Standards and Transactions, S. 234f. In der veröffentlichten Version dieses Dissertationsmanuskriptes (ders., Markets) sind die hier verwendeten Begriffsbestimmungen nicht enthalten.

[31] Eine ähnliche, jedoch stärker auf soziologische Erkenntnisinteressen abgestellte und deshalb vor allem hinsichtlich des ersten Punktes abweichende Unterscheidung treffen LELONG und MALLARD, Présentation, S 13–23.

Die erste von ihnen betrachtet die Setzung von Maßstandards im Allgemeinen und die Standardisierung von Maßen und Gewichten im Besonderen primär als einen Ausdruck staatlicher Autorität bzw. als Ergebnis der Veränderung von Macht- und Herrschaftsverhältnissen. Implizit ist diese Auffassung schon in der historischen Metrologie – der Wissenschaft von Maßen und Gewichten – greifbar, die seit der Renaissance entstanden ist und in ihrer modernen Ausprägung unter die geschichtlichen Grundwissenschaften fällt. Zwar sind die meisten der in dieser Tradition verfassten Arbeiten in erster Linie an der Entschlüsselung der vormodernen Maße interessiert. Den Prozess der Standardisierung zwischen dem 18. und dem frühen 20. Jahrhundert behandeln sie deshalb nur selten. Wenn sie es aber dennoch tun, interpretieren sie ihn in der Regel als ein administratives Problem, das durch staatliche Verwaltungtätigkeit gelöst worden sei.[32] Konsequenterweise fokussieren sie ihre Untersuchungen auf diese Aktivitäten und die zugehörigen Quellen.

Einen sehr viel breiteren Ansatz, in dessen Rahmen die Standardisierung ebenfalls im Wesentlichen als ein Ausdruck der Verschiebung von politischen Machtverhältnissen erscheint, vertrat zu Beginn der 1970er Jahre der polnische Wirtschaftshistoriker Witold Kula. In einem überaus einflussreichen Buch interpretierte er die Vielfalt der vormodernen Maße als funktionales Äquivalent zu den ungleichen sozialen Beziehungen und dem *face-to-face*-Charakter des Feudalsystems. Die Standardisierung betrachtete er demgegenüber als Folge der Herstellung politischer Gleichheit und der ‚Entfremdung‘ der Warenproduktion, die durch die Französische Revolution vollendet worden seien.[33] In klassisch marxistischer Manier galten ihm dabei zunächst vor allem wirtschaftliche und soziale Verhältnisse als Triebfeder für diese Veränderungen. Im Endeffekt rekurriert Kulas Erklärungsmodell allerdings stark auf die politische Macht des Nationalstaates. Denn um die in der Revolution formulierten Maßstandards flächendeckend durchzusetzen, bedurfte es seiner Meinung nach in hohem Maße administrativer Zwangsmittel.[34]

Aus diesem Grund erwiesen sich Kulas Überlegungen auch als anschlussfähig für jüngere Debatten über die Transformationen staatlicher Macht im neuzeitlichen Europa. Das gilt besonders für die diesbezüglichen Überlegungen von James C. Scott. Scott argumentiert, dass staatliche Verwaltungen in der ‚Sattelzeit‘ ein zunehmendes Interesse an der Gewinnung von Informationen über die von ihnen beherrschten Gebiete zeigten. Zunächst geschah das in der Absicht, sie effektiver zu besteuern. Im Laufe der Zeit entwickelte sich daraus Scott zufolge aber das Ziel einer umfassenden Planung zur Verbesserung der sozialen Ordnung als Ganzes.[35] Dabei tauchte das Problem auf, dass traditionelle agrargesellschaftliche Strukturen meist überaus komplex waren und sich nur mit detailliertem lokalem Wissen

---

[32] So z. B. TRAPP, Organisation, S. 40 ff. und CONNOR, England, S. 336 f. Vgl. aber auch die kritischen Bemerkungen bei WITTHÖFT, Staat, S. 49 f.

[33] KULA, Measures, S. 122 f.

[34] Ebd., S. 263 f.

[35] SCOTT, Seeing, S. 90 f.

entschlüsseln ließen. Zum Zweck ihrer ‚Durchherrschung‘ mussten sie deshalb in eine ‚lesbare‘, d. h. von konkreten Bezügen gelöste Form gebracht werden. Aus diesem Grund initiierten die staatlichen Verwaltungen an der Wende vom 18. zum 19. Jahrhundert eine Reihe von Programmen zur Standardisierung der Informationsgewinnung. In deren Zuge entstanden einheitliche Regelungen für Landbesitz, Währungen, Kataster, Karten und eben auch für Maße und Gewichte.[36]

Scotts Argumentation betrachtet die Durchdringung lokaler gesellschaftlicher Zusammenhänge also primär als ein Problem von administrativen Ressourcen. Darin ähnelt sie neueren Ansätzen der Infrastrukturgeschichte und der Imperialismusforschung, in deren Kontext z. B. die Rolle der Kartographie für den Zugriff auf beherrschte Gebiete intensiv debattiert wird. Ebenso wie diese Überlegungen zur „Macht der Karten"[37] haben die von Scott skizzierten Zusammenhänge aber auch eine kulturgeschichtliche Dimension, weil sie eng mit Fragen der überlokalen Identitätsbildung einhergingen. Dieser Aspekt ist für die Analyse von Maßen und Gewichten ebenfalls von Bedeutung. Denn metrologische Standards haben historisch nicht nur als technische Machtmittel, sondern stets auch als kulturelle Symbole für bestimmte Gruppen oder Gemeinschaften fungiert. John Taylors bereits zitierte These vom „Battle of the Standards" entsprang, wie in Kapitel 7.3.2 zu zeigen sein wird, einer solchen Konstellation.

Schließlich ist Scotts Ansatz noch in einer weiteren Hinsicht von Interesse. Denn neben der Ausdehnung staatlicher Macht thematisiert er auch die Dimension des Widerstandes gegen solche Bemühungen. Damit verfügt er über eine – allerdings nicht explizit angesprochene – Schnittstelle zu den Debatten über soziale Kontrolle und Disziplinierung, die in der Tradition der Arbeiten von Michel Foucault stehen.[38] Für die Frage der Maßstandardisierung sind diese aber nur von geringer Relevanz. Sie zielen nicht auf technische oder rechtliche, sondern auf soziale Normen ab. Dass dies ein wichtiger Unterschied ist, zeigen z. B. die Arbeiten von Jürgen Link über den ‚Normalismus‘. Sie untersuchen die Frage, inwieweit die diskursive Konstruktion von ‚Normalität‘ ein konstituierendes Merkmal moderner Gesellschaftsordnungen darstellt. Link zufolge ist es dabei aber gerade *nicht* das Prinzip der Rechtsnorm, sondern „die variable Situierung in einem breiten normal range, in einer ‚akzeptablen‘ breiten Normalzone um einen statistischen Durchschnitt",[39] die die Besonderheit des neuzeitlichen Normalitätsbegriffes ausmacht. Auf die technisch-ökonomischen Koordinierungsstandards lässt

---

[36] Ebd., S. 2 u. S. 25–52. Zur Einordnung vgl. auch GRAHAM, Rural Society, S. 40 f. Scotts Analyse der Standardisierung von Maßen und Gewichten stützt sich maßgeblich auf Kula, vgl. SCOTT, Seeing, S. 25 ff. Sein Konzept der „legibility" ist zudem eng mit Michael Manns Definition von „infrastructural power" („the capacity of the state to penetrate civil society") verwandt, MANN, Autonomous Power, S. 189.

[37] SCHNEIDER, Macht der Karten, Titel. Aus der vielfältigen Literatur zur imperialen Kartographie vgl. als ein Beispiel EDNEY, Mapping. Zur Infrastrukturgeschichte vgl. LAAK, Infra-Strukturgeschichte.

[38] Vgl. SCOTT, Seeing, S. 47 ff. sowie LELONG und MALLARD, Présentation, S. 19 f.

[39] LINK, „Normativ" oder „Normal", S. 36. Vgl. auch ders., Versuch, S. 37.

sich dieses Konzept kaum übertragen. Zwar unternimmt Link einen solchen Versuch, aber dieser fällt wenig überzeugend aus, weil er den rechtsnormartigen Charakter der von ihm untersuchten Einrichtungen übersieht. Auch die im Anschluss hieran formulierten Überlegungen von Herbert Mehrtens zur „Normalisierung als Kontrolltechnik" sind hinsichtlich ihrer Tragfähigkeit für die Analyse der metrologischen Standardisierung eher kritisch zu sehen.[40]

Ihre technikgeschichtliche Schwerpunktsetzung verweist aber bereits auf den zweiten der drei zentralen methodischen Zugriffe auf dieses Problem. Er entstammt dem Kontext der französisch-angloamerikanisch geprägten *science and technology studies*. Eines der Hauptanliegen dieser Forschungsrichtung besteht darin, der traditionellen Vorstellung einer streng an rationalen Kriterien orientierten wissenschaftlichen Sphäre entgegenzuwirken und stattdessen deren sozialen Konstruktionscharakter hervorzuheben.[41] In diesem Sinne hat beispielsweise Theodore Porter argumentiert, dass die Quantifizierung als Modus der Erkenntnisgewinnung der gesellschaftlichen Validierung bedarf. Die ‚Objektivität' von Zahlen ist demnach keine abstrakte Gegebenheit. Sie hängt vielmehr von der Herstellung von Vertrauen in die Aussagekraft numerisch formulierter Zusammenhänge ab.[42] Porter hat diese Erkenntnis vor allem auf die Gewinnung von Wissen über Gesellschaften angewendet und dabei besonders die Entstehung der amtlichen Statistik in den Blick genommen. Diesem Fokus auf die „Wissensproduktion im Staat"[43] sind viele weitere Arbeiten gefolgt. Sie haben im Detail nachgewiesen, wie das Objektivitätsideal des statistischen Denkens und die Expertenkreise, die als dessen Träger fungierten, den staatlichen Zugriff auf Informationen und die staatlichen Handlungsmöglichkeiten im 19. Jahrhundert prägten.

Daneben nehmen die *science and technology studies* aber auch die naturwissenschaftliche Erkenntnisproduktion in den Blick und versuchen, ihre Prämissen auf diese anzuwenden. Dabei widmen sie sich nicht nur der Quantifizierung, sondern auch den Problemen der Messung, der Präzision und der Standardisierung. Als besonders einflussreich haben sich in dieser Hinsicht die Arbeiten von Bruno Latour und Simon Schaffer erwiesen.[44] Latour schreibt den wissenschaftlichen Maßstandards im Rahmen der von ihm mitentwickelten Akteur-Netzwerk-Theorie einen zentralen Stellenwert zu. Er begreift sie als Systeme von zirkulierenden Artefakten, die es Laboratorien und Forschungseinrichtungen (sogenannten *centres de calcul*) ermöglichen, komplexe Realitäten in verarbeitbare Informationen zu übersetzen und umgekehrt ihre Erkenntnisse und Produkte in lokale Kon-

---

[40] Vgl. ders., „Normativ" oder „Normal", S. 34 ff.; ders., Versuch, S. 330 ff.; die Kritik an diesen Überlegungen bei Vec, Recht und Normierung, S. 260 (inklusive Fn. 487) sowie Mehrtens, Normalisierung.

[41] Vgl. die klassische Einführung von Golinski, Making Natural Knowledge, v. a. S. 1–12.

[42] Porter, Trust in Numbers, S. 11 ff. Allgemein zur Historisierung des wissenschaftlichen Objektivitätsbegriffes vgl. Daston und Galison, Objektivität.

[43] Schneider, Wissensproduktion, Titel. Vgl. auch den Forschungsüberblick ebd., S. 29 ff.; Porter, Statistical Thinking sowie zu den frühneuzeitlichen Wurzeln dieser Entwicklung Behrisch, Berechnung.

[44] Vgl. daneben aber auch Hacking, Taming of Chance sowie ders., Einführung, S. 384–405.

texte zu implantieren. Die Metrologie bildet für ihn deshalb ein Kernelement der Neuordnung der natürlichen Umwelt durch die *technoscience*.[45]

Schaffer betont ebenfalls die konstitutive Bedeutung von Maßstandards für die modernen Naturwissenschaften. Er interpretiert sie aber weniger zentralistisch als Latour. Seine Arbeiten zeigen im Gegenteil, in welch hohem Maße der Prozess der Erkenntnisgewinnung durch Messung von lokalen Kontexten, d.h. von konkret verwendeten Instrumenten und Praktiken abhängig ist. Die Vorstellung der universellen Gültigkeit dieses Verfahrens betrachtet Schaffer deshalb ähnlich wie Porter als Resultat der Durchsetzung eines sozial konstruierten Objektivitätsideals und nicht als Folge apriorischer Gegebenheiten.[46]

Dieses Argument ist von zahlreichen Autoren aufgegriffen und weiter ausgearbeitet worden. Ihre Befunde laufen insgesamt auf die These hinaus, dass die Idee der objektivitätsstiftenden Kraft des Messens im Laufe des 19. Jahrhunderts den Stellenwert eines „signpost of Western consciousness"[47] erlangt und damit maßgeblich zu Initiativen für eine Standardisierung von Maßen und Messpraktiken beigetragen habe. Trotzdem blieben wissenschaftliche Messungen aber auf lokale Gegebenheiten bezogen. Auch die Standards selbst waren dieser Interpretation zufolge „tied to social conventions in scientific practice".[48] Da sie kontextspezifisch verschiedene Bedeutungen annehmen konnten, ließen sie sich auch nicht ein für alle Mal festlegen. Vielmehr mussten sie, wenn sich ihre Verwendungszusammenhänge verschoben, neuerlich ausgehandelt werden. Aus dieser Perspektive bildete die Standardisierung also einen iterativen Prozess, in dem die divergierenden Interessen der Anwender von wissenschaftlichen Einheiten immer wieder unter einen Hut zu bringen waren.[49]

Graeme Gooday hat diese Auffassung in jüngster Zeit noch einmal zugespitzt. Seiner Meinung nach bedeutet sie, dass die Generierung von Vertrauen in Messungen ein sehr viel grundlegenderes Problem darstellt als die Festsetzung von Maßen. Goodays Untersuchung der spätviktorianischen elektrotechnischen Praxis unterscheidet deshalb konsequent zwischen diesen beiden Aspekten und warnt vor dem Problem der sogenannten *metrological fallacy*. Dieser ‚metrologische Fehlschluss' besteht Gooday zufolge in der Auffassung, „that well-defined universal standards and units are somehow necessary and sufficient to facilitate

---

[45] LATOUR, Science in Action, S. 215–257, hier v.a. S. 250f. Vgl. auch die weitere Ausdeutung dieser Befunde bei O'CONNELL, Metrology sowie die knappe Zusammenfassung bei LELONG und MALLARD, Présentation, S. 17f.

[46] Vgl. SCHAFFER, Late Victorian Metrology, S. 23; ders., Social History, S. 141; ders., Metrology, S. 438ff. sowie ders., Modernity and Metrology, passim.

[47] PYENSON und SHEETS-PYENSON, Servants of Nature, S. 193. Vgl. auch die ähnlichen Aussagen bei OSTERHAMMEL, Verwandlung, S. 62.

[48] OLESKO, Precision, Tolerance and Consensus, S. 117.

[49] LELONG und MALLARD, Présentation, S. 17. Einen ähnlichen Befund beinhaltet auch die Idee des „constructive ascent", die Hasok Chang am Beispiel der Temperaturmessung entwickelt hat. Chang argumentierte, dass Maßstandards stetigen Verbesserungen unterliegen, dieser Vorgang aber keine Annäherung an einen endgültigen Zustand („mathematical iteration"), sondern eine evolutionäre Anpassung an Veränderungen des wissenschaftlichen Wissens darstellt („epistemic iteration"), CHANG, Inventing Temperature, S. 44ff.

the practice of measurement".[50] Er argumentiert stattdessen, dass standardisierte Maßsysteme für die Herstellung von Vertrauen in Messungen weder nötig noch hinreichend seien und spricht sich dafür aus, sie aus dem Fokus der wissenschaftlichen Aufmerksamkeit zu verbannen.

Diese Perspektive hat mehrere Konsequenzen. Erstens eröffnet sie vielfältige Anschlussmöglichkeiten an die allgemeine Debatte über die Rolle von ‚Vertrauen‘ als historischer Kategorie. Zweitens ist sie auch mit dem Konzept der Wissensgeschichte kompatibel, das vor allem auf die Frage der Verbreitung und Nutzung von alltäglichem Wissen abzielt.[51] Sowohl das Konzept des Vertrauens als auch das Konzept des Wissens sind allerdings, wie Gooday selbst argumentiert, eher für eine Geschichte des *Messens* von Belang als für eine Geschichte der *Standardisierung*. An dieser Stelle soll deshalb eine dritte Konsequenz aus seinen Überlegungen hervorgehoben werden. Sie ergibt sich aus deren Anwendung auf den letzten der hier zu diskutierenden methodisch-theoretischen Zugriffe, nämlich auf die wirtschaftswissenschaftliche Debatte über den Gegenstand der Arbeit.

Aus der Perspektive der ökonomischen Theoriebildung fungieren Standards primär als Instrumente der marktwirtschaftlichen Koordination. Die überaus breite Literatur zu diesem Thema konzentriert sich vor allem auf das Problem der Entstehung von de-facto-Normen. Dabei geht es in der Regel nicht um Maßeinheiten, sondern um Kompatibilitätsstandards wie beispielsweise das VHS-System für Videokassetten.[52] Im Mittelpunkt der meisten diesbezüglichen Untersuchungen steht die Frage, unter welchen Umständen solche Koordinierungsmechanismen erfolgreich durchgesetzt werden können. Einer der zentralen Befunde, die sich aus dieser Forschungsrichtung ergeben, besteht dabei darin, dass die Etablierung von technischen Standards über den marktwirtschaftlichen Wettbewerb nur selten effiziente Ergebnisse hervorbringt. Zumeist resultiert sie in suboptimalen Lösungen, also z. B. in der Herausbildung mehrerer oder in der Verbreitung eines eindeutig unterlegenen Standards.[53]

Auf der Suche nach Erklärungen für dieses Phänomen haben viele Ökonomen die Pfadabhängigkeit, d. h. die historische Bedingtheit von Standardisierungsprozessen betont. Besonders im Frühstadium der Entstehung einer neuer Technologie, so lautet die Essenz dieses Argumentes, können geringfügige, ja regelrecht zufällige Faktoren einem bestimmten Standard einen Startvorteil verschaffen. Im Laufe seiner Durchsetzung mag sich dieser Vorteil potenzieren und so zu einem *lock-in* führen – zu einer Situation, in der die Kosten für das Festhalten an der etablierten Lösung geringer ausfallen oder günstiger verteilt sind als die Kosten

---

50 GOODAY, Morals, S. 11.
51 Zur Debatte über Vertrauen vgl. FREVERT, Vertrauen; dies., Vertrauensfragen sowie BABEROWKSI (Hrsg.), Vertrauen. Zur Wissensgeschichte vgl. VOGEL, Von der Wissenschafts- zur Wissensgeschichte und SARASIN, Wissensgeschichte.
52 Einleitende Überblicke hierzu bieten neben der bereits angeführten allgemeinen Literatur auch DAVID und GREENSTEIN, Economics; EHRHARDT, Netzwerkeffekte; LELONG und MALLARD, Présentation, S. 13 ff. u. S. 20 ff.; VELKAR, Markets, S. 80–90 und RUSSELL, Open Standards, S. 16 ff.
53 AMBROSIUS, Standards, S. 22 f.

für die Umstellung auf einen effizienteren Standard.[54] Ein bekanntes Beispiel hierfür ist die von Paul A. David beschriebene Geschichte der QWERTY-Tastatur. Deren Verbreitung hing zunächst mit den technischen Besonderheiten der frühen Schreibmaschinen zusammen. Aufgrund des *lock-in*-Effektes bestand diese Tastaturanordnung aber auch noch fort, als ihre eigentlichen Ursachen längst hinfällig geworden waren. Die im 19. Jahrhundert geführten Debatten über die Spurbreite von Eisenbahnnetzen, die Douglas Puffert untersucht hat, fügen sich ebenfalls in dieses Schema. Sie zeigen zudem, wie technische Erwägungen im Prozess der Standardisierung mit individuellen und kulturellen Faktoren kollidierten, so dass dessen Ergebnis in hohem Maße von außerökonomischen Umständen geprägt war.[55]

Aus der Sicht der wirtschaftswissenschaftlichen Theoriebildung stellen solche Effekte ein Marktversagen dar. In ihrem Umfeld sind deshalb verschiedene Möglichkeiten identifiziert worden, mit denen sie sich verhindern lassen. Neben der Konsensnormierung durch freiwillige Vereinbarungen ist dabei besonders die Setzung von Standards durch den Staat zu nennen. Diese Lösung gilt als umso erstrebenswerter, je eindeutiger die fraglichen Einrichtungen den Charakter von öffentlichen Gütern haben.[56] Dies ist besonders für die hier im Blickfeld stehenden Maßstandards von großer Bedeutung. Denn bei ihnen handelt es sich ganz offensichtlich um Institutionen, die in diese Kategorie fallen, die also von allen Akteuren gleichermaßen verwendet werden können, ohne dass sich dadurch ihr Nutzen für die übrigen Marktteilnehmer verringert.[57]

Darin ähneln sie einer Reihe von weiteren Einrichtungen wie beispielsweise dem Rechtssystem oder der öffentlichen Infrastruktur. Besonders aus der Sicht der Neuen Institutionenökonomie bilden sie deshalb eine so grundlegende Voraussetzung für das Funktionieren des marktwirtschaftlichen Wettbewerbs, dass ihre Bereitstellung in den Aufgabenbereich des Staates fällt.[58] Historisch gewendet, werden metrologische Standards in diesem Kontext als Bestandteil jener ‚institutionellen Revolution‘ betrachtet, durch die im 18. und 19. Jahrhundert die Voraussetzungen für einen reibungslosen Austausch von Waren und Dienstleistungen geschaffen worden seien. Ebenso wie gesicherte Eigentumsrechte oder verlässliche Finanzinstitutionen trugen sie demzufolge dazu bei, Märkte zu schaffen, Transaktionskosten zu senken und so den gesellschaftlichen Wohlstand zu heben.[59]

Allerdings zeigt sich im Rahmen von einschlägigen Untersuchungen, dass der Fokus auf die marktbildende Funktion von Institutionen wie den Münzsystemen meist auf eine starke Verkürzung ihrer Analyse hinausläuft. Zum einen unterlagen

---

[54] Grundlegend dazu ist ARTHUR, Competing Technologies. Die Darstellung hier und im Folgenden orientiert sich an VELKAR, Markets, S. 85 f.

[55] Vgl. DAVID, Clio, S. 333 ff. sowie PUFFERT, Tracks, S. 295–316.

[56] Vgl. AMBROSIUS, Standards, S. 32 sowie den klassischen Aufsatz von KINDLEBERGER, Standards, S. 377 ff.

[57] Vgl. ebd., S. 377.

[58] NORTH, Theorie, S. 20 ff., hier v. a. S. 26 f.

[59] Vgl. AMBROSIUS und NIEBERDING, Institutionelle Revolution, S. 21 ff., S. 51 ff. u. S. 100 ff. sowie ALLEN, Institutional Revolution, S. 32 ff.

sie stets einer Vielzahl von nicht-ökonomischen Einflüssen. Besonders Währungen, aber auch andere metrologische Standards waren immer auch politische und kulturelle Einrichtungen. Sie lassen sich nur dann vollständig erschließen, wenn diese Gesichtspunkte in ihre Betrachtung einbezogen werden.[60] Und zum anderen ist es außerordentlich schwierig, die wirtschaftlichen Auswirkungen solcher Institutionen empirisch zu untersuchen. Häufig kann deshalb nur recht pauschal auf ihre Bedeutung für Handel und Industrie verwiesen werden, ohne dass diese den eigentlichen Gegenstand der Untersuchungen bildet.[61]

Dieses Defizit ist umso gravierender, als einige jüngere wirtschafts- und technikgeschichtliche Arbeiten erhebliche Zweifel an der ökonomischen Relevanz von metrologischen Standards im Allgemeinen und von einheitlichen Maßen und Gewichten im Besonderen geweckt haben. Ihre Argumentation basiert im Wesentlichen auf einer Übertragung von Goodays wissenschaftsgeschichtlich inspirierter Warnung vor der *metrological fallacy* auf die Wirtschaftsgeschichte. In diesem Sinne hat z. B. Aashish Velkar die ihr zugrundeliegende Unterscheidung zwischen der Standardisierung von Maßen und der Herstellung von Vertrauen in Messungen aufgegriffen. In seiner Untersuchung der Messpraxis verschiedener britischer Wirtschaftszweige des 19. Jahrhunderts weist er darauf hin, dass diese beiden Prozesse nicht nur in der Wissenschaft, sondern auch auf dem Marktplatz unterschiedlichen Mechanismen unterlagen.[62]

Diese Hypothese beruht auf der Beobachtung, dass die Praxis des Messens nicht allein von den verwendeten Einheiten, sondern auch von sozial determinierten Maßkonventionen und von technischen Messinstrumenten geprägt war. Deren genaue Ausgestaltung hing stets vom konkreten Kontext eines bestimmten Wirtschaftszweiges oder einer bestimmten Anwendung ab. Velkar argumentiert deshalb, dass Vertrauen in Messungen grundsätzlich nur dezentral gebildet werden könne. Die zentralisierte Setzung von Maßstandards durch den Staat löste aus seiner Perspektive folglich nur einen Teil der Messprobleme von Handel und Industrie. Sie musste durch kontextspezifische Übereinkünfte bezüglich der jeweils gültigen Konventionen und der zu verwendenden Instrumente ergänzt werden.[63] Implizit schwingt dabei die These mit, dass diese dezentralen Festlegungen für den ökonomischen Austausch von sehr viel größerer Bedeutung waren als die flächendeckende Vereinheitlichung der Messgrößen.

Michael Kershaw hat in einer Reihe von technikgeschichtlichen Aufsätzen eine ähnliche Auffassung entwickelt. Er versucht zu zeigen, dass die in der Industrie verwendeten Maße und Gewichte im 19. Jahrhundert einem eigenständigen Standardisierungsprozess unterlagen. Dieser lief nach anderen Regeln ab als die Vereinheitlichung der offiziellen Maßsysteme und war nicht auf sie angewiesen. In

---

[60] Vgl. allgemein AMBROSIUS, Standards, S. 21 u. S. 28 sowie spezifisch am Beispiel der deutschen Währungsgeschichte des 19. Jahrhunderts OTTO, Entstehung, S. 523 ff., hier v. a. S. 525 f. u. S. 529 f.

[61] Vgl. z. B. die ansonsten überaus anregende Arbeit von AMBROSIUS, Wettbewerb.

[62] VELKAR, Markets, S. 4 ff. Vgl. auch ders., Caveat emptor sowie ders., Transactions.

[63] Ders., Markets, S. 4 ff. u. S. 68 f.

einigen Fällen konstatiert Kershaw sogar, dass die staatlichen Standards allmählich durch solche dezentral gebildeten Einheiten verdrängt worden seien, allerdings erst im 20. Jahrhundert. Insgesamt war die behördliche Setzung von Maßen
und Gewichten aus seiner Perspektive deshalb für die ökonomische Koordination
zwar nützlich, aber alles andere als unverzichtbar.[64]

Diese Befunde scheinen auf den ersten Blick dafür zu sprechen, sich von der
Erforschung der staatlichen Standardisierung ab- und stattdessen der Untersuchung dezentraler Messpraktiken zuzuwenden. Auf den zweiten Blick werfen sie
jedoch eine Reihe von Fragen auf, die gerade das Problem der Wechselwirkungen
zwischen diesen beiden Aspekten betreffen. So konstatiert Velkar beispielsweise,
dass die von ihm herausgearbeitete, geringe Bedeutung der offiziellen Maße ein
länderspezifisches Phänomen gewesen sein könnte. Ihre Wurzeln vermutet er in
den britischen Besonderheiten des politisch-administrativen Standardisierungsprozesses. Diese werden von ihm allerdings nur am Rande gestreift, so dass die
hierüber getroffenen Aussagen wenig fundiert erscheinen.[65]

Auch die meisten anderen Arbeiten, die im Rahmen eines der drei geschilderten methodisch-theoretischen Kontexte entstanden sind, analysieren solche
Wechselwirkungen zwischen den unterschiedlichen Dimensionen der Standardisierung nur in Ausnahmefällen. So sind z. B. die eingangs genannten Ansätze, die
die Erweiterung der staatlichen Problemlösungskapazitäten in den Mittelpunkt
stellen, offensichtlich viel zu einseitig, weil sie in der Regel weder die wissenschaftliche Prägung noch die ökonomische Relevanz der von ihnen untersuchten
Einrichtungen zur Kenntnis nehmen. Und schließlich greifen auch die primär
wissenschaftsgeschichtlichen Untersuchungen, sofern sie sich überhaupt mit den
staatlichen Standards beschäftigten, meist zu kurz. Sie fragen z. B. nur selten nach
den Rückkopplungen zwischen der administrativen Implementierung und der
wissenschaftlichen Determinierung der im 19. Jahrhundert entstanden Maßeinheiten, obwohl diese beiden Aspekte zumindest punktuell in engem Zusammenhang standen. Insgesamt harren also vor allem die Querverbindungen zwischen
den Gegenstandsbereichen der unterschiedlichen methodisch-theoretischen Zugriffe noch einer genaueren Untersuchung.

4. Vorgehensweise und Thesen

Aus den Schwachstellen der bisherigen Forschungen ergibt sich die Vorgehensweise der vorliegenden Arbeit. Ihre methodische Prämisse besteht in der Überle-

---

[64] Kershaw, Diogenes, S. 90 f. u. S. 107 ff. sowie ders., Electrical Units, S. 122 f. Vgl. auch ders.,
Geodesy und ders., Twentieth-Century Length.
[65] Velkar, Markets, S. 16 u. S. 227. Die ebd., S. 12 u. S. 52 getroffenen Aussagen, wonach lokale
Maße in Großbritannien bis 1878 zulässig gewesen seien, treffen ebenso wenig zu wie die
Darstellung der Entwicklung des Inspektionssystems, ebd., S. 52 f. Beides ist für Velkars Inter-
pretation aber von zentraler Bedeutung. Zur Korrektur vgl. die ausführliche Darlegung in
Kap. 4.3 dieser Arbeit.

gung, dass eine akteurs- und interessenorientierte Untersuchung der Vereinheitlichung von Maßen und Gewichten eine Zusammenführung der drei geschilderten
Perspektiven auf das Thema erfordert. Sie zielt daher auf eine Darstellung des
Standardisierungsprozesses ab, die dessen herrschaftsgeschichtliche, wissenschaftsgeschichtliche und wirtschaftsgeschichtliche Aspekte gleichermaßen berücksichtigt. Dabei geht die Arbeit davon aus, dass nur auf solche Weise die Eigengesetz-
lichkeiten und die Wechselwirkungen der unterschiedlichen Dimensionen des
Forschungsgegenstandes angemessen gewürdigt werden können.

Diese Prämisse bildet das erste von drei zentralen Alleinstellungsmerkmalen
der vorliegenden Untersuchung. Sie ermöglicht es, die Analyse der Ursachen und
Charakteristika des Standardisierungsprozesses in eine Reihe von Teilaspekten
zu untergliedern. So wird die Arbeit im Sinne der genannten wissenschaftshisto-
rischen Debatten zunächst danach fragen, wie Maße und Gewichte im Untersuchungszeitraum determiniert und definiert wurden, welche Methoden dabei
zum Einsatz kamen, von welchen politischen und kulturellen Rahmenbedingungen diese geprägt waren und zu welchen Ergebnissen sie führten. Zweitens will
sie im Hinblick auf die herrschaftsgeschichtliche Dimension des Themas erforschen, wie solche wissenschaftlich definierten Standards in staatliche Infrastrukturen umgesetzt wurden, welche Ressourcen hierfür zur Verfügung standen, welche Bedeutungen ihnen im politischen Diskurs zugeschrieben wurden und wo
die Grenzen ihrer Durchsetzung lagen. Drittens schließlich stellt sie die Frage
nach der ökonomischen Relevanz der standardisierten Einheiten und damit nach
der Messpraxis in verschiedenen Sektoren wie der Landwirtschaft, dem Groß-
und Einzelhandel sowie den traditionellen Gewerbezweigen und den neu entstehenden Industrien.

Neben dieser Kombination der drei wichtigsten methodischen Zugriffe auf das
Problem der Standardisierung zeichnet sich die Untersuchung durch ein weiteres
zentrales Merkmal aus. Es besteht in ihrer langfristigen Perspektive, die den Zeitraum zwischen 1660 und 1914 umfasst. Diese Vorgehensweise ergibt sich zum
Teil aus den außerordentlich langsamen Veränderungsrhythmen der staatlichen
Metrologie. Daneben ist sie aber auch der methodischen Absicht geschuldet, Veränderungen im Verlauf von Vereinheitlichungsprozessen sichtbar zu machen und
so einen Beitrag zur Beantwortung der Frage nach den ‚historischen Standards
der Standardisierung‘ zu leisten.

Für die Wahl des Jahres 1660 als Ausgangspunkt der Untersuchung gibt es
dabei drei Gründe. Erstens erlaubt sie es, die Darstellung mit einer ausführlichen
Betrachtung der vormodernen Maße zu eröffnen, die für die Bewertung der
Standardisierungsbemühungen des 18. Jahrhunderts von zentraler Bedeutung
ist. Zweitens markierten die 1660er Jahre den Beginn einer territorialen Verdichtung in der europäischen Staatenwelt. Sie brachte ein erhöhtes Interesse an der
administrativen Durchdringung von Herrschaftsgebieten mit sich. Und drittens
entstanden in diesem Zeitraum die ersten dauerhaften Institutionen der naturphilosophischen Forschung. Die britische *Royal Society* und die französische
Académie des sciences bildeten fortan die wichtigsten Zentren der wissenschaftli-

chen Debatten über Maße und Gewichte und sorgten für deren kontinuierliche Fortsetzung.[66]

Schwieriger zu begründen ist die Wahl des Endpunktes der Arbeit. Sie ist im Wesentlichen der erfolgreichen Etablierung der neuartigen Maße und einer damit einhergehenden Schwerpunktverlagerung der Diskussionen über das Problem der metrologischen Standardisierung zu verdanken. Beide Phänomene setzten etwa um 1890 herum ein. Dennoch reicht die Untersuchung bis in das Jahr 1914. Dies ist dem Umstand geschuldet, dass der Zeitraum zwischen 1890 und 1914 eine Übergangsphase zwischen der Durchsetzung der fundamentalen Maße und Gewichte einerseits und dem enormen Bedeutungsgewinn von dezentral organisierten, wissenschaftlich-industriell geprägten Standardisierungsprozessen in der ‚Hochmoderne‘ andererseits bildete.[67] Seine Einbeziehung ermöglicht es, die Trennlinie zwischen diesen beiden Phänomenen klar zu konturieren und die neuartige Qualität der seit 1890 geführten Debatten herauszuarbeiten.

Das dritte zentrale Merkmal der vorliegenden Arbeit ist ihr europäischer Horizont. Schwerpunktmäßig nimmt sie Frankreich, Großbritannien und die deutschen Territorien in den Blick. In Ermangelung einer besseren Kurzformel werden diese Länder – auch wenn das für den deutschen Fall nicht unproblematisch ist – kollektiv als ‚Westeuropa‘ bezeichnet. Ein solcher Sammelbegriff ist unter anderem deshalb nötig, weil die nationale Gliederung des hier in den Blick genommenen Raumes nur für einen Teil des Untersuchungsgegenstandes tragfähig erscheint. Zwar war die politisch-administrative Dimension der Vereinheitlichung von Maßen und Gewichten stark von einzelstaatlichen Faktoren geprägt. Für die wirtschafts- und wissenschaftsgeschichtlichen Aspekte des Themas gilt dies jedoch nicht. Sie zeichneten sie vielmehr durch ihre Transnationalität aus. Damit waren sie maßgeblich dafür verantwortlich, dass die Standardisierung in den genannten Ländern bei aller Unterschiedlichkeit ihrer jeweiligen Ausprägungen im Kern einen in sich zusammenhängenden Prozess darstellte. Die Arbeit geht deshalb auch nicht strikt vergleichend vor, sondern mischt je nach behandeltem Teilaspekt gesamteuropäische und nationalstaatliche Perspektiven.[68]

Die Auswahl der schwerpunktmäßig betrachteten Länder ergibt sich dabei aus mehreren Erwägungen. Neben pragmatischen Kriterien wie der Quellenlage und den Sprachkenntnissen des Autors sprechen für sie auch inhaltliche Gründe. So bildeten Frankreich, Großbritannien und mit Abstrichen auch die deutschen Ter-

---

[66] Zur territorialen Verdichtung vgl. Kap. 2, zu den wissenschaftlichen Akademien Kap. 3.1.1 dieser Arbeit.

[67] Zum Begriff der Hochmoderne vgl. HERBERT, Europe.

[68] Im Sinne der breiten Debatte über Vergleich und Transfer in den Geschichtswissenschaften ist diese Vorgehensweise am ehesten als transnationaler Zugriff zu bezeichnen. Vgl. dazu neben den grundlegenden Werken von PERNAU, Transnationale Geschichte und BUDDE et al., Transnationale Geschichte vor allem die Überlegungen zum Potential transnationaler Ansätze für die europäische Geschichte bei PATEL, Transnationale Geschichte, Abschnitt 12 ff. Grundlegend zur Debatte über Vergleich und Transfer vgl. KAELBLE, Vergleich; ders. und SCHRIEWER (Hrsg.), Vergleich und Transfer sowie WERNER und ZIMMERMANN, Vergleich, Transfer, Verflechtung.

ritorien in einem Großteil des Untersuchungszeitraums die wichtigsten Zentren der wissenschaftlichen und ökonomischen Debatten über das Thema. Gleichzeitig deckten sie hinsichtlich der politisch-administrativen Ausgestaltung des Vereinheitlichungsprozesses ein breites Spektrum an unterschiedlichen Entwicklungen ab, das alle wesentlichen der im westeuropäisch-atlantischen Raum anzutreffenden Variationen umfasste. Während Frankreich beispielsweise einen radikalen Bruch mit den überlieferten Maßen vornahm, stellte der britische Weg den Versuch einer evolutionären Entwicklung von standardisierten Einheiten dar. Die deutsche Erfahrung wiederum bildete einen Mittelweg zwischen diesen Extremen. Standardisierte Maße enstanden hier zunächst auf regionaler Ebene und in Anknüpfung an die traditionellen Größen. Eine gesamtstaatliche Vereinheitlichung kam jedoch – ähnlich wie in Spanien und in Italien – erst durch die Übernahme des französischen Systems in der zweiten Hälfte des 19. Jahrhunderts zustande.[69] Da sich Großbritannien, Frankreich und die deutschen Territorien zudem noch durch unterschiedliche politische, ökonomische und soziale Rahmenbedingungen auszeichneten, erlaubt eine Konzentration auf diese Länder auch eine kontrastierende Untersuchung der Bedeutung dieser Faktoren für den Prozess der Standardisierung.

Trotzdem bringt die skizzierte geographische Eingrenzung auch Schwierigkeiten mit sich. Das gilt zum Beispiel deshalb, weil aufgrund der politischen Gegebenheiten des 18. und 19. Jahrhunderts nicht völlig klar ist, welchen Raum der Begriff der ‚deutschen Territorien‘ umfasst. Diesem Problem begegnet die Arbeit auf zweierlei Weise. Erstens versucht sie, für den Zeitraum vor der Reichseinigung Preußen, Baden, Württemberg und Bayern gleichermaßen zu berücksichtigen. Diese Auswahl ist sowohl dem Forschungsstand als auch dem Versuch der Integration von möglichst großen und wichtigen Landesteilen geschuldet. Zweitens sind die Grenzen des betrachteten Raumes prinzipiell offen gehalten worden, um fallweise auch andere Territorien einbeziehen zu können. So berücksichtigt Kapitel 2 z. B. die österreichische Entwicklung, weil sie für das Verständnis der spätaufklärerischen Maßreformen unerlässlich ist.

Die geographische Eingrenzung ist auch deshalb erklärungsbedürftig, weil sie einige Länder ausschließt, die die Geschichte der Standardisierung von Maßen und Gewichten phasenweise stark beeinflusst haben. Das betrifft z. B. Belgien und die Niederlande, vor allem aber die USA. Sie systematisch zu berücksichtigen, wäre wünschenswert gewesen, hätte aber den Rahmen der Arbeit gesprengt. Zudem erlangten die US-amerikanischen Debatten erst im letzten Drittel des 19. Jahrhunderts internationale Bedeutung. Für den vorangehenden Teil des Untersuchungszeitraums waren sie dagegen nur von geringer Relevanz. Der Umgang mit ihnen erfolgt deshalb analog zu demjenigen mit den randständigen deutschen Territorien: Sie werden punktuell in die Darstellung integriert, aber nicht vollständig aufgearbeitet.[70]

---

[69] Zu Spanien und Italien vgl. Aznar García, Unificación, S. 171 ff. sowie Kula, Measures, S. 270 ff.

[70] Vgl. v. a. Kap. 7 u. Kap. 9 der vorliegenden Arbeit.

Schließlich muss die räumliche Schwerpunktsetzung auf Westeuropa auch noch aus einem dritten Grund genauer erläutert werden. Denn sie bringt es mit sich, dass globalgeschichtliche Aspekte der Standardisierung von Maßen und Gewichten nur am Rande behandelt werden können. In dieser Hinsicht wäre auch eine andere Vorgehensweise denkbar, denn besonders die weltweite Verbreitung des metrischen Systems lässt sich zweifellos auch als Bestandteil eines fortschreitenden Globalisierungsprozesses interpretieren.[71] Dafür, dass dies in der vorliegenden Arbeit nicht geschieht, gibt es zwei Gründe. Zum einen ist die angestrebte Integration der wirtschafts-, wissenschafts- und politikgeschichtlichen Aspekte des Themas in einem globalen Horizont nicht leistbar. Deshalb wäre in einem solchen Rahmen der Gefahr einer teleologischen Verkürzung der Analyse auf eine unabwendbare Erfolgsgeschichte Tür und Tor geöffnet.[72] Zum anderen fiel die globale Durchsetzung des Meters nur teilweise in den hier betrachteten Untersuchungszeitraum. Ihre genauere Analyse müsste mindestens auch die erste Hälfte des 20. Jahrhunderts mit einbeziehen.

Die Standardisierung von Maßen und Gewichten im 18. und 19. Jahrhundert war hingegen primär ein europäisches Phänomen. Das gilt besonders im Hinblick auf ihre außerordentlich starke Verwurzelung in der Naturphilosophie Bacon'scher Prägung, zu der es in anderen Weltregionen keine Parallele gab.[73] Sie wies zudem auch nur wenige Bezüge zur überseeischen Expansion der europäischen Mächte auf. In einer wichtigen Hinsicht bedarf diese Aussage sofort wieder der Relativierung, denn für einige der mit der Standardisierung verknüpften Debatten wie etwa diejenige über die Erdvermessung bildeten koloniale und imperiale Bestrebungen eine zentrale allgemeine Rahmenbedingung. Als unmittelbare Einflüsse auf den Vereinheitlichungsprozess waren sie aber dennoch nur von untergeordneter Bedeutung. So ging dieser beispielsweise nirgendwo in nennenswertem Umfang auf Impulse aus der außereuropäischen Welt zurück. Auch im Rahmen der Strategien, mit denen europäische Akteure versuchten, ihre Herrschaft in Übersee abzusichern, spielten die standardisierten Maße keine große Rolle. Sämtliche Initiativen zu ihrer Verbreitung in den Kolonien beschränkten sich aus guten Gründen auf ein absolutes Minimum.[74] Angesichts dieser Befunde erscheint es vertretbar, die globale und die imperiale Dimension nicht zu einer der Hauptachsen der Untersuchung zu machen. Ihre Betrachtung wird vielmehr auf die wenigen Stellen reduziert, an denen sie für die europäische Entwicklung von Bedeutung war.

Schließlich ist an dieser Stelle noch auf eine weitere Beschränkung des Untersuchungshorizontes zu verweisen. Sie betrifft allerdings nicht seine räumliche, sondern seine sachliche Dimension. In dieser Hinsicht wäre es naheliegend gewe-

---

[71] CREASE, Balance, S. 33.

[72] Vgl. die Kritik an der Darstellung von CREASE, Balance, in Abschnitt 5 dieser Einleitung. Die globalgeschichtliche Untersuchung der Zeitmessung von OGLE, Transformation, bietet allerdings ein gelungenes Gegenbeispiel.

[73] Zu den Besonderheiten der europäischen Naturphilosophie im globalgeschichtlichen Zivilisationsvergleich vgl. COHEN, Erschaffung, S. 135–142 sowie ausführlich ders., Modern Science.

[74] Vgl. Kap. 7.3.3 dieser Arbeit.

sen, die Befunde der Arbeit durch systematische Vergleiche mit parallelen Prozessen wie der Standardisierung der Zeitmessung, der Temperaturbestimmung oder der Währungssysteme zu erhärten. Dass diese Phänomene dennoch nur am Rande berücksichtigt werden, hat praktische, aber auch inhaltliche Gründe. Ihre systematische Einbeziehung hätte die Darstellung überfrachtet. Zudem handelte es sich bei ihnen überwiegend um parallele, nicht aber um ursächlich auf die Standardisierung von Maßen und Gewichten bezogene Prozesse. Nur die Währungsfrage war angesichts der Bedeutung des Münzgewichts für das Edelmetallgeld unmittelbar mit den diesbezüglichen Debatten verknüpft. Solche Überlagerungen werden in der Arbeit berücksichtigt. Abgesehen davon bleiben die genannten, anderweitigen metrologischen Standards außen vor.

Insgesamt konzentriert sich die Untersuchung also darauf, die Vereinheitlichung von Maßen und Gewichten in Westeuropa zwischen 1660 und 1914 längsschnittartig zu analysieren und dabei zu gleichen Teilen die politisch-administrative, die wirtschaftliche und die wissenschaftliche Dimension des Themas in den Blick zu nehmen. Die Darstellung ist in drei große zeitliche Abschnitte gegliedert, in denen diese drei Aspekte in jeweils unterschiedlicher, aus narrativen Gründen gewählter Reihenfolge beleuchtet werden. Der erste Abschnitt umfasst den Zeitraum von 1660 bis zur Entstehung des metrischen Systems in der Französischen Revolution. Kapitel 1 untersucht die außerordentliche Vielfalt von Maßen und Gewichten in der Frühen Neuzeit. Im Mittelpunkt steht dabei die These, dass sie auf klar erkennbaren Prinzipien beruhte, die die Einheiten in schlüssiger Weise strukturierten und deshalb eine tragfähige Lösung für das Problem der ökonomischen Koordination darstellten. Kapitel 2 analysiert die politischen Reformimpulse, die aus der Entstehung des *fiscal-military state* resultierten. Es argumentiert, dass sie angesichts der prinzipiellen Funktionsfähigkeit der frühneuzeitlichen Maße zu schwach waren, um eine durchgreifende Veränderung zu bewirken. Eine solche kam erst durch die naturphilosophischen Debatten zustande, die in Kapitel 3 geschildert werden. Ihre von der ‚Wissenschaftlichen Revolution' des 17. Jahrhunderts geprägte Agenda der Messung anhand einer der Natur entnommenen Größe führte in der Ausnahmesituation der 1790er Jahre zu einer vollständigen Neuordnung des französischen Maß- und Gewichtswesens. Dabei war sie von z. T. hochgradig utopischen Vorstellungen politischer Gleichheit und der Wiederherstellung antiker Ideale durchzogen.

Der zweite zeitliche Abschnitt der Arbeit reicht von den Ursprüngen des metrischen Systems bis zur weitgehenden Etablierung von abstrakten und uniformen Maßeinheiten in den europäischen Nationalstaaten, die etwa um 1870 herum zum Abschluss kam. Kapitel 4 skizziert die politische Dimension dieser Entwicklung. Sie war maßgeblich vom französischen Vorbild beeinflusst, hatte aber weder in den deutschen Territorien noch in Großbritannien die Etablierung des Meters zur Folge. Vielmehr wurden dort standardisierte Einheitssysteme auf der Basis traditioneller Größen eingerichtet. Sie konnten z. T. schneller durchgesetzt werden als das französische Maß in seinem Mutterland. Kapitel 5 untersucht ihre Auswirkungen auf ökonomische Transaktionen und insbesondere auf den Warenhandel. Es zeigt, dass Mengenbestimmungen dort nicht nur von den verwendeten Maßeinheiten, sondern auch von den Konventionen des Maßgebrauchs abhängig waren. Diese unterlagen aber keiner zentral gesteuerten Standardisierung. Die Praxis der Bemessung im Handel blieb deshalb trotz der Vereinheitlichung der Maße von lokalen und branchenspezifischen Differenzierungen geprägt. Kapitel 6 argumentiert zudem, dass auch die wissenschaftliche Basis der neuartigen Einheiten Spielräume für unterschiedliche Interpretationen eröffnete. Während Forscher in Großbritannien und auf dem Kontinent zunächst einer Variante des französischen Naturmaßes nacheiferten, gaben sie diese Idee in den 1820er Jahren zugunsten derjenigen eines sogenannten Konventionalmaßes auf. Dessen breite Akzeptanz stellte ab der Jahrhundertmitte die wissenschaftliche Reputation des Meters ernsthaft in Frage.

Sie stand damit in einem merklichen Spannungsverhältnis zur zeitgleich einsetzenden Internationalisierung des französischen Maßes. Diese bildet den Gegenstand des dritten Teils der Arbeit, der – in bewusster Überlappung mit dem vorangehenden Abschnitt – den Zeitraum zwischen 1850 und 1914 umfasst. Kapitel 7 schildert zunächst die politische Dimension der Verbreitung des metrischen Systems in dieser Phase. Es argumentiert, dass die Impulse für sie teilweise von den ökonomischen Interessen der sich formierenden internationalen Zivilgesellschaft ausgingen. In erster Linie waren sie aber auf Staatsbildungsprozesse wie beispielsweise die Gründung des Norddeutschen Bundes und des Kaiserreiches zurückzuführen. Die Verankerung des Meters in der internationalen Sphäre, die in der Gründung des *Bureau international des poids et mesures* zum Ausdruck kam, hatte hingegen andere Ursachen. Sie war, wie in Kapitel 8 dargelegt wird, eine Folge der wissenschaftlichen Debatten über die Defizite der französischen Urmaße. Auch die Maßstandardisierung in der industriellen Produktion, die den Gegenstand von Kapitel 9 bildet, folgte einer eigenständigen Logik. Zwar beeinflusste die politisch-administrative Internationalisierung des Meters sie durchaus. Im Wesentlichen geschah die Setzung von Maßnormen in der Industrie aber auf dezentralem, an den Bedürfnissen der jeweiligen Branchen orientiertem Wege. Insgesamt blieb die gewerbliche Messpraxis deshalb bis zum Ende des Untersuchungszeitraums deutlich fragmentierter als die offiziellen Maßsysteme.

In einem abschließenden Fazit werden die Ergebnisse zusammengefasst und analysiert. Dabei zeigt sich, dass das zentrale Charakteristikum der Standardisierung von Maßen und Gewichten im 18. und 19. Jahrhundert in jener Gleichzeitigkeit von äußerer Homogenisierung und innerer Differenzierung bestand, die Christopher Bayly als ein wesentliches Merkmal der „Geburt der modernen Welt" in diesem Zeitraum identifiziert hat.[75] Die äußere Homogenisierung, d. h. die offizielle Vereinheitlichung der Maßsysteme, wurzelte in einem ideologisch motivierten Objektivierungs- und Quantifizierungsprogramm einer kleinen, aber einfluss-

---

[75] Bayly, Geburt, Titel (Zitat) u. S. 27–38. Vgl. auch Ogle, Transformation, S. 205. Zum Umgang mit der Kritik an dieser These bei Osterhammel, Verwandlung, S. 18f. vgl. die Schlussfolgerung der vorliegenden Arbeit.

reichen Elite von Naturphilosophen und Naturwissenschaftlern. Im Laufe der ersten Hälfte des 19. Jahrhunderts überlagerten sich deren Zielsetzungen mit dem staatlichen Interesse an der ‚Durchherrschung' von Territorien. Ökonomische Belange hatten für den Prozess der äußeren Homogenisierung dagegen nur geringe Bedeutung. Zwar rückten sie in der zweiten Hälfte des 19. Jahrhunderts stärker in den Vordergrund und trugen dazu bei, dass die Debatten über Maße und Gewichte von der nationalen auf die internationale Ebene gehoben wurden. Aber bedeutsamer als die globale Vereinheitlichung der Standards war für die ökonomische Koordination die Dimension ihrer inneren Differenzierung. Sie bestand darin, dass die praktische Verwendung der Maße eine Vielzahl von kontextspezifischen Konventionen des Umgangs mit ihnen hervorrief. Diese unterlagen zwar ebenfalls Standardisierungsprozessen. Sie folgten aber einem anderen Muster als die staatliche Vereinheitlichung. Denn die praktischen Maßstandards entstanden auf dezentralem Wege. Sie waren anwendungsbezogen und erfuhren ebenso wie ihre Einsatzzwecke dynamische Veränderungen im marktwirtschaftlichen Wettbewerb. Seit der Jahrhundertmitte wurden sie vermehrt durch eigens dafür ins Leben gerufene Institutionen gesetzt. Diese gingen nicht aus staatlicher Initiative hervor, sondern aus den betroffenen Industriezweigen. Mit der „große[n] Beschleunigung"[76] seit etwa 1890 gewannen sie merklich an Bedeutung.

Dieser Zeitpunkt markiert deshalb einerseits den Abschluss der politisch-administrativen Vereinheitlichung von Maßen und Gewichten und damit das Ende der Gleichzeitigkeit von äußerer Homogenisierung und innerer Differenzierung. Andererseits kennzeichnet er auch den Moment, in dem der Prozess der technisch-ökonomischen Standardisierung in die gesellschaftliche Selbstorganisation überging. Diese soziale ‚Verinnerlichung' der Verständigung über koordinative Normen sollte die industrialisierten Gemeinwesen des 20. Jahrhunderts so nachhaltig prägen, dass sie sich mit einigem Recht auch als ‚Standardisierungsgesellschaften' bezeichnen ließen. Dabei gingen sie zwar weit über die im Laufe des 18. und 19. Jahrhunderts erbrachten Vorleistungen hinaus. Gleichzeitig griffen sie aber auch in hohem Maße auf diese zurück. Insgesamt betrachtet, bildete der Zeitraum zwischen 1660 und 1914 deshalb eine unerlässliche Brücke zwischen der frühneuzeitlichen Vielfalt und der Ubiquität von Vereinheitlichungsprozessen im 20. Jahrhundert. Er erscheint in dieser Perspektive als eine Art Inkubationszeit der ‚Standardisierungsgesellschaft', deren Entstehung eine wichtige Dimension der „Verwandlung der Welt"[77] im langen 19. Jahrhundert darstellte.

5. Forschungsstand und Quellenlage

Eine umfassende Darstellung der Vereinheitlichung von Maßen und Gewichten mit der hier angestrebten multidimensionalen, langfristigen und europäischen

---

[76] BAYLY, Geburt, S. 564.
[77] OSTERHAMMEL, Verwandlung, Titel. Der Begriff der ‚Standardisierungsgesellschaft' ist m. W. bisher von Niemandem in der hier vorgeschlagenen Weise gebraucht worden.

Ausrichtung liegt bisher nicht vor. Es existieren aber zahlreiche Arbeiten, die als Grundlage für ein solches Werk fungieren können. Sieht man von der Vielzahl von Untersuchungen zu benachbarten Themengebieten wie der Geschichte von Münzen und Währungen, von Systemen der Zeitmessung, von Kalendern oder der Statistik ab, die an dieser Stelle nicht diskutiert werden können, lassen sich diese Vorarbeiten in drei Kategorien einteilen.[78]

An erster Stelle sind einige generelle Arbeiten zu nennen, die das Problem der Standardisierung von Maßen und Gewichten in einer breiten, allgemeinhistorischen Perspektive betrachten. Die mit Abstand wichtigste Untersuchung dieser Art ist das bereits diskutierte Buch *Miary i ludzie* (Maße und Menschen) des polnischen Historikers Witold Kula.[79] Seit dem Erscheinen seiner französischen und englischen Übersetzungen in den achtziger Jahren des 20. Jahrhunderts hat es international große Aufmerksamkeit gefunden. Kula offeriert einen reichen Fundus an Überlegungen zur sozial- und alltagsgeschichtlichen Bedeutung metrologischer Systeme. Im Hinblick auf die Charakteristika der frühneuzeitlichen Maße fallen seine Analysen allerdings überzeugender aus als im Hinblick auf den Prozess der Standardisierung. Kulas diesbezügliche Ausführungen sind wegen ihrer marxistischen Ausrichtung und der damit einhergehenden Überbetonung des ‚revolutionären‘ französischen Falles sehr umstritten.[80]

Auch die 1990 von Ronald Edward Zupko veröffentlichte Untersuchung der Vereinheitlichung von Maßen und Gewichten in Westeuropa und den USA lässt eine Reihe von zentralen Fragen offen. Zwar ist sie breit angelegt und umfasst den gesamten Zeitraum vom 16. bis zum 20. Jahrhundert.[81] Abgesehen von ihrem unorthodoxen Umgang mit Quellenverweisen weist sie aber ein grundlegendes Problem auf, das zu vermeiden eines der Hauptanliegen der vorliegenden Darstellung ist. Denn Zupko geht davon aus, dass das metrische System eindeutig die beste Lösung für das Problem der Standardisierung gewesen sei und betrachtet seine Durchsetzung als eine Art objektiver Notwendigkeit. Aus diesem Grund ist das Buch auch als „relentlessly Whiggish" und als „an often ahistorical piece of promotional literature for the metric system" beschrieben worden.[82] Zwar taugt es durchaus für eine erste Orientierung, aber die hier als zentral erachteten Fragen nach den Interessen unterschiedlicher Akteure oder nach der Interaktion der verschiedenen Handlungsebenen beantwortet es nicht einmal ansatzweise.

In weniger extremer Form betrifft diese Kritik auch einen erheblichen Teil der übrigen allgemeinen Darstellungen des Themas, etwa die in den 1950er Jahren verfasste Geschichte des metrischen Systems von Edward Franklin Cox.[83] Sie ist

---

[78] Knappe, auf das 18. und 19. Jahrhundert bezogene Überblicke zu den genannten Gegenstandsbereichen bieten WENZLHUEMER, History sowie OSTERHAMMEL, Verwandlung, S. 57–62, S. 89–94, S 118–126 u. S. 1038–1047.

[79] KULA, Measures.

[80] Vgl. HUNTER DUPREE, Measures, S. 570 f. sowie NORTH, Measures, S. 594 f.

[81] ZUPKO, Revolution.

[82] HULL, Revolution, S. 274 f.

[83] COX, Metric System. Vgl. auch ders., Acceptance.

aber immerhin sehr materialreich und nimmt neben der französischen Entwicklung auch Großbritannien und die USA in den Blick. Einige jüngere, eher populäre Darstellungen beziehen sich stark auf die Arbeit von Cox. Dabei replizieren sie häufig deren Schwächen, ohne aber ihre Stärken zu erreichen.[84] Eine Ausnahme von dieser Regel ist die primär wissenschaftsgeschichtlich ausgerichtete Geschichte der Standardisierung, die Robert Crease 2011 vorgelegt hat. Sie bietet einen gut lesbaren und verlässlichen Überblick, der zahlreiche interessante Denkanstöße beinhaltet. Allerdings erfasst Crease nicht die volle Spannbreite des Themas. Zudem bleibt seine Interpretation des „Historic Quest for an Absolute System of Measurement"[85] in vielerlei Hinsicht jener teleogischen Erklärungslogik verpflichtet, die – abgesehen von Kula – auch für die übrigen der bisher genannten Veröffentlichungen kennzeichnend ist.

Neben diesen allgemeinen Darstellungen kann die Arbeit zweitens auch auf eine Reihe von Nachschlagewerken zurückgreifen, die dem Kontext der historischen Hilfswissenschaften entstammen. Dazu zählen beispielweise das von Harald Witthöft herausgegebene, achtbändige Handbuch der historischen Metrologie; die von Ronald Edward Zupko edierten Wörterbücher zu Maßbegriffen und Maßeinheiten in Frankreich, Großbritannien und Italien sowie zahlreiche populäre Veröffentlichungen, die häufig nicht nur Maße und Gewichte, sondern auch Münzen, elektrische Einheiten oder die Zeitmessung behandeln.[86] Alle diese Darstellungen bieten nützliche Informationen. Aufgrund ihrer enzyklopädischen Natur unterscheidet sich ihr Erkenntnisinteresse aber deutlich von demjenigen der vorliegenden Arbeit.

Drittens schließlich gibt es eine Vielzahl von Veröffentlichungen, die einzelnen, größeren Teilaspekten des Untersuchungsgegenstandes gewidmet sind. So ist z. B. die europäische Metrologie des Spätmittelalters und der Frühen Neuzeit prinzipiell gut erforscht. Sie bildete lange Zeit einen wesentlichen Arbeitsschwerpunkt jener Forschungstradition, der auch die genannten Nachschlagewerke entstammen. Die wechselseitigen Beziehungen zwischen der Vielzahl der Maße und Gewichte vom 13. bis zum 18. Jahrhundert sind deshalb umfangreich dokumentiert.[87] Zumindest für Frankreich und für Deutschland gilt dies auch in lokal- und regionalgeschichtlicher Hinsicht. In Großbritannien bestehen diesbezüglich allerdings erhebliche Lücken. Immerhin liegen auch hier einige Synthesen für die nationale Ebene vor. Sie sind jedoch, wie die meisten Darstellungen dieser Art, wenig kon-

---

[84] Das gilt z. B. für TAVERNOR, Smoot's Ear. Auch ZUPKO, Revolution, stützt sich in erheblichem Maße auf die Darstellung von Cox, erwähnt sie jedoch nicht in den Anmerkungen.

[85] CREASE, Balance, Untertitel.

[86] WITTHÖFT (Hrsg.), Handbuch; ZUPKO, French Weights; ders., Dictionary sowie ders., Italian Weights. Vgl. auch ders., Scotland. Aus der Vielzahl der populären Werke seien genannt: ROBINSON, Story; TRAPP und WALLERUS, Handbuch; JEDRZEJEWKSI, Histoire universelle sowie HAUSTEIN, Weltchronik.

[87] Vgl. den Forschungsüberblick von WITTHÖFT, Ökonomie; die Bibliographien von ders. et al., Deutsche Bibliographie und von HEIT und PETRY, Bibliograpie sowie die allgemeinen Einführungen in diese Forschungstradition von HOCQUET, Métrologie und GARNIER et al. (Hrsg.), Introduction.

textorientiert und eröffnen kaum nennenswerte Bezüge zu breiteren wirtschafts-, sozial- oder politikgeschichtlichen Debatten. Zudem stellen sie nicht das Problem der Standardisierung, sondern das Problem der Vielfalt in den Mittelpunkt ihrer Betrachtungen.[88]

Ein zweiter Teilaspekt des Themas, der als gut erforscht gelten kann, ist die Entstehung des metrischen Systems in der Französischen Revolution. An erster Stelle muss dabei Kenneth Alders 2003 erschienenes Buch über das *Maß der Welt* genannt werden.[89] Neben der Arbeit von Kula stellt es die wohl bedeutsamste Veröffentlichung zum Thema der vorliegenden Untersuchung dar. Ihr Autor entstammt dem Kontext der *science and technology studies*. Die Darstellung verfolgt also einen wissenschaftsgeschichtlichen Ansatz und konzentriert sie sich auf die 1790er Jahre. Einzelne Kapitel greifen aber sowohl zeitlich als auch sachlich weiter aus. Sie bieten deshalb zahlreiche Anknüpfungspunkte für die hier verfolgte Fragestellung. In geringerem Umfang gilt dieser Befund auch für einige weitere Arbeiten über die Ursprünge des Meters sowie für eine Reihe von z. T. eher populärgeschichtlichen Darstellungen zu verwandten Themen wie der Vermessung der Erde im 18. und 19. Jahrhundert, der Kartographie oder der Zeitmessung.[90]

Ein dritter Teilbereich der Forschungslandschaft besteht aus denjenigen Arbeiten, die die Fragestellung der vorliegenden Untersuchung auf der Ebene einzelner Länder verfolgen. Dabei beschränken sie sich meist auf eine der drei hier in den Blick genommenen Problemdimensionen. Für Frankreich hat Denise Roncin z. B. die administrative Durchsetzung des metrischen Systems untersucht. Dabei betrachtet sie jedoch nur den Zeitraum bis 1840. Nennenswerte Arbeiten zur nachfolgenden Phase gibt es, abgesehen von einem einzelnen Aufsatz, nicht.[91] Besser erforscht ist der Gang der Standardisierung im deutschen Fall. Mit den Darstellungen von Victor Wang, Cornelia Meyer-Stoll und Florian Groß liegen hier gleich drei Untersuchungen vor, die jeweils etwas unterschiedlich akzentuiert sind. Wangs Versuch einer gleichmäßigen Berücksichtigung von politischen, wirtschaftlichen und sozialen Aspekten kommt der hier anvisierten Vorgehensweise am nächsten. Er ist aber nicht in allen Punkten gelungen und ignoriert zudem die wissenschaftsgeschichtliche Dimension des Themas. Diese steht im Zentrum der Arbeit von Meyer-Stoll, die allerdings die methodischen Ansätze der *science and technology studies* nicht berücksichtigt und deshalb ebenfalls nicht völlig überzeugen kann. Groß schließlich konzentriert sich auf die politikgeschichtlichen

---

[88] Vgl. CONNOR, England; CONNOR et al., Scotland sowie ZUPKO, British Weights and Measures.
[89] ALDER, Maß. Vgl. auch ders., Revolution.
[90] Von den Darstellungen zur Entstehungsgeschichte des metrischen Systems sind erwähnenswert: HEILBRON, Measure; GILLISPIE, Revolutionary Years, S. 223–285 u. S. 458–494; GUEDJ, Mètre; GARNIER und HOCQUET (Hrsg.), Genèse; DÉBARBAT und TEN (Hrsg.), Mètre sowie die beiden älteren Werke von FAVRE, Origines und BIGOURDAN, Système métrique. Vgl. auch die weiteren Angaben in Kap. 3.3.1 dieser Arbeit. Beispiele für nützliche populäre Werke zu angrenzenden Themenfelder sind MURDIN, Meridian; FERREIRO, Measure; DANSON, Weighing; BROTTON, Maps sowie BLAISE, Zählung.
[91] Vgl. RONCIN, Système métrique sowie MÉHAYE, Système métrique en pratique.

Debatten. Sie werden umfassend wiedergegeben, stellen aber nur einen begrenzten Aspekt des Gesamtproblems dar.[92]

Auch für einzelne deutsche Territorien sowie für einige der hier nur am Rande berücksichtigten Länder wie die Niederlande, Spanien, die USA und die Schweiz existieren vergleichbare Darstellungen.[93] Schwierig ist der Forschungsstand hingegen hinsichtlich des britischen Falls. Neben den bereits genannten Arbeiten aus den historischen Hilfswissenschaften gibt es hierzu nur einige Aufsätze sowie die bereits diskutierte Untersuchung von Aashish Velkar. Angesichts ihrer Konzentration auf die ökonomische Koordinationsfunktion von Maßstandards ist sie von überaus großem methodischem Wert. Bezüglich der administrativen und der wissenschaftsgeschichtlichen Entwicklung der britischen Einheiten hinterlässt sie aber eine Reihe von offenen Fragen.[94]

Einen letzten, in größerem Umfang erforschten Teilaspekt der metrologischen Standardisierung bildet schließlich ihre Rolle im Rahmen der transnationalen Verflechtungen der zweiten Hälfte des 19. Jahrhunderts. In dieser Hinsicht sind besonders die Untersuchung von Martin Geyer zur politischen Dimension der Internationalisierung des metrischen Systems, die bereits genannten Aufsätze von Michael Kershaw zur Nutzung von Maßen im Maschinenbau und in der Elektrotechnik sowie die Arbeit von Miloš Vec zur Entstehung neuer Strukturen der Normsetzung erwähnenswert. Auch einige weitere, z. T. recht verstreute Forschungen zu den Anfängen der technischen Normung, zu den um die Jahrhundertwende entstandenen metrologischen Staatsinstituten sowie Terry Quinns Arbeit über die Geschichte des *Bureau international des poids et mesures* gehören in diese Kategorie.[95]

Trotz dieser insgesamt günstigen Ausgangslage reflektiert die bisherige Literatur die Schwerpunktsetzung der vorliegenden Untersuchung aber nur in unzureichender Weise. Eine Zusammenschau der unterschiedlichen Dimensionen, Wege und Phasen des Standardisierungsprozesses sowie eine schlüssige Gesamtinterpretation desselben fehlen bisher. Zudem sind zahlreiche Einzelaspekte des Themas wie beispielsweise die administrative Durchsetzung der neuen Einheitensysteme im 19. Jahrhundert, die wissenschaftlichen Debatten über ihre dauerhafte Sicherung sowie die Bedeutung der Standardisierung für die Messpraxis bisher

---

[92] Vgl. WANG, Vereinheitlichung; MEYER-STOLL, Maß- und Gewichtsreformen sowie GROSS, Integration. Die zuletzt genannte Arbeit konnte aufgrund ihres Erscheinungsdatums nur punktuell berücksichtigt werden.

[93] Vgl. zu Bayern WEISS, Vereinheitlichung; zu Südwestdeutschland HIPPEL, Pfalz und Rheinhessen; ders., Baden und ders., Württemberg; zu Sachsen BRANDT, Urkundliches; zu den Niederlanden MAENEN, Invoering; zu Spanien AZNAR GARCIA, Unificación; zu den USA TREAT, History und MARCIANO, Metric System sowie zur Schweiz BOSER, Diskurse und BOSER HOFMANN, Modernisierung.

[94] Vgl. VELKAR, Markets sowie die Ausführungen in Abschnitt 3 dieser Einleitung. Die wichtigsten der erwähnten Aufsätze sind HOPPIT, Reforming und ADELL, Standardization Debate.

[95] GEYER, One Language; KERSHAW, Diogenes; ders., Electrical Units; ders., Geodesy; ders., Twentieth-Century Length; VEC, Recht und Normierung sowie QUINN, Artefacts. Zu den Anfängen der technischen Normung vgl. MUSCHALLA, Vorgeschichte; WÖLKER, Entstehung; ders., Wettlauf; BERZ, 08/15; MCWILLIAM, British Standards; DURAND, AFNOR; FRANCK, Normalisation sowie MURPHY und YATES, ISO. Zu den metrologischen Staatsinstituten vgl. Kap. 9.3.3 dieser Arbeit.

nur teilweise erforscht. Und schließlich haben sich im Rahmen der vorliegenden Arbeit auch für vermeintlich vollständig erschlossene Zusammenhänge wie etwa die Funktionsweise der frühneuzeitlichen Maße und Gewichte oder die Entstehungsgeschichte des metrischen Systems neue Gesichtspunkte ergeben.

Dafür war es allerdings nötig, neben der Forschungsliteratur auch in großem Umfang Primärquellen heranzuziehen. Aufgrund der Breite der Untersuchung und ihres langen Zeithorizontes kommen sie aus einer Vielzahl unterschiedlicher Provenienzen. Grob gesprochen, lassen sie sich in drei Kategorien einteilen. Als erstes ist auf die nicht-staatlichen zeitgenössische Veröffentlichungen zu verweisen, insbesondere auf die Zeitschriftenliteratur. Das wichtigste Beispiel hierfür bilden die bis ins 17. Jahrhundert zurückreichenden Periodika der wissenschaftlichen Akademien, in denen die naturphilosophischen Debatten über Maße und Gewichte umfassend dokumentiert sind. Daneben gehören in diese Kategorie auch die Fachzeitschriften aus Landwirtschaft, Handel, Gewerbe und Industrie, die seit der zweiten Hälfte des 19. Jahrhunderts kursierten. Sie sind besonders in wirtschaftshistorischer Hinsicht von Interesse. Dasselbe gilt für die im 18. Jahrhundert verbreiteten Kaufmannshandbücher sowie für die ähnlich aufgebauten, aber erst später entstandenen Kompendien aus einzelnen Industriezweigen wie beispielsweise der Textilverarbeitung.[96] Schließlich existiert auch noch eine umfangreiche Pamphletenliteratur. Sie beinhaltet vor allem Beiträge von Intellektuellen zur Debatte über die Standardisierung. Daneben war sie aber auch für die Popularisierung der neuartigen Maßsysteme von Bedeutung.[97]

Die zweite wichtige Quellengattung bilden die amtlichen Druckschriften. Dabei müssen vor allem jene Unterlagen hervorgehoben werden, die im Umfeld von thematisch einschlägigen Gesetzesinitiativen entstanden sind. Sie erlauben eine detaillierte Analyse der wiederholten Versuche zur politisch-administrativen Etablierung universeller Maßsysteme. Neben Rechtsnormtexten und Aufzeichnungen von parlamentarischen Debatten befinden sich unter diesen Dokumenten auch zahlreiche Enquete-artigen Untersuchungen. Ihr Horizont weist oft weit über die politische Dimension des Themas hinaus. Besonders im britischen, z. T. aber auch im deutschen und im französischen Fall ermöglichen sie tiefgehende Einblicke in die alltägliche Praxis des Messens und Wiegens.[98]

---

[96] Allgemein zu den Kaufmannshandbüchern vgl. DENZEL et al., Kaufmannsbücher sowie die analytische Bibliographie von HOOCK et al. (Hrsg.), Ars Mercatoria. Zu ihrem Potential für die Erforschung von Maßen und Gewichten vgl. JEANNIN, Poids et Mesures und STARKE, Gewichte.

[97] Einen groben, aber nicht annähernd vollständigen Eindruck vom Umfang dieser Literatur vermittelt die Auflistung bei ZUPKO, Revolution, S. 414 ff. Nennenswerte Bestände befinden sich in der *Bibliothèque Nationale* in Paris, in der *British Library* und in der Pamphlet Collection der *LSE Library* in London.

[98] Zu Großbritannien vgl. die Vielzahl der im Literaturverzeichnis aufgelisteten *Parliamentary Papers*. Zu Deutschland vgl. z. B.: Gutachten über Einführung gleichen Maßes und Gewichtes sowie Kap. 4 u. 7 dieser Arbeit. Für Frankreich sind v. a. die 1789 entstandenen *cahiers de doléances* zu nennen. Da sie der Maß- und Gewichtsfrage große Aufmerksamkeit widmen, können sie im weiteren Sinne ebenfalls zur genannten Quellengattung gerechnet werden. Vgl. dazu ausführlich Kap. 2.3.3 dieser Arbeit.

Drittens beruht die Arbeit auch auf archivalischen Quellen. Von zentraler Bedeutung sind dabei die Akten der nationalen Eichämter der drei schwerpunktmäßig untersuchten Länder. Hinzu kommen die Überlieferungen aus deren Vorgängerinstitutionen, bei denen es sich zumeist um Abteilungen der Handels- oder Finanzministerien handelte, sowie die Unterlagen der Zoll- und Steuerverwaltungen. Auch verschiedene andere regierungsamtliche Einrichtungen haben einschlägiges Material hinterlassen. Es befindet sich zum überwiegenden Teil in den französischen *Archives nationales,* im Bundesarchiv und in den britischen *National Archives.* Im deutschen Fall haben sich darüber hinaus auch die Bestände des Geheimen Staatsarchivs Preußischer Kulturbesitz sowie des Archivs der Physikalisch-Technischen Bundesanstalt (PTB) in Braunschweig als unverzichtbar erwiesen. In Großbritannien bildeten zudem die *National Archives of Scotland* eine wichtige, ergänzende Fundstelle für die fraglichen Materialien. Angesichts des vergleichsweise dürftigen Forschungsstandes war es dort zudem nötig, einzelne kleinere Bestände aus lokalen, regionalen und spezifisch wissenschaftsgeschichtlichen Archiven (beispielsweise dasjenige des *Royal Greenwich Observatory* in der *Cambridge University Library*) heranzuziehen. Auf die schwer zugängliche Überlieferung des *Bureau international des poids et mesures* konnte die Arbeit hingegen verzichten. Die überaus dichte Folge einschlägiger zeitgenössischer Veröffentlichungen sowie die partielle Gegenüberlieferung in den Beständen der PTB genügten, um diese Institution hinreichend zu beleuchten.

Insgesamt ist festzuhalten, dass an Quellen für die Untersuchung grundsätzlich kein Mangel besteht. Dieser Befund gilt allerdings nicht für alle Aspekte des Themas und für alle Phasen des Untersuchungszeitraums in der gleichen Weise. Im Hinblick auf das späte 17. und frühe 18. Jahrhundert weist vor allem die staatliche Überlieferung große Lücken auf. Für den darauf folgenden Zeitraum wird sie zwar allmählich dichter, aber erst ab der Mitte des 19. Jahrhunderts fällt sie wirklich solide aus. In wirtschaftshistorischer Hinsicht ist die Quellenlage für alle Phasen problematisch, weil die relevanten Materialien in der Regel weit verstreut sind. Umso gezielter mussten für diese Untersuchungsdimension passende, ausreichend dokumentierte Beispiele ausgewählt werden. Nur für den wissenschaftsgeschichtlichen Teil der Arbeit ist die Quellenbasis uneingeschränkt positiv zu beurteilen. Trotz der genannten Einschränkungen erwies sich die Überlieferung aber als ausreichend, um die eingangs skizzierte Fragestellung zu untersuchen.

Abschnitt A: 1660–1795

1. ‚Infinite perplexity'? Maße und Gewichte im Europa der Frühen Neuzeit

Zwischen 1787 und 1789 unternahm der englische Grundbesitzer Arthur Young eine ausgedehnte Reise durch Frankreich. Young erkundete das Land allerdings nicht zu seinem Vergnügen. Als einer der führenden Vertreter des *agricultural improvement* gehörte er vielmehr zu jenen Reformern, „deren systematische Suche nach fetteren Schweinen, besseren Entwässerungsmethoden, ertragreicheren Getreidesorten und mehr Milch gebenden Kühen Voraussetzung wie Symptom des wirtschaftlichen Aufschwungs im Europa des späten 18. und frühen 19. Jahrhunderts war".[1]

Der ausführliche Bericht, den er nach seiner Rückkehr veröffentlichte, zielte deshalb darauf ab, seinen Landsleuten einen Eindruck von den Charakteristika der französischen Landwirtschaft zu vermitteln. Youngs Analyse fiel zwiespältig aus. Zwar war er davon überzeugt, dass das Land großes Potential besaß, aber er sah auch gravierende Hindernisse, die dessen Entfaltung im Wege standen. So kritisierte er beispielsweise das in Südfrankreich verbreitete System der *métayage*, einer Naturalpacht, die den Inhabern eines Hofes in seinen Augen keinerlei Anreize zur Steigerung ihrer Produktivität bot.[2] Dies war ein bekanntes Problem, das zahlreiche Autoren seiner Zeit beschäftigte. Daneben gab Young aber auch einem Thema breiten Raum, das auf den ersten Blick unbedeutend erscheinen mochte. Es hatte ihn jedoch auf seiner Reise permanent begleitet und alle seine Versuche vereitelt, vergleichbare Daten über Flächen, Erträge und Pachtzinsen der von ihm besuchten Güter zu gewinnen. Das war die außerordentliche Vielzahl der Maßeinheiten, die in Frankreich in der zweiten Hälfte des 18. Jahrhunderts in Gebrauch war. „The infinite perplexity of the measures", so schrieb Young frustriert,

exceeds all comprehension. They differ not only in every province, but in every district, and almost in every town; and these tormenting variations are found equally in the denominations and contents of the measures. [...] the arpent de Paris, and the arpent de France, are both legal and common measures; notwithstanding which, they are [regionally] of very different contents [...]. The denominations of French measures [...] are almost infinite, [...] the foot itself varies, and contains, in some provinces, as Loraine, but ten inches and a fraction. [...] [And] the people in the provinces [...] often know nothing of their own measures, giving information totally erroneous.[3]

Auch aus vielen anderen Quellen geht hervor, dass die französischen Maße zum Zeitpunkt von Youngs Reise extrem vielfältig und unübersichtlich waren. Eine zeitgenössische Erhebung in der Haute-Garonne etwa förderte allein 43 verschiedene Größen für die Vermessung von Flächen zutage. Neben *arpent, séterée, éminée, dinerade* und *concade*, die in der ganzen Region verbreitet waren, umfasste diese Liste auch zahlreiche Einheiten, deren Gebrauch sich auf wenige Ortschaften beschränkte. Dazu zählten beispielsweise *pugnères, razées, lattes, places, escats,*

---

[1] FAHRMEIR, Revolutionen, S. 8.
[2] YOUNG, Travels, Bd. 2, S. 241 ff.
[3] Ebd., S. 44 f.

https://doi.org/10.1515/9783110581959-002

livrelats oder *cazaux*.[4] Bei anderen Maßen und in anderen Regionen sah die Situation sehr ähnlich aus. Insgesamt existierten in den Jahren vor der Revolution vermutlich einige Hunderttausend verschiedene Einheiten.[5]

Allerdings beschränkte sich diese schier überwältigende Vielfalt nicht alleine auf Frankreich. Zwar vertrat Arthur Young die Auffassung, dass sie dort besonders ausgeprägt sei, und einige Historiker haben sich diese Sichtweise zu Eigen gemacht.[6] Doch es gibt zahlreiche Hinweise darauf, dass die Situation in anderen Ländern dieselbe war. Hätte Young beispielsweise den wenige Jahre nach seiner Reise entstandenen 85. Band der Ökonomischen Enzyklopädie des Johann Georg Krünitz zur Hand genommen, um sich über die Lage im deutschsprachigen Raum zu informieren, wäre er mit ganz ähnlichen Schwierigkeiten wie in Frankreich konfrontiert gewesen. So hätte er sich zunächst für eines von etwa fünfzig Stichwörtern entscheiden müssen, die die gesamte Bandbreite der aus dem Begriff ‚Maß' hervorgehenden Komposita – von A wie Ackermaß bis Z wie Zahlmaß – abdeckten. Sodann hätte er z. B. über Flüssigkeitsmaße erfahren können, dass diese sich „nicht nur in verschiedenen Gegenden [...], sondern selbst in einer Gegend nach Maßgebung des flüssigen Körpers selbst"[7] unterschieden. Und eine illustrative Aufzählung, die nicht einmal annähernd vollständig war, hätte ihm gezeigt, dass in Köln

eine [sic] Ohm 26 Viertel, 104 Maß oder 416 Pinten, dagegen eine Tonne daselbst 160 Viertel oder 640 Maß hält. In Augsburg hält ein Fuder 8 Jez, 16 Muids, 96 Besons oder 768 Maß, jedes zu 2 Seidel oder 4 Quärtle. In Oesterreich hält ein Eimer Wein 4 Viertel, 40 Maß oder Achtering, jedes zu 4 Seidel. In Zürch ist ein Eimer 4 Viertel, 32 Kopf, 64 Maß, 128 Quärtli oder 256 Stotzen; 1 Zürcher Maß ist so viel als 2 Hamb. Quartier. In Bern gehen 25 Maß auf einen Eimer oder Brenten, dagegen im Würtembergischen ein Ohm oder Eimer 16 Immi oder 160 Maß hält, jedes zu vier Quart oder Schoppen. Im Osnabrückischen gehen 27 Viertel auf eine Tonne Bier, ein Viertel hält daselbst 4 Kannen, eine Kanne oder Maß aber 4 Ort oder 16 Helfchen. In der Mark Brandenburg sind Maß und Quart einerley, und jedes hält wieder zwey Nößel.[8]

Auch die deutschen Maße bestanden am Ende des 18. Jahrhunderts also aus einer scheinbar völlig willkürlichen Mischung unterschiedlicher Größen und Begriffe. Angesichts der politischen Zersplitterung des Reiches haben manche Autoren sogar die Auffassung vertreten, dass die Maßvielfalt nicht in Frankreich, sondern gerade in Deutschland am stärksten hervorgetreten sei.[9] Aber auch das erscheint wenig plausibel, denn in den Niederlanden, in Italien, in Spanien, in Polen und in Rußland waren ebenfalls von Region zu Region und teilweise von Ort zu Ort unterschiedliche Maßeinheiten in Gebrauch, und dasselbe gilt für Nordamerika oder für Indien.[10]

---

[4] Favre, Origines, S. 5.
[5] Zupko, Revolution, S. 113. Vgl. auch Alder, Revolution, S. 43 sowie ders., Maß, S. 15.
[6] So z. B. Favre, Origines, S. 3 sowie Cox, Metric System, S. 54.
[7] Maß, in: Krünitz, Ökonomische Enzyklopädie, Bd. 85, S. 262–325, hier S. 266.
[8] Ebd., S. 267.
[9] Vgl. Alberti, Maß und Gewicht, S. 56 sowie kritisch zu dieser Überlegung Gross, Integration, S. 52 f.
[10] Vgl. die vielfältigen Beispiele aus den genannten europäischen Ländern bei Kula, Measures, S. 3–123. Zu Nordamerika und Indien vgl. die Darlegungen in Kap. 7.3.3 dieser Arbeit.

Sogar für Großbritannien, das im 18. Jahrhundert in vielerlei Hinsicht „as a pioneer in gaining nation-wide uniformity"[11] gelten konnte, ergibt sich ein ähnliches Bild. Zwar suggeriert die Darstellung von Young einen starken Kontrast zwischen Frankreich und seinem Heimatland. Doch dies bedeutet nicht, dass es auf den britischen Inseln keine Variationen von Maß und Gewicht gegeben hätte. Young hielt dem Königreich lediglich zugute, dass dort seiner Meinung nach ein klar definiertes und allgemein bekanntes gesetzliches Referenzsystem existierte, das eine schnelle Umrechnung lokaler Angaben in überregional gebräuchliche Einheiten ermöglichte.[12]

Selbst diese Einschätzung dürfte allerdings zu optimistisch gewesen sein. Denn erstens galt sie, wenn überhaupt, nur für England und Wales, nicht aber für Schottland, wo die *statutory measures* erheblich weniger klar bestimmt waren.[13] Zweitens fügte Young selbst einschränkend hinzu, dass die Verbreitung der offiziellen Maßeinheiten eine Entwicklung „of late years" gewesen sei, die es erst seit kurzem ermögliche, die „pest of customary measures"[14] zu überblicken. In den 1750er und 1760er Jahren hatte sich die Situation dagegen noch völlig anders dargestellt.[15] Und drittens ist davon auszugehen, dass Young das Ausmaß, in dem sich die gesetzlichen Maße bis zum Ende des Jahrhunderts verbreiteten, überschätzt hat. Die von ihm selbst mit organisierten *county agricultural surveys* förderten jedenfalls auch in den 1790er Jahren noch ein Bild zutage, das demjenigen auf dem Kontinent sehr ähnlich war. So stellte etwa der *survey* für das keineswegs besonders abgelegene Staffordshire fest, dass

the customary weights and measures in this county differ considerably from the regular standard; the custom of Wolverhampton market being eighteen ounces to the pound of butter; one hundred and twenty pounds to the hundred of cheese; nine gallons and a half to the bushel of barely, oats, beans, and pease; and seventy-two pounds to the bushel of wheat; whilst that of other markets in the county varies, some being more and some less.[16]

Und dies war kein Einzelfall, sondern nur eine von vielen lokalen Besonderheiten, die im letzten Jahrzehnt des 18. Jahrhunderts Eingang in nationale oder regionale Erhebungen fanden. Auch in Großbritannien differierten Maße und Gewichte also von Region zu Region und teilweise von Ort zu Ort.[17] Selbst wenn die Maßvielfalt in einigen Punkten unterschiedliche nationale Ausprägungen aufgewiesen haben mag, so war sie in ihren Grundzügen zweifellos ein gesamteuropäisches Phänomen.

---

[11] Cox, Metric System, S. 50.

[12] Young, Travels, Bd. 2, S. 43. Ähnlich argumentieren auch Kula, Measures, S. 280 sowie Mokyr, Enlightened Economy, S. 422.

[13] Connor et al., Scotland, S. 307–349 sowie zeitgenössisch Swinton, Uniformity, S. 4f. u. S. 7ff.

[14] Young, Travels, Bd. 2, S. 43.

[15] Vgl. dazu die in Kap. 2 dieser Arbeit dargestellten politischen Debatten aus den genannten Jahrzehnten.

[16] Pitt, General View, S. 150f.

[17] Vgl. Harrison, Agricultural Weights, passim; Hoppit, Reforming, S. 83ff.; Sheldon et al., Popular Protest, S. 25 u. S. 29f. sowie Zupko, Dictionary, passim. Zur Frage der Verortung des britischen Falls im europäischen Kontext Velkar, Markets, S. 16.

Wie ist dieser Befund zu erklären? Es wäre zunächst naheliegend, die Zersplitterung von Maßen und Gewichten als Zeichen fehlender Ordnung oder mangelhafter administrativer Durchsetzungsfähigkeit zu verstehen. Diese Annahme hat die Literatur bis weit in das 20. Jahrhundert hinein geprägt, und auch aus der Perspektive des 21. Jahrhunderts gibt es einige Indizien, die für sie sprechen. Insgesamt überwiegen aber die Anhaltspunkte dafür, dass die Vielfalt von Maß und Gewicht keineswegs mit völligem Chaos gleichzusetzen war. Vielmehr beruhte sie auf einer Reihe klar erkennbarer Prinzipien, die die frühneuzeitlichen Einheiten in nachvollziehbarer, in sich schlüssiger Weise strukturierten. Es ist vor allem das Verdienst von Witold Kula, dies in seiner bereits mehrfach genannten Untersuchung herausgearbeitet und mit einer Fülle von Belegen aus Frankreich, Italien, Polen und Russland illustriert zu haben. Auch Harald Witthöft hat die Funktionsweise frühneuzeitlicher Maße und Gewichte in zahlreichen Arbeiten, die vor allem den deutschsprachigen Raum in den Blick nehmen, dokumentiert.[18]

Auf der Grundlage dieser Forschungen soll im Folgenden die These vertreten werden, dass die enorme Vielfalt nur *ein* Grundcharakteristikum des frühneuzeitlichen Maßwesens darstellte. Daneben zeichnete es sich auch noch durch ein zweites Merkmal aus, das weniger auffällig, aber von ebenso großer Bedeutung war. Es bestand darin, dass vormoderne Maße und Gewichte niemals für sich standen. Vielmehr waren sie stets von einem komplexen Netzwerk von Regeln und Praktiken umgeben, das ihren Gebrauch bestimmte.[19] Dabei ist prinzipiell davon auszugehen, dass die in einem spezifischen Zusammenhang gültigen Regeln allen daran beteiligten Akteuren bekannt waren. Die Maßvielfalt war deshalb für die Zeitgenossen sehr viel weniger verwirrend, als es Außenstehende – Reisende wie Arthur Young oder Historiker wie Ronald Zupko – vermutet haben.[20]

Zunächst aber zur Vielfalt selbst, also dem ersten Grundcharakteristikum. Sie hatte, so die hier vertretene Auffassung, drei wesentliche Ursachen. Die wichtigste und grundsätzlichste bestand darin, dass frühneuzeitliche Maße kontextspezifisch, also an einen konkreten Verwendungszweck gebunden waren. Unterschiedliche Güter erforderten deshalb unterschiedliche Maße, auch wenn sie aus denselben Dimensionen bestanden. Zweitens variierten Maße und Gewichte, weil vielfältige, miteinander konkurrierende Autoritäten die politische Kontrolle über sie beanspruchten. Dies brachte es mit sich, dass Maßnormale, d. h. die physischen Artefakte, die den Einheiten zugrunde lagen, nur selten breitere Geltung erlangten oder längere Zeiträume überdauerten. In dieser Hinsicht sind also tatsächlich administrative Defizite auszumachen. Drittens ging die Vielfalt aber auch darauf zurück, dass Maße und Gewichte mit einer bestimmten Form des Zahlendenkens

---

[18] KULA, Measures; WITTHÖFT, Umrisse; ders., Scheffel und Last; ders., Metrologische Strukturen; ders., Aspekte; ders., Längenmaß; ders., Kommunikation; ders., Maß, Zahl und Gewicht; ders. Maß und Gewicht sowie zahlreiche weitere Arbeiten desselben Autors.

[19] Am deutlichsten ist die These von diesen zwei Grundcharakteristika herausgearbeitet bei VELKAR, Markets, S. 29–38, v. a. S. 37f. Vgl. daneben auch ALDER, Maß, S. 172f. sowie WITTHÖFT, Maß, Zahl und Gewicht, S. 344.

[20] VELKAR, Markets, S. 37f. Zur Position von Zupko vgl. ZUPKO, Revolution, S. 24.

assoziiert waren. Die Art und Weise, wie auf der Basis numerischer Verknüpfungen aus Grundeinheiten *Systeme* von Maßen gebildet wurden, war deshalb höchst uneinheitlich und trug ebenfalls zur Proliferation der Einheiten bei.

Diese drei Ursachen sind analytisch nicht vollständig voneinander zu trennen. Sie standen in vielerlei Hinsicht miteinander in Verbindung und überlappten sich. Zudem bringt die Reduzierung einer Erklärung der Maßvielfalt auf diese drei Punkte auch Schwierigkeiten mit sich. So sprechen z. B. einige Argumente dafür, sprachliche Differenzierungen, also die große Zahl der unterschiedlichen Maß*begriffe* als einen eigenständigen Faktor der Maßvielfalt zu betrachten.[21] Dass diese im Folgenden stattdessen als ein Unteraspekt der Assoziation von Maß und Verwendungszweck behandelt werden, hat z. T. darstellerische Gründe, ist aber auch inhaltlich vertretbar. Denn im Unterschied zu Differenzierungen der Maß*einheiten* ziehen Differenzierungen der Maß*begriffe* keine unmittelbare Veränderung der Information, die durch eine Messung gewonnen wird, nach sich. Die Länge eines Meters bleibt gleich, auch wenn seine Bezeichnung in eine andere Sprache übersetzt wird. Obwohl es unzweifelhaft erscheint, dass die Differenzierung der Begriffe maßgeblich zum *Eindruck* der Maßvielfalt beigetragen hat, bewegte sie sich also auf einer anderen, den übrigen Faktoren nachgeordneten Ebene.

Auf ein und derselben Ebene war hingegen das zweite Grundcharakteristikum frühneuzeitlicher Maße und Gewichte angesiedelt, ihre Bindung an Regeln und soziale Praktiken. Dieses Phänomen könnte man auch mit dem Begriff des ‚Verhandlungscharakters‘ der Maße bezeichnen. Der ‚Verhandlungscharakter‘ war das Gegenstück der Vielfalt. Denn diese eröffnete große Spielräume, angesichts derer der Gebrauch von Maßen und Gewichten mit Übereinkünften darüber einhergehen musste, welche Einheit bei welcher Gelegenheit in welcher Weise zu nutzen war.[22] Z. T. handelte es sich dabei um stillschweigend akzeptierte Konventionen, deren Inhalt beispielsweise darin bestand, dass wertvolle Objekte stets mit kleinen, weniger wertvolle Objekte dagegen mit großen Maßen abgemessen wurden. Gelegentlich mussten Bauern, Kaufleute oder Grundherren die jeweils gültigen Regeln aber auch explizit aushandeln. Das betraf etwa den Fall der sogenannten ‚Aufmaße‘, die als Ausgleich für etwaige Verluste beim Kauf bzw. Verkauf bestimmter Güter gedacht waren. In Gestalt der Brottaxe und der ‚Messbeamten‘ gab es sogar institutionalisierte Verfahren für die Lösung von Konflikten, die bei solchen Gelegenheiten entstehen konnten. Sie spielten eine wichtige Rolle für die Aufrechterhaltung der frühneuzeitlichen Einheitensysteme, weil sie dazu beitrugen, dass die Maßvielfalt keine eindeutigen Gewinner oder Verlierer kreierte.

Zusammengenommen führten die Vielfalt und der ‚Verhandlungscharakter‘ der Maße allerdings dazu, dass diese „highly contextual" waren, d. h. „their meaning, significance and usage varied depending upon the context in which they were used.“[23] In konkreten Alltagssituationen dürfte dies zwar nur selten zu Mißver-

---

[21] Dazu grundlegend SCHUPPENER, Dinge, v. a. S. 15 ff., S. 24 ff. u. S. 84 ff.
[22] ALDER, Maß, S. 172 f.
[23] VELKAR, Markets, S. 29.

ständnissen geführt haben. Es liegt aber auf der Hand, dass die Kontextualität der Maße einer überregionalen Vereinheitlichung im Wege stand. Ihre Überwindung war ein zentrales Anliegen der Befürworter einer solchen Vereinheitlichung. Für das Verständnis dieses Prozesses ist es deshalb unerlässlich, die Charakteristika und die Funktionsweise der kontextualisierten Maße zu untersuchen. Dabei werden im Folgenden zunächst die Ursachen für die Vielfalt von Maß und Gewicht im Mittelpunkt stehen und in einem zweiten Abschnitt die sozialen Praktiken, die den Umgang mit dieser Vielfalt determinierten, analysiert werden.

1.1 Die Maßvielfalt und ihre Ursachen

1.1.1 Maße und ihre Verwendungszwecke

Ein Zweck, ein Maß
Das moderne Verständnis des Maßwesens geht prinzipiell von den unterschiedlichen Dimensionen des Messens aus und unterscheidet demzufolge zwischen Längenmaßen, Flächenmaßen, Volumenmaßen und Gewichten. Diese Unterscheidung war in vormodernen Gesellschaften nicht geläufig. Dort bestimmten vielmehr die Entstehungs- und Verwendungskontexte die grundsätzliche Struktur der Einheitensysteme.[24]

Die frühesten ‚Messwerkzeuge' dürften vermutlich menschliche Proportionen und Gliedmaßen gewesen sein. In fast allen Kulturen spielten Maße, die aus diesen abgeleitet waren, eine zentrale Rolle. Das betrifft vor allem zahlreiche Längeneinheiten, deren anthropomorpher Ursprung in der Etymologie der Maßbegriffe greifbar ist. Die Elle etwa – im französischen als *aune*, im englischen als *ell* bekannt – „gehörte zu den wichtigsten und am weitesten verbreiteten Längenmaßen und zählte auch zu den mit Abstand kultur- und menschheitsgeschichtlich ältesten Maßen."[25] In ähnlicher Form gilt dies auch für den Zoll (engl. *inch*, frz. *pouce*), der auf die Breite eines Daumens zurückging; für den Fuß (engl. *foot*, frz. *pied*), der die Länge eines Fußes widerspiegelte; oder für das Klafter (engl. *fathom*, frz. *toise*), das der Entfernung zwischen den Fingerspitzen der beiden Hände an vollständig ausgestreckten Armen entsprach.[26]

Neben diese im engeren Sinne anthropomorphen Maße traten in vormodernen Gesellschaften typischerweise solche, die auf alltäglichen Erfahrungen basierten. Besonders Einheiten, die von menschlichen Aktivitäten oder menschlicher Arbeit herrührten, waren weit verbreitet.[27] Dies betraf beispielsweise die Meile, die traditionell ein Maß von tausend Schritten bezeichnete, oder, noch deutlicher,

---

[24] Zum Folgenden vgl. v. a. KULA, Measures, S. 5 ff. sowie daneben auch ALDER, Revolution, S. 43 ff.; ders., Maß, S. 174 ff. sowie CREASE, Balance, S. 74 ff.
[25] SCHUPPENER, Dinge, S. 197.
[26] Ebd., S. 206 ff., S. 223 ff. u. S. 235 ff.
[27] KULA, Measures, S. 5.

die landwirtschaftlichen Flächenmaße. Der Begriff des ‚Morgen' etwa verweist darauf, dass diese häufig auf die Dauer zurückgingen, die die Bearbeitung einer Fläche in Anspruch nahm. Neben solchen sogenannten ‚Zeit-Leistungs-Maßen' etablierten sich aber auch Einheiten, deren Ursprung in der Tragfähigkeit des Bodens lag. So bezeichnete die preußische „Scheffelsaat"[28] diejenige Fläche, die mit einem Scheffel Getreide eingesät werden konnte, und die französische *soudée* entsprach einem Stück Land, dessen Bodenrente sich auf einen *sou* pro Jahr belief oder das mit einem *sou* pro Jahr besteuert wurde.[29] Die geometrische Größe der Fläche, die mit einem solchen Maß korrespondierte, war in vormodernen Agrargesellschaften dagegen nur von untergeordneter Bedeutung. Sie konnte je nach der Beschaffenheit des vermessenen Bodens variieren.

Mutatis mutandis gilt diese Feststellung auch für Maße, die aus der Weiterverarbeitung agrarischer Güter oder aus der gewerblichen Produktion hervorgingen. Ein Beispiel hierfür ist das Hohlmaß des Malters, dessen Größe ursprünglich der in einem Mahlgang oder an einem Tag zu mahlenden Menge an Getreide entsprach.[30] Auch im Bergbau gebräuchliche Einheiten wie die *load* oder die in der Textilverarbeitung verbreiteten Haspelmaße rekurrierten nicht auf die geometrischen Eigenschaften der abgemessenen Güter, sondern auf die Arbeitsschritte, die zu ihrer Herstellung erforderlich waren. Eine Haspel etwa, eine Art hölzernes Gestell, diente zunächst nur zum Trocknen fertig gesponnener Garne und etablierte sich erst später als Maß für die Menge der hergestellten Fäden.[31]

Allerdings sind in diesen Fällen die Übergänge zu einem weiteren Entstehungskontext fließend. So konnte beispielsweise die *load* zwar auch die von einem Arbeiter geförderte Menge bezeichnen, aber primär ging sie auf die Größe der Loren zurück, mit deren Hilfe die abgebauten Kohlen oder Erze transportiert wurden.[32] Und Begriffe wie *cartful*, *sack*, Kanne, Schoppen oder Becher verweisen ebenfalls darauf, dass gerade Volumenmaße häufig aus Gefäßen oder Verpackungen und damit nicht nur aus Produktionsprozessen, sondern auch aus den Bedürfnissen des Transportes und des Handels entstanden sind.[33]

Es ließen sich noch weitere vergleichbare Zusammenhänge herstellen, etwa bezüglich solcher Einheiten, deren Ursprung im Verkauf oder im Konsum bestimmter Güter lag.[34] Der wesentliche Punkt dürfte aber deutlich geworden sein: Vormoderne Maße waren von ihrem Grundsatz her kontext- und anwendungsspezifisch. Anders als moderne Maßeinheiten, die von den Eigenschaften eines zu messenden Gutes abstrahieren und dieses auf die Grunddimensionen Länge, Fläche, Volumen oder Gewicht reduzieren, standen sie in einem unmittelbaren Verhältnis zu ihrem jeweiligen Verwendungszweck oder gingen aus diesem hervor.

---

[28] PFISTER, Metrologie, Sp. 453. Vgl. auch ausführlich SCHUPPENER, Dinge, S. 293.
[29] ZUPKO, Revolution, S. 17f.
[30] PFISTER, Metrologie, Sp. 453; SCHUPPENER, Dinge, S. 330.
[31] WANG, Vereinheitlichung, S. 204. Vgl. auch Kap. 2.1.2 u. Kap. 9.1.1 dieser Arbeit.
[32] ZUPKO, Dictionary, S. 237ff.
[33] SCHUPPENER, Dinge, S. 310. Vgl. auch WITTHÖFT, Metrologische Strukturen, S. 18f.
[34] KULA, Measures, S. 5.

Von dieser Regel gab es allerdings Ausnahmen. So existierten im spätmittelalterlichen und frühneuzeitlichen Europa für die Vermessung von Flächen neben Zeit- oder Tragfähigkeitsmaßen auch Einheiten, die auf der rechnerischen Verknüpfung zweier Längen basierten, und es ist denkbar, dass diese ebenso alten Ursprungs waren wie jene.[35] Und im Falle der Gewichtsmaße besteht kein Zweifel daran, dass sie nur sehr selten aus alltäglichen Verwendungszusammenhängen entstanden waren.[36] Vielmehr spielten hier schon seit den frühen Hochkulturen arbiträre Festsetzungen eine zentrale Rolle.

Der Hauptgrund für diese Sonderstellung der Gewichte lag darin, dass die Gewichtsbestimmung im Vergleich zu anderen Arten des Messens ein überaus komplexer Vorgang war. Er bedurfte „nicht nur der Meßhilfsmittel zum Vergleich, sondern auch noch eines Vergleichsinstrumentes (Waage)".[37] Dieses Instrument war technisch anspruchsvoll, teuer und nur für kleine Mengen praktikabel. Das Wiegen eignete sich deshalb in erster Linie für wertvolle oder sensible Güter, die den vergleichsweise hohen Aufwand lohnten. Das galt z. B. für Edelmetalle, für medizinische Wirkstoffe oder für Waren des internationalen Fernhandels. Im Alltag vormoderner Agrargesellschaften waren Waagen und Gewichte dagegen nur von geringer Bedeutung. Abseits der großen Handelsstädte wurden landwirtschaftliche Güter im frühneuzeitlichen Europa so gut wie nie gewogen, sondern stets mit Volumenmaßen gemessen.[38]

Angesichts dieser begrenzten Verbreitung unterlagen Gewichte weniger als andere Maße der Prägung durch alltägliche Zusammenhänge. Zwar waren auch sie oft nach unterschiedlichen Zwecken differenziert, also z. B. in Handelsgewichte, Münzgewichte und Medizinalgewichte aufgeteilt, und die Art und Weise ihres Gebrauches konnte je nach dem gemessenen Gut variieren.[39] Aber im Unterschied zu anderen Einheiten verloren Gewichte selbst in diesen Fällen nie den Bezug zu einigen wenigen Leitmaßen, die ihrerseits auf willkürlichen Festsetzungen und nicht auf spezifischen Verwendungskontexten beruhten. Neben der geringen alltäglichen Relevanz des Wiegens hing dies auch damit zusammen, dass die Balkenwaage als das präziseste vormoderne Messinstrument es erlaubte, Gewichte mit hoher Genauigkeit zu bestimmen und zu vergleichen. Deshalb war es möglich, sie mit nur geringfügigen Schwankungen über lange Distanzen und Zeiträume hinweg zu tradieren.[40] Die Möglichkeit der Berufung auf arbiträr defi-

[35] Vgl. PFEIFFER, Längen- und Flächenmaße, Bd. 1, S. 20 ff.; HOCQUET, Métrologie, S. 56 ff.; die kritische Auseinandersetzung mit den Thesen von Pfeiffer bei SCHUPPENER, Dinge, S. 307 ff. sowie die weiteren Ausführungen zu den Flächenmaßen in Kap. 1.2.1 dieser Arbeit.
[36] SCHUPPENER, Dinge, S. 401. Die Begriffe ‚Gewicht' und ‚Gewichtsmaß' werden im Folgenden entsprechend der zeitgenössischen Terminologie gebraucht, in der die heute übliche Unterscheidung zwischen ‚Masse' und ‚Gewichtskraft' nicht geläufig war. Zur Entstehung dieser Unterscheidung vgl. Kap. 8.4.2 dieser Arbeit.
[37] SCHUPPENER, Dinge, S. 399.
[38] Vgl. WITTHÖFT, Umrisse, Bd. 1, S. 473 sowie BECK, Maß und Gewicht, S. 186. Zu unterschiedlichen Typen von Waagen und ihren Anwendungsbereichen vgl. Kap. 1.2.1 und Kap. 5.2.1 dieser Arbeit.
[39] TRAPP und WALLERUS, Handbuch, S. 25. Vgl. auch Kap. 1.2.1 dieser Arbeit.
[40] Zur Genauigkeit des Wiegens vgl. KISCH, Scales, S. 8 ff. Zu den übrigen Punkten vgl. die genaueren Erläuterungen in Kap. 1.1.3 dieser Arbeit.

nierte Normalmaße ging also mit einer vergleichweise hohen Konstanz und Ge-schlossenheit der Gewichtssysteme einher.

Umgekehrt war der direkte Bezug zum jeweiligen Verwendungszweck zwar nicht die einzige, aber doch die wichtigste Ursache für die enorme Proliferation der Längen-, Flächen- und Volumenmaße. Unmittelbar einsichtig ist zunächst, dass er für deren große *sachliche* Vielfalt von entscheidender Bedeutung war. Denn er bedeutete, dass Einheiten nur selten von einer Bestimmung in eine ande-re übertragen werden konnten. Unterschiedliche Verwendungszwecke erforderten vielmehr unterschiedliche Maße, und zwar auch dann, wenn die gemessenen Ob-jekte aus denselben Dimensionen bestanden.[41]

Zudem brachte es die Kopplung von Maß und Verwendungszweck mit sich, dass die betreffenden Einheiten nur begrenzt skalierbar waren, also nur einge-schränkt vergrößert oder verkleinert werden konnten. So war beispielsweise „die Messung der Entfernung zwischen zwei Orten mit Ellen ebenso unzweckmäßig wie das Ausmessen einer Leinwand nach Tagereisen."[42] Zwar bedeutete dies auch, dass die Differenzierung der Maße einige systematische Elemente aufwies, denn es implizierte, dass kleine Größen mit kleinen und große Größen mit großen Maßen gemessen werden mussten.[43] Insgesamt liegt aber auf der Hand, dass die enge Assoziation von Maß und Verwendungszweck eine große Vielzahl an Einheiten hervorbrachte, die sich nur schwer in ein klares Ordnungsschema bringen lassen.

Dies gilt umso mehr, als sie neben der sachlichen auch eine *räumliche* Ausdiffe-renzierung der Maße zur Folge hatte. Denn zum einen waren viele Einheiten – z. B. solche für Wein oder für Kohle – an manchen Orten relevanter als an anderen, d. h. sie entstanden vorwiegend dort, wo Wein an- oder Kohle abgebaut wurde. Zum anderen bedeutete sie auch, dass Maßeinheiten ganz generell lokalen oder höchs-tens regionalen Ursprungs waren. Es ist deshalb davon auszugehen, dass in unter-schiedlichen Gegenden unabhängig voneinander unterschiedliche Maße für ein und denselben Zweck entstanden sind. Die Vorstellung, die ihnen zugrunde lag – etwa die eines Bechers oder eines Eimers – mag in diesen Fällen zwar dieselbe gewe-sen sein, aber die konkrete Größe, die damit einherging, war dennoch eine andere.[44]

Schließlich hatte die enge Assoziation von Maß und Verwendungszweck noch einen weiteren Effekt, der zum Eindruck der Vielfalt beitrug: Das war die Differen-zierung der Maß*begriffe*. Sie war zum Teil eine Folge der lokalen Verwurzelung von Maßen, denn diese brachte es mit sich, dass die Benennung eines Maßes in der jewei-ligen Sprache oder im jeweiligen Dialekt erfolgte. Auch Maße, die auf ein und die-selbe Vorstellung zurückgingen, konnten deshalb regional unterschiedliche Bezeich-nungen wie Morgen, Tagwerk, Tagmahd, Mannsmahd, Joch oder Jauchert tragen.[45]

---

[41] Kula, Measures, S. 4.

[42] Schuppener, Dinge, S. 55.

[43] Vgl. die ausführliche Erläuterung in Kap. 1.2.1 dieser Arbeit.

[44] Schuppener, Dinge, S. 61.

[45] Allerdings waren diese Begriffe nur teilweise austauschbar, denn mit manchen von ihnen wa-ren unterschiedliche Konnotationen – bspw. eine Unterscheidung von Wiesen und Äckern sowie von menschlicher und tierischer Arbeit – verbunden. Vgl. ebd., S. 278 f. sowie Beck, Maß und Gewicht, S. 182.

Daneben wirkte sich die Kopplung von Maß und Verwendungszweck aber auch unmittelbar auf die Vielfalt der Begriffe aus. Denn ebenso wie das Maß selbst basierte in der Regel auch seine Benennung auf dem jeweiligen Entstehungskontext. Gerade bei Einheiten, die aus Produktionsprozessen hervorgingen, hatte das oft hochspezialisierte Begrifflichkeiten zur Folge. So gab es z. B. im Textilgewerbe Bezeichnungen wie Strehn, Weife, *lea*, *hank* oder *écheveau*, die für Außenstehende unverständlich waren.[46] Die begrenzte Skalierbarkeit der Maße brachte es zudem mit sich, dass übergeordnete und untergeordnete Einheiten auch dann unterschiedliche Namen trugen, wenn sie in einem klar geordneten Verhältnis zueinander standen. Anders als im metrischen System, in dem der Wortstamm für eine Maßdimension stets der gleiche bleibt und nur durch Präfixe an die jeweilige Größe angepasst wird (Zentimeter – Meter – Kilometer), erforderte deshalb beispielsweise die verbreitete Untergliederung von Längenmaßen in Zoll, Fuß, Elle, Klafter und Meile nicht einen, sondern fünf verschiedene Grundbegriffe.[47] Auch auf diese Weise trug die Verbindung von Maß und Zweck also zur Vielfalt der Bezeichnungen bei.

Die historische ‚Verästelung' von Maß und Gewicht
Die sachliche, räumliche und begriffliche Differenzierung, die mit der Assoziation von Maß und Verwendungszweck einherging, war allerdings kein statisches Phänomen. Vielmehr entfaltete sie sich in Europa im Laufe des Spätmittelalters und der Frühen Neuzeit in einer Art und Weise, die die These nahelegt, dass die vermeintliche Zersplitterung des Maßwesens eher als eine im historischen Verlauf entstandene „Verästelung"[48] desselben zu betrachten ist. Die treibende Kraft hinter dieser ‚Verästelung' war die Ausweitung der wirtschaftlichen Aktivitäten und der Arbeitsteilung seit dem Hochmittelalter. Sie brachte die Entstehung immer neuer Anwendungsbereiche sowie zunehmende interregionale Transfers von Maßen mit sich.[49]

Den Kern des Maßwesens und seinen ältesten Bestandteil bildeten demnach die in der Landwirtschaft gebräuchlichen Einheiten, insbesondere die Maße für Erträge und für die Landvermessung. Sie waren bereits im 8. Jahrhundert hochgradig differenziert, denn an vielen Orten bestanden zu diesem Zeitpunkt eigene Einheiten für Weizen, Roggen, Wein, Kohle, Holz und andere Güter. Auch bei den Flächenmaßen existierten schon im frühen Mittelalter zahlreiche unterschiedliche Variationen nebeneinander.[50]

Zu der ohnehin bereits sehr komplexen Vielfalt dieser landwirtschaftlichen Maße traten dann mit dem Aufschwung der städtischen Gewerbewirtschaft und des überregionalen Handels seit dem 12. und 13. Jahrhundert noch weitere Ein-

---

[46] Zu *lea* und *hank* BIGGS, Fineness, S. 121. Zu Strehn und *écheveau* NOBACK und NOBACK, Taschenbuch, Bd. 2, S. 239, S. 482 u. 840 f. sowie ZUPKO, French Weights, S. 62.
[47] SCHUPPENER, Dinge, S. 56.
[48] WITTHÖFT, Umrisse, S. 477.
[49] ZUPKO, Revolution, S. 3 f.
[50] Vgl. hier und im Folgenden WITTHÖFT, Metrologische Strukturen, S. 18 ff.

heitensysteme hinzu. Die Vervielfältigung der Handwerke in diesem Zeitraum ging mit der Herausbildung jeweils eigener, in der Regel sehr genau festgelegter Maße für Tischler, Schreiner, Küfer, Goldschmiede, Juweliere, Setzer, Bauhandwerker und zahlreiche andere neu entstehende Berufszweige einher.[51] Auch die Intensivierung des Warenaustauschs zwischen den wirtschaftlichen Zentren dieser Entwicklung brachte zusätzliche Einheiten hervor, weil sie eine Differenzierung der Transportmöglichkeiten und der Vertriebswege zur Folge hatte.[52] Zudem führte sie dazu, dass sich seit dem 13. Jahrhundert vermehrt Maße über ihren ursprünglichen Herkunftsort hinaus verbreiteten und z. T. europaweite Geltung erlangten. In der Regel ‚wanderten‘ die Einheiten dabei – dies ist ein weiterer Beleg für die Verknüpfung von Maß und Verwendungszweck – mit den Produkten, die eine überregionale Abnehmerschaft fanden. So führte etwa die große Popularität von Tuchen aus Brabant seit dem 14. Jahrhundert dazu, dass das zugehörige Maß – die Brabanter Elle – nach und nach auf dem ganzen Kontinent bekannt wurde.[53]

Es wäre im ersten Moment naheliegend, in solchen Ausbreitungsprozessen die Vorzeichen einer überregionalen Standardisierung zu erblicken. In einigen Fällen ist diese Perspektive auch gerechtfertigt. So entwickelte sich etwa das sogenannte ‚Mainzer Ohm‘, ein Flüssigkeitmaß, das ursprünglich nur in Rheinhessen in Gebrauch gewesen war, im Laufe des 17. Jahrhunderts entlang des Rheins zur „bevorzugte[n] Handelsgröße für Wein und Branntwein“.[54] Auf dem Weg über Amsterdam erlangte es schließlich im gesamten nordeuropäischen Raum so große Bedeutung, dass viele Handelsplätze im frühen 18. Jahrhundert den Rauminhalt ihrer Weinmaße an das Mainzer Vorbild anpassten. Auch die 1707 erfolgte Neufestsetzung der königlich-englischen Weingallone stand in diesem Zusammenhang.[55]

Allem Anschein nach handelte es sich hierbei allerdings um eine Ausnahmeentwicklung. Sie kam nur deshalb zustande, weil viele Weinmaße auch vor der Verbreitung des Mainzer Ohm schon recht nahe beieinander gelegen hatten.[56] In den Fällen, die diese Voraussetzung nicht aufwiesen, geschah zumeist das Gegenteil: Die aus anderen Regionen übernommenen Maße ersetzten die einheimischen Systeme nicht, sondern traten neben sie und erhöhten dadurch die Zahl der am jewei-

---

[51] GRUTER, Concept, S. 21f.

[52] WITTHÖFT, Metrologische Strukturen, S. 19.

[53] PFISTER, Metrologie, Sp. 454.

[54] ZIEGLER, Maßanpassungen, S. 201.

[55] So zumindest die These ebd., S. 206. Vgl. aber die anders akzentuierte Erklärung in Kap. 2.2.1 dieser Arbeit. – Die englische Weingallone erlangte ihrerseits im 19. und 20. Jahrhundert große Bedeutung, weil sie die Grundlage für das bis heute gültige Flüssigkeitsmaß des US-amerikanischen Maßsystems abgab. Akzeptiert man Zieglers Argumentation, so stammt dessen Größe also letztlich aus dem Mainzer Weinhandel.

[56] Bspw. beinhaltete die Festsetzung der englischen Weingallone von 1707 keine Abänderung ihrer Größe, sondern lediglich eine Fixierung eines gewohnheitsrechtlich vermutlich schon sehr lange üblichen Maßes. Das selbe gilt für die 1742 erfolgte Neudefinition der *pinte de Paris*. Vgl. ZUPKO, Revolution, S. 47f.; VERDIER und HEITZLER, Balances, Poids et Mesures, Bd. 1, S. 15 sowie Kap. 2.2.1 dieser Arbeit.

ligen Ort gebräuchlichen Einheiten noch einmal. Die in den großen Handelszentren wie Venedig, Amsterdam oder Frankfurt üblichen Maße waren deshalb nicht nur nach der Art der zu bemessenden Güter differenziert, sondern auch nach ihrer Herkunft. Einige Städte hielten sogar Sammlungen von Maßnormalen aus anderen Regionen vor, um gegebenenfalls auf sie zurückgreifen zu können.[57]

Aufgrund der Assoziation von Maß und Verwendungszweck führte die zunehmende internationale Vernetzung also nicht zu einer Abnahme, sondern im Gegenteil zu einer Zunahme der Vielfalt von Maß und Gewicht. Es spricht deshalb vieles für die Annahme, dass diese im 17. und 18. Jahrhundert stärker ausgeprägt war als jemals zuvor.[58] Neben dem engen Bezug der Maße zu ihrem jeweiligen Anwendungsbereich gab es hierfür allerdings noch zwei weitere wichtige Gründe: die Art und Weise, wie die politischen Kontrolle über Maß und Gewicht ausgeübt wurde und die besondere Form des Zahlendenkens, die die Struktur der Einheitensysteme bestimmte.

1.1.2 Die politische Kontrolle von Maß und Gewicht

Die Aufsicht über die Maßnormale
Zunächst zur Frage der politischen Kontrolle: Vormoderne Maße waren in der Regel nicht *allein* durch ihren Verwendungskontext definiert, sondern unterlagen stets auch dem Anspruch auf Regulierung und Systematisierung durch geistliche und weltliche Autoritäten. Schon bei den frühen Hochkulturen galt die Aufsicht über Maß und Gewicht als ein zentrales Attribut höchster Souveränität. In erster Linie schlug sich dies im herrschaftlichen Recht zur Festlegung und Anfertigung von Normalmaßen nieder, also von physischen Artefakten, die als autoritative Richtschnur für die jeweils gültigen Einheiten dienten.

Diese Normalmaße waren häufig mit Göttlichkeit assoziiert und mit sakralem Charakter ausgestattet. Deshalb wurden sie in zahlreichen antiken Kulturen – in Babylonien, Assyrien und Ägypten ebenso wie in Rom und in Griechenland – in einem Tempel aufbewahrt und der Obhut der Priesterschaft anvertraut.[59] Auch der weitere Gebrauch von Maßen und Gewichten unterlag typischerweise religiöser Sanktionierung. Schon das Alte Testament enthielt Bestimmungen, die im Umgang mit ihnen Einheitlichkeit und Gerechtigkeit anmahnten, und in anderen religiösen Texten finden sich vergleichbare Aussagen.[60]

Gleichzeitig war die Überwachung von Maß und Gewicht aber stets auch eine weltliche Aufgabe. So versuchten zahlreiche antike und mittelalterliche Herrscher,

---

[57] WITTHÖFT, Umrisse, Bd. 1, S. 53. Vgl. auch BECK, Maß und Gewicht, S. 173 f.
[58] Aus demselben Grund scheint auch die Auffassung vertretbar, dass die Maßvielfalt in Europa zu diesem Zeitpunkt stärker ausgeprägt war als in außereuropäischen Regionen, zumindest soweit diese einen geringeren Gewerbebesatz und eine schwächer entwickelte Arbeitsteilung aufwiesen. Letzteres ist allerdings mit Bezug auf China überaus umstritten, vgl. KRAMPER, Europa, S. 18, S. 23 f. u. S. 28 ff.
[59] SCHUPPENER, Dinge, S. 41 f.; TRAPP und WALLERUS, Handbuch, S. 17 ff.
[60] KULA, Measures, S. 9 ff.

Maßeinheiten zu fixieren und ihnen breite Geltung zu verschaffen. Zwei dieser Festsetzungen waren für den westeuropäischen Raum von grundlegender Bedeutung: Zum einen das römische Einheitensystem, das sich mit dem Römischen Reich bis nach Großbritannien verbreitete; und zum anderen das karolingische, das ebenfalls überregionale Bekanntheit erlangte, ohne dabei freilich – wie das in der älteren Forschung vermutet worden ist – lokale und regionale Überlieferungen zu verdrängen.[61]

In der einen oder anderen Form beruhten die meisten herrschaftlichen Maßsysteme des Spätmittelalters und der Frühen Neuzeit auf diesen beiden Vorläufern. Das gilt besonders für die royalen französischen Maße. Ihre Grundeinheiten – der *pied de Roi*, die *pinte*, das *boisseau* und das *livre poids de marc* – gingen aus karolingischen Maßen hervor. Zwischen dem 14. und dem 16. Jahrhundert kombinierte eine Reihe von Herrschern sie jedoch mit römischen Elementen und überführte sie so schrittweise in ein geschlossenes, eigenständiges System.[62] Auch im deutschsprachigen Raum waren römische und karolingische Traditionen präsent. Allerdings gab es hier nach Karl dem Großen keine übergeordneten Maßbestimmungen mehr. Alle Festsetzungen fanden vielmehr auf der Ebene kleinerer Herrschaften statt, weshalb sich in ihnen jeweils auch lokale Überlieferungen niederschlugen.

In England schließlich basierte die royale Metrologie ebenfalls auf den römischen Maßen, die aber nicht mit karolingischen, sondern mit sächsischen Einheiten verknüpft wurden.[63] Diese im Wesentlichen zwischen dem 12. und dem 14. Jahrhundert systematisierte Mischung bildete ihrerseits die Grundlage für die königlich-schottischen Maße, die zusätzlich auch noch keltische Elemente aufnahmen.[64] Im Zuge solcher Überlagerungseffekte durchliefen viele Maße sowohl auf dem Kontinent als auch auf den britischen Inseln wiederholte Neufestsetzungen. Des Öfteren rekurrierten diese dabei auf den Körper des jeweiligen Herrschers. So hat beispielsweise Heinrich I. der Legende nach um 1100 herum die Länge des Yards, der vermutlich sächsischen Ursprungs war, definiert, indem er die Strecke von seiner Nasenspitze bis zu seinem Daumen abmessen ließ. Diese Geschichte ist zwar apokryph, unterstreicht aber symbolisch „den königlichen Anspruch auf die Maßfestsetzungskompetenz."[65]

---

[61] COX, Metric System, S. 28; WITTHÖFT, Metrologische Strukturen, S. 22 sowie die ausführlichen Überlegungen zum Stellenwert der karolingischen Maßreformen bei ders., Münzfuß, v. a. S. 52 ff., S. 61 ff., S. 114 ff. u. S. 165 ff. Zum römischen Einheitensystem vgl. überblicksartig JEDRZEJEWSKI, Histoire universelle, S. 75–85 sowie TRAPP und WALLERUS, Handbuch, S. 20 f.

[62] HOCQUET, Métrologie, S. 23 ff.; VERDIER und HEITZLER, Balances, Poids et Mesures, Bd. 1, S. 14 f.; COX, Metric System, 1958, S. 28 f.; FAVRE, Origines, S. 27 ff. sowie JEDRZEJEWSKI, Histoire universelle, S. 153 ff.

[63] CHANEY, Weights, S. 17 ff.; ZUPKO, British Weights and Measures, S. 3–15 sowie CONNOR, England, S. 1–169.

[64] CONNOR et al., Scotland, S. 17–30; ZUPKO, Scotland, S. 119 ff. sowie TORRANCE, Weights and Measures, S. 4 ff.

[65] SCHUPPENER, Dinge, S. 45. Vgl. auch PRELL, Bemerkungen, S. 16 ff. Für das in diesen beiden Darstellungen als Zeitpunkt der Festsetzung genannte Jahr 1101 gibt es keinen Beleg, vgl. CONNOR, England, S. 83, wo auch die Quellen für die Geschichte diskutiert werden.

Es ist allerdings festzustellen, dass dieser Anspruch eher rhetorischer Natur war. In der Realität war die Kontrolle über das mittelalterliche und frühneuzeitliche Maßwesen ebenso zersplittert und vielfältig wie die politische Landschaft insgesamt. Die tatsächliche Kompetenz für die Aufsicht über Maß und Gewicht lag seit dem Zerfall des Römischen Reiches zunächst in der Hand dörflicher Gemeinden und, daraus folgend, weltlicher und geistlicher Herren, die die jeweils gültigen örtlichen Maßnormale an ihrem Sitz aufbewahrten oder an einer Kirche öffentlich ausstellten.[66] Während die Bedeutung der kirchlichen Herren seit dem Spätmittelalter langsam schwand, dominierten ihre weltlichen Pendants das Maß- und Gewichtswesen in den ländlichen Räumen in Frankreich bis zum Ende des 18., in Großbritannien und den deutschen Territorien sogar bis in das frühe 19. Jahrhundert hinein.

Seit dem 12. Jahrhundert traten daneben zunehmend auch die Städte als Regulierungsinstanzen in Erscheinung. Als Zentren von Handwerk und Handel entwickelten sie ein großes Interesse an der Aufsicht über Maß und Gewicht. Nach dem Vorbild der Kirchen gingen sie allmählich dazu über, ebenfalls Normalmaße zu bestimmen und sie an symbolischen Orten wie etwa dem Rathaus auszustellen.[67] Gerade die Festsetzungen von Handelsstädten und Messeorten wie Köln oder Troyes erlangten in der Folge nicht nur lokale Bedeutung, sondern verbreiteten sich im 13. und 14. Jahrhundert in ganz Europa. Die Kölner Mark etwa bildete vom 13. bis zum 19. Jahrhundert (!) den wichtigsten Bezugspunkt für die Gewichtsbestimmung im deutschsprachigen Raum. Und das *livre de Troyes* spielte nicht nur in Frankreich eine zentrale Rolle, sondern fand auf dem Umweg über Nordeuropa sogar Eingang in das offizielle englische Maßsystem. An der Wende vom 15. zum 16. Jahrhundert ersetzte es dort das ältere, sächsisch geprägte *Tower Pound*.[68]

---

[66] Es sei an dieser Stelle erwähnt, dass die Frage der Priorität königlicher bzw. lokaler Rechte bei der Aufsicht über Maß und Gewicht im Heiligen Römischen Reich in den 1890er Jahren Gegenstand einer Forschungskontroverse war, die in ihrem aggressiven Tonfall die aufgeheizte Stimmung des Methodenstreits der deutschen Geschichtswissenschaft widerspiegelte, dabei aber in bemerkenswerter Weise dessen Fronten verkehrte. Die Hauptkontrahenten des Methodenstreits, Karl Lamprecht und Georg von Below, vertraten gemeinsam die Auffassung, dass die Maß- und Gewichtskontrolle im Frühmittelalter primär in der Kompetenz der Gemeinden gelegen habe und später – so die weiter gehende These Belows – auch der Ursprung stadtrechtlicher Gewalt gewesen sei. Gustav Schmoller dagegen, der im Methodenstreit eher eine ausgleichende Position einnahm, ging von der Priorität regaler Rechte aus. Für die Zwecke dieser Arbeit ist es nicht nötig, die Kontroverse aufzulösen, zumal es hier vor allem auf das Faktum der konkurrierenden Autoritäten und nicht auf die Frage des Ursprungs der Aufsicht über Maß und Gewicht ankommt. Dennoch werden die folgenden Ausführungen zeigen, dass die Auffassung Lamprechts und Belows insgesamt plausibler erscheint als diejenige Schmollers. Vgl. LAMPRECHT, Wirtschaftsleben, Bd. 2, S. 268f. u. S. 481–493; BELOW, Stadtgemeinde, S. 57–71; ders., Ursprung, S. 56–67; SCHMOLLER, Verwaltung, S. 289–310; BELOW, Antwort sowie die Arbeit des Schmoller-Schülers KÜNTZEL, Verwaltung. Eine knappe Zusammenfassung der Kontroverse bietet WITTHÖFT, Umrisse, Bd. 1, S. 31–33. Zum allgemeinen Rahmen und zu den Beziehungen der Protagonisten vgl. CYMOREK, Below, S. 156ff. sowie CHICKERING, Lamprecht, S. 91f., S. 141–151, S. 159–161 u. S. 227f.

[67] SCHUPPENER, Dinge, S. 46f. Kritisch zur verbreiteten Annahme, dass dies unmittelbar mit dem Marktrecht zusammenhing: BELOW, Ursprung, S. 58.

[68] Vgl. ZUPKO, British Weights and Measures, S. 78f. Es ist umstritten, ob es sich dabei um eine Übernahme des Gewichtsstandards oder bloß um eine Übernahme des Begriffes handelt; ersteres erscheint aber insgesamt plausibler. Vgl. ebd., S. 28f. sowie CONNOR, England, S. 119.

In engem Zusammenhang mit dem Aufstieg der Städte etablierten sich zudem noch weitere Institutionen, die Anspruch auf die Kontrolle von Maßen und Gewichten erhoben: Das waren die Zünfte. Ihnen oblag häufig die Überwachung von Maßen, die in unmittelbarem Bezug zu ihren Tätigkeiten standen. Ein hervorstechendes Beispiel bildeten die sogenannten *livery companies*, also die ständischen Körperschaften der City of London. Seit dem 14. Jahrhundert war etwa die *Goldsmiths' Company* mit einem Privileg ausgestattet, das ihr die Überwachung der von Goldschmieden verwendeten Gewichte gestattete; die *Coopers' Company* war seit 1531 damit betraut, Fässer zu überprüfen und die Verwendung ungenauer Maße zu bestrafen; die *Fruiterers' Company* „had power to seal measures used in the sale of fruit";[69] und die *Merchant Taylors' Company* und die *Drapers' Company* machten sich im 15. und 16. Jahrhundert gegenseitig das Recht auf die Inspektion der im Textilgewerbe verwendeten Ellenmaße streitig.[70]

Die zentralen Monarchien waren also nur eine von vielen Institutionen, die versuchten, die Kontrolle über Maß und Gewicht auszuüben. Ihr prinzipielles Recht darauf wurde zwar nie bestritten, doch ihre faktische Bedeutung war äußerst begrenzt. Am offensichtlichsten tritt das im Heiligen Römisch Reich zutage, wo es zwar einige Anhaltspunkte dafür gibt, dass die Festlegung von Maßen und Gewichten ein kaiserliches Reservatrecht bildete, gleichzeitig aber im Spätmittelalter und in der Frühen Neuzeit kein einziger Anlauf zu deren reichsweiter Regulierung zu verzeichnen ist.[71] Doch auch in Frankreich und sogar in England, wo die Zentralisierung politischer Macht bei der Monarchie am ausgeprägtesten war, spricht alles dafür, die Reichweite der offiziellen Maßsysteme nicht zu überschätzen. Zwar waren diese – mit einigen Einschränkungen, die noch zu erläutern sind – vergleichsweise klar definiert und dauerhaft; aber es ist fraglich, ob sie überhaupt je dazu gedacht waren, städtisch, zünftisch oder grundherrlich kontrollierte Einheiten vollständig zu ersetzen.[72]

Denn die starke Rolle dieser subsidiären Institutionen korrespondierte unmittelbar mit dem lokalen Ursprung der meisten Maße, der seinerseits auf den bereits mehrfach angeführten Bezug zu ihrem jeweiligen Verwendungszweck zurückging. Die geringe Bedeutung zentralstaatlicher Festlegungen war also nicht nur eine Folge mangelnder Durchsetzungsfähigkeit, sondern auch eine Reflexion der Tatsache, dass vormoderne Maße und Gewichte in der Regel von unten nach oben und nicht von oben nach unten entstanden.[73] Es wäre deshalb unangebracht, ihre Vielfalt alleine vom Standpunkt moderner Vorstellungen von territorialer Herrschaft und verwaltungsmäßiger Durchdringung zu beurteilen. Die andersartige Funktionsweise von Maßen und Gewichten in Mittel-

---

[69] Chaney, Weights, S. 57.
[70] Connor, England, S. 234 ff. Vgl. insgesamt zur Rolle der Zünfte auch: A Report from the Committee 1758, S. 37 ff.
[71] Wang, Vereinheitlichung, S. 107 sowie Schuppener, Dinge, S. 47.
[72] Witthöft, Metrologische Strukturen, S. 21 f.
[73] Das betont z. B. Jedrzejewski, Histoire universelle, S. 153 f. Vgl. auch Lamprecht, Wirtschaftsleben, Bd. 2, S. 481 ff.

alter und Früher Neuzeit bedingte auch eine andersartige Form der Kontrolle
über sie.

Politsche Kontrolle und Maßvielfalt

Die starke Fragmentierung der Zuständigkeiten reflektierte die Vielfalt der Maße
nicht nur, sondern beförderte sie aktiv. Trotz der übergeordneten Bedeutung der
Assoziation von Maß und Verwendungszweck stellte die politische Kontrolle über
Maße und Gewichte deshalb auch einen eigenständigen Erklärungsfaktor für deren Vielfalt dar.

Für diese These gibt es zwei Anhaltspunkte. Zum einen waren die Autoritäten,
die Maße und Gewichte beaufsichtigten, alles andere als stabil. Vielmehr standen
sie über Jahrhunderte hinweg miteinander in Konkurrenz, entstanden und verschwanden wieder, trugen Konflikte aus und führten Kriege gegeneinander. Entsprechend überlagerten sich ihre Ansprüche auf die Kontrolle des Maß- und Gewichtswesens. Einmal eingebürgerte Maße blieben häufig auch dann bestehen,
wenn eine alte Herrschaft in sich zusammenfiel und neue Herren neue Standards
festsetzten. Die bereits angeführte Entstehungsgeschichte der royalen Metrologien
hat die vielfältigen Hybridisierungen, die auf diese Weise zustande gekommen
sind, ansatzweise nachgezeichnet. Auf lokaler oder regionaler Ebene war die Situation noch unübersichtlicher, weil hier selbst im Falle stabiler Verhältnisse verschiedene herrschaftliche Einheitensysteme sowie autochthone Maße in unmittelbarer Konkurrenz zueinander standen. Häufig verdrängten sie sich nicht, sondern
traten nebeneinander, was z. B. daran erkennbar ist, dass es an vielen Orten üblich
war, Abgaben an unterschiedliche Grundherren mit unterschiedlichen Maßen zu
leisten.[74]

Dies führte allerdings nicht dazu, dass übergeordnete Autoritäten ihren Anspruch auf die Festsetzung von Maßen und Gewichten aufgaben, sondern hatte
im Gegenteil den Effekt, dass sie ihn immer wieder aufs Neue artikulierten. Auch
wenn diese Bekräftigungen meist eher symbolischer Natur waren, entstanden aus
ihnen weitere Schwierigkeiten. So galt in England im 18. Jahrhundert „the Multi-
plicity of Statutes " als eine der wichtigsten Ursachen dafür, „that the Knowledge
of Weights and Measures became more and more mysterious".[75] Tatsächlich verbarg sich die genaue Definition vieler royaler Maßeinheiten zu diesem Zeitpunkt
in einem unüberschaubaren Wirrwar immer wieder neu formulierter, z. T. in sich
widersprüchlicher Gesetze, deren Stammbaum sich bis zur Magna Charta zu-
rückverfolgen lässt.

Auch auf dem Kontinent war dieses Problem bekannt. Für die Vielzahl der
deutschen Territorien etwa füllt alleine die Auflistung aller zwischen dem 17. und
dem 19. Jahrhundert erlassenen einschlägigen Vorschriften mehrere hundert eng
bedruckte Seiten.[76] Die stetige Wiederholung herrschaftlicher Ansprüche, die in

---

[74] KULA, Measures, S. 19, S. 50 u. S. 63 ff.
[75] A Report from the Committee 1758, S. 22.
[76] WITTHÖFT, Maß und Gewicht in Gesetzen und Verordnungen, S. 8–333.

dieser scheinbaren ‚Regelungswut‘ zum Ausdruck kam, führte wie in England zu einer Vielzahl widersprüchlicher Festsetzungen, die zusätzliche Unsicherheiten über die genaue Größe der jeweils gültigen Maße nach sich zogen. In Frankreich schließlich trat dieses Problem in besonders verschärfter Form auf. Hier vermengten sich kirchliche Regulierungsversuche, weltliche *coutumes* und regelmäßig neu aufgelegte königliche Edikte seit dem 16. Jahrhundert zu einem „everlasting dispute between the Crown and the seigneurs“,[77] der maßgeblich zu einer „situation of apparent chaos in the country“[78] beitrug. Zumindest in *dieser* Hinsicht erscheint es auch plausibel, dass die Maßvielfalt westlich des Rheins stärker ausgeprägt war als im übrigen Europa, denn angesichts der zahlreichen Überlagerungen feudaler Rechte fiel die Reichweite einzelner herrschaftlicher Einheitensysteme hier besonders gering aus.

Ihre volle Bedeutung entfalteten die konfligierenden Regulierungsversuche aber erst vor dem Hintergrund eines weiteren Problems, das in allen drei Ländern gleichermaßen auftrat: Das war die geringe Zuverlässigkeit und die fehlende Konstanz der Maßnormale. Diese Schwierigkeiten stellen den zweiten wichtigen Anhaltspunkt für die fragmentierende Wirkung der Maß- und Gewichtskontrolle im Europa der Frühen Neuzeit dar. Wie verbreitet sie waren, lässt sich am besten daran ermessen, dass manche überregional bekannten Maße zwar von Ort zu Ort variierten, dabei aber innerhalb größerer geographischer Einheiten nur geringe Schwankungsbreiten aufwiesen. In Baden beispielsweise waren am Beginn des 19. Jahrhunderts 70 % aller Fußmaße zwischen 29 und 31 cm lang.[79] Für die *canne* – das verbreitetste Längenmaß für Textilien in Südfrankreich – ergibt sich ein ähnlicher Befund.[80] Und in England verkörperten die königlichen Elle, der königliche *bushel* und die königliche Gallone in den 1750er Jahren ebenfalls örtlich unterschiedliche Größen, die aber nur wenig voneinander abwichen.[81]

In diesen Fällen ist davon auszugehen, dass die betroffenen Maße prinzipiell als identisch gedacht waren und sich nur deswegen unterschieden, weil die ihnen zugrunde liegenden Normale nicht übereinstimmten. Diese Divergenzen waren lange Zeit nur von geringer Bedeutung gewesen. Viele von ihnen kamen erst im Laufe des 17. und 18. Jahrhunderts ans Licht, weil die in diesem Zeitraum „präziser werdenden Bestimmungen der Muster- und Gebrauchsmaße“[82] auch kleinere Abweichungen sichtbar machten. So gesehen war die Maßvielfalt teilweise auch ein Produkt zunehmender Genauigkeit und verbesserter technischer Möglichkeiten.

Einige der Ursachen für die Unterschiede zwischen identisch gedachten Maßverkörperungen wurden freilich auch vor diesen Veränderungen schon diskutiert. So war bereits im 16. Jahrhundert bekannt, dass die Herstellung übereinstimmen-

---

[77] Kula, Measures, S. 163 f.
[78] Ebd., S. 171 f.
[79] Hippel, Baden, S. 18. Ähnliches gilt auch für die bei Lamprecht, Wirtschaftsleben, Bd. 2, S. 506, Fn. 1 aufgeführten Ellenmaße des Moselraums.
[80] Zupko, Revolution, S. 7. Vgl. auch ders., French Weights, S. 34 f.
[81] A Report from the Committee 1758, S. 22.
[82] Witthöft, Längenmaß, S. 201.

der Kopien eines Normals große handwerkliche Schwierigkeiten aufwarf.[83] Besonders im Falle der weit verbreiteten Volumenmaße setzte sie nicht nur manuelle Geschicklichkeit, sondern auch einige mathematische Kenntnisse voraus. Im Mangel an solchen Fähigkeiten sahen viele Kommentatoren denn auch den Hauptgrund für die Auffächerung der Standards.[84] Daneben gab es noch weitere Fehlerquellen, z. B. die für die Herstellung von Maßnormalen verwendeten Materialien. So hat etwa die häufige Nutzung von Holz die Wahrscheinlichkeit von Abweichungen maßgeblich befördert. Denn hölzerne Standards gingen leicht verloren, und selbst wenn sie Bestand hatten, nutzten sie sich schnell ab. Hippel etwa berichtet von einem aus Holz gefertigten Heidelberger Getreidemaß, das in den 1690er Jahren einem Brand zum Opfer fiel. Auf der Grundlage eines benachbarten Normals wurde es daraufhin rekonstruiert, wiederum unter Verwendung von Holz. Doch obwohl die beiden Standards identisch sein sollten und in den 1750er Jahren auch noch einmal genau miteinander verglichen wurden, wichen sie schon wenige Jahre später deutlich voneinander ab.[85]

Auch die Art der Aufbewahrung der Maßnormale war ein wichtiger Grund für die Entstehung solcher Divergenzen. Gerade in lokalen Zusammenhängen entsprach sie meist ganz und gar nicht den Vorstellungen, die man sich angesichts der vermeintlichen Sakralität der Standards machen könnte. So ist z. B. aus Baden die Klage überliefert, dass Maßnormale oder die daraus abgeleiteten Eichmaße noch im frühen 19. Jahrhundert regelmäßig in Kellern, auf Dachböden oder in Abstellkammern lagerten. Häufig genug gerieten sie dort in Vergessenheit, so dass neue Standards angefertigt werden mussten. Gelegentlich tauchte ein verloren geglaubtes Normal aber doch wieder auf. In diesen Fällen gab es dann zwei Verkörperungen ein und desselben Maßes, und es ließ sich meist nur schwer entscheiden, welcher der beiden der Vorzug gegeben werden sollte.[86]

Auch wenn Maßnormale nicht in entlegenen Kammern verschwanden, sondern öffentlich an Kirchen oder Rathäusern zur Schau gestellt wurden, war das alles andere als unproblematisch. Schließlich waren sie dort Wind, Wetter und unsachgemäßer Behandlung ausgesetzt. Selbst die von den höchsten Autoritäten gesetzten Standards waren gegen Veränderungen, die auf diese Weise zustande kamen, nicht immun. Die *Toise du Châtelet* etwa, die am Pariser *Châtelet* angebrachte Verkörperung des royalen französischen Längenmaßes, nahm in den 1660er Jahren irreparablen Schaden, als sich die Halterung, auf der sie befestigt war, löste.[87]

Jean-Baptiste Colbert ließ sie zwar wiederherstellen, trug damit aber nur zu einer weiteren Vervielfältigung der Standards bei. Denn aus ungeklärten Gründen geriet die neue *Toise* etwa 4,2 *lignes* (ca. 9,5 mm) kürzer als die alte. Von dieser hatte allerdings die Maurer- und Zimmerergilde noch eine exakte Kopie in ihrem

---

[83] ZUPKO, British Weights and Measures, S. 88.
[84] A Report from the Committee 1758, S. 22.
[85] HIPPEL, Baden, S. 16.
[86] Ebd., S. 17.
[87] GUILHIERMOZ, Anciennes mesures, S. 273.

Besitz. Colbert beharrte zwar darauf, dass das neue Normal das allein Gültige sein sollte, doch seine diesbezügliche Anordnung fand nur wenig Gehör; „jusqu'au milieu du XVIIIe siècle, on continua très généralement, surtout en province, à se servir des mesures qui dérivaient de l'ancien étalon.“[88] Die wichtigsten Probleme der frühneuzeitlichen Maßkontrolle – die wenig präzise Fertigung der Maßverkörperungen, ihre geringe Dauerhaftigkeit und die starke Rolle subsidiärer Autoritäten – wirkten hier also zusammen, um wie im Falle verloren gegangener und dann wiedergefundener Normale eine ursprünglich klar definierte Einheit in zwei distinkte Maße aufzuspalten.

Solche Situationen waren im Rahmen frühneuzeitlicher Strukturen kaum aufzulösen. Das lag allerdings nicht nur an den konkurrierenden Machtansprüchen, die bei diesen Gelegenheiten zutage traten. Vielmehr brachten es die Spezifika des vormodernen Maßdenkens auch mit sich, dass es kaum eine Möglichkeit gab, die ‚richtige‘ Größe eines Maßes letztgültig zu bestimmen. Denn physische Standards bezogen sich zwar meist auf eine klar benennbare Vorstellung wie einen Fuß oder eine Elle. Doch dahinter verbarg sich in aller Regel keine eindeutig identifizierbare Größe. Vielmehr waren die meisten Einheiten alleine durch ihre konkrete Verkörperung, also durch ein Maßnormal definiert.[89] Jedes neue Normal war deshalb immer ein neues Maß und keine Abweichung von einer übergeordneten Festlegung. Dieser starke Objektbezug des Maßdenkens bildete einen wichtigen Hintergrund dafür, dass die Ausdifferenzierung der Standards auch zu einer Ausdifferenzierung der Maße führte. Gleichzeitig lag er auch der spezifischen Form des Zahlendenkens zugrunde, die den dritten systematischen Grund für die Vielfalt der frühneuzeitlichen Maße und Gewichte darstellte.

1.1.3 Frühneuzeitliche Zählsysteme und die Vielfalt der Einheiten

Ganzzahligkeit
Der wichtigste Beitrag frühneuzeitlicher Zähl- und Rechensysteme zur Maßvielfalt bestand in ihrer Ganzzahligkeit. Damit ist gemeint, dass beim Rechnen mit Maßen und Gewichten keine Brüche oder Nachkommastellen, sondern aus-

---

[88] Ebd., S. 274. Vgl. auch FAVRE, Origines, S. 16 f.
[89] Dies wird bei ALDER, Maß, S. 171 f., sowie bei ders., Revolution, S. 44 stark betont. Allerdings gab es von dieser Regel auch Ausnahmen. Zum einen sind im Hochmittelalter Maße z. T. auch durch natürliche Größen bestimmt worden. So wurden Volumenmaße des Öfteren mit Hilfe des Gewichts der in ihr enthaltenen Menge an Wasser festgelegt, und ein *inch* ist in einer Verordnung von 1324 als die Länge dreier hintereinander gelegter, trockener und runder Gerstenkörner definiert worden. Zum anderen waren manche Einheiten weder durch Normale noch durch natürliche Größen bestimmt. Das betraf z. B. die bei der Vermessung von Flächen verbreiteten Schätzmaße, die auf Gewohnheitsrecht basierten, sowie sogenannte Recheneinheiten (*units of account*), die schlicht und einfach zu groß für eine Festlegung durch Maßnormale waren. Vgl. ZUPKO, Revolution, S. 6 u. S. 16; CONNOR et al., Scotland, S. 23; ZIEGLER, Maßanpassungen, S. 208 ff.; CHANEY, Weights, S. 10 sowie HOCQUET, Métrologie, S. 63. Vgl. auch WITTHÖFT, Aspekte, S. 108 zur Nutzung von Getreidekörnern als Basis für Gewichtsmaße.

schließlich ganze Zahlen Verwendung fanden.[90] Dieses Phänomen war eine unmittelbare Folge der Objektbezogenheit des Maßdenkens. Sie brachte es mit sich,
dass vormoderne Akteure im Vorgang des Messens keinen Vergleich zwischen
einem Ding und einer abstrakten Größe, sondern stets einen Vergleich zwischen
konkreten Objekten erblickten – ähnlich wie bei einer Balkenwaage, bei der das
Gewicht eines Gegenstandes nicht anhand einer infinitesimal unterteilbaren Skala,
sondern durch Gewichtsstücke, d.h. durch andere Gegenstände bestimmt wird.
Dabei entsprach einem Objekt auf der einen Seite des Vergleichs immer eine ganze Zahl von Objekten auf der anderen Seite. Das Ergebnis einer solchen Gegen-
überstellung bestand deshalb stets in einer Relation ganzer Zahlen.

Solche Relationen ganzer Zahlen prägten die vormodernen Maßsysteme auf
zweierlei Weise. Zum einen strukturierten sie überregionale Vergleiche von Maßen und verwiesen teilweise auch auf sachliche Zusammenhänge zwischen ihnen.
In dieser Hinsicht hatten sie tendenziell eine ordnende Funktion. Zum anderen
spielten sie eine zentrale Rolle bei der Skalierung von Maßen durch Unterteilung
oder Vervielfältigung einer Grundeinheit, und dies war eine der wichtigsten Ursachen für die Maßvielfalt.[91]

Zunächst zur strukturierenden Wirkung ganzzahliger Relationen: Sie lässt sich
besonders anhand von Rechenbüchern aufzeigen, in denen Kaufleute seit dem 17.
und verstärkt seit der Mitte des 18. Jahrhunderts versuchten, Maße und Gewichte
an unterschiedlichen Handelsplätzen miteinander zu vergleichen.[92] Die Ergebnisse dieser Analysen drückten sie stets in ganzen Zahlen aus. So korellierten sie beispielsweise sechs Nürnberger mit sieben Hamburger Ellen oder 19 Mark Troyes
mit zwanzig Kölner Mark.[93] In der Regel gaben sie dabei möglichst einfachen
Verhältnissen den Vorzug, auch wenn diese nur näherungsweise korrekt waren.
Falls nötig, konnten sie dies aber durch die Verwendung größerer Zahlen präzisie-
ren. So ließ sich beispielsweise das Verhältnis zwischen dem Heilbronner und
dem Pariser Zoll je nach erforderlicher Genauigkeit mit 6:7, 15:17 oder 1268:1440
bezeichnen.[94]

Allerdings erschöpfte sich die Bedeutung ganzzahliger Relationen nicht, wie es
diese Beispiele nahelegen, in der *nachträglichen* Etablierung von solchen Zusammenhängen. Vielmehr spielten sie auch bei der Entstehung und Überlieferung
bestimmter Maße eine wichtige Rolle. So ist beispielsweise bekannt, dass in die
Genese mancher Einheiten „Eigenschaften der Dinge und (Transport-)Medien als
feste Relationen ganzer Zahlen eingeflossen"[95] sind. Maßgefäße für Öl und Wasser standen demnach häufig in einem Verhältnis von 9:10, solche für Weizen und

---

[90] Ders., Maß, Zahl und Gewicht, S. 343ff. Allgemein zum Folgenden vgl. auch HOCQUET, Métrologie, S. 87ff.
[91] WANG, Vereinheitlichung, S. 260 sowie WITTHÖFT, Maß, Zahl und Gewicht, S. 344f.
[92] Vgl. dazu allgemein JEANNIN, Poids et Mesures; STARKE, Gewichte sowie WANG, Vereinheitlichung, S. 194ff.
[93] WITTHÖFT, Maß, Zahl und Gewicht, S. 345.
[94] WANG, Vereinheitlichung, S. 260.
[95] WITTHÖFT, Maß, Zahl und Gewicht, S. 345.

Wasser in einem Verhältnis von 18:24 oder 18:25 und solche für Wasser und Honig in einem Verhältnis von 10:15 – Zahlen, die alltägliche Erfahrungswerte bezüglich der relativen Dichte oder des relativen Wertes der zueinander in Bezug gesetzten Güter widerspiegelten.[96]

Auch in überregionalen Zusammenhängen finden sich Spuren solcher ganzzahlig geprägten, systematischen Beziehungen. So hat Harald Witthöft nachgewiesen, dass die wichtigsten spätmittelalterlichen Leitgewichte des europäischen Raumes keineswegs unverbunden nebeneinander standen.[97] Durch das Prisma ganzzahliger Relationen betrachtet, ergibt sich aus ihnen vielmehr ein relativ übersichtliches und wohlgeordnetes System, das dazu beitrug, die langfristige Überlieferung der Gewichte zu sichern. Wenn einer der Standards verloren ging oder in seiner Masse zweifelhaft war, konnte er über sein bekanntes, ganzzahliges Verhältnis zu den übrigen Leitmaßen wieder hergestellt werden. Witthöft geht deshalb so weit zu argumentieren, dass die physischen Maßnormale für das mittelalterliche Gewichtswesen nur von sekundärer Bedeutung waren und sein eigentlicher Kern in einem „Netzwerk von Relationen ganzer Zahlen"[98] lag.

Unabhängig von der Frage, ob dies zutrifft oder nicht, ist dem allerdings zweierlei hinzuzufügen. Erstens ist es gerade im Hinblick auf das 17. und 18. Jahrhundert unwahrscheinlich, dass die Zeitgenossen dieses Netzwerk überblickt haben. Für einzelne Beziehungen zwischen einzelnen Gewichten war das zweifellos der Fall, aber in seiner Gesamtheit ist dieses System nur ein einziges Mal beschrieben worden, und das war in der ersten Hälfte des 14. Jahrhunderts.[99] Zweitens war die Bedeutung ganzzahliger Relationen für die langfristige Überlieferung alleine auf die Gewichte beschränkt. Sie waren sehr dauerhaft, und ihre Verhältnisse ließen sich mit den zur Verfügung stehenden technischen Mitteln präzise bestimmen. Für die alltagsgeschichtlich wesentlich bedeutsameren Längen-, Flächen- und Volumenmaße galt dies nicht, und dementsprechend lassen sich für sie solche Zusammenhänge kaum herstellen.[100]

Unterteilung und Vervielfältigung
Sehr viel bedeutsamer war der Aspekt der Ganzzahligkeit deshalb in anderer Hinsicht: als strukturierendes Merkmal der Bildung von Maßen durch Unterteilung oder Vervielfältigung. Zwar waren frühneuzeitliche Einheiten, wie bereits ausgeführt, nur begrenzt skalierbar. Dennoch gab es für Maße, die ein und denselben

---

[96] Vgl. ebd. Auch das traditionell mit 1:12 angenommene Verhältnis von Gold zu Silber wäre an dieser Stelle zu nennen, vgl. ebd., S. 347. Weitere Beispiele bei KUCZYNSKI, Verhältniszahlen, S. 35 f.

[97] Hier und im Folgenden WITTHÖFT, Kommunikation, S. 111–117. Auch Kuczynski hat offenbar eigenständig eine ähnliche Hypothese entwickelt, vgl. KUCZYNSKI, Verhältniszahlen, v. a. S. 38 ff.

[98] WITTHÖFT, Maß und Gewicht, Sp. 104.

[99] Ders., Kommunikation, S. 118–122. Vgl. auch HOCQUET, Métrologie, S. 94–101.

[100] WANG, Vereinheitlichung, S. 260. Vgl. aber die Überlegungen bei WITTHÖFT, Scheffel und Last, S. 342 ff., zu möglichen Zusammenhängen zwischen den verschiedenen in Preußen üblichen Getreidemaßen.

Verwendungszweck betrafen, neben der jeweiligen Grundeinheit auch Über- und Untereinheiten, die in systematischen Beziehungen zueinander standen oder im Laufe der Zeit in eine solche gebracht wurden.

Die Besonderheiten dieser Beziehungen erschließen sich am besten durch einen kurzen Blick auf das metrische System. In diesem basieren alle Zusammenhänge zwischen unterschiedlichen Einheiten auf dezimalen Größen: Ein Zentimeter entspricht einem Hundertstel Meter, ein Kilometer dagegen tausend Metern. Dieser Verknüpfungsmodus setzt allerdings ein recht umfangreiches mathematisches Wissen, d. h. insbesondere die Beherrschung von Multiplikation und Division sowie den korrekten Umgang mit der Null und dem Komma voraus. Solche Kenntnisse waren im vormodernen Europa kaum verbreitet; „[even] at the beginning of the nineteenth century only a negligible proportion of the […] population was so informed."[101]

Dem spätmittelalterlichen und frühneuzeitlichen Maßdenken lag deshalb ein Prinzip zugrunde, das sehr viel geringere Anforderungen an die mathematische Bildung stellte als das Dezimalsystem:[102] das Prinzip der Halbierung bzw. der Verdoppelung. Die Skalierung einer Einheit erfolgte also primär dadurch, dass sie fortlaufend durch zwei (‚dyadisch') geteilt oder fortlaufend mal zwei genommen wurde. In seiner reinen Form kam dies beispielsweise bei den Pfundgewichten zum Tragen, die zumeist in Halbe, Viertel, Achtel, Sechzehntel und Zweiunddreißigstel unterteilt waren. Die weit verbreiteten, sogenannten Schüssel- bzw. Einsatzgewichte verliehen dieser Art der Einheitenbildung auch einen materiellen Ausdruck. Ähnlich wie russische Matrjoschkas bestanden sie aus ineinandergesteckten ‚Schüsseln', wobei die größere, äußere Schüssel stets dem Gewicht der verbliebenen kleineren, inneren Schüsseln gleichkam – ein System, das „vollständig den rechnerischen Denkgewohnheiten der Zeit"[103] entsprach und zudem mit einfachen Mitteln vor Verfälschungen schützte.

Allerdings trat das Prinzip der Halbierung bzw. Verdoppelung nur selten so offensichtlich zutage. Gerade in offiziellen Maßsystemen basierte die Einheitenbildung zumeist auf durchaus komplexen Zahlensystemen. Auch in deren Eigenschaften schlugen sich aber die Bedürfnisse der dyadischen Skalierung nieder – und mit ihnen auch der Aspekt der Ganzzahligkeit. Von zentraler Bedeutung für die Anwendbarkeit eines Zahlensystems auf Maß und Gewicht war nämlich, dass es möglichst viele binäre Unterteilungen erlauben musste, ohne dabei die ganze Zahl zu ‚zerbrechen', also auf Brüche zu rekurrieren. In der Praxis führte dies dazu, dass numerische Verknüpfungen, die auf den Zahlen 5, 7 oder 10 beruhten, nur selten vorkamen.[104] Eine große Rolle spielten dagegen das Duo- und das Hexadezimalsystem. Während hexadezimale, also auf der Zahl 16 basierende Größen mehrfach durch zwei geteilt werden konnten, ohne dabei Brüche zu bil-

---

[101] Kula, Measures, S. 83.

[102] Wang, Vereinheitlichung, S. 259.

[103] Hase und Dethlefs, Rechnen, S. 74. Vgl. auch Kisch, Scales, S. 122 ff.; Haeberle, Waage, S. 106 f. sowie Verdier und Heitzler, Balances, Poids et Mesures, Bd. 1, S. 272–327.

[104] Schuppener, Dinge, S. 80 f.

den, ließen sich duodezimale, d. h. auf der zwölf aufgebaute Einheiten daneben
auch noch problemlos dritteln. Zahlreiche frühneuzeitliche Maße waren deshalb
mit Hilfe dieser Zahlen aufeinander bezogen. Beispielsweise bestand ein Fuß fast
überall entweder aus zwölf oder aus 16 Zoll.[105]

Die Verwendung des duo- oder des hexadezimalen Systems alleine war allerdings noch nicht der Grund dafür, dass die Art der Verknüpfung von Einheiten
zur Vielfalt von Maß und Gewicht beitrug. Dieser lag vielmehr darin, dass sich
die beiden genannten Rechenmodi zwar besonders gut dazu eigneten, den Postu-
laten der Unterteilbarkeit und der Ganzzahligkeit gerecht zu werden, dass es neben ihnen aber auch noch zahlreiche weitere Ordnungsschemata gab, die diese
Anforderungen erfüllten. Dies galt beispielsweise für das auf der Zahl 20 basierende Vigesimalsystem, das schon in keltischen Maßen Verwendung gefunden
hatte, oder für das auf der 60 aufgebaute Hexagesimalsystem, das seit den Babylo-
niern für die Zeitrechnung sowie die Grad- und Winkelmessung gebräuchlich
war.[106] Abgesehen von der bemerkenswerten Ausnahme der Medizinalgewichte,
die europaweit gleiche Unterteilungen aufwiesen, war deshalb selbst bei vielen
offiziellen Maßeinheiten „eine einheitliche Verwendung eines Zahlsystems [...]
übergreifend nicht erkennbar, sondern vielmehr standen schon früh diverse Zahlensysteme nebeneinander."[107]

Erschwerend hinzu kam noch, dass gerade vigesimale und hexadezimale Zähl-
weisen nur selten in Reinform auftraten. Vielmehr vermischten sie sich in der
Regel mit anderen Systemen. Dieses Phänomen, das bis heute im Aufbau der
französischen Zahlworte erkennbar ist,[108] war im Europa der Frühen Neuzeit in
zahlreichen Zusammenhängen anzutreffen. So war beispielsweise bei Münzen
eine aus dem antiken Rom übernommene und durch die Karolinger verbreitete
Kombination aus duodezimaler und vigesimaler Unterteilung sehr gebräuchlich.
Ein Pfund (*livre* bzw. *pound*) bestand demnach häufig aus 20 Schillingen (*sou*
bzw. *shilling*), die ihrerseits jeweils 12 Pfennige (*denier* bzw. *pence*) beinhalteten.
Insgesamt kamen dadurch 240 Pfennige auf ein Pfund.[109] In ähnlicher Form
prägte diese Unterteilung auch einige Gewichtsmaße, beispielsweise das alte englische *Tower Pound*.[110]

Noch ausgeprägter als bei herrschaftlichen Maßsystemen waren solche Überlagerungen freilich auf der lokalen Ebene. Denn hier kamen nicht nur verschiedene
Zahlensysteme, sondern häufig auch der ursprüngliche Mechanismus der Halbie-

---

[105] WANG, Vereinheitlichung, S. 260.
[106] HOCQUET, Métrologie, S. 88. Zu Ursprüngen und Verbreitung dieser Zahlensysteme vgl. auch
IFRAH, Universalgeschichte, S. 61 ff. u. S. 69 ff.; MENNINGER, Zahlwort, Bd. 1, S. 70–82 u.
S. 163 ff. und HAARMANN, Zahlen, S. 40 ff.
[107] SCHUPPENER, Dinge, S. 80. Zu den Medizinalgewichten, deren gleichartige Unterteilung auf
römische Ursprünge zurückging, vgl. HAEBERLE, Waage, S. 85 ff.; KISCH, Scales, S. 140–145;
VERDIER und HEITZLER, Balances, Poids et Mesures, Bd. 3, S. 40–48 sowie die Zusammenstellung bei MEYER-STOLL, Maß- und Gewichtsreformen, S. 251.
[108] HAARMANN, Zahlen, S. 41 und IFRAH, Universalgeschichte, S. 64.
[109] HOCQUET, Métrologie, S. 90.
[110] CHANEY, Weights, S. 19.

rung bzw. Verdoppelung zur Geltung. In vielen lokalen Metrologien beruhte die Skalierung von Einheiten deshalb wahlweise auf Zweier-, Dreier-, Vierer-, Sechser-, Achter- oder Zwölfer-Unterteilungen, die in unterschiedlichster Form miteinander kombiniert und verschmolzen wurden. Deshalb bestand beispielsweise das Getreidemaß im lothringischen Lunéville – der *resal* – aus acht *bichots*, die ihrerseits in sechs *pots* unterteilt waren; diese wiederum setzten sich aus zwei *pintes* zusammen, die *pinte* aus zwei *chopines*, die *chopine* aus zwei *setiers* – und das *setier* nicht aus zwei, sondern aus drei *verres*.[111]

Da solche Unterteilungen ebenso wie die Maßeinheiten selbst in der Regel lokalen Ursprung waren, differierten sie von Ort zu Ort. Und die immer wieder vorkommenden Verbindungen mit Elementen aus benachbarten oder aus überregional verbreiteten Metrologien machten sie im Laufe der Jahrhunderte noch vielfältiger und unübersichtlicher, als sie es ohnehin schon waren. Auch die vielfältigen Modi der Einheitenbildung trugen deshalb maßgeblich zur Proliferation von Maß und Gewicht bei.

Zahlmaße

In ganz ähnlicher Weise gilt das auch für einen Sonderfall des Problems der Unterteilung bzw. Vervielfältigung, nämlich die Institution der sogenannten Zählbzw. Zahlmaße.[112] Dabei handelte es sich um die sprachliche Zusammenfassung einer diskreten Stückzahl zu einer Einheit, für die es in der Frühen Neuzeit zahlreiche Beispiele gab.

Das bekannteste dürfte der auch heute noch gebräuchliche Begriff des ‚Dutzend' als Bezeichnung für die Zahl zwölf sein. Seine große Verbreitung stellt einen zusätzlichen Beleg für die Bedeutung des Duodezimalsystems „als Zählbasis"[113] dar. Auch eine Reihe weiterer bekannter Zahlmaße basierte auf diesem, so z. B. das in Frankreich, Deutschland und Großbritannien gleichermaßen bekannte kleine Gros zu zwölf Dutzend, das große Gros zu zwölf kleinen Gros (also eine Zahl von 1728), das große Hundert *(long hundred)* zu 120 Stück sowie das große Tausend zu zwölf großen Hundert. Daneben gab es aber auch Begriffe, die vigesimal oder hexagesimal geprägt waren, z. B. die Stiege (engl. *score*) als Bezeichnung für 20 Stück oder das Schock (engl. *threescore)*, das 60 Stück umfasste und seinerseits zumeist aus vier Mandeln à 15 Stück bestand.[114]

Solche allgemeinen Zahlmaße stellten allerdings eher die Ausnahme als die Regel dar. Im Normalfall waren nahezu alle diese Bezeichnungen „an einen mehr oder minder eng umgrenzten Verwendungskontext gebunden".[115] Aus verschiedenen Arbeits- und Lebenszusammenhängen gingen dabei jeweils eigene Zahlmaße hervor. Das galt beispielsweise für das Textilgewerbe, wo die Begriffe Pack,

---

111 KULA, Measures, S. 85.
112 Zum Begriff des Zahlmaßes vgl. SCHUPPENER, Dinge, S. 77 ff.
113 Ebd., S. 140.
114 BOCK und CRÜGER (Hrsg.), Nelkenbrecher's Taschenbuch, S. XI. Vgl. auch MENNINGER, Zahlwort, Bd. 1, S. 165 ff. sowie IFRAH, Universalgeschichte, S. 64.
115 SCHUPPENER, Dinge, S. 188.

Ballen, Saum oder Fardel weithin geläufig waren, oder für den Holzmarkt, wo die Händler nach Stäben, Steigen, Schock, kleinen Hundert, großen Hundert, Ringen sowie kleinen und großen Tausend rechneten. Die konkrete mit diesen Begriffen bezeichnete Menge war ab dem 18. Jahrhundert zwar prinzipiell festgelegt, konnte aber je nach der Art des Holzes oder seinem Verwendungszweck differieren.[116] In ähnlicher Weise kam es zuweilen auch vor, dass Begriffe, die grundsätzlich als *allgemeine* Zahlmaße bekannt waren, in spezifischen Zusammenhängen eine veränderte Bedeutung annahmen. So entsprach in England ein *hundred* meist entweder 100 oder 120 Stück, im Falle von Kabeljau aber 124, bei *hardfish* 160 sowie bei Zwiebeln und Knoblauch 225 Stück.[117] Auch ein Schock oder eine Mandel konnten je nach Kontext unterschiedliche Zahlen beinhalten.

Diese enge Kopplung der Zahlmaße an den abgezählten Gegenstand verweist darauf, dass es sich bei ihnen um „einen besonders archaischen Typ der Quantifizierung" handelt, der aus eher vagen Mengenbezeichnungen hervorgegangen zu sein scheint. Die „Emanzipierung von den ursprünglichen Verwendungskontexten", die im Auftauchen der allgemeinen Zahlmaße und in der klaren Fixierung des Inhalts der jeweiligen Begriffe ihren Ausdruck fand, stellte demzufolge eine vergleichsweise junge, erst im 17. und 18. Jahrhundert auftretende Entwicklung dar. Sie ging vor allem auf die „zunehmende Rechenhaftigkeit im Handel"[118] und den Einfluss der Mathematik zurück.

Im Gegensatz dazu hatte der ursprüngliche Zweck der Zahlmaße gerade darin gelegen, die Notwendigkeit zum Rechnen zu vermeiden. Indem sie diskrete Mengen zu einer Einheit zusammenfassten, ermöglichten sie es, dieselben auch mit geringen numerischen Kenntnissen zu erfassen und mit ihnen umzugehen.[119] Besondere Bedeutung hatte diese Einrichtung deshalb bei Gütern erlangt, die in großen Stückzahlen gehandelt wurden. So war sie beispielsweise im Fischfang weit verbreitet. Die dort geläufigen Begriffe wie Kiepe oder Stroh gingen ursprünglich auf die Transportgefäße oder die Verpackung der Fische zurück, so dass nachvollziehbar erscheint, warum die konkrete mit ihnen bezeichnete Zahl je nach Handelsplatz und teilweise auch je nach Fischsorte differierte.[120] Auch ein Element der Staffelung der Größe von Maßen nach dem Wert der gemessenen Güter – ein Aspekt, auf den im folgenden Abschnitt noch eingegangen wird – lässt sich hinter der Variabilität der Zahlmaße vermuten.

Zumindest in einem Fall ging diese aber auch noch auf einen anderen Mechanismus zurück. Das betraf ein sehr wichtiges Zahlmaß, nämlich das sogenannte

---

116 BOCK und CRÜGER (Hrsg.), Nelkenbrecher's Taschenbuch, S. XI ff. sowie WITTHÖFT, Umrisse, Bd. 1, S. 547.

117 ZUPKO, Revolution, S. 12. Vgl. auch die französischen Beispiele in ders., French Weights, S. 39.

118 Alle Zitate in diesem Absatz aus SCHUPPENER, Dinge, S. 189 f. (Original: „zunehmender Rechenhaftigkeit im Handel")

119 Ebd., S. 76. Vgl. auch die ausführliche Darlegung des Rechnens mit dem *long hundred* bei ULFF-MØLLER, Calculation, S. 505 ff.

120 SCHUPPENER, Dinge, S. 180 ff. sowie BOCK und CRÜGER (Hrsg.), Nelkenbrecher's Taschenbuch, S. XII.

baker's dozen, dessen Ursprung in England lag, das aber in unterschiedlichen Formen – als ‚Bäckerdutzend' in Deutschland oder als *treize à la douzaine* in Frankreich – auch auf dem Kontinent bekannt war. Es bezeichnete eine Menge von dreizehn (seltener vierzehn) Stück und verwies damit auf den im spätmittelalterlichen und frühneuzeitlichen Europa weithin geübten Brauch, beim Verkauf von Brot oder Brötchen für jedes verkaufte Dutzend ein weiteres Stück hinzuzugeben. Dies war möglicherweise als eine Art Mengenrabatt gedacht, diente aber auch dem Selbstschutz der Bäcker. Denn sie hatten ernsthafte Konsequenzen zu befürchten, falls ihnen nachgewiesen werden konnte, dass ihr Brot nicht das vorgeschriebene Gewicht aufwies. Durch die Zugabe war sie dagegen auf der sicheren Seite.[121]

Die Besonderheit dieses Zahlmaßes bestand folglich weniger darin, dass es große Mengen zu handhabbaren Einheiten zusammenfasste. Vielmehr stellte es ein herausragendes Beispiel dafür dar, dass die konkrete Information, die eine Maßeinheit vermittelte, in vormodernen Gesellschaften nicht a priori feststand, sondern in vielfältiger Weise von Konventionen und Gebräuchen abhing, die bestimmten, welche Bedeutung sie im jeweils gegebenen Zusammenhang annehmen sollte. Diese Konventionen und Gebräuche sind für die Funktionsweise mittelalterlicher und frühneuzeitlicher Maße von zentraler Bedeutung. Nur ihre Einbeziehung macht verständlich, warum die Maßvielfalt für die zeitgenössischen Akteure sehr viel weniger verwirrend war, als das aus heutiger Perspektive erscheinen mag.

1.2 Praktiken des Messens

1.2.1 Maßgebräuche: Beispiele und Mechanismen

Maß und Wert
Frühneuzeitliche Maße und Gewichte standen nie für sich, sondern gingen stets mit stillschweigenden oder expliziten Übereinkünften einher, die bestimmten, wie sie zu benutzen waren. Prinzipiell gilt diese Feststellung zwar auch für moderne Einheitensysteme. Vor deren Etablierung war die Bedeutung von Konventionen des Maßgebrauchs aber sehr viel größer als danach. Denn die vormoderne Vielfalt eröffnete Spielräume, die durch Vereinbarungen darüber, welches Maß bei welcher Gelegenheit in welcher Weise zu verwenden war, gefüllt werden mussten. Frühneuzeitliche Einheitensysteme wiesen deshalb in hohem Maße ‚Verhandlungscharakter' auf. Neben der Vielfalt stellte diese Eigenschaft ihr zweites Grundcharakteristikum dar.

---

[121] So CONNOR, England, S. 198 f. Vgl. daneben auch SCHUPPENER, Dinge, S. 143; dort die These vom Mengenrabatt. Eine andere Interpretation des *baker's dozen*, die darin ebenfalls einen Mengenrabatt sieht, aber davon ausgeht, dass dieser nur beim Verkauf an Zwischenhändler zum Tragen kam, vertritt DAVIS, Baking, S. 491.

Nicht in allen Fällen trat der ,Verhandlungscharakter' der Maße allerdings klar zutage. Häufig nahmen die Konventionen und Gebräuche, die den Umgang mit ihnen bestimmten, den Charakter langfristig wirksamer Traditionen an, die nur selten wirklich zur Debatte standen. Das gilt vor allem für eine Reihe alltäglicher Grundannahmen, die nicht den Vorgang des Messens selbst, sondern die Frage seiner allgemeinen Bedeutung betrafen und damit den Rahmen für die Maßgebräuche im engeren Sinne bildeten.

Ein wichtiges auf dieser Ebene angesiedeltes Phänomen bestand beispielsweise darin, dass bei ländlichen Bevölkerungsgruppen im frühneuzeitlichen Europa ein profundes Mißtrauen gegenüber dem Messen im Allgemeinen und dem genauen Maß im Besonderen verbreitet war.[122] So ist aus dem 17. und 18. Jahrhundert mehrfach die Auffassung überliefert, dass die Größe von Kindern nicht gemessen werden solle, weil diese sonst aufhörten zu wachsen. Das Vermessen eines Toten galt als schädlich für denjenigen, der es vornahm oder später mit demselben Maß gemessen wurde. Und wer die Tiefe eines Sees oder eines Brunnens bestimmen wollte, beschwor ebenfalls Unglück herauf, wobei diese Vorstellung ganz offenkundig nicht nur einen metaphysischen, sondern auch einen praktischen Hintergrund hatte.[123] Zumeist waren solche ,Maß-Regeln' aber religiös oder volksreligiös geprägt. So sind beispielsweise Fälle bekannt, in denen sich Bauern weigerten, die von ihnen eingebrachte Ernte zu quantifizieren, weil sie Gott nicht zur Rechenschaft ziehen und seine Vorsehung nicht in Frage stellen wollten. Und umgekehrt galten Müller oder Landvermesser, die Erträge oder Böden allzu genau bestimmten, in den Augen von Landarbeitern als Sünder, die in der Hölle landen und mit ewiger Verdammnis bestraft würden.[124]

Solche und ähnliche Vorstellungen haben einige Autoren zu der These veranlasst, dass in der Frühen Neuzeit gerade in ländlichen Gegenden ein „anti-quantifying spirit"[125] verbreitet gewesen sei. Dies ist jedoch schwer zu verallgemeinern, denn populäre Konzeptionen des Messens fielen durchaus ambivalent aus. So sind diesem neben schädlichen Wirkungen oft auch heilende Effekte zugeschrieben worden. Schon seit der Antike war etwa das Abmessen des Schädels als Mittel gegen Kopfschmerzen bekannt, und im Mittelalter galt die Bestimmung der Maße eines Kranken teilweise als nötig, „um den Namen des Heiligen zu erforschen, an den man sich um Hilfe wenden muß."[126]

Zudem war es meist auch nicht der Gebrauch genauer, sondern der Gebrauch falscher Maße, der als „offensive to Almighty God"[127] und „an abomination to the Lord"[128] galt. Häufiger als wegen allzu großer Pedanterie kamen Gastwirte oder Müller also in die Hölle, wenn sie bewusst zu wenig ausschenkten oder

---

[122] KULA, Measures, S. 14.
[123] JACOBY, Maß, Sp. 1855 ff. Vgl. auch KULA, Measures, S. 13.
[124] Vgl. ebd., S. 13 u. S. 16.
[125] SHELDON et al., Popular Protest, S. 27.
[126] JACOBY, Maß, Sp. 1854. Zur Ambivalenz vgl. auch KULA, Measures, S. 14.
[127] DICKINSON, Two Discourses, S. 12.
[128] Ebd., S. 11.

Maße manipulierten. In solchen Zusammenhängen konnte genaues Messen also auch als Gebot der Fairness und nicht als Ärgernis erscheinen. Es ist insofern kein Zufall, dass mit der Waage ausgerechnet das präziseste Messinstrument symbolisch für die Gerechtigkeit stand.[129] Auch der schlechte Ruf der Landvermesser basierte nicht darauf, dass sie überhaupt maßen oder auf der Genauigkeit, mit der sie das taten, sondern darauf, dass ihre Art zu messen den etablierten Konsens darüber verletzte, welches Maß bei welcher Gelegenheit genutzt werden sollte.[130] Die meisten populären Vorstellungen verwiesen also nicht primär auf eine grundsätzliche Ablehnung des (genauen) Messens, sondern auf die konkreten Regeln des Umgangs mit Maß und Gewicht.

Allerdings gab es auch auf dieser Ebene Konventionen, die sehr grundsätzlicher Natur und entsprechend wenig umstritten waren. Das wichtigste Beispiel hierfür bestand darin, dass die Größe und die Genauigkeit der in einem bestimmten Kontext zu verwendenden Maße in Abhängigkeit von den bemessenen Gütern variierten. Teilweise hatte das praktische Gründe. Beispielsweise wurden Edelmetalle und Arzneimittel in geringeren Mengen verkauft als Mehl oder Fleisch, so dass es naheliegend war, für sie ein kleineres Maß zu benutzen.[131] Gleichzeitig kam darin aber auch ein grundlegenderes Charakteristikum der vormodernen Einheiten zum Ausdruck, denn ihre Größe war nicht im Verhältnis zur Menge, sondern zum Wert der gemessenen Waren gestaffelt: „the more valuable the object, the finer the measure employed in its measurement."[132]

Dieses Phänomen durchzog das frühneuzeitliche Maßwesen in vielerlei Hinsicht. Das bekannteste Beispiel bietet der Umgang städtischer Handelsplätze mit den Gewichten, denn bis in das 19. Jahrhundert hinein war es europaweit „gängige Praxis, in lokalen Maßsystemen ein Schwer- und ein Leichtgewicht für unterschiedliche Warengruppen und möglicherweise noch ein drittes als Edelmetallgewicht zu unterscheiden".[133] Zwar standen diese zumeist in einem klar definierten Verhältnis zu einem überregionalen Leitgewicht; das änderte aber nichts daran, dass ihre Größe grundsätzlich nach dem Wert der abgemessenen Güter aufgeschlüsselt war. Weniger wertvolle Waren wurden in der Regel mit dem Schwer-, teurere Waren dagegen mit dem Leichtgewicht abgewogen.[134] Auch von den Flüssigkeitsmaßen ist eine solche Abstufung überliefert. So war z. B. „ein Maß Bier oder Milch an den meisten Orten mehr als ein Maß Wein"[135] – ein Zusammenhang, der bei den royalen britischen Maßen gut zu beobachten ist, denn diese unterschieden noch zu Beginn des 19. Jahrhunderts zwischen einer Bier- und einer Weingallone.

---

[129] Zu dieser und zu weiterer symbolischen Konnotation der Waage vgl. VIEWEG, Kulturgeschichte, hier v. a. S. 17–39; ders., Maß und Messen, S. 13 ff. sowie KISCH, Scales, S. 76 ff.

[130] Zu diesem Konsens vgl. die Ausführungen im weiteren Verlauf dieses Abschnitts.

[131] KULA, Measures, S. 88.

[132] Ebd.

[133] WITTHÖFT, Metrologische Strukturen, S. 18. Am Pariser Beispiel: HOCQUET, Métrologie, S. 25; am Augsburger Beispiel: BECK, Maß und Gewicht, S. 179 f.

[134] Vgl. HOCQUET, Métrologie, S. 93.

[135] Maß, in: KRÜNITZ, Ökonomische Enzyklopädie, Bd. 85, S. 262–325, hier S. 266.

Nicht immer schlug sich die Assoziation von Wert und Größe in der Verwendung unterschiedlicher Maß*standards* nieder. Ebenso häufig beruhte sie auf dem Modus der Bildung von Einheiten. So berichtet Kula etwa, dass das in Troyes im 16. Jahrhundert übliche Flüssigkeitsmaß, die *queue*, im Falle von Wasser 45, im Falle von Öl aber nur 41 *septiers* beinhaltete. Auch für Längenmaße gibt es solche Beispiele: So war in Mailand für Seide eine Elle gebräuchlich, die nur 10½ statt der bei anderen Stoffen üblichen 13½ Zoll enthielt.[136] In diesen Fällen waren die Grundeinheiten stets gleich groß und nur ihre Skalierung fiel je nach gemessenem Gut unterschiedlich aus. Daneben kam es auch vor, dass die wertmäßige Staffelung der Standards und die wertmäßige Staffelung der Einheitenbildung miteinander einhergingen. So wog beispielsweise die Kölner Mark, die im deutschsprachigen Raum als Grundlage für das Münz- und Edelmetallgewicht diente, schon als Grundeinheit nur etwa halb so viel wie die geläufigen Handelspfunde. Hinzu kam aber noch, dass sie auch sehr viel feiner unterteilt war als diese, nämlich in 8 Unzen, 16 Loth, 64 Quentchen, 256 Pfennige, 512 Heller und 65 536 Richtpfennige.[137] Für die verschiedenen in Europa in Gebrauch befindlichen Apotheker- bzw. Medizinalpfunde gilt eine ähnliche Feststellung.

Schließlich erstreckte sich die Differenzierung der Maße nach dem Wert der Güter auch noch auf unterschiedliche Praktiken bei ihrer Anwendung. So verwogen Apotheker oder Juweliere ihre Waren zumeist mit kleinen Balkenwaagen. Diese ermöglichten ein hohes Maß an Präzision, aber ihre Benutzung erforderte Geduld und Aufmerksamkeit. Die Alternative dazu waren sogenannte Schnell- bzw. Laufgewichtswaagen, mit denen Waren zügiger und in größeren Mengen abgefertigt werden konnten. Dies ging jedoch auf Kosten der Genauigkeit, und so fanden Schnellwaagen vor allem für geringerwertige Güter Verwendung.[138] Auch die Praxis der Gewährung eines sogenannten Gutgewichtes – einer Art Aufschlag auf die gekauften Mengen – erstreckte sich in erster Linie auf weniger wertvolle und in großen Volumina gehandelte Produkte.[139] Die Staffelung der Maße nach dem Wert der Güter war also ein vielschichtiges Phänomen, das nicht nur auf der Verwendung unterschiedlicher Standards, sondern auch auf unterschiedlichen Varianten der Bildung von Einheiten und unterschiedlichen Praktiken beim Umgang mit ihnen beruhte.

Noch komplexer als in den bisher genannten Beispielen fiel ihr Aufbau dort aus, wo sie am stärksten ausgeprägt war: bei den landwirtschaftlichen Maßen, also bei den Flächenmaßen und den Ertragsmaßen. Die wertspezifische Abstufung der Flächenmaße ergab sich zum einen aus der Koexistenz von Schätzgrö-

---

[136] KULA, Measures, S. 89. In Südfrankreich hingegen existierten für unterschiedliche Stoffe unterschiedliche, nach dem Wert gestaffelte Maß*standards*. Vgl. JEDRZEJEWSKI, Histoire universelle, S. 160.

[137] Vgl. MEYER-STOLL, Maß- und Gewichtsreformen, S. 254 sowie KISCH, Scales, S. 224.

[138] HOCQUET, Métrologie, S. 93; WITTHÖFT, Umrisse, Bd. 1, S. 473. Zu den genannten Waagentypen und ihren Anwendungsbereichen vgl. HAEBERLE, Waage, S. 21–37, S. 47–57 u. S. 81–87 sowie KISCH, Scales, S. 26–66 u. 69–76.

[139] WITTHÖFT, Umrisse, Bd. 1, S. 486. Vgl. auch Kap. 5.1.2 dieser Arbeit.

ßen und geometrischen, d. h. auf der Länge basierenden Einheiten. Erstere benutzten Bauern und Landvermesser vor allem für marginale Böden, letztere hingegen für fruchtbare Äcker.[140] Zum anderen unterlagen die geometrischen
Einheiten auch für sich genommen einer wertmäßigen Differenzierung. In England z. B. wurden ertragreiche Felder vielerorts mit einer Rute von 12 Fuß, Weide-
gründe mit einer Rute von 18 Fuß und unfruchtbare Flächen mit einer Rute von
20 oder 22 Fuß bemessen. Aus Frankreich und Deutschland sind ähnliche Praktiken bekannt.[141]

Für die Ertrags- und damit vor allem die Getreidemaße galt prinzipiell dasselbe. Die Einheiten für geringerwertige Produkte, beispielsweise für Hafer, fielen in
der Regel etwa doppelt so groß aus wie diejenigen für teurere Sorten wie Roggen
oder Weizen.[142] Ähnlich wie bei den bereits genannten Beispielen beruhte diese
Differenzierung teilweise auf unterschiedlichen Standards, teilweise auf unterschiedlichen Modi der Einheitenbildung – so lagen etwa in der Île-de-France
einem *boisseau* Hafer 240, einem *boisseau* Weizen aber nur 144 *muids* zugrunde[143]
– und teilweise auf unterschiedlichen Praktiken des Messens.

Eine dieser Praktiken lohnt eine genauere Betrachtung, weil sie eine wichtige
weitergehende Implikation der Assoziation von Maß und Wert beleuchtet. Sie bestand darin, dass Großhändler beim Einkauf von Getreide in der Regel größere
Maße verwendeten als beim Verkauf. Dieser Brauch ist bis weit ins 19. Jahrhundert bekannt gewesen. In Großbritannien ist er noch für das Jahr 1826, in Frankreich sogar für 1837 belegt.[144] Auf den ersten Blick mag er sehr ungewöhnlich
erscheinen, denn er scheint eine Übervorteilung der Endverbraucher zur Folge zu
haben. Schließlich erhielten sie durch diese Vorgehensweise für ihr Geld eine geringere Menge an Getreide als der Händler für das seinige. Allerdings gibt es keinerlei Hinweise darauf, dass diese Art der Maßverwendung als zwielichtig oder
gar betrügerisch galt. Vielmehr handelte es sich bei ihr um eine weithin akzeptierte
Praxis, die auf „full and highly respectable meeting[s] of corn dealers"[145] offen
diskutiert wurde.

---

[140] Vgl. als allgemeiner Überblick PORTET, La mesure géometrique, passim.

[141] RICHESON, Land Measuring, S. 18. Zu Frankreich vgl. PELTRE, Mesures agraires, S. 177; zu
Deutschland vgl. WANG, Vereinheitlichung, S. 187.

[142] KULA, Measures, S. 67; HOCQUET, Métrologie, S. 62.

[143] In diesem Fall scheint allerdings nicht der Gedanke des unterschiedlichen *Wertes* als vielmehr der des unterschiedlichen *Gewichtes* der betroffenen Getreidesorten den Hintergrund
für die Differenzierung gebildet zu haben, HOCQUET, Métrologie, S. 64 f.

[144] Zu Großbritannien vgl. Brief von William Gutteridge an Sir George Clerk, 20. 4. 1826, NAS
GD 18/3311. Zu Frankreich vgl. Stellungnahme des Abgeordneten Duprat in der Debatte
der Chambre des Déput és über die Wiedereinführung des metrischen Systems, 20. 5. 1837,
in: Archives Parlementaires, 2e série, Bd. 111, S. 478.

[145] Brief von William Gutteridge an Sir George Clerk, 20. 4. 1826, NAS GD 18/3311. Zwar gehörte Bild des Getreidehändlers, der die Maße manipuliert, ebenso wie das Bild des Bäckers, der
zu leichte Brötchen verkaufte oder das des Müllers, in dessen ruckelnder Mühle das abgelie-
ferte Getreide plötzlich ein geringeres Volumen einnahm als zuvor, zu einer Art gesamteuro-
päischer Folklore. Im Stereotyp des ‚Kornjuden' verdichtete es sich und erhielt sogar Eingang
in Zedlers Universallexikon. Bezeichnenderweise ging es dabei aber stets um eine bewußte

Tatsächlich stand hinter dem Gebrauch unterschiedlicher Einheiten bei Ein- und Verkauf ein legitimes ökonomisches Kalkül. Das wird deutlich, wenn man diese Praxis als eine geographisch gewendete Variante der Assoziation von Wert und Maß interpretiert. Denn je weiter die Händler ihr Getreide transportieren mussten, umso höher waren ihre Kosten und damit auch der Wert des von ihnen gehandelten Gutes. Da ein höherer Wert aber ein kleineres Maß implizierte, war es aus ihrer Sicht naheliegend, beim Verkauf das Maß zu verringern und so Angebot und Nachfrage statt durch Veränderungen der Preise durch Anpassungen der Mengen zusammenzuführen.[146]

Wie durchdringend diese Logik war, lässt sich daran ablesen, dass sie nicht nur die alltägliche Praxis im Umgang mit den Getreidemaßen dominierte, sondern sich im Laufe des Spätmittelalters und der Frühen Neuzeit auch zu differierenden physischen Verkörperungen dieser Maße verfestigte. So hat Witold Kula nachgewiesen, dass die Größe der Mitte des 16. Jahrhunderts in der polnischen Wojwodschaft Krakau verwendeten Standards systematisch mit der Entfernung eines Ortes zum Ursprungsort oder zum nächsten überregionalen Handelsplatz variierte. Je größer diese war, desto kleiner fiel das verwendete Maß aus. Und das war kein Einzelfall: Karl Lamprecht hat einen ähnlichen Zusammenhang auch an der Mosel identifiziert; in Preußen war dieses Phänomen beispielsweise Christoph Langhansen, dem Autor einer 1717 erschienenen metrologischen Abhandlung, bekannt gewesen; und auch die 1693 zusammengetretenen Deputierten der Lüneburger Stände wussten, „dass je höher die Örther je größer Maße und nach advenant je niedriger es herunter gebracht je geringer die Maße"[147] waren.

Der zuletzt genannte Fall zeigt zudem, dass den Zeitgenossen bewusst war, welche Funktion dieser Mechanismus erfüllte. Denn sie argumentierten, dass durch die Staffelung der Maße „die Zufuhr von einem Ohrt zum anderen beßer hingelocket"[148] werden konnte und sahen darin einen Anreiz für Händler, einen Beitrag zur Ernährungssicherung zu leisten. Letztlich bestand dieser Anreiz in dem Gewinn, der durch den Wechsel vom größeren auf das kleinere Maß zustande kam. Aber seine Regulierung über die Mengen statt über die Preise verrät, dass sich die differenzielle Maßverwendung aus der Sicht frühneuzeitlicher Akteure nicht primär in solchen monetären Kategorien darstellte. Vielmehr betrachteten sie sie als Aspekt eines „system of handicapping", das denjenigen, denen aus einer Transaktion ein besonderer Aufwand entstand, eine Art Vorschuss zukommen ließ, dadurch „theoretically ensuring that everyone arrived at the finishing line together."[149]

Verfälschung von Maß und Gewicht und nicht um die Praxis der differenziellen Maßverwendung, die hier zur Debatte steht. Vgl. GAILUS, Erfindung, S. 597 sowie Korn-Juden, in: ZEDLER, Universal-Lexicon, Bd. 15, Sp. 1541–1543, hier Sp. 1542.

[146] KULA, Measures, S. 104 ff. Vgl. auch WITTHÖFT, Umrisse, Bd. 1, S. 484.

[147] Zit. nach ebd., S. 492. Dort auch zu Lamprecht und Langhansen. Vgl. zudem die weiteren Beispiele in: WITTHÖFT, Aspekte, S. 113 ff.

[148] Zit. nach ders., Umrisse, Bd. 1, S 492.

[149] HOPPIT, Reforming, S. 90.

Dieser Grundgedanke durchzog, wie gleich zu zeigen sein wird, auch eine Reihe weiterer Aspekte des frühneuzeitlichen Maßwesens. Nicht immer war er allerdings so fest verankert und unumstritten wie im Falle der Assoziation von Maß und Wert. Vielmehr war er zumeist Gegenstand stetiger, konflikthafter Aushandlungsprozesse, die in hochgradig lokalisierten mikropolitischen Kontexten stattfanden. Das wird im nächsten Abschnitt deutlich werden.

Das gehäufte Maß

Mit am stärksten trat der ,Verhandlungscharakter' des frühneuzeitlichen Messens in der Praxis der sogenannten ,Aufmaße' hervor. Ihren gedanklichen Ursprung hatte diese in einem gängigen Alltagsproblem. Gerade im Handel mit verderblichen Gütern geschah es immer wieder, dass sich die abgemessenen Mengen veränderten: „Öl und Bier leckten aus undichten Tonnen, Flüssigkeiten verdunsteten, wenn das Gefäß nicht dicht verschlossen war, heiße Sommer reduzierten das Gewicht von Wolle und das Gewicht von Verpackungen aus dem Transport. Feuchte Witterung vermehrte andererseits das Gewicht von Flachs und Wolle. Getreide litt unter Mäusefraß oder verrieselte auf der Fahrt."[150]

Um diese Veränderungen herum bildeten sich deshalb Gebräuche heraus, die – ganz im Sinne der Idee des ,Handicapping' – sicherstellen sollten, dass Käufern oder Verkäufern aus ihnen keine Nachteile entstanden. So ist z. B. aus Dänemark im 17. Jahrhundert bekannt, dass bestimmte Güter beim Verkauf mit 13 statt wie üblich mit 12 Tonnen pro Last berechnet wurden, um dem Verkäufer einen Ausgleich für mögliche Verluste aus dem Transport zu bieten.[151] In ähnlicher Weise waren in England im 14. Jahrhundert Naturalabgaben an die Grundherren mit einem Aufschlag von acht Pfund pro Gallone zu leisten, um sicherzustellen, dass diese bekamen, was ihnen zustand.[152] Im 18. Jahrhundert ging die preußische Magazinverwaltung „davon aus, dass man für 25 Malter eingemessenen Getreides lediglich 24 Malter wieder ausmessen"[153] könne. Und in den britischen Midlands erhielten die Kunden in den Pubs bis zum Ende des 19. Jahrhunderts eine großzügige Zugabe zu ihrem Pint, die als Ausgleich für die Verluste durch die Schaumkrone gedacht war.[154]

Wie diese Beispiele erahnen lassen, waren solche Praktiken äußerst vielfältig und variabel. Das lag zum Teil daran, dass sie lokale Ursprünge hatten, weshalb kaufmännische Handbücher seit dem 18. Jahrhundert ausführliche Beschreibungen der unterschiedlichen ,Platzgebräuche' in den wichtigsten Handelsstädten beinhalteten.[155] Hinzu kam aber noch, dass es nur in den seltensten Fällen klare Regeln für die Aufmaße gab. Zumeist waren sie von der konkreten Situation ab-

---

[150] WITTHÖFT, Umrisse, Bd. 1, S. 468.
[151] Ebd., S. 469.
[152] CONNOR et al., Scotland, S. 210. In diesem Falle war der Aufschlag auf das Volumenmaß tatsächlich in Gewichtseinheiten definiert.
[153] WITTHÖFT, Metrologische Strukturen, S. 21.
[154] H. J. Chaney, Memorandum, 21.5.1900, TNA, BT 101/518.
[155] So z. B. NOBACK und NOBACK, Taschenbuch, passim.

hängig und in gewissem Maße verhandelbar. Noch zu Beginn des 19. Jahrhunderts galten sie deshalb selbst in London, dem zu diesem Zeitpunkt größten Handelshafen der Welt, als „uncertain and fluctuating".[156]

Welche Bedeutung diesem Umstand für die Interpretation der Grundzüge des frühneuzeitlichen Maßsystems zukommt, zeigt sich nirgendwo deutlicher als im bekanntesten und wichtigsten Aspekt dieses Phänomens: in der Praxis des sogenannten Häufens. Wie bereits ausgeführt, maßen Händler in der Frühen Neuzeit fast alle Güter des täglichen Bedarfs – Getreide, Kartoffeln, alle Arten von Früchten, daneben aber auch Kohle sowie Rohstoffe für die Herstellung von Textilien – mit Hohlmaßen ab. Allerdings befüllten sie diese nicht immer bis zum Rand. Vielmehr war es üblich, den Maßen in bestimmten, aber keineswegs in allen Fällen einen Aufschlag hinzuzufügen, sie also mit einem Haufen zu versehen.[157]

Dieser Brauch war besonders im Hinblick auf das Getreidemaß von großer alltagsgeschichtlicher Bedeutung. Das lag zum einen daran, dass Getreide in der frühneuzeitlichen Knappheitsökonomie einen zentralen Stellenwert für die Ernährung einnahm. Zum anderen stellte es das wichtigste Medium für die Zahlung von Abgaben an den Grundherren dar, sofern diese in Naturalien zu leisten waren. Gerade das Getreidemaß ist deshalb „in hohem Grade auch ein politisches und soziales Maß gewesen",[158] das regelmäßig zu Auseinandersetzungen zwischen Käufern und Verkäufern bzw. Grundherren und Abgabepflichtigen führte. Angesichts der weithin geübten Praxis des Häufens war der Spielraum, der dabei zur Debatte stand, gewaltig: Bei sehr großen Maßen, wie sie z. B. für Hafer üblich waren, konnte der Haufen etwa 50% des Gesamtinhaltes ausmachen, und selbst bei den für Weizen und Roggen üblichen Maßgefäßen entsprach er immer noch etwa einem Drittel des Inhalts.[159]

Wie groß die jeweils abgemessene Menge an Getreide in einem konkreten Fall allerdings tatsächlich war, hing von einer Vielzahl von Faktoren ab. Eine zentrale Rolle spielten dabei zunächst gewohnheitsrechtliche oder, wenn es um Abgaben an übergeordnete Autoritäten ging, auch gesetzliche Vorgaben. Auf den Märkten im französischen Valois war beispielsweise Mitte des 17. Jahrhunderts ein Aufmaß von einem Sechstel des Maßinhaltes üblich, während für Leistungen an den englischen König im 14. Jahrhundert ein Achtel, im frühen 18. Jahrhundert dagegen ein Viertel vorgeschrieben war.[160]

Neben solchen Festlegungen gab es aber noch weitere Umstände, die die konkrete Größe eines Haufens und damit eines Maßes beeinflussten. Schon bei der Herstellung und Eichung der Maßgefäße konnten jederzeit Fehler passieren.[161]

---

[156] KELLY, Universal Cambist 1821, Bd. 1, S. 229.
[157] Grundlegend dazu KULA, Measures, S. 43–70 sowie CONNOR et al., Scotland, S. 207–255. Vgl. auch am Beispiel des Salzes HOCQUET, Weißes Gold, S. 164 ff.
[158] WITTHÖFT, Metrologische Strukturen, S. 20.
[159] KULA, Measures, S. 50. Vgl. auch CONNOR et al., Scotland, S. 208.
[160] Zu England vgl. VELKAR, Markets, S. 35. Zum Valois JACQUART, Réflexions, S. 203.
[161] Zu diesem keineswegs gering zu schätzenden Problem vgl. ebd., S. 201 sowie KULA, Measures, S. 44 ff.

Hinzu kam, dass durch die Praxis des Häufens nicht nur der Rauminhalt, sondern auch das Verhältnis von Durchmesser und Höhe eines Hohlmaßes das Messergebnis beeinflussten. Je höher dieses war, umso größer konnte auch der Inhalt des Haufens ausfallen. Ein weiterer Faktor bestand in der Art und Weise, wie die Befüllung vorgenommen wurde: Beim Schütten aus großer Höhe fassten Hohlmaß und Haufen mehr Getreide als beim Schütten aus geringer Höhe. Und schließlich gab es auch bestimmte Kontexte, in denen Maße nicht gehäuft, sondern nur halb gehäuft, wenig gehäuft oder gestrichen wurden.[162] In England z. B. scheint der Gebrauch von gehäuften Maßen ursprünglich auf Abgaben beschränkt gewesen zu sein, wenngleich er sich von dort aus nach und nach auch auf Markttransaktionen ausweitete, und in vielen europäischen Regionen unterlagen Güter wie Kohle oder Wolle anderen Regeln als Getreide oder Kartoffeln.[163]

Alle diese Faktoren waren im Kern Aushandlungssache. Aus der jahrhundertelangen, jeweils von örtlichen Faktoren beeinflussten Praxis ergab sich deshalb eine enorme Bandbreite an Möglichkeiten. Während Roggen in einem Ort grundsätzlich zu häufen und Weizen grundsätzlich zu streichen sein mochte, konnte es im Nachbarort genau umgekehrt sein. Und während in manchen Gegenden Abgaben grundsätzlich nur gehäuft, auf dem Markt verkaufte Güter jedoch nur halb gehäuft oder gestrichen werden mussten, konnte sich andernorts eine andere Kombination von Gebräuchen eingebürgert haben.[164] Auch Fälle, in denen ein Teil ein und derselben Abgabe in gehäuftem, ein anderer aber in gestrichenem Maß zu leisten war, sind bekannt. Und daneben kam es – was angesichts der komplexen Herrschaftsverhältnisse kaum zu erstaunen vermag – auch keineswegs selten vor, dass Abgaben an unterschiedliche Herren in ein und demselben Dorf in unterschiedlicher Weise zu leisten waren.[165]

Die im jeweiligen Kontext gültigen Gebräuche dürften den Betroffenen dabei zwar in aller Regel bekannt gewesen sein. Aber ihre exakte Ausführung war schon aus technischen Gründen nur schwer zu garantieren, und zudem eröffneten gewohnheitsrechtliche Festlegungen große Interpretationsspielräume. Deshalb entspannen sich um sie immer wieder Konflikte, typischerweise „between, on the one hand, pressure from the manor in favor of the largest possible ‚heap,' and, on the other, resistance to this from the village."[166]

Welches Ergebnis diese Konflikte jeweils hatten, ist umstritten. Eine verbreitete These lautet, dass sie zumeist auf Kosten derjenigen gingen, die Abgaben leisten mussten.[167] In einer wichtigen Hinsicht lässt sich das auch bestätigen. Denn es ist auffällig, dass sich viele europäische Hohlmaße zwischen dem 14. und dem

---

[162] Zu allen diesen Punkten vgl. ebd., S. 44–49. Zu den Methoden der Befüllung vgl. auch CONNOR et al., Scotland, S. 217–225 sowie VERDIER und HEITZLER, Balances, Poids et Mesures, Bd. 1, S. 158 f.

[163] VELKAR, Markets, S. 34 sowie CONNOR, England, S. 156.

[164] Ein Fülle von französischen Beispielen in KULA, Measures, S. 63 ff.

[165] Ebd., S. 50.

[166] Ebd., S. 49 f.

[167] So z. B. CONNOR et al., S. 208.

18. Jahrhundert stetig vergrößerten. In erster Linie ist dies anhand royaler Metrologien nachweisbar, aber der dahinter liegende Mechanismus dürfte in ähnlicher Form auch auf anderen Ebenen eine Rolle gespielt haben. Er basierte – um ihn am englischen Beispiel zu erläutern – darauf, dass Grundherren häufig versuchten, statt der Gewährung von acht gehäuften Maßen die von neun gestrichenen Maßen zu erreichen oder das Maß so zu vergrößern, dass ein gestrichenes Maß einem gehäuften entsprach.[168] Das geschah keineswegs immer in sinistrer Absicht, sondern hing meist mit den Unsicherheiten des Häufens bzw. der größeren Genauigkeit des Streichens zusammen. Wenn es dem betreffenden Grundherren dann allerdings zu einem späteren Zeitpunkt gelang, für das vergrößerte Maß wiederum die Gewährung eines Haufens durchzusetzen, konnte das Spiel von vorne beginnen – ein Prozess, dessen mehrmalige Wiederholung sich außer in England auch im Schottland des 15. Jahrhunderts und im Frankreich des 17. Jahrhunderts belegen lässt.[169]

Dennoch gab es immer wieder auch Fälle, in denen solche Maßvergrößerungen am Widerstand von Dorfgemeinschaften oder an der Intervention übergeordneter Autoritäten scheiterten.[170] Der Ausgang eines konkreten Konfliktes über das Häufen ließ sich deshalb nie eindeutig vorhersagen, sondern hing stark vom jeweiligen Kontext ab. Das gilt umso mehr, wenn man neben Abgaben auch Markttransaktionen, also den Austausch von Gütern zwischen Käufern und Verkäufern berücksichtigt. Deren Betrachtung enthüllt zudem noch eine weitere Eigenheit des vormodernen Maßwesens: die Tatsache nämlich, dass Konflikte über den Maßgebrauch – also beispielsweise über die Aufmaße – meist keine unregulierten Machtkämpfe waren, sondern in eigens dafür vorgesehenen, institutionalisierten Bahnen verliefen. Dieses Phänomen war so ausgeprägt, dass frühneuzeitliche Maße und Gewichte mit Fug und Recht auch als aktiv ‚gemanagtes‘ System bezeichnet werden könnten. Das wird im nächsten Abschnitt deutlich werden.

1.2.2 Die öffentliche Kontrolle der Maßgebräuche

Die Brottaxe
Eine besonders prominente Rolle spielten institutionelle Lösungen für das Problem des ‚Verhandlungscharakters‘ von Maßen und Gewichten im Rahmen der frühneuzeitlichen Lebensmittelpolicey. Die Lebensmittelpolicey stellte den Kern der obrigkeitlichen Bemühungen um den Erhalt der ‚guten Ordnung‘ dar. Um unter agrargesellschaftlichen Bedingungen „eine ausreichende Versorgung der Bevölkerung mit Lebensmitteln zu sichern",[171] unterwarf sie den Handel mit den

---

[168] CONNOR, England, S. 156 ff.
[169] Zu Schottland vgl. CONNOR et al., Scotland, S. 244–255, v. a. S. 253; zu Frankreich JACQUART, Réflexions, S. 203 ff.
[170] KULA, Measures, S. 59 f.
[171] ISELI, Gute Policey, S. 56.

wichtigsten Güter des täglichen Bedarfs einem strikten Regiment, das genau fest-legte, wer wann welche Waren zu welchem Preis kaufen oder verkaufen durfte. In Rahmen dieser Maßnahmen war es immer wieder erforderlich, einen Überblick über gehandelte Mengen zu erlangen, die Einhaltung des richtigen Maßes zu kon-trollieren und in Zweifelsfällen letztgültige Entscheidungen über dessen im jewei-ligen Kontext gültige Größe vorzunehmen.

Diese Aufgaben lagen teilweise in der Hand eigens dafür abgestellter, sogenann-ter ‚Messbeamter', deren Tätigkeit nicht zuletzt im Zusammenhang mit der Praxis des Häufens von großer Bedeutung war. Darauf wird gleich zurückzukommen sein. An dieser Stelle soll zunächst aber eine andere Form der öffentlichen Kon-trolle über Maß und Gewicht im Vordergrund stehen: Die sogenannte Brottaxe, die im englischen Sprachraum als *assize of bread*, in Frankreich als *taxation* oder *tarif du prix du pain* bekannt war.[172] Die Brottaxe war eine der wichtigsten Maß-nahmen der Lebensmittelpolicey. Auf den ersten Blick scheint sie nur wenig mit Maßen und Gewichten zu tun zu haben, denn im Kern handelte es sich bei ihr um eine Preisfestsetzung. Mittels der Brottaxe fixierten die Städte – meist in Form einer Tabelle –, wie viel die örtlichen Bäcker für das grundlegendste Nahrungs-mittel des frühneuzeitlichen Europa verlangen durften, und zwar in Abhängigkeit vom aktuellen Getreidepreis.

Allerdings bestand ein zentrales Charakteristikum dieser Festlegungen darin, dass sie Zusammenführung von Angebot und Nachfrage nicht über die Preise, sondern über die Mengen vornahmen. Bei steigenden Getreidepreisen stipulierten sie also keine teureren, sondern kleinere Brotlaibe – und umgekehrt. In diesem Sinne definierte der ‚Krünitz' die Brottaxe 1774 als „diejenige Vorschrift, in wel-cher die Stadt-Policei das *Gewicht* bestimmet, wornach die Bäcker die verschiede-nen Sorten von Brod und Semmeln zu öffentlichem feilen Verkauf ausbacken sollen".[173] Tatsächlich war diese Vorgehensweise, die auch eine Festlegung des zu verwendenden Gewichtsmaßes beinhaltete, im 18. Jahrhundert in London, Berlin, Paris, Rom, Marseille, Aix-en-Provence, Dresden, Köln, Nürnberg, zahlreichen kleineren deutschen sowie fast allen englischen und polnischen Städten üblich.[174]

---

[172] Zu Deutschland HUHN, Teuerungspolitik, v. a. S. 68f. Zu Frankreich KAPLAN, Bakers, S. 493–520; ISELI, Bonne Police, S. 183; OLIVIER-MARTIN, Police économique, S. 232–241 und DELA-MARE, Traité de la police, Bd. 2, livre 5, S. 246ff. Zu Großbritannien DAVIS, Baking, passim; CONNOR, England, S. 193–220 sowie zeitgenössisch SHEPPARD, Clerk of the Market, S. 28ff. und POWEL, Assize, passim.

[173] Back- oder Brod-Taxe, in: KRÜNITZ, Ökonomische Enzyklopädie, Bd. 3, S. 387–400, hier S. 387 (meine Hervorhebung).

[174] ISELI, Gute Policey, S. 63; dies., Bonne Police, S. 183; Back- oder Brod-Taxe, in: KRÜNITZ, Öko-nomische Enzyklopädie, Bd. 3, S. 387–400, hier S. 388ff.; Brod-Taxe, in: ebd., Bd. 6, S. 768–776, hier S. 768ff.; daneben WITTHÖFT, Umrisse, Bd. 1, S. 483; CONNOR, England S. 193 u. S. 205ff. sowie KULA, Measures, S. 76. In Paris unterlag der Brotpreis im 18. Jahrhundert allerdings keiner expliziten Festlegung, sondern einer „unspoken or latent tax", KAPLAN, Bakers, S. 504. In deren Rahmen war aber ebenfalls das Gewicht und nicht der Preis die Va-riable, und in Krisenzeiten wurde ihre Einhaltung ähnlich genau überprüft wie die formalen Festlegungen in anderen Städten, vgl. OLIVIER-MARTIN, Police économique, S. 263 sowie die genaueren Ausführungen in Kap. 5.3.2 dieser Arbeit.

In der Biertaxe (*assize of ale*) hatte sie zudem eine nicht ganz so verbreitete, aber auf ähnliche Weise festgesetzte Parallele.[175]

Die Praxis der Regulierung des Brotpreises über das Gewicht passte sehr gut mit der Objektbezogenheit des frühneuzeitlichen Maßdenkens zusammen. Denn sie erlaubte es den Konsumenten, auch in Krisenzeiten die gewohnte Stückzahl an Broten zum gewohnten Preis zu erwerben.[176] Dadurch scheint sie auch eine soziale Stabilisierungsfunktion gehabt zu haben, „for it made it possible to alter the price of the most basic article of diet in a manner that was not obvious, and therefore less offensive, to the urban plebs".[177] Wirklich aufschlussreich in Bezug auf den ‚Verhandlungscharakter' der Maße erscheint die Variabilität des Brotgewichtes aber deshalb, weil es Indizien dafür gibt, dass sie nicht nur einen symbolischen, sondern auch einen materiellen Mechanismus zur Absicherung ärmerer Bevölkerungsschichten gegen extreme Ausschläge in der Getreidepreisentwicklung darstellte. So hat Kula am Danziger Beispiel nachgewiesen, dass in der dortigen Brottaxe für das Brotgewicht eine geringere Schwankungsbreite vorgesehen war als für die Getreidepreise. Im Falle steigender Lebenshaltungskosten ging ein Teil derselben somit zu Lasten der Bäcker und zu Lasten der Konsumenten.[178]

Dieser Befund passt zum einen gut zu der These, dass Müller und Bäcker in der Frühen Neuzeit in erster Linie als Diener am Gemeinwohl und nicht als gewinnorientierte Unternehmer betrachtet wurden.[179] Zum anderen aber unterstützt er auch eine spezifische Sichtweise auf die Verteilungseffekte des ‚Verhandlungscharakters' von Maß und Gewicht. Denn während bei einer Betrachtung der Abgaben tendenziell die Grundherren als dessen Nutznießer erscheinen, gibt die Untersuchung von Markttransaktionen eher Anlass zu der These, dass die Variabilität der Maße den Ärmsten der Armen Spielräume für die Überlebenssicherung eröffnete. Eine Reihe von Autoren hat diese Perspektive in den Vordergrund gestellt und argumentiert, dass sie eine wichtige Komponente der *moral economy of the poor* dargestellt habe.[180]

Neben der Brottaxe gibt es dafür noch weitere Anhaltspunkte. So hat E. P. Thompson, der Schöpfer des Konzepts der *moral economy*, hervorgehoben, dass das Rütteln des Getreidemaßes, durch das sich die in einem Hohlmaß enthaltene Menge erhöhen ließ, im England des 17. Jahrhunderts ein Privileg der ländlichen Armen (die im Gegensatz zur städtischen Bevölkerung ihr Brot oft selbst buken) dargestellt habe.[181] In ähnlicher Form hat Peter Linebaugh argumentiert, dass die Mehrdeutigkeit der Maße im transatlantischen Tabakhandel des 18. Jahrhunderts in erster Linie Schiffsbesatzungen, Sklaven und anderen mittellosen Personen zu-

---

175 Bier-Taxe, in: KRÜNITZ, Ökonomische Enzyklopädie, Bd. 5, S. 278–285 sowie CONNOR, England, S. 220–226.
176 DAVIS, Baking, S. 469.
177 KULA, Measures, S. 78.
178 Ebd., S. 73 f.
179 THOMPSON, Moral Economy, S. 83. Vgl. auch ISELI, Gute Policey, S. 63.
180 Vgl. hier und im Folgenden VELKAR, Markets, S. 36 f.
181 THOMPSON, Moral Economy, S. 102.

gute gekommen sei.[182] Und schließlich hat auch Victor Wang hervorgehoben, dass die Variabilität der Einheiten in der Textilindustrie – insbesondere die der Haspelmaße – den Spinnern die Möglichkeit bot, in Krisenzeiten die Länge der gesponnenen Garne zu verkürzen und so ihr Auskommen zu sichern.[183]

Es spricht allerdings einiges dafür, dass die Betonung dieser Dimension des ‚Verhandlungscharakters' von Maßen und Gewichten zu einseitig ist. Im Hinblick auf Produktionsprozesse, um die es bei Linebaugh und Wang geht, erscheint sie zwar gerechtfertigt, weil hier Informationsasymmetrien bestanden, die sich zugunsten der Arbeiter auswirken konnten. Bei Maßgebräuchen, die der öffentlichen Kontrolle unterlagen, war die Lage aber weniger eindeutig. So zeigt beispielsweise eine genauere Überprüfung der Brottaxen, dass die meisten Verordnungen dieser Art im Falle steigender Getreidepreisen die Bäcker eben nicht stärker belasteten als die Konsumenten. In zahlreichen deutschen Städten, z. B. in Nürnberg, Berlin und Dresden, war vielmehr vorgesehen, dass sich das Brotgewicht genau umgekehrt proportional zum Getreidepreis verhalten sollte.[184] Dasselbe lässt sich auch für die englischen *assizes* sowie in Frankreich nachweisen.[185] In allen drei Ländern gibt es zudem Hinweise darauf, dass die Interessen der Bäcker bei der Festlegung der Taxe eine mindestens ebenso wichtige Rolle spielten wie die der Käufer.[186] Denn die zuständigen Behörden befürchteten, dass bei einem zu geringen Brotpreis „der Bäcker gleichsam aus Noth gezwungen werde, sich ungerechter Vorteile zu bedienen".[187] Typischerweise machten die Brottaxen deshalb den Gewinn der Bäcker und nicht die Kaufkraft der Armen zum Ankerpunkt ihrer Berechnungen.[188]

Dieser Befund lässt sich auch noch aus einer anderen Perspektive bestätigen. Denn die öffentliche Kontrolle über das Brotgewicht erstreckte sich nicht nur auf dessen einmalige Festsetzung. Vielmehr kam es im Rahmen der Umsetzung der Brottaxen immer wieder zu Streitigkeiten, die durch örtliche Behörden geschlichtet werden mussten.[189] Das konnte beispielsweise durch eine Abänderung des offiziell zulässigen Preis-Mengenverhältnisses geschehen oder durch eine sogenannte Backprobe, bei der städtische Offizielle ermittelten, wie wie viele Brotlaibe sich aus einer bestimmten Menge Getreide gewinnen ließen. Auf den ersten Blick läge es wiederum nahe zu vermuten, dass solche Schlichtungsverfahren dem Schutz ärmerer Bevölkerungsgruppen dienten. Schließlich galten Bäcker – ebenso wie Müller – notorisch als unehrlich, und tatsächlich kam es immer wieder vor, dass

---

[182] LINEBAUGH, Crime, S. 162 f.

[183] WANG, Vereinheitlichung, S. 205 f.

[184] Back- oder Brod-Taxe, in: KRÜNITZ, Ökonomische Enzyklopädie, Bd. 3, S. 387–400, hier S. 393 ff.; Brod-Taxe, in: ebd., Bd. 6, S. 768–776, hier S. 774.

[185] DAVIS, Baking, S. 475. Zu Frankreich vgl. OLIVIER-MARTIN, Police économique, S. 264.

[186] DAVIS, Baking, S. 467 u. S. 475 ff.

[187] Back- oder Brod-Taxe, in: KRÜNITZ, Ökonomische Enzyklopädie, Bd. 3, S. 387–400, hier S. 388.

[188] Aus ähnlichen Gründen versuchten sie nur in sehr wenigen Ausnahmefällen, den *Getreidepreis* festzulegen. Vgl. ISELI, Gute Policey, S. 63 ff.

[189] Exemplarisch KAPLAN, Bakers, S. 508 ff. u. S. 521–566.

sie die Regularien der Brottaxen durch Unterschreiten des vorgegebenen Gewichtes, durch Strecken oder Verunreinigen des Teiges oder durch die politische Einflußnahme auf die Festsetzung der Tarife zu manipulieren versuchten.[190] Dennoch ist aber nirgendwo erkennbar, dass städtische Behörden bei Konflikten über den Brotpreis primär im Sinne der Konsumenten agierten. Die in solchen Fällen angestrengten Verfahren konnten zu sehr unterschiedlichen Ergebnissen führen. So berichtet Huhn von einem Fall, in dem 1771/72 ein durch steigende Getreidepreise ausgelöster Streit in Beckum zugunsten der Verbraucher, im benachbarten Münster aber – trotz sehr ähnlicher Rahmenbedingungen – zugunsten der Bäcker entschieden wurde.[191]

Die Offenheit solcher Konflikte wird verständlich, wenn man sich vergegenwärtigt, dass die Umsetzung der Brottaxe nicht alleine von der Ehrlichkeit der Bäcker abhing. Vielmehr gab es noch eine ganze Reihe weiterer Faktoren, die dabei eine Rolle spielten. So konnte beispielsweise nicht nur der Preis, sondern auch die – in Krisenzeiten oft schlechte – Qualität des Getreides die Zahl der Brote beeinflussen, die aus einer bestimmten Menge gebacken werden konnte.[192] Zudem waren die Bäcker, wie Steven Kaplan am Pariser Beispiel gezeigt hat, aufgrund der Komplexität des Backprozess meist gar nicht in der Lage, das Gewicht des fertigen Brotes genau vorherzubestimmen, während es ihnen gleichzeitig nicht gestattet war, ihre Produkte nach dem *präzisen* Gewicht zu verkaufen.[193] Und schließlich änderten sich die Getreidepreise oft sehr kurzfristig, wogegen die Brottaxen meist längerfristige Geltung beanspruchten.[194] Auch aus diesem Grund konnten die Bäcker also in den Verdacht geraten, zu kleine Brötchen zu backen.

Alle diese Erwägungen gingen in der Regel in die Lösungen etwaiger Konflikte ein. Diese zogen deshalb keine eindeutig identifizierbare Verteilungswirkung nach sich, sondern basierten stets auf Einzelfallentscheidungen. Die Art und Weise, wie die Spielräume, die der ‚Verhandlungscharakter‘ von Maß und Gewicht eröffnete, genutzt wurden, hing also auch im Falle der Brottaxe von einer Vielzahl von Umständen ab, die stark an den lokalen Kontext gebunden waren und sich einer vorschnellen Generalisierung entziehen.

Die ‚Messbeamten‘

Allerdings konnte die öffentliche Kontrolle über die Maßgebräuche unter Umständen dazu führen, dass Vertreter einer Obrigkeit in Konflikten über Maß und Gewicht selbst zur Partei avancierten. In solchen Fällen bildeten sie zumeist eine spezifische, klar identifizierbare Interessengruppe, die systematisch vom ‚Verhandlungscharakter‘ der Maße profitierte. Das wichtigste Beispiel hierfür bot allerdings

---

[190] Zum Ruf der Bäcker vgl. Davis, Baking, S. 482 ff. Zu Müllern vgl. Thompson, Moral Economy, S. 103 f. sowie Kula, S. 15 f.
[191] Huhn, Teuerungspolitik, S. 68 f.
[192] Ebd., S. 68.
[193] Kaplan, Bakers, S. 477 ff.
[194] Back- oder Brod-Taxe, in: Krünitz, Ökonomische Enzyklopädie, Bd. 3, S. 387–400, hier S. 391 f.

nicht die Brottaxe, sondern die Aufsicht über Güter, die auf Marktplätzen zum Verkauf gelangten. Die Kontrolle über die dabei gehandelten Mengen und damit auch die Entscheidung über Zweifelsfälle – beispielsweise im Zusammenhang mit der Praxis des Häufens – lag teilweise in der Hand der Personen, die generell mit der Abhaltung der Märkte betraut waren. Das galt etwa für den in England seit dem 13. Jahrhundert anzutreffenden *clerk of the market*.[195] Daneben gab es häufig aber auch noch Offizielle, die eigens für das Abmessen von Gütern abgestellt wurden. Das waren die sogenannten Messbeamten, die im deutschsprachigen Raum auch als ‚geschworene Messer‘ oder Stadtwäger, in Großbritannien als *meters* und in Frankreich als *mesureurs, peseurs* oder *au(l)neurs* bekannt waren.

Je nach der Größe eines Handelsplatzes konnte es dabei vorkommen, dass es für einzelne, besonders wichtige Güter jeweils eigene Messbeamte gab. Das betraf nicht nur Nahrungsmittel, sondern auch weitere lebenswichtige Waren, die unter die Regulierungen der Lebensmittelpolicey fielen, also beispielsweise Brennstoffe. So sind in Frankfurt und anderen deutschen Reichsstädten für die gesamte Frühe Neuzeit neben Frucht- und Salzmessern auch Kohlen- und Holzmesser nachweisbar.[196] Im Londoner Hafen waren sogenannte *coal meters* bereits seit dem 14. Jahrhundert bekannt, und bis zum 18. Jahrhundert entwickelten sie sich zu einer differenzierten und hochgradig organisierten Berufsgruppe.[197] Und in Paris unterlagen neben Getreide, Salz, Kohle und Holz auch Textilien der Kontrolle durch eigene Messbeamte. Mitte des 18. Jahrhundert waren dort alleine etwa 50 *aulneurs jurés* mit der Aufgabe betraut, die Mengen der gehandelten Tücher und Leinwände zu überprüfen.[198]

In der Theorie sollten diese Beamten lediglich sicherstellen, dass sich Käufer und Verkäufer auf dem Marktplatz nicht gegenseitig übervorteilten. Sie waren deshalb zu strikter Neutralität verpflichtet und mussten einen entsprechenden Eid leisten. In der Praxis diente ihre Tätigkeit allerdings nicht alleine der gerechten Verteilung knapper Güter und der Schlichtung von Streitigkeiten, sondern hing mit anderen obrigkeitlichen Aufgaben zusammen. Darunter fielen beispielsweise die Qualitätskontrolle oder – wie im Falle der französischen *mercuriales* – die Erstellung einer offiziellen Getreidepreisstatistik.[199] Vor allem aber war die Arbeit der Messbeamten eng mit der Erhebung von Steuern, Zöllen und Abgaben

---

[195] Zum *clerk of the market* und seiner Bedeutung im Zusammenhang mit Maßen und Gewichten vgl. CONNOR, England, S. 325 ff.; HOPPIT, Reforming, S. 87 ff. sowie zeitgenössisch SHEPPARD, Clerk of the Market, S. 117 ff. und BURN, Justice of the Peace, Bd. 4, S. 399 ff.

[196] Zu Frankfurt vgl. HÄRTER und STOLLEIS (Hrsg.), Repertorium, Bd. 5, lfd. Nr. 286, 302, 314, 334, 346, 548, 1658 und zahlreiche weitere Einträge; zu anderen Reichsstädten vgl. bspw. ebd., Bd. 10, lfd. Nr. 69, 191, 199, 236, 1197 (zu Nussmessern) sowie zahlreiche weitere Einträge.

[197] VELKAR, Markets, S. 105 f.

[198] Auneur, in: SAVARY und SAVARY, Dictionnaire, Bd. 1, Sp. 773–777, hier Sp. 773 ff. sowie Mesureur, in: ebd., Bd. 3, Sp. 377–380, hier Sp. 377 ff.

[199] Zu den Aufgaben v. a. KAPLAN, Provisioning Paris, S. 546; OLIVIER-MARTIN, Police économique, S. 213 (auch spezifisch zur Rolle der *mesureurs* bei der Überwachung des Häufens); VELKAR, Markets, S. 105 f. sowie zeitgenössisch DELAMARE, Traité de la police, Bd. 2, livre 5, S. 108–120.

verknüpft. In den Städten geschah diese meist auf der Grundlage des Gewichts oder der Menge der gehandelten Güter, was nicht zuletzt in der prominenten Rolle von zentral eingerichteten, öffentlichen Waagen zum Ausdruck kam.[200] Deren Nutzung war in der Regel nicht freiwillig, sondern obligatorisch und zudem auch noch gebührenpflichtig.

Dieser Umstand hatte weitreichende Folgen für die Rolle der Messbeamten. Denn er bedeutete, dass ohne ihre Zustimmung praktisch keine Geschäfte abgeschlossen werden konnten. Ihre tatsächliche Bedeutung ging deshalb oft weit über eine bloße ‚Schiedsrichterfunktion' hinaus. Vor allem seit der Ausdehnung des Handels im späten 17. und 18. Jahrhundert spielten sie an vielen Orten eher die Rolle eines ‚Brokers' mit weitreichendem Einfluss auf das Marktgeschehen.[201] Bei Händlern und Konsumenten waren die Messbeamten deshalb verhasst. Schließlich mischten sie sich in Geschäfte ein, die sie offiziell nichts angingen; ihre eigentliche Kernaufgabe erledigten sie oft nur schlampig, verlangten für ihre Erfüllung aber hohe Gebühren; und gleichzeitig unternahmen sie alles, um ihre Stellung zu verteidigen und alternative Möglichkeiten des Handels zu blockieren. Besonders unbeliebt waren die *mesureurs* und *peseurs* in Frankreich, weil sie dort – wie viele andere Staatsdiener – zumeist käufliche Ämter innehatten, die sie in erster Linie als Sinekuren betrachteten.[202] Aber auch in England und in Deutschland waren Beschwerden über die Messbeamten an der Tagesordnung. Die Londoner *coal meters* beispielsweise hatten zwar nicht annähernd die Stellung der Pariser *mesureurs,* galten aber ebenfalls als notorisch unzuverlässig – nicht zuletzt deshalb, weil einige von ihnen pro gemessenem *chaldron* bezahlt wurden und somit einen starken Anreiz hatten, die Maßgefäße entgegen der Interessen der Käufer möglichst wenig zu befüllen.[203]

Vor diesem Hintergrund gab es im 18. Jahrhundert besonders in Frankreich, aber auch in England immer wieder Versuche, das System der Messbeamten zu reformieren oder ganz abzuschaffen. Sie scheiterten allerdings mit schöner Regelmäßigkeit.[204] Das lag z. T. daran, dass die Städte und im französischen Fall auch die Monarchie, die vom Verkauf der Ämter profitierte, auf die durch sie generierten Einnahmen nicht verzichten wollten. Hinzu kam, dass die Messbeamten

---

[200] HAEBERLE, Waage, S. 66. Zur Erhebung von Abgaben vgl. auch DELAMARE, Traité de la police, Bd. 2, livre 5, S. 120–126.

[201] Vgl. am Pariser Beispiel KAPLAN, Provisioning Paris, S. 546 f.

[202] Vgl. ebd., S. 546 ff, S. 573 ff. u. S. 580 ff. Aufschlussreich zur Käuflichkeit des Messamtes: Mémoire qui prouve la nécessité de mettre à la teste [sic] des Officiers Mesureurs de Grains, un homme qui soit experimenté dans le dit commerce, 1721, AN F/12/1287.

[203] VELKAR, Markets, S. 106 f. Zu Deutschland vgl. die zahlreichen Einträge zu Beschwerden über die Amtsführung von Messbeamten in: HÄRTER und STOLLEIS (Hrsg.), Repertorium, Bd. 5, z. B. lfd. Nr. 942, 1564, 3015 und 3689.

[204] Vgl. KAPLAN, Provisioning Paris, S. 558 ff.; Mesureur, in: SAVARY und SAVARY, Dictionnaire, Bd. 3, Sp. 377–380, hier Sp. 377 ff.; CLÉMENCEAU, Service, S. 165–174; DELAMARE, Traité de la police, Bd. 2, livre 5, S. 108–120 sowie das umfangreiche Archivmaterial in AN F/12/1287, in dem insbesondere die Auseinandersetzungen um die 1767/68 dekretierte, kurz darauf aber wieder rückgängig gemachte Abschaffung der *aulneurs jurés* dokumentiert sind. Zu Großbritannien vgl. VELKAR, Markets, S. 106 f. u. S. 114 ff.

vielerorts auf eine lange zünftische Tradition zurückblicken konnten. Sie waren dementsprechend gut organisiert und verfügten über genügend Selbstbewusstsein, um Konflikte – selbst solche mit dem französischen König – durchstehen zu können.[205] Vor allem aber profitierten sie davon, dass sie bei aller Kritik eine prinzipiell unumstrittene Legitimation für ihre Tätigkeit beanspruchen konnten.[206] Denn die öffentliche Kontrolle war das notwendige Gegenstück zum ‚Verhandlungscharakter' frühneuzeitlicher Maße und Gewichte. Wer die Messbeamten abschaffen wollte, hätte auch die Maßvielfalt und die Kontextualität der Maße beseitigen müssen.

Für eine solche vollständige Abkehr von den grundsätzlichen Merkmalen des frühneuzeitlichen Maßsystems gab es allerdings bis weit in das 18. Jahrhundert hinein keine Veranlassung. Denn die Konventionen und Gebräuche, die für die unterschiedlichen Maße galten, waren den betroffenen Akteuren in aller Regel bekannt. Nur in Ausnahmefällen führten sie zu Mißverständnissen oder Streitigkeiten, deren Regelung dann aber zumindest teilweise institutionalisiert war. Unter diesen Umständen hätte wohl nur eine eindeutige Benachteiligung einer starken Interessengruppe durch die Maßvielfalt bzw. eine eindeutige Bevorzugung einer solchen durch eine Vereinheitlichung zu Initiativen für eine Reform des Maßsystems führen können.

Eine solche eindeutige Benachteiligung bzw. Bevorzugung mag es in bestimmten Teilbereichen des Messens zwar gegeben haben. Aber im Großen und Ganzen waren die Verteilungseffekte der Maßvielfalt zu diffus, als dass aus ihnen ein klarer Veränderungswille hätten resultieren können. Denn je nach lokalen Umständen konnte sie manchmal einem Grundherren, manchmal einem Getreidehändler, manchmal aber auch einfachen Arbeitern oder ländlichen Unterschichten einen Vorteil verschaffen. Und in Gestalt der Messbeamten kreierte der ‚Verhandlungscharakter' von Maß und Gewicht sogar eine Gruppe, die aktiv *gegen* entsprechende Reformen eingestellt war. Angesichts dieser Befunde erscheinen die Impulse für die Vereinheitlichung von Maßen und Gewichten mindestens ebenso erklärungsbedürftig wie die Ursachen für deren Vielfalt. Sie sind der Gegenstand des nächsten Kapitels.

---

[205] KAPLAN, Provisioning Paris, S. 564 ff. Vgl. auch Olivier-MARTIN, Police économique, S. 214.
[206] So auch die zeitgenössische Auffassung von DELAMARE, Traité de la police, Bd. 2, livre 5, S. 108.

2. Politische Debatten über Maßreformen 1660–1790

Die Vielfalt der Maßeinheiten und ihr ‚Verhandlungscharakter' waren ein integraler Bestandteil der wirtschaftlichen, sozialen und politischen Strukturen des frühneuzeitlichen Europa. Eine grundlegende Reform von Maßen und Gewichten konnte deshalb nur aus außergewöhnlichen Umständen hervorgehen. Im Zeitraum zwischen 1660 und 1790 kamen mehrere solche Umstände zusammen. Sie reichten allerdings nicht aus, um das vormoderne Maßsystem zu erschüttern. Erst die Französische Revolution beschleunigte die Tendenzen zu dessen Veränderung so weitgehend, dass standardisierte Einheitensysteme intensiv diskutiert und schließlich auch implementiert werden konnten.

Den ersten Impuls für eine Revision frühneuzeitlicher Maße lieferte der Prozess der ‚Staatsverdichtung', der ein zentrales Merkmal der zweiten Hälfte des 17. Jahrhunderts darstellte. Im Zuge der Entstehung des sogenannten *fiscal-military state* bemühten sich Herrscher und Verwaltungen in den großen europäischen Flächenstaaten systematisch um eine klare Festlegung einzelner, ausgewählter Einheiten.[1] Diese Reformversuche waren allerdings sehr begrenzter Natur. Sie beschränkten sich nahezu ausschließlich auf Maße, die für die Steuererhebung von Bedeutung waren. Selbst diese wollten die Verwaltungen aber nicht flächendeckend durchsetzen. Vielmehr begnügten sie sich mit der Etablierung von Referenzgrößen und der Berechnung von amtlichen ‚Umrechnungskursen' zwischen diesen und lokal gebräuchlichen Einheiten. Standardisierungsbestrebungen, die über die Beziehungen zwischen Staat und Steuerzahlern hinausgingen und auch die Beziehungen zwischen nicht-staatlichen Akteuren mit einbezogen, gab es nur in wenigen, zumeist durch merkantilische Gewerbepolitik geprägten Ausnahmefällen. Sie trafen auf große Widerstände und führten zu keinerlei greifbaren Ergebnissen.

In Brandenburg-Preußen und den übrigen deutschen Territorien blieb diese Situation bis in die zweite Hälfte des 18. Jahrhunderts hinein unverändert. In Großbritannien und in Frankreich entstand seit etwa 1750 aber eine breitere Debatte über Maße und Gewichte. Ein wichtiger Impuls hierfür kam aus der Naturphilosophie. Während der Französischen Revolution waren deren Vertreter die treibende Kraft hinter der Entstehung des metrischen Systems. Dieser Umstand hatte eine lange, bis in das 17. Jahrhundert zurückreichende Vorgeschichte. Sie verlief allerdings zumeist im Kreise einer sehr kleinen Gruppe von Naturphilosophen, die *vor* 1789 mit den politischen Debatten nur lose in Verbindung stand und sie nur punktuell beeinflusste. Ihr Beitrag zu einer Reform von Maßen und Gewichten wird deshalb in Kapitel 3 getrennt behandelt.

---

[1] Zum Begriff des *fiscal-military state* und der damit verbundenen Forschungsdebatte vgl. BREWER, Sinews, S. xviiff. sowie STORRS, Introduction. Den Zusammenhang zwischen dieser Entwicklung und der Reform von Maßen und Gewichten arbeitet am Beispiel Schwedens und Dänemarks auch HESSENBRUCH, Precision Measurement, S. 187ff., heraus.

https://doi.org/10.1515/9783110581959-003

An dieser Stelle sollen zunächst andere Faktoren im Vordergrund stehen, die dazu führten, dass die Maßfrage seit 1750 im Westen Europas in breiterer Form diskutiert wurde. Einen allgemeinen Hintergrund hierfür bildete der Einfluss aufklärerischen Denkens. Dieser erstreckte sich zum einen auf die Etablierung einer öffentlichen Sphäre, die es ermöglichte, in großem Umfang Informationen über gesellschaftliche Fragen auszutauschen und zu diskutieren.[2] Zum anderen boten besonders die naturrechtlichen Vorstellungen der Aufklärung einen wichtigen generellen Bezugspunkt für Debatten über die Neuordnung politischer Strukturen, unter die sich auch die Reform von Maßen und Gewichten subsumieren ließ.

Dass die Maßvielfalt überhaupt als Problem wahrgenommen wurde, ging jedoch auf andere, konkretere Impulse zurück. Eine wichtige Rolle spielte die Welle des *agricultural improvement*, die Westeuropa seit der Mitte des 18. Jahrhunderts erfasste.[3] Sie führte dazu, dass Grundbesitzer, Großhändler und lokale Verwaltungseliten einer Veränderung des Maßwesens zunehmend positiv gegenüberstanden, weil sie sie als Voraussetzung betrachteten, um Erträge, Flächen und andere Produktivitätskennziffern zu erfassen und miteinander zu vergleichen. Vor allem in Großbritannien waren es diese Gruppierungen, die dafür sorgten, dass Maße und Gewichte in den 1750/60er Jahren und erneut in den 1780er Jahren auf die politische Agenda rückten.

Eine nennenswerte Wirkung erzielten sie allerdings nicht. Das lag teilweise daran, dass nach wie vor auch jene Akteure, die von der Maßvielfalt profitierten, großes ökonomisches Gewicht hatten. Bis weit in das 19. Jahrhundert hinein blieb es deshalb umstritten, ob eine Rationalisierung der Einheiten insgesamt eher positive oder eher negative wirtschaftliche Effekte nach sich ziehen würde. Vor allem aber fehlte den Reformern die Unterstützung des Staates. Zwar dehnte dieser in der zweiten Hälfte des 18. Jahrhunderts seine Bemühungen um die Sicherung *einzelner* Maße aus. An einer umfassenden Neuordnung, die einen hohen administrativen Aufwand bedeutet hätte, hatte er dagegen kein Interesse.

In ganz ähnlicher Form galt das auch für Frankreich, wo die wirtschaftlichen Impulse schwächer ausgeprägt waren, dafür aber durch einen zweiten Faktor ergänzt wurden. Das war die von den Physiokraten angestoßene theoretische Debatte über den Wirtschaftskreislauf im Allgemeinen und die Getreidepolitik im Besonderen. In deren Rahmen gewann die Maßfrage große Bedeutung, weil zahlreiche Reformer in der Standardisierung von Einheiten eine Voraussetzung für die Implementierung und Überwachung der *libre circulation* sahen. Allerdings waren in Frankreich schon die merkantilistisch motivierten Maßfestsetzungen nur Stückwerk geblieben, und den Physiokraten erging es nicht besser. Selbst die Fixierung von allgemeingültigen Relationen zwischen den wichtigsten Getreidemaßen gelang ihnen nicht.

Indirekt legte dieses Scheitern freilich die Grundlage dafür, dass die politischen Diskussionen über Maße und Gewichte in den späten 1780er Jahren eine neue

---

[2] SCHAICH, Public Sphere, passim.
[3] Vgl. dazu in europäischer Perspektive BLACK, Europe, S. 34 ff.

Wendung nahmen. Denn in den *cahiers de doléance* entlud sich die Frustration über den ‚Reformstau‘, der sich in den Jahrzehnten zuvor angesammelt hatte. Die Revolution schuf deshalb eine Ausnahmesituation, in der die Ideen der aufklärerischen Reformer die Überhand gewannen. Sie legte damit auch die Grundlage dafür, dass die zuvor weitgehend getrennt verlaufende naturphilosophische Erörterung der Maßfrage eine zentrale Rolle einnehmen konnte.

Das folgende Kapitel untersucht den Weg, der zu dieser Ausnahmesituation führte. Es geht dabei zunächst vom Fall mit der geringsten Dynamik – den deutschen Territorien – aus. Im zweiten Teil wird das britische Beispiel in den Blick genommen. Der dritte Abschnitt schließlich skizziert die Faktoren, die dazu führten, dass die Debatten über Maße und Gewichte gerade in Frankreich eine grundlegende Transformation erfuhren.

2.1 Das Heilige Römische Reich

2.1.1 Staatbildung und Maßreform in Preußen 1660–1750

Die enge Verknüpfung zwischen Staatsbildung und Maßreform, die sich in der zweiten Hälfte des 17. Jahrhunderts herausbildete, lässt sich besonders gut am Beispiel des Heiligen Römischen Reiches und seiner Territorien studieren. Das gilt zum einen ex negativo, denn die Tatsache, dass es nach dem Ende des Dreißigjährigen Krieges auf der Ebene des Reiches *nicht* zu einer Konsolidierung staatlicher Strukturen kam, hatte zur Folge, dass von diesem keine Impulse in der Maßfrage ausgingen. Zudem führte sie dazu, dass im deutschsprachigen Raum eine Vielzahl kleiner und mittelgroßer Territorien erhalten blieb. Abgesehen von der bemerkenswerten Ausnahme des Herzogtums Württemberg bewegte sich deren Maßpolitik bis weit in das 18. Jahrhundert hinein im Rahmen einer feudalistischen Herrschaftsorganisation, aus der ebenfalls keine nennenswerten Initiativen zu einer grundsätzlichen Veränderung hervorgingen.[4]

Zum anderen hält das Reich aber auch das Beispiel eines Territoriums bereit, das in geradezu idealtypischer Weise die positive Verbindung zwischen dem Prozess der Verdichtung staatlicher Strukturen und der Reform von Maßen und Gewichten illustriert. Das war Brandenburg-Preußen. Dort fand nach dem Westfälischen Frieden ein „Konsolidierungsprozess innerhalb der Verwaltung"[5] statt. Er ging darauf zurück, dass sich der enorme Aufwand, der durch Veränderungen militärischer Technik und militärischer Organisation entstand, seit diesem Zeitpunkt nur noch durch die Erschließung neuartiger Finanzierungsquellen bewältigen ließ. Neben die traditionellen Einkünfte aus Krondomänen, Monopole, Bergwerke und Zöllen traten deshalb im letzten Drittel des 17. Jahrhunderts vermehrt auch Einnahmen aus Steuern – insbesondere aus der Akzise.

---

[4] Zum Herzogtum Württemberg vgl. Kap. 2.1.3 dieser Arbeit.
[5] CLARK, Preußen, S. 112. Vgl. auch WILSON, Prussia, S. 101ff.

Sie wurde nach holländischem Vorbild „seit 1667 vereinzelt, seit 1680 allgemein in Brandenburg" erhoben. Vor allem aber wurde sie 1684 „verstaatlicht und [...] 1684–1688 in allen Mittelprovinzen und Minden, 1689 und 1709 in Ostpreußen eingeführt."[6]

Diese Akzise trat in zwei unterschiedlichen Formen auf: zum einen als Verbrauchssteuer, die auf den Konsum von Brot, Bier und Fleisch erhoben wurde, und zum anderen als Verkehrssteuer, die auf den Handel nahezu aller Güter des täglichen Bedarfs zu entrichten war. In dieser zuletzt genannten Form ähnelte sie den Zöllen – mit einem gravierenden Unterschied: Während die Zölle fest in die traditionelle Ordnung eingebunden und „in den einzelnen Territorien [des regional vielfach untergliederten Kurfürstentums Brandenburg] nach ganz verschiedenen Grundsätzen aufgebaut" waren, geschah die Erhebung der Akzise seit 1680 zentral nach einheitlichen Kriterien und zudem nicht mehr im Modus einer Repartitions-, sondern im Modus einer Quotitätssteuer.[7]

Dieser Umstand gab der Verwaltung des Kurfürsten Anlass zu ersten Überlegungen hinsichtlich einer Rationalisierung der Maßvielfalt. Denn es war kaum möglich, zentral festgesetzte Quotitätssteuern auf Handelsgüter zu erheben, wenn das hierfür zu verwendende Maß nicht klar bestimmt war. Dabei waren sich alle zeitgenössischen Beobachter einig, dass gerade die für die Akzise maßgeblichen Scheffelmaße in Brandenburg-Preußen überaus vielfältig waren. Zwar fungierte seit 1640 der Königsberger Scheffel als fiskalische Recheneinheit, aber seine Größe war weder eindeutig festgelegt noch über Königsberg hinaus bekannt.[8] Es war deshalb wohl kein Zufall, dass 1682 – also in auffälliger zeitlicher Parallele zur Zentralisierung der Akzise – im Berliner Rathaus ein „Haupt-Probe-Scheffel" angefertigt wurde, über dessen genaue Entstehungsgeschichte allerdings nichts bekannt ist.[9]

Besser greifbar wird der Zusammenhang zwischen der Besteuerung und der Maßfrage erst in einem Patent von 1693, in dem sich Friedrich III./I. genötigt sah, in dieser Angelegenheit aktiv zu werden – hatte er doch „mit höchstem Missfallen vernommen, dass so viel zum Schaden des gemeinen Wesens unrichtiges und betriegliches Gewicht, Maaß und Elle [...] unter den Eingesessenen dieser Residentzien gefunden worden".[10] Dass mit dem „Schaden des gemeinen Wesens" seine Steuereinkünfte gemeint waren, ist zwar nicht ausdrücklich erwähnt, scheint aber plausibel zu sein. Denn die Regelungen, die das Patent traf, liefen im Wesentlichen auf eine bessere Überwachung des Gebrauchs der bestehenden Maße hinaus

---

6 RACHEL, Merkantilismus, S. 956. Vgl. auch WILSON, Prussia, S. 109f.

7 RACHEL, Akzisepolitik, S. 507 (Zitat) u. S. 585.

8 WITTHÖFT, Scheffel und Last, S. 346. Zur zeitgenössischen Perspektive LANGHANS und WILHELM, De Mensuris, S. 18ff.

9 Das Entstehungsdatum des ‚Haupt-Probe-Scheffels' ist überliefert durch: Reglement, wie es mit den Probe- auch andern in Königlichen Landen gebräuchlichen Scheffeln [...] gehalten werden soll, 5. 5. 1722, in: MYLIUS (Hrsg.), Corpus Teil 5, Abt. 2, Sp. 537–540, hier Sp. 537. Vgl. auch WITTHÖFT, Maße und Gewichte, S. 623.

10 Patent, das Gewicht, Maaß, Ellen, und Gefäß richtig zu haben, und wie es zu zeichnen, 13. 3. 1693, in: MYLIUS (Hrsg.), Corpus Teil 5, Abt. 2, Sp. 531–532, hier Sp. 532.

und bezogen sich dabei in erster Linie auf Güter wie Wein, Bier und Gewürze, die allesamt von großer Bedeutung für die Akzise waren.[11]

Die Vermutung, dass hier eine Verbindung bestand, wird auch durch zwei weitere Edikte erhärtet, deren erstes nur wenige Wochen danach publiziert wurde. Es verfügte, dass das Häufen von Getreidemaßen abgeschafft werden sollte, weil die dadurch verursachten Unsicherheiten zu Rechtsstreitigkeiten bei der Steuererhebung führten.[12] Auch das zweite Edikt, eine Verordnung von 1698, betraf die Frage der Getreidemaße. Es verweist allerdings bereits auf die Grenzen des Revirements der brandenburgisch-preußischen Maßeinheiten am Ende des 17. Jahrhunderts. Denn einige Landstände hatten sich beim Kurfürsten „über den vor einigen Jahren allhier introducirten Policey-Scheffel" – gemeint war wohl der bereits erwähnte ‚Haupt-Probe-Scheffel' von 1682 – „unterthänigst beschweret".[13] Die Gründe hierfür sind nicht ganz klar, aber in ähnlich gelagerten Fällen in Baden und im Habsburgerreich bestand das Problem darin, dass die an den jeweiligen Grundherren zu leistenden Abgaben stets in lokalen Einheiten festgeschrieben waren.[14] Sie alle umzustellen, hätte nicht nur Umrechnungen, sondern angesichts des ‚Verhandlungscharakters' der Maße auch intensive Debatten über die mit ihnen verbundenen informellen Übereinkünfte nach sich gezogen und damit Konflikte geradezu herausgefordert.

Der Kurfürst machte deshalb einen Rückzieher. Trotz des rhetorisch aufrechterhaltenen Zieles, „dass in Unseren Residentzien einerley Scheffel gebraucht werde"[15], gab sich Friedrich III./I. fortan damit zufrieden, eine feste Relation zwischen den in brandenburgischen Städten gebräuchlichen Hohlmaßen zu etablieren. Selbst dieses Minimalziel scheint die Verwaltung aber nicht erreicht zu haben. Denn ein gutes Jahrzehnt später wies sie die für die Eintreibung der Akzise zuständigen Kriegs- und Steuerkommissare an, bei ihrer Tätigkeit das in der jeweiligen Stadt vorhandene Maß direkt für die Erhebung der Steuern zu verwenden, ohne dabei auf die zentral festgesetzten Einheiten Rücksicht zu nehmen.[16]

Die Sicherheit der Einnahmen, die den Kern der bis dahin unternommenen Reformversuche gebildet hatte, ließ sich auf diese Weise allerdings nicht garantieren. Denn wie das bereits angeführte Beispiel des Königsberger Scheffels zeigte, waren die lokalen Einheiten selbst in den wichtigsten Städten des Landes oft nur vage definiert. Die Regierung musste sich deshalb bald erneut mit dem Problem beschäftigen. Sie tat dies in den 1710er Jahren allerdings vor dem Hintergrund

---

[11] Ebd., Sp. 531–532.

[12] Edict, wegen Abschaffung des gehäuften Scheffels [...], 20.4.1693, in: ebd., Sp. 533–534, hier Sp. 534.

[13] Verordnung, daß in denen hiesigen Residentzien einerley Scheffel gebrauchet [...] werden sollen, 2.4.1698, in: ebd., Sp. 535–536, hier Sp. 535.

[14] Zu Baden: WILD, Maß und Gewicht, Bd. 1, S. 78f. Zum Habsburgerreich: ULBRICH, Klafter- und Ellenmaß, S. 21.

[15] Verordnung, daß in denen hiesigen Residentzien einerley Scheffel gebrauchet [...] werden sollen, 2.4.1698, in: MYLIUS (Hrsg.), Corpus Teil 5, Abt. 2, Sp. 535–536, hier Sp. 535.

[16] Instruction vor alle und jede Krieges- und Steuerkommissarien, 6.5.1712, in: ebd., Teil 3, Abt. 1, Sp. 287–296, hier Sp. 292f.

zweier Ereignisse, die die Rahmenbedingungen für die Debatte über Maße und Gewichte grundlegend veränderten. Das war zum einen die Pest- und Hungerskatastrophe, die Ostpreußen 1709/10 erfasste und demonstrierte, „dass weder die Zentral- noch die Provinzverwaltung in der Lage waren, effektive Maßnahmen"[17] zum Schutz der Bevölkerung zu ergreifen. Zum anderen handelte es sich um die Thronbesteigung Friedrich Wilhelms I., der z.T. wegen der Erfahrung der Krise, vor allem aber aus militärischen Gründen die organisatorische Straffung der Verwaltung zu einem seiner Hauptanliegen machte.[18]

Diese beiden Faktoren führten dazu, dass Preußen in den folgenden Jahren eine administrative Neuordnung erfuhr. Sie ging mit der Herausbildung einer spezifischen Variante des Merkantilismus einher, die nicht nur auf die Gewerbepolitik, sondern auf die „Verbreiterung der wirtschaftlichen Basis des Landes"[19] insgesamt ausgerichtet war. So traf Friedrich Wilhelm Maßnahmen zur Förderung des Kleinbauerntums, legte Besiedlungsprogramme auf und beschnitt die Rechte von Zünften. Besonders intensiv beschäftigte er sich zudem mit der Getreidewirtschaft. In diesem Rahmen trieb er seit den 1720er Jahren den Ausbau des seit der Mitte des 17. Jahrhunderts existierenden Systems von Getreidespeichern voran. Damit sollte einerseits die Versorgung der Armee gesichert und andererseits die staatliche Möglichkeit zur Preisregulierung und zur Katastrophenhilfe erweitert werden.[20]

Neben der nach wie vor offenen Frage der Sicherung der Steuereinnahmen waren es deshalb auch wirtschaftspolitische Ziele, die den König dazu bewegten, die Maßfrage erneut aufzunehmen. 1713 kehrte er von der vorsichtigen Haltung seines Vorgängers ab und verordnete, dass auf der Basis der Berliner Einheiten „eine Uniformität und Gleichheit in Maasse, Scheffel, Elle und Gewichte eingeführt" werden solle.[21] Ganz so ehrgeizig, wie es der Begriff der ‚Uniformität' vermuten ließe, war das Edikt freilich nicht. Zum einen galt es nur für die Mark Brandenburg. Zwar hatte Friedrich Wilhelm ursprünglich auch die Einbeziehung des Königreichs Preußen ins Auge gefasst gehabt, aber die Königsberger Kaufmannschaft hatte sich hiergegen heftig zur Wehr gesetzt, weil dies eine Abschaffung des Gebrauchs unterschiedlicher Maße bei Ein- und Verkauf zur Folge gehabt hätte.[22] Zum anderen umfasste das Edikt de jure zwar alle Maße, konzentrierte sich de facto aber auf den Scheffel. Das war insofern naheliegend, als dieser nicht nur für die Akzise, sondern auch für die Getreidepolitik von zentraler Bedeutung war. Denn die Verwaltung hatte großes Interesse daran, funktionsfähige Statistiken zu erstellen, „die dem Monarchen einen Überblick über Ernteaussichten und Getrei-

---

[17] CLARK, Preußen, S. 114f.
[18] Ebd., S. 114ff.
[19] HENNING, Wirtschafts- und Sozialgeschichte, S. 757.
[20] CLARK, Preußen, S. 120f. Vgl. auch ATORF, König und Korn, S. 120–133 sowie NAUDÉ, Getreidehandelspolitik, S. 271–334.
[21] Edict, das Berlinische Maaße, Scheffel, Ellen und Gewichte in der gantzen Marck zu introduciren […], 16.6.1713, in: MYLIUS (Hrsg.), Corpus Teil 5, Abt. 2, Sp. 535–536, hier Sp. 535.
[22] NAUDÉ, Getreidehandelspolitik, S. 619 sowie WITTHÖFT, Scheffel und Last, S. 351.

deproduktion, Bedarfsprognosen und Getreidekonsum, Magazinvorräte und Getreidepreisentwicklung sowie die gesamten Außenhandelsbewegungen verschafften."[23]

Dieser Faktor erklärt auch die bemerkenswerte Zielstrebigkeit, mit der die Administration in den folgenden Jahren die Durchsetzung des Ediktes verfolgte. Schon 1714 weitete Friedrich Wilhelm seinen Geltungsbereich nun doch auf die „gesammten königlichen Lande", also auch auf das Königreich Preußen aus, allerdings in deutlich abgeschwächter Form.[24] Denn zwischenzeitlich hatte er in Verhandlungen mit den Königsberger Kaufleuten einen Kompromiss erzielt, der vorsah, „die Königsberger Last in eine feste Beziehung zu dem Berliner Scheffel zu setzen."[25] Mit Bezug auf das Königreich Preußen verzichtete Friedrich Wilhelm also zunächst darauf, ein einheitliches Maß zu verfügen und gab sich mit der Fixierung von Relationen zufrieden.

Hinsichtlich der übrigen Territorien versuchte er allerdings, über dieses Minimalziel hinauszugehen. So ordnete er 1722 an, dass jede Provinz eine kupferne Kopie des „Haupt-Probe-Scheffels" von 1682 erhalten solle, um dessen genaues Verhältnis zu den lokalen Maßen zu bestimmen.[26] Diese Vorgabe ist in den folgenden Jahren weitgehend umgesetzt worden. Im September 1722 übersandte Berlin die Maßnormale an die Provinzen, und zwischen 1723 und 1725 wurde auf deren Grundlage eine Tabelle erstellt, die die offiziellen ‚Tarife' für die Umrechnung der in der Mark Brandenburg, Kleve, der Grafschaft Mark sowie Hinterpommern gebräuchlichen Hohlmaße festhielt.[27] Aus Sicht der Verwaltung war diese Maßnahme ein großer Erfolg, denn „die sichere Möglichkeit, über die zentralen Normen auch die herkömmlichen Einheiten festlegen und rechnen zu können",[28] bildete nunmehr eine feste Grundlage für die Erhebung der Akzise und die Getreidepolitik.

Gleichwohl ist zu konstatieren, dass die Reichweite der zwischen 1714 und 1722 ausgearbeiteten Reform sehr begrenzt war. Erstens blieben alle Versuche, den Berliner Scheffel über seiner Funktion als Referenzgröße hinaus auch als alltägliches Gebrauchsmaß zu etablieren, vergebens. Das lässt sich besonders anhand des eigentlich von der Neuordnung ausgenommenen Königreichs Preußen zeigen. Denn im Zuge der Verteilung der Probemaße hatte Friedrich Wilhelm de-

---

[23] ATORF, König und Korn, S. 102.

[24] Introduction der Uniformität des Scheffels, Elle, Maß und Gewichts in den gesammten königlichen Landen, 27. 7. 1714, in: NAUDÉ, Getreidehandelspolitik, S. 620.

[25] Ebd., S. 619.

[26] Vgl. Reglement, wie es mit den Probe- auch andern in Königlichen Landen gebräuchlichen Scheffeln [...] gehalten werden soll, 5. 5. 1722, in: MYLIUS (Hrsg.), Corpus Teil 5, Abt. 2, Sp. 537–540, hier Sp. 537.

[27] Vgl. Unterlagen zur Übersendung der Maßnormale, September 1772, GStA PK, II. HA Gen.-Dir., Abt. 7, Ostpreußen II, Nr. 5756, fol. 88 ff.; Reduktionstabelle zur Umrechnung in die neuen Maße, 1. 12. 1724, ebd., fol. 122 f. sowie Designatio derjenigen Städte, [...] derer Scheffel mit den Berlinischen differiren [...], o. D., in: MYLIUS (Hrsg.), Corpus Teil 5, Abt. 2, Sp. 539–556.

[28] WITTHÖFT, Maße und Gewichte, S. 622.

ren Geltungsbereich kurzfristig doch noch auf dieses Territorium ausgedehnt.[29] Aber diese Kehrtwende blieb folgenlos, weil, wie der nunmehr hinfällige Kompromiss mit den Kaufleuten gezeigt hatte, die traditionellen Königsberger Maße im preußischen Wirtschaftsleben fest verankert waren. 1733 erließ der König zwar ein Patent, das für deren Verwendung hohe Strafen vorsah. Aber auch das scheint keinen Effekt gehabt zu haben, denn 1772 musste sein Nachfolger diese Anordnung noch einmal veröffentlichen – ein sicherer Hinweis darauf, dass sie nie wirklich befolgt worden war.[30] Es ist allerdings ohnehin unwahrscheinlich, dass die Verdrängung der alten Maße aus Sicht der Administration einen hohen Stellenwert genoss. Weder für die Akzise noch für die Getreidepolitik war sie zwingend erforderlich, und der Aufwand, der hätte betrieben werden müssen, um die ausschließliche Verwendung des Berliner Scheffels zu erzwingen, war viel zu hoch, um realistisch zu sein.[31]

Zweitens ergab sich die begrenzte Reichweite der Maßreform daraus, dass die Krone in den folgenden Jahrzehnten darauf verzichtete, sie auch auf neu eroberte Territorien auszudehnen. Das galt sowohl für Schlesien, wo die Habsburger 1705 das Breslauer Maß für verbindlich erklärt hatten, als auch für die Gebiete, die durch die polnischen Teilungen zu Preußen kamen. Erst zu Beginn des 19. Jahrhunderts unternahm die Verwaltung den Versuch, deren Maße in ihr Rechensystem zu integrieren, und eine allgemeine Einführung des Berliner Scheffels stand dort überhaupt nie zur Debatte.[32] Die gesamtpreußische Maß- und Gewichtskarte blieb deshalb ein Flickenteppich aus zahlreichen unterschiedlichen Einheiten, die zudem in den Randgebieten sehr viel weniger klar fixiert waren als in den Kernlanden.

Drittens schließlich beschränkten sich die Reformen der 1710er und 1720er Jahre alleine auf die Hohlmaße. Zwar gab es 1704 und 1724 jeweils einen Versuch, auch für die Längenmaße genauere Festlegungen zu treffen. Doch diese Bestimmungen taugten nicht einmal für die Fixierung einer Rechengröße, denn sie verzichteten auf die Einrichtung jener Probemaße, die für den Scheffel von so großer Bedeutung gewesen waren.[33] Noch Mitte des 18. Jahrhunderts waren deshalb in

---

[29] Erneuerte Einführung der einheitlichen Berliner Maße in Preußen zum 1.10.1722, GStA PK, II. HA Gen.-Dir., Abt. 7, Ostpreußen II, Nr. 5756, fol. 79.

[30] Patent daß bey scharffer Strafe in Preussen unter keinerley Praetext mehr […] das vormahlige Kleine Maaß und Gewicht […] Gebrauchet werden solle, 8.3.1733, GStA PK, II. HA Gen.-Dir., Abt. 7, Ostpreußen II, Nr. 5756, fol. 178f.; Patent […] [gleichlautender Titel], 13.9.1772, ebd., fol. 207f.

[31] WITTHÖFT, Maße und Gewichte, S. 622.

[32] Die Vergleiche zwischen den polnischen und den in Preußen üblichen Maßen datieren auf den Zeitraum 1798 bis 1806. Vgl. die Unterlagen in GStA PK, II. HA Gen.-Dir., Abt. 30 I, Oberbaudepartement, Nr. 139 sowie EYTELWEIN, Vergleichungen, S. 12ff. u. S. 69ff. Zu Schlesien vgl. WITTHÖFT, Maße und Gewichte, S. 622.

[33] Reglement, wie es mit Ausmessung derer Äcker zu halten, 19.2.1704, in: MYLIUS (Hrsg.), Corpus Teil 5, Abt. 3, Sp. 349–354 sowie Instruktion für die Bauinspektoren und Kondukteure bei Vermessung der Städteäcker in der Kurmark, Juli 1724, GStA PK, II. HA Gen.-Dir., Abt. 14, Kurmark, Tit. IX Nr. 1, fol. 4ff. Zur Kritik an den fehlenden Probemaßen siehe EYTELWEIN, Vergleichungen, S. 1.

Preußen nicht weniger als zwölf verschiedene Rutenmaße gebräuchlich, deren Länge zwischen 4,32 und 5,02 Meter schwankte. Und das waren nur die Einheiten, die für amtliche Landvermessungen benutzt wurden. Die lokalen Längenmaße trugen zwar z. T. ähnliche Namen wie diese, wiesen jedoch noch zusätzliche Varianten auf.[34]

Die vergleichsweise laxe Haltung der Verwaltung in Bezug auf dieses Problem war darauf zurückzuführen, dass das Vermessungswesen in Preußen in der ersten Hälfte des 18. Jahrhunderts insgesamt nur einen geringen Stellenwert einnahm. Zwar gab es seit der Zeit des Großen Kurfürsten immer wieder Kartierungen, die militärischen Zwecken dienten, doch diese waren so ungenau, dass sie keine präzise Festlegung der verwendeten Längen- oder Flächenmaße erforderten.[35] Für die Staatsfinanzierung war die Landesvermessung zudem nur von untergeordneter Bedeutung. Zwar beruhte die sogenannte Kontribution – eine Art Grundsteuer, die das ländliche Gegenstück zur städtischen Akzise darstellte – auf einem Kataster, aber dieser bestand, wie das im 17. und frühen 18. Jahrhundert in allen europäischen Ländern üblich war, lediglich aus einer schriftlich festgehaltenen Schätzung der Bodenerträge und nicht aus einer Vermessung des besteuerten Landes.[36]

Daneben gab es in der ersten Hälfte des 18. Jahrhunderts zwar einzelne Erhebungen, die fiskalische oder wirtschaftspolitische Hintergründe hatten, aber da diese stets regional begrenzt blieben, genügte es, ad hoc festgesetzte Maßeinheiten heranzuziehen. Das zeigt das Beispiel einer 1721 vorgenommenen Vermessung des königlichen Domanialbesitzes in Ostpreußen, die einen zentralen Bestandteil der Rekonstruktionsversuche nach der Katastrophe von 1709/10 bildete.[37] Ihre metrologische Grundlage bildete die sogenannte ‚Oletzkosche Rute' – ein Maß, das die zuständige Kommission mit Bezug auf einen lokalen Vorläufer selbst normiert hatte. Auch als in den 1730er Jahren in Kleve erstmals auf preußischem Territorium mit der Erstellung von Katasterkarten zur Grundsteuererhebung experimentiert wurde, griffen die Landvermesser auf das dort übliche, örtliche Längenmaß zurück.[38]

In einer Hinsicht verursachten Längen- und Flächenmaße seit dem Beginn des 18. Jahrhundert allerdings auch im lokalen Rahmen Probleme. Denn in den preußischen Ostprovinzen mit ihren adligen Großgrundbesitzern waren die Gerichte seit diesem Zeitpunkt immer wieder mit Fällen befasst, in denen es um „Erbteilungen, Grenzfeststellungen, Grenzaufnahmen u. a. m." ging. Im Laufe des späten 17. und frühen 18. Jahrhunderts bildete sich deshalb „eine besondere Art bestallter Landmesser" heraus, „die ausschließlich für gerichtliche Entscheidungen erforder-

---

[34] Vgl. zeitgenössisch LANGHANS und WILHELM, De Mensuris, S. 5 ff.; SUCHODOLETZ, Gegründete Nachricht, passim sowie EYTELWEIN, Vergleichungen, S. 6 ff. Zu den Angaben in metrischen Größen vgl. HANKE, Kartographie, S. 17.

[35] Ebd., S. 114.

[36] KAIN und BAIGENT, Cadastral Map, S. 153. Allgemein zum Charakter vormoderner Kataster vgl. STEIN, Matrikelbestände, S. 151 ff.

[37] HANKE, Kartographie, S. 121. Zum Kontext vgl. CLARK, Preußen S. 119.

[38] KAIN und BAIGENT, Cadastral Map, S. 153 ff. Vgl. auch STEIN, Matrikelbestände, S. 172 f.

liche Vermessungsgeschäfte zu besorgen hatten."[39] Nachdem deren Tätigkeit zunächst weitgehend unreguliert war, sah sich die Königsberger Kriegs- und Domänenkammer 1752 nach einem Fall von Amtsmissbrauch veranlasst, eine genauere Kontrolle dieser Landmesser einzufordern.[40] Mit der 1755 zu diesem Zweck erlassenen Instruktion beseitigte Friedrich II. gleichzeitig auch ein Problem, das maßgeblich für die Vielzahl der Gerichtsverfahren verantwortlich gewesen war. Das war das bereits angesprochene Fehlen von Normalmaßen für die Längenmaße. Die Verordnung hielt nunmehr fest, dass in der Königsberger Schlossbibliothek eiserne „Probe-Ruten" verwahrt und in Zweifelsfällen herangezogen werden sollten.[41]

Damit war das zentrale Defizit der Bestimmungen von 1704 und 1724 behoben. Aber dies war keineswegs gleichbedeutend mit einer Reduzierung der Maßvielfalt. Im Gegenteil: Die Instruktion des Königs zementierte diese sogar noch. Zum einen geschah dies dadurch, dass ihre Gültigkeit auf das Königreich Preußen begrenzt blieb. Zum anderen aber bestätigte sie alleine für dieses Territorium die prinzipielle Zulässigkeit von vier verschiedenen Rutenmaßen. Ganz im Sinne des frühneuzeitlichen Maßdenkens war jedes von ihnen für einen bestimmten Verwendungszweck vorgesehen: die kulmische Rute für Vermessungen auf Gütern des Adels; die Oletzkosche Rute für Vermessungen auf den königlichen Domänen; die Teichgräber-Rute für „die Anschläge zu der Graben-Stein-Brücken- und Rahdungs-Arbeit und die Verdinge mit den Teichgräbern"; und die rheinländische Rute „zur Vermessung der königlichen Vorwerker".[42]

Nicht einmal für unmittelbare staatliche Aufgaben wollte die Verwaltung also die Längenmaße vereinheitlichen. Das Grundproblem, das sie beschäftigte, war nicht die Vielfalt, sondern die Ungesichertheit der Maße. Eine Fixierung der unterschiedlichen Einheiten genügte vollkommen, um die entstandenen Konflikte aus der Welt zu schaffen. Eine Reduzierung der Vielfalt war demgegenüber nicht nötig. Bis in die 1760er Jahre hinein blieb es deshalb bei dem bekannten Bild einer Vielzahl von Längenmaßen. Erst danach begann sich die Administration für eine weitergehende Vereinheitlichung zu interessieren. Das geschah in Reaktion auf tiefgreifende wirtschaftliche Veränderungen, durch die die Bedeutung der Landesvermessung sprunghaft anstieg.

2.1.2 Maßreformen in Preußen 1750–1790

Den Hintergrund dafür, dass die preußische Verwaltung in der zweiten Hälfte des 18. Jahrhunderts eine Vereinheitlichung der Längenmaße anstrebte, bildeten die gewaltigen Zerstörungen des Siebenjährigen Krieges. Im Vergleich zu 1740 verlor Preußen durch diesen Konflikt bis 1763 etwa zwanzig Prozent seiner Einwohner.

---

[39] HANKE, Kartographie, S. 28. Zum Hintergrund vgl. auch KRÖGER, Vermessungswesen, v. a. S. 63–145.

[40] HANKE, Kartographie, S. 28.

[41] Instruction für die Land-Messer des Königreichs Preußen, 20. 11. 1755, in: Novum Corpus, Bd. 1/1755, Sp. 897–906, hier Sp. 899.

[42] Ebd., Sp. 899. Vgl. auch SUCHODOLETZ, Gegründete Nachricht, S. 6.

Die Behebung der Kriegsschäden, die Wiederbelebung der heimischen Wirtschaft und die Vergrößerung der Bevölkerung hatten deshalb – in Übereinstimmung mit der merkantilistischen Doktrin – höchste Priorität.[43]

Die Politik der inneren Kolonisation und des Landesausbaus, die daraus resultierte, ließ die Landesvermessung in einem neuen Licht erscheinen. Von zentraler Bedeutung war dabei, dass die nun anstehenden Meliorationen ein Vorläuferprojekt hatten, bei dessen Durchführung große Schwierigkeiten aufgetreten waren. Das war die Trockenlegung des Oderbruches zwischen 1747 und 1753. Dort hatte insbesondere das sogenannte Nivellement – die Messung von Höhenunterschieden für die Steuerung des Wasserlaufes – die Ingenieure vor eine kaum lösbare Aufgabe gestellt.[44] Ihre technische Ausbildung wies gravierende Mängel auf und war gegenüber derjenigen ihrer niederländischen, französischen und englischen Kollegen deutlich zurückgeblieben.[45]

Diese Mängel waren teilweise eine Folge der dezentralen Organisation des preußischen Bauwesens. Denn vor 1770 waren die staatlichen Bauaufgaben Sache der Kriegs- und Domänenkammern in den einzelnen Provinzen.[46] Seit den 1740er Jahren stieß dies immer wieder auf Kritik, und zwar von allerhöchster Stelle: Friedrich II. selbst hielt „die bei den Kammern stehende[n] Landbaumeistere theils [für] Idioten, theils gar [für] Betrüger".[47] Neben der Frage der Ausbildung spielten dabei auch die Bauplanung und die Kostenkontrolle eine wichtige Rolle. Denn es waren vor allem die „Schlingels […], die keine Anschläge zu machen verstehen",[48] die Friedrichs Zorn erregten. Schon in den 1750er Jahren hatte er deshalb immer wieder versucht, die Landbaumeister zu genauerer Kostenkalkulation anzuhalten. Nach dem Ende des Krieges spitzte sich das Problem noch einmal zu. Denn die Staatskassen waren nun geleert, die wirtschaftliche Rekonstruktion erforderte umfangreiche Bauarbeiten und schließlich hatte sich durch die Kämpfe auch noch das wichtigste Baumaterial, das Holz, sprunghaft verteuert.[49]

Vor diesem Hintergrund entschloss sich der König 1770 dazu, den provinziellen Kriegs- und Domänenkammern die Zuständigkeit für den Landesausbau zu entziehen. Stattdessen gründete er mit dem Oberbaudepartement eine zentrale Behörde, die den gesamten Wasser-, Land- und Maschinenbau unterstellt bekam.[50] In enger Zusammenarbeit mit der gleichzeitig eingerichtete „Ober-Exami-

---

[43] KUNISCH, Friedrich der Große, S. 471.

[44] OLESKO, Geopolitics, S. 13 ff.

[45] HANKE, Kartographie, S. 32 f. Vgl. auch OLESKO, Geopolitics, S. 15.

[46] KURRER, Baustatik, S. 199. Vgl. auch STRECKE, Bauverwaltung, S. 55 ff.

[47] Erneuerte Instruction vor das General-Oberfinanz-, Krieges und Domänen-Directorium, 20.5.1748, in: SCHMOLLER und HINTZE, Behördenorganisation, Bd. 7, S. 572–655, hier S. 621. Den Hinweis auf diese Passage sowie die folgende Cabinettsordre verdanke ich STRECKE, Bauverwaltung, S. 58 u. S. 59, wo beide zitiert sind.

[48] Cabinettsordre, 30.5.1766, zit. nach: POSNER, Behördenorganisation, Bd. 14, S. 190, Fn. 1.

[49] CLARK, Preußen, S. 254 f. sowie STRECKE, Bauverwaltung, S. 61

[50] Vgl. ebd., S. 64–75 sowie POSNER, Behördenorganisation, Bd. 15, S. 280–293. Zur generellen Zentralisierung preussischer Regierungsbehörden in diesem Zeitraum vgl. HUBATSCH, Verwaltung, S. 146.

nations-Kommission" sollte sie fortan die Ausbildung der Bauingenieure über-nehmen und dafür sorgen, dass trotz des steigenden Aufwandes die Kosten für die Meliorationen unter Kontrolle gehalten werden konnten.[51]

An dieser Stelle kamen nun die Längenmaße ins Spiel. Denn auf der Suche nach Möglichkeiten zur Effizienzsteigerung stellte das Oberbaudepartement fest, dass deren Vielfalt in der Vergangenheit „Gelegenheit zu vielen Irrthümern bei den Anschlägen, und zu Streitigkeiten bei Ausführung der Bauten selbst"[52] gege-ben hatte und mit für das Problem der unzulänglichen Kostenkontrolle verant-wortlich gewesen war. Die Behörde unternahm daraufhin den Versuch, den in Berlin gebräuchlichen rheinländischen Fuß für alle öffentlichen Baumaßnahmen verbindlich zu machen. Im Laufe des Jahres 1771 unterbreitete sie den Kammern einen entsprechenden Gesetzesentwurf. Abgesehen vom schlesischen Etatministe-rium, das sich für die Beibehaltung der Breslauer Elle aussprach, stimmten diese dem Vorschlag zu und erwähnten wiederum die Frage der Baukosten als aus-schlaggebenden Faktor.[53]

Im Oktober 1773 erging daraufhin ein Zirkular, mit dem das rheinische Maß im ganzen Königreich – mit Ausnahme von Schlesien – als „egales Bau- und Feld-maaß eingeführt und von nun an, bey allen Feld-Vermessungen, wie auch bey denen Bauten, jederzeit zum Grunde geleget werden"[54] sollte. Gleichzeitig fertigte das Oberbaudepartement zwei eiserne Rutenmaße, die sich nur durch ihre zehn-bzw. zwölfteilige Unterteilung unterschieden. Sie sollten fortan als Urmaß für das preußische Bau- und Feldmaß dienen. Dazu waren sie eigens mit einer Kopie des 1766 neu fixierten französischen Längenmaßes verglichen worden, was ein No-vum war – „die einzige, auf einem internationalen Vergleich beruhende gesetzli-che Maßdefinition eines deutschen Territoriums im 18. Jahrhundert."[55]

Auch in einer weiteren Hinsicht erbrachte die Reform eine wichtige Neuerung. Denn wie im ursprünglichen Vorschlag des Oberbaudepartements vorgesehen, wurden im Oktober 1773 anhand der beiden Urmaße „theils eiserne, theils hölzer-ne […] Normalmaaßstäbe, sämmtlichen königl. Kriegs- und Domänenkammern und mehrern Magisträten zugefertigt"[56] und an diese versandt. Damit verfügte Preußen nicht mehr nur hinsichtlich des Scheffels, sondern auch hinsichtlich des

---

[51] OLESKO, Geopolitics, S. 18 (Zitat); STRECKE, Bauverwaltung, S. 63 sowie POSNER, Behörden-organisation, Bd. 15, S. 282.

[52] Memorandum des Oberbaudepartements, 1.6.1771, GStA PK, II. HA Gen.-Dir., Abt. 7, Ost-preußen II, Nr. 546, fol. 4–5, hier fol. 4. Vgl. auch Circulare an sämtliche Kammern, auch Cammer-Deputationes, wegen eines bey allen Feld-Vermessungen, wie auch bey den Bauten durchgängig einzuführenden Bau-Maaßes, 28.10.1773, in: Novum Corpus, Bd. 5/1773, Sp. 2467–2468.

[53] Rundschreiben des Oberbaudepartements, 14.12.1771, GStA PK, II. HA Gen.-Dir., Abt. 7, Ostpreußen II, Nr. 546, fol. 12 ff. sowie die zugehörigen Antwortschreiben, ebd., fol. 21 ff. Vgl. auch HANKE, Kartographie, S. 16.

[54] Circulare an sämtliche Kammern, auch Cammer-Deputationes, wegen eines bey allen Feld-Ver-messungen, wie auch bey den Bauten durchgängig einzuführenden Bau-Maaßes, 28.10.1773, in: Novum Corpus, Bd. 5/1773, Sp. 2467–2468, hier Sp. 2467.

[55] WITTHÖFT, Einführung, S. 97.

[56] EYTELWEIN, Vergleichungen, S. 3.

Fußes über ein klar definiertes und von einer physischen Infrastruktur getragenes Referenzsystem von Maßen. Allerdings diente dieses nur zu Verwaltungszwecken: Es richtete sich ausschließlich an die „Bau-Bedienten, Feld-Messer und Werkleute"[57], die für die Baubehörde oder die Kriegs- und Domänenkammern tätig waren. Alle anderen Verwendungen von Längenmaßen blieben unberührt.

Immerhin kam diese Beschränkung aber der Umsetzung des Zirkulars zugute. Denn trotz einiger Anlaufprobleme verbreiteten sich die neuen Längenmaße im internen Gebrauch schnell.[58] Für die bereits mehrfach angesprochenen Meliorationen waren sie von zentraler Bedeutung. In noch höherem Maße galt das für die Landesausbauten, die durch die polnischen Teilungen zustande kamen. Denn bei diesen dienten sie nicht nur als Grundlage für die territorialen Vermessungen, sondern auch als Bezugspunkt für die zahlreichen Kanäle und Wasserbauten, durch die die Transportwege zwischen den alten und den neuen Landesteilen verbessert werden sollten.[59]

Alle diese Aufgaben erledigte das Oberbaudepartement weitgehend ohne die gravierenden Komplikationen, die zur Jahrhundertmitte im Oderbruch aufgetreten waren. Zwar konnte es nicht immer sicherstellen, dass die Ingenieure vor Ort tatsächlich das zentral festgelegte Maß verwendeten. Die Tatsache, dass der Geheime Oberbaurat Johann Albert Eytelwein seit 1773 immer wieder Vergleichungen von verschiedenen Maßen vornahm und Umrechnungstabellen erstellte, war im Gegenteil ein Indikator dafür, dass sich viele Baumaßnahmen nach wie vor nicht ohne Rücksichtnahme auf lokale Praktiken durchführen ließen.[60] Doch andererseits diente der nunmehr klar definierte rheinländische Fuß stets als Ankerpunkt für diese Vergleiche, so dass er weiter in seiner Eigenschaft als Referenzmaß gestärkt wurde.

Den Erfordernissen der Kostenkontrolle war damit jedenfalls Genüge getan. Weiter ging der Ehrgeiz der preußischen Administration bezüglich der Maßfrage nicht. Das wird deutlich, wenn man die Betrachtung über die Volumen- und die Längeneinheiten hinaus auf die Gewichte ausdehnt. Sehr einfach war die Situation dabei im Hinblick auf das Münzgewicht. Denn mit der Kölner Mark gab es hierfür eine deutschlandweit anerkannte Einheit, die alle Anforderungen an Zuverlässigkeit und Genauigkeit problemlos erfüllte.[61] Deshalb ging, als sich Friedrich 1750 veranlasst sah, das preußische Münzsystem grundlegend zu reformieren, damit zwar die Festlegung eines neuen Münz*fußes* einher. Doch das Grundgewicht, auf den sich dieser bezog und aus dem fortan 14 statt wie bisher 12 Taler geschlagen werden sollten, blieb unverändert: Es genügte der Verweis auf das bewährte Kölner Maß, das keiner Reform bedurfte. Auch die Neuordnung des

57 Circulare an sämtliche Kammern, auch Cammer-Deputationes, wegen eines bey allen Feld-Vermessungen, wie auch bey den Bauten durchgängig einzuführenden Bau-Maaßes, 28.10.1773, in: Novum Corpus, Bd. 5/1773, Sp. 2467–2468, hier Sp. 2468.

58 Eytelwein, Vergleichungen, S. 4 und Witthöft, Maße und Gewichte, S. 622.

59 Olesko, Geopolitics, S. 22.

60 Ebd., S. 24 f. sowie das 1798 zuerst publizierte Werk von Eytelwein, Vergleichungen.

61 Ebd., S. 111 ff.

Münzwesens von 1764, die durch die Münzverschlechterung im Siebenjährigen Krieg nötig geworden war, änderte daran nichts.[62]

Etwas anders stellte sich die Lage allerdings bezüglich des Handelsgewichtes dar. Mit dem Berliner Normalpfund gab es hier zwar eine verbreitete Grundeinheit, aber für diese existierte kein eigenes Urmaß, und ihr Verhältnis zu anderen Gewichten war ungeklärt. Zwar rang sich die Verwaltung 1785 dazu durch, das Handelspfund in eine feste Relation zur Kölner Mark zu setzen und zudem ein entsprechendes Maßnormal anzufertigen.[63] Aber dies scheint eher ein Nebenprodukt der Vergleichungen des Oberbaudepartements gewesen zu sein als ein Schritt zu einer Rationalisierung der Gewichte. Denn alle über eine bloße Fixierung hinausgehenden Forderungen nach einer *Abänderung* der Maße blieben ungehört – etwa diejenige Eytelweins, der angesichts der nur sehr kleinen Differenz zwischen Münz- und Handelsgewicht dafür plädierte, letzteres ganz abzuschaffen.[64]

Auch die Bemühungen des Staates um eine Kontrolle der im Umlauf befindlichen Gebrauchsmaße waren kaum der Rede wert. Zwar ordnete Friedrich parallel zur Fixierung des Normalpfundes die Einsetzung einer Kommission für die Eichung von Waagen und Gewichten an, doch diese Bestimmung galt ausschließlich für Berlin. Auch wenn sie 1805 auf Königsberg ausgeweitet wurde und aus der Perspektive der 1816 verabschiedeten preußischen Maß- und Gewichtsordnung als Keimzelle des dortigen Eichwesens erscheinen mag, waren ihre ursprünglichen Intentionen sehr begrenzt. Vermutlich – Genaueres ist darüber nicht bekannt – lagen sie in der Behebung lokal aufgetretener, rechtlicher Streitigkeiten in Bezug auf das Handelsgewicht.[65]

Abgesehen von der zentral erlassenen Regelung für Berlin blieb die Kontrolle über Waagen und Gewichte in der zweiten Hälfte des 18. Jahrhunderts deshalb prinzipiell den Städten überlassen. In diesem Sinne stellte beispielsweise die 1773 veröffentlichte Wochenmarktordnung für das Herzogtum Kleve fest, dass es Aufgabe des jeweiligen städtischen „Policey- und Markt-Meister[s]" sei, „auf richtige Maas und Gewicht sorgfältig Acht [zu] haben", und in ähnlicher Form war auch die Aufsicht über das Wiegen in den Mühlen dezentralisiert.[66] An einem direkten Eingriff in Bereiche, die alleine für Transaktionen zwischen nicht-staatlichen Akteuren von Bedeutung waren, hatte die Verwaltung also kein Interesse.

---

[62] Trapp und Fried, Handbuch, S. 88 ff. sowie North, Geschichte des Geldes, S. 127 ff.

[63] Eytelwein, Vergleichungen, S. 113 f.

[64] Ebd.

[65] Reglement und Instruction für die zur Ajoustierung und Stempelung der Waagen und Gewichte in Berlin angeordneten Commission, 12.5.1785, in: Novum Corpus, Bd. 7/1785, Sp. 3107–3118. Zu diesem Reglement vgl. Baumgarten, Entwicklung, S. 9 ff. Zur Ausweitung auf Königsberg vgl. Bericht der Königsberger Polizeidirektion zum Entwurf einer Maß- und Gewichtsordnung, 17.5.1809, GStA PK, I. HA, Rep. 120, A IX 1, Nr. 1, Bd. 1, fol. 5. Zur preußischen Maß- und Gewichtsordnung von 1816 vgl. Kap. 4.2.1 dieser Arbeit.

[66] Wochen-Markt-Ordnung für die größeren Städte des Herzogthums Cleve […], 19.5.1773, in: Novum Corpus, Bd. 5/1773, Sp. 131–140, hier Sp. 136. Zu den Mühlen vgl. Reglement für die sämtliche [Mühlen-]Waage-Bediente zu Königsberg in Preussen, 23.10.1766, in: ebd., Bd. 4/1766, Sp. 575–584.

Eine Ausnahme gab es von dieser Regel allerdings. Sie betraf die Versuche Friedrichs II., die Haspelmaße zu vereinheitlichen. Haspeln waren ein zentrales technisches Artefakt des vorindustriellen Textilgewerbes. Es handelte sich bei ihnen um hölzerne Gestelle, auf die das fertig gesponnenen Fäden aufgewickelt wurde – zum einen zur Trocknung, zum anderen aber auch, „um dem Garn das rechte Maß zu geben und es dadurch verkaufsfähig zu machen."[67] Den Dimensionen der Haspeln kam deshalb neben der Zahl der Fäden und dem System der Aufbindung entscheidende Bedeutung für die Bemessung der Garnmenge zu. Wie bei allen aus der Produktion hervorgegangenen Maßen variierten diese aber stark von Ort zu Ort. Seit der Wende vom 17. zum 18. Jahrhundert gab es in zahlreichen deutschen Territorien Versuche der Landesherren, diese Vielfalt zu reduzieren und sowohl den Umfang als auch die Aufbindungssysteme der Haspeln genau zu regulieren – zuerst in Hannover und in Sachsen, ab der Jahrhundertmitte dann auch in Preußen.[68]

Diese Versuche zur Vereinheitlichung der Haspelmaße entsprangen eindeutig der merkantilistischen Gewerbepolitik. So bezeichnete beispielsweise ein 1775 veröffentlichtes „Publicandum" für die Grafschaft Mark die Einrichtung eines einheitlichen Haspelmaßes als „ein ganz wesentliches Beförderungs-Mittel [...] zur Aufnahme der [...] Bleychereien, nicht weniger zu mehrerer Ausbreitung des Flachs-Baues und der Spinnereyen, besonders aber auch zur Aufnahme des Linnen-Handels".[69] Es ist deshalb kein Zufall, dass diese Bemühungen zwischen 1750 und 1775 eine große Konjunktur erlebten.[70] Denn seit dem Ende des zweiten schlesischen Krieges verfolgte Friedrich II. eine gegenüber seinem Vorgänger in vielerlei Hinsicht zugespitzte Gewerbeförderungspolitik, die großen Wert auf die Entwicklung der Textilindustrie legte.[71]

Allerdings waren seine Versuche zu einer Regulierung der Haspelmaße von keinerlei Erfolg gekrönt. Dafür gab es mehrere Gründe. Erstens bestimmten die von der Verwaltung zu diesem Zweck getroffenen Festlegungen den Umfang der Haspeln stets in Berliner Ellen, übersahen dabei aber, dass dieses Längenmaß vielerorts unbekannt war.[72] Zweitens waren Kosten und Nutzen einer Vereinheitlichung der Haspelmaße ungleich verteilt. Profitiert hätten von ihr in erster Linie die Textilfabrikanten, die wiederholt geklagt hatten, „daß der Betrug unter denen Garn-Spinnern so groß sey, daß, wenn demselben nicht nachdrücklich gesteuret werde, ihre Fabriquen dadurch einen grossen Verlust, ja einen völligen Ruin ausgesetzet

---

[67] SCHMITZ, Leinengewerbe, S. 26. Vgl. auch Kap. 9.1.1 dieser Arbeit.

[68] WANG, Vereinheitlichung, S. 205 sowie bes. zu Sachsen ALBERTI, Maß und Gewicht, S. 78 ff.

[69] Publicandum wegen Einführung eines egalen Haspels in der Grafschaft Mark, 6.9.1775, in: Novum Corpus, Bd. 5/1775, Sp. 229–234, hier Sp. 229 f.

[70] Zwischen 1751 und 1775 beschäftigten sich mindestens sechs königliche Verordnungen und Edikte mit dieser Frage. Vgl. ebd., Bd. 1/1751, Sp. 93–94; ebd., Bd. 1/1754, Sp. 615–620; ebd., Bd. 2/1756, Sp. 45–50; ebd., Sp. 89–90; ebd., Bd. 4/1770, Sp. 6697–6700 sowie ebd., Bd. 5/1775, Sp. 229–234.

[71] RACHEL, Merkantilismus, S. 968 f.

[72] Vgl. die in Fn. 70 genannten Verordnungen sowie zur Verbreitung der Berliner Elle EYTEL-WEIN, Vergleichungen, S. 25 ff.

sein dürften."[73] Für die Spinner hingegen wäre eine Standardisierung mit großen Nachteilen verbunden gewesen. Denn die Variabilität der Haspelmaße war ein fester Bestandteil ihrer Strategien zur Ernährungssicherung. In Schlesien etwa bekannten sie sich 1783 dazu, „aus Noth"[74] ihre Garne verkürzt zu haben, und in Sachsen lieferten sie aus ähnlichen Gründen „unerlaubt geringe Faden-Zahlen öffentlich"[75] ab, ohne dabei ein Unrechtsbewusstsein zu zeigen. In ihrer materiellen Bedrängnis fühlten sich die Spinner dazu berechtigt, die Maßvielfalt zu ihren Gunsten auszunutzen.

Drittens schließlich fehlte es sowohl der staatlichen Verwaltung als auch den Fabrikanten angesichts dieser Situation an Mitteln, um eine Vereinheitlichung der Haspelmaße zu erzwingen. Denn Haspeln waren Geräte, welche „fast jeder Bauer sich [...] nach seinem Gutdünken selber machet",[76] und es war nahezu unmöglich zu überprüfen, welches System die Spinner zur Aufbindung verwendeten oder wie viele Fäden sie aufwickelten.[77] Man hätte unter diesen Umständen schon in jede Bauernstube einen Inspektor stellen müssen, um dem Problem Herr zu werden, aber das war keine ernsthaft diskutierte Option.

Während es der preußischen Verwaltung im 18. Jahrhundert also recht gut gelang, Einheiten zu fixieren, die dem administrativen Gebrauch oder der Interaktion zwischen Staat und Untertanen dienten, waren ihre Möglichkeiten, die Maßverwendung nicht-staatlicher Akteure zu kontrollieren, sehr begrenzt. In der Regel versuchte die Regierung, diesem Problem zu entgehen, indem sie die bestehenden Praktiken ausdrücklich anerkannte. So sah beispielsweise das Allgemeine Landrecht von 1794 vor, dass bei Verträgen, die nach Maß und Gewicht geschlossen wurden, „dasjenige gemeynt sey, welches an dem Orte, wo die Uebergabe geschehen soll, eingeführt ist", und in ähnlicher Form bestimmte es, dass die städtische Bannmeile „nach dem jeder Provinz gewöhnlichen Meilenmaaße"[78] festzulegen war.

Lediglich dort, wo die Ungesichertheit der Maße zu rechtlichen Streitigkeiten führte, war die Verwaltung bereit, Einheiten festzulegen, die – wie beispielsweise das Handelspfund – auch für den nicht-staatlichen Gebrauch als Referenzpunkte dienen sollten. Und nur bei sehr seltenen Gelegenheiten versuchte sie, deren Verwendung allgemein verbindlich zu machen. Im spezifischen Fall der Haspelmaße war das zum Teil dem staatlichen Interesse an der Gewerbeförderung, zum Teil

---

[73] Publicandum für die Zeug-Fabricanten, die Steurung des Betrugs von Garn-Spinnern betreffend, 2.4.1770, in: Novum Corpus, Bd. 4/1770, Sp. 6697–6700, hier Sp. 6697f.

[74] Hasenclever, Ueber den schlesischen Leinwand-Handel und Manufacturen, Politisches Journal 3.1783 (4.4), S. 326, zit. nach WANG, Vereinheitlichung, S. 205.

[75] Vortrag des Garnbleichers Ernst Gottlob Wolf an den Direktor der Kommerziendeputation von Langenau, 12.1.1801, zit. nach ebd., S. 206.

[76] Erneuertes und geschärftes Edict, wegen des Garn-Handels [...], 8.3.1756, in: Novum Corpus, Bd. 2/1756, Sp. 45–50, hier Sp. 45.

[77] Publicandum für die Zeug-Fabricanten, die Steurung des Betrugs von Garn-Spinnern betreffend, 2.4.1770, in: ebd., Bd. 4/1770, Sp. 6697–6700, hier Sp. 6699.

[78] Allgemeines Landrecht für die Preußischen Staaten von 1794, S. 77 (erster Teil, fünfter Titel, § 256) u. S. 455 (zweiter Teil, achter Titel, § 96).

aber auch der Initiative der Fabrikanten zu verdanken gewesen. Letzteres kam in anderen Zusammenhängen aber schon deshalb kaum vor, weil es in Preußen kein „selbstbewusstes, kapitalkräftiges und sich weltweit orientierendes Wirtschaftsbürgertum" gab, sondern vielmehr „alles von den Impulsen und der Vorsorge des königlichen Willens"[79] abhing. Selbst wenn dieser vorhanden war, führte das allerdings kaum zu greifbaren Ergebnissen. Denn die traditionellen Maße waren so stark verankert, dass sie sich alleine durch eine Handvoll gedruckter Erlasse nicht aus den Angeln heben ließen. Mehr hatte die staatliche Verwaltung im 18. Jahrhundert aber nicht zu bieten.

2.1.3 Die süddeutschen Länder und das Habsburgerreich

In ähnlicher Form gilt dies auch für die übrigen Territorien des Heiligen Römischen Reiches, wo die Versuche zu einer Reform von Maßen und Gewichten später einsetzten und zudem bruchstückhafter blieben als in Preußen. Eine Ausnahme von dieser Regel stellte neben dem Habsburgerreich, auf das gleich zurückzukommen sein wird, alleine das Herzogtum Württemberg dar. Dort hatte das persönliche Interesse des Herzogs schon Mitte des 16. Jahrhunderts zur Verabschiedung einer Maß- und Gewichtsordnung geführt, die mit der Herstellung von Normalmaßen und der landesweiten Einrichtung von Eichämtern einherging. Zwar lag es weder in deren Absicht noch ihren Möglichkeiten, die 1554 gezählten 700 lokalen Einheiten zu verdrängen, aber immerhin gelang es auf diese Weise, Referenzgrößen zu festzulegen, mit deren Hilfe sich diese Maße umrechnen ließen.[80]

In den meisten anderen deutschen Ländern konnte davon bis weit in die zweite Hälfte des 18. Jahrhunderts keine Rede sein. Besonders von den zahlreichen Klein- und Kleinstherrschaften gingen kaum Initiativen zu „größerflächiger Normierung"[81] aus. Dafür gab es gute Gründe, denn zum einen orientierten sich Händler und Gewerbetreibende in solchen Gebieten häufig an Maßen und Gewichten aus benachbarten Städten. So war etwa der Nürnberger Schuh in Süddeutschland weit verbreitet, und die meisten Herrscher sahen keinen Grund, daran etwas zu ändern. Zum anderen stellte sich für sie auch das Problem der Steuereinkünfte in anderer Form. Denn eine Modernisierung der Verwaltung blieb in militärisch wenig bedeutsamen Herrschaften oft aus, und zudem waren viele von ihnen so klein, dass „innerhalb ihres bescheidenen Hoheitsgebietes […] ohnehin vielfach dasselbe Maß und Gewicht"[82] galt.

Einige größere Territorien unternahmen dagegen zwar den Versuch, Maße und Gewichte zu reformieren, trafen aber schnell auf große Hindernisse. Exemplarisch lässt sich das an den beiden badischen Markgrafschaften Baden-Durlach und Baden-Baden zeigen, wo entsprechende Initiativen aus einer Mischung von

---

[79] KUNISCH, Friedrich der Große, S. 471f.
[80] HAGER, Stein- und Metallgewichte, S. 41 sowie HIPPEL, Württemberg, S. 1ff.
[81] Ebd., S. 6.
[82] Ebd.

steuerpolitischen Modernisierungsversuchen und aufklärerischen Rationalisierungsbestrebungen hervorgingen. Besonders in Baden-Durlach traten diese beiden Motive in der Person des Markgrafen Karl Friedrich zusammen. Auf sein Geheiß unternahm die Regierung 1748 sowie im Umfeld der 1771 erfolgten Vereinigung der beiden Baden jeweils einen Anlauf zu einer Vereinheitlichung einzelner Maße, insbesondere der Gewichte.[83] Sie kam dabei allerdings kaum über das Planungsstadium hinaus. Denn die Administration befürchtete, das über Jahrhunderte gewachsene feudale Abgabensystem aus dem Gleichgewicht zu bringen und den Widerstand der Empfänger von Pachten und Zinsen hervorzurufen, wenn sie in die lokale Maßüberlieferung eingriff.[84]

Sie beschränkte sich deshalb darauf, „die üblichen Maase, so wie sie sind, immer genauer zu bestimmen, und, vornehmlich für die herrschaftlichen Verrechnungen, ihr richtiges Verhältnis zum Durlacher Maas zu finden".[85] Selbst das war aber leichter gesagt als getan, denn „derartige Bemühungen [stießen] angesichts der verfügbaren ungenauen und voneinander abweichenden Eichmaße auf beträchtliche Schwierigkeiten."[86] In der benachbarten Pfalz, wo die Kurfürsten zwischen 1730 und 1779 ein ähnliches Projekt verfolgten, waren die Ergebnisse ebenso dürftig.[87] Und auch für vergleichbare Unternehmungen, die 1722 in Sachsen sowie zwischen 1730 und 1761 in Bayern zur Debatte standen, lässt sich ein solcher Ausgang vermuten.[88]

Eine wichtige Ausnahme von dieser Regel gab es allerdings noch: das Habsburgerreich. Dieser heterogene Verbund dreier Monarchien folgte zwar lange Zeit nicht dem von Großbritannien, Frankreich und Preußen vorgegebenen Muster der Herausbildung territorial definierter Verwaltungsstaaten. Gleichwohl durchlief das Reich nach dem Ende des Österreichischen Erbfolgekrieges einen raschen Modernisierungsprozess, der mit einer Beschneidung der Rechte der Stände und einer stärkeren Zentralisierung der Steuererhebung einherging. Diese Maßnahmen waren „weit mehr als eine bloße ,Verwaltungsreform': mit ihnen trat Österreich als ein veritabler Nachzügler in den Kreis der ,modernen' Staaten ein."[89]

Im Kontext dieser ,verspäteten' Herausbildung des *fiscal-military state* und des zwischen 1747 und 1756 vorangetriebenen Umbaus der Steuerverwaltung fasste die Wiener Hofburg auch eine Reform von Maßen und Gewichten ins Auge.

Anders als in Preußen gab hierzu allerdings nicht die Erhebung der Akzise den Anstoß, sondern das System der Grundsteuer, das Maria Theresia reformierte und auf Adlige ausdehnte.[90] Zwar beruhte der in diesem Zuge erhobene, sogenannte ,Theresianische Kataster' nur in einigen Ausnahmefällen auf Vermessun-

---

[83] Vgl. ders., Baden, S. 28.
[84] WILD, Maß und Gewicht, Bd. 1, S. 78 f.
[85] Ebd., S. 79.
[86] HIPPEL, Baden, S. 28.
[87] Ebd., S. 29.
[88] Zu diesen Versuchen vgl. WITTHÖFT et al., Deutsche Maße und Gewichte, S. 601 f. u. S. 640.
[89] DUCHHARDT, Europa, S. 264. Zum Hintergrund vgl. HOCHEDLINGER, Wars of Emergence, v. a. S. 267 ff. sowie ders., Habsburg Monarchy, S. 85 ff.
[90] DROBESCH, Bodenerfassung, S. 166.

gen, in der Hauptsache dagegen auf Schätzungen der Größe und des Ertrages des Landbesitzes. Dennoch mussten für die Neufestsetzung der Besteuerung regionale Mengen- und Flächenangaben zentral verrechnet werden.[91] Die bei ihrer Erhebung verwendeten Einheiten waren aber nicht eindeutig definiert. Selbst die Wiener bzw. die niederösterreichischen Maße waren „in zahllose Stadt- und Herrschaftsbereiche mit durchaus verschiedenen Maßeinheiten zersplittert".[92] Auch der Rekurs auf die zugehörigen Maßnormale konnte das Problem nicht lösen, weil diese z. T. abgenutzt, beschädigt oder auch gar nicht mehr vorhanden waren. Dieser Umstand stellte die zentrale Motivation für das ‚Theresianische Maßpatent' dar, das im Juli 1756 in Kraft trat.[93] Mit ihm sollten die Wiener Maße gesichert und als zentrale Einheiten für Niederösterreich etabliert werden.

Die Art und Weise, *wie* dieses Patent die Fixierung der Maße regelte, zeigte allerdings, dass bei seiner Entstehung neben administrativen Gesichtspunkten auch noch andere Einflüsse am Werk waren. Denn zum einen begnügte sich die Verwaltung nicht mit der Anfertigung von Maßnormalen für die im Zusammenhang mit der Steuerrektifikation besonders bedeutsamen Längen- und Volumeneinheiten. Vielmehr beauftragte sie den Jesuitenpater Joseph Franz, einen anerkannten Mathematiker und Astronomen, damit, neue Prototypen für das *gesamte* Maßsystem – d. h. für Längen-, Hohl-, Flüssigkeits- und Gewichtsmaße – herzustellen sowie die Verhältnisse der jeweiligen Grundeinheiten zueinander zu ermitteln.[94] Diese systematische Herangehensweise setzte eine weitgehende mentale Entkopplung des Zusammenhangs von Maß und Verwendungszweck voraus. Sie spiegelte damit bereits den Verlauf der zur gleichen Zeit in Frankreich und in England geführten wissenschaftlichen Diskussion wider, die an anderer Stelle noch zu betrachten sein wird.[95]

An dieser Stelle ist zunächst noch eine zweite Besonderheit der habsburgischen Maßreform zu erwähnen: die Tatsache, dass ihr Anspruch deutlich über die bloße Etablierung einer Recheneinheit hinausging. Denn sie sah vor, dass alle in Niederösterreich gebräuchlichen lokalen Maße abgeschafft und durch die Wiener Einheiten ersetzt werden sollten. Die Abgaben an die Grundherren blieben davon zwar ausdrücklich ausgenommen. Immerhin sollten fortan aber sämtliche gewerblich genutzten Maße und Gewichte einer zentral überwachten Eichpflicht unterliegen. Für zwölf größere Städte dekretierte das Patent deshalb die Einrichtung sogenannter ‚Zimentierungsämter', die von Wien aus mit Kopien der Normalmaße auszustatten waren.[96] Zudem formulierte es noch ein weiteres ehrgeiziges Ziel: Der Geltungsbereich der Wiener Maße sollte in absehbarer Zukunft auf

---

[91] KAIN und BAIGENT, Cadastral Map, S. 191f.

[92] ULBRICH, Klafter- und Ellenmaß, S. 7.

[93] Vgl. den Abdruck des Maßpatents in: ebd., S. 20.

[94] Vgl. ebd., S. 7ff. sowie WEISS, Vereinheitlichung, S. 10.

[95] Vgl. Kap. 3 dieser Arbeit. Allerdings war die Entkopplung von Maß und Verwendungszweck bei Franz noch nicht vollständig zu Ende geführt, weil das von ihm erdachte System für einige Dimensionen zwei Grundeinheiten vorsah und zudem viele zweckgebundene Maße erhalten blieben, vgl. WEISS, Vereinheitlichung, S. 10.

[96] ULBRICH, Klafter- und Ellenmaß, S. 21f.

die gesamten habsburgischen Erblande ausgedehnt werden. Und tatsächlich verordnete Maria Theresia die Einführung der zentral festgelegten Einheiten sowie der „Zimentierungsämter" 1757 auch für Oberösterreich, 1760 für Kärnten, 1763 für die Steiermark und 1768 für Tirol und Vorarlberg.[97]

Dieses weitreichende Programm entsprang zweifellos der vom aufgeklärten Absolutismus inspirierten Vision der Kaiserin. Denn Maria Theresia brachte der Maß- und Gewichtsfrage großes persönliches Interesse entgegen, und anders ist auch kaum zu erklären, warum der Anspruch der habsburgischen Maßreform so viel umfassender ausfiel, als das in den übrigen deutschsprachigen Territorien der Fall war.[98] Allerdings verfehlte dieses ambitionierte Projekt seine erklärten Ziele deutlich. Zwar erstellten Joseph Franz und einige seiner Ordensbrüder im Zuge der Ausweitung des Geltungsbereichs der Wiener Maße für die jeweiligen Regionen ausführliche Umrechnungstabellen, die das Verhältnis der lokalen Einheiten zum offiziellen Maßsystem recht zuverlässig fixierten.[99] Und für den 1785 in Angriff genommenen Josephinischen Kataster, der anders als sein theresianischer Vorgänger auf detaillierten Landvermessungen beruhte, dienten das Klafter und das daraus abgeleitete Joch durchgängig als Grundlage. Die Wiener Maße erlangten dadurch große Bekanntheit, und zwar auch in Böhmen und Ungarn, wo sie offiziell nicht galten.[100]

Aber die Ausdehnung der Maßvereinheitlichung über staatliche Zwecke hinaus blieb weitgehend erfolglos. In Tirol war sie von vornherein auf den starken Widerspruch der Landstände gestoßen und musste 1781 wieder kassiert werden. In Vorderösterreich war sie aus ähnlichen Gründen gar nicht erst eingeführt worden.[101] Und auch in den übrigen Territorien ließ sich das Programm der Kaiserin nicht verwirklichen, zumal die von ihr eingerichtete Verwaltungsstruktur viel zu dünn war, um eine effektive Kontrolle gewährleisten zu können. Joseph II. zog daraus die Konsequenzen. Er schaffte die ‚Zimentierungsämter' 1787 kurzerhand wieder ab und verkündete, dass „das derzeit in jedem Lande übliche Maaß und Gewicht [...] auch in Zukunft für jeden Kauf und Verkauf, obrigkeitliche Abgaben und zollämtliche Gebühren"[102] zu verwenden sei.

Von der theresianischen Maßreform blieb deshalb letztlich nur das übrig, was auch die sehr viel zurückhaltendere preußische Politik hervorgebracht hatte: ein wohldefiniertes Referenzsystem und ein Satz Umrechnungstabellen. Mehr war nicht nötig, um das staatliche Interesse an der Sicherheit der Steuereinnahmen zu wahren. Alles, was darüber hinausging, war allein auf persönliche Intervention von Maria Theresia zurückzuführen gewesen. Nach ihrem Tod gab es keinen

---

[97] GOBLIRSCH, Normaleichungskommission, S. 6.
[98] ULBRICH, Klafter- und Ellenmaß, S. 6.
[99] Vgl. ebd., S. 23 f.
[100] Vgl. ebd., S. 24. Zum Josephinischen Kataster vgl. DROBESCH, Bodenerfassung, S. 167 ff. sowie KAIN und BAIGENT, Cadastral Map, S. 192 ff.
[101] ULBRICH, Klafter- und Ellenmaß, S. 24 sowie HIPPEL, Baden, S. 27.
[102] Kaiserliches Zirkular, 6. 9. 1787, zit. nach ebd. Diese Bestimmung galt auch für die Erblande, vgl. GOBLIRSCH, Normaleichungskommission, S. 6.

Grund mehr, das überaus aufwendige, in seinen Effekten weitgehend unklare und von kaum jemandem aktive geforderte Vorhaben einer flächendeckenden Vereinheitlichung von Maßen und Gewichten weiter zu verfolgen.

2.2 Großbritannien

2.2.1 Der *fiscal-military state* und die Sicherung der Maße 1660–1750

Maße und Steuern
Stärker noch als Preußen stellt England den paradigmatischen Fall der Herausbildung des *fiscal-military state* dar. Die Verdichtung staatlicher Strukturen setzte hier ebenfalls in der Mitte des 17. Jahrhunderts ein, konnte zusätzlich aber auf einer ohnehin starken Stellung der Krone aufbauen. Dieser „politische Wettbewerbsvorteil früher Zentralisierung"[103] machte das Land im Laufe des 18. Jahrhunderts zur Großmacht und zum europäischen Modellstaat.

Die Reform der staatlichen Finanzen war für diesen Prozess von kaum zu überschätzender Bedeutung. Einen ersten Einschnitt stellte die 1643 vom Parlament genehmigte Einführung der Akzise dar.[104] Nach der Restauration der Stuart-Monarchie baute England zudem seit den 1670er Jahren eine zentrale Finanzverwaltung auf. Unter deren Ägide bildete sich bis in die 1720er Jahre ein neuartiges System der Staatsfinanzierung heraus, das auf einer sich gegenseitig verstärkenden Spirale aus Verschuldung und Besteuerung beruhte.[105]

Die Einnahmen kamen dabei vor allem aus indirekten Steuern. Deren hervorgehobene Bedeutung löste auch eine regelrechte Welle von Versuchen zur Reform von Maßen und Gewichten aus. Diese waren vielfältiger als in Preußen oder den anderen deutschen Territorien, verfolgten prinzipiell aber eine ähnliche Strategie. Statt eine umfassende Vereinheitlichung anzustreben, zielten sie darauf ab, die für einzelne Güter benutzten Maße zu fixieren und damit kontextspezifische Referenzeinheiten zu schaffen.[106] So setzte das Parlament beispielsweise 1660, also im Jahr der Restauration, die Größe eines *barrel* Bier auf 36, die eines *barrel* Ale auf 32 Gallonen fest. Dies geschah vor dem Hintergrund, dass gleichzeitig der König die 1643 eingeführte Biersteuer überschrieben bekam. Da sie fortan zentral erhoben werden sollte, war es nötig, die Größe der hierfür heranzuziehenden Einheit zu definieren.[107]

---

[103] REINHARD, Staatsgewalt, S. 322. Generell zur Entstehung des *fiscal-military state* in England vgl. BREWER, Sinews, sowie O'BRIEN, Political Economy. Neuere Arbeiten betonen in Übereinstimmung mit O'Brien die Wurzeln dieser Entwicklung in der *Mitte* des 17. Jahrhunderts, vgl. STORRS, Introduction, S. 5.
[104] ASHWORTH, Customs, S. 95 ff.
[105] BREWER, Sinews, S. 88 ff.
[106] HOPPIT, Reforming, S. 92.
[107] CONNOR, England, S. 226.

Eine ähnliche Logik lag auch der 1701 erfolgten Fixierung des Malzmaßes zugrunde, die in unmittelbarem Zusammenhang mit der kurz zuvor beschlossenen Einführung der Malzsteuer stand.[108] Besonders deutlich trat sie zudem im Fall der 1707 neu definierten Weingallone hervor. Anhand dieses Beispiels ist auch gut zu erkennen, dass es nicht in erster Linie die Vielfalt der vormodernen Maße war, die im Rahmen eines zentralisierten Steuer- und Abgabensystems Probleme aufwarf, sondern ihre Ungesichertheit. Denn für die Besteuerung von Wein gab es im 17. Jahrhundert eigentlich bereits ein festgeschriebenes Maß. Sie geschah traditionell auf der Grundlage einer Gallone von 231 Kubik-*inches*.[109] Bei einer 1688 vorgenommenen Untersuchung stellte sich allerdings heraus, dass diese Gallone gar nicht existierte. Zwar verwahrte die Londoner *Guildhall* einen Standard, auf den die genannte Größe zurückging, aber dieser fasste nur 224 Kubik-*inches*. Zudem konnte er keine Rechtskraft beanspruchen, denn alle einschlägigen Gesetze verwiesen eindeutig auf die beim *Exchequer* und nicht die bei der *Guildhall* vorgehaltenen Normale. Dort gab es aber, wie sich nun herausstellte, überhaupt kein Maßgefäß, das auch nur annähernd 231 Kubik-*inches* groß war. Vielmehr fassten die *Exchequer*-Standards übereinstimmend 272 Kubik-*inches*.[110]

Diese unsichere Fundierung des traditionellen Maßes sorgte in den folgenden Jahren immer wieder für Schwierigkeiten. So kam es beispielsweise im Jahr 1700 zu einer Gerichtsverhandlung, weil ein Weinhändler namens Thomas Barker im Januar 1699 sechzig *butts* Wein aus Spanien eingeführt hatte. Seinen Angaben zufolge entsprach dies 7560 Gallonen, und auf diese Menge hatte er auch Steuern bezahlt. Allerdings lag dieser Berechnung die auf 282 Kubik-*inches* festgesetzte Biergallone zugrunde. Wäre Barker stattdessen nach dem Weinmaß zu 231 Kubik-*inches* veranlagt worden, hätte er 9229 Gallonen versteuern müssen. Der *Attorney General* verklagte ihn deshalb auf entsprechende Nachzahlungen. Doch der Weinhändler berief sich auf die Bestimmung, dass alleine die beim *Exchequer* aufbewahrten Standards rechtsgültig seien. Obwohl die dortigen Standardmaße für Wein 272 und nicht wie die von Barker herangezogene Biergallone 282 Kubik-*inches* fassten, ließ der *Attorney General* seine Klage daraufhin fallen. Denn eine gerichtliche Festsetzung des Maßes auf 272 Kubik-*inches* hätte einen Präzedenzfall kreiert, der die Einnahmen aus der Weinsteuer gegenüber der bis dahin geübten Praxis auf einen Schlag um mehr als ein Sechstel reduziert hätte.[111]

Diese Situation blieb allerdings nicht lange ungeklärt, denn „the excise duty was too important to be tampered with."[112] Eine eilends gebildete parlamentarische Kommission erarbeitete in den ersten Jahren des 18. Jahrhunderts ein Gesetz, das die Weingallone neu definierte, und zwar nicht durch den Verweis auf ein physisches Maßnormal, sondern abstrakt als „any vessel containing 231 cubic

---

[108] HOPPIT, Reforming, S. 93 und ASHWORTH, Customs, S. 290.
[109] ZUPKO, Revolution, S. 47.
[110] ASHWORTH, Customs, S. 291 f.
[111] Vgl. A Report from the Committee 1758, S. 47 f. sowie ASHWORTH, Customs, S. 292.
[112] CONNOR, England, S. 163.

inch".[113] Nach diesen Vorgaben ließ der *Exchequer* 1707 einen bronzenen Standard herstellen, das fortan als Referenz diente.[114]

Die Art und Weise, wie diese Bestimmung zustande kam, zeigt die Bedeutung fiskalischer Motive für die Sicherung der Maße, verweist gleichzeitig aber auch auf die engen Grenzen, die sich daraus ergaben. Denn nach wie vor war die Weingallone kleiner als die Biergallone. Die Festlegung eines *einheitlichen* Flüssigkeitsmaßes stand nicht zur Debatte, denn sie hätte entweder eine Anpassung nach unten und damit eine Verringerung der Steuereinnahmen oder eine Anpassung nach oben und damit eine massive, politisch kaum durchzusetzende Steuererhöhung bedeutet. Aus ähnlichen Gründen unternahm das Parlament auch mit Bezug auf andere Güter, die der Akzise unterlagen, keine Versuche zur Abänderung der Maße, sondern beschränkte sich darauf, ihre Größe im Verhältnis zu bekannten Einheiten zu fixieren. So setzte es im Laufe des 17. und 18. Jahrhunderts ein *barrel* Anchovies auf 16 Pfund, ein *barrel* Äpfel auf drei *bushel* und ein *barrel* Rindfleisch auf 32 Weingallonen fest.[115] Nur in einem einzigen Fall kam es zu einer Reduzierung der Zahl der Maßeinheiten, als das Parlament 1688 aus der Größe eines *barrel* Bier, die zuvor 36 Gallonen betragen hatte, und der Größe eines *barrel* Ale, die 32 Gallonen umfasst hatte, ein einheitliches Bier-*barrel* von 34 Gallonen bildete.[116]

Diese Festsetzungen hatten, soweit sie die Steuererhebung betrafen, große Wirkung. Das hing damit zusammen, dass die Finanzverwaltung, die England seit der Mitte des 17. Jahrhunderts aufbaute, überaus schlagkräftig war. Sie schuf nicht nur ein engmaschiges personelles Netzwerk von *excise officers*, sondern sorgte seit den 1690er Jahren auch dafür, dass diese eine gründliche Ausbildung „in the art of measurement and excise procedures"[117] erhielten. Zwar stießen die Beamten – wie die Akzise insgesamt – häufig auf lokale Widerstände, und einige Probleme wie die Ausmessung von Bierfässern waren technisch so komplex, dass sie auch weiterhin Spielräume für Verhandlungen offenließen. Doch insgesamt besteht kein Zweifel daran, dass die Steuerverwaltung effizient genug war, den Gebrauch der für ihre Zwecke festgelegten Maße weitgehend durchzusetzen und ihn notfalls auch zu erzwingen – wozu sie u. a. das Recht erhielt, drastische Geldstrafen zu verhängen.[118]

Anders stellte sich die Situation allerdings in den Fällen dar, in denen die Fixierung von Einheiten nicht der Steuererhebung diente, sondern allgemein- oder wirtschaftspolitischen Zielsetzungen geschuldet war. Das galt insbesondere für die neben der Bestimmung der Weingallone wohl wichtigste Maßfestsetzung des späten 17. und frühen 18. Jahrhunderts, die Regulierung des *Winchester Bushel*.

[113] 5 Anne Cap. 27, § XVII. Zur Zitierweise englischer bzw. britischer *Acts of Parliament* vgl. die diesbezüglichen Hinweise im Quellen- und Literaturverzeichnis.
[114] Zupko, Revolution, S. 48.
[115] Velkar, Markets, S. 41.
[116] Connor, England, S. 225.
[117] Ashworth, Customs, S. 122. Vgl. auch Brewer, Sinews, S. 101 ff. u. S. 221 ff.
[118] Zu den Bierfässern Ashworth, Customs, S. 294–298. Zur Durchsetzungsfähigkeit der Akziseverwaltung ebd., S. 117 ff. Zu den Geldstrafen Zupko, Revolution, S. 61.

Der *Winchester Bushel* hatte eine lange Geschichte. Schon im späten 10. Jahrhundert war er von Edgar dem Friedfertigen zum zentralen Getreidemaß des Königreichs erhoben worden.[119] In den folgenden Jahrhunderten wurde diese Festlegung immer wieder wiederholt, ohne nennenswerten Einfluss auf die alltägliche Praxis zu entfalten. Im Zuge der Neuordnungsversuche des Maßwesens nach der Restauration unternahm das Parlament dann einen erneuten Versuch, der Einheit breitere Geltung zu verschaffen. 1670 verabschiedete es ein Gesetz, in dem der *Winchester Bushel* klar definiert und als einziger legaler Standard für den Kauf und Verkauf von Getreide festgelegt wurde.[120]

Diese Maßnahme stand indirekt ebenfalls im Zusammenhang mit der Erhebung der Akzise, denn der *Winchester Bushel* diente nicht nur als Getreidemaß, sondern auch als Fixpunkt für die Umrechnung von Maßen für andere Güter.[121] Die Hauptstoßrichtung des Gesetzes war jedoch eine andere. Gerade in den 1660er Jahren legte die Krone nämlich großen Wert darauf, „that food provisions would always be available to the English labouring masses".[122] Das schlug sich in den 1663, 1670 und 1689 verabschiedeten *corn laws* nieder, die eine stetige Versorgung mit Getreide als wichtigstem Grundnahrungsmittel sicherstellen sollten. Dabei erschien die Maßvielfalt allerdings als Hindernis. Denn, so stellten die Initiatoren der Fixierung des *Winchester Bushel* fest, „there is a great variety of Bushells and other Measures of different Contents and Gauges used […] for the measureing buying and selling of all sorts of Graine, Salt and other Commodityes […] to the great defrauding and oppressing of the people."[123]

Neben der Frage des Getreidemaßes gab es an der Wende vom 17. zum 18. Jahrhundert auch noch weitere Ansätze zu einer Maßreform, die sich auf dieses Motiv des Konsumentenschutzes stützten. So verfolgten beispielsweise die zwischen 1664 und 1730 mehrfach unternommenen Versuche zur Fixierung der Einheiten für den Kohlehandel neben fiskalischen Absichten auch das Ziel, den Missbrauch von Maßen zu verhindern.[124] Daneben ließe sich auch noch auf das Projekt einer *bill* „for the better preventing abuses in weights and measures" von 1697–1698 verweisen, das allerdings in einem recht frühen Stadium scheiterte.[125] Und schließlich wollte das Parlament im Jahr 1700 ebenfalls mit Blick auf die Konsumenten festlegen, dass der Verkauf von Ale und Bier nur in vom „Surveyor, or Chief Officer of a Market-Town"[126] mit einem Eichzeichen versehenen Gefäß stattfinden dürfe.

---

[119] Ders., British Weights and Measures, S. 11 ff.
[120] Vgl. A Report from the Committee 1758, S. 34 sowie SHELDON et al., Popular Protest, S. 29.
[121] HOPPIT, Reforming, S. 93.
[122] ASHWORTH, Customs, S. 36.
[123] 22 Charles II, Cap. 8, § I. Die zitierte Textstelle ist auch wiedergegeben bei HOPPIT, Reforming, S. 93.
[124] Vgl. POLLARD, Capitalism, S. 112 sowie HATCHER, Coal Industry, S. 541. Zu den fiskalischen Motiven sowie zum Überblick über die zwischen 1664 und 1730 getroffenen Regelungen vgl. CONNOR, England, S. 180 ff.
[125] HOPPIT, Reforming, S. 93 f.
[126] Printed Hand Bills Relating to the Provisions of the Act of 1698–1699 to Regulate Ale Measures, NYCRO QAW 1698–1878, Heading 1, fol. 1119.

Es ist in den Quellen kaum erkennbar, woher diese zunehmende Beschäftigung mit der Frage des Betruges rührte. Vermuten lässt sich, dass sie zum Teil mit der Ausweitung des Handels zu tun hatte. So spielte im Falle der Kohle eine Rolle, dass seit der Mitte des 17. Jahrhunderts die überregionale Zufuhr nach London sprunghaft anstieg. Dadurch gelangten die auf den nordöstlichen Kohlefeldern gebräuchlichen Einheiten vermehrt in die Hauptstadt, was möglicherweise zu Missverständnissen führte.[127] Daneben speiste sich die Furcht vor Manipulationen aber auch aus den seit der Mitte des 17. Jahrhunderts anschwellenden Debatten über periodisch wiederkehrende Ernährungskrisen. Vor deren Hintergrund erschienen sowohl die immer wieder vorkommenden Fälle kleinerer Betrügereien als auch die für Außenseiter nur schwer zu durchschauenden, systemisch bedingten Besonderheiten des Maßgebrauchs im Getreidehandel nunmehr in einem sehr viel kritischeren Licht als zuvor.[128]

Der Versuch, diesen Problemen durch die Festlegung einzelner Referenzmaße zu begegnen, blieb allerdings erfolglos. Das zeigt das Beispiel des *Winchester Bushel*. Sheldon et al. haben dessen Verbreitung im Laufe des 18. Jahrhunderts untersucht und dabei festgestellt, dass das Maß zwar im Südosten Englands, wo es seit langem eingebürgert war, große Verbreitung fand, in den übrigen Regionen des Landes aber nie richtig Fuß fasste. Besonders in Gloucestershire im Westen Englands betraf dies zahlreiche *counties*, die in keiner Weise als isoliert oder rückständig gelten konnten: „Indeed, all were major centres of grain production and crucial to the supply of grain to the capital."[129]

Die Ursachen dafür, dass der *Winchester Bushel* auf so große Zurückhaltung stieß, waren zweierlei. Erstens fehlten der Exekutive die Mittel, um die Verwendung des Maßes auf der lokalen Ebene zu kontrollieren. Zwar hatte sie 1670 Vorkehrungen dafür getroffen, dass an alle Städte und *boroughs* aus Messing gefertigte Kopien der Standards gesandt wurden.[130] Aber der weitere Umgang mit diesen – insbesondere ihre Nutzung zur Eichung – blieb fest in der Hand der *local authorities* bzw. der Zünfte. Daran etwas zu ändern, ist vor der Mitte des 18. Jahrhunderts nicht einmal in Ansätzen diskutiert worden. Denn dies wäre einer Revolution in der prinzipiellen Aufgabenverteilung zwischen der Regierung und dem traditionell sehr starken lokalen *self-government* gleichgekommen. Selbst zu Beginn des 20. (!) Jahrhunderts war eine ‚Nationalisierung' des Eichwesens in Großbritannien aus diesem Grunde noch hochgradig umstritten.[131]

---

127 HATCHER, Coal Industry, S. 501f. u. S. 557ff.
128 LEADLEY, Villains, S. 22f. Auch für die Fixierung der Kohlemaße waren Krisenerfahrungen von großer Bedeutung. Bspw. ging der erste diesbezügliche Versuch von 1664 unmittelbar auf die Preissteigerungen im Vorfeld des zweiten englisch-niederländischen Krieges zurück, vgl. HATCHER, Coal Industry, S. 541.
129 SHELDON et al., Popular Protest, S. 29.
130 Vgl. ebd.
131 Vgl. die ausführliche Debatte über diese Frage in Hansard's HC Deb 15 April 1904, vol 133, cols 302–326. Zur Zitierweise von *Hansard's Parliamentary Debates* vgl. die diesbezüglichen Hinweise im Quellen- und Literaturverzeichnis.

Vor diesem Hintergrund war es in erster Linie eine Frage der jeweiligen lokalen Interessenlage, ob der *Winchester Bushel* eingeführt wurde oder nicht. Dabei gab es – das war der zweite Grund für die geringe Verbreitung des Maßes – gerade im Westen Englands nur wenige Gruppierungen, die seine Nutzung befürworteten. „An elite cadre of farmers and dealers"[132] setzte sich zwar für seine Verwendung ein, denn sie sahen darin eine Möglichkeit, ihre Erträge besser zu kontrollieren sowie kleinere Händler, deren Überlebensfähigkeit von den Spielräumen der Maßdifferenzen abhing, aus dem Markt zu drängen. Aber diese setzten sich gerade deshalb heftig gegen das neue Maß zur Wehr und erhielten dabei von verschiedenen Seiten Unterstützung: von Müllern, die sich weigerten, nach dem *Winchester Bushel* zu kaufen, weil sie das Monopol der Großhändler fürchteten; von ländlichen Unterschichten, die in einer Abänderung der Maße eine Gefahr für ihre Ernährung sahen und mehrfach gegen solche Maßnahmen protestierten; und schließlich auch von lokalen Magistraten, die den Großhändlern ebenfalls skeptisch gegenüberstanden, eine Eskalation der Proteste verhindern wollten und zudem, wie erwähnt, über die nötigen Handlungsspielräume verfügten, um die Vorgaben aus London zu unterlaufen.[133]

Das gesamte 18. Jahrhundert hindurch waren diese folglich kaum das Papier wert, auf dem sie geschrieben standen. In ganz ähnlicher Form galt das auch für die Kohlemaße, denn hinter deren scheinbarem Wirrwarr verbarg sich ein komplexes und gut eingespieltes Distributionssystem, das zu ändern im späten 17. und frühen 18. Jahrhundert außerhalb des Parlamentes kaum jemand befürwortete. An der Vielfalt der Einheiten im Kohlehandel änderte sich deshalb bis in das frühe 19. Jahrhundert hinein nichts.[134]

Insgesamt ist also festzuhalten, dass für die Versuche zur Neuordnung von Maßen und Gewichten unter den späten Stuarts und den frühen Hannoveranern in erster Linie fiskalische Motive verantwortlich waren. Sie standen in unmittelbarem Zusammenhang zum Aufbau des *fiscal-military state* und waren weitgehend erfolgreich. Mit Bezug auf eine zweite Zielsetzung, die sich als paternalistische Fürsorge gegenüber Konsumenten und ärmeren Bevölkerungsschichten beschreiben ließe, blieben die Reformen allerdings wirkungslos. Denn sie hatten nur wenige Unterstützer und die Exekutive verfügte nicht über die Mittel, ihnen breite Geltung zu verschaffen. Diese auszubauen, hätte einen weitreichenden Eingriff in die Aufgabenverteilung zwischen zentraler Verwaltung und *local authorities* bedeutet. Dafür war die Maßfrage aber nicht wichtig genug, zumal das Interesse der Regierung daran, über eine Fixierung von Referenzeinheiten hinaus auch eine Reduzierung der Vielfalt zu erreichen, sehr gering war. Wie das Beispiel der Weingallone zeigt, kollidierten solche Ideen teilweise sogar mit ihren fiskalischen Zielsetzungen, weil gleiche Maße für Bier und Wein in diesem Falle das Steueraufkommen vermindert hätten. Eine umfassende Vereinheitlichung von Maßen und

---

[132] SHELDON et al., Popular Protest, S. 32.
[133] Ebd., S. 34.
[134] Zum empirischen Überblick über die Kohlemaße vgl. HATCHER, Coal Industry, S. 557–571. Zu ihrer Rolle im Rahmen des Distributionssystems vgl. VELKAR, Markets, S. 107 ff.

Gewichten war daher auch aus der Perspektive der Verwaltung nicht erstrebenswert.

Der Act of Union

Eine Ausnahme von dieser Regel stellte alleine der *Act of Union*, die 1707 beschlossene staatsrechtliche Vereinigung Englands und Schottlands, dar. Schottland konnte zu diesem Zeitpunkt auf eine lange, bis in das 12. Jahrhundert reichende metrologische Tradition zurückblicken, die zwar teilweise englischen Ursprungs war, insgesamt aber große Eigenständigkeit aufwies. Die wichtigsten schottischen Standardmaße – das *Tron(e) Pound*, der *Pint*, das *Edinburgh Firlot* und die *Scottish Ell* – hatten mit den im Süden der britischen Inseln gebräuchlichen Einheiten meist nur den Namen und z. T. nicht einmal diesen gemein.[135]

Im Zuge der Vereinigung sollten sie nunmehr aber mit einem Schlag abgeschafft werden. Denn der Artikel 17 des Unionsvertrags bestimmte, dass in Schottland fortan nur noch die englischen Maße zu gelten hatten und die schottischen *burghs* mit entsprechenden Standards auszurüsten waren.[136] Im Sinne der Zielsetzungen der Union war dies konsequent, denn neben der Frage der Thronfolge hatten für ihren Abschluss auch handelspolitische Motive eine zentrale Rolle gespielt. Vor allem Zölle und Steuern waren dabei Gegenstand umfangreicher Beratungen gewesen.[137] Das Ziel der Schaffung eines einheitlichen Binnenmarktes, das in den vorangehenden Initiativen zur Reform von Maßen und Gewichten nie auch nur erwähnt worden war, führte nunmehr also dazu, dass alle schottischen Einheiten mit einem Federstrich beseitigt werden sollten.[138]

Es kann allerdings keine Rede davon sein, dass diese Bestimmungen „a monumental stride toward eventual simplicity and uniformity"[139] bedeuteten. Vielmehr zeigte sich im weiteren Verlauf der Ereignisse, dass sie eher den Charakter eines Nebenproduktes der Zoll- und Steuerunion als den einer ernsthaften politischen Initiative hatten. Zwar erhielt Edinburgh im Oktober 1707 neue physische Standards und verteilte sie an die *burghs*, doch schon dies gestaltete sich schwierig, weil die damit verbundenen Kosten große Widerstände hervorriefen. Alle weiteren Schritte zur Etablierung der neuen Einheiten kamen gar nicht erst zustande. Die *Convention of the Royal Burghs* wirkte ihrer Verbreitung sogar aktiv entgegen, indem sie ihren Mitgliedern in den folgenden Jahren immer wieder den Kauf von schottischen Maßnormalen empfahl.[140] Das dürfte weniger ein Akt des Widerstandes als vielmehr eine Reaktion auf die Situation an den Marktplätzen des Landes gewesen sein. Dort ließen sich zwar einige Ansätze zu einer schleichenden ‚Anglisierung' des Maßsystems beobachten, aber das geschah erst im

---

[135] Vgl. CHANEY, Weights, S. 26 ff. sowie ausführlich CONNOR et al., Scotland, passim.
[136] The Articles of the Treaty of Union of 1707 […], abgedruckt in: WHATLEY, Bought and Sold, S. 101–117, hier S. 110 f. Vgl. auch CONNOR et al., Scotland, S. 351.
[137] WHATLEY, Bought and Sold, S. 56–84, hier v. a. S. 73 ff.
[138] ZUPKO, Revolution, S. 61.
[139] Ebd.
[140] Vgl. CONNOR et al., Scotland, S. 357 ff.

letzten Viertel des 18. Jahrhunderts und blieb zudem auf die grenznahen Gebiete sowie die Gegend um Edinburgh begrenzt. Selbst in diesen Regionen wurden englische Einheiten wie z. B. das Avoirdupois-Gewicht aber nur für aus England importierte Güter oder als sekundäres Maßsystem genutzt, so dass der Primat der schottischen Einheiten insgesamt unumstritten blieb.[141]

Diese Umstände sollten zu Beginn des 19. Jahrhunderts noch große Bedeutung für die Debatte über eine Reform der britischen Maße und Gewichte gewinnen.[142] Im 18. Jahrhundert war dies jedoch nicht der Fall. Im Gegenteil: Es ist nicht bekannt, dass die Regierung in London jemals versucht hat, an diesen Zuständen etwas zu verändern. Sie gab sich damit zufrieden, dass mit den englischen Maßen ein zuverlässiges, auch auf Schottland anwendbares System für die Steuererhebung zur Verfügung stand.[143] Alle anderen Erwägungen spielten aus ihrer Perspektive nur eine untergeordnete Rolle. Insofern muss auch die Bedeutung des *Act of Union* als Ausnahme von der Regel, derzufolge die britische Administration nicht nach einheitlichen Maßen und Gewichten strebte, relativiert werden. Solange die Maßvielfalt die Eintreibung von Steuern und Abgaben nicht behinderte, war es aus der Perspektive des Staates gleichgültig, welche Einheiten Engländer oder Schotten für ihre alltäglichen Geschäfte verwendeten.

2.2.2 Agrarische Reformen, Großgrundbesitzer und Aufklärung 1750–1790

Das Carysfort Committee

In der zweiten Hälfte des 18. Jahrhunderts weitete sich die britische Debatte über eine Reform von Maßen und Gewichten deutlich aus. Dafür gab es mehrere Gründe. Die wissenschaftliche Diskussion über die Erdvermessung, auf die in Kapitel 3 zurückzukommen sein wird, war einer davon. Sie beschränkte sich allerdings lange Zeit auf einen kleinen Kreis von Naturphilosophen und wirkte sich nur punktuell auf die politischen Debatten aus. Eine größere Rolle spielten allgemeine Ideen der Aufklärung, insbesondere naturrechtliche Vorstellungen. Sie traten in Großbritannien zwar weniger klar hervor als in Frankreich, waren dafür aber stärker als dort mit den spezifischen Interessen von Händlern, Großgrundbesitzern und lokalen Eliten verknüpft. Diese gingen ihrerseits aus weitreichenden ökonomischen Veränderungen hervor, die sich unter dem Rubrum der ‚Ausweitung des Agrarkapitalismus' zusammenfassen lassen. Dazu gehörten die Entstehung großer, nach buchhalterischen Kriterien geführter *estates*; die Einhegung verstreut gelegener landwirtschaftlicher Flächen in den *enclosures*; das schon mehrfach erwähnte *agricultural improvement* sowie das Vordringen liberalen ökonomischen Gedankengutes.[144]

---

[141] Vgl. ebd., S. 360.
[142] Vgl. Kap. 4.3.1 dieser Arbeit.
[143] Allerdings warf der parallele Fortbestand der schottischen Einheiten in dieser Hinsicht einige Schwierigkeiten auf, vgl. ASHWORTH, Customs, S. 284 f.
[144] Vgl. zusammenfassend DAUNTON, Progress, S. 25–121; OVERTON, Revolution, S. 133–192 sowie LANGFORD, Polite and Commercial People, S. 432–442.

Die meisten dieser Entwicklungen waren Mitte des 18. Jahrhunderts nicht mehr ganz neu. So hatten einzelne *estates* bereits an der Wende vom 16. zum 17. Jahrhundert damit begonnen, ihre Verwaltung zu rationalisieren und zu professionalisieren. In diesem Zuge erstellten sie statt der bis dahin üblichen schriftlichen Beschreibungen erstmals genaue Karten ihrer Güter, in denen alle Arten von Feldern, Böden und Häusern verzeichnet waren.[145] Zentrale Bedeutung erlangte dabei die 1620 von dem englischen Kleriker und Mathematiker Edmund Gunter eingeführte *Gunter's chain*, ein Längenmaß, das in geschickter Weise Elemente der traditionellen Einheiten mit dem für ausgebildete Landvermesser leicht rechenbaren Dezimalsystem verband.[146]

Im 17. Jahrhundert blieben Vermessungen auf der Grundlage dieses Systems freilich noch die Ausnahme. Die in diesem Zeitraum vorgenommenen *enclosures* kamen in der Regel ohne Kartierungen aus, und selbst dort, wo solche vorgenommen wurden, war lange Zeit noch eine Differenzierung der Maße nach der Art der vermessenen Flächen üblich. Im 18. Jahrhundert änderte sich dies jedoch. Besonders der Aufschwung des *agricultural improvement* seit etwa 1740 sowie die beiden großen Wellen der *parliamentary enclosures* in den 1760er/1770er Jahren und den 1790er Jahren zogen einen veritablen Boom in der Verwendung universeller Längen- bzw. Flächeneinheiten nach sich.[147] Das lag zum einen daran, dass sich auf diese Weise Erträge und Produktivitätskennziffern besser erheben und vergleichen ließen. Zum anderen geschahen die *enclosures* nun – anders als vor der Jahrhundertmitte – nicht mehr im Konsensverfahren, sondern gingen mit heftigen Konflikten über die genaue Lage und Größe der betroffenen Flächen einher.[148]

Diese Veränderungen alleine hatten allerdings keine großen Auswirkungen auf die politischen Debatten über Maß und Gewicht. Denn den Anforderungen der Grundbesitzer war mit der Verfügbarkeit der *Gunter's chain*, die auf dem jeweiligen lokalen Yard-Maß basierte, Genüge getan. An der Fixierung eines zentralen Längenmaßes durch die staatliche Verwaltung hatten sie dagegen kein Interesse. Den Prozess, der in anderen Ländern zu einer solchen Festlegung führte, blockierten sie vielmehr erfolgreich. Denn anders als auf dem Kontinent gab es in Großbritannien im 18. Jahrhundert keinerlei Ansätze zur Erstellung von Katasterkarten, aus zwei Gründen. Zum einen hatte das Parlament 1692 eine auf Schätzungen basierende Grundsteuer gewährt, die auch die adligen Landbesitzer einbezog und damit eines der zentralen Motive für die Katasterhebungen auf dem Festland hinfällig werden ließ. Und zum anderen waren es die Grundbesitzer selbst, die mit der Erhebung dieser Steuer betraut waren. Sie sahen darin ein Mittel, ihre Unabhängigkeit gegenüber der Exekutive zu sichern und lehnten deshalb

---

[145] DELANO-SMITH und KAIN, English Maps, S. 116 ff. sowie BEAUROY, Répresentation, S. 81 ff.

[146] RICHESON, Land Measuring, S. 108 ff. u. S. 140 f.

[147] Vgl. DELANO-SMITH und KAIN, English Maps, S. 125 ff. sowie allgemein zu den Bemessungs- und Bewertungsverfahren in den *parliamentary enclosures* THOMPSON, Chartered Surveyors, S. 32 ff.

[148] DAUNTON, Progress, S. 100–111, hier v. a. S. 102 u. S. 106 ff.

alle Pläne für eine Zentralisierung dieser Aufgabe ab.[149] Mit dem Parlament, das sich in der ersten Hälfte des 18. Jahrhunderts nach und nach zum Gravitationszentrum der britischen Politik entwickelte, verfügten sie dabei über ein effektives Instrument, um ihren Wünschen Gehör zu verschaffen.[150]

Eine zentrale Fixierung der Längenmaße blieb daher aus. Dennoch führte gerade die Möglichkeit von Grundbesitzern und lokalen Verwaltungseliten, ihre politischen Interessen zu artikulieren, dazu, dass die Maßfrage Mitte des 18. Jahrhunderts auf breiter Basis debattiert wurde. Dies hatte allerdings nicht primär mit den Längen- und Flächenmaßen, sondern mit den Hohlmaßen zu tun. Sie waren der Ausgangspunkt dafür, dass 1758 ein Komitee des Unterhauses zusammentrat, das erstmals systematisch und unabhängig von anderen Erwägungen die Frage der Maßvielfalt untersuchte.[151] Seine Ergebnisse bildeten die Grundlage aller weiteren metrologischen Arbeiten in Großbritannien und stellten den wichtigsten Bezugspunkt für die Kodifizierung des *Imperial System* in den zwanziger Jahren des 19. Jahrhunderts dar.[152]

Dieses Komitee, das nach seinem Vorsitzenden Lord Carysfort als *Carysfort Committee* bekannt geworden ist, ging aus der Mitte des Parlamentes hervor und wies keinerlei Verbindungen zur amtierenden Regierung des Duke of Newcastle auf. Carysfort selbst war ein unauffälliger *backbencher*, der im Laufe seiner Karriere nur wenige Ämter bekleidete.[153] Die konkreten Motive, die ihn und seine Kollegen dazu bewegten, sich mit Maßen und Gewichten zu beschäftigen, sind nicht ganz leicht zu identifizieren. Vermutlich war ihr Handeln indirekt die Folge einer Krisensituation. Denn Mitte der 1750er Jahre stiegen die Getreidepreise aufgrund des anhaltenden Bevölkerungswachstums und der Effekte des Siebenjährigen Krieges stark an. An zahlreichen Orten brachen daraufhin Nahrungsmittelrevolten aus.[154] Angesichts dieser Situation kamen im Unterhaus Ende 1756 Diskussionen über Möglichkeiten zur Regulierung der Getreidepreise auf.

In diesen Beratungen spielten auch die Maße und Gewichte eine wichtige Rolle. Denn die Krise hatte eine Reihe von diesbezüglichen Problemen offengelegt. Eine an das Parlament gerichtete Petition des Bürgermeisters von Bristol argumentierte beispielsweise, dass die Vielfalt der Einheiten zu Schwierigkeiten bei der Festsetzung des Brotpreises führe, weil sie die hierfür herangezogenen Getreidepreisstatistiken verzerre.[155] Das Unterhaus empfahl daraufhin, landesweit die Nutzung eines einzigen Maßes für den Kauf oder Verkauf von Getreide vor-

---

[149] KAIN und BAIGENT, Cadastral Map, S. 257 ff.

[150] LANGFORD, Polite and Commercial People, S. 702–710, hier v. a. S. 704 ff.

[151] ADELL, Standardization Debate, S. 168.

[152] Vgl. Kap. 4.3.1 dieser Arbeit.

[153] Er war Großmeister des Freimaurerordens und Lord of the Admiralty, vgl. BARKER und ALTER, Proby.

[154] Vgl. DAUNTON, Progress, S. 577 und ARCHER, Social Unrest, S. 28.

[155] Petition des Bürgermeisters von Bristol, 12. 1. 1757, in: Journals of the House of Commons 27 (1757), S. 6520. Dieser Effekt wurde durch die auf der Maßvielfalt basierenden Handelsgebräuche noch verstärkt, vgl. PERREN, Markets and Marketing, S. 227.

zuschreiben.[156] Allerdings wurde den Parlamentariern schnell klar, dass das Problem so leicht nicht zu lösen war. Im März 1757 ließen sie sämtliche Vorschläge zur Preisregulierung wieder fallen, „for so many difficulties were found in every regulation proposed, that it was at last resolved to suspend doing any thing until the next session; and even then it is to be feared, that nothing very effectual can be done."[157]

Immerhin hatte die Debatte über die Getreidepreise aber das Interesse an Maßen und Gewichten geweckt. Sie gab damit den entscheidenden Anstoß zur Einrichtung des *Carysfort Committee*.[158] In dessen Rahmen stand die Maßvielfalt nun im Zentrum einer breit angelegten Untersuchung. Die erste Aufgabe, die Carysfort und seine Kollegen sich stellten, war, wie es der offizielle Name des Komitees treffend formulierte, „to enquire into the original standards of weights and measures in this kingdom".[159] Diese Vorgehensweise war eng mit der wissenschaftlichen Debatte des 18. Jahrhunderts verknüpft, in der die antiquarisch inspirierte Erforschung der traditionellen Maße eine zentrale Rolle spielte.[160] Zu diesem Zweck unternahmen die Parlamentarier eine detaillierte Auflistung aller einschlägigen Gesetze seit der Magna Charta. Zwei Kernaussagen kristallisierten dabei heraus. Zum einen ging das Komitee davon aus, dass Exekutive und Legislative schon seit dem 13. Jahrhundert immer wieder versucht hätten, *einen* einheitlichen Standard für Maße und Gewichte zu etablieren. Zum anderen waren in den Augen der Abgeordneten die handwerklichen Unzulänglichkeiten bei der Herstellung der Maßnormale sowie die Vielzahl widersprüchlicher Gesetze dafür verantwortlich, dass diese Versuche stets gescheitert waren.[161]

Implizit bedeutete diese Analyse eine Kritik an der Regierungspolitik des späten 17. und frühen 18. Jahrhunderts, denn diese hatte ja auf die Fixierung von Referenzeinheiten für einzelne Güter abgezielt und dementsprechend vielfältige Regelungen getroffen. Carysfort und seine Kollegen forderten demgegenüber nun, *alle* Maße auf „uniform and certain Standards"[162] zu reduzieren. Konkret bedeutete dies beispielsweise, dass fortan für alle Flüssigkeiten ein und dieselbe Gallone gelten sollte. Noch radikaler war der Vorschlag, das Avoirdupois-Gewicht – eines der beiden parallel genutzten britischen Gewichtssysteme – abzuschaffen und nur noch das klarer definierte Troy-Gewicht zuzulassen. Und schließlich wollten die Parlamentarier auch die Unterteilungen der als Grundeinheiten vorgesehenen Maße systematisieren und traditionelle Gebräuche wie das Häufen verbieten.[163]

---

[156] Bericht des Lord Mayor von London aus dem Getreidepreiskomitee, 31.1.1757, in: Journals of the House of Commons 27 (1757), S. 671.

[157] The History of the Last Session, S. 231.

[158] Vgl. ebd. Carysfort war als Mitglied des zu diesem Zweck eingerichteten Getreidepreiskomitees an der Debatte maßgeblich beteiligt gewesen, vgl. Beschluss zur Ergänzung des Getreidepreiskomitees, 1.2.1757, in: Journals of the House of Commons 27 (1757), S. 674.

[159] A Report from the Committee 1758, Titel.

[160] Vgl. Kap. 3.2.2 dieser Arbeit.

[161] Vgl. A Report from the Committee 1758, S. 16 u. S. 22.

[162] Ebd., S. 61.

[163] Vgl. ebd., S. 61f. sowie CONNOR, England, S. 249.

Alle diese Vorschläge wiesen starke aufklärerisch-rationalistische Züge auf und waren merklich vom „quantifying spirit"[164] des 18. Jahrhunderts beeinflusst. Sie offenbarten damit, dass sich in den 1750er Jahren eine Kluft zwischen dem traditionellen Maßverständnis und der gesetzlichen Metrologie auftat. Denn trotz aller rhetorischen Appelle an die Einheit von Maß und Gewicht und trotz der anderslautenden Analyse von Carysfort hatte nicht eine einzige Gesetzesinitiative der vorangegangenen Jahrhunderte tatsächlich die Schaffung *eines* geschlossenen Einheitssystems für *alle* Verwendungszwecke vorgesehen. In dieser Hinsicht markierte das *Carysfort Committee* eine echte Zäsur.

Dennoch ist Rebecca Adells These, die Empfehlungen der Abgeordneten seien „highly conservative"[165] gewesen, in einer anderen Hinsicht durchaus beizupflichten. Denn alle der von ihnen vorgesehenen Grundeinheiten – Yard, Gallone, *bushel* und Pfund – beruhten auf „well established historical precedents".[166] In diesem Sinne hatte das Komitee von John Bird, einem Instrumentenmacher, und Joseph Harris, dem *assay master of the mint*, die exakten Verhältnisse der im Besitz des *Exchequer* befindlichen Gewichts- und Maßnormale ermitteln lassen und jeweils einen dieser traditionellen Standards als Urmaß für die Grundeinheiten ausgewählt.[167] Eine Ausnahme bildete alleine der Yard-Maßstab, den das Komitee bei Bird neu in Auftrag gab. Aber auch hier war eine eher konservative Stoßrichtung erkennbar, denn das neue Normal sollte sich möglichst eng an den existierenden elisabethanischen *Exchequer*-Standard anlehnen.[168]

Zudem relativierte das Komitee seine Empfehlungen 1759 in einem zweiten Bericht zumindest ein wenig. Denn vor allem die Forderung nach der Abschaffung des Avoirdupois-Gewichtes hatte skeptische Reaktionen hervorgerufen – kein Wunder angesichts der Tatsache, dass dieses im Alltag sehr viel weiter verbreitet war als das Troy-Pfund.[169] Hinzu kam, dass der *clerk of the rates*, ein leitender Beamter des *Exchequer*, die Kommission ausdrücklich vor den negativen Folgen eines solchen Schrittes für die Steuereintreibung gewarnt hatte.[170] Es spricht für die idealistische Motivation der Mitglieder des Komitees, dass sie sich diesem in den Jahrzehnten zuvor einzig maßgeblichen Argument nur ansatzweise beugen wollten. Sie hielten weiterhin daran fest, das Avoirdupois-Pfund formal abzuschaffen, waren aber bereit, Handelsgewichte zuzulassen, die diesem entsprachen, solange ihre Masse auch in Troy-Einheiten vermerkt war.[171] Im parlamentarischen Prozess wurde dieser Kompromiss allerdings noch weiter abgeschwächt. Als es 1765 zur Vorlage einer „Bill for Ascertaining and Establishing Uniform and Certain Standards of Weights and Measures" kam – ein erster Entwurf von 1760

---

[164] HEILBRON, Introductory Remarks, S. 2.
[165] ADELL, Standardization Debate, S. 170.
[166] Ebd.
[167] Vgl. CONNOR, England, S. 246 ff. und ZUPKO, Revolution, S. 72.
[168] ADELL, Standardization Debate, S. 170.
[169] CONNOR, England, S. 249.
[170] A Report from the Committee 1759, S. 10.
[171] Vgl. ebd., S. 11.

war einer zwischenzeitlichen Auflösung des Parlamentes zum Opfer gefallen[172] –,
sah diese ein annähernd gleichberechtigtes Nebeneinander von Troy- und Avoir-
dupois-Gewichten vor. Die Troy-Gewichte galten zwar weiterhin als alleinige
gesetzliche Grundlage, aber für beide Systeme sollten nun eigenständige Maßnormale angefertigt werden.[173]

Das Herzstück des Entwurfs war freilich nicht diese Festlegung, sondern die
Umsetzung der wesentlichen Empfehlungen von 1758: die Annullierung aller bisherigen Gesetze, die Etablierung eines einzigen, einheitlichen Maßsystems für alle
Güter und Verwendungen sowie die Festlegung der Grundeinheiten und ihrer Unterteilungen. Begleitet wurden diese Maßnahmen von einer zweiten Vorlage, die
das Eichwesen regelte. Ihr zufolge sollten die Urmaße beim *Exchequer* aufbewahrt
und Maße und Gewichte für den alltäglichen Gebrauch von einem eigens in London einzurichtenden Büro geprüft und gestempelt werden. Zudem sah sie z. T.
drastische Strafen für Verstöße gegen die neuen Vorschriften vor.[174] Die Signal-
wirkung dieser Entwürfe war eindeutig: Die Parlamentarier wollten reinen Tisch
machen und an die Stelle der traditionellen Vielfalt ein uniformes System setzen.

Allerdings kam 1765 erneut eine temporäre parlamentarische Pause dazwi-
schen, nach deren Ende diese Initiativen im Sande verliefen. Die Gründe hierfür
sind nicht mit letzter Sicherheit zu klären. Vielleicht spielte die Tatsache eine Rolle, dass Carysfort mehr und mehr unter den Druck von „rumours of debts and
sexual philandering"[175] geriet, so dass er schließlich bei den Wahlen von 1768
nicht mehr in das Parlament zurückkehrte. Zudem gab es erhebliche prinzipielle
Bedenken gegenüber dem Aufbau der nötigen Verwaltungsstrukturen. Denn
schon angesichts der Diskussionen im Rahmen der Getreidepreisfrage hatten kritische Stimmen zu bedenken gegeben, dass „it is hardly possible to prevent the
poor from being oppressed and skinned by the rich, without arming our gover-
nors with such an arbitrary power as is inconsistent with a free government"[176]
– eine Befürchtung, die gut mit der auf den Begriff der Freiheit fokussierten britischen Selbstwahrnehmung in diesem Zeitraum zusammenpasste.[177]

Am wichtigsten für das Scheitern der Vorschläge des *Carysfort Committee* war
aber wohl die skeptische Haltung der Regierung. Wie wenig diese dem Vorhaben
einer Uniformisierung von Maßen und Gewichten abgewinnen konnte, lässt sich
allerdings nur indirekt erschließen. Fest steht, dass die Pläne der Abgeordneten
aus fiskalischer Sicht große Probleme aufwarfen. Das ist z. B. daran erkennbar,
dass der Gesetzesentwurf von 1765 eigens amtliche Umrechnungstafeln vorsah,

---

[172] HOPPIT, Reforming, S. 95.

[173] Die nicht mehr auffindbare Vorlage ist nahezu vollständig paraphrasiert in: SWINTON, Uniformity, S. 2 f. Vgl. auch die unvollständige, ohne Quellenangabe versehene Zusammenfassung bei ZUPKO, Revolution, S. 73 f. Zur parlamentarischen Beratung vgl. die Angaben bei
HOPPIT, Reforming, S. 95, Fn. 2.

[174] Ebenfalls paraphrasiert in SWINTON, Uniformity, S. 3 f. Vgl. auch die Empfehlungen in: A Report from the Committee 1759, S. 19 ff., auf denen dieser Entwurf basierte.

[175] BARKER und ALTER, Proby.

[176] The History of the Last Session, S. 231.

[177] Vgl. LANGFORD, Polite and Commercial People, S. 289–329.

um auf diese Weise den möglichen negativen Folgen einer Vereinheitlichung für die Erhebung von Zöllen und Verbrauchssteuern entgegenzuwirken.[178] Zudem fiel das Scheitern des Gesetzes auf einen Zeitpunkt, zu dem die Krone unter extremem finanziellem Druck stand.[179] Hätte die Maßreform auch nur ein wenig zur Verbesserung der Lage beigetragen, wäre sie von der Regierung sicherlich positiv aufgenommen worden. Wahrscheinlicher ist aber, dass sie das Gegenteil bewirkt hätte. Das gilt nicht nur hinsichtlich der Besteuerung, sondern auch, weil der Aufbau des nötigen Kontrollsystems hohe Kosten verursacht hätten, deren langfristige Deckung ungewiss war.

Dass es tatsächlich diese Art von Kosten-Nutzen-Rechnung war, die die Haltung der Exekutive determinierte, lässt sich auch noch in einer weiteren Hinsicht zeigen. Denn obwohl die Debatte über metrologische Reformen nach 1765 zum Erliegen kam, veranlasste die Regierung 1774 die Neuregelung eines Einzelproblems, nämlich des Gold- und Silbergewichtes. Dessen Schwankungen hatten in den Jahren zuvor dazu geführt, dass untergewichtige Münzen in Umlauf gekommen waren, die nach und nach die korrekt geprägten Geldstücke verdrängten.[180] Um dieses Problem zu beheben, wollte der *Exchequer* das Münzgewicht genauer fixieren und kontrollieren. Das zu diesem Zweck erlassene Gesetz traf eine Reihe von Regelungen, die größtenteils aus dem 1765 vorgelegten Entwurf für die Neuordnung des gesamten Maßsystems übernommen worden waren.[181] Und in diesem Fall waren die damit verbundenen Kosten kein Gegenargument. Der ökonomische Nutzen einer Regulierung des Münzwesens war groß genug, um sich über sie hinwegzusetzen.

Dieses Beispiel zeigt, dass die Regierung auch in der zweiten Hälfte des 18. Jahrhunderts nur dann ein Interesse an Maßen und Gewichten hatte, wenn diese einen unmittelbaren Zusammenhang mit administrativen Problemen wie der Besteuerung oder der Geldpolitik aufwiesen.[182] Und in diesen Fällen genügte es, jeweils einzelne Einheiten zu fixieren. Einer umfassenden Vereinheitlichung konnte die Exekutive dagegen kaum etwas abgewinnen. Die Parlamentarier des *Carysfort Committee* führten daher zwar eine grundlegende Veränderung des Diskurses über Maße und Gewichte herbei, scheiterten schließlich aber daran, dass der konkrete Nutzen ihrer Vorschläge zweifelhaft war. Daran sollte sich in Großbritannien bis ins 19. Jahrhundert hinein nur wenig ändern.

John Riggs Miller

Eine letzte Initiative, die auf eine generelle Vereinheitlichung abzielte, gab es im 18. Jahrhundert aber noch. Wie das *Carysfort Committee* entsprang sie der persönlichen Initiative eines einzelnen Parlamentariers. Seit 1787 hatte John Riggs Miller, wiederum ein eher unauffälliger MP, Informationen über Maße und Ge-

---

[178] SWINTON, Uniformity, S. 4.
[179] Vgl. LANGFORD, Polite and Commercial People, S. 362.
[180] SCOTT, Money and Banking, S. 319f. sowie FEAVEARYEAR, Pound Sterling, S. 168f.
[181] Vgl. ADELL, Standardization Debate, S. 172.
[182] Vgl. ebd.

wichte gesammelt, zu diesem Zweck Rundbriefe an Städte, Zünfte und *boroughs*
geschickt und nach eigener Aussage über 1000 Antwortschreiben erhalten.[183]

Was genau ihn dazu bewegte, sich in dieser Weise mit dem Thema auseinan-
derzusetzen, ist nicht mit Sicherheit zu klären. Bei vordergründiger Betrachtung
könnten dafür philanthropische Motive verantwortlich gemacht werden, die auch
die kurz zuvor geführten Debatten über die Gefängnisreform und über die *poor
laws* geprägt hatten.[184] Denn in der ersten von drei längeren Reden, die Miller
1789 und 1790 vor dem Unterhaus hielt, betonte er, dass die Vielfalt der Maßeinheiten „in injustice to the community, in distress and difficulty to the poor" resul-
tiere, und in seiner zweiten Rede machte er sie gar für zunehmende Armut und
steigende *poor rates* verantwortlich.[185] Daneben war Miller aber auch von einem
naturrechtlich inspirierten, aufklärerischen Ethos geprägt, das tendenziell im Widerspruch zu seiner philanthropischen Motivation stand. Für ihn stand fest, dass
eine Vereinheitlichung von Maßen und Gewichten die einzig vernünftige Form
des Umgangs mit dieser Frage sei – eine Perspektive, der jegliches Verständnis für
die traditionellen Maßsysteme fehlte.[186] „What purpose in nature [!]", so fragte er
in diesem Sinne, „can all this confused variety answer, except the perplexing all
dealings, and the benefitting knaves and cheats?"[187]

Es war aber nicht nur diese Diagnose, die Millers aufklärerische Motivation
verriet, sondern auch die von ihm vorgeschlagene Therapie. 1789 veranlasste er
zunächst eine offizielle Erhebung aller in England und Wales gebräuchlichen
Maße. 1790 wurden deren Ergebnisse an ein eigens gebildetes *select committee*
überwiesen. Die Akten dieser beiden Initiativen haben die Zeitläufte nicht
überstanden,[188] aber Millers grundsätzliche Überlegungen lassen sich auch aus
seinen Reden rekonstruieren. Für ihn bestand das hauptsächliche Problem aller
bisherigen Uniformisierungsversuche im Fehlen eines allgemeinen Standards,
„which shall be both *perfect* and *permanent*".[189] Er setzte sich daher für die Fixierung der Urmaße anhand einer vermeintlich unveränderlichen, natürlichen Konstante – konkret: des Sekundenpendels – ein. In dieser Hinsicht bewegte er sich,
wie in Kapitel 3.2 zu zeigen sein wird, auf der Höhe der wissenschaftlichen Diskussion seiner Zeit. Gleichzeitig betonte er damit aber einen Aspekt, der nur
wenig mit der praktischen Anwendung von Maßen und Gewichten zu tun hatte.
Die Vielzahl von Problemen, die eine Vereinheitlichung auf dieser Ebene mit sich
brachte, blendete er weitgehend aus.

Millers Referenzrahmen waren also die intellektuellen Debatten des späten
18. Jahrhunderts und nicht die Bedürfnisse von Bauern oder Handwerkern. Das

---

[183] MILLER, Speeches, S. 5. Zu Millers persönlichem Hintergrund vgl. MAYES, Miller. Allgemein
zu dieser Initiative vgl. HOPPIT, Reforming, S. 95 ff. und ZUPKO, Revolution, S. 79 ff.
[184] HOPPIT, Reforming, S. 95.
[185] MILLER, Speeches, S. 4 f. (Zitat) u. S. 25.
[186] Ebd., S. 22 f.
[187] Ebd., S. 17 f.
[188] Vgl. KEITH, Tracts, S. 2.
[189] MILLER, Speeches, S. 36 f. (Hervorhebung im Original).

zeigten auch seine umfangreichen Kontakten zu Verfechtern anderer, ähnlich gelagerter Projekte. Im Laufe seiner Recherchen etablierte Miller zunächst einen intensiven Briefwechsel mit dem schottischen Geistlichen George Skene Keith, der einen ähnlichen Reformvorschlag erarbeitet hatte wie er und in den Debatten der 1810er und 1820er Jahre noch eine wichtige Rolle spielen sollte.[190] Durch sein Auftreten im Parlament erregte er zudem weitere Aufmerksamkeit: Der Sohn des Ökonomen James Steuart sandte ihm ein Pamphlet zu, das sein Vater 1760 unter dem Eindruck der Berichte des *Carysfort Comittee* verfasst hatte.

Steuart ist der Nachwelt vor allem durch seine 1767 publizierte *Inquiry into the Principles of Political Oeconomy* bekannt geworden, die im Gegensatz zu vielen anderen ökonomischen Traktaten dieser Zeit von einer eher skeptischen Grundhaltung geprägt war. Spuren davon lassen sich auch in seinem *Plan for Introducing an Uniformity of Weights and Measures within the Limits of the British Empire* finden, der im Rahmen der von Miller angestoßenen Debatte 1790 veröffentlicht wurde. Beispielsweise glaubte Steuart nicht daran, dass sich eine natürliche Konstante finden ließe, die einem neuen Maßsystem als Grundlage dienen könnte.[191] Doch in der grundsätzlichen Motivation und in ihrer Herangehensweise waren seine Überlegungen mit Millers Plänen vergleichbar. Der radikalen Idee, alle Maße neu zu erschaffen, war die rationalistische Stoßrichtung jedenfalls ebenso anzumerken wie dem Vorschlag, die Einheiten dezimal zu unterteilen und sich für ihre weltweite Verbreitung einzusetzen.[192] Tatsächlich war Steuart trotz seiner Fortschrittsskepsis ein fester Bestandteil der internationalen *Republic of Letters*. Besonders mit deutschen Kameralisten stand er in engem Kontakt, und seinen Ausführungen zur Maßfrage war auch eine enge Vertrautheit mit der schottischen und kontinentaleuropäischen Naturphilosophie seiner Zeit anzumerken.

Diese paneuropäische Dimension der aufklärerischen Diskussion über Maße und Gewichte zeigte sich auch in einer dritten Person, mit der Miller neben Keith und Steuart in Kontakt kam: Charles-Maurice de Talleyrand-Périgord, der Bischof von Autun. Talleyrand war in den ersten Monaten des Jahres 1790 die treibende Kraft in den Diskussionen der französischen Nationalversammlung über die Schaffung eines neuen Maßsystems gewesen. Am 28. März adressierte er an Miller einen Brief, in dem er ein gemeinsames Vorgehen von Frankreich und Großbritannien vorschlug.[193] Zwischen den Ideen der beiden gab es enge Parallelen, und Miller fühlte sich durch Talleyrands Vorstoß erkennbar geehrt. Ob es allerdings jemals zu einer solchen Kooperation hätte kommen können, ist zweifelhaft. Die generelle britische Skepsis gegenüber den Entwicklungen in Frankreich spricht eher dagegen, und überdies ist unklar, wie ernst Millers Vorstöße im eigenen Land genommen wurden. Im April und im November 1790 berichtete die *Times*

---

190 Vgl. KEITH, Tracts, S. 2 und MILLER, Speeches, S. vii.
191 Vgl. STEUART, Plan, S. 11.
192 Vgl. ebd., S. 2.
193 Schreiben Talleyrands an John Riggs Miller, 28. 3. 1790, abgedruckt in: MILLER, Speeches, S. 59.

jedenfalls in eher spöttischem Tonfall über sie.[194] Im Parlament selbst scheint die Bereitschaft, sich auf Miller einzulassen, etwas größer gewesen zu sein. Zumindest konnte er die genannte Erhebung und die Einrichtung des *select committee* problemlos durchsetzen.[195] Doch diese Plattform stand ihm nicht mehr lange zur Verfügung. Er verlor seinen Sitz bei den Wahlen vom Juni und Juli 1790 und kehrte nicht ins Unterhaus zurück. Seine Initiative versickerte daraufhin, „serving to show just how far his efforts, like Carysfort's earlier, were personal and extra-governmental."[196]

Auch aus der umgekehrten Perspektive bestätigte sich dies noch einmal. Denn die einzige regierungsamtliche Handlung, die aus Millers Initiativen folgte, war eine kühl formulierte Absage des Außenministers an den französischen Botschafter in London. Sie machte alle Hoffnungen auf eine Zusammenarbeit der beiden Länder zunichte.[197] Und die beiden 1795 und 1797 verabschiedeten Gesetze, die die Maßfrage mit Unterstützung der Administration wieder aufgriffen, erweckten den Eindruck eines geradezu absichtlich minimalistischen Gegenprogramms zu den Vorschlägen, die im Parlament diskutiert worden waren. Lediglich einige kleinere Aspekte der Überwachung des bestehenden Systems sollten geringfügig verändert werden.[198] Sowohl die Absage an Frankreich als auch die Gesetze der 1790er Jahre standen allerdings bereits unter dem Einfluss der Französischen Revolution. Sie werden deshalb in Kapitel 4.3 dieser Arbeit eingehender behandelt.

An dieser Stelle ist noch festzuhalten, dass der regierungsamtliche Minimalismus in der Sache durchaus zu rechtfertigen war. Das galt nicht alleine mit Blick auf staatliche Interessen wie die Steuererhebung. Vielmehr war der Nutzen einer grundlegenden Reform von Maßen und Gewichten in den 1790er Jahren auch zwischen unterschiedlichen wirtschaftlichen Interessengruppen und sogar unter Agrarreformern noch sehr umstritten. Das zeigte sich in den von Arthur Young mit organisierten *agricultural surveys*, bei denen Daten über die landwirtschaftliche Entwicklung in einzelnen englischen und schottischen *counties* erhoben wurden. Einige der damit befassten Experten nahmen auch zur Maß- und Gewichtsfrage Stellung.[199] Sie kamen zu höchst unterschiedlichen Ergebnissen. Während John Baily und George Cully, die den Bericht zu Northumberland erarbeiteten, der Meinung waren, dass die Festsetzung einheitlicher Maße im öffentlichen Interesse lag, betrachteten andere Autoren die Maßvielfalt nur als geringes Übel, dessen Bedeutung man nicht überschätzen sollte.[200] William Pitt, der über Staffordshire berichtete, hielt das Problem sogar für völlig bedeutungslos. Denn mit

---

[194] „Perhaps it would be charity to suppose that Sir John himself understood every thing he said", THE TIMES, 14.4.1790. Vgl. auch THE TIMES, 22.11.1790 sowie ADELL, Standardization Debate, S.174.

[195] MILLER, Speeches, S.35f.

[196] HOPPIT, Reforming, S.96.

[197] Schreiben des Duke of Leeds an den Marquis de la Luzerne, 3.12.1790, abgedruckt in: FAVRE, Origines, S.226.

[198] ADELL, Standardization Debate, S.175.

[199] Vgl. hier und im Folgenden PERREN, Markets and Marketing, S.227.

[200] BAILEY und CULLEY, General View, S.62.

Bezug auf die Großhändler bestand aus seiner Sicht kein Zweifel daran, dass „in any contract of any magnitude, the parties will always understand each other."[201] Und der beste Schutz für die Konsumenten, so seine Auffassung, bestand in der Konkurrenz zwischen den verschiedenen Händlern. Sie würde dafür sorgen, dass Betrugsfälle nicht überhandnahmen.

Diese Argumente zeigen, dass selbst diejenigen Interessengruppen, aus denen die meisten Befürworter einer Maßreform hervorgingen, in sich gespalten waren. Denn der ökonomische Liberalismus, den sie vertraten, stand dem staatlichen Interventionismus, den eine Vereinheitlichung verlangt hätte, zumindest in den Augen mancher ihrer Protagonisten entgegen. Vor allem aber warf das traditionelle Maßsystem im Alltag sehr viel weniger Probleme auf, als es die aufklärerisch-rationalistische Kritik daran suggerierte. Es war deshalb nur eine sehr schmale Schicht von wirtschaftlichen und intellektuellen Eliten, die eine Reform von Maßen und Gewichten für erstrebenswert hielt. Zwar konnten sich deren Vertreter aufgrund der Besonderheiten des britischen politischen Systems großes Gehör verschaffen. Doch letztlich waren ihre Initiativen erfolglos, nicht nur, weil die staatliche Reaktion auf diese Vorschläge überaus zurückhaltend ausfiel, sondern auch, weil ihnen zahlreiche lokale Interessen entgegenstanden.

Die Entstehung des modernen Agrarkapitalismus und die Verbreitung naturrechtlich geprägter Ideen führten im Ergebnis also zwar dazu, dass sich die britische Debatte über Maße und Gewichte in der zweiten Hälfte des 18. Jahrhunderts in Richtung einer umfassenden Vereinheitlichung ausweitete. Gleichzeitig waren diese Impulse aber zu schwach, um eine grundlegende Reform zu bewirken. Für eine solche Veränderung bedurfte es eines stärkeren Anstoßes, ja sogar einer Revolution – womit das Stichwort gefallen ist, um sich dem französischen Fall zuzuwenden.

2.3 Frankreich

2.3.1 Merkantilistische Maßfixierungen 1660–1750

Wie in Großbritannien und in Preußen war seit der Mitte des 17. Jahrhunderts auch in Frankreich eine „Politik der konsequenten Staatsverdichtung"[202] zu beobachten. Den wichtigsten Einschnitt hierfür stellte die Übernahme der Selbstregierung durch Ludwig XIV. 1661 dar. Ludwig etablierte sein Land in den folgenden Jahrzehnten als politische, kulturelle und wirtschaftliche Vormacht in Westeuropa. Neben der höfischen Kultur und militärischer Macht waren dafür auch umfangreiche Verwaltungsreformen verantwortlich. Ihr Herzstück bildete die Verstetigung des Intendantensystems. Sie zielte darauf ab, den feudalen Autoritäten in

---

[201] PITT, General View, S. 151.
[202] DUCHHARDT, Europa, S. 179. Zur Einbettung in die Debatte über den *fiscal-military state* vgl. FÉLIX und TALLETT, French Experience, passim.

den Provinzen eine auf einer bezahlten Beamtenschaft beruhende, zentrale Verwaltungsstruktur gegenüberzustellen.[203]

An deren Spitze stand seit 1665 der sogenannte *Contrôleur général des finances* – eine Position, deren erster Inhaber Jean-Baptiste Colbert war. Dieser verkörperte einen weiteren Aspekt der ludovicianischen Staatsverdichtung: den ‚Colbertismus‘, die französische Variante des Merkantilismus. Während seiner Amtszeit unternahm Colbert den Versuch einer Neuordnung der Finanz-, Gewerbe- und Handelspolitik, die einerseits zeitgenössische Vorstellungen von der Schöpfung nationalen Wohlstands reflektierte, andererseits aber die Wirtschaftsförderung nur als Mittel zum eigentlichen Zweck, der Deckung des gewaltigen Anstiegs des Finanzbedarfs der Krone, verstand.[204]

Dieses Programm führte dazu, dass auch in Frankreich im letzten Drittel des 17. Jahrhunderts eine intensive Beschäftigung mit Maßen und Gewichten einsetzte. Anders als in Preußen und in Großbritannien war dabei aber neben dem Ziel der Fixierung einzelner Maße auch das Ziel einer *umfassenden* Vereinheitlichung von Beginn an präsent. Denn die den ‚Absolutismus‘ vorspiegelnde Selbstinszenierung der Monarchie, d.h. insbesondere Ludwigs Anspruch des *un roi une loi une foi*, erstreckte sich nicht zuletzt auf diese Frage. Als Colbert dem König im Oktober 1665 Teile seines Reformprogramms vortrug, verband er deshalb die Idee „de réduire tout son royaume sous une mesme loi" ausdrücklich mit der Idee von „mesme mesure et mesme poids".[205] Und Ende der 1660er Jahre wurde dieser Vorschlag im Zusammenhang mit der Kodifikation des Handelsrechtes, die einen zentralen Bestandteil von Colberts Gewerbepolitik bildete, tatsächlich in konkreter Form diskutiert. Dabei zeigte sich allerdings schnell, dass seiner Umsetzung große Hindernisse im Wege standen. Im Oktober 1670 ließ Colbert den Intendanten von Dijon auf dessen Nachfrage zwar noch wissen, dass der König sich mit der Vereinheitlichung von Maßen und Gewichten beschäftige.[206] Doch schon kurz darauf gab ausgerechnet der mit der Ausarbeitung des 1673 in Kraft getretenen *Code Marchand* betraute Kaufmann Jacques Savary den Anstoß dazu, das Vorhaben nicht weiter zu verfolgen. Denn er fürchtete, dass die Umstellung der in Jahrhunderten lokal ausgehandelten feudalen Rechte und Abgaben zu „difficultez presque insurmontables"[207] führen würde.

Trotz aller absolutistischen Rhetorik beschränkte sich die politische Praxis der folgenden Jahrzehnte daher auch in Frankreich auf Aktivitäten, die jeweils nur einzelne Teilbereiche – sei es eine Region, ein bestimmtes Maß oder eine bestimmte Verwendung – berührten. Den Ausgangspunkt dafür bildeten zumeist

---

[203] Vgl. HINRICHS, Monarchie, S. 193 ff. und NASSIET, XVIIe siècle, S. 147 ff. u. S. 155 ff.

[204] Vgl. HINRICHS, Monarchie, S. 196 f.; NASSIET, XVIIe siècle, S. 171–181; MINARD, Fortune, S. 15–26 sowie kritisch zur traditionellen Interpretation des Colbertismus ISENMANN, Colbert, passim.

[205] Discours pour le conseil de justice, 11.10.1665, in: CLÉMENT (Hrsg.), Lettres de Colbert, Bd. 6, S. 14–15, hier S. 14.

[206] Lettre à M. Bouchu, Intendant à Dijon, 10.10.1670, in: ebd., Bd. 2.2, S. 564.

[207] Poids, in: SAVARY und SAVARY, Dictionnaire, Bd. 3, Sp. 896–909, hier Sp. 902. Savary war mit der Maß- und Gewichtsfrage eng vertraut, wie die einschlägigen Ausführungen in SAVARY, Parfait negociant, S. 62 ff. zeigen.

die konkreten Erfordernisse von Colberts Wirtschaftspolitik. Am wenigsten galt das vielleicht noch für die 1667/68 in Angriff genommene Neuanfertigung der *Toise du Châtelet*. Sie ging, wie in Kapitel 1.1.2 geschildert, auf ein akutes Problem, nämlich auf die Beschädigung des alten Maßstabes zurück.

In der *Ordonnance sur les eaux et forêts* vom August 1669 war der Zusammenhang zwischen Colberts Bemühungen um eine Kontrolle wirtschaftlicher Ressourcen und der Fixierung von Maßeinheiten dagegen umso deutlicher greifbar. Die Verordnung legte das bei Vermessungen in den königlichen Wäldern zu benutzende Längen- bzw. Flächenmaß – den *arpent royal* – sowie die Art und Weise der Mengenbestimmung von gerodetem Holz fest.[208] Diese Regelungen bildeten einen integralen Bestandteil von Colberts Versuchen zur Zentralisierung der Forstwirtschaft, die er vor allem mit Blick auf die Sicherung des wichtigsten Baumaterials für die französische Flotte betrieb. Vor diesem Hintergrund veranlasste er auch eine kartographische Erfassung der royalen Waldbestände, die auf geometrischer Vermessung beruhte. Sie wurde vom *Département des eaux et forêts* koordiniert und auf der Grundlage ein und desselben Maßes – eben des *arpent royal* – vorgenommen.[209] In ganz ähnlicher Weise hing auch die gleichzeitige Fixierung von Maßen und Gewichten für die Häfen und königlichen Zeughäuser mit dem Aufbau der Kriegsmarine zusammen, wenngleich ungewiss ist, welches Ergebnis diese Bemühungen zeitigten.[210]

Die ebenfalls unter Colbert vorgenommene Reform der Hohlmaße für Getreide ging allerdings auf andere Motive zurück. Sie bestand aus drei Neuerungen, die Ludwig XIV. im Oktober 1669 verkündete. Erstens dekretierte er die Verwendung eines gleichen *boisseau* für Weizen und Hafer. Zweitens sollte dieses *boisseau* nicht mehr gehäuft, sondern gestrichen werden, als Ausgleich dafür aber um etwa 20% größer ausfallen als bisher. Und drittens schließlich waren aus diesem Grunde neue Maßnormale anzufertigen, die die bisherigen ersetzen sollten.[211] Offiziell diente dies „pour êmpecher les fraudes […] et faire cesser les plaintes que les Bourgeois, Boulangers, Fermiers & Marchands Foraines auroient portées".[212] Eine ähnliche Zielsetzung stand auch hinter der 1671 angeordneten Fixierung der Kohlemaße sowie hinter der 1687 veranlassten Einführung der Pariser *aune* im Languedoc und der Dauphiné.[213]

In diesen beiden Fällen ist aus den Quellen nicht recht erkennbar, woher das plötzliche staatliche Interesse an der Frage des Betrugs rührte. Wahrscheinlich verbarg sich dahinter ein ähnlicher Zusammenhang wie derjenige, der sich für die Getreidemaße mit einiger Sicherheit identifizieren lässt. Die Wahrnehmung eines

---

[208] Vgl. TOUZERY, Contribution, S. 64; FAVRE, Origines, S. 40 sowie KULA, Measures, S. 172.

[209] KAIN und BAIGENT, Cadastral Map, S. 212.

[210] HOCQUET, Le roi, S. 32.

[211] DELAMARE, Traité de la police, Bd. 2, livre 5, S. 103 ff. Vgl. auch PAUCTON, Métrologie, S. 37 ff. sowie JACQUART, Réflexions, S. 203 f.

[212] DELAMARE, Traité de la police, Bd. 2, livre 5, S. 103.

[213] Vgl. PAUCTON, Métrologie, S. 44 ff. sowie Aune, in: SAVARY und SAVARY, Dictionnaire, Bd. 1, Sp. 769–773, hier Sp. 770.

missbräuchlichen Umgangs ging in diesem Fall – ähnlich wie in Großbritannien – auf die Debatten über die seit etwa 1650 periodisch wiederkehrenden Hungersnöte zurück. Vor diesem Hintergrund sahen die Verwaltungseliten des Ancien Régime im ‚Verhandlungscharakter' der Maße eine Gefahr für die Ernährungssicherung breiter Bevölkerungsschichten. Sie empfanden besonders das Häufen der Getreidemaße und den Gebrauch unterschiedlicher Maße für den Ein- und Verkauf als irreführend und machten diese Praktiken dafür verantwortlich, dass sich einige Händler auf Kosten der Allgemeinheit bereicherten.[214]

Gegenüber solchen allgemein- oder wie bei Colbert wirtschaftspolitisch motivierten Versuchen zur Fixierung von Maßeinheiten spielte das Problem der Neuordnung der staatlichen Einnahmen in Frankreich nur eine untergeordnete Rolle. Das hatte mehrere Gründe. Sie waren letztlich alle darauf zurückzuführen, dass die Krone im 14. und 15. Jahrhundert eine für spätmittelalterliche Verhältnisse vergleichsweise starke Rolle bei der Steuererhebung gespielt hatte, wogegen deren Zentralisierung im späten 17. und frühen 18. Jahrhundert deutlich hinter Preußen und Großbritannien zurückblieb.[215]

Diese historische Abfolge führte erstens dazu, dass für einige Steuerarten bereits zu einem sehr frühen Zeitpunkt einheitliche Maße als zentrale Recheneinheiten etabliert waren. Das galt insbesondere für die im 14. Jahrhundert eingeführte *gabelle*, die nach dem Pariser *muid* veranschlagt wurde.[216] In diesem und in einigen anderen Fällen bestand also kein Handlungsbedarf. Zweitens blieb die Steuererhebung bis ins 18. Jahrhundert hinein in Gestalt der *fermes* ‚privatisiert', d. h. an Steuereintreiber in Kommission gegeben. Damit fehlte jeglicher Anreiz, zentrale Referenzmaße zur Festsetzung der Abgaben einzurichten. Die *fermiers* bedienten sich der lokal üblichen Einheiten und waren gegenüber der Krone nur für den erhobenen Gesamtbetrag und nicht für die Höhe der Steuer*sätze* verantwortlich. Dass die Steuerbelastung dadurch regional höchst ungleich ausfiel, war ein Problem, das sehr viel tiefer wurzelte als in der Frage der Maßeinheiten. Es gehörte vielmehr zu den Grundcharakteristika der französischen Staatsfinanzierung im 17. und 18. Jahrhundert. Auch die Gründung der *ferme générale* 1726 änderte daran nichts, weil diese den dezentralen Erhebungsmodus und den Repartitionscharakter der Besteuerung beibehielt.[217]

Drittens schließlich war der hohe Stellenwert der indirekten Besteuerung, der in Preußen und in Großbritannien einen der wesentlichen Katalysatoren für die Behandlung der Maßfrage gebildet hatte, in Frankreich nur ein vorübergehendes Phänomen. Seit der 1672 einsetzenden langen Phase kostspieliger Kriege war die

---

214 Vgl. z. B. die Analyse unterschiedlicher Praktiken bei DELAMARE, Traité de la police, Bd. 2, livre 5, S. 96 f. sowie die Einschätzung derselben ebd., S. 98.

215 Vgl. REINHARD, Staatsgewalt, S. 325 ff.; BONNEY, France, S. 126 ff. sowie ANTOINE, Dur métier, S. 32 ff.

216 Vgl. HOCQUET, Weißes Gold, S. 286 sowie ausführlich zur Entstehung der *gabelle* ebd., S. 279–331. Vgl. auch ders., Métrologie, S. 35 u. S. 75 ff.

217 Grundlegend zu den Modalitäten der Steuererhebung DESSERT, Argent, S. 42–66. Zu den Ursachen der ungleichen Steuerbelastung und den entsprechenden Reformversuchen vgl. BONNEY, France, S. 156 ff.

Krone permanent auf der Suche nach neuen Finanzierungsquellen, und sie griff dabei vermehrt auf *direkte* Steuern zurück. Die von Colbert verfolgte Strategie, diese als Grundsteuer auf der Basis eines Katasters zu erheben, hätte zweifellos einschneidende Folgen für die Maßpolitik gehabt. Sie scheiterte allerdings 1679 am heftigen Widerstand des Adels und des Klerus.[218] Stattdessen stützte sich die Krone mit der 1695 eingeführten *capitation* und dem seit 1710 erhobenen *dixième* auf Steuerformen, die pro Kopf erhoben wurden.[219]

Aus diesen Gründen spielten fiskalische Erwägungen bei Versuchen zur Fixierung von Maßen und Gewichten in Frankreich kaum eine Rolle. Eine Ausnahme bildeten alleine solche Fälle, in denen die Vielfalt der Einheiten zu Rechtsstreitigkeiten führte. Das war z. B. bei der Besteuerung von alkoholischen Getränken der Fall. Ludwig XIV. entschloss sich deshalb im Februar 1688 zu einer Anordnung, mittels derer in allen Provinzen ein einheitliches Flüssigkeitsmaß eingeführt werden sollte. Der Aufwand scheint sich allerdings nicht gelohnt zu haben, denn noch 1780 diagnostizierte ein zeitgenössischer Beobachter, dass „les choses à cet égard sont toujours restées dans le même état".[220]

Auch jenseits dieses Einzelfalles muss der Erfolg der Versuche zur Fixierung einzelner Maße unter Ludwig XIV. skeptisch beurteilt werden. Eine erkennbare Wirkung entfalteten sie nur dort, wo sie eng umgrenzten und zentral kontrollierbaren Zwecken dienten. So erlangte beispielsweise der *arpent royal* als Maß für die königlichen Wälder große Bedeutung. Ähnliches gilt auch für die 1727 erfolgte Festsetzung des *boisseau de l'étape*, eines Hohlmaßes, das für die Vorratshaltung und Versorgung des Militärs Verwendung fand. Aufgrund ihrer überregionalen Verbreitung kam diesen beiden Einheiten im 18. Jahrhundert auch eine gewisse Bedeutung als allgemeine Referenzgrößen zu.[221]

Dem stand aber die nahezu völlige Bedeutungslosigkeit der übrigen Maßfixierungen gegenüber. Allenfalls in der näheren Umgebung von Paris scheinen einige von ihnen Geltung erlangt zu haben, aber selbst hier konnten sie – wie das Beispiel der *Toise du Châtelet* zeigt – auch dazu führen, dass sich die bestehende Vielfalt noch vergrößerte. Jenseits der Île-de-France blieben die Edikte aus Paris vollkommen unbemerkt. Das betraf insbesondere die Getreidemaße, in deren Fall es der Monarchie nicht einmal gelang, eine 1695/96 angestrengte Erhebung der im Land gebräuchlichen Einheiten zu Ende zu führen.[222]

---

[218] KAIN und BAIGENT, Cadastral Map, S. 213.
[219] BONNEY, France, S. 130 f. Statt auf Maße und Gewichte wirkte sich die französische Steuerpolitik deshalb vor allem auf die Entwicklung der Bevölkerungsstatistik aus, vgl. RUSNOCK, Quantification, S. 21 ff.
[220] PAUCTON, Métrologie, S. 74 f.
[221] Zum *arpent royal* vgl. TOUZERY, Contribution, S. 71 f. sowie KULA, Measures, S. 172; zum *boisseau de l'étape* vgl. PAUCTON, Métrologie, S. 48 sowie HOCQUET, Métrologie, S. 35.
[222] Zu dieser Umfrage GARNIER, Enquêtes sous l'Ancien Régime, S. 43. Dass, wie DARESTE, Histoire de l'Administration, Bd. 1, S. 251 und im Anschluss daran auch FAVRE, Origines, S. 41 behauptet, Colbert bereits 1683 ein solches Projekt verfolgt hat, ist unwahrscheinlich und findet an keiner anderen Stelle Bestätigung. Zur Frage des Erfolges der Getreidemaßreform vgl. JACQUART, Réflexions S. 203 f. sowie die in Kap. 2.3.2 dieser Arbeit geschilderten Debatten der zweiten Hälfte des 18. Jahrhunderts.

Diese ernüchternde Bilanz ist zum Teil darauf zurückzuführen, dass die mit den Festlegungen der Maße einhergehenden Verwaltungsreformen Stückwerk blieben. Das war auch kaum anders zu erwarten, denn öffentliche Ämter galten in Frankreich in erster Linie als Finanzierungsquellen für die Krone. Die zwischen 1702 und 1707 von Ludwig XIV. verordnete Einführung von Eichbeamten hatte deshalb – ebenso wie die gleichzeitig angestrebte, dann aber wieder rückgängig gemachte Abschaffung der *mesureurs* – alleine die Erschließung zusätzlicher Einkünfte zum Ziel und zeitigte keine erkennbaren Auswirkungen auf die Verbreitung zentral festgelegter Maße.[223]

Vor allem aber scheiterten die ohnehin nur sehr vorsichtigen Ansätze zur Fixierung von Maßen an dem Faktor, der auch zahlreiche andere Reformversuche im Ancien Régime zunichtemachte: an der Fragmentierung politischer Herrschaft, d.h. insbesondere an den fortbestehenden Rechten feudaler Autoritäten. In Gestalt der *Parlements* hatten sie starke Fürsprecher. Gleich mehrfach bestätigten sie zwischen 1678 und 1715 die Ansprüche von Grundherren, Abgaben auf der Basis traditioneller Einheiten eintreiben und auch darüber hinaus die Aufsicht über Maß und Gewicht ausüben zu dürfen.[224] Die Bemühungen um eine Fixierung von Referenzeinheiten blieben im Frankreich des späten 17. und frühen 18. Jahrhundert also nicht nur begrenzter als in Preußen oder in Großbritannien. Sie stießen darüber hinaus auch noch auf sehr viel größere Hindernisse.

2.3.2 Physiokratie und Maßreform 1750–1789

An dieser grundsätzlichen Konstellation änderte sich auch in der zweiten Hälfte des 18. Jahrhunderts kaum etwas. Allerdings weitete sich die Debatte über Maße und Gewichte seit den 1730er und besonders seit den 1750er Jahren merklich aus. Dafür gab es mehrere Gründe. Sie wurzelten letztlich allesamt darin, dass die französische Aufklärung durch Clubs, Salons, Zeitschriften und Druckerzeugnisse wie die *Encyclopédie* eine Öffentlichkeit schuf, in deren Rahmen unterschiedliche Ideen zirkulieren und aufeinandertreffen konnten.[225]

Einen übergeordneten Kontext bildeten dabei wie in Großbritannien jene allgemeinen Ordnungsvorstellungen, die sich mit Tocqueville in dem Satz zusammen fassen lassen, dass „an die Stelle der complicierten traditionellen Gebräuche und Vorschriften, welche die damalige Gesellschaft regierten, schlichte und einfache, aus der Vernunft und dem Naturrecht abgeleitete Gesetze treten"[226] sollten. Aus diesem Blickwinkel betrachteten zahlreiche aufklärerische Intellektuelle auch

---

223 Zu diesen Versuchen vgl. CLÉMENCEAU, Service, S. 161 ff. sowie die Unterlagen in AN F/12/1298-3, Mappe Correspondance avec le Préfet de Police. Zu den *mesureurs* vgl. KAPLAN, Provisioning Paris, S. 560 ff., wo auch die Motivation deutlich herausgearbeitet wird, sowie Kap. 1.2.2 dieser Arbeit.

224 Vgl. KULA, Measures, S. 171.

225 Vgl. ausführlich BEAUREPAIRE, France, S. 333–427 u. S. 749–755 sowie zum europäischen Hintergrund SCHAICH, Public Sphere, passim.

226 TOCQUEVILLE, Alte Staat, Buch 3, Kap. 1, S. 143.

die Maß- und Gewichtsfrage. Einen wichtigen Impuls erhielten ihre Überlegungen zudem aus den zeitgleich geführten naturphilosophischen Debatten über die Längenmaße, die La Condamine 1747 zu einem Vorschlag für ein uniformes Einheitensystem inspirierten. Niemand Geringeres als Voltaire sprach sich in dessen Folge 1751 ebenfalls für eine solche Standardisierung aus. Auch in der *Encyclopédie* finden sich ähnliche Forderungen, wenngleich mit der Einschränkung, dass deren Umsetzung höchstens im nationalen Rahmen möglich, auf internationaler Ebene aber illusorisch sei.[227]

Diese überaus allgemein gehaltenen Ideen blieben jedoch selbst in der *République des Lettres* nicht unumstritten. So zeigte sich beispielsweise Voltaires aristokratischer Widerpart, der Baron de Montesquieu, sehr skeptisch gegenüber „certaines idées d'uniformité qui saississent quelquefois les grands esprits [...], mais qui frappent infailliblement les petits".[228] Und dafür, dass Maße und Gewichte ab etwa 1750 auch in der Verwaltung sehr viel intensiver diskutiert wurden als in den Jahrzehnten zuvor, waren ohnehin nicht die Überlegungen der Literaten verantwortlich. Vielmehr war dies primär auf ökonomische Belange, d. h. konkret auf das zunehmende Interesse von Staat, Eliten und Grundbesitzern an systematischen landwirtschaftlichen Verbesserungen zurückzuführen.

Auch in dieser Hinsicht spielten aufklärerische Einflüsse eine wichtige Rolle. Das gilt vor allem für die theoretischen Debatten der Physiokraten, auf die gleich zurückzukommen sein wird. Hinzu kam noch die Beobachtung des britischen Vorbildes. In Anlehnung an die dortigen Veränderungen strebten zahlreiche französische Grundbesitzer seit der Mitte des 18. Jahrhunderts nach einer Rationalisierung und Kommerzialisierung ihrer Betriebe.[229] Dabei gingen sie nach und nach auch dazu über, Vermessungen mit geometrischen Maßen vorzunehmen, um Flächen und Erträge besser überblicken und nach buchhalterischen Kriterien verwalten zu können.[230] Allerdings waren diesen Bemühungen in Frankreich enge Grenzen gesetzt. Zumeist stießen sie auf heftige Widerstände in der ländlichen Bevölkerung. Denn viele Bauern befürchteten, dass die Neuvermessungen die in „jahrhundertelangen Verhandlungen"[231] etablierten Kompromisse hinsichtlich der von ihnen zu leistenden Abgaben gefährdeten. Ohnehin beruhten solche gutsherrlichen Flächenbestimmungen in der Regel auf lokalen oder regionalen Einheiten. Der Übergang zu geometrischen Vermessungen bedeutete deshalb zwar eine Veränderung der Messpraxis, zog aber kaum Tendenzen zu übergreifenden Vereinheitlichungen nach sich.

Dasselbe galt auch für staatliche Vermessungsprojekte. Nationale Katasterkarten kamen im 18. Jahrhundert nicht zustande, weil die meisten Steuern, wie er-

---

[227] Mesure (Gouvernement), in: DIDEROT und D'ALEMBERT (Hrsg.), Encyclopédie, Bd. 10, S. 423.

[228] MONTESQUIEU, De l'esprit, Bd. 3, livre XXIX, chapitre XVIII, S. 307.

[229] CHALINE, XVIIIe siècle, S. 132 ff.

[230] Vgl. BIANCHI, Terriers, S. 311 ff. (auch als als Überblick über die vielfältige Literatur, die diese Entwicklung unter dem Rubrum der „réaction féodale" untersucht hat) sowie besonders zur Rolle des englischen Vorbildes BEAUROY, Représentation, S. 79 ff. u. S. 98 f.

[231] ALDER, Maß, S. 177.

wähnt, dezentral erhoben wurden. Auf der Ebene einzelner Generalitäten gab es zwischen 1730 und 1790 zwar einige Anläufe zur Erstellung von Katastern, die typischerweise mit physiokratisch inspirierten Versuchen zur Einrichtung der sogenannten *taille tarifée* einhergingen. Allerdings basierten diese Unternehmungen zumeist nicht auf Vermessungen, sondern auf Schätzungen.[232] Und selbst dort, wo sie mit der Anfertigung von genauen Karten einhergingen, blieben ihre Auswirkungen auf die Maßfrage überschaubar. Das zeigt das Beispiel der zwischen 1776 und 1790 vorangetriebenen Erhebung in der Generalität von Paris. Denn Louis Bénigne de Bertier de Sauvigny, der dortige Intendant, hatte seine Landvermesser angewiesen, alle Vermessungen auf der Grundlage der am jeweiligen Ort gebräuchlichen Einheiten vorzunehmen, diese dann auf den *arpent royal* umzurechnen und in ihren Karten jeweils beide Daten anzugeben.[233] Zwar entstand so ein umfassender Katalog von Längen- und Flächenmaßen im Pariser Becken. Aber dieser lieferte nur einen erneuten Hinweis auf die außerordentliche Vielfalt der Einheiten und demonstrierte zudem, dass es in den 1770er und 1780er Jahren noch absolut üblich war, unterschiedliche Arten von Flächen mit unterschiedlichen Maßen zu vermessen. Daran etwas zu ändern, lag nicht in der Intention des Katasters. Für dessen Zwecke genügte es, dass der *arpent* als zentrale Recheneinheit seit 1669 klar definiert war. Vom Problem der Längen- und Flächenmaße gingen deshalb keine Impulse zu einer Reform von Maßen und Gewichten aus.

Ganz anders stellte sich die Lage hinsichtlich der Hohlmaße dar. Den Ausgangspunkt für das seit der Jahrhundertmitte hervortretende Interesse an deren Rationalisierung bildete eine grundlegende Neubewertung der Getreidepreisfrage. Die merkantilistische Politik des späten 17. und frühen 18. Jahrhunderts war von der Auffassung geprägt gewesen, dass günstige Nahrungsmittel positive gesamtwirtschaftliche Effekte nach sich zogen, indem sie die Lohnkosten des gewerblichen Sektors niedrig hielten.[234] In den wirtschaftspolitischen Diskursen der Jahre zwischen 1730 und 1750 fanden sich aber zunehmend Stimmen, die stattdessen höhere Preise forderten, weil davon „das Einkommen der Pächter, Grundeigentümer und zahlreichen Arbeitskräfte sowie letztlich die finanzielle Lage des ganzen Königreichs abhängig" war.[235]

In den 1750er und 1760er Jahren radikalisierten die Physiokraten diese Auffassung noch einmal. François Quesnay, der Leibarzt Ludwig XV. und Kopf der physiokratischen Schule, entwickelte sie zum Dreh- und Angelpunkt seiner ökonomischen Theorie. Das 1758/59 von ihm erstellte *Tableau économique*, die erste schematische Darstellung eines Wirtschaftskreislaufs, beruhte auf der Vorstellung, dass die Einkünfte aus der Landwirtschaft durch ökonomische Austauschprozesse nach und nach auf die übrigen Erwerbszweige verteilt wurden. Je höher sie aus-

---

[232] Kain und Baigent, Cadastral Map, S. 217 ff. Vgl. auch Hocquet, Métrologie, S. 59 ff. und Behrisch, Glückseligkeit, S. 336 ff.
[233] Touzery, Contribution, S. 64 ff. Vgl. auch dies., Atlas historique, S. 7 f.
[234] Gömmel und Klump, Merkantilisten und Physiokraten, S. 131.
[235] Ebd., S. 20. Vgl. auch ausführlich Labrousse, Bons prix, S. 368 ff.

fielen, desto besser war das für alle Beteiligten, und sie fielen eben umso höher aus, je höher die Getreidepreise lagen.[236]

In der staatlichen Verwaltung stießen diese Ideen auf offene Ohren. Zwar waren viele der konkreten Empfehlungen der Physiokraten sehr umstritten. Insbesondere ihre Forderung nach der freien Zirkulation von Gütern bildete einen der zentralen wirtschaftspolitischen Konfliktpunkte zwischen 1750 und der Revolution. Die grundsätzliche Annahme, dass steigende Getreidepreise positive gesamtwirtschaftliche Auswirkungen haben würden, entwickelte sich in diesem Zeitraum aber zu einem Konsens, der auch die Administration umfasste. Das lag nicht zuletzt daran, dass der Staat auf steigende Steuereinnahmen hoffen konnte, wenn sich Quesnays Argumente bewahrheiteten. Besonders nach dem Siebenjährigen Krieg, der zu einem starken Anstieg der öffentlichen Verschuldung geführt hatte, erfuhren seine Ideen deshalb große Aufmerksamkeit.[237]

Vor diesem Hintergrund entwickelte der *Contrôle général des finances*, die Dienststelle des Generalkontrollers, seit den späten 1740er Jahren großes Interesse an einer systematischen Erfassung der Getreidepreise. Nur so sei es möglich, argumentierte ein 1755 verfasstes internes Memorandum, die wirtschaftliche Situation des Königreichs, die Sicherheit der Ernährungslage, die zu erwartenden Steuereinkünfte und die Entwicklung des Handels zu beurteilen.[238] Die Erstellung einer zuverlässigen Statistik setzte allerdings voraus, dass sich die in den Regionen erhobenen Daten harmonisieren und miteinander vergleichen ließen. Genau das war aber nicht der Fall. Die Ursachen hierfür lagen, wie der Generalkontrolleur Jean-Baptiste de Machault d'Arnouville 1747 eingestand, in den „différentes denominations des mesures dans toutes les généralités du royaume et la différence qui se trouve dans le poids de celles qui ont la même dénomination".[239]

Die Generalkontrolle führte deshalb zwischen 1747 und 1767 eine Reihe von Enqueten durch, deren Ziel es war, Aufschluss über die genauen Verhältnisse der Getreidemaße zu gewinnen. Die erste dieser Umfragen war von der akuten Preisexplosion des Jahres 1747 inspiriert und hatte eher tentativen Charakter.[240] Die deutlich umfassendere Erhebung der Jahre 1753 bis 1756 stand jedoch in unmittelbarem Zusammenhang zur Politik der physiokratisch beeinflussten landwirtschaftlichen Reformen und insbesondere zur 1754 einsetzenden teilweisen Liberalisierung des Getreidehandels.[241]

---

[236] Vgl. GÖMMEL und KLUMP, Merkantilisten und Physiokraten, S. 65; LABROUSSE, Bons prix, S. 371ff. sowie allgemein zu Quesnay, der physiokratischen Schule und ihrer Bedeutung im französischen Rahmen BEAUREPAIRE, France, S. 302–317.

[237] Vgl. GÖMMEL und KLUMP, Merkantilisten und Physiokraten, S. 65 sowie zum breiteren Kontext BEHRISCH, Glückseligkeit, S. 340ff.

[238] Nouveau Plan pour la confection des états du prix des grains et denrées, 1755, in: GARNIER, Enquêtes du XVIIIe siècle, S. 35–62, hier S. 35.

[239] Rundschreiben Mauchaults an die Intendanten, 9.12.1747, in: ebd., S. 24.

[240] Die Rolle der Preissteigerungen lässt sich aufgrund von Machaults Betonung der „circonstances présentes" vermuten, Rundschreiben Mauchaults an die Intendanten, 9.12.1747, in: ebd., S. 24. Zum tentativen Charakter vgl. ebd., S. 23.

[241] LABROUSSE, Bons Prix, S. 380. Zum Hintergrund vgl. MILLER, Mastering the Market, S. 50ff.

In deren Vorfeld verstärkte die Behörde ihre Bemühungen um eine Vereinheitlichung der Getreidepreisstatistiken und gab einigen ausgewählten Generalitäten
Anweisungen, wie diese für die Meldung nach Paris zu berechnen seien. Ende
1753 dehnte sie diese zu einer größeren Befragung aus, die detaillierte Vorgaben
zur Erfassung von Preisen und Mengen enthielt. Unter anderem sollten dabei der
Name der jeweils verwendeten Einheit, ihr Verhältnis zum Pariser Maß, die gehandelten Mengen in lokalen Maßen und die Umrechnung im eigentlichen Sinne
einzeln festgehalten werden.[242]

Die Rückmeldungen, die die Generalkontrolle hierauf erhielt, ließen allerdings
zu wünschen übrig. Das hing zum Teil mit der Nachlässigkeit der Beamten vor
Ort zusammen, doch vor allem waren es die Eigenheiten des vormodernen Maßwesens, die eine zuverlässige Erhebung verhinderten. So führten unterschiedliche
Befüllungstechniken, insbesondere das Häufen, zu unterschiedlichen Ergebnissen; nicht bei allen lokalen Maßen ergab sich die Grundeinheit stimmig aus der
Summe der Untereinheiten; und das häufig für die Umrechnung herangezogene
boisseau de l'étape – das beim Militär gebräuchliche Hohlmaß – stimmte zwar
mehr oder weniger, aber doch nicht vollständig mit dem eigentlich zu verwendenden *boisseau de Paris* überein.[243] Schon einige Monate später sah sich die Generalkontrolle deshalb veranlasst, die Umfrage zu wiederholen. Mit den Ergebnissen dieser zweiten Erhebung gab sie sich zufrieden, obwohl sie keinen auch nur
annähernd vollständigen Überblick über die verschiedenen in Frankreich gebräuchlichen Hohlmaße lieferte.[244] Aus Sicht der Administration waren aber die
Schwierigkeiten, die einer genaueren Erfassung entgegenstanden, zu groß, als dass
man sie hätte überwinden können.

Vermutlich wäre es daher beim Status quo des Jahres 1756 geblieben, wenn
nicht der physiokratische Einfluss auf die Wirtschaftspolitik des Ancien Régime
1764 einen neuen Höhepunkt erreicht hätte. Denn in diesem Jahr setzte der so-
eben ins Amt gekommene Generalkontrolleur François de L'Averdy die (nahezu)
vollständige Liberalisierung des Getreidehandels durch.[245] In unmittelbarem Zusammenhang damit startete er im April 1764 eine erneute Umfrage, die nicht wie
ihre Vorläufer der Erfassung der traditionellen Maße diente, sondern zum Ziel
hatte „de savoir s'il est avantageux ou non d'établir l'uniformité dans les poids et
mesures pour tout le royaume".[246] Diese Initiative entsprang nun nicht mehr den
Erfordernissen der staatlichen Verwaltung, sondern allein den wirtschaftspoliti-

---

[242] Schreiben Machaults an den Intendanten von Alençon, 6.7.1753 sowie Rundschreiben
Machaults an die Intendanten, 6.12.1753, in: GARNIER, Enquêtes du XVIIIe siècle, S. 28–31.

[243] Mémoire sur les tables du rapport des mesures, 10.1.1756 [Datum des Versandes], in: ebd.,
S. 67–73. Vgl. auch ebd., S. 63.

[244] Vgl. ebd., S. 83 sowie zu den Ergebnissen ebd., S. 94–118.

[245] Vgl. LADURIE, Ancien Régime, Bd. 2, S. 222 ff. FÉLIX, Finances, S. 191 ff. und BEHRISCH, Glückseligkeit, S. 355 ff., relativieren allerdings den physiokratischen Einfluss auf Teile dieser Entscheidung.

[246] Rundschreiben L'Averdys an die *bureaux de commerce* und die *inspecteurs des manufactures*,
22.4.1764, in: GARNIER, Enquêtes du XVIIIe siècle, S. 84.

schen Zielen der Physiokraten.[247] Im Gegensatz zu den Zirkularen aus den 1740er und 1750er Jahren, die sich an die Intendanten gerichtet hatten, war sie deshalb an die *bureaux de commerce* und die *inspecteurs des manufactures* adressiert. Und der Fragebogen nahm anstelle der Getreidepreisstatistik nunmehr explizit die Bedeutung der Maßvielfalt für den Handel in den Blick.[248]

Bei genauerer Betrachtung fällt allerdings auf, wie offen L'Averdys Vorstoß gehalten war. Sowohl die Vor- als auch die Nachteile einer Vereinheitlichung von Maßen und Gewichten sollten eruiert und gegeneinander abgewogen werden. Und tatsächlich waren die Rückmeldungen auf die Umfrage sehr differenziert. Stimmen, die eine Reform enthusiastisch begrüßten und sie als „une chose désirée depuis longtemps"[249] bezeichneten, hielten sich die Waage mit Äußerungen von Beamten, die ein solches Projekt ablehnten. Diese begründeten ihre Haltung mit Argumenten wie der Angst vor einem Rückgang der Beschäftigung, dem Respekt vor lokalen Traditionen oder auch mit der „utilité dans les différentes mesures qui facilitent un certain avantage dans le commerce."[250]

Während eine Standardisierung von Maßen und Gewichten aus der theoretischen Perspektive der Physiokraten also naheliegend erscheinen mochte, war ihr konkreter Nutzen umstritten. Im Amt des Generalkontrolleurs setzte sich deshalb nach der Enquete von 1764 die Auffassung durch, dass man das Problem pragmatisch angehen sollte – und das hieß, auf größere Reformen zu verzichten. Zumindest lässt sich dies aus der im Mai 1766 veröffentlichten königlichen „Déclaration concernant les poids et mesures" schließen. Sie begann mit der Feststellung, dass eine Vereinheitlichung der Maße zwar erstrebenswert sei, die bisher gemachten Erfahrungen jedoch Zweifel an ihrer Durchführbarkeit weckten.[251] Ludwig XV. ordnete deshalb lediglich die Erstellung einer Tabelle an, die alle lokalen Einheiten erfassen, festschreiben und einer amtlichen Umrechnung zugänglich machen sollte. Dies war ein minimaler staatlicher Eingriff in das Maßwesen, der zurückhaltender kaum hätte ausfallen können.

Es wäre aber dennoch zu kurz gegriffen, ihn mit Witold Kula als „seal upon the Crown's surrender"[252] bezüglich der Standardisierungsfrage zu betrachten. Denn die Deklaration von 1766 erbrachte eine wesentliche Neuerung. Diese Neuerung wies jedoch keinerlei Bezug zur Debatte über den Getreidehandel auf, sondern ging auf die gleichzeitig geführten wissenschaftlichen Diskussionen zurück. Seit den

---

[247] Eine ähnliche Verschiebung von eher praktisch zu stärker theoretisch-ideologisch motivierten Maßnahmen lässt sich auch in der Getreidepolitik insgesamt ausmachen, vgl. LABROUSSE, Bons prix, S. 380ff.

[248] Memorandum/Fragebogen zum Rundschreiben L'Averdys an die *bureaux de commerce* und die *inspecteurs des manufactures*, 22.4.1764, in: GARNIER, Enquêtes du XVIIIe siècle, S. 85. Zur Frage der Adressaten vgl. auch HOCQUET, Métrologie, S. 36.

[249] Antwortschreiben der *juridiction consulaire* von Caen, 6.5.1767, in: GARNIER, Enquêtes du XVIIIe siècle, S. 119–120, hier S. 120.

[250] GARNIER, Enquêtes du XVIIIe siècle, S. 86.

[251] Déclaration concernant les poids et mesures, 16.5.1766, in: CLÉMENCEAU, Service, S. 170–171, hier S. 170.

[252] KULA, Measures, S. 174.

Erdvermessungen der 1730er Jahre hatten verschiedene Naturphilosophen eigene Kopien der *Toise du Châtelet* angefertigt, die die Dauerhaftigkeit und Genauigkeit des Originals bei weitem übertrafen, untereinander aber nicht übereinstimmten. Dadurch, dass der König nunmehr eine dieser Kopien, die *Toise du Perou*, zur Grundlage für die zu erstellende Umrechnungstabelle erklärte, gab er eine eindeutige Antwort auf die Frage, welches Normal als zentrale Referenzgröße dienen sollte.[253] Hinzu kam noch, dass etwa achtzig Kopien dieses Standards angefertigt und an die wichtigsten Provinzstädte geschickt werden sollten. Zudem wurde der Botaniker und Metallurg Mathieu Tillet damit beauftragt, die Äquivalenzen zwischen den Pariser und einigen ausgewählten ausländischen Maßen zu bestimmen.[254]

Damit verfügte Frankreich über ein den zeitgenössischen wissenschaftlichen Anforderungen genügendes, national wie international verwendbares Referenzsystem von Urmaßen. Das war ein wichtiger Einschnitt, denn kein anderes Land konnte eine vergleichbare Einrichtung vorweisen. Aber es ist offenkundig, dass diese Referenzmaße nur ein Nebenprodukt der administrativen Überlegungen zur Standardisierung bildeten, die sich an dieser Stelle eher zufällig mit den naturphilosophischen Debatten kreuzten. Auf das zentrale Problem der Getreidemaße hatte ihre Festlegung keinen Einfluss. Zwar wurden die erwähnten Umrechnungstabellen in vielen Regionen tatsächlich aufgestellt, aber gerade hinsichtlich der für die Getreidepolitik so wichtigen Hohlmaße blieben sie unvollständig. Die einschlägige Umfrage der Generalkontrolle von 1766/67 verlief angesichts des schwindenden physiokratischen Einflusses im Sande.[255] 1768 schließlich entließ Ludwig XV. L'Averdy, der sich trotz Ernteausfällen, steigender Preise und Hungerrevolten weigerte, seine Reformpolitik rückgängig zu machen. Sein Nachfolger Terray vollzog 1770 eine Kehrtwende und machte die Liberalisierung des Getreidehandels wieder rückgängig.[256]

Damit endete die Hochphase des Einflusses der Physiokraten im Ancien Régime. Terray und sein Kanzler Maupeou suchten die Lösung für die verfahrene politische und finanzielle Lage der Krone fortan nicht mehr in wirtschaftspolitischen Maßnahmen, sondern in einer Konfrontation mit den *Parlements*.[257] Allerdings gab es, nachdem diese äußerst unpopuläre Politik durch den Tod Ludwigs XV. 1774 hinfällig geworden war, doch noch einen physiokratisch inspirierten Anlauf zur Untersuchung von Maßen und Gewichten. Unter der Ägide von Jacques Turgot, den Ludwig XVI. kurz nach seiner Thronbesteigung zum Generalkontrolleur ernannte, ging er wiederum eng mit der Frage des Getreidehandels einher.[258]

Turgot hatte sich bereits in seiner Zeit als Intendant von Limoges intensiv mit diesen Themen auseinandergesetzt. Seine 1766 veröffentlichen *Réflexions sur la*

253 Déclaration concernant les poids et mesures, 16. 5. 1766, in: CLÉMENCEAU, Service, S. 170–171, hier S. 171. Vgl. auch Kap. 3.1.2 dieser Arbeit.
254 FAVRE, Origines, S. 18 sowie SCHELLE, Oeuvres de Turgot, Bd. 5, S. 32, Fn. 6.
255 Vgl. GARNIER, Enquêtes du XVIIIe siècle, S. 86–94, hier v. a. S. 94.
256 LADURIE, Ancien régime, Bd. 2, S. 223 u. S. 251f.
257 BEAUREPAIRE, France, S. 482 ff.
258 Zum Fall von Maupeou und Terray sowie zum Aufstieg von Turgot vgl. ebd., S. 625 ff.

formation et la distribution des richesses wiesen ihn als einen physiokratischen Theoretiker eigenen Rechtes aus. Und aufgrund seiner praktischen Erfahrung in einer einflussreichen Verwaltungsposition war er in den 1760er Jahren auch mit den Debatten über Maße und Gewichte in Berührung gekommen.[259] Als er unmittelbar nach seiner Berufung zum Generalkontrolleur erneut den freien Handel mit Getreide dekretierte, war ihm deshalb die Bedeutung der Maßfrage vollauf bewusst.[260] Statt sie allerdings direkt anzugehen, wählte er den Umweg über die gleichzeitig stattfindenden wissenschaftlichen Debatten. Er beauftragte den von ihm zum *Inspecteur des monnaies* erhobenen Marquis de Condorcet damit, ein Maßsystem auszuarbeiten, das die aktuellen naturphilosophischen Erkenntnisse bezüglich der Nutzung des Sekundenpendels als Definitionsgrundlage inkorporieren sollte.[261]

Diese Vorgehensweise diente dazu, die Kritik monarchischer Pragmatiker wie Terray oder Jacques Necker an der Politik des ökonomischen Liberalismus abzuwehren und die Maß- und Gewichtsfrage von einem wirtschaftspolitischen zu einem wissenschaftlichen Problem umzudefinieren. Tatsächlich besteht aber kein Zweifel daran, dass Turgots Initiative primär darauf abzielte, den freien Handel zu erleichtern und der Regierung eine genauere Kontrolle der Getreidepreise zu ermöglichen.[262] Das ist nicht zuletzt daran ersichtlich, dass sich Condorcet im Zuge seiner konkreten Arbeit an dem Projekt auch der administrativen Seite des Problems annahm. 1775 schrieb er an Turgot, dass dieser bei den Intendanten nachfragen möge, welche unterschiedlichen Maße in ihrer Provinz im Umlauf seien, ob es damit korrespondierende Maßnormale gebe und wie deren Verhältnis zu den Pariser Maßen ausfalle.[263]

Diese Vorschläge sind bemerkenswert, weil sie zeigen, wie gering die Fortschritte waren, die die verschiedenen Umfragen der vorangegangenen Jahrzehnte erbracht hatten. Trotz mehrerer, über annähernd drei Dekaden verteilter Anläufe hatte Paris in den 1770er Jahren immer noch keinen Überblick über die im Land gebräuchlichen Getreidemaße. Angesichts dieser schon bei der bloßen Katalogisierung hervortretenden Schwierigkeiten kann es nicht verwundern, dass Vorschläge zu einer Veränderung von Maßen und Gewichten keine Verwirklichungschance hatten. Das galt auch für die von Condorcet geplanten Reformen: Als Turgot 1776 aus dem Amt entlassen wurde, weil seine radikalen Maßnahmen zum Umbau des Feudalsystems auf immer größere Widerstände stießen, waren sie hinfällig.[264]

---

[259] Zu Turgots Hintergrund vgl. ebd., S. 317ff. sowie GÖMMEL und KLUMP, Merkantilisten und Physiokraten, S. 73. Zu seinen Berührungspunkten mit der Maß- und Gewichtsfrage vgl. SCHELLE, Oeuvres de Turgot, Bd. 5, S. 32, Fn. 6. Zu seinen Bemühungen um die Erhebung einer Erntestatistik, die einen wesentlichen Hintergrund seines Interesses für Maße und Gewichte bildeten, vgl. ausführlich BEHRISCH, Glückseligkeit, S. 383ff.

[260] Vgl. CHALINE, XVIIIe siècle, S. 36 sowie BEAUREPAIRE, France, S. 639ff.

[261] Vgl. FAVRE, Origines, S. 83.

[262] Vgl. BAKER, Condorcet, S. 65 sowie ALDER, Revolution, S. 41.

[263] Vgl. FAVRE, Origines, S. 44f.

[264] Vgl. CHALINE, XVIIIe siècle, S. 36f. und BAKER, Condorcet, S. 66.

In den folgenden Jahren verschwand das Problem ebenso in der Versenkung wie die liberal-physiokratische Reformpolitik insgesamt. Die gemäßigten Pragmatiker, die auf Turgot folgten, hielten sich im Allgemeinen von Projekten zur Revision von Maßen und Gewichten fern. Jacques Necker beschäftigte sich 1781 zwar mit der Frage, kam aber zu einer Schlussfolgerung, die in geradezu idealtypischer Weise die Differenz zwischen ihm und dem physiokratischen Lager markierte. „Je doute encore", so lautete sein Befund, „si l'utilité qui pourroit en résulter seroit proportionnée aux difficultés de toute espèce que cette opération entraîneroit, vu les changemens d'évaluation qu'il faudroit faire dans une multitude de contrats de rente, de devoirs féodaux, et d'autres actes de toute espèce."[265] Auch als die Maßfrage 1785/86 im Rahmen eines von Calonne mit der Suche nach Möglichkeiten zu Produktivitätssteigerungen beauftragen landwirtschaftlichen Komitees erörtert wurde, war diese skeptische Grundhaltung erkennbar. Tillet, der 1767 die Vergleichungen der Pariser mit den ausländischen Maßen durchgeführt hatte, argumentierte vor diesem Gremium, dass eine landesweite Vereinheitlichung der Maße utopisch sei.[266] Stattdessen regte er an, die Arbeiten an den amtlichen Umrechnungstabellen wieder aufzunehmen. Selbst das geschah allerdings nicht, weil das Komitee im Zuge von Calonnes Entlassung 1787 wieder aufgelöst wurde.[267]

Vor der unüberschaubaren Vielfalt der Einheiten schien der Staat in den Jahren vor der Revolution also zu kapitulieren. Offenbar schreckten die pragmatischen Reformer davor zurück, sich mit den Inhabern feudaler Rechte anzulegen, zumal die *Parlements* diese in den 1780er Jahren noch regelmäßig bestätigten.[268] Es wäre deshalb naheliegend, die These zu vertreten, dass sich die Selbstblockade des Ancien Régime auch auf die Frage der Vereinheitlichung von Maßen und Gewichten erstreckte, und zweifellos standen einer solchen Reform hohe Hürden entgegen. Doch andererseits ist nicht zu übersehen, dass sie auch deshalb nicht in Gang kam, weil ihr Nutzen stets umstritten blieb. Zwar gab es immer wieder Beschwerden über missbräuchliche Praktiken von Händlern oder Grundherren, die die Spielräume, die sich aus den vormodernen Einheiten ergaben, zu ihren Zwecken ausbeuteten.[269] Aber daneben waren – wie die Umfragen der 1750er und 1760er Jahre gezeigt hatten – auch stets Stimmen zu vernehmen, die die Maßvielfalt als unproblematisch, als positiv für den Handel oder auch als vergleichsweise unwichtig betrachteten.

Selbst aus der Perspektive der staatlichen Verwaltung ließ sich nicht eindeutig beantworten, ob eine Reform von Maßen und Gewichten überhaupt erstrebenswert war. Diese Auffassung vertraten allein die ideologisch motivierten Physio-

---

[265] NECKER, Compte rendu, S. 69. Vgl. auch COX, Metric System, S. 59 sowie ZUPKO, Revolution, S. 136.

[266] Comité d'administration de l'agriculture, 17e séance (5.1.1786), in: PIGEONNEAU und FOVILLE, L'administration de l'agriculture, S. 126–154, hier S. 127.

[267] PIGEONNEAU und FOVILLE, L'administration de l'agriculture, S. 442. Zum komplexen Verhältnis zwischen Physiokratie und den Reformversuchen von Calonne vgl. BUTEL, Économie, S. 271ff.

[268] HOCQUET, Le roi, S. 33.

[269] Vgl. die Beispiele bei KULA, Measures, S. 175.

kraten. Die eher pragmatisch gesinnten Kräfte waren hingegen der Meinung, dass die Fixierung einiger Grundeinheiten und ihrer Verhältnisse zu den lokal üblichen Standards völlig genügte.[270] Das Grundproblem des Ancien Régime bestand also nicht allein darin, dass eine Vereinheitlichung von Maßen und Gewichten undurchführbar war, sondern auch darin, dass ihre Notwendigkeit fraglich erschien. Wenige Jahre vor der Revolution deutete deshalb kaum etwas darauf hin, dass Frankreich das Land war, in dem der grundlegendste Umbruch in der Geschichte der Metrologie seinen Ausgang nehmen sollte.

2.3.3 Der Stimmungsumschwung und die Revolution

Ende der 1780er Jahre begann sich das Blatt zu wenden. Schenkt man der Darstellung von Witold Kula Glauben, so ereignete sich zu diesem Zeitpunkt ein grundlegender Stimmungsumschwung, und es stellte sich heraus, „that the entire nation wanted standardization of weights and measures, believed it to be attainable, was convinced that it was indispensable and even that it would be relatively easy to carry out."[271]

Zweifellos ist die Debatte über Maße und Gewichte im unmittelbaren Umfeld der Revolution auf einer sehr viel breiteren Basis geführt worden als in den Jahrzehnten zuvor. Den sichtbarsten Ausdruck hierfür bildeten die Beratungen anlässlich der Wahlen zu den 1788 einberufenen Generalständen. In deren Rahmen waren die Stände dazu aufgerufen worden, sogenannte *cahiers de doléances* abzufassen – Beschwerdehefte, die als Instruktionen für die von ihnen gewählten Vertreter gedacht waren und in denen auch die Maß- und Gewichtsfrage zur Sprache kam. Diese Beschwerdehefte, etwa 40 000 Stück an der Zahl, bilden einen einmaligen Quellenbestand, weil niemals zuvor eine solch umfassende Befragung breiter Bevölkerungsschichten vorgenommen worden ist. Es ist allerdings bekannt, dass ihre Interpretation große Schwierigkeiten aufwirft. Denn die *cahiers* wurden z. T. nach vorgefertigten Modellen angefertigt, und auch in den Fällen, in denen das nicht geschah, ist meist unklar, wie groß der Einfluss gebildeter Notabeln auf den Inhalt der von ihnen niedergeschriebenen Gravamina von Bauern und Handwerkern war.[272]

Das ist vor allem deswegen problematisch, weil sich in der Debatte der Stände über Maße und Gewichte – wie in der Revolution insgesamt – zahlreiche gegensätzliche Forderungen und Zielsetzungen unterschiedlicher Gruppierungen überlagerten. Kula hat die einschlägigen Passagen der *cahiers* analysiert und dabei drei wesentliche Strömungen ausgemacht. Erstens, so sein Argument, hätten bei den Diskussionen in den Wahlversammlungen antifeudale Motive eine wichtige Rolle gespielt. Bauern und ländliche Unterschichten seien des ständigen Missbrauchs

---

[270] Vgl. z. B. Comité d'administration de l'agriculture, 49ᵉ séance (1.12.1786), in: PIGEONNEAU und FOVILLE, L'administration de l'agriculture, S. 322–326, hier S. 326.

[271] KULA, Measures, S. 185.

[272] Vgl. ebd. S. 186 ff. sowie MAREC, Les sources métrologiques révolutionnaires, S. 60 ff.

des grundherrlichen Maßmonopols überdrüssig gewesen und hätten angesichts des sich abzeichnenden politischen Wandels in großer Zahl für eine metrologische Standardisierung Partei ergriffen. Zweitens, so Kula, spiegelten die *cahiers* in Übereinstimmung mit den seit den 1750er Jahren geführten Debatten physiokratisch-freihändlerische Forderungen nach einer Vereinheitlichung wider, die von einer schmalen Schicht städtischer Eliten artikuliert worden seien. Und drittens schließlich habe sich der Wunsch nach einer Standardisierung auch aus national-monarchistischem Gedankengut gespeist. Dieses sei sowohl auf aufklärerische Ideen zur Rechtsgleichheit als auch auf traditionelle Vorstellungen von der integrativen Funktion der Krone zurückgegangen und habe die Einheit von Maßen und Gewichten sowohl buchstäblich als auch symbolisch als Voraussetzung für die Einheit der Nation interpretiert.[273]

Diese Analyse steht auf einem breiten empirischen Fundament und ist in umsichtiger, methodisch reflektierter Weise vorgenommen worden. Zudem ist hinsichtlich der wirtschaftspolitischen und der national-monarchistischen Argumente gut erklärbar, warum sie plötzlich breite Zustimmung erfuhren, obwohl das Meinungsbild in den Jahren zuvor ganz anders ausgefallen war. Das hing mit der ökonomischen Krise von 1788/89 zusammen. Sie führte dazu, dass sich die Verfechter liberaler Reformen in ihrer Analyse der Schwächen der französischen Wirtschaft bestätigt sahen. Neben einer Standardisierung der Maße forderten sie deshalb in den *cahiers* auch zahlreiche weitere einschlägige Neuerungen wie beispielsweise eine Abschaffung der Binnenzölle.[274] Hinzu kam, dass die Krise – etwas im Widerspruch dazu – auf lokaler Ebene vermehrte Versuche zu einer Festsetzung der Brotpreise nach sich zog. Wie schon in Großbritannien in den 1750er Jahren hatte dies zur Folge, dass die praktischen Probleme, die die Maßvielfalt dabei aufwarf, große Beachtung fanden.[275] Und schließlich war die Krise zusammen mit der politisch-finanziellen Lage des Königreichs maßgeblich für den massiven vorrevolutionären Politisierungsschub verantwortlich, in dessen Rahmen die Idee der Einheit der Nation großen Zulauf erhielt.[276] Auch aus dieser Perspektive ist also nachvollziehbar, warum die Debatte über Maße und Gewichte in den späten 1780er Jahre eine neue Wendung nahm.

Weniger plausibel ist allerdings die These, dass dieser Stimmungsumschwung über eine kleine, bürgerlich-aristokratisch geprägte Elite hinaus auch große Teile der ländlichen Bevölkerung erfasst habe.[277] Sicher: Die Revolution der Bauern war für die Dynamik der Ereignisse des Sommers 1789 von zentraler Bedeutung, und

---

[273] Vgl. KULA, Measures, S. 192–226 sowie daneben auch die Analysen bei COX, Metric System, S. 60 ff. und FAVRE, Origines, S. 7 f. u. S. 86 ff.

[274] TAYLOR, Cahiers, S. 1514.

[275] Vgl. MILLER, Mastering the Market, S. 94 u. S. 118 sowie WANG, Vereinheitlichung, S. 35.

[276] SCHULIN, Französische Revolution, S. 192.

[277] GARNIER, Les Mesures, S. 10. Daneben sind zentral für die kritische Auseinandersetzung mit den Thesen von Kula: MAREC, Résistances, S. 135 ff.; ders., République sociale, S. 27 ff.; ders., Les sources métrologiques révolutionnaires, S. 62 f. sowie CHARBONNIER und POITRINEAU, Anciennes mesures du Centre-Ouest, S. 243 ff.

sie speiste sich zu einem erheblichen Teil aus der Unzufriedenheit über Grundrenten und Abgaben, die durch die Krise noch akzentuiert wurde.[278] Doch es erscheint wenig glaubwürdig, dass die grundherrliche Aufsicht über Maß und Gewicht einen wesentlichen Bestandteil dieser Unzufriedenheit ausgemacht haben soll. Zwar hatte es im Laufe des 18. Jahrhunderts immer wieder Konflikte über die Kontrolle von Maßen gegeben, vor allem bei der Erhebung von Naturalabgaben. Doch eine eindeutige Benachteiligung der Bauern war damit nicht einhergegangen, weil auch sie gelegentlich von der Vielfalt der Maße profitieren konnten.[279]

Mit dem Vordringen des Agrarkapitalismus trat zudem aus der Perspektive der Grundbesitzer die Bedeutung seigneurialer Lasten seit der Jahrhundertmitte gegenüber anderen Einkommensquellen stark in den Hintergrund.[280] Das spiegelte sich auch in der Geographie der in den *cahiers* geäußerten Beschwerden wider. Denn diese beschränkten sich fast ausschließlich auf westliche Regionen wie die Bretagne, wo die traditionellen feudalen Rechte nach wie vor einen hohen Anteil der herrschaftlichen Einkünfte ausmachten und zudem überdurchschnittlich häufig in Naturalien zu leisten waren. Stichprobenartige Untersuchungen aus anderen Teilen des Landes haben gezeigt, dass die Maßfrage bei den dortigen dörflichen Wahlversammlungen so gut wie keine Rolle spielte.[281] Das deckt sich mit Befunden aus quantitativen Analysen, denen zufolge sie tendenziell eher in städtischen als in ländlichen sowie hauptsächlich in den Versammlungen der Wahl*männer* und nicht in den primären Versammlungen der Wahl*berechtigten* thematisiert wurde.[282] Die Reform von Maßen und Gewichten war also ein Thema, das lokale Eliten diskutierten und nicht eines, das die Bauern bewegte.

Selbst dort, wo es unzweifelhaft ländliche Bevölkerungsschichten waren, die sie einforderten, geschah dies mit einer anderen Zielsetzung als im Falle bürgerlich-aristokratischer Eliten. Denn wo diese die Etablierung eines umfassenden, für alle Zwecke gleichen Maßsystems forderten, ging es den Bauern in erster Linie um eine Fixierung der bestehenden Einheiten.[283] Sie vertraten also konservative Positionen, die gerade nicht auf eine Abänderung der Maße, sondern auf ihre Beibehaltung abzielten – inklusive der traditionellen Praktiken wie dem Häufen und der Differenzierung nach dem Verwendungszweck. Das konnte sich zwar auch darin niederschlagen, dass einzelne Wahlversammlungen das Maß eines bestimmten Grundherrn durch das eines benachbarten Ortes ersetzen wollten, das dann zumeist als ‚ursprüngliche‘ Einheit interpretiert wurde. Aber zum weitaus überwiegenden Teil spielten in den Beschwerden der Bauern alleine die lokalen Maße eine Rolle. Allenfalls rhetorische Bezüge zu den überregionalen Aspekten des

---

278 Vgl. FEHRENBACH, Ancien Régime, S. 19f. sowie SCHULIN, Französische Revolution, S. 75 ff.
279 Vgl. CHARBONNIER und POITRINEAU, Anciennes mesures du Centre-Ouest, S. 244 ff.
280 Vgl. FEHRENBACH, Ancien Régime, S. 20.
281 Vgl. GARNIER, Les Mesures, S. 10. In den dort angeführten Fallbeispielen aus der Normandie und der Loire-Region kamen Maße und Gewichte nur in 5–13% der analysierten *cahiers* überhaupt zur Sprache.
282 Vgl. TAYLOR, Cahiers, S. 1514.
283 KULA, Measures, S. 195.

Themas tauchten gelegentlich auf. Kula gesteht auch ein, dass „even if nationwide standardization of measures was repeatedly mentioned, the true concern was with local measures only."[284]

Diese Befunde legen die These nahe, dass die Bauern die bürgerlich-aufgeklärte Stoßrichtung, die den zentralen Argumenten für eine Vereinheitlichung von Maßen und Gewichten zugrunde lag, nicht unterstützten, sondern ihr vielmehr diametral entgegenstanden. Diese Auffassung stimmt mit jüngeren Forschungen überein, in denen die Bauernrevolution nicht mehr als anti-seigneuriale Initiative zur Überwindung des Feudalsystems, sondern als konservativer „Widerstand gegen einen als zu rasch empfundenen ökonomischen Wandel"[285] interpretiert wird. Sie widerspricht auch nicht Kulas Befund, dass die Beschwerdehefte von Adel und Klerus die Maßfrage weitgehend verschweigen, denn die wesentliche Konfliktlinie bezüglich wirtschaftlicher Reformen verlief nicht zwischen Adel und Bauern, sondern zwischen bürgerlich-aristokratischen Modernisierern einerseits und traditionell orientiertem Adel andererseits.[286]

Und schließlich erklärt diese Sicht der Dinge auch besser als Kulas Interpretation, warum standardisierte Einheitensysteme bis weit in das 19. Jahrhundert hinein auf heftige Widerstände in der ländlichen Bevölkerung stießen.[287] Zwar ist es richtig, dass dies maßgeblich mit den spezifischen Charakteristika des metrischen Systems – vor allem der Nomenklatur und dem Dezimalsystem – zusammenhing. Aber mindestens ebenso bedeutsam war, dass eine Vereinheitlichung von Maßen und Gewichten deren weitgehende Dekontextualisierung implizierte. Das erschien den Bauern prinzipiell nicht erstrebenswert. Nur so ist zu erklären, dass sie auch dort gegen einheitliche Maßsysteme opponierten, wo diese – wie in Deutschland oder in Großbritannien – nicht mit dem Dezimalsystem oder neuen Begrifflichkeiten einhergingen, sondern auf traditionellen Bezeichnungen und Unterteilungsmodi basierten.[288]

Es kann deshalb insgesamt keine Rede davon sein, dass der Stimmungsumschwung zugunsten einer Reform von Maßen und Gewichten die gesamte französische Nation erfasste. Zwar bildete die Revolution der Bauern eine wichtige Voraussetzung für alle weiteren Debatten über diese Frage, weil die auf ihren Druck hin von der Nationalversammlung beschlossene Abschaffung der grundherrlichen Privilegien ein Vakuum hinterließ, das in irgendeiner Weise gefüllt werden musste. Doch dass dies im Sinne einer grundlegenden Veränderung des Maßsystems geschah, war allein auf eine schmale Schicht bürgerlich-aristokratischer Eliten zurückzuführen, deren Sicht auf das Problem seit den späten 1780er Jahren noch stärker von physiokratisch-freihändlerischen Konzepten und aufklärerischen Vorstellungen von nationaler Einheit geprägt war als zuvor.

---

[284] Ebd., S. 215.
[285] FEHRENBACH, Ancien Régime, S. 21.
[286] Vgl. KULA, Measures, S. 220ff. sowie FEHRENBACH, Ancien Régime, S. 23 u. S. 169.
[287] Dieses Argument betont besonders MAREC, Résistances, S. 142ff. sowie ders., République sociale, S. 27ff.
[288] Vgl. Kap. 4.2 u. Kap. 4.3 dieser Arbeit.

Eindeutig waren allerdings auch diese Ideen nicht. Denn während die meisten liberalen Reformer nunmehr davon ausgingen, dass das Maß- und Gewichtssystem tatsächlich umgestaltet werden sollte, war der konkrete Inhalt einer solchen Veränderung offen.[289] Das kam schon darin zum Ausdruck, dass für viele Vertreter des Dritten Standes eine *landesweite* Vereinheitlichung auch 1788/89 noch jenseits der Vorstellungskraft lag. Nur ein Teil der *cahiers* nahm daher das gesamte Königreich in den Blick. Viele von ihnen verlangten stattdessen nach einer Standardisierung im Rahmen einzelner Provinzen.[290] Und zudem gingen so gut wie alle der auf den Wahlversammlungen geäußerten Vorschläge davon aus, dass der Ausgangspunkt einer jeden Reform in den bereits vorhandenen provinziellen oder royalen Einheiten bestehen würde.[291]

Bekanntlich kam es anders, denn das metrische System war ein radikaler Neuentwurf, der in keiner Weise auf die traditionellen Maße zurückgriff. Dass die metrologische Standardisierung in Frankreich gerade diese Form annahm, hatte mit einem Faktor zu tun, der die einschlägigen Debatten schon lange Zeit begleitet, aber bis zu diesen Zeitpunkt nur punktuell beeinflusst hatte. Der Meinungsumschwung der bürgerlich-aristokratischen Eliten sowie die revolutionäre Situation der Jahre 1789/90 sorgten nun aber dafür, dass er fortan eine zentrale Rolle einnahm. Dieser Faktor war die aufklärerische Naturphilosophie. Sie ist der Gegenstand des nächsten Kapitels.

---

[289] Allerdings gab es in den *cahiers* auch Stimmen, die statt einer Vereinheitlichung eine ergebnisoffene Überprüfung von Maßen und Gewichten verlangten, vgl. Favre, Origines, S. 87.

[290] Vgl. Kula, Measures, S. 214.

[291] Ebd., S. 211 ff. Vgl. auch Favre, Origines, S. 93.

3. Maße und Gewichte in der aufgeklärten Naturphilosophie 1660–1795

Die naturphilosophischen Debatten über Maße und Gewichte, aus denen in den 1790er Jahren das metrische System hervorging, wurzelten in der ‚Wissenschaftlichen Revolution'. Deren wichtigstes Kennzeichen war die Verbindung mathematischer und empirisch-experimenteller Methoden. In ihrem Rahmen erlangten Messung und Quantifizierung seit dem 17. Jahrhundert einen zentralen erkenntnistheoretischen Stellenwert. Dies zog ein verstärktes Interesse an der präzisen Bestimmung von Maßen und Gewichten und in der Folge auch an ihrer Standardisierung nach sich.

Die Vorstellung einer unmittelbaren Verknüpfung zwischen der empirisch-mathematisch geprägten Naturphilosophie und der Fixierung einheitlicher Maße ist allerdings in dreierlei Hinsicht zu relativieren. Erstens gilt sie nicht für die Anfangszeit der ‚Wissenschaftlichen Revolution', sondern erst ab den 1660er Jahren. Zu diesem Zeitpunkt trat die Kultur des individuellen Experimentes hinter die wissenschaftlichen Großprojekte der neugegründeten Akademien zurück. Dadurch gewannen Fragen der Konsistenz und Vergleichbarkeit empirischer Daten und somit auch die eindeutige Bestimmung der ihnen zugrunde liegenden Einheiten an Bedeutung.

Zweitens beschränkte sich der Zusammenhang zwischen Naturphilosophie und Maßvereinheitlichung bis zur zweiten Hälfte des 18. Jahrhunderts auf bestimmte Wissenschaftszweige und einzelne Maße. So war die Festlegung eindeutiger, überregional anerkannter Einheiten für die Alchemie, die Biologie und die Medizin nur von untergeordneter Bedeutung. Allein die sogenannte praktische Mathematik, d. h. die Astronomie, die Navigation und die Landvermessung erforderten in dieser Hinsicht eine allgemeine Übereinkunft. Das galt zum einen für Zeit- und Winkelmaße, die im Rahmen dieser Arbeit nur von untergeordneter Bedeutung sind, und zum anderen für Längeneinheiten, die im Folgenden schwerpunktmäßig betrachtet werden sollen. Vor allem die Frage nach der genauen Größe und Form der Erde, die im Zentrum einer der wichtigsten naturphilosophischen Debatten des späten 17. und frühen 18. Jahrhunderts stand, führte zu ihrer präziseren Bestimmung. Sie resultierte schließlich sogar in der Festlegung *eines* in der gesamten wissenschaftlichen Öffentlichkeit akzeptierten Maßes, der französischen *Toise*.

Allerdings beschränkten sich die Debatten über die Längenmaße nicht auf das Problem der Fixierung eines einheitlichen Standards. Vielmehr drehten sie sich auch maßgeblich um die Frage, wie sich dieser Standard dauerhaft gegen Verlust oder Beschädigung sichern ließe. Diese Überlegungen stellten die dritte und wichtigste Brechung des Zusammenhangs zwischen der empirischen Naturphilosophie und der Fixierung einheitlicher Maße dar. Denn sie reflektierten nicht nur Fragen wissenschaftlicher Zweckmäßigkeit, sondern auch hochgradig idealisierte Ordnungsvorstellungen. So sprachen sich nahezu alle europäischen Gelehrten des

https://doi.org/10.1515/9783110581959-004

17. und 18. Jahrhunderts dafür aus, das Längenmaß an eine der Natur entnommene Größe zu knüpfen. Die meisten von ihnen favorisierten dabei die Länge des Sekundenpendels, d. h. eines Pendels, das in einer Sekunde eine Schwingung vollendet. Diese Idee wurzelte in der *mechanical philosophy* des 17. Jahrhunderts, deren wichtigster Ausdruck die Metapher von der Welt als Uhrwerk war.

Daneben traten einige Naturphilosophen aber auch dafür ein, die Längenmaße an den Umfang des Globus zu koppeln. Dieses Vorhaben ging teilweise auf die Debatte über die Erdgestalt zurück. In der Hauptsache war es jedoch die Folge einer intensiven, vom Humanismus inspirierten Rezeption antiken Wissens über Maße und Gewichte. Im späten 17. Jahrhundert trat diese antiquarische Herangehensweise zwar gegenüber der empirisch-mathematisch geprägten Metrologie in den Hintergrund. In den 1750er Jahren erlebte sie aber eine Renaissance. Zahlreiche französische *savants* vertraten seit diesem Zeitpunkt die Auffassung, dass es bereits im Altertum eine Verbindung zwischen dem Erdumfang und dem Längenmaß gegeben habe, die es im Rahmen der von ihnen angestrebten Aktualisierung der antiken Idealkultur wiederherzustellen gelte.

In der Französischen Revolution gelang es ihnen, diese utopische Konzeption einzulösen. Anhand der Vermessung eines durch Frankreich verlaufenden Erdmeridians etablierten sie den zehnmillionsten Teil des Abstands vom Pol zum Äquator als Basis für ein neues Längenmaß, den Meter. Dabei traten zahlreiche Probleme auf, die die Idee des Erdumfangs als Maßgrundlage im Laufe des 19. Jahrhundert kompromittieren sollten. In den 1790er Jahren blieben sie aber noch unbeachtet. Stattdessen ermöglichte es die revolutionäre Situation den *savants*, ihren Blick von den Längeneinheiten auf die *gesamte* Maßüberlieferung auszuweiten. Im Rückgriff auf eine Reihe verstreuter, kaum jemals zuvor in einen Zusammenhang gebrachter Vorläufer formten sie innerhalb weniger Jahre das metrische System – ein Maßsystem, das neben seiner vermeintlich natürlichen Grundlage noch eine Reihe weiterer, neuartiger Charakteristika aufwies. So sollte es für alle Orte und Verwendungen gleichermaßen gelten; alle Einheiten für alle Dimensionen gingen auf das Längenmaß zurück; sie waren untereinander auf der Basis dezimaler Zahlen verknüpft; und schließlich wiesen sie eine systematische, aus griechischen und lateinischen Begriffen zusammengesetzte Nomenklatur auf. Dieses 1795 endgültig fixierte Ordnungsschema war eine nahezu perfekte Metapher für die rationalistischen Ideale der Revolution und bildet eine ihrer dauerhaftesten Hinterlassenschaften.[1]

Das folgende Kapitel analysiert die naturphilosophischen Debatten, die zur Entstehung dieses Maßsystems führten, in drei Schritten. Im ersten Abschnitt stehen die astronomisch und geodätisch motivierten Versuche zur Bestimmung der Erdgestalt sowie die dabei entstandenen Probleme hinsichtlich der Konsistenz der Längenmaße im Mittelpunkt. Teil zwei analysiert die Bemühungen um eine Fixierung von Maßen anhand natürlicher Größen sowie die damit einhergehenden Ordnungsvorstellungen. Das dritte Teilkapitel schließlich nimmt die während der

---

[1] DOYLE, French Revolution, S. 10.

Französischen Revolution geführten Debatten über die Grundlegung und die konkrete Ausformung des metrischen Systems in den Blick.

3.1 Die ‚Wissenschaftliche Revolution' und die Instrumentierung des Messens

3.1.1 Die praktische Mathematik und die Debatte über die Gestalt der Erde

Das 17. Jahrhundert markierte einen Umbruch in der menschlichen Beschäftigung mit der natürlichen Welt. Unabhängig von der Frage, ob dies eine ‚Wissenschaftliche Revolution' bedeutete, lässt sich feststellen, dass die wichtigste Neuerung dieses Zeitraums in der Verbindung mathematischer Techniken mit empirisch-experimentellen Methoden der Naturerkenntnis bestand.[2]

Besonders deutlich trat dies in der sogenannten praktischen Mathematik zutage, die die Astronomie, die Navigation und die Landvermessung umfasste. In ihrem Rahmen kam der Quantifizierung und der Messung eine hervorgehobene erkenntnistheoretische Bedeutung zu.[3] Deren sichtbarster Ausdruck war die Fülle der Instrumente, die im Laufe des 16. und 17. Jahrhunderts zu astronomischen und geodätischen Zwecken entstand. Neben den Kompass und den Quadranten traten zahlreiche neuartige Geräte, die – wie der Sextant, der Nonius, der Messtisch, der Theodolit oder das Teleskop – unmittelbar der Messung dienten oder mittelbar zur Steigerung ihrer Genauigkeit beitrugen.[4]

Diese zunehmende Instrumentierung des Messens, zu der auch die Entwicklung zuverlässigerer Uhren beitrug, hatte tiefgreifende Konsequenzen für die Methoden der praktischen Mathematik. Ihre Bedeutung für die Maß- und Gewichtsfrage blieb vor der Mitte des 17. Jahrhunderts jedoch sehr begrenzt. Dafür gab es verschiedene Gründe. Eine wichtige Rolle spielte z. B. die Tatsache, dass die Astronomie und die Navigation in erster Linie auf die präzise Bestimmung von Winkeln und Zeitabschnitten angewiesen waren. Dazu konnten sie sich problemlos der seit Jahrtausenden bekannten und weithin gebräuchlichen Einheiten des 360°-Kreises und des 24-Stunden-Tages bedienen.[5] Gewichts-, Volumen-, Flüssigkeits- oder Längenmaße waren für ihre Zwecke dagegen nur von untergeordneter Bedeutung. In der Landvermessung stellte sich die Lage ähnlich dar. Zwar war

[2] HENRY, Scientific Revolution, S. 1 u. S. 18 ff.
[3] Vgl. BENNETT, Divided Circle, S. 7 sowie HENRY, Scientific Revolution, S. 35. Für eine umfassende Darlegung des Gegenstandsbereichs der praktischen Mathematik vgl. SCHNEIDER, Maß und Messen, S. 118 ff.
[4] Vgl. BENNETT, Divided Circle, S. 7–82; DAUMAS, Instruments, S. 40–86; SCHMIDTCHEN, Technik, S. 549 ff. und TROITZSCH, Technischer Wandel, S. 199 ff. Zu den im Folgenden genannten Uhren vgl. ebd., S. 207 ff. sowie LANDES, Revolution in Time, v. a. S. 114 ff.
[5] Trotz der allgemeinen Geltung dieser Einheiten stellte die Entwicklung von Instrumenten mit akkurat unterteilten Skalen zur Winkelmessung aber eine große technische Herausforderung dar, vgl. CHAPMAN, Dividing the Circle, v. a. S. 11 ff.

hier stets auch der Bezug auf ein Längenmaß nötig, aber die Vermessungen und Landesaufnahmen des 16. und frühen 17. Jahrhunderts bewegten sich zumeist in einem sehr kleinen regionalen Rahmen. Zudem waren sie in der Regel so ungenau, dass etwaigen Inkonsistenzen des zugrunde liegenden Maßes keine große Bedeutung zukam. Ähnlich wie bei den in Kapitel 2 geschilderten Katasteraufnahmen genügte für ihre Zwecke daher der Rekurs auf traditionelle, lokale Längeneinheiten.[6]

Seit den 1660er Jahren bildete sich allmählich ein engerer Zusammenhang zwischen der Astronomie und der Landvermessung einerseits und der Debatte über Maße und Gewichte andererseits heraus. Im Zuge der bereits geschilderten Verdichtung des administrativen Zugriffs auf ihr Territorium entwickelten staatliche Verwaltungen ein zunehmendes Interesse an einzelnen Aspekten der praktischen Mathematik. Deshalb unterstützten sie die Gründung wissenschaftlicher Akademien, die staatspolitisch relevante naturphilosophische Probleme in Form von nationalen Großprojekten bearbeiten konnten.[7] Das Paradebeispiel hierfür war die 1666 ins Leben gerufene *Académie royale des sciences*, die auf Colberts militärisch motiviertes Interesse an einer kartographischen Erfassung Frankreichs zurückzuführen war. Daneben verdankte sich ihre Gründung auch dem Problem der Bestimmung des Längengrades auf See, das an der Schnittstelle zwischen praktischer Navigation und theoretischer Astronomie angesiedelt war. Sie ging deshalb mit der Einrichtung eines Observatoriums einher, das 1672 unter der Leitung des italienischen Astronomen Giovanni Domenico Cassini seine Arbeit aufnahm.[8]

In England fand eine vergleichbare Entwicklung statt. Zwar war die Bedeutung der Landvermessung hier geringer. Die 1660 gegründete *Royal Society* war daher weniger ein regierungsamtliches Unterfangen als vielmehr ein privater Zusammenschluss von Naturphilosophen. Aber die Längengrad-Frage genoss auch hier die volle Aufmerksamkeit des Staates. Das 1675 eingerichtete *Royal Observatory* in Greenwich war deshalb eine unmittelbar von der Krone kontrollierte und finanzierte Einrichtung. Probleme der praktischen Mathematik konnten fortan auch in England in einem sehr viel größeren Rahmen bearbeitet werden als zuvor.[9]

Von zentraler Bedeutung für die Debatte über Maße und Gewichte war dies deshalb, weil Astronomie, Landvermessung und Navigation in den von den Akademien und Observatorien getragenen Projekten zunehmend miteinander ver-

---

[6] TORGE, Geodäsie, S. 31 ff., hier v. a. S. 37 u. S. 42.

[7] McCLELLAN, Scientific Institutions, S. 87 ff. sowie PYENSON und SHEETS-PYENSON, Servants of Nature, S. 74 ff.

[8] Zur Gründung der Akademie vgl. HAHN, Anatomy, S. 4 ff. Zum Observatorium ebd., S. 18 ff. Zur Bedeutung der Kartographie für die Akademiegründung und zu Cassini vgl. PELLETIER, Carte, S. 41 ff. u. S. 213 f. sowie BROTTON, Maps, S. 300 f. Zur Bedeutung der Akademie und des Observatoriums für den Aufstieg Frankreichs zur führenden europäischen Wissenschaftsnation des 18. Jahrhunderts vgl. KNIGHT, Modern Science, S. 16 ff.

[9] Zur Gründung der *Royal Society* vgl. HUNTER, New Science, S. 1 ff. sowie BOAS HALL, Experimental Learning, S. 9 ff. Zum *Royal Observatory* vgl. FORBES, Origins, S. 7 ff. Vgl. auch generell zur Einrichtung von Observatorien McCLELLAN, Scientific Institutions, S. 98 f.

schmolzen. Das schlug sich vor allem in der Untersuchung eines der wichtigsten naturphilosophischen Probleme des späten 17. und frühen 18. Jahrhunderts nieder: der Frage nach dem Umfang und der Gestalt der Erde. Sie war sowohl für die Landvermessung als auch für die Astronomie, deren Messungen eine genaue Kenntnis des Standpunktes des Beobachters und der Größe der Erde erforderten, von zentraler Bedeutung.[10]

Die Debatte über die Erdgestalt war freilich in der zweiten Hälfte des 17. Jahrhunderts nicht mehr neu. Sie wies vielmehr eine lange Geschichte auf. Ihren Ausgangspunkt bildeten ältere Bestimmungen des Erdumfanges, insbesondere diejenige des Eratosthenes von Kyrene aus dem 3. Jahrhundert vor Christus. Sie war vor allem aufgrund ihrer Methode von großer Bedeutung gewesen. Eratosthenes' grundsätzliche Idee hatte darin bestanden, den Abstand zweier Punkte – in diesem Fall der Städte Alexandria und Syene – zu vermessen, die (nach seiner Kenntnis) auf dem gleichen Längengrad lagen. Mittels einer Beobachtung der Sonnenhöhe über dem Horizont am Tag der Sommersonnenwende bestimmte er zudem deren jeweiligen Breitengrad. Aus dem Abstand zwischen diesen beiden Breitengraden konnte er schließlich den Umfang der Erde hochrechnen.[11]

Diese Idee griffen die Geodäten der Frühen Neuzeit auf und verbesserten sie mit den ihnen zur Verfügung stehenden Methoden. Ein Problem der Bestimmungen, die z. B. der französische Arzt Jean Fernel in den 1520er Jahren und der englische Mathematiker Richard Norwood in den 1630er Jahren auf dieser Grundlage vornahmen, bestand allerdings darin, dass sie auf direkte Messungen der Entfernung zwischen zwei Punkten auf einem Längengrad angewiesen waren. Das warf angesichts der unregelmäßigen natürlichen Umgebung große Schwierigkeiten auf.[12] Eine wesentliche Verbesserung erbrachte hier das sogenannte Triangulationsverfahren. Dessen theoretische Grundlagen hatte der niederländische Mathematiker und Mediziner Gemma Frisius in den 1530er Jahren entwickelt. Er versuchte, anhand einer Karte die Distanzen zwischen einer Reihe von Städten zu bestimmen. Dabei ging er zunächst von einer bekannten Entfernung zwischen zwei Punkten – der später so genannten Basislinie – aus. Mit Hilfe des Sinussatzes berechnete er dann die Abstände aller anderen auf der Karte verzeichneten Orte dadurch, dass er die Winkel, in dem sie zu den beiden Endpunkten der Basislinie standen, vermaß.[13]

Die praktische Umsetzung dieses Verfahrens in der Landvermessung kam allerdings erst zu Beginn des 17. Jahrhunderts zustande. Frisius' Landsmann Willebrord Snel nutzte es, um Berechnungen über den Erdumfang anzustellen. Dabei wandte

---

[10] Vgl. dazu grundlegend GREENBERG, Problem, passim; HOARE, Quest, passim; MURDIN, Meridian, S. 39–75; LEVALLOIS, Mesurer la Terre, S. 13–60; die nach wie vor instruktive Darstellung bei MUNCKE, Erde, S. 843–879 sowie die knappe Zusammenfassung bei WILSON, Astronomy and Cosmology, S. 332 f.

[11] Vgl. BROTTON, Maps, S. 35 f. und WILFORD, Mapmakers, S. 22 ff.

[12] BIALAS, Erdgestalt, S. 80 ff.

[13] Vgl. TORGE, Geodäsie, S. 48 f.; HOARE, Quest, S. 12 ff. u. S. 261 ff. sowie BIALAS, Erdgestalt, S. 84 ff., wo auch der Beitrag von Tycho Brahe zur Entwicklung dieses Verfahrens diskutiert wird.

er das Triangulationsverfahren aber nicht auf kartographische, sondern auf reale Punkte an. Snel bestimmte also die Winkel zwischen einem Netz von Beobachtungsstellen, das er in mühsamer Geländearbeit errichtet hatte, und verknüpfte sie mit einer handvermessenen Basislinie.[14] Die Vorteile dieser Vorgehensweise waren enorm. Sie erlaubte es, sich auf die genaue Bestimmung einer vergleichsweise kurzen und zudem beliebig innerhalb des Netzes ansiedelbaren Strecke zu konzentrieren und die übrigen Distanzen von dieser Basis aus hochzurechnen. Dadurch ließen sich potentielle Fehler, die bei der direkten Messung größerer Entfernungen unvermeidbar waren, minimieren.[15]

Die Kehrseite dieses Verfahrens war allerdings, dass es nur mit sehr hohem Aufwand in die Praxis umgesetzt werden konnte. Zu seiner vollen Entfaltung kam es deshalb erst durch die von den Akademien getragenen Großprojekte. In deren Rahmen entwickelte es sich aber seit den 1660er Jahren zu einer der wichtigsten Ursachen dafür, dass die Debatte über die mutmaßliche Gestalt der Erde eine grundlegende Transformation erfuhr. Den Ausgangspunkt hierfür bildete die von Colbert angestoßene kartographische Erfassung Frankreichs. Um eine Aufhängungsachse für diese zu schaffen, vermaß der Priester, Astronom und Geodät Jean Picard zwischen 1668 und 1670 im Auftrag der Akademie einen Abschnitt eines Längengrades. Dabei stützte er sich auf Snels Methodik, konnte ihre Genauigkeit aber durch den Einsatz von Teleskopen sowie durch eine mit einem Mikrometer vorgenommene astronomische Bestimmung der Breitengrade der beiden Endpunkte wesentlich verbessern.[16]

Diese Längengradbestimmung und die aus ihr hervorgehenden Kalkulationen des Umfangs der Erde zogen weite Kreise. Insbesondere versorgten sie Isaac Newton mit einer Reihe von Daten, die er für die Ausarbeitung seiner in den 1660er und 1670er Jahren entstandenen Gravitationstheorie benötigte. Auf der Grundlage von Picards Vermessung konnte er berechnen, wie groß die zentrifugalen Kräfte sein mussten, die durch die Drehung der Erde entstanden. Dadurch kam er zu der Schlussfolgerung, dass die Erde keine perfekte Kugel sei, sondern am Äquator eine Bauchung und an den Polen eine Abflachung aufwies.[17]

Mit dieser 1687 veröffentlichten Erkenntnis löste Newton eine stürmische Debatte aus, die die Naturphilosophie bis zur Mitte des 18. Jahrhunderts in Atem halten sollte. Seine Überlegungen eröffneten zwar eine Möglichkeit, die Gravitationstheorie empirisch zu bestätigen. Gleichzeitig standen ihnen aber gewichtige Hindernisse entgegen. Zum einen war dies die Cartesianische Wissenschaftstradition, die besonders für die französische Naturphilosophie von überragender Bedeutung war. Descartes und seine Anhänger versuchten, natürliche Phänomene in strikt mechanischen Kategorien zu erfassen. Sie gingen davon aus, dass alle Teile des Universums über sogenannte *tourbillons* (Strudel) in einer unmittelba-

---

[14] TORGE, Geodäsie, S. 49. Zur Person Snels vgl. BERKEL, Legacy, S. 33 f.
[15] WEIGL, Instrumente, S. 158.
[16] PELLETIER, Carte, S. 50 f. sowie BIALAS, Erdgestalt, S. 97.
[17] GREENBERG, Problem, S. 1 ff.; MURDIN, Meridian, S. 47 ff. und MUNCKE, Erde, S. 848 f.

ren Verbindung zueinander standen. Die von Newton postulierte gegenseitige
Anziehung betrachteten sie demgegenüber als eine Art okkulte Kraft, die die reine
Mechanik nur verunklärte.[18] Wenn es aber keine Gravitation gab und die Erde
sich nicht aus sich heraus bewegte, konnte auch die von Newton beschriebene
Bauchung am Äquator nicht existieren.

Zum anderen standen Newtons Sichtweise auch empirische Befunde entgegen.
So lieferte die französische Gradmessung zwar die Berechnungsgrundlage für die
Theorie der abgeflachten Erde, aber die Frage nach deren tatsächlicher Gestalt
konnte sie nicht beantworten. Dafür war der von Picard untersuchte Meridianbogen zu kurz. Schlimmer noch: In den 1690er Jahren kam der Straßburger Arzt
und Mathematiker Johann Caspar Eisenschmid anhand einer Zusammenstellung
der wichtigsten antiken und neuzeitlichen Vermessungen zu dem Ergebnis, dass
die Erde nicht bauchig, sondern gestreckt war.[19] In der Pariser Akademie setzte
sich daraufhin die Auffassung durch, dass man für eine Beilegung dieser Streitfrage weitere Erkenntnisse benötigte. Unter der Leitung von Cassini bemühte sich
die Sternwarte deshalb seit 1700 darum, den Picard'schen Meridianbogen durch
ganz Frankreich hindurch zu verlängern. Diese Arbeiten, die in der Folgezeit
durch den Spanischen Erbfolgekrieg unterbrochen wurden, konnten erst unter
Cassinis Nachfolger – seinem Sohn Jacques, der seit 1712 der zweite von vier auf-
einanderfolgenden Direktoren der Sternwarte aus der Familie Cassini war – fertiggestellt werden.[20]

Als dieser seine Ergebnisse 1720 veröffentlichte, schien sich Eisenschmids Vermutung zu bestätigen. Denn die Untersuchung hatte ergeben, dass der Meridianbogen nach Süden hin geringfügig kürzer und nicht, wie von Newton vorhergesagt, länger wurde. Zweifel an diesem Befund verblieben gleichwohl. Erstens war
er kaum dazu geeignet, die Meinungsverschiedenheiten zwischen Cartesianern
und Newtonianern beizulegen. Zwar vertraten einige Mathematiker wie Jean
Jacques d'Ortous de Mairan und Johann Bernoulli die Auffassung, dass die Streckung der Erde eine Bestätigung des Cartesianischen Modells bedeutete. Aber da
dieses keine direkten Aussagen über die Erdgestalt machte, war das alles andere
als eindeutig.[21] Zudem schlug Newtons Gravitationstheorie trotz ihrer vermeint-

---

[18] HOARE, Quest, S. 7.

[19] EISENSCHMID, Diatribe, S. 33 f. Zu den Reaktionen hierauf sowie zur Biographie Eisenschmids
vgl. CANTOR, Eisenschmid, S. 773 f.

[20] TORGE, Geodäsie, S. 60. Zu Jacques Cassini vgl. PELLETIER, Carte, S. 215.

[21] GREENBERG, Problem, S. 17, S. 50 u. S. 107 sowie MURDIN, Meridian, S. 49 ff. Mairan scheint in
der Theorie der gestreckten Erde zudem eher eine Möglichkeit zu einer Vereinigung cartesia-
nischer und newtonianischer Ansätze und nicht zu einer Entscheidung zwischen diesen beiden Modellen gesehen zu haben. Greenberg vertritt deshalb die Auffassung, dass die verbreitete Darstellung der Erdvermessung als Auseinandersetzung zwischen den beiden Lagern ein
verzerrtes Bild zeichnet. Insbesondere sei ihr nicht der Stellenwert eines *experimentum crucis*
für die Bestätigung oder Widerlegung der beiden Theorien zugekommen, vgl. GREENBERG,
Problem, S. 50 f. u. S. 83 ff. Die Frage ist im gegenwärtigen Zusammenhang nur von untergeordneter Bedeutung, da es hier primär um den *empirischen* Befund der Vermessungen geht
und nicht um ihre Implikationen für die Gültigkeit der jeweiligen physikalischen Weltbilder.

lichen Widerlegung genau zu diesem Zeitpunkt nicht nur in Großbritannien, sondern auch in Frankreich feste Wurzeln.[22] Zweitens war auch der empirische Gehalt von Cassinis Befunden zweifelhaft. Die von ihm diagnostizierte Streckung der Erde fiel so gering aus, dass unklar war, ob sie sich mit den eingesetzten Instrumenten überhaupt nachweisen ließ. Zudem war seine Gradmessung zwar umfangreicher als die von Picard, aber auch sie beschränkte sich letztlich auf einen innerhalb Frankreichs liegenden Teil eines Längengrades, der nur einen Bruchteil des Gesamtumfangs der Erde ausmachte.[23]

Um diese Defizite zu beheben, rüstete die Krone in den 1730er Jahren zwei große geodätische Expeditionen aus, die zum einen in Lappland, also in der Nähe des Pols, und zum anderen in Peru, also in der Nähe des Äquators, einen Abschnitt eines Längengrades vermessen sollten. Besonders die Expedition nach Peru ist als eine klassische Pionierfahrt in die Wissenschaftsgeschichte eingegangen. Ihre Protagonisten Charles-Marie de La Condamine, Pierre Bouguer und Louis Godin mussten vom Vulkanausbruch bis zum *War of Jenkins' Ear* nahezu jedes erdenkliche Hindernis überwinden, nur um bei ihrer Rückkehr nach neun Jahren festzustellen, dass die 1737 bekannt gewordenen Ergebnisse der Lappland-Expedition die Streitfrage bereits entschieden hatten: Sie hatten gezeigt, dass der Abstand zwischen zwei Breitengraden in der Nähe des Pols größer ausfiel als in Frankreich, die Erde also, wie von Newton vorhergesagt, in Polnähe abgeflacht war.[24]

Die Resultate aus Peru bestätigten diesen Befund ebenso wie eine 1739/40 von Cassini de Thury (dem dritten Cassini) vorgenommene Neuvermessung des französischen Meridianbogens, die der von ihm zu Ende geführten kartographischen Erfassung des Landes diente. Vor allem Cassinis Ergebnis war für die Debatte von großer Bedeutung, denn mit ihm widerrief ein zentraler Vertreter des Cartesianischen Lagers die Theorie der gestreckten Erde und akzeptierte die Position der Newtonianer.[25] Die Vermessungen der 1730er Jahre hatten also, wie Voltaire das formulierte, „sowohl die Pole als auch die Cassinis platt gemacht".[26] Die Frage nach dem genauen Maß der Abflachung der Erde und das damit verbundene Problem der Regelmäßigkeit ihrer Form sollte die Geodäten freilich noch ein weiteres Jahrhundert lang beschäftigen.[27]

---

[22] Vgl. GASCOIGNE, Ideas, S. 299 ff. sowie FERREIRO, Measure, S. 16 ff.

[23] Vgl. ebd., S. 14 f.

[24] Zur Vorbereitung der beiden Expeditionen vgl. ebd., S. 31 ff. Zu Verlauf und Ergebnissen der Peru-Expedition vgl. ebd., S. 62–245; HOARE, Quest, S. 111–146 sowie in kulturgeschichtlicher Perspektive SAFIER, Measuring. Zu Lappland vgl. TATON, Laponie; TERRALL, Maupertuis, S. 88–129 sowie HOARE, Quest, S. 81–109. Die Ergebnisse der Lappland-Expedition waren allerdings weniger eindeutig, als die Zeitgenossen annahmen. Sie beinhalteten eine Reihe von Fehlern zugunsten des Befundes einer Abplattung der Erde. Wären sie in die andere Richtung ausgefallen, hätten sie ausgereicht, um die gegenteilige These zu bestätigen. Vgl. GODLEWSKA, Geography, S. 52.

[25] Vgl. ALDER, Maß, S. 129. Zur Vermessung selbst sowie zur Person Cassinis vgl. PELLETIER, Carte, S. 67 f. u. S. 216.

[26] Dieses häufig angeführte Zitat ist vermutlich apokryph. Die früheste Nennung scheint SAVENEY, Physique, S. 28 zu sein („aplati les pôles et les Cassini").

[27] Vgl. Kap. 6.2.2 dieser Arbeit.

3.1.2 Die Erdvermessung und das Problem der Bestimmung der Längenmaße

Die hervorgehobene Bedeutung der Erdvermessung für die Naturphilosophie des späten 17. und frühen 18. Jahrhunderts hatte unmittelbare Auswirkungen auf die Debatte über Maße und Gewichte. Sie beschränkten sich allerdings auf die Längenmaße. Das Problem der Gewichtsbestimmung, das im Mittelalter und in der Renaissance stets das Gravitationszentrum der akademischen Beschäftigung mit Maßen und Gewichten gebildet hatte, trat demgegenüber in den Hintergrund.[28]

Den Kern der neugewonnenen Bedeutung der Längenmaße bildete das Triangulationsverfahren. Denn dieses versprach zwar eine Genauigkeit, mit deren Hilfe sich die Frage nach der Erdgestalt beantworten ließ. In der praktischen Vermessungsarbeit waren der Annäherung an sein mathematisches Ideal aber enge Grenzen gesetzt. Dafür gab es eine Reihe von Gründen. Neben keineswegs gering zu schätzenden Faktoren wie schlechtem Wetter und misstrauischen Bauern spielten z. B. Höhenunterschiede, Lichtbrechung, die Krümmung der Erdoberfläche sowie die Zuverlässigkeit der Winkelmessung und der astronomischen Ortsbestimmung eine wichtige Rolle.[29] Das grundlegendste Problem bildete aber die Bestimmung der Basislinie. Durch die Spezifika des Triangulationsverfahrens kam dieser eine außergewöhnlich große Bedeutung zu. Da sie im Verhältnis zum Erdumfang sehr kurz ausfiel, musste jeder Fehler in ihrer Vermessung unweigerlich große Verzerrungen bei der Hochrechnung der absoluten Distanzen nach sich ziehen. Schon Picard hatte daher größte Sorgfalt auf die Bestimmung seiner 11 km langen Basislinie verwendet und dafür eigene Messstangen hergestellt, die er in einem aufwendigen Verfahren immer wieder aneinanderlegte.[30]

Als Referenzmaß für die Kalibrierung der Messstangen hatte ihm dabei die 1667 von Colbert wiederhergestellte *Toise du Châtelet* gedient. Allerdings handelte es sich bei dieser *Toise* um einen vergleichsweise plump gefertigten, öffentlich ausgestellten Eisenstab, der starke Abnutzungserscheinungen aufwies. Für den alltäglichen Gebrauch von Händlern und Handwerkern war das unerheblich, aber für Vermessungen, die auf der Triangulation beruhten, galten andere Maßstäbe. Denn das im Falle der Basislinie auftretende Problem der Vervielfältigung etwaiger Messfehler stellte sich bei der grundlegenden Längeneinheit noch einmal in verschärfter Form. Da der Abstand zwischen zwei Breitengraden des Erdballs etwa 57 000 *Toisen* entsprach, multiplizierte sich jede Ungenauigkeit des verwendeten Urmaßes um genau diesen Faktor. Hochgerechnet auf den Erdumfang

---

[28] Vgl. Kap. 3.2.2 dieser Arbeit. Den im Folgenden skizzierten Zusammenhang zwischen der Bestimmung der Längenmaße und der Erdvermessung untersucht auch der erst nach dem Abschluss des vorliegenden Manuskriptes erschienene Aufsatz von KERSHAW, Metrology of Location.

[29] Zu den praktischen Hindernissen vgl. ROBB, Discovery, S. 3 ff. u. S. 187 ff. sowie ALDER, Maß, S. 41 ff. Zu den Grenzen der Annäherung an das mathematische Ideal vgl. ebd. sowie WEIGL, Instrumente, S. 158.

[30] PICARD, Mesure de la Terre, S. 3. Vgl. auch MURDIN, Meridian, S. 17 f.

konnte eine Abweichung der etwa 1,95 Meter langen *Toise* um einen Millimeter bereits einen Fehler von über 20 km nach sich ziehen.[31]

Picard verließ sich deshalb nicht auf den öffentlich verfügbaren Maßstab, sondern stellte eigens für seine Zwecke eine Kopie desselben her.[32] Damit schuf er allerdings ein neues Problem. Denn er hatte zwar beabsichtigt, diese Kopie nach dem Abschluss der Arbeiten im Observatorium zu deponieren und sie damit für spätere Vermessungen nutzbar zu machen. Als die Akademie 1734/35 die Expedition nach Peru ausrüstete, war der Maßstab aber spurlos verschwunden.[33] La Condamine, Bouguer und Godin sahen sich folglich gezwungen, ihrerseits eine Kopie der mittlerweile 65 Jahre alten *Toise du Châtelet* anzufertigen – die später so genannte *Toise du Perou*, die sie auf dem Weg zum Äquator begleitete. Um das Risiko eines erneuten Verlustes zu minimieren, gaben sie zudem noch ein zweites Exemplar dieses Maßstabs in Auftrag, das unter hohem Aufwand mit dem Original verglichen wurde. Dieses zweite Exemplar sollte ursprünglich bei der Akademie verbleiben. Doch als Maupertuis 1736 nach Lappland aufbrach, nahm er es mit, um so die Vergleichbarkeit der Ergebnisse der Pol- mit denen der Äquator-Expedition sicherzustellen. Dieser Maßstab ist in der zeitgenössischen Diskussion als *Toise du Nord* bekannt geworden.[34]

Die Protagonisten der beiden Expeditionen waren allerdings nicht die einzigen *savants*, die in der ersten Hälfte des 18. Jahrhunderts eine Kopie der *Toise du Châtelet* anfertigen ließen. Neben ihre beiden Standards und den verlorengegangenen von Picard traten zwischen 1735 und 1750 noch mindestens drei weitere Maßstäbe: einer von Mairan, der für eine Reihe von Pendelexperimenten Verwendung fand; einer von Cassini III., der als Grundlage für die Meridianvermessung von 1739/40 diente; und einer von Nicolas Louis de Lacaille, den dieser zwischen 1750 und 1754 auf einer wissenschaftlichen Expedition zum Kap der Guten Hoffnung mit sich führte.[35]

In der zeitgenössischen Diskussion gingen die Naturphilosophen lange Zeit davon aus, dass diese verschiedenen Kopien absolut gleich seien, weshalb sie sie teilweise auch unterschiedslos als *Toise de l'Academie* bezeichneten.[36] Doch als sie im Verlauf der 1740er und 1750er Jahre ihre Vermessungsergebnisse zur Berechnung zur Erdgestalt zusammentrugen, zeigte sich, dass dem nicht so war. So stellte Cassini bei der Neuvermessung der Basislinie von 1669 fest, dass seine *Toise* etwa drei Viertel einer Pariser Linie (ca. 2,25 mm) länger war als diejenige von Picard.[37] Auch die Maßstäbe, die in Lappland und Peru verwendet worden waren, gaben

---

[31] Vgl. dazu zeitgenössisch La CONDAMINE, Remarques, S. 482 f.

[32] PICARD, Mesure de la Terre, S. 3 f. Vgl. auch LA CONDAMINE, Remarques, S. 483 ff.; PETERS, Geschichte, S. 4 sowie hier und im Folgenden FAVRE, Origines, S. 57 ff.

[33] LA CONDAMINE, Remarques, S. 485.

[34] Ebd., S. 489 u. S. 491. Vg. auch PETERS, Geschichte, S. 5 sowie MARQUET, Toise, S. 192 f.

[35] Vgl. LA CONDAMINE, Remarques, S. 486 sowie PETERS, Geschichte, S. 5 ff.

[36] FAVRE, Origines, S. 59. Vgl. auch STRASSER, Toise, S. 24 sowie die entsprechende zeitgenössische Verwendung des Begriffs bei LA CONDAMINE, Remarques, S. 497.

[37] PETERS, Geschichte, S. 6. Auf den Erdumfang bezogen bedeutete dies eine Abweichung von 33 km, berechnet nach MUNCKE, Erde, S. 848 u. S. 853.

Anlass zu Zweifeln. Sie hatten die extremen Bedingungen der Expeditionen unterschiedlich gut überstanden. Es war daher zu vermuten, dass sie Abweichungen voneinander aufwiesen. Und schließlich ergaben sich aus einer erneuten Bestimmung der Picard'schen Basislinie, die 1756 statt mit Cassinis *Toise* mit der *Toise du Nord* durchgeführt wurde, auch noch Hinweise auf Unterschiede zwischen diesen beiden Maßstäben.[38]

Eine daraufhin von der Akademie eingeleitete Untersuchung erbrachte die Gewissheit: La Condamine verglich die fraglichen Objekte miteinander und fand heraus, dass keines von ihnen völlig mit einem anderen übereinstimmte. Der Abstand zwischen dem längsten, der *Toise du Perou*, und dem kürzesten, der *Toise* von Mairan, belief sich auf etwa 1/10 einer Pariser Linie (ca. 0,225 mm oder etwa 1/8460stel einer *Toise*).[39] Diese Differenz genügte zwar nicht, um den grundsätzlichen Befund der Abplattung der Erde in Frage zu stellen, aber für die Berechnung ihres genauen Ausmaßes war sie zu groß. Ironischerweise hatten die Bemühungen der Gelehrten, die *Toise du Châtelet* durch eigene Präzisionsmaßstäbe zu ersetzen, also zu einem neuen Problem geführt: zu einer Proliferation von Kopien, die untereinander nicht harmonierten.

Dieses Phänomen war allerdings nicht allein auf Frankreich begrenzt. Auch britische Naturphilosophen sahen sich mit ihm konfrontiert. Ihre Ausgangsbasis war sogar ungünstiger als die ihrer französischen Kollegen, denn in Großbritannien war nicht einmal klar, welcher Maßstab den Referenzpunkt für ihre Kopien bilden sollte. Besonders unter Elisabeth I., aber auch unter ihren Nachfolgern waren dort im Laufe des 16. und frühen 17. Jahrhunderts mehrere offizielle Prototypen angefertigt worden, die bei unterschiedlichen Stellen – insbesondere beim *Exchequer* und bei der *Guildhall* – Verwendung fanden. Dies führte dazu, dass es Mitte des 18. Jahrhunderts mindestens vier Längenstandards gab, die für sich den Status eines Urmaßes beanspruchen konnten.[40]

Hinzu kam aber auch hier das Problem, dass verschiedene Wissenschaftler jeweils eigene Maßstäbe konstruierten, die untereinander minimale Abweichungen aufwiesen. In Großbritannien war es allerdings zunächst nicht die Landvermessung, aus der die Nachfrage nach diesen Standards hervorging, sondern die Astronomie. Sie stand in engem Zusammenhang mit dem Problem der Längengradbestimmung auf See. Nach einem verheerenden Unglück, bei dem 1707 vier Schiffe der *Royal Navy* verlorengegangen waren, weil sie ihre Position falsch eingeschätzt hatten, hatte dieses eine neue Aktualität gewonnen. Das schlug sich unter anderem in der 1714 erfolgten Gründung des *Board of Longitude* und dem seit 1724 vorangetriebenen Ausbau des königlichen Observatoriums nieder.[41]

---

[38] PETERS, Geschichte, S. 7f.
[39] LA CONDAMINE, Remarques, S. 497.
[40] ZUPKO, Revolution, S. 41ff. sowie An Account of a Comparison, S. 543ff.
[41] Zur Geschichte der britischen Längengradbestimmung vgl. WILFORD, Mapmakers, S. 152ff. sowie die viel beachtete populäre Darstellung von SOBEL, Longitude. Zum Ausbau des Observatoriums vgl. MORRISON-LOW, Scientific Instruments, S. 136 und FORBES, Origins, S. 80f. Letzterer datiert ihn statt auf 1724 auf 1720/21.

Diese Entwicklung wirkte sich zunächst vor allem auf die Verbesserung von Techniken der Winkelmessung und die Reproduktion der dafür benötigten Skalen aus. Zu diesem Zweck diente beispielsweise die von Jesse Ramsden entwickelte *dividing engine*.[42] Aber auch für die Längenmaße hatte sie Konsequenzen, denn im Rahmen der nunmehr diskutierten Konzepte zur Positionsbestimmung erlangte das ohnehin stark beachtete Problem der Erdgestalt eine unmittelbare praktische Bedeutung. Da in Großbritannien aber bis zu diesem Zeitpunkt alle Ansätze zu einer eigenen, auf Triangulation beruhenden Meridianvermessung am Fehlen der nötigen Mittel gescheitert waren, konnte das Interesse an dieser Frage nur durch den Rückgriff auf die französischen Daten befriedigt werden.[43]

Um den diesbezüglichen Informationsaustausch zu erleichtern, beauftragte die *Royal Society* in den 1730er Jahren die Instrumentenbauer George Graham und Jonathan Sisson mit der Herstellung zweier identischer Präzisionsmaßstäbe, die beide auf dem sogenannten *Tower Yard* basierten. Diese Standards sandte sie an die französische Akademie. Dort wurden sie von Charles Dufay und Jean Antoine Nollet mit einem Strich versehen, der die exakte Länge einer halben *Toise* markierte, wozu sich die beiden *savants* vermutlich einer privaten *Toisen*-Kopie von Dufay bedienten.[44] Eines der beiden Exemplare verblieb in Paris, das andere ging zurück nach London. Sowohl die *Académie* als auch die *Royal Society* verfügten nunmehr also über eine zuverlässige Repräsentation des Verhältnisses von britischen und französischen Längeneinheiten. Obwohl dieser Austausch sehr naheliegend erscheinen mag, war er überaus problematisch. Im innerbritischen Zusammenhang bedeutete er nämlich, dass an die Seite der bereits vorhandenen Standard-Yards nun noch ein weiterer Maßstab trat. Zwar nahm George Graham 1743 im Auftrag der *Royal Society* umfangreiche Vergleichungen zwischen diesen verschiedenen Längenmaßen vor, aber das änderte nichts daran, dass die genaue Länge eines Yard in der Vielfalt der im Umlauf befindlichen Standards verborgen lag.[45]

Eine grundsätzliche Möglichkeit zur Behebung dieses Dilemmas skizzierte fünfzehn Jahre später das *Carysfort Committee*. Es plädierte dafür, einen möglichst zuverlässigen Maßstab auszuwählen, ihn zum offiziellen Urmaß zu erklären, dieses umsichtig zu verwahren und alle anderen Standards fortan im Zweifelsfalle als Abweichungen von ihm zu betrachten.[46] Die Umsetzung dieser Idee misslang dem Komitee allerdings gründlich. Denn der semiprivate Yard der *Royal Society*, der primär dem britisch-französischen Vergleich diente, kam als nationaler Stan-

---

[42] CHAPMAN, Dividing the Circle, S. 129 ff. Zur dadurch beförderten Herausbildung des Londoner Instrumentenbaus, die auch den Hintergrund für die im Folgenden geschilderte Herstellung von Präzisionsmaßstäben bildete, vgl. ebd., S. 138 ff. sowie MORRISON-LOW, Scientific Instruments, S. 135 ff.

[43] FERREIRO, Measure, S. 15 f. Zu den gescheiterten britischen Versuchen vgl. HEWITT, Map, S. 69.

[44] An Account of a Comparison, S. 542. Vgl. auch CONNOR, England, S. 244; ZUPKO, Revolution, S. 71; STRASSER, Toise, S. 34 sowie zur *Toise* von Dufay LA CONDAMINE, Remarques, S. 487. Da Dufay 1739 verstarb, muss der Vorgang, anders als in den meisten Darstellungen angegeben, in den 1730er Jahren stattgefunden haben.

[45] An Account of a Comparison, S. 543 ff. Vgl. auch CONNOR, England, S. 244 f.

[46] A Report from the Committee 1758, S. 14.

dard nicht in Frage, obwohl er mit Abstand der präziseste der vorhandenen Maßstäbe war. Carysfort gab deshalb 1758 bei Joseph Harris, dem *assay master of the
mint*, die Herstellung eines neuen Urmaßes in Auftrag. Aus Gründen, die nicht
mehr ganz nachvollziehbar sind, ließ er zudem zwei Jahre später von John Bird
eine Kopie dieses Standards anfertigen.[47]

Diese Kopie, die sogenannte *Bird's Scale*, sollte noch große Bedeutung erlangen,
weil sie 1824 zur Grundlage des britischen Maßsystems erhoben wurde. Zunächst
jedoch bewirkte ihre Anfertigung das Gegenteil dessen, was das *Carysfort Committee* beabsichtigt hatte. Denn das Gesetz, mit dem sie zum Urmaß erklärt werden sollte, kam, wie bereits geschildert, nie über das Entwurfsstadium hinaus.[48]
Das Ergebnis war, dass die britische Regierung nun zwei weitere Standard-Yards
besaß, die als potentielle Urmaße in Frage kamen, aber immer noch nicht geregelt
hatte, welcher Maßstab im Zweifelsfalle bevorzugt werden sollte. Und in den folgenden Jahrzehnten traten noch einmal zwei Kandidaten für den letztgültigen
Standard auf den Plan. Denn als die Briten 1784 ihre erste eigene triangulationsgestützte Landesvermessung in Angriff nahmen, fertigte der damit beauftragte
General William Roy für die Vermessung der Basislinie in Hounslow Heath einen
eigenen Maßstab an, der als *Roy's Scale* bekannt geworden ist.[49] Und 1796 stellte
der Instrumentenbauer Edward Troughton für den Astronomen George Shuck-
burgh-Evelyn, der eine Reihe von Experimenten mit dem Sekundenpendel durchführen wollte, eine weitere Yard-Kopie her.

Diese sogenannte *Shuckburgh Scale* galt den Zeitgenossen als die mit Abstand
zuverlässigste Repräsentation des britischen Längenmaßes. Das war im Wesentlichen den bei ihrer Anfertigung eingesetzten Techniken zu verdanken. Denn die
Shuckburgh Scale war als erstes Maßnormal unter Zuhilfenahme eines Messschraubenmikroskops entstanden. Troughton konnte deshalb garantieren, dass
sie von der *Bird's Scale*, mit der er sie verglichen hatte, um nicht mehr als 0,00023
inch abwich.[50] Diese beeindruckende Zahl verwies darauf, dass die britischen Instrumentenbauer im Laufe des 18. Jahrhunderts enorme technische Fähigkeiten
angesammelt hatten. Diese Entwicklung warf allerdings neue Schwierigkeiten auf,
denn nicht alle der im Umlauf befindlichen Maßstäbe stimmten so gut überein
wie die *Bird's Scale* und die *Shuckburgh Scale*. Die zunehmende Genauigkeit, mit
der die Unterschiede zwischen diesen bemessen werden konnten, machte es daher
umso dringlicher, einen von ihnen zum Urmaß zu erheben.[51]

In Großbritannien blieb dieses Problem während des 18. Jahrhunderts ungelöst. In Frankreich zeichnete sich jedoch eine günstigere Entwicklung ab. Schon in

---

[47] CONNOR, England, S. 246 ff.
[48] Vgl. Kap. 2.2.1 dieser Arbeit.
[49] Vgl. ROY, Account, S. 401 ff.; CHISHOLM, Science, S. 83 f. sowie CONNOR, England, S. 249 f. Zur
Person Roys sowie zur Vermessung der Basisline in Hounslow Heath vgl. DANSON, Weighing,
S. 62 ff. u. S. 178 ff. Zur Entstehung der britischen Landesvermessung vgl. ebd. sowie HEWITT,
Map, S. 70 ff.
[50] CONNOR, England, S. 250 f.
[51] SIMPSON, Pendulum, S. 179.

den 1730er Jahren hatte es dort Bemühungen gegeben, aus den verschiedenen *Toisen*-Kopien der Akademie eine auszuwählen und als Grundmaß zu benutzen. Dufay, der mit den dafür nötigen Vergleichen beauftragt worden war, verstarb jedoch, bevor er seine Arbeit beenden konnte. Danach scheint das Projekt im Sande verlaufen zu sein.[52] Erst im Zuge der Unstimmigkeiten, die in den 1740er und 1750er Jahren auftauchten, rückte das Thema wieder auf die Tagesordnung. 1756 unternahm La Condamine die erwähnte Untersuchung. Sie diente zwar allein der wissenschaftlichen Überpüfung der Länge der Maßstäbe. In seinem Bericht äußerte der Mathematiker aber auch eine Empfehlung: Weil die *Toise du Perou* sich trotz ihrer starken Beanspruchung während der Äquator-Expedition als überaus formstabil erwiesen hatte, hielt er es für angebracht, sie zum Referenzmaß für die Akademie und die mit ihr verbundenen Wissenschaftler zu erklären.[53]

Zunächst verhinderte allerdings die starke Assoziation zwischen den verschiedenen Standards und ihren jeweiligen Nutzern die Umsetzung dieses Planes. Mairan, dessen eigener Maßstab im Falle einer Übernahme der *Toise du Perou* unter den Tisch gefallen wäre, sprach sich gegen das Vorhaben aus, und die Akademie unterstützte ihn dabei – möglicherweise deshalb, weil sie La Condamine, der der wichtigste Protagonist der Äquator-Expedition gewesen war, in der Frage der Auswahl eines Längenmaßes als parteiisch betrachtete.[54] Diese Episode zeigt, dass es den betroffenen Naturphilosophen schwer fiel, das entstandene Koordinationsproblem alleine zu lösen.

Schließlich kam ihnen der Staat zuhilfe, so dass 1766 nicht nur die Akademie, sondern das gesamte Land ein neues Urmaß erhielt. Diese Entwicklung war einem doppelten Zufall zu verdanken. Zum einen erlitt die nach wie vor als offizieller Standard fungierende *Toise du Châtelet* 1758 irreparable Schäden, weil ein Arbeiter sie bei dem Versuch, ihre Befestigung zu erneuern, mit dem Hammer traktiert hatte.[55] Zum anderen versuchte die Generalkontrolle, wie bereits geschildert, Mitte der 1760er Jahre im Zusammenhang mit der Getreidepolitik einen Überblick über die im Land verwendeten Maßeinheiten zu gewinnen. Die 1766 zu diesem Zweck erlassene königliche Deklaration bot eine günstige Gelegenheit, en passant auch den verlorengegangenen Standard zu ersetzen. Nach einigem Lobbying entschied sich die Generalkontrolle dabei, der Empfehlung von La Condamine Folge zu leisten und die *Toise du Perou* zum grundlegenden Längenmaß zu erheben.[56] Damit war das Problem der Proliferation differierender wissenschaftlicher Präzisionsmaßstäbe gelöst. Der neue Standard wurde unter besonderen Vorkehrungen in der Akademie verwahrt und alle anderen Maße waren fortan im Zweifelsfalle als Abweichungen von diesem zu betrachten. Der Instrumentenbauer Jacques Canivet fertigte zudem achtzig Kopien des Längenstandards, die an die Provinzstädte und einige ausländische Regierungen verteilt wur-

---

[52] Cox, Metric System, S. 76.
[53] La Condamine, Remarques, S. 489 ff.
[54] Vgl. ebd., S. 501.
[55] Favre, Origines, S. 17.
[56] Marquet, Toise, S. 200.

den.[57] Als erstes europäisches Land verfügte Frankreich damit über ein Referenzsystem von Ur- und Gebrauchsmaßen, das den zeitgenössischen wissenschaftlichen
Anforderungen genügte.

Die Bedeutung dieses Referenzsystems beschränkte sich jedoch nicht auf
Frankreich. Sie strahlte vielmehr auf den gesamten europäischen Kontinent aus.
Seit etwa 1700 waren dort in Anlehnung an das englisch-französische Vorbild
zahlreiche Akademien, Observatorien und wissenschaftliche Gesellschaften gegründet worden.[58] In einzelnen Fällen verfolgten diese die Maßbestimmungen in
den beiden westeuropäischen Wissenschaftsnationen mit großer Aufmerksamkeit. So nahm beispielsweise Michael Friedrich Hanow von der Naturforschenden
Gesellschaft in Danzig die in den 1730er Jahren angestellten Vergleichungen zwischen britischen und französischen Maßen zum Anlass, seinerseits deren Relationen zu den Danziger Einheiten zu ermitteln.[59]

Im Großen und Ganzen waren die kleineren, kontinentaleuropäischen Akademien allerdings sehr viel weniger am Problem der Maße und der Längenstandards interessiert als ihre westeuropäischen Pendants. Das hing damit zusammen,
dass sie schwerpunktmäßig Projekte verfolgten, für die diese Fragen ohne Belang
waren. Die an die Preußische Akademie angeschlossene Berliner Sternwarte etwa
war in der ersten Hälfte des 18. Jahrhunderts primär mit der Berechnung, Erstellung und dem Vertrieb von Kalendern beschäftigt. Die Längengradbestimmung
auf See spielte in ihrer Tätigkeit dagegen aus naheliegenden Gründen keine Rolle.[60] Auch das staatliche Interesse an der Landvermessung fiel in Preußen bis in
die zweite Hälfte des 18. Jahrhunderts sehr gering aus. Zwar kam es dort, wie in
Kapitel 2.1.2 geschildert, 1773 trotzdem zur Fixierung eines zentralen Längenstandards, und diese ging auch mit einer Vergleichung zwischen dem neuen Urmaß und einer aus Frankreich bezogenen Kopie der *Toise* einher. Doch eine wissenschaftliche Notwendigkeit für diese Vorgehensweise gab es nicht. Das war u. a.
daran zu erkennen, dass die Federführung des Projektes beim Oberbaudepartement und nicht bei der Akademie lag. Dessen Vermessungen beruhten aber bis
ins 19. Jahrhundert hinein auf traditionellen Techniken wie der Anwendung der
Messkette, bei der geringe Abweichungen in den zugrundegelegten Längenmaßen
sehr viel weniger ins Gewicht fielen als beim Triangulationsverfahren.[61] In die
Debatte über die Erdgestalt flossen die aus praxisorientierten Projekten wie Meliorationen gewonnenen Daten zudem ohnehin nicht ein, so dass ihrer Vergleichbarkeit mit den französischen Vermessungen keine Bedeutung zukam.

Die Verkoppelung des preußischen Längenmaßes mit der *Toise* war deshalb
primär eine Prestigefrage, mit der sich die Ingenieure des Oberbaudepartements
symbolisch auf eine Ebene mit den britischen und französischen Naturphiloso-

---

[57] STRASSER, Toise, S. 24.
[58] Vgl. MCCLELLAN, Scientific Institutions, S. 90 ff. sowie die Übersicht bei STOLLBERG-RILINGER,
Europa, S. 178 f.
[59] HANOW, Vergleichung.
[60] GRAU, Preußische Akademie, S. 62 f. u. S. 73 f.
[61] TORGE, Geodäsie, S. 79 ff.

phen stellen wollten. Dabei war allerdings von vornherein klar, dass das preußische Maß mit dem Ansehen jenes Standards, mit dem buchstäblich die Welt vermessen worden war, nicht annähernd würde mithalten können. Als triangulationsgestützte Landesaufnahmen im letzten Drittel des 18. Jahrhunderts auch im deutschen Sprachraum vermehrt Fuß fassten, gingen die meisten der dortigen Territorien deshalb einen anderen Weg als Preußen. Sie stützten sich bei ihren Vermessungen entweder auf traditionelle Längenmaße und verzichteten bewusst darauf, diese auf den höchsten Stand der zeitgenössischen Wissenschaft zu bringen; das galt etwa für die 1780 in Sachsen und die 1781 in Oldenburg gestarteten Erhebungen.[62] Oder sie verwendeten gleich die französische *Toise* und stellten damit die unmittelbare Anschlussfähigkeit ihrer Vermessungen an die westeuropäischen Triangulationen sicher. Besonders verbreitet war diese Vorgehensweise in Süddeutschland, denn hier hatte Cassini III. in den 1760er Jahren gemeinsam mit dem Wiener Hofastronomen Joseph Liesganig den Versuch unternommen, das französische Messnetzwerk über Württemberg und Bayern bis nach Wien auszudehnen.[63] Diese Erhebung war zwar mit zahlreichen Fehlern behaftet, bot aber dennoch die Möglichkeit, die süddeutschen Landesaufnahmen an den von der *Académie* geprägten geodätischen Referenzrahmen anzukoppeln und somit einen Beitrag zur Komplettierung des Bildes von der Erdgestalt zu leisten.

Wie bedeutsam diese Motivation für die Verbreitung der *Toise* war, zeigte sich daran, dass sie neben süddeutschen und italienischen Astronomen auch eine Reihe britischer Naturphilosophen erfasste. So nahm Nevil Maskelyne, der englische *Astronomer Royal,* 1768 einen Vergleich zwischen dem Standard der *Royal Society,* der *Bird's Scale* und zwei Kopien der *Toise du Perou* vor. Sein Ziel war es dabei, die Daten einer der wichtigsten Vermessungen der neuen Welt für die Debatte über die Form der Erde verfügbar zu machen: die zwischen 1763 und 1767 erfolgte Längengradbestimmung von Charles Mason und Jeremiah Dixon, ein Nebenprodukt ihrer berühmten Vermessung einer Demarkationslinie zwischen Pennsylvania und Maryland. Mason und Dixon hatten sie auf der Grundlage des Yard vorgenommen, aber selbst die *Royal Society* war der Meinung, dass ihre Erkenntnisse nur dann brauchbar waren, wenn sie zuverlässig in die *Toise* umgerechnet werden konnten.[64]

Für alle weiteren Vermessungen, die in einem internationalen Zusammenhang standen, war die *Toise* spätestens seit diesem Zeitpunkt das zentrale Referenzmaß. Die Einrichtung des Meters, der sie eigentlich ersetzen sollte, steigerte ihr Prestige parodoxerweise noch einmal, denn alle Erhebungen, die zu diesem Zweck vorgenommen wurden, basierten ebenfalls auf der *Toise.*[65] Auch im frühen 19. Jahr-

---

[62] Vgl. ebd., S. 88 ff. u. S. 92 ff.

[63] Vgl. ebd., S. 71 und PELLETIER, Carte, S. 74 ff.

[64] Zum Vergleich der Maße vgl. MASKELYNE, Postscript, S. 325 ff. Zur Längengradbestimmung vgl. MASON und DIXON, Observations sowie MASKELYNE, Introduction. Allgemein zur Vermessung der Mason-Dixon-Linie vgl. WILFORD, Mapmakers, S. 212 ff.

[65] Die Bedeutung dieses Umstandes für die Außenwahrnehmung der *Toise* wird deutlich bei EYTELWEIN, Vergleichungen, S. 2.

hundert zogen die Geodäten sie deshalb regelmäßig für ihre Arbeiten heran. Aus ihrer Sicht wäre die Vereinheitlichung von Maßen und Gewichten in den 1760er Jahren also beinahe schon abgeschlossen gewesen, wenn mit der Etablierung des neuen Längenstandards nicht noch ein anderes Problem einhergegangen wäre: die Angst, ihn wieder zu verlieren.

3.2 Die Suche nach dem ultimativen Standard

3.2.1 Die mechanistische Weltanschauung und das Pendel

Die Befürchtung, dass das Referenzmaß verlorengehen könnte, war aus zeitgenössischer Perspektive sehr naheliegend. In der Frühen Neuzeit hatten fast alle Standards nur eine kurze Lebensdauer besessen. Das galt nicht nur für lokale und regionale Gebrauchsmaße, sondern auch für Maßnormale von nationaler Bedeutung. So war beispielsweise die *Toise du Châtelet* in weniger als 100 Jahren zweimal irreparabel beschädigt worden. Auch die von Picard zur Vermessung seiner Basislinie benutzte Kopie hatte ein ähnliches Schicksal ereilt.

Besonders in Frankreich, aber auch in Großbritannien bildete sich deshalb seit dem letzten Drittel des 17. Jahrhunderts die Überzeugung heraus, dass das Längenmaß durch eine Größe abgesichert werden musste, die von den physischen Maßnormalen unabhängig war. Sie sollte unveränderlich und möglichst jederzeit verfügbar sein, um die Standards im Falle eines Verlustes wieder herstellen zu können. Diese Forderung war allerdings nicht nur pragmatisch motiviert. Vielmehr ging sie mit hochgradig normativen Vorstellungen von der Ordnung der Dinge einher. Denn die Versuche zur Einrichtung eines solchen absoluten Maßes waren von der Vorstellung geprägt, dass sich dieses aus den messbaren Eigenschaften der Natur gewinnen lasse. Für diese Überlegung gab es eine Reihe von Vorläufern, von denen einige bis ins chinesische Altertum zurückreichten.[66] In der spezifischen Form, in der sie seit dem 17. Jahrhundert auftrat, war sie jedoch eine Begleiterscheinung der *mechanical philosophy*, deren Versinnbildlichung in der Metapher von der Welt als Uhrwerk bestand.[67] Sie führte dazu, dass die Natur den zeitgenössischen Wissenschaftlern als eine Quelle der Gleichförmigkeit und der Regelmäßigkeit erschien.

Galileo Galileis Arbeiten zur Kinematik haben die Entstehung dieses Weltbildes in der frühen Phase der ‚Wissenschaftlichen Revolution' maßgeblich befördert.[68] Neben den von ihm formulierten Fallgesetzen gilt das vor allem für die Erkennt-

---

[66] Allgemein zur Idee des Naturmaßes vgl. CROSLAND, Nature, S. 289 ff. sowie die wichtige Abgrenzung zum Konzept der abstrakten Konstante bei HACKING, Taming of Chance, S. 55 ff. Zu einigen Vorläufern vgl. DEW, Hive and Pendulum, S. 243 f. sowie MUNCKE, Maß, S. 1255. Aus China ist der Gedanke überliefert, die Einheiten auf die Länge einer Flöte zu gründen, die eine bestimmte Tonhöhe erzeugt, vgl. HAUSTEIN, Weltchronik, S. 2.

[67] Zu dieser Metapher vgl. MACEY, Clock Metaphor sowie WEIGL, Instrumente, S. 123 ff.

[68] CARDWELL, Turning Points, S. 36 ff.

nis von der sogenannten Isochronie des Pendelschlages. Galilei habe, so berichtet es sein Biograph Vincenzo Viviani, 1588 in der Kathedrale von Pisa einen Leuchter hin- und herschwingen gesehen und dabei festgestellt, dass dieser stets die selbe Zeit in Anspruch nahm, um eine Schwingung zu vollenden – unabhängig von seiner Amplitude und, wie spätere Experimente ergaben, auch unabhängig von seiner Masse.[69] Diese Geschichte ist mit Sicherheit erfunden, aber die prinzipielle Einsicht, die in ihr zum Ausdruck kam, eröffnete dem Pendel eine Reihe von Anwendungsmöglichkeiten. Schon Galilei erkannte, dass es sich nicht nur als Metronom für Musiker, sondern auch als Taktgeber für mechanische Uhren eignen könnte. Der Holländer Christiaan Huygens setzte diese Idee 1656 in die Praxis um. Die von ihm patentierte Pendeluhr war um ein Vielfaches genauer als die bis dahin üblichen Zeitmesser. In den folgenden Jahrzehnten verbreitete sie sich deshalb mit rasender Geschwindigkeit im europäischen Alltag.[70]

Spätestens seit dem Beginn dieser ‚horologischen Revolution‘ war das Pendel als zentrales Symbol der mechanistischen Weltanschauung fest etabliert.[71] Das hing auch damit zusammen, dass seine Eigenschaften ein weites Feld für wissenschaftliche Experimente boten. Schon in den 1630er und 1640er Jahren hatten einige Naturphilosophen begonnen, diese genauer zu untersuchen – namentlich Marin Mersenne, ein französischer Jesuitenpater, der mit Galilei in engem Kontakt stand. Mersenne war unter anderem der Frage nachgegangen, wie lang ein Pendel sein musste, damit es genau eine Sekunde brauchte, um eine volle Schwingung zu durchlaufen. Durch eine Reihe von Experimenten versuchte er, die Länge dieses sogenannten Sekundenpendels zu bestimmen. Obwohl seine Messungen mit zahlreichen Problemen behaftet waren, zeigte er damit eine Möglichkeit auf, eine Zeiteinheit, für die es nach zeitgenössischer Auffassung mit der Dauer der Drehung der Erde um die eigene Achse einen absoluten Bestimmungsmaßstab gab, in eine Längeneinheit zu konvertieren.[72]

Diese Konversionsmöglichkeit eröffnete die Chance, die vorhandenen Längenmaßstäbe an das Sekundenpendel zu koppeln und damit das Problem ihrer Absicherung gegen einen etwaigen Verlust zu lösen. Der Niederländer Isaac Beeckmann, der mit Mersenne gut bekannt war, hatte diese Idee bereits im Februar 1631 notiert, behielt sie jedoch für sich.[73] Seit der Einführung der Pendeluhr erlebte sie aber einen veritablen Boom. Vor allem die englische *Royal Society* diskutierte sie in den ersten Jahren ihres Bestehens intensiv. Robert Hooke und Christopher Wren spielten dabei eine wichtige Rolle.[74] Auf Wrens Vorschlag hin nahmen Christiaan

---

[69] MURDIN, Meridian, S. 41. Zur Datierung vgl. DRAKE, Galileo, S. 21.

[70] LANDES, Revolution in Time, S. 116. Zum apokryphen Charakter der Galilei-Geschichte vgl. KASSUNG, Pendel, S. 185 sowie BÜTTNER, Pendulum, S. 227.

[71] Zur generellen Bedeutung des Pendels in diesem Zeitraum vgl. ebd., passim sowie die einschlägigen Beiträge in MATTHEWS et al. (Hrsg.), Pendulum. Zum Begriff der ‚horologischen Revolution‘ vgl. MATTHEWS, Time, S. 177ff.

[72] Vgl. YODER, Unrolling Time, S. 11ff.

[73] TANNERY (HRSG.), Correspondance, S. 210.

[74] BENNETT, Mathematical Science, S. 50. Vgl. auch CROSLAND, Nature, S. 280.

Huygens und William Brouncker eine experimentelle Bestimmung des Sekundenpendels vor und kamen zu dem Ergebnis, dass seine Länge 38 rheinländischen Fuß
bzw. 39¼ *inches* entsprach.[75] Wrens früherer Tutor John Wilkins, der anglikanische
Bischof von Chester, war an diesen Untersuchungen ebenfalls beteiligt. Er präsentierte 1668 einen Vorschlag für ein vollständig neues Maßsystem, das auf einem
über das Sekundenpendel definierten Längenmaß basieren, darüber hinaus aber
auch alle anderen Maßeinheiten aus diesem ableiteten sollte.[76]

Auch außerhalb der *Royal Society* waren diese Ideen präsent. So legte der französische Mathematiker Gabriel Mouton 1670 ebenfalls einen Plan für eine umfassende Neuordnung von Maßen und Gewichten vor, der die Kopplung des Längenmaßes an das Sekundenpendel in Betracht zog.[77] Jean Picard, der die *Toise*,
die ihm zur Vermessung seiner Basislinie gedient hatte, mit dem Pendelschlag
verglichen hatte, plädierte 1671 dafür, diesen als universellen Standard zu benutzen. Ähnliche Überlegungen finden sich in Huygens' *Horologium oscillatorum* von
1673. Auch der 1675 von dem italienischen Erfinder und Architekten Tito Livio
Burattini vorgeschlagene *Metro cattolico* beruhte auf dem Sekundenpendel. Und
schließlich wäre noch John Locke zu nennen, dessen ebenfalls in den 1670er Jahren niedergeschriebenen Überlegungen zu Maßen und Gewichten dieselbe Idee
zugrunde lag.[78]

Allerdings regten sich im selben Zeitraum auch schon erste Zweifel an der
Zuverlässigkeit des Sekundenpendels. Das hing damit zusammen, dass die den
ganzen Erdball umspannenden Projekte der Akademien die Naturphilosophen
zunehmend an Orte brachten, an denen die von Galilei, Mersenne und Huygens
postulierten Gesetzmäßigkeiten nicht zu gelten schienen. Einer dieser Orte war
das nahe dem Äquator gelegene Cayenne. Der französische Astronom Jean Richer
hatte sich 1671 dorthin gewagt, um den Durchgang des Mars durch den erdnähs-
ten Punkt seiner Umlaufbahn, das sogenannte Perigäum, zu beobachten. Bei dieser Gelegenheit kam er zu einer erstaunlichen Erkenntnis: Sein mitgeführtes, in
Paris kalibriertes Sekundenpendel schlug vor Ort langsamer als zu Hause. Um es
wieder in den gewohnten Takt zu bringen, musste er es um 1¼ Pariser Linien
(etwa 2,8 mm) verkürzen.[79] Auch Edmond Halley, der spätere *Astronomer Royal*,
konnte bei einer Reise nach St. Helena 1677/78 ein ähnliches Phänomen feststellen.[80] Wie war diese Abweichung zu erklären?

Ein Messfehler schied als Ursache aus, denn sowohl Richer als auch Halley hatten ihre Messungen über einen langen Zeitraum hinweg regelmäßig wiederholt

---

[75] WILKINS, Essay, S. 192.
[76] Vgl. ebd., S. 190–194.
[77] MOUTON, Observationes, S. 427–448, hier v. a. S. 430 u. S. 435 ff. Moutons Plan ist auch ausführlich dargelegt bei ZUPKO, Revolution, S. 123 ff.
[78] PICARD, Mesure de la Terre, S. 4; HUYGENS, Pendeluhr Teil 4, Satz 25, S. 180 ff.; BURATTINI, Misura universale, S. 9 ff. sowie zu Locke DEW, Hive and Pendulum, S. 240. Zu Huygens vgl. auch
MATTHEWS, Time, S. 141 ff.
[79] RICHER, Observations, S. 66. Insgesamt zu Richers Reise vgl. OLMSTED, Expedition, S. 117 ff.
[80] TORGE, Geodäsie, S. 59.

und waren dabei mit großer Sorgfalt vorgegangen. Doch es gab noch eine andere Möglichkeit, deren Erkundung auf einer Idee von Robert Hooke beruhte. Er hatte 1666 die Hypothese aufgestellt, dass sich das Pendel auch als Instrument zur Messung der Schwerkraft eignen könnte.[81] Isaac Newton sah deshalb in der Verlangsamung des Pendelschlages ein Indiz dafür, dass diese in Äquatornähe geringer ausfiel als in Europa. Diese Erkenntnis war ein wesentlicher Anstoß für die Formulierung der Gravitationstheorie, die das Phänomen schließlich erklären konnte. Sie postulierte einerseits, dass die Gravitation mit zunehmender Distanz zum Erdmittelpunkt abnahm, besagte andererseits aber auch, dass die Erde bauchig ausgeformt war.[82] Der Äquator war also weiter von ihrem Zentrum entfernt als London oder Paris.

Auch wenn diese Ursachenanalyse lange Zeit umstritten blieb, stellte die Erkenntis von der Veränderlichkeit des Sekundenpendels doch seine Eignung als Maßstandard in Frage. „Sans cette variation," so hielt Fontenelle diese Bedenken in seiner *Histoire de l'Académie* fest, „la mesure universelle était trouvée";[83] aber aufgrund dieser Abweichung bleibe einem nichts anderes übrig, als die Idee eines allgemeingültigen Naturmaßes ad acta zu legen. Auch in der *Encyclopédie* fand diese Auffassung ihr Echo: „des observations incontestables", so stand dort zu lesen, „ont fait connoitre que l'action de la pesanteur est différente dans differens climats, & qu'il faut toujours alonger le pendule vers le pole, & le raccourcir vers l'équateur."[84]

Allerdings änderte dieser Befund nichts daran, dass sich die Länge des Sekundenpendels *an einem festgelegten Ort* – also beispielsweise in Paris oder London – experimentell sehr genau bestimmen ließ.[85] Sie fand deshalb in der Folgezeit als Vergleichsgröße für wissenschaftliche Maßbestimmungen weite Verbreitung. So griff beispielsweise Mairan 1735 auf das Pendel zurück, um ein Tertium Comparationis für die Vermessungen der bevorstehenden Expeditionen zu schaffen. John Bird verglich seinen 1760 angefertigten Standard mit dessen Länge, weil er ihn gegen einen möglichen Verlust versichern wollte. Und auch La Condamine unternahm während seines Aufenthaltes in Peru umfangreiche Experimente, um das Verhältnis der *Toise du Perou* zur Länge des Sekundenpendels in Quito zu ermitteln.[86]

Vor diesem Hintergrund setzte sich im mittleren Drittel des 18. Jahrhunderts die Auffassung durch, dass die Schwankungen in der Länge des Sekundenpendels nicht so problematisch waren, wie Fontenelle es befürchtet hatte. Denn die Erkenntnisse von Richer, Halley und Newton legten die Vermutung nahe, dass die Pendellänge in einer systematischen Relation zum Breitengrad der jeweiligen

---

[81] BENNETT, Mathematical Science, S. 62 ff.

[82] MURDIN, Meridian, S. 43.

[83] Zit. nach FAVRE, Origines, S. 72.

[84] Pendule, in: DIDEROT und D'ALEMBERT (Hrsg.), Encyclopédie, Bd. 12, S. 293–300, hier S. 294.

[85] So bereits PICARD, Mesure de la Terre, S. 5.

[86] Zu Mairan und La Condamine vgl. LA CONDAMINE, Nouveau projet, S. 498 f., S. 499 f. u. S. 502 ff. Zu Bird vgl. ZUPKO, Revolution, S. 73.

Messung stand. Daraus ließ sich folgern, dass man sie immer noch zur Maßgrundlage machen konnte, wenn man nur festlegte, auf welche Parallele sich ihre
Bestimmung beziehen sollte. Besonders deutlich kam diese Position in einem
Aufsatz zum Ausdruck, den La Condamine 1747, zwei Jahre nach seiner Rückkehr
nach Frankreich, veröffentlichte. Er beinhaltete einige generelle Vorschläge zu
einer Maßeinigung, auf die im Weiteren noch zurückzukommen sein wird. Daneben drehten sich seine Ausführungen aber in erster Linie um die Frage, wie sich
eine internationale Verallgemeinerung der für die Erdvermessung genutzten Längeneinheiten erreichen ließe. La Condamine trieb dabei die Befürchtung um, dass
ein solches Projekt an der fehlenden Bereitschaft europäischer Nationen, die eigenen Maße zugunsten derer eines anderen Landes aufzugeben, scheitern könnte.
Die Lösung für dieses Problem sah er in der Verwendung eines auf einen bestimmten Parallelkreis fixierten Sekundenpendels.[87]

Unter La Condamines Kollegen an der Akademie war zu diesem Zeitpunkt die
Auffassung geläufig, dass man dafür den 45. Breitengrad heranziehen solle. Das
ließ sich gut begründen, denn dieser Breitengrad lag in der Mitte zwischen Pol
und Äquator. Er wies damit eine geographische Besonderheit auf, die zur Folge
hatte, dass das dortige Sekundenpendel rechnerisch genau dem durchschnittli-
chen Sekundenpendel auf der Gesamtlänge eines Erdmeridians entsprach.[88] Für
La Condamine selbst war die Sache allerdings nicht so einfach. Aus seiner Sicht
wäre eine Entscheidung für den 45. Breitengrad dem Vorwurf der Parteilichkeit
ausgesetzt gewesen. Denn dieser Parallelkreis verlief zwar durch Frankreich, nicht
aber durch Großbritannien, die Niederlande oder das Heilige Römische Reich.[89]
Um keine europäische Nation zu bevorzugen oder zu benachteiligen, wollte der
Astronom stattdessen die Länge des Sekundenpendels am Äquator zum internationalen wissenschaftlichen Referenzmaß machen. Auch diese Überlegung war
allerdings nicht ganz frei von partikularen Interessen: Denn Quito, die Stadt, in
der er selbst umfangreiche Pendelexperimente vorgenommen hatte, lag genau
dort, am Äquator.

Immerhin hatte La Condamine aber, wie geschildert, großen Einfluss darauf,
dass die *Toise du Perou* 1766 zum zentralen französischen Maßnormal erhoben
wurde. Es wäre deshalb keine Überraschung gewesen, wenn er in diesem Zuge
auch seine Vorstellung von einer universellen Maßgrundlage hätte durchsetzen
können. Doch obwohl sich die einschlägige königliche Deklaration maßgeblich
auf seine Ideen stützte, bezog sie sich ausschließlich auf den physischen Standard
und enthielt kein Wort davon, dass dieser mit dem Sekundenpendel verglichen
werden sollte.[90] Die Gründe dafür sind nicht mehr nachvollziehbar, aber es ist
klar, dass die französischen *savants* dies als gravierendes Defizit empfanden.

---

[87] LA CONDAMINE, Nouveau projet, S. 500 f. Vgl. zum Kontext von La Condamines Vorschlägen
auch FAVRE, Origines, S. 73 ff. sowie COX, Metric System, S. 75 ff.
[88] LA CONDAMINE, Nouveau projet, S. 506. Vgl. auch BORDA et al., Rapport, S. 3.
[89] LA CONDAMINE, Nouveau projet, S. 507.
[90] Déclaration concernant les poids et mesures, 16. 5. 1766, in: CLÉMENCEAU, Service, S. 170–171.

Als Turgot 1775 den bereits geschilderten Versuch unternahm, das französische Maßsystem zu erneuern, kam ihm dieser Umstand sehr gelegen. Er diente ihm als Vorwand, um die Notwendigkeit seiner eigentlich aus völlig anderen Motiven in Angriff genommenen Reform zu begründen. In seinem Auftrag sollte der Marquis de Condorcet dafür sorgen, dass das Längenmaß nun doch noch an das Sekundenpendel gekoppelt wurde. Condorcet war mit den Überlegungen des zwischenzeitlich verstorbenen La Condamine bestens vertraut, entschied sich jedoch nicht für den Äquator, sondern für den 45. Breitengrad als Bezugspunkt der Pendellänge.[91] Das widersprach zwar La Condamines universalistischen Bestrebungen, war aber wissenschaftlich akzeptabel und kam dem Wunsch nach einer zügigen Realisierung des Projektes entgegen. So unternahm Charles Messier nur wenige Wochen später bereits eine Reihe von Versuchen, um die entsprechenden Messwerte zu ermitteln.[92] Trotzdem konnte das Reformvorhaben aber nicht schnell genug umgesetzt werden. Mit Turgots Entlassung 1776 war es hinfällig.

Diese Zäsur hätte das Ende der Versuche zur Etablierung des Pendels als Maßgrundlage bedeuten können, denn etwa zu diesem Zeitpunkt ergaben sich erneut Zweifel an seiner Zuverlässigkeit. Sie betrafen den seit den 1730er Jahren entstandenen Konsens, demzufolge die Länge des Sekundenpendels nur mit dem Breitengrad variierte, ansonsten aber unveränderlich war. Schon La Condamine war sich dessen nicht ganz sicher gewesen, denn sein Gefährte Bouguer hatte 1738 am Chimborazo ein Experiment durchgeführt, das auch eine andere Möglichkeit eröffnete. Dessen Ergebnisse waren indes unter äußerst widrigen Umständen zustande gekommen, so dass selbst die Protagonisten der Peru-Expedition nicht recht an sie glauben wollten.[93]

1774 wurde das Experiment aber von Nevil Maskelyne am Berg Schiehallion im schottischen Perthshire wiederholt. Es ist deshalb als Schiehallion-Experiment in die Wissenschaftsgeschichte eingegangen. Maskelynes Versuche hatten mit dem Problem der Maßgrundlage zunächst nichts zu tun. Seine Intention war vielmehr, einen experimentellen Nachweis für die Gravitationstheorie zu erbringen und gleichzeitig eine begründete Schätzung für die Masse der Erde abzugeben. Dazu wollte er die Anziehungskraft eines Berges messen. Das ließ sich bewerkstelligen, indem man die durch sie verursachte Abweichung eines im Ruhezustand befindlichen Pendels aus seiner Normallinie beobachtete. Um daraus die Masse des Berges und anschließend die Masse der Erde zu berechnen, bedurfte es jedoch einer Reihe von Voraussetzungen, die die praktische Umsetzung dieses Grundgedankens extrem verkomplizierten.[94] Dies ist nicht der Ort, um auf die Einzelheiten einzugehen. Wichtig ist der Befund, dass das Experiment trotz der großen Schwierigkeiten gelang und Maskelyne die durch den Berg verursachte Lotabweichung des Pendels tatsächlich nachweisen konnte. Seine Ergebnisse legten die Vermu-

---

[91] FAVRE, Origines, S. 82f.
[92] GILLISPIE, Old Regime, S. 22.
[93] DANSON, Weighing, S. 40ff. Zu La Condamines Zweifeln vgl. FAVRE, Origines, S. 77.
[94] Zu Voraussetzungen, Verlauf und Ergebnissen des Experimentes vgl. die zeitgenössische Darstellung von MASKELYNE, Account sowie ausführlich DANSON, Weighing, S. 106–154.

tung nahe, dass lokale Faktoren wie die Präsenz einer großen Gesteinsmasse nicht nur die Ruhelage, sondern auch die Schwingung eines Sekundenpendels beeinflussen konnten. Dessen Länge war folglich auch durch die Fixierung des Breitengrades der Messung nicht eindeutig definiert.[95]

Zunächst scheinen die damit beschäftigten Naturphilosophen diesen Zusammenhang aber nicht gesehen zu haben. Möglicherweise hielten sie den Effekt auch für zu geringfügig, um ihm große Aufmerksamkeit zu widmen. Das war nachvollziehbar, weil bis zu diesem Zeitpunkt alle Messungen des Sekundenpendels mit einfachen Fadenpendeln vorgenommen worden waren. Mit deren Hilfe ließen sich zwar breitengradspezifische Unterschiede feststellen, aber für die Bestimmung lokaler Einflüsse reichte ihre Genauigkeit nicht aus. Etwa gleichzeitig mit dem Schiehallion-Experiment nahm allerdings auch die Entwicklung neuer Pendeltechniken Fahrt auf. So hatte beispielsweise die *Royal Society* 1774 unter dem Eindruck der französischen Debatten einen Preis für die Entdeckung eines „mode whereby to obtain invariable standards for weights and measures, communicable at all times, and to all nations"[96] ausgesetzt. 1779 legte der Uhrmacher John Hatton daraufhin einen Plan für ein Pendel vor, das mit einer beweglichen Aufhängung ausgestattet war. Der Sinn dieser Einrichtung bestand darin, den gleichzeitigen Schlag *zweier* Pendel zu simulieren. Aus deren Differenz ließ sich die Länge des Sekundenpendels sehr viel genauer ermitteln als mit den traditionellen Vorrichtungen.[97]

Auf der Basis dieser Idee unternahm John Whitehurst – ebenfalls ein Uhrmacher – eine Reihe von Versuchen, mit denen er die Längenbestimmung wesentlich verbessern konnte. Der von ihm erzielte Zugewinn an Genauigkeit sollte in den folgenden Jahrzehnten durch eine Reihe weiterer technischer Neuerung noch vergrößert werden. Diese Entwicklung führte in den 1810er und 1820er Jahren schließlich dazu, dass die Implikationen des Schiehallion-Experimentes ins Zentrum der Aufmerksamkeit rückten und untergrub so die Annahme von der Unveränderlichkeit des Sekundenpendels.[98] In den 1780er Jahren hatten Whitehursts Experimente aber zunächst die gegenteilige Wirkung. Sie machten die Frage der Maßgrundlage auch in Großbritannien, wo sie seit dem Beginn des 18. Jahrhunderts kaum noch beachtet worden war, wieder zu einem viel diskutierten Problem. Das lässt sich daran ablesen, dass noch zur Zeit des *Carysfort Comittees* (1758/59) niemand verlangt hatte, die britischen Längeneinheiten an eine der Natur entnommene Größe zu koppeln. Als aber John Riggs Miller das Thema Ende der 1780er Jahre für sich entdeckte, untersuchte er gleich eine ganze Reihe einschlägiger Möglichkeiten. Darunter befand sich u. a. die 1771 von dem deutschen Philosophen und Mathematiker Andreas Böhm geäußerte Idee, das Längenmaß auf die Strecke zu gründen, die ein frei fallender Körper innerhalb einer Sekunde

---

[95] SIMPSON, Pendulum, S. 178 f.
[96] WHITEHURST, Attempt, S. viii.
[97] Vgl. ebd., S. ix.
[98] Vgl. Kap. 6.2.3 dieser Arbeit.

zurücklegt.[99] Unter Verweis auf Whitehursts Experimente schloß sich Miller aber letztlich der Auffassung an, dass das Sekundenpendel die beste Wahl darstellen würde.[100]

Diese Haltung war nicht nur für die britische Debatte von Bedeutung. Vielmehr bildete sie die Grundlage dafür, dass in diesem Zeitraum kurzzeitig auch eine internationale Maßeinigung möglich erschien. So beruhte der Vorschlag für ein gemeinsames Vorgehen in dieser Frage, den Talleyrand Miller 1790 unterbreitete, maßgeblich auf der beidseitigen Akzeptanz des Sekundenpendels.[101] Und die Initiative zu einer Vereinheitlichung von Maßen und Gewichten, die Thomas Jefferson im selben Jahr dem amerikanischen Kongress vorlegte, war ebenfalls von der Hoffnung getragen, auf dieser Basis zu einer internationalen Verständigung zu kommen.[102] Trotz der sich im Hintergrund anbahnenden Zweifel an ihrer Unveränderlichkeit deuteten also 1790 alle Anzeichen darauf hin, dass eine dauerhafte Fundierung von Standardmaßen alleine auf diesem Wege zustande kommen würde. Mehr noch: Das Sekundenpendel schien sogar eine Internationalisierung der Maßreformen zu ermöglichen, die mindestens Großbritannien, vielleicht aber auch die USA einbezog.

3.2.2 Die antiquarische Tradition der Metrologie und der Erdumfang

Dennoch ist es bekanntlich anders gekommen. Der in den 1790er Jahren geschaffene Meter war ein genuin französisches Maß, das nicht auf dem Pendel, sondern auf dem Erdumfang basierte. Betrachtet man seine Entstehung alleine aus dem Blickwinkel der empirisch-mathematischen Dimension frühneuzeitlicher Naturphilosophie, so überrascht dieser Befund. Denn die Forschung geht zwar mehrheitlich davon aus, dass Sekundenpendel und Erdumfang seit der ‚Wissenschaftlichen Revolution‘ *gleichberechtigte* Alternativen einer möglichen Entlehnung eines Standardmaßes aus der Natur waren.[103] Aber diese Auffassung lässt sich kaum belegen.

Dabei war es angesichts der Debatte über die Gestalt der Erde durchaus naheliegend zu vermuten, dass deren Vermessung auch einen Anhaltspunkt für die Gewinnung eines Naturmaßes liefern konnte. Gabriel Mouton hat die Idee, hierfür den Erdumfang heranzuziehen, unter diesen Vorzeichen 1670 erstmals formuliert. Auch Christopher Wren hat sie 1682 im kleinen Kreis vorgebracht.[104] Doch gerade weil die Erdvermessung einen Schwerpunkt der wissenschaftlichen Arbeiten im letzten Drittel des 17. Jahrhunderts bildete, waren diese Gedankenspiele

---

[99] Vgl. MILLER, Speeches, S. 42 sowie WHITEHURST, Attempt, S. vif. Whitehurst zufolge ist Böhms Vorschlag in den *Acta philosophico-medica Societatis Academiae Scientiarum Hassiacae* des Jahres 1771 enthalten. Es handelt sich dabei um den einzigen jemals erschienenen Band dieser äußerst raren Zeitschrift.

[100] MILLER, Speeches, S. 44.

[101] Vgl. Kap. 2.2.1 dieser Arbeit.

[102] TAVERNOR, Smoot's Ear, S. 120 ff. Vgl. auch TREAT, History, S. 17 f.

[103] So z. B. GUEDJ, Mètre, S. 37 ff.

[104] MOUTON, Observationes, S. 441 f. sowie BENNETT, Mathematical Science, S. 50.

schnell überholt. Denn als Mouton seinen Vorschlag unterbreitete, gingen fast alle europäischen Gelehrten noch davon aus, dass die Erde eine perfekte Kugel sei. Schon Wren war sich da – nur zwölf Jahre später – nicht mehr so sicher und führte die Asphärizität des Globus als ein mögliches Argument gegen seinen eigenen Vorschlag an.[105] Die folgende Auseinandersetzung zwischen Cartesianern und Newtonianern zog sich zwar, wie beschrieben, bis zur Mitte des 18. Jahrhunderts hin. Aber schon innerhalb kurzer Zeit zeichnete sich ab, dass die Erde *entweder* gestreckt *oder* abgeflacht war, auf keinen Fall aber völlig rund. Unter diesen Umständen schien es wenig verheißungsvoll, „das Wunder natürlicher Regelmäßigkeit"[106] von der Vermessung ihrer Oberfläche zu erhoffen.

Mouton und Wren hätten damit vermutlich gut leben können, denn beide betrachteten den Erdumfang neben dem Sekundenpendel nur als eine zusätzliche Möglichkeit, zu einem Naturmaß zu gelangen. Für die meisten anderen Geodäten oder Astronomen war er nicht einmal das. Fast hundert Jahre lang – bis zur Mitte der 1770er Jahre – tauchte das Konzept deshalb nirgendwo mehr auf. Eine einzige Ausnahme bestätigt allerdings die Regel: Die 1720 erschienene Abhandlung, in der Jacques Cassini seine Befunde über die vermeintliche Streckung der Erde präsentierte, beinhaltete einige Überlegungen, die ihn scheinbar als Verfechter eines auf dem Erdumfang basierenden, allgemeinen Maßstandards ausweisen.[107] Doch eine genaue Lektüre der einschlägigen Passagen zeigt, dass Cassini ein anderes Ziel verfolgte. Seine Ausführungen standen am Ende eines Kapitels, in dem er die von antiken Geographen verwendeten Längenmaße untersuchte, um so deren Erkenntnisse über den Erdumfang für seine Forschungen nutzbar zu machen. Bei dem Versuch, diese Einheiten zu bestimmen, kam ihm die Idee, anhand eines Grades des Erdumfangs einen *pied géometrique* als Vergleichsmaßstab festzulegen. Dieser sollte hexagesimal unterteilt sein und so die Skalierung der Längenmaße mit der Gradeinteilung des Erdballs in Übereinstimmung bringen. Damit wollte Cassini aber kein unveränderliches Naturmaß erschaffen, sondern lediglich eine für geodätische Zwecke bequeme Rechengröße.[108]

Trotz dieser Einschränkung sind seine Überlegungen jedoch von großer Bedeutung. Sie zeigen beispielhaft, dass die Idee des Erdumfangs als Messgröße zumeist in engem Zusammenhang zu einem Interesse an der antiken Maßüberlieferung stand. Das verweist darauf, dass die Naturphilosophie des 17. und 18. Jahrhundert nicht allein auf mathematischen Methoden basierte, sondern auch eine antiquarische Tradition umfasste, die auf die Wiederentdeckung der Antike in der Renaissance zurückging.[109] Diese antiquarische Tradition war maßgeblich dafür

---

[105] Vgl. ebd.

[106] ALDER, Maß, S. 127.

[107] So die These bei ZUPKO, Revolution, S. 133.

[108] CASSINI, Grandeur, S. 149–159, hier v. a. S. 157ff. Demselben Zweck sollte auch der ebd. vorgeschlagene, anhand des Halbmessers der Erde definierte *pied trigonométrique* dienen.

[109] Allgemein zum frühneuzeitlichen Antiquarismus vgl. MOMIGLIANO, Ancient History. Spezifisch zur antiquarischen Tradition der Metrologie vgl. den Überblick bei HULTSCH, Metrologie, S. 14ff. Die folgenden Überlegungen und die zugehörigen Ausführungen in Kap. 6.2.1 sind auch separat veröffentlicht, vgl. KRAMPER, Erde.

verantwortlich gewesen, dass sich europäische Gelehrte an der Schwelle vom 15. zum 16. Jahrhundert erstmals intensiv mit Maßen und Gewichten beschäftigten hatten. Sie blieb bis in das frühe 19. Jahrhundert hinein in den naturphilosophischen Debatten über dieses Thema präsent. Im Hinblick auf die Frage der Maßgrundlage war sie für die Entstehung des metrischen Systems von ebenso großer Bedeutung wie die Geodäsie und die Astronomie.

Einer der ersten Vertreter der antiquarisch orientierten Metrologie war der französische Humanist Guillaume Budé. In seinen 1514 veröffentlichten *Libri V de Asse et partibus ejus* stellte er die These auf, dass die Pariser Maßeinheiten unmittelbar mit ihren römischen Vorläufern identisch waren.[110] Seinen eigenen Angaben zufolge hatte er diese Erkenntnis durch die Vermessung antiker Münzstücke erzielt. Das erscheint allerdings nicht recht glaubwürdig, denn die meisten Autoren seiner Zeit hatten größte Mühe damit, dingliche Überlieferungen für solche Vergleiche ausfindig zu machen. Wahrscheinlicher ist deshalb, dass Budé sich auf die philologische Auseinandersetzung mit antiken Texten stützte. Allenfalls punktuell versuchte er darüber hinaus, alte Maße durch die darin gelegentlich enthaltenen Angaben über das Verhältnis einzelner Einheiten zur Größe von Getreidekörnern genauer zu bestimmen.[111]

Diese Vorgehensweise war auch für die frühen Schriften von Georgius Agricola, dem wohl bedeutendsten Metrologen des 16. Jahrhunderts, kennzeichnend. In seiner 1549 veröffentlichten Arbeit über *Die Wiederfeststellung der Gewichte und Maße* begann er allerdings, sich von der philologischen Methode zu lösen und stattdessen Münzen und Gewichte zu untersuchen. Die dabei erzielten Ergebnisse führten ihn dazu, Budés Auffassung von der Identität der römischen und der Pariser Einheiten zu widersprechen. Stattdessen vermutete er, dass es sich bei letzteren um eigenständige Größen handelte.[112] In ihrer grundsätzlichen Stoßrichtung waren die Interpretationsansätze von Budé und Agricola aber vergleichbar. Beide gingen in einer für Renaissance-Gelehrte typischen Vergegenwärtigung der Antike davon aus, dass die römischen Maße im Prinzip auch in ihrer Zeit gültig waren oder sein sollten. Konkrete politische Initiativen erwuchsen aus dieser Auffassung allerdings nicht. Die Untersuchungen der Humanisten zielten vielmehr darauf ab, die genauen Dimensionen der vermeintlich ursprünglichen Maße zu erforschen und ihnen auf diese Weise zu neuer Bedeutung zu verhelfen.[113]

Der solchermaßen motivierte antiquarische Ansatz ist im Laufe des 16., 17. und frühen 18. Jahrhunderts von einer Vielzahl von Autoren verfolgt und dabei Zug um Zug in drei Richtungen ausgeweitet worden. Erstens nahmen Lucas Paetus, Joseph Justus Scaliger, Johann Friedrich Gronov und Louis Savot in der zwei-

---

[110] Vgl. HULTSCH, Metrologie, S. 14 sowie ALBERTI, Maß und Gewichte, S. 88.

[111] HULTSCH, Metrologie, S. 15. Zur Problematik der materiellen Überlieferung vgl. die Bemerkungen bei AGRICOLA, Wiederfeststellung, S. 322 sowie bei GÜNTHER, Rekonstruktion, S. 377ff.

[112] AGRICOLA, Wiederfeststellung, S. 321f. Zu Agricolas Methode vgl. WITTHÖFT, Agricola, S. 352ff.

[113] AGRICOLA, Wiederfeststellung, S. 308. Vgl. auch WITTHÖFT, Agricola, S. 339 u. S. 352.

ten Hälfte des 16. und der ersten Hälfte des 17. Jahrhunderts anhand der materiellen Überlieferung immer genauere Bestimmungen griechischer und römischer Münzen und Gewichte vor, die auf einer sehr viel breiteren empirischen Grundlage beruhten, als das bei Agricola der Fall gewesen war.[114]

Zweitens rückten im Laufe des 17. Jahrhunderts neben den Gewichten auch die Längenmaße verstärkt in den Fokus des antiquarischen Interesses. Dabei verfielen einige Gelehrte auf die Idee, sie ebenfalls aus materiellen Überresten zu rekonstruieren, und zwar insbesondere aus den Proportionen antiker Gebäude.[115] Ein wichtiger Vertreter dieses Ansatzes war der englische Mathematiker John Greaves. Er nahm in den 1640er Jahren umfangreiche Vermessungen an römischen Monumenten vor, um so das ihnen zugrunde liegende Fußmaß zu erforschen.[116]

Greaves stand auch noch für eine dritte Ausweitung des antiquarischen Ansatzes, die unmittelbar aus seiner methodischen Neuerung folgte. Denn diese ließ sich nicht nur auf römische, sondern auch auf ägyptische Hinterlassenschaften anwenden, von denen der Mathematiker wie viele seiner Zeitgenossen außerordentlich beeindruckt war. Das galt vor allem für die Pyramide von Gizeh, die er eingehend untersuchte. Aufgrund ihrer hervorstechenden Architektur und ihrer enormen Dauerhaftigkeit sah er in ihr das wichtigste aller antiken Monumente und in ihren Proportionen die ideale Verkörperung aller antiken Maße. Die Pyramide war daher aus seiner Sicht das letztgültige Urmaß für die Einheiten des Altertums und, weil er diese nach wie vor als gültig betrachtete, auch für diejenigen des 17. Jahrhunderts.[117]

Die Ausdehnung des metrologischen Interesses an der Antike auf das alte Ägypten, die Faszination mit der Großen Pyramide und die darin angedeutete Gleichsetzung des Pharaonenstaates mit einer idealen Urkultur sollten die Debatten über Maße und Gewichte im 18. und 19. Jahrhundert immer wieder einholen. In der zweiten Hälfte des 17. Jahrhunderts geriet die antiquarisch motivierte Metrologie allerdings zunächst in die Defensive. Zwar erweckte Greaves' Arbeit die Aufmerksamkeit einer ganzen Reihe weiterer Autoren, nicht zuletzt diejenige Isaac Newtons. Dieser nutzte sie als Referenzpunkt für seine eigenen Überlegungen zu den Dimensionen des Tempels des Salomo, in dessen Proportionen er einen Teil der göttlichen Offenbarung über die Funktionsweise des Universums vermutete.[118]

Bei anderen Zeitgenossen stieß Greaves aber auf heftige Kritik. Robert Hooke beispielsweise tadelte ihn dafür, dass er es versäumt hatte, neben den Dimensio-

---

[114] HULTSCH, Metrologie, S. 16.

[115] GÜNTHER, Rekonstruktion, S. 377ff.

[116] SHALEV, John Greaves, S. 569ff. Eine viel beachtete Zusammenstellung des auf dieser Grundlage erreichten Forschungsstandes ist EISENSCHMID, De Ponderibus. Vgl. dazu WITTHÖFT, Längenmaß, S. 198f.

[117] SHALEV, John Greaves, S. 558 u. S. 573.

[118] MORRISON, Newton's Temple, S. 65ff. Die bei TAVERNOR, Smoot's Ear, S. 76f. formulierte These, derzufolge Newton seine diesbezüglichen Untersuchungen für die Bestimmung des Erdumfangs und damit zur Verifizierung der Gravitationstheorie nutzbar machen wollte, trifft nicht zu. Vgl. die Diskussion bei SHALEV, John Greaves, S. 574 sowie die dort angeführte Literatur.

nen der Pyramide auch ihre astronomische oder geodätische Bedeutung zu untersuchen. Er hegte die Vermutung, dass sich aus dem Standort und der Ausrichtung des Bauwerks Rückschlüsse auf die Frage ziehen ließen, ob sich die Rotationsachse der Erde im Lauf der Zeit verschoben habe.[119] Diese Problemstellung weist Hooke als einen wichtigen Protagonisten empirisch-mathematisch geprägter Methoden des Erkenntnisgewinns aus. Seine Kritik an Greaves war deshalb ein Zeichen dafür, dass diese sich seit den 1660er Jahren anschickten, die antiquarische Tradition der Metrologie zu verdrängen. Zwar ging die historische Perspektive, wie die bereits angeführten Überlegungen von Newton und Cassini zeigen, in der Folgezeit nie ganz verloren. Doch für ein knappes Jahrhundert trat sie hinter die instrumentarisch-mathematisch motivierten Erkundungen der Maßfrage zurück.

Seit den 1750er Jahren erlebte das antiquarische Interesse an Maßen und Gewichten jedoch eine Renaissance, die sich in den 1770er Jahren verstärkte. Diese Entwicklung ging teilweise auf politisch motivierte Versuche zur Erforschung landeseigener Maßüberlieferungen zurück, wie sie das britische *Carysfort Committee* oder eine Gruppe schottischer Aufklärer um den Mathematiker Colin Maclaurin unternahm.[120] In der Hauptsache verdankte sie sich aber einem wachsenden aufklärerischen Interesse an Geschichte im Allgemeinen und der Antike im Besonderen, dessen sichtbarster Ausdruck Edward Gibbons' zwischen 1776 und 1788 erschienene *History of the Decline and Fall of the Roman Empire* war.[121] In der spezifischen Form, die in der Folge auch zu einer Renaissance der Idee des Erdumfangs als Maßgrundlage führen sollte, war die Wiederbelebung des antiquarischen Ansatzes allerdings kein britisches, sondern ein französisches Phänomen. Eine wichtige Rolle spielte dabei die Tatsache, dass die Altertumswissenschaften in Frankreich schon früh institutionalisiert worden waren. Seit 1663 bestand dort mit der *Académie des inscriptions* ein europaweit einmaliges Zentrum für Forschungen über die Antike. Dessen Mitglieder beschäftigten sich ab der Mitte des 18. Jahrhunderts intensiv mit metrologischen Fragestellungen.[122]

Den wichtigsten Beitrag zu dieser Debatte bildete der 1756 posthum veröffentlichte *Essai sur les mesures longues des Anciens* des Historikers und Linguisten Nicolas Fréret. Er griff die von Greaves begonnene Untersuchung der altägyptischen Längenmaße wieder auf und vertrat die These, dass diesen aufgrund ihres Alters eine hervorgehobene Bedeutung zukam. Alle anderen antiken Längeneinheiten wiesen seiner Meinung nach eine enge Beziehung zu ihnen auf, und zwischen den

---

[119] Ebd., S. 572.
[120] Zu den Bemühungen des *Carysfort Committee* vgl. A Report from the Committee 1758, S. 6–53. Zu Maclaurin und seinem Kreis vgl. CONNOR et al., Scotland, S. 361 ff. Weitere, ähnlich gelagerte Untersuchungen finden sich bei REYNARDSON, State; ders., Farther Considerations sowie bei: An Inquiry.
[121] DUCHHARDT, Europa, S. 174.
[122] GODLEWSKA, Geography, S. 29 sowie ARMSTRONG, Architectural History, S. 70 f. Neben dem im Folgenden behandelten *Essai* von Fréret ist LA NAUZE, Dissertation, eine wichtige Veröffentlichung aus diesem Umfeld.

Zeilen ließ sich die Vermutung herauslesen, dass sie letztlich alle auf die ägyptischen zurückgingen.[123] Zudem bestätigte der Altertumswissenschaftler Greaves' Auffassung von der metrologischen Bedeutung der Großen Pyramide. Er fügte dieser aber eine wichtige Facette hinzu. Seiner Meinung nach gab es ein Objekt, das eine noch größere Autorität als Quelle antiker Längeneinheiten beanspruchen konnte: das sogenannte Nilometer, eine im Mittleren Reich gebräuchliche Vorrichtung zur Messung der Wasserstandes des Nils, von der Mitte des 18. Jahrhunderts nur ein einziges Exemplar bekannt war. Es enthielt eine Skala, auf der ein altägyptisches Ellenmaß bezeichnet war. Weil, so argumentierte Fréret, der Umgang mit den periodischen Überschwemmungen des Nils für die Entstehung der ägyptischen Hochkultur von zentraler Bedeutung war, sei dieses Ellenmaß „la mesure la plus authentique & la mieux conservée qui nous reste de l'antiquité."[124]

Zunächst scheint Frérets Arbeit kein großes Echo hervorgerufen zu haben. In den 1770er und 1780er Jahren änderte sich dies aber. Den Hintergrund hierfür bildete eine in diesem Zeitraum einsetzende französische Ägypten-Welle, die sich aus einer Reihe von Forschungs- und Reiseberichten speiste. Sie schlug sich unter anderem in einem vermehrten Interesse an der ägyptischen Zeitrechnung und dem ägyptischen Kalender nieder.[125] Neben Historikern begannen deshalb nunmehr auch Astronomen und Mathematiker, sich mit der Antike im Allgemeinen und dem alten Ägypten im Besonderen zu beschäftigen. Ihr wichtigster Vertreter war Jean-Sylvain Bailly, der 1759 die Umlaufbahn des Halley'schen Kometen berechnet hatte und 1789 zum ersten Bürgermeister von Paris gewählt werden sollte.[126] 1775 veröffentlichte er eine *Histoire de l'astronomie ancienne*, in der er eine bemerkenswerte These formulierte. Er glaubte erkannt zu haben, dass alle antiken Kulturen über einen strukturell ähnlichen astronomischen Wissensstand verfügten. Die Ursache für diese Übereinstimmung vermutete er darin, dass sie von einem gemeinsamen Urvolk abstammten.[127] Diese Auffassung ging zwar weit über den Horizont der antiquarischen Metrologie hinaus, aber sie beruhte teilweise auf der Arbeit von Fréret. Denn eines der Beispiele, derer sich Bailly zur Veranschaulichung seiner These bediente, waren die dort festgestellten Bezüge zwischen den antiken Längenmaßen. „[Les] mesures", so argumentierte er,

qui se retrouvent en tout ou en partie chez tous les peuples orientaux, forment une preuve évidente que le système général est l'ouvrage d'un peuple antérieur, énseveli dans l'obscurité des premiers tems, duquel tous les autres ont partagé la succession.[128]

---

[123] FRÉRET, Essai, S. 449 ff. Zur Entstehungsgeschichte des *Essai* vgl. ARMSTRONG, Architectural History, S. 71 ff.

[124] FRÉRET, Essai, S. 465.

[125] Die beiden wichtigsten zeitgenössischen Veröffentlichungen sind SAVARY, Lettres sur l'Égypte und VOLNEY, Voyage. Vgl. auch VERCOUTTER, Ancient Egypt, S. 36 ff. Zum maßgeblich von Volney geprägten Interesse an der ägyptischen Zeitrechnung vgl. PEROVIC, Calendar, S. 28 ff.

[126] Generell zu Baillys Biographie vgl. FERNAND-LAURENT, Jean-Sylvain Bailly sowie BERVILLE und BARRIÈRE (Hrsg.), Mémoires, Bd. 1, S. III–XXXI. Zu seiner Rolle in der Französischen Revolution vgl. GILLISPIE, Revolutionary Years, S. 15 ff.

[127] BAILLY, Histoire, S. 1–22, hier v. a. S. 18 f.

[128] Ebd., S. 85.

Trotz oder gerade wegen dieses überaus spekulativen Gedankengangs fand das Buch reißenden Absatz.[129] Zudem führte Bailly einen Briefwechsel mit Voltaire, der seiner Auffassung von der Existenz eines „peuple antérieur" zusätzliche Aufmerksamkeit verschaffte. In den daraus hervorgegangenen, 1777 veröffentlichten *Lettres sur l'origine des sciences* griff er auch seine Überlegungen zu den antiken Längenmaßen wieder auf und erweiterte sie um zwei Punkte. Erstens ging er nunmehr – wiederum in Anlehnung an Fréret – davon aus, dass das ursprüngliche Maß, von dem alle anderen Einheiten abstammten, durch die im Nilometer enthaltene altägyptische Elle überliefert war.[130] Zweitens glaubte er entdeckt zu haben, dass die antiken Astronomen für ihre Arbeiten noch einen weiteren Maßstab herangezogen hatten: die Natur. „Les anciens", so schrieb er, „ont [...] eu, comme nous, l'idée de rendre leurs mesures invariables, *en les prenant dans la nature*; & cette idée, encore sans exécution chez nous, semble avoir été remplie par eux."[131] Diese Vermutung ging im Wesentlichen auf die Analyse von antiken Berechnungen des Erdumfangs zurück. Bailly war aufgefallen, dass sie allesamt gerade Zahlen zum Ergebnis hatten. Das sah er als Anhaltspunkt dafür, dass die dabei verwendeten Längeneinheiten auf dem Maß der Erde basierten.[132]

Vor dem Hintergrund der zeitgenössischen metrologischen Diskussionen hatten diese Überlegungen beträchtliche Konsequenzen. Sie bildeten die wichtigste Ursache dafür, dass die längst ad acta gelegte Idee des Erdumfangs als Maßgrundlage seit den 1770er Jahren wieder auf die Agenda rückte. Das war allerdings nicht nur ihrer direkten, sondern auch ihrer indirekten Wahrnehmung zu verdanken. Denn sie gaben den Anstoß zur bei weitem umfangreichsten und wirkungsmächtigsten antiquarischen Arbeit der vorrevolutionären Zeit: Alexis-Jean-Pierre Pauctons 1780 erschienener *Métrologie*.[133]

Dieses fast 1000 Seiten umfassende Werk mag auf den ersten Blick wie eine reine Fleißarbeit erscheinen. Paucton, der in Straßburg Mathematik lehrte, hatte unter großem Aufwand alle verfügbaren Angaben über antike Maße und Gewichte zusammengetragen und sie mit zeitgenössischen französischen Maßen verglichen. Bei genauerer Lektüre ist allerdings nicht zu übersehen, dass diese Fleißarbeit von denselben Grundgedanken beseelt war, die auch Bailly verfolgt hatte. So ging Paucton davon aus, dass die Antike ein einheitliches Längenmaß gekannt habe, das in zweierlei Form überliefert sei: einmal in den Pyramiden, die er dem Nilometer vorzog und denen er 1781 eine eigene Veröffentlichung widmete; und zum anderen durch eine der Natur entnommene Größe – „aussi ingénieux & aussi exact que la mesure du pendule [!], c'est celle d'un degré du méridien."[134] Im Gegensatz zu seinem Vorgänger beließ es Paucton allerdings nicht bei dieser Ana-

[129] BERVILLE und BARRIÈRE (Hrsg.), Mémoires, Bd. 1, S. VII.

[130] BAILLY, Lettres, S. 150.

[131] Ebd., S. 151 (meine Hervorhebung).

[132] Ebd., S. 151f.

[133] Generell zur *Métrologie* und ihrem Autor vgl. GÉRARDIN, Circonférence, S. 267 u. S. 272f.

[134] PAUCTON, Métrologie, S. 6. Zu Pauctons Argumentation in Bezug auf das Naturmaß sowie zu seinen Quellen vgl. GÉRARDIN, Circonférence, S. 272ff. Zu den Pyramiden vgl. PAUCTON, Théorie.

lyse, sondern er leitete auch konkrete politische Forderungen aus ihr ab. So bezog er ausdrücklich dafür Stellung, statt des Sekundenpendels einen Erdmeridian zur Grundlage der Längeneinheiten zu machen. Neben einigen pragmatischen Gründen führte er dafür vor allem das Argument ins Feld, dass ein solches Maß dem „système métrique des peuples dans l'antiquité la plus reculée" entspreche.[135] Paucton befürwortete also die Bezugnahme auf den Erdumfang, weil diese eine Art ursprüngliche Ordnung der Dinge repräsentierte.

Die Nachwelt verhielt sich diesen Ideen gegenüber wenig gnädig. Jean-Baptiste Delambre, auf den noch zurückzukommen sein wird, widerlegte sie zu Beginn des 19. Jahrhunderts in einigen wenigen Sätzen, und der deutsche Altertumswissenschaftler August Böckh tat sie 1838 als „Luftgebäude, aus unbegründeten Annahmen leicht zusammengefügt"[136] ab. Doch ihre unmittelbare Wirkung in den 1780er und 1790er Jahren war eine andere. Zwar gab es auch in diesem Zeitraum bereits heftige Kritik an ihnen. D'Alembert etwa hielt die Vorstellung eines antiken Urvolkes für Träumerei und verhinderte zu seinen Lebzeiten die Aufnahme Baillys in die *Académie française*.[137] Aber eine ganze Reihe prominenter *savants* war fest davon überzeugt, dass die Hypothese vom Erdumfang als Grundlage der antiken Längenmaße zutraf.[138] In den revolutionären Debatten über die Frage, auf welcher Größe das neu zu schaffenden Maßsystem basieren sollte, nahmen die Theorien von Bailly und Paucton deshalb einen prominenten Platz ein.

So schloss sich beispielsweise der Mineraloge Jean-Baptiste Louis Romé de L'Isle den Ideen Pauctons in seiner 1789 erschienenen *Métrologie* in vollem Umfang an und empfahl sie der bevorstehenden Versammlung der Generalstände zur Beratung.[139] Louis-Paul Abeille und Mathieu Tillet, die im Februar 1790 für die *Société royale d'agriculture* einen Bericht über die Vereinheitlichung von Maßen und Gewichten verfassten, traten ebenfalls für den Erdumfang als Maßgrundlage ein. Sie begründeten dies damit, dass auch die antiken Kulturen so vorgegangen seien.[140] Claude-Antoine Prieur-Duvernois, ein Ingenieur und späteres Mitglied des Wohlfahrtsausschusses, gab in einem nur wenige Tage später an die Nationalversammlung gerichteten Memorandum zwar dem Sekundenpendel den Vorzug, erwähnte das Vorbild der antiken Maße aber explizit als Argument für eine Meridianvermessung.[141] Ein im Mai 1790 erstatteter Bericht der Landwirtschafts- und Handelskomitees der Nationalversammlung beinhaltete ebenfalls die Legende von der natürlichen Basis der antiken Einheiten.[142] Und selbst Pierre-Simon Laplace, dessen 1799 erschienene *Mécanique céleste* die wichtigste Zusammenschau

---

[135] Ders., Métrologie, S. 105.
[136] Böckh, Metrologische Untersuchungen, S. 3; Delambre, Base, Bd. 1, S. 11 ff. Eine interessante, weil beide Seiten ernst nehmende Abwägung der Argumente für und gegen die Sichtweise von Bailly und Paucton aus den 1830er Jahren findet sich bei Muncke, Maß, S. 1223–1228.
[137] Fernand-Laurent, Jean-Sylvain Bailly, S. 82 ff. u. 92 f.
[138] Favre, Origines, S. 79 f.
[139] Romé de l'Isle, Métrologie, S. XXXII ff. u. S. XXXX.
[140] Tillet und Abeille, Observations, S. 119 f.
[141] Prieur, Mémoire, S. 11.
[142] Vgl. die Stellungnahme von Jean-Xavier Bureaux de Pusy in: Bonnay, Rapport, S. 21 f.

des astronomischen Wissens seiner Zeit darstellte, ging in seiner drei Jahre zuvor verfassten *Exposition du système du monde* davon aus, dass der Umfang der Erde in der Antike genau bekannt gewesen sei und als Grundlage eines einheitlichen Maßsystems gedient habe.[143]

So populär diese Idee in Frankreich war, so verhalten fiel allerdings das Interesse im benachbarten Ausland aus. Zwar erschien 1777 in Leipzig eine Übersetzung von Baillys *Astronomie*, und Johann Philipp Ostertag machte auch Pauctons *Métrologie* 1791 auszugsweise auf Deutsch verfügbar.[144] Aber dennoch fand die Idee der Erde als antikem oder modernem Naturmaß jenseits des Rheins nur wenige Anhänger. Sie war vielmehr einer der Hauptgründe dafür, dass das metrische System nach 1795 unter deutschen Gelehrten auf große Skepsis stieß.[145] Auch in Großbritannien scheint sich niemand für die Vorstellungen Baillys und Pauctons erwärmt zu haben – noch nicht jedenfalls, denn in der zweiten Hälfte des 19. Jahrhunderts sollte eine ähnliche Theorie dort große Verbreitung finden.

Wie ist es dann zu erklären, dass die Legende vom antiken Erdmaß bei den französischen *savants* auf ein so lebhaftes Echo stieß? In einer rückschauenden Erläuterung der Gründe, die zur Entscheidung für die Meridianvermessung geführt hatten, argumentierte Laplace 1795, dass dies mit der universellen Erfahrbarkeit des Erdumfangs zusammenhing. Denn der Mensch neige dazu, Entfernungen auf die Umgebung zu beziehen, in der er sich bewege. Und da der Globus die natürliche Umgebung aller Menschen bilde, könne jeder dessen metrologische Bedeutung unabhängig von Zeit und Ort am eigenen Leibe erfahren.[146]

Diese Vorstellung vom universellen Charakter des Erdumfangs als Maßgröße war selbstverständlich eine Chimäre, denn die wenigsten Menschen der Antike oder des 18. Jahrhunderts dürften die von ihnen zurückgelegten Distanzen mit den Dimensionen des Globus in Verbindung gebracht haben. Aber sie zeigte, dass die Idee vom antiken Erdmaß für die *savants* vor allem deshalb so attraktiv war, weil sie ihre universalistischen Ideale und ihre naturrechtlich geprägten Ordnungsvorstellungen bediente. Das spiegelte auch der bereits angeführte Bericht der *Société royale d'agriculture* wider, der noch eine letzte Zuspitzung dieses Denkmusters enthielt. Für Abeille und Tillet, seine Autoren, ging der universelle Charakter des Zusammenhangs zwischen Erdumfang und Längenmaß so weit, dass ihrer Meinung nach nicht nur die antiken, sondern letzten Endes *alle* Einheiten *immer* auf den Dimensionen des Globus beruht hatten. In Wirklichkeit, so argumentierten sie, müsse deshalb gar kein neues Maßsystem erschaffen, sondern nur das alte wiederhergestellt werden:

Tout nous porte à croire que ce système existe encore, & qu'il suffiroit d'écarter la rouille qui en défigure les copies, pour reconnoître que les Peuples se servent de poids & de mesures dont l'étalon-matrice, pris dans la nature, a toujours été le même.[147]

---

[143] LAPLACE, Exposition, S. 60. Zur Bedeutung von Laplace vgl. KNIGHT, Modern Science, S. 20f.
[144] Vgl. BAILLY, Sternkunde sowie OSTERTAG, Verhältniß.
[145] WANG, Vereinheitlichung, S. 45.
[146] GILLISPIE, Revolutionary Years, S. 241.
[147] TILLET und ABEILLE, Observations, S. 119.

In der Idee des Erdballs als Maßgrundlage war also nicht nur der Unterschied zwischen verschiedenen Völkern und Regionen der Erde, sondern auch der Unterschied zwischen Vergangenheit und Gegenwart aufgehoben. Raum und Zeit verschmolzen in ihr zu einer dauerhaften Einheit. Zumindest für einen Teil der französischen *savants* war die Beziehung zwischen Längenmaß und Erdumfang deshalb weit mehr als ein technischer Modus zur Absicherung eines Urmaßes: Sie war ein politisches und kulturelles Symbol für die von ihnen geplante (Wieder-)Errichtung einer idealen, ‚natürlichen‘ Ordnung. Die Revolution verschaffte dieser Idee eine Durchschlagskraft, die solchermaßen utopischen Gedankenspielen unter stabilen politischen Bedingungen in der Regel versagt bleibt. Das war der Grund dafür, dass sie in Frankreich sehr viel mehr Zulauf erhielt als in den Nachbarländern.

Es ist freilich eine Sache, ein wichtiges Motiv für die Wiederbelebung der Diskussion über den Erdumfang herauszustellen, aber eine andere, die konkreten Ursachen dafür zu benennen, dass dieser 1791 tatsächlich zur Grundlage des Meters erhoben wurde. Denn die Idee einer Meridianvermessung gewann zwar seit den 1770er an Unterstützern, aber noch zu Beginn der Revolution bildete sie gegenüber der Möglichkeit, das Längenmaß an das Sekundenpendel zu koppeln, eine Außenseiterposition. Dass sich dies innerhalb weniger Monate änderte, hatte damit zu tun, dass die Frage der Neugestaltung von Maßen und Gewichten im Sommer 1789 von einer theoretischen Debatte zu einem praktischen Problem mutierte. In dessen Rahmen trat neben die Legende vom antiken Naturmaß eine Reihe weiterer Gründe dafür, dass die *savants* dem ungeheuerlich aufwendigen Verfahren der Meridianvermessung den Vorzug vor der vergleichsweise simplen Bestimmung der Länge eines Pendels gaben.

3.3 Die Schaffung des metrischen Systems

3.3.1 Entscheidung für den Erdumfang und Expedition

Die Revolution führte dazu, dass die *savants* konkrete politische Gestaltungsmacht erlangten. Sie eröffnete deshalb eine einmalige Gelegenheit zu einer umfassenden Neuordnung von Maßen und Gewichten.[148]

Den Ausgangspunkt hierfür bildete die Debatte, die im Vorfeld der Wahlen zu den Generalständen in den *cahiers de doléances* ausgetragen wurde. Sie ermutigte

---

[148] Generell zur politischen Rolle der *savants* in der Revolution vgl. die umfassende Darstellung von GILLISPIE, Revolutionary Years, hier v. a. S. 7ff. Aus der Vielzahl der Darstellungen zur Entstehung des metrischen Systems in der Revolution seien besonders ALDER, Maß; ders., Revolution; GILLISPIE, Revolutionary Years, S. 223–285 u. S. 458–494; FAVRE, Origines; HEILBRON, Measure sowie BIGOURDAN, Système métrique, hervorgehoben, auf die sich die folgenden Ausführungen im Wesentlichen stützen. Daneben sind zu nennen: GARNIER und HOCQUET (Hrsg.), Genèse; DÉBARBAT und TEN (Hrsg.), Mètre; COX, Metric System, S. 63–116; CHAMPAGNE, Five Mathematicians; CREASE, Balance, S. 69–99; GUEDJ, Mètre; MURDIN, Meridian, S. 85–110; SIMAAN, Science, S. 123–177; TAVERNOR, Smoot's Ear, S. 62–87 sowie ZUPKO, Revolution, S. 113–175.

den Marquis de Condorcet dazu, seine 1776 fallengelassenen Bemühungen um eine Maßreform wieder aufzunehmen. Ende Juni 1789 setzte er in der *Académie des sciences* die Bildung eines Komitees durch, das die Frage einer möglichen Vereinheitlichung von Maßen und Gewichten begutachten sollte. Diesem Komitee gehörten unter anderem Pierre-Simon Laplace, Antoine-Laurent Lavoisier und Mathieu Tillet an.[149] Auf der Basis ihrer Vorarbeiten stellte Charles-Maurice de Talleyrand-Périgord, eines der politischen Schwergewichte der Frühphase der Revolution, der Nationalversammlung im März 1790 einen Plan vor, der die Schaffung eines neuen Maßsystems vorsah. Er bildete den wichtigsten Ausgangspunkt für die Entstehung des Meters.[150]

Talleyrands Plan berührte eine ganze Reihe von Aspekten einer Maß- und Gewichtsreform, räumte der Frage nach deren wissenschaftlicher Grundlage aber einen sehr viel größeren Stellenwert ein als ihrem konkreten Aufbau oder ihrer Implementierung. Er ging prinzipiell davon aus, dass eine Verankerung der Maße in einer natürlichen Größe nötig sei. Dabei diskutierte Talleyrand zwar die Möglichkeit einer Meridianvermessung, sprach sich schließlich aber für das Sekundenpendel aus. Das entsprach der von Condorcet und der Akademie geprägten naturphilosophischen Mehrheitsmeinung. Es spielte für Talleyrand aber nicht nur aus wissenschaftlichen, sondern auch aus politischen Gründen eine zentrale Rolle. Das ist daran zu erkennen, dass er ursprünglich den 45. Breitengrad als Ankerpunkt für das Sekundenpendel vorgesehen hatte, dies in der Folge aber noch abänderte. Im Mai 1790 brachte er einen Gesetzesentwurf in die Nationalversammlung ein, der die Möglichkeit eröffnete, auch „tout autre latitude qui pourrait être préférée"[151] heranzuziehen.

Diese Korrektur war dem Umstand zu verdanken, dass Talleyrand sein Projekt von Beginn an in einem internationalen Rahmen angesiedelt hatte. Er schlug vor, die Länge des Sekundenpendels gemeinsam mit britischen und möglicherweise auch amerikanischen Gelehrten zu bestimmen und hatte die Hoffnung, damit eine Art transatlantischer Kettenreaktion auszulösen.[152] Eine vorschnelle Festlegung auf den 45. Breitengrad hätte dieses Vorhaben konterkariert. Das Zugeständnis einer gemeinsamen Debatte über diese Frage stieß dagegen sowohl bei Miller in Großbritannien als auch bei Thomas Jefferson in den USA auf Zustimmung.[153]

Auch in der Nationalversammlung fand Talleyrands Stellungnahme ein positives Echo. Zwar zirkulierten dort auch konkurrierende Vorschläge. So hatten Claude-Antoine Prieur-Duvernois und Louis-Bernard Guyton de Morveau im Februar

---

[149] Vgl. TAVERNOR, Smoot's Ear, S. 61 sowie zur Zusammensetzung CHAMPAGNE, Five Mathematicians, S. 322 ff.

[150] TALLEYRAND-PÉRIGORD, Proposition. Zur Bedeutung dieses Vorschlags vgl. ALDER, Maß, S. 118 ff. sowie ZUPKO, Revolution, S. 137 ff.

[151] Projet de décret, 8.5.1790, in: MAVIDAL und LAURENT (Hrsg.), Archives Parlementaires, Bd. 15, S. 439.

[152] TALLEYRAND-PÉRIGORD, Proposition, S. 15 f. Vgl. auch ALDER, Maß, S. 122.

[153] Vgl. ebd., S. 122 f.

1790 ein Reformprojekt ausgearbeitet, das in einigen Punkten deutlich über Talleyrands Plan hinausging. Auch sie sprachen sich allerdings für das Sekundenpendel als Basis aus und zeigten damit, dass in dieser Frage ein breiter Konsens bestand.[154] Einzig der bereits erwähnte, ebenfalls im Februar 1790 erstattete Bericht der *Société royale d'agriculture*, der sich die Legende vom Erdumfang als antikem Längenmaß zu Eigen machte, stand dem entgegen. Mit dem politischen Gewicht des von der Akademie formulierten Programms konnte er jedoch ebenso wenig konkurrieren wie der Plan von Prieur und Guyton. Die Nationalversammlung jedenfalls schlug sich auf Talleyrands Seite und akzeptierte am 8. Mai 1790 das Sekundenpendel als Grundlage für das neu zu entwickelnde Maßsystem.[155]

Damit wäre die Debatte über das Naturmaß beendet gewesen, wenn die Konstituante nicht ein knappes Jahr später, im März 1791, eine Kehrtwende vollzogen und sich plötzlich für eine Meridianvermessung ausgeprochen hätte. Was war im Laufe dieses Jahres geschehen? Eine wichtige Voraussetzung für den Meinungsumschwung der Legislative bestand darin, dass sich die Hoffnungen, die Talleyrand hinsichtlich einer internationalen Kooperation gehegt hatte, nicht erfüllten. Wie in Kapitel 2.2.2 geschildert, stieß sein Vorschlag zu einer gemeinsamen Festlegung eines Maßsystems bei der britischen Regierung auf wenig Gegenliebe. Im Dezember 1790 lehnte sie das Angebot einer Zusammenarbeit offiziell ab.[156] Dieses Ereignis führte dazu, dass sich eine Kommission der Akademie, die im Mai 1790 gebildet worden war, um über den Aufbau des neu zu schaffenden Maßsystems zu beraten, noch einmal explizit mit der Frage nach dessen Grundlage beschäftigte.[157] Sie sprach sich schlussendlich für die Vermessung eines Längengrades aus.

Aus dem Bericht, den diese von Jean-Charles de Borda geleitete Kommission vorlegte, ging deutlich hervor, warum seine Verfasser gegen das Sekundenpendel opponierten. Zwar gestanden sie zu, dass diese Methode die bei weitem anerkannteste Möglichkeit zur Bestimmung eines Naturmaßes war, doch sie argumentierten, dass sie auf der Sekunde und damit auf einer willkürlich gewählten und veränderlichen Einheit beruhe.[158] Auf den ersten Blick mag dieser Einwand überraschend erscheinen. In den vorrevolutionären Debatten hatte er nie eine Rolle gespielt. Aber für die Mitglieder der Borda-Kommission war er recht naheliegend, aus zwei Gründen. Zum einen gab es unter den Zeitgenossen zu diesem Zeitpunkt eine Debatte über die Frage, ob die Länge eines Tages nicht möglicherweise geringfügigen Schwankungen unterliege.[159] Zum anderen aber war mit der Revolution eine Situation entstanden, in der die Sekunde generell zur Disposition stand. Mit der Debatte über die bevorstehende Kalenderreform rückte ab 1793

---

[154] PRIEUR, Mémoire, S. 11 ff.
[155] Vgl. BIGOURDAN, Système metrique, S. 15 f., wo auch das von der Nationalversammlung verabschiedete Dekret abgedruckt ist.
[156] Vgl. Kap. 2.2.1 dieser Arbeit.
[157] BIGOURDAN, Système métrique, S. 17 ff.
[158] BORDA et al., Rapport, S. 2 ff.
[159] FAVRE, Origines, S. 121 f.

eine vollständige Umgestaltung der Zeitrechnung auf die Tagesordnung. Zwar waren deren Details 1791 noch nicht absehbar, aber die grundsätzliche Möglichkeit einer solchen Veränderung dürfte den Mitgliedern der Borda-Kommission schon zu diesem Zeitpunkt bewusst gewesen sein – daher ihre Skepsis gegenüber dem Sekundenpendel.[160]

Weitaus schwieriger zu erklären ist allerdings, warum sich die Kommission *für* eine Meridianvermessung aussprach. Denn angesichts der jahrzehntelangen Debatten über die Erdvermessung gab es ernsthafte Zweifel daran, dass der Globus gleichförmig und unveränderlich war, also dem Anspruch an ein universelles Naturmaß genügte. Hinzu kam, dass auch die konkrete Größe, die die Kommission für die Feststellung der neuen Längeneinheit empfahl, Schwierigkeiten mit sich brachte. Borda und seine Kollegen wollten ein Viertel eines Meridians – also die Entfernung vom Pol bis zum Äquator – vermessen und dessen zehnmillionsten Teil zum universellen Maß erheben.[161] Gegen diese Vorschläge gab es eine Reihe von praktischen Bedenken. Beispielsweise fragten sich viele Beobachter, warum „die Naturforscher nicht einen Standard gewählt hatten, der einer Hundertstelmillion des gesamten Meridians (an Stelle einer Zehntelmillion des Viertelmeridians) entsprochen und somit ein Meter ergeben hätte, das praktisch von gleicher Länge wie der [bereits weithin bekannte] Fuß war."[162]

Noch größere Irritationen rief allerdings die vorgesehene Vermessung des Abstands vom Pol zum Äquator hervor. Die Borda-Kommission begründete die Auswahl dieser Linie mit dem Argument, dass sie abgesehen von der Unterteilung des Meridians keinerlei willkürliche Größe in das neue Maßsystem einführe. Das war allerdings, wie viele Zeitgenossen schnell bemerkten, eine Fiktion, denn die Geodäten waren bei ihrer Bestimmung „von vielen anderen Einheiten wie zum Beispiel Zeiten und Winkeln abhängig."[163] In dieser Hinsicht bot der Erdumfang also keine Vorteile gegenüber dem Sekundenpendel. Hinzu kam noch, dass die Kommission entschieden hatte, die Vermessung auf einen kleinen Teil eines viertel Längengrades zu beschränken und dessen Gesamtlänge dann rechnerisch zu ermitteln. Das war aus praktischen Gründen unvermeidbar, verstärkte aber den Eindruck, dass es sich bei dem vermeintlich der Natur entlehnten Maß um ein wissenschaftliches Konstrukt handelte.[164]

Auf die Spitze getrieben wurde die Diskrepanz zwischen den naturrechtlich-universalistischen Ansprüchen des Projektes und den Maßgaben zu seiner praktischen Umsetzung schließlich durch die Empfehlung, den Meter auf der Basis des Meridianabschnittes zwischen Dünkirchen und Barcelona zu bestimmen. Diese Strecke lag fast vollständig auf französischem Territorium.[165] Die Entscheidung der Borda-Kommission *für* den Erdumfang war also auch eine Stellungnahme *ge-*

---

[160] Zur Veränderung der Zeitwahrnehmung durch die Revolution vgl. Shaw, Time, S. 33 ff.

[161] Borda et al., Rapport, S. 4 f.

[162] Alder, Maß, S. 131.

[163] Ebd., S. 130. Zur Begründung der Kommission vgl. Borda et al., Rapport, S. 6.

[164] Muncke, Maß, S. 1264.

[165] Borda et al., Rapport, S. 8.

gen eine internationale Zusammenarbeit. Zwar hatten die Briten eine solche bereits abschlägig beschieden, aber die nach wie vor bestehende Kooperationsmöglichkeit mit den USA war nun ebenfalls hinfällig. Thomas Jefferson betrachtete die Empfehlung für die Vermessung eines rein französischen Meridianabschnitts als Affront und entzog dem Projekt seine Unterstützung.[166]

Trotzdem hielt die Kommission an dieser Vorgehensweise fest. Sie begründete dies damit, dass Cassini bei seiner Längengradbestimmung von 1740 beinahe dieselbe Strecke erfaßt habe, worauf die neuerlichen Arbeiten aufbauen könnten.[167] Das war freilich ein merkwürdiges Argument, denn wenn die Größe, die als Grundlage für den Meter dienen sollte, bereits bekannt war, warum sollte sie dann unter großem Aufwand noch einmal vermessen werden? Die Antwort auf diese Frage lautet, dass das eigentliche Ziel der Kommission nicht die Bestimmung des Längenmaßes, sondern die Meridianexpedition selbst war. Die französischen Naturphilosophen wollten die Gunst der Stunde nutzen, um neue Techniken auszuprobieren, die sie seit den Großprojekten der 1730er und 1740er Jahre entwickelt hatten. Damit hofften sie, ihre Vorgänger zu übertreffen und so an deren Ruhm teilzuhaben.[168] Das galt besonders für den Vorsitzenden der Kommission, Jean-Charles de Borda. Er hatte zusammen mit seinem Assistenten Etienne Lenoir ein Instrument erfunden, das die Präzision der geodätischen Arbeiten massiv erhöhen konnte und nun bei der Vermessung des Meridians von Dünkirchen nach Barcelona zum Einsatz kommen sollte: den sogenannten Repetitionskreis.[169]

Dieser Repetitionskreis war ein Wunderwerk der Technik des ausgehenden 18. Jahrhunderts. Er bestand aus zwei Teleskopen, die auf einer gemeinsamen vertikalen Achse angebracht waren und gegeneinander verschoben werden konnten. Diese Konstruktion ermöglichte es, zwei Punkte – die beiden Ecken jener Triangel, deren dritte Ecke der Repetitionskreis selbst darstellte – gleichzeitig optisch zu erfassen. Zudem konnte der Beobachter die Messung der Winkel zwischen diesen beliebig oft wiederholen, indem er die Teleskope wechselweise auf den jeweils anderen Eckpunkt richtete. Dadurch ließen sich die unvermeidlichen kleinen Beobachtungsfehler statistisch ausmitteln.[170]

Allerdings diente der Repetitionskreis nicht nur zur Steigerung der Präzision. Er war vielmehr auch ein nationales Prestigeobjekt. Die französischen Geodäten wollten mit ihm beweisen, dass ihre Instrumente denen ihrer britischen Kollegen überlegen waren. Die Ergebnisse einer gemeinsamen Triangulation, durch die 1787/88 die relative Lage der Observatorien in Paris und Greenwich bestimmt

---

[166] ALDER, Maß, S.130.
[167] BORDA et al., Rapport, S.8f.
[168] Diese Interpretation vertreten FAVRE, Origines, S.114ff., HEILBRON, Measure, S.221ff. sowie ALDER, Maß, S.130 unter Bezug auf Delambre und Laplace. Vgl. auch die einschlägigen zeitgenössischen Ausführungen bei BIOT, Essai, S.35f. Zu den Einwänden gegen diese Sichtweise vgl. die im Weiteren genannten Argumente von Gillispie.
[169] Zur Entstehungsgeschichte des Repetitionskreises vgl. DAUMAS, Instruments, S.242ff.
[170] ALDER, Maß, S.77ff.

wurde, waren in dieser Hinsicht allerdings nicht eindeutig gewesen.[171] Zwar konnten die Franzosen die Zuverlässigkeit ihrer Messungen durch den erstmals eingesetzen Repetitionskreis in etwa verzehnfachen, aber den Briten gelang mit Jesse Ramsdens (allerdings sehr viel unhandlicherem) Theodoliten dasselbe. Zudem stimmten die Ergebnisse der beiden Seiten nicht recht überein, ohne dass sich die Ursachen dafür klären ließen.[172]

Die Franzosen suchten deshalb nach einer zweiten Chance, die Zuverlässigkeit ihrer Instrumente zu demonstrieren. Das war der Hauptgrund dafür, dass sich die Borda-Kommission 1791 für eine Meridianvermessung stark machte. Allerdings waren es nicht nur Borda und seine Mitarbeiter, die von dieser Vorgehensweise profitierten. Vielmehr bot eine erneute Gradmessung auch eine hervorragende Gelegenheit, die unsicheren Zukunftsaussichten der Akademie zu verbessern. Denn vor dem Hintergrund der Revolution ließ es sich sehr viel besser rechtfertigen, öffentliche Mittel in ein Vorzeigeprojekt der neuen Ordnung zu investieren, als sie einer königlichen Institution zur Verfügung zu stellen. Tatsächlich bekam die Meridianvermessung in den folgenden Jahren über 300 000 *livres* zugesprochen, das dreifache Jahresbudget der Akademie.[173] Sie bildete deshalb zeitweise die wichtigste Finanzierungsquelle der französischen Naturphilosophie.[174]

Diese Entwicklung war 1791 allerdings noch nicht absehbar. Ihre Hervorhebung soll daher nicht verschleiern, dass es für die Entscheidung der Borda-Kommission auch innerwissenschaftliche Gründe gab. Charles Coulston Gillispie hat in diesem Sinne hervorgehoben, dass sich durch die Definition des Längenmaßes über den Erdumfang die geodätische Entfernungsmessung mit der astronomischen Winkelmessung in Übereinstimmung bringen ließ. Wenn man letztere dezimalisierte, wäre ein Grad eines Meridians genau 100 km lang gewesen.[175] Die Borda-Kommission beriet auch tatsächlich über die Dezimalisierung des neu entstehenden Maß- und Gewichtssystems und der Winkelmessung. Es war 1791 allerdings noch unklar, ob sich diese erst zwei Jahre später intensiver diskutierte Idee durchsetzen lassen würde.[176] Zudem erforderte die Verkoppelung von Entfernungen und Winkeln nicht zwingend eine Neuvermessung des bereits von Cassini bestimmten französischen Meridians. Innerwissenschaftliche Gründe alleine hätten deshalb nicht ausgereicht, um eine derart aufwendige Operation wie die 1791 begonnene geodätische Erfassung des Meters loszutreten.

Dem Bericht der Kommission ließ sich gut entnehmen, was für ein enormes Unterfangen das war. Er setzte eine Reihe von Zielen, deren Kern die Triangulie-

---

[171] Zu dieser gemeinsamen Triangulation vgl. WIDMALM, Accuracy, S. 186ff.; DANSON, Weighing, S. 176ff. sowie HEWITT, Map, S. 66ff.

[172] WIDMALM, Accuracy, S. 193ff. sowie ALDER, Maß, S. 65ff. Zu Ramsdens Theodoliten vgl. auch DANSON, Weighing, S. 182f. u. S. 186ff.

[173] HEILBRON, Measure, S. 224.

[174] ALDER, Maß, S. 130.

[175] GILLISPIE, Revolutionary Years, S. 240ff. Dieses Argument betonen auch CHAMPAGNE, Five Mathematicians, S. 139f. und TAVERNOR, Smoot's Ear, S. 70.

[176] BORDA et al., Rapport, S. 5. Zu den 1793 geführten Debatten über die Winkelmessung vgl. die Ausführungen im nächsten Abschnitt.

rung des Meridians darstellte. Daneben mussten astronomische Bestimmungen der jeweiligen Breitengrade für Barcelona und Dünkirchen vorgenommen, die alten Basislinien von 1740 neu vermessen und zur *zusätzlichen* Absicherung des neuen Urmaßes die Länge des Sekundenpendels auf dem 45. Breitengrad ermittelt werden. Des Weiteren wollte die Kommission aus Gründen, die noch zu erläutern sind, auch die Dichte von Wasser experimentell erforschen lassen. Und schließlich sollten die neugewonnenen Maße mit den alten verglichen und Hilfsmittel zu ihrer Umrechnung erstellt werden.[177] Nachdem die Nationalversammlung diesem Plan zugestimmt hatte, richtete die Akademie fünf Kommissionen ein. Die wichtigste von ihnen war diejenige, die mit der Vermessung des Meridians und der Bestimmung der Breitengrade für die beiden Endpunkte beauftragt wurde. Sie bestand aus dem Astronomen Pierre-François André Méchain, dem Mathematiker Adrien-Marie Legendre und Jean-Dominique de Cassini (dem vierten Cassini). Letzterer machte allerdings kurz darauf einen Rückzieher, weil er sich aufgrund seiner royalistischen Sympathien nicht in der Lage sah, einem Projekt der Revolution zu dienen. An seine Stelle trat Jean-Baptiste Joseph Delambre, ebenfalls ein Astronom.[178]

Méchain und Delambre fiel die Kernaufgabe der Bestimmung des neuen Maßes, die Triangulierung des Meridians, zu. Im Juni 1792 zogen sie los, um ihre Arbeit zu erledigen. Delambre übernahm den nördlichen Abschnitt, von Rodez bis Dünkirchen, Méchain den südlichen, von Barcelona bis Rodez. Was folgte, war eine siebenjährige Odyssee voller unerwarteter Hindernisse.[179] So mussten die Arbeiten aufgrund der revolutionären Situation in Paris mehrfach unterbrochen werden. Delambre wurde zwischenzeitlich von Nationalgardisten verhaftet und später zeitweise von der Expedition ausgeschlossen. Méchain musste unter widrigsten Bedingungen die Pyrenäen durchqueren, wäre beinahe einem Unfall zum Opfer gefallen und wurde während des französisch-spanischen Krieges dauerhaft interniert. Schließlich stellte er fest, dass ihm ein unerklärlicher, möglicherweise durch die Bauart des Repetitionskreises hervorgerufener Messfehler unterlaufen war, den er durch die Fälschung einiger Daten zu verheimlichen versuchte. Das gelang ihm zwar zunächst, belastete ihn aber schwer und trug maßgeblich zu seinem frühzeitigen Tod bei.[180]

Angesichts der langen Dauer der Meridianvermessung stand nicht nur die Expedition selbst, sondern auch das gesamte Projekt der Neuordnung von Maßen und Gewichten mehrfach auf der Kippe. Schon 1792 gab es Stimmen, die beklagten, dass auf den Marktplätzen des Landes rechtliche Grauzonen bestünden, weil die bevorstehende Reform zwar beschlossen, ihre konkreten Bestimmungen aber noch nicht absehbar seien. Um diese Situation zu bereinigen, plädierten einige

---

[177] BORDA et al., Rapport, S. 9f.
[178] ZUPKO, Revolution, S. 147f. und ALDER, Maß, S. 36ff.
[179] Für eine detaillierte Darstellung vgl. die ausführlichen, im Wesentlichen auf diese Expeditionen zentrierten Monographien von ALDER, Maß sowie von GUEDJ, Mètre. Die Ergebnisse der Vermessungen sind in DELAMBRE, Base, Bd. 1–3 veröffentlicht.
[180] ALDER, Maß, 28ff., S. 72ff., S. 93ff., S. 144, S. 163ff. u. S. 375ff.

Politiker dafür, einen vorläufigen Standard anhand der alten Einheiten festzusetzen.[181] Die Befürworter des Meters wollten dies allerdings verhindern, weil sie befürchteten, dass eine solche Vorfestlegung die weiteren Arbeiten überflüssig erscheinen lassen könnte. Auch die Radikalisierung der Revolution gefährdete das neue Maß. Die Ausrufung der Republik im September 1792, die Hinrichtung Ludwigs XVI., die darauf folgenden Kriege und Aufstände sowie die Herausbildung der revolutionären Diktatur schufen große Unsicherheiten. Sie berührten das Meter-Projekt an einem zentralen Punkt, als sich Anfang 1793 abzeichnete, dass die als Altlast des Ancien Régime betrachtete *Académie des sciences* geschlossen werden sollte.

Unter dem unmittelbaren Eindruck einer entsprechenden Vorlage, die am 8. August 1793 verabschiedet wurde, lotste Lavoisier deshalb am 1. August 1793 ein Dekret zur Festlegung eines provisorischen Meters durch den Nationalkonvent.[182] Es sollte sicherstellen, dass die Maßreform die Auflösung der Akademie überlebte und sah dafür die Schaffung einer *Commission temporaire des poids et mesures* vor, die im September 1793 die Aufgaben der alten Institution übernahm. Zwar mussten die Arbeiten am Meter danach trotzdem für eineinhalb Jahre unterbrochen werden, weil der revolutionäre Terror auch die neue Einrichtung nicht verschonte. Lavoisier, ein früherer Steuereintreiber, wurde im Mai 1794 hingerichtet. Zahlreiche weitere *savants* flohen zeitweise aus Paris. Sie konnten ihre Arbeiten erst fortsetzen, nachdem die *Commission* im April 1795 als *Agence temporaire des poids et mesures* rekonstituiert worden war.[183]

Dennoch bildete das Dekret von 1793 eine zentrale Etappe auf dem Weg zur Stabilisierung des Meter-Projektes. Denn es beinhaltete nicht nur eine institutionelle Übergangslösung, sondern auch eine provisorische Fixierung der Einheiten des neuen Maßsystems, insbesondere des Meters selber. Der Nationalkonvent legte seine Länge anhand der 1739/40 von Cassini vorgenommenen Meridianvermessung vorläufig auf 443,44 Pariser Linien fest.[184] Das Erdmaß war daher seit August 1793 kein bloßes Projekt mehr, sondern ein Faktum, das sich nicht mehr ohne weiteres aus der Welt schaffen ließ. Durch die endgültigen Ergebnisse von Méchain und Delambre erfuhr es nur noch eine minimale, im Alltag nicht zu bemerkende Veränderung.

Für das schiere Überleben der Maßreform war die Meridianexpedition seit diesem Zeitpunkt nur noch von untergeordneter Bedeutung. Symbolisch bildete sie freilich nach wie vor den Ankerpunkt des gesamten Projektes. Das zeigte sich nicht nur daran, dass sie nach 1795 fortgesetzt wurde, sondern auch an den Ereig-

---

[181] FAVRE, Origines, S. 134f.

[182] Das Dekret ist abgedruckt in: BIGOURDAN, Système métrique, S. 30–32. Zu seinem Zustandekommen vgl. ALDER, Revolution, S. 51 sowie HEILBRON, Measure, S. 227f.

[183] Vgl. ebd., S. 228ff. sowie BIGOURDAN, Système métrique, S. 50ff. Zur Gründung und Organisation der Agence temporaire vgl. RONCIN, Système métrique, 31ff.; BELMAR, Agence S. 67ff. sowie CHAMPAGNE, Five Mathematicians, S. 187ff.

[184] ALDER, Maß, S. 328. Vgl. auch die detaillierteren Darstellungen bei DELAMBRE, Base, Bd. 3, S. 673–690 sowie bei BIGOURDAN, Système métrique, S. 90ff.

nissen, die einsetzten, als sie sich ihrem Ende näherte. 1798 begann Méchain, in Perpignan die Basislinie für die bereits abgeschlossene Triangulation des Meridians zu vermessen. Der nunmehr als Außenminister amtierende Talleyrand berief daraufhin eine Konferenz ein, die die Ergebnisse der Expedition überprüfen und die endgültige Länge des Meters festlegen sollte.[185]

Diese Versammlung hat eine gewisse Bekanntheit erlangt, weil sie als erster internationaler wissenschaftlicher Kongress der Neuzeit gelten kann. Die universalistischen Absichten der Maßreform waren zu diesem Zeitpunkt allerdings längst vom Tisch. Das brachte die Zusammensetzung der Konferenz deutlich zum Ausdruck. Großbritannien, die USA, die deutschen Territorien und zahlreiche andere Nationen waren gar nicht erst zu ihr eingeladen worden. Nur die Satellitenstaaten des französischen Reiches und einige neutrale Länder wie Dänemark schickten eine wissenschaftliche Delegation.[186] Deren Mitglieder überprüften in den folgenden Monaten die von Méchain gemessenen Basislinien, unterzogen alle bei der Meridianexpedition vorgenommenen Winkelmessungen einer mathematischen Revision und legten die endgültigen Ergebnisse der Bestimmung des Meters fest. Ihre Überprüfungen ergaben, dass ein viertel Längengrad 5 130 740 *Toisen* beinhaltete, der zehnmillionste Teil davon also 443,296 Pariser Linien entsprach. Ironischerweise wich diese Größe weiter vom heute bekannten Erdumfang ab als das 1793 festgelegte Provisorium. Der gesamte Aufwand der Expedition hatte also „zu nichts anderem geführt, als die Länge des Meters [...] zu verfälschen."[187]

Zu allem Überfluss lieferten die Ergebnisse der Konferenz auch noch Anhaltspunkte dafür, dass die Erde nicht nur abgeplattet, sondern völlig unregelmäßig geformt war. Diese Erkenntnis hatte das Potential, die gesamte Logik des Projektes zu untergraben. Sie wurde allerdings erst in den 1820er Jahren wirklich ernstgenommen. 1799 erschien es unvorstellbar, dass die festgestellten Abweichungen der Erdgestalt von der Kugelform mehr als nur punktuelle Ausnahmen waren.[188] Auch die Einsicht in die größere Genauigkeit der provisorischen Meterbestimmung kam erst im Zuge weiterer Vermessungen in den ersten Jahrzehnten des 19. Jahrhunderts zustande.

Am Ende der Konferenz ging die französische Maßreform deshalb zunächst den Gang, den ihr die *Commission temporaire* im Oktober 1793 vorgezeichnet hatte. Sie beschäftigte sich zu diesem Zeitpunkt mit der Frage, wie die Urmaße des neuen Systems aussehen und aus welchem Material sie bestehen sollten, um

---

[185] Zu dieser Konferenz vgl. ebd., S. 146 ff.; Crosland, Congress, S. 226–231; Heilbron, Measure, S. 233 ff.; Alder, Maß, S. 306 ff.; Gillispie, Revolutionary Years, S. 464 ff. sowie die ausführliche zeitgenössische Darstellung von Bugge, Reise, S. 598–665, die die wichtigste Quelle zum Thema darstellt.

[186] Ebd., S. 598 ff.

[187] Alder, Maß, S. 328.

[188] Zu den Anhaltspunkten vgl. ebd., S. 325 ff. Dass diese Erkenntnis im Gegensatz zu Alders Auffassung erst im dritten Jahrzehnt des 19. Jahrhundert ihre volle Durchschlagskraft entfaltete, wird in Kap. 6.2.2 dieser Arbeit dargelegt werden.

dieses möglichst dauerhaft zu konservieren.[189] Fast alle wissenschaftlichen Standards des 18. Jahrhunderts waren aus Eisen oder Messing angefertigt worden, auch der 1794 von Étienne Lenoir hergestellte provisorische Meter. Einzig William Roy hatte in den 1780er Jahren mit einem anderen Medium experimentiert, nämlich mit Glas.[190] Dieses war weniger veränderlich als die genannten Metalle, galt der Kommission aber als zu fragil, um praktikabel zu sein. Sie zog eine dritte Alternative vor: Platin.[191]

Platin war physisch und chemisch überaus stabil und damit gegenüber allen Arten von äußeren Einflüssen weitgehend unempfindlich. Das war (zusammen mit seiner Seltenheit) allerdings auch der Grund dafür, dass es noch nie zuvor für die Herstellung eines Maßnormals verwendet worden war. Denn diese Eigenschaften machten seine Verarbeitung zu einer großen Herausforderung. Erst ein Mitte des 18. Jahrhunderts von dem Goldschmied Marc Etienne Janety entwickeltes Verfahren, bei dem das Metall unter Zugabe von Arsen geschmolzen wurde, ermöglichte seine praktische Nutzung.[192]

Nach der Wiederaufnahme der Arbeiten am metrischen System wandte sich die nunmehrige *Agence temporaire* 1795 an eben diesen Protagonisten der neuen Verarbeitungstechnik und beauftragte ihn damit, vier Exemplare der neuen Längenstandards herzustellen. Sie waren als Endmaße auszugestalten, d. h. ihre Länge vom einen zum anderen Ende sollte sich auf genau einen Meter belaufen. Die Alternative hierzu wäre ein sogenanntes Strichmaß gewesen, bei dem der Abstand zwischen zwei auf dem Prototypen befindlichen Markierungen das Maß repräsentierte. Im 19. Jahrhundert sollte es noch große Debatten über die Frage geben, welche der beiden Möglichkeiten die bessere Wahl darstellte, aber in den 1790er Jahren spielte dies keine Rolle.[193] Janety konnte deshalb schnell mit der Arbeit beginnen. Er fertigte in den folgenden drei Jahren die neuen Urmaße, die jeweils aus einem etwa 2,5 cm breiten und 4 mm hohen Platinstreifen bestanden. Ihre Kalibrierung übernahm Étienne Lenoir. Er bediente sich dabei eines von ihm selbst erfundenen Komparators, mit dessen Hilfe er die Länge eines Meters bis auf ein Millionstel einer *Toise* von der *Toise du Perou* ablesen konnte.[194]

Den präzisesten der von ihm überprüften Maßstäbe erhob die französische Legislative am 22. Juni 1799 in einer feierlichen Zeremonie zum Urmeter. Er kam in die Obhut der *Archives nationales* und ist deshalb als *mètre des Archives* bekannt geworden. Im Dezember 1799 wurde er per Gesetz zur Basis des metrischen Systems erklärt. Die übrigen drei Prototypen bildeten seine primären Kopien, und alle

---

189 Fourcroy, Rapport, S. 638–646. Vgl. hier und im Folgenden auch Bigourdan, Système métrique, S. 156 ff. sowie Guedj, Mètre, S. 293 ff.
190 Das betraf allerdings nur die Messstangen, die für die Bestimmung der Basislinie in Hounslow Heath angefertigt wurden. Roys primärer Längenmaßstab, die *Roy's Scale*, bestand aus Messing. Vgl. Roy, Account, S. 401 u. S. 431 ff. sowie Danson, Weighing, S. 180.
191 Fourcroy, Rapport, S. 639 f.
192 McDonald und Hunt, Platinum, S. 78 ff.
193 Bigourdan, Système métrique, S. 156. Vgl. auch Guedj, Mètre, S. 295.
194 McDonald und Hunt, Platinum, S. 179 ff., hier v. a. S. 181. Zur Lenoirs Komparator vgl. auch Delambre, Base, Bd. 3, S. 447 ff.

vorherigen Standards verloren ihre Gültigkeit.[195] Frankreich hatte damit wahrgemacht, was 140 Jahre zuvor als Traum einer Handvoll von Gelehrten begonnen hatte: Eine vorgeblich der Natur entnommene, de facto allerdings sozial konstruierte Größe bildete fortan den ultimativen Bezugspunkt für das Längenmaß.

3.3.2 Vom Längenmaß zum Maßsystem

Die Bedeutung der revolutionären Reformen erschöpfte sich allerdings nicht in der Einrichtung dieses Bezugspunktes. Sie erstreckte sich vielmehr auch auf die Schaffung eines einheitlichen, in sich geordneten Zusammenhangs von Maßen und Gewichten, der unter dem Begriff des ‚metrischen Systems‘ bekannt geworden ist. Das metrische System baute zwar auf dem neuen Längenmaß auf, ging aber in vier wesentlichen Punkten über dieses hinaus. Es sollte erstens von universeller Gültigkeit sein, also für alle Güter und alle Orte gleichermaßen Verwendung finden. Zweitens waren seine grundlegenden Dimensionen aufeinander bezogen, denn die Einheiten für Fläche, Volumen und Gewicht gingen aus dem Längenmaß hervor. Drittens waren seine Unterteilungen ausschließlich nach dem Dezimalsystem organisiert. Viertens schließlich wies das metrische System eine methodische Nomenklatur auf. Seine Grundeinheiten wurden mit einer Stammsilbe (Meter) bezeichnet, die durch ein aus dem Griechischen oder Lateinischen stammendes Präfix variiert werden konnten (Zentimeter).[196]

Alle diese Eigenschaften waren zwischen 1789 und 1795 Gegenstand intensiver Beratungen. Manche von ihnen hatten eine lange Vorgeschichte, andere wiederum entstanden erst durch die revolutionäre Situation. Der erste der genannten Aspekte, die universelle Gültigkeit des Maßsystems, wies beispielsweise nur einen kurzen Stammbaum auf. Noch im 17. und 18. Jahrhundert war das Interesse an einer einheitlichen Anwendung von Maßen und Gewichten sehr gering. Das galt nicht nur für staatliche Verwaltungen. Auch die naturphilosophischen Reformvorschläge aus diesem Zeitraum waren zumeist für den wissenschaftlichen Eigengebrauch und nicht für die allgemeine Benutzung gedacht. Das lag in erster Linie daran, dass ihre Urheber die Vorstellung eines universellen Maßsystems als utopisch empfanden und sie deshalb höchstens insgeheim hegten. John Locke etwa hat seine diesbezüglichen Ideen nie veröffentlicht, sondern nur zu privaten Zwecken niedergeschrieben.[197] Auch die übrigen Reformer des späten 17. Jahrhunderts wie John Wilkins oder Gabriel Mouton waren nicht so kühn, eine allgemeine Verwendung der von ihnen vorgeschlagenen Einheiten zu fordern. Die einzige Ausnahme bildete Tito Livio Burattini. Der universalistische Anspruch seines Konzeptes klang schon im Namen der von ihm favorisierten Grundeinheit, des *metro cattolico* (allumfassenden Meters), an.[198] Burattini stieß damit allerdings auf keinerlei erkennbare Resonanz.

---

195 Dazu ausführlich BIGOURDAN, Système métrique, S. 160 ff. u. S. 172 ff.
196 Diese Unterteilung der Debatten über das metrische System in vier wesentliche Elemente folgt der Darstellung von ALDER, Revolution, S. 48 ff. Vgl. auch ders., Maß, S. 117 ff.
197 DEW, Hive and Pendulum, S. 240.
198 BURATTINI, Misura universale, S. 14 f.

Auch Mitte des 18. Jahrhunderts erschien die Idee eines allgemeingültigen Maßsystems noch als wirklichkeitsfremd. Zwar mehrten sich im Umfeld der Aufklärung
entsprechende Forderungen, aber die in Kapitel 2 erwähnten Beiträge zu dieser Debatte zeigten, dass die meisten Gelehrten sie nicht für realistisch hielten. James
Steuart etwa ging 1760 davon aus, dass universell nutzbare Maße und Gewichte
zwar erstrebenswert, aber kaum praktisch umzusetzen seien.[199] Das Scheitern des
Carysfort Committee bestätigte diese Auffassung kurz darauf ebenso eindrücklich
wie der fehlgeschlagene französische Reformversuch von 1775/76. Auch in den
cahiers de doléances war noch zu erkennen, dass ein universell gültiges Maßsystem
jenseits der Vorstellungskraft vieler Zeitgenossen lag. Statt eine landesweite Vereinheitlichung von Maßen und Gewichten einzufordern, enthielten sie häufig den Vorschlag, sie auf der Ebene einzelner Regionen oder Provinzen zu verwirklichen.[200]

Die *savants* waren sich 1789 allerdings schnell einig, dass nun eine einmalige
Chance gekommen war, um die sachlichen und regionalen Begrenzungen der bestehenden Maße zu überwinden. So machte sich der Astronom und Mathematiker
Jérôme Lalande schon vor dem Sturm auf die Bastille dafür stark, die Pariser Einheiten über die Stadtgrenzen hinaus auf das ganze Land auszudehnen.[201] Abeille
und Tillet sprachen sich 1790 ebenfalls für diese Vorgehensweise aus – für den Fall,
dass sich die von ihnen eigentlich präferierte Einführung der römischen Maße
nicht verwirklichen ließ.[202] Der von der Akademie gestützte Vorschlag Talleyrands
schließlich ging noch einen entscheidenden Schritt weiter: Er sah ein universelles
Maßsystem vor, das nicht mehr auf den alten Einheiten aufbauen, sondern komplett neue hervorbringen sollte.[203] Mit seiner Akzeptanz durch die Nationalversammlung im März 1790 war der Weg frei für die Schaffung allgemeingültiger
Maße und Gewichte. Diese Entscheidung konnte nur aufgrund der revolutionären
Situation zustandekommen. Im Rahmen des Ancien Régime wäre sie undenkbar
gewesen.

Das gilt auch für die zweite Eigenschaft, welche die neuen Maße und Gewichte
auszeichnete, die Interrelation zwischen ihren Grundeinheiten. Diese Idee war
ebenfalls in Talleyrands Vorschlag enthalten. Er sah vor, die Flächen- und Volumenmaße sowie die Gewichte aus dem Längenmaß (und damit aus einer vermeintlichen natürlichen Konstante) abzuleiten.[204] Am einfachsten war dies für
die Flächeneinheiten zu realisieren, denn in ihrem Falle genügte es, das Längenmaß zu potenzieren. Die so gewonnenen Größen wurden 1793 im provisorischen
metrischen System verankert. Auch die Ableitung der Volumeneinheiten aus
dem Längenmaß warf keine großen Schwierigkeiten auf. John Wilkins hatte 1668

---

[199] STEUART, Plan, S. 4.
[200] KULA, Measures, S. 214.
[201] ALDER, Maß, S. 108.
[202] Ders., Revolution, S. 50. Sie gingen allerdings in Anlehnung an Budé davon aus, dass die rö-
       mischen und die Pariser Maße weitgehend identisch seien, vgl. TILLET und ABEILLE, Observa-
       tions, S. 27–115.
[203] TALLEYRAND-PÉRIGORD, Proposition, S. 11 ff.
[204] Vgl. ebd., S. 14 f.

die Idee formuliert, sie durch einen Kubus zu definieren, dessen Seitenlängen der fraglichen Längeneinheit entsprechen sollten. Dieser im wissenschaftlichen Diskurs des 18. Jahrhunderts fest etablierten Idee folgten die *savants* im vorläufigen Gesetz ebenfalls.[205]

Im Fall der Gewichte gab es allerdings keinen so offensichtlichen Zusammenhang zu den Längenmaßen. Die schließlich verwirklichte Lösung, ihn durch die Füllung des Volumenmaßes mit destilliertem Regenwasser herzustellen, hatte nur wenige Vorläufer. Zwar war die Bestimmung von Volumina über das Gewicht des in ihnen enthaltenen Wassers seit dem Mittelalter gängige Praxis. In Schottland war sogar vorgeschrieben, dass das dabei zu verwendende Wasser aus dem Tay kommen mußte, sofern es sich um offizielle Eichungen handelte.[206] Aber eine Verknüpfung zwischen Längenmaßen und Gewichten ist vor 1789 nie versucht worden, auch nicht in den administrativ geprägten Reformprojekten des 18. Jahrhunderts. Eine Ausnahme bildete lediglich die habsburgische Maßreform von 1756. Joseph Franz ermittelte den Zusammenhang zwischen Längenmaßen und Gewichten bei dieser Gelegenheit jedoch nur *nachträglich* und nutze ihn nicht dazu, ein neues Maß zu schaffen.[207]

In der naturphilosophischen Debatte ist diese Möglichkeit dagegen immer wieder angesprochen worden. Wilkins erwähnte sie in seinem 1668 veröffentlichten Vorschlag zu einer Maß- und Gewichtsreform, La Condamine deutete sie in seinen 1747 zu Papier gebrachten Überlegungen an, und ein *savant* namens Dupuy vertrat sie 1758 ebenfalls.[208] Talleyrand griff diese Ideen 1790 auf, weil sie es seiner Auffassung zufolge ermöglichten, den nicht-arbiträren Charakter des Naturmaßes auf die Gewichte zu übertragen. Dabei war deren Bezug zu den Längenmaßen ebenso ein soziales Konstrukt wie die Idee der natürlichen Konstante selbst. Das ist z. B. daran zu erkennen, dass die Maßgabe, sie durch die Füllung von Volumeneinheiten mit *Wasser* zu bestimmen, völlig willkürlich war. Ebenso gut hätte sich die Verwendung von Gold oder Quecksilber rechtfertigen lassen.

Zwar gab es für die Wahl von Wasser gute Gründe, etwa seine leichte Verfügbarkeit und seine stabilen chemischen Eigenschaften. Doch schon die schottische Bestimmung, es nur einem bestimmten Fluss zu entnehmen, verwies auf den Umstand, dass auch Wasser veränderlich war. Neben etwaigen Verunreinigungen, die sich durch Destillation beseitigen ließen, war für die Feststellung der Gewichtseinheit vor allem seine Dichte und damit seine Temperatur von Bedeutung. Eine Kommission der Akademie beriet 1791 über diese Frage und kam zu der Empfehlung, Wasser an seinem Schmelzpunkt, also bei einer Temperatur von 0°C für die Fixierung der Gewichte heranzuziehen.[209]

[205] WILKINS, Essay, S. 192.
[206] Dies galt allerdings nur für den 1426 definierten *new pint*. Für die *old gallon* wurde dagegen eine gleichteilige Mischung aus Süß- und Salzwasser festgelegt. Vgl. CONNOR et al., Scotland, S. 3 u. S. 225 f.
[207] WEISS, Vereinheitlichung, S. 10.
[208] WILKINS, Essay, S. 192; LA CONDAMINE, Nouveau projet, S. 513 sowie FAVRE, Origines, S. 157.
[209] BIGOURDAN, Système métrique, S. 98. Zur Datierung vgl. CHAMPAGNE, Five Mathematicians, S. 348.

Der Konvent erhob diese Vorgehensweise 1793 zur Basis der provisorischen Maße des metrischen Systems. Lavoisier und René-Just Haüy nahmen im selben Jahr eine Bestimmung der zunächst *grave* genannten vorläufigen Grundeinheit, des späteren Kilogramms, vor. Ihre endgültige Festlegung konnte jedoch erst anhand des definitiven Längenmaßes erfolgen. Als dieses 1799 zur Verfügung stand, machten die Chemiker Louis Lefèvre-Gineau und Giovanni Fabronni eine überraschende Entdeckung: Sie stellten fest, dass der Schmelzpunkt von Wasser zwar bei 0°C lag, es seine höchste Dichte aber nicht bei dieser Temperatur, sondern bei 4°C aufwies. Auf Drängen des Schweizer Delegierten Johann Georg Tralles entschied sich der internationale Kongress von 1798/99 daraufhin, statt des Schmelzpunktes von Wasser seine höchste Dichte für die endgültige Feststellung der Gewichtseinheiten heranzuziehen.[210] Auf dieser Grundlage kalibrierte der Instrumentenbauer Nicolas Fortin 1799 vier zylindrische, aus Platin gefertigte Kilogramm-Prototypen, die Janety gemeinsam mit den Längenmaß-Standards gegossen hatte.[211] Auch von diesen wurde einer zum Urmaß, dem *kilogramme des Archives* erklärt. Damit war die Interrelation der Einheiten des metrischen Systems verwirklicht. Der Bezug zwischen Gewichten und Längenmaßen sollte im Laufe des 19. Jahrhunderts zwar noch Fragen aufwerfen, aber in den 1790er Jahren erschien er wenig kontrovers.[212]

Größere Aufmerksamkeit genoß zu diesem Zeitpunkt dagegen das dritte Element des neuen Maßsystems: die dezimale Unterteilung der Einheiten. Die revolutionären Debatten über diese Frage kamen vergleichsweise spät in Gang. Talleyrands Vorlage vom März 1790 beispielsweise machte zum Aufbau des künftigen Maßsystems keine Aussagen. Prinzipiell hatte die Idee einer dezimalen Unterteilung von Maßen und Gewichten aber eine sehr lange Vorgeschichte. Sie ging auf die Mathematisierung der Naturphilosophie seit der Renaissance zurück. Diese führte dazu, dass sich die ursprünglich aus Indien stammenden und im 12. Jahrhundert aus der arabischen Welt importierten Regeln für das Rechnen auf Zehnerbasis in ganz Europa verbreiteten.[213] Zentrale Bedeutung erlangte dabei das Werk des flämischen Mathematikers Simon Stevin. Sein 1585 veröffentlichtes und mehrfach übersetztes Buch *De Thiende* (Das Zehntel) beinhaltete ein dezimales Rechensystem, das der Autor mit Vorschlägen zu seiner Anwendung auf Landvermessung, Münzen und einige weitere Gegenstandsbereiche verband.[214] Der Verbreitung dieses Rechenmodus' standen allerdings gewichtige Hindernisse entgegen. So hatte Stevin für das Dezimalsystem eine höchst umständliche Notation

---

[210] Die beste Darstellung ist BUGGE, Reise, S. 655ff., hier v. a. S. 657f. Zu den Experimenten vgl. daneben auch GILLISPIE, Revolutionary Years, S. 280f. u. S. 470ff.; DELAMBRE, Base, Bd. 3, S. 558ff. und BIGOURDAN, Système métrique, S. 104ff. Zu Schmelzpunkt und Dichte sowie zu Tralles vgl. die ebd., S. 105, Fn. 1 genannten Quellen sowie FAVRE, Origines, S. 149f.

[211] McDONALD und HUNT, Platinum, S. 181.

[212] Vgl. Kap. 8.2.1 dieser Arbeit.

[213] HAARMANN, Zahlen, S. 120ff. Vgl. auch WUSSING, Mathematik, Bd. 1, S. 97ff., S. 241ff. u. S. 274ff.

[214] Generell zu Stevin und seiner hervorgehobenen Bedeutung für die niederländische Wissenschaftsgeschichte vgl. BERKEL, Legacy, S. 16ff. Zur von ihm entwickelten Variante des Dezimalsystems und ihren Anwendungen vgl. TATON, Tentative, S. 41ff.

erfunden, bei der nicht die Position einer Ziffer ihren Wert angab, sondern eine
hinter sie in einen Kreis gesetzte Zahl.[215] Erst die Einführung des Stellenwertsys-
tems und seine Ergänzung durch den Punkt bzw. das Komma, die wechselweise
dem deutschen Mathematiker Bartholomäus Pitiscus und seinem ungleich be-
kannteren schottischen Kollegen John Napier zugeschrieben wird, ermöglichte
die praktische Handhabung der Dezimalrechnung.[216]

Ihre Anwendung auf Maße und Gewichte blieb dennoch lange Zeit illusorisch.
Erste diesbezügliche Überlegungen scheinen schon vor Stevins Veröffentlichung
von einem deutschen Münzmeister namens Ciriacus Schreittmann angestellt
worden zu sein. In seinem 1578 publizierten *Probierbüchlin* beschrieb er ein System von Probegewichten für die Überprüfung von Münzen, das auf einer rudimentären Dezimalskala beruhte. Ein Vorschlag zu einer allgemeinen Neuordnung
von Maßen und Gewichten war dies allerdings nicht, eher eine Art Handbuch für
seine Berufsgenossen.[217] Die Idee, ein geschlossenes, vollständig auf dezimalen
Unterteilungen beruhendes Maß*system* zu entwickeln, tauchte erst im Zusammenhang mit dem Konzept des Naturmaßes in den 1660er und 1670er Jahren
auf. So leitete etwa Gabriel Mouton aus der Länge einer Bogenminute ein dezimal
aufgebautes Einheitensystem ab, dessen kleinste Größe einem Zehnmillionstel des
Grundmaßes entsprach. John Wilkins und John Locke taten es ihm gleich und
unterteilten die von ihnen vorgeschlagenen Einheiten ebenfalls dezimal.[218]

Bis zur Mitte des 18. Jahrhunderts blieben diese Ideen unbeachtet. Erst 1747
machte La Condamine wieder einen ähnlichen Vorschlag, der allerdings sehr vor-
sichtig formuliert war.[219] In den 1780er Jahren gewann die Debatte aber an Fahrt.
Das lag zum Teil daran, dass sich die Verwendung dezimal unterteilter Maße und
Gewichte in diesem Zeitraum als gängige naturphilosophische Praxis etablierte.
So waren beispielsweise für Lavoisiers Arbeiten zur Widerlegung der Phlogiston-
theorie genaue Massenbestimmungen von zentraler Bedeutung. Der berühmte
Chemiker benutzte dafür Gewichte, die nach dem Dezimalsystem aufgebaut waren. In seinem 1789 erschienenen, überaus einflussreichen *Traité élémentaire de
chimie* empfahl er seinen Lesern, es ihm gleich zu tun.[220]

Auch außerhalb Frankreichs waren ähnliche Stimmen zu hören. So machte
z. B. James Watt 1783 den Vorschlag, einige wichtige Maßeinheiten des allgemeinen Gebrauchs auszuwählen und sie dezimal zu unterteilen. Es scheint sich dabei
allerdings eher um eine Privatmeinung als um eine öffentliche Stellungnahme gehandelt zu haben. Weithin bekannt wurden diese Überlegungen jedenfalls erst, als

215 Wussing, Mathematik, Bd. 1, S. 324 ff.
216 Zupko, Revolution, S. 122 f. Zu Napier vgl. auch Wussing, Mathematik, Bd. 1, S. 418 ff.
217 Schreittmann, Probierbüchlin, S. 14 ff. Vgl. auch Smith, Decimal System, S. 354 ff.
218 Mouton, Observationes, S. 431 ff.; Wilkins, Essay, S. 190. sowie zu Locke Dew, Hive and
   Pendulum, S. 240.
219 La Condamine, Nouveau projet, S. 513. Vgl. auch die deutlich weiter reichenden Vorschläge
   in dem 1754 von d'Alembert verfassten Artikel Décimal, in: Diderot und d'Alembert (Hrsg.),
   Encyclopédie, Bd. 4, S. 668–670.
220 Lavoisier, Traité élémentaire, Bd. 2, S. 7. Zur Bedeutung des Messens bei Lavoisier vgl. Golinski, Experiment.

sie Anfang des 20. Jahrhunderts den britischen Befürwortern des metrischen Systems als Beleg dafür dienten, dass dieses eigentlich von einem ihrer Landsleute erfunden 'worden sei.[221] Daneben gab es im Großbritannien der zweiten Hälfte des 18. Jahrhunderts aber auch breiter diskutierte Vorschläge zur Dezimalisierung von Maßen und Gewichten. Zwar hatten sich weder die Empfehlungen des *Carysfort Committee* noch die daraus folgenden Gesetzesinitiativen mit dieser Frage befasst. Sie waren vielmehr von der traditionellen, häufig sehr unsystematischen Unterteilung ausgegangen. In den Reformplänen der Gelehrten tauchte die Idee einer dezimalen Verknüpfung von Maßeinheiten aber immer wieder auf. James Steuart zog sie 1760 in Erwägung und bei George Skene Keith spielte sie eine zentrale Rolle. 1790 erhielt sie schließlich auch Eingang in die Politik. Das von John Riggs Miller in diesem Jahr vor dem *House of Commons* präsentierte Gesetzesvorhaben beinhaltete die Forderung nach der Einführung des Zehnersystems.[222]

Dass gerade die 1780er Jahre einen vorläufigen Höhepunkt in der Debatte über die Dezimalisierung von Maßen und Gewichten markierten, hatte seine Ursache allerdings nicht in den fruchtlosen britischen Reformbestrebungen, sondern in der US-amerikanischen Entwicklung. Der dortige Kontinentalkongress hatte 1786 auf Initiative des Unternehmers Robert Morris beschlossen, die im Jahr zuvor eingeführte neue Währung – den Dollar – vollständig zu dezimalisieren. Abgesehen von der bereits achtzig Jahre zuvor verabschiedeten Reform des russischen Rubels unter Peter dem Großen war dies „the first signal triumph of the decimal system".[223] Zudem schien sich abzuzeichnen, dass Maße und Gewichte dem Vorbild der Münzen bald folgen würden. Thomas Jefferson unterbreitete dem Repräsentantenhaus 1790 einen entsprechenden Vorschlag. Zwar führte dieses Vorhaben in den folgenden Jahren zu keinem Ergebnis. Es trug aber dennoch dazu bei, dass die Möglichkeit einer Dezimalisierung zum Zeitpunkt der französischen Beratungen über das neue Maßsystem in der Luft lag.[224]

Allerdings gab es auch gewichtige Einwände gegen sie. Insbesondere für die dyadische Unterteilung der Maße in ganze Zahlen, deren große alltagsgeschichtliche Bedeutung in Kapitel 1.1.3 dargelegt worden ist, war das Dezimalsystem denkbar ungeeignet. Schon Wilkins hatte es deshalb 1668 nur widerwillig empfohlen und die Auffassung vertreten, dass auch eine oktavale, also auf der Zahl acht basierende Unterteilung in Erwägung gezogen werden solle.[225] Die meisten Gegner des Dezimalsystems plädierten allerdings nicht für die Zahl acht, sondern für die Zahl zwölf als Alternative. Das galt z. B. für Condorcet, dessen gescheitertes Reformprojekt von 1775/76 auf duodezimalen Einheiten aufbaute. Auch der erste formale Vorschlag zur Unterteilung des Meters, den die Akademie im April

---

[221] Cox, Metric System, S. 78 f.

[222] MILLER, Speeches, S. 39 u. S. 51.

[223] Cox, Metric System, S. 80. Generell zur Dezimalisierung des Dollars vgl. TREAT, History, S. 15 ff.

[224] Vgl. ebd., S. 17 ff.

[225] WILKINS, Essay, S. 190. Auch Tito Livio Burattinis Vorschlag zur Einrichtung eines neuen Maßsystems basierte auf dem Oktavalsystem, vgl. BURATTINI, Misura universale, S. 22 f.

1790 diskutierte, stützte sich auf dieses System. Sein Initator Auguste-Savinien Leblond hatte sich sogar die Mühe gemacht, für die Zahlen 10 und 11 jeweils eine neue einstellige Ziffer zu erfinden, um die Handhabung der Zwölfer-Unterteilung zu erleichtern.[226]

Durchsetzen konnte er sich mit diesen Ideen allerdings nicht. Viele *savants* akzeptieren zwar das Argument der besseren Alltagstauglichkeit duodezimal aufgebauter Maße, schlugen sich aber trotzdem instinktiv auf die Seite des Dezimalsystems. Zum einen waren sie mit diesem aufgrund ihrer naturphilosophischen Vorbildung meist gut vertraut und betrachteten es als wichtiges Element einer entstehenden internationalen Wissenschaftssprache. Zum anderen vertraten sie die Auffassung, dass das Rechnen auf Zehnerbasis seinen Ursprung in der Zahl der Finger an beiden Händen und damit letztlich in der menschlichen Natur habe.[227] Das Dezimalsystem repräsentierte für sie deshalb jene rationale, ‚natürliche' Ordnung, deren Errichtung eines der wichtigsten Ziele der gesamten Maßreform war. In den internen Diskussionen des Jahres 1790 zeichnete sich deshalb schnell ein Übergewicht für eine dezimale Unterteilung ab. Die Borda-Kommission nahm sie im Oktober in ihre Empfehlungen auf, und fortan stellte sie in allen weiteren Debatten einen Fixpunkt dar. Ihre Festlegung im 1793 verabschiedeten Gesetz über den provisorischen Meter war nur noch eine Formsache.[228]

In einer bemerkenswerten Demonstration des Handlungsspielraums, den die revolutionäre Ausnahmesituation eröffnete, beschränkten sich die *savants* allerdings nicht darauf, nur die Maßeinheiten dezimal zu unterteilen. Vielmehr dehnten sie dieses System in den folgenden Monaten auf eine Reihe weiterer Gegenstandsbereiche aus. Am naheliegendsten war dies im Falle der Münzen. Deren Dezimalisierung kam zwar erst im Zusammenhang mit der Einführung des Franc im August 1795 zustande, aber sie war von Beginn an gemeinsam mit der Maßfrage diskutiert worden.[229] Auch die 1794 getroffene Entscheidung der Akademie, zur Temperaturmessung fortan statt der in 80 Teile gegliederten Réaumur-Skala die dezimal aufgebaute Celsius-Skala heranzuziehen, war wenig überraschend. Da sie nur den innerwissenschaftlichen Gebrauch betraf, warf sie kaum nennenswerte Schwierigkeiten auf.[230]

Zwischen 1793 und 1795 beschlossen die *savants* allerdings auch noch die Dezimalisierung der Grad- und Winkelmessung, der Zeit und des Kalenders.[231] Diese Maßnahmen gingen weit über die aus pragmatischen Gründen naheliegenden Anwendungsbereiche des Zehnersystems hinaus. Sie zeigten, dass sich die dezi-

---

[226] ALDER, Revolution, S. 50. Zu Condorcet vgl. CHAMPAGNE, Five Mathematicians, S. 147.

[227] ALDER, Revolution, S. 49.

[228] CHAMPAGNE, Five Mathematicians, S. 145 f.

[229] Condorcet hat die einschlägigen Passagen seiner 1790 erschienenen *Memoires sur les Monnoies* sogar aus dem Bericht der Borda-Kommission abgeschrieben oder war, was wahrscheinlicher ist, der Urheber beider Texte. Vgl. CHAMPAGNE, Five Mathematicians, S. 147.

[230] Vgl. ebd., S. 155 sowie BUGGE, Reise, S. 565 f.

[231] Vgl. überblicksartig SIMAAN, Science, S. 136 f. u. S. 154 f. Zur Kalenderreform insgesamt vgl. PEROVIC, Calendar und SHAW, Time. Zur Dezimalisierung der Zeitrechnung vgl. ebd., S. 122 ff. sowie SMITH, Division décimale.

male Unterteilung im Zuge der Radikalisierung der Revolution von einer bloßen Rechentechnik zu einer Art vernunftreligiösem Fetisch entwickelte. Gleichzeitig machten sie allerdings auch ihre Grenzen sichtbar. Denn erstens brachten sie eine Reihe innerer Widersprüche hervor. Beispielsweise zerriss die Neueinteilung der Winkelmessung den Zusammenhang zwischen Längengrad und Uhrzeit, der für die Positionsbestimmung auf See von zentraler Bedeutung war.[232] Durch die Dezimalisierung der Zeit ließ er sich zwar wiederherstellen, aber diese zeigte, dass den Neuordnungsversuchen der *savants* – zweitens – auch gewichtige äußere Hindernisse entgegenstanden. Sie stieß auf derart große Widerstände, dass sie schon rückgängig gemacht werden musste, bevor sie überhaupt eingeführt worden war.[233]

Auch der dezimale Aufbau von Maßen und Gewichten sollte im Zuge seiner Implementierung zu gravierenden Problemen führen. In noch höherem Maße galt das allerdings für den letzten Baustein des neuen Einheitensystems: die Nomenklatur. Dieser scheinbar nebensächliche Aspekt ist in seiner Bedeutung leicht zu unterschätzen. Er trug jedoch maßgeblich dazu bei, dass sich das metrische System breiten Bevölkerungsschichten lange Zeit kaum vermitteln ließ. Das lag vor allem an den Spezifika der Begrifflichkeiten, die die *savants* zwischen 1790 und 1795 entwickelten. Prinzipiell hatten sie in dieser Frage zwei Alternativen. Sie konnten entweder die traditionellen Maßbegriffe auf die metrischen Einheiten übertragen, oder sie konnten vollständig neue Bezeichnungen erschaffen.[234]

Während die erste Möglichkeit naheliegend war, gab es für die zweite Alternative, die sie schließlich bevorzugten, nur eine Handvoll von Anknüpfungspunkten. Im 17. Jahrhundert hatte allein Gabriel Mouton ein entsprechendes Konzept entwickelt. Sein Pamphlet von 1670 sah vor, für die Grundeinheiten lateinische Übersetzungen herkömmlicher Maßbegriffe zu verwenden (z. B. *virga*, etwa: Rute). Ihre Über- und Untereinheiten sollten jedoch mit abstrakten Zahlbegriffen benannt werden. So bildeten zehn *virgae* eine *decuria*, hundert eine *centuria* und so fort. Ganz sicher scheint sich Mouton seiner Sache allerdings nicht gewesen zu sein, denn er erdachte auch noch einen zweiten Satz an Bezeichnungen, der vollständig aus lateinischen Übersetzungen traditioneller Begriffe bestand.[235]

Die übrigen Konzepte aus dem späten 17. Jahrhundert waren in der Frage der Nomenklatur noch zurückhaltender. Tito Livio Burattini hatte 1675 zwar als erster die Idee, die fundamentale Längeneinheit mit dem griechischen Begriff für Maß – *métron* – zu bezeichnen. Weitergehende terminologische Vorschläge beinhaltete seine Schrift aber nicht. Auch John Locke versah nur die von ihm vorgeschlagene Grundeinheit, das sogenannte *gry*, mit einem neuen Begriff, behielt für alle anderen Maße aber die traditionellen Bezeichnungen bei. John Wilkins

---

[232] FAVRE, Origines, S. 172.
[233] SMITH, Division décimale, S. 132.
[234] FAVRE, Origines, S. 177f.
[235] MOUTON, Observationes, S. 431ff.

schließlich beschäftigte sich überhaupt nicht mit dem Problem – und das, obwohl seine Ideen zu einer Maßreform in engem Zusammenhang mit seinen Versuchen zur Konstruktion einer universellen Plansprache entstanden waren![236]

In der zweiten Hälfte des 18. Jahrhunderts wuchs allerdings das Interesse an Fragen der wissenschaftlichen Terminologie. Unabhängig von der Debatte über Maße und Gewichte bildeten sich in einigen Zweigen der Naturphilosophie neuartige Begrifflichkeiten heraus.[237] Ein wichtiges Beispiel hierfür war die in den 1750er Jahren von Carl von Linné entwickelte botanische und zoologische Taxonomie. Sie war maßgeblich von einer binären Nomenklatur geprägt, die den Prozess der Bestimmung einer Art strukturierte. Diese geschah durch die Wahl eines Gattungsnamens, dem der spezifische Artname als Epitheton hinzugegeben wurde.[238] Einen weiteren, ähnlich gelagerten Fall bildete die in den 1780er Jahren entwickelte systematische Benennung der chemischen Elemente, die in engem Zusammenhang mit der Formulierung der Oxidationstheorie stand. Sie ging auf Guyton de Morveau, Lavoisier, Claude-Louis Berthollet und Antoine-François Fourcroy zurück, stammte also von Akteuren, die z.T. unmittelbar in die Entstehung des metrischen Systems involviert waren. Ihre Grundlage bildeten Wortwurzeln, die den Elementen entsprachen. Durch die Zuhilfenahme von Präfixen und Suffixen konnten diesen jeweils genauere Bedeutungen wie z.B. der Grad der Oxidation zugeordnet werden (Eisen/Eisenoxid).[239]

Diese Methode eignete sich aus der Sicht der Akademie auch für die Neuschaffung der Maßbegriffe, denn sie ermöglichte einen systematischen Aufbau derselben und kam somit dem rationalistischen Geist der Reform entgegen. Laplace, Borda, Joseph-Louis Lagrange und Gaspar Monge, die mit der Untersuchung dieser Frage beauftragt waren, argumentierten zudem, dass eine aus wenigen Grundelementen zusammengesetzte Nomenklatur einfacher in andere Sprachen zu übertragen war als eine Vielzahl generischer Bezeichnungen. Durch die Verwendung lateinischer Begriffe ließ sich dieser Effekt noch steigern, denn Latein war trotz seiner schwindenden Rolle als Wissenschaftssprache nach wie vor international geläufig.[240] Die *savants* schlugen deshalb vor, fortan alle Unterteilungen der Grundeinheiten durch Präfixe auszudrücken, die sie den lateinischen Worten für zehn, hundert und tausend entnahmen. Für die Grundeinheiten selbst griffen sie allerdings nur teilweise auf neue Bezeichnungen zurück. Das Längenmaß bezeichneten sie nach einem Vorschlag von Leblond vom Mai 1790 als *mètre*, und auch das *grave*, eine Gewichtseinheit, war eine Neuschöpfung. Die übrigen Namen stammten von den traditionellen Maßen her.[241]

---

[236] Zu Burattini vgl. Burattini, Misura universale, S. 9. Zu Locke vgl. Dew, Hive and Pendulum, S. 240. Zu Wilkins und dem Zusammenhang zwischen Maßreform und Plansprache vgl. ebd., S. 242f.

[237] Überblicksartig dazu Knight, Modern Science, S. 33ff.

[238] Vgl. ebd., S. 37f.

[239] Vgl. ebd., S. 38ff. sowie Bowler und Morus, Making Modern Science, S. 69.

[240] Vgl. Favre, Origines, S. 179 und Knight, Modern Science, S. 37.

[241] Vgl. Alder, Maß, S. 121 und Favre, Origines, S. 178f.

Trotzdem galt die systematische Nomenklatur den Akademiemitgliedern als schwierig. Sie befürchteten, dass sie wegen der fremdsprachigen Begriffe beim Publikum auf wenig Verständnis stoßen würde.[242] Als die Neuordnung von Maßen und Gewichten im Sommer 1793 auf der Kippe stand, wollten sie deshalb die Präfixmethode wieder fallen lassen und stattdessen für alle Einheiten traditionelle Ausdrücke heranziehen. Auch diese Vorgehensweise warf allerdings Probleme auf. So hätte beispielsweise die Verwendung des Begriffes *livre* für das heutige Kilogramm dazu geführt, dass die so bezeichnete Einheit nach der Reform etwa doppelt so schwer gewesen wäre wie davor. Der Nationalkonvent lehnte die neuen Empfehlungen von Laplace und seinen Kollegen deshalb ab. Er verwirklichte in seinem Dekret zur Einrichtung des provisorischen Meters vielmehr ihre ursprünglichen Überlegungen und ging sogar über diese hinaus, indem er nur noch einen einzigen alten Maßbegriff, die *pinte*, zuließ.[243]

Aus der Sicht der radikalen Befürworter einer systematischen Nomenklatur ließ allerdings auch dieser Beschluss noch zu wünschen übrig. Denn die Präfix-Methode kam darin ausschließlich für die Unterteilung der Grundeinheiten zum Tragen, nicht aber für ihre Vervielfältigung. Ein Meter konnte also durch Vorsilben in zehn Dezimeter oder hundert Zentimeter gegliedert werden, aber für die nächstgrößere Einheit war ein neuer Begriff nötig – in diesem Falle ein *milliaire* (1000 Meter).[244] Als die Arbeiten am metrischen System 1795 wieder aufgenommen wurden, bemühten sich einige Reformer deshalb, dieses Problem zu beheben. Prieur-Duvernois, der 1790 einen der ersten Pläne zur Schaffung neuer Maße und Gewichte vorgelegt hatte, wollte dazu außer den lateinischen Präfixen für die Unterteilung auch noch griechische Präfixe für die Vergrößerung der Einheiten einführen. Neben *décimètre* und *centimètre* sollten fortan also *hectomètre* und *kilomètre* treten.[245]

Diese Idee traf auf zunächst auf große Skepsis. Die meisten Konventsabgeordneten empfanden sie als zu kompliziert. Einige kritisierten auch, dass Prieur die aus dem Griechischen entlehnten Vorsilben mit einer gewissen künstlerischen Freiheit behandelt hatte.[246] Dennoch gelang es ihm, seinen Vorschlag durchzusetzen. Seit dem Sturz des Jakobinerregimes hatte er sich zur treibenden Kraft hinter

---

[242] Im Rahmen der parallel diskutierten Kalenderreform hatte der Dichter Fabre d'Églantine aus diesem Grunde für die Monate Namen geschaffen, die an französische Begriffe für natürliche oder jahreszeitliche Phänomene angelehnt waren, vgl. PEROVIC, Calendar, S. 117 ff. Eine ähnliche Vorgehensweise war auch bei der Benennung der 1790 neu geschaffenen *départements* gewählt worden, wo sie in erster Linie der Unterdrückung regionaler Traditionen diente, vgl. MCPHEE, Town and Country, S. 127 f.

[243] Vgl. FAVRE, Origines, S. 179 ff. sowie CHAMPAGNE, Five Mathematicians, S. 174 f.

[244] Vgl. die Übersichten bei BIGOURDAN, Système métrique, S. 80 f. sowie bei ZUPKO, Revolution, S. 151 ff.

[245] Ein erster Vorschlag Prieurs, die Vorsilben dem Niederbretonischen zu entnehmen, war mit dem Fall des Jakobinerregimes hinfällig geworden. Vgl. HEILBRON, Measure, S. 215.

[246] So war bspw. die Vorsilbe *hecto* näher an *hektos* (Sechstel) als an *hekaton*, dem Wort für hundert. Der Begriff *hécatommètre* erschien allerdings selbst Prieur als zu kompliziert. Vgl. FAVRE, Origines, S. 182 f.

der Vollendung des Meters entwickelt. Das entbehrte nicht der Ironie, denn an der Verurteilung von Lavoisier, die eine der Hauptursachen für das Stocken der Arbeiten gewesen war, war er nicht ganz unschuldig gewesen.[247] Doch gerade weil mehrere wichtige Protagonisten der Maßreform den Terror nicht überlebt hatten, kam ihm nun eine zentrale Bedeutung zu. Auf sein Betreiben verabschiedete der Konvent im April 1795 ein Gesetz, das die Zahl der Maßbegriffe auf fünf reduzierte (*mètre, litre, are, gramme* und *stère*) und ihre Skalierung mithilfe griechischer und lateinischer Präfixe regelte.[248]

Mit diesem Beschluss standen die wesentlichen Eigenschaften der neuen Maße und Gewichte fest. Die Bestimmung der Urmaße dauerte zwar noch bis 1799 an, änderte aber nichts mehr an ihrem Grundgerüst. In den folgenden Jahren verloren die diesbezüglichen Debatten deshalb schnell an Bedeutung. Stattdessen traten jene Probleme in den Vordergrund, die das zweite Hauptanliegen des Gesetzes von 1795 bildeten: die Propagierung, Verbreitung und Umsetzung der neuen Einheiten in Frankreich und im benachbarten Ausland. Diese Themen sind der Gegenstand des nächsten Kapitels.

---

[247] HEILBRON, Measure, S. 229.
[248] Loi du 18 germinal an III (7 Avril 1795) sur les nouveaux poids et mesures, Art. 5–7, in: BIGOURDAN, Système métrique, S. 65–70, hier S. 66 f. Zur Bewandtnis des Begriffs des *stère* vgl. Kap. 5.1.1 dieser Arbeit.

Abschnitt B: 1795–1870

4. Adaption und Widerstand: Nationale Maß-reformen 1795–1870

Die Geburt des metrischen Systems markierte eine Zäsur in den Debatten über Maße und Gewichte. Sie bildete den Ausgangspunkt dafür, dass nahezu alle Staaten Westeuropas – unter ihnen auch die deutschen Territorien und Großbritannien – in den Jahrzehnten zwischen der Französischen Revolution und der Mitte des 19. Jahrhunderts versuchten, standardisierte Maßeinheiten zu etablieren. Nicht immer taten sie dies jedoch aus denselben Gründen, und nur in den wenigsten Fällen griffen sie dabei auf das metrische System zurück.

Selbst in Frankreich war dessen Einführung von großen Schwierigkeiten begleitet. Sie waren teilweise eine Folge der Revolutionskriege, hingen aber vor allem mit den spezifischen Charakteristika der metrischen Maße zusammen. Besonders ihre fremdartige Nomenklatur und ihre dezimale Unterteilung trafen weithin auf Unverständnis. Hinzu kam, dass die Implementierung eines nationalen Maßsystems einer eigenständigen Verwaltungsstruktur bedurfte. Zu Beginn des 19. Jahrhunderts war diese noch wenig entwickelt. Als Napoleon angesichts der großen Widerstände 1800 zunächst die Nomenklatur und 1812 auch die Unterteilung der neuen Einheiten aufweichte, war das Problem deshalb nicht gelöst. Vielmehr trat mit den sogenannten *mesures usuelles* ein standardisiertes Maßsystem auf der Basis traditioneller Begrifflichkeiten und Unterteilungen neben die in manchen Bereichen weiterhin gültigen metrischen Maße und die nach wie vor geläufigen lokalen Einheiten. Nicht nur die Durchsetzung des Meters, sondern auch das grundsätzliche Ziel der Einheitlichkeit von Maßen und Gewichten rückte dadurch in weite Ferne.

Der über die napoleonische Zeit hinaus fortgeführte Aufbau einer staatlichen Maß- und Gewichtsverwaltung änderte daran zunächst nichts. Bis zum Beginn der 1830er Jahre schritt er zwar so weit voran, dass die nationalen Einheiten flächendeckend als Referenzgrößen zur Verfügung standen. Der alltägliche Verkehr war aber nach wie vor von großer Vielfalt geprägt. Als mit der Julimonarchie großbürgerlich-wirtschaftsliberale Interessen an Einfluss gewannen, drängten sie deshalb darauf, das metrische System als allein gültigen Standard wiederherzustellen. Diese Maßnahme wurde 1837 beschlossen und ab 1840 umgesetzt. Dennoch dauerte es weitere dreißig Jahre, ehe die metrischen Maße landesweit Fuß fassen konnten. Der Auf- und Ausbau der Eisenbahnen, des Primarschulwesens sowie der Eichbehörden sorgten schließlich aber dafür, dass die traditionellen Einheiten bis etwa 1870 verschwanden.

Die französische Entwicklung beeinflusste auch die angrenzenden deutschen Territorien. Am unmittelbarsten galt das für jene Gebiete, die im Zuge der napoleonischen Eroberungen an das *Empire* fielen. Größere Bedeutung erlangten jedoch die indirekten Folgen der Kriege. In den Rheinbundstaaten lösten die mit ihnen einhergehenden territorialen Verschiebungen intensive Bemühungen um eine Integration neuer Landesteile aus, in deren Rahmen auch die Frage der me-

https://doi.org/10.1515/9783110581959-005

trologischen Standardisierung ins Blickfeld geriet. Die Maßreformen in Bayern, Baden und Württemberg waren allerdings weniger von wirtschafts- als vielmehr von finanzpolitischen Zielsetzungen geprägt. Zudem stützten sie sich nicht auf das metrische System, sondern auf die traditionellen bzw. im Falle Badens auf eine Mischung aus metrischen und traditionellen Einheiten. Gemeinsam mit dem vergleichsweise schnellen Aufbau der nötigen Verwaltungsstrukturen resultierte dies darin, dass die Einheitlichkeit von Maßen und Gewichten in den süddeutschen Staaten deutlich früher hergestellt werden konnte als in Frankreich.

In ähnlicher Weise gilt das auch für Preußen, wo die 1816 in Angriff genommene Maßreform ebenfalls fiskalisch motiviert war. Hinzu kam hier aber der Wunsch, mit dem wissenschaftlichen Programm des französischen Vorbilds gleichzuziehen und so den eigenen Großmachtstatus zu untermauern. Die Frage einer eigenständigen Maßgrundlage nahm in den preußischen Debatten daher breiten Raum ein. Dabei sollten die zentral festgelegten Einheiten zunächst primär als Bezugssystem für staatliche Zwecke und nicht für den alltäglichen Gebrauch dienen. Erst in den 1830er Jahren ging die Regierung dazu über, auch ihre allgemeine Verwendung zu forcieren. Aufgrund der traditionellen Begriffe und Unterteilungen sowie eines von Beginn an leistungsfähigen Eichwesens gelang dies bis zur Jahrhundertmitte weitgehend. Auch die übrigen deutschen Staaten hatten zu diesem Zeitpunkt einheitliche Maße und Gewichte in der Fläche durchgesetzt. Ausnahmen von dieser Regel bildeten neben einigen kleineren Territorien vor allem Sachsen und Österreich.

In einer Hinsicht hatte der zügige Abschluss der Maßreformen in den Einzelstaaten freilich auch negative Konsequenzen, denn er erschwerte die zeitgleich vorangetriebenen Bemühungen um eine nationale Einigung in dieser Frage. Die Gründung des Zollvereins erbrachte mit dem (metrischen) Zollpfund zwar eine gemeinsame Referenzeinheit, doch diese war nur für den zwischenstaatlichen Verkehr gedacht. Erst aufgrund zunehmender wirtschaftlicher Integration setzte sie sich in den 1850er Jahren auch innerhalb der Einzelstaaten durch. Alle weitergehenden Versuche zu einer gesamtdeutschen Vereinheitlichung scheiterten allerdings daran, dass Maße und Gewichte seit der 48er-Revolution nicht mehr nur unter finanz- und wirtschaftspolitischen Gesichtspunkten, sondern verstärkt auch unter dem Aspekt der Nationsbildung diskutiert wurden. Dieses Problem ließ sich im Rahmen des Deutschen Bundes nicht lösen. Die Reichseinigung ermöglichte schließlich aber die Einrichtung eines nationalen Standards, der durch eine vollständige Übernahme des metrischen Systems zustande kam.

Ein solcher Schritt sollte in den 1850er und 1860er Jahren auch in Großbritannien diskutiert werden, allerdings unter gänzlich anderen Voraussetzungen.[1] Im Gegensatz zum Kontinent hielt sich der Einfluss des französischen Vorbildes hier zunächst in engen Grenzen. Die 1824 verabschiedete britische Maßreform ging deshalb in erster Linie auf innere Impulse zurück. Diese waren allerdings nur schwach ausgeprägt. Zwar plädierte eine Reihe von einflussreichen Großgrundbe-

---

[1] Vgl. Kap. 7.3 dieser Arbeit.

sitzern, die mit der Maßvielfalt an den Peripherien der britischen Inseln zu kämpfen hatten, für eine Standardisierung. Sie beschränkten sich jedoch auf die Forderung nach einem zuverlässigen Referenzsystem. Eine Verdrängung der traditionellen Einheiten stand dagegen nicht auf ihrer Agenda. Auch die zahlreichen Wissenschaftler, die die Einrichtung eines eigenständigen, britischen Naturmaßes für erstrebenswert hielten, gaben sich mit diesem Minimalprogramm zufrieden.

Dass die *Imperial Measures* ab 1834/35 schließlich doch allgemeinverbindlich gemacht werden sollten, war paradoxerweise eine Folge der begrenzten Zielsetzungen der Reform von 1824. Denn diese war so zurückhaltend ausgefallen, dass sie nicht zu einer Sicherung, sondern zu einer weiteren Verunklärung des Maßstandards geführt hatte. Auch nach 1835 änderte sich daran aber nur wenig, weil die Exekutive peinlich darauf bedacht war, die Kompetenzen der *local authorities* nicht in Frage zu stellen. Anders als in Frankreich oder in Deutschland ging die britische Reform daher nicht mit dem Aufbau eines einheitlichen Verwaltungsapparates einher. Daraus ergaben sich große Differenzen in ihrer administrativen Umsetzung. Während sie in den Städten schnell Fuß fasste, blieb sie auf dem Land auch in den 1870er Jahren noch unvollendet. Lokale Traditionen und Gebräuche konnten sich in Großbritannien deshalb länger halten als auf dem Kontinent. Die führende Industrienation der Welt erzielte in der Vereinheitlichung von Maßen und Gewichten also die geringsten Fortschritte.

Geschadet hat dies dem Land aber nicht. Die wissenschaftlichen Zielsetzungen der Reformen ließen sich auch ohne deren flächendeckende Umsetzung erreichen, und fiskalische Gründe für eine Standardisierung gab es in Großbritannien nicht in derselben Form wie auf dem Kontinent. Wirtschaftspolitisch schließlich war die Maßfrage lange Zeit nur von geringer Bedeutung. Auch in Frankreich und in Deutschland trat dieser Aspekt erst durch die Stärkung des liberalen Bürgertums und insbesondere durch die sprunghafte Verbesserung der Transport- und Kommunikationsinfrastruktur seit der Jahrhundertmitte in den Vordergrund. In diesem Sinne war die Vereinheitlichung von Maßen und Gewichten freilich eher eine Folge zunehmender ökonomischer Integration als ihre Ursache.

Das folgende Kapitel entfaltet diese Argumente und beleuchtet dabei zunächst den französischen Fall. Der zweite Abschnitt untersucht die stark von diesem Vorbild geprägten deutschen Territorien. Teil drei schließlich wendet sich den britischen Maßreformen zu.

4.1 Frankreich

4.1.1 Das Scheitern der Vereinheitlichung 1795–1837

Vom metrischen System zu den mesures usuelles
Das Gesetz von 1795 fixierte die grundsätzlichen Elemente des metrischen Systems. Der Fokus der Debatten über die neuen Maßeinheiten verschob sich damit von der Frage nach deren Definition hin zur Frage nach ihrer Umsetzung und Verbreitung.

Diesem Problem kam schon allein deshalb große Bedeutung zu, weil die Allgemeingültigkeit der Maße eines der fundamentalen Prinzipien des metrischen Systems darstellte. Darüber hinaus war es von erheblicher praktischer Relevanz für die revolutionäre Verwaltung. So ging beispielsweise die 1790 beschlossene Einführung einer Grundsteuer mit Plänen zu einem nationalen Kataster einher, der auf den neuen Maßen beruhen sollte. Dem Meter war also eine wichtige Rolle bei der Schaffung eines gerechteren Steuersystems zugedacht.[2] Schließlich war die Popularisierung der neuen Einheiten auch von hohem symbolischem Belang, denn sie bildete einen integralen Bestandteil der Versuche zur Etablierung einer republikanischen Kultur. Im ersten Artikel des erwähnten Gesetzes von 1795 hieß es in diesem Sinne, die Bürger seien „invités de donner une preuve de leur attachement à l'unité et à l'indivisibilité de la république, en se servant dès à present des nouvelles mesures".[3] Auch die wenige Monate später verabschiedete Direktoriumsverfassung stellte eine explizite Verbindung zwischen der Republik und metrischem System her.[4]

Vor dem Hintergrund dieser Erwägungen betraute der Konvent die *Agence temporaire des poids et mesures* mit den konkreten Maßnahmen zur Verbreitung der revolutionären Maße. Darunter fielen zum einen die Herstellung der technischen Artefakte, die die materielle Infrastruktur des neuen Einheitensystems bilden sollten, und zum anderen dessen Popularisierung durch Flugschriften und andere Formen der öffentlichen Bekanntmachung. Besonders die erste dieser beiden Aufgaben warf allerdings von Beginn an Schwierigkeiten auf, denn sie war mit großem technischem Aufwand verbunden. Alle 559 Distrikte – die Vorläufer der *arrondissements* – sollten in ihrem Rahmen mit zentral kalibrierten, amtlichen Eichmaßen ausgestattet werden. Zudem wollte die *Agence* massenhaft Meterstäbe, Hohlmaße und Gewichte für den alltäglichen Gebrauch herstellen und kostenlos gegen die traditionellen Maße eintauschen.[5]

Angesichts dieser Aufgabe hatten die Protagonisten des metrischen Systems große Hoffnungen in industrielle Fertigungstechniken gesetzt, wie sie seit den 1760er Jahren in der französischen Waffenproduktion entwickelt worden waren. Tatsächlich kamen entsprechende Maschinen in der Folgezeit auch zum Einsatz.[6] Angesichts der permanenten Kriegssituation waren sie aber weniger effektiv als

[2]   GILLISPIE, Revolutionary Years, S. 245 ff. u. S. 480 ff. Generell zum Kataster KAIN und BAIGENT, Cadastral Map, S. 225 ff. Zur den Prinzipien der Steuerreform und zur Grundsteuer SCHREMMER, Steuern, S. 73 ff.

[3]   Loi du 18 germinal an III (7 Avril 1795) sur les nouveaux poids et mesures, Art. 1, in: BIGOURDAN, Système métrique, S. 65–70, hier S. 65. Zur republikanischen Kultur REICHARDT, Blut der Freiheit, S. 171–256.

[4]   Constitution du 5 fructidor an III (22. 8. 1795), Art. 371, in: GODECHOT, Constitutions, S. 101–141, hier S. 141.

[5]   BELMAR, Agence, S. 69 ff.; RONCIN, Système métrique, S. 36 ff. u. S. 40 ff. sowie GUEDJ, Metre, S. 239 ff.

[6]   Dies war in dem Gesetz von 1795 explizit vorgesehen, Loi du 18 germinal an III (7 Avril 1795) sur les nouveaux poids et mesures, Art. 13, in: BIGOURDAN, Système métrique, S. 65–70, hier S. 68. Zur Umsetzung vgl. ALDER, Maß, S. 332 u. S. 505 (Fn. 67 u. 68). Zum Hintergrund vgl. ders., Engineering, v. a. S. 253 ff.

erhofft. Denn die Herstellung der Maße konkurrierte mit der militärischen Produktion um Rohstoffe, Personal und finanzielle Mittel. Zwar hatte der Wohlfahrtsausschuss der *Agence* eigens entsprechende Ressourcen zugeteilt, aber der enorme Bedarf an hochwertigen Metallen für die Herstellung der Eichnormale sprengte ihr auf ein Fünftel der militärischen Ausgaben begrenztes Budget spielend.[7] Von den offiziellen Meterkopien für die Distrikte waren deshalb bis 1802 nur 110 Stück, also gerade mal ein Fünftel der geplanten Zahl, fertiggestellt. Bei den Volumen- und Gewichtsmaßen sah die Bilanz erheblich schlechter aus.[8]

Auch die Herstellung der Alltagsmaße hinkte weit hinter den selbst gesetzten Zielen her. Zwar beschloss die *Agence* frühzeitig, für diese auch Holz als Material zuzulassen. Zudem gewann sie das staatseigene *Atelier de perfectionnement* dafür, sich an der Produktion zu beteiligen. Trotzdem gelang es erst im Jahr 1800, den Bedarf der Hauptstadt Paris zu decken. Schon die umliegenden Departements konnten aber nur unzureichend versorgt werden, und jenseits der Île-de-France waren zu diesem Zeitpunkt erst etwa 16 000 Metermaßstäbe im Umlauf – nur ein Drittel mehr als in der Stadt Paris. Die Zahlen für Hohlmaße und Gewichte lagen wesentlich darunter.[9]

Diese kriegsbedingten Probleme bei der Herstellung von Eich- und Gebrauchsmaßen haben die Verbreitung des metrischen Systems massiv behindert.[10] Sie waren dafür verantwortlich, dass sich die neuen Einheiten während des Direktoriums selbst im regierungsamtlichen Gebrauch nur teilweise durchsetzten. Zwar nutzte das Finanzministerium sie seit 1798 für seine internen Berechnungen, aber die Pariser Verwaltung verwendete 1799 noch die alten Maße. In den Departements war die Lage ähnlich. In den folgenden Jahren musste der Innenminister sie immer wieder zum Gebrauch des metrischen Systems anhalten.[11] Da zudem die Pläne zur Erhebung eines nationalen Katasters in den 1790er Jahren kaum Fortschritte machten, gingen auch von diesem Projekt keine Impulse zur Etablierung der neuen Maße in den Verwaltungsorganen der Republik aus.[12]

Hinzu kam, dass auch der zweite Arbeitsschwerpunkt der *Agence*, die Unterrichtung der Öffentlichkeit, nur begrenzte Wirkung entfaltete. An Versuchen hat es in dieser Hinsicht freilich nicht gemangelt. Vielmehr koordinierte die *Agence* seit 1795 eine veritable Bildungsoffensive.[13] In deren Rahmen ließ sie z. B. Manuale verfassen, die sich an Funktionäre in den Departements und an gebildete Republikaner richteten. Des Weiteren erstellte sie Lehrbücher, die für die Schul- und Erwachsenenbildung Verwendung finden sollten. Sie bemühte sich darum, durch Anzeigen in Zeitungen und Kapitel in Handbüchern und Almanachen auf das

---

[7] CHAMPAGNE, Five Mathematicians, S. 218.

[8] RONCIN, Système métrique, S. 45 u. S. 54 ff. sowie BELMAR, Agence, S. 72.

[9] RONCIN, Système métrique, S. 43 f. sowie Rapport sur le nombre des metres à envoyer dans chacune des Sections de Paris, o. D. [Frimaire an IV], AN F/12/7637, fol. 33.

[10] Claude-Antoine Prieur-Duvernois, Rapport sur la fabrication des poids et mesures, 4 messidor an IV (22. 6. 1798), in: BIGOURDAN, Système métrique, S. 182–184, hier S. 184.

[11] RONCIN, Système métrique, S. 72 ff. sowie ALDER, Maß, S. 337 f.

[12] KAIN und BAIGENT, Cadastral Map, S. 225 f.

[13] Zusammenfassend BELMAR, Agence, S. 73 ff. sowie CHAMPAGNE, Five Mathematicians, S. 220 ff.

metrische System aufmerksam zu machen. Sie versuchte, Maßstäbe an öffentlichen Plätzen und Gebäuden auszustellen. Und schließlich verteilte sie in großem Umfang Tabellen und grafische Darstellungen der Umrechnungsverhältnisse von alten und neuen Maßeinheiten. Allein in den ersten acht Monaten ihres Bestehens belief sich die Zahl der von der *Agence* hergestellten Druckerzeugnisse auf etwa 70 000. Angesichts der Tatsache, dass Papier während der Revolutionskriege beinahe ebenso knapp war wie Messing oder Kupfer, war das ein beachtlicher Erfolg.[14]

Dennoch blieben die Auswirkungen dieser Maßnahmen überschaubar. Zum einen minderte der fehlende materielle Unterbau an Eich- und Gebrauchsmaßen ihre Wirkung. Das Hauptproblem bestand allerdings darin, dass sich die Republik mit dem metrischen System in einer Art Fremdsprache an ihre Bürger wandte. Angesichts der griechisch-lateinischen Nomenklatur der neuen Einheiten ist dies durchaus wörtlich zu nehmen. Zusammen mit dem Dezimalsystem führten diese Begrifflichkeiten dazu, dass die meisten Franzosen die metrischen Maße schlicht und einfach nicht verstanden. Abzulesen ist dies z. B. an einer Reihe von zeitgenössischen Geschichten, die die sprachliche Verwirrung der einfachen Bürger karikierten.[15] Auch der *Conseil des Cinq-Cents*, die niedere Kammer des Parlamentes, griff das Problem auf. Der Abgeordnete Pison-Dugaland beklagte dort 1798 „la barbarie du langage qui a été adopté: au lieu d'employer des denominations françaises, qui eussent été entendues de tout le monde, on s'est servi de mots grecs que personne ne comprend."[16]

Zunächst blieb diese Analyse allerdings folgenlos. Denn die meisten *savants* betrachteten das metrische System als ein unverhandelbares Ganzes, das man nicht seiner Nomenklatur berauben konnte, ohne es vollständig anheim zu stellen. Zu Zeiten des Direktoriums war ihr Einfluss groß genug, um diese Position durchsetzen zu können. Der Preis, den sie dafür bezahlen mussten, war allerdings hoch. Er bestand nicht nur im Spott der zeitgenössischen Lieder, sondern auch im weitgehenden Scheitern aller Versuche, das metrische System unter die Menge zu bringen. Ein Bericht des *Journal de Paris* zog im November 1800 eine niederschmetternde Bilanz. Trotz aller amtlichen Anstrengungen hatten die neuen Einheiten zu diesem Zeitpunkt nur in etwa einem Dutzend Departements Fuß gefasst, und selbst dort blieb ihr Einsatz im Wesentlichen auf behördliche Zwecke beschränkt.[17]

Während des Staatsstreichs des 18. Brumaire machten vor diesem Hintergrund Gerüchte die Runde, dass das metrische System demnächst wieder abgeschafft würde.[18] Diese Vermutung lag insofern nahe, als Napoleons Bereitschaft, mit den Symbolen der Republik zu brechen, sehr viel ausgeprägter war, als es für die Di-

---

[14] Vgl. ebd.; GUEDJ, Mètre, S. 244 ff.; RONCIN, Système métrique, S. 60 ff. sowie ALDER, Maß, S. 330 ff.

[15] Die bekannteste von diesen geht zurück auf MEYER, Fragmente, Bd. 2, S. 282 f. Sie ist auch wiedergegeben in THE TIMES, 1. 10. 1798, sowie bei ALDER, Maß, S. 333.

[16] Debattenbeitrag des Abgeordneten Pison-Dugaland, 4 messidor an VI (22. 6. 1798), in: BIGOURDAN, Système métrique, S. 184 f.

[17] JOURNAL DE PARIS, 11 brumaire an IX (2. 11. 1800), zit. nach ebd., S. 188. Vgl. auch die ähnlich gelagerten Beobachtungen bei MEYER, Fragmente, Bd. 2, S. 280 f.

[18] RONCIN, Système métrique, S. 95.

rektoren gegolten hatte. Im September 1805 setzte er ein Zeichen in diese Richtung, indem er den republikanischen Kalender außer Kraft setzte.[19] Was die Maßreform betraf, reagierte er allerdings zunächst mit einer charakteristischen Mischung aus revolutionärer Gesinnung und administrativem Pragmatismus. Denn einerseits verfügte er im November 1800, dass das metrische System „sera definitivement mis à exécution pour tout la France".[20] Andererseits ließ er aber angesichts der Probleme, die die systematische Nomenklatur aufgeworfen hatte, mit demselben Dekret französische Bezeichnungen für die neuen Einheiten zu. Statt des *kilomètre* konnte fortan also auch der Begriff des *mille*, statt des *centimètre* der *doigt*, statt des *hectare* der *arpent* und statt des *litre* die *pinte* verwendet werden. Einzig der *mètre* selbst blieb von dieser Regelung ausgenommen.[21]

In der öffentlichen Verwaltung fassten die solchermaßen modifizierten Einheiten in den folgenden Jahren tatsächlich Fuß. Eine wichtige Rolle spielte dabei die rigide administrative Zentralisierung des napoleonischen Frankreich, die besonders in der 1800 verfügten Einführung der Präfekten zum Ausdruck kam.[22] Sie wirkte sich zum einen auf die Organisation des Eichwesens, auf die im folgenden Abschnitt zurückzukommen sein wird, aus. Zum anderen hatte das Innenministerium, dem die Zuständigkeit für Maße und Gewichte 1796 übertragen worden war, durch sie einen direkten Zugriff auf die lokalen Verwaltungen. Deren Ausstattung mit Eich- und Gebrauchsmaßen wies im ersten Jahrzehnt des 19. Jahrhunderts zwar noch gravierende Defizite auf, aber ab etwa 1810 trat hier eine merkliche Besserung ein.[23] Seit diesem Zeitpunkt machten sich zudem auch indirekte Effekte der zunehmenden zentralen Koordination staatlicher Aktivitäten bemerkbar. Das betraf insbesondere den Kataster, bei dem nach einigen Experimenten im kleineren Rahmen seit 1807 das gesamte Land Parzelle für Parzelle vermessen werden sollte. In den 1810er Jahren erwies sich dieses Projekt als ein wichtiges Mittel, das die Verwaltung bis in den hintersten Winkel des Landes mit dem metrischen System in Berührung brachte.[24]

In der Bevölkerung setzten sich die neuen Einheiten allerdings auch unter Napoleon nicht durch. Die geänderte Nomenklatur war in dieser Hinsicht keine Hilfe. Angesichts der nach wie vor großen Verbreitung der traditionellen Maße trug sie vielmehr noch zusätzlich zur Verwirrung bei. Denn nun gab es nicht mehr nur traditionelle und metrische Einheiten, sondern auch noch metrische, die wie tra-

---

[19] SHAW, Time, S. 56 ff. In den folgenden Monaten musste der Innenminister wiederholt versichern, dass das metrische System nicht bald ein ähnliches Schicksal ereilen würde. Vgl. Rundschreiben des Innenministers an die Präfekten, 23.8.1806, in: STOUDER und GOURICHON, Code des poids et mesures, S. 249–252.

[20] Arrêté du 4 novembre 1800 (13 brumaire an IX), relatif au mode d'exécution du système décimal des poids et mesures, in: BROC und LAVENAS, Nouveau code, S. 74–77, hier S. 74.

[21] Ebd., S. 74 f. Vgl. auch ALDER, Maß, S. 338 f.

[22] Vgl. RAPHAEL, Recht und Ordnung, S. 44 ff. sowie GILDEA, Children of the Revolution, S. 67 ff.

[23] Zu den Defiziten vgl. Rundschreiben des Innenministers an die Präfekten, 15.1.1801, in: STOUDER und GOURICHON, Code des poids et mesures, S. 63–66, hier S. 63 f. Die Besserung ist am Rückgang entsprechender Beschwerden in den in AN F/12/1298-III/2 gesammelten Inspektorenberichten abzulesen.

[24] KAIN und BAIGENT, Cadastral Map, S. 228 ff.

ditionelle hießen – ein Umstand, den findige Händler gerne ausnutzten, um ihre Kunden zu übervorteilen.[25] Zudem stellte die Nomenklatur nur eines von zwei zentralen Problemen des neuen Maßsystems dar. Das andere war die dezimale Unterteilung der Einheiten. In diesem Punkt hatten die *savants* aber zunächst die Oberhand behalten. Der Erlass von 1800, der die französischen Begriffe einführte, hielt ausdrücklich am Dezimalsystem fest, und auch in den folgenden Jahren verteidigte vor allem Laplace diese seiner Meinung nach zentrale Errungenschaft mit großer Zähigkeit.[26]

Am Ende des ersten Jahrzehnts des 19. Jahrhunderts geriet seine Position allerdings zunehmend in die Kritik. Besonders eine 1809 durchgeführte Erhebung der nationalen Brennstoffreserven sorgte in der Verwaltung für Aufsehen, denn die meisten der in ihrem Rahmen gesammelten Daten waren von den Befragten in den traditionellen Einheiten angegeben und dann in den Präfekturen umgerechnet worden.[27] Eine vom Innenministerium vorgenommene Analyse führte diese ersichtliche Unkenntnis des metrischen Systems darauf zurück, dass dessen dezimale Unterteilung den alltäglichen Denk- und Rechengewohnheiten breiter Bevölkerungsschichten zuwiderlief.[28] Napoleon, dem das Dezimalsystem ohnehin nie besonders am Herzen gelegen hatte, trat angesichts dieser Einschätzung den Rückzug an.[29] Er beauftragte den Innenminister mit der Ausarbeitung eines Kompromisses, dem nach der Nomenklatur nun auch die dezimale Unterteilung der metrischen Maße zum Opfer fallen sollte. Zwar sträubten sich deren Erfinder noch ein letztes Mal hiergegen. Laplace etwa schlug vor, das Dezimalsystem beizubehalten, stattdessen nur kleinere Veränderungen vorzunehmen und diese neuen Einheiten *Mesures Napoléones* zu nennen.[30]

Doch dieser Appell an die Eitelkeit des Kaisers blieb wirkungslos. Im Februar 1812 unterzeichnete Napoleon ein Dekret, das die Einführung der sogenannten *mesures usuelles* verfügte. Dabei handelte es sich um ein Einheitensystem, das auf den Begriffen und Unterteilungen der alten Pariser Maße beruhte. Fortan war der in zwölf *pouces* unterteilte *pied* ebenso legal wie das aus sechzehn Unzen à acht *gros* bestehende Pfund oder das ein Achtel Hektoliter umfassende *boisseau*. Allerdings ersetzten die *mesures usuelles* die revolutionären Einheiten nicht, sondern sie traten neben sie. Formal kam dem metrischen System dabei weiterhin die Priorität zu. Denn die Usualmaße erhielten keine eigenständige wissenschaftliche Basis, sondern wurden anhand ihrer metrischen Pendants definiert. Zudem beschränkte sich ihre Zulassung auf den Einzelhandel. Der Großhandel, die staatli-

---

[25] Favre, Origines, S. 202.
[26] Bigourdan, Système métrique, S. 192 f. Vgl. auch Marec, Résistances, S. 142 ff.
[27] Roncin, Système métrique, S. 103. Auch die seit 1801 von den Präfekten durchgeführten statistischen Erhebungen litten unter ähnlichen Schwierigkeiten, vgl. Bourguet, Déchiffrer la France, S. 152 f.
[28] Rundschreiben des Innenministers an die Präfekten, 28.3.1812, abgedruckt in: Broc und Lavenas, Nouveau code, S. 182–190, hier S. 182.
[29] Zu Napoleons Haltung zum Dezimalsystem vgl. Tavernor, Smoot's Ear, S. 102 f.
[30] Bigourdan, Système métrique, S. 192 f.

che Verwaltung sowie Schulen und andere Ausbildungsstätten blieben auf den Meter verpflichtet.[31]

Diese Vorgehensweise war allerdings umstritten. Zahlreiche Präfekten befürchteten, dass sie nur Verwirrung stiften würde.[32] Ihre Skepsis erwies sich als gerechtfertigt. Zwar ging die Anfertigung neuer Eichmaße dieses Mal weitgehend reibungslos vonstatten,[33] aber im Alltag warfen die *mesures usuelles* große Schwierigkeiten auf. So sah sich der Pariser Polizeipräsident im Juli 1813 gezwungen, mit Plakaten vor missbräuchlichen Praktiken zu warnen, die aus ihrer Koexistenz mit dem metrischen System resultierten. Beispielsweise wogen einige Händler ihre Güter mit einem metrischen 100 g-Stück ab, gaben dieses aber zum Nachteil ihrer Kunden als viertel Pfund der *mesures usuelles* (125 g) aus.[34] Hinzu kam noch ein weiteres Problem, das vor allem die Regionen außerhalb der Île-de-France betraf. Denn dort waren die Begriffe und z. T. auch die Unterteilungen der Usualmaße ebenso unbekannt wie diejenigen des metrischen Systems. Insbesondere an den Peripherien im Süden und Westen des Landes hatte ihre Einführung deshalb zur Folge, dass fortan nicht mehr nur zwei, sondern drei Einheitensysteme (lokal, usual und metrisch) parallel bestanden.[35]

Von dem übergeordneten Ziel der Uniformität von Maßen und Gewichten war Frankreich 1812 also weiter entfernt als zuvor. Der Innenminister hielt dennoch an der Zweigleisigkeit der Maße fest, weil er befürchtete, dass eine erneute Veränderung zu noch größeren Schwierigkeiten führen würde.[36] Im Februar 1816 vollzog er allerdings eine Kehrtwende und ordnete an, dass im Einzelhandel künftig ausschließlich die *mesures usuelles* zu verwenden seien.[37] Auf den ersten Blick ist es naheliegend zu vermuten, dass dieser Schritt mit den vielfältigen Versuchen zur Auslöschung des revolutionären Erbes nach der Restauration der Bourbonenmonarchie zusammenhing. Tatsächlich hatte er aber rein praktische Gründe. Die Regierung wollte lediglich die Käufer von lebensnotwendigen Gütern vor Betrugsversuchen schützen.[38] Jenseits des Einzelhandels blieb das metrische System folglich in Kraft.

---

[31] Décret concernant l'universalité des poids et mesures, 12.2.1812, in: ebd., S. 194 sowie die zugehörige Ausführungsverordnung vom 28.3.1812, in: ebd., S. 195–198. Vgl. auch FAVRE, Origines, S. 201 ff.; ZUPKO, Revolution, S. 171 ff. sowie ALDER, Maß, S. 409 f.

[32] Rundschreiben des Innenministers an die Präfekten, 10.7.1812, in: BROC und LAVENAS, Nouveau code, S. 194–201, hier v. a. S. 195.

[33] RONCIN, Système métrique, S. 108 ff.

[34] Préfecture de Police. Mesures et poids usuels. Nouvel avis, 10.7.1813, AN F/12/1298-III/7. Auch zitiert in: RONCIN, Système métrique S. 111, dort allerdings unvollständig und ohne Quellenangabe.

[35] VIOLLET, Poids et mesures, S. 2; RONCIN, Système métrique, S. 108 f. sowie FAVRE, Origines, S. 205 f.

[36] Rapport presenté au Roy, 11.7.1814, AN F/12/1289-III/2.

[37] Verordnung des Innenministers, 21.2.1816, in: STOUDER und GOURICHON, Code des poids et mesures, S. 375 f., auch abgedruckt in: BROC und LAVENAS, Nouveau code, S. 206 f.

[38] Rundschreiben des Innenministers an die Präfekten, 23.3.1816, in: STOUDER und GOURICHON, Code des poids et mesures, S. 376 f., hier S. 377. Die fehlende ideologische Motivation ist auch daran ersichtlich, dass die Dezimalteilung 1825 in etwas verklausulierter Form wieder zugelassen wurde, vgl. Ordonnance du 18 décembre 1825, concernant les poids et mesures, Art. 30, in: BROC und LAVENAS, Nouveau code, S. 122–136, hier S. 130.

Die Gefahr der Verwechslung oder Vertauschung ließ sich durch diese Lösung merklich vermindern. Das Problem der flächendeckenden Durchsetzung standardisierter Einheiten gegenüber traditionellen, lokalen Maßen bestand aber nach wie vor. Diese Aufgabe erforderte nicht nur politischen Willen, sondern auch administrative Kapazitäten. Das galt zum einen für die bereits geschilderte Produktion von neuen Eich- und Gebrauchsmaßen. Zum anderen beruht jedes überregional gültige Einheitssystem letztlich auf der Übereinstimmung dieser Standards mit einem zentral verwahrten Urmaß. Ihre Gewährung und Überprüfung bedarf einer eigenständigen Verwaltungsstruktur. Im frühen 19. Jahrhundert war diese allerdings so rudimentär, dass ihr Ausbau eine große Herausforderung darstellte.

Der Aufbau der französischen Maßverwaltung
Bei der Ausarbeitung des Gesetzes von 1795 hatten die *savants* der Frage der Maß- und Gewichtsverwaltung nur geringe Aufmerksamkeit geschenkt. Immerhin sahen die von ihnen getroffenen Bestimmungen aber vor, dass die Distrikte sogenannte *vérificateurs* anstellen sollten. Deren Aufgabe bestand darin, neu angefertigte Maße auf ihre Übereinstimmung mit den Eichnormalen zu überprüfen und sie mit dem „poinçon de la République"[39] zu versehen. Zunächst scheinen die Distrikte diese Vorgabe allerdings kaum erfüllt zu haben. Erst die Neuordnung der departementalen Exekutivgewalt im Jahr 1800 erbrachte in dieser Hinsicht eine Verbesserung. Mit der Einführung des Amtes des Präfekten wurde die Aufsicht über die *vérificateurs* den *sous-préfets* übertragen.[40] Bis zum Ende der ersten Dekade des 19. Jahrhunderts stellten daraufhin zwar nicht alle *arrondissements*, aber doch immerhin so gut wie alle Departements zumindest einen der vorgesehenen Beamten ein.[41]

Die genaue Ausgestaltung der Eichverwaltung war jedoch nicht zentral geregelt, sondern verblieb auf der lokalen Ebene. Das Hauptproblem dabei war die Frage der Finanzierung. Prinzipiell sollten die zumeist nebenberuflich tätigen *vérificateurs* aus den Eichgebühren bezahlt werden. Allerdings reichten diese nur selten aus, um die entstehenden Kosten zu decken. In der Regel musste die Eichung deshalb von den Departements bezuschusst werden. Da sie meist andere Aufgaben als vorrangig betrachteten, kam es bei der Entlohnung der *vérificateurs* häufig zu Verzögerungen. Vielen Eichbeamten mangelte es deshalb merklich an Enthusiasmus für ihre Aufgabe.[42]

Vor diesem Hintergrund gingen einige Departements ab 1806 dazu über, Maße nicht nur einmal, sondern jährlich neu zu eichen. Auf diese Weise wollten sie zusätzliche Gebühreneinnahmen erzielen.[43] Händler und Handwerker waren davon

---

[39] Loi du 18 germinal an III (7 Avril 1795) sur les nouveaux poids et mesures, Art. 16, in: BI-GOURDAN, Système métrique, S. 65–70, hier S. 69.
[40] Arreté du 18 juin 1801 (29 prairial an IX), relatif à la vérification des poids et mesures, § 1, in: BROC und LAVENAS, Nouveau code, S. 77–81, hier S. 77.
[41] Vgl. RONCIN, Système métrique, S. 130.
[42] Vgl. ebd., S. 135.
[43] Vgl. ebd., S. 128f.

allerdings nicht begeistert, denn sie hatten die Kosten der *vérification annuelle* zu tragen. Hinzu kam noch, dass sich das Innenministerium zwar dafür aussprach, die Eichung im Hause der Gewerbetreibenden vorzunehmen, viele Departements aber darauf beharrten, sie in ihren Amtsstuben durchzuführen. Das taten sie in erster Linie deshalb, weil die *vérification à domicile* höhere Kosten verursacht und den finanziellen Vorteil, den die jährliche Eichung erbringen sollte, wieder zunichte gemacht hätte.[44] Die Debatte über diese Frage sollte das ganze 19. Jahrhundert über periodisch wiederkehren. Vorläufig verblieb die Entscheidung über Ort und Häufigkeit der Eichung bei den Präfekten. Sie orientierten sich dabei jeweils an den lokalen Gegebenheiten. Bis zum Ende des *Empire* bildete sich deshalb eine große Bandbreite an Verwaltungspraktiken heraus. In Einzelfällen scheint die Eichung recht gut funktioniert zu haben. Im Großen und Ganzen aber blieben die finanziellen Engpässe, der Unwillen der betroffenen Händler und die Probleme mit der Motivation der *vérificateurs* auch über 1815 hinaus bestehen.[45]

Noch größere Schwierigkeiten warf allerdings eine zweite Verwaltungsaufgabe auf. Neben der Eichung erforderte die flächendeckende Durchsetzung einheitlicher Maße auch eine regelmäßige Kontrolle von Märkten und Geschäften. Dadurch sollte zum einen sichergestellt werden, dass dort statt der traditionellen die neuen Gebrauchsmaße verwendet wurden und zum anderen stichprobenartig überprüft werden, ob diese auch nach längerer Benutzung noch mit den Eichnormalen übereinstimmten. Diese sogenannte Maßinspektion war 1795 zunächst der Polizei zugeschrieben worden.[46] Allerdings erwies sie sich schnell als sehr zeitaufwendig und auch als technisch anspruchsvoll. 1801 ernannte das Innenministerium deshalb 25 Inspektoren, die diese Aufgabe für jeweils drei bis vier Departements übernahmen.[47]

Sie hatten allerdings von Beginn an mit großen Problemen zu kämpfen. Unter anderem zählten dazu die mangelnde Ausstattung mit Eichmaßen und die nur zögerliche Einrichtung von Verifikationsbüros.[48] Vor allem aber erwies es sich angesichts des verbreiteten Unverständnisses für das metrische System als nahezu unmöglich, Händler und Gewerbetreibende zu dessen Verwendung anzuhalten. Auch regelmäßige Kontrollen, so berichtete ein Inspektor 1805, konnten daran kaum etwas ändern, weil die alten Maße stets unter dem Ladentisch verschwanden, sobald er ein Dorf betrat, und wieder hervorgeholt wurden, wenn er es verließ.[49] Hinzu kam noch, dass die Inspektoren selbst in den Fällen, in denen ein Vergehen zweifelsfrei festzustellen war, nur wenig unternehmen konnten. Denn

---

[44] Vgl. ebd., S.132f.
[45] Rundschreiben des Unterstaatssekretärs im Innenministerium, 4.2.1818, in: Broc und Lavenas, Nouveau code, S. 209–212.
[46] Loi du 23 septembre 1795 (1er vendémiaire an IV), relative aux poids et mesures, § 11, in: ebd., S.44–49, hier S.46.
[47] Arreté du 18 juin 1801 (29 prairial an IX), relatif à la vérification du poids et mesures, § 15, in: ebd., S.77–81, hier S.79.
[48] Roncin, Système métrique, S.115.
[49] Obsérvations génerales [sic] sur la situation actuelle du système métrique, 1 pluviôse an XIII (21.1.1805), AN F/12/1298-III/2. Vgl. auch Roncin, Système métrique, S.115f.

das Gesetz hatte ihnen nur die Möglichkeit der Prüfung der Maße zugesprochen, nicht aber die polizeiliche Gewalt, die nötig war, um eine Strafe zu verhängen oder wenigstens die fraglichen Objekte zu beschlagnahmen. In der Praxis bedeutete dies, dass die Effektivität der Inspektoren vom guten Willen der Polizeibehörden abhängig war. Wo diese die Etablierung des neuen Maßsystems als nachrangig ansahen und den Inspektoren die Unterstützung versagten, blieben deren Bemühungen wirkungslos.[50]

Auch mit der Einführung der *mesures usuelles* änderte sich hieran nur wenig. Hinsichtlich der Versorgung der Inspektoren mit Eichmaßen und einigen anfänglichen Schwierigkeiten bei ihrer Bezahlung wurden in den 1810er Jahren zwar Fortschritte erzielt, aber die prinzipiellen Probleme berührten diese Neuerungen nicht. Nach dem Ende der napoleonischen Kriege spitzten sich diese vielmehr noch zu, vor allem wegen der kritischen finanziellen Lage. 1819 sah sich das Innenministerium aufgrund der „retranchemens à faire au budget de l'état"[51] sogar gezwungen, die Inspektoren wieder abzuschaffen und ihre Aufgaben den *vérificateurs* zuzuweisen. Das mochte auf den ersten Blick naheliegend erscheinen, doch tatsächlich waren die Anforderungen in diesen beiden Tätigkeitsfeldern sehr unterschiedlich. Während die Inspektoren als hochqualifizierte Experten galten, hatten die *vérificateurs* eher den Status von Hilfsarbeitern.[52] De facto bedeutete die Zusammenlegung ihrer Kompetenzen deshalb, dass die ohnehin nur schlecht funktionierende Inspektion nun vollständig darniederlag.

Da auch die Eichung nach wie vor zu wünschen übrig ließ, mehrten sich in den frühen 1820er Jahren die Rufe nach einer vollständigen Neuordnung der Maß- und Gewichtsverwaltung. Im Dezember 1825 erließ das Innenministerium daraufhin eine Ordonnanz, die deren weitgehende Nationalisierung und Professionalisierung zur Folge hatte.[53] Zwar blieb es bei der Zusammenlegung von Eichung und Inspektion. Dafür sollten in Zukunft aber alle *vérificateurs* hauptamtlich tätig sein, und ihre Einstellung musste vom Innenminister genehmigt werden. Dieser legte zudem die genaue Vorgehensweise bei der Eichung fest und schuf mit dem *Bureau des poids et mesures* eine zentrale Anlaufstelle für die Versorgung mit Stempeln und Normalmaßen.[54] Schließlich sollte das Innenministerium fortan

---

[50] Arreté du 18 juin 1801 (29 prairial an IX), relatif à la vérification des poids et mesures, § 16, in: Broc und Lavenas, Nouveau code, S. 77–81, hier S. 79 f. sowie Roncin, Système métrique, S. 114 ff. u. S. 131 f.

[51] Rundschreiben des Generaldirektors der Kommunal- und Departementalverwaltung an die Präfekten, 27.12.1819, in: Broc und Lavenas, Nouveau code, S. 212–214, hier S. 212.

[52] Ebd., S. 213.

[53] Ordonnance du 18 décembre 1825, concernant les poids et mesures, in: ebd., S. 122–136. Vgl. auch Roncin, Système métrique, S. 158 f. Zur Entstehungsgeschichte, den Motiven und den im Folgenden genannten Bestimmungen zur Vorgehensweise bei der Eichung vgl. Rundschreiben des Innenministers an die Präfekten, 31.12.1825, in: Broc und Lavenas, Nouveau code, S. 215–243, hier v. a. S. 215 ff. u. S. 225 ff.

[54] Ordonnance du 18 décembre 1825, concernant les poids et mesures, Art. 5, in: ebd., S. 122–136, hier S. 123. Dort noch als *Bureau du dépôt des prototypes* bezeichnet, bürgerte sich für diese Abteilung des Innenministerium bald die Bezeichnung *Bureau des poids et mesures* ein, Bigourdan, Système métrique, S. 232.

auch alle Kosten, d. h. insbesondere die Gehälter der *vérificateurs*, tragen. Zu diesem Zweck wurden weiterhin Gebühren erhoben, die allerdings nicht mehr direkt an die Eichbeamten, sondern an die Steuerverwaltung zu zahlen waren. Dadurch sollten einerseits die *vérificateurs* entlastet und andererseits die Einkünfte verstetigt und gepoolt werden.[55] Langfristig, so hoffte das Ministerium, könnten so die Eichgebühren gesenkt werden. Tatsächlich geschah das 1832 auch, nicht zuletzt deshalb, weil die Zentralisierung mit der Durchsetzung einer strikten Ausgabendisziplin einherging.[56] Auch bezüglich der Maßnahmen zur Professionalisierung war die Reform recht erfolgreich. So wurden in den frühen 1830er Jahren nahezu alle Eichbüros in den *arrondissements* von einem bezahlten Vollzeit-*vérificateur* betrieben.[57]

Defizite verblieben gleichwohl. So ließ die Qualifikation der Eichbeamten nach wie vor zu wünschen übrig. Zudem korrigierte die Neuordnung nur zwei der drei grundlegenden Probleme der Maßverwaltung, die Finanzierung und die regional ungleiche Praxis. Das dritte, die fehlende polizeiliche Gewalt, berührte sie nicht. Wie vor 1819 die Inspektoren, mussten sich also auch die *vérificateurs* von Polizeibeamten begleiten lassen, wenn sie fehlerhafte Maße beschlagnahmen wollten. Sie blieben damit von deren Kooperationsbereitschaft abhängig.[58] Schließlich fiel auch die justizielle Ahndung von Verstößen gegen das Maß- und Gewichtsrecht sehr zurückhaltend aus. Zwar drohte der *Code penal* für solche Fälle eine Haftstrafe von drei bis zwölf Monaten und eine zusätzliche Geldstrafe von mindestens 50 Franc an. Der Kassationsgerichtshof verhängte auch einige einschlägige Urteile gegen Händler, die schweren Betrug begangen hatten.[59] Doch die *tribunaux de police*, die für einfache Ordnungswidrigkeiten zuständig waren, blieben meist untätig. Eine konsequente Verfolgung jener Fälle, in denen es lediglich um die gutgläubige Verwendung traditioneller Einheiten ging, erschien ihnen aussichtslos.[60] Im besten Fall hätte eine solche Vorgehensweise wohl die Gerichte lahmgelegt. Denn gerade in ländlichen Gegenden war der Gebrauch der legalen Maße selbst in den 1830er Jahren noch die Ausnahme, der der vorrevolutionären Einheiten aber die Regel.[61] Die Justiz kapitulierte also vor der überwältigenden Zahl der Verstöße gegen das geltende Recht.

Insgesamt betrachtet, war der Aufbau der Maß- und Gewichtsverwaltung zum Zeitpunkt der Julirevolution so weit gediehen, dass die „surveillance sur l'unifor-

---

[55] Rundschreiben des Innenministers an die Präfekten, 31. 12. 1825, in: BROC und LAVENAS, Nouveau code, S. 215–243, hier S. 217.

[56] Ordonnance du 21 décembre 1832, §§ 1 u. 2, in: ebd., S. 140–142, hier S. 140. Vgl. auch: Observations à MM. les députés, S. 2.

[57] Verzeichnis der Eichbüros und des dort beschäftigten Personals, o. D. [ca. 1832], AN F/12/5791.

[58] RONCIN, Système métrique, S. 174 ff.

[59] Vgl. die Übersicht über die Strafbestimmungen in BROC und LAVENAS, Nouveau code, S. 275–283 sowie die Sammlung von Urteilen des Kassationsgerichtshofes in: ebd., S. 303–468. Vgl. auch RONCIN, Système métrique, S. 164 f. u. S. 171 sowie HIPPEL, Pfalz und Rheinhessen, S. 26.

[60] Rundschreiben des Innenministers an die Präfekten, 8. 8. 1833, in: BROC und LAVENAS, Nouveau code, S. 268 f. sowie RONCIN, Système métrique, S. 162 u. S. 173.

[61] VIOLLET, Poids et mesures, S. 1 f.

mité des poids et mesures du système légal"[62] landesweit zuverlässig funktionierte. Diejenigen legalen Maße, die sich im Umlauf befanden, stimmten also seit etwa diesem Zeitpunkt zuverlässig mit den nationalen Standards überein. Die Frage, ob sie im Alltag auch benutzt wurden, blieb davon allerdings unberührt. In dieser Hinsicht war das Eich- und Inspektionswesen weitgehend wirkungslos. Von einer landesweiten Einheitlichkeit von Maßen und Gewichten konnte daher in den 1830er Jahren keine Rede sein.

4.1.2 Die Durchsetzung des metrischen Systems

Die Wiedereinführung des Meters und der Ausbau des Bildungswesens
Seit der Etablierung der Julimonarchie war die fortbestehende Maßvielfalt der Regierung ein Dorn im Auge. Adolphe Thiers, der ab 1832 als Innenminister amtierte, bezeichnete sie wiederholt als gravierendes Problem. Er trug damit dazu bei, dass die Frage der Vereinheitlichung 1837 auf die große Bühne der Politik zurückkehrte. Noch im selben Jahr erklärte das Parlament das metrische System mitsamt seiner dezimalen Unterteilung und seiner ursprünglichen, systematischen Nomenklatur wieder zum alleingültigen Maßstandard.[63]

Diese Entscheidung war allerdings nicht allein Thiers zu verdanken. Vielmehr ging sie im weiteren Sinne darauf zurück, dass unter Louis Philippe statt Adligen und Emigranten der bürgerliche Teil der Notabeln die politische Macht in den Händen hielt.[64] Das schlug sich vor allem darin nieder, dass in den 1830er Jahren zahlreiche Handelskammern und ein großer Teil der *conseils généraux* die Regierung aufforderten, gegen die Maßvielfalt vorzugehen. Der Handelsminister Nicolas Martin du Nord brachte daraufhin eine Gesetzesinitiative in die Deputiertenkammer ein, die auf eine Uniformisierung von Maßen und Gewichten durch die Wiederherstellung des metrischen Systems abzielte. Deren Notwendigkeit begründete er in erster Linie mit den „besoins du commerce".[65] Auch in den Debatten, die die *Députés* und die *Pairs* zwischen Februar und Juli 1837 führten, spielte dieses Motiv eine zentrale Rolle. So stellte beispielsweise ein von Charles-Emile Laplace im Oberhaus erstatteter Bericht die Bedeutung einheitlicher Maße und Gewichte für die Förderung des Agrar- und Handelskapitalismus in den Vordergrund der Argumentation.[66] Die symbolische Hinwendung des ‚Bürgerkönigtums' zum Erbe der Revolution, die sich u. a. in der Übernahme der Trikolore und in der Rückkehr der exilierten ‚Königsmörder' von 1792/93 äußerte, war für Laplace dagegen nur von untergeordneter Bedeutung. Zwar ging er in seinem Be-

---

[62] Roncin, Système métrique, S. 159.
[63] Zusammenfassend zum Folgenden vgl. ebd., S. 180 ff.; Bigourdan, Système métrique, S. 200–226 sowie Alder, Maß, S. 424 ff.
[64] Démier, France, S. 169 ff.
[65] Projet de loi concernant le système métrique des poids et mesures, 28. 2. 1837, in: Archives Parlementaires, 2e série, Bd. 107, S. 690–693, hier S. 693.
[66] Charles-Emile Laplace, Rapport sur le projet de loi relatif aux poids et mesures, 12. 6. 1837, ebd., Bd. 112, S. 495–500, hier S. 495.

richt ausführlich auf die wissenschaftlichen Errungenschaften der *savants* – nicht zuletzt seines Vaters Pierre-Simon Laplace, einem der Schöpfer des metrischen Systems – ein. Aber gegenüber den wirtschaftspolitischen Zielsetzungen war dieser Aspekt in seiner Analyse zweitrangig.[67]

Diese Schwerpunktsetzung erklärt auch, warum das grundsätzliche Anliegen einer Vereinheitlichung zwar in beiden Kammern des Parlamentes auf breite Zustimmung stieß, die spezifischen Charakteristika des metrischen Systems aber noch einmal Anlass zu Diskussionen gaben. Stimmen, die wie der Baron Mounier die Auffassung vertraten, dass der Bevölkerung mit den alten Pariser Maßen besser gedient sei, waren dabei allerdings in der Minderheit.[68] Die Kritiker der Regierungsvorlage, u. a. der Chemiker und Physiker Louis Joseph Gay-Lussac, begrüßten vielmehr die meisten Elemente des metrischen Systems, verlangten aber, dass dessen dezimale Struktur im Alltag durch eine oktavale Unterteilung ergänzt werde. Die Absicht dieses etwas eigenwilligen Vorschlages bestand darin, dem dyadischen Maßdenken breiter Bevölkerungsschichten entgegenzukommen, gleichzeitig aber einige der arithmetischen Probleme zu vermeiden, die sich aus einer Koexistenz dezimaler und duodezimaler Unterteilungen ergeben konnten.[69]

Bei der Regierung stieß diese reichlich akademische Idee jedoch auf wenig Gegenliebe. Martin, der Minister, lehnte sie ab, weil sie das übergeordnete Ziel der Einheitlichkeit in Frage stellte.[70] Auch die Mehrheit der Abgeordneten teilte diese Auffassung. Neben ihrer wirtschaftsliberalen Haltung spielte dabei noch ein weiterer, verwandter Impuls eine wichtige Rolle: die Vorstellung von der Erziehbarkeit breiter Bevölkerungsschichten im Sinne des bürgerlichen Bildungsideals. Sie hatte bereits der 1833 verabschiedeten *loi Guizot* zugrundegelegt, die die Einrichtung einer Primarschule in Gemeinden mit mehr als 500 Einwohnern vorsah.[71] Die Grundgedanken dieses Projekts übertrugen sich nun auch auf die Frage der Umsetzbarkeit des metrischen Systems. Der Baron Thénard stellte die Verbindung zwischen Schulreform und Maßreform explizit her, als er in der Debatte der *Chambre des Pairs* „notre excellente loi sur l'instruction primaire"[72] lobte und die Hoffnung ausdrückte, dass aufgrund dieser neuen Voraussetzungen der Meter

---

[67] Ebd. Zur Hinwendung zum Erbe der Revolution vgl. Haupt, Von der Revolution zur Julimonarchie, S. 300.

[68] Rede des Baron Mounier in der Chambre des Pairs, 16. 6. 1837, in: Archives Parlementaires, 2e série, Bd. 112, S. 638–641, hier v. a. S. 638.

[69] Bei der Umrechnung vom Duodezimal- ins Dezimalsystem, so argumentierte Gay-Lussac, entständen periodische Dezimalzahlen, die sich bei einer Kombination aus Oktaval- und Duodezimalsystem vermeiden ließen. Ein Drittel Kilogramm lasse sich dezimal nur als 333,*3* Gramm ausdrücken, ein Viertel und ein Achtel Kilogramm dagegen als 250 bzw. 125 Gramm. Vgl. die Debattenbeiträge von Louis Joseph Gay-Lussac, 20. 5. 1837, in: Archives Parlementaires, 2e série, Bd. 111, S. 482 f.

[70] Debattenbeitrag von Nicolas Martin du Nord, 20. 5. 1837, ebd., S. 482.

[71] GREVET, L'avènement de l'école, S. 99 ff.

[72] Rede des Baron Thénard, 16. 6. 1837, in: Archives Parlementaires, 2e série, Bd. 112, S. 645 f., hier S. 646.

bald allgemein Fuß fassen werde. Der bereits angeführte Bericht von Laplace äußerte sich ebenfalls in diesem Sinne.[73]

Die im Juli 1837 getroffene Entscheidung der *Pairs* und der *Députés*, die Gesetzesvorlage der Regierung zu billigen und das metrische System ab 1840 zum alleingültigen Standard zu erklären, war also vor allem wirtschafts- und bildungsbürgerlichen Zielsetzungen und Idealen geschuldet. Der symbolische Bezug auf die Errungenschaften der Revolution spielte dagegen nur eine untergeordnete Rolle. Vor diesem Hintergrund erwies sich der Parlamentsbeschluss in der Folge als überaus konsensfähig. Zwar gab es auch nach 1837 noch Stimmen, die forderten, die Dezimalteilung zu überdenken, aber das waren Einzelfälle.[74] Im Kern galt das metrische System in Frankreich seit diesem Zeitpunkt als alternativlos.

Bei ihrer Einführung in den Alltag stießen die neuen Einheiten allerdings zunächst auf ähnliche Schwierigkeiten wie am Ende des 18. Jahrhunderts. Aus Clamécy an der Yonne ist beispielsweise überliefert, dass die örtlichen Flussschiffer Getreidehändler, die nach Meter und Kilogramm verkauften, regelrecht attackierten, ihre Maße zerstörten und sich auch von der Polizei nicht in die Schranken weisen ließen. Erst durch den Einsatz von Husaren konnte der Präfekt die öffentliche Ordnung wiederherstellen.[75] Auch weniger dramatische Formen des Widerstands lassen sich identifizieren. So entstanden in den frühen 1840er Jahren erneut Spottverse und Lieder, die die Nomenklatur und die dezimale Unterteilung der neuen Einheiten auf's Korn nahmen. Sie beklagten, dass es nunmehr „faut savoir des mathématiques pour acheter des haricots",[76] machten sich über die komplizierten Begriffe lustig und wünschten die neuen Maße ganz generell zum Teufel. Trotz dieser Parallelen zur Situation während des Direktoriums wiederholte sich die Geschichte aber nicht. Vielmehr verdrängte das metrische System die traditionellen Einheiten zwischen 1840 und 1870 weitgehend. Dieser Prozess war eng mit jener Herausbildung einer nationalen Kultur, eines nationalen Marktes und einer nationalen Verwaltung verknüpft, die die französische Geschichte des genannten Zeitraums generell kennzeichnete.[77] In diesem Rahmen hatte er eine Reihe von konkreten Ursachen.

Ein erster wichtiger Faktor bestand darin, dass das metrische System 1812 nicht vollständig abgeschafft worden war, sondern in einigen Bereichen fortbestanden hatte. Im Laufe der 1810er, 1820er und 1830er Jahre hielt es deshalb nach und nach in staatlichen Verwendungen Einzug. Das galt nicht nur für die bereits genannten Katastererhebungen, sondern auch für die Armee und insbesondere für das *Corps des ingénieurs des ponts et chaussées*. In der Ausbildung der

---

[73] Charles-Emile Laplace, Rapport sur le projet de loi relatif aux poids et mesures, 12.6.1837, ebd., S.495–500, hier S.499.

[74] Z.B. COLÈNNE, Numération; ders., Système octaval sowie FROESCHLÉ, Le mètre ou la canne, S.94.

[75] TALLENT, Histoire, S.89ff.

[76] Ebd., S.93.

[77] Dazu aus unterschiedlichen Perspektiven DÉMIER, France, S.189–201; BAECQUE und MÉLONIO, Lumières et liberté, S.366–394 sowie HAUPT, Sozialgeschichte, S.17–114.

Ingenieure dieses Corps fand das metrische System seit 1795 starke Berücksichtigung, und daran änderte auch die Einführung der *mesures usuelles* nichts.[78] Da zudem die von den *Ponts et chaussées* verantworteten öffentlichen Infrastrasturturmaßnahmen, insbesondere der Bau von Kanälen und anderen Wasserbauten, zwischen 1820 und 1840 einen außerordentlichen Boom erlebten, nahm die Zahl und Bedeutung der Personen, die auf diese Weise mit dem metrischen System in Berührung kamen, in den genannten Jahrzehnten deutlich zu.[79] Die Ingenieure des privaten Sektors waren an dieser Entwicklung allerdings nicht beteiligt. Auch in dem Handelsverkehr, der auf den neu errichteten Wasserstraßen abgewickelt wurde, blieben traditionelle Maße bis zur Mitte des 19. Jahrhunderts gebräuchlich.[80]

Die Post dagegen berechnete ihre Gebühren schon seit 1800 nach dem metrischen System und bildete damit einen weiteren Weg zu dessen Verbreitung.[81] Noch wichtiger war aber die Eisenbahn. Ihre Bedeutung stieg sprunghaft an, seit 1842 das Gesetz zur Einrichtung der *grandes lignes* verabschiedet worden war. Da die schienengebundene Fracht von Beginn an alleine nach dem metrischem System abgerechnet wurde, breitete sich dieses in der Folgezeit entlang des wachsenden Netzes aus. Allerdings beschränkte sich die Reichweite des neuen Transportmittels zunächst auf das nördliche Frankreich und einige wenige südlich gelegene ‚Inseln‘ wie Lyon oder Marseille. Erst in den späten 1870er Jahren begann sich dies zu ändern.[82] Zu diesem Zeitpunkt waren die metrischen Einheiten aber auch in den entlegenen Regionen des Landes bereits etabliert. Ihre Durchsetzung verdankte sich also nicht ausschließlich der neuartigen Infrastruktur, sondern auch einer Reihe weiterer Maßnahmen.

Besonders bedeutsam war dabei der seit den 1830er Jahren vorangetriebene Ausbau des Bildungssystems. Nur auf diesem Wege ließen sich die griechisch-lateinische Nomenklatur der Einheiten und ihre dezimale Unterteilung breitenwirksam vermitteln. Im Falle des Dezimalsystems lag das unter anderem daran, dass sich seine Vorteile primär im Rahmen des *schriftlichen* Rechnens niederschlugen.[83] In den sehr überschaubaren Kreisen derjenigen, die dieses Verfahren kannten und nutzen, hatte die Zehner-Unterteilung deshalb schon vor 1837 weite Verbreitung gefunden. Das betraf neben den bereits genannten Ingenieuren vor allem Großhändler, die mit den Grundlagen der Buchführung vertraut waren. Nachvollziehen lässt sich dies anhand kaufmännischer Handbücher. So stellte beispielsweise das 1799 erstmals erschienene und in der Folgezeit vielfach neu aufgelegte *Manuel pratique et élémentaire des poids et mesures* Vergleiche zwischen alten und neuen französischen Maßen an, die – anders als beispielsweise im deutschen ‚Nelkenbrecher‘ – von Beginn an unter konsequenter Verwendung der dezimalen

---

[78] GILLISPIE, Revolutionary Years, S. 491.
[79] HAUPT, Sozialgeschichte, S. 89.
[80] Vgl. ebd. sowie GILLISPIE, Revolutionary Years, S. 490 f.
[81] VAILLÉ, Histoire des postes, S. 31.
[82] HAUPT, Sozialgeschichte, S. 90.
[83] WANG, Vereinheitlichung, S. 284.

Schreibweise dargestellt wurden.[84] Auch die metrischen Einheiten insgesamt waren im Großhandel spätestens seit den 1810er Jahren fest eingeführt.

Die eigentliche Herausforderung waren nach 1837 also nicht Ingenieure oder Händler, sondern die breiten Bevölkerungsschichten. Sie hatten bis dahin nur punktuelle Erfahrungen mit dem metrischen System gemacht. Zwar sollte es auch zu Beginn des 19. Jahrhunderts schon im Schulunterricht berücksichtigt werden. Doch diese Bestimmung blieb folgenlos, weil die Primarschulbildung im napoleonischen Reich fast völlig vernachlässigt wurde. Nach der Restauration begann sich dies zu verändern. Erstmals erschienen nun Lehrbücher und Lehrerhandreichungen, die sich der Vermittlung der Dezimalbruchrechnung im Allgemeinen und des metrischen Systems im Besonderen widmeten.[85] Große Wirkung erzielten sie allerdings nicht. Dazu war das Grundschulsystem unter den Bourbonen zu löchrig, die Lehrerausbildung zu uneinheitlich und der Schulbesuch insgesamt zu gering.[86]

Erst die bereits erwähnte *loi Guizot* bedeutete in dieser Hinsicht eine Zäsur. Sie führte dazu, dass sich die Zahl der Primarschüler zwischen 1829 und 1837 verdoppelte, während die Zahl der Gemeinden ohne Grundschule im gleichen Zeitraum um 50% zurückging. Als 1850 mit der *loi Falloux* auch die konfessionelle Bildung gestärkt wurde, wuchsen die Schülerzahlen weiter an. Da die kirchlichen Schulen die Peripherien besser erreichten als ihre staatlichen Pendants und zudem die bis dahin vernachlässigte Mädchenbildung stärker berücksichtigten, führte dies dazu, dass schon vor der offiziellen Einführung der Schulpflicht 1881 nahezu alle französischen Kinder lesen und schreiben lernten.[87]

Auch die mathematische Bildung sowie die Kenntnis von Maßen und Gewichten fanden beim Ausbau des Bildungssystems starke Berücksichtigung. Im ersten Artikel der *loi Guizot* waren diese beiden Punkte der moralischen und religiösen Erziehung sowie der Beherrschung der französischen Sprache ausdrücklich gleich gestellt worden.[88] Der nationale Lehrplan, der als Teil der Reform aus der Taufe gehoben wurde, maß folglich auch der Vermittlung des Dezimalsystems und der metrischen Einheiten große Bedeutung zu. Mit der Verabschiedung des Gesetzes von 1837 erhöhte sich diese noch einmal, denn während zuvor auch die *mesures usuelles* unterrichtet worden waren, schrieb der *Conseil royal de l'instruction publique* 1839 die ausschließliche Konzentration auf den Meter vor.[89] Das wirkte sich unmittelbar auf die Lehrbücher aus. Ein gutes Beispiel ist der *Nouveau traité d'arithmétique décimale* des Frère Philippe Bransiet, der 1831 für katholische Einrichtungen verfasst, 1836 aber für alle Grundschulen zugelassen worden war. Sei-

---

[84] Tarbé, Manuel. Zur Darstellung im ,Nelkenbrecher' vgl. Witthöft, Maß und Gewicht, Sp. 108f.

[85] Vgl. z. B. Levrault, Guide.

[86] Vgl. Magraw, France, S. 195f.

[87] Vgl. ebd., S. 196ff. u. S. 202ff.

[88] Loi portant organisation de l'instruction primaire, 28. 6. 1833, Art. 1, in: Gréard (Hrsg.), Legislation, Bd. 1, S. 236–245, hier S. 236.

[89] Bransiet, Nouveau traité 1849, S. 98.

ne frühen Ausgaben enthielten Vergleiche zwischen den traditionellen Einheiten und dem metrischen System. Ab 1840 verschwanden diese aber zugunsten einer exklusiven Darstellung der neuen Maße.[90]

Auch darüber hinaus gibt der *Nouveau traité* Auskunft über den Stellenwert, den das metrische System im Arithmetikunterricht einnahm. Folgte der Lehrer seiner Gliederung, dann musste er diesem alleine ein Drittel seiner Zeit widmen, dem Rechnen mit dem Dezimalsystem ein weiteres Drittel. Das letzte Drittel schließlich war einigen Aspekten des Proportionenrechnens wie dem Dreisatz oder der Zinsrechnung vorbehalten. Gerade die Vermittlung der Maße und Gewichte orientierte sich dabei stark an der Praxis. So arbeitete der *Nouveau traité* mit Mnemotechniken, bei denen die unterschiedlichen Maßbegriffe einzelnen Fingern an der Hand zugeordnet wurden.[91] Spätere Darstellungen wie der in den 1850er und 1860er Jahren gebräuchliche *Atlas et traité de système métrique* waren ausgiebig bebildert und stellten die visuelle Präsentation der Maße in den Vordergrund.[92] Auch die Benutzung von Modellen erfreute sich großer Beliebtheit. Der Bildungsminister hatte die *conseils municipaux* 1837 sogar explizit aufgefordert, für ihre Schulen entsprechende Muster anzuschaffen.[93]

Über die Wirksamkeit dieser Maßnahmen lassen sich keine gesicherten Aussagen treffen. Die Vermutung, dass so gut wie alle Jungen und Mädchen, die eine Schule besuchten, ab den 1840er Jahren in der einen oder anderen Form mit dem metrischen System in Berührung kamen, erscheint aber plausibel. Demnach wäre für die Verbreitung der Kenntnis des Dezimalsystems und der metrischen Maße ein ähnliches Muster anzunehmen wie für die Primarschulbildung insgesamt. Im Zeitraum zwischen etwa 1835 und 1870 nahm diese einen nachhaltigen Aufschwung. So stieg der Anteil der männlichen Rekruten, die bei der Einberufung des Lesens und Schreibens mächtig war, von 47 % in der ersten Hälfte der 1830er Jahre auf 82 % in der ersten Hälfte der 1870er Jahre. Bei den Mädchen war das Ausgangsniveau niedriger, die Steigerung dafür aber seit der *loi Falloux* noch ausgeprägter. Hinter dieser Entwicklung verbargen sich allerdings große regionale Ungleichheiten. In den Städten setzte sich die Primarschulbildung schneller durch als auf dem Land, und nördöstlich der Linie von Genf nach St. Malo schneller als südwestlich davon.[94] Das deckt sich in etwa mit den wenigen direkten Hinweisen auf die schülerische Kenntnis des Dezimalsystems und der metrischen Einheiten. In Paris und den anderen Metropolen war sie schon Mitte der 1840er Jahre fest verankert, was sich u. a. in entsprechenden Ergebnissen bei den Eingangsexamina für höhere Schulen niederschlug.[95] In den Peripherien Südfrankreichs und der

[90] Vgl. ders. und CONSTANTIN, Nouveau traité 1839, S. 111 ff. sowie BRANSIET, Nouveau traité 1849, S. 92 ff. Weitere wichtige Lehrbücher sind MAEDER, Manuel sowie FERBER, Guide.

[91] BRANSIET, Nouveau traité 1849, S. 111.

[92] SAURIN, Atlas. Vgl. auch TARNIER, Tableaux.

[93] DALÉCHAMPS, Mémoire, S. 3 f. Vgl. auch die entsprechenden Empfehlungen bei MATTER, Instituteur primaire, S. 230 f.

[94] MAGRAW, France, S. 205 f.

[95] DALÉCHAMPS, Mémoire, S. 20.

Bretagne verbreitete sie sich dagegen erst mit dem 1850 einsetzenden und bis etwa 1875 reichenden Boom der katholischen Schulen.

Die Professionalisierung der Maßadministration
Sowohl chronologisch als auch geographisch entspricht das Muster der Durchsetzung des metrischen Systems qua Schulbildung in etwa demjenigen, das sich auch aus einer Betrachtung der Eichverwaltung ergibt. Zwischen 1840 und Mitte der 1870er Jahre schritt deren Professionalisierung so weit voran, dass sie die Einheitlichkeit von Maßen und Gewichten im gesamten Land gewährleisten konnte. Durch die Herstellung neuer Eichnormale schuf die Regierung hierfür 1838 und 1839 erste Voraussetzungen. Das Handelsministerium, dem seit 1831 die Aufsicht über Maße und Gewichte oblag, erhielt für diese Aufgabe 200 000 Franc an zusätzlichen Mitteln. Nach etwas mehr als einem halben Jahr waren die nötigen Arbeiten abgeschlossen. Auch die Verteilung der Normale und die erste Neueichung der bereits im Umlauf befindlichen metrischen Gebrauchsmaße, die für deren Besitzer laut Gesetz kostenlos geschehen sollte, liefen reibungslos ab.[96]

Gleichzeitig betrieb die Regierung die Ausweitung der Kompetenzen und Kapazitäten der Eichbehörden. Auf dem Papier war auch dies bereits 1839 erledigt, denn eine in diesem Jahr erlassene Ordonnanz behob fast alle der in den Jahren zuvor beklagten Defizite. Die grundsätzliche Organisation der Eichämter blieb erhalten. Die *vérificateurs* mussten sich aber fortan einem Examen unterziehen, in dem ihre technischen Kenntnisse geprüft wurden. Im Gegenzug erhielten sie die Befugnis, unrichtige oder illegale Maße ohne polizeiliche Begleitung zu beschlagnahmen und im Falle von Ordnungswidrigkeiten Anzeige zu erstatten. Schließlich schrieb die Ordonnanz auch die Aufgaben der *mairies* und der Polizei genauer fest, als das bis dahin der Fall gewesen war. Sie wurden verpflichtet, mehrmals im Jahr Kontrollen auf Marktplätzen und in Geschäften abzuhalten.[97]

Trotz dieser Vorgaben wies die Maß- und Gewichtsverwaltung zwischen 1840 und 1870 aber noch große Unzulänglichkeiten auf. Das lag teilweise daran, dass die Ordonnanz von 1839 bei aller grundsätzlich positiven Einschätzung auch Lücken aufwies. Beispielsweise schrieb sie vor, dass verschiedene Berufsgruppen bestimmte Gebrauchsnormale vorhalten mussten, um ihren Geschäften nachgehen zu dürfen. Die genaue Festlegung, welches Handwerk oder Gewerbe welche Maße besitzen sollte, geschah allerdings nicht zentral, sondern wurde von den Präfekten vorgenommen. Daraus ergaben sich von Departement zu Departement unterschiedliche Regelungen. Viele Gewerbetreibende empfanden das als Willkür und versuchten, sich dagegen zur Wehr zu setzen.[98]

[96] BIGOURDAN, Système métrique, S. 232 ff.; Ordonnance royale du 18 mai 1838, in: DUBOIS, Code, S. 100 sowie Loi du 27 mai 1838, ebd., S. 100–101.
[97] Ordonnance du 17 avril 1839, Art. 3, Art. 29 u. Art. 34–45, in: Poids et mesures. Législation française, S. 4–19, hier S. 4 u. S. 8 ff. Die Ordonnanz ist auch abgedruckt in DUBOIS, Code, S. 101–115.
[98] Rapport sur les parties principales du service des poids et mesures, 23. 7. 1862, AN F/12/12027-1.

Noch problematischer war aber eine Bestimmung, die keine Unterlassung, sondern einen Fall von (zu) strenger Zentralisierung darstellte. Denn die Ordonnanz
schuf erstmals eine einheitliche Regelung für die bis dahin den Departements
überlassene Frage nach dem Ort der Eichung. Ganz im Sinne der wirtschaftsliberalen Zielsetzungen der Maßreform erklärte sie die für Händler und Gewerbetreibende bequemere, für die Eichbeamten aber sehr mühsame *vérification à domicile*
zum Normalfall. Lediglich Paris und einige andere große Städte waren davon ausgenommen.[99] Aufgrund der vergleichsweise kurzen Wege spielte die Frage, wo die
Eichung stattfand, in diesen Orten aber ohnehin keine große Rolle. In ländlichen
Gegenden warf sie dagegen gravierende Probleme auf. Im Rahmen der *vérification à domicile* mussten die Eichbeamten dort oft 25 km am Tag zu Fuß
zurücklegen – mit den Eichgeschirren, die über 30 Kilogramm wogen, auf dem
Rücken. Das war nicht nur körperlich anstrengend. Es hatte auch negative Auswirkungen auf die Wahrnehmung ihres Berufsstandes. Denn mit herumziehen-
den Agenten assoziierten viele ländliche Gemeinschaften in erster Linie Bettler,
Steuereintreiber und andere, ähnlich gering geschätzte Personengruppen.[100]
Zudem ergaben sich aus der *vérification à domicile* auch unangenehme Konsequenzen für die eigentliche Tätigkeit der Eichbeamten. In der Regel waren sie auf
sich allein gestellt und mit einem wenig wohlwollenden Umfeld konfrontiert. Im
günstigsten Falle störten sie nur bei der Arbeit. Darüber hinaus konnten sie aber
auch Bußgelder verhängen oder als unzureichend erkannte Maße, Gewichte und
Waagen einziehen und so den gesamten Geschäftsbetrieb vorübergehend lahmle-
gen. Im schlimmsten Fall stand gar die Reputation und damit die Existenz eines
Händlers auf dem Spiel, insbesondere dann, wenn ein Eichbeamter Anzeige wegen Betrugs erstattete oder gemeinsam mit der Polizei und der *mairie* in einer
öffentlichen Aktion beschlagnahmte Maße vernichtete, um ein Exempel zu statu-
ieren.[101]
Die *vérification à domicile* führte deshalb regelmäßig zu Konflikten. Immer
wieder mussten sich die Beamten dabei mit einflussreichen Unternehmern anle-
gen, die über gute Anwälte und gelegentlich auch über politische Kontakte verfügten.[102] Das konnte die Betroffenen persönlich in große Bedrängnis bringen.
Darüber hinaus schreckte die Tatsache, dass die *vérificateurs* z. T. heftigen Anfein-
dungen ausgesetzt waren, viele potentielle Kandidaten für diese berufliche Laufbahn ab. Sie trug damit dazu bei, dass alle Versuche, die Qualifikation der Beamten zu heben, ins Leere liefen. In den 1840er Jahren legte das Handelsministerium
zwar großen Wert auf die seit 1839 verordneten Examina,[103] aber die Eichämter

---

[99] RONCIN, Système métrique, S. 18 ff. Zu den Ausnahmen GUERLIN DE GUER, Service, S. 419.
Vgl. auch MÉHAYE, Système métrique en pratique, o. S. sowie die ausführlichen Unterlagen
zu den Beratungen über diese Frage in AN F/12/12035-1 und 12035-2.
[100] MÉHAYE, Système métrique en pratique, o. S.
[101] Ebd.
[102] Vgl. z. B. den Fall eines mit Gerüchten über falsche Waagen und betrügerische Geschäftsprak-
tiken konfrontierten Lebensmittelhändlers in Arre: Mémoire pour MM. Brun père et fils.
[103] GUERLIN DE GUER, Service, S. 412.

konnten sich eine strenge Auswahl angesichts der negativen Wahrnehmung dieses Berufstandes nicht erlauben. Die harten Arbeitsbedingungen führten zudem dazu, dass sich in der Öffentlichkeit die Auffassung herausbildete, ein *vérificateur* brauche weniger fachliche Qualifikationen als vielmehr eine robuste körperliche Konstitution.[104]

Die Machtübernahme Louis-Napoléons warf in dieser Hinsicht noch ein zusätzliches Problem auf. Denn im März 1852 erließ der neue Herrscher ein Dekret, das auf die Schwächung der prorepublikanischen *conseils généraux* abzielte und zu diesem Zwecke die Kompetenzen der von Paris entsandten Präfekten ausweitete.[105] Unter anderem durften sie fortan eine Reihe von Beamten selbst ernennen, statt sie, wie bisher, vom Ministerium auswählen zu lassen. Darunter fielen auch die *vérificateurs*. Deren Amt und seine Besetzung betrachteten viele Präfekten allerdings als nachrangig. Zudem blieb die Personalauswahl durch die Neuregelung auf Kandidaten aus den jeweiligen Departements beschränkt. Beides führte dazu, dass die offiziellen Qualifikationskriterien weiter an Bedeutung verloren.[106] Zudem entwickelte sich die Position des Eichbeamten aufgrund des Desinteresses der Präfekten an manchen Orten zu einer Art Sinekure, in der sich mit wenig Aufwand ein geregeltes Einkommen erzielen ließ.[107]

Aufgrund dieser Probleme häuften sich in den 1860er Jahren Stimmen, die eine erneute Reform des Eichwesens verlangten.[108] Vor allem die *vérificateurs* selbst forderten eine größere Unabhängigkeit, eine nationale Vereinheitlichung ihrer Ausbildung, klare Bedingungen für die verschiedenen, der Eichpflicht unterworfenen Berufsgruppen und nicht zuletzt eine Abschaffung der *vérification à domicile*. Fast alle dieser Vorschläge hätten problemlos umgesetzt werden können, wenn sie nicht mit der Frage nach den Befugnissen der Präfekten verknüpft gewesen wären. Denn diese bildete Mitte der 1860er Jahre ein Politikum ersten Ranges. Sie schied die Bonapartisten einerseits von der ansonsten überaus heterogenen Opposition aus Republikanern, Legitimisten und Orléanisten andererseits.[109] Für die Regierung des Zweiten Kaiserreichs konnte es in diesem Punkt keine Kompromisse geben, selbst wenn es um ein vergleichsweise randständiges Problem wie die Eichverwaltung ging.

Erst die Gründung der Dritten Republik ebnete deshalb den Weg zu einer Neuordnung des *Service des Poids et Mesures*. Im Februar 1873 erließ das Handelsministerium ein Dekret, das im Wesentlichen den im vorangegangenen Jahrzehnt geäußerten Forderungen entsprach. So führte es die 1852 aufgegebene zentrale Personalverwaltung wieder ein und schuf eine einheitliche, nationale Karrierelei-

---

[104] BOURGES, Examens, S. 9.
[105] GILDEA, Children of the Revolution, S. 86.
[106] Rapport sur les parties principales du service des poids et mesures, 23.7.1862, AN F/12/12027-1 sowie GUERLIN DE GUER, Service, S. 412.
[107] Vgl. ebd., S. 419.
[108] Examen critique, S. 3. Vgl. auch THÉVENOT, Projet sowie MÉHAYE, Système métrique en pratique, o. S.
[109] DÉMIER, France, S. 279. Vgl. auch GILDEA, Children of the Revolution, S. 89 f.

ter für den Eichdienst. Zudem zentralisierte es die Vorgaben zur Handhabung der Eichungspflicht, indem es festlegte, welche Gewerbezweige welche Maße und Gewichte vorzuhalten hatten und welche Gebühren sie für deren Eichung entrichten mussten.[110] Eines der Hauptanliegen der Beamten, die Abschaffung der *vérification à domicile*, blieb allerdings unbeachtet. Zum einen befürchtete das Ministerium, dass eine solche Maßnahme unter den Gewerbetreibenden einen Sturm der Entrüstung auslösen würde, was sich im Rahmen einer späteren Initiative auch bestätigen sollte. Zum anderen hatte die Frage nach dem Ort der Eichung durch die Verbesserung der Transportmöglichkeiten und die Entwicklung leichterer Eichgeschirre zwischenzeitlich zumindest ein wenig von ihrer Problematik verloren.[111]

Dennoch führte der Fortbestand der *vérification à domicile* dazu, dass viele Eichbeamte mit dem Dekret unzufrieden waren.[112] Als seine Regelungen Mitte der 1870er Jahre zu greifen begannen, zeigte sich aber schnell, dass die Maß- und Gewichtsverwaltung durch sie eine erhebliche Festigung erfahren hatte. Das war zum einen an den genannten organisatorischen Veränderungen abzulesen, die nun weitgehend umgesetzt wurden. Zum anderen war es auch daran zu erkennen, dass sich der Schwerpunkt der Beanstandungen, die die *vérificateurs* in Ausübung ihres Berufes geltend machten, verschob. In den 1840er, 1850er und 1860er Jahren waren sie noch regelmäßig damit beschäftigt gewesen, die Verwendung alter Maße zu unterdrücken. Beispielsweise gab es in diesem Zeitraum zahlreiche Fälle, in denen Eichbeamte Waagen mit traditionell oder usuell unterteilten Skalen monierten. Dieses Problem trat nicht nur in entlegenen Dörfern, sondern auch in großen Städten auf.[113] Denn Waagen waren teure Instrumente mit langer Lebensdauer. Die wenigsten Händler wollten sie freiwillig austauschen. Auch Längenmaße oder Gewichte waren immer wieder Gegenstand ähnlicher Diskussionen. In den 1870er Jahren änderte sich dies jedoch. Seit diesem Zeitpunkt waren die *vérificateurs* fast nur noch mit der routinemäßigen Eichung metrischer Maße und der Aufdeckung von eindeutigen Betrügereien beschäftigt. Als der Eichbeamte Boquel 1873 eine Reihe alter Ellenmaße beschlagnahmte, handelte es sich dabei bereits um einen selten gewordenen Fall.[114]

Diese Entwicklung war nicht nur das Verdienst einer zunehmend professionalisierten Administration. Auch die begrenzte Haltbarkeit der Gebrauchsmaße und die Effekte der Schulbildung spielten eine Rolle. Zudem gab es Bereiche, die sich dem Zugriff der Eichverwaltung entzogen. Traditionelle Schätz- und Rechenmaße

---

[110] Décret du 26 février 1873, in: Poids et mesures. Législation française, S. 19–34, auch abgedruckt in: Dubois, Code, S. 168–216. Zur administrativen Dezentralisierung in der Dritten Republik, die den Hintergrund hierfür bildete, vgl. Gildea, Children of the Revolution, S. 292.

[111] Guerlin de Guer, Service, S. 418.

[112] Examen critique, S. 3 ff.

[113] Mémoire relativement à certains abus qui existent dans la fabrication, la vente et le rajustage des instruments de pesage, 8. 10. 1859, AN F/12/12027-1.

[114] Méhaye, Système métrique en pratique, o. S.

sowie traditionelle Begrifflichkeiten, die allerdings häufig metrische Größen bezeichneten (*livre* für 500g), beruhten nicht auf physischen Artefakten. Sie konnten
sich deshalb in Einzelfällen noch über die Jahrhundertwende hinaus halten.[115] Im
Großen und Ganzen aber waren die alten Einheiten Mitte der 1870er Jahre verschwunden. Die Behörden konnten die universelle Verwendung des metrischen
Systems seit etwa diesem Zeitpunkt flächendeckend garantieren.[116]

Auch im Hinblick auf ein letztes Verwaltungsproblem bildeten die Jahre um
1870 eine Zäsur. Das war die Frage nach der Zuverlässigkeit der von den Eichämtern verwendeten Maßnormale. Gemäß der Ordonnanz von 1839 sollte sie alle
zehn Jahre überprüft werden.[117] Allerdings verzögerte sich schon die erste dieser
Revisionen immer wieder. Zunächst war das *Bureau des poids et mesures* mit Arbeiten für den internationalen Austausch von Prototypen, auf die in Kapitel 6.3.3
zurückzukommen sein wird, beschäftigt. Dann wurde die Inspektion verschoben,
weil der Handelsminister das Büro 1848 unter die Aufsicht des *Conservatoire des
arts et métiers* stellte.[118] 1852 erarbeitete dieses einen entsprechenden Plan, der
allerdings aus finanziellen Gründen nicht zur Ausführung gelangte. Und schließlich behinderten auch die Arbeiten zur Herstellung neuer Sekundärstandards, des
mètre bzw. *kilogramme du Conservatoire*, die Angelegenheit noch einmal.[119]

Es dauerte deshalb bis 1867/68, ehe die Überprüfung der Eichnormale zustande kam. In diesen beiden Jahren wurden alle offiziellen Längen-, Gewichts- und
Volumenmaße nach Paris gesandt, dort überprüft, gegebenenfalls korrigiert und
schließlich wieder zurückgesandt.[120] Dabei kam eine Reihe von Defiziten zum
Vorschein. Zwar waren seit den 1840er Jahren so gut wie alle Eichbehörden ausreichend mit Normalmaßen versorgt. Aber die Qualität dieser Standards bot Anlass zur Sorge. Erstens waren sie häufig aus unterschiedlichen Materialien und in
unterschiedlichen Formen gefertigt worden. Zweitens hatten viele der 1838/39
hergestellten Normale zwischenzeitlich ersetzt oder nach Beschädigungen not-
dürftig repariert werden müssen. Und drittens gab es keinerlei Vorschriften, die
die zulässige Abweichung der Eichmaße von den in Paris verwahrten Originalen
regelten. Dieses Detail war in den ansonsten sehr umfassenden Bestimmungen
von 1839 übersehen worden.[121]

---

[115] Vgl. Kap. 5.1.1 dieser Arbeit sowie WEBER, Peasants, S. 31f. Der dort suggerierte Eindruck
eines auch nach 1870 noch weit verbreiteten Widerstandes gegen die metrischen Maße im
Süden und Westen des Landes findet in den einschlägigen Akten der Eichverwaltungen allerdings keine Bestätigung.

[116] Vgl. z. B. Extrait du procès-verbal des délibérations et vœux du conseil général du département de la Haute-Marne, 18.8.1880, AN F/12/12038-1, Mappe Vérification centralisée en
1875 sowie die weiteren dort gesammelten Materialien.

[117] Ordonnance du 17 avril 1839, Art. 6, in: Poids et mesures. Législation française, S. 4–19, hier
S. 4.

[118] Verordnung vom 28.4.1848, in: BIGOURDAN, Système métrique, S. 235f. Zum Hintergrund
MORIN, Notice historique, S. 611ff.

[119] Ders. et al., Rapport, S. 14.

[120] Ebd., passim. Vgl. auch BIGOURDAN, Système métrique, S. 237f.

[121] MORIN et al., Rapport, S. 12ff.

Das *Conservatoire* fixierte deshalb zunächst Fehlertoleranzen für die Eichnormale und nahm auf dieser Basis die Revisionen vor. Etwa ein Drittel der überprüften Meter- und Kilogramm-Etalons musste dabei aus dem Verkehr gezogen und durch neue ersetzt werden. Diese Maßnahme galt den beteiligten Wissenschaftlern und Ingenieuren als wichtiger Schritt zur Stärkung des öffentlichen Vertrauens in die französischen Einheiten. „La dotation plus uniforme des bureaus de vérification de l'Empire", so lautete ihre 1870 gezogene Bilanz, „[doit] [...] donner au système métrique un nouveau caractère de sûreté et de precision."[122] Auch die materielle Infrastruktur der Eichmaße hatte zu diesem Zeitpunkt also einen Stand erreicht, der an der Funktionsfähigkeit der Maß- und Gewichtsadministration und an der Vollständigkeit des Übergangs zum metrischen System keine Zweifel mehr ließ.

4.2 Deutschland

4.2.1 Die Maßpolitik der Einzelstaaten

Die pays réunis

In Deutschland ist die Maßfrage zwischen 1795 und 1870 stets sowohl in den einzelnen Territorien als auch auf der nationalen Ebene diskutiert worden. Im Folgenden werden zunächst die einzelstaatlichen Verhältnisse, im Anschluss daran die übergreifenden Debatten geschildert.

Die zentrale Determinante der Maßpolitik in den Territorien war die napoleonische Eroberung. In der einen oder anderen Form bestimmte sie bis zur Mitte des 19. Jahrhunderts den Umgang mit dem Problem der Standardisierung. Dabei sind drei Gruppen von Staaten zu unterscheiden, in denen sich der französische Einfluss auf unterschiedliche Weise bemerkbar machte. Eine erste Gruppe bildeten die sogenannten *pays réunis*, die im Laufe der Kriege in das *Empire* eingegliedert wurden. Darunter werden im Folgenden auch die formal selbständigen, de facto aber von Paris aus kontrollierten napoleonischen ‚Modellstaaten' subsumiert. Eine zweite Gruppe stellten die *pays alliés* dar. Dabei handelte es sich um Territorien, die ihre Autonomie bewahrten, aber unmittelbar zur französischen Einflusssphäre gehörten. Das waren vor allem die süddeutschen Mittelstaaten. Drittens schließlich sind jene Länder zu nennen, die eigenständig blieben und deren Beziehung zu Frankreich primär auf Abgrenzung beruhte. Dafür ist Preußen das wichtigste Beispiel.[123]

In die Gruppe der *pays réunis* fielen innerhalb des Reiches die österreichischen Niederlande, die linksrheinischen Gebiete sowie Bremen, Hamburg und Lübeck.

---

[122] Ebd., S. 60.
[123] Die Unterscheidung zwischen *pays réunis, pays alliés* und den auch als *pays conquis* bezeichneten ‚Modellstaaten' folgt GRAB, Napoleon, S. 2. Generell zum Einfluss der napoleonischen Eroberungen auf die Staatsbildung in den deutschsprachigen Ländern vgl. ebd., S. 85 ff. sowie ROWE, Napoleon.

Sie sollten vollständig in das französische Mutterland integriert werden. Diese Zielsetzung brachte es mit sich, dass die Maßpolitik dort denselben Vorgaben folgte wie in den altfranzösischen Territorien. Die frühzeitig annektierten österreichischen Niederlande waren daher von Beginn an Teil der für das ganze Land getroffenen Maßnahmen zur Einrichtung des metrischen Systems.[124] In den anderen, später hinzugekommenen Gebieten bemühte sich die Verwaltung sehr darum, den bestehenden Nachholbedarf schnell zu decken. So wies der Innenminister im September 1798 den Generalkommissar für die kurz zuvor annektierten linksrheinischen Departements Roer, Rhin-et-Moselle, Sarre und Mont-Tonnere an, die alten Maße festzustellen und die Einführung des metrischen Systems in Angriff zu nehmen. Auch im Falle der erst im Dezember 1810 angegliederten Hansestädte drängte er auf dessen rasche Verbreitung.[125]

Dabei ergab sich allerdings eine Reihe von Problemen. Einige von ihnen glichen denen im Mutterland. Auch in den neuen Departements behinderten die fehlende materielle Infrastruktur der Eichmaße, die rudimentären Verwaltungsstrukturen sowie das Desinteresse der Polizei die Umstellung.[126] Hinzu kamen aber noch spezifische Schwierigkeiten der *pays réunis*. So beeinflusste z. B. die lokale Vorkenntnis des metrischen Systems dessen Rezeption. Während die neuen Maße in den linksrheinischen Gebieten aufgrund der Nähe zu Frankreich schon vor der Annexion eine gewisse Aufmerksamkeit erfahren hatten, waren sie in Hamburg auch 1813 noch völlig unbekannt.[127] Zudem galt der Meter vielerorts als Symbol einer fremden Besatzungsmacht, was seiner Verbreitung nicht gerade förderlich war.[128] Und schließlich beeinflusste auch die Verweildauer der Franzosen die Ergebnisse ihrer Maßpolitik. Wo sie, wie in den niederländischen Departements, fast zwanzig Jahre betrug, mischten sich in die meist frustrierten Berichte der Präfekten seit etwa 1810 gelegentliche Erfolgsmeldungen.[129] Wo die französische Herrschaft dagegen, wie in den Hansestädten, nur etwas über zwei Jahre währte, blieb häufig nicht einmal die Zeit, auch nur die offiziellen Vergleiche zwischen alten und neuen Maßen zum Abschluss zu bringen.[130]

Am Ende der napoleonischen Ära fiel die Bilanz in den *pays réunis* gemischt aus. In den österreichischen Niederlanden hatte das metrische System am stärksten Fuß gefasst. Das 1815 geformte Vereinigte Königreich der Niederlande erklärte

---

[124] Vgl. die Materialien zur Einführung des metrischen Systems in den Departements Dyle, Escaut, Meuse-Inférieure, Lys, Deux-Nèthes, Ourte und Sambre et Meuse in: AN F/12/1291, 1292, 1293, 1294 und 1296–97.

[125] Vgl. Hippel, Pfalz und Rheinhessen, S. 19; Schreiben des Innenministers an den Präfekten, 13. 7. 1811, AN F/12/1290, Mappe Bouches du Weser, fol. 2. sowie Spichal, Jedem das Seine, S. 84 ff.

[126] Hippel, Pfalz und Rheinhessen, S. 19 ff. u 23 ff.

[127] Schreiben des Präfekten an den Innenminister, 15. 7. 1813, AN F/12/1290, Mappe Bouches de l'Elbe, fol. 21.

[128] Hippel, Pfalz und Rheinhessen, S. 24. Vgl. auch Bekanntmachung des Präfekten, 30 ventôse an XIII (21. 3. 1805), AN F/12/1296-97, Mappe Sambre et Meuse, fol. 80.

[129] Schreiben des Präfekten an den Innenminister, 20. 11. 1811, ebd., fol. 172.

[130] Schreiben des Präfekten an den Innenminister, 14. 8. 1812, AN F/12/1290, Mappe Bouches du Weser, fol. 18.

deshalb 1816 die französischen Einheiten für allgemeinverbindlich und versuchte ab 1821 auch, sie im Alltagsgebrauch durchzusetzen.[131] Dieser Schritt war zwar mit großen Schwierigkeiten behaftet. Noch 1835 beklagte ein belgischer Autor, dass in seinem zwischenzeitlich unabhängig gewordenen Vaterland „l'introduction du nouveau système des poids et mesures […] n'a pu encore être mis en vigueur".[132] Aber schon am Ende der französischen Besatzung war der Meter dort so weit verbreitet, dass er als allgemeines Referenzmaß dienen konnte. Mit einigen Abstrichen galt das auch für die linksrheinischen Gebiete. In der Pfalz erklärte der neue Herr – der König von Bayern – 1819 das metrische System für verbindlich, denn die Exklave war aufgrund ihrer geographischen Lage wirtschaftlich stärker auf den französischen Nachbarn als auf die bayerischen Kernlande angewiesen.[133]

In den Hansestädten hatten die neuen Einheiten dagegen keine Wurzeln geschlagen. Darin glichen diese den napoleonischen ‚Modellstaaten'. Das Königreich Westphalen und das Großherzogtum Frankfurt hatten das metrische System zwar 1808 bzw. 1810 in ihre Verfassung aufgenommen.[134] Diese Bestimmungen waren allerdings Lippenbekenntnisse geblieben. In Frankfurt ernannte Karl Theodor von Dalberg immerhin noch Maßinspektoren. Angesichts des raschen Zerfalls des Großherzogtums blieben deren Aktivitäten aber folgenlos.[135] Und in Westphalen scheinen überhaupt keine Schritte zur Implementierung entsprechender Reformen unternommen worden zu sein. Die kurze Lebensdauer des Königreiches hätte dafür, den Erfahrungen aus anderen Territorien nach zu urteilen, ohnehin nicht ausgereicht. Wo keine Nachfolgeverwaltung zur Verfügung stand, die die unter französischer Herrschaft begonnenen Maßnahmen fortführte, blieben deren Auswirkungen gering.

Die süddeutschen Mittelstaaten

Auch in den *pays alliés* war die Frage der Verwaltungskontinuität von großer Bedeutung. Der Erfolg der zwischen 1806 und 1811 in den drei wichtigsten von ihnen – Württemberg, Bayern und Baden – vorgenommenen Maßreformen hing maßgeblich damit zusammen, dass diese über 1815 hinaus fortbestanden und die Standardisierung ihrer Einheitensysteme mit entsprechendem Nachdruck verfolgen konnten.

Die in den genannten Staaten geführten Debatten gingen allerdings nicht auf französische Interventionen, sondern auf staatliches Eigeninteresse zurück. Dieses war jedoch eng mit der napoleonischen Umgestaltung Europas verknüpft. In deren Zuge hatten alle drei Länder umfangreiche Gebietsgewinne erzielt. Bayern und Württemberg verdoppelten ihr Territorium aufgrund des Reichsdeputationshauptschlusss von 1803 und des Pressburger Friedens von 1805 annähernd, Baden konnte es gar vervierfachen. Aus diesen Verschiebungen erwuchs ein starker

---

[131] Maenen, Invoering, S. 79 ff.
[132] Liénard, Moyens, S. 3.
[133] Hippel, Pfalz und Rheinhessen, S. 29 ff. Vgl. auch Gross, Integration, S. 126 ff.
[134] Wang, Vereinheitlichung, S. 51 f.
[135] Vgl. ebd., S. 60 f.

Modernisierungsimpuls, weil die Verwaltungen sich darum bemühen mussten, aus der bunten Vielfalt ihrer Territorien einheitliche Staaten zu formen.[136]

Vor dem Hintergrund liberaler Einflüsse spielte dabei das Ziel der wirtschaftlichen Integration eine wichtige Rolle. In Bayern schlug sich dies unter anderem in der 1808 beschlossenen Abschaffung der Binnenzölle nieder.[137] Aus diesem Kontext erwuchs auch die ein Jahr später verabschiedete Maß- und Gewichtsordnung, deren Präambel die Bedeutung standardisierter Maße für die Schaffung eines einheitlichen Wirtschaftsraums betonte.[138] In Württemberg und Baden stand allerdings ein anderes Motiv im Zentrum der Reformbestrebungen. Das war die Notwendigkeit, den vergrößerten Staaten eine stabile Einkommensgrundlage zu verschaffen. Die württembergische Hofkammer erachtete eine Vereinheitlichung der Maße folglich nicht aus wirtschaftspolitischen Gründen, sondern „wegen der Einführung des gnädigst befohlenen uniformen Steuer-Systems"[139] als unerlässlich. Auch in Baden bildete die Aussicht auf die „Vollziehung einer gleichen Besteuerung"[140] den Anstoß für die Erarbeitung einer neuen Maßordnung. Das Finanzministerium musste deren Verabschiedung hier sogar gegen den Widerstand des Landesökonomiedepartements durchsetzen, weil dieses für den Fall einer Umstellung Verwerfungen und Unsicherheiten für Handel und Gewerbe fürchtete.[141]

Aus finanzpolitischer Sicht waren die Vorteile einer Standardisierung freilich bestechend. Zum einen erleichterte sie die indirekte Besteuerung, weil Zölle und Akzisen meist nach Maß oder Gewicht erhoben wurden. Zum anderen war sie auch eine wichtige Voraussetzung für die direkte Besteuerung, denn die Erhebung einer Grundsteuer erforderte im Verständnis der Zeitgenossen einen vermessenen Kataster und damit „ein allgemeines und gleiches Feldmaß".[142] Auch die Domänenverwaltung, die durch Säkularisierung und Mediatisierung in den genannten Ländern erheblich an Bedeutung gewonnen hatte, ließ sich durch eine Vereinheitlichung von Maßen und Gewichten rationalisieren.[143]

Prinzipiell hätten sich die meisten dieser Ziele auch durch eine bloße Fixierung des Verhältnisses unterschiedlicher Maße zueinander oder durch die Standardisierung von Maßen in einzelnen Anwendungsbereichen erreichen lassen. Im 18. Jahrhundert war diese Vorgehensweise üblich gewesen. Im Rahmen der im

---

[136] WEHLER, Gesellschaftsgeschichte, Bd. 1, S. 368 ff.

[137] RODE, Handel, S. 31 f.

[138] Verordnung, die Einführung eines gleichen Maß- Gewicht- und Münzfußes im Königreiche Baiern betreffend, 28. 2. 1809, in: WITTHÖFT et al., Deutsche Maße und Gewichte, S. 672–674. Allgemein zur bayerischen Reform MEYER-STOLL, Maß- und Gewichtsreformen, S. 33 ff.; WEISS, Vereinheitlichung, S. 30 ff.; FOX, Integration, S. 344 ff. sowie GROSS, Integration, S. 123 ff.

[139] Bericht des Hofkammerdirektors, 7. 3. 1805, zit. nach HIPPEL, Württemberg, S. 17.

[140] Landes-Verordnung, die Einführung eines allgemeinen Maases und Gewichts im ganzen Großherzogtum betreffend, 24. 9. 1808, in: WITTHÖFT et al., Deutsche Maße und Gewichte, S. 669. Vgl. auch AMBROSIUS, Wettbewerb, S. 146 f.

[141] WANG, Vereinheitlichung, S. 137 sowie HIPPEL, Baden, S. 39.

[142] Bericht der württembergischen Oberlandesregierung, 26. 6. 1805, zit. nach ders., Württemberg, S. 18.

[143] WANG, Vereinheitlichung, S. 144 ff.

ersten Jahrzehnt des 19. Jahrhunderts in Bayern, Baden und Württemberg geführten Debatten gab es ebenfalls Stimmen, die sie befürworteten, denn besonders der
Handel war „nachweislich wenig an grundlegenden Veränderungen interessiert".[144]
Doch erstens warf die genaue Ermittlung der traditionellen Maße, die die Voraussetzung für eine amtliche Umrechnungstabelle darstellte, große Schwierigkeiten
auf, so dass eine vollständige Reform als die sauberere Lösung erschien. Zweitens
erforderte die finanzpolitische Integration der neuen Landesteile eine weitgehende Revision des Steuersystems. Umstellungen in der Höhe der Abgaben ließen
sich daher ohnehin nicht vermeiden. Drittens entsprach eine Standardisierung
von Maßen und Gewichten auch dem „Geist der Zeit".[145] Das galt zum einen
aufgrund der Strahlkraft des französischen Vorbildes, zum anderen aber auch
deshalb, weil landesweit einheitliche Maße für die neuen Staaten aufgrund ihrer
fragilen Legitimationsbasis von hoher symbolischer Bedeutung waren.[146]

In der konkreten Ausgestaltung der Reformen der drei Länder schlugen sich
deshalb nicht nur unterschiedliche praktische Erfordernisse, sondern auch Unterschiede in ihrem jeweiligen Selbstverständnis nieder. Die 1806 verabschiedete
württembergische Maßordnung beispielsweise stellte einen Reflex auf die spät-
absolutistisch-zentralistischen Neigungen Friedrichs I. dar. Sie sah vor, eine Vereinheitlichung durch die Ausdehnung der altwürttembergischen Maße auf die
hinzugewonnenen Territorien zu erreichen. Diese erhielten zwar eine moderne
wissenschaftliche Grundlage, und für einige wenige Längen- und Flächenmaße
war fortan auch eine dezimale Unterteilung vorgesehen. Aber eine Kompromisslösung unter Berücksichtigung der Belange der neuen Landesteile, eine Absprache
mit den Nachbarstaaten oder gar eine Übernahme des metrischen Systems hatte
der König gar nicht erst ins Auge gefasst.[147] Im reformabsolutistisch geprägten
Bayern war die Vorgehensweise ähnlich, wobei die rationalistische Stoßrichtung
der Montgelas'schen Verwaltung in einigen Details wie beispielsweise einer stärkeren Berücksichtigung von Elementen des Dezimalsystems zum Ausdruck kam.[148]

Insgesamt behielten die Reformen in beiden Ländern aber zahlreiche traditionelle, in Teilen ihres Territoriums gut eingeführte Begriffe, Größen und Unterteilungen bei. Diese konservative Vorgehensweise erleichterte die Gewöhnung an die
neuen Systeme. Größere Widerstände gegen die Neuordnungen blieben daher
aus. Ihren limitierenden Faktor stellte nicht die Akzeptanz in der Bevölkerung,
sondern die administrative Umsetzung dar. Zwar hatten sowohl Württemberg als
auch Bayern bei der Verabschiedung ihrer Maßordnungen neue Verwaltungs-

---

144 HIPPEL, Baden, S. 32.
145 Ebd. Zu den Schwierigkeiten bei der Ermittlung der traditionellen Maße ders., Württem-
     berg, S. 22 f. Zu den Umstellungen der Abgaben WANG, Vereinheitlichung, S. 141 f.
146 HIPPEL, Baden, S. 36 sowie AMBROSIUS, Wettbewerb, S. 146.
147 HIPPEL, Württemberg, S. 19 f. Zu Friedrich I. vgl. WEHLER, Gesellschaftsgeschichte, Bd. 1,
     S. 372.
148 WEISS, Vereinheitlichung, S. 39 sowie zur Debatte hierüber MEYER-STOLL, Maß- und Ge-
     wichtsreformen, S. 38 f. Allgemein zum ‚System Montgelas' vgl. WEHLER, Gesellschaftsge-
     schichte, Bd. 1, S. 371 f.

strukturen etabliert. Sie erwiesen sich allerdings als lückenhaft und mussten in den folgenden Jahrzehnten immer wieder nachgebessert werden. Erst in den 1830er Jahren konnten die jeweiligen Eichverwaltungen die Funktionsfähigkeit der Maßsysteme garantieren.[149] Die im württembergischen Gesetz vorgesehenen, überaus harten Strafen für Verstöße gegen das Maß- und Gewichtsrecht halfen angesichts dieser Defizite nicht weiter. Teilweise musste das Innenministerium die mit der Inspektion betrauten Amtsleute zur Milde gemahnen, und es verzichtete zunächst darauf, die Verwendung der neuen Maße im Alltagsverkehr zu erzwingen. 1815 verordnete es allerdings eine striktere Observanz, die bald auch durchgesetzt werden konnte. Lediglich die Akzeptanz des dezimal unterteilten Fußes gab danach gelegentlich Anlass zu Beschwerden.[150] In Bayern, wo die Regierung von Beginn an weniger auf Zwang als vielmehr auf Freiwilligkeit gesetzt hatte, nahm der Übergang dagegen mehr Zeit in Anspruch. Noch Mitte der 1830er Jahre musste das Innenministerium in einer Ausschreibung die Gültigkeit der einschlägigen Vorschriften in Erinnerung rufen.[151]

Trotzdem verlief auch die bayerische Reform vergleichsweise reibungslos. Das zeigt der Blick auf den dritten süddeutschen Staat, Baden. Dort hatte die Regierung einen anderen Kurs eingeschlagen. Das absolutistische Gebaren der Nachbarstaaten „entsprach nicht dem behutsameren Karlsruher Stil bei den Bemühungen um die erwünschte innerstaatliche Vereinheitlichung".[152] Der Großherzog entschied sich daher anstelle einer Ausdehnung der Durlacher Einheiten für das Konzept des sogenannten „mittleren Maases",[153] das der Hofrat Michael Friedrich Wild erarbeitet hatte. Wild nahm zunächst eine detaillierte Untersuchung lokaler Maßtraditionen vor. Sodann wählte er die am weitesten verbreiteten Begriffe aus, bestimmte die ihnen zugrunde liegenden Größen auf der Basis eines Durchschnittswertes der bisherigen Einheiten, versah die neuen Maße mit einer dezimalen Unterteilung und versuchte schließlich, sie in ein ganzzahliges Verhältnis zum französischen System zu bringen. Was auf den ersten Blick wie eine Quadratur des Kreises erscheint, gelang Wild mit erstaunlicher Eleganz. So enthielt beispielsweise die von ihm festgelegte neubadische Ruthe 10 Fuß, ein Fuß wiederum 10 Zoll, ein Zoll 10 Linien und eine Linie 10 Punkte. Dabei entsprach ein Punkt 0,3 französischen Millimetern, eine Linie demzufolge 3 mm, ein Zoll 3 cm und ein Fuß 3 dm. Auch Gewichte und Hohlmaße waren ähnlich aufgebaut, wenngleich das Verhältnis zum metrischen System hier auf den Zahlen 5 bzw. 15 basierte.[154]

---

[149] WANG, Vereinheitlichung, S. 58. Vgl. auch Erlass des Innenministeriums betr. die Aufstellung von Pfechtern, 7.10.1830, in: HAGER, Stein- und Metallgewichte, S. 248 f. sowie Vorschriften für die Behandlung des Pfechtens der Maße, 18.4.1840, in: ebd., S. 257 f.

[150] HIPPEL, Württemberg, S. 25 ff. Zur Verordnung von 1815 vgl. HAGER, Stein- und Metallgewichte, S. 238 f.

[151] MEYER-STOLL, Maß- und Gewichtsreformen, S. 42.

[152] HIPPEL, Baden, S. 31. Zusammenfassend zum Folgenden STIEFEL, Baden, Bd. 2, S. 1433–1439.

[153] WILD, Maß und Gewicht, Bd. 1, S. 84 (im Original Nominativ: „mittleres Maas"). Zum Durlacher Maß vgl. Kap. 2.1.3 dieser Arbeit.

[154] Badische Maß- und Gewichtsordnung, 10.11.1810, in: WITTHÖFT et al., Deutsche Maße und Gewichte, S. 669–671, hier S. 670.

In der gelehrten Öffentlichkeit stieß dieses Konzept auf einhellige Begeisterung. Seine Praktikabilität beruhte freilich nicht allein auf akademischen Überlegungen, sondern auch darauf, dass in Baden andere Vorbedingungen bestanden als in Bayern oder in Württemberg. Die dortigen Residenzmaße hatten schon im 18. Jahrhundert über die jeweiligen Hauptstädte hinaus Bekanntheit erlangt. Für die Durlacher Einheiten galt dies dagegen nicht. Ihre Ausweitung wäre deshalb mit großen Hindernissen konfrontiert gewesen.[155] Aufgrund der unmittelbaren Grenze zu Frankreich war für Baden zudem der Anschluss an das metrische System von großer Bedeutung. Auch dessen zwangsweise Einführung, die die Regierung dem sprunghaften Napoleon jederzeit zutraute, verlor angesichts der Kompatibilität der neubadische Maße einen Gutteil ihres Schreckens.[156]

Dennoch hatte die badische Lösung auch Nachteile, besonders deshalb, weil sie für *alle* Bewohner des Landes eine Umstellung bedeutete. Da sie zudem weitgehend auf das Dezimalsystem setzte, warf sie sehr viel größere Akzeptanzprobleme auf als die Reformen in den Nachbarländern. Zwar erklärte der Großherzog das Wild'sche System im November 1810 für eingeführt, aber selbst im staatlichen Gebrauch konnte es sich kaum durchsetzen. Einzig für die Berechnung der Abgaben nach der 1812 verabschiedeten neuen Zoll- und Akziseordnung fand es Verwendung. Schon bei der Erhebung der Grundsteuern und den damit verbundenen Katasterarbeiten musste die Steuerverwaltung aber vor den alten Einheiten kapitulieren.[157] Weitergehende Auswirkungen auf den Alltagsgebrauch hatte die Reform nicht.

Neben ihren konzeptionellen Eigenarten lag das allerdings auch daran, dass das Großherzogtum die Neuordnung nur proklamiert, aber aus Kostengründen keine nennenswerten Maßnahmen zu ihrer administrativen Umsetzung getroffen hatte. Erst 1824 nahm die Regierung die diesbezüglichen Pläne wieder auf, zunächst mit der Absicht, nur die Domanialverwaltung auf das neubadische Maß umzustellen.[158] Eine Befragung der Mittelbehörden resultierte schließlich aber in einer umfassenderen Zielsetzung. Ab dem 1. Juli 1829 sollten demnach „keine andern, als die nach dem neuen System gefertigten, geprüften und geeichten Maaße und Gewichte zum Messen und Wägen im öffentlichen und Privat-Verkehr gebraucht"[159] werden.

Diesmal ließ die Regierung ihrer Proklamation auch Taten folgen. Noch im selben Jahr verabschiedete sie eine neue Maß- und Gewichtsordnung. Diese ergänzte zum einen die dezimale Unterteilung einiger Einheiten um Halbe, Viertel und Achtel und entschärfte damit die Verständnisprobleme, die ihrer Verbreitung entgegenstanden.[160] Zum anderen regelte sie den Aufbau und die Kompetenzen der

---

155 HIPPEL, Baden, S. 31f. sowie WANG, Vereinheitlichung, S. 124f.
156 Vgl. ebd., S. 151.
157 Vgl. ebd., S. 142f. Bei der Berechnung der Akzise diente das Wild'sche System allerdings nur als Kalkulationsgrundlage. Die tatsächliche Erhebung stützte sich auf die alten Einheiten, vgl. ebd.
158 Vgl. ebd., S. 147 u. S. 155f. sowie HIPPEL, Baden, S. 45.
159 Verordnung über Maß und Gewicht, 21.8.1828, Art. 2, in: WITTHÖFT et al., Deutsche Maße und Gewichte, S. 671f., hier S. 671.
160 Maasordnung für das Großherzogthum Baden, S. 3.

Maßverwaltung. Im Rückgriff auf bestehende lokale Einrichtungen hob das Innenministerium innerhalb von zwei Jahren vier Ober- und 68 kommunale Eichämter aus der Taufe, die personell überaus großzügig besetzt waren. Seit 1831 besaß Baden damit „eine funktionierende, effiziente Eichverwaltung, die in den folgenden Jahrzehnten nur geringfügig verändert wurde".[161] Zwar blieben einige Reste traditioneller Einheiten auch danach noch virulent, und die badische Reform fasste insgesamt deutlich langsamer Fuß als ihre württembergischen und bayerischen Pendants. Spätestens seit einer 1856 verordneten Verschärfung der Inspektion war das Wild'sche System aber konkurrenzlos. Die Bewunderung, die es aufgrund seiner „vermittelnde[n] Stellung"[162] zwischen den traditionellen Maßen und dem Meter hervorrief, beeinflusste auch die Entwicklung in der benachbarten Schweiz nachhaltig.

Preußen

In Preußen fiel die Maßpolitik deutlich anders aus als in den süddeutschen Staaten. Zumindest bis 1815 hielten sich hier sowohl der direkte französische Einfluss als auch die mittelbaren Folgen der napoleonischen Umgestaltung Europas in engen Grenzen. Zwar begann das Oberbaudepartement in den späten 1790er Jahren, die republikanischen Einheiten in seinen Vergleichungen zu berücksichtigen.[163] Politische Auswirkungen hatten diese Bemühungen aber nicht. Auch die militärische Niederlage von 1806 und der nachfolgende Friedensschluss blieben folgenlos, denn das Problem der territorialen Integration spielte angesichts der Halbierung des Staatsgebietes keine und jenes der inneren Staatsbildung eine völlig andere Rolle als im süddeutschen Raum. Im Rahmen der Reformen, mit denen Stein und Hardenberg die „schlafenden Kräfte"[164] des verstümmelten Landes freisetzen wollten, war die Maßfrage daher nur von untergeordneter Bedeutung.

Gänzlich unbeachtet blieb sie allerdings nicht. Vielmehr diagnostizierte Stein im Februar 1808 in einem „Immediatbericht", dass die preußischen Einheitensysteme große Defizite aufwiesen.[165] In den folgenden Monaten bemühte sich die Verwaltung vor diesem Hintergrund, das Eichwesen neu zu regeln, ohne aber eine Uniformisierung der in den verschiedenen Landesteilen gebräuchlichen Maße anzustreben. Die im Dezember 1808 erlassene „Geschäfts-Instruktion für die Regierungen in sämmtlichen Provinzen" bestimmte lediglich, dass „in jedem Regierungsdepartement [...] zu Ajustierung der Maße und Gewichte [...] zweckmäßige Komtoirs einzurichten" seien.[166]

---

[161] WANG, Vereinheitlichung, S. 164.
[162] HIPPEL, Baden, S. 48. Vgl. auch BOSER HOFMANN, Modernisierung, S. 144 ff.
[163] EYTELWEIN, Vergleichungen, S. III f.
[164] Karl August von Hardenberg, Über die Reorganisation des Preußischen Staats, 12.9.1807 (,Rigaer Denkschrift'), zit. nach WEHLER, Gesellschaftsgeschichte, Bd. 1, S. 401.
[165] WANG, Vereinheitlichung, S. 166 f.
[166] Geschäfts-Instruktion für die Regierungen in sämmtlichen Provinzen, 26.12.1808, §53, in: Novum Corpus, Bd. 12/1807–1810, Sp. 703–760, hier Sp. 727 f. Die im November 1808 verabschiedete Städteordnung erwähnte die Angelegenheit dagegen nur am Rande. Anders als bei WANG, Vereinheitlichung, S. 167 dargestellt, verpflichtete sie die Magistrate nicht zur Errich-

Selbst diese sehr zurückhaltende Vorgabe ließ sich nicht umsetzen, weil sie auch Hohl- und Längenmaße umfasste, während viele lokale Eichämter bis dahin nur Waagen und Gewichte überprüfen konnten. Die Königsberger Polizeidirektion unterbreitete deshalb im Mai 1808 einen Vorschlag zur Lösung dieses Problems, den die Sektion Gewerbepolizei des Innenministeriums aufgriff und „zu einem das gesamte preußische Eichwesen neuordnenden Projekt erweitert[e]".[167] Die ebenfalls an dem Verfahren beteiligte Sektion für Gesetzgebung befürchtete jedoch, dass das Vorhaben die gleichzeitig vorangetriebene Neuordnung des Steuer-, Staatsschulden- und Zollwesens erschweren würde. Daraufhin wurde die Revision des Eichwesens auf Eis gelegt.[168] Anders als in den süddeutschen Staaten erwies sich die Finanzreform in Preußen also als hinderlich. Diese Differenz hing vermutlich damit zusammen, dass die Steuerverwaltungen in den preußischen Provinzen trotz der angesprochenen Defizite auf eine gut eingespielte Praxis des Umgangs mit Maßen und Gewichten zurückgreifen konnten, während das in Bayern, Württemberg und Baden angesichts der Gebietszugewinne nicht der Fall war.

Es passt in dieses Bild, dass die Debatte erst 1815 wieder auflebte, dann aber über die Frage der Eichung weit hinausging. Denn angesichts der auf dem Wiener Kongress beschlossenen „Versetzung Preußens an den Rhein"[169] stand das Land nun vor demselben Problem, das seit 1803/05 die süddeutschen Staaten geplagt hatte. Die neu erworbenen Gebiete – ein Teil Sachsens, Westfalen und die Rheinprovinz – bildeten gemeinsam mit Altpreußen einen Flickenteppich, den es finanzpolitisch zu integrieren galt. Dieses Anliegen bildete ein wichtiges Motiv für das Zoll- und Handelsgesetz von 1818 und schlug sich auch in dem seit 1820 verfolgten Projekt eines Grundsteuerkatasters nieder, das allerdings auf die westlichen Provinzen beschränkt blieb.[170] Insbesondere die Frage der Zölle und der indirekten Steuern stellte dabei einen Ansatzpunkt für die erneute Diskussion über Maße und Gewichte dar, denn sie setzte deren eindeutige Fixierung voraus. Zwar war eine solche bereits in der ersten Hälfte des 18. Jahrhunderts vorgenommen worden, aber das galt nur für die Hohlmaße. Zudem existierten für viele von ihnen mehrere Eichnormale, die untereinander nicht übereinstimmten, während die primären Standards nicht mehr auffindbar oder nicht identifizierbar waren. Als die neuen Provinzen deshalb 1815 auf Berlin zukamen und um die Zusendung verlässlicher Maßstäbe baten, damit sie deren Relation zu den lokalen Einheiten bestimmen konnten, stand die Verwaltung vor dem Problem, dass sie selbst nicht wusste, welche Normale die Originale und welche die Kopien waren.[171]

---

tung von Ajustierämtern, sondern sah lediglich vor, dass dort, wo diese bereits existierten, eine Deputation zu bilden war. Vgl. Ordnung für sämmtliche Städte der preußischen Monarchie, 19. 11. 1808, §179i, in: Novum Corpus, Bd. 12/1807–1810, Sp. 471–526, hier Sp. 511f.

[167] WANG, Vereinheitlichung, S. 168.

[168] Vgl. ebd. Zur Neuordnung des Steuersystems vgl. WEHLER, Gesellschaftsgeschichte, Bd. 1, S. 435ff.

[169] NIPPERDEY, Deutsche Geschichte 1800–1866, S. 91.

[170] Zum Zollgesetz HAHN, Geschichte des Zollvereins, S. 20ff. Zum Kataster KAIN und BAIGENT, Cadastral Map, S. 164 sowie TORGE, Geodäsie, S. 107.

[171] WANG, Vereinheitlichung, S. 127.

Das Innen- und das Finanzministerium sahen sich daraufhin gezwungen, die 1809/10 vertagte Reform nicht nur wieder aufzunehmen, sondern sie wesentlich zu erweitern.[172] Sie zielten nunmehr darauf ab, gesicherte Umrechnungsverhältnisse zwischen den verschiedenen Landesteilen zu schaffen. Eine vollständige Einheitlichkeit der Maße erforderte dies nicht, wohl aber die Etablierung eines zuverlässigen, allgemeinen Referenzsystems. Das erste Anliegen der im Mai 1816 vom König unterzeichneten neuen Maßordnung bestand daher darin, „die Grösse der preussischen Maasse und Gewichte dergestalt festzustellen, dass darüber niemals mehr ein Zweifel entstehen kann, welches das Original ist". Zweitens ging es darum, Längen, Flächen, Volumina und Gewichte sowie ihre Unterteilungen in ein „leicht übersichtliches Verhältniss zueinander zu bringen." Und drittens sollten die Referenzmaße von den bis dahin gebräuchlichen Einheiten „nirgend soweit abweichen, dass ein in Wirthschaft, Verkehr und Handel erheblicher Unterschied zwischen ihnen bemerkbar werden könnte."[173]

Über die Frage, wie sich diese Ziele am Besten erreichen ließen, führte die Verwaltung eine intensive Debatte. Die Auffassung, dass die staatlichen Einheiten eine von ihrer physischen Verkörperung unabhängige wissenschaftliche Basis erhalten sollten, bildete dabei von vornehrein einen Fixpunkt. Außerhalb der beteiligten Ministerien hatte es aus diesem Grund sogar Stimmen gegeben, die statt einer eigenständigen Reform die Übernahme des metrischen Systems befürworteten. Denn einer Reihe von preußischen Naturphilosophen galt dessen Kopplung an den Erdumfang als die „unleugbar philosophisch und physikalisch richtigste"[174] Form der Absicherung der Maße. Andere Stimmen gaben allerdings zu Bedenken, dass der Meter trotz dieser Vorkehrung keine eindeutige, unveränderliche Größe war. In der Verwaltung selbst ist das metrische System zudem schon aus praktischen Gründen nicht in Erwägung gezogen worden. Denn zum einen hatte es, wie die Zulassung der *mesures usuelles* 1812 zeigte, auch in Frankreich noch nicht Fuß gefasst.[175] Und zum anderen wäre durch seine Einführung das dritte Ziel der Reform, die möglichst geringe Differenz zu den bisher gebräuchlichen Maßen, in Gefahr geraten.

Der Kern der Neuordnung von 1816 war deshalb nicht die Anlehnung an den Meter, sondern die eigenständige „Fixierung des Berliner Maßes auf eine wissenschaftlich gesicherte Basis".[176] Dazu setzte die gemeinsam mit der Maßordnung verabschiedete *Anweisung zur Verfertigung der Probemaaße* den preußischen Fuß als Grundeinheit des neuen Systems fest. Vorläufig bestimmte sie ihn in Anleh-

---

[172] Vgl. ebd.

[173] HOFFMANN, Über Maaße und Gewichte, S. 603 f. Allgemein zur preußischen Maßordnung von 1816 vgl. WANG, Vereinheitlichung, S. 65 ff. u. S. 166 ff.; GROSS, Integration, S. 112 ff.; HOFFMANN, Normung, S. 8 ff.; Kern, 175 Jahre, S. 109 ff.; WEISS, Vereinheitlichung, S. 44 ff. sowie BAUMGARTEN, Entwicklung, S. 12 f.

[174] Bericht von Christoph Wilhelm Hufeland an das preußische Innenministerium, 29. 7. 1809, zit. nach WANG, Vereinheitlichung, S. 66.

[175] WANG, Vereinheitlichung, S. 66.

[176] Vgl. ebd., S. 65.

nung an die französische *Toise*. Prinzipiell sollte der Fuß aber an eine von ausländischen Definitionen unabhängige natürliche Konstante gekoppelt werden. Weil eine Meridianvermessung zu aufwendig und von zweifelhaftem wissenschaftlichem Wert war, kam dafür nur das Sekundenpendel in Frage. Deshalb erklärte die Maßordnung, dass dessen Berliner Länge die legale Basis des Fußes bilden sollte.[177] Aus Gründen, die in Kapitel 6 zu schildern sind, dauerte es allerdings über zwanzig Jahre, ehe die dafür nötigen Pendelexperimente und Längenbestimmungen vorgenommen werden konnten.

Ungeachtet dessen entwickelte die Maß- und Gewichtsordnung auf der Grundlage der neuen Legaldefinition des Fußes eine systematische Struktur, die, ähnlich wie das metrische System, alle Einheiten auf diese Ursprungsgröße zurückführte. So setzte sie eine duodezimale Unterteilung der meisten Längenmaße fest (12 Linien = 1 Zoll, 12 Zoll = 1 Fuß, 12 Fuß = 1 Ruthe). Zudem brachte sie die grundlegenden Flächen-, Volumen- und Gewichtseinheiten (Morgen, Scheffel und Pfund) in eine feste Relation zu ihren Unterteilungen (u. a. Quadratruthe, Metze und Loth), wenngleich diese nicht immer auf der Zahl 12 beruhte. Und schließlich legte sie das Verhältnis der Grundeinheiten der verschiedenen Dimensionen zueinander fest, so dass diese theoretisch anhand des Längenmaßes rekonstruiert werden konnten. Das Pfund beispielsweise war in diesem Sinne als ein Sechundsechzigstel des Gewichtes eines Kubikfußes destillierten Wassers bei einer Temperatur von 15° Réaumur im luftleeren Raum definiert. [178]

Die preußische Reform verband also die Übernahme althergebrachter Begriffe und Unterteilungen mit dem wissenschaftlichen Anspruch des französischen Vorbildes. Daneben legte sie von Beginn an großen Wert auf die adminstrative Infrastruktur zur Überwachung des neuen Referenzsystems. Sie ging deshalb auch mit einer Neuordnung des Eichwesens einher. An dessen Spitze stand das Handels- und Finanzministerium. Seine Normale sollten „fortan die einzig authorisierten Originale"[179] des preußischen Maßsystems darstellen. Die Oberbaudeputation, die Akademie der Wissenschaften und das Berliner Kammergericht erhielten primäre Kopien dieser Maße, die alle zehn Jahre auf ihre Übereinstimmung mit den Hauptstandards geprüft werden sollten.

Die Struktur der eigentlichen Eichbehörden begann unterhalb dieser Ebene. Sie war de jure zweigliedrig, de facto aber dreigliedrig organisiert. Ihre Grundlage bildeten die in den größeren Städten einzurichtenden kommunalen Eichungsämter.[180] Beaufsichtigt werden sollten sie durch eine bei den jeweiligen Regierungsdepartements angesiedelte Eichungskommission. Der Berliner Eichungskommission fiel dabei eine besondere Rolle zu, da sie die Prüfung der Maßnormale ihrer Pendants in den Provinzen übernehmen sollte und damit eine übergeordnete

---

[177] Anweisung zur Verfertigung der Probemaaße und Gewichte, 16.5.1816, §§ 1–3, in: Witthöft et al., Deutsche Maße und Gewichte, S. 678–680, hier S. 678.

[178] Ebd., §§ 4–26, S. 678 f.

[179] Maaß- und Gewicht-Ordnung für die Preußischen Staaten, 16.5.1816, § 1, in: Witthöft et al., Deutsche Maße und Gewichte, S. 674–678, hier S. 674.

[180] Ebd., § 6, S. 675.

Stellung erhielt.[181] Dennoch war es nicht sie, die sich in den folgenden Jahren zur dritten Ebene des preußischen Eichwesens entwickelte, sondern eine Institution, die in der Maß- und Gewichtsordnung nur ganz am Rande vorgesehen war: die „Kommission der Sachverständigen".[182] Sie sollte ursprünglich die Anfertigung der Urmaße sowie den Vergleich mit dem Sekundenpendel besorgen und war deshalb als temporäre Einrichtung gedacht. Da sich die Erledigung ihrer Aufgabe aber so lange hinzog, wurde sie nach und nach auch mit der Aufsicht über die lokalen Eichungskommissionen betraut. Seit Mitte der 1820er Jahre firmierte sie als ‚Königliche Normal-Eichungs-Commission' (NEK). Unter diesem Namen bildete sie fortan die zentrale „Fachbehörde für alle Arten von metrologischen Fragen".[183]

Die Eichung der Gebrauchsmaße fiel in diesem System teils den kommunalen Ämtern, teils den Eichungskommissionen zu. Dafür erhielten sie aus Berlin umfangreiche Vorgaben, die genau festlegten, welche Maße stempelfähig waren, wie ihre Überprüfung vorgenommen werden musste und welche Gebühren sie kostete.[184] Angesichts der in dieser Hinsicht überaus problematischen Quellenlage ist es nahezu unmöglich einzuschätzen, wie weitgehend diese Bestimmungen umgesetzt worden sind und wie effektiv die Administration des preußischen Maßwesens nach 1816 war. Nicht einmal die Frage, ob die vorgesehenen Kommissionen und Ämter überall eingerichtet wurden, ist mit Sicherheit zu beantworten. Dort, wo es geschah, ging es aber schnell und umfassend vonstatten. Der Regierungsbezirk Reichenbach in der Provinz Schlesien etwa hatte bis zum April 1818 nicht nur eine Eichungskommission, sondern auch acht Eichämter ins Leben gerufen und mit den nötigen Maßnormalen versehen.[185]

Auch einige weitere Indizien deuten darauf hin, dass das preußische System schon zu einem frühen Zeitpunkt gut funktionierte. Beispielsweise standen den Eichungskommissionen hauptamtliche ‚Mechanici' zur Verfügung, die eine vergleichsweise hohe Qualifikation aufwiesen. Anders als in Frankreich oder in Großbritannien mussten sie von Beginn an eine Prüfung bei der Oberbaudeputation ablegen.[186] Auch die Finanzierung des Eichwesens war in Preußen nie ein Problem, denn der Staat betrachtete es von vorneherein als Zuschussgeschäft. Die Lasten für die Eichungsämter mussten zwar die Kommunen tragen. Für die Bezahlung von deren z. T. nebenamtlichen Mitarbeitern genügten aber die Einnahmen aus den Gebühren. Die wesentlich kostspieligeren hauptamtlichen Kräfte in den

---

181 Ebd., §§ 3–5.
182 Allgemein zur Kommission, ihrer Zusammensetzung und ihrer Entwicklung zur Normaleichungskommission KERN, Physikalisch-Technische Reichsanstalt, S. 77 f.; ders., Forschung, S. 84 f.; HOFFMANN, Normung, S. 10 sowie WANG, Vereinheitlichung, S. 169 f. Ungenau ist WITTHÖFT, Längenmaß, S. 196 f.
183 WANG, Vereinheitlichung, S. 170.
184 Instruktion für die Eichungskommissionen, 16.12.1816, in: RÖNNE und SIMON, Polizeiwesen, Bd. 2, S. 67–74.
185 Publikandum der Königlichen Regierung zu Reichenbach, 8.4.1818, in: ebd., S. 84–88, hier S. 84.
186 Instruktion für die Eichungskommissionen, 16.12.1816, § 24, in: ebd., S. 67–74, hier S. 70.

Eichungskommissionen wurden dagegen aus zentralen Mitteln entlohnt.[187] Schließlich fällt auf, dass das Eichwesen in Preußen zwischen 1816 und dem Erlaß der Maß- und Gewichtsordnung des Norddeutschen Bundes 1868 kein einziges Mal grundlegend umgestaltet werden musste. Das stand in deutlichem Gegensatz zu den Erfahrungen in Frankreich, Großbritannien und den süddeutschen Staaten.

In einer wichtigen Hinsicht ist diese positive Einschätzung allerdings zu relativieren. Denn die Effektivität der preußischen Maß- und Gewichtsverwaltung verdankte sich nicht nur einer durchdachten Organisation, sondern auch den begrenzten Ambitionen der Reform. Die relative ökonomische Rückständigkeit des Landes führte dazu, dass die Adressaten der Maß- und Gewichtsordnung in erster Linie staatliche Institutionen waren. Zwar machte das Dokument den Gebrauch „gehörig gestempelten Maaßes und Gewichtes"[188] auch für den öffentlichen Verkauf durch Private verpflichtend, doch gleichzeitig hielt es ausdrücklich das Recht jedes Einzelnen fest, sich zu seinen eigenen Zwecken ungeeichter Maße zu bedienen.[189] Zudem sollten private Akteure auf die fortdauernde Richtigkeit ihrer gestempelten Normale achten, waren aber nicht zu einer regelmäßigen Nacheichung gezwungen. Gegenüber staatlichen Behörden und Amtsträgern gab sich die Verordnung weniger kompromissbereit. Sie mussten ausnahmslos die neuen Einheiten benutzen und zudem „jährlich […] die fortdauernde Übereinstimmung ihrer Maße und Gewichte bei dem nächsten Eichungs-Amte […] überprüfen".[190]

Auch bezüglich der Inspektion ergibt sich ein ähnlicher Befund, denn die Ämter übernahmen zwar die Eichung neuer Maße und Gewichte, nicht aber ihre regelmäßige Kontrolle. Diese Aufgabe kam der örtlichen Polizei zu. Sie sollte gestempelte, durch die Benutzung unrichtig gewordene Standards einziehen und zur Korrektur an das nächste Eichamt übersenden. Dieses System wies einerseits merkliche Schwachpunkte auf. Beispielsweise mussten die Polizeibehörden eigens mit Eichmaßen ausgestattet werden, um ihrer Aufgabe nachkommen zu können.[191] 1834 ergab eine Erhebung des Innenministeriums jedoch, dass dies nur in drei Regierungsbezirken vollständig erfolgt war, während in allen anderen großer Nachholbedarf bestand.[192] Andererseits lassen sich diese Defizite aber auch als Zeichen dafür interpretieren, dass die Maß- und Gewichtsordnung in den ersten Jahren ihres Bestehens nicht auf den privaten Handel, sondern primär auf staatliche Institutionen abzielte. Denn für diese war die Inspektion aufgrund der jährlichen Nacheichungspflicht nur von geringer Bedeutung. Erst in den 1830er Jahren begann sich der Fokus der Behörden, wie die genannte Erhebung des Innenministeriums andeutete, auf den Alltagsverkehr auszuweiten.

---

[187] Reskript des Innen- und Polizeiministers, 21.6.1837, in: ebd., S.83.
[188] Maaß- und Gewicht-Ordnung für die Preußischen Staaten, 16.5.1816, §12, in: WITTHÖFT et al., Deutsche Maße und Gewichte, S.674–678, hier S.676.
[189] Vgl. ebd., §10, S.675.
[190] Ebd., §18, S.676.
[191] Vgl. ebd., §14.
[192] Reskript des Innenministeriums, 14.5.1834, und Übersicht der dazu eingegangenen Berichte, in: RÖNNE und SIMON, Polizeiwesen, Bd.2, S.92–95.

Schließlich waren die auf staatliche Institutionen beschränkten Ambitionen der Maß- und Gewichtsreform auch am zurückhaltenden Umgang mit den traditionellen Einheiten abzulesen. Die *Anweisung zur Verfertigung der Probemaaße* verpflichtete zwar alle öffentlichen Stellen auf die neuen Messgrößen, tat dies gegenüber privaten Nutzern aber nur für die Altmark sowie die Provinzen Pommern und Preußen. In allen anderen Teilen des Landes stellte sie „den Gebrauch einzelner Provinzialmaaße und Gewichte [...] zum Privatverkehr"[193] frei. Sie erlaubte sogar deren weitere Herstellung und Eichung, sofern ihre Verhältnisse zu den preußischen Maßen zuvor amtlich bestimmt wurden. Zwar arbeitete Hardenberg schon seit 1817 auf eine Verschärfung dieser Bestimmungen hin.[194] Mit der Ausnahme Schlesiens, wo das preußische Maßsystem ab 1820 auch für den Privatgebrauch galt, blieben diese Bemühungen aber folgenlos. In den 1820er Jahren war der Gebrauch lokaler Einheiten, zu denen in der Rheinprovinz u. a. das metrische System gehörte, zweifellos gang und gäbe.[195]

Mit dem Beginn des neuen Jahrzehntes schlug die Verwaltung eine andere Gangart an. Sie versuchte fortan, die preußischen Einheiten allgemein durchzusetzen. Im Dezember 1831 verkündete die Regierung der Rheinprovinz, dass das Innenministerium die lokalen Maßen prinzipiell abschaffen und nur noch für die Berechnung von althergebrachten Leistungen dulden wolle.[196] Diese Vorgabe konnte jedoch nur langsam umgesetzt werden. 1838 bemerkte Johann Gottfried Hoffmann, einer der Väter der Maß- und Gewichtsordnung von 1816, dass sich die Provinzialmaße „nicht nur im Andenken, sondern selbst im Gebrauche für das Innere der Wirthschaften [...] noch erhalten haben."[197] Und die königliche Verordnung vom 13. Mai 1840, die endgültig für alle Provinzen die ausschließliche Verwendung der preußischen Maße verfügte, begann mit der Feststellung, dass die bis dahin erlassenen Vorschriften nicht ausgereicht hätten, „um die durchgängige Anwendung gleicher und richtiger Maaße und Gewichte im Handel und Verkehre zu sichern."[198]

Über die Chronologie der Verdrängung der Provinzialmaße *nach* diesem Zeitpunkt lassen sich aufgrund der fehlenden Quellen keine genauen Aussagen treffen. Es gibt allerdings Indizien dafür, dass sie vergleichsweise schnell vonstatten ging. Denn erstens erleichterten die lange Vorlaufzeit der Reform sowie der traditionelle Charakter der Maßbegriffe und -unterteilungen die Umstellung. Zweitens kam ihr das bestehende Netz von Eichämtern zugute, das bis zum Beginn

---

[193] Anweisung zur Verfertigung der Probemaaße und Gewichte, 16.5.1816, § 29, in: WITTHÖFT et al., Deutsche Maße und Gewichte, S. 678–680, hier S. 680.

[194] WANG, Vereinheitlichung, S. 128.

[195] Ebd. Zu Schlesien vgl. Publikandum der Königlichen Regierung zu Reichenbach, 8.4.1818, in: RÖNNE und SIMON, Polizeiwesen, Bd. 2, S. 84–88, hier S. 84.

[196] Bekanntmachung der Königlichen Regierung zu Düsseldorf, 31.12.1831, in: ebd., S. 91f. Vgl. auch Reskript des Innenministeriums, 8.3.1828, in: ebd., S. 89.

[197] HOFFMANN, Über Maaße und Gewichte, S. 597.

[198] Verordnung betr. die Verbindlichkeit zur Anwendung gestempelter Maaße und Gewichte, 13.5.1840, in: RÖNNE und SIMON, Polizeiwesen, Bd. 2, S. 88f.

der 1850er Jahre noch einmal ausgebaut wurde.[199] Und drittens schließlich sind
die Provinzialmaße im Rahmen der intensiven Debatten über die 1858 beschlossene Einführung des Zollpfunds, auf die noch zurückzukommen sein wird, nicht
ein einziges Mal erwähnt worden. Spätestens zu diesem Zeitpunkt und wahrscheinlich auch schon um 1850 herum dürften sie daher ausgestorben gewesen
sein.

Zwischen 1805 und 1830 führten also zahlreiche deutsche Staaten einheitliche
Maßsysteme ein und versahen sie mit einem entsprechenden administrativen Unterbau.[200] Das geschah vor allem aufgrund des primär fiskal- und nur in geringem Maße wirtschaftspolitisch motivierten Ziels der territorialen Integration. Die
Durchsetzung der standardisierten Einheiten in der Fläche benötigte zwar viel
Zeit, verlief aber durchweg schneller als in Frankreich, weil die deutschen Reformen die traditionellen Begrifflichkeiten und (mit Ausnahme Badens) Unterteilungen beibehielten, statt sie, wie das metrische System, zu ersetzen. Innerhalb
der Einzelstaaten war der Vereinheitlichungsprozess daher Mitte des 19. Jahrhunderts abgeschlossen.

Zwar gab es von dieser Regel auch Ausnahmen, doch diese unterstrichen die
hervorgehobene Bedeutung des Integrationsmotivs nur. Denn zum einen betrafen sie kleinere Staaten, in denen die Maßvielfalt überschaubar war und die nur
wenige territoriale Veränderungen vorzuweisen hatten. Hannover nahm deshalb
erst 1836 eine Maßregulierung in Angriff, Braunschweig 1838, Nassau 1852 und
Frankfurt 1868.[201] Zum anderen blieben mit Sachsen und Österreich zwei große
Länder außen vor, in denen die Frage der Integration ebenfalls nur eine untergeordnete Rolle spielte. Denn Sachsen war zwischen 1803 und 1815 stetig kleiner
geworden, und im österreichischen Vielvölkerstaat hatte die Heterogenität des
Landes in der ersten Hälfte des 19. Jahrhunderts ein wesentliches Prinzip der
Staatsorganisation gebildet.[202]

Beide Länder versuchten erst in den 1850er Jahren, ihre Maße und Gewichte zu
vereinheitlichen.[203] Die Ursachen dafür waren nicht fiskalischer, sondern wirt-
schaftspolitischer Natur. In Österreich beispielsweise genoss nach 1848/49 angesichts der Konkurrenz zu Preußen die „Schaffung eines einheitlichen österrei-
chisch-ungarischen Wirtschaftsraumes"[204] hohe Priorität. Vor diesem Hintergrund
erklärte die Monarchie zwischen 1853 und 1857 das Theresianische Maßsystem,
das zuvor nur in den Erblanden und einigen angrenzenden Gebieten gegolten

---

[199] Nachweis der in Preußen bestehenden Eichungsämter 1852–1854, GStA PK, I. HA, Rep. 120,
A IX I, Nr. 18, Bd. 2.

[200] Neben Preußen und den süddeutschen Staaten galt das bspw. auch für das Großherzogtum
Hessen, vgl. WEISS, Vereinheitlichung, S. 46f.

[201] Vgl. HAUSCHILD, Geschichte, S. 45ff. sowie GROSS, Integration, S. 133–136, S. 142–146 u.
S. 156–159.

[202] FISCH, Europa, S. 107.

[203] Zu Sachsen vgl. WANG, Vereinheitlichung, S. 172f. und GROSS, Integration, S. 132f. Zu Österreich vgl. die folgenden Ausführungen.

[204] FISCH, Europa, S. 117.

hatte, im gesamten Reich für verbindlich.[205] Wie weitgehend diese Vorgabe in den folgenden Jahren umgesetzt worden ist, kann an dieser Stelle nicht geklärt werden. Wichtig ist aber, dass die Maßregulierung in Österreich einerseits deutlich später erfolgte als in den meisten anderen deutschen Staaten, andererseits aber noch vor den politischen Umbrüchen der 1860er und 1870er Jahre in Kraft trat. Beide Umstände formten die Haltung der Doppelmonarchie zu einer Frage, die seit dem Beginn des 19. Jahrhunderts immer wieder debattiert worden war: die nationale Vereinheitlichung von Maßen und Gewichten.

4.2.2 Nationale Debatten

Die Maßreform und der Zollverein
Die ersten Überlegungen zu einer staatenübergreifenden Maßeinigung im deutschsprachigen Raum entstammten dem Kontext des Rheinbundes. Im Zuge der badischen Maßreform trat das Großherzogtum 1808 an die übrigen Mitglieder dieses napoleonisch inspirierten Zusammenschlusses heran und unterbreitete ihnen den Vorschlag, ein allgemeines Einheitssystem für sie zu schaffen. Die Regierungen der betroffenen Staaten verhielten sich allerdings teils abwartend, teils ablehnend.[206] Dafür gab es gute Gründe. Das Königreich Württemberg beispielsweise hätte für eine grenzüberschreitende Lösung seine gerade erst getroffene eigenständige Regelung wieder aufgeben müssen. Zudem befand es sich zum besagten Zeitpunkt in einem Handelskrieg mit Baden und hatte keinerlei Interesse an einem gemeinsamen Vorgehen.[207] Die Initiative verlief daher im Sande.

Weitere Vereinheitlichungsbemühungen im Rahmen des Rheinbundes gab es nicht. Der Niedergang Napoleons und die Neuordnung Europas durch den Wiener Kongress taten ein Übriges, um die Hoffnungen auf eine übergreifende Reform zu begraben. Denn mit dem Deutschen Bund entstand in der Folge eine Organisation, für die wirtschafts-, zoll- und handelspolitische Fragen nur eine untergeordnete Rolle spielten. Die Bestimmung des § 19 der Bundesakte, derzufolge die Bundesversammlung bei ihrer ersten Zusammenkunft über Handel und Verkehr beraten sollte, blieb weitgehend Makulatur.[208]

Unabhängig vom Deutschen Bund gab es in den 1820er und 1830er Jahren allerdings eine Reihe von Ansätzen für eine Standardisierung von Maßen auf zwischenstaatlicher Ebene. Die erste Etappe bildeten dabei die vom Wiener Kongress angestoßenen Flussschifffahrtsverträge.[209] In ihrem Rahmen wurden alle bis dahin von den Anrainerstaaten der Flüsse erhobenen Zölle in eine allgemeine Schiff-

---

[205] Eine Ausnahme bildeten lediglich die italienischen Landesteile, in denen das metrische System galt. Vgl. ULBRICH, Klafter- und Ellenmaß, S. 29 sowie MEYER-STOLL, Maß- und Gewichtsreformen, S. 125.

[206] WANG, Vereinheitlichung, S. 53 ff.

[207] Vgl. ebd., S. 61.

[208] Vgl. aber die bei MÜLLER, Deutscher Bund, S. 435 f. geschilderten Eingaben und Debatten.

[209] Vgl. HOCQUET, Harmonisierung, S. 117 sowie hier und im Folgenden GROSS, Integration, S. 174 ff.

fahrtsabgabe umgewandelt. Da diese nach der Länge der zurückgelegten Strecke sowie nach dem Maß bzw. Gewicht der transportierten Güter erhoben werden sollte, fand ihre Berechnung „zur Erleichterung des Verfahrens"[210] anhand gemeinsamer Einheiten statt. Auf der Elbe waren das die Hamburger Maße, auf der Weser jene aus Bremen und auf dem Rhein ein an das metrische System angelehnter Zentner.[211]

Die Debatten, die im selben Zeitraum über die Gründung von zwischenstaatlichen Zollunionen geführt wurden, folgten einem ähnlichen Muster. Sie verdankten sich der „Aussicht darauf, durch die Vereinheitlichung, Vereinfachung und Lückenlosigkeit des Grenzzollsystems die kollektiven Verwaltungskosten insgesamt erheblich mindern, dagegen die […] Einkünfte aus den […] Außenzöllen ebenso erheblich steigern zu können."[212] In die Beratungen über solche Zusammenschlüsse floss deshalb stets die Frage mit ein, anhand welches Maßes die Zölle erhoben werden sollten. Schon 1820 hatten Baden, Württemberg und Hessen-Darmstadt ihre Absicht bekundet, sie im Rahmen der Formierung des Süddeutschen Zollvereins zu debattieren.[213] Ab 1826 waren an den Verhandlungen allerdings nur noch Bayern und Württemberg beteiligt. Dies erleichterte eine Einigung, bedeutete aber auch, dass die Übernahme der bayerischen Einheiten durch den 1828 gegründeten Verein keine größeren Kreise zog.[214]

Der im selben Jahr abgeschlossene preußisch-hessische Zollvertrag erwies sich in dieser Hinsicht als ungleich bedeutsamer.[215] Zwar handelte es sich auch hier nur um eine Übereinkunft zwischen zwei Ländern. Aus preußischer Perspektive stellte der Zusammenschluss aber einen ersten Schritt zur Überwindung der zollpolitischen Ost-West-Spaltung des eigenen Territoriums dar. Er war von vorneherein auf Expansion angelegt und beinhaltete daher den Kern einer Ausweitung der preußischen Maße auf weitere Gebiete. So hatte sich Hessen-Darmstadt in einer geheimen Zusatzabrede verpflichtet, bei einer eventuellen Aufnahme zusätzlicher Mitglieder auf seine Einheiten zu verzichten und stattdessen das preußische System einzuführen.[216] Und als der ‚Brückenschlag' zwischen den preußischen Ost- und Westgebieten 1831 durch die Erweiterung des Zollvereins um Hessen-Kassel tatsächlich zustande kam, übernahm der neue Vertragspartner dieses ebenfalls. Zahlreiche Fachleute erwarteten deshalb, dass die nun in greifbare Nähe gerückte deutschlandweite Zolleinigung auch die allgemeine Adoption der preußischen Einheiten mit sich bringen würde.[217]

---

210 Elb-Schiffahrts-Akte, 23.6.1821, § 8, in: Gesetzessammlung für die Königlich-Preußischen Staaten, 1822, S. 10–38, hier S. 13.

211 HOCQUET, Harmonisierung, S. 117.

212 WEHLER, Gesellschaftsgeschichte, Bd. 2, S. 127.

213 WANG, Vereinheitlichung, S. 70.

214 Bayerisch-württembergischer Zollvereinsvertrag, 18.1.1828, Artikel XLIII, in: MARTENS (Hrsg.), Nouveau Recueil, S. 529–546, hier S. 544f.

215 Vgl. hier und im Folgenden WANG, Vereinheitlichung, S. 71f.

216 Geheimer Zusatzvertrag vom 14. Februar 1828, Art. 1, in: ONCKEN und SAEMISCH (Hrsg.), Vorgeschichte, Bd. 2, S. 207–211, hier S. 207f.

217 WANG, Vereinheitlichung, S. 72.

Allerdings entstand mit dem Beitritt Hessen-Kassels zum preußischen Verbund eine neue Situation. Er führte dazu, dass der 1828 als Gegenveranstaltung gegründete Mitteldeutsche Handelsverein zusammenbrach. Diese Entwicklung ermöglichte die im März 1833 vollzogene Fusion des preußisch-hessischen und des bayerisch-württembergischen Zusammenschlusses zum Deutschen Zollverein.[218] Eine Ausweitung des preußischen Maßsystems ließ sich unter diesen Umständen nicht mehr durchsetzen. Denn juristisch war der nunmehr geschlossene Verbund eine Neugründung und keine Erweiterung der zuvor getroffenen Vereinbarungen. Zudem hatte Friedrich von Motz, der wichtigste Protagonist der preußischen Zollpolitik, dem Süddeutschen Verein schon anlässlich eines 1829 geschlossenen Handelsvertrages Verhandlungen über Maße und Gewichte zugestanden, um die weitergehenden Ziele dieser gegen Österreich gerichteten Kooperation nicht zu gefährden.[219] Und schließlich erklärten kurz nach der Fusion auch Sachsen und die thüringischen Staaten ihren Beitritt zum Deutschen Zollverein, so dass noch weitere Akteure hinzukamen, die einer Ausweitung der preußischen Maße skeptisch gegenüberstanden.[220]

In den Verhandlungen über diese Frage kristallisierte sich allerdings bald eine Kompromisslösung heraus. Der überarbeitete Vertrag vom Mai 1833 sah demnach vor, dass fortan „ein gemeinschaftliches Zollgewicht und zwar der bereits in dem Großherzogthum Hessen gesetzlich eingeführte Centner in Anwendung kommen" solle.[221] Dabei handelte es sich um einen auf der Basis des metrischen Systems definierten Zentner von 50 kg. Diese Einheit war einerseits auf dem Rhein und in den angrenzenden französischen, belgischen und niederländischen Gebieten weit verbreitet, andererseits aber in keinem der größeren Zollvereinsstaaten heimisch.[222] Das prädestinierte den metrischen Zentner für eine Einigung, weil keiner der Hauptakteure das Maß eines Konkurrenten übernehmen musste, sondern alle gleichermaßen zu einer Umstellung gezwungen waren.

Trotz dieser grundsätzlichen Übereinkunft sperrte sich Preußen in der Praxis allerdings gegen die nunmehr nötige Anpassung der Tarifberechnung. Denn der metrische Zentner fiel etwa 3% leichter aus als sein preußisches Gegenstück, das bis dahin zur Zollerhebung gedient hatte. Eine exakte Beibehaltung der bisherigen Tarife hätte deshalb zu komplizierten, ungeraden Zollsätzen geführt. Der einfacheren Alternative, die Zollsätze gleich zu lassen und damit die Tarife um 3% zu erhöhen, wollten die anderen Länder nicht zustimmen.[223] Deshalb startete der Zollverein am 1. Januar 1834 ohne gemeinsames Referenzmaß. Allerdings ließ die

---

[218] HAHN, Geschichte des Zollvereins, S. 58 ff. u. S. 74 ff.

[219] WANG, Vereinheitlichung, S. 72 f. Zum Hintergrund und der Rolle von v. Motz vgl. HAHN, Geschichte des Zollvereins, S. 53 ff.

[220] Vgl. ebd., S. 75 f.

[221] Vertrag zum Anschluss Sachsens und des thüringischen Zollvereins an den Deutschen Zollverein, 11.5.1833, Art. 14, in: Gesetzessammlung für die Königlich-Preußischen Staaten, 1833, S. 240–257, hier S. 249.

[222] NEBENIUS, Zollverein, S. 183 f.

[223] WANG, Vereinheitlichung, S. 75 f. Nicht ganz zutreffend ist die Darstellung bei GROSS, Integration, S. 193.

Wiederaufnahme des Themas nicht lange auf sich warten. Bei der ersten General-konferenz des Zollvereins im August 1836 konnte Preußen sich durchsetzen. Die Versammlung beschloss als Gegenleistung für seine Akzeptanz des metrischen Zollgewichtes eine Beibehaltung der bisherigen Tarifsätze.[224] Die Gründe für diesen Stimmungsumschwung sind etwas unklar. Vermutlich war den anderen Staaten nach Beginn des Zollvereins schnell klar geworden, wie gut dieser funk-tionierte, und sie ließen sich von der Aussicht auf die zusätzlichen Einnahmen locken.

Damit galt ab dem 1. Januar 1840 in allen Zollvereinsstaaten ein gemeinschaft-liches Gewicht. Dessen definitorische Grundeinheit bildete fortan aber nicht mehr der Zentner, sondern das Zollpfund. Es entsprach einem halben metrischen Kilogramm und war in 30 Loth eingeteilt. Seine weitere Untergliederung orien-tierte sich am Dezimalsystem. Zehn Korn entsprachen einem Zent, zehn Zent einem Quentchen und zehn Quentchen einem Loth.[225] Diese Vorgehensweise hatte praktische Gründe. Da auch der Taler einer Dreißiger-Unterteilung folgte und zudem „bei der Zollerhebung alle Warenquantitäten unter 3 Loth (oder 1/10 Pfund) außer betracht"[226] blieben, erleichterte sie die Abrechnung. Gleichzeitig stellte sie aber eine bewährte Praxis in Frage, denn in den meisten Einzelstaaten bestand ein Pfund aus 32 Loth und ein Loth aus vier Quint. Dieser Umstand soll-te in den folgenden Jahren immer wieder zu Schwierigkeiten führen.[227]

Auch eine Reihe anderer Fragen ließ die Einigung offen. Anders als für die Ge-wichte sah sie für Längen-, Hohl- und Flächenmaße keinen gemeinsamen Stan-dard vor. Zudem hatte sie eine Koexistenz von Zoll- und Landesmaßen zur Folge. Denn das gemeinsame Gewicht ersetzte die einzelstaatlichen Pfundmaße nicht. Es trat vielmehr neben sie. Dabei diente es ausschließlich der Zollerhebung. Im all-gemeinen Verkehr war es dagegen nicht zugelassen.[228] Das verkomplizierte den überregionalen Handel, da Kaufleute nunmehr beständig zwischen dem Zollge-wicht und den jeweiligen Landesgewichten umrechnen mussten. Sehr bald erho-ben sich daher Stimmen, die, wie beispielsweise die in diesem Zeitraum gegrün-deten ersten Eisenbahngesellschaften, für eine generelle Vereinheitlichung der Maße in den Mitgliedstaaten des Zollvereins plädierten. Sie konnten sich auf ein gewichtiges Argument stützen. Denn der Zollvereinsvertrag hatte nicht nur die baldige Einführung einer gemeinsamen Recheneinheit vorgesehen, sondern prin-zipiell auch „ein gleiches Münz-, Maß- und Gewichtssystem"[229] zum Ziel der Vertragspartner erklärt. Durch die Formierung des Süddeutschen Münzvereines

---

[224] Besonderes Protokoll, den Zolltarif betreffend, 19.8.1836, S. 1–7, in: Verhandlungen der ers-ten General-Conferenz in Zollvereins-Angelegenheiten, Teil III (besondere Protokolle), sepa-rat paginiert.

[225] Verordnung, die Einführung des Zollgewichtes betreffend, 31.10.1839, § 2, in: Gesetzes-sammlung für die Königlich-Preußischen Staaten, 1839, S. 325.

[226] HAUSCHILD, Geschichte, S. 63.

[227] Vgl. ebd., S. 61.

[228] Verordnung, die Einführung des Zollgewichtes betreffend, 31.10.1839, § 1, in: Gesetzes-sammlung für die Königlich-Preußischen Staaten, 1839, S. 325.

[229] Zollvereinigungsvertrag, 22.3.1833, Art. 14, ebd. 1833, S. 145–162, hier S. 153.

1837 war der währungspolitische Teil dieser Bestimmung zudem bereits teilweise verwirklicht worden.[230]

In der Maßfrage blieb ein vergleichbarer Fortschritt allerdings aus. Preußen, Bayern und Württemberg hatten in den Jahrzehnten zuvor großen Aufwand betrieben, um ihre jeweiligen Landesmaße zu vereinheitlichen. Sie zeigten kein Interesse daran, diesen Schritt wieder rückgängig zu machen und eine erneute Umstellung vorzunehmen.[231] Eine sächsische Initiative zu einer allgemeinen Vereinheitlichung der Maße in den Zollvereinsstaaten blockten sie daher ab. Auch der naheliegende Kompromissvorschlag, „wenigstens das gemeinschaftliche Zollgewicht zugleich als ausschließliches Landesgewicht"[232] einzuführen, scheiterte 1841 am bayerischen Widerstand und an der abwartenden Haltung Preußens.

Die Nachteile einer erneuten Umstellung überwogen aus der Sicht der Einzelstaaten also die Vorteile, die aus einer stärkeren wirtschaftlichen Integration hätten resultieren können. Dieser Befund passt gut zu der generellen Beobachtung, dass *handels*politische Motive bei den im Zollverein geführten Debatten über Maße und Gewichte nur eine untergeordnete Rolle spielten. Sie waren vielmehr in erster Linie von *fiskal*politischen Zielsetzungen geprägt. Für deren Verwirklichung genügte das 1840 eingeführte Zollgewicht vollauf. Eine weitergehende Harmonisierung war aus dieser Perspektive unnötig.

Das Zollgewicht als allgemeines Landesgewicht
Während der Revolution von 1848 war die Maßfrage erneut Gegenstand intensiver Debatten. Sie fügten den im Zollverein diskutierten Aspekten des Themas eine neue Dimension hinzu. Das war die Bedeutung von Maßen und Gewichten als Element und Symbol der nationalen Einigung. Darüber wird in Kapitel 7.2.1 ausführlich zu berichten sein. Das Scheitern der Revolution bedeutete allerdings, dass sich der Schwerpunkt der Diskussionen wieder auf die zwischenstaatliche Ebene zurückverlagerte. Dort wurde das Problem der Standardisierung weiterhin primär im Lichte seiner finanz- und wirtschaftspolitischen Bedeutung gesehen. Vor diesem Hintergrund stand ab 1853 die 1840 gescheiterte Minimallösung der Einführung des Zollgewichts als allgemeines Landesgewicht wieder zur Debatte.

Für diese Entwicklung gab es mehrere Gründe. Die preußischen Westprovinzen sowie einige weitere Regionen erlebten seit dem Beginn der 1850er Jahre einen massiven, schwerindustriell geprägten Aufschwung. Damit ging ein sprunghafter Anstieg der binnenwirtschaftlichen Verflechtungen einher. Besonders der Eisenbahnbau, aber auch die Ausdehnung der Flussschifffahrt begünstigten den Güterverkehr erheblich.[233] Diese Verdichtung der Transport- und Kommunikationswege führten zu einer zunehmenden Verbreitung des Zollpfunds. 1848 verordnete Preußen, dass es für die Berechnung von Frachten im Eisenbahnverkehr

---

[230] Trapp und Fried, Handbuch der Münzkunde, S. 98 f. sowie Otto, Entstehung, S. 138 ff.
[231] Gross, Grund- und Einkommensteuer, S. 29.
[232] Ebd., S. 31. Vgl. auch Wang, Vereinheitlichung, S. 82 und Gross, Integration, S. 197 ff.
[233] Hahn, Geschichte des Zollvereins, S. 153.

zugrunde zu legen war, und in den folgenden Jahren übernahmen auch andere Staaten diese Vorgabe. Bei der Post gab es eine ähnliche Entwicklung. Sie schloss sogar Österreich mit ein. Wien und Berlin einigten sich 1850 darauf, den deutsch-deutschen Postverkehr künftig ausschließlich auf der Grundlage des Zollpfundes abzuwickeln. Auch diese Regelung verbreitete sich schnell. Schon wenige Jahre später hatte sich das metrische Pfund bei Post und Eisenbahnen weitgehend durchgesetzt. Und unter den europäischen Handelspartnern der deutschen Staaten gewann es ebenfalls Boden.[234]

Diese zunehmende Bedeutung des Zollpfundes veränderte die mit der Umstellung der Landesmaße verbundene Kosten-Nutzen-Kalkulation. In Preußen kam das besonders deutlich zur Geltung, weil sich die dortige Wirtschafts- und Finanzpolitik durch die Revolution von 1848 stark verändert hatte. Während sie zuvor auf die Begrenzung der Ansprüche des Wirtschaftsbürgertums bedacht gewesen war, stand nun das Ziel des industriellen Wachstums im Zentrum ihrer Aufmerksamkeit.[235] Eine neu ins Amt gekommene Generation von Beamten um den freihändlerisch orientierten Rudolf Delbrück sah darin einen Weg, den preußisch-österreichischen Dualismus zugunsten des wirtschaftlich stärkeren Poles aufzulösen.[236] Vor diesem Hintergrund stießen die Interessen von Kaufleuten und Großindustriellen in der Verwaltung auf offene Ohren.

Was dies für die Maßpolitik bedeutete, zeigten eine Denkschrift des Handelsministeriums vom September 1854 sowie ein eineinhalb Jahre später erstatteter Bericht einer Kommission des preußischen Abgeordnetenhauses. Beide Dokumente argumentierten sinngemäß, dass es an der Zeit sei, die Zweigleisigkeit von Zoll- und Handelsgewicht zu beenden, das Gewichtssystem deutschlandweit zu vereinheitlichen und gleichzeitig seinen Anschluss an das benachbarte Ausland zu sichern. Sie sprachen sich deshalb dafür aus, das Zollpfund zum allgemeinen preußischen Landesgewicht zu erklären.[237] Allerdings gab es nach wie vor auch Bedenken gegen einen solchen Schritt. Innerhalb wie außerhalb von Preußen stützten sie sich vor allem auf die zu erwartenden negativen Konsequenzen für die breiten Schichten der Bevölkerung. Die bayerische Regierung beispielsweise befürchtete, „dass den weniger Begüterten und damit der Mehrzahl des Bayerischen Volkes bei einer Umstellung Nachteile entstehen könnten."[238] Sie lehnte die allgemeine Einführung des Zollgewichtes ab. Weil Bayern in den 1850er Jahren noch kaum am industriellen Aufschwung partizipierte, mussten die gewerblichen Interessen hier hinter denen der Konsumenten und der Landbevölkerung zurückstehen.

---

[234] Erlass, die Anwendung des Zollgewichts auf den Eisenbahnen betreffend, 29.4.1848, in: Gesetzessammlung für die Königlich-Preußischen Staaten, 1848, S.134; Bericht der vereinigten Kommissionen, S.4f.; WANG, Vereinheitlichung, S.87 sowie GROSS, Integration, S.204f. Vgl. auch die theoretischen Überlegungen bei AMBROSIUS, Wettbewerb, S.154.

[235] BOCH, Staat und Wirtschaft, S.62.

[236] HAHN, Geschichte des Zollvereins, S.150.

[237] WEISS, Vereinheitlichung, S.61 u. S.69; WANG, Vereinheitlichung, S.87f. sowie Bericht der vereinigten Kommissionen, S.1ff.

[238] FOX, Integration, S.348. Vgl. auch GROSS, Integration, S.378f.

Die preußische Regierung ließ sich davon allerdings nicht beeindrucken. Anfang 1855 bekundete sie ihre Absicht, das Zollpfund als Landesgewicht einzuführen. Verhandlungen über diese Frage lehnte sie ab. Stattdessen erwartete sie, dass sich die anderen deutschen Staaten der preußischen Entscheidung beugen würden.[239] Im Mai 1856 setzte der Landtag die Ankündigung der Regierung in die Tat um und erklärte das Zollpfund zum allgemeinen Handelsgewicht. Dieser Alleingang löste eine Kettenreaktion aus, denn viele kleine und mittlere Herrschaften hatten nur auf ein solches Signal des wichtigsten deutschen Staates gewartet. Bis 1861 schlossen sich deshalb nicht weniger als 26 Regierungen dem preußischen Vorbild an. Nur Bayern, Österreich und Liechtenstein blieben außen vor.[240]

Die nun folgenden Umstellungen gingen im Vergleich zu früheren Maßreformen erstaunlich schnell vonstatten. „Handel und Gewerbebetrieb haben sich", so berichtete der preußische Vertreter bei der Bundesversammlung 1860, „mit dem neuen Systeme bereits vollständig befreundet, und die Gewohnheiten des Volkes beginnen ebenfalls schon sich demselben anzubequemen und zu folgen."[241] Auch in den meisten anderen Ländern warf das Zollgewicht kaum Schwierigkeiten auf. Innerhalb weniger Jahre galt es als eingebürgert.[242] Für diese positive Bilanz gab es mehrere Gründe. Erstens saßen die Eichverwaltungen der meisten Staaten in den 1850er Jahren fest genug im Sattel, um das Vorhaben zu bewältigen. Zweitens war das metrische Pfund durch den Zollverein weithin bekannt und verbreitet. Drittens blieben die alten Begriffe für die Gewichtseinheiten erhalten. Auch die Masse des Pfundes unterlag zumeist nur geringfügigen Veränderungen, weil das Zollgewicht etwa in der Mitte zwischen den zuvor in den Einzelstaaten üblichen Maßen lag. Viertens schließlich ging die Adoption der Einheit mit einer weiteren Ausdehnung ihrer *gesamt*deutschen Bedeutung einher. Der 1857 zwischen Österreich, Liechtenstein und den Zollvereinsstaaten geschlossene Wiener Münzvertrag erklärte sie zur Grundlage eines gemeinsamen Währungsstandards.[243] Diese Entscheidung markierte eine wichtige Zäsur. Sie bedeutete den Abschied von der Kölner Mark, die jahrhundertelang als deutsches Münzgewicht gedient hatte.[244]

Trotz der reibungslosen Umstellung war die allgemeine Einführung des Zollpfundes aber nur ein kleiner Schritt auf dem Weg zu einer gesamtdeutschen

---

[239] Vgl. WANG, Vereinheitlichung, S. 88.

[240] Vgl. MEYER-STOLL, Maß- und Gewichtsreformen, S. 130; WANG, Vereinheitlichung, S. 89; GROSS, Integration, S. 252 ff. sowie HAUSCHILD, Geschichte, S. 67. Die fünf übrigen, in dieser Aufzählung nicht enthaltenen Mitglieder des Deutschen Bundes hatten das Zollpfund bzw. im Falle Luxemburgs das Kilogramm bereits vor der preußischen Initiative eingeführt, vgl. ebd., S. 64 u. S. 67.

[241] Stellungnahme des preußischen Gesandten, 28.6.1860, in: Protokolle der Deutschen Bundesversammlung 44 (1860), § 172, S. 315 (mit abweichender Seitenangabe auch zitiert bei MÜLLER, Deutscher Bund, S. 444).

[242] MEYER-STOLL, Maß- und Gewichtsreformen, S. 167.

[243] TRAPP und FRIED, Handbuch der Münzkunde, S. 100. Zu den hierüber geführten Verhandlungen vgl. OTTO, Entstehung, S. 197.

[244] Vgl. die ausführliche Erläuterung bei MEYER-STOLL, Maß- und Gewichtsreformen, S. 131, Fn. 15.

Maßeinigung. Sie beschränkte sich ausschließlich auf das *Grund*gewicht. Schon bei der Frage seiner Unterteilung endete die Einigkeit. Denn obwohl das preußische Handelspfund bis dahin wie in den meisten deutschen Staaten aus 32 Loth bestanden hatte, übernahm das 1856 verabschiedete Gesetz mit dem Zollpfund auch dessen Einteilung in 30 Loth.[245] In diesem Punkt folgten aber nur Sachsen, Kurhessen und einige kleinere Territorien der Berliner Vorgabe. Baden und das Großherzogtum Hessen hielten dagegen am traditionellen Aufbau fest. Frankfurt, Württemberg, Hessen-Homburg und Hohenzollernschen Lande taten es ihnen nach. Schließlich bildeten Hannover, Braunschweig, Oldenburg, Schaumburg-Lippe sowie Hamburg und Bremen eine eigenständige Gruppe. Sie schlossen sich im November 1856 zur ‚Norddeutschen Gewichtskonvention‘ zusammen. Diese sah vor, die Unterteilung des Zollpfundes vollständig zu dezimalisieren und auf das sogenannte ‚Neuloth‘ (1/10 Pfund) zu gründen.[246]

Der Vereinheitlichung der Gewichte waren also enge Grenzen gesetzt.[247] Für die Längen-, Flächen- und Volumenmaße galt das noch viel mehr. In dieser Hinsicht waren nach wie vor keinerlei Fortschritte zu verzeichnen. Das hing damit zusammen, dass die Frage ihrer Standardisierung seit dem Ende der 1850er Jahre mehr und mehr zu einem Spielball deutschlandpolitischer Initiativen und Machtkonstellationen mutierte. Darauf wird in Kapitel 7.2.2 zurückzukommen sein. An dieser Stelle ist festzuhalten, dass eine nationale Angleichung von Maßen und Gewichten vor den Umbrüchen der Jahre 1867 und 1871 nicht mehr zustande kam. Innerhalb der Einzelstaaten war sie zu diesem Zeitpunkt aber weitgehend verwirklicht. In den Debatten der 1860er Jahren ging es deshalb nicht mehr um die Frage, *ob* es einen einheitlichen Standard geben sollte, sondern nur noch um die Frage, *wie* dieser auszusehen hatte.

4.3 Großbritannien

4.3.1 Die Etablierung der *Imperial Measures*

Politische Debatten 1795–1824
Anders als in den meisten deutschen Staaten war die Maßpolitik in Großbritannien nur in geringem Maße von äußeren Faktoren geprägt. Das metrische System

---

[245] HAUSCHILD, Geschichte, S. 61.

[246] Ebd., S. 65f. Vgl. auch die ausführliche Darstellung bei GROSS, Integration, S. 255–262; die Übersicht bei WEISS, Vereinheitlichung, S. 65ff. sowie zur Umsetzung der Konvention am Bremer Beispiel SPICHAL, Jedem das Seine, S. 93ff.

[247] Das galt auch im Hinblick auf die zu diesem Zeitpunkt noch üblichen gesonderten Apotheker- und Juwelengewichte. Während Preußen die Einführung des Zollpfundes nutzte, um sie abzuschaffen, behielten die anderen Staaten sie bei bzw. bemühten sich im Falle der Apothekergewichte, auf der Basis des weit verbreiteten bayerischen Systems zu einer separaten Einigung zu kommen. Vgl. MEYER-STOLL, Maß- und Gewichtsreformen, S. 130f.; HAUSCHILD, Geschichte, S. 74 sowie ausführlich MÜLLER, Deutscher Bund, S. 454ff.

wurde dort lange Zeit kaum zur Kenntnis genommen. Die Kriege, die auf dem Kontinent den Boden für die einschlägigen Reformen bereiteten, sorgten im britischen Falle dafür, dass das Land von französischen Einflüssen abgeschottet blieb. Die im Königreich angestellten Vereinheitlichungsbemühungen gingen deshalb in erster Linie auf innere Impulse zurück. Da diese sehr schwach ausfielen, entwickelten die Reformen nur eine geringe Durchschlagskraft.

Von zentraler Bedeutung für die britischen Debatten war der Umstand, dass die Regierung ihre traditionelle Skepsis gegenüber einer Standardisierung von Maßen und Gewichten auch im ersten Drittel des 19. Jahrhunderts beibehielt. Alle diesbezüglichen Initiativen gingen deshalb auf einzelne Parlamentarier und lokale Administratoren zurück. Seit dem Scheitern des Vereinheitlichungsprojektes von John Riggs Miller strebten diese allerdings keine umfassende Reform, sondern nurmehr punktuelle Verbesserungen an.[248] Das wichtigste Motiv hierfür bildeten die rapiden Preissteigerungen von Lebensmitteln in der Mitte der 1790er Jahre. Sie riefen Unruhen hervor, denen Amtsträger wie die *Justices of the Peace* durch eine Reihe von Maßnahmen auf lokaler Ebene entgegentreten wollten. Ein Beispiel hierfür war das sogenannte *Speenhamland system*, das die Armenkassen nutzte, um die Einkommen von Geringverdienern in Abhängigkeit vom Brotpreis aufzubessern.[249]

Einer der Initiatoren dieses Systems, Charles Dundas, beschäftigte sich im selben Zusammenhang auch mit der Maßfrage. Wie viele seiner Zeitgenossen ging er davon aus, dass die Preissteigerungen neben der zunehmenden Bevölkerung, kriegsbedingten Engpässen und schlechten Ernten auch den spekulativen Neigungen und Gebräuchen der Getreidehändler geschuldet waren. Besonders die verbreitete Praxis, das Korn beim Verkauf mit Hohlmaßen zu messen, betrachtete er kritisch. Die große Vielfalt der Einheiten und die enorme Bandbreite an unterschiedlichen Befüllungspraktiken öffneten seiner Auffassung nach dem Betrug an den Konsumenten Tür und Tor.[250] Aus Gründen, die in Kapitel 5.2.1 dieser Arbeit dargelegt werden, war sein Vorschlag, Getreide beim Verkauf prinzipiell zu wiegen statt zu messen, zu diesem Zeitpunkt allerdings nicht umsetzbar.

Dundas' liberal inspiriertes Streben nach Gerechtigkeit auf dem Marktplatz wurde allerdings auch von anderen Akteuren geteilt. Es bildete beispielsweise den Hintergrund dafür, dass die *Quarter sessions* in Shropshire 1793 beschlossen, den bestehenden Vorschriften zum Umgang mit Maßen und Gewichten größere Aufmerksamkeit zu widmen. Auch im Unterhaus, das 1795 ein Komitee zur Untersuchung der steigenden Getreidepreise einsetzte, hinterließ es Spuren. 1795 und 1797 verabschiedeten die *Commons* zwei Gesetze, die es den *Justices of the Peace* erleichterten, beschädigte oder absichtlich verfälschte Maße aus dem Verkehr zu

---

[248] HOPPIT, Reforming, S. 98. Eine Ausnahme stellte ein 1794 veröffentlichtes Pamphlet von William Martin dar, das allerdings keinerlei Echo hervorrief. Vgl. ZUPKO, Revolution, S. 85 ff.

[249] Zu Preissteigerungen und Unruhen ARCHER, Social Unrest, S. 28 ff. Zum *Speenhamland system* DAUNTON, Progress, S. 455 ff.

[250] HOPPIT, Reforming, S. 97.

ziehen. Zudem ermöglichten sie die Einführung von Inspektoren (*examiners*), um die Praktiken auf Märkten und in Geschäften besser kontrollieren zu können.[251]

Diese im Rahmen des bestehenden Maßsystems angesiedelten Versuche zur Wahrung von Recht und Gerechtigkeit mündeten allerdings nicht in eine Debatte über eine generelle Reform. Für die Bewältigung der Krisensituation, mit der sich die Behörden an der Wende vom 18. zum 19. Jahrhundert konfrontiert sahen, schienen weitergehende Maßnahmen unnötig, zumal der wirtschaftliche Nutzen einer Vereinheitlichung zu diesem Zeitpunkt sehr umstritten war.[252] Diese Einschätzung beeinflusste auch die britische Rezeption des metrischen Systems. Seit der Ablehnung von Millers Projekt und Talleyrands Kooperationsangebot war die Frage einer Zusammenarbeit mit dem revolutionären Frankreich ohnehin vom Tisch. Der Ausbruch des Krieges 1792 bestätigte diese Position noch einmal.[253] Er führte zudem dazu, dass direkte Informationen aus Frankreich nur noch spärlich auf die Insel vordrangen. In der britischen Öffentlichkeit wurde das metrische System in 1790er und 1800er Jahren deshalb kaum je erwähnt, mit der Ausnahme eines einzigen kritischen Artikels aus der *Times* vom Oktober 1798.[254]

Gleichwohl gab es einige Akteure, die sich auch zu diesem Zeitpunkt schon mit der französischen Reform auseinandersetzten. Das waren die Wissenschaftler und Naturphilosophen der *Royal Society*. Zwar äußerten sie sich z. T. sehr skeptisch über den Meter, und nur ein einziger von ihnen sprach sich offen dafür aus, ihn zu übernehmen.[255] In einer Hinsicht blickten die Mitglieder der Gesellschaft aber neidvoll nach Frankreich. Denn bei aller Kritik am Erdumfang als Maßgrundlage hielten sie die Einrichtung eines Naturmaßes prinzipiell für erstrebenswert. Joseph Banks, der von 1778 bis 1820 als Präsident der *Royal Society* amtierte, schrieb in diesem Sinne, die Gesellschaft sei „well aware of the great importance of an universal measure & perfectly ready to adopt such a one whether it is discovered in France in England or elsewhere".[256] Es war allerdings kein Zufall, dass diese Bemerkung im Rahmen eines Briefwechsels mit einem französischen Kollegen fiel. Gegenüber britischen Politikern äußerte sich Banks ganz anders. Hier vertrat er die Auffassung, die Franzosen hätten sich mit ihrem neuartigen Einheitensystem in ganz Europa unmöglich gemacht und lehnte eine in irgendeiner Weise daran angelehnte Reform der einheimischen Maße ab.[257]

Diese Haltung mag auf den ersten Blick widersprüchlich erscheinen, aber sie hatte eine tieferliegende Ursache. Aufgrund der hervorgehobenen Rolle der *savants* in der Französischen Revolution standen die Wissenschaften in Großbritan-

---

[251] Vgl. ebd., S. 97f. sowie CONNOR, England, S. 331f.

[252] Vgl. Kap. 2.2.1 dieser Arbeit.

[253] TAVERNOR, Smoot's Ear, S. 118f.

[254] THE TIMES, 1. 10. 1798.

[255] Dabei handelte es sich um den Earl Stanhope, einen enthusiastischen Unterstützer der Französischen Revolution, vgl. HOPPIT, Reforming, S. 99. Skeptisch dagegen YOUNG, Course of Lectures, Bd. 1, S. 110f.

[256] Schreiben von Joseph Banks an Auguste-Savinien Leblond, 30. 1. 1802, zit. nach GASCOIGNE, Science, S. 28.

[257] Schreiben von Joseph Banks an Charles Grant, 19. 4. 1802, zit. nach ebd.

nien zu diesem Zeitpunkt unter Generalverdacht. Der Präsident der *Royal Society* sah seine Hauptaufgabe deshalb darin, Regierung und Öffentlichkeit von ihrer politischen Zuverlässigkeit zu überzeugen.[258] Das bedeutete allerdings, dass Projekte, die allzu eindeutig mit Frankreich in Verbindung standen, über Bord gehen mussten. Dazu gehörte die Frage des Maßstandards ganz zweifellos. Obwohl Banks der Meinung war, dass Großbritannien in dieser Hinsicht Nachholbedarf hatte, vermied er in den folgenden Jahren weitere Diskussionen über das Thema.

Dass die Debatte über eine Vereinheitlichung von Maßen und Gewichten in den 1810er Jahren wieder in Gang kam, war daher nicht das Verdienst der *Royal Society*. Der Impuls hierfür kam vielmehr aus den schottischen Highlands. Seit dem Ende des jakobitischen Aufstandes von 1746 fanden dort rapide soziale, ökonomische und kulturelle Veränderungen statt, die sich zwischen 1790 und 1815 nochmals zuspitzten. Angesichts der kriegsbedingten Agrarpreissteigerungen entwickelte sich Schottland in diesem Zeitraum zu einem zentralen Experimentierfeld des landwirtschaftlichen *improvement*, das vor allem von Großgrundbesitzern vorangetrieben wurde.[259] Sie fanden sich in agrarischen Gesellschaften zusammen, die der Zirkulation von Ideen zur Rationalisierung und Verbesserung ihrer Methoden und Produkte dienten.

Das wichtigste Beispiel hierfür bildete die 1784 gegründete *Highland Society of Scotland*. Sie richtete 1811 ein Komitee ein, das die Frage der Maßvielfalt untersuchen sollte.[260] Theoretisch hätte es dieses Problem zu Beginn des 19. Jahrhunderts allerdings längst nicht mehr geben sollen, denn der *Act of Union* von 1707 hatte die englischen Einheiten auch in Schottland für verbindlich erklärt. Doch selbst in den großen Städten war diese Setzung kaum beachtet worden. So erfreuten sich in Glasgow das niederländische Troy-Pfund und das schottische Tron-Pfund sowie die *Glasgow Firlot* und die *Linlithgow Firlot* noch 1819 großer Beliebtheit.[261] Die Erschließung der Highlands brachte darüber hinaus eine geradezu erdrückende Fülle an lokalen Maßtraditionen zum Vorschein. Sie galt den Grundbesitzern als gewichtiges Hindernis für die Kommerzialisierung der Landwirtschaft, weil sie die buchhalterische Erfassung von Erträgen und Preisen und damit die Rationalisierung der Betriebsführung erschwerte.[262]

Bei ihren Beratungen im Rahmen der *Highland Society* gingen die Verfechter des agrarischen *improvement* davon aus, dass es für dieses Problem eine relativ einfache Lösung geben würde. Sie argumentierten, dass die bisherigen Bemühungen zu einer Reduzierung der Maßvielfalt stets an ihren überzogenen Zielsetzungen gescheitert seien und kritisierten die wissenschaftlichen Versuche, ein Naturmaß oder gar ein vollständig neues Einheitensystem zu erschaffen. Stattdessen

---

[258] Knight, Modern Science, S. 30.

[259] Daunton, Progress, S. 80 ff.

[260] Dazu zeitgenössisch Mackenzie, Introduction 1807–1815, S. xxiiiff. Vgl. hier und im Folgenden auch Somerville, Standardization, S. 40 ff. sowie Connor et al., Scotland, S. 391.

[261] Somerville, Standardization, S. 39 f.

[262] Report on Weights and Measures, S. 1 f. des zweiten, separat paginierten Teils. Vgl. auch die ähnliche Argumentation bei Eliot, Letters, S. 3 ff.

vertraten sie die Auffassung, dass „something more limited and less perfect, would go far to remove the evil complained of."[263] Eine Möglichkeit sahen sie beispielsweise darin, den 1618 fixierten und nach wie vor gebräuchlichen schottischen Maßen breitere Geltung zu verschaffen. Daneben diskutierten sie auch die vollständige Umsetzung der Bestimmungen des *Act of Union*, also die allgemeine Einführung der englischen Maße. Weil deren Einheiten im Rahmen der Steuererhebung Verwendung fanden und ihre Standards zudem nach Auffassung des Komitees eindeutig festgelegt waren, setzte sich diese Auffassung schließlich durch.[264] 1813 legte die *Highland Society* einen Gesetzesentwurf vor, mit dem sie verwirklicht werden sollte. Trotz breiter Unterstützung von *shires*, *boroughs* und Handelskammern verschwand das Projekt allerdings schnell wieder in der Versenkung. Denn bei dem Versuch, das englische System genauer zu spezifizieren, sah sich das Komitee mit dem Problem konfrontiert, dass dieses keineswegs so klar definiert war, wie es zunächst vermutet hatte. Es musste im Gegenteil feststellen, „that there is a considerable diversity even in the legal Standards of England".[265]

Dieser Befund führte dazu, dass die *gentleman farmers* ihre Ambitionen ausweiteten und fortan nicht mehr nur Schottland, sondern das gesamte Königreich in den Blick nahmen. Sie erblickten in den genannten Defiziten die Gelegenheit, gemeinsam mit den schottischen auch die englischen Maße zu reformieren und deren Geltungsbereich zudem noch auf die 1801 in Kraft getretene Union mit Irland auszudehnen.[266] Ihre hervorragende Vernetzung eröffnete ihnen die Möglichkeit, diese Überlegungen direkt ins Parlament nach Westminster zu tragen. Zentrale Bedeutung erlangte dabei George Clerk of Penicuik, ein großer Landbesitzer, der 1811 zum Abgeordneten von Edinburghshire gewählt worden war.[267] Er entwickelte sich in den folgenden Jahren zur treibenden Kraft hinter den britischen Bestrebungen einer Neuordnung von Maß und Gewicht. In einem ersten Schritt sorgte er 1814 dafür, dass das Unterhaus ein Komitee einrichtete, um Vorschläge zur Verbesserung der administrativen Kontrolle des Einheitensystems zu erarbeiten.[268] Daraus erwuchs 1815 ein Gesetzesentwurf, der zunächst nur auf einen besseren Schutz vor fehlerhaften oder gefälschten Maßen abzielte.[269] In den folgenden Monaten wurde er aber stetig erweitert und schließlich als „Bill for Ascertaining and Establishing Uniformity of Weights and Measures"[270] zur Abstim-

---

263 Suggestions by the Committee of the Highland Society of Scotland, upon the Subject of Weights and Measures, o. D. [25.11.1811], NAS GD 23/6/491. Zu den im Folgenden erwähnten Festlegungen von 1618 vgl. CONNOR et al., Scotland, S. 629–635.

264 Memorial Relative to Heads of a Bill for Establishing and Preserving Uniformity of Weights and Measures in Scotland, 1813, NAS GD 51/5/302, fol. 547.

265 Ebd. Zur breiten Unterstützung vgl. MACKENZIE, Introduction 1807–1815, S. xxvi.

266 Vgl. ebd., S. xxivff.

267 THORNE, Clerk, S. 449f. Vgl. auch HOPPIT, Reforming, S. 101.

268 Hansard's HC Deb 10 May 1814, vol 27, col 810. Vgl. auch: Report Select Committee Weights and Measures; P.P. 1813–1814 (290), III.131. Zur Zitierweise britischer *Parliamentary Papers* vgl. die diesbezüglichen Hinweise im Quellen- und Literaturverzeichnis.

269 Bill for the Prevention of the Use of False Measures; P.P. 1814–1815 (162), I.21.

270 Bill for Ascertaining Uniformity of Weights and Measures; P.P. 1814–1815 (312), I.27.

mung gebracht. In dieser Form passierte er das *House of Commons*, scheiterte aber im Mai 1816 am *House of Lords*. Angesichts der 1818 anstehenden Unterhauswahlen wurde das Thema daraufhin auf Eis gelegt. Unmittelbar nach seinem erneuten Zusammentritt setzte das Parlament aber ein weiteres Komitee zur Beratung über die Maßfrage ein, das 1819, 1820 und 1821 jeweils einen Bericht erstattete. Die darin formulierten Empfehlungen resultierten schließlich 1824 in der Einführung des Systems der sogenannten *Imperial Measures*.[271]

Die missglückte Reform 1824–1835

Für die lange Dauer des Gesetzgebungsprozesses gab es mehrere Gründe. Zahlreiche Zünfte und Städte setzten sich dagegen zur Wehr, dass sie im Zuge der Reform ihrer Privilegien zur Aufsicht über Maß und Gewicht enthoben werden sollten. Diese Forderung ließen Clerk und seine Mitstreiter allerdings schnell wieder fallen.[272] Von größerer Bedeutung für die Verzögerung des Verfahrens war die Tatsache, dass die parlamentarische Debatte den Wissenschaftlern der *Royal Society* die Gelegenheit gab, sich aus ihrer kriegsbedingten Deckung hervorzuwagen. Das Komitee von 1814 zog sie als Experten zu den Beratungen hinzu, und sie nutzten die Gelegenheit, um der Debatte ihren Stempel aufzudrücken.[273]

Der Schwerpunkt der geplanten Reform verschob sich dadurch deutlich. Statt um die Anliegen der schottischen Großgrundbesitzer drehte sie sich fortan primär um die Frage der wissenschaftlichen Grundlegung des Maßsystems. Die Vorlage von 1815/16 sah deshalb vor, die *Imperial Measures* an eine natürliche Größe und konkret an das Sekundenpendel zu binden. Allerdings stellte sich bald heraus, dass die an dem Verfahren beteiligten Experten die Komplexität dieser Vorgabe unterschätzt hatten. Zudem waren ihnen bei der Bestimmung der grundlegenden Längen- und Gewichtsmaße zahlreiche Fehler unterlaufen. Darauf wird in Kapitel 6.1.1 dieser Arbeit genauer einzugehen sein. An dieser Stelle ist festzuhalten, dass diese Entwicklungen maßgeblich dazu beitrugen, die Beratungen über die Maßreform in die Länge zu ziehen.[274]

Schließlich verzögerte auch der Friedensschluss von 1815 die Neuordnung. Er bildete den konkreten Anlass dafür, dass das *House of Lords* 1816 gegen das vom Unterhaus verabschiedete Gesetz stimmte. Vor dem Hintergrund der veränderten weltpolitischen Lage argumentierten die *Peers*, „that something of a more general nature might be attempted, in concert with other States, for the benefit of com-

---

[271] Vgl. zusammenfassend Connor, England, S. 251–257; Zupko, Revolution, S. 105–112; Hoppit, Reforming, S. 98 ff.; Adell, Standardization Debate, S. 176 ff. sowie First Report of the Commissioners; P.P. 1819 (565), XI.307; Second Report of the Commissioners; P.P. 1820 (314), VII.473; Third Report of the Commissioners; P.P. 1821 (383), IV.297.; Report Select Committee Weights and Measures; P.P. 1821 (571), IV.289 und Report Select Committee Lords; P.P. 1824 (94), VII.431.

[272] Mackenzie, Introduction 1816–1820, S. xix.

[273] Report Select Committee Weights and Measures, S. 4 ff. u. S. 9 ff.; P.P. 1813–1814 (290), III.131.

[274] Zupko, Revolution, S. 106 f.

merce."[275] Einige von ihnen hatten dabei vermutlich die Einführung des metrischen Systems im Hinterkopf, denn im Verlauf der nun folgenden Debatten verknüpften auch andere Akteure den Wunsch nach einer internationalen Lösung
mit der Forderung nach einer Übernahme der französischen Einheiten. So richtete
die Glasgower Handelskammer 1823 eine Petition an das Oberhaus, in der sie die
„intrinsic Excellence of that System"[276] lobte und seine Bedeutung für den grenz-
überschreitenden Handel betonte.

Trotz dieser Stimmen ist die Einführung des Meters allerdings auch nach 1815
nie ernsthaft in Erwägung gezogen worden. An die Stelle der kriegsbedingten Ta-
buisierung des Themas trat seit etwa diesem Zeitpunkt ein neues Problem: die
Entwicklung des metrischen Systems in seinem Mutterland. Denn die Zulassung
der *mesures usuelles* 1812 und das damit einhergehende Nebeneinander von metrischen, usuellen und traditionellen Maßen bedeutete in den Augen britischer
Beobachter, dass die französische Reform gescheitert war. Patrick Kelly, einer der
kenntnisreichsten Metrologen des frühen 19. Jahrhunderts, argumentierte 1816 in
diesem Sinne. Thomas Young, der die wissenschaftlichen Debatten in Großbritannien maßgeblich prägte, äußerte sich 1823 in ähnlicher Weise.[277] Und schließlich verwiesen auch die im selben Jahr von einem Komitee des *House of Lords*
befragten Zeugen auf das Dekret von 1812, um ihre Ablehnung der französischen
Maße zu begründen. George Clerk führte deren Scheitern bei dieser Gelegenheit
darauf zurück, dass die dezimale Unterteilung und die griechisch-lateinische
Nomenklatur die Mehrheit der Bevölkerung überfordert habe.[278]

Das 1822 erneut eingebrachte und 1824 verabschiedete Gesetz zur Vereinheitlichung von Maßen und Gewichten war deshalb auf dem Leitgedanken aufgebaut,
solche komplizierten Veränderungen zu vermeiden. Es orientierte sich an den
Befunden der *select committees* von 1819–1821, die übereinstimmend die Schwierigkeiten einer radikalen Erneuerung betonten.[279] Sie begründeten die Notwendigkeit einer Reform allein mit dem Problem der wissenschaftlichen Fundierung
der Maße und empfahlen deshalb, die bestehenden Einheiten an eine natürliche
Größe zu koppeln, ansonsten aber so wenig wie möglich an ihnen zu ändern.[280]
Vor diesem Hintergrund war das Hauptanliegen der *bill*, die Urmaße des Systems
der *Imperial Measures* festzulegen. Sie erklärte die *Bird's Scale* von 1760 zum gesetzlichen Längenstandard und verknüpfte sie mit dem Sekundenpendel. Zudem
erhob sie das 1758 angefertigte Troy-Gewicht von Harris zur alleinigen Grundlage des Gewichtssystems und koppelte es an das Wassergewicht. Anhand dieses
Maßstabes definierte sie schließlich auch die Volumeneinheiten. Diese waren der

---

[275] MACKENZIE, Introduction 1816–1820, S. xx.
[276] Petition of the Directors of the Chamber of Commerce and Manufactures in the City of
Glasgow, in: Journals of the House of Lords 55 (1822), S. 697. Eine weitere positive Mei-
nungsäußerung über das französische Maßsystem ist MERCATOR, Sketch.
[277] KELLY, Metrology, S. xiii; YOUNG, On Weights and Measures, S. 427 f. Vgl. auch ROBINSON,
Story, S. 13 f. sowie insgesamt zur Rolle Youngs ROBINSON, Last Man, S. 192 ff.
[278] Report Select Committee Lords, S. 10; P.P. 1824 (94), VII.431.
[279] First Report of the Commissioners, S. 3; P.P. 1819 (565), XI.307.
[280] Hansard's HC Deb 25 February 1824, vol 10, cols 450–451.

Gegenstand der einzigen substantiellen Veränderung des Maßsystems. Von den drei bis dahin gebräuchlichen Gallonenmaßen bestimmte das Gesetz die *Imperial Gallon* zur alleinigen Grundeinheit. Die übrigen Maße ließ es dagegen unverändert. Auch ihre Nomenklatur und ihre Unterteilungen behielt es trotz einiger vorsichtiger Ansätze zu einer Systematisierung prinzipiell bei.[281]

Die Vorgaben zur Implementierung der neuen Einheiten ergeben ein ähnliches Bild. Zwar erbrachte der *act* insofern eine wichtige Neuerung, als er die Schaffung einer landesweiten Infrastruktur von Maßnormalen vorsah. Es sollten also Kopien der Urmaße angefertigt und an die Städte und *counties* (bzw. *shires* in Schottland) verteilt werden, um künftig die Gebrauchsmaße anhand eines einheitlichen Standards eichen zu können. Zudem erklärte das Gesetz alle bisherigen Rechtsnormen für ungültig.[282] Diese Bestimmung kann allerdings nicht darüber hinwegtäuschen, dass eine allgemeine Durchsetzung der *Imperial Measures* nicht zu den Zielsetzungen der Reform gehörte. Denn die traditionellen Maße blieben weiterhin zulässig, sofern ihr Verhältnis zu den neuen Einheiten eindeutig festgelegt war.[283] Das Gesetz schuf also lediglich ein Referenzsystem, das als Bezugsgröße für Zweifelsfälle dienen sollte. Die Überlegung, durch eine vollständige Vereinheitlichung von Maßen und Gewichten zu einer stärkeren wirtschaftlichen Integration beizutragen, spielte für seine Ausgestaltung dagegen keine Rolle.[284] Auch die Sicherung der staatlichen Einkünfte gehörte nicht zu den Motiven der Reform. Die Regierung befürchtete vielmehr, dass ihr aufgrund der Veränderungen Steuereinnahmen entgehen könnten. Sie legte deshalb größten Wert auf die Erstellung akkurater Umrechnungstabellen.[285]

Die Neuordnung von Maßen und Gewichten fiel insgesamt also sehr behutsam aus. Diese Zurückhaltung erwies sich schnell als kontraproduktiv, denn in der praktischen Umsetzung warfen die vom Parlament getroffenen Regelungen große Probleme auf. Das galt insbesondere für die Tolerierung der traditionellen Maße. Sie gab erstmals „a kind of legal sanction to the use of customary or local weights and measures, which had been vainly withheld before."[286] Die Nachfrage nach Gebrauchsmaßen mit den alten Größen stieg deshalb seit 1824 sprunghaft an. Gesetzgeber, lokale Verwaltungen und Wissenschaft beförderten diese Entwicklung noch, weil sie die materielle Infrastruktur für die neuen Einheiten nicht rechtzeitig zur Verfügung stellten. Die Anfertigung der vier Hauptkopien der neuen Urmaße verzögerte sich aufgrund der hohen Genauigkeitsanforderungen gleich mehrfach.[287] Auch als sie abgeschlossen war, machte die Versorgung der Städte

---

[281] 5 George IV Cap. 74, §§ I–VII. Vgl. auch PASLEY, Observations, S. 169 ff.; CONNOR, England, S. 255 ff. sowie ZUPKO, Revolution, S. 178 ff.

[282] 5 George IV Cap. 74, § XXIII.

[283] Vgl. ebd., § XVI.

[284] HOPPIT, Reforming S. 104. Vgl. auch den zeitgenössischen Kommentar bei PASLEY, Observations, S. 171.

[285] Bill for Ascertaining Uniformity of Weights and Measures, S. 9; P.P. 1824 (72), III.359.

[286] THE TIMES, 12. 3. 1835. Vgl. auch HOPPIT, Reforming, S. 101 f.

[287] KATER, Report, S. 387.

und Bezirke mit Eichmaßen aber kaum Fortschritte. Denn das Gesetz erlegte den lokalen Behörden zwar die Kosten für deren Anschaffung auf, beinhaltete aber keinen Mechanismus, um sie zum Kauf der teuren Prototypen zu *zwingen*. Deshalb, so berichteten die *weights and measure makers* von London und Westminster 1830, lasse die Ausrüstung der Kommunen mit den neuen Standardmaßen sehr zu wünschen übrig.[288]

Die Krone setzten dieser Situation aber die *weights and measure makers* selbst auf. Bereits unmittelbar nach der Verabschiedung des Gesetzes von 1824 hatten sie damit begonnen, in großem Umfang neue Gebrauchsnormale zu produzieren. Zu diesem Zeitpunkt waren allerdings die Hauptkopien der Urmaße noch nicht fertiggestellt. Das war insofern ein Problem, als die Gewichtsmaße den neuen Vorschriften zufolge „models" dieser Hauptkopien sein sollten.[289] Sie mussten also nicht nur in ihrer Masse, sondern auch in ihrer Form mit diesen übereinstimmen. Viele Hersteller produzierten die neuen Gewichte aber einfach in der traditionellen Glockenform, ohne die Angelegenheit genauer zu überdenken. Als die Arbeit an den Sekundärstandards 1825 abgeschlossen war, stellte sich heraus, dass der damit beauftragte Instrumentenmacher Robert Bate sie in Kugelform gefertigt hatte, um sie besser gegen Abnutzungserscheinungen zu schützen.[290]

Die Folge davon war, dass so gut wie alle im Umlauf befindlichen neuen Gewichte mit einem Schlag ihre Gültigkeit verloren. Ein Vertrauter von George Clerk berichtete 1826, dass „the false weights in use are to the correct ones in a greater ratio than 100 to 1".[291] Die lokalen Verwaltungen trugen noch zusätzlich zur Verschärfung des Problems bei, denn trotz eindeutiger Rechtslage versahen einige von ihnen weiterhin auch glockenförmige Gewichte mit einem Eichstempel.[292] Fortan existierte deshalb nicht mehr nur eine Unterscheidung zwischen *customary* und *Imperial Measures*, sondern auch noch eine Unterscheidung zwischen legalen (kugelförmigen, gestempelten), halblegalen (glockenförmigen, gestempelten) und illegalen (glockenförmigen, ungestempelten) Maßen!

Das Gesetz von 1824 war also ein administratives Desaster. Da es einerseits die traditionellen Maße sanktionierte und andererseits die Implementierung der neuen Einheiten vermasselte, beförderte es die Unsicherheit über die gültigen Standards noch einmal. Mit dem Durcheinander der französischen Maßeinheiten, das zu vermeiden eines der Hauptziele des gesamten Verfahrens gewesen war, konnte es die britische Reform problemlos aufnehmen. „It was", so urteilte ein Zeitgenosse 1827, „a most absurd act, […] a stain on the prudence and wisdom

---

[288] Vgl. Schreiben der Weights and Measure Makers of the City of London and Westminster an die Lords Commissioners of the Treasury, o.D. [1830], TNA T1/4358, fol. 870–872, hier fol. 871.

[289] 5 George IV Cap. 74, § XI. Zur Interpretation vgl. Minutes of Evidence Select Committee Weights and Measures, S. 3; P.P. 1834 (464), XVIII.243.

[290] Vgl. ebd.; KATER, Account, S. 9ff. sowie McCONNELL, Bate, S. 19ff.

[291] Schreiben von William Gutteridge an Sir George Clerk, 20.4.1826, NAS GD 18/3311.

[292] Minutes of Evidence Select Committee Weights and Measures, S. 3f.; P.P. 1834 (464), XVIII.243.

of the legislature, and a disgrace to the community at large."[293] Die Notwendigkeit einer Nachbesserung lag auf der Hand. 1832 nahm sich Lord Ebrington, ein prominenter Whig, der Sache an. Ein von ihm ins Leben gerufenes *select committee* legte 1834 ein Ergänzungsgesetz vor, das noch im selben Jahr verabschiedet wurde. Es erlaubte die Stempelung von Gewichtsmaßen auch unabhängig von ihrer Form und erklärte zudem sämtliche *customary measures* für abgeschafft.[294] Statt eines *Referenz*systems erhielt Großbritannien nunmehr also ein verpflichtendes *allgemeines* Maßsystem.

Das war eine wichtige Zäsur. Eine grundsätzliche Debatte über diese Frage gab es allerdings nicht. Im Gegenteil: Das Gesetz erweckte weder innerhalb noch außerhalb des Parlamentes größere Aufmerksamkeit.[295] Es resultierte vielmehr alleine aus den Schwierigkeiten bei der Umsetzung der 1824 beschlossenen Vorgaben. Trotz dieser schlechten Erfahrungen waren jedoch auch die neuen Bestimmungen so schlampig formuliert worden, dass sich das Parlament nach wenigen Monaten erneut mit dem Thema befassen musste. 1835 verabschiedete es ein weiteres Gesetz, das nun keine ergänzende Maßnahme mehr darstellte, sondern das Maß- und Gewichtswesen vollständig neu regulierte. Für die „ridiculous contradictions in the [1834] act"[296] war indes nicht nur mangelnde gesetzgeberische Sorgfalt verantwortlich. Vielmehr offenbarte sich in ihnen ein Problem, das auch schon 1824 erkennbar gewesen war: die Tatsache, dass die britische Exekutive keinerlei Interesse daran hatte, die Strukturen zur Verwaltung des Maßwesens zu modernisieren.

4.3.2 Die Maßverwaltung 1795–1870

Lokale Administration

Wie in allen europäischen Ländern gab es in Großbritannien am Ende des 18. Jahrhunderts keine zentrale Behörde, die die Aufsicht über Maße und Gewichte ausübte. Die Aufgaben der Eichung und der Inspektion lagen vielmehr in der Hand lokaler Amtsträger. Zumeist waren sie aber nach einem ähnlichen Muster organisiert. In den Städten besorgten in der Regel die Zünfte oder der Gemeindediener die Eichung und der *clerk of the market* bzw. die sogenannten *annoyance juries* die Inspektion.[297] Auf dem Land waren für beides die *leet courts*, also ad

---

[293] Hansard's HL Deb 13 March 1827, vol 16, col 1154. Vgl. auch die ähnlichen Aussagen in The Times, 12.3.1835. Die positive Einschätzung bei Mokyr, Enlightened Economy, S. 422, ist nicht nachvollziehbar.

[294] 4 & 5 William IV Cap. 49, §§ 1–3. Die bereits in der Einleitung zitierten Aussagen bei Velkar, Markets, S. 12 u. S. 52, wonach die lokalen Einheiten erst 1878 für illegal erklärt worden seien, treffen nicht zu.

[295] The Times, 12.3.1835.

[296] Ebd.

[297] Standards Commission, Fourth Report, S. iv; P.P. 1870 [C. 147], XXVII.249. Überblicke über die traditionelle Struktur der Maßverwaltung bieten Chaney, Weights, S. 51 ff. und Connor, England, S. 322 ff. Grundsätzlich zum Aufbau der lokalen Verwaltungen vgl. Chester, Administrative System, S. 52 ff. u. S. 322 ff.

hoc einberufene, niedere Gerichte verantwortlich. Die Gesetze von 1795 und 1797 stellten ihnen zudem die erwähnten *examiners* zur Seite. Das waren meist die *parish constables*, die zusätzlich zu ihrer nebenberuflichen Polizeiarbeit auch die Inspektion von Maßen und Gewichten auf Märkten und in Geschäften übernehmen sollten.[298]

Die Eichung verblieb zunächst bei den *leet courts*. Im Rahmen des Gesetzes von 1824 warf das allerdings Schwierigkeiten auf, denn die dort vorgesehene Rückführung aller lokalen Maße auf einen nationalen Standard überforderte die Kompetenz der Gerichte.[299] Die seit 1815 Zug um Zug auch in den Städten eingeführten *examiners* waren aufgrund ihrer technischen Kenntnisse für diese Aufgabe besser geeignet und ließen sich zudem einfacher kontrollieren. Das Gesetz von 1834 übertrug ihnen deshalb neben der Inspektion auch die Eichung. Dadurch entstand allerdings ein neues Problem, denn mit der gleichzeitig beschlossenen obligatorischen Einführung der *Imperial Measures* ging die Verpflichtung einher, alle im Umlauf befindlichen Maße neu zu eichen.[300] In den meisten *counties* gab es aber nur einen *examiner*, der zudem nebenamtlich tätig war. Die Neueichung brachte die Inspektoren schnell an die Grenzen der Belastbarkeit. Hinzu kam noch, dass ihre Arbeit nach dem Willen des Gesetzgebers alleine aus den vereinnahmten Gebühren bezahlt werden sollte. Diese waren deshalb so hoch angesetzt, dass sie den Verkaufspreis von kleinen Gewichten mehr als verdoppelten. Händler und Ladenbesitzer, aber auch die Hersteller von Maßen und Gewichten sahen darin eine „tax on trade",[301] gegen die sie heftigen Widerstand leisteten.

Als Reaktion darauf beschloss das Parlament mit dem Gesetz von 1835, die Inspektoren künftig aus der örtlich erhobenen Grundsteuer zu entlohnen und reduzierte die Eichgebühren drastisch. An der grundsätzlichen Aufgabenverteilung zwischen Regierung und lokalen Autoritäten änderte sich dadurch allerdings nichts. Zwar schrieben die Abgeordneten den Städten und Gemeinden die Einführung von Inspektoren nunmehr verbindlich vor und legten deren Rechte und Pflichten genauer fest. Anders als in den übrigen europäischen Ländern verzichteten sie aber darauf, ein zentrales Amt für die Koordination der Maß- und Gewichtsverwaltung einzurichten. Die Aufsicht über alle diesbezüglichen Fragen lag nach wie vor in den Händen der lokalen Behörden. Zudem bestätigte das Gesetz ausdrücklich die meisten der vor 1835 bestehenden korporativen Privilegien. So konnten sowohl die Londoner Zünfte als auch die *leet courts* weiterhin unabhängig von den Inspektoren agieren.[302] Auch nach der Reform war die Maß- und Gewichtsverwaltung also stark von dem für Großbritannien im 19. Jahrhundert

---

[298] CONNOR, England, S. 332.
[299] Schreiben von William Gutteridge an Sir George Clerk, 20. 4. 1826, NAS GD 18/3311.
[300] 4 & 5 William IV Cap. 49, §§ XIV u. XVI (zur Kontrolle über die Inspektoren). Vgl. auch CONNOR, England, S. 332.
[301] THE TIMES, 22. 1. 1835.
[302] Standards Commission, Fourth Report, S. iv; P.P. 1870 [C. 147], XXVII.249. Diese waren also „intended to be in addition to, not in substitution for, the former system", ebd. Vgl. auch CHANEY, Weights, S. 54 ff. sowie die allerdings sehr lückenhafte und unzuverlässige Darstellung bei ZUPKO, Revolution, S. 200 ff., hier v. a. S. 205.

typischen „feudalen Überhang" geprägt. Eine national einheitliche Struktur besaß sie nicht.[303]

Die Auswirkungen des 1834/35 sanktionierten Inspektionssystems variierten deshalb von Ort zu Ort. In einigen, vorwiegend urban geprägten Bezirken setzten die Behörden es schnell in die Praxis um. Das galt z. B. für jene Verwaltungseinheiten, die die Kontrolle über London ausübten, also die *Corporation of London* sowie die *counties* Middlesex, Surrey und Kent. Sie konnten es sich von Anfang an erlauben, das Amt des Maß- und Gewichtsinspektors mehrfach zu besetzen. Die Vorsteher des *Middlesex County* etwa wählten 1834/35 gleich sechs neue *examiners*.[304] Zwar besetzten sie nur zwei dieser Positionen mit hauptberuflichen Kräften. Deren Anteil stieg in den folgenden Jahrzehnten aber deutlich an. 1866 waren schon sechs der mittlerweile neun Inspektoren ausschließlich in diesem Beruf tätig. Dafür erhielten sie mit 150 Pfund einen recht ansehnlichen Lohn.[305] Dementsprechend hoch war auch ihr Qualifikationsniveau. Schon 1835 hatten die meisten Bewerber eine solide handwerkliche Ausbildung vorzuweisen gehabt, und bis zur Jahrhundertmitte verschärften die Behörden ihre diesbezüglichen Anforderungen noch einmal. Insgesamt scheint die Londoner Maß- und Gewichtsadministration daher spätestens seit diesem Zeitpunkt sehr gut funktioniert zu haben.[306]

Noch effektiver war sie im 1838 gebildeten *Borough of Manchester*. Seit 1844 existierte dort ein eigenes Maß- und Gewichtsbüro, dessen *Chief Inspector* bis 1873 regelmäßige Berichte verfasste. Die genaue Zusammensetzung des Personals der Behörde, das neben dem Leiter zwei bis drei weitere Inspektoren sowie mehrere Assistenten umfasst zu haben scheint, lässt sich aus diesen Quellen zwar nicht ermitteln, aber ihre Aktivitäten sind dort detailliert erfasst. Demzufolge gelangten in Manchester zwischen 1845 und 1872 jährlich etwa 50–80 000 Maße und Gewichte zur Eichung. Zudem kontrollierten die Inspektoren ebenfalls jährlich die fast unglaublich erscheinende Zahl von 20–35 000 Geschäften, worunter allerdings auch Marktstände und Kleinsthändler fielen.[307] Die Zahl der Verurteilungen wegen nicht geeichter oder falscher Maße und Gewichte sank durch diese Maßnahmen drastisch. Während 1847/48 noch etwa 7% aller inspizierten Geschäfte aufgrund von Verstößen eine Geldstrafe entrichten mussten, waren es 1871/72 nur noch 0,18%. Zudem trug sich das Maßbüro durch das hohe Eichaufkommmen finanziell annähernd selbst. Zwischen 1844 und 1869 standen Ausgaben von 25 000 Pfund Einnahmen in Höhe von 22 500 Pfund gegenüber.[308]

---

[303] Zur Einordnung in die generelle Entwicklung des britischen Verwaltungsstaates vgl. RAPHAEL, Recht und Ordnung, S. 61 ff.

[304] Applications and Testimonials for Position of Inspector of Weights and Measures, November 1834, LMA MA/MW/3/1-43 sowie MA/MW/4/1-64.

[305] Standards Commission, Fourth Report, S. 167; P.P. 1870 [C. 147], XXVII.249.

[306] Applications and Testimonials for Position of Inspector of Weights and Measures, November 1834, LMA MA/MW/3/1-43 und MA/MW/4/1-64 sowie Standards Commission, Fourth Report, S. 406; P.P. 1870 [C. 147], XXVII.249.

[307] Report of the Chief Inspector, S. 18f.

[308] Vgl. ebd., S. 5 sowie Standards Commission, Fourth Report, S. 416; P.P. 1870 (C. 147), XXVII.249.

Diese Bilanz ist in zeitgenössischen Debatten wiederholt als vorbildlich gelobt worden.[309] Auch Birmingham, Glasgow und Liverpool standen in dem Ruf, über eine funktionierende Maßverwaltung zu verfügen. Es gab aber auch das gegenteilige Extrem. Das waren die ländlichen Bezirke, insbesondere in Schottland und in Irland. Mit einigen Ausnahmen galten dort zwar dieselben Regelungen wie in England und Wales. In der Praxis scheiterten die *local authorities* aber oft schon an den grundlegendsten Voraussetzungen für eine wirksame Verwaltung. Einige schottische *burghs* konnten sich nicht einmal einen nebenamtlichen Inspektor leisten. In Inveraray z. B. wurde ein solcher erst 1871 ernannt. Das Gemeinderatsmitglied, das die Initiative hierzu ergriffen hatte, berichtete dem *Board of Trade*, wie sehr das Maß- und Gewichtswesen zuvor vernachlässigt worden war:

There had been no inspection of Weights & Measures within the Burgh of Inveraray for the last twenty years. [...] I was present when a number of these Weights were tested by the [newly appointed] Inspector. In almost every instance they were found to be light, some of them *frightfully so*. For more than a week, from morning till night each day, the Inspector & his Assistant were kept hard at work adjusting the whole.[310]

Diese Defizite waren kein Einzelfall.[311] Auch für viele andere *local authorities* stellte die Maßverwaltung ein großes Problem dar. Schon die Anschaffung der Eichnormale brachte sie häufig an die Grenzen ihrer finanziellen Belastbarkeit, und für die Bezahlung und Beaufsichtigung von Inspektoren hatten sie erst recht keine Mittel.[312]

Der Ausbau eines anderen Zweiges der öffentlichen Gewalt eröffnete ihnen seit Mitte der 1850er Jahre einen Ausweg aus dieser schwierigen Lage. Gemeint sind die regionalen Polizeiorganisationen. Im 18. und frühen 19. Jahrhundert hatten diese auf dem Einsatz von ehrenamtlichen Kräften basiert und waren dementsprechend rudimentär gewesen. Seit 1839 durften und ab 1856 mussten aber alle englischen *counties*, ab 1857 auch alle schottischen *shires* eine professionelle Polizei aufbauen.[313] Vor diesem Hintergrund gingen in der Folgezeit zahlreiche ländliche Bezirke und kleinere Städte dazu über, hauptamtliche Polizisten zu nebenamtlichen Maß- und Gewichtsinspektoren zu ernennen. 1866 stellten diese schon zwei Drittel der 731 in Großbritannien (ohne Irland) tätigen Eichbeamten. In Irland, wo die *Royal Irish Constabulary* ohnehin zahlreiche Verwaltungsaufgaben wahrnahm, übertrug der Gesetzgeber die Inspektion 1860 sogar vollständig auf die Polizei.[314] Gegen-

---

[309] Vgl. ebd., S. vi u. S. 416.

[310] Schreiben von Louis Mallet an den Vizepräsidenten des Board of Trade, 4.12.1871, NAS AD 56/122 (Hervorhebung im Original unterstrichen).

[311] Vgl. z. B. einen Fall im *Burgh of Wick*, in dem ein lokaler Eisenwarenhändler über 25 Jahre lang als Inspektor tätig war, ohne jemals in dieses Amt berufen worden zu sein, Revised Answers for the Commissioners of Supply to the Petition of Mr. John Clegham, 2.6.1863, NAS SC 14/4/310.

[312] Vgl. am Beispiel des North Riding of Yorkshire NYCRO QFC, Minute Book 1837–39, 31.3.1837, S. 2 sowie Papers Relating to the Provision of Standard Weights and Measures, 1834–1835, NYCRO QAW, Heading 8.

[313] Taylor, Police, S. 12–43 sowie Chester, Administrative System, S. 338 ff.

[314] Standards Commission, Fourth Report, S. v u. S. 382; P.P. 1870 [C. 147], XXVII.249.

über dem zuvor praktizierten System stellte diese Entwicklung einen merklichen Fortschritt dar. So berichtete der *Inspector of Constabulary* für die Eastern Counties, die Midlands und Nordwales in den 1860er Jahren mehrfach, dass seine Mitarbeiter die Maß- und Gewichtsverwaltung dort „exceedingly well" im Griff hätten. Aus Teilen Schottlands liegen ähnliche Einschätzungen vor.[315]

Allerdings bestanden in einigen Punkten immer noch Defizite. Erstens hing die Effektivität der polizeilichen Maßadministration offenkundig von der allgemeinen Funktionsfähigkeit der im Aufbau befindlichen Ordnungskräfte ab. In vielen kleineren *boroughs* ließ diese bis weit in die 1870er Jahre hinein zu wünschen übrig. Zweitens waren Eichung und Inspektion aus der Perspektive der meisten Polizeibeamten lästige Zusatzaufgaben, für die sie keine oder nur eine geringe Aufwandsentschädigung erhielten.[316] Drittens kam es immer wieder zu Interessenskonflikten, weil in den Stadträten, die die Aufsicht über die Polizei führten, häufig Händler und Gewerbetreibende saßen, die kein Interesse an einer allzu strengen Regulierung des Maßwesens hatten. Und viertens mangelte es den Polizeibeamten in aller Regel an technischer Kompetenz. Besonders die Eichung komplexer Waagentypen stellte sie immer wieder vor große Probleme.[317]

Vielen Experten galt die britische Maßverwaltung deshalb auch in den 1860er Jahren noch als „more imperfect than in any other civilized country".[318] Das spiegelte sich nicht zuletzt darin wieder, dass die Verdrängung der traditionellen Maße auf der Insel deutlich langsamer vonstatten ging als beispielsweise in den deutschen Territorien. Zwar waren die *Imperial Measures* in den großen Städten bis zur Mitte des 19. Jahrhunderts weitgehend etabliert, aber für Kleinstädte und ländliche Regionen galt das nicht. Eine Erhebung von 1857 zeigte, dass die lokalen Maße in vielen Anwendungsbereichen fortbestanden. Insbesondere im Getreidehandel waren *bolls, loads, windles* und lokale *bushel*-Maße nach wie vor geläufiger als die offiziellen Einheiten. Das betraf nicht nur die Peripherien, sondern auch wirtschaftlich gut integrierte Regionen wie die West Midlands oder Lancashire. Selbst dort, wo die *Imperial Measures* Fuß gefasst hatten, waren sie oft neben die traditionellen Einheiten getreten, ohne diese zu verdrängen.[319] Zwar bestand in diesen Fällen meist ein festes Umrechnungsverhältnis zwischen den nationalen und den lokalen Maßen, aber aufgrund der angesprochenen administrativen Schwächen taugten die *Imperial Measures* vielerorts nur bedingt als Referenzsystem. Durch den vermehrten Einsatz von Polizisten als Inspektoren veränderte sich dies in den 1860er Jahren schrittweise. Trotzdem waren die offiziellen Einheiten, wie das bereits angeführte Beispiel aus Inveraray zeigte, auch 1870 noch nicht überall zuverlässig verfügbar. Zu diesem Zeitpunkt gewann deshalb

---

[315] Vgl. ebd., S. 382.
[316] Vgl. ebd., S. 382 ff.
[317] Ebd., S. vii ff. u. S. xii. Vgl. auch Hansard's HC Deb 17 June 1873, vol 216, cols 1085–1087.
[318] Report Select Committee Weights and Measures, S. 134; P.P. 1862 (411), VII.187.
[319] Return from the Inspectors of Corn Returns; P.P. 1857–1858 (176), LIII.461. Vgl. auch die Bemerkungen zum Fortbestand lokaler Einheiten in Schottland am Ende des 19. Jahrhunderts bei CONNOR et al., Scotland, S. 395.

eine Forderung an Auftrieb, die schon seit 1835 immer wieder erhoben, aber nie verwirklicht worden war: die Forderung, die Maßverwaltung zu zentralisieren und sie, wie auf dem Kontinent, nach einem national einheitlichen Muster zu organisieren.

Zentralisierungsversuche
Ursprünglich hatte sich die Debatte über die Rationalisierung der Maßverwaltung allerdings nicht an der Eichung und der Inspektion entzündet, sondern an der Frage des Umgangs mit den Maßnormalen, die den Städten und Gemeinden als Kopien der offiziellen Standards dienten. In Frankreich und in den größeren deutschen Staaten war deren Herstellung, Verteilung und regelmäßige Überprüfung im Zuge der Reformen des späten 18. und frühen 19. Jahrhunderts zentral organisiert worden. In Großbritannien sperrte sich die Regierung aber gegen eine solche Vorgehensweise, weil sie den landesüblichen Grundsatz einer strikten und zudem kostenneutralen Aufgabenteilung zwischen Zentrale und *local authorities* in Frage gestellt hätte.[320] George Biddell Airy, der *Astronomer Royal*, fasste die Auswirkungen dieses Prinzips 1859 mit den Worten zusammen, dass „[t]he Government will take no part either in furnishing the standards, or in compelling the local bodies to furnish themselves, or in enforcing the continued maintenance of accuracy of the standards, but if the local bodies desire them, they may have them, provided that they pay […] the fees of comparison".[321]

Diese Haltung schlug sich unter anderem in den erwähnten Verzögerungen bei der Erstausstattung der Städten und Gemeinden mit den Maßnormalen nieder. Darüber hinaus hatte sie auch langfristige Folgen, denn die lokalen Standards konnten sich abnutzen und mussten regelmäßig anhand der Hauptkopien der Urmaße nachgeeicht werden. Auf dem Kontinent waren dafür meist klare Regeln geschaffen worden. Zwar ließ deren praktische Umsetzung, wie im französischen Fall, gelegentlich zu wünschen übrig, aber in Großbritannien gab es noch ein grundlegenderes Problem. Denn die 1835 getroffene Bestimmung, derzufolge die Maßnormale zur Nacheichung an das Schatzamt gesendet werden sollten, war an keine Frist gebunden, und im Falle einer Zuwiderhandlung drohten auch keinerlei Sanktionen.[322] Das beim *Comptroller General* eingerichtete *Standards Office*, das aus ein oder zwei Handwerkern bestand, beschränkte sich deshalb darauf, die von den lokalen Behörden freiwillig eingeschickten Maße zu überprüfen. Darüber hinausgehende Kompetenzen besaß es nicht.[323]

Viele Experten sahen in diesem Umstand eine gravierende Unterlassung.[324] Eine 1841 eingesetzte Kommission unter der Leitung von George Airy ging bei-

---

[320] Zu diesem Grundsatz RAPHAEL, Recht und Ordnung, S. 62.
[321] Copy of a Letter from the Comptroller-General and Report from the Astronomer Royal, S. 7; P.P. 1859 Session 1 (188), XXV.291. Vgl. auch die kritischen Bemerkungen bei BAILY, Report, S. 35 f.
[322] 5 & 6 William IV Cap. 63, § V.
[323] Report on the Construction of New Parliamentary Standards, S. 16; P.P. 1854 [1786], XIX.933.
[324] Report on the Restoration of the Standards, S. 16; P.P. 1842 [356], XXV.263.

spielsweise davon aus, dass selbst die preußische Regelung, die lokalen Eichmaße alle fünf Jahre zu überprüfen, noch zu großzügig war. Ihr Befund, demzufolge ein erheblicher Teil der britischen Standards „erroneous to a large amount"[325] war, verhallte allerdings ungehört. Denn die Kommission stützte sich bei dieser Aussage alleine auf Plausibilitätsargumente. Konkrete Beschwerden über das von ihr geschilderte Problem scheint es in den frühen 1840er Jahren nicht gegeben zu haben. Erst eineinhalb Jahrzehnte später tauchten eindeutige Indizien dafür auf, dass das System der Eichnormale große Defizite aufwies. 1857 erhob das Schatzamt eine Reihe einschlägiger Daten, aus denen Airy errechnete, dass mehr als zwei Drittel der etwa 30 000 im Umlauf befindlichen Normalmaße seit über zwanzig Jahren nicht mehr geeicht worden waren.[326]

Diese Feststellung war nicht nur wegen der großen Anzahl der ungenauen Standards brisant, sondern auch deshalb, weil die Regierung zum selben Zeitpunkt einen Bericht über Verstöße gegen das Maß- und Gewichtsrecht vorlegte. Aus ihm war deutlich erkennbar, dass schon bei geringfügigen Abweichungen harte Strafen verhängt wurden. Im Unterhaus argumentierten daraufhin einige Abgeordnete, dass diese Praxis angesichts der fehlerhaften Eichmaße nicht zu rechtfertigen sei.[327] 1859 verabschiedete das Parlament deshalb ein 1860 auch auf Irland ausgedehntes Ergänzungsgesetz, das alle Standards, die nicht mindestens nach fünf (Gewichte) bzw. zehn Jahren (Hohlmaße) neu geeicht wurden, für illegal erklärte. Da es allerdings keine Möglichkeit zur Überwachung der Maßverwaltung gab und zudem die Gemeinden die Kosten der Nachjustierung weiterhin alleine tragen sollten, blieb diese Bestimmung wirkungslos. Ihr einziges Ergebnis war, dass 1867 36% der Städte, 44% der *manors* und 77% der (allerdings im Aussterben befindlichen) *liberties* keine legalen Eichmaße mehr besaßen. Alle der in ihrer Jurisdiktion wegen Verstößen gegen das Maß- und Gewichtsrecht verhängten Urteile wären deshalb theoretisch anfechtbar gewesen.[328]

Immerhin führte die Debatte über die Eichnormale aber dazu, dass Ende der 1850er Jahre die Frage einer stärkeren Zentralisierung der Maßverwaltung auf die Tagesordnung rückte. 1859 forderte Airy vor ihrem Hintergrund die Aufwertung des *Standards Office* zu einem *Standards Department*. Es sollte unter der Leitung eines wissenschaftlichen Beamten stehen und für eine bessere Koordination der Nacheichung sorgen. Das *Board of Trade*, dem Airy die Kontrolle über die neue Behörde übertragen wollte, verweigerte sich diesem Vorschlag zunächst, weil es die damit verbundenen Kosten scheute.[329] Allerdings ließ sich das Thema fortan kaum noch unterdrücken, aus drei Gründen. Erstens nahmen die Aufgaben des

---

[325] Ebd.
[326] Return of the Number of Standards Now in Use; P.P. 1857 Session 2 (312), XXXVIII.575. sowie Copy of Letter from the Comptroller-General and Report from the Astronomer Royal, S. 6; P.P. 1859 Session 1 (188), XXV.291. Vgl. auch die durch diese Erhebungen ausgelöste Debatte in Hansard's HC Deb 12 February 1857, vol 144, cols 589–593.
[327] Hansard's HC Deb 20 July 1859, vol 155, col 125.
[328] First Report of the Warden of the Standards, S. 7; P.P. 1867 [3883], XIX.421.
[329] Copies of a Letter from the Comptroller General, S. 38; P.P. 1864 (115), LVIII.621.

Standards Office deutlich zu, weil es 1859 auch mit der Überprüfung von Eichnormalen für Gasmesser betraut wurde. Zweitens schärfte die parallel aufflam-
mende Diskussion über das metrische System, die in Kapitel 7.3 geschildert wird,
das Bewusstsein für den Umgang mit den Standards. Ein vom Parlament zur Beratung über den Meter eingesetztes *select committee* sprach sich deshalb 1862
ebenfalls für die Einrichtung eines *Standards Department* aus.[330] Drittens schließlich erforderten die Prototypen und die Hauptkopien der *Imperial Measures* ein
hohes Maß an Pflege und wissenschaftlicher Betreuung.

Dieses Problem hatte lange Zeit nur geringe Aufmerksamkeit erfahren, weil die
Urmaße beim Brand des Westminster-Palastes 1834 zerstört worden waren.[331]
Ihre extrem teure und aufwendige Rekonstruktion konnte 1854 aber abgeschlossen werden. Die mit der Wiederherstellung beauftragte wissenschaftliche Kommission nutzte diese Gelegenheit, um ihrerseits die Einrichtung einer zentralen
Koordinierungsstelle vorzuschlagen.[332] Sie sollte auf die fachgerechte Konservierung der Urmaße achten und sie regelmäßig mit ihren vier Hauptkopien vergleichen. Diese Forderung blieb zunächst ungehört, aber 1864 erneuerte die Kommission sie noch einmal. Dabei wies sie darauf hin, dass die von ihr gefertigten
Prototypen in den zehn Jahren ihres Bestehens noch nicht ein einziges Mal benutzt worden waren, um die dem praktischen Eichverfahren zugrunde liegenden
Exchequer Standards zu überprüfen.[333]

Das war eine peinliche Enthüllung, denn die vermeintlich überlegene wissenschaftliche Fundierung der britischen Maßeinheiten bildete seit 1854 eine der
Grundlagen für die ablehnende Haltung der Regierung zur Frage der Einführung
des metrischen Systems. Um den Ruf der *Imperial Measures* nicht zu gefährden,
ließ das *Board of Trade* daraufhin seinen Widerstand gegen die Einrichtung eines
Standards Department fallen. Im August 1866 übertrug der *Exchequer* die Verantwortung für die Aufbewahrung und Kontrolle sämtlicher zentraler Maßnormale
auf die neu geschaffene Behörde, für deren Leitung das *Board* mit Henry Chisholm
einen erfahrenen wissenschaftlichen Beamten abstellte. Als *Warden of the Standards* musste er künftig jährlich Bericht erstatten und regelmäßige Vergleiche zwischen den Urmaßen und ihren Hauptkopien vornehmen.[334]

Gleichzeitig setzte die Regierung eine *Royal Commission* ein, die unter der Führung von Airy das gesamte britische Maß- und Gewichtssystem unter die Lupe
nehmen sollte. Zwischen 1867 und 1871 veröffentlichte dieses Gremium fünf Berichte, von denen an dieser Stelle vor allem der vierte von Interesse ist.[335] Er beschäftigte sich mit der Frage, ob dem *Standards Department* neben der Pflege der

---

330 Report Select Committee Weights and Measures, S. viii f.; P.P. 1862 (411), VII.187.
331 Vgl. Kap. 6.3.2 dieser Arbeit.
332 Report on the Construction of New Parliamentary Standards, S.16 f.; P.P. 1854 [1786],
  XIX.933.
333 First Report of the Warden of the Standards, S. 15 u. S. 17; P.P. 1867 [3883], XIX.421.
334 Vgl. ebd., S. 3 u. S. 16.
335 Zu den in den übrigen Berichten behandelten Themen vgl. den Überblick bei ZUPKO, Revolution, S. 195 sowie Kap. 7.3.4 dieser Arbeit.

Urmaße noch weitere Kompetenzen übertragen werden sollten. Airy dachte dabei vor allem an die regelmäßige Nacheichung der lokalen Normale und wollte dem Amt die Möglichkeit geben, diese auch gegen den Willen von Städten und Gemeinden durchzusetzen. Im Zuge ihrer Beratungen entwickelte die Kommission allerdings einen sehr viel umfassenderen Vorschlag. Sie wollte das *Standards Department* zu einer zentralen Behörde mit weitreichenden Befugnissen ausbauen. Insbesondere forderte sie, den Kommunen die Eichung der Gebrauchsmaße zu entziehen und sie stattdessen einem Korps von 140 hauptamtlich tätigen und zentral kontrollierten *verifiers* zu übertragen.[336] Obwohl die Inspektion weiterhin in den Händen der Polizei verbleiben sollte, wäre dieser Plan im Wesentlichen auf eine landesweit einheitlich strukturierte Verwaltung und eine nahezu vollständige Entmachtung der *local authorities* hinausgelaufen.

Als diese Empfehlungen 1873 und 1874 im Unterhaus diskutiert wurden, stellte sich allerdings schnell heraus, dass sie nur wenige Befürworter hatten. Vor allem Abgeordnete aus großen Städten wie Birmingham wehrten sich gegen ihre Umsetzung, weil sie das Prinzip des *local government* gefährdet sahen.[337] Zugute kam den Vertretern dieser Position, dass viele Kommunen ihre Maße fest im Griff hatten und auf keinerlei zentrale Unterstützung angewiesen waren. Die von der *Standards Commission* identifizierten Probleme bei der Eichung der Normale und der lokalen Gebrauchsmaße waren zweifellos real, aber sie betrafen in erster Linie die Peripherien des Landes. Zudem bemaßen sie sich an einem hohen technischen Anspruch. Vielen MPs erschien das reichlich akademisch.[338]

Der 1878 verabschiedete *Weights and Measures Act* zielte deshalb nicht auf eine grundlegende Reform, sondern lediglich auf eine Zusammenfassung und Systematisierung der bestehenden Vorschriften ab.[339] Von der Professionalisierung und Zentralisierung des Eichwesens, die die *Standards Commission* angestrebt hatte, waren seine Bestimmungen weit entfernt. Zwar beseitigte das Gesetz das Problem der Illegalität vieler lokaler Maßnormale. Bezeichnenderweise geschah das aber nicht durch eine stärkere Beaufsichtigung der Kommunen, sondern dadurch, dass sie die Nacheichung fortan anhand der Standards einer Nachbargemeinde vornehmen durften, sofern wenigstens diese in London überprüft worden waren.[340] Die Aufgaben des *Standards Department* blieben folglich eng begrenzt. Sie beschränkten sich weiterhin auf die Verwahrung der Urmaße und ihrer Hauptkopien sowie die Eichung der trotz der neuen Bestimmungen noch

---

[336] Standards Commission, Fourth Report, S. vii ff. u. S. 384 f.; P.P. 1870 [C. 147], XXVII.249.

[337] So die Aussage des liberalen MP für Birmingham, Philip Henry Muntz, in: Hansard's HC Deb 17 June 1873, vol 216, col 1089. Muntz' Position war Teil einer breiteren Strömung, der die Zentralisierung administrativer Kompetenzen seit der Jahrhundertmitte generell als „foreign to the national spirit" erschien, HOPPEN, Mid-Victorian Generation, S. 104.

[338] Hansard's HC Deb 17 June 1873, vol 216, col 1089 f.

[339] Zur parlamentarischen Debatte über den Act vgl. Hansard's HL Deb 22 July 1878, vol 241, cols 2038–2044. Zusammenfassend zu seinem Inhalt vgl. ZUPKO, Revolution, S. 195 ff.

[340] Weights and Measures Bill. Memorandum as to Object and Effect of Bill, S. 11 f.; P.P. 1878 (111), IX.211 sowie Weights and Measures. A Bill to Consolidate the Law Relating to Weights and Measures, S. 10; P.P. 1878 (111), IX.239.

eingesandten Normale. Die Kontrolle über die lokalen Maßverwaltungen erhielt die Behörde nicht. Sie musste sich im Gegenteil jeglicher Kommentare zur Rechtslage enthalten, selbst dann, wenn sich die kommunalen Ämter hilfesuchend nach London wandten.[341]

Das fortgeschrittenste Industrieland der Welt hatte also auch weiterhin eine dezentral organisierte und wenig einheitliche Maß- und Gewichtsverwaltung. Geschadet hat ihm das bis in die 1880er Jahre hinein allerdings nicht. Das britische System war nicht perfekt. Für den alltäglichen Verkehr reichte es aber völlig aus, denn die Ansprüche, die Händler, Gewerbetreibende und Industrielle an Maße und Gewichte stellten, waren andere als diejenigen von Wissenschaftlern und Verwaltungsfachleuten. Produktspezifische Verlässlichkeit war ihnen wichtiger als flächendeckende Einheitlichkeit. Das zu zeigen, ist der Gegenstand des nächsten Kapitels.

---

[341] Eleventh Annual Report, S. 3; P.P. 1877 [C. 1846], XXXIII.1009 sowie Report Board of Trade Weights and Measures 1878, S. 1; P.P. 1878–1879 (368), XXVI.831.

5. Praktiken des Messens im expandierenden Handelskapitalismus 1795–1870

Die Durchsetzung der standardisierten Einheitssysteme veränderte die Produktion und den Austausch von Gütern. Ihre Folgen für Handwerk, Gewerbe und Industrie werden in Kapitel 9 untersucht. An dieser Stelle stehen ihre Auswirkungen auf ökonomische Transaktionen, also auf den Warenhandel im Mittelpunkt.

Prinzipiell ermöglichte die Vereinheitlichung von Maßen und Gewichten eine transparentere Kommunikation über die ausgetauschten Mengen und Größen. Das betraf insbesondere solche Waren, die nicht nach Stückzahl, sondern als Massengüter gehandelt wurden. Allerdings hing die Zuverlässigkeit ihrer Bemessung nicht nur vom verwendeten Maß, sondern auch von den Konventionen des Maßgebrauchs ab. Im Gegensatz zu den Einheiten unterlagen diese aber keiner zentral gesteuerten Standardisierung. In ihre Ausgestaltung flossen vielmehr neben den Vorgaben der Maßreformen auch die Interessen der ökonomischen Akteure sowie die politischen Rahmenbedingungen des Handels ein. Im Laufe des 19. Jahrhunderts führten diese Faktoren zwar insgesamt zu einer Reduzierung des ‚Verhandlungscharakters‘ der Mengenbestimmung. Im Detail blieben die Maßkonventionen jedoch an den jeweiligen Verwendungszweck gebunden. Sie waren deshalb von zahlreichen Differenzierungen geprägt.

Die fortbestehende Bedeutung der Konventionen des Maßgebrauchs beruhte z. T. darauf, dass im Rahmen der standardisierten Einheitssysteme vereinzelt Spielräume für die Beibehaltung traditioneller Größen und Begrifflichkeiten bestanden. Ihre Hauptursache war aber, dass die Maßreformen nur selten Regeln zur Verwendung der neuartigen Einheiten beinhalteten. Am ehesten galt dies noch für die Praxis des Häufens, also der Gewährung von Zugaben bei der Bemessung von Gütern mit Hohlmaßen. Sie blieb in der ersten Hälfte des 19. Jahrhunderts zunächst intakt. Nach Ansicht vieler Reformer lief sie jedoch dem Geist der Standardisierung zuwider. Sie versuchten deshalb nach und nach, das Häufen zu umgrenzen und schließlich auch, es zu verbieten.

Die seit den 1830er Jahren immer wieder diskutierte Frage, ob Massengüter wie Kohle und Getreide nach dem Volumen oder nach dem Gewicht bemessen werden sollten, blieb von der Standardisierung der Einheiten dagegen unberührt. Zwar gab es Stimmen, die auch in dieser Hinsicht eine staatliche Festschreibung favorisierten. Sie konnten sich aber nicht durchsetzen. Die Entscheidung über den Modus der Mengenbestimmung blieb vielmehr den Marktteilnehmern überlassen. Im zweiten Viertel des 19. Jahrhunderts favorisierten sie anstelle des traditionellen Volumenhandels zunehmend denjenigen nach Gewicht. Dafür gab es zum einen technologische Gründe, etwa die Verfügbarkeit zuverlässigerer Waagen. Zum anderen ging diese Entwicklung auf eine erhöhte Nachfrage nach genaueren Mengenbestimmungen zurück. Sie hing mit der Ausdehnung der Arbeitsteilung zusammen. In deren Folge traten beim Austausch von Gütern des täglichen Bedarfs vermehrt professionelle, überregional agierende Kaufleute in Erscheinung.

https://doi.org/10.1515/9783110581959-006

Anders als die lokalen Akteure, die im 18. Jahrhundert vielerorts das Gros des Handels geprägt hatten, waren sie auf einen Modus der Mengenbestimmung angewiesen, dessen Ergebnisse von der konkreten Situation des Messens unabhängig waren.

Trotz ihrer diesbezüglichen Defizite ließen sich die Volumenmaße allerdings nicht vollständig verdrängen. Vielmehr hatten sie in lokalen Kontexten nach wie vor ihre Vorzüge. In einigen Teilbereichen wie beispielsweise im internationalen Getreidehandel erlangte zudem auch die Kombination von Gewicht und Volumen große Bedeutung. Sie ermöglichte neben der Quantitätsbestimmung auch eine Einschätzung der Qualität der ausgetauschten Waren. Der Übergang zum Wiegen lief also nicht auf eine Vereinheitlichung der Messmethoden hinaus. Er war vielmehr ein Symptom ihrer akteurs- und güterspezifischen Ausdifferenzierung. Durch die Entstehung globalisierter Gütermärkte erfuhr diese seit der Mitte des 19. Jahrhunderts einen zusätzlichen Schub. In ihrem Rahmen entstanden Klassifizierungssysteme für Getreide, Baumwolle, Kaffee und andere Güter, die qualitätsrelevante Merkmale wie Sorte, Färbung oder Feuchtigkeit dieser Rohstoffe erfassten. Sie ergänzten damit die Standardisierung der Mengeneinheiten durch eine Fixierung von Indikatoren der Qualitätsbestimmung. Weil diese jeweils kontextspezifisch erfolgen musste, kam sie im Gegensatz zu jener aber nicht durch zentrale Verordnungen, sondern durch dezentrale Übereinkünfte unter den Marktteilnehmern zustande. Für die Messpraxis im Handel war dieser Mechanismus ebenso bedeutsam wie die staatlich veranlasste Regulierung der Einheiten.

Schließlich gab es neben der Standardisierung der Einheiten und den Übereinkünften unter den Marktteilnehmern noch einen dritten Faktor, der den Maßgebrauch beeinflusste: der Umbau der ‚moralischen Ökonomie‘ zur Wettbewerbswirtschaft. Die Aufhebung traditioneller Sonderrechte und die Einführung der Gewerbefreiheit führten dazu, dass die obrigkeitliche Kontrolle der ausgetauschten Mengen, die in der Frühen Neuzeit eine wichtige Form des Umgangs mit dem ‚Verhandlungscharakter‘ der Maße gebildet hatte, im Laufe des 19. Jahrhundert hinfällig wurde. An ihre Stelle trat der Grundsatz des *caveat emptor*, also der privatrechtlichen Einigung über die Quantitäten. Diese Entwicklung wirkte sich auch auf die Messpraxis aus. So ging die durch sie veranlasste Abschaffung der Messbeamten häufig mit einer Umstellung vom Volumen- auf den Gewichtshandel einher. Auch der Tatsache, dass die Brottaxen an Bedeutung verloren, kam in dieser Hinsicht große Bedeutung zu. In Großbritannien und in den deutschen Territorien begünstigte sie den Übergang zur sogenannten Gewichtsbäckerei, die statt des Preises das Gewicht des Brotes zum Fixum des ökonomischen Austauschs erklärte. Wie der etwas anders gelagerte französische Fall zeigt, handelte es sich dabei allerdings nicht um einen eindeutigen Kausalzusammenhang, sondern um eine allgemeine Tendenz, die an konkrete Kontexte gebunden blieb und auch gegenläufige Prozesse nicht völlig ausschloss.

Das folgende Kapitel zeichnet diese Transformationen der Messpraxis nach. Der erste Abschnitt untersucht die Reichweite und Grenzen der Auswirkungen, die die Standardisierung der Einheiten auf die Konventionen zu deren Gebrauch zeitigte. Abschnitt zwei betrachtet anhand der Debatte über das Wiegen die Rolle ökonomischer Interessen in diesem Zusammenhang. Im Mittelpunkt des dritten Abschnitts schließlich stehen der Abbau der öffentlichen Kontrolle über die Mengenbestimmung und seine Folgen für die Messpraxis.

5.1 Die Grenzen der Standardisierung

5.1.1 Die Grenzen der Standardisierung: Einheiten

Mit der Durchsetzung der standardisierten Einheitensysteme verschwanden die traditionellen Maße weitgehend. Einzelne Elemente derselben bestanden jedoch bis zur zweiten Hälfte des 19. Jahrhunderts fort. Das war z.T. beabsichtigt. Die Reformen in den deutschen Territorien und in Großbritannien beinhalteten schon von ihrem Grundcharakter her eine Vielzahl von Kontinuitäten zu den vormodernen Maßen. Auf diese Weise sollte der Übergang zu den standardisierten Einheiten erleichtert werden.[1]

Auch das französische metrische System nahm vereinzelte Charakteristika der traditionellen Maße auf. In seiner 1795 verabschiedeten Form sah es bei den Flüssigkeitsmaßen anstelle der reinen Dezimalteilung auch die Verwendung des *demi* und des *double litre* vor, gestattete also den althergebrachten Mechanismus der Halbierung und Verdoppelung. Zudem ließ der Nationalkonvent mit dem *stère* eine Größe als Grundeinheit zu, die ausschließlich der Bemessung von Brennholz diente.[2] In systematischer Hinsicht war sie überflüssig, weil sie genau einem Kubikmeter entsprach. Ihre Festschreibung stellte mithin ein Element des Fortbestands der produktspezifischen Differenzierung der Maße dar. Das war als Zugeständnis an die Holzwirtschaft gedacht. Aufgrund der außerordentlichen Komplexität ihrer Mechanismen zur Mengenbestimmung tolerierten die französischen Behörden in diesem Bereich aber auch weiterhin die Verwendung der traditionellen Einheiten. Erst in der zweiten Hälfte des 20. (!) Jahrhunderts erlangte der *stère* deshalb größere Verbreitung.[3]

Eine vergleichbare Freistellung einer ganzen Branche von der Standardisierung lässt sich auch bei den Apothekergewichten ausmachen. In der Frühen Neuzeit hatten für die Produktion und den Verkauf von Arzneimitteln eigene Einheitensysteme bestanden, die z.T. länderübergreifend in Gebrauch waren. Weil ihre Veränderung als potentiell gesundheitsgefährdend galt, blieben sie von den Maßreformen zumeist ausgenommen. In Frankreich verordnete die Verwaltung 1802 zwar ihre Anpassung an das metrische System. Bei der Umsetzung dieser Maßgabe übte sie aber große Zurückhaltung, denn sie betraf „trop la santé des citoyens, par les méprises ou les erreurs qu'il pourrait occasioner, pour que le gou-

---

[1] Vgl. Kap. 4.2 u. Kap. 4.3 dieser Arbeit.
[2] Loi du 18 germinal an III (7 Avril 1795) sur les nouveaux poids et mesures, Art. 5, in: BIGOURDAN, Système métrique, S. 65–70, hier S. 66.
[3] CORVOL, Métrologie forestière, S. 312.

vernement veuille rien précipiter à cet égard".[4] Ohnehin mussten für die Verwirklichung der Reform zunächst die Vorgaben der sogenannten Pharmakopöe, des amtlichen Arzneimittelbuches, an das neue Maßsystem angepasst werden. Dieser aufwendige Prozess konnte erst 1816 abgeschlossen werden. Das in diesem Jahr veröffentlichte Arzneiregister beinhaltete ausführliche Hinweise zur Umrechnung der traditionellen Apothekergewichte in das metrische System, die auch in seiner Neufassung von 1837 noch beibehalten wurden.[5]

Die Maßreformen in den deutschen Staaten waren wegen der Umstellungsschwierigkeiten, die sich in dieser Vorgehensweise widerspiegelten, einen Schritt weiter gegangen und hatten die Medizinalgewichte vollständig beiseitegelassen. Noch Ende der 1850er Jahre existierten im Einzugsbereich des Deutschen Bundes deshalb fünf verschiedene Systeme für die Bemessung von Arzneien.[6] Preußen versuchte im Zuge der Einführung des Zollpfundes als Landesgewicht zwar, deren allgemeine Abschaffung durchzusetzen, aber diese Initiative scheiterte zunächst. Dafür waren z. T. deutschlandpolitische Gründe verantwortlich, z. T. aber auch Schwierigkeiten bei der Überarbeitung der Pharmakopöen. Erst die 1868 verabschiedete Maß- und Gewichtsordnung des Norddeutschen Bundes erklärte die eigenständigen Medizinalgewichte für hinfällig.[7]

Noch langlebiger waren sie in Großbritannien, wo die ursprüngliche Maßreform sie ebenfalls ausgespart hatte. Mit der 1864 veröffentlichen *British Pharmacopoeia* trat an die Stelle der bis dahin als Apothekergewicht verwendeten Troy-Unze zwar das allgemein übliche Avoirdupois-Pfund. Das galt aber nur für die offizielle Arzneimittelbeschreibung. Bei der Verordnung und dem Verkauf von pharmazeutischen Produkten blieb das alte System weiterhin zulässig. Daran änderte sich bis in die zweite Hälfte des 20. Jahrhundert nichts.[8] Mutatis mutandis galt das auch für den britischen Umgang mit den Gold- und Juweliergewichten, die ebenfalls eine separate Tradition aufwiesen. In Frankreich waren sie offiziell schon mit der Etablierung des metrischen Systems hinfällig gewesen, blieben inoffiziell aber weiter in Gebrauch. Preußen und einige andere deutsche Länder schafften sie bei der Einführung des Zollgewichts als Landesgewicht ab, die übrigen Territorien im Zuge der Reichseinigung.[9]

Unabhängig von solchen staatlich sanktionierten Ausnahmen bestanden einige Elemente der vormodernen Einheiten auch in informeller Weise fort. Das betraf

---

[4] Rundschreiben des Innenministers an die Präfekten, 23.11.1802, in: BROC und LAVENAS, Nouveau Code, S.155–169, hier S.168. Vgl. auch VERDIER und HEITZLER, Balances, Poids et Mesures, Bd. 3, S.42 f.

[5] Codex medicamentarius, S.ccxii ff. sowie Codex, pharmacopée française, S.1 ff.

[6] MEYER-STOLL, Maß- und Gewichtsreformen, S.131.

[7] MÜLLER, Deutscher Bund, S.453 ff.; Maaß- und Gewichtsordnung für den Norddeutschen Bund, 17.8.1869, Art. 7, in: WITTHÖFT et al., Deutsche Maße und Gewichte, S.684–686, hier S.685 sowie BAZILLE und MEUTH, Maß- und Gewichtsrecht, S.152 ff.

[8] Vgl. British Pharmacopoeia, S.xvii; CHANEY, Weights, S.115 sowie CONNOR, England, S.186 f.

[9] CHANEY, Weights, S.124 ff.; VERDIER und HEITZLER, Balances, Poids et Mesures, Bd. 3, S.24 ff. u. S.33 ff.; HAUSCHILD, Geschichte, S.68 f. (auch zu Frankreich) sowie BAZILLE und MEUTH, Maß- und Gewichtsrecht, S.150 f.

vor allem die traditionellen Begrifflichkeiten. Wenn es sich bei ihnen um Bezeichnungen für alte Schätzgrößen handelte, waren sie von der Standardisierung der
Einheiten in der Regel nicht unmittelbar betroffen. Allerdings erledigten sie sich
im Laufe der Zeit meist aus anderen Gründen. Ein Beispiel hierfür ist der französische Begriff der *lieue*. Zunächst weithin als ‚Einheit' für einen einstündigen Fuß-
marsch in Gebrauch, geriet er an der Wende vom 19. zum 20. Jahrhundert allmählich in Vergessenheit – angeblich aufgrund der zunehmenden Verbreitung des
Fahrrads.[10] In einigen anderen Fällen waren die traditionellen Ausdrücke deutlich
langlebiger. Das galt z. B. dann, wenn sie der umgangssprachlichen Benennung von
Größen dienten, die aus den standardisierten Einheitensystemen hervorgingen
oder an sie angelehnt waren. In diese Kategorie fällt beispielsweise der Begriff des
Pfundes, der bis in die Gegenwart hinein eine Größe von 500 g bezeichnet.[11]

Weil solche Atavismen entweder nur den privaten Gebrauch betrafen oder
unmittelbar auf die offiziellen Maße rekurrierten, galten sie den Behörden als
vergleichsweise unproblematisch. Mehr Kopfzerbrechen bereiteten ihnen Fälle, in
denen anstelle der Begriffe die traditionelle Größe der vormodernen Einheiten
auf informellem Wege konserviert wurde. Das kam vor allem dann vor, wenn die
neuen Maße große Abweichungen von den alten aufwiesen. Bei der Wiedereinführung des metrischen Systems in Frankreich sollte beispielsweise der Getreidehandel auf den Hektoliter bzw. den *quintal métrique*, ein Gewicht von 100 kg,
umgestellt werden. 1853 musste der Innenminister allerdings feststellen, dass die
lokal üblichen Handelsgrößen nach wie vor erhebliche Unterschiede aufwiesen.
Mal umfassten sie einen *double décalitre*, mal einen *demi-hectolitre*, mal auch
einen *hectolitre et demi*. An den Orten, an denen die Bemessung des Getreides
nach Gewicht erfolgte, ergab sich ein ähnliches Bild. Hier beliefen sich die geläufigen Chargen auf 50 kg, 80 kg, 120 kg oder auch auf 122 kg.[12]

Diese Divergenzen waren darauf zurückzuführen, dass Bauern und Händler im
Zuge der Umstellung auf das metrische System die Größe der alten, lokalen Maße
näherungsweise in die neuen Einheiten übersetzten. Dabei kam ihnen zugute,
dass es Käufern und Verkäufer prinzipiell freistand, beliebige Mengen auszutauschen und sich im Rahmen der offiziellen Maße auf eine beliebige Einheit für
deren Bemessung zu einigen. Getreide in Chargen von 122 kg zu handeln, war
also völlig legal, weil es sich dabei um ein Vielfaches des Kilogramms handelte.[13]
Der Administration blieb nichts anderes übrig, als diese Praxis zu akzeptieren.
Immerhin ging sie in den folgenden Jahren aber dazu über, die amtliche Statistik
und den staatlichen Getreideankauf ausschließlich anhand des *quintal métrique*

---

[10] So die Einschätzung von Charles-Édouard Guillaume, dem Direktor des *Bureau international des poids et mesures*, vgl. Schreiben Charles-Édouard Guillaumes an Arthur E. Kennelly,
26. 9. 1926, in: Kennelly, Vestiges, S. 34–36, hier S. 35.
[11] Schuppener, Dinge, S. 415 f.
[12] Circulaire No. 34. Mode de vente des grains sur les marchés, 11. 6. 1853, in: Bulletin officiel du
Ministère de l'Intérieur, de l'Agriculture et du Commerce 16 (1853), S. 187–189, hier S. 189.
Dieses Phänomen trat in ähnlicher Form auch in Großbritannien auf, vgl. Report Select
Committee Sale of Corn, S. 1 ff. u. S. 20 ff.; P.P. 1834 (517), VII.1.
[13] Enquête agricole, Bd. 1, S. 430 f.

oder des Hektoliters zu erstellen bzw. vorzunehmen. Auf diese Weise gelang es ihr, den offiziellen Größen nach und nach zu breiterer Geltung zu verhelfen.[14]

Das Problem der informellen Konservierung der alten Einheiten beschränkte sich allerdings nicht auf die Getreidemärkte. Es betraf z.B. auch den Wein- und Spirituosenhandel. In dieser Branche hatte der Staat nur wenige Einflussmöglichkeiten. Metrisch definierte, aber lokal unterschiedliche Fassgrößen waren in ihr deshalb auch über die Jahrhundertwende hinaus noch üblich.[15] Die Neufestsetzung alter Maße anhand der standardisierten Einheiten markierte also eine Grenze für die staatlichen Vereinheitlichungsversuche, die auf gesetzlichem Wege nur schwer zu überwinden war.

5.1.2 Die Grenzen der Standardisierung: Praktiken

Neben den Möglichkeiten zur Konservierung der althergebrachten Messgrößen gab es im Rahmen der standardisierten Einheitensysteme auch Spielräume für die Fortschreibung traditioneller Messpraktiken. Gelegentlich standen diese beiden Phänomene in unmittelbarem Zusammenhang. In Württemberg beispielsweise schrieb die Maßordnung von 1806 die althergebrachte Unterscheidung zwischen einem Schwer- und einem Leichtgewicht fest und begünstigte damit die Fortsetzung der Praxis des güterspezifischen Maßgebrauchs. Auch in Frankfurt war diese Vorgehensweise anzutreffen.[16]

In den meisten Fällen definierten die Reformen des 19. Jahrhunderts die zulässigen Größen allerdings so, dass eine alleine auf den Basiseinheiten beruhende Differenzierung der Messpraxis unmöglich war. Das galt z.B. für die Längen- und Flächenmaße. Die Vereinheitlichungen reduzierten sie auf *eine* grundlegende Größe. Sie erübrigten damit die Benutzung unterschiedlicher Rutenmaße für unterschiedliche Arten von Feldern, die ein zentrales Charakteristikum frühneuzeitlicher Flächenbestimmungen dargestellt hatte. Allerdings galt das nur dann, wenn die neuartigen Einheitensysteme auch tatsächlich zum Einsatz kamen. Im Rahmen von Katastern und notariell beglaubigten Grundstücksübertragungen war das regelmäßig der Fall.[17] Bei der Anwendung für den Eigenbedarf, der im Rahmen der landwirtschaftlichen Betriebsführung große Bedeutung zukam, konnte dagegen niemand gezwungen werden, sich der standardisierten Maße zu bedienen. Vor allem die traditionellen Schätzgrößen lebten in diesen Zusammenhängen noch bis zum Ende des 19. Jahrhunderts fort.[18]

---

[14] Vgl. ebd., S. 432.

[15] BOUJUT, Célébration, S. 16. Zum späten 19. Jahrhundert vgl. die Unterlagen in AN F/12/12047-1, Mappe Liquides. Anciennes mesures 1863–1884 sowie WEBER, Peasants, S. 32. Zur Vorgeschichte im Ancien Régime vgl. HOCQUET, Métrologie, S. 112 f. sowie ausführlich COCULA, Tonneau.

[16] Maas-Ordnung für die Königlich-Württembergischen Staaten, 30.11.1806, § 9, in: WITTHÖFT et al., Deutsche Maße und Gewichte, S. 662–669, hier S. 663. Zu Frankfurt vgl. WANG, Vereinheitlichung, S. 221.

[17] WEBER, Peasants, S. 32.

[18] Schreiben Charles-Édouard Guillaumes an Arthur E. Kennelly, 26.9.1926, in: KENNELLY, Vestiges, S. 34–36, hier S. 35.

Auch im öffentlichen Verkehr gab es aber Möglichkeiten, die traditionellen Maßgebräuche zu konservieren, denn meist beruhten sie nicht auf den Einheiten selbst, sondern auf dem Modus ihrer Anwendung. Ein Beispiel hierfür war das sogenannte Gutgewicht. Dabei handelte es sich um ein Aufmaß, das beim Wiegen größerer Mengen gewährt wurde. Sein Ursprung bestand darin, dass vormoderne Balkenwaagen bei hoher Belastung selbst dann noch im Gleichgewicht blieben, wenn man auf der einen oder anderen Seite kleinere Ladungen hinzufügte. Das Gutgewicht bestand deshalb häufig in der Menge, die nötig war, um die mit der Ware befüllte Waagschale auf den Boden zu zwingen.[19] Je nach örtlichen Gepflogenheiten konnte seine genaue Bestimmung allerdings variieren und beispielsweise auch eine prozentuale Zugabe beinhalten. Diese Praxis blieb von der Standardisierung der Einheiten unberührt. Zu Beginn des 19. Jahrhunderts wurde sie sogar von den französischen Maßbüros, die als Bollwerke des metrischen Systems gedacht waren, angewendet.[20]

Noch größer als bei den Gewichten war der Spielraum für die Fortschreibung traditioneller Methoden der Mengenbestimmung bei den Hohlmaßen. Das galt vor allem für das Häufen, also die über den Rand hinausgehende Befüllung der Maßgefäße. Prinzipiell ließ sich diese Praxis mit den standardisierten Einheiten ebenso gut vereinbaren wie mit den traditionellen Größen. Allerdings konnte die Menge der auf diese Weise bemessenen Handelsgüter um bis zu 50% von der staatlich gesetzten Norm abweichen.[21] In den Augen vieler Zeitgenossen unterlief das Häufen damit die Intention der Uniformisierung von Maßen und Gewichten. Wo diese besonders ausgeprägt war, sahen die einschlägigen Reformen folglich ein Verbot des Häufens vor. In Frankreich beispielsweise bestimmte die Verwaltung bei der Einführung der neuen Einheiten, dass die Hohlmaße fortan zu streichen seien.[22] 1810 erweiterte der Innenminister diese Bestimmung noch einmal und dehnte sie auch auf verwandte Phänomene wie das Gutgewicht aus.[23]

Auch Hessen-Darmstadt ging einen ähnlichen Weg und erklärte das Häufen im Zuge seiner 1817 erlassenen Maß- und Gewichtsordnung für abgeschafft.[24] Die meisten deutschen Territorien gaben sich allerdings zurückhaltender. Anstatt das Häufen zu verbieten, versuchten sie teilweise, genauere Regeln dafür aufzustellen. Das war z. B. in Württemberg der Fall. „Bei Getreide und Mehl", so formulierte die dortige Maßordnung 1806, „wird das Maas mit dem Streichholz abgestrichen, hingegen wird es aufgehäuft bei Sachen, welche um ihrer unregelmäßigen Form

---

[19] Rundschreiben des Innenministers an die Präfekten, 19.6.1810, in: Broc und Lavenas, Nouveau Code, S.180f. Vgl. auch die bei Connor et al., Scotland, S.133ff. beschriebene umgekehrte Variante dieser Vorgehensweise, die deutlich älteren Datums zu sein scheint.

[20] Roncin, Système métrique, S.144.

[21] Kula, Measures, S.50. Vgl. auch Connor et al., Scotland, S.208.

[22] Proclamation du 8 avril 1799 (19 germinal an VII) sur les poids et mesures, in: Broc und Lavenas, Nouveau Code, S.57–61, hier S.61.

[23] Rundschreiben des Innenministers an die Präfekten, 19.6.1810, in: ebd., S.180f.

[24] Verordnung zur Beseitigung der großen Nachtheile, welche durch die außerordentliche Verschiedenheit der Maaße und Gewichte in Unserm Großherzogthum veranlaßt werden, 10.12.1817, § 9, in: Witthöft et al., Deutsche Maße und Gewichte, S.681–683, hier S.681.

willen viele und große leere Zwischenräume lassen". Das war z. B. bei Obst, Zwiebeln oder Rüben der Fall. Sollte es trotz dieser Vorgaben zu Streitigkeiten kommen, bestimmte die Verordnung, dass „ein gehäuftes Simri für 1 Simri 1½ Vierling Maß"[25] galt, legte das beim Häufen zu gewährende Aufmaß also auf 32,5% fest.

Die Maßordnungen in Preußen, Baden, Bayern und einigen anderen deutschen Staaten erwähnten die Frage dagegen gar nicht erst. Sie überließen die Entscheidung über den Gebrauch der neuen Einheiten vielmehr den Anwendern. Allerdings geriet das Häufen dort, wo es zunächst fortbestand, seit den 1820er Jahren in die Kritik. Das geschah vor allem deshalb, weil es immer wieder Unregelmäßigkeiten bei der Erhebung von Steuern und Abgaben verursachte. So kritisierte beispielsweise ein anonymer Autor 1825 die in Hessen-Kassel geübte Praxis, Naturalabgaben gehäuft zu erheben, Zahlungen und Nahrungsmitteldeputate aber gestrichen auszugeben. Zwar entsprach diese Vorgehensweise den Vorschriften, aber die mit der Bemessung der Naturalien betrauten Rentmeister standen im Verdacht, dieses Verfahren zu ihren Gunsten auszunutzen.[26]

Als Reaktion auf diese Kritik bemühte sich das kurhessische Finanzministerium darum, die Messpraxis genauer zu umgrenzen. Es legte fest, dass bei Abgaben fortan eine „kernhohe Bedeckung"[27] vorgenommen, d. h. nur ein geringes Aufmaß gegeben werden sollte. Allerdings zeigte sich schnell, dass diese Vorgabe nur schwer zu kontrollieren war, weil dieselben Personen, die von den Aufmaßen profitierten, auch berechtigt waren, autoritativ über ihre Höhe zu entscheiden. Einige Jahre später geriet die Neuregelung deshalb wiederum unter Beschuss. Der Fuldaer Physikprofessor Balthasar Jodocus Arnd drängte nunmehr darauf, das Häufen ganz abzuschaffen.[28]

Ob das in Hessen-Kassel auch tatsächlich geschah, ist angesichts der Quellenlage nicht mehr nachvollziehbar. In anderen Fällen lässt sich ein gradueller Übergang von der Freistellung über die Umgrenzung zur Abschaffung des Häufens aber eindeutig nachweisen. Das gilt z. B. für die preußischen Kohlemaße, die die Grundlage der dortigen Bergwerksabgabe bildeten. Weil diese pro Maß erhoben wurde, war die Regierung im Zuge der Reform von 1816 sehr darauf bedacht gewesen, den neuen preußischen Scheffel in allen Fördergebieten einheitlich zum Einsatz zu bringen.[29] 1820 und 1832 legte sie sogar die genaue Form der für die Abgabenermittlung bestimmten Gefäße fest, um sicherzustellen, dass die zu diesen Zeitpunkten noch üblichen Aufmaße überall gleich groß ausfielen.[30] Als die

---

[25] Maas-Ordnung für die Königlich-Württembergischen Staaten, 30.11.1806, § 19, in: ebd., S. 662–669, hier S. 665.

[26] Vgl. hier und im Folgenden WANG, Vereinheitlichung, S. 270 ff.

[27] ARND, Gemäße, Sp. 1222.

[28] Vgl. ebd., Sp. 1222 f.

[29] Vgl. das umfangreiche Material zu diesen Bemühungen in GStA PK, I. HA, Rep. 121, Nr. 7514.

[30] Circular des Handelsministeriums an die Königlichen Regierungen, 14.3.1820, GStA PK, I. HA, Rep. 121, Nr. 7514, fol. 224. Die einschlägige Ministerialverfügung vom 17.6.1832 ist nicht auffindbar. Sie ist aber mehrfach erwähnt in: Schreiben der Königlichen Regierung zu Arnsberg an das Handelsministerium, 16.11.1850, GStA PK, I. HA, Rep. 120, A IX 1, Nr. 1, Bd. 2.

Oberpräsidenten der Provinzen in den 1840er Jahren die ordnungsgemäße Verwendung der Kohlemaße überprüften, bemerkten sie allerdings, dass das Häufen nach wie vor sehr unterschiedliche Messergebnisse zur Folge hatte. Das Handelsministerium sah darin eine „Verkürzung der Bergwerks-Abgaben"[31] und wollte die traditionelle Praxis nun vollständig abschaffen. Zwar protestierten zahlreiche Kaufleute und Grubenbesitzer gegen dieses Vorhaben. Auch die befragten Handelskammern äußerten sich ablehnend. Angesichts der fiskalischen Bedeutung der Bergwerksabgabe ließ sich das Ministerium aber nicht beirren und verordnete 1852/53 die ausschließliche Bemessung der Kohlen nach dem Streichmaß.[32]

Noch besser lässt sich der Übergang von der Regulierung des Häufens zu seiner Abschaffung am britischen Beispiel festmachen. Die 1824 verabschiedete Maß- und Gewichtsreform schrieb dort zunächst eine güterspezifische Differenzierung der Messpraxis vor. Kohle, Koks, Kalk, Fisch, Kartoffeln und Obst sollten gehäuft, alle übrigen Waren dagegen gestrichen werden. Zudem legte die Maßordnung die Dimensionen des *bushel*-Maßes eindeutig fest, um so die Spielräume für unterschiedliche Befüllungspraktiken einzuengen. Es sollte rund sein und einen Durchmesser von 19½ *inches* aufweisen.[33]

Allerdings unterließ es der Gesetzgeber, solche Vorgaben auch für die kleineren Volumeneinheiten wie das *peck* oder die Gallone zu machen. Dieser Umstand sorgte dafür, dass die Reglementierung des Häufens auf den Marktplätzen des Landes eher Verwirrung stiftete, als für Klarheit zu sorgen. 1825 schrieb der Londoner *City Remembrancer* an das Schatzamt, dass die „vague and ineffective directions […] in respect to heaped measures […] enable both Buyers and Sellers to commit Frauds to a great extent."[34] Das Schatzamt zeigte zwar Verständnis für diese Kritik, wies aber den Vorwurf zurück, dass es sich bei der Beschränkung der Vorschriften auf das *bushel*-Maß um ein Versehen handele. Vielmehr, so argumentierten die *Treasury Lords*, sei diese Entscheidung bewusst getroffen worden, um die Störung des Wirtschaftslebens durch die Umstellung möglichst gering zu halten.[35]

Dieser Einwand war nicht von der Hand zu weisen, denn in der Praxis zeigte sich, dass auch die Festlegung des *bushel*-Maßes in dieser Hinsicht schon zu weit ging. Das hing damit zusammen, dass die Dimensionen der Maßgefäße oft un-

---

31 Schreiben des Handelsministeriums an das Oberbergamt Breslau, 20. 9. 1855, GStA PK, I. HA, Rep. 121, Nr. 7523. Zu den Aktivitäten der Oberpräsidenten der Provinzen vgl. Schreiben des Oberpräsidenten der Provinz Preußen an den Handelsminister, 2. 9. 1847, GStA PK, I. HA, Rep. 120, A IX 1, Nr. 1, Bd. 2.

32 Die Verordnung ist nicht überliefert. Vgl. aber die zahlreichen in Reaktion auf sie verfassten Schreiben des Oberbergamts Westfalen an Handelsminister, November 1852 bis Mai 1853, sowie: Zusammenstellung der von den Handelskammern abgegebenen Vota über Beibehaltung des Haufmaßes resp. Einführung des Streichmaßes beim Kohlendebit, o. D., [1853], in: GStA PK, I. HA, Rep. 121, Nr. 7522.

33 5 George IV Cap. 74, §§ VI u. VII.

34 Schreiben des City Remembrancer an die Treasury Lords, 30. 8. 1825, TNA T1/4358, fol. 477–479, hier fol. 477.

35 Brief der Treasury Lords an den City Remembrancer, 5. 9. 1825, TNA T1/4358, fol. 471–473, hier fol. 473.

mittelbar in branchenspezifische Prozesse eingebettet waren. So wiesen beispielsweise die im Getreidehandel verwendeten *bushel*-Maße meist einen Durchmesser von 13½ *inches* auf, weil sie dann von einer Person hochgehoben und in einen Sack umgefüllt werden konnten. Hätte die Verwaltung die Verwendung des 19½-*inches-bushels* erzwungen, wären für dieselbe Aufgabe zwei Personen nötig gewesen.[36] Ein ähnliches Problem bestand auch in den Kohlegruben von Lancashire. Aufgrund der natürlichen Gegebenheiten kamen dort keine runden, sondern ovale Fördergefäße zum Einsatz. Angesichts des in dieser Gegend üblichen, unmittelbaren Abverkaufs der Kohlen von der Grube dienten sie zudem auch als Verkaufseinheiten. Das runde 19½-*inches*-Maß hätte daher eine Umstellung des gesamten Produktions- und Absatzsystems erforderlich gemacht.[37]

Diese und ähnliche Schwierigkeiten verhinderten die Umsetzung der 1824 beschlossenen Vorgaben. Ihre Ausdehnung auf die kleineren Volumeneinheiten stand deshalb nie zur Debatte. Die Vielzahl der unterschiedlichen Maßgefäße, die allein auf den Londoner Märkten zum Einsatz kam, ließ es ohnehin unmöglich erscheinen, das Häufen auf diese Weise zu regulieren. „The only possible means therefore", so hielt Charles William Pasley 1834 fest, „of getting rid of the extreme uncertainty and confusion attending our [...] measure[s], appears to be [...] to abolish heaped measure entirely".[38] Das *select committee*, das im selben Jahr die in Kapitel 4.3.1 geschilderte Überarbeitung der Reform von 1824 in Angriff nahm, schloss sich dieser Sichtweise an. In seinem Bericht kritisierte es die mangelnde Verlässlichkeit des Haufmaßes und empfahl angesichts der Erfolglosigkeit der vorangegangenen Umgrenzungsversuche seine Abschaffung. Das Gesetz von 1834 verfügte dementsprechend, dass fortan alle Volumenmaße ausnahmslos zu streichen seien.[39]

Die schrittweise Verdrängung des Häufens verringerte den ‚Verhandlungscharakter' der Mengenbestimmung im öffentlichen Verkehr. Völlig eliminieren konnte man ihn auf diese Weise allerdings nicht. Zum einen eignete sich das Streichen in erster Linie für kleinteilige Güter. Bei größeren Objekten wie Äpfeln oder Kartoffeln war es nur schwer durchzusetzen. Zum anderen aber wiesen auch gestrichene Hohlmaße noch große Ungenauigkeiten auf. Zwar fielen diese geringer aus als beim Häufen, aber durch geschicktes Streichen ließ sich die Menge des abgemessenen Gutes immer noch um 10–15% verändern.[40] Selbst nach der Abschaffung des Häufens blieb die Nutzung von Volumenmaßen deshalb mit großen Unsicherheiten behaftet. Vor diesem Hintergrund etablierte sich im Laufe der ersten Hälfte des 19. Jahrhunderts allmählich eine alternative Methode der Mengenbestimmung, die genauer und zuverlässiger war als das Messen: das Wiegen.

---

[36] PASLEY, Observations, S. 69 f.

[37] Memorial of the Coal Masters of Lancashire and the Vecinity [sic] to the Office of the Secretary of State for the Home Department [Robert Peel], o. D. [Begleitschreiben: 17.1.1827], NAS GD 18/3315.

[38] PASLEY, Observations, S. 92.

[39] Minutes of Evidence Select Committee Weights and Measures, S. 23; P.P. 1834 (464), XVIII.243 sowie 4 & 5 William IV Cap. 49, § 4. Vgl. auch 5 & 6 William IV Cap. 63, § VI.

[40] HIPPEL, Württemberg, S. 10. Vgl. auch VELKAR, Markets, S. 203.

5.2 Märkte und Mengenbestimmungen: Das Beispiel der Verbreitung des Wiegens

5.2.1 Die Neuerfindung der Waage

Schon in der Frühen Neuzeit waren einzelne Güter nicht nach Maß, sondern nach Gewicht gehandelt worden. Das galt vor allem für wertvolle Waren wie Edelmetalle oder Gewürze, bei denen es auf eine präzise Bestimmung der ausgetauschten Mengen ankam. In einigen wenigen Zusammenhängen bürgerte sich im späten 17. und frühen 18. Jahrhundert zudem das Wiegen von Massengütern ein. So begannen in den 1690er Jahren große Landgüter im englischen Essex damit, einzelne Getreidesorten nach Gewicht zu verkaufen. Auch das *Navy Board*, die britische Marineverwaltung, ging in den 1710er Jahren beim Ankauf von Lebensmittelvorräten zu dieser Praxis über.[41]

Dabei handelte es sich aber um Einzelfälle. Erst in den 1820er und 1830er Jahren erlangte das Wiegen im Handel mit alltäglichen Gütern wie Nahrungsmitteln oder Brennstoffen größere Verbreitung – zunächst nur auf den britischen Inseln, in den folgenden Jahrzehnten aber auch in Deutschland und Frankreich. Anders als die Abschaffung des Häufens war dieser Umschwung von den Versuchen zur Standardisierung der Einheiten weitgehend entkoppelt. Er lag vielmehr in den Präferenzen der ökonomischen Akteure begründet. Für deren Veränderung gab zweierlei Arten von Gründen. Sie lagen zum einen auf der Angebotsseite, also in Entwicklungen, die den Übergang zum Wiegen *ermöglichten*. Zum anderen betrafen sie die Nachfrageseite, d. h. Umstände, die den Gewichtshandel *erstrebenswert* erscheinen ließen. Ein dritter Faktor, die politische Regulierung, beeinflusste den Gang der Ereignisse zwar, bildete aber keine eigenständige Ursache der genannten Verschiebungen, sondern primär eine Reaktion auf sie.

Die angebotsseitigen Innovationen waren in erster Linie technologischer Natur. Im weiteren Sinne gehörte dazu auch die Standardisierung der Maßeinheiten.[42] Sie trug zur Erhöhung der Zuverlässigkeit des Wiegens bei. Einen bedeutsameren Impuls für die Verbreitung des Gewichtshandels lieferte aber die Entwicklung der Wägeinstrumente. In der Frühen Neuzeit waren für alltägliche Zwecke im Wesentlichen nur Balkenwaagen und Laufgewichtswaagen verfügbar gewesen.[43] Letztere galten als notorisch ungenau, erstere dagegen als sehr präzise. Das betraf allerdings nur die Bemessung kleinerer Mengen. Bei großer Belastung wiesen sie, wie bereits anhand der Gutgewichte erläutert, ebenfalls Defizite auf. Erschwerend hinzu kam, dass die Installation einer Waage hohe Kosten verursachte. An größeren Marktplätzen waren solche Instrumente zwar zumeist vorhanden, aber auf dem Land hatten nur wenige Akteure Zugang zu ihnen. Ihre vergleichsweise kom-

---

[41] HARRISON, Agricultural Weights, S. 823 f.

[42] Vgl. die bei VELKAR, Markets, S. 78 f. getroffene Unterscheidung zwischen *measuring instruments*, zu denen sowohl Maßeinheiten als auch Waagen gehören, und *measurement protocols*, die jene Phänomene umfassen, die hier als Konventionen und Praktiken bezeichnet werden.

[43] SANDERS, History of Weighing, S. 9 ff. u. S. 28 ff. sowie HARTMANN, Waagen, S. 3 ff. u. S. 24 ff.

plizierte Technik führte zudem dazu, dass die Funktionsweise des Wiegens weniger transparent war als diejenige des Messens. Professionelle Händler standen jedenfalls vielerorts in dem Ruf, im richtigen Moment den Daumen auf die Waage zu halten und so ihre Kunden zu übervorteilen.[44]

Durch die Entstehung einer Reihe neuartiger Waagentypen verloren diese Probleme im Laufe des 18. und frühen 19. Jahrhunderts aber an Bedeutung. Von wissenschaftlichen Instrumenten abgesehen, lassen sich fünf zentrale Innovationen identifizieren, die die Praxis des Wiegens beförderten. Bei der ersten handelte es sich um die 1669 von Gilles de Roberval entwickelte Roberval-Waage. Ihre Waagschalen hingen nicht an einem Balken, sondern waren stehend montiert. Der Vorteil dieser Anordnung lag darin, dass das Ergebnis einer Messung unabhängig davon war, an welcher Stelle innerhalb der Waagschale Gewicht und Gegengewicht genau platziert wurden.[45] Eine zweite Innovation bildete die 1680 in Limoges entstandene Federwaage. Durch den Verzicht auf lose Gewichtsstücke war sie sehr einfach zu handhaben, lieferte in der Regel aber nur ungenaue Resultate.[46] Drittens erfanden in den 1760er und 1770er Jahren mehrere Personen unabhängig voneinander die sogenannte Neigungswaage. Der württembergische Pfarrer und Mathematiker Philipp Matthäus Hahn, der Augsburger Instrumentenbauer Georg Friedrich Brander und der badisch-schweizerische Uhrmacher Johann Sebastian von Clais erdachten jeweils einen Mechanismus, bei dem die Gewichtsbestimmung nicht durch die Herstellung einer Gleichgewichtslage, sondern anhand der Auslenkung eines Hebels erfolgte. Für schwere Lasten war dieses Instrument zwar ungeeignet, aber als Briefwaage fand es in der Folgezeit große Verbreitung.[47]

Die wichtigsten Veränderungen der Messpraxis gingen jedoch von der vierten und der fünften Innovation aus. Dabei handelte es sich um die Brückenwaage und die Béranger-Waage. Der Ursprung der Brückenwaage lag in der Mitte des 18. Jahrhunderts. Ihr Grundkonzept entstammte dem Kontext der *turnpike trusts*, also der britischen Mautstraßen. Um Schäden an ihrem Wegenetz zu vermeiden, wollten deren Betreiber schwere Gefährte mit zusätzlichen Gebühren belegen. Das Parlament gewährte ihnen deshalb 1741 das Recht, an den Mautstellen Vorrichtungen zur Gewichtsbestimmung aufzubauen.[48] Zunächst handelte es sich dabei ungleicharmige Balkenwaagen, die hoch über der Straße angebracht waren und Kutschen mitsamt ihrer Last anhoben und vermaßen. Diese Methode war allerdings sehr zeitaufwendig. Zudem galt sie als äußerst unzuverlässig.[49] Der Zimmermann John

---

[44] KULA, Measures, S. 53f. Vgl. auch De la substitution du poids à la mesure, S. 9f.

[45] HAEBERLE, Waage, S. 131; Notice descriptive, S. 17ff. sowie SANDERS, History of Weighing, S. 35. Zu Waagen für wissenschaftliche Zwecke vgl. ebd., S. 51ff.

[46] Balance sans poids, S. 321f. Vgl. auch SANDERS, History of Weighing, S. 43ff.; HAEBERLE, Waage, S. 129 sowie allgemein zu Vor- und Nachteilen der Federwaage AIRY, Weighing Machines, S. 473.

[47] HAEBERLE, Waage, S. 118–127.

[48] ALBERT, Turnpike Road System, S. 59, Fn. 13, S. 81 u. S. 133.

[49] WEBB und WEBB, King's Highway, S. 140. Vgl. auch SANDERS, History of Weighing, S. 20f. sowie allgemein zur Vorgeschichte der Brückenwaage KISCH, Scales, S. 74ff. und SPICHAL, Jedem das Seine, S. 242ff.

Wyatt entwickelte deshalb ein neuartiges Verfahren, bei dem die Gespanne auf eine Plattform auffahren konnten. Unter dieser sogenannten Brücke verbarg sich ein Gestänge, das nach dem Prinzip des *compound lever* funktionierte. Dabei handelte es sich um eine Reihe von Hebeln, deren Wirkung die Waaglast und damit das zum Verwiegen nötige Gegengewicht auf 1/20 reduzierte. Mit einer maximalen Zuladung von etwas über sechs Tonnen bildete die Brückenwaage fortan ein zuverlässiges Instrument zur Bestimmung von großen Lasten.[50]

In Großbritannien fand sie allerdings nur geringe Verbreitung. Das Wägerecht der *turnpike trusts* entwickelte sich dort in der zweiten Hälfte des 18. Jahrhunderts zunehmend zu einer Pfründe der *toll farmers*, die lieber ein pauschales Schmiergeld erhoben, als sich mit den Mühen der Gewichtsbestimmung aufzuhalten.[51] Auf dem Kontinent sah die Lage dagegen anders aus. 1803 erhielt der Straßburger Mechaniker Charles Merlin ein französisches Patent auf eine Brückenwaage, bei der das Hebelsystem zuverlässiger funktionierte und die Brücke besser gesichert war als in Wyatts Modell. In der Folgezeit erlangte dieses Messinstrument in Frankreich einige Bedeutung. Auch benachbarte Länder wie Baden gingen in den 1810er Jahren dazu über, es an ihren Straßen zu errichten.[52]

Solange die Brückenwaage auf sehr große Lasten ausgelegt und stationär gebunden war, blieb ihre Breitenwirksamkeit freilich begrenzt. Auf Gütermärkten konnte sie in dieser Form nicht zum Einsatz kommen. Unter dem unmittelbaren Eindruck ihrer Verbreitung im Elsass und in Baden entwickelte der Mathematikprofessor Friedrich Alois Quintenz 1822 aber eine tragbare Version dieses Instruments.[53] Er brachte die Brücke, den Hebelmechanismus und das nötige Gegengewicht in einem einzigen, leicht aufstellbaren Apparat unter. Zudem setzte Quintenz das Verhältnis von Gegengewicht und gewogenen Gütern bewusst mit 1:10 an, um es rechnerisch in das metrische System einzufügen. Aus diesem Grund ist die tragbare Brückenwaage auch als Dezimalwaage bekannt geworden.[54]

Die Dezimalwaage war das erste Messinstrument, mit dem sich schwere Güter schnell, zuverlässig und ohne Standortbindung verwiegen ließen. Diese Eigenschaften eröffneten ihr zahlreiche Anwendungsmöglichkeiten.[55] Zentral für ihren Erfolg war allerdings auch, dass Quintenz eng mit dem Straßburger Bankier Frédéric Rollé zusammenarbeitete. Rollé leistete finanzielle Unterstützung beim Aufbau einer Werkstätte, sorgte für die Patentierung und Zulassung der Waage und sicherte nach Quintenz' frühem Tod ihre Weiterentwicklung. Der Uhrmacher

---

[50] Vgl. SANDERS, History of Weighing, S. 23 f.; DICKINSON, Platform Weighing Machine, S. 505 f. sowie HAEBERLE, Waage, S. 139 ff.

[51] WEBB und WEBB, King's Highway, S. 140 f. Zur Verbreitung: Verbürgt ist die Einrichtung von Brückenwaagen nur für Birmingham, Liverpool, Chester, Hereford, Shrewsbury, Gloucester, Lichfield und London, vgl. DICKINSON, Platform Weighing Machine, S. 505; HAEBERLE, Waage, S. 137 sowie BAKER, Wyatt.

[52] HAEBERLE, Waage, S. 141 u. S. 145 sowie RONCIN, Système métrique, S. 157.

[53] HAEBERLE, Waage, S. 143 ff. Vgl. auch HITZFELD, Quintenz, S. 168 f. sowie LEDERER, Quintenz.

[54] HAEBERLE, Waage, S. 147; WANG, Vereinheitlichung, S. 240 f. sowie die technische Beschreibung bei HARTMANN, Waagen, S. 40 ff.

[55] WANG, Vereinheitlichung, S. 241.

Jean Baptiste Schwilgué nahm in seinem Auftrag eine Reihe von Verbesserungen an der ursprünglichen Konstruktion vor und machte sie damit massenmarkttauglich.[56]

Vor diesem Hintergrund stiegen Rollé und Schwilgué in den folgenden Jahren zu erfolgreichen Industriellen auf. Schon 1827 war ihr Produkt in vielen französischen und Schweizer Handelshäusern anzutreffen. 1828 führte der badische Staat die Dezimalwaage bei der Zollabfertigung ein, und 1836 lässt sie sich in Frankfurt am Main nachweisen.[57] Auch die Tatsache, dass das neue Messinstrument zahlreiche Nachahmer auf den Plan rief, spricht für seinen Erfolg. 1829 patentierte der Franzose Jean Joseph Fayard eine auf Rollen gestellte Version der Waage. Seit 1840 baute der Hamburger Schlossermeister und Quintenz-Schüler A. C. C. Joachims eine eigene Produktionslinie auf, und 1835 hatte Henry Pooley in Liverpool bereits dasselbe getan.[58] Dabei profitierte er davon, dass sich Quintenz' Erfindung durch den Austausch der Gegengewichte oder eine Veränderung des Waagbalkens problemlos auf das britische Maßsystem umstellen ließ. Obwohl ihr Name eine andere Schlussfolgerung nahelegt, beschränkten sich die Einsatzmöglichkeiten der Dezimalwaage also nicht auf Gebiete, in denen das metrische Maß üblich war.[59]

Allerdings unterlag ihre Nutzung einer Reihe von politisch motivierten Beschränkungen. In Preußen war die Verwendung der Waage im öffentlichen Verkehr verboten, vermutlich, weil den lokalen Ämtern die technische Kompetenz für ihre Eichung fehlte. Erst auf Drängen der Eisenbahngesellschaften ließ der Gesetzgeber sie 1853 zu.[60] Häufiger als Verbote waren jedoch Begrenzungen auf bestimmte Anwendungsgebiete. In Frankreich durfte das Messinstrument nur im Großhandel, in Baden nur für die Abfertigung von Lasten von über einem Zentner eingesetzt werden. Beide Vorschriften waren darauf zurückzuführen, dass die Behörden unbedarfte Konsumenten vor möglichen Manipulationen am komplizierten Übersetzungsmechanismus der Waage schützen wollten. Seit der Jahrhundertmitte ließ sich diese restriktive Haltung allerdings kaum noch durchsetzen. So sah sich die badische Regierung 1859 gezwungen, das neue Messinstrument auch für die Bestimmung von kleineren Lasten zuzulassen, weil mittlerweile selbst die staatliche Zollverwaltung die diesbezüglichen Beschränkungen ignorierte.[61]

Im Einzelhandel setzten sich tragbare Brückenwaagen allerdings auch nach dieser Freigabe nicht durch, weil sie für diesen Zweck zu unhandlich waren. Stattdessen erlangte dort die fünfte Innovation große Bedeutung: die 1840 patentierte Béranger-Waage, eine Erfindung des französischen Industriellen Joseph Béranger.

---

[56] HAEBERLE, Waage, S. 150 f.; HITZFELD, Quintenz, S. 169 sowie DIENER, Schwilgué, S. 447 f.

[57] WANG, Vereinheitlichung, S. 242 f.

[58] HAEBERLE, Waage, S. 151; Amtlicher Bericht über die Industrie-Ausstellung, Bd. 1, S. 520 ff.; SANDERS, History of Weighing, S. 26 sowie SECA, Die Geschichte. Werdegang eines erfolgreichen Familienunternehmens, o. D., URL: <http://www.seca.com/de_de/unternehmen/geschichte.html> (Stand: 15. 8. 2018).

[59] WANG, Vereinheitlichung, S. 244.

[60] Vgl. ebd., S. 243, Fn. 990.

[61] Vgl. ebd., S. 242 f.

Dabei handelte es sich um eine kleine, für Lasten von zwei bis fünf Kilogramm ausgelegte Tafelwaage mit obenliegenden Schalen. Auf den ersten Blick ähnelte sie der 1669 vorgestellten Roberval-Waage. Allerdings ersetzte Béranger deren einfachen Waagbalken durch ein Gestänge, das die Schalen besser abstützte und die Waage damit robuster und alltagstauglicher machte.[62]

Dieses Instrument verbreitete sich in den folgenden Jahrzehnten in Bäckereien, Metzgereien und kleinen Läden auf dem ganzen Kontinent. Es bildete den Grundstein dafür, dass Béranger zu einem der größten Waagenhersteller Europas aufstieg. 1855 beschäftigte sein Unternehmen in Lyon 300 Arbeiter.[63] Die Angebotspalette umfasste zu diesem Zeitpunkt neben der in 14 verschiedenen Variationen angebotene Béranger-Waage auch noch zahlreiche verwandte Erzeugnisse von der einfachen Balkenwaage bis hin zur Brückenwaage für Lokomotiven. Auf den Weltausstellungen der zweiten Hälfte des 19. Jahrhunderts fanden diese Produkte große Beachtung. Die ursprüngliche Béranger-Waage wurde zudem von einer Vielzahl unterschiedlicher Hersteller nachgeahmt. Bis zur Jahrhundertwende bildete sie die gängigste aller Waagenarten.[64]

Das Angebot an zuverlässigen und preisgünstigen Instrumenten der Gewichtsbestimmung weitete sich seit den 1820er Jahren also deutlich aus. Das war zunächst der Dezimalwaage und ab den 1840er Jahren auch der Béranger-Waage geschuldet. Diese Entwicklung bildete eine wichtige Vorbedingung für die im zweiten Viertel des 19. Jahrhunderts an Fahrt gewinnende Verbreitung des Wiegens. Ihr Auslöser war sie allerdings nicht. In dieser Hinsicht spielte ein anderer Faktor eine zentrale Rolle: die zunehmende Nachfrage nach genaueren Methoden der Mengenbestimmung.

5.2.2 Die Expansion des Handels und die Differenzierung der Messpraxis

Die Ursachen für diese Entwicklung lagen in den grundlegenden ökonomischen Umbrüchen des 19. Jahrhunderts. Der Ausbau der Transportinfrastruktur und die Urbanisierung führten zu einer Ausdifferenzierung der Akteure des wirtschaftlichen Austauschs. Im Geschäft mit grundlegenden Gütern wie Nahrungsmitteln oder Brennstoffen traten deshalb vermehrt professionelle, mit großen Mengen

---

[62] SANDERS, History of Weighing, S. 73; Notice descriptive, S. 19 ff. (auch zur Weiterentwicklung der Waage nach 1840) sowie HAEBERLE, Waage, S. 133 ff. Dass das dort auf 1847 datierte Patent bereits 1840 erteilt wurde, ist belegt bei BÉRANGER, Notice statistique, Anhang, o. S. sowie bei: Notice descriptive, S. 141.

[63] BÉRANGER, Notice statistique, Anhang, o. S. Die Angabe bei HAEBERLE, Waage, S. 133, wonach diese Zahl schon 1827 erreicht worden sei, trifft nicht zu. Es handelt sich dabei vielmehr um das Gründungsjahr des Unternehmens. Vgl. dazu sowie allgemein zur Geschichte des Unternehmens: Notice descriptive, S. 141 ff.

[64] Zur Produktpalette vgl. ebd., S. 133 ff. und passim. Zu den Weltausstellungen ebd., S. 5 ff. u. S. 136 ff. sowie Amtlicher Bericht über die Industrie-Ausstellung, Bd. 1, S. 521. Zu den Nachahmern und der Verbreitung vgl. HAEBERLE, Waage, S. 133 sowie die bei LUCCIARDI, Traité sur la balance, passim angeführten Varianten der Béranger-Waage von unterschiedlichen Herstellern.

über große Distanzen handelnde Kaufleute und Grundbesitzer in Erscheinung. Sie hatten ein höheres Interesse an genauen und von ortsgebundenen Aushandlungsprozessen unabhängigen Mengenbestimmungen als jene lokalen Personenkreise, die in der Frühen Neuzeit tonangebend gewesen waren.

Ein zentrales Beispiel hierfür bildete der Getreidehandel. Schon im 18. Jahrhundert fanden dort im Umfeld großer Städte wie London oder Paris profunde organisatorische Veränderungen statt. Sie beruhten darauf, dass die Urbanisierung eine regionale Spezialisierung der Landwirtschaft und damit auch eine „räumliche Trennung der Produktions- und Absatzgebiete"[65] zur Folge hatte. Diese Tendenz beschleunigte sich, als in der ersten Hälfte des 19. Jahrhunderts durch den Ausbau von Kanälen und Eisenbahnen national integrierte Gütermärkte entstanden, die den Austausch von Rohstoffen über große Entfernungen ermöglichten. Hinzu kamen Veränderungen bei der Weiterverarbeitung von Getreide wie insbesondere die Entstehung industrialisierter Großmühlenbetriebe.[66]

Zusammengenommen führten diese Entwicklungen dazu, dass der direkte Kontakt zwischen den Produzenten von Getreide und den Verbrauchern von Getreideprodukten verloren ging. Stattdessen waren beide Gruppierungen zunehmend auf die Vermittlungsleistung professioneller Händler und professioneller Weiterverarbeitungsbetriebe angewiesen.[67] Bis zur Mitte des 19. Jahrhunderts erfasste dieser Umbruch nahezu alle Regionen, die einen Anschluss an das expandierende Verkehrsnetz aufwiesen.[68] Ein Beispiel bildete das in der französischen Champagne gelegene Departement Aube. Die dortige *Société d'Agriculture* verfasste 1850 einen Bericht, in dem sie die Umstrukturierung der Handelswege seit etwa 1820 resümierte. „Il y a trente ans", so lautete ihr Befund,

les deux derniers [d. h. Bäcker und Endverbraucher] étaient les principaux acquéreurs: le commerce des grains n'avait pris alors qu'un faible développement dans notre pays; mais depuis cette époque, [...] le mode d'acquisition a changé : le négociant est devenu l'acquéreur de la plus grande portion des grains; le boulanger [...] a été amené à faire des achats de farine au lieu de froment, et le petit consommateur [...] n'est plus exposé aux mal-façons et autres inconvénients des petites moutures.[69]

---

[65] Getreidehandel, in: Brockhaus' Konversations-Lexikon, Bd. 7, S. 953–956, hier S. 953. Eine detaillierte Analyse der Funktionsweise von Getreidemärkten um 1800 bietet die erst nach dem Abschluss des vorliegenden Manuskriptes fertiggestellte Arbeit von Bühler, Von Netzwerken zu Märkten, S. 73–175.

[66] Dazu ausführlich am französischen Beispiel Bourguinat, Grains du désordre, S. 28 ff., S. 123 ff. u. S. 207 ff. Zu Großbritannien vgl. Daunton, Progress, S. 323 f. sowie Petersen, Bread, S. 50 ff. u. S. 150 ff. Instruktiv zu Deutschland sind die zeitgenössischen Ausführungen bei Engel, Getreidepreise, S. 262.

[67] Vgl. Getreidehandel, in: Brockhaus' Konversations-Lexikon, Bd. 7, S. 953–956, hier S. 953; Spiekermann, Konsumgesellschaft, S. 35 f.; Daunton, Progress, S. 323; Bourguinat, Grains du désordre, S. 197 ff. sowie Thomas, Foires, S. 116 ff. Vergleichbare, allerdings auf der globalen Ebene angesiedelte Entwicklungen sind auch im Baumwollhandel festzustellen, vgl. Beckert, King Cotton, S. 203 ff.

[68] Zur Geographie der Getreidemärkte am französischen Beispiel Bourguinat, Grains du désordre, S. 31–52. Vgl. zu Deutschland allerdings auch die relativierenden Bemerkungen bei Spiekermann, Konsumgesellschaft, S. 36.

[69] Rapport fait à la société d'agriculture, S. 129.

Für die Entwicklung der Messpraxis waren diese Verschiebungen von großer Relevanz. Überregional aktive Kaufleute drängten meist darauf, den Getreidehandel nicht mehr nach Volumen, sondern nach Gewicht abzuwickeln (Forderungen nach einer Standardisierung der Maß*einheiten* erhoben sie dagegen kaum, weil der Aufwand der Umrechnung zwischen verschiedenen Messgrößen vergleichsweise gering ausfiel).[70] Das war mit Konflikten verbunden, denn eine solche Umstellung ging in der Regel mit der Abschaffung der Messbeamten einher. Diese versuchten deshalb, sie zu verhindern.

Konkrete Beispiele für entsprechende Auseinandersetzungen werden im nächsten Abschnitt geschildert. An dieser Stelle ist zunächst hervorzuheben, dass die Händler auch auf der Produzentenseite Verbündete für ihr Anliegen fanden. Viele große Agrargüter entwickelten in der ersten Hälfte des 19. Jahrhundert ebenfalls ein Interesse an genaueren Mengenbestimmungen. Das hing zum einen mit der Rationalisierung der landwirtschaftlichen Betriebsführung zusammen. Sie hatte ihren Ausgangspunkt in Großbritannien und griff seit den 1810er Jahren auch auf den Kontinent über.[71] Zum anderen war die Bedeutung des genauen Messens für die Produzenten aber ebenfalls eine Folge der verbesserten Transportmöglichkeiten. Sie unterwarfen die Bauern einem stärkeren Wettbewerbsdruck und reduzierten gleichzeitig ihre Bereitschaft, den Händlern die traditionell für Transportverluste gegebenen Aufmaße zu gewähren.[72]

Überall dort, wo der Getreidehandel primär von professionellen Händlern und großen Produzenten geprägt war, setzte sich das Wiegen deshalb durch. In Irland war dies aufgrund der außergewöhnlichen Prävalenz großer *estates* und der hohen Bedeutung des Exportes nach Großbritannien schon im 18. Jahrhundert der Fall gewesen. Über Liverpool als hauptsächlichem Importhafen erfasste die dortige Praxis im frühen 19. Jahrhundert auch das nordwestliche England.[73] In Frankreich erlangte der Gewichtshandel vor allem in der Île–de-France große Verbreitung. Auch in Deutschland war das Wiegen Mitte des 19. Jahrhunderts vielerorts fest etabliert. In Magdeburg, Neuss und Köln wurden Mengenbestimmungen von Getreide zu diesem Zeitpunkt ausschließlich, in Berlin und einigen anderen Orte mehrheitlich und in Baden zumindest teilweise nach diesem Modus vorgenommen.[74]

Allerdings zeigen diese lokalen Variationen auch, dass von einer *vollständigen* Durchsetzung des Wiegens keine Rede sein kann. Eine Reihe von Faktoren be-

---

[70] Vgl. z. B. Report Select Committee Sale of Corn, S. 50 ff.; P.P. 1834 (517), VII.1; Schreiben des Vorstands des Kaufmännischen Vereins Breslau, 25. 1. 1862, in: Annalen der Landwirthschaft, S. 12 f. sowie die ebd., S. 17 f. angeführten Reaktionen weiterer kaufmännischer Vereine. Korn-Wage, in: KRÜNITZ, Ökonomische Enzyklopädie, Bd. 46, S. 73–183, S. 74 ff., ist ein bereits 1789 verfasstes Plädoyer für das Wiegen von Getreide, das allerdings ohne erkennbare Folgen blieb.

[71] ACHILLES, Agrargeschichte, S. 168 ff. u. S. 177 ff.

[72] Vgl. Referat des Herrn Geysmer über die Proposition des Herrn Landes-Ökonomie-Raths von Salviati – betreffend den Verkauf des Getreides nach dem Gewicht, 13. 10. 1862, in: Annalen der Landwirthschaft, S. 18–28, hier S. 20.

[73] Report Select Committee Sale of Corn, S. vi, S. xxix, S. 11, S. 24, S. 29 f., S. 66 f. u. S. 103; P.P. 1834 (517), VII.1.

[74] Verhandlungen über III. und IV., in: Annalen der Landwirthschaft, S. 47–67, hier S. 51. Zu Baden WANG, Vereinheitlichung, S. 227.

grenzte seine Verbreitung. Der erste bestand darin, dass die genannten ökonomischen Strukturveränderungen zwar eine Verschiebung der Gewichte zwischen den Akteuren des Getreidehandels darstellten, aber keinen kompletten Umschwung. Vielmehr existierten auch weiterhin Gruppierungen, die die Volumenmaße bevorzugten. Das galt nicht nur für die amtlichen ‚Messer' auf den Marktplätzen. Vielmehr hatte die Variabilität der Hohlmaße auch aus der Sicht von kleinen Produzenten und lokalen Händler Vorteile. Für sie machte die Möglichkeit, Käufer oder Verkäufer durch ein Übermaß für mögliche Nachteile zu entschädigen, nach wie vor einen großen Teil der sozialen Akzeptanz einer Mengenbestimmung aus.[75]

Darüber hinaus bot das Messen auch praktische Vorzüge. In Großbritannien argumentierten Bauern und Händler in den 1830er Jahren, dass es im lokalen Gebrauch schneller und einfacher zu bewerkstelligen war als das Wiegen. In Frankreich vertraten einige Handelskammern in den 1850er Jahren dieselbe Auffassung. Zudem hoben sie hervor, dass das Messen der ländlichen Bevölkerung die Überprüfung der gehandelten Mengen erleichtere, weil es einfacher zu durchschauen war und Waagen in manchen Regionen nach wie Seltenheitswert hatten.[76] Und ein Vertreter des preußischen Landesökonomiekollegiums stieß noch 1862 in dasselbe Horn, als er argumentierte, dass „die Beschaffung der Gewichte und Waagen, welche zum Gebrauch im wirthschaftlichen Betriebe meist noch fehlen, das Land mit einer bedeutenden Ausgabe belasten"[77] würde. Im südöstlichen England, in den ländlichen Teilen Frankreichs und Preußens sowie in Südwestdeutschland blieb das Messen vor diesem Hintergrund auch weiterhin die vorherrschende Form der Mengenbestimmung.[78]

Ein zweiter Grund dafür, dass sich der Gewichtshandel nur teilweise durchsetzen konnte, betraf die professionellen Händler. Für sie stellte neben der Mengen- auch die Qualitätsbestimmung von Getreide ein wichtiges Problem dar. Beim reinen Gewichtshandel geschah sie ebenso wie im Falle der Hohlmaße durch bloßen Augenschein. Für den lokalen Austausch war diese Methode angemessen. Im überregionalen Rahmen ließ sie sich zudem durch den Versand von Warenproben ergänzen.[79] Je größer die Distanzen waren, umso schwieriger gestaltete sich dieser Modus der Qualitätsbestimmung aber. Im Seehandel etwa galt er wegen der langsamen und wenig zuverlässigen Transportmittel als unpraktikabel. Hinzu kam,

---

[75] Referat des Herrn Geysmer über die Proposition des Herrn Landes-Ökonomie-Raths von Salviati – betreffend den Verkauf des Getreides nach dem Gewicht, 13.10.1862, in: Annalen der Landwirthschaft, S. 18–28, hier S. 22 ff.

[76] De la substitution du poids à la mesure, S. 11 f.

[77] Referat des Herrn Geysmer über die Proposition des Herrn Landes-Ökonomie-Raths von Salviati – betreffend den Verkauf des Getreides nach dem Gewicht, 13.10.1862, in: Annalen der Landwirthschaft, S. 18–28, hier S. 22 f.

[78] Report Select Committee Sale of Corn, S. 19; P.P. 1834 (517), VII.1.; HUBAINE, Traité, S. 5 f.; WANG, Vereinheitlichung, S. 225 f. sowie HIPPEL, Württemberg, S. 28, Fn. 112.

[79] Zum Augenschein vgl. Korn-Wage, in: KRÜNITZ, Ökonomische Enzyklopädie, Bd. 46, S. 73–183, hier S. 76 sowie ausführlich KAPLAN, Provisioning Paris, S. 48 ff. Zu den Warenproben vgl. DAUNTON, Progress, S. 323 sowie VELKAR, Markets, S. 186 f.

dass sich durch die Marktintegration die Verfügbarkeit unterschiedlicher Qualitäten ein und desselben Gutes erhöhte, dem Problem ihrer präzisen Beurteilung also wachsende Bedeutung zukam.[80]

Neben dem Maß und dem Gewicht etablierte sich in der ersten Hälfte des 19. Jahrhunderts deshalb noch ein dritter Modus der Mengenbestimmung: die Kombination von Maß und Gewicht. Da hochwertiges Getreide in der Regel ein höheres Gewicht pro Einheit (also ein höheres *spezifisches* Gewicht) aufwies als geringwertiges, gestattete sie gleichzeitig eine quantitative und eine qualitative Bewertung des jeweiligen Gutes.[81] Vor allem die Umschlagplätze des internationalen Getreidehandels gingen deshalb dazu über, den Warenverkehr nach diesem Modus abzuwickeln. Das galt z. B. für die preußischen Seehäfen Danzig, Königsberg und Memel, wo die Verknüpfung von Maß und Gewicht seit den 1830er und 1840er Jahren anzutreffen war. Daneben fand sie auch in Teilen des britischen Binnenhandels sowie in einigen großen kontinentalen Zentren des Getreideumschlags Verwendung, etwa in Paris oder in München.[82] Allerdings erforderte die Bestimmung des spezifischen Gewichtes regelmäßig den Einsatz eines Maßes *und* einer Waage. Für den lokalen und regionalen Handel war sie deshalb zu aufwendig. Die Kombination von Maß und Gewicht stellte also nicht die Lösung aller Probleme der Mengenbestimmung dar. Vielmehr trat sie als zusätzliche, nur für bestimmte Anwendungen geeignete Option neben die neu eingeführte Praxis des Wiegens und die in einigen Kontexten fortbestehende Methode des Messens.

Lokale Traditionen verkomplizierten dieses Bild noch weiter, denn sie lagen oft quer zur ökonomischen Logik der unterschiedlichen Verfahren. So berichtete der Präfekt des Department *Sarre* 1805, dass in Bernkastel das Wiegen und in Saarbrücken das Messen von Getreide üblich war, erwähnte aber auch, dass Getreide in Trier in Säcken verkauft wurde, die traditionell eine bestimmte Größe aufwiesen.[83] Ein weiteres Beispiel für solche Besonderheiten stellte der britische Fall dar. Angesichts der Auswirkungen des Getreidehandels mit Irland handelte es sich bei der Frage der Messpraktiken dort *auch* um „a question between the east and west of England, all buyers and sellers in the west and in Ireland being in favour of weight, and all in the east in favour of measure".[84]

Schließlich gab es noch einen dritten Grund dafür, dass sich der Gewichtshandel in der ersten Hälfte des 19. Jahrhunderts nur teilweise durchsetzen konnte.

---

[80] Vgl. dazu die etwas verklausulierten Hinweise in: Report Select Committee Sale of Corn, S. vi, S. xii u. S. 105; P.P. 1834 (517), VII.1 sowie bei HARRISON, Agricultural Weights, S. 823 f.

[81] Korn-Wage, in: KRÜNITZ, Ökonomische Enzyklopädie, Bd. 46, S. 73–183, hier S. 77 f. Vgl. auch HARRISON, Agricultural Weights, S. 824.

[82] Verhandlungen über III. und IV., in: Annalen der Landwirthschaft, S. 47–67, hier S. 48 f. Zu Großbritannien vgl. Report Select Committee Sale of Corn, S. 105; P.P. 1834 (517), VII.1. Zu Paris vgl. KAPLAN, Provisioning Paris, S. 52 f. Zu München vgl. Schrannen-Ordnung, 17.12.1871, § 6, in: Münchener Amtsblatt 1871, Nr. 99, S. 824–829, hier S. 825.

[83] Schreiben des Präfekten des Département Sarre an den Innenminister, 4 prairial an XIII (24.5.1805), AN F/12/1296-97, Mappe Sarre, fol. 10.

[84] Hansard's HC Deb 20 July 1859, vol 155, col 126.

Das waren produktspezifische Differenzierungen. Solange es dabei um Getreide ging, waren sie meist eine Folge der Differenzierung zwischen lokalem und überregionalem Handel. Beispielsweise bemaßen britische Kaufleute Weizen häufiger nach Maß *und* Gewicht als Gerste, weil sie diesen in der Regel international, jene aber nur regional austauschten.[85] Über den Getreidehandel hinaus waren solche Anpassungen der Messpraxis aber vor allem darauf zurückzuführen, dass sich das Wiegen nicht für alle Güter gleichermaßen eignete. Im Falle von Kohle etwa, deren Handelswege ähnlichen Veränderungen unterlagen wie diejenigen des Getreides, galt es zwar prinzipiell ebenfalls als genauer als das Messen. Je nach Sorte konnte diese Einschätzung aber auch anders ausfallen. So hielten viele Zeitgenossen den Gewichtshandel bei kleineren, erdigen Steinkohlen für unpraktikabel, weil ihr Maß recht zuverlässig bestimmt werden konnte. Ihr Gewicht war dagegen mit einigen Unsicherheiten behaftet. Z.B. ließ es sich durch Anfeuchten leicht manipulieren.[86]

Für gebrannten Kalk, der in der Landwirtschaft, im Baugewerbe und in der Eisenverarbeitung von großer Bedeutung war, galt das in ähnlicher Form. Sein Gewicht konnte sich bei längerer Lagerung allein durch die Luftfeuchtigkeit verändern. Zudem variierte es je nach verwendeter Herstellungstechnik. Dabei wiesen vollständiger gebrannte, leichtere Sorten in der Regel die höhere Qualität auf. Viele Kaufleute standen dem Wiegen von Kalk deshalb skeptisch gegenüber.[87] Und auch bei gröberen Kohlesorten gab es Einwände gegen diese Praxis. Sie hatten in diesem Fall allerdings nichts mit den betroffenen Gütern zu tun. Ihre Ursache lag vielmehr darin, dass die Entlohnung von Bergarbeitern fast überall auf den Fördergefäßen und damit auf dem Maß beruhte. Eine Umstellung hätte deshalb weitreichende Konsequenzen für die Arbeitsbeziehungen in den Gruben gehabt.[88]

Auch aus solchen Gründen ereignete sich in der ersten Hälfte des 19. Jahrhunderts also kein eindeutiger Wechsel vom Messen zum Wiegen, sondern vielmehr eine Differenzierung der Methoden der Mengenbestimmung. Sie befriedigte einerseits die Nachfrage nach erhöhter Genauigkeit, eröffnete andererseits aber auch weiterhin Spielräume für die kontextspezifische Aushandlung des richtigen Maßes.

5.2.3 Politische Debatten

Eine wesentliche Voraussetzung für diese Entwicklung bestand darin, dass die staatlichen Maßreformen die Entscheidung über Messen oder Wiegen im Gegen-

---

[85] Eine 1878 durchgeführte Erhebung ergab, dass 61% des Weizens nach Maß und Gewicht, 33% Prozent nach Maß und die verbleibenden 6% nach Gewicht gehandelt wurden. Bei Gerste und Hafer entfielen dagegen 75 bzw. 44% auf den Maßhandel, 5 bzw. 7% auf das Gewicht und nur die verbleibenden 20% bzw. 49% auf Maß und Gewicht, vgl. Corn Averages, S. 5f.; P.P. 1878–79 (247), LXV.127.

[86] Ueber die Einführung des Gewichts, Sp. 367. Vgl. aber die abweichende Einschätzung bei Pasley, Observations, S. 81.

[87] Vgl. ebd., S. 84ff.

[88] Ueber die Einführung des Gewichts, Sp. 369f.

satz zur Frage des Häufens den Marktteilnehmern überließen. Von dieser Regel gab es allerdings Ausnahmen, und auch dort, wo sie zutraf, war sie meist heftig umstritten.

In Großbritannien begann die diesbezügliche Debatte am frühesten. 1834 setzte das Unterhaus ein Komitee ein, das die Frage der Mengenbestimmung im Getreidehandel untersuchen sollte. Aus der Sicht der Parlamentarier warf die seit der Jahrhundertwende zu beobachtende Differenzierung der Messpraktiken große Schwierigkeiten auf. Ihrer Meinung nach verfälschte sie die offizielle Getreidepreisstatistik.[89] Angesichts des seit dem Ende der napoleonischen Kriege vorherrschenden ökonomischen Liberalismus galt diese aber als ein unverzichtbares Instrument zur Sicherung der gesamtwirtschaftlichen Markt- und Preistransparenz. Getreide, so argumentierte das Komitee, „being beyond all other commodities indispensable to the subsistence of Man, […] governs the value of things in a higher degree than any other commodity. Wages, Rent and Profits are all to a great degree determined by it."[90]

Die Abgeordneten suchten deshalb nach Möglichkeiten, neben den Maßeinheiten auch die Praxis der Mengenbestimmung zu standardisieren. Allerdings erfüllte keines der im Getreidehandel üblichen Systeme die hohen Anforderungen, die sie an die Statistik stellten. Das Messen galt ihnen als zu ungenau. Zudem brachte es ebenso wie das Wiegen das Problem mit sich, dass die offizielle Erfassung der Preise auch die Qualität des gehandelten Getreides widerspiegeln sollte. Die Kombination von Maß und Gewicht gab in dieser Hinsicht zwar näherungsweise Aufschlüsse. Eine völlige eindeutige Qualitätsbestimmung ermöglichte sie allerdings nicht. Denn das spezifische Gewicht war nicht nur ein Güteindikator, sondern auch das Ergebnis saisonaler und lokaler Faktoren.[91] Es konnte also je nach Erntejahr oder Herkunft variieren, *ohne* dass dies ein Qualitätsmerkmal darstellte. Eine vollständige Evaluierung von Getreide erforderte deshalb weitere Regelungen wie die Festsetzung von Durchschnittsgewichten für bestimmte Sorten oder Anbauregionen.[92]

Genau diese Vorgehensweise empfahl das Komitee schließlich auch. Ihre Umsetzung hätte allerdings ebenfalls Schwierigkeiten verursacht, denn sie wäre auf die Schaffung einer Vielzahl dezentralisierter, ad hoc eingerichteter Standards hinausgelaufen. Aus der Sicht vieler Beteiligter widersprach sie damit dem Geist der Uniformisierung, der das ganze Vorhaben motiviert hatte.[93] Hinzu kam, dass auch die Kombination von Maß und Gewicht noch Spielräume für unterschiedliche Befüllungspraktiken offen ließ, die die Eindeutigkeit dieser Methode der Mengenbestimmung in Frage stellen konnten.[94] Bei der Regierung stießen die Forderungen der Kommission deshalb auf taube Ohren. Sie stellte die genaue Bestimmung der Messmethode weiterhin den ökonomischen Akteuren anheim.

---

[89] Report Select Committee Sale of Corn, S. vii; P.P. 1834 (517), VII.1.
[90] Ebd., S. viii.
[91] HARRISON, Agricultural Weights, S. 824.
[92] Vgl. ebd.
[93] Report Select Committee Sale of Corn, S. xxv; P.P. 1834 (517), VII.1.
[94] VELKAR, Markets, S. 203 f.

In den 1850er Jahren erlebte die Debatte allerdings eine Renaissance. Den Anlass dafür bildete eine Erhebung der im Getreidehandel verwendeten Maß*einheiten*. Sie hatte ergeben, dass in dieser Hinsicht nach wie vor große Vielfalt herrschte. Allerdings standen die lokal verwendeten Größen mittlerweile allesamt in einem festgelegten Umrechnungsverhältnis zu den *Imperial Measures*. Statt der unterschiedlichen Einheiten rückten deshalb schnell wieder die unterschiedlichen Praktiken ins Visier der Debatte. Eine 1858/59 eingebrachte Gesetzesvorlage, die den Getreidehandel auf das spezifische Gewicht verpflichten wollte, scheiterte allerdings.[95]

Das lag zum einen am Widerstand der Verfechter des *reinen* Gewichtshandels, die in Nordwestengland nach wie vor fest verwurzelt waren. Zum anderen hatte es auch damit zu tun, dass die Bedeutung der Messpraxis für die Getreidepreisstatistik deutlich geringer eingeschätzt wurde als noch in den 1830er Jahren. Angesichts einer Vielzahl anderer möglicher Fehlerquellen galten ihre Divergenzen nunmehr als unerheblich.[96] Zudem erblickte die Regierung die hauptsächliche Relevanz der Statistik nicht im synchronen, sondern im diachronen Vergleich der Preise. Auf diesen hatten die Messpraktiken aber nur dann Einfluss, wenn sie sich veränderten. Solange die Statistiken „were seen to be capturing *fluctuations* in grain prices, the use of local measures as well as measurement practices was left undisturbed".[97] Daran änderte sich in den folgenden Jahrzehnten nichts.

In Frankreich verlief die Debatte über die Mengenbestimmung ähnlich wie in Großbritannien. Auch hier ging sie auf den Wunsch nach einer zuverlässigeren Getreidepreisstatistik zurück. Die französische Verwaltung maß diesem Problem allerdings weniger wirtschafts- als vielmehr sozialpolitische Bedeutung bei. Aus ihrer Sicht war es eng mit der Brotpreisfrage verknüpft, die besonders in der Zweiten Republik ein Politikum ersten Ranges darstellte. 1850 stieß der kurzzeitig als Handelsminister amtierende Chemiker Jean Baptiste Dumas deshalb eine Initiative zur Erfassung der Getreide- und Mehlpreisentwicklung der vergangenen zehn Jahre an.[98] Dabei gelangte er zu der Überzeugung, dass die Mengenbestimmung anhand des Gewichtes eine solidere Grundlage für die Getreidepreisstatistik abgab als jene anhand des Maßes. Seiner Auffassung nach war sie genauer und zudem geringeren Unregelmäßigkeiten ausgesetzt. Er bat deshalb die Präfekten, mit Vertretern der Eichämter, Handelskammern und landwirtschaftlichen Gesellschaften zu konferieren und eine Stellungnahme zu der Frage abzugeben, ob das Wiegen von Getreide für allgemeinverbindlich erklärt werden könne.[99]

---

[95] Vgl. die hierüber geführten Debatten in: Hansard's HC Deb 18 May 1858, vol 150, cols 913–918 sowie Hansard's HC Deb 20 July 1859, vol 155, cols 122–30.

[96] Corn Averages, S. 5 ff.; P.P. 1878–79 (247), LXV.127.

[97] Velkar, Markets, S. 206 (meine Hervorhebung).

[98] Circulaire No. 5 à MM. les préfets. Prix du pain et de la farine pendant les dix dernières années. Demande de renseignements, 12. 2. 1850, in: Bulletin du Ministère de l'Agriculture et du Commerce 11 (1850), S. 19f.

[99] Circulaire No. 34, 11. 6. 1853, in: Bulletin officiel du Ministère de l'Intérieur 16 (1853), S. 187–189, hier S. 187. Vgl. auch Circulaire No. 6 à MM. les préfets. Mode de vente de grains sur les marchés. Demande de renseignements, 20. 2. 1850, in: Bulletin du Ministère de l'Agriculture et du Commerce 11 (1850), S. 20f. sowie Hubaine, Traité, S. 8 f.

Die daraufhin in den Departements gebildeten Komitees betrachteten das Problem differenzierter als der Minister. Dem Befund der höheren Genauigkeit des Wiegens stimmten sie zwar zu. Sie argumentierten aber, dass das Messen für die ländliche Bevölkerung vertrauter war. Zudem hoben sie hervor, dass auch die professionellen Händler nicht auf die Volumenmaße verzichten konnten, weil sie sie für die Bestimmung des spezifischen Gewichtes benötigten.[100] Eine zwangsweise Festlegung auf den Gewichtshandel lehnten die Komitees deshalb ab. Immerhin sprachen sie sich aber dafür aus, ihn durch die gleichzeitige Veröffentlichung des Hektoliter- und des Gewichtspreises in der Getreidepreisstatistik zu befördern.[101]

Dies war auch die Schlussfolgerung, die das Ministerium aus der Debatte zog. Es sorgte für die genannte Umstellung. Zudem bestimmte die Regierung im Rahmen des 1861 verabschiedeten Getreidezollgesetzes, dass dessen Abgaben ausschließlich auf der Basis des Gewichtes erhoben werden sollten.[102] Von einer darüber hinausgehenden gesetzlichen Regelung der Messpraxis sah sie dagegen ab. Als die Debatte Mitte der 1860er Jahre aufgrund einer Petition an den Senat erneut aufkam, bestätigte sich diese Linie noch einmal. Die zuständige Senatskommission vertrat die Auffassung, dass eine stärkere Verbreitung des Gewichtshandels zwar wünschenswert sei, seine gesetzliche Fixierung aber auf große praktische und rechtliche Hindernisse stoße. Die einige Jahre später durchgeführte *Enquête agricole* kam zu einem ähnlichen Befund.[103]

Auch das preußische Beispiel zeigt noch einmal die generelle Zurückhaltung der Regierungen bei der Regulierung der Messpraktiken. Den Anlass für die dortige Debatte bildete die 1856 beschlossene Einführung des Zollgewichts als allgemeines Landesgewicht. Da sich die meisten deutschen Staaten diesem Schritt in den folgenden Jahren anschlossen, eröffnete er die Aussicht auf eine bundesweite Vereinheitlichung der Getreidepreisstatistik. Das konnte allerdings nur gelingen, wenn der Handel anstelle der nach wie vor divergierenden Scheffelmaße fortan das Gewicht zur Basis nahm.[104]

Seit Beginn der 1860er Jahre bemühten sich deshalb verschiedene Interessengruppierungen, eben dieses zu erreichen. Eine wichtige Rolle spielte dabei der Kaufmännische Verein in Breslau. 1862 forderte er die preußischen Landwirtschafts- und Kaufmannsgesellschaften auf, zu der Frage Stellung zu nehmen. Diese Aktion war ein voller Erfolg. Etwa zwei Drittel der angeschriebenen Vereine unterstützten das Anliegen. Zudem führte der Regierungsbezirk Koblenz in unmittel-

---

[100] Vgl. ebd., S. 3 sowie Rapport fait à la société d'agriculture, S. 128.

[101] De la substitution du poids à la mesure, S. 13f.

[102] Enquête agricole, Bd. 1, S. 432.

[103] Vgl. Bericht des Abgeordneten Chapuys-Montlaville, 7. 5. 1864, in: Annales du Sénat, S. 334f. sowie Enquête agricole, Bd. 1, S. 431.

[104] WANG, Vereinheitlichung, S. 232; Die Proposition des General-Sekretairs, betreffend die Getreideverwiegungs-Frage, 28. 4. 1862, in: Annalen der Landwirthschaft, S. 9–12, hier S. 9 sowie Referat des Landes-Ökonomie-Raths von Rathusius über die Proposition des Wirkl. Geh. Kriegs-Raths Herrn Mentzel, die Beschaffung zuverlässiger officieller Marktpreis-Notierungen betreffend, 17. 10. 1862, in: ebd., S. 36–39, hier S. 38f.

barem zeitlichem Zusammenhang mit der Umfrage den Gewichtshandel ein und
erklärte das Messen für abgeschafft. Das dürfte allerdings nicht nur mit der Breslauer Initiative, sondern auch mit der räumlichen Nähe zur Pfalz zusammenge-
hangen haben, wo das Wiegen seit 1857 verbindlich vorgeschrieben war.[105]

In den meisten anderen Regionen waren die Behörden sehr viel weniger geneigt, dem Anliegen der Kaufmannschaften Folge zu leisten. Das zeigte sich, als
im Anschluss an die Koblenzer Entscheidung das preußische Landesökonomiekollegium, ein beim Landwirtschaftsministerium angesiedeltes Expertengremium,
über die Frage beriet. Dabei stellte sich schnell heraus, dass es aus der Sicht vieler
Bauern und Händler nach wie vor gute Argumente für das Messen gab.[106] Vor
allem aber rief die Debatte die Befürworter des *spezifischen* Gewichts auf den
Plan. Denn die Durchsetzung des *reinen* Gewichtshandels implizierte ein allgemeines Verbot der Verwendung von Hohlmaßen und damit auch die Abschaffung
der Kombination von Maß und Gewicht.

Vertreter der preußischen Hafenstädte sprachen sich deshalb strikt gegen diese
Forderung aus.[107] Ihr Widerstand beruht auf der Bedeutung des spezifischen Gewichts für den internationalen Seehandel. Er genoss starke politische Rückende-
ckung. Beispielsweise hatte die von ostelbischen Rittergutsbesitzern getragene
Versammlung deutscher Land- und Forstwirte schon 1850 für das spezifische
Gewicht Partei ergriffen und sich gegen eine gesetzliche Regelung der Frage ausgesprochen.[108] Diese Sachlage überzeugte das Landesökonomiekollegium davon,
dass eine einheitliche Regelung der Messpraktiken nicht sinnvoll war. Es erkannte
die Vorzüge des Gewichtshandels zwar ausdrücklich an und „wünscht[e], durch
sein Votum diese Richtung zu fördern".[109] Eine gesetzliche Festschreibung des
Wiegens lehnten die Experten aber ab. Dasselbe galt im Übrigen auch für den
Kohlenhandel. Zu Beginn der 1860er Jahre waren dort ebenfalls Forderungen laut
geworden, das Gewichtsmaß vorzuschreiben, aber die Vielzahl der unterschiedlichen Interessen führte dazu, dass das Handelsministerium eine solche Festlegung
vermied. Stattdessen vertrat es die Auffassung, dass der Modus der Mengenbestimmung von den jeweiligen Akteuren ausgehandelt werden sollte.[110]

Insgesamt stellten die betrachteten europäischen Länder die Messpraxis also
überwiegend frei. Allerdings gab es von dieser Regel auch Ausnahmen. Das galt

---

[105] Die Proposition des General-Sekretairs, betreffend die Getreideverwiegungs-Frage,
28. 4. 1862, in: ebd., S. 9–12, hier S. 10 f. Zur Pfalz vgl. HIPPEL, Pfalz und Rheinhessen, S. 38.
[106] Referat des Herrn Geysmer über die Proposition des Herrn Landes-Ökonomie-Raths von
Salviati – betreffend den Verkauf des Getreides nach dem Gewicht, 13. 10. 1862, in: Annalen
der Landwirthschaft, S. 18–28, hier S. 22 f.
[107] Verhandlungen über III. und IV., in: ebd., S. 47–67, hier S. 48 f.
[108] Amtlicher Bericht über die XIII. Versammlung, S. 61 ff. Zur soziologischen Zusammensetzung dieses Verbandes vgl. ERDMANN, Wirtschaftsverbände, S. 57.
[109] Verhandlungen über III. und IV., in: Annalen der Landwirthschaft, S. 47–67, hier S. 60.
[110] Bei V. vorzulegen. V 5217 [internes Memorandum des Handelsministeriums, o. T.],
17. 7. 1860, GStA PK, I. HA, Rep. 121, Nr. 7523 sowie die weiteren Unterlagen in diesem Ordner. Generell zu der Debatte vgl.: Ueber die Einführung des Gewichts, Sp. 366 ff. sowie zu
ihrer Fortführung in den 1870er Jahren KARMARSCH, Unsicherheit.

zum Beispiel dort, wo zum Zeitpunkt der einschlägigen Debatten noch die Einrichtung des öffentlichen Zwangsmessens bestand. Im Londoner Kohlegroßhandel etwa ermöglichte erst dessen 1831 erfolgte Abschaffung eine Umstellung auf das Wiegen. Es wurde in diesem Falle aber nicht als eine von mehreren Optionen, sondern allgemein verpflichtend eingeführt.[111] Die britischen Behörden befürchteten nämlich, dass die gleichzeitige Zulassung unterschiedlicher Verfahren Arbitragegeschäfte zu Lasten der Endverbraucher ermöglichen könnte. Aus demselben Grund schrieben sie 1835 vor, dass Kohle auch im Einzelhandel nur noch nach Gewicht verkauft werden sollte.[112] Das Anliegen des Konsumentenschutzes konnte also dazu führen, dass die Messpraxis einer staatlichen Regulierung unterworfen wurde.

Ähnlich begründete Ausnahmen von der Freiheit der Mengenbestimmung gab es auch in Süddeutschland. Die geringe Marktintegration und der Fortbestand des öffentlichen Zwangsmessens behinderten dort zunächst die Verbreitung des Gewichtshandels. Die Teuerung der 1840er Jahre führte allerdings dazu, dass den Verwaltungen das Wiegen zunehmend attraktiv erschien. In seiner überlegenen Genauigkeit sahen sie angesichts der Notsituation ein willkommenes Mittel, um die Konsumenten gegen überzogene Preissteigerungen und willkürliche Praktiken zu schützen.[113] 1845 ließen Württemberg und die bayerische Pfalz deshalb auf den Schrannen (d. h. den Getreidehandelsplätzen) den Gewichtshandel zu und schrieben den Gemeinden vor, geeignete Waagen anzuschaffen. Zwei Jahre später dehnte die Pfalz diese Bestimmungen „auch auf den Fruchtverkehr außerhalb der Schrannen [...] und zugleich auf Kartoffel[n] und andere Bodenerzeugnisse"[114] aus.

Das dadurch hervorgerufene Nebeneinander unterschiedlicher Methoden der Mengenbestimmung berührte allerdings ein Kerninteresse der süddeutschen Staaten. Im Gegensatz zu den übrigen Ländern basierte ein erheblicher Teil ihrer Einnahmen nach wie vor auf Naturalabgaben.[115] Diese waren allesamt nach dem Maß festgesetzt. Mit der Einführung des Gewichtshandels mussten für sie Gewichtsäquivalente bestimmt werden. In Baden ließ die Regierung zu diesem Zweck umfangreiche Untersuchungen vornehmen, die bis zur Mitte der 1850er Jahre andauerten. Erst danach wurde der Gewichtshandel auch dort zugelassen.[116]

Die Umrechnung der Naturalabgaben in Gewichtsäquivalente blieb trotz dieser Bemühungen mit großen Schwierigkeiten behaftet. Weil sich die Praxis des Messens jedem Versuch einer genauen Festsetzung entzog, war es nahezu unmöglich, die Gleichheit der nach unterschiedlichen Modi der Mengenbestimmung geleisteten Abgaben sicherzustellen. Die ursprünglich gehegte Hoffnung, dass sich dieses Problem von selbst erledigen werde, weil nach der Zulassung des Wiegens „die

[111] VELKAR, Markets, S. 125f.
[112] 5 & 6 William IV Cap. 63, § IX. Vgl. auch CHANEY, Weights, S. 134f.
[113] WANG, Vereinheitlichung, S. 228.
[114] Die Getreidewaagen, Sp. 595. Vgl. auch HIPPEL, Pfalz und Rheinhessen, S. 37.
[115] Die Abgaben wurden allerdings nicht in Naturalien geleistet, sondern anhand der Marktdurchschnittspreise in Geldleistungen umgerechnet, vgl. WANG, Vereinheitlichung, S. 229f.
[116] Vgl. ebd., S. 230ff., v. a. S. 233.

bessere Einsicht das Messen allgemein verdrängen werde",[117] erwies sich als illusorisch. Nach wie vor gab es einzelne Gruppen von Käufern und Verkäufern, die die traditionelle Methode bevorzugten, weil sie größere Verhandlungsspielräume eröffnete oder auch nur, weil sie sie besser kannten.[118]

Da diese Frage von unmittelbarer staatspolitischer Bedeutung war, hatten die Regierungen der süddeutschen Staaten allerdings wenig Skrupel, ihre Interessen mit Zwangsmaßnahmen durchzusetzen. Als sich Ende der 1850er Jahre abzeichnete, dass das Messen nicht von selbst verschwand, erklärten sie es kurzerhand für abgeschafft. Die Rheinpfalz machte den Anfang und schrieb 1857 den Gewichtshandel für Getreide sowie für zahlreiche weitere Schüttgüter vor.[119] Württemberg folgte 1859 mit einem ähnlichen Gesetz, und Baden erließ 1861 ebenfalls eine diesbezügliche Verordnung.[120]

Über die Durchsetzung dieser Vorschriften ist nur wenig bekannt. Da das öffentliche Zwangsmessen (bzw. nunmehr Zwangswiegen) auf den süddeutschen Schrannen nach wie vor Bestand hatte, ließ sich ihre Einhaltung aber vergleichsweise gut kontrollieren.[121] Sie dürften deshalb relativ breite Beachtung gefunden haben. In den letzten Jahrzehnten des 19. Jahrhunderts ging ihre Bedeutung vermutlich dennoch stark zurück. In diesem Zeitraum ereignete sich eine Reihe ökonomischer Strukturveränderungen, die die staatliche Erzwingung der einen oder anderen Form der Mengenbestimmung unmöglich machte.

5.2.4 Ausblick: Mengenbestimmung im Zeichen der Globalisierung

Der wichtigste Impuls für die Veränderung der Messpraxis im letzten Drittel des 19. Jahrhunderts ging von der transnationalen Integration der Getreidemärkte aus. Sie führte dazu, dass der Handel über große Distanzen enorm an Bedeutung gewann.[122] Er lief in hochgradig anonymisierter Form ab. Gleichzeitig sahen sich seine Betreiber mit einer weiteren sprunghaften Zunahme der verfügbaren Mengen, Sorten und Qualitäten konfrontiert. Vor diesem Hintergrund nahmen sie seit den 1870er Jahren eine erneute Anpassung der Messpraxis vor. Ihr wichtigstes Charakteristikum bestand in einer Trennung zwischen der Qualitätsbestimmung und der Mengenbestimmung.[123] Die Mengenbestimmung fand nur noch beim Warenumschlag statt. Dabei verwendeten die Händler nicht mehr das spezifische,

---

[117] Bericht des Geheimen Rats an den König, 27.3.1858, zit. nach HIPPEL, Württemberg, S. 28, Fn. 112.

[118] Vgl. ebd.

[119] Vgl. ders., Pfalz und Rheinhessen, S. 38.

[120] Vgl. ders., Württemberg, S. 28 sowie Verordnung, den Verkauf der Früchte auf den Märkten nach dem Gewichte betreffend, 25.3.1861 § 1, in: Großherzoglich Badisches Regierungsblatt 59 (1861), S. 90 f., hier S. 90.

[121] Vgl. Kap. 5.3.1 dieser Arbeit.

[122] Vgl. O'ROURKE und WILLIAMSON, Globalization, S. 29–57 sowie BÜHLER, Von Netzwerken zu Märkten, S. 177–313.

[123] VELKAR, Markets, S. 213 f.

sondern das reine Gewicht. Das hatte technologische Gründe. Seit der Mitte der 1870er Jahre entwickelten Ingenieure und Maschinenbauer Abfüllanlagen, mit denen sich automatisch ein fixes Gewicht bestimmen und in Säcke verpacken ließ. Zwischen 1875 und 1890 verbreiteten sich solche Einrichtungen in Häfen, Mühlen und anderen Umschlagplätzen. In leicht veränderter Form kamen sie zudem im Handel mit Kalk und Zement zur Anwendung.[124]

Zwar verbreiteten sich darüber hinaus auch Neuerungen, die die Bestimmung des *spezifischen* Gewichtes erleichterten. Béranger entwickelte in den 1860er Jahren eine eigene Waage für diesen Zweck, und die deutsche Normaleichungskommission billigte 1891 mit dem sogenannten Getreideprober ein automatisiertes Messinstrument, das die kombinierte Anwendung von Maß und Gewicht weiter vereinfachte.[125] Diese Innovationen wiesen allerdings nur eine geringe Kapazität auf. Sie ließen sich deshalb nicht in die automatisierten Verlade- und Abpackprozesse integrieren, die angesichts der zunehmenden Mengen unentbehrlich waren.[126]

Ohnehin fand die Qualitätsbestimmung im transnationalen Handel nicht mehr bei der Lieferung, sondern separat davon beim Kauf der Güter statt. Angesichts der Ausdifferenzierung der verfügbaren Sorten bot das spezifische Gewicht dabei keine hinreichende Orientierung mehr. Die großen internationalen Rohstoffbörsen wie die *London Corn Trade Association* oder das *Chicago Board of Trade* trieben deshalb eine Innovation voran, die nicht allein auf die globale Integration der Märkte zurückzuführen war, durch sie aber an Bedeutung gewann. Seit den 1850er Jahren entwickelten sie Klassifizierungssysteme, die neben dem spezifischen Gewicht noch zahlreiche weitere Indikatoren der Getreidequalität erfassten. Darunter befanden sich beispielsweise die Feuchtigkeit, die Reinheit, der Zustand und die Textur der Körner.[127] Solche Klassifizierungssysteme gab es auch für andere Güter. Die *Liverpool Cotton Brokers Association* hatte schon in den 1840er Jahren damit begonnen, sie für Baumwolle aufzustellen. Kaffee und Tee unterlagen seit den 1860er Jahren vergleichbaren Festsetzungen.[128]

Diese Bemühungen verdankten sich der Tatsache, dass der Austausch von Rohstoffen wegen der großen Distanzen auf einen verlässlichen Mechanismus zur Qualitätsbestimmung angewiesen war.[129] Zudem bildeten sie eine Voraussetzung für den in den 1860er Jahren aufkommenden Warenterminhandel. Vom eigentlichen Güteraustausch war dieser zwar weitgehend losgelöst und funktionierte effektiv als reines Wertpapiergeschäft. Er basierte aber auf standardisierten Kontrakten, in denen „die Quantitäten und Qualitätsmerkmale der jeweiligen Rohstoffe sowie die Laufzeiten und Vertragsbedingungen genau festgelegt"[130] waren.

---

124 SANDERS, History of Weighing, S. 61 f.; POIROT, Nouvel appareil; GUÉRARD, Emploi, S. 3 ff.
125 Schreiben Bérangers an die Präfekten und Bürgermeister, o. D., in: Journal des poids publics de France 1 (1867), Nr. 1 (Juin 1867), o. S. sowie: Ueber den Apparat zur Qualitätsbestimmung des Getreides.
126 VELKAR, Markets, S. 214.
127 Vgl. ebd., S. 187.
128 Vgl. BECKERT, King Cotton, S. 205 f. sowie ders., Homogenisierung, S. 8 f.
129 Vgl. PIRRONG, Commodity Exchanges, S. 235.
130 DEJUNG, Spielhöllen, S. 53.

In seinem Rahmen kam den Klassifizierungssystemen die Aufgabe zu, die Eigenschaften der Güter in eine beliebig austauschbare, d. h. fungible Form zu ‚übersetzen'.[131]

Im physischen Warenhandel waren dieser Zweckbestimmung allerdings enge Grenzen gesetzt. Die enorme Heterogenität der betroffenen Rohstoffe hatte nämlich zur Folge, dass die Bewertungssysteme je nach Standort, Händlern und der Handelswegen variierten.[132] In London etwa setzte die *Corn Trade Association* die Qualitätskriterien für Getreide jährlich neu fest und differenzierte sie zudem nach Herkunftsländern. Sie erstellte also eine *relative* Klassifizierung, deren Kategorien sich am jeweiligen Verwendungszweck orientierten und folglich veränderbar waren. In Chicago dagegen unternahm das *Board of Trade* den Versuch, eine *absolute* Qualitätsskala einzurichten. Sie sollte alle relevanten Merkmale eindeutig erfassen und bewerten. Das ließ sich nur schwer verwirklichen. Erst an der Wende zum 20. Jahrhunderts war das System eingespielt. Auch danach verblieben aber noch einzelne Charakteristika, die sich einer Festsetzung entzogen. Ebenso wichtig wie die Klassifizierung der Güter selbst war deshalb die Tatsache, dass viele Börsen Schiedsverfahren zur Verfügung stellten, die die Händler im Konfliktfall in Gang setzten konnten.[133]

Die neuartigen Systeme erbrachten also keine eindeutige Standardisierung der Qualitätsbewertung von Getreide. Sie waren vielmehr ein weiterer Teil einer an den Interessen der jeweiligen Marktteilnehmer orientierten Ausdifferenzierung der Messverfahren. Es ist daher kein Zufall, dass sie ‚nur' im (enormen) Einzugsbereich der großen Rohstoffbörsen Bedeutung erlangten. An anderen Handelsplätzen basierte der Austausch dagegen weiterhin auf dem spezifischen Gewicht. Auf regionalen und lokalen Märkten blieben zudem auch traditionelle Praktiken wie der reine Gewichtshandel oder der reine Maßhandel in Gebrauch. Das ist z. B. daran ablesbar, dass die Zahl der jährlich geeichten Hohlmaße in Preußen bis 1914 kontinuierlich anstieg.[134] Trotz der prinzipiellen Reduzierung des ‚Verhandlungscharakters' der Mengenbestimmung kann von einer Vereinheitlichung der Messpraktiken also keine Rede sein.

5.3 Der Abbau der öffentlichen Kontrolle

5.3.1 Messbeamte und Wägebüros

Neben der Standardisierung der Einheiten und den Interessen der Marktteilnehmer prägte auch die Institution des öffentlichen Zwangsmessens die Konventionen des Maßgebrauchs.[135] In der ersten Hälfte des 19. Jahrhunderts verlor sie ihre

---

[131] Vgl. PIRRONG, Commodity Exchanges, S. 234 f.
[132] Vgl. ebd., S. 239.
[133] Ebd., S. 235. Vgl. auch VELKAR, Markets, S. 187 ff.
[134] MEYER-STOLL, Maß- und Gewichtsreformen, S. 22, Fn. 34.
[135] Vgl. Kap. 1.2.2 dieser Arbeit.

Bedeutung nahezu vollständig. Die Ursache dafür lag im Umbau der frühneuzeitlichen ‚moralischen Ökonomie' zur modernen Wettbewerbswirtschaft. Er führte dazu, dass an die Stelle der paternalistischen Fürsorge für die Marktteilnehmer das Prinzip des *caveat emptor,* also der privatrechtlichen Einigung zwischen Käufer und Verkäufer trat.[136] Als freiwillige Einrichtung bestand das öffentliche Messen aber bis in die zweite Hälfte des 19. Jahrhunderts hinein fort. In dieser Form verschwand es erst dadurch, dass mit der Verbreitung des Wiegens und anderen, ähnlich gelagerten Entwicklungen persönliche Verhandlungsspielräume bei der Mengenbestimmung zugunsten technisierter Verfahren zurücktraten. Sie wiesen ein geringeres Potential für Streitigkeiten und damit auch einen geringeren Bedarf an Schlichtungsmöglichkeiten auf.[137]

Der eindeutigste Bruch mit der Institution des öffentlichen Zwangsmessens erfolgte in Frankreich. Da die Einrichtung von Messbeamten und Wägebüros im Ancien Régime auf seigneurialen Rechten beruht hatte, war sie unmittelbar von der revolutionären Aufhebung des Feudalsystems betroffen. Das zu diesem Zweck am 15. März 1790 erlassene Edikt bestimmte, dass alle einschlägigen Privilegien entschädigungslos abgeschafft seien.[138] Gleichzeitig erkannte die Verordnung aber an, dass das *freiweillige* öffentliche Messen eine nützliche Angelegenheit war und ermutigte die Kommunen dazu, für seinen Fortbestand Sorge zu tragen.[139]

Diese Bestimmung blieb allerdings Makulatur. Die feudal geprägten Maßbüros und Messbeamten verschwanden zwar, aber die Kommunen versäumten es, an ihrer Stelle alternative Institutionen ins Leben zu rufen. Das lag zum Teil an der revolutionären Situation, vor allem aber daran, dass das Edikt von 1790 in sich widersprüchlich war. Viele Gemeinden interpretierten es als Verbot von Maßbüros und nicht als Aufforderung zu ihrer Kontrolle. Die Folge davon war, dass anstelle von Amtsträgern findige Privatpersonen die Rolle der Messer übernahmen. Sie arbeiteten auf eigene Rechnung, verfolgten primär finanzielle Interessen und galten als äußerst unzuverlässig.[140] 1798 begann das Direktorium deshalb mit dem Versuch, die Kommunen stärker zu involvieren. Im November erließ es ein Dekret, das es allen Gemeinden über 5000 Einwohner ausdrücklich gestattete, „bureaux de poids publics"[141] einzurichten und damit die seit 1790 bestehende Unklarheit beseitigte.

---

[136] Vgl. allgemein Wischermann und Nieberding, Institutionelle Revolution, v. a. S. 43–79. Spezifisch zum Prinzip des *caveat emptor* vgl. Velkar, Markets, S. 23 f. sowie ders., Caveat emptor, S. 309.

[137] Vgl. ders., Markets, S. 78 f. u. S. 128.

[138] Décret relatif aux droits féodaux, 15. 3. 1790, Titre II, Art. 17, in: Rondonneau (Hrsg.), Collection générale, Bd. 1,1, S. 138–148, hier S. 143. Vgl. auch Roncin, Système métrique, S. 136 sowie Carporzen, Poids Public, S. 11.

[139] Décret relatif aux droits féodaux, 15. 3. 1790, Titre II, Art. 21, in: Rondonneau (Hrsg.), Collection générale, Bd. 1,1, S. 138–148, hier S. 143. Vgl. auch Pelletier, Poids Public, S. 8.

[140] Vgl. ebd., S. 8 f. sowie Roncin, Système métrique, S. 136 f.

[141] Arrêté du 17 Novembre 1798 (27 brumaire an VII), concernant l'établissement de bureaux de poids publics, in: Broc und Lavenas, Nouveau Code, S. 54–55, hier S. 54. Vgl. auch Pelletier, Poids Public, S. 9 f. sowie Carporzen, Poids Public, S. 12.

Dahinter stand allerdings nicht nur die Absicht, die Zuverlässigkeit der Mengenkontrolle auf dem Marktplatz zu erhöhen. Ebenso bedeutsam war die Hoffnung, die Wägebüros könnten die Durchsetzung des metrischen Systems beschleunigen.[142] Sie entpuppte sich jedoch als trügerisch. Statt sich der neugeschaffenen Einrichtungen zu bedienen, griffen Händler und Konsumenten lieber weiterhin auf private Messer zurück, weil diese nach den alten Einheiten rechneten.[143] Die Betreiber der *poids publics* in den Pariser Markthallen entschieden sich deshalb zu einer drastischen Maßnahme. Sie ließen die Nationalgarde anrücken, um die lästige Konkurrenz zu vertreiben. De jure stützten sie sich dabei auf die Illegalität der alten Maße. De facto setzten sie aber ein staatliches Monopol auf die Mengenbestimmung durch. Zeitgenössische Kommentatoren sahen darin „eine Rückkehr zu den verhassten Abgaben des Ancien régime" und „eine Beschränkung jener absoluten Freiheit, Handel zu treiben, wo und wie es einem beliebte."[144]

In der Folgezeit unternahm die Verwaltung eine Reihe von Schritten, die dieser Wahrnehmung zusätzlichen Auftrieb verschaffte. 1800 erließ sie eine Verordnung, die die Einrichtung kommunaler Maßbüros auch in Orten mit weniger als 5000 Einwohnern gestattete. Vor allem aber verfügte sie, dass fortan grundsätzlich nur noch vereidigte Amtsträger als Messer in Erscheinung treten durften.[145] Zwar führte dieser Erlass nicht unmittelbar zu einer Verdrängung privater Dienstleister, denn viele Städte tolerierten deren Präsenz auch weiterhin. 1816 stellte das Innenministerium aber klar, dass es diese Praxis für unzulässig hielt, und in den folgenden Jahren setzte es sich mit dieser Auffassung auch durch.[146]

Schließlich gab es noch ein weiteres Indiz für die zeitgenössische These vom neofeudalen Charakter der Wägebüros. Denn ein Gesetz von 1802 erkannte ausdrücklich an, dass die Kommunen sie auch zu finanziellen Zwecken in Dienst nehmen durften.[147] In den folgenden Jahren verschoben sich die Prioritäten der Messer deshalb von der Kontrolle über die Mengenbestimmung und der Propagierung des metrischen Systems hin zur Erwirtschaftung von Erträgen. Diese Tendenz wurde noch dadurch befördert, dass kleinere Gemeinden den Betrieb der Maßbüros an private *fermiers* vergaben. Sie erhielten das Recht, die anfallen-

---

[142] Arrêté du 17 Novembre 1798 (27 brumaire an VII), concernant l'établissement de bureaux de poids publics, in: BROC und LAVENAS, Nouveau Code, S. 54–55, hier S. 54.

[143] Bericht des Abgeordneten Bonnaire im Conseil des Cinq-Cents, 23 fructidor an VII (9.9.1799), in: BIGOURDAN, Système métrique, S. 187f., hier S. 188.

[144] ALDER, Maß, S. 336.

[145] Arrété du 29 Octobre 1800 (7 brumaire an IX), relatif à l'établissement de bureaux de pesage, mesurage et jaugeage publics, Art. 1–4, in: BROC und LAVENAS, Nouveau Code, S. 72–74, hier S. 73. Vgl. hier und im Folgenden auch RONCIN, Système métrique, S. 139ff.

[146] Rundschreiben des Innenministers an die Präfekten, 6.2.1816, in: BROC und LAVENAS, Nouveau Code, S. 204–206. Zur Durchsetzung vgl. z. B. die 1823 in Toulon ergangene städtische Verordnung zum Verbot privater Messer, MEIFFREN, Étude historique, S. 21 sowie die einschlägigen, bei CARPORZEN, Poids Public, S. 22 ff. angeführten Urteile des Kassationsgerichtshofes.

[147] Loi du 19 mai 1802 (29 floréal an X), relative à l'établissement de bureaux de pesage, mesurage et jaugeage, Art. 4, in: BROC und LAVENAS, Nouveau Code, S. 83–85, hier S. 84.

den Gebühren notfalls mit Zwangsmitteln einzutreiben. In der 1797 erfolgten Wiederzulassung des sogenannten *octroi*, einer städtischen Verbrauchssteuer, hatte diese Entwicklung zudem eine gleichermaßen unbeliebte Parallele.[148]

Entgegen der zeitgenössischen Wahrnehmung wiesen die Maßbüros aber auch erhebliche Unterschiede zu ihren feudalgesellschaftlichen Vorläufern auf. So mussten die *fermiers*, wie erwähnt, vereidigt werden und unterlagen der Aufsicht der Gemeinden. Des Weiteren setzte der Staat die Höhe ihrer Gebühren zentral fest und eröffnete im Konfliktfall die Möglichkeit des Rechtsweges. Und schließlich hielten die genannten Verordnungen ausdrücklich die Freiwilligkeit der Hinzuziehung eines Messbeamten fest. Nur für den Fall von Streitigkeiten zwischen Käufern und Verkäufern war ihre Einschaltung zwingend vorgesehen.[149]

Eine Ausnahme gab es von dieser Regel jedoch: Für Paris erließ Napoleon 1808 eine Sonderregelung, die die Freiheit des Messens teilweise wieder aushebelte. Sie untersagte es den Beauftragten der Stadt zwar ausdrücklich, in Privathäusern, also in Läden und Geschäften aktiv zu werden. Für öffentliche Plätze etablierte das Dekret aber eine Zweiteilung. Einzelhändler, die mit Handwaagen oder Maßgefäßen von bis zu einem *decalitre* operierten, konnten auch an diesen Orten unkontrolliert agieren. Für alle Geschäfte, die mit größeren Maßen abgewickelt wurden, musste aber ein Beamter hinzugezogen werden. Großhändler durften dementsprechend keine eigenen Messinstrumente vorhalten.[150]

Es ist aus den Quellen nicht ersichtlich, warum die Administration diese Entscheidung traf. Vermutlich sollte sie zur Verbesserung der Kontrolle über die hauptstädtische Versorgung beitragen, die angesichts der revolutionären Erfahrungen höchste Priorität besaß.[151] Außerhalb von Paris verdankten die Maßbüros ihre Existenz dagegen nicht dem obrigkeitlichen Aufsichtsbedürfnis. Dass im ersten Jahrzehnt des 19. Jahrhunderts insgesamt 458 französische Gemeinden eine solche Einrichtung betrieben, war vielmehr Ausdruck der fortbestehenden Nachfrage nach einer institutionellen Einhegung des ‚Verhandlungscharakters' der

---

[148] Décret du 26 septembre 1811, qui déclare applicable aux fermiers du droit de pesage et mesurage le décret du 15 novembre 1810, relatif au recouvrement des recettes de l'octroi, Art. 1, in: ebd., S. 114; RONCIN, Système métrique, S. 147 sowie zu unterschiedlichen Formen der Vergabe des Betriebs der Maßbüros CARPORZEN, Poids Public, S. 36 ff. Zum Octroi vgl. LAURENT, Octroi, S. 1 u. S. 3.

[149] Vgl. Arrêté du 17 Novembre 1798 (27 brumaire an VII), concernant l'établissement de bureaux de poids publics, Art. 1 u. 2, in: BROC und LAVENAS, Nouveau Code, S. 54–55, hier S. 55; Arrêté du 29 Octobre 1800 (7 brumaire an IX), relatif à l'établissement de bureaux de pesage, mesurage et jaugeage publics, Art. 1–4, in: ebd., S. 72–74, hier S. 73 sowie Loi du 19 mai 1802 (29 floréal an X), relative à l'établissement de bureaux de pesage, mesurage et jaugeage, Art. 1 u. 2, in: ebd., S. 83–85, hier S. 84.

[150] Décret du 16 juin 1808, qui fixe les droits de pesage, mesurage et jaugeage, Art. 6 u. 7, in: ebd., S. 105–111, hier S. 107 f. Die ausschließliche Geltung dieses Dekrets für die Stadt Paris ist aus dem Text nicht ersichtlich und bei RONCIN, Système métrique, S. 143 f., auch nicht erkannt. Sie ist aber ausdrücklich erwähnt in: MERLIN, Recueil alphabétique, Bd. 6, S. 288. In Rouen bestand zeitweise eine ähnliche Sonderregelung, vgl. CARPORZEN, Poids Public, S. 20.

[151] RONCIN, Système métrique, S. 144. Allgemein zur Priorität der Versorgung der Hauptstadt vgl. BOURGUINAT, Grains du désordre, S. 113 ff.

Mengenbestimmung.[152] Ein Großteil der Tätigkeit der Büros bestand folglich im Bemessen von trockenen Gütern mit Hohlmaßen. Eine Waage betrieben dagegen (trotz der gängigen Bezeichnung als *poids publics*) nur die größeren, in städtischer Hand befindlichen Einrichtungen.[153]

Erst in den 1830er Jahren änderte sich dies. Der Industrielle Joseph Béranger spielte dabei eine wichtige Rolle. Im Umfeld der Wiedereinführung des metrischen Systems begann er, bei den Kommunen für die Einrichtung öffentlicher Waagen zu werben.[154] Dabei argumentierte er ähnlich wie die napoleonische Verwaltung dreißig Jahre zuvor. Aus seiner Sicht konnten die Gemeinden mit dieser Maßnahme zum einen das metrische System und die Verlässlichkeit kommerzieller Transaktionen befördern. Zum anderen erblickte er in den Waagen eine Möglichkeit zur Generierung von kommunalen Einkünften. In den zwanzig Jahren zwischen etwa 1835 und 1855 gelang es ihm, etwa 65 kleinere Gemeinden von seinem Konzept zu überzeugen. Auch in den 1860er Jahren blieb das Unternehmen in diesem Markt aktiv.[155]

Bérangers Erfolge können allerdings nicht darüber hinwegtäuschen, dass die Maßbüros durch die Verbreitung des Wiegens und die Reduzierung des ‚Verhandlungscharakters‘ der Mengenbestimmung einen erheblichen Teil ihrer Bedeutung verloren. Ihre Gesamtzahl ging deshalb gerade in dem Zeitraum, in dem öffentliche Waagen auch in kleineren Gemeinden Fuß fassten, deutlich zurück. Abgesehen von den 65 genannten konnten Bérangers Mitarbeiter 1867 gerade einmal sieben (!) weitere Maßbüros ausfindig machen. Diese Erhebung konzentrierte sich auf kleinere Gemeinden und war deshalb unvollständig.[156] In den größeren Städten gab es auch weiterhin eine ansehnliche Zahl an öffentlichen Waagen. Das ist z. B. für Paris, Marseille, Bordeaux, und Toulon nachweisbar und hing unter anderem mit der Erhebung des *octroi* zusammen. Trotzdem dürfte von den zu Beginn des 19. Jahrhunderts gezählten Maßbüros Mitte der 1860er Jahre nicht einmal mehr die Hälfte übrig gewesen sein.[157]

Im letzten Drittel des 19. Jahrhunderts beschleunigte sich der Niedergang der *poids publics* noch einmal. Eines seiner Symptome war die 1881 erfolgte Aufhebung des Zwangsmessens im Pariser Großhandel. Dieser Entscheidung gingen langjährige Streitigkeiten voraus. Sie beruhten darauf, dass die Kaufleute die Maßbüros weitgehend ignorierten und stattdessen ihre eigenen Waagen verwen-

---

[152] Zur Zahl der Maß- und Gewichtsbüros vgl. Arreté du 24 décembre 1803 (2 nivose an XII), in: BROC und LAVENAS, Nouveau Code, S. 93–94, hier S. 94 sowie RONCIN, Système métrique, S. 140.

[153] Vgl. ebd., S. 144.

[154] BÉRANGER, Manufacture, S. 1ff.

[155] Vgl. ders., Notice statistique, S. 26ff. u. S. 52ff. sowie Extrait d'une statistique faite en 1854–1855 sur les poids publics, in: Journal des poids publics de France 1 (1867), Nr. 1 (Juin 1867), o. S.

[156] BÉRANGER, Notice statistique, S. 52.

[157] Zu Paris MARTIN ST.-LÉON, Résumé statistique, S. 71ff.; zu Marseille CARPORZEN, Poids Public, S. 26; zu Bordeaux: Régie du poids public, passim sowie zu Toulon MEIFFREN, Étude historique, S. 21ff.

deten.[158] Zwar waren auf manchen Großmärkten auch nach diesem Zeitpunkt noch staatlich beeidigte Messer und Wäger vorhanden, und in einigen größeren Städten verschwanden die öffentlichen Waagen erst mit der Abschaffung des *octroi* im 20. Jahrhundert. Die Verbreitung automatisierter Verfahren der Mengenbestimmung, die mit seinen zunehmenden Entfernungen verbundene Dezentralisierung des Großhandels und der vielerorts schon im 19. Jahrhundert einsetzende Bedeutungsverlust der städtischen Verbrauchssteuern führten aber dazu, dass die Maßbüros in Frankreich seit den 1880er Jahren Seltenheitswert erlangten.[159]

Eine ähnliche Entwicklung nahm die Institution des öffentlichen Messens auch in den deutschen Territorien. Die Abschaffung ihres Zwangscharakters war hier allerdings nicht die Folge einer revolutionären Aufhebung des Feudalsystems, sondern der schrittweisen Durchsetzung der Gewerbefreiheit. Preußen spielte dabei eine Vorreiterrolle. Das Finanzedikt von 1810 bezeugte die Absicht, dass fortan die „freie Benutzung des Grundeigenthums, völlige Gewerbefreiheit und Befreiung von andern Lasten, die sonst nothwendig gewesen seyn würden, statt finden"[160] sollte. Das im Jahr darauf verabschiedete Gesetz über die Gewerbefreiheit versäumte es allerdings, die Frage des Zwangsmessens zu regeln. Für den Berliner Wassergetreidemarkt, den zentralen Umschlagplatz des hauptstädtischen Getreidehandels, korrigierte die Verwaltung diese Unterlassung aber bald. Was die dort gehandelten Waren betreffe, so hielt ein 1820 erlassenes Reskript des Innen- und Handelsministeriums fest,

> kann weder dem Verkäufer, noch dem Käufer des [...] Getreides verboten werden, dasselbe durch ihre eigenen Leute messen [...] zu lassen, und beschränkt das Gewerbe der vereidigten Kornmesser sich daher lediglich darauf: die Messung von Getreide, und anderen über den Scheffel gehenden, zu Lande oder zu Wasser auf den Markt kommenden Früchten, auf Verlangen des Verkäufers oder des Käufers, oder beider, oder einer dritten dazu berechtigten Instanz, gegen taxmäßige Lohnsätze vornehmen zu dürfen.[161]

Dabei war das Ministerium weit davon entfernt, eine vollständige Abschaffung der Messer zu verlangen. Es vertrat vielmehr die Auffassung, dass sie eine nützliche Funktion erfüllten, sofern es keinen Zwang gab, sich ihrer zu bedienen.[162] Immerhin versuchte die Verwaltung aber, die öffentliche Kontrolle über diesen Berufszweig zu verbessern. Das Gesetz von 1811 band die Erteilung eines Gewerbescheins für Messer und Wäger an ein Qualifikationsattest der örtlichen Polizeibehörde. Dieses Dokument hatte zunächst nur bestätigende Funktion, während die eigentliche Auswahl der Amtsträger durch die Kaufmannschaften er-

---

158 CARPORZEN, Poids Public, S. 16 u. S. 21.

159 RONCIN, Système métrique, S. 153 und LAURENT, Octroi, S. 3f. Zur Dezentralisierung des Großhandels vgl. SPIEKERMANN, Konsumgesellschaft, S. 36.

160 Edikt über die Finanzen des Staats und die neuen Einrichtungen wegen der Abgaben u. s. w., 27. 10. 1810, in: Gesetzessammlung für die Königlich-Preußischen Staaten, 1810, S. 25–31, hier S. 26.

161 Rescripte der Königl. Ministerien des Handels und der Innern und der Polizei an die Königl. Regierung zu Berlin, die polizeiliche Aufsicht über den dortigen Wasser-Getreidemarkt betreffend, 12. 6. 1820, in: KAMPTZ (Hrsg.), Annalen, Bd. 4, S. 598–600, hier S. 599.

162 Ebd.

folgte.[163] Mit dem Reskript von 1820 übertrug das Ministerium sie aber den städtischen Magistraten. Diese Entscheidung war bewusst darauf angelegt, den Einfluss wirtschaftlicher Interessengruppierungen einzudämmen. Sie erbrachte damit eine ähnliche Monopolisierung der Aufsicht über die Messbeamten wie in Frankreich.[164]

Auch darüber hinaus kam den Städten bei der Ausgestaltung des öffentlichen Messens eine starke Rolle zu, vor allem wegen ihrer Zuständigkeit für die Wochenmärkte. Die diesbezüglichen Verordnungen vermerkten allerdings meist nur, dass dem Marktmeister die Aufsicht über Maße und Gewichte oblag, ohne genauere Einzelheiten zu regeln. Es ist deshalb unklar, wie die Mengenbestimmung auf den Märkten tatsächlich gehandhabt wurde. Da die Gewerbefreiheit im Laufe der 1820er Jahre zunehmend wieder zugunsten der Politik der Nahrungssicherung eingeschränkt wurde, liegt die Vermutung nahe, dass die Städte die öffentliche Kontrolle über die Messpraxis in diesem Zeitraum ebenfalls verschärften.[165]

In den 1815 hinzugekommenen preußischen Westprovinzen lag der Fall etwas anders. Das Gewerbefreiheitsgesetz von 1811 trat dort nie in Kraft. Trotz des starken französischen Einflusses pflegten die rheinischen und westfälischen Städte deshalb von vornherein einen restriktiven Umgang mit der Mengenbestimmung. In Münster z. B. bestätigte der Stadtdirektor 1818 ausdrücklich die wesentlichen Paragraphen der Marktordnung von 1768, die für eine Reihe zentraler Güter das obligatorische Zwangsmessen vorsah.[166]

In den 1830er und 1840er Jahren entbrannte allerdings eine Debatte über die Liberalisierung dieser Bestimmungen. 1846 gab die Stadt die Mengenbestimmung schließlich frei und schrieb „die Nachmessung mit dem Normalscheffel des Marktmeisters"[167] nur noch im Falle von Konflikten vor. Zudem bot sie an, Güter gegen Gebühr auf der Stadtwaage zu verwiegen, womit aber ausdrücklich „kein Zwang verbunden"[168] war. Nur im Falle der Kohlen, bei denen die Bemessung der Erhebung von Abgaben diente, gab es noch Ausnahmen von dieser Regel.[169] Dass die Stadt sich nach langem Hin und Her zu dieser Reform durchrang, war allerdings weniger dem Drängen lokaler Interessenvertreter geschuldet als vielmehr der preußischen Gewerbeordnung von 1845. Sie erklärte alle grundsätzlichen Beschränkungen des Kauf und Verkaufs auf Märkten und Messen für nichtig. Trotz seiner 1849 vorgenommenen, partiellen Einschränkung markierte das Gesetzes-

---

163 Gesetz über die polizeilichen Verhältnisse der Gewerbe, in Bezug auf das Edikt vom 2ten November, wegen Einführung einer allgemeinen Gewerbesteuer, 7.9.1811, §§ 113 u. 115, in: Gesetzessammlung für die Königlich-Preußischen Staaten, 1811, S. 263–280, hier S. 274.

164 Rescripte der Königl. Ministerien des Handels und der Innern und der Polizei an die Königl. Regierung zu Berlin, die polizeiliche Aufsicht über den dortigen Wasser-Getreidemarkt betreffend, 12.6.1820, in: KAMPTZ (Hrsg.), Annalen, Bd. 4, S. 598–600, hier S. 600.

165 Vgl. dazu den im folgenden Abschnitt ausgeführten Parallelfall der Brottaxe.

166 HUHN, Teuerungspolitik, S. 80 f.

167 Markt-Ordnung für die Stadt Münster, § 20, S. 4. Vgl. hier und im Folgenden auch HUHN, Teuerungspolitik, S. 84 f.

168 Markt-Ordnung für die Stadt Münster, § 56, S. 10.

169 Vgl. ebd., §§ 47 u. 52, S. 9 f.

werk damit nicht nur in Münster, sondern in ganz Preußen das Ende des öffentlichen Zwangsmessens.[170]

In anderen deutschen Territorien bestand diese Einrichtung dagegen noch länger fort. Das galt besonders dort, wo sie mit städtischen Abgaberechten verknüpft
war, also vor allem in den Hansestädten. In Hamburg spielten beeidigte Kohlen-,
Korn, Salz- und Kalkmesser eine wichtige Rolle beim Warenumschlag. In Bremen
war ihre Nutzung für den Verkauf von Steinkohlen obligatorisch. Und in Lübeck
erließ der Senat noch 1850 eine Kornmesser-Ordnung, die den Messzwang beim
Handel mit größeren Mengen ausdrücklich bestätigte.[171] Seit etwa diesem Zeitpunkt verlor die öffentliche Kontrolle allerdings auch außerhalb Preußens an
Bedeutung. Eine der Ursachen hierfür war die Verbreitung des Wiegens. Sie verringerte das Potential für etwaige Konflikte bei der Mengenbestimmung. Häufig
war die Abschaffung des Messzwangs deshalb mit der Einführung des Gewichtshandels verbunden. In Lübeck z. B. bewegten entsprechende Neuerungen beim
Warenumschlag den Senat dazu, die öffentliche Kontrolle über die Mengenbestimmung 1861 aufzuheben. Umgekehrt war in Baden der Wunsch, sich der
Messbeamten zu entledigen, einer der Gründe für den Übergang zum Wiegen.
Und dort, wo die Maßbüros auf freiwilliger Basis arbeiteten, ermöglichte der Gewichtshandel ebenfalls den Verzicht auf ihre Dienstleistungen. Seit der Mitte des
19. Jahrhunderts starb der Beruf des amtlich bestellten Messers deshalb aus.[172]

Die formale Abschaffung des öffentlichen Zwangsmessens war allerdings nicht
der wirtschaftlichen, sondern der politischen Entwicklung geschuldet. Denn mit
der 1869 verabschiedeten und 1871 auf das Kaiserreich ausgedehnten Gewerbeordnung des Norddeutschen Bundes erlangte die preußische Marktfreiheit gesamtdeutsche Geltung.[173] Ein Symptom dieser Entwicklung war der Niedergang
der Stadtwaagen. Während sie in der ersten Hälfte des 19. Jahrhunderts häufig anzutreffen waren, verloren sie nach der Reichseinigung schlagartig ihre Bedeutung.
Eine der größten und bekanntesten Waagen, diejenige in Frankfurt am Main,
wurde 1874 abgerissen. Das war in diesem Fall allerdings nicht nur der Gewerbe-

---

[170] Allgemeine Gewerbeordnung, 17.1.1845, §§ 75 u. 77, in: Gesetzessammlung für die Königlich-Preußischen Staaten, 1845, S. 41–78, hier S. 55 sowie Verordnung, betreffend die Einrichtung von Gewerberäthen und verschiedene Abänderungen der allgemeinen Gewerbeordnung, 9.2.1849, §§ 67–71, ebd. 1849, S. 93–110, hier S. 108f. Die dort formulierten Einschränkungen ließen die Frage des Zwangsmessens unberührt.

[171] Zu Hamburg vgl. Pöhls, Darstellung, Bd. 1, S. 159f. Zu Bremen vgl. Spichal, Jedem das Seine,
S. 182f. sowie Verordnung wegen der Steinkohlen-Maaßen, 16.1.1837, Art. 5, in: Sammlung
der Verordnungen der Hansestadt Bremen, S. 19–21, hier S. 21. Zu Lübeck vgl. Ordnung für
die verlehnten Kornmesser, 17.4.1850, Art. 1–3, in: Sammlung der lübeckischen Verordnungen 17 (1850), S. 39–44, hier S. 39f.

[172] Verordnung, die Aufhebung der Korporationen der Kornmesser und der Kornträger, so wie
das Wägen und Messen, die sonstige Bearbeitung und den Transport von Getraide u. s. w.
betreffend, 5.10.1861, in: ebd. 28 (1861), S. 56–58. Zu Baden vgl. Wang, Vereinheitlichung,
S. 228.

[173] Gewerbeordnung für den Norddeutschen Bund, 21.6.1869, § 64, in: Bundes-Gesetzblatt des
Norddeutschen Bundes 1869, S. 245–282, hier S. 261. Zur Ausweitung auf das Kaiserreich
vgl. Boch, Staat und Wirtschaft, S. 35.

ordnung, sondern auch dem Verlust der freistädtischen Abgabenprivilegien geschuldet.[174]

In einigen Ausnahmefällen bestand der Messzwang nach 1871 fort. Auf den bayerischen Schrannen bedienten sich die Städte im Rahmen ihrer ortspolizeilichen Kompetenzen noch bis in die 1880er Jahre hinein vereidigter Messer, die an jedem Geschäft zu beteiligen waren.[175] Da zentralisierte Marktplätze seit der Jahrhundertmitte stark an Bedeutung verloren hatten und dem Austausch über Zwischenhändler oder Produktbörsen gewichen waren, erschien das aber auch den Zeitgenossen schon als Atavismus. Insgesamt war die Mengenbestimmung in Deutschland zu diesem Zeitpunkt eine Angelegenheit zwischen Käufern und Verkäufern und keine öffentliche Aufgabe mehr.[176]

Auch in Großbritannien erlebte das Zwangsmessen im 19. Jahrhundert einen Niedergang. Anders als auf dem Kontinent hatte es dort allerdings von vorneherein nur geringe Bedeutung gehabt. Die City of London beschäftigte zwar seit dem Spätmittelalter die in Kapitel 1.2.2 erwähnten *coal meters* sowie eine Reihe weiterer vereidigter Messer. In den übrigen englischen und schottischen Städten gab es solche Beamte aber nur selten. Auch öffentliche Waagen waren in Großbritannien deutlich weniger verbreitet als auf dem Kontinent.[177]

Diese Besonderheiten waren eine Folge der vergleichsweise geringen Autonomie der britischen Kommunen, insbesondere der kleineren unter ihnen. Dort, wo die Messer in der Frühen Neuzeit trotz aller Einschränkungen Bestand hatten, waren sie deshalb meist keine städtischen, sondern königliche Beamte. Sie bemaßen vor allem Importgüter wie Wein und Exportprodukte wie Wolle, um auf dieser Basis die Zollabgaben festzusetzen.[178] Diese Art von Amtsträgern gab es allerdings nur bis zum 17. Jahrhundert. Die sogenannten *alnagers* etwa, deren Aufgabe die Überprüfung von Wollstoffen war, gerieten schon im 16. Jahrhundert in die Kritik. Ihre Tätigkeit war eng mit den spätmittelalterlichen Standards für die Tuchmaße verknüpft. Sie stand deshalb der Differenzierung dieser Produkte im Wege. Nach einigen Reformversuchen erklärte Wilhelm III. das Amt 1699 für abgeschafft.[179]

---

174 Die Baudenkmäler in Frankfurt, Bd. 2, S. 296. Bremen gab den Stadtwaagebetrieb 1877 auf, vgl. SPICHAL, Jedem das Seine, S. 242. Zur Häufigkeit in der ersten Hälfte des 19. Jahrhunderts vgl. HÜBBE, Ansichten, Bd. 1, S. 139.

175 Schrannen-Ordnung, 17. 12. 1871, §§ 3, 6, 12 u. 22, in: Münchener Amtsblatt 1871, Nr. 99, S. 824–829, hier S. 824 ff. sowie Schrannenordnung [der Stadt Bamberg], 28. 3. 1879, § 15, in: WACHTER (Hrsg.), Sammlung, S. 167–172, hier S. 169. Zur Vorgeschichte vgl. JÄCKLIN-VOLKERT, Schrannenhalle, S. 68 ff.; Die Korn-Schranne, S. 23 ff. sowie allgemein zu den Schrannen SWITALSKI, Landmüller, S. 115 ff. und SCHLÖGL (Hrsg.), Agrargeschichte, S. 623 ff.

176 Zum Bedeutungsverlust der Schrannen vgl. ebd., S. 629 f. sowie zu den zugrundeliegenden strukturellen Veränderungen SPIEKERMANN, Konsumgesellschaft, S. 35 f. Zur zeitgenössischen Analyse und Kritik vgl. Die Schranne 8 (1869), S. 2 f., S. 65 u. S. 98 f.

177 Vgl. DIJKMAN, Medieval Markets, S. 226 sowie die ausführliche Betrachtung bei ZUPKO, British Weights and Measures, S. 59–64.

178 DIJKMAN, Medieval Markets, S. 226.

179 ASHLEY, Introduction, S. 180 f. sowie Alnage, in: The Enyclopaedia Britannica, Bd. 1, S. 719. Zur spätmittelalterlichen Vorgeschichte vgl. ZUPKO, British Weights and Measures, S. 59 ff. In Irland bestand die Institution der *alnagers* noch bis ins frühe 19. Jahrhundert fort. Sie war zu

Als im 18. und frühen 19. Jahrhundert die Debatten über die Vereinheitlichung von Maßen und Gewichten anliefen, war der Zwang zum öffentlichen Messen in Großbritannien also bereits eine Ausnahmeerscheinung. Überlebt hatte er nur bei der Importverzollung von Getreide sowie in der City of London, wo die Mengenbestimmungen der Messbeamten die Grundlage für die Erhebung von Abgaben bildeten. Darüber hinaus dienten der Stadt auch die Gebühren aus ihrer Tätigkeit als Einkunftsquelle.[180] Das galt besonders für die *coal meters*, die Aashish Velkar eingehend untersucht hat. Zu Beginn des 19. Jahrhunderts gerieten sie in die Kritik. Die wichtigste Ursache hierfür war die Expansion des Kohlenhandels. Die Versorgung der englischen Metropole stützte sich im Wesentlichen auf die in der Gegend um Newcastle gelegenen Gruben. Das explosive Wachstum der Themsestadt zog eine sprunghafte Ausweitung der Schiffstransporte aus dieser Region nach sich. Zwischen 1800 und 1830 verdoppelte sich ihr Umfang in etwa.[181]

Diese Entwicklung brachte die etablierten Mechanismen zur Bestimmung der im Londoner Hafen umgesetzten Mengen ins Wanken. Die Abfertigung der Kohlen durch die Messbeamten bildete einen Flaschenhals, der den Handel merklich verlangsamte. Die *City* reagierte darauf mit der Einstellung zusätzlichen Personals. Das führte allerdings dazu, dass es schwieriger wurde, die Beamten zu beaufsichtigen und zur ordnungsgemäßen Erfüllung ihrer Pflichten anzuhalten.[182] Die Leidtragenden dieser Entwicklung waren Großhändler, die als Abnehmer für die Kohle in Erscheinung traten. Sie sahen sich durch die Unzuverlässigkeit der Messer benachteiligt. Auf ihr Drängen unternahm die Stadt 1807 den Versuch, das Verfahren durch eine genauere Festlegung der Maßgefäße und der Vorgehensweise der Messer zu verbessern.[183]

Da die Ausweitung des Kohlehandels in den folgenden Jahren ungebremst voranschritt, erwiesen sich diese Vorkehrungen aber als unzulänglich. Seit der Mitte der 1820er Jahren stand der Messzwang erneut zur Debatte. Neben den Händlern äußerten sich nun auch die Grubenbesitzer, also die Verkäufer, kritisch über dieses Verfahren. Sie waren unter Druck geraten, weil ihre monopolistischen Praktiken weithin als Ursache für steigende Preise galten. Um eine staatliche Regulierung zu vermeiden, suchten sie nach Möglichkeiten, die Kohle zu verbilligen, ohne ihre eigenen Profite zu schmälern. Sie setzten sich deshalb für eine Reduzierung der Abgaben und eine Abschaffung der Messgebühren ein. Um dieses Ziel zu erreichen, wollten sie die Mengenbestimmung im Londoner Hafen auf das Wiegen umstellen.[184] Die Stadt nahm daraufhin eine Untersuchung dieser Frage vor. Auch sie befürchtete nun, wegen der Auswirkungen der Messgebühren auf

---

diesem Zeitpunkt allerdings weitgehend funktionslos und wurde 1817 ohne größere Debatte beseitigt, vgl. Report Committee Alnage Laws, S. 3; P.P. 1817 (315), VIII.5.

[180] Velkar, Markets, S. 106.
[181] Vgl. ebd., S. 96 f. u. S. 100 f. Vgl. hier und im Folgenden auch ders., Caveat emptor, passim sowie die ausführliche Darstellung bei Smith, Sea-Coal, S. 195 ff.
[182] Velkar, Markets, S. 106 f. u. S. 117.
[183] Vgl. ebd., S. 116.
[184] Vgl. ebd., S. 119 f. u. S. 127 f.

den Kohlepreis in die Kritik zu geraten. Zudem bildete die Überwachung der Beamten aus ihrer Sicht ein permanentes Ärgernis, dessen steigende Kosten die Erträge aus den Gebühren zunichte zu machen drohten. Die *City* schloss sich deshalb der Sicht von Händlern und Grubenbesitzern an und veranlasste 1831 die Abschaffung der Messbeamten. Seitdem durften Kohlen im Londoner Hafen nur noch nach Gewicht gehandelt werden.[185]

Neben den *coal meters* gab es in der Hauptstadt allerdings noch andere eine andere Gruppe von Sachwaltern des öffentlichen Zwangsmessens. Das waren die für Getreide zuständigen *corn meters*. Sie bestanden noch bis zu den 1870er Jahren fort. Das Interesse der Stadt an den Einnahmen aus den *metage duties* überwog in ihrem Fall die Sorge über die Auswirkungen auf die Preise. Das scheint selbst in der Krise der 1840er Jahre gegolten zu haben, denn erst in den 1860er Jahren lässt sich eine größere Debatte über das Zwangsmessen von Getreide nachweisen.[186]

Zwei Probleme führten schließlich zu seiner Abschaffung. Das erste war die Verbreitung des Wiegens. Da sich die aus dem 17. Jahrhundert überlieferten Privilegien der Stadt nur auf das Messen erstreckten, bestanden ihre Vertreter darauf, diese Methode beizubehalten. Dagegen setzten sich die Großhändler zur Wehr, die nicht nur die höhere Genauigkeit des Gewichtshandels, sondern auch seine allgemeine Verbreitung als Argument ins Feld führten. Ein 1864 eingebrachter Gesetzesentwurf sollte es den städtischen Beamten daraufhin ermöglichen, Getreide fortan zu wiegen und nicht mehr zu messen.[187]

Dieses Vorhaben scheiterte aber an dem zweiten Problem, dem sich die Institution des Zwangsmessens gegenüber sah. Seit Beginn der 1860er Jahren gerieten die städtischen Sonderrechte insgesamt unter Druck.[188] Eine im Vorfeld der geplanten Zulassung des Wiegens vorgenommene Untersuchung lieferte den Kritikern in dieser Hinsicht reichlich Munition. Sie hatte ergeben, dass sich die von der Stadt erhobenen Messgebühren auf 50 000 Pfund beliefen, ihre Nettoeinnahmen aber nur auf 14 000 Pfund. Die Differenz verschlangen die Löhne der Messer und die technische Infrastruktur. Dieser Befund lässt vermuten, dass die Getreidemesser mit dem wachsenden Umfang ihrer Aufgabe überfordert waren.[189] Als die Frage des städtischen Messprivilegs 1872 erneut zur Debatte stand, intervenierte deshalb die Regierung. Auf ihr Drängen beschloss das Parlament „the abolition of Compulsory Metage, whether by weight or measure".[190] Als Gegenleis-

---

185 Vgl. ebd., S. 122 ff.
186 Zu den Rechten der Stadt vgl. Report Select Committee Sale of Corn, S. 272 ff.; P.P. 1834 (517), VII.1.
187 Weighing of Grain Bill; P.P. 1864 (119), IV.631 sowie Report Select Committee Weighing of Grain; P.P. 1864 (479), VIII.571. Zur Debatte hierüber vgl. Hansard's HC Deb 6 June 1864, vol 175, cols 1337–1338; Hansard's HC Deb 23 June 1864, vol 176, cols 163–176 und Hansard's HC Deb 28 April 1864, vol 174, cols 1859–1860.
188 Vgl. die einschlägigen Debatten über die London Corporation Bill in: Hansard's HC Deb 24 April 1860, vol 158, cols 69–91.
189 Hansard's HC Deb 4 July 1878, vol 241, col 775.
190 Hansard's HC Deb 15 April 1872, vol 210, col 1262 sowie 35 & 36 Vict. Cap. 100, §§ III–IV.

tung sprach es der Stadt eine geringe, auf dreißig Jahre befristete Steuer zu. Damit
war eine der letzten Bastionen des Zwangsmessens geschleift. Nach 1872 bestand
es nur noch in Häfen fort, die dem Import von Getreide dienten. Sie unterlagen
seit 1847 einer separaten Regelung. Amtlich bestellte Messer und Wäger konnten
dort bis ins 20. Jahrhundert für die Zwecke der Zollerhebung eingesetzt werden.[191]

Die *freiwillige* Indienstnahme von Messbeamten kam dagegen deutlich früher
außer Gebrauch. Auf den Marktplätzen scheint sie ohnehin nur eine geringe Rolle gespielt zu haben, weil der Getreidegroßhandel auf den britischen Inseln schon
früh von Zwischenhändlern geprägt war und deshalb dezentral ablief. Außer aus
Bristol sind deshalb kaum Fälle bekannt, in denen Messer als bezahlte Dienstleister zum Einsatz kamen.[192] Der 1847 verabschiedete *Markets and Fairs Clauses Act*
hielt die Behörden zwar dazu an, Waagen, Gewichte und Personal für die Mengenbestimmung zur Verfügung zu stellen, aber dieser Mechanismus diente nur
der Beilegung von etwaigen Konflikten.[193] Im Normalfall scheinen Händler die
Vermessung ihrer Waren selbst vorgenommen zu haben. Seit der Jahrhundertmitte
erleichterten ihnen dabei technische Neuerungen wie z. B. automatische Getreide-
messmaschinen die Arbeit.[194]

Etwas anders verhielt es sich allerdings bei den Kohlen im Londoner Hafen.
Nach dem Ende des Zwangsmessens waren die öffentlich bestellten *meters* dort
durch private Dienstleister ersetzt worden. Angesichts der Zielsetzung, durch die
Einführung des Wiegens die Kosten dieser Personalgattung einzusparen, erscheint
das zunächst paradox. Tatsächlich waren die privaten Messer aber ein Bestandteil
der für diese Umstellung nötigen Kompromisse. Weil die Großhändler befürchteten, durch die neue Methode der Mengenbestimmung benachteiligt zu werden,
wollten sie sie nur akzeptieren, wenn ihre Anwendung unter Aufsicht geschah.
Das Wiegen unterlag deshalb fortan der Kontrolle durch ein von Käufern und
Verkäufern gemeinsam betriebenes *Meters' Committee*. Da es zum Selbstkosten-
preis arbeitete, ermöglichte es immer noch große Einsparungen gegenüber dem
Zwangsmessen.[195]

Bis zur Mitte des 19. Jahrhunderts blieben die privaten *meters* ein florierender
Berufsstand. Seit diesem Zeitpunkt verloren sie jedoch an Bedeutung. Während
1861 47% der Kohlen im Londoner Hafen durch das *Meters' Committee* abgefertigt wurden, waren es Ende des 19. Jahrhunderts nur noch 7%. Die Ursachen
dafür lagen in der Verbreitung neuartiger Techniken des Güterumschlags. Verla-
dekräne mit eingebauten, automatischen Wägevorrichtungen reduzierten die Er-
messensspielräume bei der Mengenbestimmung noch weiter, als es die Umstellung
auf den Gewichtshandel getan hatte.[196] Ende des 19. Jahrhunderts kamen Messer

---

[191] 10 & 11 Vict. Cap. 27, §§ LXXXI–LXXXII.
[192] Zu Bristol vgl. COCKBURN, Corporations, Bd. 1, S. 75.
[193] 10 & 11 Vict Cap. 14, §§ XXI–XXIV. Vgl. auch ZUPKO, Revolution, S. 183.
[194] PARKES et al., Report, S. 488.
[195] VELKAR, Markets, S. 131 sowie SMITH, Sea-Coal, S. 202 ff.
[196] Ebd., S. 213 ff. u. S. 319 ff. Vgl. auch VELKAR, Markets, S. 131.

und Wäger deshalb nur noch in Streitfällen zum Einsatz. Als private Angestellte von Grubenbesitzern oder Großhändlern waren sie zwar auch im frühen 20. Jahrhundert noch vereinzelt anzutreffen, aber insgesamt hatte die technische Entwicklung sie zu diesem Zeitpunkt weitgehend überflüssig gemacht.[197]

5.3.2 Das Ende der Brottaxen

Auch die Brottaxen, die eine zweite Form der öffentlichen Kontrolle über die ausgetauschten Mengen darstellten, verloren im Laufe des 19. Jahrhunderts an Bedeutung. Diese Entwicklung war allerdings weniger eindeutig als der Niedergang der Messbeamten. Zudem wirkte die Abschaffung der Taxen zwar einerseits als Katalysator für die Veränderung von Praktiken der Mengenbestimmung, denn in der Regel gingen sie mit dem Übergang von der Variierung des Brot*gewichts* zur Variierung des Brot*preises* einher. Andererseits kam dieser Wandel zum Teil aber auch innerhalb des Systems der öffentlichen Mengenkontrolle zustande. Das galt insbesondere in Frankreich, wo die Taxen bis zum Ende des 19. Jahrhunderts fortbestanden.

In Großbritannien wurden sie dagegen frühzeitig abgeschafft. Schon im 18. Jahrhundert wies die Kontrolle über die Brotpreise dort große Defizite auf.[198] Sie gingen auf die Entstehung industrialisierter Großmühlenbetriebe und die damit verbundene Ausdifferenzierung der verfügbaren Mehlsorten zurück. Die spätmittelalterlichen Brottaxen ließen sich angesichts dieser Veränderungen nicht mehr anwenden, denn ihre Preisfestsetzungen beruhten auf der Annahme, dass der Bäcker das Getreide selbst kaufte und beim Müller vermahlen ließ. Zudem waren die Brotqualitäten, für die sie gelten sollten, im 18. Jahrhundert nicht mehr geläufig, weil die Vielzahl der Mehlsorten und die Nachfrage nach immer weißeren Broten diesbezüglich starke Verschiebungen zur Folge gehabt hatten.[199]

Das Parlament versuchte deshalb mehrfach, die Bestimmungen der Taxen zu korrigieren. Im Rahmen dieser Bemühungen ließ es 1758 erstmals sogenannte *prized loaves* zu, also Brote, die nicht im Gewicht, sondern im Preis variierten. Als Rechengröße für deren Taxierung diente ein sogenannter *peck loaf*, also ein Laib, der aus einem *peck* (zwei Gallonen) Mehl gebacken und mit 17 Pfund und sechs Unzen Avoirdupois veranschlagt wurde. Die tatsächlich angebotenen Brote mussten gängige Unterteilungen dieses Maßes sein.[200] Obwohl die traditionelle Methode der Variierung des Gewichtes weiterhin zulässig blieb, setzten sich die *prized*

---

[197] Sмітн, Sea-Coal, S. 326.

[198] Webb und Webb, Assize, S. 198f. sowie Petersen, Bread, S. 99. Vgl. allerdings auch die relativierende Einschätzung bei Davis, Market Morality, S. 424.

[199] Webb und Webb, Assize, S. 201ff.; Atwood, Review, S. 25f.; Petersen, Bread, S. 100 sowie Davies, Baking, S. 493.

[200] Detailliert dazu Atwood, Review, S. 26ff. Vgl. auch Webb und Webb, Assize, S. 204; Connor, England, S. 209f. sowie Petersen, Bread, S. 100. Zusammenfassend zu den Reformbemühungen des 18. Jahrhunderts vgl. Connor, England, S. 207ff.; Petersen, Bread, S. 99ff. sowie zu Schottland Connor et al., Scotland, S. 722ff.

loaves in der zweiten Hälfte des 18. Jahrhunderts weitgehend durch. Die Gründe für diese Entwicklung sind etwas unklar. Anscheinend hatte sich die neue Methode schon vor ihrer gesetzlichen Anerkennung verbreitet, weil seit der Einführung des Kupfergeldes im späten 17. Jahrhundert eine genauere Abstufung der Preise möglich war. Den Bäckern fiel es zudem leichter, Brote mit einem fixen als mit einem variablen Gewicht herzustellen, wenngleich ihnen die vorschriftsgemäße Vorherbestimmung der Ergebnisse des Backprozesses nach wie vor größte Schwierigkeiten bereitete.[201]

Trotz seiner Flexibilisierung schritt der Zerfall des britischen *assize*-Systems im späten 18. und frühen 19. Jahrhundert aber weiter voran. Von zentraler Bedeutung war dabei, dass das Parlament keine gangbare Lösung für das Problem der qualitativen Differenzierung fand. Durch verfehlte Regulierungsversuche trug es vielmehr noch zusätzlich zur Diskreditierung der Taxen bei. Vor diesem Hintergrund gewannen im letzten Viertel des 18. Jahrhunderts die Befürworter einer vollständigen Liberalisierung des Bäckergewerbes an Bedeutung. Hinzu kam, dass lokale Administratoren die Brottaxe angesichts ihrer unklaren Bestimmungen zunehmend ignorierten.[202] Die City of London bildete in dieser Hinsicht allerdings eine Ausnahme. Angesichts der krisenhaften Ernährungssituation während der napoleonischen Kriege traf sie anfangs des 19. Jahrhunderts eigenständige Regelungen zur Festsetzung von Mehl- und Brotpreisen. Sie blieben allerdings wirkungslos, weil die kriegsbedingten Schwankungen von Preisen und Qualitäten ihre Kontrolle unmöglich machten. Im Endeffekt stärkten die Londoner Bemühungen deshalb die Argumente der Befürworter einer Liberalisierung.[203]

Nach dem Ende der militärischen Auseinandersetzungen konnten sie sich schließlich durchsetzen. Ein 1815 eingesetztes *select committee* empfahl, die Brottaxe abzuschaffen. Im selben Jahr erging daraufhin ein Gesetz, das den Bäckern die Preisbildung freistellte. 1822 wurde es noch einmal erweitert. Beide Bestimmungen galten zunächst nur für London.[204] Sie führten aber dazu, dass die Brotpreisfestsetzungen auch an den anderen Orten, an denen sie zu diesem Zeitpunkt noch stattfanden, an Bedeutung verloren. Als die genannten Gesetze 1836 auf ganz England und Schottland und 1838 auch auf Irland ausgedehnt wurden, waren die Taxen daher bereits weithin außer Gebrauch geraten.[205]

An ihre Stelle trat ein liberales System der Preisbildung, das die öffentliche Kontrolle durch die private Vereinbarung zwischen Käufern und Verkäufern ersetzte. Dies spiegelte sich auch im Umgang mit der Frage der Mengenbestimmung wider. Das Gesetz von 1815 sah vor, dass alle Brotlaibe künftig das Gewicht eines *peck loaf*

---

[201] ATWOOD, Review, S. 26 sowie PETERSEN, Bread, S. 100. Zu den Schwierigkeiten der Gewichtsbestimmung vgl. CONNOR et al., Scotland, S. 725 sowie Kap. 1.1 dieser Arbeit.

[202] WEBB und WEBB, Assize, S. 205 ff.

[203] Vgl. ebd., S. 211 u. S. 215.

[204] Report Committee Assize of Bread, S. 10; P.P. 1815 (186), V.1341 und CONNOR, England, S. 214 f.

[205] WEBB und WEBB, Assize, S. 218; CONNOR, England, S. 215 sowie zu Irland CHANEY, Weights, S. 127.

oder seiner Unterteilungen haben sollten und erklärte damit eine mittlerweile weithin verbreitete Praxis zur Norm. 1822 ging das Parlament noch einen Schritt weiter und gab das Brotgewicht vollständig frei. Als Ausgleich für die Aufhebung der Taxen beinhalteten die beiden Gesetze aber eine Klausel, derzufolge jeder Bäcker eine Waage vorhalten und sein Brot auf Bitten des Kunden wiegen musste.[206] Auf diese Weise sollte den Konsumenten ein Ersatz für jenen Schutz gewährt werden, der zuvor das Anliegen der öffentlichen Kontrolle gebildet hatte. Ähnlich wie im Falle des Kohle- oder des Getreidehandels traten also technische Infrastrukturen an die Stelle sozialer Überwachungsmechanismen. In den folgenden Jahrzehnten ist dieser Schritt nie in Frage gestellt worden. Zwar gab es immer wieder Debatten über mögliche Manipulationen des Brotgewichtes, aber eine Rückkehr zur öffentlichen Kontrolle über Preise und Mengen erschien ausgeschlossen. Erst in der Sondersituation des Ersten Weltkrieges änderte sich dies wieder.[207]

Prinzipiell trifft der Befund des Abbaus der Brotpreisüberwachung auch auf Deutschland zu. Die Ursachen dafür waren allerdings andere als im britischen Fall. Der niedrigere Urbanisierungsgrad und die geringere Ausdehnung von arbeitsteiligen Märkten brachten es mit sich, dass eine ökonomisch bedingte, allmähliche Aufweichung der Brottaxen in den deutschen Territorien ausblieb. Bis zur Wende zum 19. Jahrhundert galten sie als unverzichtbar. In Preußen beispielsweise enthielt das 1794 verabschiedete Allgemeine Landrecht eine Reihe einschlägiger Bestimmungen.[208] Erst mit der Einführung der Gewerbefreiheit geriet die dortige Debatte in Bewegung. Da die Taxen dem Grundsatz der freien Konkurrenz widersprachen, erklärte das entsprechende Gesetz vom September 1811 sie kurzerhand für abgeschafft. Auch in den neuerworbenen preußischen Westprovinzen und in Posen, wo die Gewerbefreiheit nicht galt, experimentierten die Behörden um 1815 herum mit einer Aufhebung der Preisregulierung.[209]

Allerdings sah sich das Polizeiministerium schon bald mit Beschwerden über diese Liberalisierungstendenzen konfrontiert. Sie zeigten, dass der Brotverkauf in Preußen zu diesem Zeitpunkt noch mit fixem Preis und variablem Gewicht erfolgte. Viele lokale Behörden kritisierten nämlich, dass das Brotgewicht infolge der Aufhebung der Taxen starke Schwankungen aufwies. In Berlin ging die Polizei daraufhin dazu über, „zu gewissen Zeiten öffentlich bekannt zu geben, bei wel-

---

[206] 55 George III Cap. 99, §§ IX–X und 3 George IV Cap. 106, §§ III u. VIII. Vgl. auch CONNOR, England, S. 214 ff. sowie die genaueren Ausführungen in: Sale of Bread. Memorandum, 26. 11. 1891, TNA BT 101/299.

[207] Zu den weiteren Debatten vgl. z. B. Hansard's HC Deb 8 June 1847, vol 93, cols 243 f.; Hansard's HC Deb 23 July 1847, vol 94, cols 696–699 sowie Draft of a Bill to Amend the Law Relating to the Sale of Bread, 1892, in: TNA BT 101/299 und das zugehörige Material in TNA BT 101/297-299. Zum Ersten Weltkrieg vgl. CONNOR, England, S. 216.

[208] ROHRSCHEIDT, Polizeitaxen, S. 367. Zum Zusammenhang mit Urbanisierung und Arbeitsteilung vgl. LÖWE, Teuerungsrevolten, S. 307 u. S. 310 f.

[209] Gesetz über die polizeilichen Verhältnisse der Gewerbe, in Bezug auf das Edikt vom 2ten November, wegen Einführung einer allgemeinen Gewerbesteuer, 7. 9. 1811, § 161, in: Gesetzessammlung für die Königlich-Preußischen Staaten, 1811, S. 263–280, hier S. 279. Zu den Westprovinzen und zu Posen vgl. ROHRSCHEIDT, Polizeitaxen, S. 371 f.

chen Bäckern das größte und beste [nicht das preiswerteste!] Brot gefunden worden sei".[210] Zudem verfügte sie, dass die Bäcker zur Erstellung einer sogenannten
Selbsttaxe verpflichtet werden konnten. Dabei handelte es sich um einen öffentlichen Anschlag des Gewichts ihrer Waren, der für einen festgesetzten Zeitraum,
meist einen Monat, verbindlich war. 1816/17 stellte die Regierung diese Regelungen allen Provinzen des Landes anheim. Denen gingen sie allerdings nicht weit
genug, denn in den Kommunen tauchten in der Folgezeit immer wieder Probleme
mit der Preisfreigabe und den Selbsttaxen auf. Die meisten preußischen Regie-
rungsbezirke kehrten deshalb in den 1820er und 1830er Jahren zu einer vollständigen öffentlichen Kontrolle zurück.[211]

Im Rheinland tauchte dabei erstmals das Prinzip auf, statt des Preises das Gewicht des Brotes festzuschreiben.[212] Im Großen und Ganzen war dieser Übergang
allerdings keine Folge der Wiedereinführung, sondern der endgültigen Aufhebung der Taxen. Im Laufe der 1830er und 1840er Jahre machten sich vermehrt
praktische Schwierigkeiten bei der Preisfestsetzung bemerkbar. Der Regierung
waren die Taxen zudem auch aus grundsätzlichen Erwägungen ein Dorn im Auge.
Im Zuge der Debatte über das neue, gesamtpreußische Gewebegesetz gerieten sie
deshalb in die Kritik.[213] Allerdings galt ihre Schutzfunktion für die städtischen
Konsumenten nach wie vor als nützlich. Die 1845 verabschiedete Gewerbeordnung beinhaltete deshalb einen Kompromiss. Prinzipiell erklärte sie die Taxen für
aufgehoben. In ministeriell zu genehmigenden Einzelfällen ermöglichte sie aber
ihren Fortbestand. Zudem sah das Gesetzeswerk vor, dass die Bäcker prinzipiell
der Pflicht zur Erstellung von Selbttaxen unterliegen sollten.[214]

Dieser Schritt von der öffentlichen zur Selbsttaxierung war mit der Abschaffung der traditionellen Variierung des Brotgewichtes verbunden. Eine 1847 erlassene Ausführungsbestimmung zur Gewerbeordnung verpflichtete die Bäcker „in
den anzuschlagenden Preislisten nicht, wie bisher, nach gewissen Preissätzen das
Gewicht des Brotes, sondern nach bestimmten Normalgewichten die Preise der
verschiedenen Brotsorten anzugeben."[215] Mit der 1849 erfolgten Abänderung der
Gewerbeordnung erlangte zudem auch eine an den britischen Kontext gemah-
nende Vorschrift Geltung: Die Bäcker konnten künftig verpflichtet werden, ihren
Kunden eine Waage zur Verfügung stellen, um so anstelle der öffentlichen eine
private Kontrolle des Brotgewichtes zu ermöglichen.[216]

Allerdings übernahm die Verwaltung diese Regelung vermutlich nicht aus
Großbritannien, sondern aus Bayern. Dort war die Brottaxe schon 1829 aufgeho-

---

[210] Ebd., S. 370.
[211] Vgl. ebd., S. 371.
[212] Vgl. ebd., S. 372.
[213] Vgl. ebd., S. 376.
[214] Allgemeine Gewerbeordnung, 17.1.1845, §§ 88–90, in: Gesetzessammlung für die Königlich-
Preußischen Staaten, 1845, S. 41–78, hier S. 58.
[215] ROHRSCHEIDT, Brottaxen, S. 463.
[216] Verordnung, betreffend die Einrichtung von Gewerberäthen und verschiedene Abänderungen
der allgemeinen Gewerbeordnung, 9.2.1849, § 73, in: Gesetzessammlung für die Königlich-
Preußischen Staaten, 1849, S. 93–110, hier S. 109.

ben worden. Dabei hatte die Regierung genau jene Maßnahmen ergriffen, die nun auch den preußischen Umgang mit der Frage prägten, also die Selbsttaxierung, die Umstellung auf die Variierung des Preises und die Vorhaltung von Waagen zur individuellen Überprüfung des Brotgewichts.[217] Unter den deutschen Klein- und Mittelstaaten blieb Bayern damit aber ein Einzelfall. In den meisten von ihnen bestanden die Taxen bis in die 1860er Jahre fort. Die privatrechtliche Einigung über die ausgetauschten Mengen und die Fixierung auf das Brotgewicht setzten sich dort erst durch, als die preußischen Bestimmungen von 1845/49 1869 auf den Norddeutschen Bund und 1871 auf das Kaiserreich ausgedehnt wurden.[218]

Mit diesen Schritten hob die Regierung alle bis dahin bestehenden Ausnahmen von der Preisfreigabe auf. Allerdings gab es auch nach diesem Datum noch lokale Beschränkungen der Handelsfreiheit, weil die Polizeibehörden in manchen Städten den Verkauf von Brot nach wie vor nur anhand bestimmter Gewichtssätze genehmigten.[219] In den 1880er Jahren entbrannte zudem eine Debatte über eine Verallgemeinerung dieser Praxis. Reformer aus dem Umfeld des *Vereins für Socialpolitik* sahen in ihr eine Möglichkeit, die steigenden Brotpreise zu bekämpfen, ohne den Grundsatz der Gewerbefreiheit einzuschränken. Diese Bemühungen blieben jedoch erfolglos, weil ihre Wirksamkeit fraglich erschien und weitergehende Maßnahmen nicht konsensfähig waren.[220] Der Handel nach festen Gewichtsstufen bürgerte sich zwar weitgehend ein, aber die öffentliche Kontrolle über das Brotgewicht erlebte im Kaiserreich keine Renaissance. Stattdessen entfaltete sich in Deutschland dieselbe Privatisierung und Technologisierung der Mengenbestimmung, die auch die britische Entwicklung geprägt hatte.

In Frankreich war der Gang der Ereignisse dagegen ein anderer. Von der Mitte des 18. bis zur Mitte des 19. Jahrhunderts nahm die Bedeutung der öffentlichen Kontrolle über die Brotpreise dort zu und nicht ab. Ursprünglich war das französische Preis- und Mengenregime liberaler als seine deutschen oder britischen Äquivalente. In Provinzstädten wie Rouen oder Caen funktionieren die Brottaxen zwar ähnlich wie in den beiden anderen Ländern.[221] Die in ihrer politischen und ökonomischen Bedeutung kaum zu überschätzende Hauptstadt Paris praktizierte jedoch ein anderes System. Schon im 16. Jahrhundert hatte es dort nur für das hochwertige *pain de luxe* und für kleinere Brotlaibe überhaupt eine Taxe gegeben.[222] Im Laufe des 18. Jahrhunderts wich sie einem informellen Kontrollmechanismus. Er bestand darin, dass die Polizei monatliche Preisverzeichnisse erstellte, die nicht als absolute Festsetzungen, sondern als grobe Orientierungsgrößen dienten. Dabei ging sie wie in anderen europäischen Ländern davon aus, dass der

---

[217] ROHRSCHEIDT, Polizeitaxen, S. 380.
[218] Gewerbeordnung für den Norddeutschen Bund, 21.6.1869, §§ 72–74, in: Bundes-Gesetzblatt des Norddeutschen Bundes 1869, S. 245–282, hier S. 263.
[219] ROHRSCHEIDT, Brottaxen, S. 464.
[220] Verhandlungen des Vereins für Socialpolitik, S. 142 u. S. 190f.; ROHRSCHEIDT, Brottaxen, S. 474–485 sowie JOLOWICZ, Getreide- und Brotpreis, S. 16ff.
[221] MILLER, Mastering the Market, S. 35ff.
[222] CONSEIL D'ÉTAT und LE PLAY, Deuxième rapport, S. 33f.

Verkauf der genannten Brotsorten zu festen Preisen und mit variablem Gewicht erfolgte.[223] Bei dem als Grundnahrungsmittel fungierenden *pain de menage* verzichteten die Behörden dagegen von vornherein auf eine Taxe. Stattdessen versuchten sie, die Preisbildung zu steuern, indem sie die Herstellung der Brote vom Zunftzwang befreiten und damit der freien Konkurrenz anheimstellten. Wenn dieses System versagte, also z. B. in Krisenzeiten, war die Polizei allerdings schnell zur Stelle, um temporäre Festlegungen zu treffen. Zudem ging die Freigabe der Preisbildung mit der Auflage einher, dass das *pain de menage* grundsätzlich in Laiben von drei Pfund zu verkaufen war.[224]

Das Pariser System beinhaltete also schon im 18. Jahrhundert einen wichtigen Teilbereich, in dem das Brotgewicht als Fixum und nicht als Variable behandelt wurde. Als die Administration das *pain de menage* im 19. Jahrhundert schließlich doch der Brotpreiskontrolle unterwarf, integrierte sie diese Besonderheit in ihre Festsetzungen. Anders als in Deutschland oder in Großbritannien war die Durchsetzung der Kombination von fixem Gewicht und variablen Preis deshalb keine Folge des Bedeutungsverlusts, sondern des Bedeutungsgewinns der Taxen. Dessen Ausgangspunkt bildete ein im Juli 1791 erlassenes Dekret zur Neuorganisation der *police municipale*. Es autorisierte die Taxierung von Brot- und Fleischpreisen, die durch die die im Vorjahr verabschiedete Gewerbefreiheit zunächst aufgehoben worden war.[225] Angesichts der revolutions- und kriegsbedingten Versorgungskrise setzte der Nationalkonvent im Mai 1793 zudem einen amtlich bestimmten Höchstpreis für Getreide fest (,kleines Maximum'). Und mit dem ,großen Maximum' folgte im September 1793 ein umfassender Versuch der staatlichen Preisregulierung, der nahezu alle Güter des täglichen Bedarfs einer öffentlichen Kontrolle unterwarf.[226]

Dieses Projekt scheiterte jedoch. Unter anderem hatte es zur Folge, dass die Bauern zum Schwarzmarkthandel oder zum Naturalientausch übergingen. Im Dezember 1794 machte der Nationalkonvent die beiden Maximum-Beschlüsse deshalb wieder rückgängig.[227] Das Dekret von 1791, das die Festsetzung von Brot- und Fleischpreisen ermöglichte, behielt dagegen seine Gültigkeit. Zunächst blieb es allerdings ungenutzt. Napoleon beschritt stattdessen andere Wege, um die Versorgung der Bevölkerung zu gewährleisten. Er veranlasste staatliche Getreidekäufe und verbot die Getreideausfuhr. 1801 genehmigte er zudem eine Neuorganisation des Bäckereiwesens, das zu einem „geschlossenen Konzessionsgewerbe"[228]

---

[223] Ebd., S. 34.

[224] Vgl. KAPLAN, Bakers, S. 504 ff. sowie CONSEIL D'ÉTAT und LE PLAY, Deuxième rapport, S. 33 ff.

[225] Décret relatif à l'organisation d'une police municipale et correctionnelle, 19.7.1791, Art. 30, in: RONDONNEAU (Hrsg.), Collection générale, Bd. 2,2, S. 485–499, hier S. 490. Vgl. auch CONSEIL D'ÉTAT und LE PLAY, Deuxième rapport, S. 38 sowie JOLLOS, Brottaxe, S. 1164 f.

[226] LEMARCHAND, Maximum, S. 729 f. Zur Forschungsdebatte über das Maximum vgl. MARGAIRAZ, Maximum sowie BOURGUINAT, Grains du désordre, S. 87 ff. u. S. 373 ff.

[227] LEMARCHAND, Maximum, S. 730.

[228] JOLLOS, Brottaxe, S. 1165. Dort auch zum Folgenden. Vgl. zudem Arrêté, 19 vendémiaire an X (11.10.1801), in: CONSEIL D'ÉTAT und LE PLAY, Deuxième rapport, S. 164 f. sowie ebd., S. 158 ff., zur Begrenzung der Zahl der Bäcker.

umgestaltet wurde. Bäckereibetriebe mussten fortan staatlich zugelassen werden. Das geschah nur, wenn sie einem nachweisbaren Bedürfnis entsprachen.

Das Ziel dieser Reform bestand darin, die Bäcker in ein staatliches Bevorratungs- und Bewirtschaftungssystem einzubinden, um so die Versorgungssicherheit im Kriegs- oder Krisenfall zu erhöhen. Was den Verkaufspreis des Brotes betraf, war sie dagegen kontraproduktiv. Aufgrund der Bedürfnisprüfung gewannen die Bäcker eine monopolartige Stellung, die sich weidlich ausnutzen ließ. Innerhalb kurzer Zeit zeichnete sich deshalb ab, dass die Neuordnung des Bäckergewerbes auch eine Festsetzung der Preise erforderte. Nach einigen Experimenten mit informellen Methoden führte die napoleonische Administration 1811 eine formale Brottaxe ein.[229]

Dieser Schritt beinhaltete auch eine Reform der Maßkonventionen. In Paris hatte die Administration für das *pain de menage* schon 1802 die aus dem Ancien Régime übernommene Praxis der Gewichtsbäckerei fortgeschrieben und die zulässigen Gewichtsstufen auf das metrische System umgestellt. Die gehandelten Laibe mussten fortan 2, 3, 4 oder 6 Kilogramm schwer sein.[230] Mit der Einführung der Brottaxe erlangte diese Regelung landesweite Geltung. Wo die öffentliche Preisfestsetzung keine Anwendung fand, also beim *pain de luxe,* lebte dagegen der Brauch der Variabilität des Brotgewichts fort.[231] Zudem integrierten die französischen Behörden auch noch jenen technologischen Mechanismus in ihr Regelwerk, dessen Einführung in Deutschland und in Großbritannien ein Merkmal der *Aufhebung* der öffentlichen Kontrolle war. Ein 1823 veranlasster Umbau des Brotpreisregimes verpflichtete alle Bäcker, eine Waage vorzuhalten und ihre Produkte damit abzumessen. Im selben Zuge wurden auch die bis dahin üblichen Toleranzen beim Brotgewicht für hinfällig erklärt.[232]

Erst in den 1850er Jahren, also lange Zeit nach diesen Entwicklungen, geriet die öffentliche Kontrolle der Brotpreise in Frankreich in die Kritik. Das war vor allem der Freihandelsbewegung zu verdanken, die sich die „liberté de la boulangerie"[233] auf die Fahnen schrieb. Auch konservative Sozialreformer wie der Ökonom Frédéric Le Play standen dem Brotpreisregime zunehmend skeptisch gegenüber, weil seine komplexen Mechanismen den Mehlhändlern Spielräume für preistreibende Arbitragegeschäfte eröffneten. Trotz der Taxe war ein Laib Brot in Paris deshalb teurer als in London oder in Brüssel.[234] Le Play nahm im Auftrag des *Conseil d'État* eine Reihe von Untersuchungen dieser Frage vor. Sie veranlassten

---

229 JOLLOS, Brottaxe, S. 1165 f. Vgl. auch HAUPT, Meister, Gesellen und Arbeiter, S. 101 sowie die Erläuterung der Funktionsweise der Taxe bei CONSEIL D'ÉTAT und LE PLAY, Rapport, S. 5 ff.

230 Ordonnance de police concernant la vente du pain dans les marchés, 14 pluviôse an x (3. 2. 1802), Art. III, in: dies., Deuxième rapport, S. 165–167, hier S. 166.

231 Vgl. dies., Rapport, S. 6 sowie dies., Deuxième rapport, S. 34.

232 Ordonnance de police concernant la taxe périodique du pain à Paris, 24. 6. 1823, Art. III, in: ebd., S. 168 f., hier S. 169.

233 BARRAL, Le blé et le pain, Untertitel. Vgl. auch JOLLOS, Brottaxe, S. 1167.

234 Vgl. ebd., S. 1169 f. sowie CONSEIL D'ÉTAT und LE PLAY, Deuxième rapport, S. 21 ff.

Napoleon III. 1863 dazu, die fünfzig Jahre zuvor von seinem Onkel etablierten Beschränkungen des Bäckergewerbes aufzuheben.[235]

Die Brottaxe wurde in diesem Zuge allerdings nur temporär suspendiert, um sie notfalls schnell wieder einführen zu können. Das Innenministerium konnte ihre Aufhebung deshalb nicht erzwingen, sondern nur bei den Kommunen erbitten.[236] In Paris kam die Stadtverwaltung diesem Anliegen nach. Obwohl die Brotpreise daraufhin noch weiter stiegen und in den 1880er Jahren Forderungen nach einer Wiedereinführung der Regulierungen die Runde machten, blieb die Präfektur dieser Linie treu.[237] In den Provinzstädten sah die Lage aber anders aus. Die meisten von ihnen verblieben bei den traditionellen Festsetzungen oder kehrten bald zu ihnen zurück. Etwa 900 Städte und Gemeinden hielten bis zur Jahrhundertwende an der Brottaxe fest. Auch im 20. Jahrhundert war sie vielerorts noch anzutreffen. Ihre letzten Überreste wurden erst 1978 (!) beseitigt.[238]

Die Besonderheit des französischen Falles bestand also darin, dass der Übergang zur Gewichtsbäckerei innerhalb des Systems der Taxen und nicht durch seine Auflösung zustande kam. Dieser Befund zeigt, dass die Praxis der Mengenbestimmung neben der öffentlichen Kontrolle auch noch von anderen Faktoren abhängig und damit kontextgebunden war. Unabhängig von ihren konkreten Ursachen war die Einführung des variablen Brotgewichtes aber ein Zeichen für die Auflösung der Objektgebundenheit des vormodernen Maßdenkens. Sie korrespondierte zudem symbolisch mit dem Übergang von einer auf die Verteilung der vorhandenen Mengen angelegten Versorgungswirtschaft zu einer über Marktpreise gesteuerten Wachstumswirtschaft. So gesehen, war die Veränderung der Messpraktiken ein gerichteter Prozess, in dem sich die ökonomisch-politischen Umbrüche des 19. Jahrhunderts widerspiegelten. Einer Standardisierung, die mit der Reform der Einheiten vergleichbar oder gar aus ihr hervorgegangen wäre, unterlag sie dagegen nicht.

---

235 Décret du 22 juin 1863, in: EMION, Taxe du pain, S. 149f.
236 Instruction du Ministère de l'Agriculture, du Commerce et des Travaux Publics aux préfets: boulangerie, taxe du pain, in: ebd., S. 150–153, hier S. 150f.
237 JOLLOS, Brottaxe, S. 1178, Fn. 1.
238 LÖWE, Teuerungsrevolten, S. 299 sowie BECKER und ORY, Crises et alternances, S. 80.

6. Von der Natur zur Konvention: Wissenschaftliche Debatten über das ‚Maß der Dinge' 1795–1870

Die standardisierten Maße und Gewichte ließen nicht nur bei der praktischen Anwendung, sondern auch hinsichtlich ihrer definitorischen Grundlagen Spielräume für unterschiedliche Interpretationen und Vorgehensweisen offen. Vor diesem Hintergrund unternahmen Wissenschaftler in der ersten Hälfte des 19. Jahrhunderts eine Revision der neuartigen Einheitensysteme. Die von ihren aufklärerischen Vorläufern favorisierte Idee eines der Natur entnommenen Maßes verwarfen sie. Stattdessen gelangten sie zu der Überzeugung, dass eine eindeutige Bestimmung und dauerhafte Sicherung der standardisierten Größen nur durch die Festsetzung einer Konvention, also eines allein durch sich selbst definierten Urmaßes möglich sei.

Zu Beginn des 19. Jahrhunderts war diese Entwicklung noch nicht absehbar. In den 1810er und 1820er Jahren bemühten sich die führenden europäischen Wissenschaftsnationen darum, den Anschluss an das französische Vorbild herzustellen und ihre Maßsysteme ebenfalls an eine natürliche Größe zu koppeln. Sowohl aus praktischen als auch aus grundsätzlichen Erwägungen wählten sie dafür allerdings nicht den Erdumfang, sondern das Sekundenpendel. Besonders in Großbritannien nahmen Wissenschaftler umfangreiche Experimente zu dessen genauer Bestimmung vor, die schließlich in einer weithin akzeptierten, alternativen Definition eines Naturmaßes resultierten. Auch Preußen schlug nach anfänglichem Zögern einen ähnlichen Weg ein.

In den 1820er und 1830er Jahren stellte sich allerdings heraus, dass die Idee des Naturmaßes mit großen konzeptionellen Schwierigkeiten behaftet war. Das galt in erster Linie für die Kopplung des Meters an den Erdumfang. Eine wichtige Grundannahme, die diesen Nexus in den 1780er und 1790er Jahren attraktiv hatte erscheinen lassen, geriet in dem genannten Zeitraum ins Wanken. Inspiriert von neuartigen Methoden der Quellenkritik, erhoben Althistoriker gravierende Einwände gegen die Vorstellung, der Erdumfang habe bereits in der Antike als Maßgrundlage gedient. Um 1830 herum war sie wissenschaftlich diskreditiert.

Noch empfindlicher traf die Verfechter des Erdmaßes ein zweiter Paradigmenwechsel. Im Gefolge der französischen Meridianvermessung erlebte die Debatte über die Gestalt des Globus eine Renaissance. Eine Reihe von neuen Vermessungen erhärtete in diesem Zeitraum die schon länger gehegte Vermutung, dass die Erde äußerst unregelmäßig geformt war. Seit den 1830er Jahren galten diese Unregelmäßigkeiten nicht mehr als Abweichungen von der Kugelform, sondern geradezu als Definiens der Erdfigur. Dieser Befund stellte die Eindeutigkeit der Kopplung des Meters an den Erdumfang in Frage. Seine Auswirkungen beschränkten sich allerdings nicht auf dieses Problem. Sie zogen vielmehr auch die Glaubwürdigkeit des Sekundenpendels in Zweifel. Denn die Heterogenität der Erde bedeutete auch, dass die Schwerkraft, die den Pendelschlag determinierte,

https://doi.org/10.1515/9783110581959-007

messbare lokale Variationen aufwies. Neben den Ergebnissen der trigonometrischen Vermessungen war dieser Effekt eines der Indizien gewesen, das die These von der Unregelmäßigkeit des Globus überhaupt erst nahegelegt hatte.

In noch höherem Maße gilt die Feststellung, dass die Erkenntnisse der 1820er und 1830er Jahre nicht nur den Erdumfang, sondern auch das Sekundenpendel als Maßgrundlage in Frage stellten, für einen dritten Paradigmenwechsel: die ‚probabilistische Revolution'. Durch die Verfeinerung ihrer Instrumente machten Astronomen und Geodäten im ersten Drittel des 19. Jahrhunderts die Erfahrung, dass sie bei Messungen zwar eine immer höhere *Genauigkeit* erzielen konnten, gleichzeitig aber stets auf neue Fehlerquellen stießen und deshalb nie zu einer vollständigen *Gewissheit* über die gemessenen Größen gelangten. In den 1820er und 1830er Jahren begannen französische und deutsche Wissenschaftler, diese Erkenntnis mit wahrscheinlichkeitstheoretischen Methoden zu mathematisieren. Dabei kamen sie zu der Überzeugung, dass Messungen grundsätzlich keine absolute, sondern nur eine näherungsweise Übereinstimmung mit dem ‚wahren' Wert garantieren könnten. Dieser Befund hatte gravierende Konsequenzen für die Idee des Naturmaßes. Da sowohl der Umfang der Erde als auch die Länge des Sekundenpendels stets durch eine Messung bestimmt werden mussten, bedeutete er, dass ihre genaue Größe niemals mit abschließender Sicherheit zu klären war. Der Grundanforderung der Eindeutigkeit, die ein jedes Urmaß erfüllen musste, konnte aus diesem Blickwinkel allein ein Konventionalmaß gerecht werden, das nicht durch ein Tertium Comparationis, sondern durch sich selbst definiert war.

Vor dem Hintergrund dieser Paradigmenwechsel vollzog sich im zweiten Viertels des 19. Jahrhunderts eine Abkehr der europäischen Mächte vom Konzept des Naturmaßes. In Preußen blieb die Bindung an das Sekundenpendel de jure zwar bestehen. De facto verlor sie im Zuge einer Neukonstruktion der Urmaße aber ihre Bedeutung. Noch eindeutiger fiel der Umschwung in Großbritannien aus. Dort mündete die Beschädigung der Prototypen durch den Brand des Parlamentsgebäudes von 1834 in einen langwierigen Prozess der Rekonstruktion, in dessen Rahmen das Sekundenpendel vollständig verworfen wurde. Stattdessen beruhten die 1855 fertiggestellten neuen Standards auf einer konventionellen Definition, die auch ein Konzept zu einer ausschließlich auf Daten und Protokolle gestützten Wiederherstellung im Falle eines erneuten Verlustes beinhaltete.

Mitte des 19. Jahrhunderts erfasste die Wende gegen das Naturmaß schließlich auch das metrische System. Zwar blieb seine offizielle Definition weiterhin an den Erdumfang gekoppelt, aber in der Praxis betrachteten es sowohl ausländische als auch französische Wissenschaftler seit diesem Zeitpunkt als ein allein auf seine Prototypen gestütztes Konventionalmaß. Diese Sichtweise warf allerdings das Problem auf, dass die Urmaße des französischen Systems technisch nicht mehr auf der Höhe der Zeit waren und zudem einer mangelhaften Verwaltung unterlagen. Anders als in Preußen und in Großbritannien kam in Frankreich aber keine eigenständige Revision der Maßgrundlage mehr zustande. Sie blieb vielmehr einer internationalen Lösung vorbehalten, die erst in den 1870er Jahren in Angriff genommen wurde. Ihre Schilderung ist Kapitel 8 dieser Arbeit vorbehalten.

An dieser Stelle soll dagegen der konzeptionelle Umschwung vom Natur- zum Konventionalmaß nachgezeichnet werden. Der erste Abschnitt des folgenden Kapitels beschreibt die Versuche im ersten Viertels des 19. Jahrhunderts, die britischen und die preußischen Maße an das Sekundenpendel zu knüpfen. Der zweite Abschnitt zeichnet die Paradigmenwechsel, die der Abkehr vom Naturmaß vorausgingen, nach. Im Mittelpunkt des dritten Abschnitts steht die Einrichtung der neuartigen Konventionalmaße in Deutschland und Großbritannien sowie die seit der Jahrhundertmitte aus ihr hervorgehende Debatte über die Defizite der französischen Meter-Prototypen.

6.1 Naturmaßrezeption und Maßbestimmungen 1795–1825

6.1.1 Die britische Maßbestimmung

Zu Beginn des 19. Jahrhunderts stieß das metrische System in der politischen Öffentlichkeit Großbritanniens nur auf geringes Interesse. Für die Wissenschaftler und Naturphilosophen der *Royal Society* stellte sich die Lage allerdings anders dar. Aus ihrer Perspektive bildeten die französischen Bemühungen um eine klare Definition der metrischen Einheiten einen Anreiz, sich den wissenschaftlichen Grundlagen des eigenen Maßsystems zuzuwenden. In dieser Hinsicht konstatierten sie große Defizite.[1] Zwar erreichten die wichtigsten britischen Maßstäbe wie die *Bird's Scale* oder die *Shuckburgh Scale* ein Maß an Präzision, das es mit dem französischen Vorbild durchaus aufnehmen konnte. Aber nach wie vor handelte es sich bei diesen Normalen um private Standards, denen keinerlei verbindlicher Status zukam. Das bedeutete unter anderem, dass es keine offizielle Festlegung des Austauschverhältnisses zwischen Meter und Yard gab. Private Initiativen konnten dieses Problem nur teilweise kompensieren. Zwar legte der Genfer Physikprofessor Marie Auguste Pictet dem *Institut National* in Paris Ende 1801 eine exakte Kopie der *Shuckburgh Scale* vor, und Gaspard de Prony, der vormalige Direktor des nationalen Katasters, nutzte diese Gelegenheit, um einen Vergleich zwischen dem britischen und dem französischen Längenmaß vorzunehmen.[2] Allerdings verfügte er über keinerlei Erfahrungen im Umgang mit den britischen Normalen. Bei seinem Vergleich achtete er deshalb zwar darauf, die Temperatur der Prototypen konstant zu halten, berücksichtigte aber nicht, dass sich die Normallänge des Meters auf 0°C, diejenige des britischen Maßstabs dagegen auf 62° Fahrenheit bezog. Sein Ergebnis, demzufolge ein Meter 39,3827 englischen Zoll entsprach, galt deshalb als wenig zuverlässig.[3]

---

[1] BAILY, Report on the New Standard Scale, S. 35 f.
[2] PRONY, Rapport, passim. Vgl. auch DELAMBRE, Base, Bd. 3, S. 463 ff. sowie STRASSER, Toise, S. 32 ff.
[3] Zum Ergebnis des Vergleichs PRONY, Rapport, S. 479. Zur zeitgenössischen Kritik daran YOUNG, On Weights and Measures, S. 432 und LITTROW, Vergleichung, S. V.

Das Problem, dass die *Shuckburgh Scale* nur einer unter mehreren britischen Standards war, ließ sich auf diesem Wege ohnehin nicht lösen. Alle Versuche, daran etwas zu ändern, scheiterten an der abwartenden Haltung der Regierung in London.[4] Erst im Zuge der 1811/12 von der schottischen *Highland Society* angestoßenen Debatte über die Schaffung eines zuverlässigen Referenzsystem für die britischen Maße konnten sich die Wissenschaftler in dieser Frage Gehör verschaffen. Angesichts der seit den 1780er Jahren geführten Debatten war dabei klar, dass sich das Dickicht der überlieferten Standards aus ihrer Perspektive nur auf eine Weise lichten ließ: durch die Anbindung des Maßsystems an eine der Natur entnommene Größe. Das 1814 eingerichtete und maßgeblich von Experten der *Royal Society* beeinflusste *select committee* des Unterhauses konstatierte in diesem Sinne, dass „the want of a fixed standard in nature" einer der „great causes of the inaccuracies which have prevailed" gewesen sei.[5]

Bei der Frage nach der konkreten Umsetzung der Kopplung der Einheiten an die Natur standen die britischen Experten allerdings vor einem anderen Problem als ihre französischen Kollegen 15 Jahre zuvor. Während es diesen darum gegangen war, ein vollständig neues Maßsystem zu erschaffen, sollte in Großbritannien lediglich die Relation einer bereits existierenden Einheit zu einer natürlichen Größe festgestellt werden, um sie im Falle eines Verlustes anhand dieses Verhältnisses wiederherstellen zu können.[6] Dazu war es zunächst nötig, eine der bestehenden Verkörperungen dieser Einheit auszuwählen und sie zum Normalmaß zu erheben. Aus Gründen, die nicht mit Sicherheit zu klären sind, entschied sich das Komitee für die *Bird's Scale*.[7] Sodann mussten die Wissenschaftler überlegen, an welche natürliche Größe dieser Maßstab geknüpft werden sollte. Dabei erzielten sie schnell eine Einigung, denn schon seit 1790 hatte sich abgezeichnet, dass die Fachöffentlichkeit der französischen Lösung einer Bindung der Maße an den Erdumfang skeptisch gegenüberstand. George Skene Keith etwa, einer der wesentlichen Impulsgeber der britischen Debatte, lehnte diese Variante ab – wegen des mit ihr verbundenen Aufwandes, aber auch, weil er vermutete, dass die Ergebnisse einer diesbezüglichen Vermessung vom zugrundegelegten Längengrad abhängen und damit nicht eindeutig sein würden.[8] Thomas Young, der sich ebenfalls mehrfach in die Debatte einschaltete, hatte schon 1807 eine ähnliche Position formuliert und stattdessen das Sekundenpendel als ein zuverlässiges und jederzeit reproduzierbares Verfahren zur Gewinnung einer natürlichen Konstante gelobt.[9]

Die von dem Komitee des Jahres 1814 befragten Experten teilten diese Auffassung und sprachen sich einhellig dafür aus, das britische Maßsystem an diese

---

4 Vgl. Kap. 4.3.1 dieser Arbeit.
5 Report Select Committee Weights and Measures, S. 4; P.P. 1813–1814 (290), III.131.
6 KEITH, Different Methods, S. 3 f.
7 Report Select Committee Weights and Measures, S. 7; P.P. 1813–1814 (290), III.131.
8 KEITH, Different Methods, S. 6 f. Vgl. auch die ausführliche Darlegung von Keiths Vorschlägen bei ZUPKO, Revolution, S. 90 ff.
9 YOUNG, Course of Lectures, Bd. 1, S. 110. Zur Entstehungsgeschichte dieser Vorlesungen ROBINSON, Last Man, S. 85 ff. u. S. 113 ff.

Größe zu knüpfen. Diese Entscheidung fiel ihnen umso leichter, als sie die Länge des Sekundenpendels bereits für hinreichend bestimmt hielten. Sie nahmen an, dass sie sich auf 39,13047 *inches* belaufe.[10] Die genaue Entstehungsgeschichte dieses Wertes ist unklar. Vermutlich ging er auf eine Kombination der einschlägigen Messungen Grahams von 1722 und Shuckburghs von 1798 zurück.[11] Erstere waren mittlerweile allerdings fast 100 Jahre alt. Angesichts der zwischenzeitlichen Fortschritte des Instrumentenbaus konnten sie kaum noch als verlässlich gelten. Auch in einer weiteren Hinsicht entpuppten sich die wissenschaftlichen Grundlagen der Empfehlungen des Komitees schnell als fragwürdig. Denn für den Vergleich mit dem Meter, der als eine zusätzliche Versicherung gegen den Verlust des Urmaßes vorgesehen war, zogen die Parlamentarier den 1801 von Prony ermittelten Wert heran, ohne die zwischenzeitlich mehrfach geäußerte Kritik an dessen Methoden zu berücksichtigen. Und schließlich unterlief ihnen auch bei der Festsetzung der Parameter, die zur Ausmessung des Gallonenmaßes dienen sollten, ein Lapsus, weil sie einen falschen Wert für das Gewicht von destilliertem Wasser annahmen.[12]

Schon kurz nach der Veröffentlichung des Komiteeberichtes stand deshalb fest, dass die wissenschaftliche Basis der britischen Maße nicht aus den bereits bestehenden Daten abgeleitet werden konnte, sondern experimentell ermittelt werden musste. Der 1816 vorgelegte Gesetzesentwurf zur Einrichtung eines standardisierten Einheitensystems scheiterte unter anderem aus diesem Grund.[13] Stattdessen richtete das Unterhaus auf Initiative von Davies Gilbert, einem späteren Präsidenten der *Royal Society*, eine Bittschrift an den Prinzregenten Georg. Auf diese Weise wollten die Abgeordneten seine Unterstützung für eine Versuchsreihe zum Vergleich des Yard-Maßstabs mit dem Sekundenpendel und dem Meter gewinnen. Sie sollte die bis dahin bestehenden Unsicherheiten bezüglich des Verhältnisses der britischen Längeneinheit zu einer natürlichen Größe und zum wichtigsten zeitgenössischen Maß beseitigen.[14]

Der Prinz entsprach dieser Bitte und betraute den königlichen Astronomen John Pond mit der Durchführung der Experimente. Da sie allerdings mehr Zeit in Anspruch nahmen als geplant, bildete die *Royal Society* kurze Zeit darauf ein Komitee, das die Arbeiten übernahm. Diesem gehörten unter anderem der Geodät William Mudge, der Instrumentenbauer Edward Troughton sowie Thomas Young und Henry Kater an.[15] Besonders der letztgenannte, ein frühpensionierter

---

[10] Report Select Committee Weights and Measures, S. 4 u. S. 7; P.P. 1813–1814 (290), III.131.

[11] Vgl. die Aussagen von William Hyde Woollaston in: ebd., S. 10. Zu den Messergebnissen von Graham vgl. MILLER, Speeches, S. 44, zu denjenigen von Shuckburgh vgl. SHUCKBURGH, Account, S. 174.

[12] YOUNG, On Weights and Measures, S. 431 f. Vgl. auch die darauf gestützte, bezüglich Shuckburgh aber fehlerhafte Darstellung bei ZUPKO, Revolution, S. 106 f. sowie Report Select Committee Weights and Measures, S. 5 f.; P.P. 1813–1814 (290), III.131.

[13] Vgl. Kap. 4.3.1 dieser Arbeit.

[14] YOUNG, On Weights and Measures, S. 432. Die Bittschrift ist abgedruckt in: KATER, Account of Experiments at the Principal Stations, S. 337 f. Vgl. auch SIMPSON, Pendulum, S. 183.

[15] YOUNG, On Weights and Measures, S. 432.

Offizier, der in seiner aktiven Dienstzeit an der Vermessung des indischen Sub-kontinents beteiligt gewesen war, prägte in den folgenden Jahren die Untersu-chungen zur Länge des Sekundenpendels. 1817 ersann er eine Apparatur, die es ihm erlaubte, sie mit zuvor unerreichter Genauigkeit zu bestimmen. Bis weit in die zweite Hälfte des 18. Jahrhunderts hinein war ihre Vermessung stets mit Uhr-pendeln oder einfachen Pendeln vorgenommen worden, die aus einer an einem Draht aufgehängten Platinkugel bestanden. Diese Vorgehensweise brachte zwei Probleme mit sich. Erstens war es überaus schwierig, die genaue Übereinstim-mung des Pendelschlages mit der Zeiteinheit ‚Sekunde' sicherzustellen. John Hatton hatte hierfür 1779 eine Lösung vorgeschlagen, die in Kapitel 3.2.1 ge-schildert worden ist. Größere Bedeutung erlangte allerdings die 1790 von Jean-Charles de Borda entwickelte, sogenannte Koinzidenzmethode. Borda beobach-tete gleichzeitig ein langsam schlagendes, zwölf Fuß langes Pendel und das Sekundenpendel einer genau gehenden astronomischen Uhr.[16] Die Länge des Sekundenpendels maß er dabei nicht direkt, sondern berechnete sie aus dem Zeitintervall, das zwischen dem gleichzeitigen Durchgang beider Pendel durch ihren Tiefpunkt lag. Die dafür nötigen Instrumente brachte er in einem eigens konstruierten Apparat unter – dem ‚Borda-Pendelapparat', in dem mehrere Thermometer und Barometer dafür sorgen sollten, dass äußere Einflüsse ausge-schlossen werden konnten.[17]

Ein zweites Problem ließ sich mit diesem Gerät allerdings nicht lösen. Denn auch abgesehen von Störfaktoren wie der Temperatur oder dem Luftdruck wies „ein reales physikalisches Pendel" stets Abweichungen von „seinem mathemati-schen Ideal"[18] auf. Vor allem die Tatsache, dass bei einem mathematischen Pendel die Pendelmasse stets auf einen Punkt konzentriert, bei einem physikalischen aber z.T. in der Aufhängung enthalten ist, spielte bei der Berechnung der Länge des Sekundenpendels eine wichtige Rolle. Sie setzte u.a. eine genaue Bestimmung der Entfernung zwischen dem Aufhängungspunkt des Pendels und seinem Mas-senschwerpunkt voraus. Das erwies sich in der Praxis aber als heikel. Geringfügi-ge, z.T. metallurgisch bedingte Ungleichmäßigkeiten der Masse konnten letzteren bereits so weit verschieben, dass die Ergebnisse verfälscht wurden.[19]

Katers Verdienst lag darin, dass er einen Pendelmechanismus konstruierte, mit dem er einerseits das Problem der Beobachtung auf ähnliche Weise lösen konnte wie Borda, andererseits aber die Schwierigkeiten bei der Bestimmung des Mas-senschwerpunktes vermied. Die Grundidee seines sogenannten Reversionspen-dels war nicht ganz neu. Gaspard de Prony hatte sie bereits 1800 formuliert, und der Tübinger Astronomen Johann Gottlieb Friedrich Bohnenberger beschrieb sie

[16] Mascart, Jean Charles de Borda, S. 522f.; Gillispie, Revolutionary Years, S. 252; Lenzen und Multhauf, Gravity Pendulums, S. 312f. sowie ausführlich Borda und Cassini, Expériences, S. 338ff.

[17] Mascart, Jean Charles de Borda, S. 523.

[18] Lawrynowicz, Bessel, S. 253.

[19] Kater, Account of Experiments in the Latitude of London, S. 33. Vgl. auch Lawrynowicz, Bessel, S. 253f.

in einem 1811 veröffentlichten Buch.[20] Doch Kater, dem diese Vorläufer unbekannt waren, setzte sie als erster in die Praxis um. Seine zu diesem Zweck konstruierte Apparatur bestand aus einer Stange, die vor einer astronomischen Uhr aufgehängt war. Sie wies zwei zueinander gerichtete Schneiden und ein verschiebbares Gewicht auf. Stellte man dieses Gewicht so ein, dass das Pendel bei Aufhängung an der einen Schneide genau so lang schwang wie bei Aufhängung an der anderen Schneide, dann entsprach der Abstand zwischen den beiden Schneiden der Länge eines einfachen Pendels, war aber vom Problem des Massenschwerpunktes unabhängig.[21]

1818 vermaß Kater mit dieser Methode die Länge des Sekundenpendels in London. Seinen ursprünglichen Befund, demzufolge sie 39,13842 *inches* auf der *Bird's Scale* entsprach, musste er in den folgenden Jahren wegen geringfügiger konstruktiver Veränderungen an den Instrumenten zwar noch um einige Tausendstel korrigieren.[22] Dennoch schätzten die Zeitgenossen seine Ergebnisse als überaus genau und zuverlässig ein. Das galt auch für die gleichzeitig von ihm vorgenommene Ermittlung des Verhältnisses zwischen dem Yard und dem Meter. Für dieses Vorhaben hatte die *Royal Society* bei dem Pariser Instrumentenbauer Nicolas Fortin eigens zwei Platinmaßstäbe bestellt. Kater komparierte sie mit der *Shuckburgh Scale*, die als nahezu identisch mit der als Standard vorgesehenen *Bird's Scale* galt, aufgrund ihrer Konstruktion aber besser für den Vergleich geeignet war. Da er die Fehler, die Prony 1801 gemacht hatte, bewusst vermied, war sein Ergebnis, demzufolge ein Meter 39,37079 *inches* entsprach, dieser früheren Maßbestimmung deutlich überlegen.[23]

1819 hatte Kater seine Aufgabe damit so weit erledigt, dass die seit dem Vorjahr wieder an Fahrt gewinnende Debatte über das britischen Maß- und Gewichtswesen fortan auf eine gefestigte wissenschaftliche Grundlage bauen konnte. Als das Parlament nach einigem Hin und Her im Rahmen der in Kapitel 4.3.1 geschilderten Reform von 1824 dann tatsächlich beschloss, die *Bird's Scale* in ihrer Verknüpfung mit dem Sekundenpendel zum alleinverbindlichen Standard zu erheben, kam allerdings erneut Arbeit auf ihn zu. Die Exekutive übertrug dem ehemaligen Offizier die Schaffung der gesetzlich vorgesehenen vier Hauptkopien dieses Längenmaßes.[24] Zudem beauftragte sie ihn mit der Produktion von ebenfalls vier Kopien

---

[20] Vgl. PRONY, Methode sowie BOHNENBERGER, Astronomie, S. 448f. Bohnenbergers Priorität erkannte Kater an, nachdem er auf dessen Publikation aufmerksam geworden war, vgl. KATER, Account of the Construction, S. 51f. Pronys Vorschlag wurde erst 1889 veröffentlicht, vgl. LENZEN und MULTHAUF, Gravity Pendulums, S. 314f.

[21] KATER, Account of Experiments in the Latitude of London, S. 34ff. Katers Darstellung ist zusammen mit einigen weiteren Materialien auch abgedruckt in: Experiments Relating to the Pendulum Vibrating Seconds; P.P. 1818 (361), XV.31. Vgl. zudem SIMPSON, Pendulum, S. 183f.

[22] Zum ursprünglichen Ergebnis vgl. KATER, Account of Experiments in the Latitude of London, S. 93. Zu den Veränderungen an den Instrumenten vgl. ebd., S. 94 sowie ders., Account of the Construction, S. 1f. Die in den folgenden Jahren mehrfach verbesserten Ergebnisse sind zusammengefasst bei CONNOR, England, S. 253f.

[23] KATER, On the Length of the French Metre, S. 104ff., v. a. S. 109. Vgl. auch STRASSER, Toise, S. 34.

[24] KATER, Account of the Construction, S. 8f. u. S. 40ff.

des nunmehr zum Normalgewicht erklärten *Imperial Standard Troy Pound* von 1758 sowie mit der Anfertigung neuer Urmaße für die Volumeneinheiten.[25] Kater übernahm allerdings lediglich die Koordination der Arbeiten und die endgültige Justierung der Normale. Für den eigentlichen Prozess der Herstellung arbeitete er mit zwei renommierten Instrumentenbauern zusammen. Robert Bate sollte die Gewichtsnormale und die Kapazitätsmaße fertigen, George Dollond die Kopien der Längenmaße.[26]

Zunächst widmeten sich Kater und Bate den Gewichten. Obwohl die Kopien des Urpfundes bei der Umsetzung der Reform noch große Verwirrung stiften sollten, traten bei ihrer Einrichtung nur wenige Schwierigkeiten auf. Lediglich die Suche nach einer Metalllegierung, die der Londoner Atmosphäre länger standhalten würde als das bis dahin übliche Messing, erwies sich als nennenswerte Hürde.[27] Nachdem Kater und Bate sie durch die Beimischung von Zinn überwunden hatten, konnten sie sich aber den Hohlmaßen zuwenden. Hier stießen sie auf ein schwierigeres Problem. Es bestand darin, dass das neue *bushel*-Maß gesetzlich über das Gewicht des in ihm enthaltenen Wassers definiert war, für die Ausmessung einer solch großen Masse – 80 Pfund zuzüglich Gefäß – aber keine adäquaten Instrumente existierten. Bate musste also zunächst eine entsprechende Waage konstruieren. Das nahm einige Monate in Anspruch.[28] Immerhin gelang es aber sehr gut: Die mit dem neuen Instrument ermittelte Abweichung der Normale vom rechnerischen Ideal belief sich auf weniger als ein Hunderttausendstel.[29]

Allerdings warf die Fähigkeit, solch kaum noch vorstellbaren Differenzen zu messen, auch neue Probleme auf. Das zeigte sich beim letzten Teil von Katers Auftrag, der Ajustierung der Kopien des Längenstandards. Dollond hatte für diese Aufgabe vier Stäbe aus Messing gefertigt, in die jeweils zwei goldene Zapfen eingelassen waren. Kleine, auf sie aufgetragene Punkte markierten die Länge des Yard, wobei sich die genaue Distanz durch Drehen eines der beiden Zapfen verändern und somit an das Original anpassen ließ. Für den Vergleich mit diesem verwendete Kater ein Messschraubenmikroskop, das eine Genauigkeit von 1/23363 *inch* aufwies, also etwa ein Neunhundertstel einer Haaresbreite messen konnte. Als er seine Arbeit abgeschlossen hatte, stellte er allerdings fest, dass ihm scheinbar alle vier Kopien um 1/625stel *inch*, also ein Zwanzigstel einer Haaresbreite, zu kurz geraten waren.[30]

[25] Vgl. ebd., S. 8f. Zum Troy-Pfund von 1758 vgl. Simpson und Connor, Mass of the English Troy Pound, S. 322ff.

[26] Kater, Account of the Construction, S. 9. Zur Rolle von Bate beim Zustandekommen der *Imperial Measures* vgl. McConnell, R. B. Bate, S. 19ff. Zu Dollond, dem dritten Vertreter einer unter den Zeitgenossen berühmten Dynastie von Herstellern optischer Instrumente, vgl. Morrison-Low, Scientific Instruments, S. 137.

[27] Kater, Account of the Construction, S. 9.

[28] Ders., Report, S. 387.

[29] Ders., Account of the Construction, S. 37 u. S. 39f. Vgl. hier und im Folgenden auch Connor, England, S. 258f.

[30] Kater, Account of the Construction, S. 44.

Kater suchte einige Tage nach möglichen Ursachen für diese Abweichung und stellte schließlich fest, dass der Tisch, an dem er gearbeitet hatte, eine minimale Unebenheit aufwies. Die Messingstandards verbogen sich deshalb geringfügig, wenn man sie darauf legte. Das genügte bereits, um den Abstand zwischen den auf ihnen markierten Punkten um ein Vielfaches der Messtoleranz zu verändern. Zwar ließ sich dieser Fehler rasch beheben, und mit seiner Korrektur kam die wissenschaftliche Fundierung der britischen Maßreform von 1824 zu einem vorläufigen Abschluss.[31] Aber nicht nur Kater, sondern auch zahlreiche weitere Wissenschaftler machten in den folgenden Jahren die Entdeckung, dass die steigende Genauigkeit ihrer Messverfahren stetig neue Fehlerquellen zutage förderte. Diese Erkenntnis sollte mit dazu beitragen, dass das nunmehr auch in Großbritannien verwirklichte Konzept des Naturmaßes innerhalb weniger Jahre wieder in Frage gestellt wurde.[32]

6.1.2 Maßvergleiche und Sekundenpendel in Preußen

Zuvor koppelte mit Preußen aber noch ein weiterer Staat seine Maße an das Sekundenpendel. Anders als in Großbritannien hatte diese Vorgehensweise dort im 18. Jahrhundert nicht zur Debatte gestanden. Die unter Friedrich dem Großen angestellten Versuche zur Sicherung der Landesmaße waren vielmehr von einem antiquarischen Ansatz geprägt gewesen, in dessen Rahmen die Bestimmung der Einheiten durch die Suche nach den ‚ursprünglichen‘ Maßnormalen erfolgen sollte. Diese Methode blieb auch unter dem unmittelbaren Eindruck der Schaffung des metrischen Systems noch prägend. Johann Albert Eytelwein, der seit 1773 für das preußische Maßwesen verantwortlich zeichnete, unternahm vor dem Hintergrund der französischen Entwicklungen in den 1790er und 1800er Jahren umfangreiche Untersuchungen, um die traditionelle Größe der Berliner sowie eine Reihe weiterer gebräuchlicher Maße genauer zu bestimmen.[33]

Dabei stellte sich schnell heraus, dass diesem Ansatz enge Grenzen gesetzt waren. Selbst die Größe des rheinländischen Fußes, für den 1773 eigens neue Normale angefertigt worden waren, erwies sich als ungewiss. Denn dieses Maß war nicht nur durch seine Prototypen, sondern auch durch sein Verhältnis zu den französischen Längeneinheiten definiert. Ein nachträglicher Vergleich ergab allerdings, dass die ursprüngliche Bestimmung dieses Verhältnisses einige Ungenauigkeiten aufwies. Da beide Definitionen gleichermaßen gültig waren, ließ sich nicht mit Sicherheit klären, ob ein rheinländischer Fuß nun dem offiziell festgeschriebenen Wert von 139,13 Pariser Linien oder dem anhand des Maßnormals ausgemittelten Wert von 139,1835 Pariser Linien entsprach.[34]

---

[31] Vgl. ebd., S. 45.

[32] Patrick Kelly äußerte sich schon 1824 in diesem Sinne, vgl. Report Select Committee Lords, S. 15; P.P. 1824 (94), VII.431.

[33] EYTELWEIN, Vergleichungen, S. III. Die Akten zu diesen Arbeiten, die sich z. T. auch auf den Vergleich mit auswärtigen Maßen erstreckten, sind überliefert in: GStA PK, II. HA Gen.-Dir., Abt. 30 I, Oberbaudepartement, Nr. 136–143.

[34] EYTELWEIN, Vergleichungen, S. 4.

Ebenso unbefriedigend stellte sich die Lage hinsichtlich der Volumeneinheiten dar. Das ursprüngliche Normal des gesetzlich vorgeschriebenen Berliner Maßes, der 1682 angefertigte ‚Haupt-Probe-Scheffel', war zwischenzeitlich verlorengegangen. Für die Untersuchung stand deshalb nur ein Scheffel von 1722 zur Verfügung, von dem nicht einmal zweifelsfrei geklärt werden konnte, ob er mit dem von 1682 übereinstimmte. Da er zudem sehr unregelmäßig geformt war, blieb Eytelwein nichts anderes übrig, als seinen Rauminhalt über das Wassergewicht zu bestimmen.[35] In einem aufwendigen Verfahren gelangte er so zwar zu einem einigermaßen gesicherten Wert für die Größe des Normals. Aber dieser war zum einen wenig praktikabel (er belief sich auf „3058 13/14 brandenburgische Kubikzoll"[36]), und zum anderen war seine Legitimität aufgrund des verlorenen Originals zweifelhaft.

Im Falle der Gewichte schließlich war Eytelwein mit dem gegenteiligen Problem konfrontiert. Hier standen ihm gleich zwei Normale zur Verfügung: das von der Kölner Mark abgeleitete Hauptrichtgewicht von 1785 und das etwas schwerere, ebenfalls 1785 angefertigte Handelsgewicht, das sich nach dem alten Berliner Normalpfund richtete. Die Bestimmung der genauen Größe dieser Maße war vergleichsweise unproblematisch. Die Frage, welches von ihnen das ‚ursprüngliche' Gewicht darstellte, ließ sich dagegen nicht eindeutig entscheiden. Beide konnten als traditionell eingeführte Einheiten gelten.[37]

Diese Unklarheiten trugen maßgeblich dazu bei, dass die Idee, Maße und Gewichte künftig nicht mehr durch die überlieferten Normale, sondern durch eine natürliche Größe zu bestimmen, seit den frühen 1800er Jahren auch in Preußen Unterstützung fand. Die französische Kopplung der Einheiten an den Erdumfang betrachteten die meisten deutschsprachigen Kommentatoren zwar kritisch, weil es ihnen merkwürdig erschien, dass der Meter ein Naturmaß sein sollte, aber dennoch mit der *Toise* bemessen worden war.[38] Auch aufgrund der Ungewissheit über die genaue Gestalt der Erde standen sie dem Globus als Maßgrundlage skeptisch gegenüber.[39]

Für das Sekundenpendel galten diese Einwände aber nicht. Einflussreiche Autoren wie der Wittenberger Mathematiker und Montanwissenschaftler Johann Gottfried Steinhäuser sprachen sich vielmehr nachdrücklich für diese Variante des Naturmaßes aus.[40] In der preußischen Verwaltung stießen Steinhäusers Schriften auf großes Interesse.[41] Als sich die mangelnde Eindeutigkeit der Maße durch die

---

[35] Vgl. ebd., S. 48 ff. Vgl. auch Versuche zur Bestimmung der Scheffelgröße, 1797, in: GStA PK, II. HA Gen.-Dir., Abt. 30 I, Oberbaudepartement, Nr. 142, fol. 4 ff., sowie die weiteren Akten in diesem Ordner.

[36] EYTELWEIN, Vergleichungen, S. 55.

[37] Vgl. ebd., S. 113 f.

[38] WANG, Vereinheitlichung, S. 45.

[39] EYTELWEIN, Vergleichungen, S. 2. Vgl. auch WITTHÖFT, Einführung und Sicherung, S. 99.

[40] STEINHÄUSER, Réflexions sur les mesures, S. 12.

[41] Ein Exemplar einer deutschen Übersetzung von Steinhäusers *Réflexions* befindet sich in den Unterlagen zur Vorbereitung der Maßreform von 1816, GStA PK, I. HA, Rep. 120, A IX 1, Nr. 1, Bd. 1.

territorialen Verschiebungen im Gefolge der napoleonischen Kriege zu einem ernsthaften administrativen Problem auswuchs, konnten sich die Beamten, die mit der
Ausarbeitung der Maßreform von 1816 betraut waren, schnell auf die von ihm
vorgeschlagene Vorgehensweise einigen. Die im Zuge dieser Neuordnung verabschiedete *Anweisung zur Verfertigung der Probemaaße* verfügte, dass das Verhältnis
des preußischen Fußes zur Länge des Sekundenpendels in Berlin bestimmt werden
solle, damit dieser „unabhängig von jedem andern Maaße, auf einem Urmaße beruhe, welches zu allen Zeiten bei entstehenden Zweifeln wieder erlangt werden"[42]
könne.

Mit dieser Festlegung alleine war das neue preußische Einheitensystem allerdings noch nicht hinreichend definiert. Das hing unter anderem damit zusammen,
dass die Verwaltung die Dimensionen einiger Maße abändern wollte, um die Verhältnisse zwischen ihnen zu vereinfachen. So setzte die Reform beispielsweise die
Elle auf 25,5 Zoll, den Scheffel auf 30 762 Kubikzoll und das Quart auf 64 Kubikzoll fest. Dadurch entsprachen fortan acht Ellen genau 17 Fuß, ein Kubikfuß genau
neun Metzen bzw. 27 Quart und ein Scheffel genau 16 Kubikfuß.[43] Die 1773 fixierte Länge des Fußes behielt die Maßordnung dagegen ausdrücklich bei, obwohl
die vorhandenen Normale, wie erwähnt, eine merkliche Abweichung von dieser
Vorgabe aufwiesen.[44] Zusammengenommen liefen diese Bestimmungen deshalb
darauf hinaus, dass es nunmehr weder für die Länge noch für das Gewicht oder
das Volumen ein Maßnormal gab, das den gesetzlichen Einheiten entsprach.

Für die Absicherung der Reform war es also unumgänglich, neue Urmaße anzufertigen. Nach der Verabschiedung der Maß- und Gewichtsordnung setzte die
Regierung eine „Kommission der Sachverständigen" ein, die diese Aufgabe übernehmen sollte.[45] Sie stand unter der Leitung des Oberbergrats Gerhard Schaffrinski, der die Herstellung der neuen, aus Messing gefertigten Normale für die
Gewichte und die Volumina übernahm. Neben Schaffrinski und Johann Albert
Eytelwein gehörten der Kommission zudem der Physiker Paul Ehrmann, der Mathematiker August Leopold Crelle sowie der Geheime Postrat Karl Philipp Heinrich Pistor an, der Teilhaber einer Berliner Werkstatt für physikalische Instrumente
war.[46] Er erhielt den Auftrag, vier Exemplare des neuen Längenmaßes anzufertigen. Dabei handelte es sich um einfache Eisenstäbe, die „die Länge von drei *Fussen*,
sowie auch die Abtheilung derselben in 36 *Zolle* und des letzten Zolles in 12 *Linien*,
durch Striche an[gaben]".[47]

Da die *Anweisung zur Verfertigung der Probemaaße* das Längenmaß anhand der
Pariser Linie definiert hatte, sollten sie zunächst mit den französischen Einheiten

---

[42] Anweisung zur Verfertigung der Probemaaße und Gewichte, 16.5.1816, § 3, in: WITTHÖFT et
al., Deutsche Maße und Gewichte, S. 678–680, hier S. 678.

[43] HOFFMANN, Über Maaße und Gewichte, S. 599f.

[44] Anweisung zur Verfertigung der Probemaaße und Gewichte, 16.5.1816, § 3, in: WITTHÖFT et
al., Deutsche Maße und Gewichte, S. 678–680, hier S. 678.

[45] HOFFMANN, Normung, S. 10.

[46] KERN, Physikalisch-Technische Reichsanstalt, S. 78.

[47] BESSEL, Darstellung, S. 2 (Hervorhebungen im Original).

verglichen werden. In der Praxis erwies es sich zudem als einfacher, die Gewichtsmaße ebenfalls auf diesem Wege zu bestimmen, statt sie definitionsgemäß mit
destilliertem Wasser auszumessen.[48] Auch in einer weiteren Hinsicht gingen die
Sachverständigen pragmatisch vor. Statt für die anstehenden Vergleiche die gesetzlich vorgesehenen altfranzösischen Maße heranzuziehen, nutzten sie die metrischen Einheiten. Sie bestellten bei Nicolas Fortin je eine Platinkopie des Meters
und des Kilogramms, die Alexander von Humboldt und François Arago 1817 in
Paris eichten. Ihren Aussagen zufolge stimmte das Längenmaß bis auf ein fünf-
hundertstel Millimeter, das Gewichtsmaß bis auf zwei Milligramm mit dem Original überein.[49] Übermäßig präzise war das nach zeitgenössischen Maßstäben
allerdings nicht: Sowohl Katers Instrumente als auch das von Pistor für die preußischen Maße eingerichtete Messschraubenmikroskop konnten etwa doppelt so
genau, die von Schaffrinksi für die Gewichte verwendete Waage sogar viermal so
genau messen.[50]

Trotzdem gab sich die Kommission mit den Vergleichsmaßen zufrieden. Schließlich war die Anlehnung an die französischen Standards nur als Ausgangspunkt für
die Einrichtung der neuen Normale gedacht gewesen. Nach ihrer Fertigstellung
sollten sie dagegen an das Sekundenpendel geknüpft werden und auf diese Weise
eine Grundlage erhalten, die vom Vergleich mit dem Meter unabhängig war. Die
Durchführung der dafür nötigen Experimente übertrug die Preußische Akademie
der Wissenschaften dem Berliner Mathematiker Johann Georg Tralles.[51] Er galt
zwar als schwieriger Charakter, war fachlich aber eine hervorragende Wahl. In den
1790er Jahren hatte er in der Schweiz umfangreiche geodätische Arbeiten vorgenommen. Vor allem aber war er als Abgesandter der Helvetischen Republik auf der
Meter-Konferenz von 1798/99 vertreten gewesen und hatte dort als hauptverant-
wortlicher Berichterstatter für das Kilogramm eine tragende Rolle gespielt.[52]

Für die Erledigung seines Auftrages zur Bestimmung der Pendellänge wählte
Tralles einen Weg, der aus zeitgenössischer Perspektive nahe lag und deshalb die
volle Unterstützung der Akademie erfuhr. Er entschied sich, die einschlägigen Experimente von Kater in Großbritannien als Vorbild heranzuziehen und dessen
Vorgehensweise zu kopieren. Im Juni 1822 reiste er nach London. Schon kurz
nach seiner Ankunft erkrankte er allerdings, und im November 1822 verstarb er,
ohne in der Sache erkennbare Fortschritte gemacht zu haben.[53] Die zeitliche

---

[48] Eytelwein, Über die Prüfung, S. 9 ff.

[49] Ebd., S. 2. Vgl. auch Strasser, Toise, S. 39 sowie Hoffmann, Normung, S. 10 f.

[50] Eytelwein, Über die Prüfung, S. 3 (Messschraubenmikroskop) u. S. 10 (Waage). Auch die von
Arago überprüften Kopien der *Toise* waren vergleichsweise ungenau, vgl. Strasser, Toise,
S. 32.

[51] Schubring, Tralles, S. 335. Zur Person Tralles' vgl. auch Encke, Gedächtnisrede. Dass der Vorschlag zur Kopplung der preußischen Maße an das Sekundenpendel ursächlich auf Tralles
zurückging, lässt sich nicht nachweisen, auch nicht durch den bei Meyer-Stoll, Maß- und
Gewichtsreformen, S. 28, als Beleg für diese These angeführten Brief von Bessel an Gauß,
17. 4. 1823, in: Briefwechsel zwischen Gauß und Bessel, S. 420.

[52] Tralles, Rapport sur l'unité de poids sowie Encke, Gedächtnisrede, S. XII f.

[53] Vgl. ebd., S. XVII.

Lücke, die durch diesen unerwarteten Todesfall entstand, war für die weitere Entwicklung der Debatte über die Kopplung der preußischen Einheiten an das Sekundenpendel von großer Bedeutung. Denn genau in diese Lücke fiel eine Reihe von grundsätzlichen wissenschaftlichen Paradigmenwechseln, die die Idee der Etablierung einer solchen natürlichen Konstante in Frage stellten.

6.2 Wissenschaftliche Paradigmenwechsel

6.2.1 Die ‚Aegyptier' und der Erdumfang: Die althistorische Kritik am Erdmaß

Zunächst schienen diese Paradigmenwechsel allerdings nicht das Konzept des Naturmaßes insgesamt, sondern allein seine spezifische Variante der Kopplung des Meters an den Erdumfang zu betreffen. Die besondere Anziehungskraft, die diese Vorgehensweise in den 1780er und 1790er Jahren auf die französischen *savants* ausgeübt hatte, lag in der Vorstellung begründet, dass die antiken Kulturen ebenfalls ein an den Dimensionen des Globus ausgerichtetes Maß besessen hätten.[54] Diese Auffassung geriet im ersten Drittel des 19. Jahrhunderts unter Beschuss. Die Ursachen hierfür waren die schrittweise Verdrängung der aufklärerisch-universalistischen Geschichtsvorstellungen des 18. Jahrhunderts sowie die eng damit verknüpfte Entstehung der modernen, quellenkritisch orientierten Altertumswissenschaften.[55]

Bis in die 1810er Jahre hinein fand die These vom antiken Erdmaß allerdings noch gewichtige Fürsprecher. Zu ihnen gehörte der Geograph und Altertumswissenschaftler Pascal-François-Joseph Gossellin. In einer 1813 erschienenen Abhandlung argumentierte er, dass die von den Astronomen der griechischen und römischen Antike verwendeten Längenmaße aus dem Erdumfang abgeleitet waren.[56] 1817 erweiterte er diese These in einem vor der *Académie des inscriptions* gehaltenen Vortrag noch einmal dahingehend, dass

les bases de *tous* les systèmes métriques linéaires […], soit chez les Grecs et les Romains, soit chez les Germains, les Gaulois, les Arméniens, les Syriens, les Hébreux, les Égytiens, les Arabes, les Perses, les Indiens, les Chinois, les Japonois, se rattachent à la mésure de la terre, à un seul type primitif diversement modifié, et toujours conservé avec exactitude dans les variations qu'il a éprouvées.[57]

Gossellins Überlegungen waren methodisch weitaus ausgereifter als jene, die Bailly in den 1770er Jahren zu ähnlichen Schlussfolgerungen gebracht hatten. Sie beruhten auf einem Vergleich unterschiedlicher in der Literatur überlieferter Längenmaße, den er mit großer Sorgfalt angestellt hatte.[58]

---

[54] Vgl. Kap. 3.2.2 dieser Arbeit.
[55] KRAMPER, Klio gegen Frankenstein, S. 78ff.
[56] GOSSELLIN, Recherches sur la géographie, S. 294. Die an dieser Stelle als Buchkapitel fungierende Abhandlung ist im selben Jahr auch separat veröffentlicht worden als: ders., De l'évaluation. Allgemein zu Gossellin und seinen Thesen GODLEWSKA, Geography, S. 271ff.
[57] GOSSELLIN, Recherches sur le principe, S. 156f. (meine Hervorhebung).
[58] Vgl. ebd., passim.

Diese Vorgehensweise stieß in der Folgezeit aber auf Widerspruch. Einen wichtigen Beitrag hierzu leistete Jean Antoine Letronne, einer der Begründer der modernen Epigraphik.[59] Letronne bezweifelte Gossellins Überlegungen zur wahrscheinlichen Beziehung zwischen den antiken Maßen zwar nicht, erklärte sie aber für irrelevant. Die Gründe für diese Einschätzung illustrierte er an jenem Beispiel, das die berühmteste antike Bestimmung der Erdgestalt und deshalb auch den Kronzeugen in Gossellins Argumentation dargestellt hatte: die Vermessung des Erdumfangs durch Eratosthenes von Kyrene im 3. Jahrhundert vor Christus. Die Ergebnisse dieser Operation und ihr Verhältnis zu anderen antiken Maßbestimmungen seien, so argumentierte Letronne, nur von untergeordneter Bedeutung. Für viel wichtiger hielt er die Frage, ob sie tatsächlich stattgefunden hatte.[60]

Diese Perspektive war maßgeblich von der von ihm mitentwickelten Methodik der Quellenkritik inspiriert. Denn der Bericht des Astronomen Kleomedes, der den einzigen Beleg für Eratosthenes' vermeintliche Erdvermessung darstellte, wies Letronnes Befunden zufolge zahlreiche Ungereimtheiten auf. Unter anderem war er frühestens im 3. Jahrhundert *nach* Christus verfasst worden. Letronne argumentierte deshalb, dass Eratosthenes keine eigene Vermessung durchgeführt, sondern seine Ergebnisse möglicherweise aus einer früheren Bestimmung des Erdumfangs abgeleitet habe.[61]

Eine zwingende Widerlegung der These vom altertümlichen Erdmaß war das allerdings nicht, denn einige Autoren versuchten daraufhin, jene Quelle ausfindig zu machen, auf die sich Eratosthenes gestützt haben könnte. Dabei argumentierten sie auf einer ähnlichen methodischen Grundlage wie Gossellin, d. h. anhand von indirekt aus Maßstäben und Gebäudeproportionen erschlossenen Beziehungen zwischen unterschiedlichen antiken Maßen.[62] Je mehr in den 1820er Jahren aber Untersuchungen an Boden gewannen, die stattdessen die Frage der tatsächlichen Durchführung antiker Erdvermessungen fokussierten, um so mehr neigten die Zeitgenossen dazu, die Befunde dieser Denkschule als unbegründete Spekulationen abzutun.[63]

Dabei beschränkten sich die kritischen Stimmen nicht auf die professionellen Altertumswissenschaftler. Vielmehr blieben deren Debatten noch bis in die 1830er Jahre hinein eng mit jenen von naturwissenschaftlich arbeitenden Metrologen verzahnt.[64] Die wohl bedeutendste Zurückweisung der These vom Erdumfang als Basis der antiken Maßeinheiten stammte folglich nicht von einem Historiker, sondern von dem Berliner Astronomen Christian Ludwig Ideler.[65]

---

[59] Leclant, Une tradition, S. 716 f. sowie Godlewska, Geography, S. 278 ff.
[60] Letronne, Les anciens, S. 248.
[61] Vgl. ebd., S. 257. Dort auch zu den weiteren Ungereimtheiten.
[62] So z. B. Jomard, Mémoire, S. 287 ff.
[63] Muncke, Maß, S. 1223 ff. Vgl. auch Godlewska, Geography, S. 138 f.
[64] Vgl. z. B. die Zusammenführung naturwissenschaftlicher und altertumswissenschaftlicher Erkenntnisse bei Muncke, Maß, passim.
[65] Zur Person Idelers vgl. Bruhns, Ideler. Vgl. zum Folgenden auch Hultsch, Metrologie, S. 18 f.

Zwischen 1812/13 und 1827 veröffentlichte er eine Reihe von Schriften, die den von Letronne verfolgten Ansatz konsequent zu Ende führten. Vor allem die Annahme, derzufolge

der Umfang der Erde […] in einer sehr frühen Periode irgendwo in Asien mit einer Genauigkeit gemessen worden [ist], die derjenigen wenig nachsteht, welche man in den neuesten Zeiten mit Hülfe der feinsten Instrumente und Methoden zu erreichen vermocht hat,

stellte er dabei in Frage. Wer, so argumentierte er 1825,

über das Wesen der Messungen, die so bewunderswürdig richtige Resultate geliefert haben sollen, ein wenig nachdenkt, und den höchst unvollkommenen Zustand erwägt, worin sich die praktische Messkunst und Sternkunde bei den Griechen befanden, die doch in diesem Punkt schwerlich so ganz tief unter ihren orientalischen Vorgängern gestanden haben, wird es kaum für möglich halten, dass irgend ein Gelehrter solche Ansichten hegen könne.[66]

Zusätzlich lieferte Ideler in seinem 1827 veröffentlichten Papier auch noch den Nachweis, dass die antiken Längenmaße keineswegs, wie Gosselin behauptet hatte, in sich konsistent waren, sondern vielfältige Variationen aufwiesen.[67]

Völlig abgeschlossen war die Debatte mit diesem Befund allerdings noch nicht. Zwar fand sich nach Idelers Veröffentlichung niemand mehr, der die Position von Gosselin öffentlich unterstützte. Aber noch in der 1836 vorgenommenen Neubearbeitung von *Gehler's Physikalischem Wörterbuch* hielt Georg Wilhelm Muncke es für nötig, sämtliche Pro- und Contra-Argumente der in den Jahrzehnten zuvor geführten Diskussionen ausführlich darzulegen, ehe er sich den Schluss erlaubte, man müsse „die Hypothese aufgeben, dass die Aegyptier" – für ihn der Inbegriff der vorklassischen antiken Kultur – „ein festes Maß auf eine genaue Messung des Erdmeridians gegründet haben".[68]

Erst August Böckhs *Metrologische Untersuchungen* von 1838 schlugen eine merklich andere Tonlage an. Dieser wohl wichtigste Beitrag zur altertumswissenschaftlichen Metrologie der ersten Hälfte des 19. Jahrhunderts konnte es sich bereits erlauben, die Autoren, die die Idee eines antiken Erdumfangsmaßes in den 1770er und 1780er Jahren entwickelt hatten, mit einigen wenigen Bemerkungen abzuqualifizieren. „Die mühseligen metrologischen Werke eines Paucton und Romé de l'Isle," so schrieb Böckh, „sind abschreckend für jeden Besonnenen, welcher sich mit diesem Gegenstande befassen will."[69]

Einer irgendwie gearteten Begründung bedurfte diese summarische Verurteilung nicht mehr – so unglaubwürdig war die Vorstellung von der antiken Erdvermessung mittlerweile geworden. Zwar erlebten ähnliche Auffassungen in Großbritannien, wo sie bis dahin kaum eine Rolle gespielt hatten, ab den 1860er Jahren

---

[66] IDELER, Längen- und Flächenmasse der Alten, Erster Abschnitt, S. 170 f. (beide Zitate).

[67] Vgl. ders., Längen- und Flächenmasse der Alten, Dritter Abschnitt, S. 127 f. Idelers weitere Schriften zu diesem Themenkomplex sind: ders., Längen- und Flächenmasse der Alten sowie ders., Längen- und Flächenmasse der Alten, Zweiter Abschnitt.

[68] MUNCKE, Maß, S. 1228.

[69] BÖCKH, Metrologische Untersuchungen, S. 3. Vgl. auch das in Kap. 3.2.2 bereits angeführte Zitat über die „Luftgebäude", das an derselben Stelle steht, sowie allgemein zum wissenschaftsgeschichtlichen Stellenwert der Schrift von Böckh KRAJEWSKI, Genauigkeit, S. 214 f. u. S. 222 ff.

eine Renaissance.[70] Abgesehen von dieser Sonderentwicklung, auf die in Kapitel 7.3.2 zurückzukommen sein wird, war die Debatte aber spätestens mit Böckhs Untersuchungen beendet.

6.2.2 Die Unregelmäßigkeit der Erde

Noch größeren Schaden nahm die Idee des Erdmaßes durch einen zweiten Impuls. Eine Reihe neuer geodätischer Erkenntnisse führte dazu, dass sich das Bild von der Erde in den 1820er und 1830er Jahren grundlegend veränderte. Den Ausgangspunkt hierfür bildeten die Resultate der französischen Meridianvermessung.

In den ersten Jahren des 19. Jahrhunderts stand zunächst die Bestimmung der Länge des neuen Maßes im Mittelpunkt der diesbezüglichen Auswertungen. Zwar lag der aus Platin gefertigte Urmeter seit 1799 sicher im Archiv, aber Méchain und Delambre hatten allen Grund, weiterhin an ihren Datensätzen zu arbeiten. Méchain wollte seinen nach wie vor verschwiegenen Messfehler korrigieren, während Delambre darauf abzielte, die Genauigkeit der rechnerischen Ableitung des Meters aus dem Erdumfang noch einmal zu erhöhen.[71] Vor diesem Hintergrund bemühten sie sich gemeinsam darum, die Länge des von ihnen vermessenen Meridianbogens nach Greenwich im Norden und Formentera im Süden auszudehnen. Delambre übernahm den nördlichen Teil, der sich durch eine rechnerische Verknüpfung der Ergebnisse seiner eigenen Expedition mit denen der 1787 durchgeführten Lagebestimmung der Observatorien von Paris und Greenwich erledigen ließ. Méchain hingegen überredete das *Bureau des longitudes*, für die südliche Ausdehnung des Meridianbogens nochmals eine Forschungsreise zu finanzieren, die er 1803 antrat. Bevor sie abgeschlossen war, starb er allerdings im September 1804 an einer Malariaerkrankung.[72]

An seiner Stelle führten François Arago und Jean-Baptiste Biot die Arbeiten 1807 und 1808 zu Ende.[73] Auf der Basis ihrer Befunde errechnete Delambre ein

---

[70] Bis zur Mitte des 19. Jahrhunderts ist aus dem britischen Kontext nur eine einzige Veröffentlichung bekannt, die der Auffassung der Verfechter des antiken Erdumfangsmaßes nahekam. Der von Katers Experimenten inspirierte Hauptmann Thomas Jervis vermutete ebenfalls einen Zusammenhang zwischen den Einheiten des Altertums und dem Erdumfang. Allerdings betrachtete er ihn als nebensächlich. In der Hauptsache waren die antiken Maße seiner Meinung nach aus dem Sekundenpendel hervorgegangen. Jervis' 1835 erschienene Veröffentlichung wies bereits jene stark religiöse Färbung auf, die für die britische Debatte der 1860er Jahre kennzeichnend werden sollte. Vgl. JERVIS, Records, v. a. S. viiiff.; TAYLOR, Mathematical Practitioners, S. 87 u. S. 474 sowie Kap. 7.3.2 dieser Arbeit.

[71] GILLISPIE, Revolutionary Years, S. 475 ff. sowie ALDER, Maß, S. 345.

[72] Zu Méchains Expedition und seinem Tod vgl. ebd., S. 347 ff. u. S. 363 ff. sowie TEN, Expéditions, S. 245 ff. Zu Delambre GILLISPIE, Revolutionary Years, S. 475 f. Die Ausdehnung des Meridianbogens hätte den Vorteil erbracht, dass dessen Mittelpunkt bis auf drei Minuten genau auf den 45. Breitengrad gefallen wäre. Da dieser seinerseits die Mitte der Strecke zwischen Pol und Äquator markierte, wäre die Berechnung der Länge eines Meters – eine regelmäßige Formung der Erde vorausgesetzt – in diesem Falle unabhängig von der umstrittenen Frage des genauen Ausmaßes der Erdabplattung gewesen, vgl. ebd., S. 476 sowie DELAMBRE, Base, Bd. 3, S. 194 u. S. 298.

[73] BIOT und ARAGO, Recueil d'observations, S. ixff. Vgl. auch TEN, Expéditions, S. 261 ff. sowie MURDIN, Full Meridian, S. 111 ff.

endgültiges Ergebnis für die Länge des Meters. Gerundet kam er dabei auf 443,322 Pariser Linien. Seine schlussendliche Präferenz für diesen Wert hatte allerdings nicht nur inhaltliche Gründe, sondern beruhte auch auf der Ansicht, dass er aufgrund der Doppelung der Ziffernfolge 4, 3 und 2 leicht zu merken sei.[74] Auf diese Weise umging Delambre das Problem, dass die von ihm erhobenen Daten trotz der Ausdehnung der vermessenen Strecke keine eindeutige Schlussfolgerung über die Länge des zugrundegelegten Erdmeridians zuließen.[75]

Die Ursache hierfür lag darin, dass die Frage nach der genauen Gestalt der Erde immer noch mit großen Unsicherheiten behaftet war. Das galt insbesondere für die Erdabplattung. Dass die Äquatorachse der Erde infolge der Fliehkräfte, die durch die Erdrotation entstanden, etwas länger war als die Polachse, galt seit den Expeditionen der 1730er als unstrittig. Das genaue Ausmaß der daraus resultierenden Abplattung beschäftigte die gelehrte Welt aber nach wie vor, besonders seit Laplace aus den Ergebnissen der französischen Meridianvermessung errechnet hatte, dass die Polachse etwa 1/150 kürzer sein musste als die Äquatorachse.[76] Newton höchstpersönlich war im Rahmen seines physikalischen Erdmodells dagegen auf den sehr viel niedrigeren Wert von 1/289 gekommen.[77] In den 1740er Jahren hatten der schottische Mathematiker Colin Maclaurin und sein französischer Kollege Alexis Claude Clairaut diese Berechnungen noch einmal verfeinert – mit dem Ergebnis, dass den Zeitgenossen eine Abplattung, die größer als 1/230 war, absolut ausgeschlossen erschien.[78]

Zwar gab es einen Weg, dieses scheinbare Paradoxon aufzulösen. Aus einer Kombination verschiedener Gradmessungen ließen sich nämlich Durchschnittswerte errechnen, die näher an den theoretischen Vorhersagen lagen. So kam beispielsweise Delambre durch einen Vergleich der in Frankreich erzielten Ergebnisse mit denjenigen aus der Peru-Expedition auf eine Erdabplattung von etwa 1/309 und Legendre auf ähnlichem Wege zu einem Wert von 1/305.[79] Doch diese Befunde waren ebenfalls nicht unproblematisch. Denn die Differenzen zwischen der individuellen und der kollektiven Betrachtungen unterschiedlicher Längengradmessungen konnten nur bedeuten, dass die Erde nicht gleichmäßig geformt war, sondern große Unregelmäßigkeiten aufwies. Einzelne Gelehrte wie Laplace und Méchain hielten solche Abweichungen des Globus von der Kugelgestalt zwar für möglich oder gar wahrscheinlich. Den meisten Geodäten der ersten beiden Jahr-

---

[74] DELAMBRE, Base, Bd. 3, S. 299. Die endgültige Berechnung befindet sich ebd., S. 546. Der gerundete Wert ist nur auf S. 299 explizit genannt, auf S. 546 aber in einer Anspielung („nous revenons toujours au même résultat") enthalten. Vgl. die Erläuterungen bei GILLISPIE, Revolutionary Years, S. 480.

[75] DELAMBRE, Base, Bd. 3, S. 546. Aus demselben Grund schlug Delambre an anderer Stelle eine Rundung auf 443,3 Linien vor, vgl. ebd., S. 103 sowie ALDER, Maß, S. 392.

[76] LAPLACE, Traité, Bd. 2, S. 142. Vgl. auch MUNCKE, Erde, S. 862.

[77] GREENBERG, Problem, S. 2 ff.

[78] So z. B. LAPLACE, Traité, Bd. 2, S. 142. Diese Auffassung war das Ergebnis langer Debatten zwischen Maclaurin, der ursprünglich von einem höheren Wert ausgegangen war, Clairaut und einigen anderen. Sie sind ausführlich geschildert bei GREENBERG, Problem, S. 412 ff. u. S. 426 ff.

[79] MUNCKE, Erde, S. 863.

zehnte des 19. Jahrhunderts galten diese Überlegungen allerdings als abwegig.[80] Die genaue Gestalt der Erde blieb deshalb umstritten.

Seit der Jahrhundertwende gewann die Debatte über diese Frage mehr und mehr eine gesamteuropäische Dimension. Vor allem die Briten eiferten den bis dahin tonangebenden Franzosen durch eigene Vermessungsprojekte nach. Den Ausgangspunkt hierfür bildete die gemeinsame Positionsbestimmung der Observatorien in Greenwich und Paris von 1787. Sie mündete in der weitaus umfangreicheren, 1791 begonnenen *Principal Triangulation of Great Britain*.[81] In deren Zuge nahm William Mudge zwischen 1800 und 1802 eine Längengradbestimmung vor, die von Dunnose auf der Isle of Wight bis Clifton in Yorkshire reichte. Ihre Ergebnisse waren noch erstaunlicher als jene der französische Meridianexpedition. Sie deuteten darauf hin, dass der Abstand zwischen zwei Breitengraden in Richtung Norden *abnahm*, statt, wie allgemein erwartet, zuzunehmen. Für sich genommen, wären sie daher auf die Wiederbelebung der längst totgeglaubten These einer Streckung der Erde hinausgelaufen.[82]

Dieser Befund schien den meisten Gelehrten nicht recht glaubhaft zu sein. 1816 schlug François Arago deshalb vor, die französische und die britische Längengradbestimmung zusammenzuführen und in gemeinsamer Arbeit bis zu den Shetland-Inseln auszudehnen. Auf diese Weise wollte er zusätzliche Erkenntnisse über die Erdkrümmung im nördlichen Teil der Nordhalbkugel gewinnen. Die gleichzeitige Verwendung britischer und französischer Instrumente sollte zudem die wachsende Zahl derjenigen beschwichtigen, die Mudges Befund nicht als Hinweis auf die Gestalt des Globus, sondern als Zeichen für die mangelnde Genauigkeit der trigonometrischen Messmethode interpretierten. Jean-Baptiste Biot und Thomas Colby brachten die gemeinsame Unternehmung 1817 auf den Weg. Der vorgesehene Vergleich ihrer Ergebnisse kam allerdings nie zustande. Die britisch-französische Initiative beförderte die Zweifel an der Zuverlässigkeit des trigonometrischen Verfahrens damit noch.[83] Geodäten beider Länder wandten sich deshalb in den folgenden Jahren vermehrt einer anderen Forschungsstrategie zu: der sogenannten Gravimetrie. Sie hing eng mit den britischen Versuchen zur Maßbestimmung zusammen, denn es handelte sich bei ihr um nichts anderes als um die Messung der Gravitation über das Sekundenpendel.[84]

Die Bedeutung dieser Vorgehensweise für die Frage nach der Gestalt der Erde beruhte auf einem Theorem, das Clairaut Mitte des 18. Jahrhunderts aufgestellt hatte. In seiner 1743 veröffentlichten *Théorie de la figure de la terre* postulierte er, dass die Summe zweier Brüche, von denen einer die Elliptizität der Erde, der andere das Verhältnis der Schwerkraft am Pol zu jenem der Schwerkraft am Äquator angab,

---

[80] Vgl. KERTSCHER, Gauß und die Geodäsie, S. 157. Zur Auffassung von Laplace vgl. LAPLACE, Traité, Bd. 2, S. 142 f.; MUNCKE, Erde, S. 862 f. sowie PERRIER, Gemessen und gewogen, S. 94. Zu Méchain vgl. ALDER, Maß, S. 325 f.

[81] HEWITT, Map, S. 83 ff. u. S. 124 ff. sowie PAPWORTH, Geodesy, S. 33 ff. u. S. 36 ff.

[82] HEWITT, Map, S. 221; PAPWORTH, Geodesy, S. 40 sowie MUNCKE, Erde, S. 857.

[83] HEWITT, Map, S. 226 ff. sowie OWEN und PILBEAM, Ordnance Survey, S. 24.

[84] Allgemein zum Folgenden PERRIER, Gemessen und gewogen, S. 98 ff.

konstant war und stets 5/2 eines Bruches entsprach, der das Verhältnis der Zentrifu-
galkraft am Äquator zur Schwerkraft am Äquator wiedergab.[85] Konkret bedeutete
dies, dass sich die Erdabplattung berechnen ließ, wenn genaue Daten über die Anziehungskraft am Pol und am Äquator oder auf anderen, weit auseinanderliegenden
Breitengraden vorlagen. Die Messung der Länge des Sekundenpendels an diesen
Orten eröffnete somit einen alternativen Weg zur Bestimmung der Erdgestalt.[86]

In der Praxis spielte diese Methode bis zum Beginn des 19. Jahrhunderts allerdings nur eine untergeordnete Rolle. Das lag daran, dass sich der rechnerische
Unterschied zwischen der Pendellänge am Pol und derjenigen am Äquator nur
auf etwa 0,2 englische Zoll belief.[87] Die im 18. Jahrhundert gebräuchlichen Methoden zur Bestimmung der Länge des Sekundenpendels waren für die zuverlässige Messung solch geringer Differenzen zu ungenau. Deutlich wurde dies, als
Laplace im 1799 erschienen zweiten Band seines *Traité de méchanique celeste* den
Versuch unternahm, alle zu diesem Zeitpunkt verfügbaren Beoachtungsergebnisse
zusammenzutragen.[88] Dabei stellte sich heraus, dass der aus ihnen hervorgehende
Wert für die Erdabplattung unmöglich zutreffen konnte. Die Ursache dafür waren
die „Mängel der benutzten Pendellängenbestimmungen."[89]

Erst die Entwicklung von Bordas Pendelapparat ermöglichte es, verlässlichere
Messungen vorzunehmen. Arago und Biot führten ein solches Instrument mit
sich, als sie die Ausdehnung der französischen Meridianvermessung nach Süden
zum Abschluss brachten. Biot begann 1807, mit ihm die Länge des Sekundenpendels in Formentera zu vermessen. In den folgenden zehn Jahren dehnte er diese
Experimente entlang des Meridians nach Norden aus. Als er 1817 für die britisch-
französische Längengradbestimmung nach Schottland und auf die Shetland-
Inseln reiste, nutzte er die Gelegenheit ebenfalls zu ihrer Fortführung.[90]

Zu diesem Zeitpunkt war die hauptsächliche Initiative bei der gravimetrischen
Vermessung des Globus allerdings bereits von Frankreich auf Großbritannien
übergegangen. Da der experimentellen Bestimmung der Länge des Sekundenpendels im Rahmen der britischen Maßreform ohnehin hervorgehobene Bedeutung
zukam, fiel es der *Royal Society* leicht, dieses Verfahren auch für die Debatte über
die Gestalt der Erde nutzbar zu machen. Sie sorgte dafür, dass die Bittschrift, die
das Unterhaus 1816 an den Prinzregenten richtete, neben der Vermessung der
Sekundenpendellänge in London auch die Untersuchung der „variations in length
of the said pendulum, at the principal stations of the Trigonometrical Survey ex-
tended through Great Britain"[91] vorsah.

---

[85] CLAIRAUT, Théorie, S. 250. Vgl. auch GREENBERG, Problem, S. 564f. sowie die griffige Zusammenfassung bei SABINE, Account, S. ix.
[86] Vgl. ebd.
[87] MUNCKE, Erde, S. 909f.
[88] LAPLACE, Traité, Bd. 2, S. 146ff.
[89] MUNCKE, Erde, S. 882.
[90] BIOT und ARAGO, Recueil d'observations, S. 465ff. u. S. 521ff. Vgl. auch MUNCKE, Erde, S. 883;
LEQUEUX, François Arago, S. 195f. und GILLISPIE, Revolutionary Years, S. 479.
[91] KATER, Account of Experiments at the Principal Stations, S. 338.

Die Durchführung der diesbezüglichen Experimente gab sie wiederum in die Hände von Henry Kater. Da das von ihm für die Maßbestimmung gebaute Reversionspendel nicht mobil eingesetzt werden konnte, konstruierte er eigens für diesen Zweck ein sogenanntes *invariable pendulum*. Mit dessen Hilfe vermaß er zwischen Juni 1818 und Mai 1819 die Länge des Sekundenpendels an sechs verschiedenen Orten zwischen Dunnose im Süden und Unst auf den Shetland-Inseln im Norden.[92] Ebenso wie einige Jahre später bei der Herstellung der Längenmaße machte Kater dabei die Erfahrung, dass die hohe Genauigkeit seiner Instrumente große Schwierigkeiten aufwarf. Zwar gelang es ihm, präzise Beobachtungen vorzunehmen. Um deren Ergebnisse zwischen den unterschiedlichen Orten vergleichen zu können, musste er allerdings Korrekturen an ihnen vornehmen. Da beispielsweise die Anziehungskraft der Erde mit der Entfernung zum Erdmittelpunkt abnahm, versuchte er, die Höhe des Messortes über dem Meeresspiegel aus den Daten herauszurechnen – selbst wenn sie, wie auf den Shetlands, nur wenige Meter betrug.[93] Allerdings war Katers Pendelapparatur so sensibel, dass seine erste Veröffentlichung eine Debatte darüber auslöste, ob er nicht eine Reihe von möglichen Einflussfaktoren übersehen hatte. So mutmaßte Thomas Young, dass nicht nur die Höhe des Felsen, auf dem er in Unst gestanden hatte, sondern auch dessen eigene, minimale Anziehungskraft das Messergebnis beeinflusste.[94]

Kater nahm diese Kritik auf und versuchte, sie in seinen weiteren Forschungen zu berücksichtigen. Trotz aller Korrekturen entsprachen seine Befunde aber nicht dem, was die *Royal Society* sich erhofft hatte. Sie zeigten zwar, dass die Erdanziehungskraft von Ort zu Ort variierte, stimmten aber nicht mit der Voraussage einer systematischen Zunahme von Süden nach Norden überein. Stattdessen wiesen sie ein völlig irreguläres Muster auf. „It must be evident", schrieb Kater frustriert, „that nothing very decisive respecting the general ellipticity of the meridian can be deduced from the present experiments".[95]

Bald nach dem Abschluss seiner Untersuchungen stellte sich heraus, dass auch die französischen Pendelbeobachtungen durch Biot und Arago ein ähnliches Ergebnis gezeitigt hatten.[96] Völlig aufgeben wollten die Beteiligten den Versuch, die Erdgestalt auf gravimetrischem Wege genauer zu bestimmten, aber noch nicht. Da sie die Ursache für die von ihnen festgestellten Variationen in lokalen Einflüssen und nicht in einer prinzipiellen Unregelmäßigkeit der Erdform vermuteten, bemühten sie sich darum, ihre Messungen auf einen sehr viel längeren Meridianabschnitt auszudehnen. Dadurch sollten sich die örtlich bedingten Unterschiede gegenseitig aufheben und das vermeintliche Grundmuster einer nach Norden hin zunehmenden Erdanziehungskraft klarer zutage treten.[97]

---

[92] Ebd., S. 341 ff. Vgl. auch Muncke, Erde, S. 883; Lenzen und Multhauf, Gravity Pendulums, S. 315 sowie Simpson, Pendulum, S. 186.

[93] Kater, Account of Experiments at the Principal Stations, S. 352 ff.

[94] Young, Remarks on the Probabilities of Error, S. 93.

[95] Kater, Account of Experiments at the Principal Stations, S. 425.

[96] Biot und Arago, Recueil d'observations, S. 583. Vgl. auch Sabine, Account, S. xiv.

[97] Kater, Account of Experiments at the Principal Stations, S. 425 sowie Sabine, Account, S. xiv f.

Diese Maßgabe verfolgte unter anderem die zwischen 1817 und 1820 im Auftrag der französischen Regierung durchgeführte Weltumsegelung von Louis de Freycinet. Sie sammelte Daten für die Länge des Sekundenpendels auf der Südhalbkugel.[98] Bedeutsamer für den weiteren Verlauf der Debatte war allerdings, dass der irische Astronom Edward Sabine zwischen 1821 und 1823 auch auf der Nordhalbkugel zusätzliche Messungen vornahm. Seine Reise führte ihn unter anderem nach Sierra Leone, Ascension, Trinidad, New York, Hammerfest, Spitzbergen und Grönland. Dabei gelang es Sabine, ein erkennbares Muster einer vom Pol zum Äquator abnehmenden Gravitation zu identifizieren und daraus mit 1/288 eine Ziffer für die Erdabplattung zu berechnen, die in etwa den theoretischen Erwartungen entsprach.[99]

Allzu robust waren diese Befunde allerdings nicht. Denn Sabine korrigierte seine Beobachtungswerte nicht nur für die Höhe über dem Meeresspiegel, sondern auch für die Dichte der lokal jeweils vorherrschenden Gesteinsarten. Die dazu nötigen geologischen Erkundungen blieben allerdings notwendigerweise rudimentär. Das schuf neue Unsicherheiten. Wenn man die diesbezüglichen Annahmen nur geringfügig veränderte, konnte „aus allen diesen Vergleichungen [auch] eine umgekehrte Abplattung folgen."[100] Zwar waren die meisten Beobachter geneigt, Sabines Ergebnissen trotzdem Glauben zu schenken, aber einen klaren Beweis für eine gleichmäßige Verjüngung der Erde an den Polen lieferten sie nicht. Sie zeigten vielmehr, dass auch die Gravimetrie keine vollständige Gewissheit über die Erdfigur schaffen konnte.

Die wesentlichen Impulse für ihre Neudefinition gingen deshalb schließlich doch von der trigonometrischen Methode aus. Seit dem Ende der napoleonischen Kriege erlebte diese auch außerhalb Frankreichs und Großbritanniens einen Aufschwung. Den unmittelbaren Anlass hierfür bot die Neuordnung Europas durch den Wiener Kongress. Sie zog umfangreiche Arbeiten zur Bestimmung von Grenzverläufen und zur Kartographierung von Territorien nach sich. Für deren geodätische Verankerung waren auch Gradmessungen erforderlich.[101] In Dänemark erhielt Heinrich Christian Schumacher deshalb 1816 vom König den Auftrag, eine Längengradbestimmung durchzuführen, und in Russland begann Friedrich Georg Wilhelm Struve zum selben Zeitpunkt damit, den später nach ihm benannten ‚Struve-Bogen' zu vermessen – einen über 2800 km langen Abschnitt eines Meridians, der von Hammerfest in Norwegen bis Odessa am Schwarzen Meer reichte.[102]

Von größerer Bedeutung für die Frage nach der genauen Gestalt der Erde waren aber die Gradmessungen in Deutschland. Sie standen z. T. in enger Verbin-

---

[98] MUNCKE, Erde, S. 897ff. Zum Kontext vgl. auch CROSLAND, Science, S. 389f.
[99] SABINE, Account, S. 352.
[100] MUNCKE, Erde, S. 914.
[101] JOZEAU, Géodésie, S. 54ff. sowie TORGE, Geodäsie, S. 128ff. Vgl. allgemein zum Folgenden auch BAEYER, Über die Größe, S. 13ff. sowie TORGE, Von Gauß zu Baeyer, S. 44ff.
[102] Zu Schumacher vgl. MANIA, Gauß, S. 217 sowie TORGE, Geodäsie, S. 129f. Zu Struve vgl. JOZEAU, Géodésie, S. 60ff.; BATTEN, Resolute and Undertaking Characters, S. 30ff. sowie WERRETT, Astronomical Capital, S. 39ff.

dung mit den genannten nord- und osteuropäischen Unternehmungen. So ging beispielsweise die zwischen 1821 und 1823 vorgenommene hannoversche Längengradbestimmung auf eine Initiative Schumachers zurück. Er schlug Carl Friedrich Gauß, dem Direktor der Göttinger Sternwarte, vor, den dänischen Meridianbogen nach Süden zu verlängern. Sowohl Gauß als auch der hannoversche Landesherr – derselbe Georg, der auch die einschlägigen Projekte der *Royal Society* gebilligt hatte – waren von dieser Idee sehr angetan.[103] Ihre praktische Umsetzung gestaltete sich allerdings schwierig, weil Gauß zwar ein Mathematiker von Weltrang, aber kein besonders geübter Geodät war.[104] Zudem wiesen seine Ergebnisse ähnliche Anomalien auf wie jene, die Mudge in Großbritannien erzielt hatte. Der durchschnittliche Abstand zwischen zwei Breitengraden, der sich aus der Distanz zwischen Göttingen und Altona ergab, war deutlich größer, als bei einer regelmäßigen Formung der Erde anzunehmen gewesen wäre. Auf einzelnen Abschnitten des Bogens ergaben sich zudem noch weitaus gravierendere Abweichungen vom Ideal des Rotationsellipsoides.[105]

Ebenso wie in den gravimetrischen Vermessungen Katers und Sabines sah Gauß in diesen Befunden einen „Beitrag zur Bestätigung der nicht mehr zu bezweifelnden Wahrheit, dass die Oberfläche der Erde keine ganz regelmäßige Gestalt hat."[106] Während seine englischen Kollegen die Abweichungen des Globus vom kugelförmigen Ideal aber auf lokale Störfaktoren zurückführten, hielt Gauß diese Auffassung für widerlegt. Er formulierte deshalb eine alternative Definition der Erdfigur, die völlig ohne die Idee des Rotationsellipsoids auskam. Sie beschrieb stattdessen eine Form, die Johann Benedict Listing ein halbes Jahrhundert später mit dem Begriff des ,Geoids' bezeichnen sollte.[107] „Was wir im geometrischen Sinn Oberfläche der Erde nennen," so lautete diese Definition,

ist nichts anderes als diejenige Fläche, welche überall die Richtung der Schwere senkrecht schneidet, und von der die Oberfläche des Weltmeers einen Theil ausmacht. Die Richtung der Schwere an jedem Punkte wird aber durch die Gestalt des festen Theils der Erde und seine ungleiche Dichtigkeit bestimmt, und an der äussern Rinde der Erde, von der allein wir etwas wissen, zeigt sich diese Gestalt und Dichtigkeit als höchst unregelmäßig.[108]

Im Unterschied zu Kater und Sabine erhob Gauß also nicht die Regelmäßigkeit, sondern die Unregelmäßigkeit der Erdgestalt zur Norm und behandelte ihre lokalen Variationen nicht als Abweichungen der Form des Globus, sondern als deren Definiens.

Diese Überlegungen waren nicht völlig neu. Schon zwei Jahre vor Gauß hatte George Biddell Airy, der spätere britische Hofastronom, einen Aufsatz veröffentlicht, in dem er die These aufstellte, dass die Form der Erde keiner einfachen geo-

---

[103] Schreiben Gauß' an Schumacher, 8.6.1816, in: Carl Friedrich Gauß Werke, Bd.9, S.345.
[104] MANIA, Gauß, S.223ff. sowie OLESKO, Der praktische Gauß, S.247ff.
[105] GAUSS, Bestimmung des Breitenunterschiedes, S.48f.
[106] Ebd., S.48.
[107] PERRIER, Gemessen und gewogen, S.94. Vgl. hier und im Folgenden auch HOARE, Quest, S.55f. u. S.244f.
[108] GAUSS, Bestimmung des Breitenunterschiedes, S.49.

metrischen Figur entspreche.[109] Auch einige weitere Wissenschaftler vertraten Mitte der 1820er Jahre bereits ähnliche Positionen. Doch eine Mehrheit blieb zunächst bei der althergebrachten Auffassung und versuchte, die gegenläufigen Befunde aus den gravimetrischen und trigonometrischen Vermessungen durch ad hoc gemachte zusätzliche Annahmen zu erklären.[110] Erst das von Gauß entwickelte Modell überzeugte viele Geodäten von der prinzipiellen Unregelmäßigkeit des Globus, weil es nicht nur eine Kritik des alten Paradigmas, sondern auch eine klare alternative Beschreibung der geometrischen Erdfigur beinhaltete.[111]

Nach seiner Veröffentlichung 1828 stieß es schnell auf breiten Zuspruch. Als Gauß' Kollege Friedrich Wilhelm Bessel, der Direktor der Königsberger Sternwarte, zwischen 1830 und 1836 in Ostpreußen eine Gradmessung vornahm, war es für ihn schon kaum noch der Rede wert, dass eine Übereinstimmung zwischen dem Modell eines Rotationsellipsoides und der tatsächlichen Form des Globus „für gewisse Punkte der Erde vorhanden sein [könne]; im Allgemeinen aber […] nicht vorhanden"[112] sei. Er nahm diese Auffassung vielmehr zum Anlass, das Arbeitsprogramm für die Bestimmung der Erdfigur neu zu definieren.

Bessel betrachtete sie fortan als eine doppelte Aufgabe. Zum einen bestand sie seiner Meinung nach darin, die Unregelmäßigkeiten des Globus im Einzelnen zu erforschen, um so zu einem vollständigen Bild seiner Gestalt zu gelangen. Zum anderen war davon getrennt aber auch eine Bestimmung jenes Rotationsellipsoides vorzunehmen, das die beste *Annäherung* an die Erdgestalt bot.[113] Im Unterschied zu seinen Vorgängern betrachtete Bessel dieses Ellipsoid allerdings nicht als Verkörperung der ‚wahren' Form des Erdballs, sondern lediglich als ein nützliches Recheninstrument. Zudem war ihm klar, dass ein solches Modell nicht aus der Vermessung eines einzelnen Meridians hervorgehen konnte, sondern auf der Kombination der Daten von zahlreichen solchen Unternehmungen beruhen musste.

In den folgenden Jahren richtete Bessel seine Aufmerksamkeit daher auf die „Verbindung aller […] Gradmessungen untereinander".[114] 1837 veröffentlichte er einen Aufsatz, der neun der bis dahin vorgenommenen Längengradbestimmungen zusammenfasste. Aus ihren Ergebnissen kalkulierte Bessel Näherungswerte

---

[109] AIRY, Figure of the Earth, S. 549.

[110] Ein Beispiel hierfür bildet der 1827 veröffentlichte Aufsatz von MUNCKE, Erde. Muncke favorisierte die These von der regelmäßigen Formung der Erde (S. 861, S. 866, S. 869, S. 873, S. 875 u. S. 913), musste zu deren Rechtfertigung aber zahlreiche ad-hoc-Annahmen zur lokalen Erdanziehung (S. 884), zu Bodenbeschaffenheiten (S. 911) und zu Messfehlern (S. 866, S. 873 u. S. 875) treffen.

[111] Dieser Umschwung weist deutliche Parallelen zu dem von KUHN, Structure, beschriebenen Muster wissenschaftlicher Paradigmenwechsel auf, wenngleich nicht alle Kriterien (z. B. dasjenige der Inkommensurabilität) vollständig erfüllt sind.

[112] BESSEL und BAEYER, Gradmessung in Ostpreussen, S. 428. Zur ostpreußischen Gradmessung LAWRYNOWICZ, Bessel, S. 240 ff. sowie TORGE, Geodäsie, S. 155 ff.

[113] BESSEL und BAEYER, Gradmessung in Ostpreussen, S. 428. Vgl. auch LAWRYNOWICZ, Bessel, S. 239.

[114] BESSEL und BAEYER, Gradmessung in Ostpreussen, S. 429.

für die Länge der Pol- und der Äquatorachse sowie für die Erdabplattung.[115] Weil die *Académie des sciences* kurze Zeit später einen Fehler in der südlichen Verlängerung ihrer Meridianvermessung aufdeckte, korrigierte er dieses Modell 1841 noch einmal.[116] Seine endgültige Berechnung, die eine durchschnittliche Erdabplattung von 1/299,15 konstatierte, ist als das sogenannte Bessel-Ellipsoid bekannt geworden. Es diente in weiten Teilen Europas beinahe einhundert Jahre lang als Referenzrahmen für alle geodätischen und kartographischen Arbeiten.[117] Das Bessel-Ellipsoid markierte einen weiteren wichtigen Einschnitt in den wissenschaftlichen Debatten über die Erdgestalt. Sowohl die grundsätzliche Unregelmäßigkeit des Globus als auch die näherungsweise Bestimmung seiner geometrischen Form gehörten fortan zum gesicherten geodätischen Wissen.

Für die Idee des Erdumfangs als Maßgrundlage war diese Entwicklung fatal. Die gesamte Konzeption des Meters hatte auf der Vorstellung beruht, dass sich die Erdgestalt durch die Vermessung eines einzelnen Meridians erfassen ließe. Angesichts der unregelmäßigen Formung des Globus war diese Auffassung hinfällig. Auch die von Bessel berechneten Durchschnittswerte konnten das Erdumfangsmaß nicht retten. Sie hätten eine merkliche Abänderung seiner Länge erfordert, denn Bessel zufolge belief sich der Abstand zwischen Pol und Äquator nicht auf 10 Millionen, sondern auf 10 000 855,76 Meter. Noch schwerer wog aber, dass diesem Wert keinerlei Eindeutigkeit zukam. Er wies vielmehr einen mittleren Fehler von 498,23 Meter auf.[118] Genauer ließ sich die durchschnittliche Länge des Erdquadranten aufgrund der Abweichungen von der Kugelgestalt nicht bestimmen. Hätte man sie dennoch als Maßgrundlage herangezogen, wäre die Definition des Meters mit einer Unsicherheit behaftet gewesen, die „nur bei sehr rohen Maßangaben unbedeutend erscheinen" konnte.[119]

Bessel vertrat deshalb die Auffassung, dass der Meter kein Naturmaß war, sondern eine arbiträre Festsetzung, die letztlich auf der *Toise du Perou* beruhte.[120] Angesichts der grundlegenden Veränderung des Bildes der Erde, die dieser Analyse vorangegangen war, fand sich in den folgenden Jahren niemand, der ihm widersprechen wollte. Bessel hatte die wissenschaftliche Autorität des Erdumfangs als Maßgrundlage untergraben und damit die idealistischen Ansprüche des französischen Einheitensystems in Frage gestellt.[121]

---

[115] BESSEL, Bestimmung der Axen, Sp. 333 ff.

[116] Ders., Ueber einen Fehler, Sp. 97. Bessel hat diesen Aufsatz mit dem Datum vom 2.12.1841 versehen. Trotz der ins Jahr 1842 fallenden Veröffentlichung wird sein Modell deshalb üblicherweise auf 1841 datiert.

[117] LAWRYNOWICZ, Bessel, S. 251 f. Der Befund über die durchschnittliche Erdabplattung findet sich bei BESSEL, Ueber einen Fehler, Sp. 116.

[118] So der Stand nach der Korrektur von 1841, vgl. ebd. Die bei LAWRYNOWICZ, Bessel, S. 251 genannten Werte sind diejenigen von 1837, vgl. BESSEL, Bestimmung der Axen, Sp. 344 f.

[119] Ebd., Sp. 345.

[120] Ders., Ueber einen Fehler, Sp. 97. Vgl. auch die annährend gleichlautende Kritik von Heinrich Wilhelm Dove, einem engen Freund Bessels, in: DOVE, Maass und Messen, S. 13.

[121] GEYER, One Language, S. 66. Vgl. aber die in Kap. 6.3.3 erläuterten Einschränkungen dieses Befundes.

6.2.3 Das Sekundenpendel und die ‚probabilistische Revolution'

Der Befund von der Unregelmäßigkeit des Globus betraf nicht nur die konzeptionelle Grundlage des Meters. Er zog auch die Glaubwürdigkeit des Sekundenpendels als Mittel zur Bestimmung eines Naturmaßes in Mitleidenschaft. Die britischen Wissenschaftler, die die gravimetrischen Versuche zur Erforschung der Erdabplattung unternahmen, kamen als erste zu dieser Einsicht. Edward Sabine wies in einem Bericht über seine Experimente darauf hin, dass deren Ergebnisse die gesetzliche Verknüpfung des Yard mit der Länge des Sekundenpendels in Frage stellten. Angesichts der von ihm festgestellten lokalen Schwankungen der Erdanziehungskraft hielt er das Gesetz von 1824, das die geographische Breite von London als Standort der Grundlagendefinition des Maßes festsetzte, für zu unspezifisch.[122] Auch die genauere Vorgabe des Parlamentskomitees von 1821, in dessen Bericht von der Länge des Sekundenpendels *in* London die Rede gewesen war, fand vor seinem strengen Urteil keine Gnade. Schließlich mache es, so Sabines Argument, einen messbaren Unterschied, ob man die Pendellänge in Nord- oder in Südlondon bestimme.[123] Überdies hielt er die Stadt als Referenzort für ungeeignet, weil sie sich dauernd verändere und dadurch das Messergebnis beeinflusse. Idealerweise sollte die Länge des Sekundenpendels deshalb auf eine „station sufficiently distant from dwellings, and not likely to become their site"[124] fixiert werden.

Von den universalistischen Ideen, die die Debatte über das Naturmaß im 18. Jahrhundert einmal befeuert hatten, blieb in diesen Überlegungen kaum etwas übrig. Allerdings vertraten Sabine und seine Kollegen noch immer die Auffassung, dass die lokalen Einflüsse auf das Pendel beherrschbar waren und sich aus seiner Vermessung unter streng kontrollierten Bedingungen eine konstante Längeneinheit gewinnen ließ. Die neuen Befunde über die Erdgestalt *alleine* reichten also nicht aus, um die Plausibilität des Sekundenpendels als Maßgrundlage zu zerstören. Die Tatsache, dass sie sich in den 1830er Jahren als hinfällig erwies, war deshalb nicht das Ergebnis zusätzlicher empirischer Erkenntnisse. Sie lag vielmehr in einer methodischen Lehre begründet, die einige Wissenschaftler aus den Debatten über die Erdgestalt zogen. In deren Mittelpunkt standen nicht die Resultate ihrer Messungen, sondern die Frage nach deren prinzipieller Aussagekraft.

Im 18. Jahrhundert hatte den Beobachtungen und Experimenten der Naturphilosophen stets das Ideal absoluter mathematischer Genauigkeit zugrunde gelegen. Es ergab sich unmittelbar aus dem mechanistischen Weltbild der Newton'schen Physik.[125] Johann Heinrich Lambert, ein Schweizer Mathematiker, skizzierte seinen Inhalt 1765 so:

---

[122] SABINE, Account, S. 366.
[123] Vgl. ebd., S. 367.
[124] Ebd., S. 372.
[125] GIGERENZER et al., Reich des Zufalls, S. 185 ff.

Man will durch Versuche das wahre Maaß finden, welches die Natur wirklich gebraucht, z.B. die geographische Länge und Breite eines Ortes, das Gewicht oder die Schwere eines Körpers, den Grad der Wärme, die Länge einer Linie, die Größe eines Winkels, die Zeit einer Beobachtung etc.[126]

Diese Auffassung blieb bis in die ersten Jahrzehnte des 19. Jahrhunderts hinein prägend. Das schlug sich unter anderem in den Maßreformen dieses Zeitraumes nieder. So gingen etwa die zu Beginn der 1820er Jahre vorgenommenen Vergleiche der neuen preußischen Urmaße mit den französischen Meter-Prototypen von einem solchen mathematischen Wahrheitsideal aus.[127] In der schier unglaublichen Genauigkeit, die Henry Kater zum selben Zeitpunkt für seine Maßbestimmungen und Pendelexperimente angab, erlebte es zudem einen seiner Höhepunkte. Gleichzeitig zeigten seine Arbeiten aber auch, worin die Probleme bei der Suche nach dem ‚wahren' Wert lagen. Denn beim Versuch, sich ihm immer weiter anzunähern, stieß Kater, wie geschildert, stets auf neue Fehlerquellen.

Dieses Problem spießte Bessel auf, als er in den 1820er Jahren begann, sich ebenfalls mit dem Sekundenpendel zu beschäftigen. Den Ausgangspunkt seiner Überlegungen bildete dabei der Befund, dass Kater und zuvor auch schon Borda trotz aller Umsichtigkeit zwei mögliche Fehlerquellen entgangen waren. Deren eine sah Bessel „in der stets unvollkommenen Schärfe der Schneide, um welche ein [Reversions-]Pendel schwingt".[128] Die andere bestand darin, dass sich die Masse des Pendels durch die von ihr mitgerissene Luft veränderte und auf diesem Wege die Berechnung der Schwingungsdauer verfälschte. Wichtiger als die Einzelheiten seiner Kritik war aber, dass die genannten Probleme Bessel dazu brachten, Beobachtungsfehler prinzipiell für unvermeidbar zu erachten. Wenn selbst erstklassigen Experimentalphysikern wie Kater und Borda mögliche Einflüsse auf die Pendellänge entgingen, konnte niemand sicher sein, dass ihm nicht das Gleiche passierte.[129] Doch wenn diese Auffassung zutraf, wie ließ sich dann weiterhin exakte Wissenschaft betreiben? Und wie ließen sich unabweisliche Beobachtungsfehler von solchen unterscheiden, die vielleicht doch vermeidbar waren?

Auf diese Frage hatte die Naturphilosophie keine Antwort parat. An Hypothesen und Vermutungen mangelt es ihr freilich nicht, denn dass bei der mehrfachen Wiederholung einer Beobachtung stets geringfügige Abweichungen zwischen den Messergebnissen auftraten, war auch im 18. Jahrhundert schon bekannt gewesen. Viele Wissenschaftler vertraten deshalb die Auffassung, dass das arithmetische Mittel der erhobenen Werte die beste Annäherung an das gesuchte Resultat darstelle.[130] Ad hoc gebildete Ausnahmen von dieser Regel blieben allerdings an der Tagesordnung. So waren zahlreiche Gelehrte z.B. der Meinung, „dass ein zu weit vom Mittel entfernter Wert grundsätzlich weniger zählte als ein näher liegender, und dass Ersterer deshalb ohne weitere Begründung unterdrückt werden könne."[131]

---

[126] LAMBERT, Beyträge, S. 425. Ebenfalls zitiert bei MANIA, Gauß, S. 61.
[127] OLESKO, Meaning of Precision, S. 122.
[128] BESSEL, Ueber Mass und Gewicht, S. 290. Vgl. auch LAWRYNOWICZ, Bessel, S. 254f.
[129] Vgl. BESSEL, Ueber Mass und Gewicht, S. 290.
[130] Vgl. ALDER, Maß, S. 394 sowie LAMBERT, Beyträge, S. 426.
[131] ALDER, Maß, S. 394.

Alle Versuche, diese Annahme zu mathematisieren oder zu begründen, blieben jedoch vergeblich. Erst an der Wende vom 18. zum 19. Jahrhundert entwickelten Legendre und Gauß unabhängig voneinander ein neuartiges Rechenverfahren, das für dieses Problem eine Lösung bot: die Methode der kleinsten Quadrate.[132] Ihre Quintessenz bestand darin, für jeden Beobachtungswert einzeln zu überprüfen, wie groß die Summe der zum Quadrat genommenen Abweichungen aller anderen Beobachtungswerte von ihm ausfiel und dann jenen Wert als den Zutreffenden anzunehmen, bei dem sie am geringsten war. Auf diese Weise, so argumentierte Legendre in seinen 1805 veröffentlichten *Nouvelles méthodes pour la détermination des orbites des comètes*, lasse sich die Gefahr der Verzerrung durch einzelne Ausreißer minimieren und ein plausibles und überprüfbares Ergebnis erzielen.[133]

Zunächst war dieses Verfahren nur ein gut funktionierender, aber durch nichts begründeter Trick. Legendre hatte ihn an zwei Datensätzen entwickelt: an Beobachtungen über die Umlaufbahn eines Kometen und an den Ergebnissen der Meridianvermessung von Méchain und Delambre.[134] Genau diese beiden Probleme führten auch Gauß zur Entdeckung der Methode der kleinsten Quadrate. Er hielt sie allerdings einige Jahre lang geheim und schilderte sie erst in der 1809 erschienenen *Theorie der Bewegung der Himmelskörper*.[135]

Dabei stellte sich heraus, dass Gauß' Überlegungen in einem wesentlichen Punkt über diejenigen von Legendre hinausgingen. Sie beinhalteten nicht nur eine Rechentechnik, sondern auch eine theoretische Bestimmung der Verlässlichkeit ihrer Ergebnisse. Gauß stützte sich dabei auf ein Teilgebiet der Mathematik, das im späten 18. und frühen 19. Jahrhundert einen Umbruch erlebte: die Stochastik.[136] Von zentraler Bedeutung für seine Hypothesen war eine häufig als Glockenkurve dargestellte Funktion, die die Streubreite von zufälligen Schwankungen um einen Mittelwert abbildete. Gauß argumentierte nun, dass die Wahrscheinlichkeit, mit der ein anhand der Methode der kleinsten Quadrate bestimmtes Resultat zutreffe, daran zu abzulesen war, wie weit sich die Verteilung der ihm zugrundeliegenden Messwerte dieser später so genannten „Gauß'schen Normalverteilung" annäherte.[137] Laplace erweiterte das Theorem seines deutschen Kollegen in zwei Aufsätzen von 1810 und 1811 noch einmal. Der von ihm formal abgeleitete zentrale Grenzwertsatz implizierte, dass eine zunehmende Zahl von Beobachtungen eine immer bessere Annäherung an den ‚wahren Wert' erbringen könne.[138]

---

[132] Allgemein zur Geschichte dieser Methode SHEYNIN, History. Zu ihrer Entstehung an der Wende vom 18. zum 19. Jahrhundert vgl. ALDER, Maß, S. 393ff.; PLACKETT, Discovery; STIGLER, Statistics, S. 320ff.; PORTER, Statistical Thinking, S. 93ff. sowie mit besonderem Bezug auf die Geodäsie JOZEAU, Géodésie, S. 133ff.

[133] Vgl. LEGENDRE, Nouvelles méthodes, S. 73.

[134] Vgl. ebd., S. 64 u. S. 68f. (Umlaufbahn) sowie S. 76ff. (Meridianvermessung).

[135] MANIA, Gauß, S. 135ff. u. S. 185ff.

[136] Zu deren allgemeiner Entwicklung vgl. WUSSING, Mathematik, Bd. 2, S. 280ff.

[137] PORTER, Statistical Thinking, S. 95f.

[138] GILLISPIE, Laplace, S. 216ff.

Die wahrscheinlichkeitstheoretische Fundierung der Methode der kleinsten Quadrate war für die beobachtenden Wissenschaften von großer Bedeutung. Sie erlaubte ein begründetes Urteil über die Frage, ob ein bestimmter Messwert zutreffen konnte oder nicht. Dadurch eröffnete sich ein Weg, zwischen konstanten, also z. B. durch schadhafte Instrumente verursachten, und zufälligen Messfehlern zu unterscheiden. Je genauer die Ergebnisse einer Beobachtung mit der Normalverteilung übereinstimmten, umso größer war die Wahrscheinlichkeit, dass die Abweichungen zufälliger und nicht systematischer Natur waren.[139] Diese Erkenntnis ermöglichte eine neue Sichtweise auf das Phänomen des Messfehlers. Denn „bei ihrer Suche nach Perfektion [...] hatten die Gelehrten nicht nur gelernt, wie man zwischen verschiedenen Arten von Fehlern unterscheidet, sondern auch, dass Fehler einen Wert haben, der sich hinsichtlich seiner statistischen Verteilung nutzen lässt."[140]

Allerdings hatte diese probabilistische Konzeption des Messens auch eine gewichtige Kehrseite. Sie brachte die Auffassung mit sich, dass das ‚wahre Maß' immer nur näherungsweise erkannt, aber nie mit absoluter Sicherheit geklärt werden konnte. Die neue Methode stellte also das mathematische Genauigkeitsideal in Frage. In der wissenschaftlichen Öffentlichkeit verbreitete sie sich deshalb nur langsam. Die Vorstellung, die eindeutige Erkenntnis der Natur durch eine wahrscheinlichkeitstheoretische Annäherung ersetzen zu müssen, war vielen Zeitgenossen nicht geheuer. Das galt umso mehr, als die genaue Aussagekraft der Gauß'schen Normalverteilung lange Zeit umstritten war. Erst in den 1830er Jahren bildete sich ein Konsens darüber, dass sie nicht nur auf die Berechnung von Standardabweichungen anwendbar war, sondern auch die Verteilung zufälliger Fehler vorhersagen konnte.[141]

Seit diesem Zeitpunkt begann sich die Methode der kleinsten Quadrate aber auf breiter Front durchzusetzen. Die 1837 veröffentlichten *Grundzüge der Wahrscheinlichkeits-Rechnung* des Ingenieurs und Bessel-Schülers Gotthilf Hagen leisteten dazu einen wichtigen Beitrag.[142] Die stochastische Genauigkeitskonzeption des neuartigen Verfahrens prägte in den folgenden Jahrzehnten nicht nur die Naturwissenschaften, sondern auch die Sozialwissenschaften. Ihr Einfluss reichte so weit, dass manche Autoren gar von einer ‚probabilistischen Revolution' sprechen, die Europa seit den 1830er Jahren erfasst habe.[143] Wichtiger als die Diskussion

---

[139] ALDER, Maß, S. 396. Zur daraus hervorgehenden Unterscheidung zwischen Präzision und Genauigkeit vgl. ebd.; OLESKO, Precision and Accuracy; KNIGHT, Modern Science, S. 42 sowie in begriffsgeschichtlicher Perspektive KRAJEWSKI, Genauigkeit, S. 215 ff.

[140] ALDER, Maß, S. 396 f.

[141] Vgl. PORTER, Statistical Thinking, S. 96.

[142] HAGEN, Grundzüge. Zur Bedeutung des Buches OLESKO, Meaning of Precision, S. 113 f.

[143] Zur Diskussion dieser These vgl. HACKING, Probabilistic Revolution. Die prägende Wirkung in den Natur- und Sozialwissenschaften, die neben der Methode der kleinsten Quadrate auch auf weitere wahrscheinlichkeitstheoretische Neuerungen zurückging, ist analysiert bei KRÜGER et al. (Hrsg.), Probabilistic Revolution sowie bei HACKING, Taming of Chance. Zur im gegenwärtigen Kontext besonders bedeutsamen Physik vgl. auch die Diskussion bei GIGERENZER et al., Reich des Zufalls, S. 188 ff.

dieser These ist an dieser Stelle allerdings der Befund, dass sich die Durchsetzung der statistischen Fehlertheorie auch auf die Debatte über das Naturmaß auswirkte. Sie trug wesentlich dazu bei, dieses Konzept im Allgemeinen und die Verknüpfung der Längenmaße mit dem Sekundenpendel im Besonderen in Frage zu stellen.

Am frühesten geschah dies in Preußen. Die Bestimmung des Verhältnisses der neuen Urmaße zur Länge des Sekundenpendels lag hier seit 1822 brach. In den 1830er Jahren wurde sie aber wieder aufgenommen. Sie fiel deshalb eng mit dem Durchbruch der statistischen Fehlertheorie zusammen. Zudem lag sie seit diesem Zeitpunkt in den Händen eines ihrer wichtigsten Protagonisten: Friedrich Wilhelm Bessel.

Ursprünglich sollte Bessel gar nicht mit dieser Aufgabe betraut werden. Zwar bat ihn die Preußische Akademie der Wissenschaften nach Tralles' Tod darum, dessen Arbeiten am Sekundenpendel fortzusetzen. Bessel stellte allerdings Bedingungen und forderte, dass ihm die Wahl der Geräte und Forschungsmethoden freigestellt werde. Dahinter verbarg sich seine Skepsis gegenüber den von Kater vorgenommenen Experimenten. In der Akademie fand diese Ansicht allerdings keinen Zuspruch. Dort suchte man vielmehr den Anschluss an die als vorbildlich empfundenen britischen Methoden und verweigerte Bessel die Übernahme der Arbeiten.[144]

Diese Entwicklung hinderte ihn jedoch nicht daran, die Länge des Sekundenpendels eigenständig zu erforschen. Auf diesem Wege wollte Bessel einige grundsätzliche Thesen der Newton'schen Mechanik überprüfen, an denen ihm im Laufe seiner astronomischen Beobachtungen Zweifel gekommen waren.[145] Er gab deshalb bei dem Hamburger Instrumentenbauer Johann Georg Repsold einen Pendelapparat in Auftrag, der das Problem der unscharfen Schneide des Reversionspendels beseitigte, dessen Vorteil der genauen Bestimmbarkeit der Länge aber beibehielt. Dieses Instrument bestand aus zwei Fadenpendeln, deren Länge um genau eine *Toise* differierte. Aus dem Saldo ihrer Schwingungsdauer ließ sich die gesuchte Größe mathematisch ermitteln.[146] Mit dieser Technik und einer ausgefeilten Korrektur für den Einfluss der Luft gelang Bessel 1828 eine Messung der Länge des Sekundenpendels in Königsberg, die den Zeitgenossen als überaus präzise galt. Die große Anerkennung, die seinen Ergebnissen zuteil wurde, führte dazu, dass ihm die Akademie der Wissenschaften 1833 schließlich doch noch den Auftrag erteilte, den gesetzlich vorgesehenen Vergleich der preußischen Urmaße mit dem Sekundenpendel vorzunehmen.[147]

---

[144] Schreiben Bessels an Gauß, 17.4.1823, in: Briefwechsel zwischen Gauß und Bessel, S. 420f. Vgl. auch LAWRYNOWICZ, Bessel, S. 254f.

[145] Vgl. ebd., S. 256 ff.

[146] BESSEL, Untersuchungen des Secundenpendels, S. 1f. Vgl. auch LAWRYNOWICZ, Bessel, S. 255f.; KASSUNG, Pendel, S. 290 sowie KOCH, Repsold, S. 159f. Zur Person Repsolds ebd., S. 31 ff.

[147] BESSEL, Bestimmung des Secundenpendels, S. 161 sowie Motive für den bei des Königs Majestät beantragten Erlass, des unter dem 10ten März 1839 Allerhöchst vollzogenen Gesetzes über das Urmaass des Preußischen Staates, in: ders., Darstellung, S. 141–146, hier S. 142.

Allerdings waren Bessel mittlerweile ernsthafte Zweifel an der Sinnhaftigkeit dieses Verfahrens gekommen. Sie stützten sich teilweise auf das neugewonnene Bild der Erde als unregelmäßig geformtem Körper. Ähnlich wie Sabine einige Jahre zuvor zog Bessel aus diesem den Schluss, dass, wenn man die Länge des Sekundenpendels „zur Grundlage eines Masssystems wählen wollte, [...] man sie auf einen bestimmten Ort beziehen" müsse.[148] Diese Forderung war im preußischen Falle allerdings ohnehin erfüllt, weil die Anweisung von 1816 ausdrücklich Berlin als Standort des Sekundenpendels festgelegt hatte und Bessel nicht so weit ging, den Einfluss der städtischen Umgebung als problematisch anzusehen.[149]

Die eigentliche Ursache für seine Bedenken war daher nicht die Einsicht in die unregelmäßige Gestalt der Erde, sondern die wahrscheinlichkeitstheoretische Konzeption des Messens, die sich aus der Methode der kleinsten Quadrate ergab. Bessel gehörte zu ihren frühesten Vertretern. Schon 1808 hatte er damit begonnen, an einer eigenen Theorie der astronomischen Instrumente zu arbeiten, die „in erster Linie eine Theorie ihrer Fehler"[150] war. In den 1820er Jahren untersuchte er das Phänomen der persönlichen Gleichung, eines konstanten Fehlers, dessen Ursache in der Reaktionszeit des jeweiligen Beobachters lag, und in 1830er Jahren beschäftigte er sich intensiv mit den Entstehungsgründen der zufälligen Fehler.[151]

Diese Arbeiten führten ihn zu der bereits im Zusammenhang mit seiner Kritik an Kater zitierten Einsicht, dass Beobachtungsfehler prinzipiell unvermeidbar waren. Sie war der Hauptgrund für seine Skepsis gegenüber der Kopplung der preußischen Maße an das Sekundenpendel. Denn das wichtigste Kriterium, das ein Urmaß erfüllen musste, bestand Bessels Auffassung zufolge darin, dass „seine Länge *unzweideutig*"[152] ausfiel. Weil die Länge des Sekundenpendels aber nur durch eine Messung zu ergründen war, konnte sie diesem Anspruch nicht genügen. Dasselbe galt auch für jedes andere denkbaren Naturmaß. „Da wir [...] keine Grösse durch Messung oder Beobachtung kennen lernen, sondern uns ihr dadurch nur nähern können," schrieb Bessel,

so erfüllt das durch Messung zu erlangende Naturmass nie die erste der Forderungen, welche ein Mass erfüllen soll, nämlich die, an sich selbst jede Unbestimmtheit auszuschliessen [...]. Man könnte erst ein solches [eindeutig bestimmtes] Mass erlangen, wenn man die Kunst gefunden hätte, durch eine Messung zu einem völlig bestimmten Resultate zu gelangen – eine Kunst, welche nicht zu finden ist, indem jede Schärfung der Messungsmethoden nur eine Vermehrung der Annäherung hervorbringen, nie aber die unvollkommene Leistung der Sinne in Vollkommenheit verwandeln kann.[153]

Diese Kritik ging in ihrer Bedeutung sehr viel tiefer als jene, die auf der Unregelmäßigkeit der Erdfigur basierte. Während letztere der zeitgenössischen Auffas-

---

[148] Ders., Ueber Mass und Gewicht, S. 287.
[149] Anweisung zur Verfertigung der Probemaaße und Gewichte, 16. 5. 1816, § 3, in: WITTHÖFT et al., Deutsche Maße und Gewichte, S. 678–680, hier S. 678.
[150] LAWRYNOWICZ, Bessel, S. 137.
[151] Zur persönlichen Gleichung vgl. ebd., S. 139 ff. Zu den zufälligen Fehlern vgl. BESSEL, Untersuchungen über die Wahrscheinlichkeit.
[152] Ders., Darstellung, S. 5 (Hervorhebung im Original).
[153] Ders., Ueber Mass und Gewicht, S. 288.

sung zufolge immer noch die Möglichkeit offen ließ, aus dem Sekundenpendel
unter streng kontrollierten Bedingungen einen konstante Größe zu gewinnen, entzog Bessels Argumentation der Idee des Naturmaßes ihre erkenntnistheoretische
Grundlage. Die ‚probabilistische Revolution' beseitigte damit die verbliebenen
Überreste eines aufklärerischen Großprojektes. Übrig blieb allein die Möglichkeit,
Maßstandards prinzipiell als Konventionen, also als willkürliche Festsetzungen zu
betrachten und sie möglichst zweckmäßig einzurichten.

6.3 Der Weg zum Konventionalmaß 1825–1870

6.3.1 Die Urmaßbestimmungen in Preußen, Bayern und Hannover

Im Zuge der Arbeit an den preußischen Urmaßen konnte Bessel diese konzeptionelle Wende weitgehend durchsetzen. Seine unmittelbare Aufgabe bestand allerdings darin, genau das zu tun, was er für problematisch erachtete, also das Normal von 1816 mit der Länge des Sekundenpendels in Berlin zu vergleichen. Dabei
griff er im Wesentlichen auf jene Methode zurück, derer er sich einige Jahre zuvor
in Königsberg bedient hatte.[154] Das Ergebnis dieser 1835 angestellten Untersuchungen, demzufolge das Sekundenpendel in Berlin 440,7354 Pariser Linien oder
auf die Meeresoberfläche reduziert 440,739 Linien entsprach, galt deshalb als
außergewöhnlich zuverlässig.[155]

Bei seinen Experimenten stieß Bessel jedoch auf ein Problem. Der Pendelapparat von Repsold eignete sich nur für die Arbeit mit einem Endflächenmaß, d. h.
mit einem Standard, der die Längeneinheit durch den Abstand zwischen seinen
beiden Rändern verkörperte. Die 1816 hergestellten Prototypen der preußischen
Längeneinheiten waren aber allesamt Strichmaße. Sie arbeiteten mit zwei auf
dem Standard befindlichen Markierungen. Bessel bestimmte die Länge des
Sekundenpendels deshalb anhand einer Kopie der *Toise du Perou*, die er anschließend mit dem Original des preußischen Fußes verglich. Dabei gelangte er zu der
Überzeugung, dass dieses Original unzureichend definiert war.[156] Strichmaße
konnten sich, wie Kater einige Jahre zuvor festgestellt hatte, verbiegen und dadurch in der Länge verändern. Dem ließ sich zwar durch genaue Vorkehrungen
bezüglich der Form des Maßstabes entgegentreten, aber solche Bestimmungen
enthielt das preußische Gesetz nicht. Bessel sah darin einen Verstoß gegen die
zentrale Anforderung der Unzweideutigkeit, die das Urmaß seines Erachtens er-

---

[154] BESSEL, Bestimmung des Secundenpendels, S. 162 ff.
[155] Vgl. ebd., S. 185 u. S. 190. Die abweichende Angabe bei: Motive für den bei des Königs Majestät beantragten Erlass, des unter dem 10ten März 1839 Allerhöchst vollzogenen Gesetzes
über das Urmaass des Preußischen Staates, in: ders., Darstellung, S. 141–146, hier S. 143, ist
nicht in Pariser, sondern in preußischen Linien.
[156] Vgl. ebd., S. 3. Vgl. hier und im Folgenden auch LAWRYNOWICZ, Bessel, S. 262 f. sowie OLESKO,
Meaning of Precision, S. 123.

füllen musste.[157] Er setzte sich in der Folge dafür ein, einen neuen Prototypen für die preußischen Längeneinheiten herzustellen, der als Endflächenmaß ausgestaltet werden sollte.

Neben der fehlenden Eindeutigkeit des Strichmaßes spielte dabei auch noch eine zweite Erwägung eine Rolle. Sie betraf die Herstellung und Verbreitung von Kopien des Urmaßes. Bei der Arbeit mit der *Toise du Perou* hatte Bessel festgestellt, dass die im Umlauf befindlichen Exemplare dieses Standards deutliche Längenunterschiede aufwiesen.[158] Ein verlässliches Urmaß sollte sich seines Erachtens deshalb nicht nur durch Unzweideutigkeit auszeichnen, sondern auch dadurch, dass es sich genau reproduzieren ließ.[159]

Auch in dieser Hinsicht war Bessel mit den existierenden Prototypen des preußischen Einheitensystems aber unzufrieden. Denn Vergleiche zwischen einem Strichmaß und seinen Kopien ließen sich nur mithilfe eines Messschraubenmikroskops vornehmen. Diese Technik war zwischenzeitlich aber durch die Erfindung des sogenannten Fühlhebelkomparators überholt worden. Dabei handelte es sich um einen von Repsold entwickelten mechanischen Abstandsmesser, der seine Wirkung nur dort entfalten konnte, „wo etwas zu *berühren* ist, also nur bei einem Endflächenmaasse."[160] Auch aus diesem Grunde plädierte Bessel für eine Neuanfertigung des preußischen Urmaßes.

Zugute kam ihm dabei der Umstand, dass sich sein von der Akademie erteilter Auftrag nicht nur auf die Messung des Sekundenpendels, sondern auch auf einen weiteren Passus des Gesetzes von 1816 erstreckte. Dieser sah vor, die Übereinstimmung zwischen dem Urmaß und seinen drei Hauptkopien zu überprüfen. Bessel argumentierte, er könne die nötigen Vergleiche nur dann mit der größtmöglichen Genauigkeit durchführen, wenn dafür ein neues Urmaß hergestellt würde. Zusätzliches Gewicht erhielt diese Forderung dadurch, dass zum selben Zeitpunkt die Regierungen einiger Nachbarländer Interesse am Erwerb von Reproduktionen der preußischen Standards bekundeten.[161] Die von Bessel aufgeworfene Frage des exakten Kopierens war damit kein akademisches Problem mehr, sondern ein außenpolitisches.

Vor diesem Hintergrund bewilligte die preußische Regierung 1835 die Anfertigung eines neuen Urmaßes. Der Berliner Mechanikus Thomas Baumann setzte Bessels Überlegungen in die Praxis um. Die Endflächen des Prototypen fertigte er aus Saphir. Dadurch waren sie so hart, dass sie beim Kopieren keinen Schaden nehmen konnten.[162] Auch die Forderung nach Unzweideutigkeit spiegelte sich in

---

[157] BESSEL, Darstellung, S. 3. Vgl. auch ders., Ueber das preussische Längenmass, Sp. 195 f.

[158] Vgl. ebd., Sp. 193.

[159] Vgl. ders., Ueber Mass und Gewicht, S. 306.

[160] Ders., Darstellung, S. 11. (Hervorhebung im Original). Zur Funktionsweise des Fühlhebelkomparators vgl. KOCH und REPSOLD, S. 128 f.

[161] Motive für den bei des Königs Majestät beantragten Erlass, des unter dem 10ten März 1839 Allerhöchst vollzogenen Gesetzes über das Urmaass des Preußischen Staates, in: BESSEL, Darstellung, S. 141–146, hier S. 143. So hatte bspw. die dänische Regierung eine entsprechende Anfrage nach Berlin geschickt, vgl. ders., Ueber das preussische Längenmass, Sp. 194.

[162] Motive für den bei des Königs Majestät beantragten Erlass, des unter dem 10ten März 1839 Allerhöchst vollzogenen Gesetzes über das Urmaass des Preußischen Staates, in: ders., Dar-

den materiellen Eigenschaften des Standards wider. Er bestand aus Gussstahl und wies einen quadratischen Querschnitt auf. Unbeabsichtigte Verbiegungen waren damit ausgeschlossen, und der Abstand zwischen den Endflächen blieb dauerhaft gewahrt.[163] Bessel nahm umfangreiche Experimente zum Vergleich des Maßstabs mit der *Toise du Perou* vor und befand schließlich, dass die verbleibende Unsicherheit weniger als ein Zweimillionstel der definitorischen Länge eines Fußes betrug. Preußen besaß damit das genaueste Maßsystem des europäischen Kontinents.[164]

Im März 1839 trat der neue Standard offiziell an die Stelle des Normals von 1816. Das zu diesem Zweck erlassene Gesetz beinhaltete auch die definitorische Wende vom Naturmaß zum Konventionalmaß. Es erklärte den neuen Prototypen zur „einzig authentische[n]" Bestimmung der preußischen Längeneinheiten und stellte fest, dass der Fuß „durch dieses Urmaß *allein* bestimmt"[165] war. Allerdings verblieb in dieser Hinsicht eine Unklarheit, denn gleichzeitig enthielt das Gesetz eine Klausel über die Länge des Fußes im Verhältnis zum Sekundenpendel. Sie war vermutlich nur als offizielle Mitteilung über das Ergebnis der 1835 vorgenommenen Experimente gedacht, ließ sich aufgrund ihrer unklaren Formulierung aber auch im Sinne einer fortbestehenden Verknüpfung zwischen den beiden Größen lesen.[166]

Die meisten Zeitgenossen gingen dennoch davon aus, dass Preußen mit der Einführung des neuen Standards die Abkehr vom Naturmaß vollzogen hatte. Das zeigt der Blick auf Bayern und Hannover, wo im selben Zeitraum ebenfalls eine neue Grundlage für die jeweiligen Landesmaße entstand. Beide Reformen waren maßgeblich vom preußischen Vorbild beeinflusst. Sowohl Carl August Steinheil, der zwischen 1836 und 1844 für die bayerischen Landesmaße verantwortlich zeichnete, als auch Gauß, der 1840 dieselbe Aufgabe in Hannover übernahm, teilten Bessels Auffassung hinsichtlich des Naturmaßes. Sie erhoben deshalb ein konventionell definiertes Urmaß zur alleinigen Grundlage ihrer Einheitensysteme.[167]

---

stellung, S. 141–146, hier S. 144. Zur Beteiligung Baumanns vgl. ders., Ueber das preussische Längenmass, Sp. 197 f.

[163] Ders., Darstellung, S. 43 f.

[164] Vgl. WITTHÖFT, Einführung und Sicherung, S. 102 sowie die in diesem Zusammenhang häufig (u. a. ebd.) zitierte zeitgenössische Einschätzung von George Airy, in: Report on the Construction of New Parliamentary Standards, S. 4; P.P. 1854 [1786], XIX.933. Zu den Experimenten und der verbleibenden Unsicherheit vgl. BESSEL, Ueber das preussische Längenmass, Sp. 198 f. sowie ders., Ueber Mass und Gewicht, S. 324.

[165] Gesetz über das Urmaaß des Preußischen Staats im Verfolg des Gesetzes vom 16. Mai 1816, 19. 3. 1839, § 1, in: WITTHÖFT et al., Deutsche Maße und Gewichte, S. 680 f., hier S. 680 (meine Hervorhebung).

[166] Vgl. ebd., § 3. Als fortbestehende Bindung an das Sekundenpendel interpretieren diesen Passus z. B. KERN, Physikalisch-Technische Reichsanstalt, S. 81 und WITTHÖFT, Einführung und Sicherung, S. 63.

[167] Zu Steinheil und der bayerischen Reform vgl. MEYER-STOLL, Maß- und Gewichtsreformen, S. 55 ff. u. S. 65 ff. Zur Hannover vgl. OLESKO, Meaning of Precision, S. 119 ff.; GAUSS, Bericht, S. 3 ff. sowie bezüglich der konventionellen Definition der Urmaße Gesetz über Maß und Gewicht, 19. 8. 1836, § 29, in: Sammlung der Gesetze für das Königreich Hannover 1836, 1. Abteilung, Nr. 22, S. 117–125, hier S. 121 f.

In unterschiedlichen Punkten gingen sie dabei über die von Bessel gesetzten Maßstäbe noch hinaus. Steinheil nahm seine Arbeit statt anhand der *Toise* anhand des *mètre des Archives* vor und wurde damit zum Vorboten eines Umschwungs in der wissenschaftlichen Welt.[168] Zudem wandte er Bessels Überlegungen auch auf die Gewichtsmaße an, die in Preußen außen vor geblieben waren. Und schließlich fertigte er die bayerischen Normale nicht aus Metall, sondern die Längenmaße aus Glas und die Gewichte aus Bergkristall. Die Hauptmotivation dafür waren Kostenerwägungen. Beide Materialien waren erheblich billiger als die zur Debatte stehenden Metalle, chemisch aber ebenso stabil und, abgesehen von ihrer Brüchigkeit, dauerhaft. In Großbritannien hatte William Roy daher schon in den 1780er mit Glas experimentiert, wenn auch nur zur Herstellung von Kopien von Standards.[169] Steinheils eigentliche Innovation war die Nutzung des Bergkristalls. Dessen Vorzüge und Nachteile wurden zeitgenössisch nur wenig diskutiert, sollten in den 1870er Jahren aber noch für große Kontroversen sorgen. Darauf wird in Kapitel 8.2.3 zurückzukommen sein.

Von unmittelbarerer Wirkung war eine Neuerung, die Carl Friedrich Gauß vornahm. Ebenso wie Bessel betonte er die Bedeutung des Kopierens. Er verband sie aber auf subtile Weise mit einer Einsicht aus der statistischen Fehlertheorie. Eine exakte Übereinstimmung zwischen Kopie und Original hielt Gauß für unnötig. Stattdessen vertrat er die Auffassung, dass „die genaue Kenntniss der Größe des zurückgebliebenen Unterschiedes ebenso gut ist, wie eine ganz vollkommene Gleichheit."[170] Die Zuverlässigkeit einer Kopie bestand für Gauß also im Wissen über den Fehler, der beim Vergleich mit dem Original auftrat. Das war nicht nur eine radikale Abwendung vom Ideal der mathematischen Genauigkeit. Es bedeutete vielmehr auch, dass die Definition eines Konventionalmaßes nicht ausschließlich in seiner physischen Gestalt bestehen musste. Sie konnte ebenso gut anhand von Daten aus dem Vergleich mit anderen Standards erfolgen.[171] Diese Einsicht erlangte weit über Deutschland hinaus Anerkennung. Unter anderem prägte sie die Debatte in jenem Land, das in den 1820er Jahren zu einem natürlichen Maßstandard übergegangen war, in den 1840er Jahren aber einen Rückzieher machte: Großbritannien.

6.3.2 Die Abkehr vom Naturmaß in Großbritannien

Die britische Kehrtwende hatte ihren Ausgangspunkt in jenem Szenario, für das die Idee des Naturmaßes ursprünglich ersonnen worden war: in einem Verlust der Urmaße. Am Abend des 16. Oktober 1834 brach im *Palace of Westminster* ein Feuer aus. Schon in derselben Nacht war er so weitgehend zerstört, dass einer der dort aufbewahrten Prototypen nicht mehr aufgefunden werden konnte und die

---

[168] MEYER-STOLL, Regulierung, S. 22 f.
[169] Dies., Maß- und Gewichtsreformen, S. 57 f. Zu Roy vgl. Kap. 3.3.1 dieser Arbeit.
[170] GAUSS, Bericht, S. 4.
[171] OLESKO, Meaning of Precision, S. 121.

übrigen schwere Schäden davongetragen hatten. Als Urmaße waren sie damit unbrauchbar geworden.[172]

Die gesetzlichen Vorgaben für einen solchen Fall waren eindeutig. Anhand des Sekundenpendels musste der Längenstandard rekonstruiert und aus diesem ein neues Urgewicht abgeleitet werden. Im Mai 1838 setzte der *Chancellor of the Exchequer* eine Kommission ein, die über die genaue Vorgehensweise beraten sollte. Sie stand unter der Leitung von George Airy.[173] Er interpretierte den Auftrag des Gremiums großzügig, denn aus seiner Sicht bot die Zerstörung der Normale die Gelegenheit, eine Reihe von grundsätzlichen Aspekten des britischen Maßsystems zu überdenken. So diskutierten die Kommissionsmitglieder beispielsweise intensiv über die Frage einer möglichen Dezimalisierung der Einheiten. In ihrem 1841 veröffentlichten Bericht empfahlen sie, einige größere Maße wie die Meile oder den *stone* auf die Zehnerbasis umzustellen.[174] Aus Gründen, auf die in Kapitel 7.3.1 zurückzukommen sein wird, fand dieser Vorschlag allerdings kein Gehör.

Mehr Erfolg hatte die Kommission mit einer zweiten Anregung. Sie betraf das Gewichtswesen. Dessen Besonderheit bestand darin, dass es zwei parallel bestehende Einheitensysteme aufwies. Das Troy-Pfund bildete seit dem Gesetz von 1824 die definitorische Grundlage aller britischen Gewichte, das Avoirdupois-Pfund dagegen nur ein abgeleitetes Hilfsmittel. Diese Hierarchie zwischen den beiden Systemen stellte die reale Situation völlig auf den Kopf. Während das Troy-Gewicht weitgehend unbekannt war, diente das Avoirdupois-Pfund dem gesamten Königreich als Alltagsmaß.[175] Die Kommission empfahl daher, fortan das gebräuchlichere Gewicht als Basiseinheit zu verwenden. Der Gesetzgeber folgte dieser Empfehlung 1855. Das Troy-Pfund war zwar auch nach diesem Zeitpunkt noch zulässig, den britischen Gewichts*standard* bildete seitdem aber das Avoirdupois-Pfund.[176]

Schließlich widmete sich die Kommission auch der Beratung über die Wiederherstellung der Urmaße. Eine Veränderung ihrer Größe strebten Airy und seine Kollegen dabei nur hinsichtlich des Gewichtsstandards an. Das Längenmaß wollten sie dagegen möglichst präzise rekonstruieren. Allerdings war die Kommission der Meinung, dass der gesetzlich vorgesehene Rückgriff auf das Sekundenpendel

---

[172] CONNOR, England, S. 261 sowie Report on the Restoration of the Standards, S. 5 f.; P.P. 1842 [356], XXV.263. Die anderenorts aufbewahrten Normale der Volumenmaße blieben unzerstört.

[173] Schreiben des Chancellor of the Exchequer an George Airy, 11.5.1838, in: ebd., S. 3. Die Protokolle der Kommissionssitzungen befinden sich in CUL Manuscripts, RGO 62/1. Vgl. allgemein zum Folgenden auch CONNOR, England, S. 261 ff.; CHISHOLM, Science, S. 69 ff.; ZUPKO, Revolution, S. 186 ff.; SCHAFFER, Metrology and Metrication, S. 444 f. sowie MEYER-STOLL, Maß- und Gewichtsreformen, S. 78 ff.

[174] Report on the Restoration of the Standards, S. 10 ff.; P.P. 1842 [356], XXV.263. Vgl. auch George Airy, Remarks on the Proposed Decimal Systems of Coins, Weights, and Measures, 5.3.1841, CUL Manuscripts, RGO 62/4 sowie John Herschel, Remarks on the Decimal Nomenclature of Coins, Weights, and Measures, o. D., ebd.

[175] Report on the Restoration of the Standards, S. 8; P.P. 1842 [356], XXV.263.

[176] 18 & 19 Victoria Cap. 72, § III. Vgl. auch CONNOR, England S. 270.

dabei eher hinderlich war. Das hing zum Teil damit zusammen, dass sich Katers Bestimmungen aus den 1820er Jahren zwischenzeitlich als fehlerhaft herausgestellt hatten.[177] In der Hauptsache geschah die Wendung gegen das Sekundenpendel aber aus denselben Gründen, die auch die von der Kommission intensiv studierte Haltung Bessels, Steinheils und Gauß' motiviert hatten.

Sie speiste sich zum einen aus den neuen Befunden über die Gestalt der Erde. Davies Gilbert, der 1824 die Kopplung des Yard an die Pendellänge betrieben hatte, revidierte angesichts dieser Erkenntnisse seine frühere Auffassung und sprach sich nun gegen eine Rekonstruktion der Standards anhand einer natürlichen Größe aus.[178] Zum anderen spielte auch die statistische Fehlertheorie eine Rolle. Als Arbeitstechnik hatte sie in Großbritannien zu diesem Zeitpunkt zwar noch kaum Verbreitung gefunden, weil viele der dortigen Wissenschaftler mathematisch vergleichsweise unbedarfte *gentlemen amateurs* waren.[179] Ihre erkenntnistheoretischen Implikationen hinterließen in den Beratungen der Kommission aber deutliche Spuren. Vor allem die Methode, mit deren Hilfe die Standards wiederhergestellt werden sollten, war merklich von Gauß' Überlegungen zur datengestützten Definition eines Konventionalmaßes beeinflusst. Die britischen Experten hielten eine Rekonstruktion der Urmaße für möglich, die alleine auf den Ergebnissen von Maßvergleichen der vorangegangenen Jahrzehnte und damit auf den Fehlern der Kopien bzw. ihren Abweichungen vom Original beruhte.[180] Airy und seine Kollegen empfahlen diese Vorgehensweise zudem auch als Mittel für die zukünftige Konservierung der Prototypen. Sie könne, so argumentierten sie, die Dauerhaftigkeit der Maße besser gewährleisten als die Bindung an eine natürliche Konstante. Folglich wollte die Kommission die grundlegende Längeneinheit künftig nicht mehr anhand des Sekundenpendels definieren, sondern einzig und allein durch den Abstand zweier Linien auf der Oberfläche eines Metallstabs.[181] Auch Großbritannien sollte nach dem Willen der Experten also den Übergang vom Naturmaß zum Konventionalmaß vollziehen. 1843 billigte der *Chancellor of the Exchequer* die Empfehlungen der Kommission, die daraufhin in neuer Zusammensetzung die praktischen Arbeiten zur Wiederherstellung der Prototypen in Angriff nahm.[182]

Die Anfertigung der neuen Längenstandards oblag Francis Baily. Er verfügte über große Erfahrungen im Umgang mit wissenschaftlichen Präzisionsmaßen.[183]

---

[177] Report on the Restoration of the Standards, S. 6; P.P. 1842 [356], XXV.263. Vgl. auch SIMPSON, Pendulum, S. 188 f.

[178] Report on the Restoration of the Standards, S. 27; P.P. 1842 [356], XXV.263.

[179] Dies war eines der Argumente einer 1830 erschienenen Polemik von Charles Babbage, die mit zur Gründung der *British Association for the Advancement of Science* im folgenden Jahr beitrug. Vgl. BABBAGE, Reflections, S. 10 ff. sowie MORRELL und THACKRAY, Gentlemen of Science, S. 36–94, v. a. 47 ff.

[180] Report on the Restoration of the Standards, S. 6; P.P. 1842 [356], XXV.263.

[181] Ebd.

[182] Report on the Construction of New Parliamentary Standards, S. 2; P.P. 1854 [1786], XIX.933 sowie AIRY, Account, S. 632 f.

[183] CLERKE, Baily, S. 430 f.

1833 hatte er im Auftrag der *Royal Astronomical Society* eine sogenannte Standardskala angefertigt. Dabei handelte es sich um einen Maßstab, der aus fünf Abschnitten mit einer Länge von jeweils einem Fuß bestand. Weil Baily diese Unterteilungen jeweils untereinander verglichen hatte, waren aus der Herstellung der Skala deutlich mehr Vergleichsdaten hervorgegangen als aus einer gewöhnlichen Längenmaßbestimmung.[184] Für den externen Vergleich hatte der Astronom zudem nicht weniger als 14 unterschiedliche Normale herangezogen. Darunter befanden sich die *Bird's Scale*, der Meter, aber auch dänische und russische Standards.[185] Bailys Vorgehensweise war von der fehlertheoretischen Annahme inspiriert gewesen, dass eine immer größere Zahl an Beobachtungen eine immer größere Genauigkeit hervorbringen würde.[186] Diesen Grundgedanken wollte er auch auf die Wiederherstellung der verlorengegangenen Standardmaße übertragen. Bevor er sie in Angriff nehmen konnte, musste die Kommission aber zwei grundsätzliche Vorentscheidungen treffen.

Erstens stellte sich die Frage, ob der neue Standard-Yard wie bisher als Strichoder nicht besser als Endmaß ausgestaltet werden sollte. Trotz des Vorbildcharakters der preußischen Urmaßbestimmung entschied sich die Kommission für das Strichmaß. Das Problem der Durchbiegung hielt sie für beherrschbar, wenn entsprechende Vorkehrungen getroffen würden. Zudem wollten die britischen Experten Bessels Einschätzung bezüglich der Bedeutung des Kopierens nicht teilen. Sie hielten es für wichtiger, eine Abnutzung des Urmaßes zu vermeiden. In dieser Hinsicht war die mikroskopische Längenbestimmung derjenigen mittels des Fühlhebelkomparators überlegen. Schließlich spielte auch die Tatsache eine Rolle, dass alle bisherigen britischen Standards ebenfalls Strichmaße gewesen waren. Eine erneute Anwendung dieses Prinzips schien am besten geeignet, die Kontinuität zu den früheren Standards und den mit ihnen vorgenommenen Messungen zu sichern.[187]

Die zweite Vorentscheidung betraf das Material, aus dem die neuen Normale gefertigt werden sollten. Eisen oder Stahl hielt die Kommission aufgrund ihrer Rostanfälligkeit, Messing wegen seiner fehlenden Härte für unzweckmäßig. Baily brachte folglich einen erheblichen Teil seiner Zeit damit zu, ein geeignetes Metall für die Standards zu suchen. Nach zahlreichen Experimenten entschied er sich für eine Bronzelegierung, die als *Baily's metal* bekannt geworden ist. Sie bestand aus 16 Teilen Kupfer, 2,5 Teilen Zinn und einem Teil Zink und erfüllte alle zeitgenössischen Anforderungen an Dauerhaftigkeit und Stabilität.[188]

Danach konnte Baily sich der Anfertigung der neuen Urmaße widmen. Bevor er recht damit begonnen hatte, verstarb er jedoch im August 1844. An seiner Stel-

---

[184] Baily, Report on the New Standard Scale, S. 66.
[185] Vgl. ebd., S. 79 ff.
[186] Vgl. ebd., S. 64.
[187] Report on the Construction of New Parliamentary Standards, S. 4 f.; P.P. 1854 [1786], XIX.933.
[188] Airy, Account, S. 634 ff.; Report on the Construction of New Parliamentary Standards, S. 5 f.; P.P. 1854 [1786], XIX.933 sowie Connor, England, S. 265.

le übernahm Richard Sheepshanks die Arbeiten.[189] Die Kommission hatte bereits frühzeitig entschieden, wie er vorgehen sollte. Zunächst wurden fünf Prototypen angefertigt. Sie sollten anhand jener Standards geeicht werden, für die unmittelbare Vergleichsdaten mit der verlorengegangenen *Bird's Scale* vorlagen.[190] Danach bildeten sie ihrerseits die Vorlage für die Herstellung von vierzig Normalmaßen. Aus diesen war schließlich das neue Urmaß auszuwählen.

Um die notwendigen Vergleiche vornehmen zu können, richtete die Kommission ein eigenes Labor ein. Es verfügte über massive Sockel für die Mikroskope. Damit sollte sichergestellt werden, dass die Messungen nicht durch Vibrationen beeinflusst würden.[191] Allerdings ließen sich nicht alle potentiellen Fehlerquellen in dieser Weise antizipieren. Wie Sheepshanks im Laufe der Zeit feststellte, waren seine Beobachtungsergebnisse so genau, dass eine Temperaturveränderung von 0,01–0,02° Fahrenheit bereits eine messbare Veränderung der Länge der Maßstäbe nach sich zog. Allerdings gab es in ganz England kein Thermometer, mit dem sich eine solch minimale Temperaturdifferenz zuverlässig bestimmen ließ. Sheepshanks musste also in jahrelanger Arbeit ein neues Instrument entwickeln, das für diese Aufgabe geeignet war.[192] Als er es fertiggestellt hatte, zeigte sich, dass die Wärme der Beleuchtung, unter der er arbeitete, seine Messungen beeinflusste. Er änderte diese daraufhin und begann von Neuem.[193]

1850 tauchte ein weiteres Problem auf: Die Vergleichsergebnisse variierten systematisch mit der beobachtenden Person (an der Arbeit waren fünf Assistenten beteiligt). Zunächst glaubte Sheepshanks an einen Fehler in der Apparatur, aber nach zwei weiteren Jahren des Experimentierens stand fest, dass er auf das von Bessel in den 1820er Jahren beschriebene Phänomen der persönlichen Gleichung gestoßen war. Es ließ sich nicht beseitigen, sondern nur durch die Berechnung von Wahrscheinlichkeiten einhegen. Als Airy sie 1857 vornahm, war die statistische Fehlertheorie endgültig in Großbritannien angekommen.[194] Sheepshanks und seine Mitarbeiter hatten ihre insgesamt etwa 200 000 Vergleichsmessungen zu diesem Zeitpunkt bereits seit drei Jahren abgeschlossen. Auf ihrer Grundlage erwählte die Kommission denjenigen Yard-Maßstab zum Urmaß, der am genauesten mit der mutmaßlichen Länge des verlorengegangenen Standards übereinstimmte. Die vier nächstbesten Prototypen sollten fortan als Hauptkopien fungieren.[195]

---

[189] Vgl. ebd., S. 265f.

[190] AIRY, Account, S. 641 u. S. 652 sowie Report on the Construction of New Parliamentary Standards, S. 7; P.P. 1854 [1786], XIX.933.

[191] Ebd., S. 6. Vgl. auch DUGAN, Measure, S. 13.

[192] Report on the Construction of New Parliamentary Standards, S. 7; P.P. 1854 [1786], XIX.933 sowie AIRY, Account, S. 651f.

[193] DUGAN, Measure, S. 13.

[194] Vgl. AIRY, Account, S. 670ff.; Report on the Construction of New Parliamentary Standards, S. 8; P.P. 1854 [1786], XIX.933 sowie die Darlegung von Sheepshanks in: Protokoll der Sitzung der Standards Commission, 2.3.1853, CUL Manuscripts, RGO 62/1.

[195] Report on the Construction of New Parliamentary Standards, S. 8f.; P.P. 1854 [1786], XIX.933. Vgl. auch CHISHOLM, Science, S. 88 sowie CONNOR, England, S. 266f.

Bei der Wiederherstellung des Urpfundes schlug die Kommission einen ähnlichen Weg ein. Auch hier musste zunächst ein geeignetes Material gefunden werden. Die Wahl fiel auf Platin, weil es nicht korrodieren konnte.[196] Im nächsten Schritt ließ der mit den Arbeiten betraute Kristallograph und Mineraloge William Hallowes Miller einen vorläufigen Prototypen anfertigen. Er sollte anhand von Normalen geeicht werden, die ihrerseits mit dem verlorengegangenen Original verglichen worden waren. Miller hatte 13 Standardgewichte ausfindig gemacht, die dieses Kriterium erfüllten. Aus ihnen wählte er zwei aus, die ihm besonders zuverlässig erschienen.[197]

Die daraufhin angestellten Vergleiche umfassten wiederum zigtausende individuelle Messungen. Der enorme Aufwand hatte in diesem Fall allerdings nicht nur mit der Vielzahl der möglichen Fehlerquellen zu tun. Er lag vielmehr auch darin begründet, dass der vorläufige Prototyp getreu den zur Verfügung stehenden Vergleichsmaßen ein Troy-Gewicht war, das neue Normal aber ein Avoirdupois-Pfund werden sollte. Miller sollte also aus einer Vorlage, die 5760 *grains* entsprach, einen Standard herstellen, der 7000 *grains* beinhaltete. Er arbeitete deshalb mit einer Reihe von Ergänzungsgewichten, die in die Vergleiche mit einbezogen werden mussten. Das verkomplizierte den Prozess erheblich.[198]

Aus den fünf von ihm schließlich angefertigten Avoirdupois-Pfunden wählte die Kommission 1853 eines als neues Urmaß aus. Die vier anderen erklärte sie zu den Hauptkopien. Danach ließ sie vom neuen Urpfund dreißig weitere Kopien herstellen. Gemeinsam mit den vierzig bereits bestehenden und dreißig zusätzlichen Exemplaren des Längenstandards wurden sie in den folgenden Jahren an die Hauptorte der britischen Kolonien sowie an 22 ausländische Regierungen in Europa, Amerika und dem Nahen Osten verteilt.[199] Dahinter eine gezielte Politik der Verbreitung der *Imperial Measures* zu vermuten, wäre allerdings verfehlt. Niemand in London hegte ernsthaft die Hoffnung, die betroffenen Nationen auf diesem Wege „vom aufkommenden Meter zum Yard zu bekehren".[200] Vielmehr handelte es sich bei der Verteilung der Kopien um ein rein wissenschaftliches Unterfangen, das der Vernetzung zwischen den nationalen Standardmaßen diente. Aus demselben Grund war Miller im Zuge seiner Arbeiten am Urgewicht 1844 nach Paris gereist und hatte den vorläufigen Prototypen mit dem *kilogramme des Archives* verglichen.[201] Vor dem Hintergrund der Debatten über die Rekonstruktion der britischen Standards war dies als zusätzliche Absicherung der neuen Normale

---

[196] Report on the Construction of New Parliamentary Standards, S. 9; P.P. 1854 [1786], XIX.933.

[197] MILLER, Construction, S. 761 f. u. S. 774. Vgl. auch CHISHOLM, Science, S. 75 ff. sowie MEYER-STOLL, Maß- und Gewichtsreformen, S. 79 ff.

[198] MILLER, Construction, S. 806 ff.; Report on the Construction of New Parliamentary Standards, S. 10 f.; P.P. 1854 [1786], XIX.933; CONNOR, England, S. 268 ff. sowie Chisholm, Science, S. 77 ff.

[199] Report on the Construction of New Parliamentary Standards, S. 11 u. S. 13; P.P. 1854 [1786], XIX.933. Zum Stand der Verteilung im Jahr 1857 vgl. AIRY, Account, S. 700 f.

[200] STRASSER, Toise, S. 39. Ähnlich auch AMBROSIUS, Wettbewerb, S. 160 und GROSS, Integration, S. 18 f.

[201] Report on the Construction of New Parliamentary Standards, S. 12; P.P. 1854 [1786], XIX.933.

gedacht. Eine Anerkennung des Kilogramms als Leitmaß bedeutete es dagegen nicht.[202]

Die britischen Experten hatten vielmehr allen Grund dazu, ihr eigenes System als das Bessere zu empfinden. Im Juli 1855 verlieh das Parlament den neuen Standards Gesetzeskraft.[203] Großbritannien verfügte damit über Prototypen, die den höchsten zeitgenössischen Anforderungen genügten. Sie übertrafen auch Bessels Maße noch einmal an Präzision und Dauerhaftigkeit. Spätere Nachmessungen ergaben, dass Sheepshanks' Längenstandard zwischen 1900 und 1946 nur um etwa ein Fünfhunderttausendstel geschrumpft war, während Millers Gewichtsnormal zwischen 1846 und 1883 etwa ein Zweimillionstel und zwischen 1883 und 1933 nochmal ein Fünfmillionstel seiner Masse verloren hatte.[204]

Es war jedoch nicht nur die außergewöhnliche handwerkliche Präzision, die die britischen Standards hervorhob, sondern auch ihre konsequente Abkehr von der Idee des Naturmaßes. Das Gesetz von 1855 erwähnte das Sekundenpendel mit keinem Wort. Stattdessen beschrieb es den Yard als die bei einer Temperatur von 62° Fahrenheit zu beobachtende Entfernung zwischen den beiden Querlinien auf dem mit der Nr. 1 bezeichneten, 1845 gegossenen und beim *Exchequer* verwahrten Bronzestab.[205] Auch das neue Urpfund war ausschließlich in Form des konkreten, von Miller angefertigten Objektes definiert. Und im Falle eines Verlustes sollten beide Standards allein durch den Rückgriff auf ihre Kopien wiederhergestellt werden.[206]

Mit dieser Entscheidung zog das Parlament die Konsequenzen aus einer langjährigen Debatte, in deren Verlauf sich die empirischen und theoretischen Grundlagen des Naturmaßes als hinfällig erwiesen hatten. Großbritannien verfügte seitdem in den Augen der Zeitgenossen über das verlässlichste wissenschaftliche Standardmaß der Welt.

6.3.3 Die Kritik an den französischen Meter-Prototypen

Es war nun ausgerechnet Frankreich, das wissenschaftlich ins Hintertreffen geriet. Formal beruhte das metrische System nach wie vor auf einer natürlichen Größe. Die durchdringende Kritik an diesem Konzept beeinträchtige seine Autorität jedoch nur teilweise. Die idealistischen Ansprüche des Meters hatten ihre Glaubwürdigkeit zwar verloren, aber als technischer Standard war er nach wie vor relevant. Seine rechtsgültige Verkörperung bestand nicht im Erdumfang, sondern in einem konkreten Maßstab, dem *mètre des Archives*. Die zeitgenössischen Wissen-

---

[202] So aber MEYER-STOLL, Maß- und Gewichtsreformen, S. 80.

[203] 18 & 19 Victoria Cap. 72.

[204] ZUPKO, Revolution, S. 194. Aus der Sicht der parlamentarischen Kommission von 1951, die die Nachmessungen veranlasst hatte, genügten diese Abweichungen allerdings bereits, um die Standards für unzulänglich zu erklären. Sie trugen mit dazu bei, dass die Definition der britischen Einheiten 1963 an das metrische System gekoppelt wurde, vgl. ELLIS, Man and Measurement, S. 61 f.

[205] 18 & 19 Victoria Cap. 72, § II. Vgl. auch SCHAFFER, Metrology and Metrication, S. 444.

[206] 18 & 19 Victoria Cap. 72, § VII.

schaftler konnten ihn deshalb so behandeln, als sei er de facto ein Konventionalstandard.[207] In dieser Hinsicht mussten Preußen und Briten das französische Längenmaß nach wie vor ernst nehmen, zumal es eine Eigenschaft aufwies, die jede Konvention unweigerlich attraktiv machte: seine weite Verbreitung.[208]

Schon in der ersten Hälfte des 19. Jahrhunderts waren einige wichtige Vergleiche europäischer Standardmaße anhand des Meters vorgenommen worden. Sowohl Preußen als auch die *Royal Society* hatten zu diesem Zweck von Nicolas Fortin Abgüsse des Pariser Urmaßes erhalten. Nach der 1837 beschlossenen Revitalisierung des metrischen Systems erreichten solche Kopien noch größere Verbreitung, denn der französische Handelminister nahm diese Gelegenheit zum Anlass, einer Reihe von Ländern den gegenseitigen Austausch der jeweiligen Standardmaße vorzuschlagen.[209] Ähnlich wie im britischen Fall verfolgte die Regierung damit allerdings keine gezielte Politik der Propagierung ihres Einheitensystems. Die Intention war vielmehr, den wissenschaftlichen Vergleich zwischen den Maßnormalen zu ermöglichen.[210] Nach einiger Verzögerung bei der Herstellung der Kopien begann das Außenministerium im Oktober 1847 damit, sie an andere Länder abzugeben. Die geplanten Vergleiche scheinen aber nie zustande gekommen zu sein, obwohl sie den Anlass dafür bildeten, dass das *Bureau des poids et mesures* im April 1848 unter die Aufsicht des *Conservatoire des arts et métiers* gestellt wurde.[211]

Immerhin trug die Politik des Austauschs von Maßstäben dazu bei, dass Kopien des *mètre des Archives* große internationale Verbreitung erlangten. Trotz der Kritik an seiner konzeptionellen Basis hätte der Meter als de-facto-Konventionalmaß deshalb unverändert fortbestehen können, wenn nicht Mitte des 19. Jahrhunderts Zweifel an der Zuverlässigkeit der physischen Standards, die ihn verkörperten, laut geworden wären. Sie bezogen sich nicht nur auf die genannten Kopien, sondern auch auf die Urmaße selbst.

Diese beiden Aspekte waren allerdings eng miteinander verknüpft. Um die Originale des Meters und des Kilogramms zu schonen, hatten Janety, Lenoir und Fortin in den 1790er Jahren je drei Kopien von ihnen angefertigt. Die beiden Ex-

---

[207] Gutachten über die Einführung gleichen Maßes und Gewichtes, S. 494 f. sowie Standards Commission, Second Report, S. 90; P.P. 1868–1869 [C. 4186], XXIII.733. Auch französische Wissenschaftler teilten diese Auffassung, vgl. den Auszug aus einer entsprechenden Stellungnahme von Henri Victor Regnault in: Schreiben des Professors Herrn Dr. Karsten, S. 249.

[208] Gutachten über die Einführung gleichen Maßes und Gewichtes, S. 491 ff.

[209] Schreiben von Landwirtschafts- und Handelsminister Cunin-Gridaine an Außenminister Guizot, 9. 11. 1841, in: MORIN, Notice historique, S. 612 f.

[210] Schreiben von Außenminister Guizot an Landwirtschafts- und Handelsminister Cunin-Gridaine, 8. 12. 1841, in: ebd., S. 613. Der Briefwechsel ist auch abgedruckt in: BIGOURDAN, Système métrique, S. 245 f. Die These von der gezielten Propagierung des metrischen Systems vertritt POMMIER, Échanges d'étalons, S. 175, Fn. 5. Zu dem gesamten Vorgang vgl. daneben auch COX, Metric System, S. 161 f. sowie STRASSER, Toise, S. 39 f.

[211] POMMIER, Échanges d'étalons, S. 175 f. Zum *Bureau des poids et mesures* vgl. Erlass des Landwirtschafts- und Handelsministers, 28. 4. 1848, in: BIGOURDAN, Système metrique, S. 235 f., hier S. 235. Dass die anstehenden Vergleiche der Anlass für diese Maßnahme waren, ergibt sich aus MORIN, Notice historique, S. 614.

emplare, die am besten mit den Archiv-Prototypen übereinstimmten, wurden im Observatorium des *Bureau des longitudes* aufbewahrt und sind deshalb als *mètre* bzw. *kilogramme de l'Observatoire* bekannt geworden.[212] Sie fanden in der Folgezeit als wissenschaftliche Arbeitsstandards Verwendung, bis 1863/64 zwei andere, als *mètre* bzw. *kilogramme du Conservatoire* bezeichnete Kopien an ihre Stelle traten.[213] Wann immer also in der ersten Hälfte des 19. Jahrhunderts Vergleiche mit den metrischen ‚Urmaßen' stattfanden, stützen sich diese nicht auf die Originale, sondern auf die Observatoriumsstandards. Sie dienten beispielsweise zur Verifizierung der Meter-Kopien, die Fortin für die *Royal Society* herstellte. Auch solche Maßstäbe, die, wie 1850 im Falle des Herzogtums Modena, als gesetzliche Grundlage für die Einführung des metrischen Systems in anderen Ländern dienen sollten, basierten auf den Observatoriumsstandards.[214]

Die eigentlichen Urmaße blieben dagegen hinter Schloss und Riegel. Nur um die dauerhafte Äquivalenz mit den Hauptkopien sicherzustellen, wurden sie gelegentlich hervorgeholt. 1805/06 bestätigte eine vom *Bureau des longitudes* beauftragte Kommission im Zuge einer solchen Operation die Übereinstimmung zwischen den Archiv- und den Observatoriumsstandards.[215] 1812, 1837, 1844 und 1850 fanden ähnliche Untersuchungen statt. Anderen, von der Kommission unabhängigen Wissenschaftlern blieb der Zugang zu den Urmaßen dagegen verwehrt. In der gesamten ersten Hälfte des 19. Jahrhunderts gab es von dieser Regel gerade einmal drei Ausnahmen. 1834 konnte Christian Olufsen im Auftrag Heinrich Christian Schumachers, der die größte europäische Sammlung von Maßen und Gewichten unterhielt, eine Kilogrammkopie mit dem Archivstandard vergleichen.[216] Drei Jahre später durfte Carl August Steinheil die bayerischen Gewichts- und Längenmaße anhand der Originale konfektionieren. Und schließlich erlangte anläßlich der Wiederherstellung der britischen Standards 1844 auch William Hallowes Miller Zugang zum Archivkilogramm.[217]

Diese Fälle waren die einzigen Gelegenheiten, bei denen die französischen Urmaße von unabhängiger Seite überprüft wurden. Wie wichtig solche externen Kontrollen waren, zeigten vor allem die Untersuchungen Steinheils. Der Bayer unterzog die Archiv-Prototypen einer genauen Inspektion und äußerte sich kritisch über sie. Den *mètre des Archives* befand er für „nicht schön gearbeitet".[218] Zudem monierte er, dass seine Endflächen trotz der äußerst seltenen Benutzung bereits erkennbare Schäden davongetragen hätten. Das bei der Herstellung des Standards verwendete

---

[212] DELAMBRE, Base, Bd. 3, S. 694 f.

[213] MORIN et al., Procès-verbal, S. 5 ff. Vgl. auch MORIN, Notice historique, S. 616 f. sowie BIGOURDAN, Système métrique, S. 237, Fn. 1.

[214] BIOT et al., Procès-verbal, S. 20 ff. Vgl. auch Standards Commission, Second Report, S. 24 f.; P.P. 1868–1869 [C. 4186], XXIII.733.

[215] DELAMBRE, Base, Bd. 3, S. 696 ff.

[216] MEYER-STOLL, Maß- und Gewichtsreformen, S. 56.

[217] Zu Miller vgl. MILLER, Construction, S. 874 ff. Steinheils Untersuchungen und ihre Konsequenzen sind ausführlich gewürdigt in der Arbeit von MEYER-STOLL, Maß- und Gewichtsreformen, v. a. S. 55–64, die für die folgende Darstellung grundlegend ist.

[218] STEINHEIL, Copie, S. 251.

Platin war seiner Meinung nach zu weich, um den Belastungen durch die bei den Maßvergleichen eingesetzten Komparatoren dauerhaft standzuhalten.[219]

Noch gravierender waren die Befunde, die sich aus Steinheils Überprüfung des *kilogramme des Archives* ergab. An seiner Oberfläche waren feine Schmirgelkörner eingedrückt, die von der endgültigen Bearbeitung des Prototypen herrührten. Daraus ergab sich ein Problem, denn wenn man die Schmirgelkörner abwusch, verminderte sich die Masse des Urmaßes.[220] Beließ man sie aber an Ort und Stelle, konnte sich Staub an ihnen festsetzen – mit dem Ergebnis, dass die Masse des Kilogramms über die Jahre hinweg zunehmen würde.[221] Steinheils Vergleichsarbeiten lieferten auch ein Indiz dafür, dass eine solche Veränderung bereits im Gange war. Gemeinsam mit François Arago stellte er fest, dass das häufiger benutzte und stärker möglichen Ablagerungen ausgesetzte *kilogramme de l'Observatoire* nun nicht mehr – wie noch zu Anfang des Jahrhunderts – identisch mit dem Archivstandard war, sondern 4,7 mg schwerer als dieser.[222]

Allerdings war dieser Befund nicht eindeutig, denn der Vergleich zwischen den beiden Prototypen erforderte eine Bestimmung ihres spezifischen Gewichts. Mit größtmöglicher Genauigkeit ließ sich diese nur dann durchführen, wenn man die Normale in Wasser eintauchte. Das wollten Arago und seine Kollegen aber nicht zulassen. Möglicherweise befürchteten sie, dadurch Schmirgelkörner abzulösen. Vor allem aber wussten sie vermutlich, dass die Prototypen nicht aus reinem Platin bestanden, sondern mit anderen Metallen verunreinigt waren. Im Kontakt mit Wasser wären sie deshalb Gefahr gelaufen, zu oxidieren und auf diese Weise ihre Masse zu verändern.[223] Das spezifische Gewicht der Normale ließ sich folglich nur näherungsweise bestimmen. Dementsprechend groß fielen bei ihrem Vergleich die Fehlergrenzen aus. Steinheil argumentierte, dass die Übereinstimmung zwischen Kopie und Original nur auf etwa 10 mg genau gemessen werden könne.[224] Dieser Befund war ebenso problematisch wie derjenige von der möglichen Veränderung des Kilogramms. Er stellte nicht nur die Beschaffenheit der Urmaße, sondern auch die Zuverlässigkeit der in ganz Europa verbreiteten Kopien in Frage, weil bei deren Eichung das spezifische Gewicht der Vorlage ebenfalls nie präzise bestimmt worden war.

Dennoch fanden Steinheils Beobachtungen nur ein geringes Echo. Woran das lag, ist kaum sicher zu ergründen. Möglicherweise spielte der Umstand eine Rolle, dass sie sich in erster Linie auf die Gewichtsnormale bezogen. Anders als im Fall der Längenmaße war deren *absolute* Größe nur selten von Belang. Für die meisten

[219] Vgl. ebd., S. 251f.
[220] Steinheil konnte diesen Effekt anhand des Platinkilogramms von Schumacher nachweisen. Weil es durch die „Unvorsichtigkeit eines Mechanikus" abgewaschen wurde, verlor es etwa ein Milligramm seines Gewichtes, STEINHEIL, Bergkrystall-Kilogramm, S. 168. Vgl. auch die genaueren Ausführungen bei MEYER-STOLL, Maß- und Gewichtsreformen, S. 60, Fn. 38.
[221] STEINHEIL, Bergkrystall-Kilogramm, S. 169. Vgl. hier und im Folgenden auch MEYER-STOLL, Maß- und Gewichtsreformen, S. 61 u. S. 63f.
[222] STEINHEIL, Bergkrystall-Kilogramm, S. 167.
[223] Ebd., S. 167f. u. S. 186. Vgl. auch MILLER, Construction, S. 875.
[224] STEINHEIL, Bergkrystall-Kilogramm, S. 167.

wissenschaftlichen Anwendungen genügte es, wie Carl Fresenius in seinem Lehr-buch der quantitativen chemischen Analyse erläuterte, wenn die innere Kohärenz der Gewichte gewahrt blieb, also „1 Milligramm wirklich genau der tausendste, 1 Centigramm genau der hundertste Theil, das Fünfgrammstück genau das Fünf-fache etc. des Grammstückes"[225] war. Hinzu kam, dass Steinheils Ergebnisse nicht unbestritten blieben. 1844, im Jahr ihrer Veröffentlichung, nahm auch Wil-liam Hallowes Miller seinen Vergleich zwischen dem Kilogramm und dem vor-läufigen Prototypen des britischen Pfundes vor. Aus Gründen, auf die am Ende dieses Abschnitts zurückzukommen sein wird, ging er dabei von einer annä-hernd perfekten Übereinstimmung zwischen dem Archiv- und dem Observato-riumsstandard aus.[226] Selbst für den kleinen Kreis metrologisch interessierter Wissenschaftler hatten Steinheils Befunde also nur den Stellenwert einer Hypo-these.

Das begann sich Mitte der 1850er Jahre aber zu verändern. Zu diesem Zeit-punkt traten mehrere Ereignisse ein, die Steinheils Ansichten zu stützen schienen. Ihren Ausgangspunkt hatten sie in den deutschen Debatten über eine Maßeini-gung. 1856 führte Preußen das Zollpfund, also ein metrisches Pfund von 500 Gramm als Landesgewicht ein.[227] Dabei fertigte die Normaleichungskommission unter der Leitung von Adolf Brix ein neues Urgewicht an. Es basierte auf dem Kilogramm, wurde aber nicht in Paris geeicht, sondern anhand einer in Berlin vorhandenen Platinkopie. Dabei handelte es sich um jenen Prototypen, den Fortin 1817 für Preußen hergestellt hatte und dessen Übereinstimmung mit dem Pariser Original im selben Jahr von François Arago und Alexander von Humboldt beglaubigt worden war.[228]

In den folgenden Jahren erhielten zahlreiche deutsche Staaten eine Kopie des neuen Urpfundes. Denn mit dem Wiener Münzvertrag von 1857 übernahm Preußen die Verpflichtung, den Prägeanstalten der beteiligten Länder jeweils ein Exemplar dieses Standards zu liefern. Er sollte fortan als Münzgewicht dienen.[229] Dabei kam es allerdings zu Ungereimtheiten. Als Georg Repsold das nach Ham-burg gesandte Pfundstück mit einem eigenen, nach Schumachers Platinkilogramm gefertigten Exemplar verglich, stellte er eine Differenz von mehreren Milligramm fest. Auch in Wien und in Stuttgart bemerkten die Eichungskommissionen ähnli-che Abweichungen. Die übereinstimmenden Befunde konnten nur bedeuten, dass das preußische Urpfund fehlerhaft war. An seiner Äquivalenz mit dem Berliner Platin-Kilogramm bestand allerdings kein Zweifel. Die Beteiligten vermuteten die Ursache der Abweichungen deshalb in dieser Kopie. Sie gingen davon aus, dass sie trotz der von Humboldt und Arago zertifizierten Übereinstimmung etwa 10 mg leichter war als das Original.[230]

[225] FRESENIUS, Anleitung, S. 18.
[226] Standards Commission, Second Report, S. 25; P.P. 1868–1869 [C. 4186], XXIII.733.
[227] Vgl. Kap. 4.2.2 dieser Arbeit.
[228] Gutachten über die Einführung gleichen Maßes und Gewichtes, S. 526f.
[229] TRAPP und FRIED, Handbuch der Münzkunde, S. 100.
[230] MEYER-STOLL, Maß- und Gewichtsreformen, S. 159.

1859 reiste Brix nach Paris, um der Sache auf den Grund zu gehen. Gemeinsam mit Henri Victor Regnault und Arthur Morin ermittelte er, dass die preußische Kopie tatsächlich eine merkliche Abweichung vom *kilogramme des Archives* aufwies. Sie belief sich auf 12 mg. Behoben war dieser Missstand schnell. Dazu genügte es, ein Stück Platindraht in den Berliner Prototypen einzuarbeiten.[231] Schwieriger gestaltete sich die Ursachenforschung. Wie hatte ein solcher Fehler, der das 1817 erzielbare Maß an Genauigkeit um mehr als das Zehnfache überschritt, passieren können? Um diese Frage zu beantworten, suchte Brix den hochbetagten Alexander von Humboldt auf. Von ihm erfuhr er, dass der Berliner Kopie nicht das *kilogramme des Archives*, sondern das *kilogramme de l'Observatoire* zugrunde lag. Das galt zwar für *alle* im Umlauf befindlichen Abgüsse des Kilogramms, aber den Zeitgenossen war dies nicht bewusst. In ihrem Zertifikat hatten Humboldt und Arago ausdrücklich – und wie sich nun herausstellte, wahrheitswidrig – das Gegenteil behauptet.[232]

Das alleine war aber noch keine Erklärung für die Abweichung, denn Regnault, Morin und Brix verglichen im Zuge ihrer Arbeiten auch das Observatoriums- und das Archivkilogramm. Die dabei festgestellte Differenz belief sich auf weniger als 0,3 mg. Allerdings stießen die Wissenschaftler bei ihrer Ursachenforschung auf den Bericht des zwischenzeitlich in Vergessenheit geratenen Vergleichs von 1812. Er wies ein ganz anderes Ergebnis aus. Ihm zufolge war das *kilogramme de l'Observatoire* 6–8 mg schwerer als das der Archive.[233] Damit ließ sich die Differenz der Berliner Kopie zum Original erklären. Regnault, Morin und Brix vermuteten, dass Humboldt und Arago den Befund von 1812 berücksichtigt und die Kopie absichtlich leichter gemacht hatten als den Observatoriumsstandard, um sie so an die mutmaßliche Größe des Archivkilogramms anzupassen. Dass sie dabei um einige Milligramm über das Ziel hinausgeschossen waren, ließ sich mit kleineren Mängeln in ihrer Wägungsmethode begründen.[234]

Allerdings ergab sich nun ein anderes Problem. Denn die Entdeckung des Vergleichsergebnisses von 1812 zeigte, dass Steinheils These von der Veränderlichkeit der Prototypen oder eventuell auch diejenige von ihren weiten Fehlergrenzen zutraf. Während 1799 und 1805 noch eine Übereinstimmung zwischen Archiv- und Observatoriumsstandard diagnostiziert worden war, hatte die Kommission 1812 die erwähnte Abweichung von 6–8 mg und Steinheil 1837 eine Differenz von 4,7 mg gemessen. Miller unterstellte 1844 aber wieder eine weitgehende Übereinstimmung, die Brix, Regnault und Morin zufolge auch 1859 noch bestand.

Dieser Befund erschütterte die wissenschaftliche Glaubwürdigkeit des Meters stärker als der Übergang vom Natur- zum Konventionalmaß. Besonders in Deutschland löste er heftige Kritik am französischen Einheitensystem aus. Dabei mischten sich berechtige Zweifel an der Dauerhaftigkeit seiner Grundlagen mit wachsen-

---

[231] Schreiben des Professors Herrn Dr. Karsten, S. 246, Fußnote. Vgl. hier und im Folgenden auch MEYER-STOLL, Maß- und Gewichtsreformen, S. 160.
[232] Das Zertifikat ist abgedruckt in: REGNAULT et al., Rapport, S. 13, Fn. 1.
[233] Vgl. ebd., S. 14 f., Fn. 1.
[234] Vgl. ebd., S. 14 f.

dem wissenschaftlichem Selbstbewusstsein und unverblümtem Nationalismus. Die Integrität der Urmaße selbst bildete nur einen Teil der Probleme, die dabei zur Debatte standen. Gotthilf Hagen, einer der wichtigsten Impulsgeber der Kritik, argumentierte zwar, dass die Unsicherheit des Urkilogramms eine Neuanfertigung anhand des Wassergewichts erfordern und damit eine Veränderung seiner Masse nach sich ziehen könnte.[235] Aber das war nicht ernsthaft zu befürchten, denn de facto betrachteten die Zeitgenossen den Archivstandard als ein durch sich selbst definiertes Konventionalmaß. Der Rekurs auf seine ursprüngliche Definition erschien ihnen angesichts der Obsoleszenz des Naturmaßgedankens abwegig.[236]

Schwieriger war das Problem der Kopien, denn die festgestellten Schwankungen bedeuteten, dass die vom Observatoriumskilogramm genommenen Abgüsse unter Umständen große Abweichungen vom Original aufwiesen. Die 1860 abgeschlossenen Arbeiten zur Richtigstellung der Berliner Kopie konnten die diesbezüglichen Zweifel nur teilweise beseitigen. Zum einen waren in Europa zahlreiche weitere Exemplare des Kilogramms im Umlauf, deren genaue Masse ungeklärt blieb. Und zum anderen durfte das Original noch immer nicht in Wasser getaucht werden. Bei der Neubestimmung der preußischen Kopie verblieb deshalb eine Unsicherheit.[237] Sie betraf neben dem Kilogramm auch das eilends überprüfte Berliner Exemplar des Längenmaßes. Zwar war dessen Abweichung vom Original sehr gering, aber für einen zuverlässigen Vergleich hätte man den bei 0° geeichten *mètre des Archives* auf Eis legen müssen. Das wollten die Franzosen, mutmaßlich aus ähnlichen Gründen wie beim Kilogramm, nicht zulassen.[238]

Diese restriktive Haltung der Treuhänder des metrischen Systems bildete den dritten Faktor der seit 1860 anschwellenden Kritik an seinen wissenschaftlichen Grundlagen. Wilhelm Foerster, der Direktor der Berliner Sternwarte, nahm sie zum Anlass, um der französischen Maß- und Gewichtsverwaltung „Stillstand, ja man kann sagen, […] Rückgang"[239] zu attestieren. Der Österreicher Anton Schrötter warf ihr vor, „nicht auf der Höhe der Frage"[240] zu stehen. Philipp Jolly aus Bayern vertrat die Auffassung, man müsse die Abhängigkeit von den französischen Kopien künftig vermeiden. Und Gotthilf Hagen war sogar der Meinung, dass es mit der „Würde Deutschlands" unvereinbar sei, sich weiter auf die Pariser Kollegen zu verlassen.[241] Hagens Bemerkung zeigte, dass die Kritik an der französischen Maß- und Gewichtsverwaltung zum Teil politisch motiviert und durch nationales Konkurrenzdenken befeuert war. Aber sie hatte auch einen wahren Kern, denn die französischen *savants* trugen die Verantwortung für eine Reihe

---

[235] HAGEN, Zur Frage, S. 25.
[236] Schreiben des Professors Herrn Dr. Karsten, S. 249.
[237] Vgl. ebd., S. 243 ff.
[238] BRIX, Bericht, S. 55.
[239] FOERSTER, Lebenserinnerungen, S. 89.
[240] Brief Schrötters an Steinheil, 10. 5. 1867, zit. nach MEYER-STOLL, Maß- und Gewichtsreformen, S. 161.
[241] HAGEN, Zur Frage, S. 48. Zu den Hintergründen dieser Position vgl. MEYER-STOLL, Maß- und Gewichtsreformen, S. 151 ff. Zu Jolly vgl. ebd., S. 194.

von Versäumnissen im Umgang mit dem Urkilogramm. Sie hatten sein spezifisches Gewicht nie genau bestimmt. Hinweise auf mögliche Ungereimtheiten wie das Ergebnis des Vergleichs von 1812 blieben jahrzehntelang unbeachtet. Und schließlich stellte sich 1868 heraus, dass sie die Schwankungen in der Abweichung zwischen Archiv- und Observatoriumskilogramm aktiv verursacht hatten.

Diese waren nämlich nicht auf den von Steinheil beschriebenen Mechanismus der Ablagerung von Staubkörnern zurückzuführen. Er hätte zu einer *Zunahme* der Masse des Observatoriumsstandards führen müssen. Tatsächlich nahm sie zwischen 1812 und 1859 aber ab.[242] Auch die von Steinheil diagnostizierten weiten Fehlergrenzen waren nicht die Ursache der Schwankungen. Sie entstanden vielmehr dadurch, dass die Hüter der Urmaße an den Prototypen eine stillschweigende Veränderung vornahmen. Als Miller 1844 das Troy-Gewicht mit dem Archivkilogramm verglich, nutzte Arago die Gelegenheit, um 4,5 mg vom Observatoriumsstandard abzuschleifen. So erklärte sich, dass Steinheil 1837 eine Differenz von 4,7 mg festgestellt hatte, Brix, Regnault und Morin 1859 aber eine annähernde Übereinstimmung diagnostizierten.[243] Allerdings hielt der berühmte Gelehrte es nicht für nötig, diese Veränderung zu publizieren oder auch nur mit seinen Kollegen abzusprechen. Selbst den französischen Wissenschaftlern, die 1850 die Urmaße des Herzogtums Modena einrichteten, scheint sie unbekannt gewesen zu sein.[244] Erst eine 1868 eingerichtete *Royal Commission* des britischen Parlamentes wurde zufällig auf sie aufmerksam, weil Miller Aragos Vorgehensweise in einer Notiz festgehalten und an die heimischen Behörden übermittelt hatte.[245]

Seit diesem Zeitpunkt betrachteten auch die Briten den französischen Umgang mit den Urmaßen als problematisch. Sie nahmen nun eine Analyse der seit Steinheil aufgetretenen Unregelmäßigkeiten vor und kam zu dem Schluss, dass die Grundlagen des metrischen Systems aus ihrer Sicht unzureichend definiert waren.[246] Der Vertrauensverlust, den die französischen Einheiten durch den Wirbel um die preußische Kilogramm-Kopie erlitten, war also enorm. Auch die 1863/64 vom Handelsminister angeordnete Ablösung der Observatoriumsmaße durch die Konservatoriumsstandards konnte die Gemüter nicht mehr beruhigen.[247] Das Misstrauen gegenüber den Treuhändern des metrischen Systems wuchs in der zweiten Hälfte der 1860er Jahre vielmehr massiv an.

Dazu trug auch das Projekt der ‚Mitteleuropäischen Gradmessung‘ bei, auf das in Kapitel 8.1.1 zurückzukommen sein wird. In dessen Rahmen rückte die Tatsache in den Vordergrund, dass viele der anhand des Kilogramms aufgedeckten

---

[242] Ungeklärt ist allerdings, warum das Gewicht des Observatoriumsstandards zwischen 1805 und 1812 um 6–8 mg zugenommen haben soll. Möglicherweise spielte der von Steinheil genannte Mechanismus hierbei eine Rolle. Angesichts der Größe der Differenz ist aber wahrscheinlicher, dass die Messung von 1805 fehlerhaft war.

[243] Standards Commission, Second Report, S. 24; P.P. 1868–1869 [C. 4186], XXIII.733.

[244] Vgl. ebd., S. 24f.

[245] Vgl. ebd., S. 24.

[246] Vgl. ebd., S. 90.

[247] MORIN et al., Procès-verbal, S. 5ff. Vgl. auch MORIN, Notice historique, S. 616f. sowie Standards Commission, Second Report, S. 29ff.; P.P. 1868–1869 [C. 4186], XXIII.733.

Defizite auch den wissenschaftlich weitaus bedeutsameren Meter betrafen. Seit seinem Zustandekommen zeichnete sich deshalb ab, dass nur eine internationale Lösung die Glaubwürdigkeit der Prototypen des metrischen Systems wiederherstellen konnte.

Abschnitt C: 1850–1914

7. Internationalisierung und Nationalisierung: Die politische Debatte über den Meter in der zweiten Hälfte des 19. Jahrhunderts

Mitte des 19. Jahrhunderts erfuhr die Debatte über die Standardisierung von Maßen und Gewichten eine grundlegende Transformation. Seit diesem Zeitpunkt stand sie zunehmend im Zeichen einer Internationalisierung des metrischen Systems. Zwischen 1850 und 1900 erklärten zahlreiche europäische sowie einige südamerikanische Länder die französischen Einheiten zu ihrer alleinigen Maßgrundlage. Zudem entstand mit dem *Bureau international des poids et mesures* 1875 eine Organisation, die den Meter zu einer globalen Institution eigenen Rechts machte. Allerdings waren seiner Verbreitung auch erkennbare Grenzen gesetzt. Mit Großbritannien, den USA, Russland sowie fast allen asiatischen und afrikanischen Ländern blieben wichtige Regionen von ihr ausgespart.

Zu Beginn dieses Internationalisierungsprozesses war die Vereinheitlichung von Maßen und Gewichten in den meisten west- und mitteleuropäischen Ländern weit vorangeschritten. In der Regel beruhte sie dabei nicht auf dem Meter, sondern auf einer Rationalisierung der traditionellen Einheitensysteme. Mitte des 19. Jahrhunderts entstanden in den betroffenen Staaten aber Diskussionen über die Frage, ob die heimischen Standards durch die französischen Maße ersetzt werden sollten. Sie waren z. T. eine Folge der endgültigen Durchsetzung des Meters in seinem Mutterland und seiner daraufhin erfolgten Übernahme in Spanien und Teilen Italiens. In erster Linie gingen sie jedoch auf die Zunahme der transnationalen Verflechtungen durch den Ausbau von Eisenbahnen, Telegraphen und anderen Infrastrukturen zurück. Deren wichtigster symbolischer Ausdruck waren die seit 1851 stattfindenden Weltausstellungen. Sie markierten die Entstehung einer internationalen Zivilgesellschaft, die ihre Interessen unabhängig von der klassischen Außenpolitik artikulierte.

Aus diesem Umfeld ging 1855 die *International Association for Obtaining a Uniform Decimal System of Measures, Weights and Coins* hervor. Dabei handelte es sich um einen transnationalen Interessenverband, der sich nachhaltig für die Verbreitung des metrischen Systems engagierte. Politisch und personell war er eng mit der britischen Freihandelsbewegung verbunden. 1862 konnte die Assoziation deshalb im Unterhaus die Einrichtung eines Komitees durchsetzen, das sich dafür aussprach, in Großbritannien den Meter einzuführen.

Die Aussicht, dass die mit Abstand größte Industrie- und Handelsmacht der Welt in absehbarer Zeit einen solchen Schritt unternehmen könnte, erweckte international großes Aufsehen. Vor allem Vertreter des wirtschaftsliberalen Bürgertums gingen fortan fest davon aus, dass die zunehmende ökonomische Verflechtung eine europäisch-transatlantische Vereinheitlichung von Maßen und Gewichten unausweichlich mache. Auf der Pariser Weltausstellung von 1867 erreichte diese Stimmungslage ihren Höhepunkt. Im Zuge der dort geführten Debatten über eine Ausdehnung der Lateinischen Münzunion erhielt auch die

https://doi.org/10.1515/9783110581959-008

Forderung nach einer Internationalisierung des metrischen Systems großen Zuspruch.

Für deren Umsetzung waren ihre Verfechter allerdings auf die Kooperation der Nationalstaaten angewiesen. Die in den 1860er und 1870er Jahren beschleunigte Verbreitung des Meters deutet darauf hin, dass sie mit diesem Anliegen Erfolg hatten. Die zum selben Zeitpunkt innerhalb der betroffenen Länder geführten Debatten zeigen allerdings, dass ihre ökonomisch begründeten und auf den internationalen Austausch gemünzten Argumente für sich genommen nicht ausreichten, um eine übergreifende Vereinheitlichung von Maßen und Gewichten herbeizuführen. Das galt vor allem für den deutschen Fall, der das wichtigste Beispiel einer Einführung des metrischen Systems in der zweiten Hälfte des 19. Jahrhunderts darstellte. Die Ursprünge der dortigen Debatte reichten bis zur Revolution von 1848 zurück. Die vollständige Übernahme des Meters war zu diesem Zeitpunkt aber nur eine Option unter mehreren. Daneben bestand auch die Vorstellung einer Ausdehnung des preußischen Systems oder eines Kompromisses zwischen metrischen und traditionellen Einheiten.

Unter dem Eindruck der zunehmenden internationalen Bedeutung des Meters gewannen dessen Verfechter jedoch allmählich die Oberhand. Zu Beginn der 1860er Jahre schien die deutschlandweite Einführung des französischen Standards deshalb nur noch eine Frage der Zeit zu sein. Allerdings gelang es Preußen, eine solche Umstellung zu verhindern. Für die ablehnende Haltung der dortigen Regierung gab es inhaltliche Gründe, vor allem die in Kapitel 6.3.3 beschriebenen Zweifel an den wissenschaftlichen Grundlagen des metrischen Systems. Im Wesentlichen hatte die preußische Blockade aber politische Ursachen. Sie war Teil eines Versuches, die Bundesreformpolitik der Klein- und Mittelstaaten zu sabotieren.

Erst die Gründung des Norddeutschen Bundes 1867 und des Kaiserreichs 1871 ermöglichte deshalb eine Übernahme des Meters. Sie geschah nun aber nicht allein als Antwort auf die ökonomische Logik der transnationalen Integration, sondern vor allem deshalb, weil sie einen Kompromiss zwischen den divergierenden Interessen der Einzelstaaten ermöglichte. Zudem unterstrich das metrische System symbolisch die Ankunft des Reiches im Kreis der modernen Nationalstaaten. Auch die Durchsetzung der französischen Einheiten war eng mit der Formierung des neuen Gemeinwesens verknüpft. Sie ging ungewöhnlich schnell vonstatten und konnte Mitte der 1880er Jahre als abgeschlossen gelten. Das war vor allem dem gut funktionierenden Primarschulwesen sowie der effizienten Eichverwaltung geschuldet. Deren Umbau zu einer nationalen Institution wies zwar bis in das frühe 20. Jahrhundert hinein Lücken auf. Sie erwies sich aber dennoch als schlagkräftig genug, um die Implementierung des neuen Maßsystems zu gewährleisten.

Der Befund, dass der Übergang zum metrischen System enger mit Prozessen der Nationsbildung und Umbrüchen in der Staatsorganisation als mit der transnationalen Verflechtung zusammenhing, lässt sich auch am Beispiel anderer Länder wie Italien oder der Schweiz erhärten. Umgekehrt hielten Staaten, die in der zweiten Hälfte des 19. Jahrhundert von konstitutioneller Kontinuität geprägt waren, trotz aller wirtschaftlichen Integration an ihren traditionellen Maßen fest.[1] Neben Russland und den USA galt das insbesondere für Großbritannien. Die dortige Debatte bildete zwar den wichtigsten Ausgangspunkt für die Internationalisierungseuphorie der 1860er Jahre. Gegen Ende dieses Jahrzehnts distanzierte sich das Land aber wieder vom Meter.

Das lag zum Teil daran, dass dessen freihändlerisch motivierten Befürwortern eine konservativ-nationalistische Opposition gegenüberstand, die die *Imperial Measures* als integralen Bestandteil einer religiös überhöhten angelsächsischen Führungsrolle in der Welt interpretierte. Im Wesentlichen hatte die britische Ablehnung einer Umstellung aber pragmatische Gründe. Denn aus der Sicht der Regierung verfügte das Land bereits über ein funktionierendes Maßsystem, das in der Bevölkerung weithin akzeptiert war. Die Schwierigkeiten einer Veränderung schätzte sie deshalb hoch, ihre möglichen positiven Effekte dagegen sehr niedrig ein. Diese Auffassung basierte auf einer Abwägung der relativen Bedeutung von Binnenmarkt und Außenhandel. Sie ergab, dass ersterem ein weitaus höheres gesamtwirtschaftliches Gewicht zukam als letzterem. Die vermeintlich ökonomisch bedingte Unausweichlichkeit einer internationalen Vereinheitlichung war demzufolge eine Illusion.

Auch die Tatsache, dass die Befürworter des Meters in den britischen Kolonien einigen Zulauf erhielten, weil Maße und Gewichte dort im Gegensatz zum Mutterland meist sehr unzuverlässig waren, veränderte die Lage aus der Sicht der Londoner Regierung nicht. In den 1870er Jahren flaute die Debatte deshalb ab. In den 1890er Jahren erlebte sie zwar eine Renaissance, aber diese erbrachte ebenfalls keine Umstellung des Maßsystems. Vielmehr sprachen sich nun auch Vertreter der Textilindustrie und des Maschinenbaus gegen den Meter aus, weil die *Imperial Measures* angesichts der beherrschenden Stellung Großbritanniens auf dem Weltmarkt in ihren Branchen nach wie vor international üblich waren.

Insgesamt war die Verbreitung des metrischen Systems also keine zwangsläufige Folge wirtschaftlicher Verflechtungen, sondern ein offener Prozess, in dem eine Vielzahl unterschiedlicher und z. T. gegenläufiger Interessen aufeinandertraf. Sie blieb deshalb unvollständig. Die parallel vorangetriebene Internationalisierung der wissenschaftlichen Grundlagen des Meters, die in die Gründung des *Bureau international des poids et mesures* mündete, folgte dagegen einem anderen Muster. Sie wird in Kapitel 8 separat untersucht.

An dieser Stelle werden zunächst die veränderten internationalen Rahmenbedingungen und die neu entstehende, transnationale Debatte über das metrische System skizziert. In einem zweiten Schritt wird dessen Einführung in Deutschland betrachtet. Der dritte Abschnitt schließlich analysiert die Debatte in Großbritannien und damit die Grenzen der internationalen Homogenisierung der Maßstandards.

---

[1] Dieses Argument ist pointiert formuliert bei PYENSON und SHEETS-PYENSON, Servants of Nature, S. 192.

7.1 Die internationale Sphäre

7.1.1 Transnationale Verflechtung, Zivilgesellschaft und metrisches System

Bis zur Mitte des 19. Jahrhunderts basierte die Standardisierung von Maßen und Gewichten in fast allen europäischen Ländern auf einer Rationalisierung und Vereinfachung der traditionellen Einheitsysteme. Nur in wenigen, meist auf die napoleonischen Eroberungen zurückzuführenden Ausnahmefällen erfolgte sie dagegen durch eine Übernahme des französischen Maßes. Das galt zum Beispiel für die (zunächst noch Vereinigten) Niederlande, das aus diesen hervorgegangene Belgien und die linksrheinische Pfalz.[2]

Seit Beginn der 1840er Jahren häuften sich diese Ausnahmefälle allerdings. Den Ausgangspunkt hierfür bildete die erneute, verbindliche Festschreibung des metrischen Systems in Frankreich 1837/40. Sie übte eine Sogwirkung auf einige unmittelbare Nachbarländer aus. Sardinien-Piemont ging deshalb zwischen 1845 und 1850 zur exklusiven Geltung des Metermaßes über. 1849 beschritt auch das Herzogtum Modena diesen Weg. In den nun folgenden Debatten über eine nationalstaatliche Einigung Italiens war die Option einer landesweiten Einführung des metrischen Systems deshalb stets präsent.[3] Auch Spanien erließ im Gefolge der französischen Entscheidung ein entsprechendes Gesetz.[4] Seine Umsetzung verzögerte sich zwar mehrfach, aber der Beschluss führte dazu, dass Portugal 1852 ebenfalls die Metermaße übernahm. Zudem löste er auch in den ehemaligen spanischen Kolonien einschlägige Diskussionen aus. Chile führte daraufhin 1848 als erstes außereuropäisches Land den Meter ein. In den 1850er Jahren folgte eine Reihe weiterer lateinamerikanischer Staaten diesem Schritt, ohne ihn jedoch konsequent zu verwirklichen.[5]

Parallel zu dieser Entwicklung entfaltete sich seit etwa 1850 eine Debatte über Maße und Gewichte, die nicht innerhalb der Einzelstaaten, sondern in der internationalen Sphäre angesiedelt war. Bereits zu Beginn des 19. Jahrhunderts hatte es vereinzelte Ansätze gegeben, die in diese Richtung wiesen. Das wichtigste Beispiel hierfür war der 1798/99 einberufene wissenschaftliche Kongress zur endgültigen Fixierung der metrischen Maße.[6] Auch auf der Agenda der internationalen Diplomatie tauchte das Thema gelegentlich auf. 1814 legten zwei Beamte des Großherzogtums Berg dem Wiener Kongress ein Exposé vor, in dem sie für eine europaweite Vereinheitlichung von Maßen und Gewichten auf der Basis eines dezimalen

---

[2] Vgl. Kap. 4.2.1 dieser Arbeit. Daneben ist noch Griechenland zu nennen, wo das Gesetz zur Einführung des metrischen Systems von 1836 aber nicht in die Praxis umgesetzt wurde, Cox, Metric System, S. 142.

[3] Kula, Measures, S. 270 ff. sowie Cox, Metric System, S. 142 f.

[4] Aznar und Bertomeu, Polémique, S. 98 f. sowie ausführlich Aznar Garcia, Unificación, Bd. 1, S. 171 ff.

[5] Alder, Maß, S. 429; Cox, Metric System, S. 144 f. sowie Reverchon, Documents, S. 314 f.

[6] Vgl. Kap. 3.3.1 dieser Arbeit.

metrischen Systems plädierten.[7] Dieses Anliegen stieß allerdings auf wenig Gegenliebe. Der Kongress beschäftigte sich nur am Rande mit solchen wirtschafts- und handelspolitischen Fragen. Seine politischen Prämissen standen zudem in diametralem Gegensatz zu denjenigen der bergischen Beamten. Denn diese bezogen sich ausdrücklich auf das kantianische Konzept einer Weltbürgergesellschaft und widmeten ihre Schrift „der Realisirung [sic] der Idee: ewiger Friede".[8] Im Rahmen des europäischen Mächtekonzerts hatte diese Utopie keinerlei Aussicht auf Verwirklichung. Zwischen etwa 1820 und 1850 verschwand sie deshalb fast völlig von der Bildfläche.

Seit der Mitte des Jahrhunderts traten ähnlich gelagerte Ideen dafür umso stärker in Erscheinung. Das geschah allerdings unter völlig veränderten Rahmenbedingungen. Die wichtigste Neuerung, die der nun aufblühenden internationalen Debatte zugrunde lag, war die Verdichtung der Verkehrs- und Kommunikationsinfrastruktur. Die Dampfschifffahrt, der Ausbau der Eisenbahnen sowie der Aufbau von Telegraphenlinien vervielfältigten die transnationalen Kontakte.[9] Auf dieser Basis etablierte sich die zweite Voraussetzung der Debatte, nämlich die exponentielle Zunahme der Waren-, Migrations- und Kapitalströme. Die neuen Transportmöglichkeiten ermöglichten millionenfache Wanderungsbewegungen, eine Vervielfachung des Welthandels und einen steilen Anstieg der Kapitalexporte.[10]

Diese Entwicklungen standen ihrerseits in einem engen Wechselverhältnis zu einem dritten Faktor, der Außenhandels- und Währungspolitik der europäischen Staaten. Die 1846 erfolgte Rücknahme der britischen Kornzölle läutete eine Ära des Freihandels ein, die nach dem Abschluss des Cobden-Chevalier-Vertrages von 1860 auch den Kontinent erfasste. Gleichzeitig bemühten sich viele Regierungen um eine Vereinheitlichung ihrer Währungssysteme. Das schlug sich auch in internationalen Unterfangen wie der 1865 gegründeten Lateinischen Münzunion nieder. Trotz einer teilweisen Rückkehr zum Protektionismus in den 1870er Jahren blieben diese Ansätze bis nach der Jahrhundertwende prägend. Durch den Übergang zum Goldstandard erhielten sie noch zusätzlichen Auftrieb.[11]

Diese vielfältigen Veränderungen riefen einen enormen Koordinationsbedarf hervor. Neben die diplomatischen Kongresse als traditioneller Form des Interessenausgleichs traten deshalb seit der Jahrhundertmitte Konferenzen, die sich der wirtschaftlichen und technischen Dimension der Internationalisierung widmeten. Ihre Anzahl stieg von weniger als einer Handvoll 1850 auf etwa 100 an der Wende zum 20. Jahrhundert.[12] Seit der Gründung der Internationalen Telegra-

---

[7] VAGEDES und WINDGASSEN, Vorschlag, S. 15 u. S. 19 ff.

[8] Ebd., S. 12.

[9] Vgl. OSTERHAMMEL, Verwandlung, S. 1012–1029 und POHL, Aufbruch, S. 213 ff.

[10] Vgl. ebd., S. 91 ff., S. 185 ff. u. S. 268 ff. und OSTERHAMMEL, Verwandlung, S. 235 ff., S. 1029 ff. u. S. 1047 ff.

[11] Vgl. ebd., S. 1038 ff. sowie POHL, Aufbruch, S. 45 ff. u. S. 247 ff.

[12] VEC, Recht und Normierung, S. 75 ff., hier v. a. S. 80. Vgl. auch MURPHY, International Organization, S. 56 ff. sowie FEUERHAHN und RABAULT-FEUERHAHN (Hrsg.), Fabrique internationale.

phen-Union 1865 hatten sie auch immer wieder die Schaffung permanenter internationaler Organisationen zur Folge. Gegenüber der traditionellen Diplomatie hoben sie sich u.a. durch ihre soziale Trägerschaft ab. Zwar waren sie einerseits fest in die außenpolitischen Strategien der beteiligten Staaten eingebunden. Andererseits spiegelten sie auch das Selbstbewusstsein der expandierenden Mittelschichten wider. Deren ökonomische und politische Interessen schlugen sich in einem z.T. mit den traditionellen Eliten konfligierenden, liberalen Internationalismus nieder.[13]

Die wichtigste Plattform für diese neuen Akteure waren die Weltausstellungen. Seit der *Great Exhibition* von 1851 kamen dort in unregelmäßigen Abständen Händler und Unternehmer aus den führenden Industrienationen zusammen. Sie stellten vor einem breiten Publikum ihre Produkte aus, prämierten sie und debattieren gemeinsam mit Politikern und Wissenschaftlern über handels- und wirtschaftspolitische Fragen.[14]

Diese Gelegenheiten bildeten den Ausgangspunkt für die Debatte über eine Internationalisierung standardisierter Maßeinheiten. Vor allem im Rahmen der Prämierung von Industrieprodukten rückte das Problem bereits auf der ersten Weltausstellung in den Fokus. Die aus Industriellen und Wissenschaftlern bestehenden Jurys, die die Preisvergabe vornahmen, konnten die eingereichten Erzeugnisse nur schwer miteinander vergleichen, weil ihnen deren Abmessungen und Leistungsmerkmale nur in den Maßeinheiten der jeweiligen Herkunftsländer vorlagen.[15] Da das Problem auf der Pariser Weltausstellung von 1855 erneut auftrat, verabschiedeten die dort versammelten Juroren eine Resolution, in der sie sich für die Einführung eines universellen Maß- und Gewichtssystems aussprachen.[16]

Neben dem Problem der Vergleichbarkeit der Produkte war es auch die Aussicht auf mögliche Produktivitätssteigerungen, die sie zu dieser Aktion bewogen hatte. Sie argumentierten, dass in zahlreichen Wirtschaftszweigen Zeit und Arbeit eingespart werden könne, wenn das von ihnen eingeforderte universelle Maßsystem eine rechenfreundliche dezimale Unterteilung aufweise.[17] Diese Überlegung verwies darauf, dass mit der Forderung nach einer Vereinheitlichung vor allem industrielle und kommerzielle Interessen verknüpft waren. Gleichzeitig ging sie aber auch aus einer hochgradig idealistischen Aufbruchsstimmung hervor, die für die Internationalisierungstendenzen der 1850er Jahre insgesamt kennzeichnend war. Schon auf dem *International Peace Congress* von 1849 hatte der französische

---

[13] HERREN, Internationale Organisationen, S. 4ff., S. 15ff. u. S. 18ff.

[14] Allgemein zu den Weltausstellungen vgl. GREENHALGH, Ephemeral Vistas; AIMONE und OLMO, Les expositions universelles sowie KRETSCHMER, Weltausstellungen. Zum Verhältnis von Weltausstellungen und Wissenschaft vgl. FUCHS, Popularisierung.

[15] Report Select Committee Weights and Measures, S. 9; P.P. 1862 (411), VII.187. Wie bedeutsam dieses Problem war, lässt sich auch daran ermessen, dass einigen Katalogen der Weltausstellungen umfangreiche Reduktionstabellen zum Verständnis der unterschiedlichen Maßangaben beigegeben waren. Vgl. z.B. The Illustrated Catalogue, S. 179ff.

[16] Declaration signed by the Jurymen and Commissioners, o.D. [1855], in: YATES, Narrative, S. 5.

[17] Vgl. ebd.

Publizist und Ökonom Hippolyte Peut angedeutet, dass es einen Zusammenhang zwischen Maßeinigung und Friedenssicherung gebe.[18] Diese These vom völker-verbindenden Charakter der Standardisierung nahm die Resolution der Juroren auf. Ein einheitliches Maßsystem, so argumentierte sie, „would resemble a common language, spoken and understood in all parts of the world". Es sei deshalb „one of the methods best adapted to accelerate that happy movement, which brings all nations together in the paths of their industry."[19]

Die Wirkungsmacht dieser Auffassung beschränkte sich nicht auf eine einzelne Stellungnahme. Sie führte vielmehr auch zur Formierung einer transnationalen *pressure group*, die die Verbreitung standardisierter Einheiten zu fördern versuchte. Die treibende Kraft hinter dieser Organisation war ein etwas obskurer briti-scher Internationalist und Antiquar namens James Yates.[20] Yates rief Ende September 1855 etwa 150 Industrielle und Wissenschaftler im *Palais d'Industrie* der Weltausstellung zusammen, um darüber zu beraten, wie die von den Juroren ge-forderte internationale Vereinheitlichung von Maßen und Gewichten zu errei-chen sei. Die Zusammenkunft resultierte schließlich in der Gründung der *International Association for Obtaining a Uniform Decimal System of Measures, Weights and Coins*.[21]

Die hauptsächlichen Protagonisten dieser Organisation waren Intellektuelle wie Yates, Hippolyte Peut und Erasmus Darwin (der Bruder von Charles Darwin). Daneben versammelte sie anerkannte Ökonomen, Sozialreformer und Adminis-tratoren. Dazu gehörten Leone Levi, der durch seine Arbeiten zum Welthandels-recht bekannt geworden war, Edwin Chadwick, einer der Schöpfer des britischen Armenrechtes von 1834, und Michel Chevalier, der als Wirtschaftsprofessor und Abgeordneter für den Freihandel eintrat. Und schließlich fanden sich in der *International Association* eine Reihe von prominenten Unternehmern und transnatio-nal orientierten Wirtschaftsbürgern ein. In diese Gruppe fielen Richard Cobden, Wilhelm Siemens und James de Rothschild, der als erster Präsident des neuen Interessenverbandes fungierte.[22]

Die Assoziation ging also aus einem liberal gesonnenen Bürgertum hervor, das idealistische Motive der Friedenssicherung mit ökonomischen Interessen ver-band. Ihr organisatorischer Aufbau korrespondierte mit dem transnationalen Charakter dieser Zielsetzung. Er bestand aus einem Zentralkomitee, dem die Klä-rung grundsätzlicher Fragen oblag, und aus Länderverbänden, die das Anliegen der Gesellschaft durch Veröffentlichungen, Diskussionsveranstaltungen und poli-tische Initiativen befördern sollten. Diese transnationale Struktur stand allerdings primär auf dem Papier. Zwar gewann die *International Association* in den folgen-den Jahren Mitglieder aus nicht weniger als fünfzehn Ländern, aber ihre tatsäch-

---

[18] Report of the Proceedings of the Second General Peace Congress, S. 29.
[19] Declaration signed by the Jurymen and Commissioners, o.D. [1855], in: YATES, Narrative, S. 5.
[20] Zur Person von Yates vgl. den Nachruf von C. T., James Yates, S. i ff. sowie seinen Nachlass in: UCL Archives, MS ADD 71.
[21] YATES, Narrative, S. 13 ff. Vgl. hier und im Folgenden auch MARCIANO, Metric System, S. 127 ff.
[22] YATES, Narrative, S. 19 ff.

lichen Aktivitäten konzentrierten sich – abgesehen von einigen Zusammenkünften des französischen Zweiges – auf die britische Sektion.[23]

Das war insofern naheliegend, als die Beteiligung der führenden Industrienation der Welt weithin als zentraler Bestandteil einer jeglichen Einigung über einen internationalen Standard galt. Um die diesbezüglichen Chancen zu erhöhen, setzte sich die *International Association* – wie zuvor schon die Resolution der Juroren – zunächst nur für *dezimale* Maße im Allgemeinen und nicht für die französischen Einheiten im Besonderen ein. Ihre offiziellen Beschlüsse besagten in diesem Sinne, dass die nationalen Zweiggesellschaften jeweils eigenständige Untersuchungen über die Frage nach den genauen Charakteristika eines internationalen Maßsystems anstellen und damit eine entsprechende Entscheidung des Zentralkomitees vorbereiten sollten.[24]

Ausgerechnet der *British Branch* sprach sich in seiner 1857 unternommenen Enquete dann aber eindeutig für den Meter aus. Er erschien den Mitgliedern der Gesellschaft als der ideale Kandidat für eine Internationalisierung. Sie begründeten das mit seiner Praktikabilität und seiner weiten Verbreitung, aber auch damit, dass seine Übernahme durch Großbritannien ein starkes Signal für die Völkerverständigung setzen würde.[25] Das Zentralkomitee konnte angesichts des eindeutigen Votums seiner wichtigsten Zweiggesellschaft gar nicht anders, als diese Auffassung zu übernehmen. Seit 1859 war die *International Association* damit offiziell eine Organisation zur Propagierung des metrischen Systems.[26]

7.1.2 Die Zuspitzung der internationalen Debatte in den 1860er Jahren

In den folgenden Jahren gelang es der Gesellschaft, ihrem Anliegen große Aufmerksamkeit zu verschaffen. Aus Gründen und auf Wegen, die im dritten Abschnitt dieses Kapitels geschildert werden, erreichte sie 1862 im britischen Unterhaus die Einsetzung eines *select committee*, das der größten Handelsmacht der Erde die Einführung des metrischen Systems empfahl.[27] Diese Stellungnahme war von kaum zu überschätzender Bedeutung. Sie weckte auf dem europäischen Kontinent die Erwartung, dass Großbritannien in absehbarer Zeit die französischen Maße übernehmen werde. Die Folge davon war, dass deren Befürworter in der internationalen Debatte die Oberhand gewannen.

Besonders deutlich trat dies auf den internationalen statistischen Kongressen hervor, die ebenfalls im Rahmen der Weltausstellungen entstanden waren.[28] Ihre Zielsetzung bestand in der Schaffung von allgemeinen Grundlagen für die Datener

---

[23] Vgl. ebd.; First Report of the Council, S. 9 sowie Cox, Metric System, S. 171 u. S. 173.
[24] Second Report of the Council, S. 5. Vgl. auch Cox, Metric System, S. 171.
[25] Second Report of the Council, S. 9 f.
[26] Cox, Metric System, S. 174.
[27] Vgl. Kap. 7.3.1 dieser Arbeit.
[28] Randeraad, State and Statistics. Allgemein zur politischen Bedeutung der Statistik in diesem Zeitraum Osterhammel, Verwandlung, S. 60 ff.

hebung. Der im September 1853 abgehaltene erste statistische Kongress forderte deshalb jene Länder, in denen das metrische System nicht eingeführt war, dazu auf, ihren amtlichen Veröffentlichungen eine Umrechnung in dessen Einheiten beizufügen.[29] Auf dem zweiten Kongress zwei Jahre später gingen die Statistiker einen Schritt weiter und sprachen sich für die Etablierung eines international einheitlichen Maß- und Gewichtssystems aus. Ganz bewusst vermieden sie dabei allerdings eine Festlegung auf den Meter. Trotz dieser Selbstbeschränkung war die Stellungnahme des Kongresses umstritten. Der österreichische Statistiker Louis Antoine Debrauz vertrat die Auffassung, dass es sich bei ihr um eine politische Äußerung handele, die einer wissenschaftlichen Versammlung nicht zustehe. Allenfalls die Verwendung einheitlicher Maße und Gewichte *für statistische Zwecke* könne man von den europäischen Regierungen einfordern. Debrauz erreichte mit seiner Intervention einen Kompromiss. Der Kongress blieb zwar bei seiner ursprünglichen Forderung, begründete sie nun aber allein mit ihrer Bedeutung für die Datenerhebung.[30]

In den folgenden Jahren gerieten die Statistiker in den Sog der von der *International Association* angestoßenen Debatten. Sie artikulierten immer eindeutiger politische Zielsetzungen und sprachen sich dabei nicht mehr nur für irgendein Maßsystem, sondern für den Meter aus. Schon auf dem Kongress von 1860 wurden entsprechende Forderungen laut. Gleichzeitig gab es aber auch kritische Stimmen, die eine erneute Resolution für Papierverschwendung hielten.[31] Die Empfehlung des britischen Parlamentskomitees von 1862 führte schließlich zu einem eindeutigen Meinungsumschwung. Von ihr erhofften sich die Statistiker eine Art Domino-Effekt, wie Ernst Engel, der Direktor der Preußischen Statistischen Bureaus, erläuterte. Russland habe, so ließ er seine Kollegen auf dem Kongress von 1863 wissen, bereits erklärt, das metrische System einführen zu wollen, wenn Großbritannien dies täte. Ähnliches gelte auch für Schweden und Norwegen. Wenn dann noch Deutschland hinzuträte, sei eine internationale Vereinheitlichung von Maßen und Gewichten in greifbare Nähe gerückt.[32]

Vor diesem Hintergrund warfen die Statistiker ihre Bedenken hinsichtlich einer Parteinahme für den Meter über Bord. Der Kongress erklärte folglich, „dass die Einführung eines allgemeinen internationalen Maasses von grösster Wichtigkeit ist, und dass ihm für den internationalen Verkehr unter allen vorhandenen Maassystemen das metrische als das angemessenste erscheint."[33] Das war nunmehr, wie Engel ausdrücklich vermerkte, eine allgemeine und keine nur auf statistische Zwecke bezogene Forderung.[34]

Neben der Empfehlung des Unterhauskomitees trug auch die von der *International Association* betriebene Vernetzung der Befürworter des Meters zu dieser

---

[29] Compte rendu des travaux du Congrès général de statistique, S. 156.
[30] LEGOYT (Hrsg.), Compte rendu de la deuxième session, S. 293–299.
[31] Report of the Proceedings of the Fourth Session, S. 387.
[32] ENGEL (Hrsg.), Rechenschafts-Bericht, Bd. 1, S. 86.
[33] Ebd., Bd. 2, S. 582. Vgl. auch ders. (Hrsg.), Beschlüsse des Internationalen Statistischen Congresses, S. 18.
[34] Ders. (Hrsg.), Rechenschafts-Bericht, Bd. 1, S. 86.

eindeutigen Positionierung bei. Ihre Vertreter nahmen an den statistischen Kongressen teil und prägten die dortigen Debatten. 1867 empfahl die Versammlung ihren Mitgliedern deshalb sogar, die Bildung neuer nationaler Zweige der *International Association* zu betreiben. Mit akademischen Gesellschaften, Handelskammern und staatlichen Stellen pflegte der Verband ebenfalls intensive Kontakte.[35] Schließlich gelang es ihm auch, breitere Kreise der Öffentlichkeit für sein Anliegen zu interessieren. Zu diesem Zweck bemühte sich die Assoziation, Maße und Gewichte auf den Weltausstellungen zu präsentieren. Das französische *Conservatoire des arts et métiers* hatte schon bei der *Great Exhibition* 1851 Kopien seiner Meter-Protoypen gezeigt, und 1855 waren verschiedene amtliche Urmaße zu sehen gewesen. Nennenswertes Aufsehen hatten diese Exponate jedoch nicht erregt.[36] Für die Londoner Weltausstellung von 1862 nahmen sich nun Yates und seine Kollegen der Sache an. Sie planten eine umfangreiche Schau von Maßen und Gewichten aus aller Welt. Allerdings kamen nur wenige Ausstellungsstücke zusammen, und so endete dieser erste Versuch mit einer gewissen Ernüchterung.[37]

Umso eindrucksvoller fielen freilich die Bemühungen der *International Association* im Rahmen der Pariser Exposition von 1867 aus. Schon frühzeitig unterbreitete Leone Levi der Kommission, die das Ereignis vorbereitete, ihr neuerliches Vorhaben einer entsprechenden Präsentation.[38] Diese griff die Idee auf und verwandelte sie in einen zentralen Bestandteil der Weltausstellung – und zwar im Wortsinne, denn sie platzierte den zweistöckigen Pavillon, der die Exponate beherbergen sollte, in der Mitte des riesigen, auf dem Marsfeld errichteten *Palais d'Industrie*. Er stand damit „genau im Schnittpunkt der Achsen, die die Nationensegmente [des Ausstellungsgebäudes] gliederten".[39] Das symbolisierte die Schlüsselrolle von Maßen, Gewichten und den ebenfalls gezeigten Münzen für den internationalen Austausch. Sie lagen in Vitrinen im Erdgeschoss des Pavillons und umfassten neben europäischen und amerikanischen auch japanische und chinesische Exponate. Im ersten Stock waren zudem Banknoten, Briefmarken und Literatur versammelt.[40]

Trotz ihres technischen Charakters stieß die Ausstellung bei den 11 bis 15 Millionen Besuchern der Expo auf lebhaftes Interesse und geriet zu einem großen

---

[35] Vgl. MAESTRI (Hrsg.), Compte rendu, S. 478 sowie Fifth Report of the Council, S. 5 ff.

[36] Vgl. MORIN, Notice historique, S. 619; YATES, Narrative, S. 50 sowie TRESCA (Hrsg.), Visite, S. 379 ff.

[37] Vgl. Fifth Report of the Council, S. 21 sowie Sixth Report of the Council, S. 6.

[38] Vgl. die Protokolle der zu diesem Zweck einberufenen *Conférence Préparatoire* in: Report International Conference on Weights, Measures, and Coins, S. 3–6, hier v. a. S. 4 f.; P.P. 1867–1868 [4021], XXVII.801.

[39] KRETSCHMER, Weltausstellungen, S. 81. Dass es sich nicht, wie ebd. angenommen, um zwei Pavillons, sondern um einen zweistöckigen Pavillon handelte, geht hervor aus: Rapport sur l'exposition universelle, S. 105. Vgl. hier und im Folgenden auch BARTH, Mensch versus Welt, S. 120 ff.

[40] Rapport sur l'exposition universelle, S. 105 f. Eine Abbildung der Vitrinen in: DUCUING (Hrsg.), L'exposition universelle, Bd. 2, S. 84.

Erfolg.[41] Für die politische Debatte war allerdings bedeutsamer, dass die Assoziation zeitgleich eine thematisch einschlägige Konferenz abhielt. Sie war primär der Frage einer Internationalisierung des Münzsystems gewidmet, sah aber auch Beratungen über metrologische Standards vor. Mit dem Astronomen Claude-Louis Mathieu und dem Physiker Moritz von Jacobi übernahmen zwar zwei Naturwissenschaftler den Vorsitz des Plenums bzw. des Maß- und Gewichtskomitees dieser Veranstaltung. Abgesehen davon war ihr Teilnehmerfeld aber ein präzises Abbild jener intellektuellen und wirtschaftsbürgerlichen Eliten, die die Klientel der *International Association* bildeten.[42]

Es wäre dennoch ein Fehler, in der Einberufung der Konferenz alleine das Werk zivilgesellschaftlicher Kräfte zu sehen. Denn dem gesamten Themenkomplex wäre auf der Weltausstellung von 1867 wohl kaum eine solch große Bedeutung beigemessen worden, wenn er sich nicht vorzüglich in die politische Strategie Napoleons III. eingefügt hätte. Die Ursache dafür lag in der Lateinischen Münzunion, die der Kaiser zwei Jahre zuvor ins Leben gerufen hatte. Sie diente einerseits der Wiederherstellung der Währungsparität zwischen Frankreich, Belgien, Italien und der Schweiz, die durch die Goldfunde in Kalifornien und Australien aus dem Gleichgewicht geraten war.[43] Andererseits hatte sie auch das Ziel, dem Franc zu internationaler Geltung zu verhelfen und so den kulturellen Führungsanspruch des Kaiserreiches zu bekräftigen.[44] Sie entsprach damit der bonapartistischen Idee, das Legitimationsdefizit der Dynastie durch eine aktive Außenpolitik zu kompensieren.

Aus diesem Grund maß die französische Diplomatie der Münzunion einen sehr hohen Stellenwert bei. Sie bemühte sich, sie über die Kernländer hinaus zu erweitern und führte zwischen 1865 und 1867 intensive Verhandlungen mit Preußen. Zwar scheiterten diese, aber das Außenministerium lud daraufhin zu „einer allgemeinen Diskussion um eine währungspolitische Harmonisierung in Europa"[45] ein. Die dafür nötige *diplomatische* Konferenz terminierte es auf die Weltausstellung. Die von der *International Association* geplante *zivilgesellschaftliche* Konferenz kam dem bonapartistischen Regime dabei gerade recht. Sie war kostenlose Begleitpropaganda für eines seiner zentralen außenpolitischen Anliegen. Das Organisationskomitee der Weltausstellung ließ der Initiative deshalb jede erdenkliche Unterstützung zuteilwerden.[46]

Wie abhängig die *International Association* mit ihrem Anliegen von solchen staatlichen Interessen war, zeigte indes nicht nur die Vorbereitung der Konferenz,

---

[41] Rapport sur l'exposition universelle, S. 106 sowie Tenth Report of the Council, S. 5. Zur Zahl der Besucher bei der Weltausstellung vgl. KRETSCHMER, Weltausstellungen, S. 290.

[42] Vgl. Rapports et procès-verbaux, S. 1 f. sowie die Liste der Teilnehmer in: Rapport sur l'exposition universelle, S. 418 f.

[43] Vgl. EINAUDI, Money and Politics, S. 37 ff. sowie THIEMEYER, Internationalismus und Diplomatie, S. 21–35.

[44] Vgl. ebd., S. 37.

[45] Ebd., S. 43.

[46] Vgl. dazu die Unterlagen in: Report International Conference on Weights, Measures, and Coins, S. 6–8; P.P. 1867–1868 [4021], XXVII.801.

sondern auch ihr Ergebnis. Da der Franc seit 1795 auf dem Dezimalsystem basierte, waren die versammelten Experten von der Aussicht auf dessen Internationalisierung überaus angetan. Aus diesem Grund erarbeiteten sie einen Vorschlag zur Ausdehnung der Münzunion auf Großbritannien und Preußen. Er erklärte das Fünf-Franc-Stück zur Basis eines gemeinschaftlichen Währungssystems und sah gleichzeitig die Einführung eines neuen 25-Franc-Stücks vor, das dem englischen *sovereign* entsprechen sollte.[47] Um diese Idee umzusetzen, wäre allerdings eine leichte Abwertung des *sovereign* nötig gewesen. Zudem implizierte sie den Übergang von einer bimetallischen Währung zu einem reinen Goldstandard. Beides kollidierte mit den einzelstaatlichen Interessen, die auf der diplomatischen Konferenz verhandelt wurden. Preußen und die USA enthielten sich daher einer Stellungnahme, und die Vertreter Großbritanniens wandten ein, „das britische Währungssystem habe sich in jeder Hinsicht bewährt, sei von der Bevölkerung akzeptiert und es gebe aus der Sicht der Regierung keinen Anlass etwas zu ändern."[48]

Während sich im Kreis von Professoren und Industriellen also rasch eine Verständigung über wirtschaftliche Internationalisierungsprojekte erzielen ließ, stellten staatliche Souveränitätsinteressen eine hohe Hürde für deren Verwirklichung dar. Zwar folgten in den nächsten Jahren noch weitere Verhandlungen über die Frage einer Münzeinigung.[49] Aber mit der Abwendung Großbritanniens vom Kontinent in den späten 1860er Jahren, dem deutsch-französischen Krieg und der Absetzung Napoleons III. 1870/71 verflogen die Realisierungschancen einer solchen Politik schlagartig. Alle noch so große Einigkeit in den zivilgesellschaftlichen Debatten half nun nichts mehr: „The logic of power politics vindicated those who had been highly suspicious of these initiatives from the start."[50]

In der Maß- und Gewichtsfrage nahmen die Ereignisse allerdings einen deutlich anderen Verlauf. Auch hier konnte sich die im Rahmen der Pariser Weltausstellung abgehaltene zivilgesellschaftliche Konferenz schnell auf eine Empfehlung einigen. Sie sprach sich einstimmig für eine Internationalisierung des metrischen Systems aus.[51] Das war angesichts der seit den 1850er Jahren geführten Debatten keine Überraschung. Bemerkenswert ist allenfalls der überragende Stellenwert, den die Erwartung von Produktivitätssteigerungen für diesen Vorschlag hatte. „Comme toute économie de travail [...] équivaut à une véritable augmentation de richesse", so erklärte Resolution der Konferenz, „l'adoption du système métrique [...] se recommande particulièrement sous le point de vue économique."[52]

Ein diplomatisches Pendant zur Versammlung der Experten, das diese Überlegungen aus staatlicher Perspektive hätte debattieren könne, gab es in Paris allerdings nicht. Selbst die französische Seite, der eine weitere Verbreitung des metri-

---

[47] GEYER, One Language, S. 74f.
[48] THIEMEYER, Internationalismus und Diplomatie, S. 45.
[49] Vgl. ebd., S. 46ff. sowie GEYER, One Language, S. 75f.
[50] Ebd., S. 83.
[51] Rapport concernant l'uniformité des poids et mesures, in: Rapports et procès-verbaux, S. 3–16, hier S. 3.
[52] Ebd., S. 4.

schen Systems im Rahmen ihres außenpolitischen Konzeptes zweifellos zupaß gekommen wäre, hegte keine diesbezüglichen Pläne. Diese auf den ersten Blick erstaunliche Tatsache hing unmittelbar mit der ökonomischen Zielsetzung der Maßeinigung zusammen. Denn anders als aus den Bemühungen um die Sicherung der wissenschaftlichen Grundlagen des metrischen Systems, die in Kapitel 8 geschildert werden, ergab sich aus ihr kein genuin internationaler Regelungsbedarf. Den bürgerlichen Eliten, die in der *International Association* und auf der Konferenz von 1867 versammelt waren, genügte es vielmehr, wenn die europäischen Staaten das französische Maßsystem durch einseitige, nationale Regelungen übernahmen. Zudem gingen sie davon aus, dass die weltwirtschaftliche Integration den Regierungen über kurz oder lang gar keine andere Wahl mehr ließ, als einen solchen Schritt zu unternehmen.[53]

In den zwei Jahrzehnten vor und nach der Pariser Konferenz schien sich diese Auffassung zu bewahrheiten, denn in diesem Zeitraum verbreitete sich das metrische System über den ganzen Erdball. Zwischen 1861 und 1885 führten Italien, Deutschland, Österreich-Ungarn, die Schweiz, Norwegen, Rumänien, Serbien und Schweden die französischen Maße ein. Kolumbien, Ecuador, Mexiko, Brasilien, Peru und Argentinien übernahmen sie in den 1850er und 1860er Jahren, wobei die meisten dieser Reformen erst zwei Jahrzehnte später allgemeinverpflichtenden Charakter erlangten. Mit Japan fassten sie 1885 schließlich auch in Asien Fuß.[54]

Allerdings beruhte diese Internationalisierung nur teilweise auf dem Mechanismus, den die Befürworter des Meters postulierten. Zwar war seine Ausbreitung auch mit der weltwirtschaftlichen Entwicklung verknüpft, aber in der Hauptsache ging sie auf Prozesse der Nationalstaatsbildung zurück. Zudem konnten sich Großbritannien, die USA und Russland ihr widersetzen, ohne dadurch erkennbare Nachteile zu erleiden. Die innerhalb der einzelnen Länder geführten Debatten machen deutlich, dass eine Übernahme des metrischen Systems trotz aller wirtschaftlichen Integration nur dann zustande kam, wenn ihr das staatliche Eigeninteresse nicht entgegenstand. Dieses Argument wird im Folgenden anhand des deutschen und des britischen Falles erläutert.

7.2 Das metrische System in Deutschland

7.2.1 Die Debatte in der Revolution von 1848

In Deutschland waren einzelne Bestandteile des metrischen Systems schon vor der Jahrhundertmitte präsent. Sie gingen auf die napoleonischen Eroberungen, die unmittelbare Nachbarschaft zu Frankreich und die Einführung des Zollpfundes zurück. Den wesentlichen Katalysator für die Debatten über eine Verallgemei-

---

[53] Vgl. ebd., S. 15f. Die These von der ökonomisch bedingten Unausweichlichkeit der Verbreitung des Meters ist pointiert formuliert bei WILD, Ueber die Einführung, S. 13.
[54] Vgl. den Überblick bei REVERCHON, Documents, S. 314f. sowie daneben auch ALDER, Maß, S. 429, COX, Metric System, S. 142ff. und ders., Acceptance, passim.

nerung dieser Ansätze bildete nicht die internationale Situation, sondern die nationale Frage.

In deren Rahmen ging es zunächst primär um die Schaffung *irgendeines* einheitlichen Maßsystems. Vor 1848 fanden sich dazu allerdings nur wenige Überlegungen. Friedrich List erwähnte das Thema zwar gelegentlich, räumte ihm jedoch keinen großen Stellenwert ein. Nur der Nationalökonom Michael Alexander Lips legte 1822 und 1837 zwei einschlägige Veröffentlichungen vor, in denen er einheitlichen Maßen und Gewichten eine zentrale Bedeutung für die Nationsbildung zusprach.[55] Lips' Schriften blieben allerdings ein Ausnahmefall, denn der nationalen Bewegung fehlte ein Anknüpfungspunkt, an dem sich die Debatte hätte kristallisieren können. Der Deutsche Bund eignete sich dafür nicht. Das zeigte sich, als die sächsische Regierung ihm 1834 einen Antrag vorlegte, in dem sie die Einheit von Münzen, Maßen und Gewichten zu einer nationalen Angelegenheit erklärte und um die Formulierung von Leitlinien in dieser Frage bat. Die Ministerialkonferenz des Bundes lehnte das Ersuchen ab, ohne es überhaupt zu diskutieren. Weitere einzelstaatliche Initiativen kamen in der Folgezeit nicht zustande.[56]

Auch private Eingaben an die Bundesversammlung blieben ohne Ergebnis. Als ihr ein kurhessischer Kaufmann 1841 einen Vorschlag zur Dezimalisierung von Münzen, Maßen und Gewichten übersandte, rangen sich die Gesandten zwar dazu durch, seine Pläne als „hochwichtig"[57] und eine gesamtdeutsche Maßeinigung als überaus erstrebenswert zu bezeichnen. Allerdings erschienen ihnen die praktischen Hindernisse eines solchen Vorhabens unüberwindlich. Sie versuchten deshalb gar nicht erst, konkrete Überlegungen zu seiner Umsetzung anzustellen. Auch der Leipziger Kaufmann August Lanzac, der 1845 einen „Entwurf zu einem reinen Decimal-Systeme für Teutschland"[58] veröffentlichte und ihn 1847 an die Bundesversammlung verteilte, stieß auf dasselbe Hindernis.

Erst die Revolution des Jahres 1848 führte dazu, dass die Debatte über eine Maß- und Gewichtsreform größere Wirksamkeit entfaltete. Sie rief einen breiten Politisierungsschub hervor, in dessen Zentrum die im Mai 1848 gewählte Nationalversammlung stand.[59] Die Maßfrage entwickelte sich nun von einem Spielball einzelstaatlicher Interessen zu einer genuin politischen Auseinandersetzung, bei der die Interessen unterschiedlicher zivilgesellschaftlicher Gruppierungen öffentlich ausgehandelt wurden.

In einem Punkt waren sich dabei alle Beteiligten einig. Sie betrachteten die „Einführung eines allgemeinen deutschen [...] Maaß- und Gewichtssystems"[60]

---

[55] LENZ, Friedrich List, S. 116; LIPS, Bundes-Münze sowie ders., Zollverein, S. iiiff. Zum Kontext vgl. auch WITTHÖFT, Staat und Unifikation, S. 55 f.

[56] MÜLLER, Deutscher Bund, S. 437.

[57] Eingabe des Kaufmanns Weibezahn zu Fischbeck in Kurhessen, wegen Einführung eines von ihm entworfenen Decimalsystems in den deutschen Bundesstaaten, 15.1.1842, in: Protokolle der Deutschen Bundesversammlung 27 (1842), § 27, S. 52–54, hier S. 53 (im Original Dativ: „hochwichtigen").

[58] LANZAC, Entwurf 1845. Vgl. auch ders., Entwurf 1847.

[59] SIEMANN, Deutsche Revolution, S. 181.

[60] NÖRDLINGER, Vorschläge, S. 1.

als selbstverständlichen Bestandteil der nunmehr angestrebten Nationalstaatsbildung. Bereits der im April 1848 vorgelegte Verfassungsentwurf des noch vom Deutschen Bund eingesetzten Siebzehnerausschusses beinhaltete deshalb einen Passus, der die diesbezügliche Gesetzgebung als ausschließliches Recht der neu zu schaffenden Reichsgewalt bezeichnete.[61] Zwar verwarf die Nationalversammlung diese Vorlage und nahm eigene Verfassungsberatungen auf. Aber in deren Rahmen formulierte sie im Juli 1848 eine nahezu identische Bestimmung, die schließlich auch in die Paulskirchenverfassung vom März 1849 einfloss.[62]

Die Frage, wie das künftige, gesamtdeutsche Maßsystem aussehen sollte, wurde im Rahmen der Verfassungsberatungen allerdings nicht gestellt. Ihre Beantwortung blieb der öffentlichen Debatte überlassen. Sie entfaltete sich im Rahmen des „Petitionssturm[s]",[63] der nun über die Nationalversammlung hereinbrach. Unter den rund 17 000 Eingaben, die das Parlament im Zeitraum seines Bestehens erreichten, waren zwar nur wenige, die sich mit Maßen und Gewichten beschäftigten. Victor Wang, auf dessen Analyse die folgenden Ausführungen beruhen, nennt 27 solcher Bittschriften, deren Adressat neben der Nationalversammlung z. T. auch das Handelsministerium der provisorischen Zentralgewalt war.[64] Hinzu kamen aber noch einige allgemeinere Petitionen, in denen die Maßfrage mit berücksichtigt wurde. Zudem schlug sich die Debatte in Zeitschriftenartikeln nieder. So beinhaltete etwa das *Archiv der Mathematik und Physik* 1849 eine Reihe von einschlägigen Stellungnahmen. Und schließlich verfassten auch einige einzelstaatliche Verwaltungen Positionspapiere, die allerdings nur teilweise an die Öffentlichkeit gelangten.[65]

Die meisten dieser Beiträge entstammten einem klar bestimmbaren Hintergrund. Drei wesentliche Akteursgruppen lassen sich unterscheiden.[66] Die erste Gruppe bestand aus Autoren, die mit der Maßfrage ökonomische Zielsetzungen verbanden. Das waren zum Beispiel Kaufleute wie August Lanzac, der seine ursprünglich an den Deutschen Bund gerichtete Eingabe 1848 noch einmal an die Nationalversammlung sandte. Daneben traten in Form eines Gutachtens des

---

[61] Entwurf des deutschen Reichsgrundgesetzes, Art. 2, § 3, S. 11.

[62] Protokoll 21. Sitzung des Volkswirtschaftlichen Ausschusses, 15. 7. 1848, in: CONZE und ZORN (Hrsg.), Protokolle, S. 83 f., hier S. 84; DROYSEN (Hrsg.), Verhandlungen, S. 297 f. sowie Verfassung des Deutschen Reiches, 28. 4. 1849, Artikel IX, § 46, in: Reichs-Gesetz-Blatt 1849, Nr. 16, S. 101–147, hier S. 109.

[63] SIEMANN, Deutsche Revolution, S. 181.

[64] Vgl. die Auflistung bei WANG, Vereinheitlichung, S. 273–276 sowie hier und im Folgenden auch GROSS, Integration, S. 218 f.

[65] Ein Beispiel einer allgemeinen Petition, die auch Maße und Gewichte berücksichtigte, ist VOLKHARD (Hrsg.), Entwurf, S. 15. Die Beiträge im *Archiv der Mathematik und Physik* finden sich in Bd. 12 (1849), Abschnitt „Deutsche Maasse, Münzen und Gewichte", S. 1–50 sowie ebd., Bd. 13 (1849), Abschnitt „Deutsche Maasse, Münzen und Gewichte", S. 51–60. Zu den Positionspapieren aus der Verwaltung vgl. die folgenden Ausführungen.

[66] Diese Einteilung folgt WANG, Vereinheitlichung, S. 277 f., nimmt aber z. T. differierende Einschätzungen vor. Das gilt besonders für die zweite Gruppe. Die Bedeutung der in Kap. 6 dieser Arbeit geschilderten wissenschaftlichen Debatten für deren Position ignoriert Wang weitgehend. Eine alternative, hier nicht verfolgte Kategorisierung findet sich bei GROSS, Integration, S. 220–230.

Kongresses Deutscher Landwirte auch agrarische Interessen hervor. Und aus dem industriellen Sektor äußerten sich Fabrikbesitzer wie Carl Anton Henschel und Eisenbahningenieure wie Wilhelm Nördlinger.[67] Eine zweite Gruppe bildeten Naturwissenschaftler und Vertreter des Bildungssektors. Ihr Interesse an der Debatte ergab sich aus den in Kapitel 6 erläuterten Versuchen zur Bestimmung unzweideutiger Urmaße. Gleich mehrere der Beiträger aus dieser Kategorie waren, wie Gotthilf Hagen, Schüler von Friedrich Wilhelm Bessel oder zumindest, wie Carl August Steinheil, eng mit dessen Überlegungen vertraut.[68] Drittens äußerten sich auch Administratoren und Beamte zur Frage nach der Ausgestaltung eines nationalen Maßsystems. Z. T. wurden sie von selbst aktiv und wandten sich mit gedruckten Schriften an die Nationalversammlung oder an die Öffentlichkeit. Zumeist hatten ihre Vorschläge aber amtlichen Charakter. Die wichtigste Stellungnahme aus diesem Kreis entstand beispielsweise auf Bitten des preußischen Handelsministeriums.[69] Die genannten Gruppierungen überschnitten sich teilweise. Gotthilf Hagen etwa bekleidete nicht nur in der wissenschaftlichen Gemeinschaft, sondern auch in der staatlichen Verwaltung eine wichtige Position. Zudem spielte in der Debatte auch die Unterscheidung zwischen Preußen und Süddeutschen eine große Rolle. Dennoch stimmt die hier vorgenommene Einteilung der Akteure grob mit den zentralen inhaltlichen Positionen zur Frage nach den Charakteristika der künftigen deutschen Maße und Gewichte überein.

Die Vertreter von Handel und Industrie sprachen sich für eine weitgehende Übernahme des Meters aus und fanden allenfalls die zugehörige Nomenklatur verbesserungsfähig. Abgesehen davon sahen sie in den französischen Maßen „das vollkommenste Maaß- und Gewichtsystem [sic], welches auf Erden besteht" und zudem „das einzige, welches seinen Ursprung nicht dem blinden Zufall verdankt, sondern ein unvermischtes Erzeugnis der Überlegung ist."[70] Zudem verwiesen sie darauf, dass sich der Meter nicht nur in Frankreich, sondern auch in der Lombardei, in Venetien, in Belgien und in den Niederlanden durchgesetzt habe. Schließlich spielte auch das Argument, dass die Einführung des französischen Systems keines der deutschen Länder bevorzugen, sondern vielmehr einen für alle akzeptablen Kompromiss darstellen würde, für seine Befürworter eine wichtige Rolle.[71]

Einige der naturwissenschaftlich gebildeten Autoren, die sich in der Debatte äußerten, teilten diese Auffassung. Die meisten Mathematiker und Physiker lehnten das metrische System aber ab. Sie hielten seine konzeptionelle Basis für hinfällig und gingen davon aus, dass der Meter nur unzureichend bestimmt war. Gotthilf Hagen opponierte aus diesen Gründen heftig gegen die französischen Maße, lobte stattdessen die Urmaßbestimmung Bessels und plädierte für die

---

[67] Vgl. WANG, Vereinheitlichung, S. 277; HENSCHEL, Einheit sowie NÖRDLINGER, Vorschläge.

[68] Zusammenfassend zu dieser Gruppierung MEYER-STOLL, Maß- und Gewichtsreformen, S. 94–110.

[69] Unmittelbar an die Öffentlichkeit richtete sich z. B. GROSS, Grund- und Einkommensteuer. Bei dem auf Bitten des preußischen Handelsministeriums entstandenen Vorschlag handelte es sich um denjenigen von Brix, auf den im Folgenden genauer eingegangen wird.

[70] NÖRDLINGER, Vorschläge, S. 2. Teilweise auch zitiert bei WANG, Vereinheitlichung, S. 279.

[71] Vgl. LANZAC, Entwurf 1847, S. 1 sowie NÖRDLINGER, Vorschläge, S. 1 f.

deutschlandweite Einführung des preußischen Einheitensystems.[72] Allerdings gab
es für diese Position nicht nur wissenschaftliche, sondern auch politische Motive.
Es war kein Zufall, dass gerade preußische Autoren sie vertraten. Der aus Bayern
stammende Steinheil, der in den Jahren zuvor als einziger Deutscher Zugang zu
den französischen Prototypen gehabt hatte, plädierte dagegen trotz aller Kritik an
deren Zustand für die Übernahme des Meters.[73]

Wie bedeutsam der preußisch-französische Antagonismus für seine wissenschaftliche Kritiker war, zeigte sich auch daran, dass sie in hohem Maße auf praktische Argumente rekurrierten. Diese Bedenken waren z. T. durchaus plausibel.
Die mehrfach monierte unhandliche Größe des Meters etwa war ein Kritikpunkt,
der auch in der Stellungnahme des Maschinenbauunternehmers Henschel auftauchte. Die Skepsis gegenüber der dezimalen Unterteilung der Maße, die einige
Autoren durch das Duodezimalsystem ersetzen wollten, konnte sich angesichts
der französischen Erfahrungen ebenfalls auf gute Argumente stützten.[74] Dass
aber ausgerechnet die Naturwissenschaftler, die zu den größten Nutznießern des
dezimalen Rechnens gehörten, diese Bedenken besonders lautstark artikulierten,
weckt Zweifel an der Redlichkeit der damit verbundenen Absichten. In manchen
Fällen liegt der Verdacht nahe, dass ihre betonte Rücksichtnahme auf die Gewohnheiten der Bevölkerung eher einer grundsätzlichen Skepsis gegenüber dem
Meter als einer aufrichtigen Anteilnahme an den alltäglichen Problemen mathematisch ungebildeter Schichten geschuldet war.[75]

Die Haltung der Naturwissenschaftler war allerdings auch innerhalb Preußens
umstritten. Das zeigen die Vorschläge der dritten an der Debatte beteiligte Gruppe, also der Verwaltungsbeamten. Sie strebten einen Kompromiss zwischen dem
französischen und den bis dahin in Deutschland üblichen Maßsystemen an. Der
wichtigste diesbezügliche Vorschlag kam ausgerechnet von Adolf Brix, dem Direktor der preußischen Normaleichungskommission. Sein Ursprung lag in einem
Patent Friedrich Wilhelms IV. vom März 1848, das deutschlandweit gleiches Maß
und Gewicht versprach. Das Handelsministerium hatte Brix deshalb aufgefordert,
einen Entwurf für eine entsprechende Maßordnung vorzulegen, was er im November 1848 auch tat.[76] Anders als die Wissenschaftler ging er dabei vor allem
von pragmatischen Überlegungen aus. Brix vermutete, dass die übrigen deutschen Staaten eine Ausweitung des preußischen Systems kaum akzeptieren würden. Das war nicht nur eine Frage von Eitelkeiten, sondern lag auch daran, dass
das metrische Zollpfund im innerdeutschen Verkehr mittlerweile einen festen

---

[72] HAGEN, Deutsches Maass, passim.
[73] MEYER-STOLL, Maß- und Gewichtsreformen, S. 106 f.
[74] HENSCHEL, Einheit, S. 1; SCHEFFLER, Vorschläge, S. 9 ff. sowie MEYER-STOLL, Maß- und Gewichtsreformen, S. 103. Es fehlt jeder Hinweis darauf, dass es sich bei den Überlegungen von
Scheffler, wie ebd., S. 100 f. vermutet, um eine Satire gehandelt haben könnte.
[75] So z. B. bei KARSTEN, Vorschläge, v. a. S. 7–10.
[76] Entwurf zu einer neuen Maaß- und Gewichtsordnung für das vereinigte Deutschland,
15. 11. 1848, auszugsweise abgedruckt in: STENZEL, Maß- und Gewichtsordnung, S. 22–31. Zu
Entstehungsgeschichte und Datierung WANG, Vereinheitlichung, S. 85. Vgl. zudem die ausführliche Zusammenfassung des Entwurfs bei WEISS, Vereinheitlichung, S. 85 ff.

Platz erlangt hatte. Die wenigsten Staaten wären bereit gewesen, diese mühsam geschaffene Schnittstelle zum französischen System zugunsten des preußischen Pfundes wieder aufzugeben. Das halbe Kilogramm erschien deshalb als die einzig denkbare Grundlage für eine nationale Maßeinigung.[77]

Dieser Gedanke tauchte auch in einigen anderen Konzepten auf. Brix ging aber noch einen Schritt weiter. Er schlug vor, „bei der Wahl der übrigen Einheiten sich [weitgehend] dem metrischen System Frankreichs anzuschließen".[78] Allerdings sah sein Entwurf eine gewichtige Ausnahme von dieser Regel vor. Anstelle des Meters wollte Brix einen neu zu schaffenden ‚deutschen Fuß' einführen. Dieser sollte genau drei Dezimeter entsprechen und definitorisch an die *Toise* gekoppelt werden. Auf diese Weise ließ sich den Zweifeln an der wissenschaftlichen Grundlage des französischen Längenmaßes und der Kritik an seiner unhandlichen Größe begegnen, gleichzeitig aber die Kompatibilität mit ihm sicherstellen. Aus ähnlichen Gründen sah der Entwurf auch vor, eine Reihe gebräuchlicher deutscher Maße weiterhin zuzulassen und sie behutsam an das französische System anzugleichen. So sollte beispielsweise die geographische Meile von 7416 Meter auf 7500 Meter verlängert werden.[79] Eine Kommission des Handelsministeriums arbeitete diesen Vorschlag im April 1849 weiter aus. Er stellte insgesamt einen plausiblen Kompromiss dar, wie auch das Beispiel der Schweiz erhellt. Dort wurde ein ähnliches System 1851 bundesweit verankert.[80] Wäre Deutschland im Gefolge der Revolution tatsächlich vereinigt worden, hätte es also vermutlich ein dem Brix'schen Entwurf nicht unähnliches Maßsystem erhalten.

Dazu kam es aber bekanntlich nicht. Das Scheitern der Revolution machten alle Chancen auf eine deutschlandweite Vereinheitlichung von Maßen und Gewichten vorläufig zunichte. Im Rahmen der Dresdener Ministerialkonferenz zur Wiederbelebung des Deutschen Bundes kam die Frage 1850/51 zwar noch einmal zur Sprache. Diese Initiative scheiterte aber schon bald am nunmehr hervortretenden österreichisch-preußischen Antagonismus. Er führte dazu, dass weitere, auf der nationalen Ebene angesiedelte Vorstöße in den folgenden Jahren unterblieben.[81]

7.2.2 Die Verhandlungen im Deutschen Bund

Ende der 1850er Jahre lebte die Debatte wieder auf. Mit den Impulsen aus dem Umfeld der Weltausstellungen und der *International Association* war diese Entwicklung allerdings nur lose verknüpft. Ihren unmittelbaren Anlass bildete vielmehr der Ausgang des zweiten italienischen Unabhängigkeitskrieges. Er gab der

---

[77] Entwurf zu einer neuen Maaß- und Gewichtsordnung für das vereinigte Deutschland, 15.11.1848, auszugsweise abgedruckt in: STENZEL, Maß- und Gewichtsordnung, S. 22–31, hier S. 22 f. u. S. 26.

[78] Ebd., S. 23.

[79] Vgl. ebd., S. 24.

[80] Maass und Gewicht, in: FURRER (Hrsg.), Volkswirthschafts-Lexikon, Bd. 2, S. 363–401, hier S. 388 f. Vgl. auch BOSER HOFMANN, Modernisierung, S. 169.

[81] Vgl. MÜLLER, Deutscher Bund, S. 55 ff. u. S. 438 f. und GROSS, Integration, S. 243 ff.

deutschen Nationalbewegung einen merklichen Schub. Als Reaktion hierauf entstand unter den Klein- und Mittelstaaten eine Debatte über die Notwendigkeit einer Stärkung des Deutschen Bundes. Sie sollte den Forderungen nach staatlicher Einigung den Wind aus den Segeln nehmen.[82]

Auf der Würzburger Konferenz vom November 1859 kamen deshalb Vorschläge für eine Bundesreform zur Sprache. Im Mittelpunkt dieser Überlegungen stand die „Harmonisierung des nationalen Rechts".[83] Dabei einigten sich die Klein- und Mittelstaaten unter anderem auf eine Initiative zur Vereinheitlichung von Maßen und Gewichten. Im Februar 1860 stellten sie in der Bundesversammlung einen entsprechenden Antrag. Dabei ließen sie durchblicken, dass sie eine allgemeine Einführung des metrischen Systems favorisierten, weil dieses in Sachsen und in Teilen Süddeutschlands bereits bekannt und zu technischen Zwecken in Verwendung war.[84] Auch Bayern teilte diese Position, obwohl es kurz zuvor noch den von den meisten anderen Staaten vollzogenen Übergang zum Zollpfund abgelehnt hatte. Noch bedeutsamer war, dass Österreich den Vorschlag unterstützte, obwohl das metrische System dort bis dato ebenfalls auf große Skepsis gestoßen war. Dieser Meinungsumschwung lag darin begründet, dass die Doppelmonarchie in der Unterstützung der Reformpolitik der Mittelstaaten eine Möglichkeit sah, den preußischen Führungsanspruch im Deutschen Bund einzudämmen. Als die Bundesversammlung im Juni 1860 über den genannten Antrag beriet, sprach sich der österreichische Gesandte deshalb für eine gesamtdeutsche Maßvereinheitlichung aus.[85]

Sein preußischer Amtskollege versuchte dagegen, das Projekt zu Fall zu bringen. Dafür nannte er vor allem inhaltliche Gründe. Eine Einheitlichkeit des Gewichtssystems, so führte er aus, gebe es seit der Einführung des Zollpfundes bereits. Für Längen-, Flächen- und Hohlmaße sei sie dagegen nicht nötig, weil diese im allgemeinen Verkehr keine große Rolle spielten.[86] Es besteht allerdings kein Zweifel daran, dass die Argumente des Gesandten nur vorgeschoben waren. Die preußische Regierung lehnte die Initiative zur Maßvereinheitlichung vielmehr aus denselben Gründen ab, aus denen sie die Politik der Mittelstaaten insgesamt zu blockieren versuchte. Auf diese Weise „sollten der Deutsche Bund als ‚nationales Band' delegitimiert, die preußischen Interessen in der Bundesversammlung gegen die Majorisierungsversuche Österreichs und der Mittelstaaten verteidigt und die ökonomische Vormachtstellung Preußens im Zollverein gesichert werden."[87]

---

[82] Vgl. überblicksartig NIPPERDEY, Deutsche Geschichte 1800–1866, S. 704 ff. sowie ausführlich MÜLLER, Deutscher Bund, S. 276–360.

[83] Ebd., S. 301. Vgl. hier und im Folgenden auch GROSS, Integration, S. 279 f.

[84] Vgl. MÜLLER, Deutscher Bund, S. 441 f. sowie WANG, Vereinheitlichung, S. 90. Zur Rolle Sachsens vgl. FOERSTER, Lebenserinnerungen, S. 89.

[85] Stellungnahme des österreichischen Gesandten, 28.6.1860, in: Protokolle der Deutschen Bundesversammlung 44 (1860), § 172, S. 313 f. Zum deutschlandpolitischen Kontext vgl. NIPPERDEY, Deutsche Geschichte 1800–1866, S. 707.

[86] Stellungnahme des preußischen Gesandten, 28.6.1860, in: Protokolle der Deutschen Bundesversammlung 44 (1860), § 172, S. 314 ff.

[87] MÜLLER, Deutscher Bund, S. 444 (auch zitiert bei GROSS, Integration, S. 283).

Gegen den Willen der Regierung in Berlin beschloss die Bundesversammlung aber die Einsetzung einer Sachverständigenkommission, die die Möglichkeiten einer Vereinheitlichung genauer untersuchen sollte. Die preußische Seite weigerte sich daraufhin, an deren Beratungen teilzunehmen.[88] Sie hatte allerdings große Mühe, diese Position zu rechtfertigen. Denn es war offensichtlich, dass die Forderungen der Klein- und Mittelstaaten über breiten gesellschaftlichen Rückhalt verfügten. Schon seit dem Beginn der ‚Neuen Ära' wuchs die Zahl der einschlägigen Publikationen wieder deutlich an. Als 1860 bekannt wurde, dass sich die Bundesversammlung mit dem Thema beschäftigte, ergoss sich dann eine veritable Flut von Petitionen und Eingaben über das Gremium. Die meisten dieser Stellungnahmen kamen von Unternehmern, Industriellen und Ingenieuren. Aber auch Vertreter traditioneller Wirtschaftszweige wie die 1860 abgehaltene Versammlung deutscher Land- und Forstwirte sprachen sich nun einhellig für eine nationale Angleichung von Maßen und Gewichten aus.[89]

Preußen stand mit seiner Haltung also gegen ein geschlossenes Meinungsbild. Das galt umso mehr, als die genannten Gruppen mehrheitlich das metrische System befürworteten. Zwar gab es in dieser Frage auch abweichende Stimmen. Die duodezimale Unterteilung etwa hatte nach wie vor ihre Anhänger, und manche Ingenieure empfanden den Meter immer noch als zu lang.[90] Die meisten von ihnen sprachen sich aber, wie schon 1848/49, für das französische System aus. Ihrem Votum kam besonderes Gewicht zu. Denn in der Sachverständigenkommission, die die Staaten des Deutschen Bundes nun benannten, waren die Ingenieure in der Mehrheit. Nur Bayern und Österreich schickten zwei Naturwissenschaftler und Hessen einen Verwaltungsbeamten nach Frankfurt.[91]

Der preußische Gesandte sagte deshalb im Januar 1861 voraus, „daß die versammelten ‚Fachmänner' zu keinem anderen Resultate gelangen werden, als das Metermaß und das entsprechende Dezimalsystem als das beste zu empfehlen".[92] Daran war seine eigene Regierung allerdings nicht ganz unschuldig. Ihre Weigerung, an der Kommission teilzunehmen, beraubte auch die preußischen Naturwissenschaftler, also die wichtigsten Opponenten des Meters, der Möglichkeit, ihrer Position Gehör zu verschaffen. Immerhin versuchten sie aber, den Gang der Diskussionen von außen zu beeinflussen. Gotthilf Hagen veröffentlichte Anfang 1861 eine Denkschrift, die die Zeitgenossen als offizielle Stellungnahme der Berliner Akademie der Wissenschaften interpretierten. Ausgehend von der Prämisse, dass ein zukünftiges deutsches Maß den höchsten wissenschaftlichen Ansprüchen genügen müsse, erklärte er das metrische System angesichts der Defizite seiner

---

[88] Stellungnahme des preußischen Gesandten, 27.10.1860, in: Protokolle der Deutschen Bundesversammlung 44 (1860), § 220, S. 574 f.

[89] Vgl. die Auflistung der entsprechenden Stellungnahmen in: Gutachten über Einführung gleichen Maßes und Gewichtes, S. 494 sowie bei MEYER-STOLL, Maß- und Gewichtsreformen, S. 143 f.

[90] MÜLLER, Deutscher Bund, S. 445; Nördlinger, Zukunft, S. 28 sowie LASIUS, Vorschläge, S. 11 f.

[91] MEYER-STOLL, Maß- und Gewichtsreformen, S. 145.

[92] Bericht des preußischen Gesandten an das Außenministerium, 17.1.1861, zit. nach WANG, Vereinheitlichung, S. 93 (Hervorhebung im Original unterstrichen).

Prototypen für untragbar und warnte davor, sich in dieser Hinsicht von Frankreich abhängig zu machen.[93]

Allerdings war Hagen mittlerweile klar geworden, dass sein 1849 formulierter Plan einer deutschlandweiten Übernahme der preußischen Maße keinerlei Aussicht auf Erfolg hatte. Er schlug deshalb eine überraschende Alternative vor und plädierte nun dafür, anstelle des metrischen Systems die *Imperial Measures* einzuführen. Diese Idee ging auf die zwischenzeitlich erfolgte Wiederherstellung der britischen Urmaße zurück. Da sie die preußische Maßbestimmung an Genauigkeit übertraf, erblickte Hagen in den neuen Protopyen die wissenschaftlich solideste Lösung.[94] Zudem führte er noch zwei weitere Vorteile des britischen Systems ins Feld: seine duodezimale Unterteilung, die schon in den Debatten von 1848/49 das Steckenpferd der Naturwissenschaftler gewesen war, und seine weite Verbreitung. Denn Hagen argumentierte, dass es „in England, Schweden, Russland und fast ohne Ausnahme in allen ausser-europäischen Ländern, namentlich auch in Amerika eingeführt ist, wohin der deutsche Handel sich vorzugsweise richtet."[95]

Diese Argumente waren durchaus diskutabel. Wissenschaftlich galten die britischen Maße den französischen zweifellos als überlegen. Und dass die geographische Verbreitung der *Imperial Measures* ein Argument für deren Einführung war, erkannte auch die Sachverständigenkommission an, als sie im Juni 1861 ihren Bericht erstattete.[96] Gleichzeitig wies sie allerdings darauf hin, dass in Russland nur die Längeneinheiten, nicht aber die Gewichts- und Volumenmaße aus Großbritannien stammten. Zudem war das französische System in den an Deutschland angrenzenden Staaten eindeutig gebräuchlicher als das britische. Es erschien deshalb abwegig, die gerade erst erzielte Einigung auf das metrische Zollpfund zugunsten des Avoirdupois-Pfundes rückgängig zu machen.[97]

Der wichtigste Einwand gegen Hagens Vorschlag war allerdings einer, der auf die internationale Debatte und insbesondere auf die Aktivitäten der *International Association* Bezug nahm. Zwar beteiligten sich an ihr nur sehr wenige Deutsche – Ernst Engel war die einzige nennenswerte Ausnahme –, aber dass sie im Mutterland der *Imperial Measures* einen Stimmungsumschwung in Gang brachte, blieb auch der Expertenkommission der Bundesversammlung nicht verborgen. Sie argumentierte deshalb, dass die britischen Einheiten aller Wahrscheinlichkeit nach

---

[93] HAGEN, Zur Frage, S. 4 ff., S. 21 f., S. 24 f. u. S. 48. Zusammenfassend zu Hagens Position vgl. MEYER-STOLL, Maß- und Gewichtsreformen, S. 151–164. Zur zeitgenössischen Interpretation als offizielle Stellungnahme vgl. FOERSTER, Lebenserinnerungen, S. 89.

[94] HAGEN, Zur Frage, S. 46 f. Hagen hatte die *Imperial Measures* schon 1849 in Erwägung gezogen, ihre Einführung aufgrund des zu diesem Zeitpunkt unsicheren Status ihrer Urmaße aber wieder verworfen, vgl. ders., Deutsches Maass, S. 6.

[95] Ders., Zur Frage, S. 49 f.

[96] Gutachten über Einführung gleichen Maßes und Gewichtes, S. 488. Zusammenfassend zum Bericht der Sachverständigenkommission vgl. MEYER-STOLL, Maß- und Gewichtsreformen, S. 165–185.

[97] Gutachten über Einführung gleichen Maßes und Gewichtes, S. 488. Vgl. zum zuletzt genannten Punkt auch WITTHÖFT, Staat, S. 70.

ein Auslaufmodell waren, wogegen der Meter „die bestimmte Aussicht auf noch weitere Ausdehnung seines Gebietes"[98] eröffnete.

Die Kommission sprach sich folglich einstimmig für dessen Einführung aus. Die Kritik an seinen wissenschaftlichen Grundlagen verwarf sie mit dem Hinweis, dass das metrische System nur nominell auf einem Naturmaß, tatsächlich aber auf konventionell definierten Prototypen basiere. Diese Aussage ging zwar an Hagens Argumentation, die ja gerade die Unzuverlässigkeit dieser Urmaße aufs Korn nahm, vorbei. Das scheint aber niemandem aufgefallen zu sein.[99] Wichtiger war, dass die Kommission das französische System behutsam an die deutschen Gegebenheiten anpassen wollte. Deshalb sollte anstelle des Kilogramms das metrische Zollpfund zur grundlegenden Gewichtseinheit erklärt werden. Zudem wollte die Kommission geringfügige Änderungen an der Nomenklatur und an einigen Unterteilungen vornehmen. Und schließlich schlug sie vor, traditionelle Feld- und Wegemaße wie die Meile beizubehalten, sie aber – ähnlich wie Brix es 1848 geplant hatte – auf eine metrische Grundlage zu stellen.[100]

Damit lag nun ein amtliches Papier auf dem Tisch, das sich vorzüglich dazu eignete, die wenigen noch verbliebenen Gegner einer Vereinheitlichung unter Druck zu setzen. Das galt auch deshalb, weil das Gutachten noch einmal deutlich machte, wie unübersichtlich die Situation in den deutschen Staaten bis in die 1860er Jahre hinein war. Die Kommission hatte dreißig verschiedene gesetzlich zugelassene Fuß- und etwa ebenso viele Ellenmaße gezählt. Hinzu kam eine kaum überschaubare Vielfalt an Flächen-, Brennholz-, Getränke- und Getreidemaßen.[101] Angesichts dieser Diagnose befürworteten fast alle der in Frankfurt vertretenen Gesandten die Umsetzung der Empfehlungen der Experten.

Selbst innerhalb der preußischen Verwaltung schien die Stimmung daraufhin zu kippen. Bei den nun folgenden internen Erörterungen kam heraus, dass nicht alle der beteiligten Stellen die bisherige Blockadepolitik goutierten.[102] Die Normaleichungskommission und der Finanzminister kritisierten vielmehr, dass Preußen nicht von sich aus die Einführung des Meters betrieben hatte. Eine Befragung der Provinzialbehörden sowie von Vertretern von Handel und Gewerbe ergab zudem eine breite Unterstützung für die Frankfurter Vorschläge.[103] Die Regierung erklärte daraufhin im Oktober 1864, dass sie „zur Einführung eines Maßsystems auf Grundlage einer dem Meter gleichen Einheit"[104] bereit sei, wenn dieses auch von den anderen deutschen Staaten und von Preußens wichtigsten europäischen Handelspartnern übernommen werde.

Die übrigen Mitglieder des Deutschen Bundes, die das Gutachten der Sachverständigenkommission zwischenzeitlich fast ausnahmslos gutgeheißen hatten,

---

[98] Gutachten über Einführung gleichen Maßes und Gewichtes, S. 491.
[99] Vgl. ebd., S. 494 f.
[100] MEYER-STOLL, Maß- und Gewichtsreformen, S. 177.
[101] Gutachten über Einführung gleichen Maßes und Gewichtes, S. 481.
[102] WANG, Vereinheitlichung, S. 95. Vgl. auch GROSS, Integration, S. 313 f.
[103] Vgl. WITTHÖFT, Staat, S. 71.
[104] Stellungnahme des preußischen Gesandten, 20.10.1864, in: Protokolle der Deutschen Bundesversammlung 48 (1864), § 257, S. 524.

freuten sich allerdings zu früh, als sie von diesem vermeintlichen Meinungsumschwung Kenntnis erhielten.[105] Zwar führte er dazu, dass 1865 eine zweite Sachverständigenkommission zusammentrat, die – nunmehr mit preußischer Beteiligung – die weiteren Details einer gesamtdeutschen Maß- und Gewichtsordnung
besprechen sollte. Bei diesen Beratungen zeigte sich aber schnell, was der Plan
einer Einigung „auf der Grundlage einer dem Meter gleichen Einheit" besagte. Die
preußischen Delegierten verstanden darunter nicht den Kommissionsvorschlag
von 1861, sondern die Übernahme jenes Kompromisses, den Brix 1848 formuliert hatte. Sie forderten also die Einführung eines Maßsystems, das zwar an den
Meter angelehnt war, dessen hauptsächliche Längeneinheit aber der Fuß sein sollte. Diese Idee hatte die preußische Regierung schon seit dem Bekanntwerden des
Gutachtens von 1861 verfolgt und Brix mehrfach gebeten, einen entsprechenden
Gesetzesentwurf auszuarbeiten.[106]

Für diese Vorgehensweise gab es drei Gründe. Erstens erledigte der Brix-Vor-
schlag eine Reihe von praktischen Bedenken gegenüber dem Meter. Das galt vor
allem für die Auffassung, wonach das französische Maß für die Arbeit in Werkstätten und Industriebetrieben zu lang war. Die Kommission von 1861 hatte sie
zwar mit der Begründung verworfen, dass man sie nicht widerlegen, sondern ihr
nur entgegenhalten könne, ein Fuß sei zu kurz.[107] Aber obwohl sich die These
von der vermeintlichen Unhandlichkeit des Meters nur schwer rechtfertigen ließ,
war sie unter den Zeitgenossen weit verbreitet. In einigen ländlichen Gegenden
stieß sie zudem auch deshalb auf Zustimmung, weil die ungewohnte Größe des
französischen Maßes Schwierigkeiten bei der Bewertung von Grund und Boden
aufzuwerfen drohte. Der im preußischen Plan vorgesehene Drei-Dezimeter-Fuß
wies dagegen nur eine vernachlässigbare Abweichung von den gebräuchlichen
Feldmaßen auf.[108]

Neben solchen praktischen Überlegungen hatte der Rückgriff auf den Brix-
Vorschlag auch eine zweite, symbolische Dimension. Durch die Beibehaltung des
Fußes umging er das Problem, dass der Meter in Teilen der preußischen Bevölke-
rung als unpatriotisch galt.[109] Explizit antifranzösische Äußerungen sind zwar

---

[105] Die Billigung des Gutachtens durch die im Bundesrat vertretenen Regierungen erfolgte allerdings in den meisten Fällen unter dem Vorbehalt, dass auch die übrigen deutschen Staaten zu einer Umstellung bereit waren, vgl. MEYER-STOLL, Maß- und Gewichtsreformen,
S. 188 sowie WANG, Vereinheitlichung, S. 97.

[106] Vgl. ebd., S. 94 f. u. S. 97. sowie hier und im Folgenden auch GROSS, Integration, S. 323 ff. Zur
Zusammensetzung der Kommission von 1865 vgl. MEYER-STOLL, Maß- und Gewichtsreformen, S. 190.

[107] Gutachten über Einführung gleichen Maßes und Gewichtes, S. 497.

[108] Notiz aus der Königlich-privilegierten Berlinischen Zeitung von Staats- und gelehrten Sachen, 5. 1. 1864, abgedruckt in: STENZEL, Zeitgenössische Vorschläge, S. 48 f., hier S. 49. Zu
ähnlich gelagerten Befürchtungen vgl. Gutachten über Einführung gleichen Maßes und Gewichtes, S. 545 f. sowie MEYER-STOLL, Maß- und Gewichtsreformen, S. 178 (auch zur Lösung
dieser Probleme) u. S. 189.

[109] Vgl. Notiz aus der Königlich-privilegierten Berlinischen Zeitung von Staats- und gelehrten
Sachen, 5. 1. 1864, abgedruckt in: STENZEL, Zeitgenössische Vorschläge, S. 48 f., hier S. 49 sowie Gutachten über Einführung gleichen Maßes und Gewichtes, S. 495.

nur von einigen wenigen landwirtschaftlichen Vereinen aus Ostpreußen überliefert. Aber gelegentlich ließen auch Stellungnahmen aus der Verwaltung eine ähnliche Stoßrichtung erkennen, etwa wenn sie gegen den Entwurf der Sachverständigenkommission einwandten, „daß derselbe den Charakter einer *deutschen* Maß- und Gewichts-Ordnung vermissen lasse, indem er in der Hauptsache darauf hinauskomme, ein fremdländisches Maßsystem [...] einfach auf Deutschland zu übertragen."[110]

Die dritte und wichtigste Ursache dafür, dass die preußische Regierung anstelle des Kommissionsvorschlags den Brix-Entwurf favorisierte, lag in der politischen Großwetterlage. Parallel zu den Debatten über die Maßeinigung arbeitete sie darauf hin, Österreich durch eine Neugestaltung der Zollvereinsverträge aus dem deutschen Binnenmarkt zu verdrängen.[111] Die Einführung des metrischen Systems hätte diese Bemühungen konterkariert, denn Wien unterstützte die diesbezügliche Initiative der Klein- und Mittelstaaten und setzte Preußen unter Druck.[112] Mithilfe des Brix-Vorschlages wollte Berlin also eine ‚großdeutsche' Einigung in der Maßfrage und damit einen symbolischen Erfolg Österreichs in der Handelspolitik verhindern.

In der Expertenkommission von 1865 traten die preußischen Delegierten deshalb forsch auf. Als definitorische Grundlage eines zukünftigen deutschen Maßsystems erkannten sie den Meter zwar an. Aber sie waren nicht bereit, die Forderung der übrigen Sachverständigen nach seiner Einführung als alleiniges Längenmaß mitzutragen.[113] Stattdessen wollten sie zumindest die Zulassung des Drei-Dezimeter-Fuß erreichen. Einen ersten Entwurf, der diese Möglichkeit nicht vorsah, lehnten sie ab.[114] Kurz darauf erarbeiteten sie eine eigene Vorlage. Sie überließ alle wesentlichen Details der zukünftigen Maßordnung den Ländern. Diese konnten sich aussuchen, ob sie anstelle des Meters den Fuß einführen wollten, wie das Pfund unterteilt werden sollte, welche Einheiten als Apotheker- oder Juwelengewicht zu verwenden waren und wann die neuen Bestimmungen in Kraft traten. Obwohl die Kommission von 1861 die Herstellung neuer Prototypen empfohlen hatte, sah der Entwurf zudem vor, die bereits bestehenden preußischen Kopien von Meter und Kilogramm zu Urmaßen zu erklären.[115]

Die übrigen Delegierten empfanden Preußens kompromisslose Ablehnung einheitlicher Bestimmungen teilweise als „Vergewaltigung".[116] Ihre Proteste blieben allerdings erfolglos. Berlin ließ sich nur zu unwesentlichen Veränderungen bewegen. Die Debatte endete schließlich damit, dass der hannoversche Vertreter Karl

---

[110] Votum des Finanzministers ad St. M. No 706/66, 24.4.1866, GStA PK, I.HA, Rep.151, I C 9447 (Hervorhebung im Original unterstrichen).

[111] HAHN, Geschichte des Zollvereins, S.179.

[112] MEYER-STOLL, Maß- und Gewichtsreformen, S.189f.

[113] Ebd., S.191.

[114] WANG, Vereinheitlichung, S.98 (inkl. Fn.369).

[115] MEYER-STOLL, Maß- und Gewichtsreformen, S.192. Der Entwurf ist abgedruckt in: Protokolle der Deutschen Bundesversammlung 50 (1866), § 37/Anlage, S.35–39.

[116] Karl Karmarsch, Erinnerungen aus meinem Leben, Hannover ³1880, S.174, zit. nach WANG, Vereinheitlichung, S.98, Fn.367.

Karmarsch entgegen seiner persönlichen Überzeugung für den preußischen Vorschlag plädierte, um so „einen Abbruch der Verhandlungen und damit eine Spaltung zwischen einer norddeutschen preußischen und einer süddeutschen metrischen Sphäre zu verhindern."[117] Seine Kollegen aus den anderen Klein- und Mittelstaaten gaben daraufhin nach. Im Februar 1866 gelangte der preußische Entwurf als Ergebnis der Kommissionsberatungen in die Bundesversammlung. Umgesetzt werden konnte er freilich nicht mehr. Dem kam der Deutsche Krieg zuvor.

7.2.3 Die Einführung des Meters im Norddeutschen Bund und im Kaiserreich

Der Ausgang dieses Krieges veränderte die Rahmenbedingungen der Debatte grundlegend. Das galt zunächst vor allem für Norddeutschland. Mit dem Norddeutschen Bund entstand nach der militärischen Niederlage Österreichs ein neuer Staat, dessen Verfassung ein einheitliches System von Maßen, Münzen und Gewichten vorsah.[118]

Im August 1867 legte das preußische Handelsministerium deshalb einen entsprechenden Gesetzesentwurf vor. Er basierte auf dem Papier von 1866, wich aber in drei wichtigen Punkten von ihm ab. Erstens sollte künftig „eine zentrale Bundesbehörde nach dem Vorbild der preußischen Normal-Eichungs-Kommission"[119] die Aufsicht über Maß und Gewicht ausüben. Das lag in der Natur der Sache, denn der Norddeutsche Bund war eben ein Bundesstaat und kein Staatenbund. Zweitens schlug das Ministerium vor, das Pfund fortan einheitlich dezimal zu unterteilen. Und drittens verzichtete es auf die Zulassung des Drei-Dezimeter-Fußes. Stattdessen sprach es sich für den Meter als einheitliches Längenmaß aus.[120]

Insgesamt vollzog die Behörde also eine Kehrtwende. Offiziell begründete sie dies mit den entsprechenden Forderungen der einschlägigen Interessenverbände sowie mit der Entwicklung in Großbritannien.[121] Erstere kannte die Regierung allerdings schon seit ihrer internen Umfrage von 1863, und letztere war seit 1862 abzusehen gewesen. Trotzdem hatte Preußen das metrische System noch 1865/66 torpediert. Erst der Wegfall des preußisch-österreichischen Dualismus ebnete den Weg für seine Übernahme. Denn fortan handelte es sich bei der Frage nach den

---

[117] Ebd., S.100. Das Plädoyer von Karmarsch ist abgedruckt bei MÜLLER, Deutscher Bund, S.450. Vgl. dort auch zum Folgenden.

[118] Publikandum, die Verfassung des Norddeutschen Bundes betreffend, 26.7.1867, Art.4, in: Bundes-Gesetzblatt des Norddeutschen Bundes, 1867, Nr.1, S.1–23, hier S.4.

[119] WANG, Vereinheitlichung, S.101.

[120] Vgl. ebd. sowie die Reichstagsvorlage: Maaß- und Gewichts-Ordnung für den Norddeutschen Bund, 13.5.1868, in: Stenographische Berichte des Reichstags des Norddeutschen Bundes, I.Legislaturperiode, Session 1868, Zweiter Band, Nr.76, S.272–273.

[121] Motive zu dem Entwurf einer Maß- und Gewichts-Ordnung für den Norddeutschen Bund, 13.5.1868, ebd., S.273–275, hier S.274. Vgl. auch MEYER-STOLL, Maß- und Gewichtsreformen, S.214, wo aber der deutschlandpolitische Kontext nicht berücksichtigt ist.

Maßeinheiten nicht mehr um ein deutschlandpolitisches, sondern um ein staats- und handelspolitisches Problem.

In dieser Hinsicht fügte sich der Meter sehr gut in die neue Landschaft ein. Die Ausgestaltung des wirtschaftspolitischen Rahmens des Bundes bildete zwischen 1867 und 1870 einen der Schwerpunkte der Regierungsaktivitäten.[122] Zudem stellten im neu gebildeten Reichstag liberale und liberal-konservative Abgeordnete eine solide Mehrheit. Ihre Haltung gegenüber den französischen Einheiten war so überwältigend positiv, dass die zur Beratung der Regierungsvorlage gebildete Kommission sie „sofort!"[123] einführen wollte. Auch im Plenum stieß das Metermaß auf große Zustimmung. Einzelne Abgeordnete äußerten zwar Zweifel an seiner wissenschaftlichen Basis und verwiesen darauf, dass seine Übernahme in Großbritannien keineswegs gesichert sei.[124] Aber im Wesentlichen ging es in den Debatten des Reichstages nur noch darum, wie konsequent das französische System verwirklicht werden sollte. Die Kommission sprach sich für seine vollständige Übernahme aus. Sie kritisierte den Regierungsentwurf dafür, dass er – wie die Sachverständigen von 1861 und 1865 – das Pfund als Basis des Gewichtssystems empfahl und forderte stattdessen, das Kilogramm zur fundamentalen Einheit zu erheben. Daneben wollte sie einige der in der Vorlage vorgesehenen, in Frankreich aber unbekannten ‚Hilfseinheiten' wie die metrische Meile zu 7500 Metern oder den metrischen Morgen zu 2500 m² streichen.[125]

Dem Reichstagsplenum gingen diese Forderungen allerdings zu weit. Zwar übernahm es den Vorschlag, das Kilogramm zur Grundlage des Gewichtssystems zu machen. Gleichzeitig sorgte es aber dafür, dass das Pfund als Einheit sowie als Ausgangspunkt einer eigenständigen Gewichts*reihe* (halbes Pfund, Pfund und Zentner) erhalten blieb. Zudem nahmen die Abgeordneten die metrische Meile wieder in das Gesetz auf. Und schließlich ließen sie neben den französischen Maßbezeichnungen auch deutsche Begriffe wie Stab, Kette oder Neuzoll für die Längen- sowie Kanne, Schoppen und Faß für die Flüssigkeitsmaße zu.[126] Am Ende der Beratungen stand mit der am 17. August 1868 erlassenen Maß- und Gewichtsordnung für den Norddeutschen Bund also ein Kompromiss, der das metrische System weitgehend intakt ließ, es dabei aber in einigen wichtigen Punkten an die Traditionen des deutschsprachigen Raumes anpasste. Dazu gehörte auch,

[122] WEHLER, Gesellschaftsgeschichte, Bd. 3, S. 308 ff.

[123] Bericht der elften Kommission über die Vorlage der Maaß- und Gewichts-Ordnung für den Norddeutschen Bund, 6. 6. 1868, in: Stenographische Berichte des Reichstags des Norddeutschen Bundes, I. Legislaturperiode, Session 1868, Zweiter Band, Nr. 107, S. 393–397, hier S. 394. Vgl. hier und im Folgenden auch MEYER-STOLL, Maß- und Gewichtsreformen, S. 213 ff.

[124] Stenographische Berichte des Reichstags des Norddeutschen Bundes, I. Legislaturperiode, Session 1868, Erster Band, 22. Sitzung, 13. 6. 1868, S. 397–427, v. a. S. 401 u. S. 404.

[125] Bericht der elften Kommission über die Vorlage der Maaß- und Gewichts-Ordnung für den Norddeutschen Bund, 6. 6. 1868, in: Stenographische Berichte des Reichstags des Norddeutschen Bundes, I. Legislaturperiode, Session 1868, Zweiter Band, Nr. 107, S. 393–397, hier S. 395 f.

[126] MEYER-STOLL, Maß- und Gewichtsreformen, S. 216.

dass das Gesetz nicht die französischen Prototypen, sondern ihre preußischen Kopien zur Grundlage seiner Bestimmungen machte.[127]

Die neue Maßordnung sollte am 1. Januar 1872 in Kraft treten. Noch vor diesem Datum fasste sie auch in Süddeutschland Fuß. Das war zum Teil eine Folge ihrer im Deutschen Bund gelegenen Ursprünge. Die bayerische Regierung etwa hatte schon 1866 damit begonnen, die Umsetzung der Kommissionsempfehlungen von 1865 in Angriff zu nehmen. Während des Krieges geriet das Projekt zwar ins Stocken, aber die im Juli 1867 abgeschlossenen, neuen Zollvereinsverträge und die Einführung des Meters in Norddeutschland gaben ihm seine Sicherheit zurück.[128] Im April 1869 beschloss Bayern deshalb eine neue Maß- und Gewichtsordnung, die sich eng am Berliner Vorbild orientierte. Sie wich nur insofern von ihm ab, als sie, um eine Umstellung des Grundsteuerkatasters zu vermeiden, einige traditionelle Feldmaße weiter zuließ und eine eigenständige Regelung des Eichwesens vornahm.[129] Auch Baden verabschiedete im November 1869 ein mit dem Norddeutschen Bund in allen wesentlichen Punkten übereinstimmendes Gesetz.

In Württemberg und Hessen-Darmstadt kam eine entsprechende Regelung allerdings erst durch die Reichseinigung zustande. Die im Oktober 1870 geschaffene Verfassung des Deutschen Bundes erklärte die Maß- und Gewichtsordnung des Norddeutschen Bundes für allgemeinverbindlich. Ihr traten zunächst Baden und Hessen und im November auch Bayern und Württemberg bei. Die im April 1871 verabschiedete neue Reichsverfassung bestätigte die dabei getroffenen Bestimmungen noch einmal.[130] Bayern konnte zwar einige Übergangsregelungen heraushandeln, aber auch diese waren bereits unter Dach und Fach, als die nunmehr gesamtdeutsche Maß- und Gewichtsordnung 1872 rechtswirksam wurde. Die 1874 erfolgte Einbeziehung Elsaß-Lothringens in diesen Rahmen war angesichts der Tatsache, dass das metrische System dort schon seit 1840 gegolten hatte, nur mehr eine Formalie.[131] Die politische Einigung brachte also auch die jahrzehntelang umstrittene juristische Vereinheitlichung von Maßen und Gewichten zum Abschluss.

Österreich-Ungarn übernahm in der Folge zudem ebenfalls den Meter.[132] Die Regierung in Wien legte allerdings großen Wert darauf, die Eigenständigkeit dieser Entscheidung hervorzuheben. Deshalb erklärte sie nicht, wie 1865 vereinbart, die preußischen, sondern die französischen Urmaße zur Grundlage ‚ihres‘ metrischen Systems. Die im Norddeutschen Bund vorgesehenen Anpassungen von

---

[127] Maaß- und Gewichtsordnung für den Norddeutschen Bund, 17.8.1868, Art. 2, in: WITTHÖFT et al., Deutsche Maße und Gewichte, S. 684–686, hier S. 684.

[128] FOX, Integration, S. 349 f. sowie ausführlich MEYER-STOLL, Maß- und Gewichtsreformen, S. 195–199.

[129] FOX, Integration, S. 350 ff. u. S. 354 f. Vgl. auch WEISS, Vereinheitlichung, S. 115 ff. sowie den Abdruck der bayerischen Maß- und Gewichtsordnung ebd., Anhang 1, S. 30–34.

[130] WITTHÖFT et al., Deutsche Maße und Gewichte, S. 597.

[131] MEYER-STOLL, Maß- und Gewichtsreformen, S. 220 f.

[132] ULBRICH, Klafter- und Ellenmaß, S. 30 f.

Größen und Begrifflichkeiten tauchten in dem österreichischen Gesetz, das 1873 fakultative und 1876 allgemeine Geltung erlangte, zudem nicht auf. Die Doppelmonarchie führte den Meter vielmehr in Reinform ein.[133] Trotz aller Abweichungen im Detail bedeutete diese Regelung aber de facto eine großdeutsche Einigung im Maßwesen. Sogar mehr als das: Da sich das Gesetz auch auf Ungarn erstreckte und die Schweiz 1875/77 einen ähnlichen Schritt unternahm, war nun der gesamte mitteleuropäische Raum ‚metrisiert‘.[134]

7.2.4 Die Durchsetzung des metrischen Systems

Mit dem Inkrafttreten der Maß- und Gewichtsordnung war die Etablierung des Meters im Kaiserreich aber nicht abgeschlossen. Seine Durchsetzung sollte sich vielmehr noch einige Jahre hinziehen. Im Vergleich zum französischen Fall ist allerdings festzustellen, dass die Umstellung auf das neue System erstaunlich schnell vonstatten ging. Spätestens seit der Mitte der 1880er Jahre war der Meter aus dem Alltag der Deutschen nicht mehr wegzudenken.

Für diese Entwicklung gab es eine Reihe von Gründen. Eine wichtige Rolle spielte die Tatsache, dass die wirtschafts- und bildungsbürgerlichen Eliten, die nun im Reichstag den Ton angaben, den Meter seit Jahren aktiv herbeigesehnt hatten. Während sie die alten Einheitensysteme als Symbol der Zerrissenheit und des dynastischen Partikularismus betrachteten, brachten sie die neuen Maße mit der Ermöglichung der nationalen Einheit und dem Anschluss an die moderne Zivilisation in Verbindung. Nationalistisch motivierte Widerstände gegen das metrische System fanden deshalb nur ein geringes Echo. Das zeigte sich, als eine patriotische Gesellschaft aus Hornstadt im Juli 1870 – wenige Tage nach dem Ausbruch des deutsch-französischen Krieges – eine Petition an den Reichstag richtete, in der sie die Rücknahme der neuen Maßordnung forderte. Zur Begründung erklärten sie, dass „jedem patriotischen Deutschen Alles verhaßt sein muß, was von den Franzosen herstammt und französischen Ursprungs ist".[135] Die Parlamentarier empfanden dieses Anliegen allerdings als abwegig und lehnten es mit breiter Mehrheit ab. „Der von dem französischen Kaiser an Deutschland erklärte Krieg", so argumentierte der berichterstattende Abgeordnete in seiner diesbezüglichen Empfehlung, „soll und wird die deutsche Nation nicht abhalten, eine Gemeinsamkeit an sich für zweckmäßig erkannter Einrichtungen mit einem Nachbarvolke anzustreben, das mit uns die Interessen der Civilisation theilt. (Lebhafter Beifall)".[136]

---

[133] Zu den hierüber geführten Debatten vgl. MEYER-STOLL, Maß- und Gewichtsreformen, S. 210.

[134] Zu Ungarn ULBRICH, Klafter- und Ellenmaß, S. 31. Zur Schweiz vgl. Maass und Gewicht, in: FURRER (Hrsg.), Volkswirthschafts-Lexikon, Bd. 2, S. 363–401, hier S. 393 ff. sowie BOSER HOFMANN, Modernisierung, S. 222 f.

[135] Stenographische Berichte des Reichstags des Norddeutschen Bundes, I. Legislaturperiode, I. Außerordentliche Session, 5. Sitzung, 21. 7. 1870, S. 23.

[136] Ebd. Zum Hintergrund der hier anklingenden Vorstellungen von ‚Zivilisation‘ und ‚Zivilisierung‘ vgl. OSTERHAMMEL, Verwandlung, S. 1172 ff.

Auch in den folgenden Jahren blieben nationalistische Ausfälle gegen den Meter eine Seltenheit. Einzig der antisemitische Schriftsteller Otto Glagau kritisierte 1877 die „halb lateinischen halb griechischen Wortungeheuer" des neuen Systems und echauffierte sich darüber, dass Deutschland „nach dem grossen Siege über Frankreich [...] sofort Französisches Mass und Gewicht" angenommen habe.[137] Diese Sichtweise verlor im Laufe der 1870er und 1880er Jahre allerdings schnell an Plausibilität. Durch seine zunehmende Verbreitung und die Internationalisierung seiner wissenschaftlichen Grundlagen, die in Kapitel 8 geschildert wird, mauserte sich der Meter in diesem Zeitraum von einer spezifisch französischen Einrichtung zu einer globalen Institution. Als 1893 anstelle der preußischen neu angefertigte, internationale Prototypen zur Grundlage des deutschen Maß- und Gewichtssystems erklärt werden sollten, passierte diese (für den Alltagsverkehr bedeutungslose) Änderung den Reichstag deshalb ohne jegliche Diskussion.[138]

Neben seinem Symbolcharakter für die nationale Einheit hatte die schnelle Etablierung des Meters aber auch noch weitere Ursachen. In administrativer Hinsicht war es von zentraler Bedeutung, dass die meisten deutschen Staaten bereits vor der Reichseinigung über ein funktionierendes Eichwesen verfügten.[139] Die neue Maß- und Gewichtsordnung baute gezielt auf diesen Strukturen auf. Sie ließ die Eichbehörden in den einzelnen Ländern intakt und schuf nur auf der obersten Ebene eine Institution, die als Garant der deutschlandweiten Einheitlichkeit dienen sollte. Das war die erwähnte Normaleichungskommission (NEK). Sie ging unmittelbar aus der gleichnamigen preußischen Vorläuferinstitution hervor. Ihr Leiter, der Astronom Wilhelm Foerster, amtierte auch als Direktor der Berliner Sternwarte. Die Sachverständigenkommission, die 1869 zusammentrat, um die ersten Schritte der neuen Behörde vorzubereiten, war ebenfalls von preußischen Experten geprägt. Aus ihr entstand schließlich eine einmal jährlich zusammentretende Plenarversammlung, der die Aufsicht über die Urmaße, die Überwachung der Eichämter und die letztgültige Klärung aller technischen Fragen oblag.[140] Die erste Aufgabe der Sachverständigen bestand darin, die Grundlagen für die Umstellung auf den Meter zu erarbeiten. Zu diesem Zweck verfassten sie eine neue Eichordnung, die ein vierstufiges System von Maßnormalen vorsah. Die Urmaße und ihre Kopien bildeten die Spitze dieser Pyramide. Eine Ebene darunter waren die sogenannten Hauptnormale angesiedelt. Sie dienten als Eichgrößen für die

---

137 GLAGAU, Börsen- und Gründungsschwindel, S. XXX.

138 Entwurf eines Gesetzes, betreffend die Abänderung der Maaß- und Gewichtsordnung, 11.2.1893, in: Stenographische Berichte des Reichstages, 8. Legislaturperiode, II. Session 1892/93, Zweiter Anlageband, Nr. 110, S. 656–659; Stenographische Berichte des Reichstages, VIII. Legislaturperiode, II. Session 1892/93, Dritter Band, 67. Sitzung, 15.3.1893, S. 1668 f. sowie ebd., 69. Sitzung, 17.3.1893, S. 1715.

139 Vgl. Kap. 4.2.1 dieser Arbeit.

140 Maaß- und Gewichtsordnung für den Norddeutschen Bund, 17.8.1868, Art. 18, in: WITT-HÖFT et al., Deutsche Maße und Gewichte, S. 684–686, hier S. 685 f.; KERN, Forschung, S. 88 f.; Denkschrift KNEK 1869–1882, S. 2 f. sowie Instruktion für die Normal-Aichungs-Kommission, 21.7.1869, in: ebd., S. 35–37. Ein Exemplar dieser Denkschrift befindet sich in: PTB-Archiv, KNEK, A111.1.

Kontrollnormale. Diese bildeten ihrerseits die Prüfungsinstanz für die Gebrauchsnormale, die bei der Eichung von Maßen, Gewichten und Waagen des öffentlichen Verkehrs Verwendung fanden.[141]

Im nächsten Schritt musste die Normaleichungskommission für die Herstellung und Verteilung der neuen Eichmaße sorgen. Das ging äußerst zügig vonstatten, besonders im Falle der Gebrauchsnormale. Schon am 1. Januar 1870 hatte die
NEK alle 378 Eichämter des Norddeutschen Bundes mit diesen Maßen versehen.
Bis 1872 wurden auch die Kontrollnormale größtenteils geprüft und ausgeliefert.
Zwar zog sich die Herstellung der Hauptnormale etwas länger hin, und bei
einigen Gewichtsstücken traten nachträglich noch Probleme auf. Dennoch war
die schnelle Ausstattung der Eichbehörden ein bemerkenswerter Erfolg für die
Kommission.[142]

Die Ausdehnung der neuen Vorschriften auf die süddeutschen Staaten warf
allerdings ein Problem auf. In Baden, Hessen und Württemberg ging die Verbreitung der Eichmaße zwar ebenso schnell vonstatten wie in Norddeutschland. Für
Bayern galt das allerdings nicht, denn die dortige Regierung hatte ihre Ämter
1869 bereits selbst mit den nötigen Normalen ausgestattet und zudem eine eigenständige Normaleichungskommission gegründet. Im Rahmen der Reichseinigung
konnte sie deshalb durchsetzen, dass in ihrem Einzugsbereich nur die allgemeinen
Vorschriften der Maß- und Gewichtsordnung Geltung erlangten. Die bayerische
Eichverwaltung behielt dagegen ihre Eigenständigkeit. Auch für Elsaß-Lothringen
wurden 1874 ähnliche Regelungen getroffen.[143]

Abgesehen von diesen beiden Sonderfällen konnte die – seit 1871: Kaiserliche
– Normaleichungskommission (KNEK) in den folgenden Jahren aber eine einheitliche Organisation der Eichverwaltung durchsetzen. Mithilfe des Hebels, den
ihr die Aufsicht über die technischen Aspekte des neuen Maßsystems verschaffte,
etablierte sie eine dreizügige Behördenstruktur. Deren oberste Ebene bildete sie
selbst. Die mittlere Ebene bestand aus staatlichen Eichämtern. Sie kontrollierten
jeweils einen von 23 Aufsichtsbezirken. Die zahlenmäßig bedeutsamste untere
Ebene schließlich stellten die kommunalen Ämter dar. Sie übernahmen die eigentliche Aufgabe der Eichung von Maßen und Gewichten.[144] In ihrer Organisation
gab es zwar einige Defizite, weil die Gebühreneinnahmen, aus denen sie finanziert
wurden, zwischen den Gemeinden sehr ungleich verteilt waren.[145] Der Eichbe-
trieb im engeren Sinne lief aber schon bald nach der Reichsgründung reibungslos. Neben der Kontinuität der Ämter auf der kommunalen Ebene war dafür auch
ein neuer Überprüfungsmodus verantwortlich. Anders als in Frankreich, wo

---

[141] Eichordnung für den Norddeutschen Bund, 16. 7. 1869, §§ 49–66, in: Bundes-Gesetzblatt des
Norddeutschen Bundes 1869, besondere Beilage zu Nr. 32, S. I–XXXIX, hier S. XXV–XXXI.
[142] Denkschrift KNEK 1869–1882, S. 3, S. 7f. u. S. 39. Vgl. auch: Die Herstellung und die wiederkehrende Prüfung.
[143] Denkschrift KNEK 1869–1882, S. 9f. Vgl. auch MEYER-STOLL, Maß- und Gewichtsreformen,
S. 218f.; FOX, Integration, S. 355 sowie WEISS, Vereinheitlichung, S. 176f.
[144] BARCZYNSKI, Handbuch, S. 138ff. Zur Zahl der Aufsichtsbezirke vgl. ebd., S. 541ff.
[145] Denkschrift KNEK 1869–1882, S. 27f.

sämtliche Maße und Gewichte alle ein oder zwei Jahre nachgeeicht wurden, sahen die deutschen Vorschriften nur eine einmalige, unmittelbar an die Herstellung anschließende Eichung vor.[146]

Diese Bestimmung reduzierte den Arbeitsaufwand für die Ämter erheblich und ließ sich deshalb leicht umsetzen. Sie brachte allerdings auch Nachteile mit sich. Denn um die dauerhafte Zuverlässigkeit der im Verkehr befindlichen Maße, Gewichte und Waagen mussten sich nun anstelle der Eichämter die Polizeibeamten kümmern. Sie sollten in periodischen Abständen überprüfen, ob die von der Eichordnung 1869 vorgeschriebenen Toleranzen eingehalten wurden.[147] Prinzipiell funktionierte dieses System zwar sehr gut. In der zweiten Hälfte der 1870er Jahre inspizierte die Polizei eines nicht näher benannten Aufsichtsbezirks jährlich etwa jeden fünften Gewerbetreibenden, und in den 1880er Jahren verdichteten sich die Kontrollen so weit, dass Händler in größeren Gemeinden damit rechnen mussten, zweimal im Jahr überprüft zu werden.[148] Die Spielräume für die Nutzung alter, nicht-metrischer Maße verschwanden deshalb schnell. Schon in der zweiten Hälfte der 1870er Jahre waren sie kaum noch vorhanden.

Allerdings stießen die Polizeibeamten bei ihren Kontrollen nicht nur auf vormetrische, sondern auch auf abgenutzte oder beschädigte Maße und Gewichte. Prinzipiell hätten die Gewerbetreibenden in diesen Fällen von selbst auf die Behörden zukommen und eine Nacheichung veranlassen müssen.[149] Die KNEK hielt es zwar für unrealistisch, so viel Eigeninitiative zu erwarten. Aber dennoch waren die Polizeibehörden gezwungen, alle Abweichungen, die über die festgelegten Grenzen hinausgingen, als Delikt nach § 369 Nr. 2 des Strafgesetzbuches zu behandeln. Demnach mussten vorschriftswidrige Maße, Gewichte und Waagen beschlagnahmt und ihre Eigentümer mit Strafen von bis zu 100 Mark bzw. vier Wochen Haft belegt werden. Zeitgenössische Quellen aus den 1870er Jahren berichten deshalb übereinstimmend von „ganzen Karrenladungen confiscierter unrichtiger Maaße und Gewichte".[150] In einem Aufsichtsbezirk mit etwa einer Million Einwohnern zogen die Polizeibehörden zwischen 1878 und 1881 etwa 8000 Maße ein und verhängten Geldstrafen in einer Gesamthöhe von 17 000 Mark. Nur in den seltensten Fällen ging es dabei um Betrug oder um die Weiterverwen-

---

[146] Eichordnung für den Norddeutschen Bund, 16.7.1869, §§ 79–81, in: Bundes-Gesetzblatt des Norddeutschen Bundes 1869, besondere Beilage zu Nr. 32, S. I–XXXIX, hier S. XXXVf. Zur französischen Regelung vgl. Kap. 4.1 dieser Arbeit.

[147] Zu den Toleranzen vgl. Bekanntmachung, betreffend die äußersten Grenzen der im öffentlichen Verkehr noch zu duldenden Abweichungen der Maaße, Gewichte und Waagen von der absoluten Richtigkeit, 6.12.1869, in: WITTHÖFT et al., Deutsche Maße und Gewichte, S. S. 686–688 sowie Denkschrift KNEK 1882–1900, S. 15. Ein Exemplar dieser Denkschrift befindet sich in: PTB-Archiv, KNEK, A111.2. Zur Polizei vgl. Anleitung zur Prüfung von Maßen, Gewichten und Waagen, 1877, PTB-Archiv, KNEK, 117.1, Bd. 2, fol. 4 ff.; Anweisung für die Polizeibehörden, betreffend die Maaß- und Gewichtsuntersuchungen, 1877, ebd., fol. 14 ff. sowie: Die polizeilichen Revisionsmaßregeln.

[148] Ebd., S. 173.

[149] Denkschrift KNEK 1869–1882, S. 29 ff.

[150] AACHENER ZEITUNG, 31. 8. 1875, PTB-Archiv, KNEK, 117.1, Bd. 1, fol. 228.

dung alter, nicht-metrischer Einheiten. In der Regel war es reine Fahrlässigkeit, die solchermaßen geahndet wurde.[151]

Die KNEK beklagte sich daraufhin, dass die Polizeibehörden die strafrechtlichen Bestimmungen zu eng auslegten. Sie nahm die hohe Zahl der Beschlagnahmen zum Anlass, um die Trommel für die Einführung der periodischen Nacheichung zu rühren.[152] Die zwischenzeitlich in Bayern und Elsaß-Lothringen gemachten Erfahrungen gaben ihr recht. Denn dort hatten die Behörden von Anfang an auf das französische System gesetzt und damit das Problem der Konfiskation ungültiger Maße wirksam begrenzt.[153] Allerdings wollte die KNEK es nicht bei der Übernahme dieser Vorgehensweise bewenden lassen. Denn so vorteilhaft sie prinzipiell erschien, so groß waren die Bedenken der Berliner Experten gegen die unmittelbar damit verbundene Einrichtung der umherziehenden Verifikatoren. Nach ihrer Auffassung sollte die Eichung ausschließlich in den Amtsstuben stattfinden. Zudem verknüpften sie diese Frage noch mit dem Problem der Bezahlung der Eichmeister aus den vereinnahmten Gebühren. Sie sahen darin eine Gefährdung von deren Unabhängigkeit. Gleichzeitig mit dem Übergang zur periodischen Nacheichung versuchte die KNEK deshalb, die Umwandlung der variabel entlohnten kommunalen Bediensteten in fest besoldete Staatsbeamte zu erreichen.[154]

Das hätte freilich eine komplette Umstrukturierung des Eichwesens bedeutet. Den Gemeinden wären die von den Ämtern erzielten Einnahmeüberschüsse weggenommen worden. Auch die bayerische Sonderstellung hätte sich unter diesen Vorzeichen nicht mehr aufrechterhalten lassen.[155] Bei den Kommunen und der Regierung in München stießen die Vorschläge der KNEK deshalb auf heftige Widerstände. Sie führten dazu, dass sich die 1884 vorgenommene Novellierung der Eichordnung auf einige technische Vorschriften beschränkte. Das Problem der übermäßigen Schärfe der polizeilichen Revisionen blieb dagegen den Ländern überlassen. Im Laufe der 1880er Jahre gingen einige von ihnen dazu über, bei geringfügigen Übertretungen von einer strafrechtlichen Verfolgung abzusehen.[156] Das führte zu einer vorübergehenden Beruhigung der Lage. In der zweiten Hälfte der 1890er Jahre stieg die Zahl der Konfiskationen aber wieder an und führte zu erneuten Debatten. 1908/12 kam es deshalb doch noch zu einer umfassenden Neuregelung des Eichwesens. Sie schuf eine reichsweit einheitliche und nur noch aus hauptamtlichen Kräften bestehende Verwaltungsstruktur. Die Eigenständigkeit

---

[151] Denkschrift KNEK 1869–1882, S. 32 sowie AACHENER ZEITUNG, 31.8.1875, PTB-Archiv, KNEK, 117.1, Bd. 1, fol. 228.

[152] Denkschrift KNEK 1869–1882, S. 29 ff.

[153] Entwurf einer Maß- und Gewichtsordnung, 28.11.1905, in: Stenographische Berichte des Reichstages, XII. Legislaturperiode, I. Session, 244.1908, Nr. 537, S. 13–35, hier S. 18.

[154] Denkschrift KNEK 1869–1882, S. 32 f.; WEISS, Vereinheitlichung, S. 137 ff. sowie Promemoria betreffend die Einführung der zwangsweisen periodischen Nacheichung, o. D., PTB-Archiv, KNEK, 117.2, Bd. 4, fol. 148 ff.

[155] WEISS, Vereinheitlichung, S. 139 u. S. 171 ff. Vgl. auch Stenographische Berichte des Reichstages, V. Legislaturperiode, IV. Session 1884, Zweiter Band, 26. Sitzung, 13.5.1884, S. 575 f.

[156] Die polizeilichen Revisionsmaßregeln, S. 172.

der bayerischen Ämter war damit hinfällig, und das System der polizeilichen Revisionen trat zugunsten der periodischen Neueichung zurück. Diese Reform bildete den administrativen Schlussstein in der Etablierung des metrischen Systems.[157]

Neben der positiven Symbolik und der Effektivität der Verwaltung leistete schließlich auch das Bildungswesen einen wichtigen Beitrag zur Verbreitung der neuen Maße. In Teilen des Landes hatte es sie bereits indirekt vorbereitet, durch die Vermittlung des Dezimalsystems. Vor der Mitte des 19. Jahrhunderts beruhte der Mathematikunterricht– sofern er überhaupt existierte – aber zumeist noch auf dem traditionellen Prinzip des sogenannten mehrsortigen Rechnens. Nur in Baden versuchte die Regierung schon zu diesem Zeitpunkt, die Kenntnis des Dezimalsystems zu befördern. In den 1810er und 1820er Jahren beschränkten sich ihre Bemühungen allerdings auf höhere Lehranstalten. Mit der 1829 beschlossenen Umsetzung der dezimalen badischen Maße und der 1834 erfolgten Neuordnung des Volksschulwesens erlangten sie allmählich breitere Geltung. Aber erst in den 1850er und 1860er Jahren gehörte das Dezimalsystem auch an den Volksschulen zum festen Unterrichtskanon.[158] Immerhin verbreitete sich die neue Rechenmethode seit diesem Zeitpunkt sehr schnell. Dabei kam Baden ein Faktor zugute, der auch für viele andere deutsche Territorien galt: die hohe Reichweite der Volksschulbildung. Schon vor der Jahrhundertmitte erfasste sie 80 bis 95% und seit den 1860er Jahren nahezu alle der Kinder im schulpflichtigen Alter. Trotz vielfältiger Mängel – unter anderem in der Lehrerausbildung – war das im Vergleich zu Frankreich und zu Großbritannien eine außergewöhnliche Entwicklung, die die schnelle Umstellung auf den Meter begünstigte.[159]

Prinzipiell gilt dieser Befund auch für Preußen. Da die dortigen Maße auf dem Duodezimalsystem basierten, hielten die Berliner Behörden die Dezimalbruchrechnung zwar zunächst für verzichtbar. In den 1850er Jahren veränderte sich diese Einschätzung aber. Das lag zum Teil an der Verbreitung des dezimalen Rechnens im gewerblichen Bereich. Vor allem aber ging der Meinungsumschwung auf die 1856 beschlossene Einführung des partiell dezimalisierten Zollgewichtes als Landesgewicht zurück. Sie führte dazu, dass das Dezimalsystem in den folgenden Jahren Einzug in die Mathematikbücher hielt.[160] Mit der Ausnahme von Bayern und Österreich, die das Zollpfund nicht als Landesgewicht übernahmen, war das auch in den anderen deutschen Territorien der Fall. Als dann 1868/71 das metrische System allgemeine Geltung erlangte, konnten die Behörden auf diese Ansätze zurückgreifen. Das preußische Kultusministerium erklärte 1869, dass den neuen Einheiten und dem Dezimalsystem im Volksschulunterricht künftig ein zentraler Stellenwert zukommen solle und unterstützte die Erstellung entsprechender Lehrmaterialien.[161] Parallel dazu entstand eine Fülle an Veröffentlichun-

---

[157] Weiss, Vereinheitlichung, S. 171ff.; Plato, Maß- und Gewichtsordnung, S. 57–67 u. S. 87–90 sowie Bazille und Meuth, Maß- und Gewichtsrecht, S. 191ff. u. S. 237f.

[158] Wang, Vereinheitlichung, S. 289ff.

[159] Nipperdey, Deutsche Geschichte 1800–1866, S. 463.

[160] Wang, Vereinheitlichung, S. 298.

[161] Vgl. ebd., S. 298f. Vgl. hier und im Folgenden auch Schmidt, Rechenunterricht, S. 241ff.

gen, die auf die Erwachsenenbildung oder auf den gewerblichen Gebrauch abzielten.[162]

Allerdings waren nicht alle dieser Traktate gleichermaßen zuverlässig. Selbst in den Unterlagen für die Schulen gab es zu Beginn der 1870er Jahre eklatante Mängel. Sie waren teilweise darauf zurückzuführen, dass ihre Autoren die Methode des schriftlichen Rechnens mit Dezimalbrüchen nicht vollständig verinnerlicht hatten. Auch der konkrete „Bezug zu realen Maßgrößen",[163] der sich im Gebrauch unterschiedlicher Einheiten für ein und dieselbe Dimension niederschlug (ein kg und ein Pfund anstelle von 1,5 kg), war in der Literatur noch sehr ausgeprägt. Im Unterricht selbst galt das noch mehr, zumal die Vermittlung des neuen Einheitensystems primär anhand von Bildtafeln und Modellen geschah.[164]

Trotzdem fiel der Erfolg der schulischen Vermittlung der metrischen Maße geradezu durchschlagend aus. Das ist daran zu erkennen, dass die Reichsregierung die 1868 zur Erleichterung der Umstellung geschlossenen Kompromisse 1884 wieder rückgängig machen wollte.[165] Sie schlug vor, die deutschsprachigen Bezeichnungen für die metrischen Einheiten abzuschaffen und das Pfund als eigenständige Gewichtseinheit zu beseitigen. Dieses Ansinnen hatte zum Teil praktische Hintergründe, denn das Nebeneinander von Pfund und Kilogramm führte bei bestimmten Anwendungen regelmäßig zu Verwechslungen. Aus ähnlichen Gründen war die Meile zu 7500 Metern schon 1873 wieder abgeschafft worden.[166] In erster Linie ging das Vorhaben einer ‚Bereinigung' des metrischen Systems aber darauf zurück, dass sich die neuen Einheiten unerwartet schnell durchgesetzt hatten. Die 1868 beschlossenen Anpassungen erschienen deshalb verzichtbar.

Hinsichtlich der Begrifflichkeiten war diese Diagnose unumstritten, denn Stab, Neuzoll, Kette oder Kanne hatten nirgendwo wirklich Fuß gefasst.[167] Etwas differenzierter stellte sich die Lage allerdings beim Pfund und der auf ihm aufbauenden Pfundreihe dar. Im Großhandel und in der staatlichen Verwaltung war sie Mitte der 1880er kaum noch anzutreffen. Im Kleinhandel sah die Lage dagegen anders aus. Hier, so argumentierte die Regierung, „hat für einen Theil der mit dem früheren Gewichtssystem aufgewachsenen Generation das Pfund einen Werth behalten."[168] Sie plädierte allerdings dafür, diese Anomalie nun zu beseitigen und verwies zur Begründung auf die Erfahrungen in Österreich-Ungarn, wo

---

[162] Aus den zahlreichen Veröffentlichungen dieser Art seien beispielhaft genannt: Neues Maß und Gewicht; BASLER, Erläuterungen; NEUMANN, Populäre Vorträge sowie FÉAUX, Das alte und das neue Maass.

[163] WANG, Vereinheitlichung, S. 301.

[164] Vgl. ebd., S. 294 ff.

[165] Entwurf eines Gesetzes, betreffend die Abänderung der Maaß- und Gewichtsordnung vom 17. August 1868, 6.5.1884, Stenographische Berichte des Reichstages, V. Legislaturperiode, IV. Session 1884, Vierter Band, Nr. 82, S. 745–750. Vgl. hier und im Folgenden auch MEYER-STOLL, Maß- und Gewichtsreformen, S. 223 ff. sowie WEISS, Vereinheitlichung, S. 140 ff.

[166] MEYER-STOLL, Maß- und Gewichtsreformen, S. 224.

[167] Entwurf eines Gesetzes, betreffend die Abänderung der Maaß- und Gewichtsordnung vom 17. August 1868, 6.5.1884, in: Stenographische Berichte des Reichstages, V. Legislaturperiode, IV. Session 1884, Vierter Band, Nr. 82, S. 745–750, hier S. 747.

[168] Ebd., S. 746.

das Pfund erfolgreich abgeschafft worden war. Der Kleinverkehr werde sich, so die Vorlage, auch in Deutschland schnell an die Kilogrammreihe gewöhnen, sobald das alternative Maß verboten sei.

Diese Auffassung blieb allerdings nicht unwidersprochen. Zwei Zentrumsabgeordnete wiesen darauf hin, dass sich das Kilogramm im ländlichen Raum nur teilweise durchgesetzt hatte. Das lag ihrer Meinung nach daran, dass dezimale Gewichte im Gegensatz zur Pfundreihe das Rechnen mit großen Zahlen erforderten (1000 kg statt 20 Zentner).[169] Anders als die Nationalliberalen sahen sie in der dyadischen Unterteilungsmöglichkeit deshalb kein übergangsweises Phänomen. Aus ihrer Sicht war sie „für das praktische Leben [...] von einer solchen Bedeutung", dass ihr Fehlen „eine Lücke im Dezimalsystem"[170] konstituiere.

Vorläufig behielt die Regierung die Oberhand, so dass die Pfundreihe aus der Maß- und Gewichtsordnung gestrichen wurde. Der Zentner verschwand daraufhin recht schnell. Schon 1893 soll er kaum noch verwendet worden sein. Allerdings häuften sich bald die Klagen darüber, dass zwischen dem Kilogramm und der Tonne ein großes Loch klaffte. In der Folgezeit gab es deshalb mehrere Initiativen, die statt des Zentners den mit dem Dezimalsystem kompatiblen Doppelzentner von 100 kg als Gewichtsmaß zulassen wollten. 1897 wurde dies durch eine Verwaltungsvorschrift genehmigt, und 1908 fand es Eingang in die zu diesem Zeitpunkt neugefasste Maß- und Gewichtsordnung.[171]

Bei den kleineren Gewichten der Pfundreihe stellte sich die Situation etwas anders dar. Sie überstanden ihre Abschaffung nahezu unbeschadet. Das lag zum Teil daran, dass das Pfund unter der Bezeichnung ‚500 Gramm' erhalten blieb und nur das halbe Pfund wirklich verboten wurde. Der Deutsche Zentralverband für Handel und Gewerbe argumentierte zu Beginn des 20. Jahrhunderts allerdings, dass auch die Unterteilungen des Pfundes unverändert in Gebrauch seien.[172] Er forderte deshalb, das halbe Pfund wieder zuzulassen und künftig sogar Viertelpfundstücke einzuführen. Die KNEK empfand dieses Vorhaben allerdings als Zumutung. Sie wollte die Überreste des Pfundsystems durch die konsequente Anwendung der Dezimalteilung endgültig beseitigen.[173]

Im Reichstag fand sich für die Position der Normaleichungskommission aber keine Mehrheit. Aus der Sicht der Abgeordneten war die ‚Metrisierung' in dieser Frage an eine Grenze vorgestoßen, deren Überwindung einen enormen Aufwand

---

[169] Stenographische Berichte des Reichstages, V. Legislaturperiode, IV. Session 1884, Zweiter Band, 26. Sitzung, 13. 5. 1884, S. 576.

[170] Ebd., S. 579.

[171] BAZILLE und MEUTH, Maß- und Gewichtsrecht, S. 96. Zum schnellen Verschwinden des Zentners und der Forderung nach der Einführung des Doppelzentners vgl. Stenographische Berichte des Reichstages, VIII. Legislaturperiode, II. Session 1892/93, Zweiter Band, 53. Sitzung, 27. 2. 1893, S. 1280. Zur Neufassung der Maß- und Gewichtsordnung vgl. WEISS, Vereinheitlichung, S. 153–184 sowie PLATO, Maß- und Gewichtsordnung.

[172] Eingabe des Deutschen Zentralverbandes für Handel und Gewerbe e. V. an den Hohen Bundesrath zu Berlin, die baldige Einführung der neuen Gewichtsstücke betr., 9. 11. 1909, zit. nach WEISS, Vereinheitlichung, S. 158.

[173] WEISS, Vereinheitlichung, S. 158f.

verursacht hätte, ohne einen erkennbaren Nutzen einzubringen. Es war deshalb kein Verrat am metrischen System, dass sie die dyadische Unterteilung für den Kleinhandel 1908/12 wieder zuließen, sondern ein Akt der politischen Vernunft.[174] Hätte das Kaiserreich von Beginn an auf die Weiterführung nicht-metrischer Einheiten verzichtet, wäre das Pfund zu diesem Zeitpunkt womöglich ausgestorben gewesen. Aber sein Fortbestand schadete niemandem und änderte nichts daran, dass das metrische System in Deutschland um die Jahrhundertwende überaus feste Wurzeln geschlagen hatte.

7.3 Die britische Debatte über den Meter

7.3.1 Die Ursprünge

Großbritannien wies Mitte des 19. Jahrhunderts nur wenige Anknüpfungspunkte für eine Einführung des metrischen Systems auf. Die dortige Debatte über diese Frage war deshalb stärker von internationalen Einflüssen geprägt als die deutsche.

Gleichwohl gab es für sie auch heimische Wurzeln. Deren Ursprung lag darin, dass das britische Maßsystem trotz der Reformen von 1824 und 1834/35 vergleichsweise undurchschaubar war. Das galt vor allem für den Aufbau seiner Einheiten. Ein Avoirdupois-Pfund entsprach beispielsweise sechzehn Unzen, die ihrerseits in sechzehn *drams* unterteilt waren. Die nächstgrößere Einheit, der *stone*, bestand jedoch nicht aus sechzehn, sondern aus vierzehn Pfund. Und das noch größere *hundredweight* setzte sich statt aus sechzehn oder vierzehn aus acht *stone*, also aus 112 Pfund zusammen. Ebenso kompliziert war die Situation bei den Längen- und den Flächenmaßen. Eine Meile enthielt 1760 Yards oder 5280 Fuß, und der *acre* basierte auf 10 mal 10 *land chains* à 22 Yards.[175]

Im Rahmen der Wiederherstellung der 1834 zerstörten Urmaße untersuchten die hieran beteiligten Wissenschaftler deshalb auch die Frage, inwiefern sich der Aufbau der Einheiten vereinfachen ließ. Mit Rücksicht auf die Rechengewohnheiten im Alltagsverkehr erschien es ihnen dabei wünschenswert, die Möglichkeit einer dyadischen Unterteilung beizubehalten.[176] Für einige Verwendungen wie beispielsweise die Buchhaltung favorisierten sie jedoch das Dezimalsystem. In ihrem 1841 veröffentlichten Bericht empfahlen sie deshalb eine teilweise Neustrukturierung der britischen Einheiten. Sie schlugen vor, den *stone* abzuschaffen und nur noch dezimale Vielfache des Pfundes als Gewichte zuzulassen. Außerdem wollten sie die Längenmaße um eine Einheit von 1000 Yard ergänzen, die langfristig die Meile verdrängen sollte, und einige weitere, ähnlich gelagerte Veränderungen vornehmen.[177]

---

[174] Stenographische Berichte des Reichstages, XI. Legislaturperiode, II. Session 1905/06, Erster Band, 26. Sitzung, 23.1.1906, S. 755 ff. sowie zusammenfassend zum Verlauf der Debatte BAZILLE und MEUTH, Maß- und Gewichtsrecht, S. 96 ff.

[175] Report on the Restoration of the Standards, S. 11 ff.; P.P. 1842 [356], XXV.263.

[176] Ebd., S. 10. Vgl. auch die entsprechenden Überlegungen aus den 1810er Jahren in: First Report of the Commissioners, S. 4; P.P. 1819 (565), XI.307.

[177] Report on the Restoration of the Standards, S. 10 ff.; P.P. 1842 [356], XXV.263.

Diese Vorschläge stießen nur auf geringe Resonanz. Allerdings brachten George Airy, der Leiter der wissenschaftlichen Kommission, und seine Kollegen noch einen weiteren Gedanken ins Spiel. Um die vorgeschlagene Umstellung von Maßen und Gewichten vorzubereiten und die Bevölkerung an das Dezimalsystem zu gewöhnen, rieten sie dazu, auch die duodezimal aufgebaute britische Währung zu reformieren. Dafür machten sie einen neuartigen Vorschlag, der später als das sogenannte *pound-and-mil scheme* bekannt geworden ist. Er sah vor, den *farthing*, der bis dahin 1/960stel Pfund entsprach, auf 1/1000stel Pfund (ein *mil*) festzusetzen. Der weit verbreitete *shilling* hätte dann 50 und die *sixpence*-Münze 25 *farthings* beinhaltet. Durch die Einführung einer neuen Münze im Wert von 1/100stel Pfund ließ sich der Übergang zum Dezimalsystem weiter vorantreiben.[178]

Zwar blieb auch diese Idee zunächst unbeachtet. 1847 inspirierte sie aber den Unterhausabgeordneten John Bowring dazu, sich für die Ausgabe eines Silberstücks im Wert von 1/10tel Pfund einzusetzen. Da dieser Schritt nur wenig Aufwand erforderte, nahm das Schatzamt die Initiative auf und prägte 1849 erstmals eine solche, als Florin bezeichnete Münze.[179] Die Protagonisten der Dezimalisierung fühlten sich dadurch ermutigt. Als 1853 eine größere Menge Kupfergeld neu ausgegeben werden sollte, nutzten Airy und seine Kollegen die Gelegenheit, um dem Schatzkanzler weitere diesbezügliche Schritte nahezulegen.[180] William Ewart Gladstone, der das Amt seit 1852 innehatte, erklärte sich daraufhin bereit, eine parlamentarische Untersuchung der Angelegenheit zu unterstützen. Sie führte zu einem eindeutigen Ergebnis. Nahezu sämtliche Experten sprachen sich für eine weitgehende Dezimalisierung des Münzsystems aus. Sie ermögliche, so lautete die Quintessenz der Untersuchung, größere Genauigkeit, vereinfache die Buchhaltung und erleichtere alltägliche Transaktionen.[181]

Dieser Befund stieß in der Öffentlichkeit auf großes Interesse. Er schlug sich in einer Welle von Zeitungsberichten nieder und löste eine Vielzahl weiterer Aktivitäten aus. Darunter fiel unter anderem die Gründung der *Decimal Association*. 1854 schlossen sich in ihr Kaufleute, Bankiers und Intellektuelle zusammen, um gezielte Lobbyarbeit für eine Dezimalisierung der Währung zu betreiben. Sie wurden umgehend bei verschiedenen Regierungsinstitutionen vorstellig und drängten auf legislative Konsequenzen aus der parlamentarischen Untersuchung des Vorjahres.[182]

---

178 Ebd., S. 10; P.P. 1842 [356], XXV.263. Vgl. hier und im Folgenden auch Hansard's HC Deb 12 June 1855, vol 138, cols 1867 ff.; Preliminary Report of the Decimal Coinage Commissioners, S. ix ff.; P.P. 1857 Session 2 [2212], XIX.1 sowie die Darstellung bei Levi, History of British Commerce, S. 458 f.

179 Connor, England, S. 281.

180 Report on the Construction of New Parliamentary Standards, S. 14; P.P. 1854 [1786], XIX.933. Zum Zusammenhang mit der Ausgabe von Kupfergeld vgl. Connor, England, S. 281 sowie Hansard's HC Deb 29 March 1881, vol 260, col 165.

181 Report Select Committee Decimal Coinage, S. iii; P.P. 1852–1853 (851), XXII.387.

182 Proceedings: With an Introduction, S. 13 ff. Zu den weiteren Aktivitäten im Umfeld des Berichtes gehörte eine Reihe von Reformvorschlägen aus der interessierten Öffentlichkeit. Vgl. z. B. Jessop, Decimal System; die ausführliche Darlegung dieses und weiterer Pläne bei Zupko, Revolution, S. 209 ff. sowie die zeitgenössische Übersicht von Rathbone, Comparative Statement.

Trotz der scheinbar eindeutigen Stimmungslage stießen sie dabei aber auf Widerstand. Vor allem Gladstone zeigte sich skeptisch. Er argumentierte, dass die Vorteile einer Dezimalisierung nur einer kleinen, elitären Schicht von Unternehmern, Verwaltungsbeamten und Wissenschaftlern zugute kämen. Die breite Masse der Bevölkerung hingegen sei mit dem bestehenden System sehr zufrieden.[183] Die bei einer Umstellung entstehenden Kosten und Probleme würden deshalb vor allem zu ihren Lasten gehen. Dennoch lehnte Gladstone das Anliegen der *Decimal Association* nicht rundheraus ab. Vielmehr regte er eine weitere parlamentarische Untersuchung an. Dieser Vorschlag diente allerdings nur dazu, eine Abstimmung über einen 1855 im Unterhaus gestellten Antrag zur sofortigen Umsetzung des *pound-and-mil scheme* zu vermeiden. Nachdem sie abgewendet war, versuchte Gladstone, die Pläne der *Decimal Association* zu stoppen und sorgte dafür, dass die versprochene Untersuchungskommission aus dezidierten Gegnern einer Dezimalisierung bestand. Ihr 1859 vorgelegter Abschlussbericht kam deshalb zu dem Ergebnis, dass die Vorteile einer Umstellung unklar, ihre Nachteile dagegen gravierend seien. Solange Maße und Gewichte auf dem Duodezimalsystem aufgebaut seien, würde eine Reform der Münzen zudem nur Verwirrung stiften.[184]

Die Währungsfrage war damit erledigt. Die Befürworter einer Dezimalisierung gaben aber nicht auf, sondern wandten sich stattdessen den Maßeinheiten zu. In den parlamentarischen Beratungen war dieses Thema bewusst hintangestellt worden.[185] Dass es nun wieder stärker hervortrat, hatte neben dem Verdikt der Untersuchungskommission auch mit den Impulsen von der internationalen Ebene zu tun. Im März 1853, eineinhalb Jahre nach dem Ende der *Great Exhibition*, schickte deren Veranstalter, die *Society of Arts*, eine Denkschrift an die Regierung und bat darum, die Möglichkeiten der Etablierung eines weltweit einheitlichen Maßsystems zu überprüfen. Der konkrete Anlass für diese Initiative ging noch aus dem britischen Kontext, also aus den Diskussionen über die Währung hervor.[186] Aber in ihrer Argumentation verwies die Denkschrift bereits auf die veränderte internationale Landschaft. Das betraf zum einen die praktischen Erwägungen, die auf der Weltausstellung zur Sprache gekommen waren. Zum anderen nahm die *Society of Arts* auch die idealistische Hochstimmung der dortigen Debatten auf. Sie argumentierte, dass die Maßeinigung Teil einer Neugestaltung der internationalen Beziehungen sei, die eine dauerhafte Kooperation zwischen den zivilisierten Nationen sicherstellen werde.[187]

---

[183] Preliminary Report of the Decimal Coinage Commissioners, S. xii; P.P. 1857 Session 2 [2212], XIX.1.

[184] Vgl. Final Report of the Decimal Coinage Commissioners, S. 3 f.; P.P. 1859 Session 2 [2529], XI.1.; EINAUDI, Money and Politics, S. 143 f. sowie CONNOR, England, S. 282.

[185] Preliminary Report of the Decimal Coinage Commissioners, S. xi; P.P. 1857 Session 2 [2212], XIX.1.

[186] SOLLY, Memorial, S. 205. Vgl. auch die Darstellung bei LEVI, History of British Commerce, S. 457f.

[187] SOLLY, Memorial, S. 205.

Ebenso wie die *Decimal Association* wollte die Gesellschaft dieses Ziel allerdings nicht durch die Einführung des metrischen Systems erreichen. Ihre Mitglieder diskutierten eine solche Möglichkeit 1853/54 zwar, verwarfen sie aber wieder.[188] Denn eine Reihe von Industriellen, Ingenieuren und Maschinenbauern sprach sich bei dieser Gelegenheit für die Beibehaltung der britischen Maße aus. Allerdings erkannten sie ausdrücklich an, dass das Dezimalsystem für ingenieurtechnische Zwecke von hohem Nutzen war. Besonders Joseph Whitworth setzte sich in den 1850er Jahren dafür ein, die britischen Maße entsprechend neu zu unterteilen.[189] Auf diesem Wege sollte auch die internationale Anschlussfähigkeit der Einheiten, die die *Society of Arts* und die *Decimal Association* anstrebten, erreicht werden. Die auf der Weltausstellung von 1855 gegründete *International Association* setzte dagegen andere Akzente. Ihr *British Branch* betrachtete, wie im ersten Abschnitt dieses Kapitels erläutert, allein die Einführung des metrischen Systems als angemessene Reformmaßnahme. Damit standen sich im Lager der Reformer zwei Ansichten gegenüber.

Die *Decimal Association* ergriff als erstes die Initiative. Als sich Ende 1858 abzeichnete, dass ihre Bemühungen um eine Währungsneuordnung scheitern würden, legte sie stattdessen einen Gesetzesentwurf für eine Dezimalisierung des Avoirdupois-Pfundes vor.[190] Dabei handelte es sich jedoch um einen sehr zurückhaltenden Vorschlag, demzufolge zahlreiche traditionelle Größen wie beispielsweise das *score* zu zwanzig Pfund erhalten bleiben sollten. Das rief die *International Association* auf den Plan. Sie erklärte, dass das Vorhaben der *Decimal Association* viel zu begrenzt sei und richtete ein Memorandum an die Regierung, in dem sie für die vollständige Übernahme des metrischen Systems plädierte. Darüber hinaus entfaltete sie umfangreiche Aktivitäten, die ihrem Anliegen Nachdruck verleihen sollten. Sie organisierte Vorträge, veröffentlichte Flugschriften und versuchte, Allianzen mit Wissenschaftsverbänden und anderen potentiellen Unterstützern zu schließen.[191]

Im Februar 1860 kam ihr dabei der Cobden-Chevalier-Vertrag zu Hilfe. Dieser britisch-französische Handelspakt schaffte eine Reihe prohibitiver Bestimmungen ab, reduzierte eine Vielzahl von Zöllen und leitete die Ära des Freihandels ein. Die Folge davon war, dass die Verflechtungen zwischen den beteiligten Ländern sprunghaft anstiegen. Innerhalb von nur zehn Jahren verdoppelte sich der Wert der britischen industriellen Exporte nach Frankreich.[192] Diese Entwicklung gab den Befürwortern des Meters ein starkes Argument an die Hand. Auch die *Associated Chambers of Commerce* wurden nun auf das Problem aufmerksam und sprachen sich im Februar 1861 für die Übernahme des französischen Maßsystems aus. In enger Zusammenarbeit mit der *International Association* richteten sie zudem

---

[188] Cox, Metric System, S. 244 f.
[189] Vgl. ebd., S. 247; Velkar, Markets, S. 59 sowie Kap. 9.2.1 dieser Arbeit.
[190] Third Report of the Council, S. 6 u. S. 13 (Fußnote).
[191] Memorial to the Chancellor of the Exchequer, 19. 3. 1859, in: ebd., S. 14–24. Zu den weiteren Aktivitäten vgl. Cox, Metric System, S. 253 ff.
[192] Evans, Forging, S. 348.

eine Petition an das Unterhaus, die unter explizitem Verweis auf den Handel mit Frankreich eine Untersuchung der Frage einforderte.[193]

Im April 1862 setzte das Unterhaus daraufhin ein *select committee* ein, das diese Aufgabe übernehmen sollte. Seine Beratungen markierten einen ersten Höhepunkt der prometrischen Bewegung.[194] Schon an der Zusammensetzung des Komitees ließ sich erkennen, wie sehr es unter dem Einfluss liberaler Internationalisten stand. Seine prägenden Gestalten waren Richard Cobden und der Radikalliberale William Ewart, der den Vorsitz übernahm. Auch die Liste der befragten Experten liest sich wie ein Verzeichnis jener liberalen Eliten, die die Debatten der 1850er Jahre vorangetrieben hatten. Dazu gehörten James Yates, Leone Levi und der Londoner Mathematiker Augustus De Morgan, einer der Väter des *pound-and-mil scheme*. Hinzu kamen ausländische Experten, die sich anläßlich der Weltausstellung von 1862 in großer Zahl in London aufhielten. Unter ihnen war auch Michel Chevalier. Er hatte schon im vorangegangenen Jahr dafür plädiert, den britisch-französischen Freihandel durch ein gemeinsames Maß- und Gewichtssystem zu ergänzen.[195]

Angesichts dieser Konstellation war es wenig überraschend, dass sich die Befragten mit großer Mehrheit für die Einführung des metrischen Systems aussprachen. Die meisten von ihnen kritisierten die britischen Maße als unlogisch, umständlich und schwer zu begreifen. Allenfalls ihre Dezimalisierung erschien einigen der Experten als eine tragfähige Alternative zum Meter. Das Komitee kam aber zu dem Schluss, dass die Entwicklung eines solchen eigenständigen Systems ebenso große Schwierigkeiten hervorrufen würde wie die Umstellung auf die französischen Maße, ohne alle seine Vorteile zu bieten. Es verwies dabei besonders auf den Außenhandel und die potentielle Arbeitsersparnis, aber auch auf die „economy of time in education".[196] Dieser Faktor war von großer Bedeutung, weil zum selben Zeitpunkt intensive Debatten über eine Ausweitung der Grundschulbildung stattfanden und die mit den britischen Maßen verbundene *compound arithmetic* (das mehrsortige Rechnen) als überaus zeitraubend galt. Auch deshalb empfahl das Komitee, den Meter einzuführen, wenngleich er zunächst nur zugelassen, nicht aber allgemeinverpflichtend gemacht werden sollte.[197]

7.3.2 Die Gegner des Meters

Trotz des eindeutigen Ergebnisses der parlamentarischen Beratungen und im Gegensatz zur internationalen Wahrnehmung waren diese Vorschläge allerdings sehr

---

[193] Fifth Report of the Council, S. 12 ff.
[194] Zur Arbeit des Komitees sowie zum Kontext vgl. Report Select Committee Weights and Measures; P.P. 1862 (411), VII.187; LEVI, History of British Commerce, S. 459 f.; COX, Metric System, S. 260–281; ZUPKO, Revolution, S. 235 ff. sowie CONNOR, England, S. 283 f.
[195] Cox, Metric System, S. 259.
[196] Report Select Committee Weights and Measures, S. vii u. S. 36; P.P. 1862 (411), VII.187.
[197] Vgl. ebd., S. ix; P.P. 1862 (411), VII.187. Zu den Debatten über die Grundschulbildung vgl. EVANS, Forging, S. 402 ff. und DAUNTON, Wealth and Welfare, S. 495 f.

umstritten. In den 1850er und 1860er bildete sich innerhalb Großbritanniens eine Opposition heraus, die den freihändlerisch geprägten Befürwortern des Meters entgegentrat.

Aus der politischen Linken, also der Arbeiterbewegung, gab es allerdings keine nennenswerten Beiträge zu dieser Debatte. Die Ursachen dafür waren ihre fehlende parlamentarische Repräsentation und die Tatsache, dass die Frage nach dem Maßsystem für breite Bevölkerungsschichten nur untergeordnete Bedeutung hatte. Allein im Rahmen der allgemeinen Debatte über das *laisser-faire* und den Utilitarismus finden sich Ansätze einer linken Standardisierungskritik. Ihr wichtigster Protagonist war Charles Dickens. In seinem 1854 veröffentlichten Roman *Hard Times* warf er den Utilitaristen vor, Individuen mit Hilfe von Maß und Zahl in statistische Artefakte zu verwandeln. Allerdings wandte sich Dickens damit allgemein gegen die aus seiner Sicht seelenlose Natur der Standardisierung und Quantifizierung und nicht speziell gegen konkrete Überlegungen zur Einführung des Meters.[198]

Diejenigen, die den Freihandelsliberalismus aus konservativer Perspektive kritisierten, äußerten sich aber sehr gezielt zu dieser Frage. Ihre Haltung beruhte auf dem außergewöhnlichen „sense of national uniqueness, nationalistic self-confidence and […] xenophobic contempt for foreigners"[199] der viktorianischen Ära. In den 1850er und 1860er Jahren erlebte er einen Höhepunkt. Großbritannien war zu diesem Zeitpunkt die unbestrittene imperiale und industrielle Führungsmacht der Welt. In ihrer Selbstwahrnehmung hob sich die Insel durch Stabilität, Unabhängigkeit und ein auf Freiheit gegründetes politisches System positiv vom europäischen Kontinent ab. Am rechten Rand des politischen Spektrums resultierte diese Auffassung in der religiös motivierten Vorstellung einer besonderen Erwähltheit der Briten und sogar ihrer Nachfolge des Volkes Israel.[200]

Solche ‚erfundenen Traditionen' prägten in den 1860er Jahren auch Teile der Opposition gegenüber dem metrischen System. Den Ausgangspunkt hierfür bildete die Wiederbelebung des Interesses an der antiken Metrologie. Deren unmittelbare Relevanz für die Gegenwart schien sich zu Beginn des 19. Jahrhunderts bereits erledigt zu haben. Im Kontext einer seit der Jahrhundertmitte auflebenden britischen ‚Ägyptomanie' nahm sie aber wieder deutlich zu. Die treibenden Kräfte hinter dieser Entwicklung waren der Soldat und Parlamentarier Richard Vyse sowie John Taylor, ein Publizist und Verleger. Vyse hatte 1837 Ägypten bereist und dabei umfangreiche Vermessungen an der Großen Pyramide von Gizeh vorgenommen.[201] Dieses nach wie vor größte Bauwerk der Welt übte auf die Zeitgenossen eine besondere Faszination aus. Auch Taylor ließ sich von ihr anstecken. 1859 veröffentlichte er ein Pamphlet, in dem er argumentierte, dass die Pyramide

---

[198] COHEN, Triumph of Numbers, S. 147–157, hier v. a. S. 153 ff.

[199] BLACK und MACRAILD, Nineteenth-Century Britain, S. 232.

[200] REISENAUER, Battle, S. 958 ff.

[201] VYSE, Operations, passim. Allgemein zum Folgenden vgl. REISENAUER, Battle, S. 936 ff.; SCHAFFER, Metrology and Metrication, S. 449 ff.; ECO, Geschichte, S. 87 ff. sowie CREASE, Balance, S. 151 ff.

nicht allein eine Grabstätte sei, sondern auch ein metrologisches Monument. In ihren Proportionen, so Taylor, sei das Wissen über die antiken Maßeinheiten konserviert.[202]

Das war für sich genommen keine neue Idee. John Greaves hatte sie bereits im 17. Jahrhundert formuliert.[203] Allerdings ergänzte Taylor dessen Überlegungen um eine Reihe von Schlussfolgerungen, die er aus Vermessungsergebnissen von Vyse zog. Er glaubte nachweisen zu können, dass die Länge der vier Seiten der Pyramide exakt ihrer Höhe mal 2π entsprach. Das war aus seiner Sicht eine überaus bedeutsame Erkenntnis, denn es galt als unstrittig, dass die Ägypter die Zahl Pi nicht kannten. Taylor folgerte daraus, dass der Plan für das Bauwerk auf eine göttliche Offenbarung zurückging.[204] Sie sei den in ägyptischer Gefangenschaft befindlichen Israeliten (deren Mitwirkung am Bau der Pyramiden er fälschlicherweise annahm) zuteil geworden. Ihnen habe Gott eingegeben, dass die Erde eine Kugel sei. Sie hätten sie daraufhin mit großer Genauigkeit vermessen und ihre dabei erzielten Ergebnisse in die Proportionen der Pyramide einfließen lassen.[205]

Diese Auffassung hatte insofern praktische Bedeutung, als die genaue Länge des an dem Bauwerk gebrauchten Maßes, des *sacred cubit*, schon seit Newton umstritten gewesen war. Dank seiner Überzeugung, wonach die Pyramide auf den Dimensionen des Globus beruhte, konnte Taylor das Problem nun (vermeintlich) lösen. Er ging davon aus, dass sich der *sacred inch*, eine Untereinheit des *cubit*, genau auf 1/500 000 000stel der Länge der Erdachse belief und berechnete seine Größe anhand dieses Maßstabs. Wie es der Zufall so wollte, stimmte sie bis auf die dritte Nachkommastelle mit derjenigen des britischen *inch* überein.[206] Das war nach Taylors Meinung Beleg genug dafür, dass die *Imperial Measures* letztlich auf eine göttliche Offenbarung zurückgingen. Die Folgen dieser Auffassung für die Debatte über die französischen Einheiten lagen auf der Hand. 1864 erklärte Taylor die Auseinandersetzung zwischen den beiden Systemen zu einem „Battle of the Standards" – „The Ancient, of Four Thousand Years, Against the Modern, of the Last Fifty Years – The Less Perfect of the Two."[207]

Die Resonanz auf die Idee von der göttlichen Herkunft der britischen Maße war so groß, dass sie in den folgenden Jahren immer wieder in die Debatte einfloss. Allerdings wäre sie wohl kaum so öffentlichkeitswirksam gewesen, wenn sie nicht einen prominenten Fürsprecher gefunden hätte: den schottischen Hofastronomen Charles Piazzi Smyth. Smyth war ein hoch angesehener Wissenschaftler. 1864 publizierte er eine eigene, unmittelbar von Taylor inspirierte Version der *Great Pyramid Metrology*. Darin bediente er sich ausgiebig religiöser Argumente und wies darauf hin, dass die Franzosen gleichzeitig mit der Etablierung des Meters auch ihre Bibeln verbrannt und Gottes Existenz geleugnet hätten. Angesichts der

---

[202] TAYLOR, Great Pyramid, S. 1 ff.
[203] Vgl. Kap. 3.2.2 dieser Arbeit.
[204] TAYLOR, Great Pyramid, S. 19 ff. u. S. 228 ff.
[205] Ders., Battle, S. 7 f. u. S. 14 ff.
[206] Vgl. ebd., S. 10 ff.
[207] Ebd., Titel und Untertitel.

verbreiteten britischen Abscheu vor den Ereignissen der Französischen Revolution erwies sich das als erfolgreiche Vermarktungsstrategie.[208]

Wissenschaftliche Kreise standen Smyths Argumenten allerdings kritisch gegenüber. Die empirischen Erkenntnisse über die Pyramide, die er Ende 1864 bei einer Reise nach Ägypten sammelte, fanden zwar auch dort Anerkennung. Die aus ihnen abgeleitete, triumphale Bestätigung von Taylors Thesen führte aber zu heftigen Auseinandersetzungen. Der Direktor des *Ordnance Survey*, Henry James, warf Smyth vor, alternative Erklärungsmöglichkeiten zu ignorieren. Die Proportionen der Pyramide, so argumentierte er, beruhten nicht auf Pi, sondern darauf, dass ihre Seitenflächen pro zehn Längeneinheiten der Basislinie um neun Längeneinheiten anstiegen. Andere Kritiker stellten heraus, dass das ägyptische Zahlensystem auf der 7 aufgebaut war und 22/7 eine gute Annäherung an Pi ergab. Smyth geriet in den folgenden Jahren in die Defensive und trat schließlich 1874 von seinem Fellowship in der *Royal Society* zurück.[209]

In der Öffentlichkeit fand seine Theorie aber weiterhin großen Anklang. *Our Inheritance in the Great Pyramid*, die Schrift von 1864, ging 1874 in die zweite, 1877 in die dritte und 1880 in die vierte Auflage. Sie wurde rege aus öffentlichen Bibliotheken ausgeliehen. Smyth hatte zudem zahlreiche Nachahmer und Popularisierer, unter denen Hugh Robinson Shaw der extremste war. Auch in den USA gewann er Anhänger. Sie gründeten sogar eine eigene Organisation, das *International Institute for Preserving and Perfecting the Anglo-Saxon Weights and Measures*.[210] In den 1880er Jahren verebbte die Begeisterung für Smyths Ideen allerdings. Neue Vermessungsergebnisse ließen Zweifel an der Verlässlichkeit seiner empirischen Daten aufkommen. Ausgerechnet die 1883 veröffentlichten Befunde des Ägyptologen William Flinders Petrie, der ursprünglich aufgebrochen war, um Belege *für* Smyths Thesen zu sammeln, trugen am meisten dazu bei, sie zu diskreditieren.[211] Die besonders in den USA noch verbliebenen Anhänger der *Great Pyramid Metrology* „became increasingly cranky".[212] In Großbritannien wurde die Theorie seit diesem Zeitpunkt kaum noch ernst genommen.

Die politisch-parlamentarische Diskussion über das metrische System hatte sie ohnehin nur in geringem Maße beeinflusst. Gleichwohl lassen sich ihre Spuren auch dort nachweisen, vor allem in den Positionen von John Herschel. Herschel war neben George Airy der berühmteste Astronom seiner Zeit und an allen Debatten über das Maßsystem unmittelbar beteiligt. Zwar wahrte er eine gewisse

---

[208] SMYTH, Our Inheritance, S. 215. Vgl. auch CREASE, Balance, S. 154 sowie REISENAUER, Battle, S. 942 ff.

[209] Vgl. SCHAFFER, Metrology and Metrication, S. 455 sowie CREASE, Balance, S. 154.

[210] Vgl. ebd., S. 155 f.; TAVERNOR, Smoot's Ear, S. 140 ff. sowie REISENAUER, Battle, S. 968 f. Zu den mehrfachen Auflagen von Smyths Buch und seiner Ausleihe aus Bibliotheken vgl. ebd., S. 955 f. Shaw behauptete, dass nicht nur der Yard, sondern auch der Meter in der Pyramide verewigt sei, allerdings in einer Weise, die eine eindeutige Abwertung gegenüber dem Yard impliziere. Zudem mutmaßte er, dass der Turmbau zu Babel mit dem Meter geplant worden sei, vgl. SHAW, Egyptian Enigma, S. 46 f. u. S. 55 f.

[211] REISENAUER, Battle, S. 971 ff.

[212] TAVERNOR, Smoot's Ear, S. 142.

Distanz gegenüber den Extravaganzen der *Great Pyramid Metrology*, aber in einem Punkt war er von ihren Thesen tief beeindruckt. Das betraf die Idee, die Grundlage von Maßen und Gewichten nicht in einem willkürlich auszuwählenden Meridian zu suchen, sondern in der absolut eindeutigen Erd*achse*.[213]

Herschel war in den 1830er Jahren als Mitglied der Kommission zur Wiederherstellung der britischen Urmaße mit dafür verantwortlich gewesen, deren Kopplung an eine natürliche Größe über Bord zu werfen. Er wusste deshalb, dass weder das eine noch das andere dem aktuellen Stand der Wissenschaft entsprach. Aber darum ging es nicht. Herschel war vielmehr grundsätzlich der Meinung, dass die übrigen Länder angesichts der britischen Führungsrolle in der Welt gefälligst die *Imperial Measures* zu übernehmen hätten.[214] In der Nutzung der Erdachse als Maßgrundlage erkannte er deshalb eine willkommene Gelegenheit, ihnen einen Legitimitätsvorsprung vor den konkurrierenden französischen Einheiten zu verschaffen. Herschel entwickelte einen Reformvorschlag, in dessen Rahmen der *inch* minimal verändert und so auf genau 1/500 500 000stel der Achsenlänge festgelegt werden sollte (die Abweichung gegenüber Taylors 1/500 000 000stel ergab sich daraus, dass er andere Daten über den Erddurchmesser zugrunde legte). Für alle anderen Einheiten dachte er sich Verknüpfungen mit dem Längenmaß aus, so dass das britische System auch in dieser Hinsicht nicht hinter dem französischen zurückstehen musste.[215]

Der berühmte Astronom beließ es allerdings nicht dabei, sondern bemühte sich aktiv darum, eine gesetzliche Einführung des Meters zu verhindern. Als die Frage im Anschluss an den Komiteebericht von 1862 im Parlament zur Sprache kam, kontaktierte er zahlreiche Unterhausabgeordnete, die seinen Ansichten Gehör verschafften.[216] Zugute kam ihm, dass die positive Abgrenzung des britischen Maßsystems vom französischen mit der generellen Skepsis vieler Konservativer gegenüber der kontinentalen Politik korrespondierte. Der Abgeordnete John Hubbard brachte das auf den Punkt, als er die beiden wesentlichen Gründe nannte, aus denen er den Meter ablehnte. „It had taken fifty years of arbitrary and despotic rule in France to obtain for the metric system its present position", so argumentierte er, „and it was far from being general in Paris and still further in the provinces."[217]

Die Befürworter des Meters bestritten diese Analyse zwar. Ihrer Auffassung zufolge war der Meter in Frankreich weithin in Gebrauch. Zudem verwiesen sie darauf, dass er sich auch in den Niederlanden durchgesetzt habe, wo die Bevölke-

---

[213] HERSCHEL, Two Letters, S. 5 (auch abgedruckt in: TAYLOR, Battle, S. 39–44, hier S. 41). Die Idee der Erdachse als Standard ist bereits 1795 von dem französischen Mathematiker Jean-François Callet geäußert, aber nie ernsthaft debattiert worden, CALLET, Tables, S. 100. Vgl. auch ZERO, Standard of Measure, S. 376.

[214] SCHAFFER, Metrology and Metrication, S. 449.

[215] HERSCHEL, Essay, S. 20 ff. Vgl. auch ALDER, Maß, S. 441.

[216] Hansard's HC Deb 13 May 1868, vol 192, cols 190–191 u. 194–196. Vgl. auch HERSCHEL, Two Letters, Untertitel.

[217] Hansard's HC Deb 13 May 1868, vol 192, cols 202–203.

rung ein ähnliches Maß an Freiheit genösse wie in Großbritannien. Allerdings teilten sie die Einschätzung der Kritiker, wonach Frankreich ein hochgradig zentralisiertes Land sei, das über die Köpfe der Bürgerinnen und Bürger hinweg regiert werde.[218] Auch außerhalb des Parlamentes hatte diese Meinung viele Anhänger. Sie bildete beispielsweise ein wichtiges Motiv eines Leitartikels der *Times* von 1863. Sein Autor griff zudem den vermeintlichen Gegensatz zwischen britischer Stabilität und kontinentaler Unruhe auf und spielte offen auf die Assoziation des Meters mit der Revolution an.[219]

Solche konservativ-nationalistischen Topoi trafen im weiteren Verlauf der Debatte mit dem liberalen Anliegen des *laisser-faire* zusammen. Gemeinsam bildeten sie eine antimetrische Koalition. Auch das ließ sich dem *Times*-Artikel entnehmen, denn er vermischte xenophobe Argumente mit pragmatischen Anliegen. Sein Autor befürchtete, dass eine Umstellung der Einheiten gravierende Konsequenzen für das Alltagsleben haben würde. Besonders die dezimale Unterteilung des Meters machte ihm Sorgen, weil sie den mathematischen Bildungsstand seiner Landsleute zu überfordern drohte. Es schien ihm deshalb wenig ratsam, der Bevölkerung „this great arithmetical revolution"[220] aufzuzwingen.

Diese Auffassung vertrat auch George Airy. Der königliche Astronom nahm in der Debatte erneut eine Schlüsselrolle ein. Als einer der wenigen hatte er sich vor dem *select committee* von 1862 gegen die Einführung des Meters ausgesprochen. Wie der Leitartikler der *Times* ging er davon aus, dass die *Imperial Measures* den alltäglichen Bedürfnissen besser entsprächen als die französischen und argumentierte, dass die mathematischen Kenntnisse der Briten nicht ausreichten, um ihnen das Dezimalsystem zuzumuten.[221] Zudem kam eine Umstellung des Maßsystems für ihn auch deshalb nicht in Frage, weil er der Meinung war, dass sein Land sich generell weniger in innere Belange der Gesellschaft einmische als die kontinentalen Mächte. Das war allerdings kein bloßes Stereotyp. Airy befürchtete vielmehr, dass die Regierung aufgrund ihrer allgemeinen Zurückhaltung und der daraus folgenden Unzulänglichkeiten der britischen Maßverwaltung gar nicht in der Lage war, eine etwaige Einführung des Meters in die Praxis umzusetzen.[222]

Auch abgesehen davon hätten die Vorteile eines solchen Schrittes aus Airys Perspektive die Kosten einer Umstellung aber nicht aufgewogen. Denn sie wären, so

---

[218] Vgl. ebd., cols 196–197.
[219] THE TIMES, 2.7.1863. Der Artikel ist auch abgedruckt in TAYLOR, Battle, S. 45–48 (dort irrtümlich auf den 9.7.1863 datiert).
[220] THE TIMES, 2.7.1863.
[221] Report Select Committee Weights and Measures, S. 133; P.P. 1862 (411), VII.187. Die meisten Verfechter der duodezimalen Unterteilung führten solche pragmatischen Argumente für ihre Position an, so z.B. COLENSO, Elementary Arithmetic. Einige zeitgenössische Veröffentlichungen begründeten die Präferenz für das Duodezimalsystem aber auch mit religiösen Argumenten, etwa durch den Verweis auf die zwölf Apostel, vgl. LEECH, Dozens versus Tens, S. 5.
[222] Vgl. Report Select Committee Weights and Measures, S. 131; P.P. 1862 (411), VII.187 sowie die Überlegungen zu den beschränkten Möglichkeiten des Staates in: George Airy, Remarks on the Proposed Decimal Systems of Coins, Weights, and Measures, Laid Before the Standard Commission, 1841, CUL Manuscripts, RGO 62/4.

argumentierte er, allein zugunsten des Außenhandels ausgefallen. Für den Binnenhandel hätte die Einführung des Meters hingegen nur Nachteile erbracht, denn
dort war das britische System fest etabliert und funktionierte reibungslos.[223] Das
galt vor allem für kleine Gewerbetreibende, Händler und Handwerker. Die Industrie spielte in Airys Überlegungen dagegen nur eine untergeordnete Rolle. Zwar
bestanden hier ebenfalls Pfadabhängigkeiten, die auf die *Imperial Measures* gegründet waren.[224] Aber es gab auch Ingenieure, die für den Meter Partei ergriffen.
Einige von ihnen verwendeten das Maß zudem bereits in innerbetrieblichen Zusammenhängen. Das war vor allem dann der Fall, wenn sie ihre Technologie oder
strategisch wichtige Einzelteile vom Kontinent bezogen. Airy argumentierte allerdings, dass man den Meter deshalb nicht für alle verbindlich machen müsse. Aus
seiner Sicht genügte es vielmehr, die Nutzung des französischen Maßes zu ermöglichen. Ganz im Sinne des liberalen Mainstreams ging er davon aus, „that if we
[…] make it permissible to use these things, those trades which are likely to find
it advantageous will do so.“[225]

Diese Position schien zunächst einen Kompromiss zu ermöglichen. Die Mehrheit der im *select committee* von 1862 versammelten Abgeordneten gab sich mit
einer Zulassung des Meters (*permission*) zufrieden und bestand nicht auf seiner
zwangsweisen Einführung (*compulsion*). Viele seiner Befürworter waren von den
Vorteilen des französischen Systems so überzeugt, dass sie erwarteten, es werde
sich im Falle einer offiziellen Anerkennung automatisch gegen die *Imperial Measures* durchsetzen. Völlig sicher waren sie sich ihrer Sache allerdings nicht. Als William Ewart und einige Vertreter der *International Association* im Anschluss an den
Komiteebericht einen Gesetzesentwurf erarbeiteten, änderten sie ihre Meinung.
Im Frühjahr 1863 brachten sie eine Initiative im Unterhaus ein, die nun doch eine
zwangsweise Etablierung des metrischen Systems (mit einer englischsprachigen
Nomenklatur) vorsah.[226] Um diesen Stimmungsumschwung zu begründen, argumentierte Ewart, dass die britischen Maße trotz aller einschlägigen Bemühungen
nach wie vor nicht einheitlich seien. In der Einführung des Meters bestünde eine
Chance, diese Vielfalt zu beseitigen. Das sei jedoch nur möglich, wenn man das
neue System allgemeinverbindlich mache, denn seine bloße Zulassung laufe auf
eine weitere Vervielfachung der gebräuchlichen Maße hinaus.[227]

Mit diesem Vorhaben brachte die *International Association* allerdings die Regierung gegen sich auf. Der Liberale Thomas Milner Gibson, der als Präsident des
Board of Trade amtierte, ging davon aus, dass eine zwangsweise Umstellung in der
Bevölkerung auf breiten Widerstand treffen würde. Gerade der von Ewart diagnostizierte Fortbestand traditioneller Maßgebräuche nährte diese Befürchtung,
denn er zeigte nach Auffassung des Ministers, dass es unmöglich war, eine Verän-

---

[223] Report Select Committee Weights and Measures, S. 131; P.P. 1862 (411), VII.187.
[224] Vgl. z. B. die Aussage eines Vertreters der *Royal Gun Factory*, ebd., S. 47.
[225] Ebd., S. 138. Zur Befürwortung des metrischen Systems durch Ingenieure vgl. ebd. sowie ebd.,
S. 95.
[226] Seventh Report of the Council, S. 7. Vgl. auch Cox, Metric System, S. 283.
[227] Hansard's HC Deb 1 July 1863, vol 172, cols 5–6 u. 13–14.

derung des Einheitensystems effektiv durchzusetzen. Gibson legte zudem die begrenzte Unterstützerbasis des Vorhabens offen. Die international aktiven Kaufleute
und Industriellen, die es befürworteten, waren nur eine kleine Minderheit. Ihre
Interessen mussten Gibsons Auffassung zufolge hinter denen der immensen Zahl
der Kleinhändler und Ladenbesitzer des Landes zurückstehen.[228] Auch Schatzkanzler Gladstone äußerte sich in diesem Sinne und ließ dabei durchblicken, wie
sehr allein der Begriff der *compulsion* dem vom *laisser-faire* geprägten Zeitgeist
widerstrebte. Er nahm für die gemäßigten Liberalen nun eine ähnliche Bedeutung
an wie die Assoziation des Meters mit Frankreich und der Revolution für die
Konservativen.[229]

Bei der folgenden Abstimmung im Unterhaus gewann der Gesetzesentwurf
der *International Association* zwar eine Mehrheit. Das geschah allerdings nur, weil
Ewart zuvor zugesichert hatte, seine Vorlage in der anstehenden Parlamentspause
umzuarbeiten.[230] Anstelle einer zwangsweisen Einführung des Meters wollte er
nun doch nur seine Zulassung erreichen. 1864 legte er eine entsprechende Neufassung vor. Selbst sie ging der Regierung aber noch zu weit. Gibson argumentierte, dass keinen Sinn ergebe, die Mittel für die Herstellung von metrischen Eichmaßen aufzubringen, wenn hinterher kaum jemand die neuen Einheiten benutze.
Nur zur Veröffentlichung einer amtlichen Umrechnung sowie zur Zulassung des
Meters in Verträgen, die bis dahin nur eingeklagt werden konnten, wenn alle
Mengenangaben in *Imperial Measures* gemacht waren, erklärte er sich bereit. Diese
Minimallösung erlangte im Juli 1864 Gesetzeskraft.[231]

Die Befürworter einer Umstellung waren damit allerdings nicht zufrieden.
Auch nach dem Abschluss der parlamentarischen Beratungen führten sie ihre
Kampagne fort. Die *International Association* konzentrierte sich nun aber vermehrt auf die internationale Ebene. Im britischen Kontext etablierte sich deshalb
fortan die *British Association for the Advancement of Science* (BAAS) als Zentrum
der prometrischen Bewegung. Sie richtete 1863 ein eigenes Maß- und Gewichts-
komitee ein. Neben Leone Levi, James Yates und William Ewart gehörten ihm
auch eine Reihe von Astronomen und Chemikern an. Ihr Zusammenschluss war
eine Reaktion darauf, dass mit John Herschel ein überaus profilierter Wissenschaftler den Widerstand gegen den Meter anführte, obwohl die meisten seiner
Kollegen dessen Einführung befürworteten. Im Rahmen der BAAS berieten sie
fortan über mögliche Schritte in diese Richtung.[232]

---

[228] Vgl. ebd., cols 36–37.
[229] Vgl. ebd., col 39.
[230] Vgl. ebd. (Hodgson) sowie ebd., col 43 (Ewart). Vgl. auch Ewarts Darstellung in: Hansard's
HC Deb 9 March 1864, vol 173, col 1721. Die Ausführungen bei COX, Metric System, S. 285,
ZUPKO, Revolution, S. 238 und TAVERNOR, Smoot's Ear, S. 136, wonach Großbritannien mit
dem Ergebnis der Abstimmung vom Juli 1863 nur um Haaresbreite an einer verpflichtenden
Einführung des metrischen Systems vorbeigeschlittert sei, übersehen dieses Zugeständnis.
[231] 27 & 28 Victoria Cap. 117, § 2. Zu den Aussagen von Gibson vgl. Hansard's HC Deb 9 March
1864, vol 173, col 1729.
[232] WROTTESLEY et al., Report, S. 102 ff. Vgl. auch COX, Metric System, S. 300 f. sowie ZUPKO, Revolution, S. 241.

Zugute kam ihnen dabei die internationale Entwicklung. In der zweiten Hälfte der 1860er erlebte der Meter verstärkten Zulauf. Das galt erstens für den europäischen Kontinent, wie die Einführung der französischen Maße im Norddeutschen Bund zeigte. Zweitens hatte das britische Gesetz von 1864 die seit Beginn der 1860er Jahre geführte amerikanische Debatte im prometrischen Sinne beeinflusst. Dort interpretierten es die Kongressabgeordneten – was die Intentionen Londons betraf: völlig zu Unrecht – als einen ersten Schritt zur vollständigen Übernahme des französischen Systems. 1866 wurde der Meter in den USA deshalb legalisiert. Anders als in Großbritannien war er seit diesem Zeitpunkt nicht nur in Verträgen, sondern auch im Alltagsverkehr zugelassen.[233] Drittens gab es Ende der 1860er Jahre auch aus dem Empire prometrische Impulse. Auf dessen Bedeutung für die Maßfrage wird im Folgenden zunächst genauer eingegangen, bevor im Anschluss daran die Debatten des Mutterlandes wieder in den Vordergrund treten sollen.

7.3.3 Die Rolle des Empire

Im 18. und in der ersten Hälfte des 19. Jahrhunderts spielte das Empire für die Standardisierung von Maßen und Gewichten keine nennenswerte Rolle. Zwar bezeichneten die Reformer der 1820er und 1830er Jahre ihr Werk mit dem Begriff der *Imperial Measures*. In Übereinstimmung mit dem damaligen Sprachgebrauch wollten sie dadurch aber nur zum Ausdruck bringen, dass es für die gesamten britischen Inseln gelten sollte.[234]

Die Überseegebiete waren von den Gesetzen zur Maßvereinheitlichung dagegen ausgenommen. Das stimmte mit den generellen Strategien zur Verwaltung des Empire überein. In den Herrschaftskolonien, die einen großen nicht-britischen Bevölkerungsanteil aufwiesen, beschränkten sich die Behörden auf die nötigsten Maßnahmen zur Sicherung des Machterhalts. Sie bauten deshalb nur eine rudimentäre Administration auf und versuchten, sie auf vorhandene Strukturen aufzupfropfen. Für die Maßfrage bedeutete dies, dass die kolonialen Verwaltungen die Relationen der britischen zu einigen wichtigen lokalen Einheiten offiziell feststellten, um eine Schnittstelle zum Binnenhandel zu schaffen. Weitergehende Maßnahmen ergriffen sie dagegen nicht. Diese Vorgehensweise war beispielsweise auf den *West Indies* sowie in den westafrikanischen Stützpunktkolonien zu beobachten. Die britischen Maße stellten dort immer nur ein System unter vielen dar.[235]

In den weißen Siedlerkolonien kam ihnen dagegen größere Bedeutung zu. Die dorthin ausgewanderten Briten führten nicht nur ihre Sprache und ihre Gebräuche, sondern auch ihre Einheiten mit sich.[236] Allerdings gab es dafür keine übergreifende institutionelle Absicherung. Die Aufsicht über Maße und Gewichte oblag

---

[233] TREAT, History, S, 35–48; MARCIANO, Metric System, S. 141f. sowie CREASE, Balance, S. 131f.

[234] HOPPIT, Reforming, S. 101.

[235] CHANEY, Weights, S. 45.

[236] Zu Sprache und Gebräuchen vgl. OSTERHAMMEL, Verwandlung, S. 650 sowie PORTER, Empire, S. 147ff. Zu Maßen und Gewichten vgl. TREAT, History, S. 14 sowie ROSS, Archaeological Metrology, S. 92.

vielmehr den lokalen Behörden oder, wie in Nordamerika, den einzelnen Kolonien. Die überseeischen Einheiten waren im 18. Jahrhundert deshalb ebenso vielfältig wie diejenigen des Mutterlandes. Zwar gab es einige allgemein verbreitete Größen wie den Yard, die Gallone oder das *bushel*. Daneben trat aber eine Vielzahl weiterer Maße, die den örtlichen Gegebenheiten, nativen Traditionen oder der vorangehenden Beherrschung durch andere europäische Mächte entsprangen.[237]

Die Reformen im Mutterland änderten an dieser Situation nichts. Selbst die Festlegung der grundlegenden Größen der *Imperial Measures* verblieb bei den lokalen Verwaltungen, weil es keinerlei Vorkehrungen für den Transfer der offiziellen Maße in die Kolonien gab.[238] Erst die 1855 erfolgte Fertigstellung der neuen Prototypen sorgte in dieser Hinsicht für Abhilfe. Die größeren Kolonien wurden nun zentral aus London mit Kopien der Standards versorgt. Dieser bescheidene Ansatz zu einer imperialen Homogenisierung des Maß- und Gewichtssystems zog lokal einige weitere Bemühungen nach sich. Beispielsweise verabschiedete die Kapkolonie 1858 ein Gesetz, das den britischen Maßen auf ihrem Gebiet zu breiterer Geltung verhelfen sollte.[239] Direkt von London gesteuerte Vereinheitlichungsversuche unterblieben allerdings. Das lag daran, dass die britische Regierung seit den 1840er Jahren anstelle der formalen Beherrschung der Kolonien die Öffnung von Märkten in den Vordergrund ihrer Politik stellte. Diese Akzentverschiebung mündete in die Etablierung des *responsible government*. Zwischen 1846 und 1851 erlangten die kanadischen und australischen Kolonien (inklusive Neuseeland) und 1872 auch die Kapkolonie innenpolitische Autonomie.[240]

Sie konnten fortan selbst über ihr jeweiliges Maßsystem entscheiden. Das geschah nicht immer im Sinne der imperialen Einheit. Die australischen Kolonien schrieben zwar die britischen Maße und Gewichte fort, aber die Kanadische Konföderation gestattete 1871/73 neben den *Imperial Measures* auch die Verwendung des Meters. Dessen Befürworter im Mutterland fühlten sich dadurch ermutigt. Eine allzu große Rolle für die innerbritische Debatte spielte diese Entscheidung allerdings nicht.[241] Dasselbe gilt auch für die Entwicklung in den Gebieten, die im Rahmen des Freihandelsimperialismus neu unter den Einfluss Londons gerieten, also etwa die in China und Japan geschaffenen Vertragshäfen. Dort beschränkten sich die Ziele der Administration darauf, die *Imperial Measures* bei der Erhebung von Zöllen und Abgaben zum Einsatz zu bringen.[242]

---

[237] TREAT, History, S. 14 f.; ROSS, Archaeological Metrology, S. 92 sowie KELLY, Universal Cambist 1835, Bd. 1, S. 60.

[238] Report on the Restoration of the Standards, S. 15; P.P. 1842 [356], XXV.263.

[239] Report on the Construction of New Parliamentary Standards, S. 13; P.P. 1854 [1786], XIX.933.; MARTIN, Martin's Tables, S. 32 f. sowie CHANEY, Weights, S. 44.

[240] PORTER, Empire, S. 144.

[241] Zu Australien vgl. CHANEY, Weights, S. 44 f. und MARTIN, Martin's Tables, S. 29 ff. Zu Kanada vgl. CHANEY, Weights, S. 43 sowie Fifth Annual Report of the Warden of the Standards, S. 17; P.P. 1871 [C. 409], XXIV.1003. Zu den Rückwirkungen auf die innerbritische Debatte vgl. Hansard's HC Deb 26 July 1871, vol 208, col 284.

[242] Vgl. z. B. Treaty of Tientsin, 26. 6. 1858, Art. XXXIV, in: MAYERS (Hrsg.), Treaties, S. 11–20, hier S. 17.

Von sehr viel größerer Bedeutung für die Diskussionen in Westminster war dagegen die Lage in Indien. Grundsätzlich fügte sich der Subkontinent nahtlos in das Muster ein, das auch für die anderen Herrschaftskolonien prägend war. Die vielfältigen lokalen Maße ließen die Briten unangetastet. Nur hinsichtlich des gebräuchlichsten, durch das Mogulreich überregional verbreiteten Gewichtes traf die *East India Company* schon im 18. Jahrhundert eine Festlegung. Für den Austausch zwischen den Einheimischen und der Kolonialverwaltung sollte demnach das (nach der *factory* in Surat benannte) *factory maund* dienen, das gemäß dem offiziellen Umrechnungskurs 74⅔ Pfund Avoirdupois entsprach.[243]

1833 vertiefte die EIC die Verbindung der lokalen Einheiten mit dem britischen Maßsystem. Anlässlich der Ausgabe einer einheitlichen Silbermünze bestimmte sie die ebenfalls bereits unter den Moguln bekannte *tola* zum neuen Münzgewicht und legte sie auf 180 *grains* des Troy-Pfundes (etwa 12,7 g) fest. Darauf aufbauend, dekretierte sie ein in sich geschlossenes, britisch-indisches Gewichtssystem. 80 *tolas* sollten demzufolge ein *seer* und 40 *seer* ein *maund* bilden.[244] Auch dies war aber nicht als verbindliche Festlegung für den Binnenhandel gedacht, sondern nur als Referenzsystem. Für alle Transaktionen, in die die Administration nicht involviert war, blieben die traditionellen Einheiten maßgeblich. In der *Presidency of Bombay* waren die Distrikte, die die Aufsicht über Maß und Gewicht ausübten, seit 1827 sogar explizit autorisiert, ihre Standards auf die lokal üblichen Größen auszurichten. Und in der *Presidency of Madras* im Süden Indiens, wo die *tola* unbekannt war, blieb selbst der britischen Verwaltung nichts anderes übrig, als die traditionellen Einheiten zu benutzen. Ende der 1830er versuchte sie zwar, die neuen Referenzmaße auch dort einzubürgern, aber diese Ansätze führten zu keinem Ergebnis.[245]

Immerhin blieb das Problem in Madras auf diese Weise präsent. 1857 setzte einer der dortigen Beamten, W. H. Bayley, das Thema erneut auf die Tagesordnung. Er arbeitete einen Vorschlag für ein gesamtindisches Maß- und Gewichtssystem aus. Dieser sah vor, die britischen Längen- und Flächeneinheiten zu übernehmen. Die Volumen- und Gewichtsmaße wollte Bayley dagegen aus einheimischen Größen ableiten. Sie sollten nur leicht verändert und so in ein einfaches Verhältnis zum Pfund bzw. zum *quart* gebracht werden. Die Regierung von Madras übermittelte diese Überlegungen 1863 dem *Government of India* und bat darum, die Möglichkeit einer landesweiten Vereinheitlichung zu prüfen. In den folgenden Jahren fanden intensive Debatten über diese Frage statt.[246]

---

[243] JERVIS, Expediency, S. 64 sowie PRINSEP, Useful Tables, S. 70. Vgl. daneben auch die allgemeinen Überblicke über die traditionellen Maße in: East India (Weights and Measures) Report, S. 4 ff.; P.P. 1867–1868 (16), LI.557; CHANEY, Weights, S. 39 f. sowie KELLY, Universal Cambist 1835, Bd. 1, S. 86–96.

[244] PRINSEP, Useful Tables, S. 61 ff.

[245] MARTIN, Martin's Tables, S. 38; East India (Weights and Measures) Report, S. 8 f.; P.P. 1867–1868 (16), LI.557 sowie KELLY, Universal Cambist 1835, Bd. 1, S. 92.

[246] BAYLEY, Suggestions; Standards Commission, Second Report, S. 94 f.; P.P. 1868–69 [4186], XXIII.733 sowie East India (Weights and Measures) Report, S. 9 f.; P.P. 1867–1868 (16), LI.557.

Den Vorschlag von Bayley unterstützte dabei allerdings nur ein Teil der Administration. Einige kritische Stimmen merkten an, dass seine Pläne ein gewaltiges Unterfangen darstellten, das allen bisherigen Erfahrungen zufolge scheitern musste.[247] In der Aufbruchsstimmung nach der Rebellion von 1857 konnten sie sich aber kaum Gehör verschaffen. Die meisten Beamten des neu eingerichteten *Indian Civil Service* waren vielmehr der Meinung, dass mit dem Durcheinander der lokalen Einheiten endlich aufgeräumt werden müsse.[248] Sie standen Bayleys Überlegungen aus einem anderen Grund skeptisch gegenüber: weil sie anstelle eines britisch-indischen Mischsystems lieber gleich die metrischen Maße einführen wollten.

Diese Auffassung war ein unmittelbares Ergebnis der Debatten, die zum selben Zeitpunkt im Mutterland geführt wurden. Als die BAAS und die *International Associaton* 1866 von den Diskussionen des *Government of India* erfuhren, versuchten sie, die Beamten in Delhi zur Übernahme des französischen Systems zu bewegen.[249] Sie hatten gute Gründe für ihre Initiative. Erstens glaubten ihre Vertreter fest daran, dass Großbritannien schon bald selbst zum Meter wechseln werde. Es erschien deshalb naheliegend, diesen Schritt auch in Indien zu vollziehen. Zweitens war die Situation auf dem Subkontinent eine andere als im Mutterland, weil es noch kein einheitliches System gab. Das im britischen Kontext so bedeutsame Argument der hohen Kosten einer Umstellung verfing deshalb in Indien nicht. Bayleys Vorschlag allgemeinverbindlich zu machen, wäre vielmehr ebenso aufwendig gewesen wie der Versuch, den Meter einzuführen. Drittens ließ sich das französische System gut auf die vorhandenen Einheiten aufpfropfen, weil das weit verbreitete *seer* annähernd einem Kilogramm bzw. einem Liter entsprach.[250]

Einige Vertreter des *Indian Civil Service* ließen sich von diesen Argumenten überzeugen. Das galt vor allem für Richard Strachey, der die Beratungen über die Maßfrage koordinierte. 1867 erarbeitete er einen Gesetzesentwurf, der vorsah, das metrische System mit Wirkung vom 1. Januar 1871 in ganz Indien für verbindlich zu erklären.[251] Der britische Generalgouverneur unterstützte dieses Vorhaben, so dass die Regierung das Gesetz 1870 tatsächlich verabschiedete. Allerdings gab es gegen diesen Schritt erhebliche Widerstände. Viele der Befürworter des Vorschlages von Bayley hielten eine Einführung des Meters im Mutterland für unwahrscheinlich. Der *Secretary of State for India* beurteilte die Angelegenheit ähnlich. Er machte von seinem Vetorecht Gebrauch, so dass das Gesetz nicht in Kraft treten konnte.[252]

Ein Jahr später präsentierte das *Government of India* daraufhin einen neuen Entwurf. Er sah nicht mehr die komplette Übernahme des metrischen Systems vor, sondern setzte nur das *seer* auf ein Kilogramm fest und definierte auf dieser

---

[247] Minute by Mr. H. T. Prinsep, 10.4.1869, in: East India (Metric System) Correspondence, S.11f., hier S.12; P.P. 1870 (225), LIII.875.
[248] So der Tenor in: East India (Weights and Measures) Report, S.10 u. 14f.; P.P. 1867–1868 (16), LI.557 sowie in: East India (Metric System) Correspondence, S.5; P.P. 1870 (225), LIII.875.
[249] Vgl. ebd., S.3f. sowie Tenth Report of the Council, S.13ff.
[250] East India (Metric System) Correspondence, S.3f. u. S.5; P.P. 1870 (225), LIII.875.
[251] Standards Commission, Second Report, S.95; P.P. 1868–69 [4186], XXIII.733.
[252] Vgl. ebd., S.95ff. Zur Verabschiedung des Gesetzes vgl. MARTIN, Martin's Tables, S.14f.

Basis auch metrische Volumenmaße.[253] Diesmal passierte das Gesetz alle legislativen Hürden. Rechtskraft erlangte es aber dennoch nicht, weil es nie offiziell verkündet wurde. Einige Zeitgenossen mutmaßten, der 1872 eingesetzte neue Generalgouverneur habe sich für die Materie nicht begeistern können. Wichtiger war aber, dass die Möglichkeit einer korrespondierenden Abänderung des Maßsystems im Mutterland seit 1871 endgültig vom Tisch war.[254] Die Maße und Gewichte des Subkontinentes erfuhren deshalb vorerst keine Vereinheitlichung. Abgesehen von den Längeneinheiten, für die 1889 der Yard verbindlich gemacht wurde, sollte dies bis zum Ausbruch des Ersten Weltkrieges auch so bleiben.[255]

7.3.4 Ablehnung und Reprise: Das letzte Drittel des 19. Jahrhunderts

Die indische Debatte war also stark von Großbritannien beeinflusst. Zwischen 1867 und 1870 wirkte sie aber ebenso stark auf das Mutterland zurück. Ihre prometrische Stoßrichtung gab den dortigen Befürwortern eines Systemwechsels großen Auftrieb. Anfang 1868 unternahmen sie deshalb einen erneuten Versuch, ihr Anliegen durchzusetzen. William Ewart startete gemeinsam mit der BAAS eine Gesetzesinitiative, die die verpflichtende Etablierung des Meters zum Ziel hatte. Zur Begründung verwiesen er und seine Unterstützer auf die Absichten des *Government of India*. Sie argumentierten, dass der Meter, wenn diese Pläne umgesetzt würden, das mit Abstand meistbenutzte Maßsystem der Welt sei und Großbritannien hinter einer solchen Entwicklung nicht zurückstehen könne.[256]

Die Regierung ließ sich davon allerdings nicht beeindrucken. Sie konnte das Vorhaben der indischen Verwaltung jederzeit stoppen. Zudem hatte ihr Widerstand gegen eine Umstellung in der ersten Hälfte der 1860er Jahre auf der Überlegung basiert, dass der Binnenwirtschaft für die Maßfrage sehr viel größere Bedeutung zukam als dem Außenhandel. Die zunehmende internationale Verbreitung des metrischen Systems – gleich ob in Indien oder auf dem Kontinent – war aus dieser Perspektive irrelevant. Zwar konnte die Regierung nicht verhindern, dass Ewarts Gesetzesentwurf bei seiner zweiten Lesung im Unterhaus eine deutliche Mehrheit erhielt, aber sie fand einen anderen Weg, das Vorhaben zu blockieren. 1867 hatte sie, wie in Kapitel 4.3.2 geschildert, mit der *Standards Commission* ein Gremium zur Begutachtung der Maß- und Gewichtsverwaltung einberufen. Sie rang Ewart das Zugeständnis ab, sein Projekt vor der entscheidenden dritten Lesung dort zur Beratung vorzulegen. Airy, der als Vorsitzender der Kommission agierte, verschleppte die Untersuchung so lange, bis das Parlament 1868 aufgelöst wurde und das Gesetzgebungsverfahren damit hinfällig war.[257]

---

[253] East India (Weights and Measures) Act, S. 1ff.; P.P. 1872 (94), XLIV.613.

[254] MARTIN, Martin's Tables, S. 14f. und DOWSON, Decimal Coinage, S. 220.

[255] CHANEY, Weights, S. 37.

[256] Hansard's HC Deb 13 May 1868, vol 192, cols 200 u. 205. Vgl. auch Hansard's HC Deb 26 July 1871, vol 208, cols 264f. u. 267.

[257] Hansard's HC Deb 13 May 1868, vol 192, cols 207f. sowie TAVERNOR, Smoot's Ear, S. 138.

Der im April 1869 vorgelegte Bericht des Gremiums kam zudem zu einem eindeutigen Ergebnis. Er wiederholte die Einschätzung, derzufolge die Maßfrage primär anhand ihrer Auswirkungen auf den Binnenhandel beurteilt werden müsse. Vor diesem Hintergrund überwogen aus der Sicht der Kommissionsmitglieder die Argumente gegen das metrische System. Zwar erkannten sie an, dass Industrielle und Wissenschaftler ein berechtigtes Interesse an dessen Einführung hätten. Im Kleinhandel und im Handwerk stellte sich die Lage aber anders dar. Kein einziger Vertreter dieser Gewerbezweige, so konstatierten die Experten, habe sich jemals über die *Imperial Measures* beschwert oder den Wunsch nach ihrer Veränderung geäußert.[258] Eine Umstellung auf den Meter erschien der Kommission also unnötig, weil Großbritannien über ein funktionierendes und weithin akzeptiertes Maßsystem verfügte. Hinzu kam, dass sie die Chancen einer erfolgreichen Veränderung angesichts des geringen Zentralisierungsgrades der Maßverwaltung äußerst skeptisch beurteilte. Ihre Mitglieder betrachteten es als „highly probable that the attempt would be met by such an amount of resistance, active and passive, that it would totally fail."[259]

Übereinstimmend lehnte die Kommission eine verpflichtende Einführung der metrischen Maße deshalb ab. Nur ihre Zulassung betrachtete sie als wünschenswert. Dieses Urteil wog besonders schwer, weil es unter der Mitwirkung namhafter Befürworter des französischen Systems zustande gekommen war.[260] Zwar gaben sich dessen hartnäckigste Verfechter nicht geschlagen. Sie brachten den unerledigten Gesetzesentwurf 1871 noch einmal ins Parlament ein und versuchten, die Öffentlichkeit für sich zu mobilisieren. Doch der Regierung fiel es leicht, ihre Initiative unter Verweis auf das eindeutige Ergebnis der Untersuchungskommission abzuwehren. Die Abstimmung im Unterhaus gewann sie zwar nur knapp, aber ohne ihre Unterstützung wäre die Vorlage spätestens im *House of Lords* gescheitert.[261]

Die Folge dieser Entwicklung war, dass die Kampagne für den Meter zusammenbrach. Das Maßkomitee der BAAS beschloss wenige Wochen nach dem Votum, seine Aktivitäten einzustellen. Auch die *International Association* verschwand innerhalb kurzer Zeit in der Bedeutungslosigkeit.[262] Die Hochstimmung der Weltausstellungen war angesichts der Abwendung Großbritanniens vom Kontinent und wegen des deutsch-französischen Krieges zu diesem Zeitpunkt ohnehin bereits verflogen. Die öffentliche Meinung auf der Insel schlug nun ebenfalls um. Anthony Trollope, der meistgelesene Schriftsteller der viktorianischen Ära, machte sich in den 1870er Jahren über die Reformbemühungen lustig. Er dichtete dem

---

[258] Standards Commission, Second Report, S. 4; P.P. 1868–69 [4186], XXIII.733. Vgl. hier und im Folgenden auch Cox, Metric System, S. 309 ff.

[259] Standards Commission, Second Report, S. 4; P.P. 1868–69 [4186], XXIII.733.

[260] Cox, Metric System, S. 316 f.

[261] Hansard's HC Deb 26 July 1871, vol 208, col 288. Im Vorfeld der Debatte erschien mit Levi, Theory and Practice, die wohl umfangreichste und grundlegendste prometrische Schrift der *International Association*.

[262] Cox, Metric System, S. 326 f.

Protagonisten seiner *Palliser Novels*, dem aufstrebenden Politiker Plantagenet Palliser, die eng mit der Debatte über den Meter verknüpfte Dezimalisierung der Währung als abwegiges Lebensprojekt an.[263]

Damit trug Trollope dazu bei, das Thema auf ein Abstellgleis zu führen. Selbst die bloße Zulassung des Meters fiel angesichts der Katerstimmung, die sich nun breitmachte, unter den Tisch. Das 1878 verabschiedete Gesetz zur Novellierung des Maß- und Gewichtsrechts erlaubte es dem *Standards Department* zwar, metrische Maße für wissenschaftliche und industrielle Zwecke zu eichen, aber im öffentlichen Verkehr blieben sie untersagt. Die einzige andere Neuerung, die es erbrachte, betraf bezeichnenderweise nicht den Meter, sondern die zwischenzeitlich völlig in den Hintergrund getretene Frage einer Vereinfachung des britischen Maßsystems. Nach ausgiebigen Untersuchungen hatte die *Standards Commission* 1870 empfohlen, das Troy-Pfund endgültig aus dem Verkehr zu ziehen.[264] Diesem Vorschlag stimmte das Unterhaus nun zu. Alle weitergehenden Veränderungen lehnte es dagegen ab. Als ein Abgeordneter 1881 versuchte, die Dezimalisierung von Maßen, Münzen und Gewichten noch einmal auf die Tagesordnung zu setzen, stimmten seine Kollegen mit breiter Mehrheit gegen diesen Antrag und verspotteten die wenigen Parlamentarier, die dieses „hobby"[265] verfolgten, regelrecht. Weder die Regierung noch das Unterhaus noch die breitere Öffentlichkeit wollten sich nach 1871 weiter mit dem Thema befassen. „The first campaign for British adoption of the metric system", so Edward Franklin Cox, „had ended in failure."[266]

Erst Ende der 1880er Jahre begann eine erneute Debatte über die Frage einer Umstellung von Maßen und Gewichten.[267] Sie stand im Zeichen veränderter weltwirtschaftlicher Rahmenbedingungen. Ihren Ausgangspunkt bildete eine Initiative des Bankiers und Unterhausabgeordneten Samuel Montagu. Wie viele seiner Zeitgenossen machte er sich Sorgen über den zunehmenden internationalen Konkurrenzdruck und den relativen Niedergang der britischen Industrie. Da er vor allem währungspolitisch interessiert war, verfiel er auf die Idee, dass Großbritanniens nachlassende Wettbewerbsfähigkeit unter anderem mit dem komplizierten, duodezimalen Aufbau seiner Münzen zusammenhing.[268] Gemeinsam mit einigen Gleichgesinnten gründete er deshalb 1890 eine Gesellschaft, die deren Umstellung auf das arbeitssparende Dezimalsystem propagieren sollte: die *New*

---

[263] TROLLOPE, Phineas Redux, S. 3 f. Vgl. auch ders., The Prime Minister, S. 39 f. u. S. 160.

[264] Standards Commission, Third Report, S. iii ff.; P.P. 1870 [C. 30], XXVII.81.

[265] Hansard's HC Deb 29 March 1881, vol 260, col 165.

[266] COX, Metric System, S. 327.

[267] Zusammenfassend zum Folgenden vgl. ebd., S. 328–381 sowie ZUPKO, Revolution, S. 247–254. Der ebd., S. 247 vermutete Zusammenhang zwischen der Wiederbelebung der Debatte und der 1884 erfolgten britischen Unterzeichnung der internationalen Meterkonvention lässt sich allerdings nicht nachweisen, wie die Ausführungen in Kap. 8.3.3 der vorliegenden Arbeit zeigen werden.

[268] DOWSON, Decimal Coinage, S. 205. Allgemein zur zeitgenössischen Debatte über den *decline* vgl. BLACK und MACRAILD, Nineteenth-Century Britain, S. 28 ff. sowie HOPPEN, Mid-Victorian Generation, S. 304 ff.

Decimal Association.[269] Im Bemühen um eine möglichst breite Unterstützerbasis schloss sie bald auch Maße und Gewichte in ihr Programm mit ein. Aus Sicht des Ingenieurs J. Emerson Dowson, der in der Organisation eine tragende Rolle spielte, handelte es sich dabei ohnehin um das wichtigere Problem. Er hatte berechnet, dass 57% des Werts der britischen Importe und 71% des Werts der Exporte des Jahres 1889 aus Ländern kamen bzw. in Länder gingen, in denen ausschließlich der Meter benutzt wurde. Dowson fürchtete deshalb, dass Großbritannien seine Absatzmärkte verlieren könnte, wenn es seine Maße nicht umstellte.[270]

Mit diesem Argument gelang es der *New Decimal Association* in den folgenden Jahren, eine Reihe von Interessengruppierungen auf ihre Seite ziehen. Neben den Handelskammern zählten dazu auch die Gewerkschaften, die sich 1892 für dezimale Maße und Gewichte aussprachen.[271] Darüber hinaus erhielt die Gesellschaft Zulauf von Organisationen, die nicht die Wettbewerbsfähigkeit, sondern die Bedeutung der Maßfrage für den Schulunterricht im Blick hatten. Er beruhte bis zu diesem Zeitpunkt auf den britischen Einheiten und damit auf der *compound arithmetic*, die für alle Rechnungen im Duodezimalsystem grundlegende Bedeutung hatte. Den Schulkindern diese komplizierte Methode beizubringen, war allerdings extrem zeitaufwendig. Die *School Boards* und die *National Union of Teachers* befürworteten deshalb ebenfalls eine Dezimalisierung von Münzen, Maßen und Gewichten.[272]

Die breite Unterstützung ermutigte Montagu und Dowson dazu, beim Schatzkanzler und beim Präsidenten des *Board of Trade* für eine erneute parlamentarische Untersuchung der Frage zu werben.[273] 1894 stimmte die Regierung daraufhin der Einsetzung eines *select committee* zu, das sich allerdings nur mit den Maßen und nicht mit der Währung beschäftigen sollte. Es trat 1895 zusammen und erstattete einen Bericht, der die Positionen der *New Decimal Association* nahezu unverändert aufgriff. Die Abgeordneten forderten eine sofortige Zulassung des metrischen Systems, seine verpflichtende Einführung innerhalb von zwei Jahren sowie seine Berücksichtigung im Schulunterricht.[274]

Wie schon 1862 bildete ihre Empfehlung allerdings nur ein sehr begrenztes Meinungsspektrum ab. Eine nationalistisch motivierte Opposition gegen die kontinentalen Maße gab es in den 1890er Jahren zwar kaum. Die *Great Pyramid Metrology* war diskreditiert, und auch abgeschwächte Versionen einer chauvinistischen Kritik am metrischen System entwickelten nur geringe Durchschlagskraft. Das galt z. B. für die Position des libertären Philosophen Herbert Spencer. 1896

---

[269] The New Decimal Association. Established to Promote the Adoption of a Decimal System of Weights, Measures, and Coinage in the United Kingdom, o. D. [1892?], TNA BT 101/351, S. 8. Vgl. hier und im Folgenden auch Cox, Metric System, S. 330 ff.

[270] Dowson, Decimal Coinage, S. 205 u. 217 ff.

[271] Cox, Metric System, S. 332.

[272] Report Select Committee Weights and Measures, S. 26 u. S. 77; P.P. 1895 (346), XIII.665.

[273] Memorial from the President of the New Decimal Association on Behalf of the Members to the Right Honourable A. J. Mundella M. P., President of the Board of Trade, 25. 5. 1893, TNA BT 101/351.

[274] Report Select Committee Weights and Measures, S. iii; P.P. 1895 (346), XIII.665.

versuchte er in Anknüpfung an John Herschel nachzuweisen, dass die *Imperial Measures* dem Meter durch ihren Bezug zur Erdachse überlegen seien. Diese als Artikelserie in der *Times* erschienenen Gedankengänge waren freilich, wie ein Leserbriefschreiber bemerkte, ein alter Hut, der am zwischenzeitlich erreichten Stand der wissenschaftlichen Debatte vorbeiging.[275]

Sehr viel schwieriger war aber, dass das prometrische Lager nach wie vor nur wenige Einzelhändler oder Handwerker aufzubieten hatte, die ihr Anliegen unterstützten. Die Regierung argumentierte deshalb zum wiederholten Male, dass breite Schichten der Bevölkerung das metrische System nicht benötigten. Seine verpflichtende Einführung lehnte sie folglich ab. Immerhin akzeptierte sie nun aber, dass einzelne Gewerbezweige ein berechtigtes Interesse an einer Zulassung des Meters hatten.[276] 1897 brachte sie deshalb einen Gesetzesentwurf ein, der seinen Gebrauch im öffentlichen Verkehr ermöglichen sollte. Da er ohne größere Debatte verabschiedet wurde, konnte fortan jeder Industrielle und Händler, der dies wünschte, seine Waren in den französischen Einheiten auszeichnen.[277]

Die *New Decimal Association* gab sich damit aber nicht zufrieden. Zu Beginn des 20. Jahrhunderts unternahmen Montagu und Dowson einen weiteren Anlauf, um auch die verpflichtende Einführung des Meters zu erreichen. Unterstützung erhielten sie dabei aus dem Empire. In einigen der überseeischen Territorien war zwischenzeitlich eine erneute Debatte über Maße und Gewichte entstanden. Kanada wollte den 1871/73 zugelassenen Meter für alleinverbindlich erklären. Ebenso wichtig waren die Diskussionen in Australien. Mit der Bildung des *Commonwealth of Australia* ging das Recht zur Festlegung der Einheiten 1901 von den Einzelkolonien auf die neu formierte Zentralregierung über. Da die Maßsysteme in den nunmehrigen Bundesstaaten einige Diskrepanzen aufwiesen, gab es dort starke Kräfte, die die Gelegenheit einer landesweiten Regelung für eine Umstellung auf den Meter nutzen wollten.[278] Durch Joseph Chamberlains parallel diskutierte Pläne für eine imperiale Zollunion entfalteten diese Debatten überlokale Wirkung. Bei der *Colonial Conference* von 1902 votierten die Regierungschefs der Kolonien nicht nur für das System der imperialen Präferenzzölle, sondern auch dafür, im gesamten Reich den Meter zu übernehmen.[279]

Ohne die Zustimmung des Mutterlandes wollten sie freilich nicht aktiv werden. Langfristig liefen ihre Forderungen deshalb ins Leere. Kurzfristig ermunterten sie die *New Decimal Association* aber zu einer erneuten parlamentarischen Initiative.

---

[275] THE TIMES, 4. 4. 1896, 7. 4. 1896 sowie 9. 4. 1896. Diese zunächst anonym erschienenen Überlegungen sind später zusammen mit einigen weiteren Materialien separat veröffentlicht worden: SPENCER, Against the Metric System. Zur Reaktion vgl. den Leserbrief von Robert Kaye Gray in: THE TIMES, 13. 4. 1896.

[276] Hansard's HL Deb 20 July 1897, vol 51, cols 513–514.

[277] 60 & 61 Victoria Cap. 46.

[278] Zu Kanada vgl. COX, Metric System, S. 355. Zu Australien vgl. MARTIN, Martin's Tables, S. 29 ff.

[279] Colonial Conference, S. ix f. u. S. xi; P.P. 1902 [Cd. 1299], LXVI.451 sowie Colonies General, S. 1; P.P. 1904 [Cd. 1940], LIX.617. Zur Debatte über die Zollunion vgl. DAUNTON, Wealth and Welfare, S. 209 ff. sowie SEARLE, A New England, S. 334 ff.

Mit weiteren Untersuchungen oder Bemühungen, die Regierung auf ihre Seite zu ziehen, hielt sie sich nun nicht mehr auf. Vielmehr mobilisierte sie ihre Kontakte im Oberhaus und legte 1904 einen Gesetzesentwurf vor, der das metrische System zum 1. Januar 1909 für verbindlich erklären sollte. Gleichzeitig sammelte die Assoziation Unterstützungserklärungen von Abgeordneten. Da sie damit sehr erfolgreich war, schien eine Umstellung plötzlich in greifbare Nähe zu rücken.[280]

Allerdings begannen nun auch die Befürworter der britischen Einheiten, sich zu organisieren. Das galt primär für Ingenieure und Unternehmer. Sie standen unter dem unmittelbaren Eindruck der Debatten in den USA. Dort war kurz zuvor ein Versuch, den Meter für verbindlich zu erklären, gescheitert.[281] Zwei Ingenieure, Frederick Halsey und Samuel Dale, hatten in diesem Rahmen ein vielbeachtetes Buch vorgelegt. Sie analysierten darin die Konsequenzen einer Einführung der französischen Maße für diejenigen Industriezweige, deren Produktion auf etablierten de-facto-Standards beruhte. Dabei handelte es sich z. B. um Schraubengewinde, die im Maschinenbau gebräuchlich waren, sowie um die in der Textilverarbeitung üblichen Garnnummerierungssysteme.[282] Sie basierten auf den *Imperial Measures*. Ihre Umstellung auf den Meter hätte Halsey und Dale zufolge unüberwindliche Hindernisse aufgeworfen. Denn anders als noch in den 1860er Jahren war in den genannten Wirtschaftszweigen mittlerweile der gesamte Maschinenpark, die Ausbildung der Arbeiter und die komplette Fachliteratur auf die vorhandenen Standards ausgerichtet.[283]

Vertreter der Textilindustrie und des Maschinenbaus waren deshalb alarmiert, als sie vom Gesetzesvorhaben der *New Decimal Association* erfuhren. 1904 schlossen sie sich in der *British Weights and Measures Association* (BWMA) zusammen. Deren Hauptziel war es, die Einführung des Meters zu verhindern.[284] Zugute kam ihr dabei, dass sich die Behandlung des Gesetzesentwurfs verzögerte und vor dem Ablauf der Legislaturperiode nicht mehr zustande kam. Das gab den Industriellen Zeit, sich zu organisieren.

Im März 1907 führte das Unterhaus schließlich die entscheidende Debatte über die Vorlage der *New Decimal Association*. Unter Verweis auf die Nachteile für die *staple industries* gelang es den Gegnern einer Umstellung dabei, die prometrische Stimmung unter den Abgeordneten zu drehen. David Lloyd George, der Präsident des *Board of Trade*, brachte die neue Mehrheitsmeinung auf den Punkt. „We

---

[280] Weights and Measures (Metric System) Bill; P.P. 1904 (225), IV.763. Zur Debatte hierüber vgl. ZUPKO, Revolution, S. 251 f. sowie COX, Metric System, S. 367 ff. Zu den Unterstützungserklärungen ebd., S. 358 f.

[281] MARCIANO, Metric System, S. 195 ff.; TREAT, History, S. 119–136 sowie COX, Metric System, S. 588–606.

[282] Zum Begriff des de-facto-Standards vgl. Abschnitt 3 der Einleitung dieser Arbeit. Zur Entstehung und Bedeutung von de-facto-Standards vgl. Kap. 9.

[283] HALSEY und DALE, Metric Fallacy, v. a. S. 82–100 u. S. 141–166. Zur Debatte hierüber COX, Metric System, S. 606 ff.; TREAT, History, S. 136 ff.; CREASE, Balance, S. 160 ff. sowie MARCIANO, Metric System, S. 196 ff. Allgemein zu den industriellen de-facto-Standards vgl. die ausführlichen Darlegungen in Kap. 9.1 u. Kap. 9.2 dieser Arbeit.

[284] The Position We Take Up, S. 1.

have", so argumentierte er, „the greatest export textile trade in the world, and that is all based on the present system".[285] Eine verpflichtende Einführung des Meters könne deshalb zu einem gefährlichen Experiment geraten. Bei der anschließenden Abstimmung unterlagen die Befürworter der französischen Maße mit 118:150 Stimmen.[286]

Dieses Ergebnis hatte weitreichende Konsequenzen. Die Einführung des Meters war diesmal nicht an der Regierung, sondern an einer organisierten Opposition gescheitert. Textilverarbeitung und Maschinenbau hatten ihr gesamtes Gewicht mobilisiert, um sie abzuwenden. Die Aussichten, dass sich an ihrer Haltung in Zukunft etwas ändern könnte, waren gering. Das weitere Wachstum der genannten Industriezweige verstärkte die Pfadabhängigkeiten, die aus der Verwendung der britischen Maße resultierten, vielmehr noch.[287] In den Augen der meisten Befürworter des Meters war die Abstimmung von 1907 deshalb keine vorübergehende Niederlage. Sie markierte vielmehr den Moment, in dem sich das Fenster für eine Umstellung endgültig schloss. Die *New Decimal Association* löste sich zwar nicht auf, verlor aber bis 1914 80% ihrer Einnahmen aus Mitgliedsbeiträgen und brachte nur noch einige sporadische Aktivitäten zustande.[288] Sie hatte ihren Zenit eindeutig überschritten. Erst nach 1945 sollte die britische Debatte über den Meter wieder aufleben.

---

[285] Hansard's HC Deb 22 March 1907, vol 171, col 1357.
[286] Vgl. ebd., col 1360.
[287] HALSEY und DALE, Metric Fallacy, S. 111.
[288] COX, Metric System, S. 363 f. u. S. 381 f.

8. Die wissenschaftliche Internationalisierung des metrischen Systems

Neben der politischen Frage seiner Übernahme durch einzelne Nationalstaaten hatte die Debatte über die Internationalisierung des metrischen Systems in der zweiten Hälfte des 19. Jahrhunderts noch eine weitere Dimension. Sie setzte an der wissenschaftlichen Bedeutung und insbesondere an der Kritik der Urmaße des Meters an. Deren Träger war die ‚epistemische Gemeinschaft' geodätisch-naturwissenschaftlicher Experten. Ihre Aktivitäten führten 1875 zur Einrichtung des *Bureau international des poids et mesures* (BIPM) und damit zu einer Verankerung der Grundlagen des metrischen Systems in der internationalen Sphäre.[1]

Der wichtigste Impuls für diese Entwicklung ging von der sogenannten ‚Mitteleuropäischen Gradmessung' aus. Deutschsprachige Wissenschaftler wollten in den 1860er Jahren einen Meridian bestimmen, der durch mehrere Länder verlief. Dafür mussten sie Vergleiche zwischen den Maßstäben vornehmen, die den Messungen in unterschiedlichen Teilabschnitten des Projektes zugrundelagen. Darunter fiel auch der französische *mètre des Archives*. Da er aus Sicht der Geodäten ungenau bestimmt war, forderten sie, einen neuen Normalmeter zu schaffen und ihn unter internationale Aufsicht zu stellen. Unterstützt wurden sie dabei von russischen Wissenschaftlern, die eng mit dem deutschsprachigen Raum verbunden waren. In Frankreich stieß ihr Anliegen dagegen auf ein geteiltes Echo. Zwar äußerten einige Experten Verständnis für die Forderungen aus den östlichen Nachbarländern. Viele Wissenschaftler sahen in ihnen allerdings einen Versuch Preußens, Frankreich das große Erbe der *savants* streitig zu machen und sich selbst als wissenschaftliche Hegemonialmacht zu etablieren. Nur zu einer internationalen Kooperation bei der Anfertigung von *Kopien* des Urmeters erklärten sie sich schließlich bereit.

Die zu diesem Zwecke einberufenen Expertenkommissionen entfalteten allerdings eine Eigendynamik, der sich die französische Seite nicht entziehen konnte. Sie forderten einhellig die Anfertigung neuer Urmaße und setzten sich mit diesem Anliegen auch durch. In der Folgezeit berieten die versammelten Wissenschaftler über konkrete Schritte zur Erneuerung der Grundlagen des metrischen Systems. Vor dem Hintergrund der Debatten aus der ersten Hälfte des 19. Jahrhunderts konnten sie sich schnell darauf einigen, den Meter und das Kilogramm

---

[1] Zu Begriff und Konzept der ‚epistemischen Gemeinschaft' vgl. HAAS, Introduction, S. 3. Zu seiner Anwendung auf die im Folgenden geschilderten Debatten vgl. GEYER, One Language, S. 62 sowie die bei HERREN, Internationale Organisationen, S. 10 diskutierte Abgrenzung zwischen epistemischen Gemeinschaften und internationaler Zivilgesellschaft. Die wichtigsten Überblicke zur Entstehung des BIPM sind die mit umfangreichen Quellenauszügen versehene Darstellung von BIGOURDAN, Système metrique, S. 239–415; QUINN, Artefacts, S. 3–172; KERSHAW, Geodesy; COX, Metric System, S. 188–204; GEYER, One Language, S. 57–69 u. S. 83–92; ALDER, Maß, S. 430–439 und VEC, Recht und Normierung, S. 31–48. Vgl. daneben auch ZUPKO, Revolution, S. 225–231; HOPPE-BLANK, Vom metrischen Systen, S. 12–29 sowie CREASE, Balance, S. 133–140.

https://doi.org/10.1515/9783110581959-009

künftig als Konventionalmaße auszugestalten. Sie sollten also nicht mehr auf dem Erdumfang bzw. dem Wassergewicht beruhen, sondern allein auf ihren physischen Verkörperungen. Für die neu zu schaffenden Prototypen bedeutete dies, dass sie die Dimensionen der alten Urmaße möglichst genau widerspiegeln mussten.

Die Frage, wie sich diese Dimensionen dauerhaft konservieren ließen, war allerdings sehr umstritten. Vor allem das Material, aus dem die neuen Maßnormale und ihre Hauptkopien gefertigt werden sollten, spielte dabei eine wichtige Rolle. Während die meisten Wissenschaftler eine Platin-Iridium-Legierung favorisierten, sprachen sich einige andere dafür aus, die Standards aus Bergkristall herzustellen. Diese Debatte beruhte z. T. auf einem seit der Jahrhundertmitte wesentlich erweiterten Verständnis der atomaren Struktur solcher Materialien. Daneben war sie in hohem Maße von Differenzen in den nationalen Wissenschaftskulturen überlagert. Während sich die französischen Vertreter einhellig für Platin-Iridium aussprachen, kamen die Anhänger des Bergkristalls vor allem aus dem deutschsprachigen Raum. Dass sie schlussendlich nachgeben mussten, hatte vor allem pragmatische Gründe. Gleichzeitig verwies ihre Niederlage aber auch auf die Kohäsion der ‚epistemischen Gemeinschaft‘ von metrologischen Experten. Sie machte es punktuell möglich, sich über länderspezifische Differenzen hinwegzusetzen.

Dennoch blieb die Internationalisierung der Grundlagen des metrischen Systems von nationalen Animositäten durchsetzt. Noch stärker als für die Konservierung der Urmaße galt das für die Frage nach ihrer zukünftigen Kontrolle. Die meisten der in den Kommissionen vertretenen Experten sprachen sich dafür aus, sie einem internationalen Büro zu übertragen. Allerdings konnten sie über dieses Vorhaben nicht alleine entscheiden. Vielmehr trat zu seiner Beratung 1875 eine diplomatische Konferenz zusammen. Dabei zeigte sich, dass es auf französischer Seite große Vorbehalte gegen eine dauerhafte Organisation zur Überwachung der Urmaße gab. Einige Wissenschaftler lancierten deshalb das alternative Vorhaben einer nur temporären internationalen Zusammenarbeit. Die Verhandlungen über diese beiden Szenarien waren stark vom allgemeinen Rahmen der europäischen Bündnispolitik geprägt. Aufgrund eines französisch-russischen Rapprochements im Vorfeld der Konferenz schienen zunächst die Gegner einer dauerhaften Internationalisierung die Oberhand zu gewinnen. Da es dem Deutschen Reich jedoch gelang, Russland wieder an seine Seite zu ziehen, musste das französische Außenministerium einen Alleingang der mittel- und osteuropäischen Länder fürchten. Es stimmte deshalb schließlich der Einrichtung einer dauerhaften Organisation zu. Durch eine diplomatische Konvention wurde daraufhin das *Bureau international des poids et mesures* ins Leben gerufen. Angesichts seiner Beschränkung auf wissenschaftliche Fragen war es auch für nicht-metrische Länder von hohem Interesse. Die USA gehörten zu seinen Gründungsmitgliedern, und Großbritannien trat der Meterkonvention 1884 ebenfalls bei.

Mit dem Vertrag zur Einrichtung des BIPM war die Internationalisierung der wissenschaftlichen Grundlagen des metrischen Systems allerdings noch nicht abgeschlossen. Vielmehr musste zunächst die Herstellung der neuen Urmaße und ihrer Kopien zu Ende geführt werden. Sie hatte zwischenzeitlich große Probleme aufgeworfen. Besonders die Anfertigung der Platin-Iridium-Legierung verursachte heftige Konflikte. Sie spiegelten die innerfranzösischen Differenzen bezüglich der internationalen Kontrolle über die Urmaße wider. Erst als die institutionelle Ordnung der Meterkonvention um 1880 herum zu greifen begann, glätteten sich die Wogen. Auch danach dauerte es aber noch beinahe ein Jahrzehnt, ehe die neuen Urmaße fertiggestellt waren.

Immerhin gelang es dem BIPM, den hochgradig politisierten Konflikt in geregelte Bahnen zu lenken. Diese neutralisierende Funktion nahm es auch in seiner weiteren Tätigkeit wahr. Sie umfasste zum einen die Festlegung zusätzlicher wissenschaftlicher Normalien wie beispielsweise eines Durchschnittswertes für die Erdschwerebeschleunigung, der aus der Arbeit an den neuen Prototypen hervorging. Zum anderen unternahm das BIPM um die Jahrhundertwende Versuche zum Vergleich des Meters mit der Wellenlänge des Lichtes. Darin deutete sich eine erneute konzeptionelle Wende hin zu natürlichen Konstanten als Definitionsgrundlage von Maßen und Gewichten an. Sie kam zwar erst in der zweiten Hälfte des 20. Jahrhundert zustande. Bereits vor dem Ersten Weltkrieg war aber erkennbar, dass die Idee der Kopplung der Einheiten an eine unter allen Bedingungen gleichbleibende Größe eine reale Verwirklichungschance hatte.

Die folgenden Ausführungen untersuchen zunächst die Ursprünge der wissenschaftlichen Internationalisierung des metrischen Systems bis zur Einberufung der damit befassten Expertengremien. Der zweite Abschnitt schildert deren konzeptionelle Debatten. Teil drei analysiert die Entstehung der internationalen Meterkonvention von 1875. Der vierte Abschnitt ist der Anfertigung der neuen Urmaße sowie den weiteren Arbeiten des BIPM gewidmet.

8.1 Die Ursprünge der wissenschaftlichen Internationalisierung

8.1.1 Die ‚Mitteleuropäische Gradmessung' und die Forderung nach neuen Urmaßen

Der wichtigste Impuls für Internationalisierung der wissenschaftlichen Grundlagen des metrischen Systems kam aus der Geodäsie. Seinen Ausgangspunkt bildete das Problem der ‚mitteleuropäischen Lücke'. In der ersten Hälfte des 19. Jahrhunderts hatten europäische Geodäten vielfach länderübergreifend kooperiert. Franzosen und Briten verknüpften ihre Längengradbestimmungen an der Wende vom 18. zum 19. Jahrhundert miteinander, und in den 1830er Jahren stellte Bessel eine Verbindung zwischen der ostpreußischen Gradmessung und dem russischen ‚Struve-Bogen' her.[2] In der Mitte zwischen den östlichen und den westlichen Ver-

---

[2] Vgl. Kap. 6.2.2 dieser Arbeit; BESSEL und BAEYER, Gradmessung in Ostpreussen, S. IIIff.; TORGE, Geodäsie, S. 155 sowie KERSHAW, Geodesy, S. 567.

messungen klaffte 1850 allerdings noch ein großes Loch. Die Idee, es zu schließen, drängte sich vielen Geodäten auf, weil sie auf diese Weise die Unregelmäßigkeit der Erde genauer erfassen und zudem einen großen Schritt zur „Einrichtung eines [gesamteuropäischen] astrogeodätischen Netzes"[3] tätigen konnten.

In einer Hinsicht ließ sich dieses Vorhaben schnell verwirklichen. Die Fortschritte nationaler Vermessungen in Großbritannien, Frankreich, Belgien, Russland und Preußen ermöglichten es um 1860 herum, die Länge eines von der irischen Insel Valentia bis zur russischen Stadt Orsk verlaufenden *Breiten*grades rechnerisch zu ermitteln.[4] Sehr viel schwieriger war dagegen die Bestimmung eines *Längen*grades, der die ‚mitteleuropäische Lücke' abdeckte. Hier konnte nur eine neue Triangulation weiterhelfen. Dieser Aufgabe nahm sich der ehemalige Generalstabsoffizier Johann Jacob Baeyer an. Im April 1861 legte er dem preußischen Kriegministerium einen „Entwurf zu einer mitteleuropäischen Gradmessung"[5] vor, in dem er die Vermessung eines Meridians zwischen Christiania (Oslo) im Norden und Palermo im Süden vorschlug. Dieses Projekt setzte ein hohes Maß an internationaler Kooperation voraus, denn es war, wie Baeyer das formulierte, offensichtlich, dass „die bezeichnete Linie viele verschiedene Staaten durchschneidet, und die Unternehmung nur gelingen kann, wenn sich alle zur Durchführung eines einheitlichen Planes vereinigen."[6] Die preußische Regierung griff sein Anliegen auf. Im Juni 1861 bat sie die betroffenen Länder um Mithilfe. Bis Ende 1862 bekundeten daraufhin 16 europäische Staaten (darunter sieben deutsche), dass sie sich an dem Projekt beteiligen wollten. 1864 trafen sich ihre Vertreter in Berlin zur „Ersten allgemeinen Konferenz der Mitteleuropäischen Gradmessung", um über die vorgesehene Meridianbestimmung zu beraten.[7]

Unter die wissenschaftlichen und organisatorischen Aspekte, die dabei zur Sprache kamen, fiel auch die Frage, welche Maßeinheit für das Projekt genutzt werden sollte. Angesichts der Vielzahl der beteiligten Länder lag es auf der Hand, dass die Bestimmung einer gemeinsamen Referenzgröße eine wichtige Voraussetzung für eine erfolgreiche Gradmessung darstellte.[8] Das schien zunächst kein großes Problem zu sein, denn bis zu diesem Zeitpunkt hatte den meisten geodätischen Vermessungen die *Toise du Perou* zugrunde gelegen. An dieser Grundeinheit wollte Baeyer festhalten. Allerdings warf die Verwendung der *Toise* zunehmend Schwierigkeiten auf. Seit den 1820er Jahren hatten Instrumentenbauer und Geodäten zahlreiche Kopien dieses Maßstabs angefertigt, die nicht immer mit der nötigen

---

[3] TORGE, Geodäsie, S. 217.

[4] CLARKE, Comparisons, S. vi.

[5] TORGE, Geodäsie, S. 215. Generell zur Mitteleuropäischen Gradmessung vgl. auch ders., Von Gauß zu Baeyer, S. 50 ff.; BAEYER, Über die Größe; ders., Das Messen sowie die bei MEYER-STOLL, Maß- und Gewichtsreformen, S. 227, Fn. 1 genannte Literatur. Allgemein zum im Folgenden detailliert geschilderten Zusammenhang zwischen der Mitteleuropäischen Gradmessung und der Frage der Längenmaße vgl. KERSHAW, Geodesy, S. 570 ff.

[6] BAEYER, Über die Größe, S. 75.

[7] TORGE, Geodäsie, S. 218 ff.

[8] MEYER-STOLL, Maß- und Gewichtsreformen, S. 227. Vgl. allgemein zum Folgenden auch die ausführliche Darlegung ebd., S. 227–232 sowie QUINN, Artefacts, S. 14.

Sorgfalt geprüft worden waren. Es gab deshalb starke Indizien für die These, dass keines dieser Stücke genau mit einem anderen übereinstimmte.[9]

Der Rekurs auf das Original konnte diese Unsicherheit nicht aus der Welt schaffen. Die Pariser Sternwarte, der seine Verwahrung oblag, hatte den Maßstab Mitte der 1830er Jahre verschlampt. Erst 1854 stieß sie wieder auf einen Etalon, bei dem es sich wahrscheinlich um die *Toise du Perou*, möglicherweise aber auch nur um eine Kopie derselben handelte. Allerdings machte die Sternwarte diesen Standard nicht zugänglich, sondern schloß ihn in den Keller.[10] Den Geodäten blieb deshalb nichts anderes übrig, als die Kopien des Maßes zum Ausgangspunkt ihrer Überlegungen zu machen. Dabei kam ihnen allerdings der Zufall zuhilfe, denn von dem Befund, dass sie untereinander nicht übereinstimmten, gab es eine Ausnahme: Die Bessel'sche und die von Struve in Russland benutzte Dorpat'sche *Toise* konnten als identisch angesehen werden. Baeyer argumentierte deshalb, dass es sich bei diesen beiden Maßstäben um „die wahren Repräsentanten der Toise du Pérou"[11] handele. Die Gradmessungskonferenz teilte diese Sichtweise und beschloss, die Bessel'sche *Toise* als Referenzmaß für die Meridianbestimmung heranzuziehen.[12]

Darüber hinaus setzte sie eine Kommission ein, die alle anderen Kopien systematisch mit ihr vergleichen sollte. Der Auftrag des Gremiums erstreckte sich allerdings nicht nur auf die unterschiedlichen *Toisen*, sondern auch auf den *mètre des Archives*. Zwar betrachteten die Geodäten diesen als wissenschaftlich zweitklassig, denn Steinheils Erkenntnisse über das Zerkratzen seiner Endflächen legten die Vermutung nahe, dass seine Länge nicht eindeutig zu bestimmen war. Zudem galten Endflächenmaße gegenüber Strichmaßen zu diesem Zeitpunkt als nachteilig, weil optische Methoden der Abstandsmessung mittlerweile deutlich genauer waren als mechanische. Dennoch mussten die Geodäten den Archivmeter berücksichtigen. In einigen europäischen Ländern hatte er als Grundlage für Vermessungen gedient, deren Ergebnisse in das Gesamtprojekt einfließen sollten. Dafür war es unerlässlich, sein genaues Verhältnis zur *Toise* zu bestimmen.[13]

Einige der in Berlin versammelten Wissenschaftler verfolgten hinsichtlich des Meters noch weitergehende Ziele. Sie wollten die Gradmessung dazu nutzen, ihm zu größerer Anerkennung zu verhelfen. Der Direktor der Leipziger Sternwarte, Karl Christian Bruhns, trat zum Beispiel dafür ein, alle im Rahmen des Projektes anfallenden Längenangaben sowohl in Metern als auch in *Toisen* auszudrücken.[14] Und Baeyer selbst schlug sogar vor, dass sich die Maßvergleichungskommission über die Frage einer *allgemeinen* Umstellung auf das metrische System Gedanken

---

[9] STRASSER, Toise, S. 32 u. S. 56 f.; BAEYER, Veränderungen, S. 9 ff. sowie die Untersuchung von CLARKE, Comparisons, S. 270 ff., die 1866 Klarheit über das genaue Ausmaß der Differenzen erbrachte.
[10] PETERS, Geschichte, S. 11. Vgl. auch WOLF, Recherches historiques, S. 26 ff.
[11] BAEYER, Über die Größe, S. 90 f.
[12] FOERSTER (Hrsg.), Verhandlungen, S. 26.
[13] Vgl. ebd., S. 21–26.
[14] Vgl. ebd., S. 22.

machen solle. Eine wissenschaftliche Begründung für dieses Anliegen gab es allerdings nicht. Ihm lag vielmehr die Überzeugung zugrunde, dass der Meter ganz allgemein „das Maass der Zukunft"[15] sei. Sie war eine unmittelbare Folge der internationalen Debatten, die im vorangehenden Kapitel geschildert worden sind.

Baeyer und der Schweizer Adolphe Hirsch, der Direktor der Sternwarte von Neuchâtel, argumentierten vor diesem Hintergrund, dass die Maßvergleiche der Gradmessungskonferenz große politische Bedeutung hätten. Durch sie könnten die Geodäten zu einer zuverlässigeren Bestimmung der Urmaße des metrischen Systems beitragen und damit ein wichtiges Hindernis aus dem Weg räumen, das dessen internationaler Verbreitung im Wege stand.[16] Zwar hielten einige Delegierte diese Zielsetzungen für eine Überschreitung der Kompetenzen der Konferenz, aber Baeyer und Hirsch gelang es dennoch, ihrer Auffassung eine Mehrheit zu verschaffen. Die Gradmessung begründete ihren Auftrag an die Kommission zum Vergleich von *Toise* und Meter deshalb ausdrücklich mit der „Absicht, die Einführung eines allgemeinen internationalen Maasses zu erleichtern". Darüber hinaus beschloss sie, alle ihre Längenangaben sowohl in *Toisen* als auch in Metern zu machen.[17]

Die damit verknüpften, weitergehenden Überlegungen blieben allerdings umstritten. Als das geodätische Forum, das sich zwischenzeitlich durch die Beteiligung Russlands, Spaniens und Portugals von der ‚Mitteleuropäischen' zur ‚Europäischen' Gradmessungskonferenz gemausert hatte, 1867 ein zweites Mal zusammentrat, wurde die Frage der allgemeinen Umstellung auf den Meter deshalb erneut debattiert.[18] Baeyer und Hirsch wollten nun noch einen Schritt weiter gehen als drei Jahre zuvor. Angesichts der kurz zuvor verabschiedeten Resolution des Maßkomitees der Pariser Weltausstellung verlangten sie, dass die Gradmessungskonferenz ebenfalls eine solche Stellungnahme abgeben solle. Diese Forderung stieß allerdings auf Widerspruch. Zwar akzeptierten fast alle Delegierten das Argument, dass der Meter von allen Maßen die besten Aussichten auf allgemeine Übernahme habe.[19] Doch gleichzeitig betonten einige von ihnen, dass es keinerlei wissenschaftliche Gründe gebe, ihn einem anderen Maßsystem vorzuziehen. Die Konferenz sprach sich deshalb zwar für die europaweite Einführung der französischen Einheiten aus, begründete dies aber nur mit pragmatischen Argumenten, d. h. insbesondere mit ihrer großen Verbreitung.[20]

Für die weitere Entwicklung des metrischen Systems war die Resolution der Geodäten allerdings unerheblich. Sehr viel größere Bedeutung kam in dieser Hinsicht den Ergebnissen der 1864 eingesetzten Maßvergleichungskommission zu. Sie

---

[15] Ebd., S. 24.
[16] Vgl. ebd., S. 23. Zur Person Hirschs vgl. ISAACHSEN, Introduction historique, S. 20 f.
[17] FOERSTER (Hrsg.), Verhandlungen, S. 24.
[18] Zu den Beitritten vgl. Bericht über die Verhandlungen, S. 94 f. Allgemein zum Folgenden vgl. die Darstellung bei MEYER-STOLL, Maß- und Gewichtsreformen, S. 230 f. sowie bei QUINN, Artefacts, S. 16 ff.
[19] Vgl. Bericht über die Verhandlungen, S. 126.
[20] Vgl. ebd., S. 128–131.

erhärteten zum einen den Verdacht, dass die unterschiedlichen Kopien der *Toise* z.T. erhebliche Abweichungen voneinander aufwiesen. Daneben verfestigte sich bei Baeyer aber auch noch eine weitere Erkenntnis. Sie hing mit einer früheren, von ihm gemachten Entdeckung zusammen. Schon 1846 hatte er Vergleiche zwischen der Bessel-*Toise* und einigen geodätischen Messstangen angestellt. Als er sie 1854 wiederholte, stellte er fest, dass sich die Messstangen bei zunehmender Temperatur deutlich weniger ausdehnten, als das acht Jahre zuvor der Fall gewesen war. Technisch gesprochen, hatte er damit herausgefunden, dass ihr Ausdehnungskoeffizient periodischen Veränderungen unterlag.[21]

Das war einerseits ein gewichtiges praktisches Problem für die Geodäsie, denn es bildete eine zusätzliche Fehlerquelle für alle Arten von Vermessungen. Mit sorgfältigen Vergleichen und Berechnungen ließ sich diese allerdings neutralisieren. Im Zuge der Arbeiten der Maßvergleichungskommission kam Baeyer aber noch zu einer zweiten Schlussfolgerung. Denn nun stellte er fest, dass die besagten Messstangen gegenüber der Bessel'schen *Toise* anscheinend nichts von ihrer absoluten Länge eingebüßt hatten.[22] Dass sich ihr Ausdehnungskoeffizient verringerte, ihre Länge aber gleich blieb, hielt Baeyer jedoch für unwahrscheinlich. Viel eher deuteten diese Befunde seiner Meinung nach darauf hin, dass die *Toise* und die Messstangen gleichermaßen geschrumpft waren. Dafür hatte er eine plausible Erklärung parat. Deren Hintergrund bildete eine Vorstellung, die seit den 1850er Jahren die chemische Theoriebildung transformierte. Ihr zufolge waren Atome und Moleküle keine theoretischen Größen, sondern reale physikalische Gebilde.[23] Baeyer vermutete deshalb, dass bei der Herstellung der Messstangen ein Problem auftrat. Sie wurden bei hohen Temperaturen gegossen und verfestigten sich dann beim Abkühlen. Selbst wenn das langsam geschah, so schrieb er, „können die Moleküle, durch die Starrheit der [bereits fest gewordenen] Masse verhindert, sich nicht einander so nähern, als zu ihrem Gleichgewicht bei gewöhnlichen Temperaturen erforderlich wäre".[24]

Baeyer ging folglich davon aus, dass in den fertigen Messstangen spontane Setzungsprozesse abliefen, bei denen sich die Moleküle allmählich in regelmäßige, kristallgitterartige Strukturen fügten. Dieses Phänomen, das in den parallel entstehenden Materialwissenschaften unter dem Begriff der ‚Kristallisation' bekannt war, führte seiner Meinung nach zu einer Verkürzung der Maßstäbe. Baeyer vermutete, dass davon nicht nur die Eisen- und Zinkstangen, die er untersucht hatte, betroffen waren, sondern auch solche, die aus Messing, Kupfer oder Platin bestanden. Das war eine äußerst folgenreiche Hypothese, denn falls sie sich bestätigen sollte, schien es künftig „fast unmöglich, eine gegebene Länge unveränderlich zu conserviren".[25]

[21] BAEYER, Veränderungen, S. 2 u. S. 4f.
[22] Vgl. ebd., S. 6. Diese Entdeckung scheint Baeyer ebenfalls bereits 1854 gemacht zu haben. Er publizierte sie jedoch erst 1867 im Rahmen der Arbeit der Maßvergleichungskommission.
[23] BENSAUDE-VINCENT, Chemistry, S. 205 sowie ROCKE, Chemical Atomism, S. 288.
[24] BAEYER, Veränderungen, S. 7.
[25] Ders., Über die Größe, S. 94. Vgl. auch ders., Veränderungen, S. 7.

Für die Debatten der Gradmessungskonferenz bedeutete diese Überlegung zweierlei. Zum einen mussten die von Baeyer aufgedeckten Probleme ausführlich untersucht werden. Zu diesem Zweck benannte die Konferenz eine zweite, größere Maßvergleichungskommission und betraute sie mit entsprechenden Experimenten. Zudem regte Baeyer die Neubestimmung einiger Basislinien des europäischen geodätischen Netzes an. Auf diese Weise wollte er herausfinden, ob die dabei verwendeten Maßstäbe seit der ursprünglichen Vermessung der betroffenen Abschnitte an Länge eingebüßt hatten.[26]

Noch wichtiger war allerdings die Tatsache, dass Baeyers Erkenntnisse die Position der Geodäten zum Meter tangierten. Zwar änderten sie nichts an den Unzulänglichkeiten, die Steinheil und andere an den französischen Urmaßen ausgemacht hatten. Sie fügten diesen vielmehr noch einen neuen Aspekt hinzu, denn der *mètre des Archives* war vermutlich ebenfalls vom Problem der setzungsbedingten Verkürzung betroffen. Aber andererseits stand nun auch die *Toise* in Frage, vor allem deshalb, weil die von Baeyer festgestellten Veränderungen das Problem der Vielzahl der Kopien dieses Maßes verschärften. Es war aufgrund der neuen Beweislage nämlich sehr wahrscheinlich, dass sich die unterschiedlichen Exemplare der *Toise* unterschiedlich stark veränderten.[27]

Angesichts dieser zusätzlichen Unsicherheit stieg die Bereitschaft der Geodäten, sich von ihrem angestammten Maß zu verabschieden. Das galt umso mehr, als die meisten Delegierten ohnehin von der wachsenden Bedeutung des Meters überzeugt waren. Allerdings gab es nach wie vor große Vorbehalte hinsichtlich seiner wissenschaftlichen Zuverlässigkeit. Eine einfache Übernahme des französischen Maßes hätte zudem das Problem der Kopien nicht gelöst, denn auch vom Meter gab es mehrere nationale Sekundärexemplare. Sie stimmten untereinander mutmaßlich ebenso wenig überein wie die Kopien der *Toise*.[28]

Die Geodäten beschlossen deshalb nicht, fortan den französischen Standard zu verwenden, sondern formulierten lediglich Bedingungen, unter denen sie bereit waren, ihn als wissenschaftliches Maß zu akzeptieren. Die wichtigste Voraussetzung hierfür sahen sie darin, dass der *mètre des Archives* durch einen „neuen Europäischen Normal-Meter"[29] ersetzt wurde. Die Länge dieses internationalen Urmaßes sollte so wenig wie möglich von seinem Vorbild abweichen. Gleichzeitig musste der neue Prototyp aber dessen technische Defizite beheben. Das bedeutete, dass er von hoher Dauerhaftigkeit sein sollte und zudem als Strichmaß auszugestalten war, um „die leichte Ausführbarkeit der nothwendigen Vergleichungen"[30] zu garantieren. Seine Herstellung sollte eine internationale Kommission übernehmen. Diese Forderung entsprang zum Teil dem Ärger über die Unzulänglichkeiten

---

[26] Bericht über die Verhandlungen, S. 125. u. S. 134 f. Vgl. auch BAEYER, Veränderungen, S. 7 f. sowie MEYER-STOLL, Maß- und Gewichtsreformen, S. 234.

[27] BAEYER, Veränderungen, S. 11 ff.

[28] Vgl. ebd., S. 12 f.

[29] Bericht über die Verhandlungen, S. 126 (im Original Genitiv: „neuen Europäischen Normal-Meters").

[30] Ebd.

der französischen Verwaltung der Urmaße, die in Kapitel 6.3.3 geschildert worden sind. Daneben hing sie aber auch eng mit einem weiteren Anliegen der Konferenz zusammen. Das war die „Gründung eines [dauerhaften] Europäischen internationalen Bureau's für Maasse und Gewichte".[31].

Diese Idee hatte Baeyer schon einige Monate zuvor bei der Preußischen Akademie der Wissenschaften präsentiert. Sie ging auf das Problem der Abweichung verschiedener nationaler Meter-Kopien und auf die von ihm diagnostizierten Setzungsprozesse zurück. Ersteres erforderte aus seiner Perspektive, die Normale der betroffenen Länder regelmäßig mit dem Urmaß zu vergleichen.[32] Und letztere bedeuteten, dass auch die Urmaße selbst periodisch überprüft werden mussten. Baeyer schwebte vor, sie etwa alle zehn Jahre anhand der Basislinien geodätischer Messungen neu zu eichen. Die Sicherung der Längenmaße war für ihn also eine Daueraufgabe, die einer eigenen Institution übertragen werden sollte. Die Gradmessungskonferenz teilte diese Auffassung in vollem Umfang. Ihre Beschlüsse skizzierten ein weitreichendes Programm zur Internationalisierung des Meters, das in zahlreichen europäischen Ländern auf großes Interesse stieß. In den folgenden Monaten erhoben sich gewichtige Stimmen, die das Anliegen der Konferenz unterstützten.

8.1.2 Die internationale Reaktion und die Einberufung der Meterkommission

Besondere Bedeutung erlangte ein Bericht der Russischen Akademie der Wissenschaften, der im August 1869 veröffentlicht wurde. Er ging auf die Initiative des in Deutschland geborenen Physikers Moritz von Jacobi zurück. Ebenso wie die anderen beiden Autoren des Papiers, der Deutschbalte Otto Struve und der Schweizer Heinrich Wild, gehörte Jacobi zu einem engen deutsch(sprachig)-russischen Netzwerk von Wissenschaftlern, das die Debatte über die Internationalisierung des metrischen Systems in den folgenden Jahren nachhaltig prägte.[33]

Die drei Experten befürworteten zwar eine universelle Verbreitung des französischen Maßes, sahen dabei aber dieselben Probleme wie die Gradmessungskonferenz. Die Vielzahl der Kopien des Meters gefährdete aus ihrer Sicht seine wissenschaftliche Nutzbarkeit. Zudem stellten sie die enge Verbindung dieses Problems mit der Frage des Zugriffs auf die Urmaße heraus. Ihrer Meinung nach hatte Frankreich durch die internationale Verbreitung des Meters „eine treuhänderische Macht erhalten, die [...] zu weit ging".[34]

---

[31] Ebd.
[32] BAEYER, Veränderungen, S. 12 f.
[33] Rapport de la Commission nommée par la Classe physico-mathématique de l'Académie des Sciences de Saint-Pétersbourg, 8. 4. 1869, in: BIGOURDAN, Système métrique, S. 254–258. Zur Person Jacobis, der, wie in Kap. 7.1.2 erwähnt, bei der Konferenz der *International Association* auf der Weltausstellung von 1867 als Vorsitzender des Maß- und Gewichtskomitees fungiert hatte, vgl. LOMMEL, Jacobi.
[34] ALDER, Maß, S. 434. Vgl. auch Rapport de la Commission nommée par la Classe physico-mathématique de l'Académie des Sciences de Saint-Pétersbourg, 8. 4. 1869, in: BIGOURDAN, Système métrique, S. 254–258, hier S. 256.

Jacobi und seine Kollegen setzten sich deshalb bei der russischen Regierung für die Einberufung einer Konferenz ein, die die Herstellung neuer Meter-Prototypen organisieren sollte. Darüber hinaus bemühten sie sich um internationale Unterstützung für ihr Anliegen. Die deutsche Seite konnten sie dabei schnell überzeugen. Die Normaleichungskommission des Norddeutschen Bundes schloss sich den russischen Forderungen im September 1869 an und bekundete ihre Bereitschaft, „an einer durchaus internationalen Behandlung dieser Angelegenheit mitzuwirken."[35] Zusätzlich begab sich Jacobi auf eine Reise zur BAAS nach London und zur *Académie des sciences* nach Paris, um dort jeweils seine Position zu erläutern.[36]

In Frankreich traf er dabei auf eine heftige Debatte. Ihren Ausgangspunkt bildete der Beschluss der Gradmessungskonferenz von 1867. Einige Angehörige des *Bureau des longitudes* waren gut mit den deutschen Geodäten vernetzt und hatten deren Initiative schnell aufgegriffen. In einem Ende 1867 verfassten Bericht distanzierten sie sich zwar von der Forderung, neue Urmaße für das metrische System herzustellen. Gleichzeitig äußerten sie aber Verständnis für das Anliegen der internationalen Wissenschaftsgemeinschaft, die Übereinstimmung ihrer Meterkopien mit dem Original besser überprüfen zu können. Sie empfahlen der Regierung deshalb, eine permanente Einrichtung für die Produktion und Eichung von geodätischen Präzisionsmaßen zu schaffen und regten an, sie der Kontrolle des *Bureau des longitudes* zu unterstellen.[37] Das Bildungsministerium, dem das Büro zugeordnet war, setzte daraufhin eine Kommission zur Untersuchung dieses Vorschlages ein. Sie stand unter der Leitung des ehemaligen Kriegsministers Jean-Baptiste Vaillant.[38]

Vaillaint machte sich die Forderung nach einer dauerhaften Institution für die Überprüfung von Präzisionsmaßen zu Eigen, ging in seiner Begründung aber deutlich über die Problematik der Meter-Kopien hinaus. Für ihn hatte die diesbezügliche Initiative der Gradmessungskonferenz nicht nur wissenschaftliche Bedeutung. Er befürchtete vielmehr, sie sei Teil eines preußischen Versuches, Frankreich seine Vormachtstellung auf dem europäischen Kontinent streitig zu machen. Die Einrichtung eines Büros für die Kontrolle von Kopien des Meters erschien ihm in diesem Lichte als präventive Maßnahme, um den weitergehenden Internationalisierungsplänen der Gradmessungskonferenz und damit auch den borussischen Führungsansprüchen entgegenzutreten.[39]

---

35 Resolution der Normaleichungskommission des Norddeutschen Bundes, 6. 9. 1869 (Abschrift vom 30. 9. 1869), PTB-Archiv, KNEK, 262.1, fol. 6.

36 Rapport de la Commission nommée par la Classe physico-mathématique de l'Académie des Sciences de Saint-Pétersbourg, 8. 4. 1869, in: BIGOURDAN, Système métrique, S. 254–258, hier S. 258; Lettre à M. Dumas par M. Jacobi, 12. 9. 1869, in: Standards Commission, Fifth Report, S. 204; P.P. 1871 [C. 257], XXIV.647 sowie Sur la confection de l'unité protoype du système métrique, lu par M. Jacobi dans la dernière séance de l'Académie des Sciences, ebd., S. 204 f.

37 Rapport de la Commission composée de MM. L. Mathieu, Laugier er Faye, rapporteur, 24. 12. 1867, in: BIGOURDAN, Système métrique, S. 253 f. Vgl. auch QUINN, Artefacts, S. 19.

38 BIGOURDAN, Système métrique, S. 254.

39 Vgl. Jean-Baptiste Vaillant, Note en réponse à la lettre du Ministre du Commerce en date du 8 juin 1868, S. 1 f., AN F/12/12026, Mappe Bureau national des poids et mesures. Notes diverses, 1868–1917.

Allerdings stieß Vaillaint mit seiner Initiative das *Conservatoire des arts et métiers* vor den Kopf, dem die Aufsicht über den *mètre des Archives* oblag. Sein Direktor, der Physiker und General Arthur Morin, teilte zwar Vaillants Skepsis gegenüber Preußen, reagierte aber überaus empfindlich auf alle Versuche, die Kompetenzen des *Conservatoire* zu beschneiden. In einem geharnischten Brief an das Bildungsministerium trat er den Plänen der Vaillant-Kommission entgegen. Allein für geodätische Zwecke, so argumentierte er, brauche man kein eigenes Büro, denn die Zahl der Maßvergleiche, die hierfür erforderlich seien, sei verschwindend gering. Und für alle anderen Fragen sei allein seine Einrichtung zuständig.[40] Die Vaillant-Kommission sah sich daraufhin gezwungen, ihre Ziele zu modifizieren. Im April 1868 ließ sie die Forderung nach einem permanenten Maßbüro fallen. Stattdessen sprach sie sich lediglich dafür aus, eine autoritative Kopie des *mètre des Archives* herzustellen. Sie sollte als Strichmaß ausgeführt werden, um so den Bedürfnissen der Geodäsie ein wenig entgegenzukommen.[41] Auch diese beschränkten Pläne konnte die Kommission allerdings nicht durchsetzen. In den folgenden Monaten versandete die Debatte.

Der Bericht der Russischen Akademie der Wissenschaften, die anschließende Erklärung der Normaleichungskommission des Norddeutschen Bundes und der Besuch Jacobis in Paris versahen das Thema aber wieder mit brennender Aktualität. Aus französischer Sicht schien es, als gewänne die gefürchtete preußische Führungsrolle aufgrund der russischen Haltung an Kontur. Die *Académie des sciences* nahm die genannten Initiativen deshalb zum Anlass, eine weitere Untersuchungskommission einzusetzen. Ihr gehörten sowohl Vertreter des *Bureau des longitudes* als auch Mitglieder des *Conservatoire des arts et métiers* an. Deren ablehnende Haltung gegenüber den Forderungen aus den östlichen Nachbarländern wurde zudem von Urbain Le Verrier, dem Direktor der Pariser Sternwarte, geteilt.[42]

Dem prinzipiellen Befund, dass Frankreich sich nun in der Defensive befand und der sich abzeichnenden deutsch-russischen Koalition etwas entgegensetzen musste, konnten allerdings auch die Skeptiker nicht widersprechen. Die Beratungen der Kommission endeten deshalb mit einem Kompromiss. Einerseits betonten die *Académiciens*, dass die Urmaße des metrischen Systems keinerlei Korrektur bedürften. Andererseits erklärten sie sich – wenn auch widerwillig – dazu bereit,

---

[40] Jules Morin, Note sur la création d'un établissement spécial et permanent pour l'étude et la comparaison des étalons métriques et des règles géodesiques, 4. 3. 1868, o. S., AN F/12/12026, Mappe Bureau national des poids et mesures. Notes diverses, 1868–1917.

[41] Die Schlussfolgerungen der Kommission sind zitiert bei: Bericht des Handelsministers an Napoleon III., 1. 9. 1869, in: BIGOURDAN, Système métrique, S. 265–272, hier S. 270. Ihr Datum (7. 4. 1868) ist enthalten in: Jean-Baptiste Vaillant, Note en réponse à la lettre du Ministre du Commerce en date du 8 juin 1868, S. 4, AN F/12/12026, Mappe Bureau national des poids et mesures. Notes diverses, 1868–1917.

[42] Zum Zustandekommen und der Zusammensetzung der Kommission vgl. DUMAS, Rapport, S. 514. Zur Person Le Verriers und zum schwierigen Verhältnis zwischen der Sternwarte und dem *Bureau des longitudes*, das mit zu seiner Position beitrug, vgl. LEQUEUX, Le Verrier, v. a. S. 138 ff. Zu den weiteren Hintergründen der Konflikte innerhalb der französischen Wissenschaftsgemeinschaft, die stark von generationellen und politischen Motiven geprägt waren, vgl. CARON, Frankreich, S. 133 ff.

ein internationales wissenschaftliches Gremium einzuberufen, das das Problem der Kopien des Meters und ihres zuverlässigen Vergleichs bearbeiten sollte.[43] Auch das Handelsministerium schloss sich dieser Linie an. Am 1. September 1869 bat der Minister den Kaiser darum, die später so genannte *Commission internationale du mètre* einzuberufen. Sie sollte, wie es schon Vaillant vorgeschlagen hatte, die Herstellung eines auf dem Archivmeter basierenden Strichmaßes veranlassen und über weitere Schritte zur Versorgung der Wissenschaftsgemeinschaft mit zuverlässigen Kopien beraten.

Für die Einrichtung dieser Kommission war es einerseits nötig, interessierte Regierungen zur Teilnahme einzuladen. Andererseits sollten auch französische Wissenschaftler in ihr vertreten sein.[44] Deren Berufung ging naturgemäß schneller vonstatten als diejenige der ausländischen Delegierten. Das war auch beabsichtigt, denn dem Mutterland des Meters sollte nach dem Willen des Handelsministers bei den anstehenden Arbeiten eine Führungsrolle zukommen. Bereits Ende 1869 trat der französische Teil der Kommission deshalb erstmals zusammen. Er fungierte unter der Bezeichnung der *Section française de la Commission internationale du mètre* oder kurz: der *Section française* und bestand gleichermaßen aus Befürwortern und Gegnern einer Internationalisierung der Urmaße.[45]

Im Ausland stieß die französische Initiative derweil auf positive Resonanz. Bis zum April 1870 sagten 24 Länder ihre Teilnahme zu. In vorderster Front standen dabei jene Staaten, deren Wissenschaftler aktiv auf eine Internationalisierung des Meters hingearbeitet hatten, also vor allem Preußen und Russland. Im weiteren Sinne zählte zu dieser Gruppe auch die Vielzahl der Länder, die an der Europäischen Gradmessung beteiligt waren, also z. B. Bayern, Österreich-Ungarn, die Schweiz, Italien, Spanien und die Niederlande. Hinzu kamen eine Reihe südamerikanischer Staaten. Ihr Interesse an der Kommission war der Tatsache zu verdanken, dass sie das metrische System auf nationaler Ebene eingeführt hatten.[46]

Überraschend war allerdings die Zusage der USA und Großbritanniens. Sie wollten an dem Projekt teilnehmen, um die präzise Umrechenbarkeit aller Arten von wissenschaftlichen Messergebnissen zu gewährleisten. Die USA hatten zudem 1866 die fakultative Nutzung des metrischen Systems zugelassen. Die dortige Regierung musste deshalb Kopien von seinen Urmaßen vorhalten und für deren Zuverlässigkeit garantieren.[47] Vor diesem Hintergrund schien es denkbar, dass sich das Land über die Arbeit der Kommission hinaus auch an einer längerfristigen internationalen Zusammenarbeit beteiligen könnte. Für Großbritannien kam ein solcher Schritt hingegen nicht in Frage. Er hätte der seit 1868 konsequent

---

[43] DUMAS, Rapport, S. 517f.

[44] Bericht des Handelsministers an Napoleon III., 1. 9. 1869, in: BIGOURDAN, Système métrique, S. 265–272, hier S. 271.

[45] Vgl. BIGOURDAN, Système métrique, S. 273. Zur Zusammensetzung vgl. Bericht des Handelsministers an Napoleon III., 1. 9. 1869, in: ebd., S. 265–272, hier S. 271 sowie die Diskussion bei QUINN, Artefacts, S. 29ff.

[46] BIGOURDAN, Système métrique, S. 276f.

[47] COX, Metric System, S. 194, Fn. 55.

verfolgten Zielsetzung widersprochen, sich aus Kontinentaleuropa herauszuhalten. Die Entsendung der britischen Delegierten erfolgte deshalb unter der Maßgabe, „that the object of Her Majesty's Government is simply to facilitate the researches of the Conference and in no degree whatever to commit itself to the adoption of any conclusions at which the Conference may arrive."[48]

Als die *Commission internationale* am 8. August 1870 in Paris zusammentrat, galt es allerdings ohnehin als unwahrscheinlich, dass sie weitreichende Beschlüsse fassen würde. Nur wenige Tage zuvor waren die seit 1867 anschwellenden deutsch-französischen Spannungen eskaliert. Am 13. Juli hatte Bismarck die Emser Depesche veröffentlicht, und sechs Tage später erklärte Napoleon III. Preußen den Krieg. Die deutschen Vertreter, unter denen besonders Wilhelm Foerster und Carl August Steinheil hohes Ansehen genossen, blieben der Kommission deshalb gezwungenermaßen fern.[49] Angesichts der tragenden Rolle, die sie in der Debatte über die Internationalisierung des Meters bis zu diesem Zeitpunkt gespielt hatten, stellte ihre Abwesenheit eine gravierende Einschränkung für das Gesamtvorhaben dar. Die übrigen Delegierten fassten deshalb den Beschluss, alle definitiven Entscheidungen auf einen späteren Zeitpunkt zu verschieben.[50]

Diese Selbstbescheidung bedeutete freilich nicht, dass die Kommission untätig blieb. Sie traf vielmehr eine Reihe von Festlegungen, die die weiteren Diskussionen in hohem Maße präjudizierte. Die wichtigste davon betraf den Umfang ihrer eigenen Aufgaben. Die französische Einladung hatte nur die gemeinschaftliche Herstellung eines Strichmaßes vorgesehen, alle weitergehenden Überlegungen zur Anfertigung eines neuen Urmaßes oder einer dauerhaften internationalen Kontrolle über das metrische System aber bewusst ignoriert. Die Normaleichungskommission des Norddeutschen Bundes wollte die Kompetenzen der Konferenz dagegen schon im Vorfeld wesentlich erweitern oder sie selbst über den genauen Zuschnitt ihrer Aufgabe entscheiden lassen.[51]

Diese Forderung machte sich die große Mehrheit der internationalen Vertreter in der Kommission zu Eigen. Die französischen Delegierten sträubten sich zunächst gegen einen solchen Antrag, denn es war klar, dass im Falle seiner Annahme der *mètre des Archives* zur Disposition stehen würde. Angesichts des geschlossenen Auftretens der übrigen Länder konnten sie ihren Widerstand aber nicht lange aufrechterhalten. Alfred Le Roux, der Handelsminister, begriff schnell, dass er mit der *Commission internationale* einen Geist gerufen hatte, den er nicht ohne Weiteres wieder loswerden würde. Schon in der zweiten Sitzung sicherte er ihr in allen wissenschaftlichen Belangen völlige Handlungsfreiheit zu.[52] Die

---

[48] Schreiben des Secretary of the Treasury an den Under Secretary, Foreign Office, 7.5.1870, in: Standards Commission, Fifth Report, S. 206f.; P.P. 1871 [C. 257], XXIV.647.

[49] NIPPERDEY, Deutsche Geschichte 1866–1918, Bd. 2, S. 59f.; FOERSTER, Lebenserinnerungen, S. 105; MEYER-STOLL, Maß- und Gewichtsreformen, S. 237 sowie BIGOURDAN, Système métrique, S. 278.

[50] Session de 1870, S. 15f. Vgl. auch QUINN, Artefacts, S. 40.

[51] Bericht der Normaleichungskommission des Norddeutschen Bundes an den Präsidenten des Bundeskanzleramtes, 20.12.1869, PTB-Archiv, KNEK, 262.1, fol. 12–13, hier fol. 13.

[52] Session de 1870, S. 15. Vgl. auch BIGOURDAN, Système métrique, S. 278f.

Delegierten beschlossen daraufhin, eine Abkehr vom Archivmeter und die Herstellung neuer, internationaler Urmaße anzustreben. Zu diesem Zweck erarbeiteten sie einen Katalog von Fragen, die geklärt werden mussten, um ihr Vorhaben zu verwirklichen. Im Anschluss daran nominierten sie ein *Comité des recherches préparatoires*, das die wichtigsten Probleme im kleinen Kreis vorab diskutieren sollte.[53]

Diese Vorgehensweise hatte einerseits das Ziel, die Beratungen handhabbarer zu machen. Andererseits diente sie auch dazu, ein Bindeglied zu den abwesenden deutschen Delegierten zu schaffen. Neben den Mitgliedern der *Section française* und einigen international anerkannten Experten wie George Airy, dem spanischen General Ibañez und dem Schweizer Adolphe Hirsch sollten dem Komitee auch Wilhelm Foerster und Carl August Steinheil angehören.[54] Der Krieg und die anschließenden Auseinandersetzungen um die Pariser Kommune verhinderten allerdings zunächst ein Treffen dieser Gruppe. Als sie im April 1872 schließlich zusammentrat, war Steinheil bereits verstorben, und aus Deutschland konnte nur Wilhelm Foerster anreisen.[55] Am Grundcharakter des *Comité des recherches préparatoires* änderte sich dadurch freilich nichts. Hier trafen sich die hervorragendsten Metrologen ihrer Zeit, um über die Zukunft des metrischen Systems zu beraten. Sie entfalteten in der Folgezeit ein enges Zusammengehörigkeitsgefühl, das die nationalen Gegensätze aus den vorangehenden Debatten teilweise kompensieren konnte.[56] Eine ähnliche Atmosphäre unterfütterte auch die erneute Zusammenkunft der *Commission internationale* im September 1872, bei der die Vorschläge des vorbereitenden Komitees abschließend debattiert wurden. Das bedeutete allerdings nicht, dass es bei der Neubestimmung der Urmaße des metrischen Systems keine Differenzen gegeben hätte. Sie führte vielmehr zu intensiven Debatten. Dabei spielten auch nationale Interessen und nationale Wissenschaftskulturen eine wichtige Rolle.

8.2 Die konzeptionellen Debatten der Meterkommission

8.2.1 Die Grundlagen des metrischen Systems

Die grundlegendste wissenschaftliche Frage, die die Experten in Paris diskutierten, war diejenige nach der künftigen konzeptionellen Basis des Meters. Trotz

---

[53] Session de 1870, S. 16, S. 25 ff. u. S. 33.

[54] Ebd., S. 33. Vgl. auch BIGOURDAN, Système métrique, S. 283. Zur Person Ibañez' vgl. ISAACHSEN, Introduction historique, S. 18 f. sowie AZNAR GARCÍA, Unificación, Bd. 1, S. 534 ff.

[55] Procès-verbaux des recherches préparatoires, S. 1 f. u. S. 7. Vgl. auch QUINN, Artefacts, S. 46 ff. sowie HOPPE-BLANK, Vom metrischen System, S. 14 f., wo allerdings irrtümlich Steinheil als Teilnehmer aufgeführt ist.

[56] Vgl. die atmosphärischen Schilderungen bei FOERSTER, Lebenserinnerungen, S. 107 ff. Allgemein zum Verhältnis von Nationalismus und Internationalismus in den Naturwissenschaften des 19. Jahrhunderts vgl. JESSEN und VOGEL, Naturwissenschaften, S. 33 ff. sowie KNIGHT, Modern Science, S. 195–216.

der in Kapitel 6 geschilderten Wende vom Natur- zum Konventionalmaß hatten Physiker und Geodäten seine Ableitung aus dem Erdumfang in der ersten Hälfte des 19. Jahrhunderts nie eingehend problematisiert. Dazu gab es auch keinen Anlass, denn der Meter war eine festgelegte Größe, die unabhängig von ihrer Entstehung Bestand hatte. Erst Ende der 1860er Jahre fand eine Diskussion über seine Definitionsgrundlage statt. Denn nun stellte sich die Frage, ob die bevorstehende Neuanfertigung der Urmaße auch eine erneute Vermessung der Erde erfordern würde.

Zu diesem Zeitpunkt war die Kritik an der Idee des Naturmaßes allerdings bereits so weitgehend akzeptiert, dass kaum jemand eine solche Vorgehensweise in Erwägung zog. Der Bericht der Russischen Akademie der Wissenschaften von 1869 brachte die Gründe dafür auf den Punkt. „L'insuffisance et l'inexactitude relative de ces mesures [absolues et naturelles]", so hieß es dort,

ont été généralement reconnues et démontrées jusqu'à l'évidence par l'argumentation puissante et péremptoire du célèbre Bessel, de manière qu'il est impossible que dorénavant le monde savant revienne à la recherche de pareilles mesures.[57]

Diese Auffassung vertraten nicht nur russische und deutsche Wissenschaftler, sondern auch französische. Eine Ausnahme gab es davon allerdings. Sie betraf den Astronomen Philippe Gustave le Doulcet, besser bekannt als Comte de Pontécoulant. Er sah in der Neuanfertigung der Prototypen eine Chance, dem Konzept des Naturmaßes zu einer Renaissance zu verhelfen. Dazu wollte er die Ableitung des Meters aus dem Erdumfang mit modernen Methoden wiederholen und so die Ungenauigkeiten, die Méchain und Delambre bei ihrer ursprünglichen Vermessung unterlaufen waren, korrigieren.[58] Mit dieser Auffassung stand Pontécoulant allerdings allein auf weiter Flur. In der *Académie des sciences* bestritt zwar niemand, dass bei einer Neubestimmung des Erdumfangs eine höhere Genauigkeit zu erreichen gewesen wäre als Ende des 18. Jahrhunderts. Doch gerade deshalb, so argumentierte die Mehrheit der Wissenschaftler, müsse man eine solche Vorgehensweise ausschließen. Schließlich sei im Falle einer laufenden Anpassung der Standards an die aktuellen Möglichkeiten deren langfristige Stabilität gefährdet. „Le mètre et le kilogramme des Archives", so ließen sie verlauten, „(..) doivent être conservés comme tels, sans modification."[59]

Pontécoulants entgegengesetzte Auffassung empfanden viele Experten als so überholt, dass sie sie nicht einmal richtig ernst nahmen. In einem Punkt erfasste der Graf die konzeptionelle Grundlage des Meters allerdings besser als seine Kollegen. Denn auch wenn die Idee des Naturmaßes nicht mehr zeitgemäß war, so hatte sie doch zweifellos in der Intention der *savants* des 18. Jahrhunderts gelegen. Das bestritten die *Académiciens* nun aber. Sie behaupteten, ihre illustren Vorläufer hätten ohnehin nie eine mathematisch genaue Ableitung der Längeneinheit aus

---

[57] Rapport de la Commission nommée par la Classe physico-mathématique de l'Académie des Sciences de Saint-Pétersbourg, 8.4.1869, in: BIGOURDAN, Système métrique, S. 254–258, hier S. 255.
[58] PONTÉCOULANT, Observations, S. 729. Vgl. hier und im Folgenden auch ALDER, Maß, S. 433.
[59] DUMAS, Rapport, S. 517.

dem Erdumfang im Sinn gehabt. Damit focht die Akademie „alle [...] Prämissen, die überhaupt zum metrischen System geführt hatten", an.[60]

Dieses erstaunliche Verhalten hatte zwei Ursachen. Die erste lag in dem durchschlagenden Effekt von Bessels Kritik am Konzept des Naturmaßes. Die Wissenschaftler der zweiten Hälfte des 19. Jahrhunderts hatten sie so weitgehend verinnerlicht, dass ihnen die Vorstellung einer absoluten Übereinstimmung zwischen Maß und natürlicher Größe völlig fremd geworden war. Die zweite Ursache für die Haltung der Akademie bildete ihr Stolz auf das Erbe der *savants*. Die Expedition von Méchain und Delambre war zwischenzeitlich zu einem nationalen Denkmal geronnen, das an die vergangene Größe der französischen Wissenschaft gemahnte. Eine größere Debatte über die Fehlerhaftigkeit ihrer Ergebnisse wäre deshalb einer Majestätsbeleidigung gleichgekommen.[61] Hätten die *Académiciens* die Idee einer mathematischen Kongruenz zwischen Maß und Erdumfang ernstgenommen, wäre eine solche allerdings kaum zu vermeiden gewesen. Erschwerend hinzukam, dass an der dann womöglich nötigen Neuvermessung nach Lage der Dinge nicht nur französische, sondern auch deutsche Geodäten mitgewirkt hätten. Die Ableitung des neuen Protoypen aus dem alten Archivstandard, die die Alternative zu dieser Vorgehensweise darstellte, hätte dagegen keine solche Verdrängung, sondern eine teilweise Fortschreibung der Tradition der *savants* bedeutet.

Diese Motivlage führte dazu, dass die Internationalisierungsskeptiker unter den französischen Wissenschaftlern in der Debatte über künftige konzeptionelle Grundlage des metrischen Systems besonders entschieden gegen eine neue Gradmessung Front machten. Als die *Commission internationale* 1870 über diese Frage beriet, reagierten sie geradezu hypernervös auf alle Äußerungen, die auch nur ansatzweise in diese Richtung deuteten.[62] Der Schweizer Adolphe Hirsch versuchte daraufhin, seine französischen Kollegen zu beruhigen. Die Zeit der Naturmaße, so argumentierte er, sei lange vorbei, und nur eine Maßdefinition auf der Basis eines materiellen Protoypen könne den zeitgenössischen wissenschaftlichen Ansprüchen genügen.[63] Da diese Auffassung auf breiten Zuspruch stieß, beschloss die Kommission zwei Jahre später auch formal, dass der Meter fortan ein Konventionalmaß sein sollte. Als Referenzpunkt für seine neue physische Verkörperung diente deshalb nicht der Erdumfang, sondern der *mètre des Archives*.[64]

In einer Hinsicht stand diese Entscheidung allerdings unter Vorbehalt. Denn Hirsch lehnte in seiner genannten Stellungnahme zwar eine Neuvermessung des

---

[60] ALDER, Maß, S. 435. Die fraglichen Äußerungen finden sich bei DUMAS, Rapport, S. 517 sowie bei FAYE, Observations, S. 738. Dass die *Académiciens* Pontécoulant nicht ernst nahmen, geht aus den ebd., S. 743, wiedergegebenen Bemerkungen von Dumas hervor.

[61] So sah z. B. Le Verrier in der Arbeit von Méchain und Delambre „un grand monument scientifique". Aus diesem Grund hatte er sich 1863 bereits gegen eine Beteiligung Frankreichs an der Mitteleuropäischen Gradmessung ausgesprochen, vgl. Rapport verbal, S. 36.

[62] Vgl. z. B. die Reaktion von Morin auf die Forderung Struves, die neuen Protoypen sollten den „exigences de la science actuelle" entsprechen, Session de 1870, S. 6 f.

[63] Ebd., S. 20 f. Vgl. auch ALDER, Maß, S. 436.

[64] Procès-verbaux de la Commission internationale, S. 15.

Erdumfangs ab. Im gleichen Atemzug forderte er aber eine Neuvermessung der *Basislinie* des französischen Meridians.[65] Den Hintergrund für diesen Antrag bildeten Baeyers Überlegungen zur Stabilität metallischer Urmaße. Sie hatten bereits die Gradmessungskonferenz dazu veranlasst, die Neubestimmung einiger Grundlinien anzustreben. Auf diese Weise sollte eine mögliche Veränderlichkeit der dabei verwendeten Standards überprüft werden. Dies auch für den *mètre des Archives* zu verlangen, war allerdings heikel. Zum einen befeuerte Hirsch damit die Befürchtung, dass eine französische Errungenschaft unter die Räder der deutschen Wissenschaft geraten könnte.[66] Und zum anderen gefährdete sein Vorschlag die Einigung auf das Archivmaß als Grundlage für den internationalen Meter. Denn was sollte geschehen, wenn sich herausstellte, dass das französische Normal im Laufe der Jahrzehnte geschrumpft war? Sollte dann seine ursprüngliche oder seine aktuelle Länge als Vorlage für den neuen Standard dienen?

Diese Bedenken führten dazu, dass die französischen Delegierten Hirschs Vorstoß einhellig ablehnten.[67] Zwar überstimmten die übrigen Mitglieder der Kommission sie schließlich. Gleichzeitig beschloss das Gremium aber, dass die Neubestimmung der Basislinie erst nach der Herstellung des internationalen Prototypen vorgenommen werden sollte. Damit war noch einmal bestätigt, dass der künftige Standard in keiner Weise auf geodätischen Vermessungen, sondern allein auf der Länge seines illustren Vorgängers beruhen sollte.[68] Diese seit Bessel stillschweigend anerkannte, aber nie offen ausgesprochene Wende vom Natur- zum Konventionalmaß stellte einen wesentlichen Baustein der wissenschaftlichen Internationalisierung des Meters dar.

Die zweite grundsätzliche Frage, die in Paris zur Debatte stand, betraf den Umgang mit dem Kilogramm. Zwar bildeten dessen Defizite nicht den unmittelbaren Anlass für die Einberufung der *Commission internationale*. Aber dennoch hatten die Unzufriedenheit mit den Kilogramm-Kopien und die Zweifel an der Dauerhaftigkeit des Originals, wie in Kapitel 6.3.3 geschildert, einen wesentlichen Anteil an der Debatte über das System der metrischen Urmaße. Die grundsätzliche Idee, dem neuen Längenstandard auch ein neues Kilogramm zur Seite zu stellen, bedurfte deshalb keiner weiteren Diskussion.

Die Frage, auf welcher Grundlage dies geschehen sollte, war allerdings umstritten. Dabei stießen zwei konträre Meinungen aufeinander.[69] Eine erste Gruppe von Wissenschaftlern favorisierte eine ähnliche Vorgehensweise wie beim Meter. Sie plädierte dafür, das internationale Urgewicht auf das *kilogramme des Archives*

---

[65] Session de 1870, S. 21.

[66] Die Metapher ist wörtlich zu nehmen: Carl August Steinheil hatte für die Bestimmung von Grundlinien Ende der 1860er Jahre ein Messrad entwickelt, das auf einer Eisenbahnschiene verlief, vgl. MEYER-STOLL, Maß- und Gewichtsreformen, S. 234.

[67] Session de 1870, S. 29–32.

[68] Procès-verbaux des recherches préparatoires, S. 2. Allerdings kam die Neubestimmung der Grundlinien nie zustande, weil die im Folgenden geschilderten neuen Erkenntnisse über die Unveränderlichkeit des Platin sie ab 1872 überflüssig erscheinen ließen, vgl. BIGOURDAN, Système métrique, S. 284.

[69] Vgl. dazu die ausführliche Debatte in: Session de 1870, S. 36ff.

zu gründen. Eine zweite Gruppe wollte es dagegen anhand der ursprünglichen Kilogramm-Definition neu bestimmen, es also mittels des Wassergewichtes aus dem Meter ableiten. Zwar unterlag diese Vorgehensweise dem Bessel'schen Einwand, dass ein durch Messung gewonnenes Maß nie völlig unzweideutig festgestellt werden könne. Allerdings ließ sich eine Verknüpfung zwischen Längen- und Gewichtseinheiten prinzipiell nur durch Messungen herstellen. Wenn sie beibehalten werden sollte, musste dieses Problem außer Acht gelassen werden.[70]

J. E. Hilgard, einer der amerikanischen Vertreter in der Kommission, gehörte zur Gruppe derjenigen, die für eine Neubestimmung des Kilogramms eintraten. Er war der Meinung, dass seine Verknüpfung mit dem Längenmaß einen Teil der Attraktivität des metrischen Systems ausmachte. Sie war leicht vorstellbar und ließ sich im Alltag problemlos überprüfen. Diese Vorzüge konnten seiner Auffassung zufolge dabei helfen, einigen bisher noch zögerlichen Ländern die Einführung des Meters schmackhaft zu machen.[71] Unterstützung erhielt Hilgard von dem Schweizer Heinrich Wild. Seine Argumentation zielte stärker auf die vermeintlichen Unzulänglichkeiten des Archivkilogramms ab. Zwar kam die *Section française* bei einer vorbereitenden Untersuchung zu dem Schluss, dass es sich in perfektem Zustand befinde. Allerdings war die exakte Bestimmung der Wassermenge und -dichte, die seine Grundlage bildete, eine höchst komplexe Aufgabe. Louis Lefèvre-Gineau und Giovanni Fabronni hatte sie 1799 vor große Schwierigkeiten gestellt. Die Vermutung, dass ihnen dabei Fehler unterlaufen waren, galt als naheliegend.[72]

Wild behauptete deshalb vor der Kommission, dass das *kilogramme des Archives* möglicherweise eine Ungenauigkeit von zwei- bis dreihundert Milligramm aufweise.[73] Damit, so bedrängte er seine Kollegen, dürfe man sich nicht zufrieden geben. Das internationale Urmaß müsse vielmehr auf das Milligramm mit der Ursprungsdefinition des Kilogramms übereinstimmen und deshalb neu aus dem Wassergewicht abgeleitet werden. Wilds Auffassung blieb allerdings nicht unwidersprochen. Die französischen Vertreter in der *Commission internationale* waren überzeugt davon, dass das Kilogramm, wenn überhaupt, nur minimal von seinem vorgesehenen Gewicht abwich. Auch die britischen Delegierten pflichteten dem bei.[74]

Diese Auffassung sollte sich über zwanzig Jahre später bestätigten.[75] Zum Zeitpunkt der Pariser Beratungen blieb die Frage allerdings ungeklärt. Selbst die Annahme einer verhältnismäßig großen Abweichung des Kilogramms von seiner

---

[70] Vgl. Kap. 6.2.3 dieser Arbeit sowie Procès-verbaux de la Commission internationale, S. 21.

[71] Vgl. ebd., S. 16.

[72] Vgl. Schreiben von William Hallowes Miller an den Sekretär der Commission internationale, 14.8.1870, in: Session de 1870, S. 46–51, hier v. a. 46. Zur vorbereitenden Untersuchung vgl. BIGOURDAN, Système métrique, S. 274.

[73] Procès-verbaux de la Commission internationale, S. 16. Vgl. auch Session de 1870, S. 39.

[74] Vgl. ebd., S. 38 f.; Schreiben von William Hallowes Miller an den Sekretär der Commission internationale, 14.8.1870, ebd., S. 46–51, hier v. a. 48 ff. sowie Procès-verbaux de la Commission internationale, S. 17 f.

[75] Vgl. Kap. 8.4.2 dieser Arbeit.

Ursprungsdefinition hätte die meisten der versammelten Wissenschaftler aber nicht von der Notwendigkeit einer Neuableitung überzeugen können. Denn Hilgards Auffassung, derzufolge die Verbindung zwischen Länge und Gewicht einen der wesentlichen Vorteile des metrischen Systems darstellte, war nicht besonders plausibel. Und selbst wenn man sie teilte, bildete die Ungenauigkeit des *kilogramme des Archives* noch keinen zwingenden Grund für seine Rekonstituierung anhand Wassergewichts. Denn auch im ungünstigsten Fall bewegte sie sich in einer Größenordnung, die für die meisten Verwendungen – inklusive wissenschaftlicher Experimente – völlig unerheblich war.[76]

Den Befürwortern einer Neubestimmung des Kilogramms verblieb deshalb nur das grundsätzliche Argument, dass die Verknüpfung mit dem Meter nötig sei, damit das Gewichtsmaß keine arbiträre Einheit darstelle.[77] Angesichts der gleichzeitigen Umwidmung des Meters zu einer willkürlich festgesetzten Größe fand diese Auffassung allerdings nur wenige Anhänger. Entscheidend war aus der Sicht der Mehrheit der Wissenschaftler, dass das Kilogramm in seiner bestehenden Form weite Verbreitung gefunden hatte. Unter diesen Umständen, so argumentierte der schwedische Baron Wrede, würde seine Neubestimmung keine Verbesserung bedeuten, sondern lediglich Verunsicherung hervorrufen.[78] Er plädierte deshalb für die Ableitung des internationalen Gewichtsstandards aus dem *kilogramme des Archives*. Sein genaues Verhältnis zur Masse eines Kubikdezimeters Wasser, so pflichteten ihm seine Kollegen bei, lasse sich anschließend immer noch feststellen, um dem wissenschaftlichen Interesse an dieser Frage Genüge zu tun.[79]

Damit wollten sich die Befürworter einer Neuvermessung des Kilogramms aber nicht zufrieden geben. Ihnen ging es ums Prinzip. Adolphe Hirsch legte deshalb einen Kompromissvorschlag vor. Er sah eine Ableitung des internationalen Prototypen aus dem *kilogramme des Archives* vor, bezeichnete seine spätere Kopplung an das Wassergewicht aber als wünschenswert.[80] Dagegen protestierte allerdings ein Delegierter, dessen Stimme besonderes Gewicht besaß: der französische Astronom Claude-Louis Mathieu. 1783 geboren, war er seit 1817 Mitglied der *Académie des sciences* gewesen. In dieser Eigenschaft hatte er Delambres *Histoire de l'astronomie au XVIII siècle* posthum herausgegeben. Seitdem galt er als „continuateur"[81] dieses wohl wichtigsten Vaters des metrischen Systems. Er erklärte, dass die Eindeutigkeit des Kilogramms wichtiger sei als seine systematische Stimmigkeit.

Diese Intervention erbrachte die Entscheidung. Die Kommission billigte nun den Antrag, den internationalen Standard auf das *kilogramme des Archives* zu stützen – und zwar ausdrücklich „par déference pour M. Mathieu".[82] Damit war

---

[76] Procès-verbaux de la Commission internationale, S. 18. Zur Unerheblichkeit vgl. Annexes des procès-verbaux, S. 224.
[77] Procès-verbaux de la Commission internationale, S. 20.
[78] Vgl. ebd., S. 18.
[79] Annexes des procès-verbaux, S. 224.
[80] Procès-verbaux de la Commission internationale, S. 21f.
[81] Mathieu, S. 884.
[82] Procès-verbaux de la Commission internationale, S. 22.

die Verbindung zwischen Gewichts- und Längenmaß gelöst und auch das Kilogramm auf eine konventionelle Basis gestellt. Der gleichzeitig gefasste Beschluss, dass der neue Prototyp *nachträglich* mit der Masse eines Kubikdezimeters Wasser verglichen werden sollte, änderte daran nichts. Er war allein der wissenschaftlichen Neugier und nicht der Idee einer Verknüpfung zwischen den verschiedenen Maßdimensionen geschuldet.

8.2.2 Die Eigenschaften der Urmaße

Neben der konzeptionellen Basis der internationalen Urmaße standen in Paris noch eine Reihe weiterer wissenschaftlicher Fragen zur Debatte. In der Frühphase der Beratungen suchten die Experten zunächst nach Möglichkeiten, die Übereinstimmung der neuen Standards mit ihren jeweiligen nationalen Kopien zu garantieren. Das *Comité des recherches préparatoires* einigte sich darauf, dass dieses Ziel nur erreicht werden konnte, wenn die Kommission im Zuge der Arbeiten an den Urmaßen ebenso viele Prototypen herstellte, wie die an dem Projekt beteiligten Staaten benötigten.[83] Damit ließen sich zum einen die Defizite der bis dahin gebräuchlichen Kopien beseitigen. Zum anderen eröffnete diese Vorgehensweise die Aussicht auf eine genauere Übereinstimmung zwischen dem alten und dem neuen Standard. Denn schon bei der Neuanfertigung der britischen Urmaße in den 1850er Jahren hatte es sich als einfacher erwiesen, aus einer Anzahl von Prototypen jenes Exemplar auszuwählen, das dem Original am nächsten kam, als ein Einzelstück wieder und wieder auf dieses hin zu kalibrieren.[84]

Ein schwierigeres Problem bildete der Abgleich zwischen den neuen Normalen und den alten, der dieser Auswahl vorangehen musste. Das galt besonders für den Längenstandard. Angesichts der im Vorfeld geführten Debatten war unumstritten, dass der künftige Urmeter als Strichmaß ausgestaltet werden sollte. Ein genauer Vergleich zwischen einem solchen und dem alten Endflächenmaß ließ sich mit den vorhandenen Techniken allerdings nicht bewerkstelligen. Dieses Problem fiel umso stärker ins Gewicht, als das *Comité des recherches préparatoires* zwar beschloss, die Kopien des neuen Normals ebenfalls als Strichmaße auszuführen, für einzelne Staaten auf Wunsch aber auch Endflächenstandards anfertigen wollte. Es mussten deshalb nicht nur einmal, sondern mehrfach Vergleiche zwischen den unterschiedlichen Arten von Normalen vorgenommen werden.[85]

Zudem war dabei auch das Problem der möglichen Beschädigung des *mètre des Archives* zu berücksichtigen. Gleich drei Mal diskutierten die Wissenschaftler die Frage, ob sich die Kratzer in dessen Endflächen auf seine Länge auswirkten.[86] Nach einer genauen Überprüfung des Urmaßes kamen sie zu dem Schluss, dass

---

[83] Procès-verbaux des recherches préparatoires, S. 13 f.

[84] Vgl. Schreiben von George Biddell Airy an den Sekretär der Commission internationale, 4. 8. 1870, in: Session de 1870, S. 10–13, hier S. 11.

[85] Procès-verbaux des recherches préparatoires, S. 45. Vgl. auch BIGOURDAN, Système métrique, S. 285 f.

[86] Vgl. ebd., S. 274; Session de 1870, S. 22 sowie die im Folgenden zitierten Dokumente.

dies nicht der Fall war. Zudem fanden sie Indizien dafür, dass einige blanke Stellen, die Steinheil in den 1840er Jahren beanstandet hatte, auf die ursprüngliche Politur des Maßstabes zurückgingen. Sie waren also keine Zeichen von Abnutzung, sondern sprachen im Gegenteil für den guten Erhaltungszustand des Archivmeters. Die *Commission internationale* gelangte deshalb 1872 zu der Überzeugung, dass sich seine Länge mit hoher Sicherheit bestimmen und als Grundlage für ein Strichnormal verwenden ließ.[87]

Die Frage, wie genau die Übertragung des Maßes zustande kommen sollte, war damit freilich noch nicht beantwortet. Bei einem Vergleich zwischen zwei Endmaßen war bis zu diesem Zeitpunkt die Verwendung eines mechanischen Abstandsmessers, bei demjenigen von zwei Strichmaßen eine optische Methode üblich gewesen. Für die nunmehr angestrebte Konversion boten beide Methoden einen denkbaren Ausgangspunkt. Wilhelm Foerster ersann beispielsweise eine komplizierte Konstruktion von Aufsätzen und Wasserwaagen, mit deren Hilfe sich die Abstände zweier Linien auf einem Strichmaß mechanisch ermitteln ließen. Seine Kollegen waren allerdings skeptisch. Sie schätzten das Fehlerrisiko sehr hoch ein und befürchteten zudem eine Beschädigung des Ausgangsmaßes.[88]

Die meisten Delegierten waren deshalb der Meinung, dass die Übertragung mittels eines optischen Verfahrens vonstatten gehen solle. Eine von Airy und Struve vorgeschlagene Methode, die auf dem Vergleich eines Strichmaßes mit der Distanz zwischen den Mittelpunkten zweier aneinanderliegender Endmaße beruhte, lehnten sie zwar ab.[89] Der Physiker Hippolyte Fizeau brachte aber ein Verfahren ins Gespräch, das auf breite Zustimmung stieß. Er hatte sich intensiv mit den Eigenschaften von Licht beschäftigt, die seit den Anfängen der Wellentheorie in den 1810er und 1820er Jahren im Fokus der wissenschaftlichen Aufmerksamkeit standen. Berühmt geworden war er durch eine 1849 erfolgte Messung der Lichtgeschwindigkeit sowie durch das zwei Jahre später erfolgte ‚Fizeau-Experiment‘, dessen Ergebnisse erste Zweifel an der Theorie des Äthers als Medium der Lichtausbreitung aufwarfen.[90]

Seine Überlegungen zur Umwandlung eines Endmaßes in ein Strichmaß basierten allerdings nicht auf diesen Erkenntnissen, sondern auf einem simplen optischen Effekt. Er führte zwei kleine silberne Spitzen so nah an die blankpolierten Enden des *mètre des Archives*, dass sie sich in diesen spiegelten. Mit zwei fest montierten Messschraubenmikroskopen bestimmte er dann den Abstand zwischen ihnen und ihrem Abbild. Da gemäß dem Reflexionsgesetz die Enden des Prototypen in der Mitte zwischen diesen beiden Punkten liegen mussten, stellte

---

[87] Procès-verbaux de la Commission internationale, S. 128 f. Vgl. auch International Metric Commission Report, S. 18 f.; P.P. 1873 [C. 714], XXXVIII.557.

[88] Procès-verbaux des recherches préparatoires, S. 16 f.

[89] Vgl. ebd., S. 17 ff. sowie International Metric Commission Report, S. 29; P.P. 1873 [C. 714], XXXVIII.557.

[90] Zur Person Fizeaus sowie zu den genannten Experimenten vgl. FRERCKS, Forschungspraxis, v. a. S. 66–69, S. 127–170 u. S. 215–233 sowie ders., Creativity.

Fizeau seine Mikroskope im nächsten Arbeitsschritt auf die Hälfte der gemessenen Strecke ein und legte dann das Strichmaß auf. So konnte er erkennen, wie
weit es vom Endmaß abwich.[91] Die Kommission war von dieser Methode überaus
angetan. Ihre genauen Details bargen aber erhebliches Konfliktpotential. Als
Streitpunkt erwies sich vor allem die Frage, ob die Maßnormale bei den Vergleichen nebeneinander oder hintereinander liegen und dementsprechend transver-
sal oder longitudinal unter den beiden Mikroskopen hindurchgeführt werden
sollten. Das war mehr als ein technisches Detail. Vielmehr standen hier nationale
Präzisionskulturen zur Debatte. Während die erstgenannte Methode an Borda,
Lenoir und Gambey angelehnt und damit französischen Ursprungs war, beriefen
sich die Verfechter des zweiten Weges auf Bessel, Sheepshanks und Ibañez, also
auf einen Preußen, einen Briten und einen Spanier. Dementsprechend bildete
sich eine Frontlinie zwischen den französischen Wissenschaftlern auf der einen
und den Vertretern der übrigen genannten Länder auf der anderen Seite.[92]

Allerdings war in diesem Fall ein Kompromiss möglich. Beide Vorgehensweisen
hatten unterschiedliche Vor- und Nachteile. Bei der einen mussten die Prototypen
nur wenige Zentimeter bewegt werden und konnten deshalb kaum verrutschen.
Die andere erlaubte es dagegen, alle Strichmarkierungen mit demselben Schnei-
degerät aufzubringen. Dadurch ließen sich Ungenauigkeiten, die aus der Verwendung eines zweiten solchen Apparates resultierten, vermeiden.[93] Da die Beteiligten
ein ‚Jahrhundertwerk‘ vollbringen und dabei weder Kosten noch Mühen scheuen
wollten, einigten sie sich einfach darauf, beide Methoden zur Anwendung zu
bringen. Somit konnten alle nationalen Traditionen berücksichtigt und gleichzeitig starke Sicherheiten für die Erzielung größtmöglicher Genauigkeit geschaffen
werden.[94] Im Fall der Gewichtsmaße gelangte dieses Modell der Kompromissfin-
dung gleich noch einmal zur Anwendung. Auch hier gab es differierende Vorstellungen über die Modalitäten des Vergleichs zwischen dem alten und dem neuen
Prototypen. Dabei ging es unter anderem um die Frage, ob die nötigen Wägun-
gen nach der französischen Borda-Methode oder der in Großbritannien und
Deutschland üblichen Gauß-Methode vorgenommen werden sollten.[95] Diese unterschiedlichen Vorgehensweisen schlossen sich aber nicht aus, sondern ergänzten
einander.

Als die Wissenschaftler im weiteren Verlauf der Debatten die physischen Eigenschaften der zukünftigen Standards festlegen wollten, mussten sie allerdings eindeutige Entscheidungen treffen. Bei einigen Problemen kamen sie dabei zu allgemein anerkannten ‚technisch besten‘ Lösungen. Das galt z. B. für die Frage nach
der Form der zukünftigen Urmaße. Bezüglich des Kilogramms fiel eine Einigung

---

[91] BIGOURDAN, Système métrique, S. 289 ff. Vgl. auch Procès-verbaux des recherches préparatoires,
     S. 11 f. sowie International Metric Commission Report, S. 28; P.P. 1873 [C. 714], XXXVIII.557.
[92] Procès-verbaux des recherches préparatoires, S. 20–23. Vgl. auch Procès-verbaux de la Com-
     mission internationale, S. 87 sowie die Abbildung bei ALBERTI, Maß und Gewicht, S. 136.
[93] International Metric Commission Report, S. 27; P.P. 1873 [C. 714], XXXVIII.557.
[94] Vgl. ebd., S. 27 f.
[95] Procès-verbaux de la Commission internationale, S. 114 f.

leicht, weil die äußere Gestalt des Prototypen nur geringe Auswirkungen auf die Erhaltung seiner Masse hatte. Das zylindrische Erscheinungsbild des *kilogramme des Archives* sollte deshalb schlichtweg beibehalten werden. Komplizierter lag der Fall aber hinsichtlich des Meters. Die Vorarbeiten in dieser Hinsicht leistete der Ingenieur Henri-Edouard Tresca, der seit 1854 den Lehrstuhl für Mechanik am *Conservatoire des arts et métiers* innehatte.[96] Ihm war von Beginn an klar, dass sich die Form des internationalen Prototypen nicht an seinem unmittelbaren Vorbild würde orientieren können.

Die Ursache dafür lag im Querschnitt des *mètre des Archives*. Er fiel mit einer Breite von 25 mm und einer Höhe von nur 4 mm ungewöhnlich klein aus. Tresca hatte deshalb erhebliche Zweifel an der mechanischen Stabilität des Urmaßes. Den Querschnitt einfach zu vergrößern, kam nicht in Frage. Da die neuen Prototypen zu großen Teilen aus Platin gefertigt werden sollten, wäre diese Lösung unbezahlbar geworden.[97] Auch der Vorschlag, die Normale röhrenförmig zu gestalten, erwies sich als problematisch. Zwar hätte diese Vorgehensweise die nötige Stabilität gewährleistet und die Materialkosten niedrig gehalten. Zudem wäre der für Vergleiche nötige Ausgleich mit der Umgebungstemperatur bei einer Röhre schneller und gleichmäßiger vonstatten gegangen als bei einem massiven Stab. Weil der internationale Meter aber ein Strichmaß werden sollte, musste die Strecke, die ihn definierte, genau in der Mittelachse des Normals liegen. Nur so ließ sich das in den 1820er Jahren von Kater entdeckte Problem der Durchbiegung vermeiden. Bei einer Röhre war das nicht möglich, und so schied diese Option aus.[98] Nach einer Vielzahl von Experimenten schlug Tresca schließlich vor, die Prototypen mit einem X-förmigen Querschnitt zu versehen. Die Achse, die durch den Kreuzungspunkt des X verlief, sollte dabei etwas verbreitert sein, um auf ihr die Markierungsstriche anbringen zu können. Dieser Vorschlag löste nahezu alle der zur Debatte stehenden Probleme. Die Strecke, die das Maß definierte, lag exakt in der Mitte des Normals. Sie trat offen zutage und eignete sich somit gut für optische Vergleiche. Die X-Form machte den Prototypen außerordentlich stabil, benötigte aber wesentlich weniger Material als ein massiver Stab. Und schließlich ermöglichte sie einen schnellen Temperaturausgleich. Angesichts dieser Argumente fand Trescas Empfehlung die einhellige Unterstützung der versammelten Wissenschaftler.[99]

Schwerer fiel ihnen dagegen eine Übereinkunft in der Frage, auf welche Temperatur die Normallänge des neuen Urmaßes festgesetzt werden sollte. Der schwedische Baron Wrede sprach sich dafür aus, vom Vorbild des *mètre des Archives* abzugehen und sie nicht mit 0, sondern mit 16,25° Celsius anzunehmen. Diese Marke lag näher an den Werten, die in der Praxis der Erdvermessung

---

[96] Levy et al., Discours, S. 131 ff.
[97] Annexes des procès-verbaux, S. 192.
[98] Vgl. ebd. sowie Kap. 6.1.1 dieser Arbeit.
[99] Procès-verbaux de la Commission internationale, S. 66 f. Vgl. auch die ausführliche Darlegung in: Annexes des procès-verbaux, S. 197–209 sowie die gute Zusammenfassung in: International Metric Commission Report, S. 21 ff.; P.P. 1873 [C. 714], XXXVIII.557.

anzutreffen waren. Die rechnerischen Korrekturen, mit deren Hilfe dabei die äußeren Bedingungen konstant gehalten wurden, hätten somit geringer ausfallen und diesbezügliche Ungenauigkeiten vermieden werden können. Deshalb unterstützten prominente Geodäten wie Otto Struve Wredes Anliegen.[100] Aus der Sicht vieler Physiker hatte die 0°-Marke allerdings einen Vorteil, den andere Temperaturwerte nicht für sich beanspruchen konnten. Da sie mit dem Gefrierpunkt von Wasser korrespondierte, war sie unter Laborbedingungen mit großer Genauigkeit zu bestimmen.[101] Die Vertreter dieser Auffassung gewannen im Laufe der Debatten die Oberhand. Wrede und Struve ließen sich davon aber nicht überzeugen. Ersterer lehnte das Ansinnen der Mehrheit rundheraus ab. Letzterer stimmte ihm zwar zu, wollte aber neben einem offiziellen Wert für die Länge des Urmeters bei 0° auch einen solchen bei 16,25° ermitteln. Mit diesem Vorschlag biss er allerdings auf Granit. Der Kommission war die Eindeutigkeit des neuen Prototypen wichtiger als die Bequemlichkeit der Geodäten, und so wurden diese schließlich überstimmt. Die Normallänge des internationalen Meters sollte fortan bei 0° C gemessen werden.[102]

8.2.3 Die Frage des Materials

Einen geradezu kontroversen Verlauf nahm schließlich die Debatte über das Material, aus dem die künftigen Urmaße gefertigt werden sollten. Die Bedeutung dieser Frage ergab sich aus dem außergewöhnlich hohen Anspruch, den die Kommission an die Dauerhaftigkeit der Prototypen stellte. Sie sollten der Menschheit noch in hunderten oder gar tausenden von Jahren zur Verfügung stehen und der fernen Zukunft einen ähnlichen Dienst erweisen, wie es die Überbleibsel der Antike für die Gegenwart des späten 19. Jahrhunderts taten.[103]

Diese Überlegung wirkte sich in vielfacher Weise auf die materiellen Anforderungen aus, die die neuen Standards erfüllen mussten. Wasser oder Feuer durfte ihnen nichts anhaben. Dasselbe galt für eine Vielzahl chemischer Substanzen wie Ozon, Schwefel, Chlor, Schwefelwasserstoff, Ammoniak, Wasser, Salz und verschiedene Säuren und Basen. Hinzu kam die Forderung nach mechanischer Belastbarkeit. Die Prototypen sollten hart sein, um nicht zu zerkratzen; gleichzeitig elastisch, um sich bei Stößen nicht dauerhaft zu verformen oder zu zersplittern; sie sollten eine hohe Kohäsion aufweisen, um nicht zu zerbrechen; ebenso eine hohe Dichte, damit sie, was für den Gewichtsstandard wichtig war, möglichst wenig Luft verdrängten; und schließlich sollten sie so beschaffen sein, dass Kratzer oder andere Veränderungen an ihnen gut zu erkennen waren.[104]

Viele dieser Überlegungen waren schon im 18. und in der ersten Hälfte des 19. Jahrhunderts angestellt worden. In einer Hinsicht ging die *Commission inter-*

---

[100] Procès-verbaux de la Commission internationale, S. 145.
[101] Vgl. ebd., S. 146.
[102] Vgl. ebd., S. 147f.
[103] Vgl. ebd., S. 41.
[104] Vgl. ebd., S. 41f. Zur Frage der Luftverdrängung des Gewichtsstandards vgl. ebd., S. 95.

nationale aber deutlich über solche Vorläufer hinaus. Das betraf die Forderung, dass die Substanz für die Urmaße die Möglichkeit spontaner Veränderungen auf molekularer Ebene ausschließen sollte. Sie ging auf die Erkenntnisse zurück, die Baeyer bei seiner Überprüfung der *Toisen*-Maßstäbe gewonnen hatte. Konkret folgte aus ihnen, dass das Material für die Prototypen entweder, wenn es amorph war, nicht der spontanen Kristallisation unterliegen durfte oder, wenn es bereits kristallisiert war, eine so regelmäßige Struktur aufweisen musste, dass nachträgliche Veränderungen unmöglich erschienen.[105]

Dieses Anforderungsprofil ließ allerdings eine größere Auswahl an Materialien übrig, als Baeyer vermutet hatte. Während er davon ausgegangen war, dass *alle* Metalle selbsttätig kristallisieren konnten, häuften sich in den 1860er und 1870er Jahren die Hinweise darauf, dass es von dieser Regel Ausnahmen gab. Das galt zum Beispiel für das Platin, aus dem der *mètre des Archives* gefertigt war. Der Spanier Ibañez stellte 1862 fest, dass eine siebzig Jahre zuvor von Borda hergestellte Kopie dieses Maßes noch denselben Ausdehnungskoeffizienten aufwies wie zu ihrem Entstehungszeitpunkt. Das war zwar kein direkter Nachweis, aber doch ein guter Indikator für die Unveränderlichkeit des Materials, aus dem sie bestand.[106]

Hinzu kam, dass Hippolyte Fizeau seit der Mitte der 1860er Jahre Experimente zur temperaturbedingten Ausdehnung von Festkörpern durchführte, die sehr viel ausgeklügelter waren als frühere Untersuchungen dieser Art. Statt die Veränderungen der untersuchten Objekte durch den Vergleich mit einem Normalmaß zu bestimmen, machte er sich dafür die sogenannten Newton'schen Ringe zunutze. Das waren Interferenzen, die entstanden, wenn man eine gekrümmte und eine flache Oberfläche zusammenführte und mit einer Lichtquelle bestrahlte. Da ihre Zahl systematisch mit der Distanz zwischen den beiden Flächen variierte, ließ sich mit diesem optischen Phänomen der Abstand zweier Objekte und folglich auch die Veränderung von Festkörpern bei steigenden Temperaturen ermitteln.[107]

Fizeaus Vorgehensweise war in doppelter Hinsicht bahnbrechend. Zum einen erbrachte sie ein neues Maß an Genauigkeit bei der Bestimmung von Ausdehnungskoeffizienten. Zum anderen lieferte sie Indizien dafür, dass die Länge der verwendeten Lichtwellen unabhängig von äußeren Einflüssen konstant blieb.[108] Auf lange Sicht sollte dieser Befund die Debatte über die Definition von Standardmaßen transformieren. Zunächst ließ sich Fizeaus Methode aber nur für sehr kleine Distanzen anwenden. Seine Experimente bezüglich der Ausdehnungskoeffizienten waren deshalb von unmittelbarerem Interesse als die Erkenntnisse über die Lichtwellen. Sie ergaben, dass die dabei untersuchten Elemente in zwei Grup-

---

[105] Vgl. ebd., S. 41 f.
[106] Vgl. ebd., S. 53.
[107] Die Grundprinzipien der Newton'schen Ringe sind beschrieben bei FIZEAU, Recherches sur les modifications, S. 433 ff. Für ihre Anwendung auf die temperaturbedingte Ausdehnung von Festkörpern vgl. ders., Recherches sur la dilatation sowie ders., Mémoire. Vgl. auch BIGOURDAN, Système métrique, S. 292 ff. sowie International Metric Commission Report, S. 25; P.P. 1873 [C. 714], XXXVIII.557.
[108] FIZEAU, Recherches sur les modifications, S. 443 u. S. 453.

pen unterteilt werden konnten. Die erste Gruppe bestand aus Materialien, deren temperaturbedingte Veränderungen starken Schwankungen unterlagen. Für sie war eine hohe Neigung zu spontaner Kristallisation anzunehmen. In die zweite Gruppe fielen Substanzen, deren Ausdehnungskoeffizient kaum variierte. Sie waren entweder stabil amorph oder wiesen von vorneherein eine kristalline Struktur auf. Entscheidend war, dass alle der von Baeyer untersuchten Metalle zur ersten Kategorie gehörten, Platin aber zur zweiten.[109]

Fizeau lieferte also ein Argument dafür, den neuen Meter aus diesem Material zu fertigen. Dem standen die Befunde des Metallurgen Henri Sainte-Claire Deville entgegen, der seit Ende der 1850er Jahre die chemischen Eigenschaften von Platin erforschte. Er hatte zwischenzeitlich die alten Archivstandards analysiert und dabei festgestellt, dass sie große Verunreinigungen aufwiesen.[110] Das war allerdings kein Nachteil, denn nur durch diese Beimengungen hatten sie jene Härte erlangt, die ihren guten Erhaltungszustand begründete. In reinem Zustand war Platin zwar sehr korrosionsbeständig, aber, wie sich nun herausstellte, zu weich, um den Ansprüchen an die Dauerhaftigkeit der neuen Urmaße zu genügen. Dasselbe galt auch für Gold. Diejenigen Metalle, die in Reinform hart genug waren, erfüllten dagegen die Anforderungen an die Korrosionsbeständigkeit nicht.[111]

Diese Befunde bedeuteten, dass als Material für die künftigen Standards, wenn sie aus Metall gefertigt werden sollten, nur eine Legierung in Frage kam. Viele denkbare Verbindungen schieden jedoch aus, weil sie der sogenannten Liquation unterlagen. Bei hohen Temperaturen, die im Rahmen des Verarbeitungsprozesses unvermeidlich waren, entmischten sie sich. Die abgekühlte Masse wies dann keine homogene Struktur mehr auf.[112] Das *Baily's metal*, aus dem die britischen Normale bestanden, war davon aber nicht betroffen. George Airy schlug deshalb vor, diese Kupferlegierung zu verwenden. Deville wandte dagegen ein, dass sie schnell korrodierte und einen hohen Ausdehnungskoeffizienten aufwies.[113] Er favorisierte stattdessen eine Verbindung von Platin mit jenem Metall, das die hauptsächliche Verunreinigung der Archivstandards ausmachte: Iridium. Dabei sah er ein Mischungsverhältnis von 9 zu 1 vor. Diese Legierung kombinierte Korrosionsbeständigkeit und Härte, war dabei aber elastisch. Zudem hatten Platin und Iridium dieselbe Dichte und dasselbe Kristallisationsmuster, so dass sie zu einer homogenen Masse verschmelzen konnten. Des Weiteren blieben beide bei Temperaturschwankungen weitgehend unverändert.[114] Und schließlich hatte die Legierung auch noch den Vorteil, dass sie sich eng am *mètre des Archives* orientierte und damit das Erbe der *savants* des 18. Jahrhunderts symbolisch weitertrug.

---

[109] Procès-verbaux des recherches préparatoires, S. 3 ff.
[110] Procès-verbaux de la Commission internationale, S. 44. Zur Erforschung von Platin durch Deville vgl. DEVILLE und DEBRAY, De la platine sowie MCDONALD und HUNT, Platinum, S. 277 ff.
[111] Procès-verbaux de la Commission internationale, S. 44.
[112] Vgl. ebd.
[113] Vgl. ebd., S. 49. Zu *Baily's metal* vgl. Kap. 6.3.2 dieser Arbeit.
[114] Procès-verbaux de la Commission internationale, S. 45 ff.

Besonders die französischen Delegierten unterstützten deshalb Devilles Vorschlag. Allerdings warf er auch Probleme auf. Angesichts der benötigten großen Mengen der beiden seltenen Metalle waren für den Fall seiner Umsetzung hohe Kosten zu erwarten. Die Kommission veranschlagte sie auf 175000 bis 250000 Franc.[115] Hinzu kam, dass es für die Verarbeitung der Legierung keine Erfahrungswerte gab. Vor allem die ungewöhnliche Härte des Iridiums bereitete den Experten Kopfzerbrechen. Und schließlich hatte Fizeau seine Experimente bezüglich der Veränderlichkeit des Platins zum Zeitpunkt der Beratungen noch nicht ganz abgeschlossen. Ihre Verlässlichkeit war deshalb umstritten.[116]

Diese Unsicherheiten gaben einer Gruppe von Wissenschaftlern Auftrieb, die die internationalen Urmaße aus einem anderen Material herstellen wollten: aus Bergkristall, chemisch betrachtet eine Art von Quarz. Carl August Steinheil hatte es 1836/37 für das bayerische Normalkilogramm verwendet. Seine Hauptmotivation hierfür waren Kostenerwägungen gewesen. Bergkristall war erheblich billiger als Platin, dabei aber ebenso korrosionsbeständig und dauerhaft.[117] Baeyers Erkenntnisse über die Variabilität der Ausdehnungskoeffizienten bestimmter Metalle rückten aber eine andere Eigenschaft dieses Materials in den Vordergrund. In Reinform wies es eine so regelmäßige molekulare Struktur auf, dass seine nachträgliche Veränderung absolut ausgeschlossen erschien.[118] Vom Standpunkt der diesbezüglichen Anforderungen der Kommission war Bergkristall damit die ideale Wahl. Vor allem die „wissenschaftlich eng verbundenen Delegierten von Deutschland, Österreich und Russland"[119] machten sich deshalb Steinheils Erbe zu Eigen und plädierten dafür, die von ihm verwendete Substanz der Platin-Iridium-Legierung vorzuziehen.

Der deutsch(sprachig)-französische Gegensatz, der die Materialfrage fortan kennzeichnete, beruhte auf Unterschieden in den nationalen Wissenschaftskulturen. Sie hingen mit der bereits erwähnten Neuformulierung der Atomtheorie der Chemie seit den 1850er Jahren zusammen. In Deutschland wurde sie sehr wohlwollend rezipiert. In Frankreich fand sie dagegen nur wenige Befürworter.[120] Diese Differenz bedeutete allerdings nicht, dass die deutsche Chemie der französischen in allen Belangen überlegen war. Zwar wuchs die organische Stofflehre östlich der Rheingrenze sehr viel schneller als westlich davon. Aber in der anorganischen Chemie und besonders in der Metallurgie sah die Situation anders aus. Deville verfügte für diese Zwecke über ein Labor, das mit den entsprechenden Berliner Einrichtungen problemlos Schritt halten konnte. In den weiteren Auseinanderset-

---

[115] Vgl. ebd., S.46. Die Summe ergibt sich aus dem dort angegebenen Preis pro Kilogramm und der vorgesehenen Menge von 250 kg.

[116] Vgl. ebd., S.48–56.

[117] MEYER-STOLL, Maß- und Gewichtsreformen, S.57f.

[118] STEIN, Ueber Normal-Masse, S.551.

[119] FOERSTER, Lebenserinerungen, S.112. Vgl. auch Session de 1870, S.40f. sowie Procès-verbaux des recherches préparatoires, S.87ff.

[120] BENSAUDE-VINCENT, Chemistry, S.215. Vgl. auch ebd., S.208 u. S.218 sowie ROCKE, Theory, S.267.

zungen über das Material für die neuen Prototypen gaben deshalb nicht die Deutschen, sondern die Franzosen den Ton an.[121]

Zugute kam ihnen dabei, dass Bergkristall neben seinen Vorzügen auch einige Defizite aufwies. Es war vergleichsweise zerbrechlich und wenig hitzeresistent. Vor allem aber erfüllte es eine wichtige Bedingung nicht, die aus dem internationalen Charakter des Gesamtprojektes erwuchs. Da alle beteiligten Staaten eine Kopie der Urmaße erhalten sollten, musste das Material, aus dem diese gefertigt wurden, in ausreichender Menge zur Verfügung stehen. Um die Abweichungen zwischen den verschiedenen Exemplaren möglichst gering zu halten, hatte sich die Kommission zudem darauf geeinigt, dass es aus ein und derselben Quelle – und im Falle eines Metalles sogar aus ein und derselben eingeschmolzenen Masse – stammen sollte.[122]

Ein gewachsenes Stück Bergkristall in der nötigen Reinheit zu finden, war allerdings schon für einen einzelnen Maßstab überaus schwierig. Für die Vielzahl der vorgesehenen Kopien galt es als unmöglich. Mit diesem Einwand war der Vorschlag, anstelle von Platin und Iridium Quarz zu verwenden, effektiv erledigt.[123] So leicht gaben sich seine Verfechter allerdings nicht geschlagen. Sie wollten zumindest durchsetzen, dass mit der Metalllegierung weitere Experimente durchgeführt wurden. Falls sie sich dabei als veränderlich erwies, sollten den künftigen Prototypen zehn Zentimeter lange Kontrollstäbe aus Bergkristall beigegeben werden.[124] Da die meisten Experten überzeugt davon waren, dass das Platin-Iridium die Tests gut überstehen würde, konnten sie dem ohne Bedenken zustimmen. Mit großer Mehrheit sprach sich die Kommission deshalb im September 1872 dafür aus, die neuen Urmaße aus der von Deville vorgeschlagenen Legierung anzufertigen.

Mit diesem Beschluss war die Debatte aber noch nicht beendet. Heinrich Wild etwa sprach sich weiterhin für Bergkristall aus. Einige deutsche Wissenschaftler, die nicht der *Commission internationale* angehörten, forderten zudem eine Revision der Pariser Entscheidung. Das galt zum Beispiel für Friedrich August Kekulé von Stradonitz, den Begründer der Strukturtheorie der organischen Chemie.[125] Ein anderer Chemiker, Siegfried Stein, begann sogar, Gewichtsstücke und kleine Längenmaßstäbe aus Bergkristall herzustellen. Zudem entwickelte er Vorschläge, wie das angesprochene Kontrollmaß für die Platin-Iridium-Stäbe aussehen sollte und korrespondierte darüber mit Kekulé und Wilhelm Foerster.[126] Bei letzterem, der persönlich an der Kommissionsentscheidung beteiligt gewesen war, stieß er

---

[121] Vgl. ebd.; FELL, Disziplin, S. 60 u. S. 80 f. sowie die kritische Diskussion der These vom Niedergang der französischen Chemie ebd., S. 47 ff., S. 60 ff. u. S. 73 f.

[122] Procès-verbaux de la Commission internationale, S. 42.

[123] Vgl. die entsprechende Aussage des britischen Warden of the Standards in: International Metric Commission Report, S. 20; P.P. 1873 [C. 714], XXXVIII.557.

[124] Procès-verbaux de la Commission internationale, S. 47 ff.

[125] STEIN, Ueber Normal-Masse, S. 551 f. Zur Strukturtheorie vgl. BROCK, Geschichte der Chemie, S. 156 ff.

[126] STEIN, Ueber Normal-Masse, S. 552. Vgl. hier und im Folgenden auch MEYER-STOLL, Maß- und Gewichtsreformen, S. 242 f.

aber auf Widerstand. Der renommierte Metrologe warf sich nun bei seinen deutschen Kollegen für die Platin-Iridium-Mischung in die Bresche.

Dabei verwies er auf die Defizite des Bergkristalls und gab sich zuversichtlich,
dass die gewählte Legierung alle Anforderungen erfüllen würde. Vor allem aber
erinnerte er an das Problem der Verfügbarkeit reiner Bergkristallstücke und argumentierte, dass die Kommission nicht nur theoretische Erwägungen anstellen,
sondern auch praktische Anforderungen erfüllen müsse. Nur so könne sie erreichen, „dass die internationalen Prototype[n] nach Material und Einrichtung
möglichst gleichartig mit ihren in einer Anzahl von etwa 40 Exemplaren aus-
zuführenden gleichwertigen Kopien [...] hergestellt werden."[127] Mit dieser Intervention erstarb die Debatte über das Bergkristall. Das Zusammengehörigkeitsgefühl der in Paris versammelten Wissenschaftler, das den Hintergrund für
Foersters Stellungnahme bildete, überlagerte damit die deutsch-französischen
Bruchlinien.

8.3 Die Meterkonvention und das *Bureau international des poids et mesures*

8.3.1 Der Weg zur Meterkonferenz

Neben wissenschaftlichen Problemen stellte sich bei den Beratungen über die
Internationalisierung der Urmaße auch eine politische Frage. Die Delegierten der
Commission internationale wollten klären, ob ihr ad hoc gebildetes Gremium
langfristig von einer dauerhaften Organisation für die Verwaltung und Kontrolle
der neuen Prototypen abgelöst werden sollte. Zwar überschritten sie mit diesen
Überlegungen die Kompetenzen, die ihnen der französische Handelsministers
zugestanden hatte. Ihre Impulse waren aber dennoch von zentraler Bedeutung für
die Etablierung eines internationalen Maß- und Gewichtsbüros.

Schon die erste diesbezügliche Idee ging nicht aus staatlichem Interesse, sondern
aus der wissenschaftlichen Gemeinschaft hervor. Sie war, wie bereits ausgeführt,
Baeyer und der Gradmessungskonferenz zu verdanken.[128] Im Zwischenbericht
der Vaillant-Kommission fand sie auch bei französischen Geodäten Unterstützung. Als diese wegen des Widerstandes aus dem *Conservatoire des arts et métiers*
einen Rückzieher machten, geriet die Frage der Kontrolle über die Urmaße aber
in den Hintergrund. Aus der Sicht der *Commission internationale* schien sie zunächst vernachlässigbar. Denn Baeyer hatte seine Forderung nach einem dauerhaften Maß- und Gewichtsbüro 1867 mit der vermeintlichen Veränderlichkeit
metallener Urmaße und der daraus folgenden Notwendigkeit periodischer Neuvermessungen von geodätischen Basislinien begründet. Die neuen Befunde über
die langfristige Stabilität des Platins widerlegten diese Logik aber. In den frühen

---

[127] FOERSTER, Ueber Normal-Masse, S. 119.
[128] Vgl. Kap. 8.1.1 dieser Arbeit.

Debatten der Kommission blieb der Gedanke an ein ständiges Maßbüro deshalb unbeachtet.

Erst das *Comité des recherches préparatoires* griff die Frage 1872 wieder auf. Denn nun stellte sich heraus, dass es neben den von Baeyer genannten Gründen noch weitere Argumente für eine internationale Verwaltung des metrischen Systems gab. Vor allem die Vielzahl der Kopien, die von den neuen Urmaßen hergestellt werden sollte, spielte in dieser Hinsicht eine wichtige Rolle. Sie bedeutete zum einen, dass für die Eichung der Normale umfangreiche Vergleiche angestellt werden mussten. Zum anderen ließ sich die Übereinstimmung zwischen dem internationalen Prototypen und seinen Kopien langfristig nur sicherstellen, wenn diese aufwendigen Arbeiten regelmäßig wiederholt wurden. Die Konservierung des Gesamtsystems der neuen Maßstandards war also eine Daueraufgabe.[129]

Der Schweizer Adolphe Hirsch wollte deshalb eine Institutionalisierung der Kontrolle über das metrische System erreichen. Schon auf der Gradmessungskonferenz von 1867 war er maßgeblich an den diesbezüglichen Debatten beteiligt gewesen.[130] Zusammen mit Heinrich Wild, dem Franzosen Charles-Eugène Delaunay und dem Briten Henry Chisholm erarbeitete er einen Plan, den er am 10. April 1872 präsentierte. Darin war vorgesehen, die Aufsicht über die Urmaße einer dreistufigen Organisation zu übertragen. Die *Commission internationale* wollte Hirsch verstetigen. Sie sollte als oberstes Gremium fungieren und alle drei bis fünf Jahre zusammentreten. Die Hauptarbeit wies der Plan einem jährlich tagenden, fünfköpfigen *Comité permanent* zu. Für die Ausführung seiner Beschlüsse sollte ein dauerhaftes Exekutivorgan gebildet werden, das Hirsch als „Bureau international des poids et mesures" oder als „Institut métrologique international"[131] bezeichnete. Finanzieren wollte er diese Organisation durch Beiträge der beteiligten Länder, die nach der jeweiligen Bevölkerungszahl zu bemessen waren.

Der Plan der Hirsch-Gruppe zeugte von dem Bemühen, die Verwaltung des metrischen Systems auf eine genuin internationale Basis zu stellen. Seine Autoren wussten allerdings, dass einige der französischen Delegierten diesem Ansinnen äußerst skeptisch gegenüberstanden. Sie sahen deshalb vor, den Sitz des vorgesehenen Maß- und Gewichtsbüros nach Paris zu legen und begründeten das mit den historischen Verdiensten Frankreichs um das metrische System.[132] Gegen diesen Vorschlag gab es anfangs einige Widerstände, doch Wilhelm Foerster unterstützte ihn. Er konnte die Zweifler überzeugen, weil er „als Delegierter Deutschlands von vornherein als franzosenfeindlich angesehen wurde"[133] und seine Position deshalb großen Eindruck machte.

Das Zugeständnis bezüglich des Sitzes genügte allerdings nicht, um dem Plan die volle Unterstützung des vorbereitenden Ausschusses zu sichern. Zwar hatte

---

[129] Procès-verbaux des recherches préparatoires, S. 55 f.
[130] Bericht über die Verhandlungen, v. a. S. 123 f.
[131] Procès-verbaux des recherches préparatoires, S. 6 u. S. 55 f. Vgl. auch QUINN, Artefacts, S. 47 ff.
[132] Procès-verbaux des recherches préparatoires, S. 56.
[133] FOERSTER, Lebenserinnerungen, S. 107.

Hirsch die russischen und die deutschen Vertreter an seiner Seite. Unter den französischen Delegierten riss nun aber der Graben zwischen den kompromissbereiten und den ablehnenden Kräften, der schon die ursprüngliche Reaktion auf die Forderung nach einer Internationalisierung des metrischen Systems geprägt hatte, wieder auf. Neben den Geodäten des *Bureau des longitudes* gehörte auch Henri Sainte-Claire Deville der erstgenannten Gruppe an. Er begrüßte Hirschs Projekt und sah in ihm eine Möglichkeit, die Verbreitung des metrischen Systems zu befördern.[134] Morin bezog die Gegenposition. Angesichts der internationalistischen Atmosphäre der Beratungen zog er sich dabei auf pragmatische Argumente zurück. Wenn die einmaligen Arbeiten an den neuen Urmaßen abgeschlossen seien, so behauptete er, bestünde kein Bedarf mehr für eine permanente Organisation. Zudem wies er darauf hin, dass die Pläne von Hirsch politischer Natur seien und außerhalb des Zuständigkeitsbereichs der Kommission lägen.[135]

Damit traf er einen wunden Punkt, denn keine wissenschaftliche Versammlung der Welt konnte über die Einrichtung einer zwischenstaatlichen Organisation befinden. Das wussten auch Hirsch und seine Unterstützer. Sie wollten deshalb erreichen, dass die *Commission internationale* einen entsprechenden Wunsch an die Regierungen der beteiligten Länder äußerte. Als das Gremium im September 1872 zusammentrat, stand dieses Anliegen im Mittelpunkt seiner Beratungen. Dabei verknüpfte die Kommission die Debatte über ein dauerhaftes Maß- und Gewichtsbüros allerdings mit der Frage, in wessen Hand die einmalige Herstellung der neuen Urmaße liegen sollte. In dieser Hinsicht kam sie den französischen Vertretern entgegen. Sie beschloss, die Arbeiten der *Section française* zu übertragen. Allerdings sollte deren Tätigkeit unter der Aufsicht eines Exekutivkomitees stehen, das aus der Mitte der Kommission zu wählen war. Nach der Fertigstellung der Urmaße wollte sie dann wieder in vollständiger Besetzung zusammentreten und die Ergebnisse überprüfen. Offiziell war dieses Arrangement nur temporärer Natur.[136] Tatsächlich ähnelte es aber verdächtig den ersten beiden der von Hirsch vorgesehenen drei Ebenen einer zukünftigen permanenten Organisation.

Unter dem Deckmantel ihrer Handlungsfreiheit in wissenschaftlichen Fragen schuf die Kommission also eine Struktur, die sich leicht verstetigen und um ein internationales Büro erweitern ließ. Die meisten ihrer Mitglieder brachten auch explizit zum Ausdruck, dass genau dies ihr hauptsächliches Ziel war. Morin, Le Verrier und einige andere französische Vertreter zweifelten aber nach wie vor an der Notwendigkeit einer dauerhaften Institution und bestritten, dass die Kommission das Mandat habe, über diese Frage zu beraten.[137] Wie kontrovers die Debatte verlief, ist angesichts der Quellenlage schwer einzuschätzen. Schenkt man jedoch den Memoiren von Wilhelm Foerster Glauben, dann gab es in der zustän-

---

[134] Procès-verbaux des recherches préparatoires, S. 57.
[135] Vgl. ebd.
[136] Procès-verbaux de la Commission internationale, S. 131 ff.
[137] Vgl. ebd., S. 137 f.

digen Unterkommission „harte Konflikte [...], bei denen es schließlich noch nahe daran war, dass die Versammlung ergebnislos auseinanderging."[138]

Die versammelten Wissenschaftler machten der französischen Seite deshalb noch ein weiteres Zugeständnis. Sie legten fest, dass alle Schritte, die einer internationalen Regelung bedurften, über die Kanäle der französischen Diplomatie abgewickelt werden sollten.[139] Auch danach fanden sich Morin und seine Unterstützer aber nur zähneknirschend mit dem Vorhaben der Kommission ab. Als diese in der Folge offiziell beschloss, die Einrichtung einer dauerhaften, dreizügigen Organisation anzustreben, stimmten die französischen Vertreter dem zwar zu. Sie taten das aber nur, weil anderenfalls die Herstellung der neuen Urmaße gefährdet gewesen wäre. Dasselbe galt für die holländischen Delegierten, die eine permanente Organisation ebenfalls für unnötig hielten.[140]

Die Kommission bestimmte daraufhin noch das vorgesehene Exekutivkomitee. Dessen Vorsitz übernahm der Spanier Ibañez. Im November 1872 wandte er sich an die französische Regierung und bat um ihre Unterstützung. Das Außenministerium fragte daraufhin bei den in der *Commission internationale* vertretenen Ländern an, ob sie bereit seien, sich an der Einrichtung eines Maß- und Gewichtsbüros zu beteiligen und die dabei anfallenden Kosten zu tragen. Die Antworten hierauf fielen unerwartet verhalten aus. Nur Spanien und die USA sagten ihr Interesse zu, während Großbritannien, Belgien, die Niederlande und einige lateinamerikanische Staaten den Plan ablehnten.[141]

Dieses Meinungsbild war allerdings unvollständig, denn mehrere Regierungen enthielten sich jeglicher Äußerung zu der Anfrage. Dafür gab es einen gewichtigen Grund. Das französische Außenministerium hatte die Staaten in seinem Schreiben darum gebeten, zusammen mit ihrer Antwort eine verbindliche Bestellung für die neuen Meter-Prototypen abzugeben.[142] Vorgeblich geschah das aus Kostengründen. Die deutsche Seite witterte dahinter aber den Versuch, sich die Kontrolle über die abschließende Prüfung und Eichung der Maßnormale zu sichern.[143] Sie wollte dem französischen Wunsch erst nachkommen, „sobald im weiteren Verlauf der diplomatischen Verhandlungen bestimmtere Aussichten für das Zustandekommen der für die Verwaltung der Prototypen[n] erforderlichen internationalen Maaß- und Gewichts-Institution eröffnet seien."[144] Auf diese Position stimmte das Auswärtige Amt auch Russland und Österreich ein. Die Koalition der

---

138 FOERSTER, Lebenserinnerungen, S. 112.

139 Procès-verbaux de la Commission internationale, S. 136.

140 Vgl. ebd., S. 142.

141 Schreiben des französischen Botschafters in Berlin an den Außenminister, 29.1.1873, PTB-Archiv, KNEK, 262.1, fol. 99 sowie Exposé de la situation des réponses reçu par la Commission internationale du mètre au 1er Octobre 1873, in: Comité permanent 1872–1873, S. 6–9.

142 Vgl. ebd., S. 7.

143 Vgl. Schreiben des Reichskanzleramtes an den Direktor der Kaiserlichen Normaleichungskommmission, 22.2.1875, in: HOPPE-BLANK, Vom metrischen System, S. 58–60, hier S. 59 (Original in: PTB-Archiv, KNEK, 262.1, fol. 165–168, hier fol. 166).

144 Bericht des Direktors der KNEK, 24.10.1873, PTB-Archiv, KNEK, 262.1, fol. 122–126, hier fol. 122f. Zum Folgenden vgl. ebd., fol. 122 sowie BAUMGART, Europäisches Konzert, S. 410.

deutschsprachigen Wissenschaftler aus diesen Ländern geriet somit zu einer politisch-diplomatischen Allianz, wie sie sich zeitgleich im Dreikaiserabkommen andeutete. Auch die Schweiz teilte die mittelosteuropäische Position.

Die Situation blieb zunächst ungeklärt. Als Ibañez für den Oktober 1873 eine Sitzung des Exekutivkomitees einberief, boykottierten die deutschen, russischen, österreichischen und schweizer Vertreter diese Zusammenkunft. Sie wollten damit ihrer Forderung nach einer Regelung der „administrative[n] Seite der Angelegenheit"[145] Nachdruck verleihen. Auch das Rumpfkomitee schloss sich dem an. Es wies unmissverständlich darauf hin, dass die endgültige Kontrolle der Prototypen aus seiner Perspektive eine internationale Aufgabe war und appellierte an die französische Regierung, zur Klärung der offenen Fragen eine diplomatische Konferenz einzuberufen.[146]

Das Außenministerium in Paris reagierte allerdings nicht auf diesen Beschluss. 1874 wiederholte sich die Geschichte deshalb. Erneut berief Ibañez das Exekutivkomitee ein; erneut blieben ihm Deutschland, Russland, Österreich-Ungarn und die Schweiz fern; und erneut verabschiedete das Komitee eine Resolution, die eine diplomatische Konferenz einforderte. Diesmal konnte es allerdings eine höhere moralische Autorität für sich beanspruchen, weil zwischenzeitlich einige weitere Regierungen ihre Bereitschaft zur Teilnahme an einem internationalen Maß- und Gewichtsbüro signalisiert hatten. Das Komitee kündigte deshalb an, erst dann wieder zusammenzutreten, wenn die geplante diplomatische Zusammenkunft stattgefunden habe. Damit drohte das gesamte Projekt der Internationalisierung der Urmaße zu scheitern.[147] Erst jetzt gab Frankreich seine zögerliche Haltung auf und lud die interessierten Regierungen zu Beratungen nach Paris ein.

8.3.2 Der Abschluss der Meterkonvention

Am 1. März 1875 trat deshalb die internationale Meterkonferenz zusammen. Fünfzehn europäische und fünf amerikanische Staaten nahmen an ihr teil. Wie bei den zehn Jahre zuvor geführten Verhandlungen über die Internationale Telegraphen-Union war dabei jedes Land mit zwei Delegierten vertreten, einem diplomatischen Repräsentanten (*plénipotentiaire*) und einem technischen Experten (*délégué spécial*). Bei den Letztgenannten handelte es sich fast ausnahmslos um jene Wissenschaftler, die auch der *Commission internationale* angehörten. Schon am Verlauf der Konferenz war erkennbar, dass sie die Verhandlungen maßgeblich

---

[145] Bericht des Direktors der KNEK, 24.10.1873, PTB-Archiv, KNEK, 262.1, fol. 122–126, hier fol. 123.

[146] Schreiben des Präsidenten des Exekutivkomitees an den Handelsminister, 6.10.1873, in: Comité Permanent 1872-1873, S. 24f. Das Schreiben ist auch abgedruckt bei Bigourdan, Système métrique, S. 320.

[147] Conférence diplomatique du mètre, Première séance, 1.3.1875, in: Documents diplomatiques, S. 35f.; Bigourdan, Système métrique, S. 321 sowie Foerster, Lebenserinnerungen, S. 112f.

prägten. Denn nach der konstituierenden Sitzung, an der alle Delegierten teilnahmen, lagen alle weiteren Beratungen zunächst in der Hand der Experten.[148]

Bei ihren Zusammenkünften zeichnete sich schnell jene Frontstellung ab, die die Debatte über die wissenschaftliche Internationalisierung des metrischen Systems seit 1867 beherrschte. Auf der einen Seite standen die Vertreter der Länder, die eine dauerhafte Organisation zur Verwaltung der neuen Urmaße etablieren wollten. Sie legten einen Entwurf für ein internationales Abkommen vor, der auf den Diskussionsergebnissen der *Commission internationale* von 1872 beruhte. Er beinhaltete die Einrichtung eines permanenten Büros, eines jährlich zusammentretenden Komitees und einer in größeren Abständen abzuhaltenden *Conférence générale des poids et mesures*. Die Hauptaufgaben dieser Institutionen sollten die Konservierung und die periodische Eichung der neuen Prototypen, die Anfertigung von zusätzlichen Kopien für neu hinzukommende Signatarstaaten sowie der Vergleich der metrischen Urmaße mit jenen anderer Maßsysteme sein.[149]

Auf der anderen Seite standen die Gegner einer permanenten Organisation. Zwar hatten sich die französischen Vertreter unter den *délégués spéciaux* für die ersten Sitzungen Neutralität auferlegt. Morin, der größte Internationalisierungsskeptiker, war daran aber nicht gebunden. Er gehörte der Konferenz auch als Delegierter für Portugal und Brasilien an und sprach sich nun in deren Namen gegen ein Maß- und Gewichtsbüro aus.[150] An seiner Seite standen der Brite Henry Chisholm sowie der Niederländer Johannes Bosscha. Dessen Regierung lehnte eine internationale Organisation aus neutralitätspolitischen Gründen ab. Bosscha betonte zudem aufgrund seiner libertären Überzeugungen „die Gefahren organisatorischer Konzentration wissenschaftlicher Arbeit im Gegensatze zu einem individualistisch wetteifernden Betriebe der Wissenschaft".[151]

Selbst die Gegner einer dauerhaften Organisation waren mittlerweile allerdings zu der Auffassung gelangt, dass die Herstellung, Eichung und Konservierung der neuen Prototypen einer internationalen Regelung bedurfte. Morin und Bosscha legten deshalb ebenfalls einen Entwurf für ein Abkommen vor. Statt ein permanentes Büro ins Leben zu rufen, wollten sie die Gremien, die die Anfertigung der Standards überwachten, nach Beendigung ihrer Arbeit auflösen. Für die Verwahrung der Urmaße sollte aber ein neutrales Depot geschaffen werden. Eventuell von den beteiligten Regierungen gewünschte Vergleiche mussten diese selbst durchführen. In Abständen von 25 bis dreißig Jahren sollten jeweils ad hoc zu

---

[148] Conférence diplomatique du mètre, Première séance, 1.3.1875, in: Documents diplomatiques, S. 36f.; BIGOURDAN, Système métrique, S. 322ff.; GEYER, One Language, S. 86; QUINN, Artefacts, S. 74ff. sowie zum Verhandlungsmodus bei der Gründung der Internationalen Telegraphen-Union REINSCH, Public International Unions, S. 16.

[149] Projet d'organisation internationale des travaux métrologiques pour la fabrication et la vérification des nouveaux prototypes métriques, du dépôt des prototypes internationaux et de leur usage ulterieur, 9.3.1875, in: Documents diplomatiques, S. 54–59.

[150] Documents diplomatiques, S. 28 f. u. S. 69 f.

[151] FOERSTER, Lebenserinnerungen, S. 149. Zur Person Bosschas vgl. HELDEN, Johannes Bosscha, S. 425 f. Zur Neutralitätspolitik der Niederlande vgl. ERBE, Belgien, Niederlande, Luxemburg, S. 259 f.

benennende, internationale Kommissionen zusammentreten, um die Urmaße auf ihre Dauerhaftigkeit hin zu überprüfen. Abgesehen davon waren keine weiteren Einrichtungen geplant.[152]

Um diese beiden Vorschläge drehten sich die weiteren Debatten der Konferenz. Von besonderer Bedeutung war dabei die Frage, welche Position die zunächst zum Schweigen verpflichteten französischen Delegierten einnehmen würden. Wenn sie mit den mitteleuropäischen Vertretern[153] zu einer Einigung kamen, konnte ein internationales Abkommen große Wirksamkeit entfalten. Ein Zerwürfnis zwischen diesen Akteuren hätte eine solche Entwicklung dagegen verhindert. Beides schien möglich, denn Morins prominente Rolle in den Sitzungen der *délégués speciaux* verschleierte, dass der innerfranzösische Konflikt zwischen den Befürwortern und den Gegnern einer Internationalisierung noch immer nicht beigelegt war. Unter diesen Umständen erlangte ein Aspekt große Bedeutung, dessen Wurzeln außerhalb der Debatten über die Internationalisierung des Meters lag: die Bündnispolitik der europäischen Großmächte.[154] Seit der Abtretung Elsaß-Lothringens 1871 fürchtete Bismarck eine französische Revanche. Sein Hauptziel lag deshalb darin, das westliche Nachbarland zu isolieren. Mit dem erwähnten Dreikaiserabkommen zwischen Deutschland, Österreich-Ungarn und Russland konnte er diese Intention zunächst verwirklichen. Seit 1874 mehrten sich allerdings die Zeichen für eine russisch-französische Annäherung. Sie manifestierte sich schließlich im April 1875 in der ‚Krieg-in-Sicht'-Krise.[155]

Diese Wendung hatte unmittelbare Auswirkungen auf die Verhandlungen der Meterkonferenz. Sie führte dazu, dass Russland von seinem Bündnis mit den deutschsprachigen Ländern abging. Stattdessen schlug sich das Außenministerium in St. Petersburg offen auf die Seite der Internationalisierungskeptiker.[156] Die Allianz aus deutschen, österreichischen und russischen Wissenschaftlern, die die Forderung nach einem permanenten Maß- und Gewichtsbüro bis dahin getragen hatte, stand nun ohne politische Unterstützung da. Für Berlin drohte die Konferenz damit zum Fiasko zu werden, denn die deutsche Verhandlungsstrategie beruhte auf dem Drohpotential, das aus der Partnerschaft mit Russland resultierte. Kanzleramtsminister Delbrück hatte in seinen Instruktionen an Wilhelm Foerster großen Wert darauf gelegt, „eine wahrhaft internationale, jedes Französische Übergewicht unbedingt ausschließende, Organisation des Maß und Gewichtswesens herbeizuführen." Falls dies nicht möglich sei, so lautete seine Anweisung,

---

[152] Vgl. Projet de règlement sur les voies et moyens à prendre pour les travaux du comité permanent, le dépôt neutre, la conservation et l'usage ultérieur des étalons prototypes internationaux, 9.3.1875 in: Documents diplomatiques, S. 60–62 sowie den Diskussionsbeitrag von Morin ebd., S. 69f.

[153] Mit „Mitteleuropa" ist hier und im Folgenden die Gruppe jener vom Deutschen Reich angeführten Länder gemeint, deren Delegierte, wie im Vorangehenden geschildert, in Paris eng zusammenarbeiteten.

[154] Zum Verhältnis der wissenschaftlichen und der politischen Dimension der Verhandlungen vgl. GEYER, One Language, S. 86.

[155] BAUMGART, Europäisches Konzert, S. 409–416 sowie ausführlich JANORSCHKE, Bismarck.

[156] FOERSTER, Lebenserinnerungen, S. 146 ff.

würden wir auf eine Verständigung mit Frankreich gänzlich zu verzichten haben und auf den Versuch angewiesen zu sein [sic], mit denjenigen Staaten, welche, gleich uns, von einer Verständigung mit Frankreich [...] abzusehen in der Lage wären, eine engere Vereinigung einzugehen und, etwa in der Schweiz, ein gemeinsames Institut für Maß- und Gewichtswesen zu errichten.[157]

Diesen Überlegungen machte die russische Kehrtwende einen Strich durch die Rechnung, denn ohne die Unterstützung aus St. Petersburg war an einen mitteleuropäischen Alleingang nicht zu denken. Der französischen Seite eröffnete die neue Konstellation dagegen die Aussicht, die befürchtete Vormachtstellung des rechtsrheinischen Nachbarn abzuwenden und stattdessen eine Einigung unter eigener Führung zu verwirklichen. Aus naheliegenden Gründen konnte Paris dieses Ziel allerdings nicht auf der Grundlage des eindeutig als ‚deutsch' identifizierten Vertragsentwurfs der *Commission internationale* erreichen. Gleichzeitig wäre der Prestigeerfolg aber umso größer ausgefallen, je mehr Staaten sich an einer Internationalisierung unter französischer Obhut beteiligt hätten. Aus diesem Grund empfand das Außenministerium auch das wenig populäre Vorhaben von Morin und Bosscha als ungeeignet. Sein *Sous-directeur* Jagerschmidt, der als Koordinator an den Beratungen der *délégués speciaux* teilnahm, bemühte sich deshalb darum, einen Mittelweg zwischen diesen beiden Grundpositionen zu finden.[158]

Diese Versuche erwiesen sich allerdings als vergeblich. Die Unterstützer des Projektes von Morin und Bosscha zeigten sich zwar in einigen Punkten kompromissbereit. Drei zentrale Streitpunkte blieben aber ungelöst. Erstens beharrten die Vertreter des Plans der *Commission internationale* darauf, dass einem künftigen Maß- und Gewichtsbüro weitreichende Befugnisse eingeräumt werden sollten. Ihre Widersacher wollten es dagegen nur als Depot für die Urmaße ausgestalten. Zweitens war die Zukunft der *Commission internationale* umstritten. Die Befürworter der ‚großen Lösung' planten, sie sofort abzuschaffen und in die dauerhafte *Conférence générale des poids et mesures* zu überführen. Die andere Seite wollte die Kommission dagegen bis zum Abschluss der Arbeiten an den neuen Prototypen bestehen lassen. Drittens schließlich sprach sich Johannes Bosscha grundsätzlich dagegen aus, in einem eventuellen diplomatischen Vertrag eine Regulierung wissenschaftlicher Arbeiten vorzunehmen. Angesichts der Tatsache, dass die Kompetenzen einer zukünftigen Maß- und Gewichtsorganisation klar definiert werden mussten, war das allerdings unvermeidlich.[159]

Ein inhaltlicher Kompromiss erschien also ausgeschlossen. Jagerschmidt versuchte es deshalb mit einer anderen Variante. Er schlug eine zweistufige Konvention vor. Deren erster Abschnitt entsprach dem Projekt von Morin und Bosscha,

---

[157] Schreiben des Reichskanzleramtes an den Direktor der Kaiserlichen Normaleichungskommmission, 22.2.1875, in: HOPPE-BLANK, Vom metrischen System, S.58–60, hier S.60 (Original in: PTB-Archiv, KNEK, 262.1, fol.165–168, Zitat: fol.168).

[158] Vgl. Commission des délégués spéciaux. Quatrième séance, 15.3.1875, in: Documents diplomatiques, S.73–76, hier S.76 sowie Commission des délégués spéciaux. Cinquième séance, 19.3.1875, in: ebd., S.77–90, hier S.77.

[159] Commission des délégués spéciaux. Quatrième séance, 15.3.1875, in: ebd., S.73–76, hier S.74.

während der zweite die Ideen der *Commission internationale* umsetzte. Die Teilnehmerstaaten der Konferenz sollten selbst entscheiden, ob sie nur einem Teil des Abkommens beitreten wollten oder beiden.[160] Diese Vorgehensweise hätte allerdings praktische Schwierigkeiten mit sich gebracht, insbesondere bei der Aufteilung der Kosten zwischen den beteiligten Regierungen. Zudem zogen sich die Vertreter der mitteleuropäischen Länder auf das formale Argument zurück, dass eine Kompromisslösung in ihren Instruktionen nicht vorgesehen war.[161] In Wirklichkeit dürfte ihre ablehnende Haltung allerdings einen anderen Hintergrund gehabt haben. Denn es war unverkennbar, dass sich die französische Regierung mit Jagerschmidts Vorschlag stark auf die mitteleuropäische Position zubewegt hatte. Damit schien auch die vollständige Umsetzung des Projektes der *Commission internationale* wieder möglich.

Die Ursachen für das französische Entgegenkommen lagen erneut in der diplomatischen Begleitmusik. Heinrich Wild, der wissenschaftliche Vertreter für Russland, war vom plötzlichen Sinneswandel seines Außenministeriums geradezu schockiert gewesen und hatte energisch gegen diesen protestiert.[162] Ebenso große Bedeutung kam der Reaktion des deutschen Vertreters Wilhelm Foerster zu. Foerster verband ein enges Vertrauensverhältnis mit Chlodwig zu Hohenlohe-Schillingsfürst, dem diplomatischen Repräsentanten des Kaiserreichs auf der Konferenz. Dieser wiederum verfügte über exzellente Beziehungen zu Bismarck. Foersters Klage über die russische Kehrtwende führte deshalb dazu, dass sich der Reichskanzler höchstpersönlich bei der Regierung in St. Petersburg für die deutsche Position einsetze. Diese machte daraufhin einen Rückzieher und wies ihren diplomatischen Vertreter an, wieder mit Deutschland und Österreich-Ungarn zu kooperieren.[163]

Aus französischer Sicht war damit die Gefahr eines mitteleuropäischen Alleingangs wieder akut. Statt sich in die Isolation drängen zu lassen, versuchte das Außenministerium deshalb, die übrigen Länder mit dem genannten Zweistufenplan zu ködern. Als dies auf Widerstand stieß, blieb ihm, wenn es seinen Einfluss auf den weiteren Gang der Dinge nicht völlig verlieren wolle, nur noch die Möglichkeit, das Projekt eines permanenten Maß- und Gewichtsbüros mitzutragen. Jean-Baptiste Dumas erklärte daraufhin, dass sich die französische Regierung dem Plan der *Commission internationale* anschließen wolle.[164] Damit waren die Würfel gefallen. Großbritannien und die Niederlande sprachen sich zwar weiterhin gegen die Schaffung einer dauerhaften Organisation aus, aber angesichts der nunmehr breiten Front der Befürworter war ihre Unterstützung für ein funktionierendes Abkommen nicht mehr erforderlich.

---

[160] Projet de convention, 19.3.1875, in: ebd., S. 85–88.

[161] Commission des délégués spéciaux. Cinquième séance, 19.3.1875, in: ebd., S. 77–90, hier S. 88f.

[162] Vgl. FOERSTER, Lebenserinnerungen, S. 146f. u. S. 154 sowie Bericht des technischen Delegierten zur Pariser Meter-Konferenz, Prof. Foerster, 9.3.1875, in: PTB-Archiv, KNEK, 262.1, fol. 173–177, hier fol. 173 u. fol. 175.

[163] FOERSTER, Lebenserinnerungen, S. 153f.

[164] Commission des délégués spéciaux. Sixième séance, 23.3.1875, in: Documents diplomatiques, S. 91–97, hier S. 92. Zur Person Dumas' vgl. ROCKE, Nationalizing Science, S. 43–71 sowie CHAIGNEAU, Jean-Baptiste Dumas.

Am 12. April 1875 kamen die diplomatischen Repräsentanten der zwanzig beteiligten Länder zusammen, um über die Verhandlungsergebnisse der *délégues spéciaux* zu beraten. 14 von ihnen unterstützten nun den Plan der *Commission internationale*.[165] In den folgenden Wochen kamen noch drei weitere hinzu. Am 20. Mai 1875 unterzeichneten sie einen völkerrechtlich bindenden Vertrag, der dieses Vorhaben umsetzen sollte. Er bestand aus drei Teilen: aus einer Konvention, die das grundsätzliche Arrangement fixierte; aus einem Reglement, das die organisatorischen Details klärte; und aus den Übergangsbestimmungen, die die Umwandlung der bisherigen Institutionen in die neue, dauerhafte Form regelten.[166]

Gemeinsam riefen diese Dokumente eine dreistufige Organisation ins Leben. Deren höchstes Organ bildete die *Conférence générale des poids et mesures*. In dieser Versammlung, die alle sechs Jahre zusammentreten sollte, waren sämtliche Signatarstaaten vertreten. Zwischen ihren Sitzungen oblagen die Geschäfte dem jährlich tagenden *Comité international*. Ihm sollten 14 Mitglieder angehören. Sie waren zunächst aus dem alten Exekutivkomitee zu übernehmen und später von der Generalkonferenz zu wählen. Aus ihrer Mitte bestimmten sie einen Sekretär und einen Präsidenten, dem in der internationalen Organisation des Maß- und Gewichtswesens eine hervorgehobene Rolle zukam.[167]

Das eigentliche Kernstück des Abkommens bildete aber das *Bureau international des poids et mesures*. Ihm sollten fortan die Eichung der neuen Urmaße, ihre Konservierung, ihr periodischer Vergleich mit den Kopien der Mitgliedsstaaten sowie eine Reihe weiterer metrologischer Aufgaben obliegen. Der Direktor des Büros war vom *Comité international* zu bestimmen. Daneben sollte es über zwei stellvertretende Direktoren und eine nicht näher benannte Anzahl von Angestellten verfügen. Sein jährliches Budget belief sich auf 75000 Franc. Hinzu kam ein Startbetrag von 400000 Franc für die Anschaffung eines Gebäudes und der notwendigen Instrumente. Aufgebracht werden sollten diese Summen durch Beiträge der Mitgliedsstaaten. Sie waren anhand der Bevölkerungsgröße zu ermitteln. Länder, in denen das metrische System ausschließlich galt, zahlten dabei das Dreifache, jene, in denen es fakultativ galt, das Zweifache und alle übrigen nur das Einfache der fälligen Abgabe.[168]

Aus dieser Finanzierungsmethode konnten die größeren Beitragszahler allerdings keine besonderen Rechte ableiten. Zwar war die neue Organisation voll von symbolischen Verbeugungen vor Frankreich als Mutterland des metrischen Sys-

---

165 Conférence diplomatique. Deuxième séance, 12.4.1875, in: Documents diplomatiques, S.119–138, hier S.135. Vgl. auch Quinn, Artefacts, S.85f.

166 Convention du Mètre, signée à Paris le 20 Mai 1875, in: Documents diplomatiques, S.4–13; Annexe No.1: Règlement, in: ebd., S.17–23 sowie Annexe No.2: Dispositions transitoires, in: ebd., S.24f. Die Dokumente sind auch abgedruckt bei Bigourdan, Système métrique, S.328–337. Zu den Gründen für die Aufteilung des Vertrags in Reglement und Konvention vgl. Vec, Recht und Normierung, S.42.

167 Convention du Mètre, signée à Paris le 20 Mai 1875, Art.3–5, in: Documents diplomatiques, S.4–13, hier S.10f. sowie Annexe No.1: Règlement, Art.7–10, in: ebd., S.17–23, hier S.19f.

168 Convention du Mètre, signée à Paris le 20 Mai 1875, Art.6, 7 u.9, in: ebd., S.4–13, hier S.11f. sowie Annexe No.1: Règlement, Art.5, 6 u.20, in: ebd., S.17–23, hier S.18f. u. S.22f.

tems. Dazu gehörte, dass das BIPM seinen Sitz in Paris nehmen sollte. Darüber hinaus durfte der Direktor der *Archives de France* einen der drei Schlüssel verwahren, die zusammen das Depot der Urmaße öffneten. Und schließlich sollte der Vorsitz der Generalkonferenz der Maße und Gewichte stets dem jeweils amtierenden Präsidenten der *Académie des sciences* zufallen.[169]

In allen anderen Punkten hatten die Urheber der Konvention aber sehr darauf geachtet, dem Unternehmen einen internationalen Anstrich zu geben. So mussten die 14 Mitglieder des *Comité international* aus unterschiedlichen Ländern stammen. Sein Präsident und sein Sekretär durften nicht derselben Nationalität angehören wie der Direktor des BIPM. Und in der Generalkonferenz hatte jeder Staat unabhängig von seinen Beiträgen oder seiner Größe nur eine Stimme. Dabei unterlagen die Beschlüsse dieser Versammlung aber nicht dem Einstimmigkeits-, sondern dem Mehrheitsprinzip. Mit dem Abschluss der Konvention ging also ein Souveränitätsverzicht der Vertragsparteien einher. Sie konnten künftig von den Delegierten anderer Länder zu einer Veränderung der definitorischen Grundlagen des metrischen Systems gezwungen werden.[170] Die weitere Ausgestaltung der nationalen Maße und Gewichte blieb allerdings voll und ganz in der Hand der Mitgliedsstaaten. Der Souveränitätsverzicht war deshalb nur von wissenschaftlichem, aber nicht von administrativem Belang.

8.3.3 Die Ausweitung der Konvention und die Einrichtung des BIPM

In völkerrechtlich-diplomatischer Perspektive machte diese Beschränkung die Meterkonvention zu einer sehr erfolgreichen Einrichtung. Bis 1890 wuchs der Kreis ihrer Signatarstaaten um Serbien, Kroatien, Slowenien, Rumänien, Japan und Mexiko an. In den folgenden zwei Jahrzehnten kamen auch noch Kanada, Uruguay, Chile, Bulgarien und Siam hinzu.[171] Die meisten dieser Beitritte hingen eng mit nationalen Maßnahmen zur Einführung des metrischen Systems zusammen. Die strikte Begrenzung des Abkommens auf wissenschaftliche Fragestellungen ermöglichte allerdings auch nicht-metrischen Staaten die Unterzeichnung. Das wichtigste Beispiel dafür bildete Großbritannien, das die Konvention 1884 billigte.

Dieser Schritt war eine große Überraschung. Bei den Verhandlungen im Vorfeld des Vertragsabschlusses hatte die britische Regierung stets betont, dass sie die Einrichtung einer internationalen Organisation nicht unterstützen würde. Diese Linie setzte sie zunächst konsequent durch. In der ersten Hälfte der 1880er Jahre verschob sich ihre Interessenlage aber zugunsten eines Beitritts. Den Ausgangspunkt hierfür bildete die internationale geodätische Konferenz von 1883. Sie beriet über die Schaffung eines allgemeinen Nullmeridians. Das Ergebnis dieser Debatten war, dass die Geodäten die britische Normallinie, die durch das *Royal Observatory*

---

[169] Convention du Mètre, signée à Paris le 20 Mai 1875, Art. 1 u. 4, in: ebd., S. 4–13, hier S. 10 sowie Annexe No. 1: Règlement, Art. 18, in: ebd., S. 17–23, hier S. 22.
[170] Ebd., Art. 7, 8, 10 u. 12, S. 19 ff.
[171] REVERCHON, Documents, S. 313.

in Greenwich verlief, zum internationalen Standard erheben wollten. An diese Empfehlung knüpften sie jedoch die Resolution, Großbritannien möge im Gegenzug der Meterkonvention beitreten.[172]

Die Regierung in London war wenig geneigt, dieses Junktim zu akzeptieren. Aus der Perspektive des *Standards Department* stellte sich die Lage jedoch anders dar. Seine Vertreter sahen in der Initiative der Geodäten die Chance, ein Dilemma zu lösen. Seit 1878 war es ihnen offiziell erlaubt, metrische Maße für wissenschaftliche und industrielle Zwecke zu eichen. Diese neuen Spielräume konnten sie allerdings nicht nutzen, weil die dazu nötigen Maßnormale fehlten. Sie ließen sich nur beschaffen, wenn das Land der Meterkonvention beitrat. Der Direktor des *Standards Department* argumentierte deshalb, dass Großbritannien durch eine Unterzeichnung zwei Fliegen mit einer Klappe schlagen, also sowohl in den Besitz von Meter-Prototypen gelangen als auch Punkte für Greenwich als Nullmeridian sammeln könne. Nach einigem Hin und Her gestattete das Schatzamt daraufhin den Beitritt. Allerdings geschah dies unter der Auflage, dass er sofort rückgängig gemacht werden sollte, sobald die gewünschten Maßnormale ausgeliefert waren.[173]

In den folgenden Jahren geriet die *Treasury* deshalb wiederholt mit dem *Standards Department* in Konflikt. Weil sich die Fertigstellung der britischen Meterkopien aber mehrfach verzögerte, konnte die Maß- und Gewichtsbehörde jedes Mal die Aufrechterhaltung der Mitgliedschaft durchsetzen. Als die Prototypen 1895 schließlich ausgeliefert wurden, erschien ein Austritt nicht mehr opportun. Denn zu diesem Zeitpunkt zeichnete sich ab, dass Großbritannien in baldiger Zukunft den Gebrauch des Meters im Alltagsverkehr gestatten würde. Da das 1897 auch geschah, kam der Teilhabe an dem Abkommen fortan unmittelbare Bedeutung für das nationale Maßsystem zu. Das Land blieb der Konvention deshalb treu, obwohl die Regierung einer verpflichtenden Einführung der kontinentalen Einheiten weiterhin äußerst skeptisch gegenüberstand.[174]

Schwieriger als die Ausweitung des Kreises der Signatarstaaten gestaltete sich der Aufbau der Organisationen der Meterkonvention. Das geringste Problem bildete die Auswahl des Führungspersonals. Sie bestätigte noch einmal die wissenschaftliche Motivation des Abkommens. Denn während andere internationale Einrichtungen wie beispielsweise die Telegraphen-Union oder der 1874 gegründete Weltpostverein ehemaligen Politikern unterstanden,[175] galt das für die Insti-

---

[172] Die Resolution ist abgedruckt in: Weights and Measures Report by the Board of Trade, S. 4; P.P. 1884 (322), XXVIII.851. Zum Hintergrund vgl. OSTERHAMMEL, Verwandlung, S. 120 f. (die dort aufgestellte These von der Verknüpfung der Frage des Meridians mit einer *vollständigen* Übernahme des metrischen Systems anstelle eines bloßen Beitritts zur Konvention trifft jedoch nicht zu) sowie BLAISE, Zähmung, S. 228–270.

[173] Precis of the Correspondence and Action Relating to the International Metric Bureau, 15.5.1895, TNA BT 101/415, S. 1–6 sowie Schreiben der Treasury Chambers an den Präsidenten der Royal Society, 23.5.1884, TNA BT 101/1490.

[174] Vgl. Precis of the Correspondence and Action Relating to the International Metric Bureau, 15.5.1895, TNA BT 101/415, S. 8–17; Memorandum on the Question of Withdrawing from the Metric Convention, 9.5.1895, TNA BT 101/413 sowie Kap. 7.3.4 dieser Arbeit.

[175] HERREN, Internationale Organisationen, S. 47.

tutionen der Meterkonvention nicht. In ihnen gaben die Experten den Ton an. So bestimmte das *Comité international* unmittelbar im Anschluss an die diplomatische Konferenz von 1875 den spanischen General Ibañez zu seinem Präsidenten, den Schweizer Hirsch zum Sekretär und den Italiener Govi zum Direktor des BIPM. Alle drei waren ausgewiesene Fachleute – Ibañez ein Geodät, Hirsch ein Astronom und Govi ein Physiker.[176]

Als nächstes stellte sich die Frage nach einem geeigneten Sitz des Maß- und Gewichtsbüros. Die französische Regierung bot an, es im *Pavillon de Breteuil* unterzubringen. Dabei handelte es sich um ein Nebengebäude des Schlosses von St. Cloud. Während der deutschen Belagerung von Paris war es weitgehend zerstört worden.[177] Bevor der Pavillon dem BIPM dienen konnte, musste man ihn also wieder aufbauen. Diese Arbeiten dauerten bis Ende 1878 an. Die Ausrüstung des Büros mit wissenschaftlichen Instrumenten zog sich noch länger hin. Die nötigen Waagen, Thermometer und Barometer waren zwar schnell zu besorgen, aber bei den wichtigsten Geräten, den Komparatoren für die Längenmaße, handelte es sich um aufwendige Spezialanfertigungen. Deren erste wurde 1878, die wichtigste 1882 geliefert. Erst 1884 hatte das Labor des BIPM seine volle Einsatzfähigkeit erreicht.[178]

Auch damit waren aber noch nicht alle Startschwierigkeiten überwunden. Im Laufe der 1880er Jahre gab es vielmehr heftige Auseinandersetzungen über das Budget des Büros. Zwar sollten sie auf der ersten Generalkonferenz der Maße und Gewichte beigelegt werden,[179] aber das Zusammentreffen dieses höchsten Organs der internationalen Meterkonvention kam lange Zeit nicht zustande. Erst 1889 fand es schließlich statt. Die Ursache für diese Verzögerung war dieselbe wie diejenige der Finanzierungsprobleme. Sie bestand darin, dass die vordringlichste wissenschaftliche Aufgabe des BIPM auf enorme Hindernisse stieß. Das war die Herstellung und Eichung der neuen, internationalen Urmaße.

8.4 Die wissenschaftliche Arbeit des BIPM

8.4.1 Die Anfertigung der neuen Prototypen

Zum Zeitpunkt des Abschlusses der Meterkonvention war die Anfertigung der internationalen Prototypen bereits in vollem Gange. Die *Commission internatio-*

---

[176] ISAACHSEN, Introduction historique, S. 18 f., S. 20 f. und S. 22 f. Die weitere personelle Zusammensetzung des *Comité international* ist QUINN, Artefacts, S. 90 ff. sowie REVERCHON, Documents, S. 316–318, zu entnehmen.

[177] ISAACHSEN, Introduction historique, S. 13–18. Vgl. auch FOERSTER, Lebenserinnerungen, S. 157 f.

[178] BIGOURDAN, Système métrique, S. 353–362 sowie QUINN, Artefacts, S. 97 ff. u. S. 111 f.

[179] ISAACHSEN, Introduction historique, S. 12 f.; Première Conférence générale, S. 53–57; Report on the General Conference, held in Paris, September 1889, 28.10.1889, TNA BT 101/217 sowie Memo on the Meeting of the Permanent Committee at Paris in September 1891, 1.10.1891, TNA BT 101/283. Aus diesen Dokumenten geht hervor, dass für die Debatten über die Finanzierung des BIPM neben der im Folgenden genannten Ursache auch die mangelhafte Zahlungsmoral Perus, der Türkei und Venezuelas verantwortlich war.

nale hatte diese Aufgabe 1872 der *Section française* übertragen. Sie machte sich unmittelbar nach der Entscheidung über die Materialfrage an die Arbeit. Dabei zeigte sich bald, dass die Herstellung der Platin-Iridium-Legierung für die neuen Urmaße hohe Hürden aufwarf. Deren wichtigste Ursache bestand darin, dass die Protoypen gemeinsam mit ihren Kopien aus einer einheitlichen Schmelzmasse gegossen werden sollten. Dies bedeutete, dass die *Section française* einen Platin-Iridium-Barren mit einem Gewicht von etwa 250 kg anfertigen musste. Für die Verarbeitung von Iridium gab es allerdings kaum Erfahrungswerte, und die größte bis zu diesem Zeitpunkt verarbeitete Menge an Platin war ein Block von nur 100 kg gewesen. Der britische Industrielle George Matthey hatte ihn auf der Weltausstellung von 1862 gezeigt.[180]

Seine Herstellung war unter der Mitwirkung von Henri Sainte-Claire Deville und Jules Henri Debray erfolgt. Diese beiden Metallurgen verantworteten nun die Arbeiten der *Section française*.[181] Dabei kümmerten sie sich zunächst um die Beschaffung der Ausgangsmaterialien für die Legierung. Der französische Staat verfügte zwar über eine geringe Platinreserve, aber diese genügte nur für einige erste Versuche. Ihren weiteren Bedarf deckte die *Section française* deshalb über George Matthey, dessen Erfolg als Geschäftsmann auf einem exklusiven Liefervertrag mit einer russischen Platinmine beruhte. Auf ähnlichen Wegen besorgte er auch den Großteil des nötigen Iridiums.[182]

Im nächsten Schritt mussten Deville und Debray ein Verfahren entwickeln, um das Iridium von Verunreinigungen zu befreien. Nachdem ihnen das gelungen war, konnten sie sich dem eigentlichen Schmelzprozess zuwenden. Dabei hatten sie mit einer Reihe von Schwierigkeiten zu kämpfen. Die nötige Temperatur von etwa 1500° C war nur schwer zu erreichen; die ursprünglich gewählten Schmelztiegel erwiesen sich als ungeeignet; und um eine homogene Legierung zu erhalten, mussten die beiden Metalle in winzige Körner zermahlen und dann in kleinen Mengen erhitzt werden. Erst in einer Vielzahl weiterer Arbeitsgänge konnten sie dann zu immer größeren Blöcken zusammengefügt werden.[183]

Immerhin machten Deville und Debray auf diesem Weg bald erkennbare Fortschritte. Unter den Augen von Adolphe Thiers, dem Präsidenten der französischen Republik, gossen sie im Mai 1873 einen Platin-Iridium-Barren mit einem Gewicht von etwa 85 kg. Thiers Nachfolger Mac-Mahon wohnte ein Jahr später der Anfertigung eines zweiten solchen Blockes bei. Am 13. Mai 1874 verschmolzen die Mitglieder der *Section française* diese beiden mit einem dritten, zwischenzeitlich hergestellten Barren. Sie gewannen so einen großen Klumpen, aus dem die neuen Prototypen gefertigt werden sollten. Nach einer Reinigung und einem

---

180 McDonald und Hunt, Platinum, S. 293. Vgl. hier und im Folgenden auch Quinn, Artefacts, S. 64 ff.
181 Réunion des membres français 1872–1873, S. 3.
182 Bigourdan, Système métrique, S. 316 sowie McDonald und Hunt, Platinum, S. 291.
183 Vgl. Bigourdan, Système métrique; Réunion des membres français 1874, S. 3 ff. sowie Exposé de la situation des travaux, S. 16 f.

ersten Zuschnitt wies er zwar nur ein Gewicht von 236 kg auf, aber die Beteiligten waren mit diesem Ergebnis dennoch sehr zufrieden.[184]

Im November 1874 schlug die Stimmung allerdings schlagartig um. Denn Deville stellte nun fest, dass die Dichte der zwischenzeitlich aus dem Block gefertigten, provisorischen Maßstäbe unterhalb des für Platin und Iridium im Reinzustand angenommenen Wertes lag. Die Legierung war also durch andere, leichtere Metalle verunreinigt. Weitere Untersuchungen ergaben, dass es sich dabei um Eisen und Ruthenium handelte. Letzteres war im Iridium enthalten gewesen, während ersteres, so vermutete Deville, von den Wänden des verwendeten Schmelztiegels stammte.[185] Diese Befunde entfachten eine wütende Auseinandersetzung. Denn die Abweichung der Legierung überschritt die 1872 festgesetzte Toleranz von 2% Fremdstoffen. Deville argumentierte deshalb, dass die Standards wieder eingeschmolzen und das Rohmaterial noch einmal neu gegossen werden sollte. Er begründete dies mit der voraussichtlichen Reaktion der internationalen wissenschaftlichen Gemeinschaft auf die Unzulänglichkeit der Mischung.[186]

Die meisten Mitglieder der *Section française* waren allerdings anderer Meinung. Unter der Führung von Morin warfen sie Deville in scharfer Form unsauberes Arbeiten vor.[187] Dafür hatten sie gute Argumente. Da der renommierte Metallurg die Herstellung der Legierung geleitet hatte, war er auch für deren Verunreinigung verantwortlich. Zudem gab seine Analyse ihrer Zusammensetzung Anlass zu Zweifeln. Eugène Péligot, Hippolyte Fizeau und Edmond Becquerel stellten deshalb weitere Untersuchungen an, um sie zu überprüfen. Und schließlich gab es auch Gründe dafür, eine neuerliche Schmelze abzulehnen. Denn selbst Deville war eigentlich der Meinung, dass der ursprüngliche Block trotz seiner etwas zu geringen Dichte alle wesentlichen Anforderungen erfüllte, die an das Material für die Urmaße gestellt wurden. Das galt umso mehr, als unklar war, ob ein weiterer Anlauf ein besseres Ergebnis zur Folge haben würde.[188] Aus diesen Gründen beschloss die *Section française* zunächst, die Arbeit an den Prototypen unverändert fortzusetzen.

Als die Ergebnisse aus den genannten Untersuchungen vorlagen, sah sie sich in diesem Kurs bestätigt. Péligots Bericht enthielt sich zwar einer eindeutigen Stellungnahme, aber Fizeau und Becquerel konstatierten ein deutlich geringeres Maß an Verunreinigung als Deville. Ende Februar 1875 verfasste Morin deshalb eine offizielle Stellungnahme, in der er gegenüber dem Handelsminister erklärte, dass

---

[184] BIGOURDAN, Système métrique, S. 315–318. Vgl. auch die Abbildung des Gußvorgangs vom Mai 1873 in: McDONALD und HUNT, Platinum, S. 284 sowie die Darstellung bei QUINN, Artefacts, S. 65–70.

[185] Observations de M. Deville à la séance du 19 Novembre 1874, in: Réunion des membres français 1875–1877, S. 6–10, hier S. 8f. Vgl. auch BIGOURDAN, Système métrique, S. 339 sowie QUINN, Artefacts, S. 70ff.

[186] Observations de M. Deville à la séance du 19 Novembre 1874, in: Réunion des membres français 1875–1877, S. 6–10, hier S. 9.

[187] Réponses aux observations faites par M. Deville à la séance du 19 Novembre 1874, in: ebd., S. 11–30.

[188] BIGOURDAN, Système métrique, S. 340f.

die Legierung alle der an sie gerichteten Anforderungen erfülle.[189] Diese Meldung war allerdings voreilig. Denn die Befunde von Fizeau und Becquerel beruhten nicht auf chemischen, sondern auf physikalischen Analysen des Werkstoffes, d.h. auf einer Überprüfung seiner magnetischen Eigenschaften und seines Ausdehnungskoeffizienten. Die Aussagekraft dieser Methoden war zweifelhaft. Deville blieb deshalb bei seiner Diagnose und versteifte sich nun auf die Forderung, die bereits angefertigten Prototypen wieder einzuschmelzen.[190]

Die übrigen Mitglieder der *Section française* brandmarkten ihn daraufhin als Unruhestifter. Besonders erzürnt waren sie darüber, dass der Metallurg zwischenzeitlich eine neue Methode zur *chemischen* Analyse der Legierung entwickelt hatte, sich aber weigerte, sie seinen Kollegen zur Verfügung zu stellen.[191] Die *Section française* stand damit kurz vor der Spaltung. Zwar setzte sie die Arbeit an den Prototypen in den folgenden Wochen fort, aber ohne Deville kam sie nur langsam voran. Dieser hingegen hoffte, seine Position mithilfe des *Comité international* durchsetzen zu können, das nach dem Abschluss der Meterkonvention im Mai 1875 einberufen wurde.

Tatsächlich schlug sich das neugeschaffene Gremium auf Devilles Seite. Unmittelbar nach seinem Zusammentritt bedeutete es der *Section française*, dass sie die 1874 angefertigte Legierung purifizieren solle. Über diese Aufforderung setzten sich Morin und seine Kollegen aber hinweg.[192] Als das Komitee im Jahr darauf erneut zusammentrat, forderte sein Präsident Ibañez die Franzosen deshalb schriftlich dazu auf, einen Bericht über ihre Arbeit zu erstatten. Zudem sollten sie zwei der Maßstäbe für eine Überprüfung aushändigen. Morin antwortete daraufhin, dass es nichts zu berichten gebe und er die verlangten Prototypen nicht zur Verfügung stellen könne, weil das die Herstellung der weiteren Exemplare zu sehr durcheinander bringen würde.[193]

Dieses Schreiben war ein offener Affront. Die Übergangsbestimmungen der Meterkonvention regelten eindeutig, dass die *Section française* die neuen Urmaße „avec le concours du Comité international"[194] anfertigen sollte. Ibañez beschwerte sich in aller Form beim französischen Außenministerium. Dieses verlangte darauf-

---

[189] Déclaration présentée à M. le Ministre de l'agriculture et du commerce le 28 Février 1875, in: Réunion des membres français 1875–1877, S. 54f., hier S. 54.

[190] Vgl. Edmond Becquerel, Effets magnétiques produits sur le platine et plusieurs de ses alliages, in: ebd., S. 56–61; Hippolyte Fizeau, Note sur le coefficient de dilatation d'un alliage, in: ebd., S. 62–64; die umfangreichen Diskussionen in: ebd., S. 39–54 sowie Henri Sainte-Claire Deville, Rapport sur les propriétés et la composition du platine iridié de la commission française, in: ebd., S. 81–109, hier S. 108.

[191] Zur Kritik an Deville vgl. Henri Sainte-Claire Deville, Rapport sur les propriétés et la composition du platine iridié de la commission française, avec notes en marge de M. Tresca, in: ebd., S. 110–142. Zum Problem der Analysemethode vgl. ebd., S. 246.

[192] Schreiben des Comité international an General Morin, 2.6.1875, in: ebd., S. 154. Vgl. hierzu sowie allgemein zum Folgenden auch Bigourdan, Système métrique, S. 343ff. sowie Quinn, Artefacts, S. 103–106.

[193] Schreiben des Comité international an General Morin, 29.4.1875 [sic, tatsächlich 1876], in: Réunion des membres français 1875–1877, S. 207 sowie Schreiben der Section française an das Comité international, o. D., in: ebd., S. 209f.

[194] Annexe No. 2: Dispositions transitoires, Art. 4, in: Documents diplomatiques, S. 24f., hier S. 25.

hin vom Handelsministerium, für die Einhaltung des Vertrages zu sorgen. Morin wollte allerdings immer noch nicht nachgeben. Angesichts der nächsten Zusammenkunft des *Comité international* im April 1877 blieb dem Handelsminister schließlich nichts anderes übrig, als die *Section française* zur Herausgabe der Maßstäbe zu zwingen.[195]

Für Morin und seine Unterstützer war das eine krachende Niederlage. Sie hatten sich mit ihrer Haltung allseits unmöglich gemacht. Im August 1877 wurde die *Section française* um sechs neue Mitglieder aufgestockt. Morin bekam nun Jean-Baptiste Dumas, einen illustren Befürworter der Internationalisierung des metrischen Systems, vorgesetzt.[196] Für die anstehende Überprüfung der Prototypen setzte das *Comité international* zudem eine Kommission ein, deren einziges französisches Mitglied Deville war. Das Ergebnis ihrer Untersuchung bestätigte seinen ursprünglichen Befund, demzufolge die Legierung etwa 3% Fremdstoffe enthielt.[197] Die Konsequenzen, die hieraus zu ziehen waren, blieben aber umstritten. Die Mehrheit der *Section française* beharrte darauf, dass die Prototypen trotz der Verunreinigung den metrologischen Anforderungen genügten. Das *Comité international* vertrat aber die gegenteilige Auffassung. Es teilte der französischen Regierung mit, dass die bisher angefertigten Urmaße aus seiner Sicht inakzeptabel waren und forderte sie auf, die Herstellung einer neuen Legierung in die Wege zu leiten.[198]

Wäre dieser Beschluss umgesetzt worden, wären fünf Jahre Arbeit umsonst gewesen. Zudem hätte sich in diesem Fall noch ein weiteres Problem ergeben. Denn einige Staaten hatten 1872/73 mit der *Section française* einen Vertrag über die Lieferung von Prototypen abgeschlossen, waren dann aber nicht der Meterkonvention beigetreten. Besonders die Niederlande wollten die Autorität des *Comité international* deshalb nicht anerkennen. Sie beharrten auf der Erfüllung ihrer ursprünglichen Vereinbarung mit den Franzosen und damit auf der Anfertigung von Kopien aus Platin-Iridium-Gemisch von 1874. Das Komitee wollte dies aber verhindern. Aus seiner Sicht hätte die Existenz von Prototypen unterschiedlicher Legierungen eine zentrale Intention der Internationalisierung – die Schaffung einheitlicher Maßnormale aus einer Hand – zunichte gemacht.[199]

Den Ausweg aus dieser verfahrenen Situation bildete ein Kompromiss. Statt alle der bisher gefertigten Standards einzuschmelzen, sollten zunächst drei Prototypen aus der Legierung von 1874 fertiggestellt und drei weitere aus einer neuen Mischung angefertigt werden. Diese sechs Maßstäbe wollte das *Comité international* einer Reihe von vergleichenden Materialtests unterziehen. Für den Fall, dass

---

[195] Schreiben des Handelsministers an General Morin, 4.7.1876, in: Réunion des membres français 1875–1877, S. 216–219, hier S. 218 sowie Schreiben des Handelsministers an General Morin, 7.4.1877, ebd., S. 267f. Vgl. auch QUINN, Artefacts, S. 106.

[196] Décret, 21.8.1877, in: Réunion des membres français 1877, S. 1f.

[197] Rapport des travaux executés sur le platine iridié employé à la confection des règles, par MM. Broch, Deville, et Stas, in: ebd., S. 32–41, hier S. 41.

[198] Schreiben des Comité international an das französische Außenministerium, 19.9.1877, in: ebd., S. 29f., hier S. 30. Vgl. auch QUINN, Artefacts, S. 106ff.

[199] Vgl. Schreiben von Bosscha an General Morin, 5.1.1878, in: Réunion des membres français 1877, S. 113–116 sowie BIGOURDAN, Système metrique, S. 347.

sich die alte Legierung dabei bewähren sollte, eröffnete dieser Beschluss die Aussicht, die Arbeit der *Section française* zu rehabilitieren und den Niederlanden die gewünschten Prototypen zu liefern.[200]

Die Herstellung der neuen Maßstäbe erfolgte allerdings in einem anderen organisatorischen Rahmen als die der alten. Die *Section française* übernahm sie nicht selbst, sondern vergab sie als Auftrag an George Matthey. Dieser erkannte bald, dass die Verunreinigung der Legierung nicht durch die Schmelztiegel, sondern durch den Prozess für die Herstellung der X-Form der Maßstäbe entstanden war. Als er diesen veränderte, gelang es ihm, die Platin-Iridium-Mischung in der gewünschten Qualität herzustellen.[201] Die weitere Verarbeitung der Standards ging allerdings nur langsam vonstatten. Das *Comité international* gab sich deshalb 1880 damit zufrieden, den Vergleich zwischen der alten und der neuen Legierung statt mit je dreien nur mit je einem Prototypen durchzuführen.[202]

Beide bestanden die daraufhin angestellten Untersuchungen ihrer Widerstandsfähigkeit und ihrer Korrosionsbeständigkeit mit Bravour. Dieses Ergebnis ermöglichte eine endgültige Beilegung des Streits über die Materialfrage. Das *Comité international* und die *Section française* einigten sich darauf, die internationalen Prototypen aus der neuen Legierung anzufertigen. Die alte Mischung war aber stabil genug, um als Material für die nationalen Kopien der Urmaße zu dienen. Die Mitgliedsstaaten der Meterkonvention wurden deshalb vor die Wahl gestellt, aus welchem der beiden Werkstoffe die für sie bestimmten Exemplare hergestellt werden sollten.[203] Zwar wollten daraufhin außer den Niederlanden nur wenige Länder Prototypen aus der alten Legierung erwerben, aber das spielte keine Rolle mehr. Entscheidend war, dass die Arbeiten der *Section française* allgemeine wissenschaftliche Anerkennung gefunden hatten. Das schlug sich auch darin nieder, dass die Metrologen alle weiteren technischen Fragen nur noch in gemischten Kommissionen berieten. Sie waren sowohl mit Mitgliedern der *Section française* als auch mit solchen des *Comité international* besetzt.[204]

Vor diesem Hintergrund verlief die weitere Produktion der Prototypen in wesentlich ruhigeren Bahnen als zuvor. Wegen der großen Zahl der benötigten Maßstäbe stellte sie aber dennoch eine komplexe Aufgabe dar. Während bis zu diesem Zeitpunkt nur einige Einzelstücke angefertigt worden waren, erhielt Matthey nun den Auftrag, dreißig Metermaße und vierzig Kilogramm-Zylinder herzustellen. Ihre chemische Zusammensetzung war vertraglich genau geregelt. Was die Produktionsmethoden betraf, erhielt der britische Unternehmer allerdings freie Hand. Vor allem war er fortan nicht mehr verpflichtet, die Prototypen aus einer einheitlichen Masse zu fertigen. Denn der Vergleich zwischen der alten und der neuen

---

[200] Schreiben des Handelsministers an den Präsidenten der Section française, 2.10.1877, in: Réunion des membres français 1877, S. 27–29, hier S. 28.
[201] McDonald und Hunt, Platinum, S. 298f. Zur Auftragsvergabe an Matthey vgl. Réunion des membres français 1877, S. 44f. sowie S. 48.
[202] Bigourdan, Système métrique, S. 349f.
[203] Ebd., S. 352. Zum folgenden Satz vgl. ebd., S. 369.
[204] Vgl. ebd., S. 363.

Legierung hatte auch gezeigt, dass diesem Kriterium keine entscheidende Bedeutung zukam.[205] Trotz dieser Erleichterungen hatte Matthey aber noch zahlreiche technische Hürden zu überwinden, insbesondere bei der Purifizierung des Iridiums. Im Juni 1884 konnte er die Kilogramm-Zylinder liefern. Die Herstellung der Meter-Prototoyen zog sich bis 1886 hin. Da die Maßstäbe zudem noch aufbereitet und poliert werden mussten, standen sie dem *Comité international* erst im Oktober 1887 in voller Anzahl zur Verfügung.[206] Gemeinsam mit der *Section française* konnte es sich nun der letzten noch ausstehenden Aufgabe zuwenden: dem Vergleich der Prototypen untereinander sowie ihrer endgültigen Eichung.

Die Kilogramm-Stücke kamen zuerst an die Reihe. Schon zwischen 1880 und 1882 hatte eine zu diesem Zweck gebildete Kommission die ersten Exemplare des Gewichtsmaßes mit dem *kilogramme des Archives* verglichen. Das dritte von ihnen erwies sich als ein wahrer Glücksfall. Es stimmte so genau mit dem alten Urmaß überein, dass seine Abweichung unterhalb der Fehlerschwelle von etwa 0,01 mg lag. Ohne die Fertigstellung der übrigen Zylinder abzuwarten, erklärte das *Comité international* dieses Stück 1883 zum neuen internationalen Kilogramm. Es diente als Grundlage für die Eichung aller weiteren Prototypen.[207] Die ursprüngliche Zielsetzung, derzufolge die Kopien um maximal 0,2 mg vom offiziellen Urmaß abweichen sollten, erwies sich allerdings schnell als zu optimistisch. Die Kommission hob die Fehlerschwelle deshalb zweimal auf zuletzt 1,1 mg an. Hinzu kam, dass einige der Standards wieder eingeschmolzen werden mussten, weil sie im Laufe der Arbeiten zu leicht geworden waren. Immerhin lohnte sich die Mühe aber. Nach dem Abschluss der Eichungen wichen 17 der vierzig Standards um weniger als 0,1 mg vom internationalen Prototypen ab, und nur bei dreien lag der Fehler zwischen 0,5 und 1 mg.[208]

Auch im Falle des Meters hatten die Wissenschaftler 1881/1882 ein erstes von Matthey gefertigtes Exemplar mit dem Archiv-Standard verglichen und zur Vorlage für die übrigen Objekte erklärt. Da seine Abweichung vom Original mit sechs Mikron (d. h. Mikrometer) deutlich oberhalb der Messbarkeitsgrenze lag, taugte dieser provisorische Meter jedoch nicht als internationaler Prototyp.[209] Also musste der ursprünglich vorgesehene Weg eingehalten und die Fertigstellung der übrigen Standards abgewartet werden. Nach ihrer Auslieferung untersuchte das BIPM in einem komplizierten Verfahren die Länge jedes einzelnen von ihnen. Der Prototyp Nummer 6 entsprach dabei am Genauesten der Länge des provisorischen Meters minus sechs Mikron, also dem *mètre des Archives*. Das *Comité international* erklärte ihn daraufhin zum neuen Urmaß und richtete die übrigen Standards an ihm aus. Am Ende dieser Prozedur wich keiner von ihnen um mehr

---

[205] Vgl. Projet de marché entre Son Excellence le Ministre du Commerce et MM. Johnson, Matthey et Cie, 23. 4. 1882, in: ebd., S. 370–372 sowie ebd., S. 345, Fn. 1.

[206] BIGOURDAN, Système métrique, S. 372 ff. u. S. 374 ff.

[207] BROCH, Rapport, S. I–X, hier v. a. S. IX f. Vgl. auch BIGOURDAN, Système métrique, S. 365–368.

[208] Vgl. ebd., S. 373 f. u. S. 384 f.

[209] Vgl. ebd., S. 364 f. sowie CORNU, Détermination, S. 3–35 u. S. III–XLVI.

als 2,8 Mikron vom internationalen Prototypen ab. Die Hälfte stimmte sogar auf weniger als ein Mikron mit ihm überein.[210]

Als schließlich auch die Eichung der Thermometer, die die neuen Normale begleiten sollten, abgeschlossen war, berief das *Comité international* die erste Generalkonferenz der Maße und Gewichte ein. Sie trat im September 1889 zusammen. 17 Jahre waren seit dem Beginn der Arbeit an den neuen Normalen vergangen. Nur wenige der Delegierten, die sich nun in Paris versammelten, hatten die Anfänge der Internationalisierung und die heftigen Auseinandersetzungen der 1870er Jahre noch miterlebt. Sämtliche „Meinungsdifferenzen und Abneigungen" waren deshalb „vollkommen beruhigt".[211] Die Konferenz zeigte sich mit der Arbeit des *Comité international* sehr zufrieden und bestätigte einstimmig die Auswahl der neuen Urmaße. Sodann verloste sie die nationalen Kopien unter den Mitgliedsstaaten. Schließlich sorgte sie noch für die sichere Verwahrung der internationalen Prototypen. Zehn Meter unter dem *Pavillon de Breteuil* war dafür eigens eine Kammer in den Felsen geschlagen worden. Dort wurden die Normale am 28. September 1889 in einen Safe gesperrt und mit drei Schlössern gesichert.[212]

Damit verfügte das metrische System offiziell über neue Urmaße. Mit ihren Vorgängern hatten diese zwar die Dimensionen gemeinsam. Sie beruhten jedoch nicht mehr auf dem Erdumfang, sondern auf einer Konvention. Wie schnell sie als solche akzeptiert worden sind, zeigt eine Episode, die sich zwei Jahre nach der Generalkonferenz ereignete. Der niederländische Physiker Johannes Bosscha überprüfte 1891 die Ergebnisse des Vergleichs zwischen dem *mètre des Archives* und dem provisorischen Maßstab von 1881/82. Dabei kam er zu dem Schluss, dass die Kommission nicht genügend Messungen bei niedrigen Temperaturen vorgenommen hatte. Die Länge des Meters sei dadurch um zwei Mikron zu kurz berechnet worden.[213] Das war ein ernstzunehmender Kritikpunkt, der nie widerlegt werden konnte. Aber da das neue Urmaß zu diesem Zeitpunkt bereits im Safe lag, war er praktisch bedeutungslos. Das *Comité international* konterte die Kritik mit dem schlichten Hinweis, dass der Prototyp so, wie er sei, die Länge des Meters definiere. Er war nun also kein Derivat des *mètre des Archives* mehr, sondern die alleinige Grundlage des Längenmaßes.[214] Damit musste sich Bosscha zufrieden geben. Eine weitere Debatte über das von ihm aufgeworfene Problem blieb deshalb aus.

8.4.2 Die Verfeinerung des Systems der Urmaße

Zum Zeitpunkt der Generalkonferenz von 1889 waren allerdings noch nicht alle Arbeiten an dem neuen System von Urmaßen abgeschlossen. Die Herstellung der von einigen Ländern erbetenen Endflächenkopien des Längennormals dauerte

---

[210] BIGOURDAN, Système métrique, S. 379–383.
[211] FOERSTER, Lebenserinnerungen, S. 202.
[212] Première Conférence générale, S. 34 ff., S. 38 ff., S. 42 f. u. S. 45 ff. Vgl. auch QUINN, Artefacts, S. 138–147. Zur Kammer unter dem Pavillon vgl. Report on the General Conference, held in Paris, September 1889, 28.10.1889, TNA BT 101/217.
[213] BOSSCHA, Études, S. 346 sowie ders., Sur la précision, S. 950–953.
[214] FOERSTER, Remarques, S. 414.

noch an. Aufgrund der zahlreichen Beitritte zur Meterkonvention war zudem absehbar, dass schon bald weitere Prototypen hergestellt werden mussten. Und auch die 1872 beschlossene Ermittlung des Verhältnisses des Kilogramms zu seiner ursprünglichen Definition über das Wassergewicht stand noch aus. Alle diese Aufgaben übernahm nun das BIPM.[215]

Die Produktion der Endflächenmaße war allerdings noch von der *Section française* angestoßen worden. Das Maß- und Gewichtsbüro besorgte deshalb nur deren Eichung. Sie zog sich sehr in die Länge. Denn wie sich nun herausstellte, war der wahrscheinliche Fehler der Endflächenmaße etwa fünf Mal so groß wie der der Strichmaße. Erst 1894 konnten die daraus resultierenden Probleme behoben werden.[216] Die Herstellung der im Jahr darauf vollendeten zweiten Serie von Meterkopien lag dagegen bereits vollständig in der Hand des BIPM. Sie bildete den Ausgangspunkt für eine wichtige Daueraufgabe des Büros, denn die Nachfrage nach zusätzlichen Prototypen beschäftigte dieses in den folgenden Jahren immer wieder. Das galt umso mehr, als neben neuen Signatarstaaten der Meterkonvention zunehmend auch nationale Institute für Präzisionsmessungen, etwa die 1887 gegründete Physikalisch-Technische Reichsanstalt, solche Normale benötigten.[217]

Auch die dritte der offengebliebenen Arbeiten stand in engem Bezug zu den langfristigen Aufgaben des BIPM. Zwei der dort beschäftigten Physiker, Pierre Chappuis und Charles-Édouard Guillaume, führten zwischen 1895 und 1901 umfangreiche Experimente zum Vergleich des Kilogramm mit der Masse eines Kubikdezimeters Wasser durch. Dabei bedienten sie sich sowohl eines mechanischen Komparators als auch eines optischen Messverfahrens. Ihr zentrales Ergebnis lautete, dass das Kilogramm ein wenig schwerer war als ein Kubikdezimeter Wasser. Nach der optischen Methode lag der Unterschied bei 26, nach der mechanischen bei 64 mg.[218] Angesichts der in den 1860er und 1870er Jahren kolportierten Gerüchte, denen zufolge der Gewichtsstandard um 200–300 mg von seiner ursprünglichen Definition abwich, stellte dieses Ergebnis eine Rehabilitation der *savants* des 18. Jahrhunderts dar. Allerdings bedeutete es auch, dass das Volumen eines Kilogramms Wasser geringfügig vom Volumen eines Kubikdezimeters Wasser abwich. Die Definition des Liters basierte bis zu diesem Zeitpunkt aber auf der Annahme der Identität dieser beiden Größen. 1901 verwarf die dritte Generalkonferenz der Maße und Gewichte deshalb die Verknüpfung des Volumenmaßes mit dem Kubikdezimeter. Sie definierte den Liter fortan als das Volumen eines Kilogramms reinen Wassers bei seiner höchsten Dichte und unter mittlerem Luftdruck.[219]

---

[215] Allgemein zum Folgenden vgl. BIGOURDAN, Système métrique, S. 398–415.

[216] Vgl. ebd., S. 400 ff.

[217] Vgl. ebd., S. 406 f. Zur Entstehung der nationalen metrologischen Institute vgl. Kap. 9.3.3 dieser Arbeit.

[218] Comptes rendus de la troisième conférence, S. 31. Vgl. allgemein zu den Arbeiten BIGOURDAN, Système métrique, S. 410–414; GUILLAUME, Récents progrès 1907, S. 18–22; ders., L'œuvre, S. 240–256 sowie QUINN, Artefacts, S. 151 ff.

[219] Comptes rendus de la troisième conférence, S. 37. Diese Entscheidung wurde 1964 rückgängig gemacht und die Identität des Liters mit dem Kubikdezimeter wiederhergestellt, vgl. Comptes rendus de la douzième conférence, S. 20 f. u. S. 93.

Der Vergleich des Kilogramms mit der Masse eines Kubikdezimeters Wasser führte also zur Modifikation einer grundlegenden Einheit des metrischen Systems. Zudem zog er eine genauere Bestimmung einiger weiterer physikalischer Größen nach sich. Denn der mittlere Luftdruck, der einen Bestandteil der Neudefinition des Liters bildete, musste nun seinerseits definiert werden. Erst die Untersuchungen von Chappuis und Guillaume hatten überhaupt zutage gefördert, dass diese Größe die Dichte des Wassers und damit das Volumenmaß beinflusste. Zu ihrer genauen Festlegung genügte es allerdings nicht, eine experimentelle Ermittlung durchzuführen. Denn der Luftdruck hing von der Erdschwerebeschleunigung ab, die von Ort zu Ort schwankte. Das BIPM musste deshalb zunächst einen Normalwert für *diese* Größe festlegen. In einer Reihe von Pendelexperimenten ermittelte es die Schwerebeschleunigung an seinem Standort in Sèvres. Diese korrigierte es rechnerisch auf den 45. Breitengrad und auf die Meereshöhe. Anhand der so ermittelten Größe von g = 980,665 cm/s² ließ sich der experimentell bestimmte mittlere Luftdruck in einen Normwert umwandeln. Das Ergebnis von 1 013 211 *baries* (1013,211 Hektopascal) diente fortan als Referenz für die Ermittlung des Volumens eines Kilogramms Wasser.[220]

Zunächst handelte es sich bei diesen Festlegungen nur um Rechengrößen für die interne Verwendung. Im Fall der Erdschwerebeschleunigung änderte sich dies aber bald. Den Hintergrund dafür bildete die Tatsache, dass die Organe der internationalen Meterkonvention bis zu diesem Zeitpunkt nur ungenau zwischen der *Masse* eines Objektes und der auf sie wirkenden *Gewichtskraft* unterschieden hatten.[221] Die Bestimmung der Erdschwerebeschleunigung stieß sie aber mit der Nase darauf, dass sie zwischen diesen beiden Phänomenen differenzieren mussten. Die Delegierten der Generalkonferenz von 1901 entschieden deshalb, dass der Begriff ‚Gewicht' fortan eine Kraft bezeichnen sollte. Dabei definierten sie das Normalgewicht eines Körpers als Produkt seiner Masse und der mittleren Erdbeschleunigung. Diese Festlegung machte es nötig, den vom BIPM ermittelten Wert für die zuletzt genannte Größe in den Beschluss aufzunehmen. Die Generalkonferenz erhob ihn damit von einem internen Standard zu einer allgemeingültigen Norm.[222]

Der Vergleich des Kilogramms mit seiner ursprünglichen Definition hatte also nicht nur die Neufestlegung des Liters zur Folge. Er führte vielmehr auch zur Bestimmung von Normalwerten für den mittleren Luftdruck und die Erdbeschleunigung sowie zur terminologischen Unterscheidung zwischen Masse und Gewichtskraft. Hinzu kam noch, dass die Eichung der Meter-Prototypen von 1889 ganz ähnliche Konsequenzen hatte. In diesem Fall war es das Problem der Normaltemperatur für die Längenmaße, das weitere Festlegungen nach sich zog. Auf sehr verschlungenen Wegen, die nicht im Detail geschildert werden können, führte es zur Etablierung einer absoluten Temperaturskala. Sie sollte zwar erst

[220] GUILLAUME, Récents progrès 1907, S. 27–31.
[221] Comptes rendus de la troisième conférence, S. 60 ff.
[222] Ebd., S. 68. Vgl. auch ROTTER, SI, S. 70.

1927 definitiv verabschiedet werden. Ihre Grundprinzipien wurden aber im Zeitraum zwischen 1890 und 1914 erarbeitet.[223]

Die Bedeutung der hierüber geführten Debatten reichte weit über die Bestimmung einer Nebenbedingung für das System der Prototypen hinaus. Die Idee der absoluten Temperaturskala verwies vielmehr darauf, dass das physikalische Weltbild im letzten Drittel des 19. Jahrhunderts eine fundamentale Veränderung erfuhr. In deren Rahmen rückte eine Vorstellung in den Horizont des Denkbaren, die noch im unmittelbaren Vorfeld der Meterkonvention einhellig verworfen worden war. Sie bestand in der Überlegung, dass es in der Natur konstante Größen gab, an die sich die Definition von Maßen und Gewichten koppeln ließ. Der Versuch, den Meter anhand einer solchen Größe, d. h. konkret anhand der Länge einer bestimmten Lichtwelle zu bemessen, bildete den wohl umwälzendsten Bestandteil der Arbeit des BIPM an der Jahrhundertwende.

8.4.3 *Retour à la nature:* Die Wellenlänge als Standard

Die grundsätzliche Idee, aus der Länge einer Lichtwelle einen Maßstandard abzuleiten, ging eng mit dem empirischen Nachweis der Wellennatur des Lichtes einher. Thomas Young und Augustin Fresnel führten ihn unabhängig voneinander in den ersten beiden Jahrzehnten des 19. Jahrhunderts. Sie erkannten auch, dass die unterschiedlichen Farben des Lichtspektrums auf unterschiedlichen Wellenlängen basierten und versuchten ansatzweise, diese zu bestimmen.[224] Von größerer Bedeutung für die Frage des Maßstandards war allerdings die Tatsache, dass Joseph von Fraunhofer 1814/15 im Spektrum des Sonnenlichtes eine Reihe von scharf definierten, dunklen Linien entdeckte. Er zählte etwa 570 dieser Unterbrechungen des Farbkontinuums und nutzte einige von ihnen, um die Lichtstreuung unterschiedlicher Glasarten zu analysieren. Die so gewonnenen Daten dienten ihm als Fixpunkte für die Kalibrierung von achromatischen Linsen.[225]

Dass sie darüber hinaus auch Anhaltspunkte für die Wellenlänge der Linien lieferten und deshalb als Grundlage für die Ableitung eines Längenmaßes dienen konnten, kam ihm allerdings nicht in den Sinn. Diese Idee ging auf den französischen Physiker Jacques Babinet zurück. Er trug 1827 vor der Pariser *Société Philomatique* die Ergebnisse einer Untersuchung der Spektrallinien vor. Unter seinen Schlussfolgerungen fand sich auch der Vorschlag, sie zum Ausgangspunkt einer Maßbestimmung zu machen.[226] So naheliegend diese Idee sein mochte, so unmöglich erschien den Zeitgenossen allerdings ihre Verwirklichung. Denn zum

---

[223] Vgl. GUILLAUME, Récents progrès 1907, S. 22–27 (mit Hinweisen auf die zeitgenössische Literatur); ders., Récents progrès 1913, S. 45–51; ders., L'œuvre, S. 36–65; QUINN, Artefacts, S. 125 ff., S. 149 f. u. S. 212 ff. sowie zum allgemeinen wissenschaftsgeschichtlichen Kontext CHANG, Inventing Temperature, S. 159–219.

[224] Zu Young vgl. ROBINSON, Last Man, S. 94–112; zur ansatzweisen Bestimmung der Wellenlänge vgl. ebd., S. 110. Zu Fresnel vgl. BUCHWALD, Wave Theory, S. 111–154 sowie allgemein zur Entstehung der Wellentheorie HONG, Theories, S. 272 ff.

[225] JACKSON, Fraunhofers Spektren, S. 77 ff. sowie HONG, Theories, S. 280 f.

[226] BABINET, Sur les couleurs, S. 176.

einen ließen sich anhand der Wellenlänge einer Spektrallinie nur extrem kurze Distanzen bemessen.[227] Und zum anderen fielen Babinets Überlegungen gerade in jenen Zeitraum, in dem die Zweifel an der Eignung einer natürlichen Größe als Maßstandard Überhand nahmen.

Die Bedeutung dieser Zweifel zeigte sich in den Debatten über die Wiederherstellung der britischen Standards nach dem Feuer von 1834. Der Astronom Johann von Lamont und der Kristallograph William Hallowes Miller erwähnten vor der dafür zuständigen Kommission die Möglichkeit einer Anbindung des Längenmaßes an die Spektrallinien. Sie waren sich aber einig, dass eine solche Verknüpfung keine Vorteile gegenüber einer arbiträren Definition erbracht hätte. Stattdessen befürchteten sie, dass sie eine Unsicherheit in die Maßbestimmung einführen würde.[228] Damit war jenes Phänomen gemeint, das auch Bessels Ablehnung natürlicher Größen motiviert hatte: der Fehler, der durch ihre Messung entstand.

In den 1840er Jahren begann das Blatt aber, sich zu wenden. Durch die Entdeckung des Grundsatzes der Energieerhaltung und die Ausformulierung der Prinzipien der Thermodynamik entstand seit diesem Zeitpunkt ein wissenschaftstheoretisches Grundgerüst, in dessen Rahmen die Idee konstanter natürlicher Größen wieder an Glaubwürdigkeit gewann.[229] Sie nahm aber eine völlig andere Form an als im 18. Jahrhundert. Die Anlehnung der Maße an den Erdumfang oder das Sekundenpendel, die damals zur Debatte gestanden hatte, basierte auf den Eigenschaften konkreter Objekte und damit auf *gemessenen* Größen. Die nunmehr in Erscheinung tretenden Konstanten waren dagegen *theoretische* Kategorien, die definitorisch als unveränderlich gelten mussten. Sie wurden deshalb zu einem späteren Zeitpunkt als *Fundamental*konstanten bezeichnet.[230]

Worauf das Postulat ihrer Unveränderlichkeit beruhte, zeigte die Einordnung des Phänomens der Spektrallinien, die sich Ende der 1850er Jahre aus Untersuchungen von Robert Bunsen und Gustav Robert Kirchhoff ergab. Die beiden Wissenschaftler stellten fest, dass das Lichtspektrum jedes gasförmigen chemischen Elementes ein spezifisches Linienmuster aufwies.[231] Zwar fanden sie für dieses Phänomen keine Erklärung. Aber der Verdacht lag nahe, dass es in der atomaren Struktur des jeweiligen Elementes begründet lag. Die Spektrallinien und mithin auch die unterschiedlichen Wellenlängen des Lichtes waren also unmittelbar an unveränderliche Grundbausteine des physischen Universums geknüpft. Im folgenden Jahrzehnt verdichteten sich die Indizien für diese These. Der britische

---

[227] Vgl. ebd.

[228] Report on the Restoration of the Standards, S. 28 f.; P.P. 1842 [356], XXV.263. Dass Lamont, wie COX, Metric System, S. 29 unter Berufung auf LEE, Measuring, S. 45, berichtet, 1826 die Bestimmung eines Maßes über die Wellenlänge des Lichtes einer roten Cadmiumlampe vorschlug, ist zweifelhaft. Eine Suche nach Quellen, die weder bei Cox noch bei Lee genannt werden, blieb ergebnislos.

[229] Allgemein zur Entwicklung von Energieerhaltung und Thermodynamik vgl. PURRINGTON, Physics, S. 75–112. Zu den wissenschaftstheoretischen Implikationen vgl. ebd., S. 102 f. sowie CHANG, Inventing Temperature, v. a. S. 173 ff. u. S. 202 ff.

[230] Zu dieser Unterscheidung vgl. HACKING, Taming of Chance, S. 55 ff.

[231] Vgl. KNIGHT, Modern Science, S. 78 f. sowie HONG, Theories, S. 281 f.

Astronom William Huggins fand 1867 heraus, dass Wasserstoffmoleküle, wenn sie in Vibration versetzt wurden, ein Licht einer bestimmten Wellenlänge abgaben. Sie war bei stellaren Molekülen und solchen, die unter Laborbedingungen untersucht wurden, dieselbe. Daraus schloss Huggins, dass es sich bei der Wellenlänge um eine konstante, auf den atomaren Eigenschaften des Wasserstoffs beruhende Größe handelte.[232]

Dieser Befund rief einen der wichtigsten Vertreter der zeitgenössischen Physik auf den Plan: James Clerk Maxwell. Er plädierte dafür, die neuen Erkenntnisse zum Ausgangspunkt eines universellen Maßsystems zu machen. 1870 formulierte er den Vorschlag, „standards of length, time, and mass [...] in the wave-length, the period of vibration, and the absolute mass of the imperishable and unalterable and perfectly similar molecules"[233] zu suchen. Drei Jahre später wiederholte er dies auf den ersten Seiten seines Hauptwerkes, des *Treatise on Electricity and Magnetism*.[234]

Maxwells überragende Bekanntheit verhalf der Idee zu weiter Verbreitung. Ihre theoretischen Vorteile waren bestechend. Schließlich boten die genannten Eigenschaften der Moleküle einen absoluten und unzerstörbaren Maßstab. Weder politische Umwälzungen noch Feuer, Erdbeben oder Meteoriteneinschläge konnten ihnen etwas anhaben. Allerdings warf ihre Bestimmung enorme Schwierigkeiten auf. Einzig für die Wellenlänge war sie im letzten Drittel des 19. Jahrhunderts überhaupt denkbar. Deren Vergleich mit großen Distanzen ließ sich aber nach wie vor kaum bewerkstelligen.[235] Der amerikanische Physiker Charles Sanders Peirce unternahm zwar in den 1870er Jahren den Versuch, das Verhältnis der Wellenlänge eines Natriumlichts zum Meter zu bestimmen. Seine Methodik wies allerdings große Defizite auf. Zudem konnte er die Arbeiten aus privaten Gründen nicht zu Ende führen.[236]

In den 1880er Jahren entwickelten Peirces Landsleute Albert Abraham Michelson und Edward Morley aber eine Vorgehenweise, die die Bemessung des Längenmaßes anhand einer Lichtwelle in greifbare Nähe rücken ließ. Den Ausgangspunkt dafür bildete ein Problem, das aus einem völlig anderen Kontext stammte. Es bestand in der Ermittlung der Geschwindigkeit zweier Teile eines Lichtstrahls, die gespalten wurden, sich dann in unterschiedlicher Richtung (relativ zur Erdbewegung) ausbreiteten und schließlich wieder zusammentrafen. Mit dieser überaus bedeutsamen Versuchskonstellation ließ sich die Theorie des Lichtäthers widerlegen. Sie ist deshalb als ‚Michelson-Morley-Experiment' in die Wissenschaftsgeschichte eingegangen.[237]

---

[232] SCHAFFER, Metrology and Metrication, S. 461. Vgl. auch HONG, Theories, S. 282.
[233] MAXWELL, Address, S. 225. Zum Hintergrund von Maxwells Molekül-Begriff, der in hohem Maße religiös fundiert war, vgl. SCHAFFER, Metrology and Metrication, S. 460 ff.
[234] MAXWELL, Treatise, Bd. 1, S. 1–4.
[235] Procès-verbaux des séances de 1889, S. 32 ff.
[236] CREASE, Balance, S. 186–202.
[237] KNIGHT, Modern Science, S. 148 f.; BOWLER und MORUS, Making Modern Science, S. 260–265 sowie hier und im Folgenden ausführlich STALEY, Einstein's Generation, S. 55–62 u. S. 107–113.

Die Veröffentlichungen von Peirce machten Michelson darauf aufmerksam, dass die Apparatur, die er zu diesem Zweck entwickelt hatte – das sogenannte Michelson-Interferometer – auch für den Vergleich des Meters mit der Wellenlänge des Lichtes geeignet war.[238] Auf Initiative des britischen Astronomen David Gill beauftragte das BIPM ihn daraufhin mit entsprechenden Untersuchungen. Dabei gelang es dem Physiker, die Zuverlässigkeit der Messungen für große Distanzen deutlich zu erhöhen. Das hing allerdings nicht nur mit seinem Interferometer zusammen, sondern auch damit, dass er große Sorgfalt auf die Auswahl einer geeigneten Lichtquelle verwendete. Auf der Grundlage umfangreicher Experimente entschied er sich für eine rote Welle aus dem Licht einer Kadmiumlampe.[239]

1893 bestimmte Michelson zusammen mit J. René Benoît, dem Direktor des BIPM, das Verhältnis dieser Welle zu einigen eigens angefertigten Verkörperungen von Bruchteilen eines Meters. Diese wurden dann in einem mehrstufigen Verfahren mit einer Arbeitskopie des Urmaßes und mit dem internationalen Prototypen verglichen.[240] Das Ergebnis war, dass ein Meter der Länge von 1 553 163,5 Wellen des roten Kadmiumlichtes entsprach. Die Unsicherheit über dieses Resultat lag bei etwa einem Mikron. Hinzu kam die Möglichkeit eines versteckten systematischen Fehlers, so dass einige Beobachter eine Abweichung von zwei bis drei Mikron für denkbar hielten.[241] Da es sich um ein vollständig neues Verfahren handelte, galt das als großer Erfolg. Mit der Genauigkeit des Systems der physischen Prototypen konnte die Bestimmung der Wellenlänge allerdings nicht mithalten. Sie lag in den 1890er Jahre bei etwa einem fünftel Mikron. Bis zum Beginn des Ersten Weltkrieges ließ sie sich auf knapp über ein zehntel Mikron erhöhen.[242]

Als Grundlage für eine Neudefinition des Meters war die Wellenlänge deshalb zu diesem Zeitpunkt nicht geeignet. Sie sollte vielmehr eine zusätzliche Absicherung des Maßes ermöglichen und die Überprüfung der dauerhaften Stabilität der Prototypen erleichtern.[243] Allerdings gelang es noch vor dem Ersten Weltkrieg, die Messungen so weit zu verbessern, dass die Genauigkeit der Meterbestimmung anhand der Wellenlänge diejenige anhand der physischen Urmaße annähernd erreichte. Das war das Verdienst der französischen Physiker Charles Fabry und Alfred Perot. Sie entwickelten zwischen 1897 und 1899 ein eigenes Interferometer. Es basierte auf einem anderen Prinzip als der Apparat von Michelson und eignete sich deshalb noch besser für die Vermessung größerer Distanzen.[244] Gemeinsam

---

[238] Vgl. die Beschreibung der Prinzipien des Verfahrens bei LEE, Measuring, S. 46 ff. sowie in Michelsons eigener, populärer Darstellung: MICHELSON, Light Waves, S. 84–106.

[239] Procès-verbaux des séances de 1889, S. 29–34. Zur Auswahl der Lichtquelle vgl. MICHELSON, Détermination expérimentale, S. 15 sowie GUILLAUME, Récents progrès 1913, S. 40.

[240] Zur Erläuterung des Verfahrens vgl. MICHELSON, Détermination expérimentale, S. 3 u. S. 8 sowie QUINN, Artefacts, S. 155 f. Zur Person Benoîts vgl. ISAACHSEN, Introduction historique, S. 25 f.

[241] MICHELSON, Détermination expérimentale, S. 84 f. sowie BIGOURDAN, Système métrique, S. 409.

[242] Vgl. ebd., S. 409 sowie PÉRARD, Les idees, S. 279.

[243] BENOÎT et al., Nouvelle détermination, S. 3 f.

[244] Die Prinzipien des Fabry-Perot-Interferometers sind dargelegt in: FABRY und PEROT, Sur les franges. Die konkrete Funktionsweise ist beschrieben in: dies., Théorie et applications.

mit Benoît nahmen sie 1906 einen neuerlichen Vergleich des Meters mit der Wellenlänge vor. Ihrem Ergebnis zufolge entsprach das Längenmaß 1 553 164,13 Schwingungen des roten Kadmiumlichtes. Der mögliche Fehler dieses Befundes war deutlich geringer als 1892/93. Er belief sich auf ein zehntel Mikron, also ein zehnmillionstel der Gesamtlänge des Meters.[245]

Damit erhöhten Fabry, Perot und Benoît aber nicht nur die Genauigkeit der Bemessung der Wellenlänge. Vielmehr erbrachten sie auch den Nachweis, dass diese Methode konstante Ergebnisse lieferte. Denn der Befund von 1906 lag sehr nahe an dem von 1892/93. Das war umso bemerkenswerter, als die beiden Resultate mit fast fünfzehn Jahren Abstand und zwei unterschiedlichen Versuchsanordnungen erzielt worden waren. Die Reproduzierbarkeit des Verhältnisses von Meter und Wellenlänge galt fortan als gesichert. Als Fabry, Perot und Benoît ihre Ergebnisse veröffentlichten, stellten sie deshalb heraus, dass die Debatte über die Längenmaße an einem Wendepunkt angelangt war. „Ainsi," so schrieben sie,

si, pour une cause quelconque, le prototype du Mètre et ses copies de premier ordre, de valeurs parfaitement connue, venaient à être altéré ou perdus, il serait dorénavant possible de reconstituer l'unité fondamentale des longueurs, telle que nous la possédons ajourd'hui, avec une approximation à très peu égale à celle avec laquelle elle est définie par ces étalons.[246]

Der Wunsch nach einem der Natur entlehnten, unveränderlichen Maß, der seinen Ausgangspunkt in den wissenschaftlichen Debatten des 17. Jahrhunderts gehabt hatte, fand nun also seine Vollendung. Für eine endgültige Umstellung der Definition des Meters mussten allerdings noch zahlreiche Hindernisse überwunden werden. Sie kam deshalb erst 1960 zustande. 1983 wurde das Längenmaß zudem auf der Basis der Lichtgeschwindigkeit neu festgesetzt. Seitdem entspricht ein Meter offiziell der Strecke, die Licht im Vakuum während der Dauer einer 299 792 458stel Sekunde zurücklegt.[247]

Das Kilogramm beruhte hingegen noch bis zum Beginn des 21. Jahrhunderts auf einem physischen Maßnormal. Erst 2018 hat die Generalkonferenz der Maße und Gewichte seine Definition an das Planck'sche Wirkungsquantum und damit ebenfalls an eine Fundamentalkonstante gekoppelt. Mit dem Wirksamwerden dieser Änderungen konnten auch die letzten der Protoypen aus den 1880er Jahren in den Ruhestand treten. Das komplette metrische Maßsystem ist seither wieder an natürliche Größen gekoppelt.[248]

---

[245] BENOÎT et al., Nouvelle détermination, S. 131 f. Vgl. auch GUILLAUME, L'œuvre, S. 214 ff.

[246] BENOÎT et al., Nouvelle détermination, S. 9. Zur Bedeutung der Übereinstimmung mit 1892/93 vgl. ebd., S. 133.

[247] Vgl. QUINN, Artefacts, S. 269–273 u. S. 299 ff. sowie KERSHAW, Twentieth-Century Length, passim.

[248] Zu den vorbereitenden Versuchen einer Neudefinition des Kilogramms vgl. QUINN, Artefacts, S. 341–367. Zur Umsetzung vgl. International System of Units revised in historic vote, URL: <https://www.bipm.org/en/news/full-stories/2018-11-si-overhaul.html/> (Stand: 26.11.2018).

9. Messpraxis und Maßvereinheitlichung in der Industriewirtschaft 1850–1914

Die Internationalisierung des metrischen Systems hatte neben der politischen und der wissenschaftlichen auch eine ökonomisch-technische Dimension. In dieser Hinsicht waren ihr allerdings enge Grenzen gesetzt. Das galt vor allem für die industrielle Produktion. Zwar kam es im Laufe des 19. Jahrhunderts auf zahlreichen Feldern des industriellen Messens zu Standardisierungsprozessen. Aber diese gingen in der Regel nicht auf zentralisierte Festlegungen, sondern auf dezentral getroffene Entscheidungen zurück. Deshalb erlangten in der gewerblichen Güterproduktion vor allem solche Maßnormen große Bedeutung, die von einzelnen, einflussreichen Akteuren gesetzt und über den Marktmechanismus verbreitet wurden. Für die Funktionalität dieser technisch und ökonomisch determinierten de-facto-Standards war die politisch gesteuerte Vereinheitlichung von Maßen und Gewichten nur selten eine Voraussetzung. Auch nachträglich konnte sie sie kaum beeinflussen.

Allerdings war das Problem der industriellen Standardisierung eng mit der Frage der Wettbewerbsfähigkeit von Unternehmen und Gewerbezweigen verknüpft. Angesichts der zunehmenden Konkurrenz auf den Weltmärkten entstand deshalb seit der Mitte des 19. Jahrhunderts ein neuer Modus der Normsetzung, der auf der freiwilligen Kooperation von Ingenieurs- und Industriellenverbänden beruhte. Vor dem Ersten Weltkrieg erlangte diese sogenannte Konsensstandardisierung allerdings nur selten breitere Geltung. Das war meist dann der Fall, wenn der Staat ihre Ergebnisse aufgriff und in de-jure-Normen umwandelte. Unter diesen Umständen konnten Konsensstandards auch internationale Wirkung entfalten, während ihre Reichweite sonst meist auf die nationale Ebene beschränkt blieb.

Die Frage, welchem Muster die Setzung von Maßnormen jeweils folgte, hing dabei stets von den spezifischen Bedingungen der betroffenen Branche ab. Die Bemessungspraxis in der Textilindustrie war beispielsweise in hohem Maße von de-facto-Standards geprägt, die sich weder durch freiwillige Übereinkünfte noch durch staatliche Regulierungen erschüttern ließen. Das betraf vor allem die Methoden zur Ermittlung der Menge und Feinheit der gesponnenen Garne. Im vorindustriellen Kontext hatte sich dafür die Nutzung von Gebinden eingebürgert, deren Zusammensetzung von Ort zu Ort sowie hinsichtlich der Faserart differierte. Die Maß- und Gewichtsreformen des späten 18. und frühen 19. Jahrhunderts trafen in der Regel keine Bestimmungen, um diese Praktiken zu beseitigen.

Die Mechanisierung des Spinnprozesses erbrachte aber eine einschneidende Veränderung. Da ihr Ausgangspunkt in Großbritannien lag, erlangte die dortige Baumwollindustrie eine dominierende Stellung auf den Weltmärkten. Seit dem späten 18. Jahrhundert etablierten sich die in Lancashire üblichen Gebindearten deshalb in ganz Europa als zentrale Handelsgrößen. Auch die britischen Feinheitsnummern, die auf dem Verhältnis der Länge des Fadens zu seinem Gewicht

https://doi.org/10.1515/9783110581959-010

basierten, wurden von der kontinentaleuropäischen Textilindustrie aufgenommen. Nur in Frankreich führte die Regierung stattdessen eine metrische Nummerierung ein. Sie galt allerdings ebenso wie der britische Standard ausschließlich für die Baumwolle. Die Bemessung anderer Faserarten geschah hingegen nach anderen Konventionen. Sie wiesen z.T. große regionale Unterschiede auf. Mitte des 19. Jahrhunderts existierte deshalb weiterhin eine Vielzahl differierender Messpraktiken.

Vor diesem Hintergrund wollten kontinentaleuropäische Industrielle seit den 1870er Jahren die metrische Nummerierung international und für alle Faserarten gleichermaßen etablieren. Aus ihrer Sicht war dies naheliegend, denn der Meter gewann zu diesem Zeitpunkt massiv an Bedeutung, und seine Nutzung hätte ihre Kalkulationen stark vereinfacht. Dennoch konnten sie keine Übereinkunft erzielen. Die bestehenden Bemessungssysteme hatten starke Pfadabhängigkeiten ausgebildet, so dass ihre Abänderung hohe Kosten verursacht hätte. Aus der Sicht der britischen Garnproduzenten gab es zudem keinen Anlass für eine Umstellung. Sie profitierten vielmehr von der großen Popularität ihres eigenen Nummerierungsmodus. Da sie nach wie vor über die größte Marktmacht verfügten, war eine Abänderung der Standards ohne ihre Zustimmung nicht möglich. Die divergierenden ökonomischen Interessen der beteiligten Akteure verhinderten also eine Vereinheitlichung der Garnbemessung.[1]

Ein ähnliches Bild ergibt sich auch mit Blick auf andere Industriezweige, beispielsweise den Maschinenbau. Für zwei seiner wichtigsten Merkmale, den Austauschbau und die maschinelle Fertigung von Teilen, war genaues Messen von zentraler Bedeutung. Vor diesem Hintergrund ersannen die Pioniere der Branche im frühen 19. Jahrhundert komplexe Mechanismen zur Dimensionierung der von ihnen hergestellten Objekte. Auf die staatlich festgesetzten Maße und Gewichte waren sie dabei allerdings nicht angewiesen. Denn der Austauschbau blieb lange Zeit ein rein innerbetriebliches Phänomen. Die Übereinstimmung seiner Messgrößen mit den gesetzlichen Standards war deshalb nicht erforderlich. Und hinsichtlich der maschinellen Fertigung entstanden seit den 1840er Jahren zwar unternehmensübergreifende Systeme von Präzisionsmaßen. Aber bei diesen handelte es sich um de-facto-Standards, die nur einen losen Bezug zu den offiziellen Einheiten aufwiesen. Erst an der Wende vom 19. zum 20. Jahrhundert gab es Bemühungen, sie mit ihnen abzugleichen. Zu Beginn des Ersten Weltkrieges war dieser Prozess aber noch nicht abgeschlossen.

Neben dem genauen Messen erlangte im Maschinenbau sowie in der Eisen- und Stahlindustrie auch die Setzung von Maßnormen für häufig verwendete Einzelteile große Bedeutung. Bei Schrauben beispielsweise waren zunächst zahlreiche unterschiedliche Gewindeprofile üblich gewesen. Seit den 1840er Jahren etablierte sich mit dem britischen Whitworth-Gewinde aber ein de-facto-Standard, der auf dem Kontinent ebenso weite Verbreitung fand wie auf der Insel. In den 1870er

---

[1] Allgemein zum Phänomen der Pfadabhängigkeit vgl. die Diskussion in der Einleitung der vorliegenden Arbeit.

Jahren erwuchs daraus für deutsche und französische Industrielle ein Anreiz, die Einführung einer metrischen Gewindenorm anzustreben. 1898 gelangten sie zu einer entsprechenden Übereinkunft. Ähnlich wie bei den Textilgarnen waren die mit der Frage der Gewindeprofile verknüpften ökonomischen Interessen aber so zuungsten einer Standardisierung verteilt, dass sich ihre Empfehlung kaum umsetzen ließ. Die parallel vorangetriebe Suche nach Normen für die Dicke von Drähten und die Profile von Walzeisen war von diesem Problem noch stärker betroffen. Initiativen zu internationalen Vereinbarungen blieben in diesen Fragen deshalb aus. Umso bedeutsamer waren aber die nationalen Debatten über sie. Sie bildeten die Keimzellen für eine Institutionalisierung der Konsensstandardisierung, die sich im bzw. nach dem Ersten Weltkrieg in der Gründung der *British Standards Institution*, des Deutschen Instituts für Normung und der *Association française de normalisation* niederschlagen sollte.

Vor 1914 entfalteten Maßnormen, die durch freiwillige Vereinbarungen zustande kamen, aber nur geringe Durchschlagskraft. Das gilt auch für die sogenannten ‚neuen Industrien‘ des späten 19. Jahrhunderts, insbesondere die Elektrotechnik. Sie zeichnete sich dadurch aus, dass sie in hohem Grade auf wissenschaftliche Erkenntnisse rekurrierte. Diese Besonderheit prägte auch die Debatten über eine Vereinheitlichung ihrer Maße. Im Kontext des Telegraphenbaus legte Werner Siemens in den 1860er Jahren einen de-facto-Standard für die grundlegende Einheit des elektrischen Widerstands fest. Parallel dazu entwickelte die *British Association for the Advancement of Science* ein alternatives Widerstandsmaß, das primär zu Forschungszwecken dienen sollte. Als Grundlage hierfür zog sie den Meter heran, dessen wissenschaftliche Bedeutung sie ausdrücklich anerkannte. Da ihr System für die elektrotechnische Praxis nur bedingt geeignet war, schuf sie damit aber einen Gegensatz zwischen der ‚praktischen‘ Siemens-Einheit und den sogenannten ‚absoluten‘ BA-Einheiten.

Dieser Gegensatz stand im Mittelpunkt einer Reihe von internationalen Kongressen, die in den 1880er und 1890er Jahren stattfanden. In deren Rahmen konnten sich Deutsche, Briten, Franzosen und Amerikaner zwar vermeintlich auf einen Kompromiss einigen. Die nationalen Elektrizitätsgesetze, die sie zu dessen Umsetzung verabschiedeten, definierten die elektrischen Maße aber dennoch in unterschiedlicher Weise. Die Debatte geriet erst dadurch wieder in Bewegung, dass die beteiligten Länder sie von der Konsensebene auf die offizielle Ebene verlagerten. Eine zentrale Rolle spielten dabei die metrologischen Staatsinstitute wie beispielsweise die 1887 gegründete Physikalisch-Technische Reichsanstalt. Diese neuartigen Organisationen konnten den Konflikt zwischen den Verfechtern der ‚praktischen‘ und der ‚absoluten‘ Einheiten zu Beginn des 20. Jahrhunderts beilegen. Erkauft wurde ihre Einigung allerdings durch eine Fokussierung auf die wissenschaftlichen Aspekte des Problems. Die eng mit ihm verbundene und für die industrielle Praxis überaus bedeutsame Frage einer Neuordnung der magnetischen Einheiten blieb dagegen ungeklärt. Zentralisierte Setzungen von Maßstandards erwiesen sich also als tragfähig, wenn es um die Herstellung von wissenschaftlicher Eindeutigkeit ging. Probleme der marktwirtschaftlichen Koordination, des Wettbewerbs und des Interessenausgleichs blieben von ihnen dagegen unberührt.

Das folgende Kapitel untersucht die Wechselwirkungen zwischen der Internationalisierung des metrischen Systems und der industriellen Messpraxis in drei Schritten. Der erste Abschnitt ist der Bemessung von Garnen in der Textilindustrie gewidmet. Die Maßnormen des Maschinenbaus sowie der Eisen- und Stahlindustrie stehen im Mittelpunkt des zweiten Teils. Der dritte Abschnitt schließlich untersucht die Entstehung der Einheiten der Elektrotechnik.

9.1 Maße und Standardisierungsversuche in der Textilindustrie

9.1.1 Die vorindustrielle Praxis der Garnbemessung

Die Textilindustrie war einer der wichtigsten Gewerbezweige des frühneuzeitlichen Europas. Ihre zentralen Aktivitäten bildeten das Spinnen von Garnen und das Weben von Tuchen. Darüber hinaus umfasste sie zahlreiche weitere Verarbeitungsstufen wie das Kardieren oder das Schneidern. Mit der Mechanisierung *eines* dieser Schritte, des Spinnens, begann im Großbritannien der 1760er Jahre eine Umwälzung des Textilgewerbes. Zunächst betraf sie nur die in Europa traditionell kaum verarbeitete Baumwolle. Im Laufe des 19. Jahrhunderts erfasste die Mechanisierung aber auch weitere Faserarten wie Leinen oder Wolle. Zudem blieb sie nicht auf das Spinnen beschränkt, sondern erstreckte sich bald auch auf die Weberei. Und schließlich prägte sie neben Großbritannien noch eine Reihe weiterer europäischer Länder sowie die USA.[2]

Trotz ihrer technologischen Vorreiterrolle wies die Textilindustrie des 19. Jahrhunderts aber starke Kontinuitäten zur vorindustriellen Zeit auf, z. B. im Hinblick auf die zeitweise fortbestehende Handweberei oder die ausbleibende Mechanisierung des Schneiderns. Diese Koexistenz von traditionellen und modernen Elementen kennzeichnete auch die Bemühungen um eine Standardisierung der textilindustriellen Messpraxis. Das betraf jedoch nicht alle Bearbeitungsschritte in gleicher Weise. So unterlagen etwa die Rohfasern als Handelsgüter zumeist der Bemessung anhand von Hohlmaßen und damit den in Kapitel 5 geschilderten, allgemeinen Tendenzen des Umgangs mit diesen Maßnormen. Mit einigen Einschränkungen gilt das auch für die Produkte des Webens, deren Dimensionierung in der Regel anhand der Längenmaße erfolgte.[3]

---

[2] Vgl. PAULINYI, Umwälzung, S. 282 ff.; FARNIE, Cotton, S. 721 ff.; JENKINS, Wool Textile Industry, S. 761 ff. sowie SOLAR, Linen Industry, S. 812 ff.

[3] Vgl. WANG, Vereinheitlichung, S. 202 f. Zwar hing die Größe der Tuche z. T. auch von der Breite der Webstühle ab. Diese ließ sich aber leicht anhand eines Längenmaßes ausmessen und ggf. umrechnen. Im Maschinenzeitalter war es zudem problemlos möglich, sie zu variieren. Vgl. dazu die Aussagen bei: Report Select Committee Weights and Measures, S. 65 ff.; P.P. 1895 (346), XIII.665.

Die Methoden der Mengenbestimmung bei den Erzeugnissen des Spinnens waren dagegen nur teilweise von der Anwendung der grundlegenden Maße und Gewichte geprägt. Sie basierten vielmehr auf Größen, die unmittelbar aus dem Produktionsprozess hervorgingen. So bemaßen Spinner im vorindustriellen Kontext die Länge ihrer Garne in der Regel anhand des Objektes, das sie zu deren Aufwicklung verwendeten. In seiner einfachsten Form handelte es sich dabei um ein längliches Brett mit je einem an seinen beiden Enden eingeschlagenen Nagel. Die Distanz zwischen diesen Nägeln bildete die Grundeinheit der Längenbestimmung. Sie wurde oft als ein ‚Faden‘ oder im Englischen als ein *thread* bezeichnet. Angesichts der anfallenden Mengen war sie allerdings zu klein, um praktikabel zu sein. Das aus der Aufwicklung des Garns resultierende Bündel stellte deshalb eine zweite, größere Einheit dar, für die sich Begriffe wie *lea*, *échevette*, Stück oder Zaspel einbürgerten. Eine Anzahl zusammengeknoteter Bündel ergab schließlich eine dritte Einheit. Sie war in Großbritannien als *hank* oder *skein*, in Frankreich als *écheveau* und im deutschen Sprachraum als Gebinde, Strähne oder Strehn bekannt und bildete die zentrale Handelsgröße.[4]

Dieses System der Garnbemessung trat allerdings in zahlreichen verschiedenen Ausprägungen auf. Eine wichtige Variation bestand darin, dass im Laufe der Frühen Neuzeit anstelle eines einfachen Nagelbretts zwei zu einem Kreuz vereinigte Leisten oder rahmenartige Gestelle für das Aufwickeln des Garns in Gebrauch kamen. Dabei handelte es sich um die bereits mehrfach erwähnten Haspeln oder Weifen.[5] Hinsichtlich der Bemessung hatten sie den Vorteil, dass sie eine grundlegende Ambiguität der Nagelbretter beseitigten. Denn bei diesen blieb oft unklar, ob ein Faden aus der einfachen oder der doppelten Entfernung zwischen den Nägeln bestehen sollte. Im Falle der Haspeln war die Länge der Grundeinheit dagegen eindeutig. Hinzu kam, dass sie mit einem Zählwerk ausgestattet werden konnten, das die Umdrehungen registrierte und somit die Zuverlässigkeit der Mengenbestimmung erhöhte.[6]

Allerdings eröffneten auch die Haspeln noch große Spielräume für Variationen bei der Garnbemessung. Schließlich hing die Größe eines Gebindes von drei verschiedenen Parametern ab: vom Umfang der Haspel, denn dieser bestimmte die Länge eines Fadens; von der Zahl der Fäden, die ein Bündel ergaben; und schließlich von der Zahl der Bündel, aus denen das Gebinde bestand. Zwar bildeten sich in den Zentren des frühneuzeitlichen Textilgewerbes Konventionen heraus, die diese Variablen regulierten. So legte beispielsweise ein englisches Gesetz von 1662 den Umfang einer Haspel auf einen Yard fest, ein *lea* auf 40 Fäden und ein *hank* auf 14 *lea*. Diese Bestimmung galt aber nur für Norfolk und nur für die Bemessung von Kammgarn. An anderen Orten und für andere Faserarten gab es andere Gebräuche. So war für die in Kidderminster gesponnenen Leinengarne ein Maß von vier Yard pro Faden und 200 Fäden pro *lea* üblich. Die Größe eines *hank* war

---

4 Vgl. BIGGS, Fineness, S. 121 sowie DOURSTHER, Dictionnaire, S. 135.
5 Vgl. Kap. 1.1.1 u. Kap. 2.1.2 dieser Arbeit.
6 Vgl. BIGGS, Fineness, S. 121 sowie ALCAN, Handbuch, Bd. 1, S. 445.

in diesem Fall dagegen nicht festgelegt. Im englischen Baumwollhandel schließlich bürgerte sich im 18. Jahrhundert eine Größe von 54 *inches* (=1½ Yard) pro *thread*, 80 *threads* pro *lea* und 7 *lea* pro *hank* ein. Ein *hank* entsprach also 840 Yard.[7]

Auch auf dem Kontinent waren die Haspelmaße und die Aufbindungssysteme regional und produktspezifisch differenziert. In Frankreich etwa gab es für Wolle schon seit dem Spätmittelalter eine Vielzahl unterschiedlicher Festlegungen. Und für die Baumwolle war dort im 18. Jahrhundert zwar ein Haspelmaß von 1¼ *aunes* allgemein üblich, aber die Größe eines Gebindes schwankte dennoch zwischen 600 und 1000 *aunes*. Von Seiten des französischen Staates genoss die Frage der Garnbemessung zu diesem Zeitpunkt allerdings nur wenig Aufmerksamkeit, vermutlich, weil die Gewerbepolitik aufgrund der Dominanz physiokratischer Ideen insgesamt von untergeordneter Bedeutung war.[8]

In den deutschen Territorien schließlich war die Vielfalt der Garnbemessung besonders ausgeprägt. Denn hier lagen ihr nicht nur unterschiedliche Haspelumfänge und unterschiedliche Aufbindungsarten, sondern auch noch unterschiedliche Längenmaße zugrunde. In Preußen waren deshalb im 18. Jahrhundert einige hundert verschiedene Gebindegrößen üblich, und in Sachsen, dem wichtigsten Zentrum der deutschen Textilindustrie, sah die Situation ähnlich aus. Zwar gab es im Rahmen der merkantilistischen Gewerbepolitik immer wieder Versuche zu einer gesetzlichen Regulierung der Haspelmaße. Aber fast alle Regierungen machten damit schlechte Erfahrungen. Denn angesichts der Vielzahl der Handspinner und ihrer dezentralen Produktionsweise war es unmöglich, eine Abänderung der Bemessungspraktiken zu erzwingen.[9]

Auch von den übergeordneten Maß- und Gewichtsreformen blieb die Garnbemessung vor diesem Hintergrund ausgenommen. Die französischen Gesetze zur Etablierung des metrischen Systems gingen über das Problem völlig hinweg. Auch die britische Neuordnung von 1824/35 traf in dieser Hinsicht keine expliziten Regelungen. Die preußische Maßreform von 1816 schließlich stellte die Haspelmaße und damit die Garnbemessung ausdrücklich von einer etwaigen Vereinheitlichung frei.[10] In Schlesien kam es zwar 1827 dennoch zu einer entsprechenden Verordnung, aber diese bewährte sich aus Sicht der preußischen Regierung nicht. Sie hielt eine Vereinheitlichung der Haspelmaße nach wie vor für schwer kontrollierbar und fürchtete im Fall einer zwangsweisen Durchsetzung hohe soziale Belastungen für die Handspinner.[11] Daneben gab es auch noch einen weiteren Grund für ihre Zurückhaltung. Denn mit der Mechanisierung der Textilverarbei-

---

[7] Biggs, Fineness, S. 122 f.

[8] Vgl. Cardon, Draperie, S. 277 ff.; Duhamel du Monceau, Art de la draperie, S. 59 ff.; Pouchet, Métrologie terrestre, S. 73 f. sowie ders., Numérotage, S. 4 ff.

[9] Vgl. Wang, Vereinheitlichung, S. 205 f. u. S. 246 f.; Gerhard, Merkantilpolitische Handelshemmnisse, S. 71 ff. sowie Kap. 2.1.2 dieser Arbeit.

[10] Maaß- und Gewicht-Ordnung für die Preußischen Staaten, 16.5.1816, § 21, in: Witthöft et al., Deutsche Maße und Gewichte, S. 674–678, hier S. 676.

[11] Vgl. Rönne (Hrsg.), Gewerbe-Polizei, Bd. 1, S. 451 sowie Wang, Vereinheitlichung, S. 247.

tung gewann zu Beginn des 19. Jahrhunderts ein Problem an Bedeutung, das eine gesetzliche Regulierung der Garnbemessung weiter zu erschweren drohte. Dies war die Frage der Feinheit der Garne und der zu ihrer Bestimmung etablierten Nummerierungsysteme.

9.1.2 Die Mechanisierung des Spinnens und die Entstehung der Garnnummerierung

Baumwollgarne
Prinzipiell bestand das Maß der Feinheit aus dem Verhältnis von Länge und Gewicht eines Fadens. Unter vorindustriellen Bedingungen war die Frage, wie es sich zuverlässig ermitteln ließ, nur von untergeordneter Bedeutung. Denn handgesponnene Garne besaßen nur selten jene Qualität und Regelmäßigkeit, die die Voraussetzung für eine systematische Erfassung der Feinheit bildeten. Ihre Eignung für den jeweiligen Verwendungszweck wurde deshalb in der Regel per Augenmaß ermittelt.[12] Wenn es einmal nötig war, die Garne genauer zu taxieren, genügte es, dafür ad hoc gebildete Bemessungssysteme zu benutzen. So bestimmten britische Baumwollhändler und -produzenten die Feinheit seit dem frühen 18. Jahrhundert beispielsweise durch die Zahl der *hanks* à 840 Yard, die benötigt wurden, um ein Gewicht von einem Pfund Avoirdupois auf die Waage zu bringen.[13] Statt eine gegebene Länge eines Baumwollfadens abzuwiegen, nahmen sie also eine Bemessung der Fadenlänge anhand eines fixen Gewichts vor. Die Erklärung hierfür liegt vermutlich im Prozess des Spinnens. Dessen Ausgangspunkt war meist ein dickes Vlies oder Band von einem bestimmten Gewicht, das durch Verstrecken und Verziehen immer dünner wurde. Es lag deshalb nahe, das Ziel des Verarbeitungsprozesses anhand der Länge einer gegebenen Menge des Rohmaterials festzulegen.[14]

Im Laufe des 18. Jahrhunderts entwickelte sich aus diesem Prinzip der Usus, die Garne mit einer Feinheitsnummer zu bezeichnen. Ein Baumwollfaden, bei dem zwölf *hanks* auf ein Pfund kamen, erhielt die Nummer 12, während ein Faden, der 24 *hanks* pro Pfund umfasste, mit der 24 bezeichnet wurde. Je feiner das Garn ausfiel, umso höher war also die Nummer.[15] Diese Systematisierung war eine Folge der Mechanisierung des Spinnens. Sie ging mit einer enormen Ausdifferenzierung der Garnqualitäten einher. James Hargreaves' *spinning jenny* war in dieser Hinsicht allerdings nur von untergeordneter Bedeutung. Ihre Produkte wiesen meist eine geringere Feinheit auf als handgesponnenes Garn.[16] Richard

---

[12] HALSEY und DALE, Metric Fallacy, S. 169.
[13] BIGGS, Fineness, S. 123. Dass die Feinheitsbestimmung grundsätzlich auf dem Avoirdupois-Pfund beruhte, ergibt sich aus STOPFORD, Compendious Table, S. 1. Vgl. aber die qualifizierenden Erläuterungen im weiteren Verlauf des Textes.
[14] Vgl. PAULINYI, Umwälzung, S. 286; BOHNSACK, Spinnen und Weben, S. 194 sowie das weiter unten geschilderte, gegenläufige Beispiel der Bemessung von Seidengarnen.
[15] BIGGS, Fineness, S. 123.
[16] BOHNSACK, Spinnen und Weben, S. 202.

Arkwrights 1769 patentierter *water-frame* und Samuel Cromptons 1779 in Betrieb genommene *mule* spielten für die Entstehung der Nummerierungssysteme dagegen eine Schlüsselrolle. Arkwrights Erfindung produzierte Fäden in einer Feinheit, die per Hand nur in Ausnahmefällen hergestellt werden konnte. Sie belief sich auf bis zu 48 *hanks* pro Pfund.[17] Und die *mule* sprengte den Rahmen der bis dahin verfügbaren Garnqualitäten völlig. Schon zu ihren Anfangszeiten erreichte sie eine Feinheit von 80 *hanks* pro Pfund. Schrittweise Verbesserungen erlaubten bis in die 1830er Jahre hinein sogar die Produktion von Garnen, bei denen 350 *hanks* auf ein Pfund kamen.[18]

Vor diesem Hintergrund stieg die Nummerierung anhand des Hanks-pro-Pfund-Prinzips seit dem späten 18. Jahrhundert zur zentralen Größe für die Ermittlung der Qualität von Baumwollgarnen auf.[19] Die überregionale Vermarktung, bei der die *hanks* in Packen von fünf oder zehn Pfund zusammengefasst wurden, beförderte diesen Prozess, weil die Packungsgrößen den Webern als Grundlage für die Kalkulation der von ihnen benötigten Mengen dienten. Und als in der Spinnerei vermehrt Dampfkraft zum Einsatz kam und die Handweberei seit den 1830er Jahren durch maschinelle Webstühle verdrängt wurde, verfestigte sich das Hanks-pro-Pfund-System noch zusätzlich. Beide Entwicklungen führten zu einer weiteren Ausdifferenzierung der Garnqualitäten und zu einer tiefergehenden Verwurzelung der Baumwollnummerierung in der betrieblichen Kalkulation.[20]

Prinzipiell erleichterte diese de-facto-Standardisierung allen Beteiligten die Arbeit. Allerdings zog sie auch ein Problem nach sich. Denn im überbetrieblichen Austausch popularisierte sie zwar die Bemessung der Fadenlänge anhand eines fixen Gewichtes. Aber bei der innerbetrieblichen Qualitätskontrolle war es unmöglich, die Feinheit des Garns auf diese Weise zu bestimmen, ohne es unbrauchbar zu machen. Die einzig praktikable Lösung bestand darin, eine fixe Länge – in der Regel ein *lea* – aus der Produktion zu entnehmen und sie zu wiegen. Dabei bedienten sich die Spinnereibetriebe im 18. Jahrhundert meist einer gewöhnlichen Balkenwaage. Seit dem frühen 19. Jahrhundert verwendeten sie dagegen die für diesen Zweck besonders geeignete Neigungswaage.[21]

Für die Vermarktung mussten die Hersteller das Gewicht eines *lea* dann auf das Hanks-pro-Pfund-System umrechnen. Das war allerdings eine recht komplizierte Operation. Sie wurde zudem dadurch erschwert, dass bei der Bestimmung der Feinheit anhand einer fixen Länge das Troy-Pfund, bei derjenigen anhand eines

---

[17] BIGGS, Fineness, S. 123.

[18] BAINES, History, S. 200.

[19] POUCHET, Numérotage, S. 3.

[20] Vgl. KARMARSCH, Baumwollspinnerei, S. 600 f.; HALSEY und DALE, Metric Fallacy, S. 188 f. (zur Verpackung); Official Report, S. 73 f. u. S. 80 (zur Verankerung in der betrieblichen Kalkulation) sowie PAULINYI, Umwälzung, S. 303 ff. und FARNIE, Cotton, S. 726 (zur technologischen Entwicklung des Spinnens und Webens).

[21] Vgl. HALSEY und DALE, Metric Fallacy, S. 157 f. sowie BIGGS, Fineness, S. 123 f. Zu den Waagen vgl. ebd., S. 126 f.; ALCAN, Handbuch, Bd. 1, S. 449 sowie allgemein zur Neigungswaage Kap. 5.2.1 dieser Arbeit.

fixen Gewichtes aber das schwerere Avoirdupois-Pfund zum Einsatz kam.[22] Statt jedesmal eine gesonderte Berechnung vorzunehmen, griffen die Baumwollindustriellen deshalb auf Tabellen zurück, die das Verhältnis zwischen den beiden Vorgehensweisen fixierten. Insbesondere eine 1786 von Joseph Stopford erarbeitete und 1813 neu veröffentliche, diesbezügliche Zusammenstellung erlangte dabei große Bedeutung. Sie schrieb das Nummerierungssystem des britischen Baumwollhandels auf Jahrzehnte hinaus fest.[23]

Von der zwischen 1824 und 1835 in Angriff genommenen Vereinheitlichung der *Imperial Measures* blieben die Methoden der Feinheitsbestimmung dagegen unberührt. Dabei bot die Reform eine gute Gelegenheit, sie in einem wichtigen Punkt zu verbessern. Sie etablierte nämlich erstmals einen festen Wert für das Verhältnis zwischen dem Troy- und dem Avoirdupois-Pfund. Da letzteres nun mit genau 7000 *grains* angenommen wurde und je 7 *lea* auf ein *hank* gingen, hätte die Feinheitsberechnung erheblich vereinfacht werden können. Eine entsprechende Abänderung der Garntabellen blieb aber aus.[24] Stattdessen mussten die Spinner nach anderen Möglichkeiten suchen, um sich die Arbeit zu erleichtern. So nahmen einige von ihnen z. B. eine Dezimalisierung der Berechnungen vor. Daneben griffen sie seit der Jahrhundertmitte vermehrt auf eigens konstruierte Waagen zurück, die statt des Gewichts direkt die gewünschte Garnnummer anzeigten und die Tabellen damit überflüssig machten. In der Folgezeit wurden diese Messinstrumente weiter perfektioniert und in automatische Abläufe bei der Herstellung integriert. Das System der Garnnummerierung schuf sich also eine eigene materielle Infrastruktur von Gewichten und Waagen, die seinen Gebrauch weiter verfestigte.[25]

Seine Reichweite erstreckte sich zudem nicht nur auf Großbritannien, sondern auch auf große Teile des europäischen Kontinents. Schon in der ersten deutschen Spinnfabrik, die 1783/84 von Johann Gottfried Brügelmann gegründet wurde, diente es zur Klassifizierung von Kettgarnen. Eine technologische Notwendigkeit gab es dafür allerdings nicht. Zwar griff Brügelmann in hohem Maße auf englische Maschinen zurück, aber das Haspeln, das als Grundlage der Bemessung diente, geschah zu diesem Zeitpunkt noch von Hand. Für die Schussgarne konnte das Unternehmen deshalb ein regionales Nummerierungssystem verwenden.[26] Diese Differenzierung hatte ökonomische Ursachen. Während Brügelmann sich beim Kettgarn bereits der Konkurrenz der englischen ‚Maschinengespinste' erweh-

---

[22] BIGGS, Fineness, S.124. Diese Vorgehensweise war eine Folge der in Kap.1.2.1 geschilderten vormodernen Praxis, für geringe Mengen kleinere Gewichte heranzuziehen als für große Mengen. Die Bestimmung anhand einer fixen Länge geschah in der Regel auf der Grundlage eines einzelnen *lea*, diejenige anhand eines fixen Gewichtes aber auf der Grundlage mehrerer *hanks*.

[23] STOPFORD, Compendious Table sowie ders. und GERRARD, Compendious Table. Vgl. auch BIGGS, Fineness, S.124 sowie CHANEY, Weights, S.138, wo eine Neuauflage von 1895 (!) erwähnt ist.

[24] BIGGS, Fineness, S.125.

[25] Vgl. ebd., S.126f.; ders. und HUTCHINSON, Yarn Balance, passim sowie ALCAN, Handbuch, Bd.1, S.449.

[26] PLAUM, Garnnummerierung, S.202. Zur Verbreitung der britischen Baumwolltechnik auf dem Kontinent vgl. BECKERT, King Cotton, S.153ff.

ren musste, waren diese zum Zeitpunkt der Eröffnung seiner Fabrik noch zu fest, um als Schussgarn dienen zu können. Die Übernahme des britischen Nummerierungssystems erfolgte also „nicht zwangsläufig, sondern entsprang wohl auch einem praktischen wie ökonomischen Kalkül unter verstärkten internationalen Wettbewerbsbedingungen."[27]

Mit dem Ende der Kontinentalsperre erlangte das Problem der Konkurrenzsituation eine nochmals erhöhte Bedeutung. Neben der Rücksichtnahme auf die Handspinnerei bildete es den zweiten Grund dafür, dass die Haspelmaße von der preußischen Maßreform von 1816 ausgenommen wurden. Die maschinellen Spinnereien genossen in deren Rahmen eine Vorzugsbehandlung. Sie konnten dem Gesetz zufolge frei entscheiden, welche Haspel sie verwenden wollten.[28] Der Sinn dieser Regelung bestand darin, den Industriellen den Rückgriff auf die britische Garnnummerierung zu ermöglichen. Dieselbe Zielsetzung prägte auch die weitere Debatte über die preußischen Haspelmaße. So erwog die Verwaltung 1818 die Möglichkeit, deren Umfang einheitlich auf zwei preußische Ellen festzulegen, so dass er näherungsweise mit demjenigen der britischen Eineinhalb-Yard-Haspel übereingestimmt hätte. Zwar entschied sie sich schließlich gegen eine solche Regelung, aber die Zwei-Ellen-Haspel kam in den folgenden Jahren dennoch weithin in Gebrauch.[29]

Die Notwendigkeit zur Umrechnung ersparte das den preußischen Spinnern allerdings nicht. Zum einen mussten sie wie ihre Kollegen auf der Insel zwischen den unterschiedlichen Modi der Feinheitsbestimmung in der Produktion und der Vermarktung hin- und herwechseln. Und zum anderen standen ihnen in der Regel keine britischen Gewichte zur Verfügung. Sie konnten die Garnnummern also nur anhand der heimischen Masseneinheiten errechnen.[30] Das änderte sich auch nicht, als sie in den 1830er Jahren begannen, englische Spul- und Haspelmaschinen zu importieren. Dennoch erleichterte ihnen dieser Schritt die Bemessung, denn die neuartigen Apparaturen wickelten das Garn auf zwanzig bis fünfzig Haspeln gleichzeitig und banden es dabei automatisch zu 840-Yard-*hanks* zusammen.[31] Im Zusammenhang mit der Durchsetzung der dampfgetriebenen Spinnerei verbreiteten sich die Spulmaschinen rasant. Zu Beginn der 1860er Jahre waren die 1½-Yard-Haspel und der *hank* zu 840 Yard in der deutschen Baumwollverarbeitung deshalb allgegenwärtig. Die Tatsache, dass die Spinnereien seit der Jahrhundertmitte zunehmend Exportmärkte eroberten, auf denen die Konsumenten seit langer Zeit mit dem britischen System arbeiteten, tat ein Übriges, um sie zur Verwendung dieses de-facto-Standards anzuhalten.[32]

---

[27] PLAUM, Garnnumerierung, S. 202.

[28] Maaß- und Gewicht-Ordnung für die Preußischen Staaten, 16.5.1816, § 21, in: WITTHÖFT et al., Deutsche Maße und Gewichte, S. 674–678, hier S. 676.

[29] WANG, Vereinheitlichung, S. 248f.

[30] Vgl. KARMARSCH, Baumwollspinnerei, S. 596ff. sowie ALCAN, Handbuch, Bd. 1, S. 447ff.

[31] Vgl. URE, Cotton Manufacture, Bd. 2, S. 214ff. sowie ALCAN, Handbuch, Bd. 1, S. 445f.

[32] Vgl. Gutachten über Einführung gleichen Maßes und Gewichtes, S. 519 und GROSS, Garn-Nummerierung, S. 4f.

Im Großen und Ganzen entsprach die deutsche Entwicklung auch derjenigen der übrigen europäischen Länder sowie der USA. Nahezu überall setzten sich mit der britischen Technik und der britischen Exportkonkurrenz auch die britischen Haspelmaße und das britische Nummerierungssystem durch. Nur Frankreich bildete von dieser Regel eine Ausnahme. Dort entstand in der ersten Hälfte des 19. Jahrhunderts ein System der Garnbemessung, das auf dem Meter basierte. Dabei war die französische Baumwollindustrie nicht weniger vom britischen Technologieimport geprägt als diejenige anderer Länder, im Gegenteil. Schon in den frühen 1780er Jahren brachten Industriespione wie James Holker Spinnmaschinen von Lancashire nach Nordfrankreich. Holker machte in diesem Rahmen auch die Nummerierung von Baumwollgarnen anhand des Verhältnisses von Länge und Gewicht auf der Südseite des Ärmelkanals bekannt.[33]

Allerdings geschah das zu einem Zeitpunkt, zu dem der 840-Yard-*hank* noch keine international übliche Größe war. Der englischstämmige Unternehmer nahm sich deshalb die Freiheit, ihn an die französischen Einheiten anzupassen. Rechnerisch entsprachen 840 Yard 648½ Rouener Ellen. Da das *livre poids du marc* aber etwas schwerer war als das englische Avoirdupois-Pfund, legte er die Länge eines Gebindes stattdessen auf 700 Ellen fest. Auf diese Weise konnte er mit dem französischen Gewicht die britischen Feinheitsnummern ermitteln.[34] Einigen anderen Industriellen war die Übereinstimmung der Gebindelängen allerdings wichtiger als diejenige der Nummerierung. Sie arbeiteten deshalb mit *écheveaus* von 650 Ellen, also dem unmittelbaren (gerundeten) Äquivalent von 840 Yard. Und wieder andere benutzten Gebinde von 1000 Ellen, weil diese Vorgehensweise eine Dezimalisierung des Nummerierungssystems ermöglichte. Die Einführung des Meters verkomplizierte die Lage zunächst noch weiter. Zwar gab es in ihrem Rahmen keine expliziten Regelungen für die Garnbemessung. Das hinderte einzelne Unternehmer aber nicht daran, ihre Gebindelängen nunmehr auf 1000 Meter (840 Ellen) abzuändern, um so eine mögliche Neuordnung vorwegzunehmen.[35]

Der Administration war diese Vielzahl der Maßkonventionen erwartungsgemäß ein Dorn im Auge. Im Dezember 1810 erließ Napoleon deshalb ein Dekret, das eine vollständige Umstellung der Garnnummerierung auf das metrische System verordnete. Die Gebinde sämtlicher Faserarten (also nicht nur der Baumwolle) sollten künftig eine einheitliche Länge von 1000 Metern aufweisen und aus 10 Bündeln von je 100 Metern bestehen. Zudem war die Garnnummer fortan nicht mehr auf der Basis des Pfundes, sondern auf derjenigen des Kilogramms zu ermitteln.[36] Diese Verordnung trat zwar offiziell in Kraft, aber die Verwaltung

---

[33] POUCHET, Numérotage, S. 4. Allgemein zum anglo-französischen Technologietransfer in der Baumwollindstrie sowie zur Rolle Holkers vgl. CHASSAGNE, Coton, S. 191 ff.

[34] POUCHET, Numérotage, S. 4. Da die Rouener Elle deckungsgleich mit der Pariser Elle war, basierten Holkers Gebinde auf demselben Längenmaß wie diejenigen der im Folgenden genannten Industriellen.

[35] Vgl. ebd., S. 5 f.

[36] Décret Impérial, portant Fixation de la longueur des fils qu'on fabrique avec le coton, le lin, le chanvre ou la laine, 14.12.1810, Art. 1–2, in: RONDONNEAU (Hrsg.), Collection des lois, Bd. 2, S. 555–556, hier S. 555 f.

hatte gute Gründe, sie schnell wieder zurückzuziehen. Zum einen war die Ver-einheitlichung der Gebindelängen bei denjenigen Fasern, die von Hand gespon-nen wurden, kaum zu kontrollieren. Und zum anderen warf das Dekret auch für die Maschinenspinnerei Probleme auf. Denn die Umstellung der Nummerie-rungsbasis auf das Kilogramm verdoppelte die Fehlermarge, wenn die Feinheit aus den geringen, tatsächlich gewogenen Mengen hochgerechnet werden musste. Zudem wiesen die neuen Maße eine völlig andere Größenordnung auf als die alten.[37]

Allerdings bot die 1812 beschlossene Einführung der *mesures usuelles* eine naheliegende Lösung für diese Probleme. Sie legalisierte den Gebrauch des metri-schen Pfundes.[38] Dessen Gewicht lag sehr nahe bei demjenigen des altfranzösi-schen *livre*, das zuvor für die Feinheitsbestimmung verwendet worden war. Ab 1815 gab es zudem noch einen weiteren Anreiz für einen Neuanlauf in Sachen metrischer Garnnummerierung. Denn seit dem Wegfall der Kontinentalsperre bemühte sich die französische Regierung intensiv darum, die heimische Indus-trie durch Zölle vor Importkonkurrenz zu schützen. 1816 erließ sie deshalb ein Gesetz, das eine Markierungspflicht für einheimische Textilprodukte einführte, um ihre Zollfreiheit zu gewährleisten zu können. Im Falle des Garns erwies sich das eigentlich vorgesehene Kennzeichen allerdings als unpraktikabel. 1818 be-schloss die Regierung deshalb, dass seine Markierung durch die Art bzw. das Maß der Aufbindung erfolgen sollte.[39] Zur Umsetzung dieses Beschlusses griff sie im Jahr darauf die Verordnung von 1810 wieder auf und versuchte, sie doch noch in die Tat umzusetzen. Dabei ging sie nun aber pragmatisch vor. Erstens akzeptierte sie die Verwendung des metrischen Pfundes als Bemessungsgrund-lage. Und zweitens beschränkte sie die Geltung des neuerlichen Dekrets auf die Baumwolle, denn die Schutzzölle und damit auch die Markierungspflichten gal-ten nur für diese Faserart.[40]

Die solchermaßen abgespeckte Variante der metrischen Garnnummerierung konnte die Verwaltung in den folgenden Jahrzehnten weitgehend durchsetzen. Eine wichtige Rolle spielte dabei die Tatsache, dass der Mechanisierungsgrad der französischen Baumwollindustrie zum Zeitpunkt der Umstellung noch relativ ge-ring war. Deshalb mussten zur Implementierung der Verordnung nur die Zähl-werke der Handhaspeln umgestellt, aber keine komplexen, automatischen Haspelmaschinen ausgetauscht werden. Aus ähnlichen Gründen warf auch die z.T. nötige Abänderung der Haspelumfänge nur vergleichsweise geringe Probleme

---

[37] Vgl. Halsey und Dale, Metric Fallacy, S.170f. sowie zur Fehlermarge: Congrès international pour l'unification du numérotage du fils, S.23.

[38] Vgl. Kap.4.1.1 dieser Arbeit.

[39] Loi sur les Douanes, 21.4.1818, Titre VI, Art.46, in: Rondonneau (Hrsg.), Collection géné-rale, Bd.16, S.220–232, hier S.229. Zum Gesetz von 1816 vgl. Chassagne, Coton, S.272f. so-wie Todd, Identité économique, S.55ff.

[40] Vgl. Ordonnance du Roi concernant le nouveau mode de dévidage et d'enveloppe des cotons filés, 26.5.1819, in: Duvergier (Hrsg.), Collection complète, Bd.22, S.217f. sowie Instruction approuvé par le Ministre de l'Intérieur (comte Decazes), pour le numérotage de fils de coton, o.D. [1819], in: Circulaires, instructions et autres actes tome III, S.449–462.

auf.[41] In erster Linie war der Erfolg der Verordnung allerdings nicht auf diese technischen Faktoren, sondern auf ihre Verknüpfung mit der Frage des Außenhandels zurückzuführen. Denn die Schutzzölle eliminierten die britische Konkurrenz und sorgten so dafür, dass sich deren Standard nicht weiter verbreiten konnte. Und die mit ihnen verbundene Markierungspflicht bot einen wirkungsvollen Hebel, um die metrische Nummerierung der heimischen Garne zu erzwingen.[42] Die französische Entwicklung stellte damit im europäischen Kontext eine Ausnahme dar, die auf die Rolle des Landes als Geburtsstätte des metrischen Systems und auf die Abschottung seiner Baumwollindustrie gegenüber britischen Importen zurückging.

Leinen-, Woll- und Seidengarne
Für andere Faserarten als die Baumwolle bildeten sich nahezu überall abweichende Nummerierungssysteme heraus. Am wenigsten galt das noch für die Leinengarne, denn ihre Bemessung geschah ebenfalls anhand eines von Großbritannien dominierten de-facto-Standards. Dessen Verbreitung setzte allerdings deutlich später ein als diejenige der britischen Baumwollnummerierung. Die Ursache hierfür lag in der verzögerten Mechanisierung des Flachsspinnens. Sie begann erst in den 1820er Jahren, und erst ab der Jahrhundertmitte eroberte maschinengefertigtes Leinengarn die Märkte auf dem Kontinent.[43]

Bis zu diesem Zeitpunkt überwogen deshalb noch lokale Haspelmaße und Bemessungspraktiken. In Deutschland und in Österreich war deren Vielfalt besonders ausgeprägt. Während beispielsweise in Hannover die Länge einer Leinenhaspel 3¾ Hannoversche Ellen betrug, 90 Haspellängen ein Gebinde und 10 Gebinde ein Lopp oder Stück bildeten, umfasste eine schlesische Zaspel 20 Gebinde à 20 Fäden von je 4 schlesischen Ellen und ein österreichisches Wiel 240 Fäden à 1½ oder 2½ Wiener Ellen.[44] Diese Divergenzen spiegelten sich auch in den Methoden der Feinheitsbestimmung wider. Sie bestanden entweder darin „anzugeben, wie viel Stück Garn auf 1 Pfund gehen (jedoch ohne daß dabei eine eigentliche Numerierung stattfindet), oder das Gewicht eines Stückes Garn in Lothen auszusprechen. Beide Methoden [...] sind, wie man leicht einsieht, höchst schwankend nach Verschiedenheit der landesüblichen Gewichte und der Fadenlänge im Stücke."[45]

In Frankreich war die Situation etwas übersichtlicher. Da die dortige Leinenindustrie in der ersten Hälfte des 19. Jahrhunderts nicht mehr für lokale Märkte

---

[41] Extract from the Report of the Chamber of Commerce at Mühlhausen, on the Question of a Uniform Numbering of Yarn, in: Reports Vienna Universal Exhibition Part IV, S. 596–599, hier S. 597f.; P.P. 1874 [C.1072-IV], LXXIII Pt.IV.1.731. Zur Abänderung der Haspelumfänge vgl. Instruction approuvé par le Ministre de l'Intérieur (comte Decazes), pour le numérotage de fils de coton, o. D. [1819], in: Circulaires, instructions et autres actes tome III, S. 449–462, hier S. 450f.
[42] TODD, Identité économique, S. 63–81 schildert die außerordentliche Konsequenz, mit der die Regierung die Importbeschränkungen durchsetzte.
[43] SOLAR, Linen Industry, S. 814f. u. S. 817.
[44] ALCAN, Handbuch, Bd. 1, S. 450f.
[45] Ebd., S. 453f.

arbeitete, sondern hochwertige Exportprodukte fertigte, verwendete sie bereits vor der Mechanisierung ein einheitliches Maß. Es basierte auf dem sogenannten *quart*, einem Gebinde von 3200 Ellen. Für die Feinheitsbestimmung zogen die Leinenproduzenten aber trotz des altfranzösischen Längenmaßes das halbe Kilogramm heran. Gegen die Jahrhundertmitte verbreitete sich zudem auch die metrische Aufbindung, wie sie für die Baumwolle gebräuchlich war.[46]

In Großbritannien schließlich verwendeten die Hersteller von Leinengarn zu diesem Zeitpunkt ein Nummernsystem, das auf einem *hank* von 300 Yard und seinem Verhältnis zum Pfund basierte.[47] Die genauen Ursprünge dieser Maßkonvention sind unbekannt, aber sie scheint erst durch die Mechanisierung der Leinenspinnerei entstanden zu sein. Deren Auswirkungen auf die traditionellen Produktionsstrukturen waren so umstürzend, dass die bis dahin auch in Großbritannien üblichen, lokalen Bemessungssysteme bald außer Gebrauch gerieten. Auf der europäischen Ebene wiederholte sich dieses Schauspiel in den 1840er und 1850er Jahren. Als die kontinentale Leinenindustrie am Ende dieses Zeitraums schließlich ebenfalls auf die maschinelle Spinnerei umsattelte, sah sie sich deshalb gezwungen, den mittlerweile allgegenwärtigen britischen Standard zu übernehmen. Dieser Prozess ging allerdings nur langsam vonstatten, und er blieb zudem unvollständig. In Österreich war beispielsweise bis Anfang des 20. Jahrhunderts ein lokales Bemessungssystem für Leinengarne in Gebrauch, das trotz der zwischenzeitlichen Einführung des Meters auf der Wiener Elle beruhte.[48]

Als ebenso dauerhaft erwiesen sich traditionelle Maßgebräuche in der Wollverarbeitung. Die Situation bei den Kammgarnen unterschied sich dabei allerdings deutlich von derjenigen bei den Streichgarnen. Da erstere sehr viel fester waren als letztere, konnten sie mit geringfügigen Anpassungen auf dem *waterframe* oder der *mule* gesponnen werden. Ihre Herstellung ließ sich also früh mechanisieren. Das dabei verwendete Nummerierungssystem stieß im innerbritischen Kontext schnell auf breite Akzeptanz. Es basierte auf der 1777 für Kammgarn festgeschriebenen Haspel von einem Yard, woraus sich ein *hank* von 560 Yard ergab.[49]

Anders als bei der Baumwolle setzte sich dieser Standard auf dem Kontinent aber nicht durch. Denn die dortigen Kammgarnproduzenten übernahmen die mechanische Spinnerei nicht direkt aus Großbritannien, sondern adaptieren zu diesem Zweck die Maschinerie für die Baumwollverarbeitung. Die deutschen Spinner verwendeten deshalb für das Kammgarn die britische *Baumwoll*bemessung, die auf dem 840-Yard-*hank* basierte. Obwohl sie Yard und Pfund benutzten, wichen ihre Feinheitsnummern also von denjenigen ihrer Kollegen auf der Insel

---

[46] Vgl. ebd., S. 452 sowie HACHETTE, Mémoire, S. 354. Zur Exportorientierung der französischen Leinenindustrie vgl. BRODER, Économie, S. 132 und BARJOT et al., La France, S. 97.

[47] ALCAN, Handbuch, Bd. 1, S. 453.

[48] Vgl. KUTZER, Garn-Nummerierungen, S. 5 f.; HALSEY und DALE, Metric Fallacy, S. 160 u. S. 212; ALCAN, Essai, S. 410 f. sowie allgemein zur Entwicklung der kontinentalen Leinenverarbeitung SOLAR, Linen Industry, S. 816 ff.

[49] BIGGS, Fineness, S. 122 f. Zur Mechanisierung vgl. JENKINS, Wool Textile Industry, S. 762 f.

ab.[50] In Frankreich beruhten sie dagegen von vornherein auf einer völlig anderen Grundlage. Dort war schon vor der Mechanisierung die Bemessung anhand einer *échevette* von 600 Ellen üblich gewesen. Diese Praxis blieb bis zum Ende des 19. Jahrhunderts erhalten. Nur die Gewichtsbasis wurde vom altfranzösischen auf das metrische Pfund umgestellt. Gleichzeitig scheint Mitte des 19. Jahrhunderts in einigen Regionen auch eine Nummerierung mittels des Kilogramms gebräuchlich gewesen zu sein, wenngleich dieser Modus keine große Bedeutung erlangte.[51]

Noch vielfältiger war das Bild bei den Streichgarnen. Hier blieben lokal variierende Haspelgrößen und Nummerierungen das gesamte 19. Jahrhundert hindurch dominant. Noch zu Beginn des 20. Jahrhunderts basierten sie dabei gelegentlich auf offiziell längst obsoleten Ellenmaßen.[52] Diese Entwicklung hatte zum Teil technologische Ursachen. Wegen der geringen Festigkeit der Fasern konnte die Streichgarnspinnerei erst in der zweiten Hälfte des 19. Jahrhunderts mechanisisert werden. Ihre Produkte wendeten sich zudem sehr viel stärker an lokale Märkte als diejenigen der anderen Faserarten. Die Bemessungssysteme der Streichgarnhersteller unterlagen deshalb nur in geringem Maße einer Normierung durch Exportkonkurrenz. Und schließlich kam noch hinzu, dass die Verarbeitung dieser Faserart überdurchschnittlich häufig in Spinnwebereien organisiert war, also in Einrichtungen, die das gesponnene Garn unter dem eigenen Dach weiterverarbeiteten. Die Frage der Nummerierung war in ihrem Fall häufig nur von innerbetrieblicher Bedeutung.[53]

Eine Sonderrolle kam schließlich den Bemessungssystemen für die wertvollste der in Europa gehandelten Fasern, also die Seide zu. Ihre Ausnahmestellung resultierte aus der außerordentlichen Feinheit des von der Seidenraupe gesponnenen Garns.[54] Sie führte dazu, dass die Verarbeitung der Rohfaser zu einem webbaren Faden – die sogenannte Verzwirnung – bereits im 13. Jahrhundert erfolgreich mechanisiert werden konnte. Diese Technologie blieb allerdings zunächst auf Oberitalien begrenzt. Erst im späten 17. und frühen 18. Jahrhundert strahlte sie auch auf andere Regionen aus. Dazu gehörten unter anderem Zürich, Krefeld und Derby, vor allem aber das französische Lyonnais, das zu einem wichtigen europäischen Zentrum der Seidenverarbeitung aufstieg.[55]

Angesichts der italienischen Vorreiterolle übernahmen diese ,Newcomer' nicht nur die Technik, sondern auch die Maßkonventionen der Lombardei und des Piemonts. Das galt insbesondere für Lyon. Seit dem 18. Jahrhundert nutzten italienische und französische Seidenhändler für die Garnbemessung deshalb eine einheitliche Gebindelänge von 9600 *aunes* und ein Gewicht von einem *denaro*

[50] ALCAN, Handbuch, Bd. 1, S. 458.
[51] Vgl. ebd.; ders., Essai, S. 411 sowie KUTZER, Garn-Nummerirungen, S. 13.
[52] Vgl. ebd., S. 14 ff.; BIGGS, Fineness, S. 127; ALCAN, Essai, S. 411 f.; HALSEY und DALE, Metric Fallacy, S. 191 ff.; PLAUM, Garnnumerierung, S. 203 sowie WEISS, Vereinheitlichung, S. 165 f.
[53] Vgl. HALSEY und DALE, Metric Fallacy, S. 150 (Zitat Édouard Simon) u. S. 168 sowie zur Mechanisierung JENKINS, Wool Textile Industry, S. 763.
[54] HALSEY und DALE, Metric Fallacy, S. 176.
[55] Vgl. LUDWIG, Technik, S. 96 f.; TROITZSCH, Technischer Wandel, S. 152 sowie CHALINE, XVIIIe siècle, S. 165.

bzw. *denier*.[56] Die Normalpfunde, die dieser Einheit zugrunde lagen, waren allerdings nicht dieselben. Im Piemont handelte es sich um das Turiner Pfund, in der Lombardei um das leichte Mailänder Pfund und in Lyon um das *livre de Montpellier*. Die beiden zuletzt genannten Standards waren aber nahezu identisch, und die geringere Masse des Turiner Maßes ließ sich durch die Verwendung von etwas kürzeren Gebinden kompensieren. Im Ergebnis waren die italienischen und französischen Feinheitsbestimmungen deshalb austauschbar.[57]

Das Nummerierungssystem, das in ihrem Rahmen zum Einsatz kam, unterschied sich allerdings in einem zentralen Punkt von demjenigen für Wolle, Baumwolle oder Leinen. Denn die Seidenhändler benannten die Qualitäten ihrer Zwirne nicht anhand eines fixen Gewichts, sondern anhand einer fixen Länge. Anders als bei den übrigen Fasern war die Seidennummer also umso niedriger, je feiner das Garn ausfiel. Diese Besonderheit ergab sich aus dem Prozess der Verzwirnung. Da dabei aus einem dünnen Rohmaterial ein dickerer Faden entstehen sollte, war es naheliegend, das Ziel dieses Verfahrens genau spiegelbildlich zur Baumwolle, also anhand des angestrebten Gewichts einer gegebenen Länge zu definieren.[58]

Aufgrund der dominanten Position der italienischen und französischen Seidenindustrie übernahmen Schweizer, Deutsche und Briten dieses Nummerierungssystem im Laufe des 18. und 19. Jahrhunderts weitgehend und verhalfen ihm so zu europaweiter Geltung.[59] Es sollte bis in das 20. Jahrhundert hinein Bestand haben und alle Versuche zu seiner Abänderung überleben. Zwar ging die französische Seidenindustrie in den 1820er Jahren dazu über, die Gebindelängen, die der Nummerierung zugrunde lagen, in metrischen Einheiten auszudrücken, also die 9600 Ellen als 11 424 Meter zu bezeichnen. Aber eine tatsächliche Abänderung der Bemessungsgrundlage beinhaltete dies nicht. Auch der Begriff des *denier* blieb weiterhin erhalten. Als der Gesetzgeber 1866 seine Abschaffung erzwingen und die Seidennummerierung insgesamt auf metrische Größen umstellen wollte, scheiterte dies mit Pauken und Trompeten. Einige Hersteller experimentierten zwar mit dem neuen System. Sie gaben es aber schnell wieder auf, weil ihre Kunden weiterhin nach den alten Einheiten rechneten.[60] Die Seidennummerierung bildete im Laufe des 18. und 19. Jahrhunderts also starke Pfadabhängigkeiten heraus, die einer etwaigen Umstellung entgegenstanden. In ähnlicher Form galt das auch für die Bemessungssysteme der übrigen Faserarten. Sie blieben deshalb insgesamt von einem hohen Maß an Differenzierung geprägt.

9.1.3 Die gescheiterte Internationalisierung

Die Internationalisierung des metrischen Systems in der zweiten Hälfte des 19. Jahrhunderts löste allerdings eine Debatte über eine Vereinheitlichung der

---

[56] Vgl. ALCAN, Handbuch, Bd. 1, S. 459 f. sowie HALSEY und DALE, Metric Fallacy, S. 160 f.
[57] Vgl. ALCAN, Handbuch, Bd. 1, S. 459 f. sowie ROY (Hrsg.), Congrès international, S. 35.
[58] HALSEY und DALE, Metric Fallacy, S. 157.
[59] Vgl. ebd., S. 160 f.
[60] Vgl ebd., S. 178 f. sowie ROY (Hrsg.), Congrès international, S. 33.

Nummerierungssysteme aus. Besonders seine Einführung in Deutschland und Österreich-Ungarn war dabei von großer Bedeutung. Die zu diesem Zweck verabschiedeten Gesetze ließen die Frage der Garnbemessung zwar außen vor, denn es galt nicht als opportun, ihre „Veränderung bloß aus dem Grund [zu] erzwingen, weil eine ganz consequente Durchführung des neuen Maßsystemes es zu erheischen scheint."[61]

Aus der Sicht vieler Industrieller schuf die Durchsetzung des Meters aber einen starken Anreiz für eine Umstellung der Garnnummerierungen. Zu Beginn der 1870er Jahre ergriffen sie deshalb eine diesbezügliche Initiative. Die niederösterreichische Handels- und Gewerbekammer sorgte dafür, dass das Thema auf die Agenda der Wiener Weltausstellung von 1873 gesetzt wurde. In deren Rahmen traten daraufhin Delegierte aus Österreich, Deutschland, Frankreich, Italien und der Schweiz zum ersten internationalen Garnnummerierungskongress zusammen. Gemeinsam kamen sie zu der Auffassung, dass die vielfältigen Bemessungssysteme den Handel unnötig verkomplizierten. Es sei, so argumentierten die Industriellen, angesichts der Tatsache, „dass Garne heute ein Artikel des internationalen Verkehrs geworden sind [...], [...] in hohem Grade wünschenswert, die Beseitigung des bemerkten Hemmnisses mit aller Kraft anzustreben."[62]

Zu diesem Zweck legten sie eine Empfehlung vor, die ausdrücklich für alle Faserarten gleichermaßen gelten sollte. Sie bestand darin, die Länge eines Gebindes einheitlich auf 10 Bündel à 100 Meter, also 1000 Meter festzusetzen. Das entsprach dem Vorbild des französischen Baumwollhandels. Hinsichtlich der Gewichtsbasis für die Nummerierung gab es allerdings unterschiedliche Auffassungen. Einige Delegierte favorisierten auch hier die Übernahme des französischen Systems.[63] Dieses beruhte indes auf dem metrischen Pfund, das von der Regierung in Paris 1840 offiziell abgeschafft und auch im Rahmen der österreichischen Maßreform nicht berücksichtigt worden war. Die meisten Teilnehmer des Kongresses wollten deshalb als Grundgewicht eine andere Größe heranziehen. Das Kilogramm erschien ihnen dafür ungeeignet, weil die Feinheitsbestimmung auf seiner Basis in der Praxis eine zu große Zahl von Gebinden erfordert hätte. Sie entschieden sich deshalb für die Empfehlung, die Nummer durch die Anzahl der *Meter* (nicht der Gebinde!) zu ermitteln, die in einem *Gramm* des Fadens enthalten war.[64]

Die Frage, ob die Einführung dieses Systems auch eine Umstellung der Haspelmaße erforderte, ließen die Delegierten zunächst offen. Zu ihrer Beratung trat 1874 in Brüssel ein zweiter Garnnummerierungskongress zusammen. Seine Teilnehmer einigten sich darauf, für die Feinheitsbestimmung „jegliche Dimension

---

[61] Gutachten über Einführung gleichen Maßes und Gewichtes, S. 519.
[62] GROSS, Garn-Nummerierung, S. 3.
[63] So z. B. die Vertreter der Handelskammer von Mulhouse, vgl. Extract from the Report of the Chamber of Commerce at Mühlhausen, on the Question of a Uniform Numbering of Yarn, in: Reports Vienna Universal Exhibition Part IV, S. 596–599, hier S. 598; P.P. 1874 [C.1072-IV], LXXIII Pt.IV.1.731.
[64] Congrès international pour l'unification du numérotage du fils, S. 20 ff. u. S. 58.

des Haspelumfanges" zuzulassen, „sobald derselbe nur, mit der entsprechenden Zahl von Umdrehungen multipliziert, die Länge von 1000 Metern für den Strähn ergiebt."[65] Diese Entscheidung beruhte darauf, dass die weithin gebräuchliche, britische 1½-Yard-Haspel nahezu genau eine Fadenlänge von 100 Metern erbrachte, wenn man sie statt der üblichen 80 Mal nur 73 Mal drehte. Das 1873 empfohlene Nummerierungssystem ließ sich deshalb, so die Hoffnung der Delegierten, auch ohne aufwendige Abänderungen an der technischen Infrastruktur der Spinnereien in die Praxis umsetzen.[66]

Neben der Frage der Haspelumfänge gab es noch weitere Probleme, die einer Einigung auf einheitliche, metrische Feinheitsmaße im Wege standen. Das galt z. B. für die Forderung nach deren unterschiedsloser Anwendung auf alle Faserarten. Besonders die Seidenhersteller hielten sie für utopisch, weil die Nummerierung anhand von Gramm und Meter für ihre außerordentlich feinen Garne zu grob war. Zudem wollten sie den branchenüblichen Modus der Feinheitsbestimmung anhand einer fixen Fadenlänge (anstelle eines fixen Gewichtes) beibehalten. Diese Anliegen wurden ebenfalls in Brüssel sowie auf einem dritten Garnnummerierungskongress debattiert, der 1875 in Turin stattfand. Die Diskussion endete damit, dass für die Seide eine – allerdings weiterhin auf dem metrischen System beruhende – Ausnahmeregelung geschaffen werden sollte.[67]

Anläßlich der Pariser Weltausstellung von 1878 trat schließlich noch ein vierter Garnnummerierungskongress zusammen. Er sollte vor allem die Frage beantworten, wie den bis dahin erzielten Übereinkünften möglichst breite Geltung verschafft werden konnte. Die Beschlüsse der ersten drei Kongresse hatten in den Herkunftsländern der Teilnehmer nur wenig Widerhall gefunden. Deshalb setzte sich im Laufe der Pariser Debatten die Auffassung durch, dass eine freiwillige Vereinbarung der betroffenen Industriezweige nicht genügte, um eine allgemeine Umstellung auf die metrische Garnnummerierung zu erreichen.[68] Stattdessen strebten die Delegierten eine staatliche Regulierung dieser Frage an. Sie forderten den französischen Handelsminister dazu auf, Vertreter aller interessierten Länder zu einer diplomatischen Konferenz einzuladen und mit ihnen ein Abkommen zur Internationalisierung der metrischen Garnnummerierung auszuhandeln.[69]

Die Regierung in Paris entschloss sich allerdings, diese Initiative zu ignorieren. Das zuständige Ministerium unternahm in den folgenden Jahren keinerlei Schritte, um dem Anliegen des Kongresses zu entsprechen. Für diese Zurückhaltung gab es zwei Gründe. Der eine bestand darin, dass die französische Textilindustrie ungeachtet der gegenteiligen Stellungnahmen einiger Handelskammern an einer Internationalisierung der metrischen Garnnummerierung nur wenig Interesse

---

[65] Gross, Garn-Nummerierung, S. 4.
[66] Vgl. ebd., S. 5.
[67] Vgl. ebd.
[68] Vgl. ebd., S. 6. Am ehesten waren die Resolutionen der ersten drei Kongresse noch in Deutschland auf Interesse gestoßen, vgl. Plaum, Garnnumerierung, S. 205 sowie Der Deutsche Handelstag, Bd. 1, S. 212.
[69] Congrès international pour l'unification du numérotage des fils, S. 59f.

hatte.[70] Das galt besonders für die Hersteller von Baumwollartikeln. Mitte des
19. Jahrhunderts verzeichneten sie zwar einige Erfolge bei der Erschließung von
Exportmärkten. In den 1860er Jahren gerieten ihre Unternehmen aber wegen des
amerikanischen *cotton famine* und der Importkonkurrenz durch den Freihandel
in eine tiefe Krise. Mit der Abtretung der elsässischen Produktionsstätten an
Deutschland spitzte sich diese Situation in den 1870er Jahren noch zu. Zwischen
1881 und 1892 kehrte Frankreich deshalb schrittweise zum Protektionismus zurück. Im Ergebnis war die dortige Baumwollindustrie ähnlich wie vor 1850 vom
Weltmarkt abgekoppelt.[71] Die Frage einer Internationalisierung der metrischen
Garnnummerierung hatte für ihre Protagonisten deshalb nur einen geringen Stellenwert. Einigen von ihnen war die Verschiedenheit der Aufbindungssysteme wegen ihres Protektionseffektes sogar ganz recht.[72] Für die stärker exportorientierte
Leinen- und Seidenverarbeitung galt das zwar nicht im selben Maße. Zumindest
die Seidenhersteller hatten aber andere Gründe, das Vorhaben einer Internationalisierung der metrischen Nummerierung skeptisch zu sehen. Sie genossen den
Vorzug, dass ihr traditionelles, altfranzösisches Bemessungssystem auf allen Exportmärkten üblich war.[73]

Der zweite Grund, aus dem die Regierung die Forderung nach einer diplomatischen Konferenz ignorierte, lag darin, dass ihr das Projekt eines Abkommens
zugunsten der metrischen Garnnummerierung von vornherein als chancenlos
galt. Das hing mit der britischen Haltung in dieser Frage zusammen. Großbritannien war in den 1870er Jahren der mit Abstand größte Textilproduzent der Welt.[74]
Die Teilnehmer der Garnnummierungskongresse wussten deshalb, dass eine internationale Vereinheitlichung nur möglich war, wenn die dortigen Spinnereien
sie mittrugen. In dieser Hinsicht machten sie sich große Hoffnungen, denn sie
gingen davon aus, dass die allgemeine Übernahme des Meters durch die größte
Industrienation der Welt nur noch eine Frage der Zeit war.

Aus der Sicht der britischen Textilproduzenten stand eine Umstellung der
Garnbemessung allerdings gar nicht zur Debatte. Nur wenige von ihnen nahmen
an den Kongressen der 1870er Jahre überhaupt teil, und selbst die Vertreter dieser
internationalistisch gesonnenen Minderheit argumentierten, dass der Einführung
eines neuen Messverfahrens große Hindernisse entgegenstünden.[75] Die *Glasgow
Chamber of Commerce* reagierte auf die Beschlüsse der Kongresse dagegen mit
naheliegenden Forderung, die kontinentale Industrie möge doch statt des metrischen das weithin übliche britische Nummerierungssystem für allgemeingültig

---

[70] Zu den gegenteiligen Stellungnahmen vgl. Reports Vienna Universal Exhibition Part IV,
S. 612ff.; P.P. 1874 [C.1072-IV], LXXIII Pt.IV.1.731.

[71] Vgl. LÉON, Répartitions, S. 561f.; DUNEZ, Libre échange, S. 184–194 und FORRESTER, Cotton
Industry, S. 63ff.

[72] FRANCK, Normalisation, S. 55.

[73] HALSEY und DALE, Metric Fallacy, S. 160f.

[74] 1875 standen 56% aller Baumwollspindeln und 51% aller Baumwollwebstühle in Großbritannien, vgl. FARNIE, Cotton, S. 724 u. S. 727.

[75] Vgl. Congrès international pour l'unification du numérotage du fils, S. 24.

erklären.[76] Selbst diese Reaktion war allerdings ungewöhnlich, denn im Großen und Ganzen nahmen englische und schottische Industrielle die Forderungen ihrer kontinentalen Wettbewerber gar nicht erst zur Kenntnis – so unwichtig waren diese aus ihrer Sicht. Auch die Regierung in London machte sich keine Mühe damit, ihre ablehnende Haltung offiziell zur Kenntnis zu bringen. Der erste Anlauf zur Etablierung einer internationalen, metrischen Garnnummerierung endete deshalb in einer Sackgasse.

Zu Beginn der 1890er Jahre flammte die Debatte allerdings wieder auf. Eine Reihe von deutschen, österreichischen und französischen Industriellenverbänden vertrat die Auffassung, dass nun ein günstiger Zeitpunkt für eine erneute Initiative gekommen sei. Denn zum einen schien die allgemeine Einführung des Meters in Großbritannien nun unmittelbar bevorzustehen.[77] Und zum anderen war die Inselnation zwar immer noch der größte Garnproduzent der Welt, aber „der Abstand der anderen Industriestaaten war [mittlerweile] bedeutend geringer geworden, sodaß der Gedanke einer selbständigen Durchführung der Garnnumerierung auf metrischer Grundlage durch die Staaten des europäischen Kontinents auch ohne England nicht mehr so aussichtslos erschien wie früher."[78]

Diese Einschätzung war allerdings umstritten. Als im Rahmen der Pariser Weltausstellung von 1900 erneut ein internationaler Garnnummerierungskongress zusammenkam, fiel die Unterstützung für das metrische Bemessungssystem deshalb nur gedämpft aus. Das galt besonders im Hinblick auf die deutschen Unternehmer. Zwar machte sich der Centralverband Deutscher Industrieller die Forderung nach einer Internationalisierung der metrischen Nummerierung im Vorfeld des Kongresses zu Eigen. Aber diese Positionierung verschleierte, dass es in seinen Reihen zwei Gruppierungen mit diametral entgegengesetzten Interessen gab. Die elsässischen Spinnereibetriebe, die seit französischen Zeiten nach dem Meter rechneten, sowie die meist in Süddeutschland ansässigen Spinnwebereien, für die die Frage der Nummerierung nur geringe Bedeutung hatte, unterstützen die offizielle Verbandslinie.[79]

Die nordwestdeutschen Textilbetriebe nahmen dagegen eine andere Haltung ein. Sie produzierten vorwiegend für den Export und benutzten deshalb ausschließlich die britischen Maße. Für den Fall eines kontinentalen Alleingangs befürchteten sie, mit zwei Systemen gleichzeitig arbeiten zu müssen, was große praktische Schwierigkeiten aufgeworfen hätte. Auch die nötigen technischen Umstellungen machten ihnen Sorgen. Aus diesen Gründen sprach sich der Verband der rheinisch-westfälischen Baumwollspinner 1898 formell gegen die metrische

---

[76] Abstract of a Debate of the Chamber of Commerce at Glasgow on the Yarn Congress, 1873, in: Reports Vienna Universal Exhibition Part IV, S. 617f.; P.P. 1874 [C.1072-IV], LXXIII Pt. IV.1.731.

[77] Vgl. ROY (Hrsg.), Congrès international, S. 26; PLAUM, Garnnumerierung, S. 205f. sowie Kap. 7.3.4 dieser Arbeit.

[78] Der Deutsche Handelstag, Bd. 1, S. 213.

[79] PLAUM, Garnnumerierung, S. 206.

Garnbemessung aus.[80] Die Webereiunternehmer betrachteten sie ebenfalls skeptisch, weil sie „ihre Eintheilung ganz auf das übliche Haspelungssystem gründet[en] und je nach den Conjuncturen bald deutsche bald englische Gespinnste verarbeitet[en]".[81] Diese Konstellation führte dazu, dass die deutschen Vertreter auf dem Pariser Kongress sehr zurückhaltend agierten. Zwar befürworteten sie prinzipiell die Einführung der metrischen Nummerierung. Gleichzeitig drängten sie aber darauf, die Interessen derjenigen Industrien zu berücksichtigen, die das Yard-System benutzten. Sie sprachen sich deshalb gegen eine einseitige Abänderung durch die Länder des Kontinents aus.[82]

Damit lag der Ball erneut im Feld der britischen Industriellen. Sie waren in Paris allerdings nach wie vor kaum vertreten. Dafür formulierte aber der amtliche Vertreter Großbritanniens auf dem Kongress die Position seiner Landsleute expliziter als noch in den 1870er Jahren. Er lehnte eine Umstellung auf das metrische Nummerierungssystem rundheraus ab.[83] Die Gründe dafür lagen auf der Hand. Das bisherige System hatte sich aus der Sicht der britischen Textilproduzenten bewährt, und auch seine internationale Verbreitung sprach ihrer Meinung nach gegen eine Abänderung. Eine größere Debatte über die Frage der Garnnummerierung gab es auf der Insel auch im Umfeld des Pariser Kongresses nicht.

Anders war die Situation in den USA, denn dort erreichten um 1900 die Diskussionen über eine *allgemeine* Einführung des Meters einen Höhepunkt. Vor diesem Hintergrund berieten amerikanische Industriellenverbände auch intensiv über die metrische Garnbemessung. Viele Textilproduzenten erkannten dabei an, dass diese prinzipiell große Vorzüge hatte. Insbesondere die Vereinfachung der Berechnungen, die das Dezimalsystem ermöglichte, erschien ihnen sehr erstrebenswert.[84] Die praktischen Schwierigkeiten einer Umstellung der Garnnummerierung hielten sie allerdings für unüberwindbar. Sie befürchten, nicht nur ihre technische Infrastruktur modifizieren zu müssen, sondern auch ihre Preis- und Mengenkalkulation. Das betraf unter anderem das Lohngefüge der Arbeiter, mit dessen nummerierungsbedingter Veränderung einige Unternehmen bereits schlechte Erfahrungen gemacht hatten. Zudem argwöhnten die Industriellen, dass den Kontinentaleuropäern aus einer Umstellung ein Wettbewerbsvorteil entstehen würde, weil ihnen das neue System bereits geläufig war.[85]

Mit dem Gesetzesentwurf der *New Decimal Association* zur allgemeinen Einführung des Meters, der in Kapitel 7.3.4 geschildert worden ist, griff diese amerikanische Debatte 1904 auch auf Großbritannien über. Vor allem die einflussreiche Darstellung der Probleme einer Umstellung von Frederick Halsey und Samuel Dale traf bei den dortigen Textilindustriellen einen Nerv. Zusammen mit den

---

[80] Vgl. ebd., S. 206f. sowie GROSS, Garn-Nummerierung, S. 13.
[81] Gutachten über Einführung gleichen Maßes und Gewichtes, S. 519.
[82] ROY (Hrsg.), Congrès international, S. 28f.
[83] Ebd., S. 91.
[84] Discussion, in: ROY (Hrsg.), Report, S. 43–56, hier S. 50.
[85] Vgl. ebd., S. 51 sowie HALSEY und DALE, Metric Fallacy, S. 164.

Maschinenbauern bildeten sie fortan die wichtigste Opposition gegen die genannte Gesetzesinitiative.[86]

In engem Zusammenhang damit machten sie nun auch aktiv gegen die metrische Garnnummerierung Front. Auf dem internationalen Baumwollkongress, der 1905 in Manchester und Liverpool stattfand, waren sie in sehr viel größerer Zahl vertreten als fünf Jahre zuvor in Paris. Bei den dort geführten Diskussionen lehnten sie eine Umstellung der Garnbemessung einhellig ab. Sie begründeten diese Position mit denselben Argumenten, die die amerikanischen Spinner bereits 1900 formuliert hatten. Zum einen hoben sie hervor, dass die gesamte technische Infrastruktur der Textilindustrie auf das britische Nummerierungssystem ausgerichtet sei.[87] Und zum anderen wiesen sie darauf hin, dass dieses auch ihrer kompletten Buchhaltung zugrunde liege. „The hank of 840 yards and its relation to the pound," so argumentierte einer ihrer Vertreter,

is the basis on which every process throughout the mill is calculated, indeed it regulates every phase of the industry. From the cotton field to the retail counter, it is understood by all our workpeople, and forms the mode in which we think and speak. The denomination of yarn by the counts or numbers has been carried by our commerce into every part of the world, and to alter it would involve a complete revolution, both in our mills and markets, at home and abroad, and we utterly fail to see where we should be benefited.[88]

Aufgrund der schieren Marktmacht der britischen Spinnereien war diese Sicht der Dinge von überaus großer Bedeutung. Zwar traf die Auffassung einiger deutscher Industriellenverbände, wonach die Dominanz der insularen Textilindustrie langsam zu schwinden begann, für sich genommen durchaus zu. Aber für das britische *Nummerierungssystem* galt dieser Befund nicht, denn Yard und Pfund waren auch in der stark expandierenden US-amerikanischen Textilindustrie sowie in Indien und in Japan in Gebrauch. Der weltweite Anteil der Baumwollspinnereien, die nach den britischen Maßen rechneten, dürfte sich deshalb auch um die Jahrhundertwende noch auf über 75% belaufen haben.[89]

Vor diesem Hintergrund hatte die Forderung nach britischer Unterstützung für eine Umstellung der Garnnummerierung keinerlei Aussicht auf Erfolg. Spätestens 1907, als die prometrische Initiative der *New Decimal Association* endgültig scheiterte, war die internationale Debatte deshalb faktisch erledigt. Schon 1900 hatte die französische Regierung die Einberufung einer diplomatischen Konferenz zum Problem der Garnbemessung erneut abgelehnt, weil ihr eine Einigung unter den betroffenen Industriellen unmöglich erschien.[90] Und in Deutschland scheuten die Spinnereibetriebe vor ihrer selbstbewussten Ansage, notfalls einen Alleingang zu wagen, nach dem Kongress von 1905 wieder zurück.

Im Zuge der Ausarbeitung einer neuen Maß- und Gewichtsordnung stand die Frage hier allerdings 1908 noch einmal kurz zur Debatte. Den Anlass dafür bildete

---

[86] Vgl. Kap. 7.3.4 dieser Arbeit.
[87] Official Report, S. 73.
[88] Ebd., S. 73 f.
[89] Discussion, in: Roy (Hrsg.), Report, S. 43–56, hier S. 50 f.
[90] Ders., Congrès international, S. 17.

die Einführung neuartiger automatischer Messmaschinen, die anhand der Länge
der gesponnenen Garne die Entlohnung von Arbeitern ermittelten. Da sie nicht
der Eichungspflicht unterlagen und zudem die britische Nummerierung verwendeten, gerieten sie schnell in den Verdacht, zugunsten der Fabrikanten zu messen.[91] Die Sozialdemokraten forderten daraufhin, die Apparate auf den Meter
umzustellen, um so die Transparenz der Lohnermittlung zu erhöhen. Diesen
Schritt lehnte die Regierung jedoch ab. Sie unterwarf die Instrumente zwar der
Eichungspflicht, tolerierte aber weiterhin die Verwendung des britischen Maßes.
Im selben Atemzug stellte sie dieses zudem für die gesamte „Herstellung von Tex-
tilwaren sowie für den Verkehr solcher Waren nach und von dem Ausland" an-
heim.[92] Damit erkannte sie offiziell an, dass die gesetzliche Geltung des metrischen
Systems auf Grenzen stieß, wenn ihr ein wohl etablierter, universell verwendeter
Produktstandard im Wege stand.

Großbritannien blieb bei der Textilbemessung also bis weit ins 20. Jahrhundert
hinein das Maß aller Dinge. Jenseits der Baumwoll- und der Leinenindustrie gab
es von dieser Regel aber einige Ausnahmen. In der Streichgarnspinnerei blieben,
wie erwähnt, überall die lokalen Nummerierungssysteme erhalten. Und bei den
Kammgarnen nahmen deutsche und französische Produzenten die Forderungen
der internationalen Kongresse der 1870er Jahre teilweise auf und führten die
metrische Nummerierung ein. Vollends durchsetzen konnten sie diese Neuerung
indes nicht. Ihre Vorgehensweise erhöhte die Vielfalt der Bemessungsstandards
deshalb eher, als sie zu verringern.[93]

Nur im Falle der Seide waren die Versuche zur Etablierung eines internationalen Konsensstandards von Erfolg gekrönt. Hier schrieb der Pariser Kongress 1900
ein Maß fest, das die Hersteller und Händler aller beteiligten Länder in der Folgezeit akzeptierten, auch diejenigen aus Großbritannien und den USA. Das hing
zum Teil damit zusammen, dass der Seidenverarbeitung dort nur geringe Bedeutung zukam. Vor allem aber war die neue Nummerierung nichts anderes als eine
Umrechnung des ohnehin international üblichen *denier-aune*-Systems in (gerundete) metrische Größen. Deshalb basierte sie auch auf dem Gewicht eines Fadens
von 9000 Metern Länge.[94] Der Vorschlag, ihre Bemessungsgrundlage auf eine

---

[91] WEISS, Vereinheitlichung, S.166f. Auch in Großbritannien und Frankreich gab es um die
Jahrhundertwende eine Debatte über dieses Problem, vgl. CHANEY, Weights, S.137 sowie das
Material in TNA BT 101/451, AN F/12/12073/2 und AN F/12/12073/3.

[92] Bekanntmachung, betreffend die Zulassung von nicht metrischen Meßgeräten im eichpflich-
tigen Verkehre, 18.12.1911, § 1, in: BAZILLE und MEUTH, Maß- und Gewichtsrecht, S.371.
Vgl. auch den Kommentar ebd., S.121ff. Der Wortlaut der Bekanntmachung ist irreführend,
weil er die Verwendung der britischen Einheiten für die Ermittlung des Arbeitslohnes zu un-
tersagen scheint. Dies bezieht sich jedoch nur auf das Gewichtsmaß, während das eigentlich
entscheidende *Längen*maß unerwähnt bleibt, vgl. PLATO, Maß- und Gewichtsordnung, S.45.

[93] Vgl. GROSS, Garn-Nummerierung, S.7 sowie PLAUM, Garnnumerierung, S.203.

[94] Das in Gramm angegebene Gewicht eines Fadens dieser Länge entsprach exakt dem in *denier*
angegebenen Gewicht eines Fadens mit einer Länge von 9600 *aunes*, vgl. BIGGS, Fineness,
S.128. In der Praxis diente allerdings nicht diese Größe, sondern das rechnerisch äquivalente,
in 0,05g-Schritten gemessene Gewicht eines 450 Meter langen Fadens als Bemessungsgrundlage, vgl. ROY (Hrsg.), Congrès international, S.94.

Länge von 10 000 Meter abzuändern, hatte sich im Zuge der Kongressdebatten als nicht mehrheitsfähig erwiesen. Sogar die Bezeichnung der Grundeinheit als *denier* blieb erhalten. Das Konsenssystem der Seidennummerierung war also kein wirklicher Kompromiss, sondern nur eine minimal modifizierte Version des de-facto-Standards.[95]

Insgesamt ist deshalb festzuhalten, dass die Textilindustrie der Internationalisierung des Meters weder bedurfte, noch nachhaltig von ihr beeinflusst wurde. Zwar hätte ein einheitliches Nummerierungssystem prinzipiell für alle Beteiligten große Vorzüge gehabt. Aber die unterschiedlichen Bemessungspraktiken wiesen so vielfältige Bezüge zu den bestehenden Produktions- und Vermarktungsstrukturen auf, dass ihre Abänderung erhebliche Kosten verursacht hätte. Diese wären weitgehend zulasten derjenigen Gruppe gegangen, die über die mit Abstand größte Marktmacht verfügte. Unter diesen Umständen hatte das Projekt einer Internationalisierung der metrischen Garnbemessung keine Verwirklichungschance.

9.2 Von der Standardisierung zur Normung: Das Beispiel des Maschinenbaus

9.2.1 Austauschbau, maschinelle Fertigung und Maßstandardisierung

Der Maschinenbau stellte neben der Verarbeitung von Textilien einen zweiten Schlüsselsektor der gewerblichen Produktion im 19. Jahrhundert dar. Seine Entwicklung ermöglichte zum einen den „Übergang von der Handarbeit zur maschinellen Fertigung", den zahlreiche Autoren als „ein Hauptmerkmal der industriellen Revolution" identifiziert haben.[96] Zum anderen verhalf sie auch noch einem weiteren, älteren Prinzip zu breiter Geltung: dem Austauschbau. Dessen Wurzeln lagen in den französischen Waffenmanufakturen des 18. Jahrhunderts. Seit den 1760er Jahren entstanden dort unter der Führung des Artillerieoffiziers Jean-Baptiste Vaquette de Gribeauval Gestelle für Kanonen und seit den 1780er Jahren Gewehrschlösser, die aus arbeitsteilig gefertigten, einheitlichen und miteinander vertauschbaren Teilen bestanden. Auf diese Weise sollte der Ausstoß erhöht, der Materialverbrauch gesenkt und die Zuverlässigkeit der Waffen verbessert werden.[97]

Prinzipiell erforderte der Austauschbau eine genaue Festlegung der Dimensionen der verwendeten Komponenten. Gribeauval und seine Kollegen bedienten sich zu diesem Zweck technischer Zeichnungen, die die kritischen Abmessungen einzelner Teile auf 1/200stel Zoll genau spezifizierten. Daneben fertigten sie auch

---

[95] HALSEY und DALE, Metric Fallacy, S. 179. Zu den Debatten vgl. ROY (Hrsg.), Congrès international, S. 32–43.

[96] SPUR, Wandel, S. 125. Vgl. auch PAULINYI, Umwälzung, S. 319 sowie KIESEWETTER, Industrielle Revolution, S. 204.

[97] Vgl. ALDER, Making Things, S. 508 f. sowie hier und im Folgenden auch ders., Engineering, S. 146 ff. u. S. 221 ff. und BERZ, 08/15, S. 18 ff.

dreidimensionale Messlehren, Schablonen und Haltegestelle an. Diese Objekte sollten im Maschinenbau des 19. Jahrhunderts zentrale Bedeutung erlangen. Sie ersetzten das individuelle Urteil über die korrekte Dimension eines Einzelteils durch eine scheinbar unpersönliche Festlegung.[98] Allerdings war die im 18. Jahrhundert vorherrschende handwerkliche Produktionsweise nicht präzise genug, um die reibungslose Austauschbarkeit von seriengefertigten Teilen garantieren zu können. In der Praxis ließen Gribeauval und seine Mitarbeiter deshalb sowohl bei den technischen Zeichnungen als auch bei den Schablonen und Messlehren Spielräume für Varianzen offen. Das geschah z.B. dadurch, dass sie – mit einer bemerkenswerten Ausnahme, auf die noch zurückzukommen sein wird – darauf verzichteten, Messtoleranzen festzusetzen und so die grundsätzlich nicht zu vermeidende Abweichung eines Einzelteils von der Vorlage explizit zu begrenzen. Für die Herstellung eines Gewehrschlosses war die individuelle, handwerkliche Anpassung der verschiedenen Komponenten deshalb unerlässlich.[99]

Die Debatte über die Festlegung präziser, allgemeiner Maße und Gewichte konnten die Protagonisten des Austauschbaus vor diesem Hintergrund getrost ignorieren. Neben ihren vergleichweise geringen Genauigkeitsanforderungen gab es dafür auch noch einen zweiten Grund. Gribeauvals Reformen waren nämlich rein innerbetrieblicher Natur. Sie erforderten also keinen überbetrieblichen Abgleich der Messlehren und folglich auch keine Verknüpfung derselben mit den nationalen Standardmaßen. Im Falle der Überprüfung des Durchmessers von Kanonenkugeln gab es zwar einige Überlegungen, die in diese Richtung wiesen. Denn die Militäringenieure bemerkten schnell, dass die dabei verwendeten Schablonen gegen etwaige Veränderungen abgesichert werden mussten. Sie ließen sie deshalb ausnahmslos von ein und demselben Straßburger Instrumentenbauer anfertigen, der sie anhand eines einzelnen Hauptstandards kalibrierte. Daneben sorgte Gribeauval auch dafür, dass die Kopien der *Toise* in den französischen Arsenalen erneuert wurden.[100] Ihre regelmäßige Überprüfung und die explizite Rückführung der Schablonen für die Kanonenkugeln auf das nationale Längenmaß schienen ihm aber verzichtbar: „The sole arbiter of accuracy was the *Atelier de précision*; the boundary of its remit defined a boundary of interchangeable manufacture."[101]

Dieser Befund galt nicht nur für die Pionierphase des Austauschbaus, sondern auch für seine weitere Entwicklung im 19. Jahrhundert. Über die Kontakte von Thomas Jefferson zu Honoré Blanc, einem engen Mitarbeiter Gribeauvals, fand die französische Produktionsweise um 1800 herum Eingang in die amerikanische Waffenherstellung. In den 1810er und 1820er Jahren entwickelten Simeon North,

---

[98] ALDER, Making Things, S. 510–528, hier v. a. S. 519 u. S. 522 ff. Vgl. auch HOUNSHELL, American System, S. 6.

[99] ALDER, Engineering, S. 245. Für den Fall der Kanonengestelle ist diese Einschätzung allerdings umstritten, vgl. ebd., S. 158 f. u. S. 161. Zu den Spielräumen und Toleranzen vgl. ders., Making Things, S. 519 u. S. 524 ff.

[100] Ders., Engineering, S. 152. Vgl. auch (im Detail etwas abweichend) ders., Making Things, S. 526 f.

[101] KERSHAW, Diogenes, S. 93 (Hervorhebung im Original).

Eli Whitney und John H. Hall sie zum sogenannten *American System of Manufactures* weiter. Dessen zentrales Merkmal bestand in der Kombination des Austauschbaus mit dem eingangs genannten, zweiten Element des modernen Maschinenbaus: der maschinellen Fertigung.[102] Diese ging ihrerseits auf die britischen Pioniere des *mechanical engineering* zurück, insbesondere auf Henry Maudslay. Seine 1797 konstruierte Schraubenschneidemaschine etablierte das Prinzip der Zwangsführung des Werkzeugs, das den wesentlichen Unterschied zwischen der vorindustriellen Hand-Werkzeugtechnik und der industriellen Maschinen-Werkzeugtechnik ausmachte. Maudslay nahm auch die Verbindung der dadurch möglich gewordenen mechanischen Produktion mit Elementen des Austauschbaus vorweg. Für die königliche Werft in Portsmouth entwickelte er um 1805 ein System von 22 Einzweckmaschinen, das anhand dieser beiden Prinzipien selbsttätig Flaschenzugblöcke anfertigte.[103]

Größere Bedeutung erlangte die Kombination des Austauschbaus mit der maschinellen Fertigung aber erst durch ihre Verbreitung in den USA. Auch dort blieb sie jedoch zunächst auf militärische Zusammenhänge begrenzt. Erst in der zweiten Hälfte des 19. Jahrhunderts erfasste das *American System* den privaten Konsumgütermarkt.[104] Diese Verzögerung hing unmittelbar mit den Genauigkeitsanforderungen des Austauschbaus zusammen. Um die Stimmigkeit der in seinem Rahmen gefertigten Einzelteile kontrollieren zu können, war es unerläßlich, ein außerordentlich vielfältiges und komplexes System von Messlehren aufzubauen. Die Kosten für die Verwendung des *American System* lagen deshalb bis zum Ende des 19. Jahrhunderts regelmäßig über denjenigen, die durch die traditionellen Fertigungsmethoden entstanden.[105]

In der Produktion für militärische Zwecke ließ sich dieser Mehraufwand mit übergeordneten Zielen wie der erforderlichen Stückzahl oder der Zuverlässigkeit von Waffensystemen rechtfertigen.[106] Im privaten Sektor konnten sich die Unternehmen die neue Methode aber schlichtweg nicht leisten. Ab den späten 1850er Jahren begannen einzelne amerikanische Nähmaschinenproduzenten zwar damit, sie für ihre Zwecke zu adaptieren. Aber der größte und bedeutendste unter ihnen, die *Singer Manufacturing Company*, war noch lange auf die handwerkliche Endbearbeitung seriengefertigter Teile durch eigens ausgebildete, sogenannte *fitters* angewiesen. Erst in den 1870er Jahren richtete das Unternehmen seine Produktion konsequent auf das *American System* aus. Das nahm allerdings über ein Jahrzehnt in Anspruch und gelang nie völlig.[107] Und auch in denjenigen Firmen, in

---

102 HOUNSHELL, American System, S. 25–46, hier v. a. S. 31. Zum Transfer von Frankreich in die USA vgl. auch BERZ, 08/15, S. 31 ff.
103 Vgl. PAULINYI, Umwälzung, S. 328 ff.; SPUR, Wandel, S. 149 ff. u. S. 162 f.; STEEDS, Machine Tools, S. 22 f.; HOUNSHELL, American System, S. 38 sowie COOPER, Portsmouth System, S. 192 ff.
104 HOUNSHELL, American System, S. 3 ff. HOKE, Ingenious Yankees, S. 3 ff., schätzt die Bedeutung des privaten Sektors für die Entwicklung des *American System* allerdings deutlich höher ein als Hounshell.
105 HOUNSHELL, American System, S. 4, S. 9 sowie S. 96 ff. (als Fallbeispiel zur hohen Komplexität).
106 Selbst dort blieb der Austauschbau aber lange Zeit ein unerreichbares Ideal, vgl. ebd., S. 39.
107 Vgl. ebd., S. 6 u. S. 106 ff.

denen der Austauschbau tatsächlich verwirklicht wurde, blieb er bis in die 1890er Jahre das, was er bereits im Frankreich des 18. Jahrhunderts gewesen war: eine rein innerbetriebliche Angelegenheit. Auf die vom Staat zur Verfügung gestellten, übergreifenden Standards für Maße und Gewichte waren seine Protagonisten deshalb nicht angewiesen.

Ein ähnlicher Befund ergibt sich auch, wenn man statt des Austauschbaus die maschinelle Fertigung in den Vordergrund der Betrachtung stellt. Prinzipiell kam dem genauen Messen in ihrem Rahmen ebenfalls eine zentrale Bedeutung zu. Das war schon an Maudsleys erwähnter Erfindung der Schraubenschneidemaschine sowie an den weiteren, aus ihr abgeleiteten Werkzeugmaschinen zu erkennen. Da der Bau dieser ganz aus Metall gefertigten, neuartigen Drehbänke hohe Ansprüche an die Genauigkeit der Einzelteile stellte, „begann zu Maudlays Zeiten [auch] die Entwicklung der Fertigungsmeßtechnik."[108]

Bis zu diesem Zeitpunkt verwendeten die meisten mechanischen Werkstätten zum Messen einfache Schieber, die eine gegebene Distanz abfühlten und dann mit einer externen Skala verglichen wurden. Weil er mit dieser Methode unzufrieden war, entwickelte Maudslay um 1805 herum das sogenannte Mikrometer. Es bestand aus zwei gegenüberliegenden, ebenen Flächen, deren eine sich mittels einer genau gehenden Schraube gegen die andere verschieben ließ. Der Abstand zwischen den beiden Enden konnte anhand einer integrierten Skala abgelesen werden.[109] Dieses Instrument war äußerst präzise. Es erlaubte schnelle Messungen, deren Genauigkeit in der Größenordnung von etwa 1/500stel *inch* lag. Maudslay bezeichnete das Mikrometer deshalb scherzhaft als den *Lord Chancellor* seiner Werkstatt – „a court of final appeal"[110], der über alle Arten von Zweifelsfällen entschied.

Diese Auffassung traf allerdings nicht nur aufgrund der hohen Präzision des Instrumentes ins Schwarze, sondern auch deshalb, weil es jenseits von Maudlays Werkstatt keine Instanz zu seiner Überprüfung gab. Mit den Maßen anderer Betriebe stimmte das Mikrometer deshalb nicht überein. In den 1810er und 1820er Jahren war vielmehr allgemein bekannt, dass die Ingenieure in Nordengland und Schottland als Grundlage für ihre Messungen einen *long inch* verwendeten, der sich von dem in London üblichen *short inch* merklich unterschied. Auch die Existenz eines *middling inch* ist historisch verbürgt.[111] Maudslay empfand diese Situation als unbefriedigend. Deshalb bemühte er sich darum, die Schraube seines Mikrometers anhand der nationalen Standardmaße zu kalibrieren. Dieser Abgleich kam jedoch nie zustande, weil es dafür keine geeigneten Instrumente gab.

---

[108] SPUR, Wandel, S. 152.

[109] Die einzige zeitgenössische Beschreibung des Mikrometers ist diejenige bei NASMYTH, Autobiography, S. 151 ff. Ihr folgen alle Darstellungen in der Sekundärliteratur, so z. B. diejenige bei SPUR, Wandel, S. 154. Zur vorher üblichen Methode (der sogenannten Kalibermessung) vgl. GOODEVE und SHELLEY, Measuring Machine, S. 37 ff.

[110] NASMYTH, Autobiography, S. 151 f. Vgl. auch HUME, Engineering Metrology, S. 4; MUSSON, Whitworth, S. 241 f.; SPUR, Wandel, S. 154 sowie ATKINSON, Whitworth, S. 93, wo Nasmyths Aufzeichnungen allerdings nur ungenau wiedergegeben sind.

[111] THE TIMES, 11. 6. 1855. Vgl. auch ATKINSON, Whitworth, S. 92.

Sie eigens zu konstruieren, wäre zu aufwendig gewesen. Maudslay ließ die Sache deshalb auf sich beruhen.[112] Erst einer seiner zahlreichen Schüler nahm das Thema in den 1830er Jahren wieder auf. Das war Joseph Whitworth, der einflussreichste Messtechniker des 19. Jahrhunderts.

Whitworths wichtigste Innovation war eine Methode zur Herstellung absolut planer Oberflächen. Sie hatte für zahlreiche ingenieurtechnische Anwendungen große Bedeutung. Unter anderem ließ sie sich dazu nutzen, Maudslays Mikrometer zu verbessern. Die Messmaschine, die Whitworth zu diesem Zweck konstruierte, funktionierte im Prinzip ähnlich wie diejenige seines Lehrers. Sie wies aber sehr viel klarer definierte Flächen für die Abstandsmessung auf. Ihre Genauigkeit lag deshalb bei einem Zehntausendstel *inch*. Bis zur Mitte des 19. Jahrhunderts verfeinerte Whitworth die Maschine zudem so weit, dass sie angeblich Unterschiede von einem Millionstel *inch* aufspüren konnte. Für dieses Instrument hatte der Ingenieur eine besondere Verwendung. Er setzte es nicht zur direkten Bemessung in der Werkstatt ein, sondern zur Herstellung von Standard-Längenmaßen. Sie dienten dann ihrerseits der Kalibrierung von Messlehren und -schablonen für spezifische Produkte.[113]

Um deren überbetriebliche Austauschbarkeit zu garantieren, wollte Whitworth seine Apparate mit den offiziellen Maßen und Gewichten vergleichen. Dazu kaufte er 1834 zwei Kopien des Yard.[114] Bei dem Versuch, diese Standards für seine Zwecke nutzbar zu machen, stieß er allerdings auf zwei Probleme. Das erste bestand darin, dass es sich bei ihnen um Strichmaße handelte. Für wissenschaftliche Anwendungen war das kein Problem, weil die Längenbestimmung in ihrem Rahmen mit einem Mikroskop erfolgen konnte. Die ingenieurtechnische Messung war dagegen, wie die Funktionsprinzipien der hierfür entwickelten Maschinen erhellen, auf die Berührung einer Fläche angewiesen.[115] Whitworth musste seine Yard-Kopien deshalb von einem Strichmaß in ein Endmaß überführen. Dazu beobachtete er zunächst die Position der Striche mit dem Mikroskop. Daraufhin fixiert er dieses und legte das von ihm gefertigte Endmaß auf. Im nächsten Schritt korrigierte er dessen Lage so lange, bis seine Kante genau in der Mitte des Objektivs auftauchte. Diese Methode war vermutlich nicht besonders zuverlässig. In den 1870er Jahren betrieben die Wissenschaftler, die an der Neuanfertigung der Prototypen des metrischen Systems beteiligt waren, jedenfalls einen sehr viel größeren Aufwand, um dasselbe Problem zu lösen.[116]

Neben der Übertragung der Strichmaße in ein Endmaß musste sich Whitworth auch noch einer zweiten Herausforderung stellen. Denn anders als für die meisten wissenschaftlichen Zwecke war für die Maschinenwerkstätten nicht der Yard, sondern der *inch* die zentrale Bezugsgröße. Dieser besaß jedoch keine verlässliche,

[112] Vgl. ebd., S. 93 f.
[113] MUSSON, Whitworth, S. 242.
[114] GOODEVE und SHELLEY, Measuring Machine, S. 56. ATKINSON, Whitworth, S. 102, nennt 1838 als Jahr des Kaufs.
[115] Vgl. GOODEVE und SHELLEY, Measuring Machine, S. 56 f. sowie ATKINSON, Whitworth, S. 96.
[116] Vgl. GOODEVE und SHELLEY, Measuring Machine, S. 56 sowie Kap. 8.2.2 dieser Arbeit.

eigenständige Verkörperung. Whitworth sah sich deshalb gezwungen, eine solche selbst anzufertigen. Er benötigte 18 Monate, um sein Endmaß präzisionstechnisch in drei Abschnitte von je zwölf *inches* zu unterteilen und noch einmal sechs Monate, um daraus Abschnitte von je einem *inch* zu gewinnen. Auf deren Grundlage fertigte der Ingenieur in der Folge einen *standard inch bar*. Er diente als Modell für die Herstellung von Maßen zum Gebrauch in der Werkstatt.[117]

Diese Gebrauchsnormale für technische Zwecke sowie die aus ihnen abgeleiteten Messlehren und Schablonen nutzte Whitworth allerdings nicht nur für sich. Er bot sie vielmehr auch seinen Berufskollegen zum Kauf an. Seit Beginn der 1840er Jahre fanden sie reißenden Absatz, und spätestens 1855 waren sie allgemein akzeptiert.[118] Zu diesem Zeitpunkt bestanden sie auch eine öffentlichkeitswirksame Bewährungsprobe. Im Zuge des Krimkrieges bestellte die *Admiralty* neunzig Antriebsmaschinen für Kanonenboote. Dieser große Auftrag ließ sich nur durch arbeitsteilige Fertigung in mehreren Unternehmen bearbeiten. Weil sie allesamt die Whitworth-Standards verwendeten, passten die verschiedenen Einzelteile hinterher dennoch zusammen.[119] Allerdings basierte dieser Erfolg nicht in erster Linie auf der Verknüpfung der Ingenieursmaße mit dem nationalen Längenstandard. Er war vielmehr der Tatsache zu verdanken, dass die *Whitworth gauges* ein weitgehend eigenständiges, privatwirtschaftlich organisiertes System darstellten, das deutlich andere Charakteristika aufwies als die staatliche Metrologie.[120] Für diese These gibt es neben ihrer Ausgestaltung als Endmaße und der freihändigen Ableitung des *inch* aus dem Yard noch zwei weitere Anhaltspunkte.

Zum einen verbreitete sich zusammen mit den Whitworth-Standards auch die Praxis der dezimalen Unterteilung des *inch*. Ihr Schöpfer verfolgte sie schon seit den 1840er Jahren. Mitte der 1850er Jahre begründete er dies damit, dass seine Arbeiter regelmäßig ein 10 000stel oder gar ein 20 000stel *inch* abmessen mussten. Die offizielle, dyadische Unterteilung der britischen Einheiten hielt Whitworth deshalb nicht mehr für praktikabel.[121] Diese Analyse war zwar umstritten. Einige Maschinenbaubetriebe blieben deshalb bei der offiziellen Unterteilung. Aber in den meisten Unternehmen gewann der dezimalisierte *inch* während der 1860er und 1870er Jahre deutlich an Boden.[122] Auch in dieser Hinsicht wiesen die Whitworth-Standards also ein hohes Maß an Eigenständigkeit auf.

Zum anderen spiegelte sich ihre fehlende Kongruenz mit den offiziellen Einheiten darin wieder, dass die Bemühungen Whitworths um eine staatliche Anerkennung seiner Maße lange Zeit erfolglos blieben. Eine gute Gelegenheit, in dieser Richtung aktiv zu werden, bot sich im Zuge der Wiederherstellung der britischen Urmaße. Schon 1842 soll Whitworth versucht haben, eine Anhörung durch die

---

[117] Vgl. ATKINSON, Whitworth, S. 103 sowie GOODEVE und SHELLEY, Measuring Machine, S. 50f.
[118] THE TIMES, 11.6.1855. Vgl. auch MUSSON, Whitworth, S. 243.
[119] Vgl. ebd., S. 243 sowie KERSHAW, Diogenes, S. 98.
[120] Ähnlich argumentiert auch ebd., S. 97f.
[121] WHITWORTH, Decimal Measures, S. 57f.
[122] Vgl. Report Select Committee Weights and Measures, S. 87, S. 94 u. S. 111f.; P.P. 1862 (411), VII.187 sowie MUSSON, Whitworth, S. 245.

dafür zuständige Kommission zu erreichen. Sie kam aber nicht zustande. Erst im Rahmen der Beratung des Gesetzes zur offiziellen Anerkennung der neuen Standardmaße lud das *House of Lords* ihn 1855 zu einer Stellungnahme ein.[123] Whitworth hatte gute Argumente für die Forderung, seine Endmaße zu offiziellen Sekundärstandards zu erklären. Ihre Genauigkeit konnte mit derjenigen der neuen Prototypen durchaus konkurrieren. Allerdings bezweifelten viele Experten die Behauptung, dass sie bei einem Millionstel *inch* lag. Denn das Millionstel war keine praktische Größe, sondern ein rechnerischer Wert, der sich aus den technischen Spezifikationen seines Messinstruments ergab.[124] Die meisten Ingenieure vermuteten deshalb, dass Whitworths Maschine nur auf etwa ein 10 000stel *inch* genau maß. Erschwerend hinzu kam, dass es keine systematischen Versuchsreihen zu möglichen Fehlern bei ihrer Verwendung gab. Streng wissenschaftlichen Kriterien entsprach Whitworths System damit nicht. Deshalb blieb ihm die offizielle Anerkennung zunächst versagt. Erst 1881, also ein Vierteljahrhundert später, wurden seine Maße gesetzlich zu Sekundärstandards erhoben.[125]

Dennoch waren sie, wie erwähnt, im britischen Maschinenbau schon seit den 1850er Jahren außerordentlich populär. In anderen Industriezweigen und anderen Ländern verbreiteten sie sich dagegen kaum. Eine nennenswerte Weiterentwicklung der Präzisionsmessung gab es dort erst in den 1890er Jahren. Die wesentlichen Impulse hierfür kamen aber nicht von den britischen Inseln, sondern aus den USA. Mit der kommerziellen Umsetzung des *American System of Manufactures* erlangte die Standardisierung von industriellen Maßen seit den 1870er Jahren eine zentrale Bedeutung für die Produktion. Zunächst betraf das vor allem betriebsinterne Normen für die Herstellung von vielfach gebrauchten Teilen. Ihre Entwicklung ging zum einen mit der Einrichtung sogenannter Normalienbüchern einher, in denen die nötigen technischen Spezifikationen festgehalten wurden.[126] Zum anderen spielte in diesem Kontext auch das sogenannte Grenzlehrensystem eine zentrale Rolle. Sein Prinzip bestand darin, die angestrebten Dimensionen eines Werkstückes nicht anhand eines, sondern anhand zweier Objekte zu definieren. Das erste von ihnen verkörperte den oberen Rand der tolerierbaren Abweichung, das zweite den unteren.[127]

Die grundsätzliche Idee zu diesem System entstammte den Gribeauval'schen Reformen. Der französische Offizier und seine Kollegen maßen seit den 1760er

---

[123] ATKINSON, Whitworth, S. 104 ff. Die dortige Darstellung missversteht die Intentionen der an der Debatte beteiligten Wissenschaftler allerdings gründlich. Weder war Airys Position so absurd, wie der Autor behauptet, noch erscheint es im Lichte der Ausführungen in Kap. 6.3.1 dieser Arbeit angemessen, Friedrich Wilhelm Bessel (der zum fraglichen Zeitpunkt längst verstorben war) als Unterstützer Whitworths darzustellen. Atkinson übersieht, dass die Debatte über die Wiederherstellung der Standardmaße nahezu ausschließlich von astronomischen und geodätischen Erfordernissen geprägt war.

[124] GOODEVE und SHELLEY, Measuring Machine, S. 47.

[125] ATKINSON, Whitworth, S. 110 f.; HUME, Engineering Metrology, S. 12 f. sowie CHANEY, Weights, S. 141 f.

[126] WÖLKER, Entstehung, S. 21.

[127] Vgl. BERZ, 08/15, S. 50 ff. sowie WÖLKER, Entstehung, S. 19, Fn. 15.

Jahren die Genauigkeit, mit der ihre Kanonenkugeln in die zugehörigen Rohre passten, mittels zweier Schablonen, die den minimal und den maximal zulässigen Durchmesser repräsentierten.[128] Auf diese Weise ließen sich Messtoleranzen festsetzen und unmittelbar in die technische Infrastruktur des Werkstattbetriebes inkorporieren. Eingang in die industrielle Praxis fanden die *limit gauges* aber erst durch die genannte Bedeutungszunahme innerbetrieblicher Normen seit den 1870er Jahren. Im amerikanischen Fahrradbau und in der Autobranche trug ihre Verwendung dazu bei, dass der Anspruch der absoluten Austauschbarkeit von Teilen ohne nachträgliche, handwerkliche Anpassungen endlich eingelöst werden konnte.[129]

Allerdings wiesen die dabei verwendeten Lehren und Schablonen immer noch keinen eindeutigen Bezug zu überbetrieblichen Maßstandards auf. Dies änderte sich erst im letzten Jahrzehnt des 19. Jahrhunderts. Die Ursachen hierfür lagen in der zunehmenden Bedeutung dezentral organisierter Zulieferindustrien sowie im allgemeinen Kontext der amerikanischen Rationalisierungsbewegung.[130] Ähnlich wie in Großbritannien wurde die überbetriebliche Austauschbarkeit der Maße dabei zunächst nicht vom Staat garantiert, sondern von einem privaten Unternehmen. Der Werkzeugmaschinenhersteller Pratt & Whitney produzierte seit den 1890er Jahren in großem Umfang Präzisionsmaßstäbe, Messlehren und vergleichbare Gerätschaften. Im Gegensatz zu Whitworth eichte das Unternehmen sie von Beginn an systematisch auf die US-amerikanischen Längenstandards. „Pratt & Whitney were thus distributing a ‚true inch' for others to employ."[131]

Auf dem europäischen Kontinent war die Situation indes eine andere. Hier beruhte die industrielle Produktion auch in den 1870er und 1880er Jahren noch auf hochqualifizierter Handarbeit.[132] Innerbetriebliche oder gar überbetriebliche Normalien gab es deshalb kaum. Erst mit dem industriellen Wachstumsschub der 1890er Jahre schwappte die amerikanische Entwicklung auf einige europäische Unternehmen über. Im Rahmen der nun um sich greifenden „Standardisierung der Produkte"[133] gewannen die Normalienbücher und das Grenzlehrensystem auch für sie zentrale Bedeutung. Das galt besonders für Waffen- und Nähmaschinenhersteller wie die französischen *Manufactures d'armes de l'armée*, die deutsche Ludwig Loewe & Co. sowie die schwedische *Carl Gustafs Stads Gevärsfaktori*. Daneben kamen Werknormen und Grenzlehren auch in der elektrotechnischen Industrie zum Einsatz, etwa bei Siemens & Halske.[134]

Außerhalb dieser Anwendungsbereiche blieben sie vor dem Ersten Weltkrieg allerdings noch eine Ausnahme. Beim Dampflokomotivenbauer Borsig hielten innerbetriebliche Normen zwar kurz nach der Jahrhundertwende Einzug in die

---

128 ALDER, Engineering, S. 150 ff.
129 HOUNSHELL, American System, S. 9 ff., S. 122 u. S. 286 f.
130 KERSHAW, Diogenes, S. 102 f.
131 Ebd., S. 102. Vgl. auch STALEY, Einstein's Generation, S. 74 ff.
132 Vgl. PAULINYI, Umwälzung, S. 347 f.
133 WEHLER, Gesellschaftsgeschichte, Bd. 3, S. 613.
134 Vgl. WÖLKER, Entstehung, S. 22 f.; BERZ, 08/15, S. 44 ff. sowie MOUTET, Logiques, S. 15.

Produktion, aber die konkurrierende HANOMAG kam zum selben Zeitpunkt noch ohne sie aus. Ohnehin beschränkte sich ihre Bedeutung auf einige Großbetriebe. In kleinen und mittleren Unternehmen konnte von Typisierung und Normierung um 1900 herum noch keine Rede sein. Und selbst dort, wo standardisierte Messlehren und Schablonen tatsächlich verwendet wurden, wiesen sie keinen gesicherten Bezug zu den nationalen Längenmaßen auf.[135]

Im ersten Jahrzehnt des 20. Jahrhunderts wurde diese Vernüpfung aber auch auf dem europäischen Kontinent in Angriff genommen. Das geschah im Zusammenhang mit einer messtechnischen Innovation, die auf den schwedischen Ingenieur Carl Edvard Johansson zurückging. Johansson sollte für die *Carl Gustafs Stads Gevärsfaktori* die Lizenzproduktion eines Gewehrs der deutschen Firma Mauser aufbauen. Bei einer Besichtigung ihrer Fabriken stellte er 1895 fest, dass das dort übliche Bemessungssystem seine Aufgabe extrem erschwerte. Für jede einzelne Dimension der gefertigten Teile verwendete Mauser eine eigene Messlehre, insgesamt einige hundert solcher Objekte. Sie mussten in einem komplexen Lagersystem verwaltet und mit hohem Aufwand auf ihre Dauerhaftigkeit überprüft werden. Die letzte Instanz dieser Kontrollen bildete ein betriebsinternes Mikrometer, das in keinem eindeutigen Verhältnis zu den offiziellen Maßeinheiten stand.[136]

Johansson ersann daraufhin eine Art Setzkastensystem, mit dessen Hilfe sich aus einer fixen Anzahl von etwas über 100 Messblöcken jede beliebige Länge zwischen null und einem Meter in Schritten von 0,001 Millimeter darstellen ließ. Neben der Minimierung der Zahl der benötigten Klötze bestand seine Leistung dabei vor allem in der Entwicklung eines Mechanismus, mit dem sie zuverlässig zusammengefügt werden konnten. Er beruhte auf einem Kohäsionseffekt und hatte deshalb keine nennenswerten Auswirkungen auf die Länge des zusammengesetzten Maßes.[137]

Die 1901 patentierten, fortan so genannten Johansson-Blöcke waren vielfältig einsetzbar. Sie fanden schnell Eingang in die industrielle Praxis. Ab 1903 ließ Johansson sie zudem anhand des internationalen Urmeters in Paris kalibrieren. Erstmals war damit auch auf dem Kontinent die Kette von den Ingenieursstandards zum offiziellen Maßsystem geschlossen.[138] In den USA trug Johansson ebenfalls zur Stabilisierung dieser Verknüpfung bei. Ab den späten 1900er Jahren stellte er von seinen Maßen eine Yard-Variante her, die vom *National Bureau of Standards* auf ihre Übereinstimmung mit dem amerikanischen Längennormal überprüft wurde. Sie spielte für die Entwicklung der modernen Massenproduktion eine so maßgebliche Rolle, dass Johanssons Unternehmen in den 1920er Jahren von niemand Geringerem als der *Ford Motor Company* aufgekauft wurde.[139]

---

[135] Vgl. WÖLKER, Entstehung, S. 22; MENDE, Massenfertigung, S. 225 ff. sowie HUME, Engineering metrology, S. 9 u. S. 46.
[136] Vgl. ebd., S. 56 f. sowie ALTHIN, Johansson, S. 43 ff.
[137] Vgl. ebd., S. 46–90; HUME, Engineering metrology, S. 57 ff. sowie KERSHAW, Diogenes, S. 105.
[138] Vgl. ebd., S. 105 f.
[139] Vgl. HOUNSHELL, American System, S. 286 sowie ALTHIN, Johansson, S. 137 ff.

Nur in Großbritannien blieb das Potential der neuartigen Maßblöcke ungenutzt. Hier gab es keine verlässliche Möglichkeit, sie mit den offiziellen Standards zu vergleichen. Johansson legte ihnen deshalb das 1897 offiziell fixierte Umrechnungsverhältnis des britischen Yard zum Meter zugrunde. Der sogenannte *industrial inch*, den er auf diese Weise gewann, bildete einen wichtigen Ausgangspunkt für die 1959 beschlossene Neudefinition der *Imperial Measures*.[140] Für die industrielle Praxis war er vor dem Ersten Weltrieg aber nur von geringer Relevanz. Das hatte zum Teil mit der starken Präsenz der Whitworth-Standards im Präzisionsmaschinenbau zu tun. Daneben lag es aber auch daran, dass die übrigen Zweige der britischen Industrie nur in wenigen Fällen auf „repetitive work requiring precision and interchangeability"[141] zurückgriffen. Die Frage der unternehmensübergreifenden Kompatibilität ihrer Maßstandards war für sie deshalb ohne Belang.

9.2.2 Die Debatte über die Gewindenormung

Neben der Vereinheitlichung der Grundlagen industrieller Präzisionsmessungen erlangte in der zweiten Hälfte des 19. Jahrhunderts auch die Setzung von überbetrieblichen Normen für häufig verwendete Einzelteile erstmals nennenswerte Bedeutung. Sie erfolgte in der Regel durch freiwillige Übereinkünfte zwischen technischen Vereinen oder Industriellenverbänden. Den Prototypen dieser neuartigen Entwicklung bildete die Debatte über die Standardisierung der Schraubengewinde.

Schrauben waren seit dem zweiten Viertel des 19. Jahrhunderts eines der wichtigsten industriell gefertigen Massengüter.[142] Sie kamen in nahezu allen gewerblichen Anwendungen zum Einsatz. Allerdings gab es zunächst keine allgemein akzeptierte Norm für die Form ihrer Gewinde. Vielmehr war jede Schraube und jede Mutter „a specialty in itself, and neither possessed nor admitted of any community with its neighbors."[143] Das lag unter anderem daran, dass viele Schraubenfabrikanten ihre Gewindemaße bewusst von denjenigen der Konkurrenz absetzten, um Kunden an sich zu binden.[144] Als Antwort hierauf produzierten diese oft einen Teil der benötigten Schrauben selbst und versicherten sich so gegen mögliche Engpässe.

Vor allem britische Ingenieure bemühten sich deshalb seit dem Beginn des 19. Jahrhunderts um eine Reduzierung der Vielfalt der Gewindeformen. Schon Maudslay versuchte, die Zahl der Umdrehungen festzulegen, die eine Schraube von einer bestimmten Länge haben sollte. Einer seiner Schüler, Joseph Clement, entwickelte diesen Ansatz weiter, indem er das Verhältnis von Länge und Umdre-

[140] KERSHAW, Diogenes, S. 107ff.
[141] Ebd., S. 104. Vgl. auch HUME, Engineering metrology, S. 9.
[142] Vgl. VEC, Recht und Normierung, S. 298. Die Darstellung der Debatte über die Gewindenormung ebd., S. 293–325, ist für die folgenden Ausführung ebenso grundlegend wie diejenige bei KELLERMANN und TREUE, Kulturgeschichte, S. 283–300.
[143] NASMYTH, Autobiography, S. 134.
[144] KELLERMANN und TREUE, Kulturgeschichte, S. 283.

hungen auf den jeweiligen Durchmesser der Schraube bezog. Maudslay und Clement zielten jedoch nur auf eine werkstattinterne Standardisierung der Gewindegrößen ab.[145] Besonders durch den Eisenbahnbau trat in den 1830er und 1840er Jahren aber vermehrt die Frage nach einer überbetrieblichen Vereinheitlichung in den Blickpunkt der Ingenieure. Erneut spielte dabei der eng mit Maudslay und Clement bekannte Joseph Whitworth eine zentrale Rolle.

Er hielt 1841 einen Vortrag vor der *Institution of Civil Engineers*, in dem er die Vielfalt der Schraubentypen kritisierte und das große Rationalisierungspotential einer Vereinheitlichung hervorhob.[146] Mit diesem Hintergedanken präsentierte er ein Gewindesystem, das auf den Vorüberlegungen von Maudslay und Clement beruhte. Seinen Ausgangspunkt bildete die Feststellung, dass es für die Form einer Schraube keine theoretisch bestimmbare, beste Lösung gab. Whitworth schlug deshalb einen pragmatischen Weg ein. Er untersuchte eine Vielzahl der in Großbritannien gebräuchlichen Schrauben und leitete aus ihren Dimensionen eine Empfehlung für eine einheitliche Gewindenorm ab. Die Skala, die er hierfür erstellte, legte wie diejenige von Clement die auf den Durchmesser der Schraube bezogene Zahl der Umdrehungen pro *inch* fest. Darüber hinaus spezifizierte Whitworth aber auch die Tiefe des Gewindes. Dazu fixierte er den sogenannten Flankenwinkel, also den Abstand zwischen den Seiten, die die Einkerbung der Schraube bildeten, auf 55°.[147]

Dieses System erwies sich als überaus erfolgreich. Aufgrund seiner Entstehungsgeschichte lag es nahe bei den meisten der bis dahin üblichen Schraubengrößen und erleichterte so eine Umstellung. Zudem hatte Whitworth bereits einige Jahre vor seinem Vortrag damit begonnen, die Norm den zahlreichen Unternehmen, mit denen er zusammenarbeitete, anzudienen. 1841 konnte er deshalb vermelden, dass sie bereits bei zahlreichen Eisenbahngesellschaften, Lokomotivenherstellern und den *Royal Dockyards* in Verwendung sei.[148] Diese frühe de-facto-Standardisierung kreierte im Zuge der folgenden Expansion des britischen Maschinenbaus einen starken Anreiz für die Übernahme der Gewindeskala durch weitere Unternehmen. Sie verbreitete sich deshalb in Windeseile. Schon zum Zeitpunkt der *Great Exhibition* von 1851 war die Norm in nahezu 400 englischen Werkstätten gebräuchlich, und um 1860 herum hatte sie sich vollständig durchgesetzt.[149] Auch die Tatsache, dass Whitworth die Gewindegrößen 1857 in seine Überlegungen zur Dezimalisierung der Ingenieursmaße einbezog, tat dieser Entwicklung keinen Abbruch. Er veröffentlichte zwar eine neue Tabelle, die die Di-

---

[145] Vgl. NASMYTH, Autobiography, S. 134 f.; ROE, Toolbuilders, S. 10 sowie KELLERMANN und TREUE, Kulturgeschichte, S. 283.

[146] WHITWORTH, Uniform System, S. 23 f. Vgl. hier und im Folgenden auch ATKINSON, Whitworth, S. 129 ff.; KELLERMANN und TREUE, Kulturgeschichte, S. 283 ff.; ROLT, Tools, S. 118 f. sowie MUSSON, Whitworth, S. 244 f.

[147] WHITWORTH, Uniform System, S. 25 ff. u. S. 33.

[148] Vgl. ebd., S. 34.

[149] Vgl. KELLERMANN und TREUE, Kulturgeschichte, S. 284; ROLT, Tools, S. 118 sowie zur Bedeutung des frühen Zeitpunkts der Standardisierung RICHARD, Rapport, S. 175.

mensionen der Schrauben in Dezimalbruchteilen eines *inch* angab, aber an ihrer tatsächlichen Größe änderte sich dadurch nichts.[150]

Mit dem Export britischer Dampfmaschinen und Lokomotiven erhielt das Whitworth-System seit der Mitte des 19. Jahrhunderts auch auf dem europäischen Kontinent großen Zulauf. Das galt, ähnlich wie im Fall der Textilgarne, vor allem für Deutschland, weil die Einfuhr britischer Technik und besonders der Whitworth'schen Werkzeugmaschinen hier eine überaus große Rolle spielte. Zudem führte die Existenz unterschiedlicher Maße in den Einzelstaaten dazu, dass eine innerdeutsche Einigung auf ein eigenes Schraubensystem als unwahrscheinlich galt.[151] In den 1860er Jahren etablierte sich das Whitworth-Gewinde deshalb als deutscher de-facto-Standard, allerdings nur im Präzisionsmaschinenbau. In anderen Bereichen – etwa in der Feinmechanik oder bei der preußischen Artillerie – blieben eigene Gewindenormen in Gebrauch.[152]

In Frankreich übernahmen die Ingenieure das Whitworth-System zwar ebenfalls, aber in deutlich geringerem Umfang als ihre deutschen Kollegen. Das lag daran, dass das Land über ein einheitliches Längenmaß verfügte. Viele französische Maschinenbauer versuchten in den 1850er und 1860er Jahren, anstelle des Whitworth-Systems eine eigene, metrische Gewindeskala zu etablieren. Diese Projekte blieben aber entweder im Ansatz stecken oder auf wenige Teilbereiche wie etwa einzelne Eisenbahngesellschaften beschränkt. Selbst in den 1890er Jahren beklagten sich französische Ingenieure noch darüber, dass sie mit einer Vielzahl unterschiedlicher Gewindearten konfrontiert waren.[153]

Nur in den USA bildete sich ein einheitliches Schraubenmaß heraus, *ohne* dass zu diesem Zweck das Whitworth-System importiert werden musste. Mit dem sogenannten Sellers-Gewinde entstand dort in den 1860er Jahren eine eigenständige Norm, die sich vom britischen Vorbild in zweierlei Hinsichten unterschied. Zum einen wies sie abweichende technische Spezifikationen auf. Insbesondere der Flankenwinkel von 55° war in den amerikanischen Werkstätten ungebräuchlich, so dass er stattdessen auf 60° festgelegt wurde.[154] Zum anderen handelte es sich bei der Sellers-Norm nicht um einen de-facto-Standard, sondern um das Ergebnis der Beratungen des *Franklin Institute* – eines technischen Vereins mit Sitz in Philadelphia, dem zahlreiche Ingenieure und Industrielle angehörten. Er verfügte über hervorragende Verbindungen zu Maschinenbauunternehmen, Eisenbahngesellschaften und zur amerikanischen Regierung. Letztere erklärte das Sellers-Gewinde 1868 zur einzig zulässigen Norm für Verträge mit staatlichen Einrichtungen. In den folgenden Jahren wurde es infolgedessen auch als US-Standard-Gewinde (USSt) bekannt.[155]

---

150 WHITWORTH, Decimal Measures, S. 68 f.
151 KÄSSNER, Vergleiche, S. 374. Vgl. auch KELLERMANN und TREUE, S. 289.
152 Vgl. ebd., S. 288. Zur Feinmechanik vgl. HAENSCH et al., Verhandlungen, S. 398 ff.
153 Vgl. RICHARD, Rapport, S. 174 sowie SAUVAGE, Mémoire, S. 197–208 u. S. 212 ff. Die anderslautende Darstellung bei KELLERMANN und TREUE, Kulturgeschichte, S. 287 f., trifft nicht zu.
154 Vgl. ROE, Toolbuilders, S. 248; REULEAUX, Konstrukteur, S. 202 sowie LEINWEBER, Gewinde, S. 3.
155 Vgl. ROE, Toolbuilders, S. 249; KERSHAW, Diogenes, S. 100; KELLERMANN und TREUE, Kulturgeschichte, S. 287 sowie VEC, Recht und Normierung, S. 307.

In Europa fand die technische Seite dieses Systems keine Nachahmer. Der von den Amerikanern praktizierte, konsensuale Modus der Normsetzung kam seit den 1870er Jahren aber auch dort verstärkt zur Geltung. In Deutschland geschah das im Rahmen einer intensiven Debatte über die Gewindestandardisierung, deren Auslöser die Einführung des metrischen Systems von 1867/1871 war. Sie akzentuierte einen Nachteil der Whitworth-Skala, der zwar schon länger bestand, nun aber vermeidbar erschien: die Notwendigkeit, mit heimischen und britischen Maßen gleichzeitig und daher häufig mit Brüchen zu rechnen. Zudem eröffnete die Umstellung auf den Meter auch die Möglichkeit, über die nationale Ebene hinaus zu einer internationalen Vereinheitlichung der Gewindesysteme zu gelangen.[156]

Die Debatte, die in den folgenden Jahren über diese Fragen entstand, war wie im amerikanischen Fall von Verbänden und anderen freiwilligen Zusammenschlüssen getragen. Eine Schlüsselrolle spielte der 1856 gegründete Verein Deutscher Ingenieure (VDI). Er bündelte die Vielzahl der Vorschläge zur Gewindenormung, die Ingenieure, Unternehmen und Untergliederungen des Vereins in den 1870er Jahren ausarbeiteten.[157] Dabei zeichnete sich schnell ab, dass eine Umstellung der Schraubenprofile auf den Meter vielen Beteiligten prinzipiell sehr wünschenswert erschien. Das galt nicht nur aufgrund der Vorzüge ihrer Übereinstimmung mit dem allgemeinen Maßsystem, sondern auch, weil die Whitworth-Skala einige Defizite aufwies, die durch eine Umstellung hätten beseitigt werden können. So fielen beispielsweise die Abstufungen zwischen den unterschiedlichen Schraubengrößen sehr unregelmäßig aus, und die Spezifikationen des Gewindequerschnitts waren so gewählt, dass die Passung von Schraube und Mutter immer wieder Probleme verursachte.[158]

In der Praxis hatte eine Umstellung allerdings hohe Hürden zu überwinden. So gab es für die konkrete Ausgestaltung einer metrischen Gewindenorm unterschiedliche Möglichkeiten, die jeweils spezifische Vor- und Nachteile aufwiesen.[159] Hinzu kam, dass das Whitworth-System in der industriellen Praxis fest verankert war. Wie eine Umfrage des VDI ergab, wurde es 1875 von gut 85% der deutschen Maschinenfabriken genutzt.[160] Zwar handhabten sie die Skala z.T. etwas unterschiedlich, und die vollständige überbetriebliche Austauschbarkeit der Schrauben war deshalb nicht gewährleistet. Aber dafür hatte das Whitworth-System ausgeprägte Pfadabhängigkeiten entwickelt. So war z.B. die überwiegende Mehrheit der Schneidewerkzeuge auf seine Spezifikationen ausgerichtet. Ihre Umstellung hätte hohe Kosten verursacht. Zudem wäre Deutschland im Falle der Einführung eines neuen Systems vom Technologieimport aus Großbritannien abgekoppelt gewesen.[161]

---

[156] Vgl. ebd., S. 307 f.; KÄSSNER, Vergleiche, S. 375 sowie HAENSCH et al., Verhandlungen, S. 403.

[157] VEC, Recht und Normierung, S. 309 ff. u. S. 326 ff.

[158] REULEAUX, Konstrukteur, S. 201 u. S. 204. Vgl. auch VEC, Recht und Normierung, S. 309 (Abbildung) sowie KELLERMANN und TREUE, Kulturgeschichte, S. 292 f.

[159] REULEAUX, Konstrukteur, S. 203 ff.

[160] DELISLE et al., Die metrischen Gewindesysteme, S. 49. Vgl. auch KELLERMANN und TREUE, Kulturgeschichte, S. 290 sowie VEC, Recht und Normierung, S. 311.

[161] Vgl. KELLERMANN und TREUE, Kulturgeschichte, S. 291 sowie VEC, Recht und Normierung, S. 314.

Eine 1875 eingesetzte Kommission des VDI kam aus diesen Gründen zu dem Ergebnis, dass eine metrische Gewindenorm nicht empfehlenswert sei. Die Hauptversammlung des Vereins schloss sich dem 1877 an, und damit endete die Debatte zunächst. In den 1880er Jahren begann sie allerdings von Neuem. Es folgte eine Reihe weiterer Kommissionen, Untersuchungen und Stellungnahmen. In deren Rahmen traten die geringe Passgenauigkeit und die unterschiedliche Handhabung des Whitworth-Systems nun stärker hervor als in den 1870er Jahren.[162] 1887/88 vollzog die Hauptversammlung des VDI deshalb eine Kehrtwende und sprach sich für die Umstellung auf ein metrisches Gewinde aus. Dabei favorisierte sie einen Vorschlag, den der badische Eisenbahningenieur Carl Delisle 1875/76 ausgearbeitet hatte. Delisles Konzept ist in der Folgezeit als VDI-System bekannt geworden. In etwas modifizierter, speziell auf kleinere Schrauben angepasster Form gewann es 1889/90 als sogenanntes Löwenherzgewinde auch die Unterstützung von Feinmechanikern und Elektrotechnikern.[163]

Allerdings änderten diese Empfehlungen nichts daran, dass zahlreiche wichtige Einrichtungen weiterhin die Whitworth-Skala benutzten, unter ihnen die Kaiserliche Marine und die Preußische Staatsbahn. Auch im internationalen Verkehr war es nach wie vor von großer Bedeutung. Als der VDI 1894 eine Denkschrift zur weiteren Propagierung seiner Gewindenorm vorlegte, opponierten deshalb etwa 125 Unternehmer gegen diese Pläne. Sie bestanden darauf, dass es bei der Standardisierung der Schraubengewinde keinen deutschen Alleingang geben dürfe. Der VDI reagierte auf dieses Anliegen prompt – allerdings nicht, indem er seine Forderung fallen ließ, sondern indem er beschloss, „eine internationale Lösung der Gewindefrage anzustreben."[164]

Damit folgte der Verein gleich in doppelter Hinsicht dem Zeitgeist. Denn zum einen schien Mitte der 1890er Jahre die Ausdehnung des metrischen Systems auf Großbritannien wieder einmal unmittelbar bevorzustehen. Und zum anderen hatte die Debatte über die Vereinheitlichung der Schraubengewinde zwischenzeitlich auch Frankreich erfasst. Trotz der Bemühungen einzelner Personen und Unternehmen waren breitenwirksame Initiativen dort zunächst ausgeblieben. Erst am Beginn der 1890er Jahre änderte sich dies. Mit der 1801 gegründeten *Société d'encouragement pour l'industrie nationale* nahm sich nun auch in der französischen Republik ein einflussreicher Ingenieursverband des Themas an.[165]

Auf die Initiative des Bergbauingenieurs Edmond Sauvage setzte er 1891 eine Kommission ein, die über die Frage der Gewindenormung beraten sollte. Der Verband hatte dabei vor allem das wirtschaftliche Rationalisierungspotential einer

---

162 Vgl. KELLERMANN und TREUE, Kulturgeschichte, S. 293 ff.

163 Vgl. SCHLESINGER, Normung, S. 10 f. sowie VEC, Recht und Normierung, S. 317 f. Das Delisle-System ist geschildert bei DELISLE et al., Die metrischen Gewindesysteme, S. 61 ff.

164 Schreiben des VDI an den Verein Deutscher Maschinenbau-Ingenieure, 17. 10. 1895, zit. nach KELLERMANN und TREUE, Kulturgeschichte, S. 298.

165 Vgl. RICHARD, Rapport, passim, SAUVAGE, Mémoire, passim; MAILY, Normalisation, S. 25 sowie zur Geschichte der Société d'encouragement BENOÎT et al. (Hrsg.), Encourager l'innovation.

solchen Maßnahme im Blick. In dieser Hinsicht sah die Kommission Großbritannien und die USA gegenüber Frankreich deutlich im Vorteil. Zwar betrachtete sie das Maßsystem, auf dem das Whitworth- und das Sellers-Gewinde beruhten, als dem metrischen unterlegen, aber das bloße Faktum der Einheitlichkeit der Schraubenformen wog dieses Defizit ihrer Meinung nach mehr als auf.[166] Eine Übernahme der angloamerikanischen Normen kam für die Kommission aber dennoch nicht in Frage, auch dann nicht, wenn sie in metrische Einheiten umgerechnet wurden. Die daraus resultierende Notwendigkeit, in Brüchen zu rechnen, ließ diese Vorgehensweise als zu kompliziert erscheinen.[167] Stattdessen stellte die Kommission drei Bedingungen auf, die ein künftiges Standardgewinde aus ihrer Sicht zu erfüllen hatte. Erstens musste es möglichst nah bei den gebräuchlichen Schraubenmaßen liegen, um eine Umstellung zu erleichtern. Zweitens sollte es eine einfache und dennoch hochpräzise Anfertigung der Gewinde ermöglichen. Und drittens musste es für möglichst viele Schraubengrößen geeignet sein.[168]

Auf der Basis dieses Forderungskataloges kam die Kommission zu einer differenzierten Beurteilung der Lage. Das VDI-System etwa lehnte sie ab, weil es in Frankreich ungebräuchlich war und somit das erste Kriterium nicht erfüllte. Auch für die zahlreichen, bei den Eisenbahngesellschaften oder beim Militär verwendeten metrischen Normen konnte sie sich nicht erwärmen. Sie waren meist speziell auf einzelne Verwendungszwecke zugeschnitten und verstießen deshalb gegen das dritte Kriterium.[169] Schließlich blieb der Kommission nicht anderes übrig, als eine eigene Gewindeskala aufzustellen. Sie stand selbstverständlich auf der Basis des Meters. Daneben zeichnete sie sich auch dadurch aus, dass sie die Steigung der Gewinde nicht durch die Zahl der Umdrehungen pro Längeneinheit, sondern durch den Abstand zwischen den Erhebungen des Schraubenpofils definierte. Das erlaubte eine regelmäßigere Abstufung der Gewindegrößen und eine einfachere Handhabung der Schneidewerkzeuge, mit denen die Schrauben gefertigt wurden.[170]

Dieses System versuchte die *Société d'encouragement* auf freiwilliger Basis zu etablieren. Dabei scheint sie sehr erfolgreich gewesen zu sein. Wenn man einer Darstellung von Sauvage Glauben schenkt, ist die Gewindenorm der Gesellschaft „in der verhältnismässig kurzen Zeit von vier Jahren in Frankreich fast allgemein angenommen worden [...]. Nicht nur die französische Marine, sondern auch die grossen Eisenbahngesellschaften und die hauptsächlichsten Maschinenwerkstätten" führten das System ein, und „sogar ausserhalb der Grenzen Frankreichs" stieß es auf Zuspruch.[171]

Vor diesem Hintergrund kam der Vorschlag des VDI zu einer Internationalisierung der Schraubengewindenormen der *Société* gerade Recht. Der unmittelbare

---

[166] RICHARD, Rapport, S. 174.
[167] SAUVAGE, Mémoire, S. 205.
[168] RICHARD, Rapport, S. 177.
[169] Das galt z. B. für die Gewinde der Marine, vgl. ebd.
[170] SAUVAGE, Mémoire, S. 186ff. u. S. 218ff.
[171] Internationaler Kongress, S. 121.

Anstoß für gemeinsame Gespräche kam allerdings weder aus Deutschland noch aus Frankreich, sondern aus der Schweiz. Aufgrund ihrer Mittelposition sahen sich die dortigen Industriellen mit dem Problem konfrontiert, dass sie die Normen beider ihrer Nachbarländer verwenden mussten. Sie luden deshalb 1898 die wichtigsten Protagonisten der *Société d'encouragement* und des VDI sowie italienische und niederländische Vertreter zu einem „Internationalen Kongress für die Vereinheitlichung der Gewinde-Systeme" nach Zürich ein.[172] Diese Zusammenkunft fand schnell einen gemeinsamen Nenner. Angesichts der großen Popularität der französischen Norm und des verbreiteten innerdeutschen Widerstands gegen das VDI-System gab es gute Argumente dafür, erstere zur Grundlage einer internationalen Übereinkunft zu machen. Sie wurde allerdings in einigen Details korrigiert, um so den Deutschen ein wenig entgegenzukommen. Diesen leicht modifizierten französischen Standard bezeichneten die beteiligten Vereine als *Système international* (SI). Unter dieser Bezeichnung setzten sie sich in der Folgezeit für seine Umsetzung ein. Der VDI beispielsweise beschloss 1899, künftig anstelle der eigenen Norm das SI-Gewinde zu propagieren.[173]

Allerdings stießen die Ingenieure dabei auf dasselbe Problem, das auch die gleichzeitig verfolgten Pläne für eine Internationalisierung der Garnnummerierung durchkreuzte. Denn für Großbritannien und die USA gab es keinen Anlass, sich an einem metrischen Gewindestandard zu beteiligen. Im Gegensatz zu den kontinentaleuropäischen Ländern verfügten sie über national gut etablierte Normen, die mit ihrem allgemeinen Maßsystem übereinstimmten. Im britischen Fall kam noch hinzu, dass das Whitworth-Gewinde auch auf zahlreichen Exportmärkten verwendet wurde. Zudem war die Mitte der 1890er Jahre geführte Debatte über die Umstellung der Alltagsmaße auf den Meter seit 1897 wieder vom Tisch.[174] In den folgenden Jahren schlugen die Briten deshalb einen Weg ein, der sie von einer Übernahme der SI-Norm eher noch entfernte, als sie diesem Ziel anzunähern. Das *Engineering Standards Committee*, auf dessen Entstehung im folgenden Abschnitt eingegangen wird, verabschiedete 1903 eine überarbeitete Form der Whitworth'schen Gewindeskala. Im Wesentlichen blieb der nunmehr so genannte *British Standard Whitworth* dabei unverändert. Hinzu kam aber ein ähnlich aufgebauter *British Standard Fine*. Er trug dem Umstand Rechnung, dass die traditionelle Schraubennorm für sehr kleine Gewinde nur bedingt geeignet war.[175]

Aus demselben Grund kodifizierte das Komitee mit dem *British Association Thread* auch noch ein *metrisches* Schraubensystem. Es ging auf den Genfer Physiker und Botaniker Marc Thury zurück.[176] Er hatte Ende der 1870er Jahre eine

---

[172] Ebd., S. 114 f.

[173] Vᴇᴄ, Recht und Normierung, S. 319 f. Zu den technischen Spezifikationen des SI-Gewindes vgl. Sᴄʜʟᴇsɪɴɢᴇʀ, Normung, S. 13 ff.

[174] Vgl. Kap. 7.3.4 dieser Arbeit.

[175] Vgl. Lᴇɪɴᴡᴇʙᴇʀ, Gewinde, S. 3; Kᴇʟʟᴇʀᴍᴀɴɴ und Tʀᴇᴜᴇ, Kulturgeschichte, S. 299 sowie McWɪʟʟɪᴀᴍ, British Standards, S. 274 f.

[176] Vgl. hier und im Folgenden Tʜᴜʀʏ, Systématique, S. 1 ff.; Hᴀᴇɴsᴄʜ et al., Verhandlungen, S. 406 ff.; Sᴀᴜᴠᴀɢᴇ, Mémoire, S. 208 ff. sowie Wʜɪᴛᴡᴏʀᴛʜ et al., Second Report, S. 287 ff. Allgemein zu Thury vgl. Hᴜᴍᴇ, Engineering Metrology, S. 41 ff.

spezielle Norm für die Feinmechanik entwickelt, weil die besondere Herstellungsmethode der dort verwendeten Schrauben mit dem Whitworth-Gewinde nicht vereinbar war. Dieses System basierte auf dem Meter. Es legte die Proportionen der Gewinde aber anhand einer mathematischen Relation fest, die sich prinzipiell auch in anderen Maßen ausdrücken ließ. Dem Problem der Brüche kam dabei nur untergeordnete Bedeutung zu, weil es selbst bei der Verwendung des Meters unvermeidbar war.[177] Über seine Verbreitung in der Uhrenindustrie gelangte das Thury-System in den frühen 1880er Jahren nach Großbritannien. Dort übernahmen es aber nicht nur die Feinmechaniker. Die *British Association for the Advancement of Science* empfahl es 1883/84 auch für die Elektrotechnik, wo sich der seither als *British Association Thread* bekannte Standard ebenfalls etablierte. Seine Berücksichtigung durch das *Engineering Standards Committee* war eine Anerkennung dieser Tatsache.[178]

An der Dominanz des Whitworth-Systems in den anderen Industriezweigen änderte sich dadurch allerdings nichts. Sie ging vielmehr so weit, dass sie erhebliche Rückwirkungen auf die britische Debatte über den Meter zeitigte. Als diese in den frühen 1900er Jahren wieder an Fahrt gewann, gehörten die Maschinenbauingenieure zu den Hauptgegnern einer Umstellung. Sie trugen maßgeblich zum Scheitern der entsprechenden Bemühungen bei. Ihre Motivation bezogen sie dabei unter anderem aus dem Wunsch, das Whitworth-Gewinde beizubehalten.[179]

Diese Entwicklung hatte massive Konsequenzen für die Durchsetzung der Züricher SI-Norm auf dem Kontinent. Das galt weniger für Frankreich, denn dort war das nahezu deckungsgleiche Gewinde der *Société d'encouragement* bereits vor dem Kongress auf einem guten Weg gewesen. In Deutschland hingegen fasste das SI-System nur zögerlich Fuß. Vor dem Hintergrund der ausbleibenden Umstellung in Großbritannien blieb hier der Whitworth-Standard das Maß der Dinge. Bei einer 1910 durchgeführten Umfrage gaben 70% der Firmen an, ihn weiterhin zu verwenden. Nur 14% bedienten sich des SI-Gewindes.[180] Der Verein Deutscher Werkzeugmaschinenfabriken, der zwischenzeitlich einen erneuten Versuch zur Vereinheitlichung der Gewinde gestartet hatte, vertrat deshalb 1912 die Auffassung, dass eine vollständige Durchsetzung der internationalen Norm unmöglich sei. Er machte stattdessen den Vorschlag, „daß nur zwei Hauptsysteme, das Whitworth- und das metrische Gewinde – eventuell auch noch das Löwenherzgewinde – eingeführt und alle übrigen zum Absterben gebracht werden sollten."[181] Vor dem Ersten Weltkrieg kamen in dieser Hinsicht keine nennenswerten Schritte mehr zustande. 1917 setzte die deutsche Industrie den Vorschlag der Werkzeugmaschinenfabrikanten aber in die Praxis um. Sie perpetuierte damit die Verwendung mehrerer Gewindetypen.

---

[177] Vgl. HAENSCH et al., Verhandlungen, S. 412 sowie SAUVAGE, Mémoire, S. 209.

[178] Vgl. WHITWORTH et al., Second Report, S. 293; CHANEY, Weights, S. 144f. sowie HAENSCH et al., Verhandlungen, S. 411ff.

[179] Vgl. Kap. 7.3.4 dieser Arbeit.

[180] KELLERMANN und TREUE, Kulturgeschichte, S. 300. Vgl. hier und im Folgenden auch VEC, Recht und Normierung, S. 320ff.

[181] KELLERMANN und TREUE, Kulturgeschichte, S. 300.

Während in Großbritannien also dank Whitworth eine allgemein akzeptierte de-facto-Norm bestand und in Frankreich eine Konsensstandardisierung durch einen Industrieverband erfolgte, blieb eine Vereinheitlichung in Deutschland und auf der internationalen Ebene aus. Nur eine Reduzierung der Vielzahl der unterschiedlichen Gewindearten erreichten die Ingenieure.[182] Insgesamt sorgten die divergierenden ökonomischen Interessen der unterschiedlichen Akteure aber dafür, dass die privatwirtschaftlich veranlasste Normung der Schraubengewinde sehr viel weniger durchschlagend verlief als die staatlich getragene Standardisierung der Maße des öffentlichen Verkehrs.

9.2.3 Drähte, Walzeisen und die Vorgeschichte der nationalen Normungsinstitute

Neben der Debatte über die Gewindenormen gab es in der zweiten Hälfte des 19. Jahrhunderts noch eine Reihe ähnlich gelagerter Entwicklungen, die nicht den Maschinenbau betrafen, sondern die Eisen- und Stahlindustrie. Dabei ging es vor allem um Standards für die Dicke von Metalldrähten sowie um die Aufstellung von Normalprofilen für Walzeisen.[183]

Metalldrähte waren, ähnlich wie Schrauben, ubiquitäre Massenprodukte, die für zahlreiche Zwecke Verwendung fanden. In vorindustriellen Zeiten wurden sie im Rahmen eines Verfahrens hergestellt, bei dem der Drahtzieher sein Rohmaterial durch eine Abfolge von immer kleineren Löchern zwängte. Je dünner es werden sollte, umso häufiger musste das geschehen und umso teurer und handwerklich anspruchsvoller war die Produktion. Die Löcher, die die Dicke des Drahtes determinierten, befanden sich dabei auf einer Art Schablone, einer so genannten Klinke. Diese Klinken waren in der Regel Einzelstücke, die innerhalb einer Werkstatt oder einer Familie weitergegeben wurden.[184]

In einigen Schwerpunktregionen der Metallverarbeitung bildeten sich in der ersten Hälfte des 19. Jahrhunderts aber de-facto-Standards für sie heraus. Das geschah z. B. in Birmingham, Warrington, Limoges und in Westfalen. Die dortigen Festlegungen basierten auf sogenannten Drahtlehren. Dabei handelte es sich um Kontrollschablonen, deren Löcher eine in lokalen Maßen festgelegte Größe aufwiesen und mit einer Nummer versehen waren. Diese Standards erlangten allerdings nur regionale Bedeutung. Mitte des 19. Jahrhunderts gab es nach wie vor eine große Vielfalt an unterschiedlichen Drahtmaßen.[185]

Seit etwa diesem Zeitpunkt unternahmen Industrielle und Unternehmer aber vermehrte Versuche, sie auf eine gemeinsame, überregional gültige Grundlage zu

---

[182] Vec, Recht und Normierung, S. 322.

[183] Darüber hinaus gab es noch ein weiteres, verwandtes Problem, das allerdings weniger intensiv diskutiert worden ist: die Frage von Standardmaßen für die Dicke von Stahlblechen. Vgl. dazu: Blechlehre, in: Brockhaus' Konversations-Lexikon, Bd. 3, S. 108.

[184] Vgl. Stahlschmidt, Drahtzieherei, S. 353 ff.; Velkar, Markets, S. 143 f. u. S. 146 f. sowie Pöll, Story, S. 576.

[185] Vgl. Velkar, Markets, S. 147; Stahlschmidt, Drahtzieherei, S. 350 sowie Peters, Untersuchungen, S. 141 ff. u. S. 247.

stellen. In Großbritannien beispielsweise entwickelte der Ingenieur Charles Holtzapffel 1847 den Vorschlag, die Nummern der Löcher in Übereinstimmung mit ihrem in Dezimalbruchteilen eines in *inch* angegebenen Durchmessers zu bringen. Der unvermeidliche Joseph Whitworth formulierte in den 1850er Jahren ein ähnliches Konzept, und auch der Telegraphenexperte Latimer Clark stellte in den späten 1860er Jahren entsprechende Überlegungen an. Diese Vorschläge fanden jedoch zunächst kein Gehör.[186]

Größere Fortschritte machte die Standardisierung der Drahtmaße hingegen in Frankreich. Mitte der 1850er Jahre einigten sich die dortigen Metallwarenhersteller darauf, aus den regionalen de-facto-Standards eine nationale Drahtlehre zu konstruieren. Sie basierte auf dem metrischen System und legte die Dicke jeder Drahtnummer auf ein zehntel Millimeter genau fest.[187] Diese sogenannte *Jauge de Paris* wurde 1857 gesetzlich anerkannt und setzte sich in den folgenden Jahren weitgehend durch. Allerdings eignete sie sich nicht für feinere Drahtsorten. Für diese bildete sich ein eigener Standard heraus. Auch die ältere *Jauge de Limoges* behielt für manche Anwendungen ihre Bedeutung.

Ein ähnlicher Befund gilt auch für Süddeutschland. Aufgrund der Nähe zu Frankreich übernahmen dort viele Produzenten die *Jauge de Paris*. Gleichzeitig verwendeten sie für bestimmte Zwecke auch andere, lokale Maßstandards.[188] Nach Norddeutschland gelangte die französische Drahtlehre dagegen nicht. Hier blieb vielmehr das westfälische System in Gebrauch. Es gewann in dem Maße an Bedeutung, in dem Westpreußen zum Zentrum der deutschen Eisen- und Stahlindustrie aufstieg. Allerdings waren seine Abstufungen nie genau festgelegt worden, so dass sich Differenzen zwischen unterschiedlichen Herstellern ergaben.[189] Zudem verwendeten die westpreußischen Fabrikanten wie ihre süddeutschen und französischen Kollegen für besondere Zwecke abweichende Lehren. Neben lokalen Maßen waren dabei z. T. auch ausländische Standards üblich, insbesondere der *Birmingham Wire Gauge*.[190]

Seit den 1860er Jahren kursierten deshalb auch in Deutschland Überlegungen zur Bereinigung dieser Situation.[191] Die Einführung des metrischen Systems befeuerte sie noch zusätzlich, denn nun mussten die Industriellen beständig zwischen den alten Drahtlehren und den neuen Maßen umrechnen. 1873 nahm sich eine Kommission der wichtigsten Eisen- und Stahlproduzenten des Problems an. Sie entschloss sich, die ein Jahr zuvor in Österreich erarbeitete Millimeterdrahtlehre zur allgemeinen Annahme zu empfehlen. Diese basierte wie die *Jauge de Paris* auf dem französischen Längenmaß. Statt des willkürlich gewählten Nummerierungssystems ihres Vorbildes wies sie jedoch eine Zählung auf, bei der „die

---

[186] VELKAR, Markets, S. 151f. Der Vorschlag von Whitworth ist enthalten in: WHITWORTH, Decimal Measures, S. 66.ff. Vgl. auch GOODEVE und SHELLEY, Measuring Machine, S. 79ff.

[187] Vgl. PETERS, Untersuchungen, S. 246.

[188] Vgl. ebd., S. 247.

[189] Vgl. STAHLSCHMIDT, Drahtzieherei, S. 351.

[190] Vgl. ebd., S. 350 sowie PETERS, Untersuchungen, S. 148.

[191] Vgl. THOMÉE, Untersuchungen sowie PETERS, Untersuchungen.

anzugebende Nummer immer dem Zehnfachen der in Millimeter gemessenen Stärke entsprach. Ein Draht von beispielsweise 3,6 mm Durchmesser würde also als ,Nr. 36' bezeichnet."[192] Dieses Ordnungsprinzip erhielt 1874 die Anerkennung durch den Gesetzgeber. In der Folgezeit fand die Millimeterdrahtlehre in vielen Betrieben Eingang in die industrielle Praxis. Das war insofern von großer Bedeutung, als Deutschland seit dem Ende der 1870er Jahre die Führungsrolle bei der Herstellung von Drahterzeugnissen übernahm und Großbritannien, seinen wichtigsten Konkurrenten, zu überflügeln begann.[193]

Vor diesem Hintergrund gewann die Debatte über die Vereinheitlichung der Drahtmaße auch auf der Insel wieder an Fahrt. 1878/79 ernannte die *Society of Telegraph Engineers* eine Kommission, die einen diesbezüglichen Vorschlag erarbeitete. Die Übernahme eines metrischen Standards kam dabei allerdings nicht in Frage. Stattdessen entwickelten die Ingenieure ein Konzept, das auf dem Vorschlag von Latimer Clark aus den späten 1860er Jahren beruhte. Es sah eine Nummerierung der Drähte auf der Basis der britischen Einheiten vor, wobei die vorgesehenen Dicken in geometrischer Reihe zunehmen sollten. Mit der Unterstützung der *Associated Chambers of Commerce* erreichte dieser Vorschlag 1882 das *Board of Trade*, das ihm Gesetzeskraft verleihen wollte.[194] Dagegen machten in der Folgezeit allerdings die Drahtproduzenten Front. Denn der Vorschlag der Telegrapheningenieure entfernte sich weit von wichtigen lokalen Standardgrößen wie dem *Birmingham Wire Gauge* oder dem *Warrington Wire Gauge*. Er hätte deshalb große Umstellungen in der Produktion und in der Gehaltsstruktur der Drahtzieher erfordert, die wegen der billigen Konkurrenz aus Deutschland ohnehin höchst umstritten war. Zudem kritisierte die *Iron and Steel Wire Manufacturers' Association*, dass das Prinzip der geometrischen Reihung zu abstrakt sei und den praktischen Erfordernissen des Drahtziehens nicht gerecht werde. Sie erarbeitete deshalb einen Gegenvorschlag, der ihre diesbezüglichen Anliegen stärker berücksichtigte.[195]

Schließlich formulierte das *Board of Trade* aus dem Konzept der Drahtproduzenten und demjenigen der Handelskammern einen Kompromiss. 1883 erklärte es den so entstandenen *Standard Wire Gauge* offiziell zum britischen Normalmaß.[196] Bis zur Jahrhundertwende erlangte diese neue Drahtlehre weite Verbreitung. Auf dem Kontinent spielte sie allerdings nur eine untergeordnete Rolle. Das lag an der Wettbewerbssituation der britischen Produzenten. Ihre Exporte entwickelten sich in den 1880er und 1890er Jahren stabil, während die Ausfuhren aus Deutschland weiterhin stark expandierten. Auf den kontinentalen Märkten blieb deshalb die metrische Lehre vorherrschend.[197]

---

[192] STAHLSCHMIDT, Drahtzieherei, S. 351. Zur Entstehungsgeschichte KARMARSCH, Vereins-Drahtlehre, S. 373 ff.
[193] VELKAR, Markets, S. 159 ff.
[194] Ebd., S. 155 ff. Vgl. hier und im Folgenden auch PÖLL, Story, S. 579 f.
[195] VELKAR, Markets, S. 164 f.
[196] CHANEY, Weights, S. 139 ff.
[197] VELKAR, Markets, S. 168.

Anders als im Falle der Schrauben gab es vor 1914 auch keine Versuche, eine internationale Einigung über die Drahtmaße herbeizuführen. Aus der Sicht der deutschen Akteure war eine solche überflüssig. Und die britischen Industriellen rechneten sich kaum Chancen aus, ihr eigenes System durchzusetzen. Nicht einmal eine deutsch-französische Übereinkunft kam zustande. Die linksrheinischen Produzenten benutzten vielmehr weiterhin die *Jauge de Paris*. Erst 1906 entstand eine Initiative, um auch in Frankreich die *Jauge Décimal* einzuführen. Sie verlief aber im Sande, vermutlich, weil das Land als Drahtproduzent ohnehin zu unbedeutend war, um auf dem Weltmarkt konkurrieren zu können.[198]

Aus ähnlichen Gründen blieb Frankreich auch auf einem zweiten Feld der Entstehung von Maßnormen für die Eisen- und Stahlindustrie hinter Deutschland und Großbritannien zurück. Dabei ging es um Standards für die Profile von Walzeisenstäben, die im Hochbau und bei der Herstellung von Eisenbahnwaggons zum Einsatz kamen. Das Kaiserreich spielte hier eine Vorreiterrolle. Der Verband deutscher Architekten- und Ingenieurvereine und der VDI bildeten in den späten 1870er Jahren eine gemeinsame Kommission, die 1881 ein sogenanntes Normalprofilbuch herausgab. Darin legten sie für eine Reihe von häufig verwendeten Eisenträgern, beispielsweise solchen in I- oder in L-Form, genaue Abmessungen fest.[199]

Der Zusammenhang zwischen dieser Maßnahme und der Einführung des metrischen Systems war allerdings sehr gering. Zwar basierten die Normalprofile auf den neuen Einheiten, aber den Anstoß für ihre Erstellung gaben andere Faktoren. Zum Teil gingen sie darauf zurück, dass die Standardisierung der Trägermaße „die Berechnung von Eisenkonstruktionen bedeutend erleichtert[e]".[200] Vor allem aber war die Entstehung der Normalprofile eine Folge der Marktbedingungen. Denn nach dem Zusammenbruch des Gründerbooms wies die Stahlindustrie in den späten 1870er Jahren massive Überkapazitäten auf. Das gab den Konsumenten von Walzeisen die Möglichkeit, ihre Interessen durchzusetzen. Sie waren diejenigen, die von den Normalprofilen am meisten profitierten. Während die Hersteller die Umstellung der Walzwerkzeuge bezahlen mussten, konnten Bauingenieure und Eisenbahngesellschaften künftig verlässlicher kalkulieren und unabhängig von den Vorgaben einzelner Unternehmen agieren.[201]

Vor diesem Hintergrund gewann das System der Normalprofile in den 1880er Jahren schnell an Bedeutung. Preußen beispielsweise hielt seine Staatsbetriebe dazu an, sich ausschließlich der standardisierten Eisen zu bedienen. 1886 weitete

---

[198] Vgl. Syndicat des négociants en quincaillerie et ferronnerie de France. Groupe de l'ouest, Compte rendu de la réunion générale, 4.2.1906, AN F/12/12040/2, o.S. [S. 1f.]. Zur Wettbewerbssituation der französischen Eisen-und Stahlindustrie vgl. Broder, Économie, S.133ff.

[199] Heinzerling und Intze (Hrsg.), Normalprofil-Buch. Zur Entstehung vgl. Weyrauch, Normalprofile, S.663ff. sowie Wölker, Entstehung, S.27f.

[200] Walzeisen, in: Brockhaus' Konversations-Lexikon, Bd.16, S.492–493, hier S.493.

[201] Vgl. Wölker, Entstehung, S.28; Weyrauch, Normalprofile, S.663 sowie zur Entwicklung und den Kapazitäten der Stahlindustrie in den 1870er Jahren Wengenroth, Unternehmensstrategien, S.54–72.

die Kommission der Ingenieursverbände ihre Richtlinien auf die Stahlträger des Schiffsbaus auf. Und in den folgenden Jahren überarbeitete sie das Normalprofilbuch immer wieder, insbesondere im Hinblick auf den internationalen Wettbewerb. So beschäftigten sich die Ingenieure in den 1900er Jahren intensiv mit den Produkten der amerikanischen Stahlindustrie, wo zwischenzeitlich ebenfalls Normalprofile festgesetzt worden waren.[202] Überlegungen zu einer internationalen Vereinheitlichung gab es allerdings nicht. Dazu war die Frage der Walzeisenprofile zu eindeutig in den Kontext der Konkurrenz zwischen den nationalen Stahlindustrien eingebettet.

Das zeigte sich nicht zuletzt auf den britischen Inseln. Hier führte die Sorge um die eigene Wettbewerbsfähigkeit um 1900 herum ebenfalls zu einer nationalen Festschreibung von Eisenprofilen. Deren Ausgangspunkt bildete ein Leserbrief an die *Times*, in dem ein Londoner Eisenwarenhändler die Nachteile der bis dahin ausgebliebenen Standardisierung beklagte.[203] Vor dem Hintergrund seiner kritischen Analyse gründeten Ingenieure aus dem Umfeld der *Institution of Mechanical Engineers* 1901 das sogenannte *Engineering Standards Committee* (ESC). Eine seiner ersten Zielsetzungen bestand darin, Normalprofile für jene drei Anwendungsbereiche aufzustellen, die auch in Deutschland im Mittelpunkt der diesbezüglichen Bemühungen gestanden hatten: für den Hochbau, den Eisenbahnbau und den Schiffsbau.[204] So einigte sich das Komitee z. B. darauf, die Zahl der Profile für Stahlträger von 175 auf 113 und diejenige der Querschnitte für Straßenbahnschienen von 75 auf fünf zu reduzieren. Der Rationalisierungseffekt dieser Maßnahmen war beachtlich. Die Normen sorgten nicht nur für die Austauschbarkeit der Stahlträger. Sie reduzierten vielmehr auch die Lagerhaltungskosten, weil die Händler nun weniger unterschiedliche Typen vorhalten mussten, machten die Eisen dadurch billiger und eröffneten ihnen so eine Reihe neuer Verwendungszwecke.[205]

Daneben hatte die Erstellung der Normalprofile noch einen weiteren, langfristigeren Effekt. Denn das *Engineering Standards Committee* bildete über die Frage der Stahlträger hinaus auch den organisatorischen Nukleus für Normungsinitiativen in anderen Industriezweigen. Bis 1914 hielten sich seine Aktivitäten zwar noch in Grenzen, aber im Falle der Schraubengewinde sowie in der Elektroindustrie machten sie doch bereits erkennbare Fortschritte. Das Komitee leistete damit wichtige Vorarbeiten für die sehr viel umfassenderen Arbeiten zur technischen Normung, die im Ersten Weltkrieg beginnen sollten. Auch in Deutschland führen einige Kontinuitätslinien von der Normalprofilkommission zum 1917 gegründeten Normenausschuss der deutschen Industrie. Allerdings war die Reichweite der Vorkriegsaktivitäten hier deutlich geringer als in Großbritannien, so dass eine

---

[202] Vgl. Deutsches Normalprofilbuch, S. 1489 ff. sowie Kɪɴᴛᴢʟé und Sᴄʜʀöᴅᴛᴇʀ, Kommissionsbericht, S. 1491 ff.

[203] Fifty Years of British Standards, S. 27 f.

[204] MᴄWɪʟʟɪᴀᴍ, British Standards, S. 267 ff. Zur Gründung des ESC vgl. ebd., S. 261 ff.; Fifty Years of British Standards, S. 27 ff. sowie LᴇMᴀɪsᴛʀᴇ, Summary, S. 247 ff.

[205] Fifty Years of British Standards, S. 29. Vgl. auch MᴄWɪʟʟɪᴀᴍ, British Standards, S. 267.

dem *Engineering Standards Committee* vergleichbare Institutionalisierung zunächst ausblieb.[206]

Dieser Befund gilt auch für Frankreich. Die wichtigste Leistung auf dem Gebiet der Standardisierung kam hier nicht aus der Privatwirtschaft, sondern aus dem Militär. Der Ingenieur und Luftfahrtpionier Charles Renard bemerkte in den 1870er Jahren, dass die französische Armee für die Herstellung von Fesselballons 425 unterschiedliche Kabeltypen benutzte. Er entwickelte daraufhin die soge-nannten *séries de Renard* – ein System von Kabeln mit abgestuften Durchmessern, das die Zahl der Typen auf 17 reduzierte.[207] Dabei bediente er sich des Prinzips der sogenannten Normzahlreihen, einer regelmäßigen mathematischen Zahlen-folge. Im 20. Jahrhundert sollte es auch in einigen weiteren Bereichen zum Einsatz kommen. Es lag beispielsweise den DIN-Normen für Papiergrößen zugrunde, die Wilhelm Ostwald und Walter Porstmann in den 1910er Jahren entwickelten.[208]

Auf die französische Industrie hatten Renards Ideen jedoch keinen erkennba-ren Einfluss. Das hing eng mit deren geringem Organisationsgrad zusammen. Die meisten Standardisierungsinitiativen erforderten einen umfassenden Informa-tionsaustausch. Viele Unternehmer legten aber stattdessen großen Wert auf die Wahrung ihrer Produktionsgeheimnisse.[209] Zudem führten, wie bei den Textilien, auch die geringe Exportorientierung und die protektionistische Neigung der französischen Industrie dazu, dass es den Herstellern an Anreizen für entspre-chende Aktivitäten mangelte.[210] Erst 1908 unternahmen deshalb wenigstens die Eisenbahngesellschaften den Versuch, für Metallträger und andere Ausstattungen ein *cahier de charges unifiés* zu erstellen. Im Falle des Baustahls oder des Schiffs-stahls blieben solche Bemühungen dagegen aus.[211]

Insgesamt gewann das Problem der industriellen Maßstandards seit den 1880er Jahren also erkennbar an Bedeutung. Allerdings blieb die konsensuale Etablie-rung allgemeingültiger Normen zunächst auf einige herausragende Einzelproble-me begrenzt. Erst während des Ersten Weltkrieges konnte sich dieser Modus der Standardisierung in großem Umfang durchsetzen. Zwischen 1914 und 1918 wei-tete beispielsweise das *Engineering Standards Committee* seine Aktivitäten deutlich aus. Es geriet so zur Keimzelle der späteren *British Standards Institution* (BSI). Auch Deutschland und Frankreich riefen während des Krieges mit dem Normen-ausschuss der deutschen Industrie sowie der *Commission permanente de standar-disation* die Vorläufer des Deutschen Instituts für Normung (DIN) und der *Asso-ciation française de normalisation* (AFNOR) ins Leben. Die Wurzeln der institu-tionalisierten Aushandlung von technischen Standards reichten also bis in das

---

[206] Zu Großbritannien vgl. McWILLIAM, British Standards, passim. Zu Deutschland vgl. WÖLKER, Entstehung, S. 27 f., S. 31 f. u. S. 84 ff.

[207] DURAND, AFNOR, S. 14.

[208] Vgl. FRANCK, Normalisation, S. 22 f. sowie KRAJEWSKI, Restlosigkeit, S. 102 ff. u. S. 120 ff., hier v. a. S. 106 f.

[209] Vgl. FRANCK, Normalisation, S. 55.

[210] Vgl. ebd.

[211] BLANC, Recueil. Vgl. auch DURAND, AFNOR, S. 14 sowie MAILY, Normalisation, S. 26.

späte 19. Jahrhundert zurück. In der Hauptsache war sie aber eine „fille de la guerre".[212]

9.3 Industrialisierung und Wissenschaft: Das Beispiel der elektrischen Einheiten

9.3.1 Die Ursprünge der Debatte über die elektrischen Maße

Mit der Chemie, der Elektrotechnik und der Präzisionsoptik entstanden im letzten Viertel des 19. Jahrhunderts mehrere neuartige Industrien. Sie zeichneten sich dadurch aus, dass sie in sehr viel höherem Maße auf wissenschaftliche Erkenntnisse rekurrierten als die älteren Zweige des verarbeitenden Gewerbes.[213] Diese Besonderheit beeinflusste auch ihren Umgang mit der Frage der Standardisierung. Sie führte dazu, dass die diesbezüglichen Debatten stark von theoretischen Erwägungen und wissenschaftlichen Experten beeinflusst waren.

Vor allem die Elektroindustrie spielte in dieser Hinsicht eine zentrale Rolle. Sie warf eine Fülle komplexer Messprobleme auf. Die wichtigste Herausforderung, die sich Physikern und Ingenieuren dabei stellte, bestand in der Festlegung der grundlegenden elektrischen Einheiten.[214] Der Ausgangspunkt der Debatten über diese Frage lag allerdings nicht in der Forschung über die Elektrizität, sondern in einer ihrer praktischen Anwendungen: in der Telegraphie. Ihre Entstehung ging dem gesamtwirtschaftlichen Bedeutungsgewinn der Elektroindustrie um einige Jahrzehnte voraus. Sie beruhte auf drei grundlegenden Innovationen bzw. Erkenntnissen der 1820er und 1830er Jahre: auf dem von Hans Christian Ørsted und anderen entwickelten Galvanometer; auf dem 1826 von Georg Simon Ohm formulierten Bezug zwischen Spannung, Stromstärke und Widerstand sowie auf der Entdeckung der elektromagnetischen Induktion durch Michael Faraday 1831.[215]

Vor dem Hintergrund dieser Neuerungen erfolgte in den 1830er und 1840er Jahren der Aufbau der ersten Telegraphenlinien. Sie entstanden vor allem oberirdisch, entlang der Eisenbahnstrecken. Die Messung ihrer elektrischen Eigenschaften spielte dabei zunächst nur eine untergeordnete Rolle.[216] Seit den späten 1840er Jahren wurden die Telegaphenlinien aber auch unterirdisch verlegt. Dadurch erlangte die Kenntnis des elektrischen Widerstandes zentrale Bedeutung. Im Falle eines Kabelbruchs gestattete sie es, die Länge des intakten Teils des Telegraphen-

---

212 DURAND, AFNOR, S. 15.
213 KÖNIG, Massenproduktion, S. 402 ff. Vgl. aber die kritischen Bemerkungen zu dieser Auffassung bei RADKAU, Technik, S. 169 ff.
214 Dieses Problem ist gut erforscht. Die folgende Darstellung kann sich deshalb auf eine umfangreiche Sekundärliteratur stützen. Die wichtigsten Arbeiten sind LAGERSTROM, Uniformity; KERSHAW, Electrical Units; OLESKO, Precision, Tolerance and Consensus; JAEGER, Entstehung; GOODAY, Morals; HUNT, Ohm; SCHAFFER, Late Victorian Metrology; TUNBRIDGE, Lord Kelvin sowie SMITH und WISE, Energy and Empire, S. 684–698.
215 Vgl. WEBER, Verkürzung, S. 214 f. sowie JAEGER, Entstehung, S. 2 f.
216 Vgl. HUNT, Ohm, S. 49.

drahtes und damit die Position des Defektes zu bestimmen, ohne dafür Grabungen vornehmen zu müssen.[217] Ingenieure in Großbritannen, Frankreich und Deutschland entwickelten deshalb eine Reihe unterschiedlicher Methoden zur Messung des Widerstandes. Besonders seine aus dem wissenschaftlichen Gebrauch übernommene Bestimmung anhand einer Spule von gewickeltem Draht erlangte zentrale Bedeutung. Die Länge des Drahtes bildete dabei das Normal bzw. die Vergleichsgröße für die Länge des untersuchten Kabels. Die Bemessung des Widerstands anhand dieser Methode war in den 1850er und 1860er Jahren „crucial to the spread of precision electrical measurement among both engineers and physicists."[218]

Allerdings warf sie auch Probleme auf. Zum einen nutzten die Ingenieure zur Herstellung der Spulen verschiedene Metalle und unterschiedliche Normallängen, die auf den jeweils landesüblichen Maßeinheiten basierten.[219] Und zum anderen blieb ihnen lange Zeit verborgen, dass der Widerstand von Drähten nicht nur vom verwendeten Material, sondern auch von dessen genauen Eigenschaften sowie von der Temperatur abhing. Die anhand der Spulen vorgenommenen Berechnungen einer Bruchstelle waren deshalb wenig zuverlässig. Sie wiesen meist eine Ungenauigkeit von fünf bis zehn Prozent auf.[220] Diese Abweichung fiel umso stärker ins Gewicht, als die Bemessung der Drahtlänge anhand des elektrischen Widerstands in den späten 1850er Jahren noch einmal an Bedeutung gewann. Die Ursache dafür lag in der Verbreitung der transozeanischen Telegraphenlinien. Ihre außerordentliche Länge und ihre schlechte Zugänglichkeit setzte bei der Bestimmung einer Bruchstelle ein bis dahin unerreichtes Maß an Genauigkeit voraus. Die Verlegung von Unterseekabeln bildete deshalb den Ausgangspunkt für die Suche nach einer präziseren Definition der Einheit des elektrischen Widerstandes.[221]

Werner Siemens, der wichtigste deutsche Pionier der Telegraphentechnik, unterbreitete 1860 einen diesbezüglichen Vorschlag. Er identifizierte eine Größe, die seiner Meinung nach konstant war und als Normal für die Kalibrierung der bis dahin verwendeten Messspulen dienen konnte. Dabei handelte es sich um den Widerstand einer Quecksilbersäule, die eine Länge von einem Meter, einen Querschnitt von einem Millimeter und eine Temperatur von 0°C aufwies. Diese Wahl war gut begründet. Das metrische System, auf dem die Einheit basierte, fand im wissenschaftlich-technischen Gebrauch weithin Verwendung, und Quecksilber ließ sich leicht herstellen. Material- und Temperaturschwankungen beinflussten seine Leitungsfähigkeit nur in geringem Maße. Und zudem war „sein specifischer Widerstand sehr bedeutend, die Vergleichungszahlen werden daher klein und bequem."[222]

---

[217] Vgl. ebd., S. 50.
[218] Ebd., S. 51.
[219] Vgl. ebd., S. 55 sowie BUTRICA, Telegraphy, S. 239.
[220] HUNT, Ohm, S. 51. Zur den Determinanten des Widerstands vgl. auch SIEMENS, Vorschlag, S. 1f.
[221] BUTRICA, Telegraphy, S. 238f.
[222] SIEMENS, Vorschlag, S. 2.

Siemens' Vorschlag bildete einen der beiden Pole, die die Debatte über die Einheit des Widerstandes in den folgenden Jahrzehnten prägen sollten. Gleichzeitig provozierte er allerdings einen Gegenvorschlag. Der britische Chemiker Augustus Matthiesen veröffentlichte in seiner unmittelbaren Folge einen Aufsatz, in dem er forderte, ein sogenanntes absolutes Maß zur Grundlage der Resistenzbemessung zu machen.[223] Dieses Konzept markierte den zweiten Pol der Debatte. Seine Wurzeln lagen nicht in der Telegraphentechnik, sondern im wissenschaftlichen Diskurs. Im Kontext seiner Untersuchungen des Erdmagnetismus entwickelte Carl Friedrich Gauß 1832/33 die Idee, die Einheit für dessen Intensität nicht arbiträr festzusetzen, sondern sie auf die Maße für Länge, Gewicht und Zeit zurückzuführen. Konkret schlug er vor, sie anhand des Millimeters, des Milligramms und der Sekunde zu definieren.[224] Wilhelm Eduard Weber erweiterte diesen Gedanken 1851, indem er zeigte, dass er sich auch auf die Messung elektrischer Phänomene anwenden ließ. Anhand der von Gauß gewählten Grundeinheiten entwarf er ein Maßsystem für die Elektrostatik und eines für die Elektrodynamik, in deren Rahmen er die jeweils einschlägigen Größen aus ihrem Bezug zu Länge, Masse und Zeit ableitete. Die Dimension des Widerstands beispielsweise legte er für die Elektrodynamik anhand der theoretisch definierten Maße der Stromstärke und der elektromotorischen Kraft fest. Daraus ergab sich eine Geschwindigkeit, also ein Verhältnis von Zeit- und Längenmaß.[225]

Aus wissenschaftlicher Perspektive war diese Verknüpfung der Einheiten mit dem allgemeinen Maßsystem von großem Vorteil, denn sie ermöglichte die unmittelbare Überführung von elektrischen Effekten in physikalische Größen wie Kraft oder Arbeit.[226] Für die praktische Anwendung in der Telegraphie warf sie jedoch große Schwierigkeiten auf. Das war zumindest Siemens' Auffassung. Er hielt Matthiesens Forderung, das Konzept von Weber in die Tat umzusetzen, mehrere Argumente entgegen. Sein gewichtigster Einwand war, dass sich das absolute Maß des Widerstands mit den vorhandenen technischen Mitteln nur sehr ungenau ermitteln ließ. Daneben hielt Siemens es auch deshalb für unpraktikabel, weil es keinen Bezug auf die Leitungsfähigkeit eines bestimmten Körpers wie einer Quecksilbersäule oder eines Kupferdrahtes nahm. Und schließlich kritisierte er, dass „es unpraktisch klein ist, und nicht auf einer einfachen geometrischen Vorstellung beruht."[227]

Die meisten Telegrapheningenieure teilten diese Auffassung. In Deutschland konnte sich deshalb in den folgenden Jahren die Siemens'sche Quecksilbereinheit (SE) als Standardmaß etablieren. Das Unternehmen, das den Namen ihres Schöpfers trug, spielte in diesem Prozess eine zentrale Rolle. Denn die von ihm vertriebenen Widerstandsnormale verliehen Siemens & Halske faktisch die Rolle einer „Zentralstelle für die Widerstandseinheit."[228] Sie trugen damit maßgeblich zu

---

[223] MATTHIESEN, Legirung, S. 353. Vgl. auch SIEMENS, Widerstandsmaasse, S. 91.
[224] GAUSS, Intensität, S. 252 u. S. 611ff.
[225] WEBER, Messungen, S. 337ff. Zur Erläuterung vgl. LAGERSTROM, Uniformity, S. 10.
[226] Vgl. ebd.
[227] SIEMENS, Widerstandsmaasse, S. 91f.
[228] JAEGER, Entstehung, S. 4.

deren Vereinheitlichung bei. Auch in Russland und in Österreich war die Siemens-Einheit in den 1860er und 1870er Jahren gebräuchlich.

In Großbritannien trat dagegen eine andere Entwicklung ein. Zwar standen die Telegrapheningenieure dem Konzept der absoluten elektrischen Maße dort ebenfalls skeptisch gegenüber.[229] Britische Wissenschaftler befürworteten es aber mit Nachdruck. Das galt vor allem für William Thomson, den späteren Lord Kelvin. Er hatte die Ideen Gauß' und Webers schon 1851 aufgenommen. Die Kontroverse zwischen Siemens und Matthiesen nahm er nun zum Anlass, um bei der *British Association for the Advancement of Science* für eine genauere Untersuchung der Frage zu werben. 1861 setzte die Vereinigung daraufhin ein entsprechendes Komitee ein. Unter Thomsons Führung einigte es sich darauf, das absolute Maß als Grundlage für die Widerstandsbestimmung zu empfehlen.[230]

In einer wichtigen Hinsicht nahmen seine Mitglieder dabei aber eine Korrektur vor. Denn anstatt die Einheit der Resistenz auf die von Gauß und Weber favorisierten Größen eines Millimeters, eines Milligramms und einer Sekunde zu gründen, empfahlen sie aus Gründen der internen Systematik, sie aus dem Meter, dem Gramm und der Sekunde abzuleiten. Die *Imperial Measures* kamen für diesen Zweck dagegen nicht in Betracht. Schließlich waren die Wissenschaftler der BAAS, wie in Kapitel 7.3.2 ausgeführt, eindeutige Befürworter des metrischen Systems und verwendeten es in ihrer alltäglichen Arbeit. Sie stimmten deshalb darin überein, dass es weiterhin die Basis der Widerstandseinheiten bilden sollte.[231]

Allerdings war die anhand der veränderten Bemessungsgrundlage ermittelte Größe um etliche Zehnerpotenzen zu klein, um ihren alltäglichen Zweck erfüllen zu können. Die Kommission leitete aus der *absoluten* Einheit deshalb eine *praktische* absolute Einheit ab. Dafür setzte sie das Maß des Widerstandes statt auf eine Geschwindigkeit von einem Meter pro Sekunde auf eine Geschwindigkeit von 10^7 Meter pro Sekunde fest. Das war in zweierlei Hinsicht bemerkenswert. Erstens kam die Größe dieser nunmehr so genannten *British Association Unit* derjenigen der Siemens-Einheit sehr nahe. Und zweitens entsprach die ihr zugrundeliegende Strecke mit zehn Millionen Metern exakt der in der Ursprungsdefinition des französischen Maßes angenommenen Länge des Erdquadranten.[232]

Ob dies so beabsichtigt war, sei hier dahingestellt. Bezeichnend war es aber auf jeden Fall. Denn die Beratungen der BAAS gingen in hohem Maße von abstrakten Überlegungen aus, die in ähnlicher Form auch die Entstehung des metrischen Systems geprägt hatten. Das schlug sich nicht nur in der Definition der Widerstandseinheit nieder, sondern auch in der weiteren Vorgehensweise des zuständi-

---

[229] HUNT, Ohm, S. 59.
[230] First Report – Cambridge, 3. 10. 1862, in: JENKIN (Hrsg.), Reports, S. 1–39, hier S. 3 ff. Vgl. hier und im Folgenden auch TUNBRIDGE, Lord Kelvin, S. 26 ff.; SMITH und WISE, Energy and Empire, S. 687 ff.; LAGERSTROM, Uniformity, S. 15 ff.; KERSHAW, Electrical Units, S. 111 f. sowie COX, Metric System, S. 225 ff.
[231] First Report – Cambridge, 3. 10. 1862, in: JENKIN (Hrsg.), Reports, S. 2 u. S. 6.
[232] Vgl. LAGERSTROM, Uniformity, S. 25. Zur Ursprungsdefinition des Meters vgl. Kap. 3.3.1 dieser Arbeit.

gen Komitees. Es beschloss nämlich, seine Untersuchung auf die Formulierung eines umfassenden Systems von untereinander verknüpften elektrischen Maßen auszuweiten.[233] In mehreren Schritten führten seine Mitglieder deshalb zwischen 1862 und 1869 die Einheiten für die Stärke des Stroms, die Spannung, die elektrische Ladung, die elektromotorische Kraft und eine Reihe verwandter Phänomene auf die drei Grunddimensionen der Länge, der Masse und der Zeit zurück. Darüber hinaus bezogen sie auch die mechanischen Größen für Kraft, Arbeit bzw. Energie, Leistung und Wärmemenge in dieses Gefüge mit ein. 1873 korrigierten sie dabei erneut eine der drei Basiseinheiten und zogen anstelle des Meters den Zentimeter als fundamentales Längenmaß heran.[234]

Insgesamt etablierte die BAAS also ein kohärentes physikalisches Einheitensystem auf der Grundlage von *centimetre, gram* und *second*. Nach den Anfangsbuchstaben dieser drei Größen ist es später als das sogenannte cgs-System bekannt geworden. Neben den absoluten Maßen umfasste es auch die jeweils mit einem Skalierungsfaktor versehenen *praktischen* absoluten Einheiten. Zu seiner Abrundung machte die BAAS zudem noch einen Vorschlag für eine Nomenklatur. Die Bezeichnung der Maße für Kraft und Arbeit (*dyne* und *erg*) entnahm sie dabei griechischen Worten.[235] Die elektrischen Größen benannte die Gesellschaft hingegen nach den Entdeckern und Erforschern der Elektrizität. Dabei legte sie großen Wert darauf, deren unterschiedliche Herkunftsländer gleichberechtigt zu berücksichtigen. Die Einheit für die Spannung erhielt so den Namen Volt (nach dem Italiener Alessandro Volta), diejenige für die Stromstärke den Namen Ampère (nach dem Franzosen André-Marie Ampère), diejenige für die Kapazität den Namen Farad (nach dem Engländer Michael Faraday) und diejenige für die Induktivität den Namen Henry (nach dem Amerikaner Joseph Henry). Das Maß des Widerstandes schließlich benannte die BAAS nach einem deutschen Wissenschaftler: Georg Simon Ohm.[236]

Das Ohm war als Grundlage für die Bestimmung der übrigen Einheiten unerläßlich. Es bildete deshalb den Eckpfeiler des gesamten Systems. Da es aber ein ‚absolutes' Maß und damit ein Abstraktum war, musste die BAAS neben seiner Definition auch die Frage nach seiner materiellen Verkörperung klären. Das Ohm benötigte also eine praktische Annäherung durch ein physisches Maßnormal.[237] Um sie zu verwirklichen, nahmen Matthiesen, Thomson und James Clerk Maxwell zwischen 1862 und 1864 umfangreiche Experimente vor. Anders als Siemens

---

[233] Vgl. Second Report – Newcastle-on-Tyne, 26. 8. 1863, in: JENKIN (Hrsg.), Reports, S. 39–109, hier S. 39 f. sowie überblicksartig zu den im Folgenden unternommenen Schritten TUNBRIDGE, Lord Kelvin, S. 28 ff.

[234] THOMSON et al., First Report, S. 223.

[235] Ebd., S. 224. Vgl. hier und im Folgenden auch COX, Metric System, S. 226 ff. Einige der dort angeführten Bezeichnungen (watt, joule) sind allerdings erst in den 1880er Jahren entstanden. Vgl. dazu die Ausführungen zum Pariser Kongress von 1889 im weiteren Verlauf dieses Kapitels.

[236] Vgl. THOMSON et al., First Report, S. 223; LAGERSTROM, Uniformity, S. 61 f. sowie zur Entstehungsgeschichte TUNBRIDGE, Lord Kelvin, S. 30.

[237] LAGERSTROM, Uniformity, S. 18 f. u. S. 60 f.

setzten sie dabei aber nicht auf eine Quecksilbersäule, sondern auf die bewährten Spulen. Die Frage nach dem Material, aus dem sie gefertigt werden sollten, ließen die Wissenschaftler zunächst offen. Schließlich optierten sie dafür, mehrere Spulen aus unterschiedlichen Metallen anzufertigen. Sie sollten das Widerstandsmaß *kollektiv* repräsentieren.[238] Diese Vorgehensweise stand in deutlichem Gegensatz zu derjenigen von Siemens. Er hatte bei der Wahl der Quecksilbersäule als ‚Urmaß‘ ein hierarchisches System von Standards vor Augen gehabt, wie es auch bei den staatlich gesetzten Maßen und Gewichten üblich war.[239]

Nach dem Abschluss der Experimente begann die BAAS damit, ihre Verkörperung der Widerstandseinheit zu popularisieren. Ab 1865 konnten Wissenschaftler, Telegraphenunternehmen und Ingenieure Kopien derselben erwerben.[240] Die Gesellschaft übernahm damit eine ähnliche Funktion wie Siemens & Halske in Deutschland. Ihr Wirkungskreis blieb allerdings auf Großbritannien und das Empire begrenzt. Zwar hatte sie von Beginn an versucht, auch Akteure aus anderen Ländern in ihr Projekt einzubinden. Die meisten der angesprochenen Experten ignorierten diese Bemühungen jedoch – mit einer gewichtigen Ausnahme: Werner Siemens drängte die Briten dazu, seine Quecksilbereinheit einzuführen. Angesichts der gegenteiligen Präferenzen von Thomson und seinen Kollegen kam das allerdings nicht in Frage. In den folgenden Jahren geriet der Austausch zwischen Siemens und der BAAS deshalb zu einer konflikthaften Auseinandersetzung über das ‚bessere‘ Maß. Der deutsche Unternehmer erkannte zwar den wissenschaftlichen Wert der britischen Arbeiten an, hielt sie aber in praktischer Hinsicht für nutzlos. Umgekehrt zog vor allem Matthiesen die Genauigkeit und Verlässlichkeit des Siemens-Standards in Zweifel.[241]

Den Hintergrund für diese Kontroverse bildeten unterschiedliche Vorstellungen davon, welche Faktoren für die Präzision des Widerstandsmaßes ausschlaggebend waren. Sie wurzelten in einer grundlegenden Kluft zwischen der deutschen und der britischen Wissenschaftskultur. Während in Deutschland das Ergebnis der mathematischen Fehleranalyse, also die genaue Kenntnis der Abweichung einer Kopie von ihrem Urmaß als zentraler Indikator für die Vertrauenswürdigkeit eines Standards galt, strebten die Wissenschaftler in Großbritannien eine möglichst weitgehende Annäherung an den absoluten Wert des Originals an.[242] Diese Konstellation resultierte in einer gegenseitigen Blockade. Großbritannien und das Empire blieben in den 1860er Jahren bei der *British Association Unit* und Deutsch-

---

[238] Vgl. ebd., S. 28 u. S. 47 sowie OLESKO, Precision, Tolerance, and Consensus, S. 126.

[239] Vgl. ebd., S. 125.

[240] HUNT, Ohm, S. 60 f.

[241] Vgl. LAGERSTROM, Uniformity, S. 50 ff.; OLESKO, Precision, Tolerance, and Consensus, S. 126 ff. sowie die ausführliche Darstellung dieser sogenannten *metals controversy* bei GOODAY, Morals, S. 82–127.

[242] Vgl. OLESKO, Precision, Tolerance, and Consensus, S. 130 u. S. 149. GOODAY, Morals, S. 83 u. S. 124 ff., argumentiert im Anschluss hieran, dass es in der Debatte nicht um den Gegensatz zwischen ‚absoluten‘ (britischen) und ‚praktischen‘ (Siemens-)Einheiten gegangen sei, sondern um länderspezifische Eigenheiten bei der Bewertung der Vertrauenswürdigkeit der mit den unterschiedlichen Metallen vorgenommenen Messungen.

land bei der Siemens-Einheit. In einigen Ländern – besonders in Frankreich, wo es keine eigenständigen Versuche zur Standardisierung der elektrischen Einheiten gab – waren die beiden Systeme parallel in Gebrauch und wurden von unterschiedlichen Anwendern zu unterschiedlichen Zwecken genutzt.[243]

Erst um 1875 herum geriet die Debatte wieder in Bewegung. Denn nun stellte sich heraus, dass die physischen Verkörperungen der britischen Widerstandseinheit deutlich unzuverlässiger waren, als die BAAS behauptet hatte. Zwar ließ sich das absolute Maß auf experimentellem Wege grundsätzlich nur näherungsweise determinieren, aber die nunmehr festgestellten Abweichungen waren so groß, dass die Experten der Gesellschaft eine Neubestimmung des BA-Ohms anstreben mussten.[244]

9.3.2 Das Scheitern der internationalen Kongresse

Seit Mitte der 1870er Jahre fanden die Debatten über die elektrischen Einheiten allerdings nicht mehr nur im nationalen Rahmen statt. Sie bildeten vielmehr einen Bestandteil jener Internationalisierungstendenzen, die zum selben Zeitpunkt auch andere Zweige von Wissenschaft und Technik erfassten. Einen wichtigen Impuls hierfür lieferten, wie in Kapitel 7.1 erläutert, die Weltausstellungen. Im Fall der Widerstandseinheit taten sie das allerdings in einem negativen Sinne. Denn aus der Sicht vieler Industrieller war die Elektrotechnik bei der Weltausstellung von 1878 nur unzureichend zur Geltung gekommen. Mit der Unterstützung der französischen Regierung organisierten sie deshalb eine separate *Exposition internationale d'électricité*, die 1881 in Paris stattfand. In deren Rahmen veranstalteten sie auch einen internationalen elektrotechnischen Kongress, der unter anderem über die Frage der Einheiten debattieren sollte.[245]

An dem Kongress nahmen etwa 250 Ingenieure und Wissenschaftler aus 28 Ländern teil. Die meisten von ihnen kamen aus Frankreich. Éleuthère Mascart, der Direktor des *Bureau central météorologique* und Jean Baptiste Dumas, der Sekretär der *Académie des sciences*, gaben unter ihnen den Ton an. Viele deutsche Vertreter waren ebenfalls nach Paris gekommen, z. B. Werner Siemens, Hermann von Helmholtz und Gustav Kirchhoff. Schließlich bildeten auch die Briten eine große Gruppe, zu der unter anderem William Thomson gehörte.[246]

Die Debatten der Kongressteilnehmer über die elektrischen Maße drehten sich vor allem um die Frage, ob in dieser Hinsicht eine internationale Vereinheitlichung möglich war. Dabei kamen die Delegierten übereinstimmend zu der Auffassung, dass einer solchen in jedem Fall das metrische System zugrunde gelegt werden sollte. Auch die von der BAAS eingeführten Bezeichnungen wie Ohm, Volt, Ampère und Farad erwiesen sich als mehrheitsfähig.[247] Umstritten

[243] KERSHAW, Electrical Units, S. 114.
[244] LAGERSTROM, Uniformity, S. 62–73.
[245] Vgl. BEAUCHAMP, Exhibiting Electricity, S. 160 ff. sowie CARDOT, Milieu, S. 18 ff. u. S. 29 ff.
[246] Vgl. KERSHAW, Electrical Units, S. 114; LAGERSTROM, Uniformity, S. 83 f. sowie die Teilnehmerliste in: Congrès international des électriciens, S. 17 ff.
[247] Vgl. ebd., S. 161 ff.

war aber die Definitionsbasis eines künftigen, internationalen Einheitensystems. In dieser Hinsicht spaltete sich der Kongress in Befürworter der britischen, absoluten Maße einerseits und des deutschen Siemens-Standards andererseits. Beide Gruppierungen hatten gute Argumente. Die Briten kritisierten die Willkürlichkeit des deutschen Maßes und seine fehlende Verbindung zu anderen Größen. Dagegen betonten sie die systematische Natur ihres Vorschlags und die Nützlichkeit der Unterscheidung zwischen abstrakter Einheit und konkretem Standard. Die Deutschen argumentierten umgekehrt: Sie verwiesen auf die großen Probleme bei der Feststellung eines praktischen Wertes für die absoluten Größen. Zudem monierten sie, dass die von den Briten verwendeten Metallspulen eine höhere Temperaturabhängigkeit aufwiesen als die Siemens'sche Quecksilbersäule. Aus ihrer Sicht überwogen deshalb deren Vorteile – insbesondere ihre Praxistauglichkeit, ihre problemlose Reproduzierbarkeit und ihre gute Vorstellbarkeit.[248]

Die französischen Teilnehmer versuchten, zwischen diesen Positionen zu vermitteln. Der Kompromissvorschlag, den sie machten, sah vor, das absolute System zur Definitionsgrundlage der elektrischen Einheiten zu erheben, das praktische Maß des Widerstandes aber nicht durch eine Metallspule, sondern durch eine Quecksilbersäule zu verkörpern.[249] Das hörte sich nach einem eleganten Ausweg an. Tatsächlich brachte der französische Vorschlag, den der Kongress schließlich mit breiter Mehrheit verabschiedete, aber große Probleme mit sich. Denn erstens ließ er das genaue Verhältnis zwischen der absoluten Einheit und seiner physischen Repräsentation bewusst im Unklaren. Er legte also nicht eindeutig fest, ob letztere nach und nach an erstere angenähert werden sollte oder ob sie qua eigenen Rechts bestand und das praktische Maß des Widerstandes dauerhaft fixierte. Und zweitens bot der Kompromiss keine Antwort auf die Frage, wie sich die absolute Größe experimentell ermitteln ließ. Er warf dieses Problem vielmehr in verschärfter Form auf, weil durch ihn sämtliche diesbezügliche Untersuchungen der BAAS hinfällig waren. Statt anhand von Metallspulen mussten sie nun anhand einer Quecksilbersäule vorgenommen werden.[250]

Immerhin entschied der Kongress, dass zu diesem Zweck eine internationale Kommission gebildet werden sollte. Sie trat 1882 zusammen, wobei die versammelten Wissenschaftler zunächst nur beschlossen, dass weitere Experimente nötig waren.[251] 1884 trafen sie sich ein zweites Mal und diskutierten die Ergebnisse, die sie in der Zwischenzeit erzielt hatten. Dabei kamen nicht weniger als 22 unterschiedliche Befunde zur Sprache. Ihnen zufolge lag der Wert für die Länge einer Quecksilbersäule, die die absolute Einheit des Widerstandes verkör-

---

[248] Vgl. ebd., S. 161–165 u. S. 221–240 sowie die knappe Zusammenfassung der unterschiedlichen Positionen bei Lagerstrom, Uniformity, S. 78.

[249] Zur Entstehung dieses Kompromisses vgl. Tunbridge, Lord Kelvin, S. 35 ff.

[250] Kershaw, Electrical Units, S. 115. Der Beschluss des Kongresses ist abgedruckt in: Congrès international des électriciens, S. 249 sowie bei Tunbridge, Lord Kelvin, S. 39.

[251] Conférence internationale, S. 155 f.

perte, zwischen 105,02 und 107,1 cm.[252] Genauer ließ sich das Ergebnis nicht eingrenzen. Die Kommission traf deshalb eine überraschende Entscheidung. Statt weitere Untersuchungen zu veranlassen, legte sie sich einfach auf die runde Zahl von 106 cm fest. Die Begründung hierfür fiel äußerst pragmatisch aus. Die praktische Notwendigkeit einer Fixierung der Einheit, so argumentierte Éleuthère Mascart, sei größer als das Bedürfnis nach ihrer eindeutigen Bestimmung, und die verbleibende Ungenauigkeit so gering, dass sie selbst für wissenschaftliche Anwendungen keine Bedeutung habe.[253]

Dieses fortan unter dem Begriff des ‚legalen Ohm' bekannte Maß konnte sich allerdings nicht durchsetzen. Keines der großen Industrieländer ließ sich dazu bewegen, seine bisherigen Standards durch eine Größe zu ersetzen, die auf solch willkürliche Art und Weise zustande gekommen war.[254] Zwar hätte ein weiterer internationaler elektrischer Kongress, der 1889 im Rahmen der Pariser Weltausstellung stattfand, die Möglichkeit geboten, das Problem nochmals zu diskutieren. Aber bei dieser Gelegenheit erzielten die Delegierten lediglich eine Übereinkunft über die Definition einiger mechanischer cgs-Einheiten wie dem *watt* oder dem *joule*. Die Frage des Widerstandsmaßes klammerten sie dagegen aus.[255]

Die Ursache hierfür lag in der Haltung der britischen Wissenschaftler. Sie hatten aus dem unbefriedigenden Verlauf der Debatten von 1881 bis 1884 die Schlussfolgerung gezogen, dass sie das Problem der praktischen Repräsentation des Widerstandsmaßes zunächst auf nationaler Ebene lösen mussten. Die BAAS startete deshalb 1884 einen Alleingang. Diese Entscheidung gab ihr große Spielräume bei der Selektion der zu verwendenden Methoden und Ergebnisse. So beschloss sie beispielsweise, sämtliche Experimente aus den Jahren vor 1882 zu ignorieren. Auf diese Weise gelangte sie zu der Empfehlung, die Quecksilberverkörperung der Widerstandseinheit statt auf eine Länge von 106 cm auf 106,3 cm festzulegen.[256]

Auch in einer weiteren Hinsicht ging Großbritannien einen eigenen Weg. 1890 richtete das *Board of Trade* ein *Electrical Standards Committee* ein, das Vorschläge für eine gesetzliche Regelung der elektrischen Einheiten erarbeiten sollte. Diese Hinwendung zu einer staatlichen Standardisierung war eine Reaktion auf die außerordentliche Bedeutungszunahme der Elektroindustrie seit 1880.[257] Das Komitee entschied zum einen, dass das absolute Maß künftig als legale Basis der Widerstandseinheit dienen sollte. Zum anderen machten seine Mitglieder auch Vorschläge für deren praktische Verkörperung. Dabei gingen sie, was die Eigenständigkeit der britischen Maßfixierung betraf, noch über die Empfehlungen der

---

252 Conférence internationale deuxième session, S. 43 f. Vgl. auch Lagerstrom, Uniformity, S. 89–97 sowie Jaeger, Entstehung, S. 29 f.

253 Conférence internationale deuxième session, S. 14.

254 Kershaw, Electrical Units, S. 116.

255 Vgl. Lagerstrom, Uniformity, S. 116 u. S. 118 f. sowie Tunbridge, Lord Kelvin, S. 41.

256 Lagerstrom, Uniformity, S. 122 f.

257 Vgl. ebd., S. 125. Zur allgemeinen Entwicklung der Elektroindustrie im genannten Zeitraum vgl. Hughes, Networks, v. a. S. 1 ff. sowie König, Massenproduktion, S. 314 ff.

BAAS hinaus. Zwar akzeptierten sie deren Festlegung auf eine Quecksilbersäule von 106,3 cm als *eine* Repräsentation des Ohms. Gleichzeitig wollten sie dieses aber entgegen der internationalen Übereinkunft von 1881 auch anhand einer metallischen Spule definieren.[258]

Darüber hinaus beriet das Komitee intensiv über die zuvor nur am Rande diskutierte Frage von Maßnormalen für die Einheiten der Spannung und der Stromstärke, also für das Volt und das Ampère. Ersteres sollte anhand eines Clark-Elements festgelegt werden. Dabei handelte es sich um eine galvanische Zelle, die eine konstante Gleichspannung produzierte.[259] Diese Vorgehensweise war unter den Zeitgenossen unumstritten. Anders verhielt es sich aber bei dem Normal für das Ampère. Das Komitee wollte dafür die Ablagerung einer bestimmten Menge von Silber heranziehen, die die Stromstärke in einem Voltameter hervorrief. Besonders französische Wissenschaftler bevorzugten aber eine alternative Festlegung anhand eines Elektrodynamometers.[260] Auch in dieser Hinsicht setzte sich Großbritannien also von den Internationalisierungsbemühungen der 1880er Jahre ab.

Die unilaterale Vorgehensweise des Komitees stieß in den übrigen, an der Debatte beteiligten Ländern jedoch auf Widerstand. Besonders der international angesehene Hermann von Helmholtz protestierte gegen sie. Im August 1892 lud ihn die BAAS deshalb zusammen mit zwei weiteren Deutschen sowie einem US-amerikanischen und einem französischen Repräsentanten zu einer Zusammenkunft nach Edinburgh ein.[261] In diesem sehr kleinen Kreis von hochrangigen Experten ließ sich schnell eine Einigung erzielen. Deutsche, Amerikaner und Franzosen akzeptierten den britischen Wert von 106,3 cm für die Länge der Quecksilbersäule, die das Ohm repräsentierte. Sie sollte künftig aber statt auf einen bestimmten Querschnitt auf ein bestimmtes Gewicht festgelegt werden. Im Gegenzug ließen die Briten die Forderung nach metallischen Spulen als Primärstandards wieder fallen. An der Definition des Volt nahmen die Experten eine minimale Korrektur vor, und bezüglich des Ampère billigten sie – trotz des französischen Widerstandes – die britische Entscheidung zugunsten des Silbervoltameters.[262]

Mit diesem Kompromiss schien nun doch wieder eine länderübergreifende Vereinheitlichung möglich zu sein. Auch die Terminologie, die die Wissenschaftler vorschlugen, deutete in diese Richtung. Sie wollten die von ihnen festgelegte Widerstandseinheit fortan als *international ohm* bezeichnen.[263] Allerdings handelte es sich bei ihrer Übereinkunft um ein *gentlemen's agreement*, das nicht dieselbe Autorität besaß wie ein Beschluss eines internationalen Kongresses. Und als 1893 eine

---

[258] Report of the Electrical Standards Committee Appointed by the Board of Trade, in: SMITH (Hrsg.), Reports, S. 424–432, hier S. 426 (Resolutionen Nr. 4 u. Nr. 6).

[259] Ebd., S. 427 (Resolution Nr. 14). Allgemein zum Clark-Element vgl. JAEGER, Entstehung, S. 50 ff.

[260] Vgl. LAGERSTROM, Uniformity, S. 126 ff.

[261] KERSHAW, Electrical Units, S. 117.

[262] Nineteenth Report – Edinburgh 1892, in: SMITH (Hrsg.), Reports, S. 433–435, hier S. 434 f. Vgl. auch die Darstellung bei LAGERSTROM, Uniformity, S. 141 ff. sowie bei KERSHAW, Electrical Units, S. 117 f.

[263] LAGERSTROM, Uniformity, S. 143.

solche größere Zusammenkunft nach Chicago einberufen wurde, um dieses Defizit zu beheben, zeigte sich, dass die Wissenschaftler eine Reihe von wichtigen Problemen außer Acht gelassen hatten. Das galt insbesondere für die schon 1881 offen gebliebene Frage, ob der letztgültige Bezugspunkt der Widerstandseinheit in ihrer absoluten Definition oder in ihrem physischen Maßnormal bestehen sollte. Auch im Hinblick auf das Ampère und das Volt bedurfte sie einer Klärung.[264]

Dem Chicagoer Kongress gelang eine solche allerdings nicht. Er legte zwar einerseits fest, dass das Ohm „*based upon* the ohm equal to 10^9 units of resistance of the c.g.s. system of electromagnetic units" sei, bestimmte andererseits aber auch, es sei „*represented* by the resistance offered [...] by a column of mercury".[265] Welche der beiden Definitionen im Zweifelsfalle die Priorität beanspruchen konnte, blieb in dieser Formulierung offen. Beim Ampère bestimmte der Kongress hingegen eindeutig, dass das physische Normal dem absoluten Maß nachgeordnet sein sollte. Das Volt schließlich erhielt keine unabhängige Definitionsbasis, sondern wurde anhand des Ohm'schen Gesetzes aus den anderen beiden Einheiten abgeleitet.[266] Um die Verwirrung komplett zu machen, sollte es aber dennoch ein eigenständiges Maßnormal bekommen. Es ließ sich in der Praxis also auf zwei unterschiedlichen Wegen bestimmen. Damit sich daraus keine Widersprüche ergaben, musste der Voltstandard exakt auf die Verkörperungen des Ohm und des Ampère abgestimmt werden. Das gelang aber, wie sich bald herausstellen sollte, nicht in hinreichendem Maße. Die Konferenz hatte seinen Wert vielmehr um ein Promille höher angesetzt als das Ergebnis der Ableitung der Einheit aus den Standards für das Ohm und das Ampère.[267]

Zunächst blieb dieses Problem allerdings unbeachtet. Für die elektrotechnische Praxis spielte es ohnehin keine Rolle. Dafür waren die Ungenauigkeiten, die durch die Widersprüche zwischen den drei Maßnormalen entstanden, zu klein. Aus der Sicht von Ingenieuren und Unternehmern erlangte in den 1890er Jahren vielmehr ein anderes Thema große Bedeutung, das in Chicago gar nicht zur Debatte stand: die Frage von Standards für den Magnetismus und die Lichtintensität. Darin spiegelte sich der enorme Bedeutungsgewinn der Starkstromtechnik wider, die nun anstelle der Telegraphie zum Taktgeber der Elektroindustrie aufstieg.[268]

Die Überlegungen zur Standardisierung dieser neu in den Fokus geratenen Maße stießen allerdings schnell auf ein Dilemma. Denn das cgs-System ließ sich zwar prinzipiell auch auf Phänomene wie die magnetische Flussdichte oder die magnetische Feldstärke anwenden. Aber die Einheiten, die daraus hervorgingen, konnten nur so gewählt werden, dass sie *entweder* in einer kohärenten Beziehung zu den Maßen für elektrische Phänomene standen *oder* eine für die Praxis akzep-

---

[264] KERSHAW, Electrical Units, S. 119 f.

[265] Proceedings of the International Electrical Congress, S. 20 (meine Hervorhebungen). Vgl. auch KERSHAW, Electrical Units, S. 120.

[266] Proceedings of the International Electrical Congress, S. 20.

[267] JAEGER, Entstehung, S. 42.

[268] LAGERSTROM, Uniformity, S. 149 ff., S. 155 ff. u. S. 177 ff. Zur Entwicklung der Starkstomtechnik vgl. KÖNIG, Massenproduktion, S. 317 f.

table Größe aufwiesen. Beide Anforderungen gleichzeitig zu erfüllen, galt als unmöglich.[269] Zwar fand der englische Physiker Oliver Heaviside in den 1890er Jahren eine Lösung für dieses Problem, aber diese funktionierte nur unter der Voraussetzung, dass die gerade erst beschlossenen Maße für den Widerstand, die Stromstärke und die Spannung wieder abgeändert wurden. Heavisides sogenanntes ‚rationalisiertes‘ Einheitensystem, zu dem auch eine eigene Nomenklatur gehörte, fand deshalb keinen Zuspruch. Auf dem Internationalen Elektrotechnischen Kongress von 1900, der die Frage der magnetischen Maße verhandelte, kam es gar nicht erst zur Sprache.[270]

Die meisten Wissenschaftler hatten sich in der Zwischenzeit ohnehin mehr dafür interessiert, wie die Beschlüsse des Chicagoer Kongresses bezüglich der *elektrischen* Einheiten auf nationaler Ebene umgesetzt werden konnten. Dabei favorisierten sie eine gesetzliche Regelung, wie sie in Großbritannien schon vor 1893 in der Diskussion gewesen war. Auch in Deutschland zirkulierten seit 1892 ähnliche Vorschläge. Im Anschluss an den Kongress brachten Kanada, die USA und Frankreich ebenfalls entsprechende Vorhaben auf den Weg.

Allerdings tat sich dabei bald ein neues Problem auf. Denn die Gesetze, die die genannten Staaten zwischen 1894 und 1898 verabschiedeten, interpretierten die Chicagoer Resolution in unterschiedlicher Weise.[271] Kanada und die USA übernahmen sie nahezu unverändert. Auch Frankreich folgte ihr weitgehend, löschte aber die absolute Definition des Ohms (nicht jedoch des Ampère) aus seinem Text. Großbritannien hingegen versah die absoluten Maße mit einem höheren Gewicht als der Chicagoer Beschluss und führte durch die Hintertür wieder die Metallspulen als physische Repräsentanten der Widerstandseinheit ein.[272] Und in Deutschland schließlich entfernte sich die Kodifizierung der elektrischen Maße noch weiter vom Chicagoer Programm. Die dortigen Experten störten sich vor allem an der doppelten Festlegung des Volts, deren Inkonsistenz nun ans Tageslicht kam. Sie sorgten deshalb dafür, dass das deutsche Gesetz von 1898 nur dem Ohm und dem Ampère ein eigenständiges Maßnormal zusprach und die Spannungseinheit ausschließlich als abgeleitete Größe definierte. Hinzu kam noch, dass es jeglichen Bezug zum absoluten System vermied.[273]

Im Ergebnis wich die Einheitendefinition eines der beiden Weltmarktführer der Elektrotechnik deshalb deutlich von derjenigen der übrigen Länder ab. Für die industrielle Praxis war das zwar, wie erwähnt, unerheblich. Vom wissenschaftlichen Standpunkt gesehen verhinderten die unterschiedlichen nationalen Umsetzungen der Chicagoer Beschlüsse aber die scheinbar so naheliegende internationale Einheitlichkeit der elektrischen Maße.

---

[269] Lagerstrom, Uniformity, S. 149 ff.
[270] Vgl. ebd., S. 183 ff. u. S. 215 ff.
[271] Die Gesetzestexte sind abgedruckt in: Wolff, Electrical Units, S. 61–76.
[272] Vgl. ebd., S. 50, S. 52 f. u. S. 55; Lagerstrom, Uniformity, S. 235 f. sowie Kershaw, Electrical Units, S. 121 f.
[273] Jaeger, Entstehung, S. 45 f. Vgl. auch die rechtshistorische Perspektive auf das Gesetz bei Vec, Recht und Normierung, S. 180–203, hier v. a. S. 195.

9.3.3 Die metrologischen Staatsinstitute und die Internationalisierung der Einheiten

Die Priorität der nationalen Regulierungen wirkte sich auch auf die Frage nach der Kontrolle über die Einheiten aus. Angesichts der Beschlüsse des Chicagoer Kongresses wäre es naheliegend gewesen, sie in die Hände einer internationalen Organisation zu legen. Die französische Regierung befürwortete einen solchen Schritt. Sie sah darin eine Möglichkeit, ihre zentrale Rolle in der internationalen Metrologie weiter zu stärken.[274] Schon seit der Elektrizitätsausstellung von 1881 verfolgte sie deshalb den Plan, das in Paris ansässige BIPM mit der Aufsicht über die elektrischen Einheiten zu betrauen. Die deutsche Seite lehnte dies aber ab, weil sie der Organisation die noch ausstehenden Experimente zur Bestimmung des Widerstandsmaßes nicht zutraute.[275] Das scheint allerdings ein Vorwand gewesen zu sein. Tatsächlich ging es darum, den wissenschaftspolitischen Einfluss der Franzosen zu begrenzen. Denn als diese 1884 vorschlugen, eine internationale Konvention über die elektrischen Maße abzuschließen, argumentierte die deutsche Seite offen, dass sie dadurch ihre Handlungsfreiheit verlieren würde. Auch ein weiterer Anlauf zur Einbeziehung des BIPM scheiterte 1886 aus ähnlichen Gründen.[276]

Stattdessen setzte sich im Laufe der 1880er und 1890er Jahre das Prinzip der nationalen Kontrolle über elektrischen Einheiten durch. Einen ersten Schritt in diese Richtung markierte die 1881 beschlossene Einrichtung des französischen *Laboratoire central d'électricité* (LCE). Sie stand allerdings nur scheinbar im Widerspruch zu den gleichzeitigen Internationalisierungsbemühungen der Regierung in Paris, denn das Labor sollte zunächst nur Experimente vornehmen und keine autoritativen Funktionen ausüben.[277] Seine Einrichtung verzögerte sich zudem mehrfach. Noch ehe sie 1888 abgeschlossen werden konnte, rief das Deutsche Reich eine Institution ins Leben, die ein sehr viel breiteres Aufgabenspektrum zu erfüllen hatte. Das war die 1887 gegründete Physikalisch-Technische Reichsanstalt (PTR).

Die PTR ging auf eine Initiative von Wilhelm Foerster zurück. Zusammen mit einigen Kollegen formulierte er 1872 einen Plan, der zunächst auf die Errichtung eines Zentralinstitutes für die mechanische Präzisionsmessung abzielte. In den folgenden Jahren wurde dieses Vorhaben mehrfach erweitert und – nicht zuletzt unter dem Eindruck der Gründung des LCE – um die Komponente der Elektrizitätsmessung ergänzt.[278] Als der Reichstag die Pläne schließlich verabschiedete, erschuf er damit eine Einrichtung, die sich von Beginn an durch eine doppelte

---

274 Kershaw, Electrical Units, S. 114.

275 Quinn, Artefacts, S. 129.

276 Vgl. Conférence internationale deuxième session, S. 16 ff.; Lagerstrom, Uniformity, S. 103 sowie Kershaw, Electrical Units, S. 116.

277 Grelon, Formation, S. 286 ff. Vgl. auch Butrica, Politique, S. 111 f. sowie Quinn, Artefacts, S. 174.

278 Cahan, Meister, S. 73 ff., hier v. a. S. 79.

Aufgabenstellung auszeichnete. Sie diente sowohl der wissenschaftlichen Grundlagenforschung als auch der technischen Prüfung für die Bedürfnisse der Industrie. Diese Doppelstellung trug maßgeblich zum Erfolg des Instituts bei. Seine beiden Aufgaben ergänzen sich so gut, dass es eine internationale Führungsrolle in der Präzisionsmessung übernahm.[279]

Dieser Umstand hatte unmittelbare Rückwirkungen auf die Debatte über die elektrischen Einheiten. Zum einen prägte er die deutsche Skepsis gegenüber der zweifachen Festlegung des Volt, die maßgeblich aus den Forschungen der PTR resultierte. Und zum anderen sammelte das Institut im Laufe der 1890er Jahre so weitreichende Erfahrungen mit der Anfertigung, Prüfung und Verwahrung von elektrischen Normalen für die Industrie, dass das Gesetz von 1898 es auch offiziell mit diesen Aufgaben betraute. Dadurch „war also in Deutschland für die elektrischen Einheiten eine amtliche Zentralstelle geschaffen, wie sie für Maß- und Gewichtseinheiten schon lange bestand."[280]

Großbritannien und die USA verfolgten diese Entwicklung zunächst abwartend. Das internationale Ansehen, das die PTR innerhalb kurzer Zeit erlangte, führte aber dazu, dass die Idee eines metrologischen Staatsinstituts auch dort Unterstützer fand. In Großbritannien empfahl 1896 die BAAS und 1898 eine regierungsamtliche Kommission die Errichtung einer solchen Organisation, die ausdrücklich an das Modell der PTR angelehnt sein sollte. Mit dem 1900 gegründeten *National Physical Laboratory* (NPL) gab es fortan auch auf der Insel eine offizielle Stelle „for standardizing and verifying instruments, for testing materials, and for determining physical constants."[281] Die USA zogen ein Jahr später nach und riefen mit dem *National Bureau of Standards* (NBS) ebenfalls eine entsprechende Institution ins Leben.[282]

In Frankreich blieb eine entsprechende Neuordnung dagegen aus. Das LCE behielt seinen engen Fokus auf die Grundlagenforschung bei. 1894 gab das Ministerium für Post und Telegraphie die Einrichtung zudem in die privaten Hände der *Société internationale des électriciens*.[283] Mit dem *Laboratoire d'essais mécaniques, physiques, chimiques et de machines* gründete die Regierung 1900 zwar noch ein zweites metrologisches Institut. Es sollte die vom LCE nicht abgedeckten industriellen Bedürfnisse bedienen und war im Gegensatz zu diesem eindeutig eine staatliche Organisation.[284] Zu einer Zusammenführung der wissenschaftlichen mit den technisch-praktischen Aufgaben der Präzisionsmessung, die den Erfolg

[279] QUINN, Artefacts, S. 175.
[280] JAEGER, Entstehung, S. 46. Vgl. auch ebd., S. 44 u. S. 52.
[281] National Physical Laboratory, S. 6; P.P. 1898 [C.8976], XLV.337. Allgemein zur Gründung des NPL vgl. PYATT, National Physical Laboratory, S. 12 ff. sowie MAGNELLO, Century, S. 21 ff.
[282] COCHRANE, Measures, S. 38 ff. u. S. 49 ff.
[283] BUTRICA, Politique, S. 111.
[284] Vgl. M. Astier, Rapport fait au nom de la commission du budget chargée d'examiner le projet de loi ayant pour objet l'organisation et le fonctionnement, au Conservatoire national des arts et métiers, du Laboratoire d'essais mécaniques, physiques, chimiques et de machines crée par le décret du 19 mai 1900, 17.6.1901, AN F/12-12028/2, S. 1 ff. sowie die weiteren Materialien in diesem Ordner.

der deutschen PTR ausmachte, kam es in Frankreich aber nicht. Ob das am Fehlen einer zentralen Gründerpersönlichkeit lag oder daran, dass die Industrie dort insgesamt nur geringes Interesse an den Problemen der Standardisierung und der Normung zeigte, ist an dieser Stelle nicht zu klären.[285]

So oder so übernahmen die neuartigen metrologischen Institute bald eine zentrale Rolle in der Debatte über die elektrischen Maßeinheiten. Den Ausgangspunkt hierfür bildete der internationale Elektrizitätskongress von 1904, der am Rande der Weltausstellung von St. Louis stattfand. In seinem Rahmen kamen die Inkonsistenzen zur Sprache, die durch die Unterschiede in den nationalen Maßdefinitionen entstanden. Der amerikanische Delegierte Frank A. Wolff legte sie ausführlich dar. Er sprach sich dafür aus, künftig nur noch das Ohm und das Ampère als eigenständige Größen festzulegen und die physischen Maßnormale als deren alleinige Basis anzuerkennen.[286] Allerdings teilten nicht alle seiner Kollegen diese Meinung. Zum Teil kritisierten sie die inhaltlichen Argumente, die Wolff für seine Position vorbrachte. Vor allem aber war die große Mehrheit der Delegierten mittlerweile zu der Überzeugung gelangt, dass die internationalen Kongresse das falsche Forum für die Debatte über die elektrischen Maße darstellten. Das lag vor allem an der Unregelmäßigkeit, der fehlenden Autorität und den organisatorischen Defiziten dieser Zusammenkünfte. Die Kongressteilnehmer sprachen sich deshalb dafür aus, die Beratungen über die Einheiten einer permanenten Kommission zu übertragen. Die Regierungen der beteiligten Länder sollten zu diesem Zweck je zwei Vertreter entsenden.[287]

Einen ähnlichen Beschluss fassten sie auch mit Bezug auf eine parallel geführte Debatte, die die Standardisierung elektrotechnischer Apparate und Maschinen zum Gegenstand hatte. In dieser Hinsicht konnten sie ihr Anliegen bald in die Tat umsetzen. 1906 trat in London die Internationale Elektrotechnische Kommission (IEC) zusammen. Sie sollte in der Folgezeit eine zentrale Rolle bei der Vereinheitlichung von Gerätenormen und technischen Begrifflichkeiten spielen.[288] Ihre schnelle Einberufung war unter anderem dem Umstand zu verdanken, dass die Ländervertreter für die IEC nicht von den Regierungen, sondern von den nationalen technischen Vereinen ernannt wurden. Denn im Fall der Kommission für die Einheiten zeigte sich, dass eine Besetzung durch amtliche Repräsentanten auf große Hindernisse stieß. Sie kam nur äußerst schleppend voran. Dieser Umstand rief nun aber die neugegründeten metrologischen Institute auf den Plan. Sie schlossen sich zusammen und füllten somit die Lücke, die der internationale Kongress hinterlassen hatte.[289] Es waren ihre Vertreter und keine von den Regie-

---

[285] Die These von der fehlenden Gründerpersönlichkeit vertritt QUINN, Artefacts, S. 178. Zum geringen Interesse der französischen Industrie vgl. den vorangehenden Abschnitt dieses Kapitels.
[286] Vgl. WOLFF, Electrical Units, S. 49 ff. Zur inhaltlichen Diskussion dieser Vorschläge vgl. Transactions of the International Electrical Congress, Bd. 1, S. 170–190.
[287] Vgl. ebd., S. 45 f. Der Beschluss ist auch abgedruckt bei TUNBRIDGE, Lord Kelvin, S. 48. Zum Hintergrund vgl. LAGERSTROM, Uniformity, S. 240 f. sowie KERSHAW, Electrical Units, S. 125.
[288] Vgl. TUNBRIDGE, Lord Kelvin, S. 48 f. sowie RUPPERT, History, S. 1 ff.
[289] LAGERSTROM, Uniformity, S. 244.

rungen bestellten Delegierten, die 1905 am Sitz der PTR in Charlottenburg zusammenkamen und die Debatte über die Einheiten fortsetzten.

Der kleine Kreis von Experten, der sich nun traf, konnte wesentlich effektiver agieren als die internationalen Kongresse. Zwar diskutierten die Beteiligten die strittigen Fragen durchaus kontrovers. Das galt etwa für das Problem der Beziehungen zwischen den Verkörperungen des Ohm, des Ampère und des Volt. Aber dennoch erzielten sie gerade in diesem wichtigen Punkt eine Einigung. Ihr zufolge sollten international nur das Ohm und das Ampère ein eigenes Maßnormal erhalten und das Volt aus ihnen abgeleitet werden. Implizit beantworteten sie zudem auch die Frage nach der letztgültigen Maßgrundlage. Die absoluten Einheiten des cgs-Systems erwähnten sie in ihrem Beschluss nämlich gar nicht mehr. Allerdings distanzierten sie sich auch nicht ausdrücklich von ihnen. Die Frage blieb deshalb umstritten. Besonders die Briten wollten die absolute Maßdefinition gerne beibehalten.[290]

Als die Ergebnisse des Charlottenburger Treffens 1908 in London noch einmal diskutiert und validiert wurden, konnten die Delegierten den Konflikt aber endgültig beilegen. Sie beschlossen, dass die elektrischen Einheiten „unter Zugrundelegung des Zentimeters als Einheit der Länge, des Gramm als Einheit der Masse und der Sekunde als Einheit der Zeit"[291] definiert werden sollten. Insofern entsprachen sie dem britischen Wunsch nach einer Berücksichtigung der absoluten Maße. Gleichzeitig stellten sie aber klar, dass für alle praktischen und legislativen Zwecke allein die physischen Verkörperungen der Einheiten ausschlaggebend waren. Zur Unterscheidung vom absoluten Ohm, Ampère und Volt sollten sie fortan als *internationales* Ohm, Ampère und Volt bezeichnet werden. Sie standen ausdrücklich nicht in Abhängigkeit zu den cgs-Einheiten, sondern für sich.[292]

Auch für die Gestaltung der Maßnormale fanden die Delegierten eine gemeinsame Lösung. Das internationale Ohm sollte durch den Widerstand einer Quecksilbersäule von 106,300 (sic!) Zentimeter Länge und einer Masse von 14,4521 g bei 0°C definiert werden und das internationale Ampère durch das Silbervoltameter.[293] Dessen genaue Spezifikationen bedurften allerdings noch weiterer Experimente. 1910 kamen die Vertreter der Standards-Labors in Washington erneut zusammen, um diese durchzuführen. Dabei tauchten allerdings unvorhergesehene Schwierigkeiten auf. Eine einige Jahre zuvor entwickelte, neuartige Zelle zur Repräsentation des Volt – das sogenannte Weston-Element – lieferte dagegen mittlerweile gute Ergebnisse. Ungeachtet der anderslautenden Beschlüsse von 1905 und 1908 erhielt deshalb statt des Ampère nun doch das Volt als zweite Einheit eine materielle Verkörperung.[294]

---

[290] TUNBRIDGE, Lord Kelvin, S. 49 ff. Zur britischen Position vgl. KERSHAW, Electrical Units, S. 126.

[291] International Conference on Electrical Units, S. 80. Der Beschluss ist auch abgedruckt bei JAEGER, Entstehung, S. 79 f.

[292] Vgl. International Conference on Electrical Units, S. 81 sowie JAEGER, Entstehung, S. 80,

[293] International Conference on Electrical Units, S. 81. Zur Bedeutung der Festlegung auf 106,300 cm vgl. LAGERSTROM, Uniformity, S. 285 f.

[294] Vgl. KERSHAW, Electrical Units, S. 127 sowie LAGERSTROM, Uniformity, S. 309 ff. Allgemein zum Weston-Element vgl. JAEGER, Entstehung, S. 52 ff.

Darüber hinaus einigten sich die Vertreter der metrologischen Institute in Washington auch auf einen Modus zur langfristigen Sicherung der Maßstandards. Für das internationale Ohm legten sie z. B. fest, dass es im Zweifelsfalle anhand des Mittelwerts zwischen dem englischen und dem deutschen Widerstandsnormal rekonstruiert werden sollte. Auch hinsichtlich der Weston-Zellen bürgerte sich eine ähnliche Vorgehensweise ein. Es gab also mehrere materielle Standards, die kollektiv für die Absicherung der jeweiligen Größe herangezogen werden sollten.[295] Dazu fassten die nationalen metrologischen Institute auch eine langfristige Kooperation ins Auge. Seit 1910 tauschten sie regelmäßig Kopien ihrer Maßnormale aus und verglichen sie miteinander. In dieses System wurden nach und nach auch weitere Organisationen wie das BIPM oder die neugegründeten nationalen Labors in Japan und in Russland einbezogen.[296]

Insgesamt erreichten die metrologischen Staatsinstitute damit innerhalb von wenigen Jahren das, was einer Vielzahl von internationalen Kongressen nicht gelungen war: Sie etablierten eine einheitliche Definition der grundlegenden elektrischen Einheiten. In einer wichtigen Hinsicht war dieser Vorgang allerdings mit einer Verengung der Debatte verbunden. Denn die Kritik, die die elektrotechnische Praxis in den 1890er Jahren an der fehlenden Berücksichtigung der magnetischen Maße geäußert hatte, spielte in den Überlegungen nationaler Labors überhaupt keine Rolle.[297]

Dabei zeichnete sich noch vor dem Ersten Weltkrieg auch für dieses Problem eine Lösung ab. Der italienische Physiker Giovanni Giorgi zeigte 1901, dass sich ein kohärentes System von Maßen für elektrische, magnetische und mechanische Phänomene formulieren ließ, wenn man ihm statt dem Zentimeter, dem Gramm und der Sekunde den Meter, das Kilogramm und die Sekunde zugrundelegte. Zusätzlich musste dann aber noch eine elektrische Größe als vierte Grundeinheit herangezogen werden. Dafür setzte sich später die Verwendung des Ampère durch. Giorgis Ordnungsschema ist deshalb als MKS- bzw. MKSA-System (A für Ampère) bekannt geworden.[298] Vor 1914 blockierten die metrologischen Staatsinstitute diesen Vorschlag jedoch bewusst, um die von ihnen erzielte Einigung bei den elektrischen Einheiten nicht zu gefährden. Erst in der Zwischenkriegszeit wurde er ernsthaft diskutiert. Giorgis Konzept erwies sich als überaus tragfähig. Es bildete den Ausgangspunkt für das *Système international d'unités* (SI-System), das die 11. Generalkonferenz der Maße und Gewichte 1960 aus der Taufe hob. Seine Größen dienen bis heute als Grundlage für die einheitliche Bemessung aller physikalischen Phänomene.[299]

---

[295] KERSHAW, Electrical Units, S. 127.

[296] Vgl. ebd. sowie LAGERSTROM, Uniformity, S. 313.

[297] Vgl. ebd., S. 316 f.

[298] Vgl. GIORGI, Unità razionali; ders., Proposals; KENNELLY, Adoption, S. 579 ff. sowie TUNBRIDGE, Lord Kelvin, S. 62 ff.

[299] Vgl. LAGERSTROM, Uniformity, S. 316 f. sowie Le système international d'unités, S. 19 f.

Schlussfolgerung

Es war das Ziel dieser Arbeit, die Ursachen, den Verlauf und die Grenzen der Vereinheitlichung von Maßen und Gewichten in Westeuropa zwischen 1660 und 1914 zu untersuchen, die wesentlichen Charakteristika dieses Prozesses zu identifizieren und ihn in den Kontext der allgemeinen Debatten über die Bedeutung des Phänomens der Standardisierung für die Entstehung der modernen Welt einzubetten.

Den methodischen Ausgangspunkt der Untersuchung bildete die Überlegung, dass Maße und Gewichte wie alle Standards Institutionen zur Reduzierung von gesellschaftlicher Komplexität darstellen. Sie unterliegen deshalb gruppenspezifischen Interessen und konflikthaften Aushandlungsprozessen. Vor diesem Hintergrund hat die Arbeit drei zentrale methodisch-theoretische Zugriffe auf das Problem ihrer Vereinheitlichung identifiziert und zusammengeführt. Sie zielte erstens auf die Frage ab, inwiefern dieser Vorgang einen Aspekt der Transformation staatlicher Herrschaft im 18. und 19. Jahrhundert darstellte. Zweitens hat die Untersuchung nach dem Zusammenhang zwischen der Standardisierung und der intellektuellen Durchdringung der Welt durch die Naturphilosophie bzw. die Naturwissenschaften gefragt. Drittens schließlich ist die Arbeit der Bedeutung der Vereinheitlichung für die ökonomische Koordination und die Entstehung von wirtschaftlichem Wachstum nachgegangen. Im Gesamtzeitraum der Untersuchung haben sich dabei drei unterschiedliche Phasen des Standardisierungsprozesses herauskristallisiert, die jeweils von spezifischen Rahmenbedingungen geprägt waren.

Die erste Phase umfasste die Jahre zwischen 1660 und 1795. In diesem Zeitraum war, wie das erste Kapitel der Arbeit gezeigt hat, die Grundstruktur des vormodernen Maßwesens weitgehend intakt. Ihr hervorstechendstes Merkmal bildete die außerordentliche Vielfalt der Standards. Diese war allerdings keineswegs mit Chaos gleichzusetzen. Sie beruhte vielmehr auf klar erkennbaren Ursachen: auf der Kopplung der Maße an ihren jeweiligen Verwendungszweck, auf der Konkurrenz zwischen den Autoritäten, die die Kontrolle über sie beanspruchten und auf der spezifischen Form des Zahlendenkens, die mit dem Messen assoziiert war. Zudem wiesen die vormodernen Einheiten neben ihrer Vielfalt noch ein zweites grundlegendes Merkmal auf. Es lag darin, dass sie niemals nur für sich standen. Sie waren vielmehr stets von einem komplexen Netzwerk aus Regeln und Praktiken umgeben, das ihren Gebrauch bestimmte. Z.T. bestand dieses aus stillschweigend akzeptierten Konventionen, z.T. aber auch aus Vereinbarungen, die explizit ausgehandelt werden mussten. Dafür existierten institutionalisierte Verfahren, etwa in Gestalt der von den Obrigkeiten kontrollierten ‚Messbeamten‘. Insgesamt waren die frühneuzeitlichen Maße und Gewichte deshalb zwar vielfältig, aber für die Zeitgenossen durchaus transparent. Zudem ermöglichten sie dort, wo dies nötig war – beispielsweise im Handel mit Edelmetallen –, ein hohes Maß an Genauigkeit. Aus Gründen der ökonomischen Koordination war eine Abänderung der Einheitensysteme somit nicht erforderlich.

https://doi.org/10.1515/9783110581959-011

In der gesamten Frühen Neuzeit gab es deshalb kaum einmal den Versuch, sie grundsätzlich zu reformieren. Das zeigt der Blick auf die Rolle des Staates, die im Zentrum des zweiten Kapitels der Untersuchung stand. Zwar gingen von der Entstehung des *fiscal-military state* in der zweiten Hälfte des 17. Jahrhunderts einige Impulse für eine Revision von Maßen und Gewichten aus. Sie bezogen sich aber nur auf die wenigen Einheiten, die für die Erhebung von Steuern und Zöllen von Bedeutung waren. Diese sollten zudem nicht flächendeckend durchgesetzt werden, sondern lediglich als Referenzgrößen für die Umrechnung von lokalen Maßen dienen. Daran änderte sich auch nichts, als Mitte des 18. Jahrhunderts einzelne gesellschaftliche Gruppierungen ein weitergehendes Interesse an einer Maß- und Gewichtsreform entwickelten. Das galt vor allem für britische Großgrundbesitzer, die an der Vergleichbarkeit ihrer Erträge interessiert waren, sowie für französische Physiokraten, in deren Theorie und Politik der Getreidepreis eine zentrale Stellung einnahm. Um diesen zuverlässig erheben zu können, plädierten sie dafür, die Einheitensysteme insgesamt zu systematisieren und zu rationalisieren. Nennenswerte Erfolge erzielten sie damit allerdings nicht, weil ihnen die Unterstützung der staatlichen Verwaltungen fehlte. In der zweiten Hälfte des 18. Jahrhunderts dehnten diese zwar ihre Bemühungen um die Sicherung einzelner Maße aus. An einer umfassenden Neuordnung hatten sie aber kein Interesse.

Wichtiger als ökonomische oder staatliche Impulse waren für die Standardisierungsdebatte deshalb die wissenschaftlichen Überlegungen zur Definition von Maßen und Gewichten, die in Kapitel drei der Arbeit untersucht worden sind. Ihren Ausgangspunkt bildete die Frage nach der genauen Gestalt des Globus. Sie stellte eines der Kernprobleme der Naturphilosophie des 18. Jahrhundert dar. Die Vermessungen, die in ihrem Kontext vorgenommen wurden, erforderten eine internationale Verständigung über das zu verwendende Längenmaß. Die meisten zeitgenössischen Gelehrten verlangten von diesem, dass es auf einer der Natur entnommenen Größe beruhen sollte. Dabei plädierten sie bis in die 1770er Jahre dafür, das Sekundenpendel als ultimatives Definiens der grundlegenden Längeneinheit heranzuziehen. Seit den 1780er Jahren optierten aber vor allem französische Gelehrte mehrheitlich für eine zweite Möglichkeit: für die Entlehnung des Maßes aus dem Erdumfang. Diese Präferenz ging zu einem erheblichen Teil auf die utopisch-universalistische Vorstellung einer altertümlichen ‚Urkultur‘ zurück, von der die *savants* glaubten, dass sie ein solches Erdumfangsmaß bereits besessen habe. Die Forderung nach seiner Einrichtung war also eng mit der Idee der Wiederherstellung einer idealisierten Antike verknüpft. In der Französischen Revolution erlangte dieses esoterische Konzept auf einmal breite Geltung, weil die Gelehrten die politischen Spielräume, die sich ihnen nunmehr auftaten, nutzten, um es umzusetzen. Darüber hinaus gelang es ihnen auch, auf der Grundlage ihres neuen Maßes – des Meters – ein in sich geschlossenes System von Maßen und Gewichten – das metrische System – ins Leben zu rufen.

Der zweite Teil der Untersuchung reichte von 1795 bis 1870. Wie in Kapitel vier der Arbeit dargelegt worden ist, gewannen in dieser Phase die staatlichen Interessen merklich an Bedeutung. So war die Durchsetzung des metrischen Systems in

Frankreich eng mit Bestrebungen zu einer administrativen und kulturellen Zentralisierung des napoleonischen *Empire* verbunden. Aufgrund vielfältiger Widerstände sah sich der Kaiser allerdings gezwungen, die Reform 1812 wieder aufzuweichen. Erst 1837/40 konnte der Meter endgültig als alleiniger Standard etabliert werden. Auch danach vergingen aber noch dreißig Jahre, ehe das neue Maß landesweit Fuß gefasst hatte. In den deutschen Territorien verlief die administrative Vereinheitlichung dagegen deutlich schneller, denn hier stützten sich die Reformen nicht auf den Meter, sondern auf traditionelle Größen und Begriffe. Zudem waren sie von großer Bedeutung für die Rationalisierung der Besteuerung. Ihr zügiger Abschluss in den Einzelstaaten erschwerte allerdings eine nationale Vereinheitlichung von Maßen und Gewichten. Die Gründung des Zollvereins zog zwar die Einrichtung einer gemeinsamen Recheneinheit nach sich, doch alle weitergehenden Bemühungen um eine gesamtdeutsche Lösung scheiterten zunächst. In Großbritannien schließlich ging die Maßreform von 1824/35 darauf zurück, dass einige Großgrundbesitzer und die *Royal Society* ein eigenständiges Referenzsystem einforderten. Eine Verdrängung der traditionellen Einheiten stand dabei aber nicht zur Debatte. Auch in den folgenden Jahrzehnten änderte sich dies nur teilweise, denn die britische Exekutive verzichtete auf den Aufbau eines einheitlichen Verwaltungsapparates. Das war möglich, weil es auf der Insel im Gegensatz zu den deutschen Territorien keine fiskalisch begründete Notwendigkeit für eine Standardisierung gab.

Wirtschaftspolitisch war die Maßfrage zudem nur von geringer Bedeutung. Das lässt sich an den Auswirkungen der neuartigen Einheitensysteme auf den Handel festmachen, die in Kapitel fünf untersucht worden sind. Prinzipiell ermöglichten standardisierte Maße zwar eine transparentere Kommunikation über Mengen und Größen. Allerdings hing die Praxis der Bemessung im ökonomischen Austausch nicht nur von der verwendeten Einheit, sondern auch von den Konventionen des Maßgebrauchs sowie vom Stand der Messtechnik ab. Diese Faktoren unterlagen keiner zentral gesteuerten Standardisierung. Sie blieben vielmehr von lokalen Gegebenheiten geprägt. Ein Beispiel hierfür bildete die Bemessung von Schüttgütern wie Kohle oder Getreide. Sie geschah seit den 1830er Jahren vermehrt nach dem Gewicht und nicht mehr nach dem Volumen dieser Produkte. Die Folge davon war jedoch keine Vereinheitlichung der Messpraxis, sondern ihre kontextspezifische Differenzierung. Denn das Wiegen etablierte sich zwar als dominanter Modus der Mengenbestimmung, aber mancherorts blieb weiterhin auch das Messen gebräuchlich. In einigen Zusammenhängen trat zudem eine Kombination dieser beiden Praktiken auf. Für die Auswahl des jeweils angemessenen Verfahrens spielten neben der technologischen Entwicklung und den Präferenzen der Marktteilnehmer auch die ordnungspolitischen Rahmenbedingungen eine wichtige Rolle. So ging beispielsweise die Abschaffung der obrigkeitlichen Kontrolle über die ausgetauschten Mengen, die eine Folge des Umbaus von der ,moralischen Ökonomie' zur Wettbewerbswirtschaft war, häufig mit einer Umstellung auf den Gewichtshandel einher. Die Standardisierung von Maßen und Gewichten war also nur einer von vielen Faktoren, die die Bemessung von Handelsgütern beeinflussten. Sie vereinfachte einen Teil dieser Operation, der auch zuvor nur selten Probleme aufgeworfen hatte.

Während die Vertreter ökonomischer Interessen in der ersten Hälfte des 19. Jahrhunderts deshalb nur wenig Einfluss auf die Debatten über Maße und Gewichte nahmen, spielten Naturwissenschaftler in ihnen weiterhin eine zentrale Rolle. Wie Kapitel sechs gezeigt hat, bemühten sich britische und preußische Experten in den 1800er und 1810er Jahren zunächst darum, den Anschluss an das französische Vorbild herzustellen und die Maßsysteme ihrer Heimatländer ebenfalls an eine natürliche Größe zu koppeln. Dabei wählten sie nicht den Erdumfang, sondern das Sekundenpendel als Bezugspunkt. In den folgenden Jahrzehnten stellte sich allerdings heraus, dass beide Varianten des Naturmaßes mit großen konzeptionellen Problemen behaftet waren. So erwies sich die Vorstellung, der Erdumfang habe bereits in der Antike als Maßgrundlage gedient, als unhaltbar. Zudem ergaben neue Vermessungen, dass die Erde äußerst unregelmäßig geformt und die aus ihr abgeleitete Größe mithin nicht eindeutig war. Und schließlich kamen französische und deutsche Wissenschaftler in den 1820er und 1830er Jahren zu der Überzeugung, dass Messungen von natürlichen Größen grundsätzlich keine absolute, sondern nur eine näherungsweise Zuverlässigkeit erreichen konnten. Diese Paradigmenwechsel führten zu einer Abkehr vom Konzept des Naturmaßes. In Preußen und in Großbritannien verlor es im Zuge einer Neukonstruktion der jeweiligen Urmaße an Bedeutung. Das französische System blieb zwar offiziell weiterhin an den Erdumfang gekoppelt, aber in der Praxis betrachteten es nahezu alle Wissenschaftler seit der Mitte des 19. Jahrhunderts als ein allein auf seine Prototypen gestütztes Konventionalmaß. Eine grundsätzliche Revision der Definition des Meters kam allerdings erst unter völlig veränderten Rahmenbindungen zustande. Denn seit etwa 1850 wurde die Debatte über Maße und Gewichte nicht mehr nur im nationalen, sondern zunehmend auch im internationalen Rahmen geführt.

Dieser Umstand bildete den Mittelpunkt des dritten Abschnitts der Arbeit, der den Zeitraum bis 1914 umfasste. Kapitel sieben untersuchte die politische Dimension des Internationalisierungsprozesses. Aufgrund des sprunghaften Anstiegs des transnationalen Verkehrs entstanden Mitte des 19. Jahrhunderts in zahlreichen Staaten Diskussionen über die Frage, ob die heimischen Standards nicht durch die metrischen Maße ersetzt werden sollten. Den wichtigsten Katalysator hierfür bildeten die Weltausstellungen. Aus ihrem Umfeld ging in den 1850er Jahren ein transnationaler Interessenverband hervor, der sich für die Verbreitung des Meters engagierte. 1862 konnte er ein Komitee des britischen Unterhauses davon überzeugen, sich für seine Übernahme auszusprechen. Diese Empfehlung aus der führenden Industrie- und Handelsmacht der Erde erweckte international großes Aufsehen. Vor allem Großhändler und Industrielle gingen fortan davon aus, dass eine europäisch-transatlantische Vereinheitlichung von Maßen und Gewichten aufgrund der zunehmenden wirtschaftlichen Verflechtungen unausweichlich sei. Diese Auffassung erwies sich allerdings als trügerisch. So gelang es Preußen z. B., eine Einführung des Meters in den deutschen Territorien zunächst zu blockieren. Erst im Rahmen der staatsorganisatorischen Umbrüche von 1867/71 kam sie zustande. Dabei wurde sie aber nicht primär im Hinblick auf die internationale Debatte vorgenommen, sondern deshalb, weil sie einen Kompromiss zwischen den Einzelstaaten und somit eine *nationale* Vereinheitlichung ermöglichte. Auch in Großbritannien war die weltwirtschaftliche Integration nicht der zentrale Faktor im Umgang mit der Maßfrage. Die dortige Regierung hielt vielmehr ihr zum Trotz an den *Imperial Measures* fest. Denn im Gegensatz zum Parlament schätzte sie die Schwierigkeiten einer Umstellung hoch, deren positive Effekte aber sehr gering ein. In den folgenden Jahrzehnten gab es zwar immer wieder Debatten über diese Frage. Da das britische System problemlos funktionierte, hatten die Befürworter des Meters aber nie eine ernsthafte Aussicht auf Erfolg.

Sehr viel zwingender als die politische Verbreitung des französischen Maßes war deshalb die Internationalisierung seiner wissenschaftlichen Grundlagen, die in Kapitel acht analysiert worden ist. Ihr Ausgangspunkt lag in der sogenannten ,Mitteleuropäischen Gradmessung'. Um die außerordentlich hohen Genauigkeitsanforderungen dieses Vermessungsprojektes erfüllen zu können, verlangten seine deutschen Protagonisten nach der Herstellung eines neuen Normalmeters. In Frankreich stießen sie damit auf großen Widerstand. Dennoch traten in den 1870er Jahren mehrere internationale Expertenkommissionen zusammen, die sich mit der Frage beschäftigten. Sie einigten sich darauf, für den Meter und das Kilogramm neue Urmaße anzufertigen. Angesichts der Debatten aus der ersten Hälfte des 19. Jahrhunderts sollten sie definitorisch nicht mehr auf natürlichen Größen, sondern auf sich selbst beruhen. Ihre genauen Eigenschaften waren aber sehr umstritten. Der Zusammenhalt der ,epistemischen Gemeinschaft' von wissenschaftlichen Experten ermöglichte es zwar, diese Differenzen zu überbrücken. Die Frage nach der zukünftigen Kontrolle über die Urmaße beinhaltete jedoch ebenfalls großes Konfliktpotential. Zu ihrer Beratung fand 1875 eine diplomatische Konferenz statt. Dabei zeigte sich, dass der von den meisten Ländern unterstützte Vorschlag einer dauerhaften internationalen Organisation zur Überwachung der Meternormale in Frankreich auf große Vorbehalte stieß. Um nicht isoliert zu werden, stimmte das Pariser Außenministerium ihm aber schließlich zu. Das daraufhin ins Leben gerufene *Bureau international des poids et mesures* beaufsichtigte fortan die wissenschaftlichen Grundlagen des metrischen Systems. Diese Vorgehensweise hat sich in den Jahrzehnten bis zum Ersten Weltkrieg sehr bewährt. Sie ermöglichte eine reibungslose Weiterentwicklung des Meters, in deren Rahmen seit den 1890er Jahren auch seine erneute Kopplung an eine natürliche Konstante zur Debatte stand.

Für die Funktionsfähigkeit von Maßen und Gewichten als Instrumenten der ökonomischen Koordination war das BIPM hingegen nur von geringer Bedeutung. Das wird deutlich, wenn man die Auswirkungen der Internationalisierung des Meters auf die industrielle Produktion betrachtet, was in Kapitel neun geschehen ist. Sie hielten sich in engen Grenzen. Zwar unterlagen viele Aspekte des industriellen Messens im Laufe des 19. Jahrhunderts ebenfalls einer Standardisierung. Aber diese Entwicklungen gingen – ähnlich wie im Handel – nicht auf zentralisierte Festlegungen, sondern auf dezentral getroffene Entscheidungen zurück. Für die

de-facto-Standards, die daraus entstanden, war die administrative Vereinheitlichung der Maße keine Voraussetzung. Auch im Nachhinein konnte sie sie kaum
beeinflussen. Ein Beispiel hierfür bildeten die Nummerierungssysteme, die in der
Textilindustrie gebräuchlich waren. Seit dem späten 18. Jahrhundert beruhten sie
in ganz Europa auf den britischen Einheiten. Im Rahmen der Internationalisierung des Meters wollten kontinentale Industrielle dies zwar korrigieren. Aber die
Marktmacht der britischen Produzenten und die Pfadabhängigkeiten der einge-
bürgerten Bemessungssysteme waren so groß, dass alle diesbezüglichen Initiativen
scheiterten. Aus ähnlichen Gründen blieben nicht-metrische Maße auch im
Maschinenbau erhalten. Nur in der Elektroindustrie ließ sich eine internationale
Vereinheitlichung erzielen, denn die Definition der dort gebräuchlichen Einheiten
war primär ein wissenschaftliches Problem. Dafür bildeten zentral gesetzte Maßstandards eine tragfähige Lösung. Die meisten anderen Gewerbezweige waren
hingegen nur in Ausnahmefällen auf wissenschaftliche Eindeutigkeit angewiesen.
Erst ganz am Ende des Untersuchungszeitraums änderte sich dies. Zwischen 1890
und 1914 waren deshalb Ansätze einer Konvergenz zwischen den wissenschaftlich
fundierten de-jure-Standards und den industriellen de-facto-Standards zu beobachten. Ihre volle Wirksamkeit entfaltete sie aber erst zu einem späteren Zeitpunkt.

Welche allgemeinen Aussagen über die Charakteristika der Vereinheitlichung
von Maßen und Gewichten im Europa des 18. und 19. Jahrhunderts sind auf der
Grundlage dieser Untersuchungsergebnisse zu treffen? Zunächst ist offensichtlich,
dass es sich dabei insgesamt um einen außerordentlich vielschichtigen Prozess
handelte, der auf ein komplexes Geflecht von unterschiedlichen Ursachen zurückzuführen ist. Die Staats- und Nationsbildung spielte in ihm ebenso eine zentrale
Rolle wie die Entstehung der modernen Naturwissenschaften und die ökonomische Transformation von der Agrarwirtschaft zur Industriegesellschaft. Alle diese
Faktoren waren dabei sowohl von ihrer jeweiligen Eigenlogik als auch von Verflechtungen mit externen Gegebenheiten geprägt. Allzu generelle Aussagen bezüglich der Effekte der einen oder der anderen Einflussgröße verbieten sich deshalb.

Trotz dieser Einschränkung lassen sich aber Gewichtungen vornehmen und
phasenspezifische Verschiebungen in der Relevanz der genannten Ursachenbün-
del feststellen. So ist z. B. eindeutig erkennbar, dass ökonomische Impulse für die
Debatten über Maße und Gewichte im 18. Jahrhundert nur einen geringen Stellenwert hatten. Einzelne Gruppierungen empfanden die Vielfalt der Einheiten
zwar als störend, aber im Großen und Ganzen war sie für die Landwirtschaft, den
Handel und das Gewerbe unproblematisch. Auch aus der Perspektive des Staates
stellte sich die Lage ähnlich dar. Nur im Zusammenhang mit der Steuererhebung
gab es hier einen Regelungsbedarf. Alle anderen Aspekte des Themas erschienen
den frühneuzeitlichen Verwaltungen als zu komplex, um sich auf sie einlassen zu
können. Insgesamt kamen die wesentlichen Initiativen für eine Standardisierung
von Maßen und Gewichten im 18. Jahrhundert deshalb nahezu ausschließlich aus
der aufklärerischen Naturphilosophie. In deren Rahmen entwickelte eine sehr
kleine intellektuelle Elite ein z.T. hochgradig utopisches Programm, das darauf
abzielte, durch Objektivierung, Quantifizierung und Präzisionsmessung natur-

rechtliche Ideale wie Gleichheit und Gerechtigkeit zu verwirklichen. Die Französische Revolution verschaffte dieser radikalen Agenda eine breite Plattform. Sie führte mit der Etablierung des metrischen Systems zu einer Art ‚Urknall‘, der die weiteren Debatten über das Thema nachhaltig prägen sollte.

Seine grundstürzenden Auswirkungen machten sich in der ersten Hälfte des 19. Jahrhunderts überall bemerkbar. Zwar gewann das staatliche Interesse an der ‚Durchherrschung‘ von Territorien und an der Vereinheitlichung der Besteuerung nun an Gewicht. Aber die administrativen Reformen, die zu diesem Zweck betrieben wurden, waren in außerordentlich hohem Maße von jenen Objektivitäts- und Präzisionsvorstellungen geprägt, deren Wurzeln in den naturphilosophischen Debatten des 18. Jahrhunderts lagen. Das galt selbst dann, wenn sie eine explizite Abgrenzung von den programmatischen Grundlagen des französischen Systems beinhalteten. Denn ungeachtet der inhaltlichen Kritik an dessen einzelnen Elementen konnten die Debatten in den übrigen europäischen Ländern nicht mehr hinter die Grundgedanken der Rationalisierung und der wissenschaftlichen Fundierung der Einheiten zurückgehen.

Die naturphilosophisch geprägten Ideale der Objektivität und der Präzision griffen deshalb in der ersten Hälfte des 19. Jahrhunderts von der isolierten Sphäre des Expertendiskurses auf den politischen Raum über. Sie gaben der administrativen Neugestaltung der Maße und Gewichte einen Zuschnitt, der aus ökonomischer Perspektive überzogen erscheinen musste. Im Hinblick auf die alltägliche Praxis verringerte diese Art der Vereinheitlichung die Differenzierungsmöglichkeiten, die Händlern und Gewerbetreibenden zur Verfügung standen. Neben den anfangs merklich unterschätzten Anforderungen, die die Reformen an die Verwaltungsstrukturen und die Bildungssysteme stellten, war dies einer der wichtigsten Gründe dafür, dass sich die neuartigen Maße nur sehr langsam verbreiteten.

Allerdings hatten die standardisierten Einheiten aus der Sicht bestimmter Gruppierung wie beispielsweise überregional verkehrender Kaufleute auch viele Vorteile. Diese Akteure gewannen im Zeitverlauf erheblich an Bedeutung. Seit der Mitte des 19. Jahrhunderts entwickelten sie sich zur hauptsächlichen Triebkraft der Debatten über eine Vereinheitlichung auf internationaler Ebene. Deren *Ursprung* lag also in der zunehmenden weltwirtschaftlichen Verflechtung. Ihre *Auswirkungen* waren aber essentiell von politischen Faktoren geprägt. Wo es keinen staatsorganisatorischen Anlass für eine Umstellung von Maßen und Gewichten gab, kam eine solche nicht zustande – auch dann nicht, wenn sie ökonomische Vorteile geboten hätte.

Gleichzeitig ist jedoch eine Entwicklung zu beobachten, die die Tragweite dieses Befundes ein wenig relativiert. Denn während die unterschiedlichen Dimensionen des Standardisierungsprozesses in den Debatten des frühen 19. Jahrhunderts eng miteinander verflochten waren, unterlagen sie seit 1850 einer zunehmenden Ausdifferenzierung. Im politisch-administrativen Sinne war die Vereinheitlichung von Maßen und Gewichten um 1875 herum so weit vorangeschritten, dass sie als abgeschlossen gelten konnte. Zwar gab es zu diesem Zeitpunkt noch Lücken in ihrer Implementierung, etwa im Hinblick auf den Fortbestand von traditionellen

Begrifflichkeiten wie ‚Morgen' oder ‚Pfund'. Größere Debatten riefen diese Ungereimtheiten aber nicht mehr hervor. Sie wurden vielmehr als Grenzen des Standardisierungsprozesses akzeptiert. Auch dort, wo die Frage der Einführung des metrischen Systems noch nicht abschließend geklärt war, galt um 1875 die nationale Einheitlichkeit von Maßen und Gewichten als erreicht.

Die Debatte über die wissenschaftlichen Grundlagen der neuartigen Einheitensysteme wurde dagegen auch nach diesem Zeitpunkt noch intensiv weitergeführt. Sie lag nun aber in den Händen einer eigenständigen Organisation und war damit unabhängig von jenen politischen Einflüssen, die sie lange Zeit geprägt hatten. Zu einem irgendwie gearteten Ende gelangte sie nie, weil die Basisdefinitionen von Maßen und Gewichten stets an neue wissenschaftliche Erkenntnisse angepasst werden mussten.

Schließlich verselbständigten sich in der zweiten Hälfte des 19. Jahrhunderts auch die ökonomischen Debatten über die Standardisierung. Seit etwa 1850 und verstärkt seit 1890 entstanden in zahlreichen Industriezweigen branchenspezifische Messgrößen, die weder eine bloße Anwendung der staatlich vereinheitlichten Maße darstellten noch primär von diesen inspiriert waren. Sie gingen aus „neue[n] Strukturen der Normsetzung"[1] hervor, die auf freiwilligen Vereinbarungen zwischen unabhängigen Akteuren beruhten. Diese Entwicklung betraf nicht nur Maßeinheiten, sondern auch zahlreiche weitere Regulierungsmechanismen wie Kompatibilitätsstandards oder Sicherheitsnormen. Ihre Ursachen waren deutlich andere als diejenigen der staatlichen Vereinheitlichung. Sie lagen in der transatlantischen Integration der Gütermärkte, in der Intensivierung des Wettbewerbs sowie in den damit einhergehenden Rationalisierungsbestrebungen. Diese Faktoren entfalteten gegen Ende des 19. Jahrhunderts einen ‚Standardisierungsdruck', der eine breite Nachfrage nach anwendungsspezifischen Messgrößen und anderen technischen Normen hervorrief.

Die staatliche Unifikation der Maße und Gewichte war aus wirtschaftshistorischer Perspektive hingegen ein angebotsgeleiteter Prozess. Zwar schuf sie wichtige Voraussetzungen für die Herausbildung der technisch-industriellen Normen, aber dies war nur ein Nebeneffekt einer Entwicklung, die in erster Linie außerökonomische Ursachen hatte. Darin ähnelte die Maßstandardisierung den parallel vorangetriebenen Vereinheitlichungen der Münzsysteme. Diese zogen ebenfalls positive wirtschaftliche Effekte nach sich, gingen ursächlich aber auf die Erfordernisse der Staats- und Nationsbildung zurück.[2] Im Unterschied zu den Währungen waren die Maße jedoch vielfältigen lokalen Aneignungen und Differenzierungen ausgesetzt. Ohne solche ‚bottom-up'-Prozesse wäre ihre ‚top-down'-Standardisierung bedeutungslos geblieben. In dieser Hinsicht wiesen sie eine Parallele zur Entwicklung der Zeitmessung auf. Sie unterlag ebenfalls einer zentral gesteuerten Vereinheitlichung, die durch kontextspezifische Anpassungen ergänzt werden musste.[3]

---

[1] VEC, Recht und Normierung, S. 1.
[2] Vgl. OTTO, Entstehung, S. 525 f. u. S. 529 f.
[3] Vgl. OSTERHAMMEL, Verwandlung, S. 121–126, hier v. a. S. 125 sowie OGLE, Transformation, S. 10 u. S. 205–209.

Dieser Befund bietet einen wichtigen Anhaltspunkt für die Einordnung des untersuchten Fallbeispiels in die breitere Debatte über die Relevanz von Standardisierungsprozessen für die Entstehung der modernen Welt. Die ‚top-down'-Dimension und die ‚bottom-up'-Dimension der Vereinheitlichung von Maßen und Gewichten waren offenkundig eng mit einander verknüpft. Gleichzeitig wiesen sie aber eine Reihe von Merkmalen auf, anhand derer sie sich zweifelsfrei unterscheiden lassen. Statt die Maßstandardisierung als Prozess der Ausdehnung eines einzigen Grundprinzips zu betrachten, ist es deshalb naheliegend, in ihr zwei aufeinander bezogene, aber dennoch distinkte Phänomene zu sehen.

Diese Charakterisierung ist in zweierlei Hinsicht produktiv. Zum einen ermöglicht sie es, die Gerichtetheit der Vereinheitlichung von Maßen und Gewichten anzuerkennen, ohne dabei einem einseitigen Fortschrittsnarrativ zu verfallen. Und zum anderen eröffnet sie einen unmittelbaren Bezug zur Debatte über die ‚Verwandlung der Welt' im ‚langen' 19. Jahrhundert. Denn sie bedeutet, dass die Vereinheitlichung von Maßen und Gewichten geradezu idealtypisch jenem Phänomen entspricht, das Christopher Bayly als zentrales Merkmal dieser Entwicklung identifiziert hat: der gleichzeitigen Herausbildung von „äußerer Uniformität" und „interner Komplexität", die um 1890 in eine „große Beschleunigung" gemündet sei.[4] Als globalgeschichtliche Gesamtanalyse greift dieser Befund zwar vermutlich zu kurz. Als Merkformel für die Funktionsweise der „standardisation of time and space"[5] ist er aber überaus treffend. Denn ebenso wie die Vereinheitlichung der Zeitmessung schuf die Vereinheitlichung von Maßen und Gewichten im 18. und 19. Jahrhundert eine äußere Hülle, die als Rahmen und Richtungsgeber für die Entfaltung weiterer sozialer und ökonomischer Differenzierungsprozesse fungierte. Diese beförderten ihrerseits die Nachfrage nach zusätzlichen, kontextspezifischen Standards. Sie wurden nicht nur durch den Staat, sondern vermehrt auch auf dem Wege der gesellschaftlichen Selbstorganisation gesetzt. Ab etwa 1890 entfaltete diese innere Differenzierung der Maßstandards eine neuartige Qualität und Dynamik, während ihre äußere Homogenisierung – und damit auch die *Gleichzeitigkeit* von äußerer Homogenisierung und innerer Differenzierung – zum Erliegen kam.

Der Zusammenhang zwischen technisch-ökonomischen Standardisierungsprozessen und der Herausbildung moderner Gesellschaftsordnungen lag deshalb nicht allein darin, dass im Laufe des 18. und 19. Jahrhunderts einheitliche Regularien für die Bemessung von Raum und Zeit entstanden. Vielmehr gingen aus der ‚Verwandlung der Welt' neben den Standards selbst auch die Mittel hervor, mit denen sie immer wieder an Veränderungen angepasst oder neu gebildet werden konnten. Das Ergebnis dieser Entwicklung war deshalb keine standardisierte Gesellschaft, sondern eine ‚Standardisierungsgesellschaft' – eine Gesellschaft, die die Standardisierung zum permanenten Prinzip erhoben hatte und dadurch aus sich selbst

---

[4] BAYLY, Geburt, S. 36 u. S. 564. Zur Kritik an diesem Befund vgl. OSTERHAMMEL, Verwandlung, S. 18 f.

[5] TANNER, Standards, S. 49.

heraus die Voraussetzungen für weitere, komplexitätserhöhende Differenzierungen generieren konnte. Zwar haftete dieser Entwicklung keinerlei Automatismus an. Sie blieb vielmehr von den konkreten Handlungen individueller Akteure abhängig, die häufig genug ergebnislos verliefen. Dennoch sind die qualitativen Veränderungen von Standardisierungsprozessen und die damit einhergehende Multiplikation von technischen Normen historische Fakten, durch die sich das 20. Jahrhundert deutlich gegenüber dem vorangehenden Zeitraum abhebt.[6]

Die Jahre zwischen 1660 und 1914 erscheinen aus dieser Perspektive insgesamt als eine Brückenphase zwischen der frühneuzeitlichen Vielfalt und der Ubiquität von Vereinheitlichungsprozessen in der Moderne. Sie bildeten damit die ‚Inkubationszeit' der Standardisierungsgesellschaft, in der einerseits grundlegende Voraussetzungen für deren Funktionieren geschaffen wurden, sie andererseits aber noch nicht zur vollen Entfaltung kam. Inwiefern sich dieser anhand von Maßen und Gewichten entwickelte Befund auch durch die Untersuchung weiterer Phänomene erhärten lässt, wäre an anderer Stelle zu klären.

---

[6] Vgl. am US-amerikanischen Beispiel Russell, Open Standards, S. 22 u. S. 25–94.

Anhang

Abkürzungen

Abt.	Abteilung
Art.	Artikel
AFNOR	Association française de normalisation
AN	Archives nationales
BA	British Association (for the Advancement of Science)
BAAS	British Association for the Advancement of Science
BArch	Bundesarchiv
Bd.	Band
BIPM	Bureau international des poids et mesures
BSI	British Standards Institution
BWMA	British Weights and Measures Association
Cap.	Caput
CGS	Centimetre, Gram, Second
CUL	Cambridge University Library
ders.	derselbe
dies.	dieselbe
dass.	dasselbe
DIN	Deutsches Institut für Normung
ebd.	ebenda
engl.	englisch
ESC	Engineering Standards Committee
Fn.	Fußnote
Fol.	Folio
frz.	französisch
Gen.-Dir.	Generaldirektorium
GStA PK	Geheimes Staatsarchiv Preußischer Kulturbesitz
HA	Hauptabteilung
HC Deb	House of Commons Debates
HL Deb	House of Lords Debates
IEC	International Electrotechnical Commission
Kap.	Kapitel
KNEK	Kaiserliche Normaleichungskommission
LCE	Laboratoire central d'électricité
lfd.	laufend
LMA	London Metropolitan Archives
LSE	London School of Economics and Political Science
MKS	Meter, Kilogramm, Sekunde
MKSA	Meter, Kilogramm, Sekunde, Ampère
MP	Member of Parliament

https://doi.org/10.1515/9783110581959-012

NAS	National Archives of Scotland
NBS	National Bureau of Standards
NEK	(Königliche) Normaleichungskommission
NPL	National Physical Laboratory
NYCRO	North Yorkshire County Record Office
o. D.	ohne Datumsangabe
o. O.	ohne Ortsangabe
o. S.	ohne Seitenangabe
P.P.	Parliamentary Papers
PTB	Physikalisch-Technische Bundesanstalt
PTR	Physikalisch-Technische Reichsanstalt
RGO	Royal Greenwich Observatory
SE	Siemens-Einheit
SI	Système international
Sp.	Spalte
TNA	The National Archives
UCL	University College London
USSt	United States Standard
VDI	Verein Deutscher Ingenieure

Quellen- und Literaturverzeichnis

1. Hinweise zu den verwendeten Zitierkonventionen

Einzelne Websites ohne identifizierbare/n Autor/in sind nicht im Quellen- und Literaturverzeichnis enthalten. Sie werden jeweils vollständig in den Fußnoten nachgewiesen. Wissenschaftliche Online-Publikationen von namentlich genannten Autor/inn/en werden hingegen nach denselben Kriterien zitiert wie gedruckte Veröffentlichungen und sind im Abschnitt „Weitere Literatur" verzeichnet.

Amtliche britische Veröffentlichungen werden durchweg nach britischer Konvention zitiert. Dementsprechend gilt:

Britische *Parliamentary Papers* (P.P.) sind in den Fußnoten mit Kurztiteln sowie Bandzählung und Seitenangabe nachgewiesen, im Literaturverzeichnis mit vollen Titeln sowie Bandzählung und Seitenangabe. Die Gestaltung der Titel und die Bandzählung folgen dabei den Vorgaben aus: British Library (Hrsg.), Social Sciences Collection Guides. Official Publications. United Kingdom Parliamentary Publications: Parliamentary Papers, o.O., o.D., S.6f. URL: <http://www.bl.uk/britishlibrary/~/media/subjects%20images/government%20publications/pdfs/parliamentary-papers.pdf> (Stand: 15.8.2018).

Hansard's Parliamentary Debates sind in den Fußnoten mit den üblichen britischen Kürzeln zitiert, allerdings mit dem vorangestellten Zusatz „Hansard's". *Hansard's HL Deb 13 March 1827, vol 16, col 1154* verweist dementsprechend auf: Hansard's Parliamentary Debates, House of Lords (HL: House of Lords; HC: House of Commons), 13.März 1827, Band 16, Spalte 1154.

Acts of Parliament sind gemäß der üblichen Zitierweise für vor 1963 verabschiedete Gesetze nachgewiesen. So bezeichnet z.B. *5 George IV Cap. 74* das 74.Gesetz aus dem fünften Regierungsjahr Georg IV. (d.h. 1824). Die britische Konvention beinhaltet auch, dass diese Angabe ohne Hinweis auf eine konkrete Veröffentlichung des fraglichen Gesetzestextes (beispielsweise in den *Statutes of the United Kingdom*) erfolgt.

2. Archivalische Quellen

Archives nationales, Paris (AN)
F/12/1287–1298: Industrie et commerce. Poids et mesures 1696–1815
F/12/12019–12090: Industrie et commerce. Poids et mesures (Service des poids et mesures). An VI-1940

Geheimes Staatsarchiv Preußischer Kulturbesitz, Berlin (GStA PK)
I.HA, Rep.120: Ministerium für Handel und Gewerbe
I.HA, Rep.121: Ministerium für Handel und Gewerbe, Berg-, Hütten- und Salinenverwaltung
I.HA, Rep.151: Finanzministerium
II.HA, Generaldirektorium, Abt.7: Ostpreußen II
II.HA, Generaldirektorium, Abt.14: Kurmark
II.HA, Generaldirektorium, Abt.30 I: Oberbaudepartement

Archiv der Physikalisch-Technischen Bundesanstalt, Braunschweig (PTB-Archiv)
KNEK: Kaiserliche Normaleichungskommission

Bundesarchiv, Berlin-Lichterfelde (BArch)
R 1519: Physikalisch-Technische Reichsanstalt

https://doi.org/10.1515/9783110581959-013

The National Archives, Kew (TNA)
T1: Treasury: Minutes, Entry-Books and Correspondence Pre-1920
BT 101: Exchequer and Board of Trade: Standard Weights and Measures Office and Standards
   Department

National Archives of Scotland, Edinburgh (NAS)
AD: Lord Advocate's Department
GD 18: Papers of the Clerk Family of Penicuik
GD 23: Warrand of Bught
GD 51: Papers of the Dundas Family of Melville
SC: Sheriff Court Records

Cambridge University Library Manuscripts, Cambridge (CUL)
RGO: Royal Greenwich Observatory

North Yorkshire County Record Office, Northallerton (NYCRO)
QFC: Records of Committees: North Riding Quarter Sessions
QAW: Records of Weights and Measures: North Riding Quarter Sessions

London Metropolitan Archives, London (LMA)
MA/MW: County Adminstration: Weights and Measures

Library of the London School of Economics, London (LSE Library)
Pamphlet Collection

University Colloge London Archives, London (UCL Archives).
MS ADD 71: Nachlass James Yates

3. Zeitgenössische Literatur (bis 1914)

Airy, George Biddell, On the Figure of the Earth, in: Philosophical Transactions of the Royal
   Society of London 116 (1826), S. 548–578.
Ders., Account of the Construction of the New National Standard of Length, and of Its Principal
   Copies, in: Philosophical Transactions of the Royal Society of London 147 (1857), S. 621–702.
Airy, Wilfred, Weighing Machines, in: The Enyclopaedia Britannica. A Dictionary of Arts, Scien-
   ces, Literature and General Information (Vetch to Zymotic Diseases, Volume XXIII), Cam-
   bridge [11]1911, S. 468–477.
Alcan, Michel, Essai sur l'industrie des matières textiles. Comprenant le travail complet du coton,
   du lin, du chanvre, des laines, du cachemire, de la soie, du caoutchouc, etc., Paris 1847.
Ders., Handbuch der gesammten Spinnerei und Weberei. Die Verarbeitung der Baumwolle, des
   Leinens, der Wolle, der Seide, des Kaoutschuks u. s. w. Deutsche Bearbeitung, 2 Bde., Qued-
   linburg und Leipzig 1847.
Amtlicher Bericht über die XIII. Versammlung Deutscher Land- und Forstwirthe zu Magdeburg
   im September 1850 (Vereinsjahr von Thünen), Halle 1851.
Amtlicher Bericht über die Industrie-Ausstellung aller Völker zu London im Jahre 1851, 3 Bde.,
   hrsg. von der Berichterstattungs-Kommission der Deutschen Zollvereins-Regierungen, Berlin
   1852–1853.
An Account of a Comparison Lately Made by Some Gentlemen of the Royal Society, of the
   Standard of a Yard, and the Several Weights Lately Made for Their Use; With the Original
   Standards of Measures and Weights in the Exchequer, and Some Others Kept for Public Use,
   at Guild-Hall, Founders-Hall, the Tower, &c., in: Philosophical Transactions of the Royal Society of London 42 (1742/43), S. 541–556.
An Inquiry to Show, What Was the Ancient English Weight and Measure According to the Laws
   or Statues, Prior to the Reign of Henry the Seventh, in: Philosophical Transactions of the
   Royal Society of London 65 (1775), S. 48–58.

Annalen der Landwirthschaft in den Königlich Preussischen Staaten. Einunzwanzigster Jahrgang. Einundvierzigster Band. Supplement. Die VIII. Sitzungsperiode des Königlichen Landes-Öko-nomie-Kollegiums, hrsg. vom Präsidium des Königlichen Landes-Oeconomie-Collegiums, Berlin 1863.

Annales du Sénat et du Corps législatif. Suivies d'une table alphabétique. Tome sixième. Du 16 Avril 6 au 8 Mai 1864, Paris 1864.

Annexes des procès-verbaux de la Commission internationale du mètre, in: Annales du Conser-vatoire des arts et métiers 10 (1873), S. 156–231.

Archives parlementaires, recueil complet des débats législatifs et politiques des Chambres Fran-çaises de 1800 à 1860, faisant suite à la réimpression de l'ancien „Moniteur" et comprenant un grand nombre de documents inédits. 2e série, 1800–1860, 127 Bde., Paris 1862–1912.

A Report from the Committee, Appointed to Enquire into the Original Standards of Weights and Measures in this Kingdom, and to Consider the Laws Relating Thereto. With the Pro-ceedings of the House Thereupon, hrsg. vom House of Commons, London 1758.

A Report from the Committee, Appointed (upon the lst day of December 1758) to Enquire into the Original Standards of Weights and Measures in this Kingdom, and to Consider the Laws Relating Thereto. With the Proceedings of the House Thereupon, hrsg. vom House of Com-mons, London 1759.

Arnd, Balthasar Jodocus, Gemäße. Ueber den bei der Ablieferung der herrschaftlichen Zins-früchte im Fuldaischen bestehenden Unfug, in: Allgemeiner Anzeiger und Nationalzeitung der Deutschen 1832, Bd. 1, Nr. 91, Sp. 1222–1225.

Ashley, William James, An Introduction to English Economic History and Theory. The Middle Ages, London 1888.

Atwood, George, Review of the Statutes and Ordinances of Assize which have been Established in England from the Fourth Year of King John, 1202, to the Thirty-Seventh of His Present Majesty, London 1801.

Babbage, Charles, Reflections on the Decline of Science in England, and Some of its Causes, London 1830.

Babinet, Jacques, Sur les couleurs des réseaux. Lu à la société philomatique, le 8 décembre 1827, in: Annales de chimie et de physique 40 (1829), S. 166–177.

Baeyer, Johann Jacob, Über die Größe und Figur der Erde. Eine Denkschrift zur Begründung einer mittel-europäischen Gradmessung nebst einer Uebersichtskarte, Berlin 1861.

Ders., Das Messen auf der sphäroidischen Erdoberfläche. Als Erläuterung meines Entwurfes zu einer mitteleuropäischen Gradmessung, Berlin 1862.

Ders., Veränderungen, welche Massstäbe von Eisen und Zink in Bezug auf Länge und auf ihren Ausdehnungs-Coefficienten mit der Zeit erleiden, in: Königliche Akademie der Wissenschaf-ten (Hrsg.), Monatsberichte der Königlich Preussischen Akademie der Wissenschaften zu Ber-lin. Aus dem Jahre 1867, Berlin 1868, S. 1–13.

Bailey, John und George Culley, General View of the Agriculture of the County of Northumber-land, with Observations on the Means of its Improvement, London 1794.

Bailly, Jean Sylvain, Lettres sur l'origine des sciences, et sur celle des peuples de l'Asie. Adressées à M. de Voltaire par M. Bailly, & précédées de quelques Lettres de M. de Voltaire à l'Auteur, London und Paris 1777.

Ders., Des Herrn Bailly (…) Geschichte der Sternkunde des Alterthums bis auf die Errichtung der Schule zu Alexandrien, 2 Bde., Leipzig 1777.

Ders., Histoire de l'astronomie ancienne depuis son origine jusqu'à l'établissement de l'école d'Alexandrie, Paris ²1781 [zuerst 1775].

Baily, Francis, Report on the New Standard Scale of this Society, in: Memoirs of the Royal Astro-nomical Society 9 (1836), S. 35–184.

Baines, Edward, History of the Cotton Manufacture in Great Britain: With a Notice of its Early History in the East, and in All the Quarters of the Globe; a Description of the Great Mechan-ical Inventions, Which Have Caused its Unexampled Extension in Britain; and a View of the Present State of the Manufacture, and the Condition of the Classes Engaged in its Several Departments, London 1835.

Balance sans poids de l'invention du Sr. Bardonneau Maistre Balancier à Limoges. 1680, in: Le Journal des Sçavans 8 (1680), Heft 23 (16. 9. 1680), S. 321–322.

Barczynski, Otto, Handbuch der Verwaltung des Deutschen Maß- und Gewichtswesens mit Genehmigung des Herrn Ministers für Handel und Gewerbe nach amtlichen Quellen bearbeitet, Magdeburg ⁴1909.

Barral, Jean Augustin, Le blé et le pain. Liberté de la boulangerie, Paris 1863.

Basler, Emmanuel, Erläuterungen über das neue Mass und Gewicht, Offenburg 1871.

Bayley, W. H., Suggestions for a Uniform System of Weights and Measures throughout India (Ames Library Pamphlet Collection, Bd. 38:14), Malvern 1857.

Bazille, Wilhelm und Hermann Meuth, Das Maß- und Gewichtsrecht des Deutschen Reichs. Dargestellt auf Veranlassung der Königlich württembergischen Zentralstelle für Handel und Gewerbe, Stuttgart 1913.

Below, Georg von, Die Entstehung der deutschen Stadtgemeinde, Düsseldorf 1889.

Ders., Der Ursprung der deutschen Stadtverfassung, Düsseldorf 1892.

Ders., Die Verwaltung des Maß- und Gewichtswesens im Mittelalter. Eine Antwort an Herrn Prof. Dr. Schmoller, Münster 1893.

Benoît, J.-René, Charles Fabry und Alfred Perot, Nouvelle détermination du rapport des longueurs d'onde fondamentales avec l'unité métrique, in: Travaux et mémoires du Bureau international des poids et mesures 15 (1913), S. 1–134.

Béranger, Joseph, Manufacture d'instruments de pesage de Béranger et Cie [circulaire adressée aux maires], Lyon 1849.

Ders., Notice statistique sur les progrès et les résultats des bureaux de pesage et mesurage publics, suivie d'un compte rendu, puisé dans un grand nombre de villes et communes, des produits de ces établissements, Paris 1855.

Bericht der vereinigten Kommissionen für Finanzen und Zölle und für Handel und Gewerbe, betreffend die Einführung eines allgemeinen Landesgewichts, in: Verhandlungen des Hauses der Abgeordneten. Sammlung sämmtlicher Drucksachen des Hauses der Abgeordneten aus der I. Session der IV. Legislatur-Periode 1855 bis 1856. Bd. III: Nr. 101 bis 160, Nr. 140 (25. 2. 1856).

Bericht über die Verhandlungen der vom 30. September bis 7. Oktober zu Berlin abgehaltenen allgemeinen Conferenz der Europäischen Gradmessung. Redigiert auf Grund der stenographischen Aufzeichnungen im Auftrage der permanenten Commission von C. Bruhns, in Leipzig, W. Foerster, in Berlin, A. Hirsch, in Neuchâtel. Zugleich als General-Bericht für 1867, hrsg. vom Central-Bureau der Europäischen Gradmessung, Berlin 1868.

Berville, Albin de und Jean François Barrière (Hrsg.), Mémoires de Bailly. Avec une notice sur sa vie, des notes et des éclaircissemens historiques, 3 Bde., Paris 1821–1822.

Bessel, Friedrich Wilhelm, Untersuchungen über die Länge des einfachen Secundenpendels, Berlin 1828.

Ders., Bestimmung der Länge des einfachen Secundenpendels für Berlin, in: Königliche Akademie der Wissenschaften (Hrsg.), Abhandlungen der Königlichen Akademie der Wissenschaften zu Berlin. Aus dem Jahre 1835, Berlin 1837, Mathematische Klasse, S. 161–262.

Ders., Bestimmung der Axen des elliptischen Rotationssphäroids, welches den vorhandenen Messungen von Meridianbögen der Erde am meisten entspricht, in: Astronomische Nachrichten 14 (1837), Nr. 333, Sp. 333–346.

Ders., Untersuchungen über die Wahrscheinlichkeit der Beobachtungsfehler, in: Astronomische Nachrichten 15 (1838), Nr. 358/359, Sp. 369–404.

Ders., Darstellung der Untersuchungen und Maassregeln, welche, in den Jahren 1835 bis 1838, durch die Einheit des Preussischen Längenmaasses veranlasst worden sind, Berlin 1839.

Ders., Ueber das preussische Längenmass und die zu seiner Verbreitung durch Kopien ergriffenen Massregeln, in: Astronomische Nachrichten 17 (1840), Nr. 397, Sp. 193–204.

Ders., Ueber einen Fehler in der Berechnung der französischen Gradmessung und seinen Einfluß auf die Bestimmung der Figur der Erde, in: Astronomische Nachrichten 19 (1841), Nr. 438 Sp. 97–116.

Ders., Ueber Mass und Gewicht im Allgemeinen und das Preussische Längenmass im Besonderen, in: ders., Populäre Vorlesungen über wissenschaftliche Gegenstände. Nach dem Tode des Verfassers herausgegeben von Heinrich Christian Schumacher, Hamburg 1848, S. 269–325.

Ders. und Johann Jacob Baeyer, Gradmessung in Ostpreussen und ihre Verbindung mit Preussischen und Russischen Dreiecksketten, Berlin 1838.

Bigourdan, Guillaume, Le système métrique des poids et mesures. Son établissement et sa propagation graduelle, avec l'histoire des opérations qui ont servi à déterminer le mètre et le kilogramme, Paris 1901.

Bill [as Amended by the Committee] for Ascertaining and Establishing Uniformity of Weights and Measures; P.P. 1814–1815 (312), I.27.

Bill for Ascertaining and Establishing Uniformity of Weights and Measures; P.P. 1824 (72), III.359.

Bill for the More Effectual Prevention of the Use of False and Deficient Measures; P.P. 1814–1815 (162), I.21.

Biot, Jean Baptiste, Essai sur l'histoire générale des sciences pendant la Révolution française, Paris 1803.

Ders. und François Arago, Recueil d'observations géodésiques, astronomiques et physiques, exécutées par ordre du Bureau des Longitudes de France en Espagne, en France, en Angleterre et en Écosse, pour déterminer la variation de la pesanteur et des degrés terrestres sur le prolongement du méridien de Paris, faisant suite au troisième volume de la Base du Système Métrique, Paris 1821.

Ders., Henri Victor Regnault und Giuseppe Bianchi, Procès-verbal des operations de vérification qui ont été faites sur les instruments et sur les étalons de mesure métrique et pondéraux destinés au Duché de Modène, in: Memorie di matematica e di fisica della società italiana delle scienze residente in Modena 25 (1852), S. 19–30.

Blanc, Pierre, Recueil des cahiers des charges unifiées adoptés par les grandes compagnies de chemins de fer français pour la fourniture des matières destinées à la construction du matériel roulant, suivi de l'indication des principales spécifications allemandes, anglaises, américaines et belges, et de quelques unifications françaises, Paris 1912.

Bock, J. H. D. und Carl Crüger (Hrsg.), J. C. Nelkenbrecher's Allgemeines Taschenbuch der Münz-, Maass- und Gewichtskunde für Banquiers und Kaufleute, Berlin [14]1828.

Böckh, August, Metrologische Untersuchungen über Gewichte, Münzfüsse und Masse des Alterthums in ihrem Zusammenhange, Berlin 1838.

Bohnenberger, Johann Gottlieb Friedrich, Astronomie, Tübingen 1811.

Bonnay, Charles-François de, Rapport fait au nom du comité d'agriculture et de commerce, sur l'uniformité à établir dans les poids et mesures (…) et opinion de M. Bureaux de Pusy, sur le même sujet, Paris 1790.

Borda, Jean-Charles de u. a., Rapport sur le choix d'une unité de mesure. Lu à l'Académie des sciences le 19 mars 1791, Paris 1791.

Ders. und Jean Dominique Cassini, Expériences pour connoître la longueur du pendule qui bat les secondes à Paris, in: Delambre, Jean-Baptiste, Base du système métrique décimal, ou mesure de l'arc du méridien compris entre les parallèles de Dunkerque et Barcelone, exécutée en 1792 et années suivantes, par MM. Méchain et Delambre, Tome Troisième, Paris 1810, S. 336–401.

Bosscha, Johannes, Études relatives à la comparaison du mètre international avec le prototype des Archives, in: Comptes rendus hebdomadaires des séances de l'Académie des sciences 113 (1891), S. 344–346.

Ders., Sur la précision des comparaisons d'un mètre à bouts avec un mètre à traits, in: Comptes rendus hebdomadaires des séances de l'Académie des sciences 114 (1892), S. 950–953.

Bourges, Martin, Examens d'admission à l'emploi de vérificateur adjoint des poids et mesures. Problèmes et rapports donnés aux épreuves écrites depuis 1873, solutions des problèmes et canevas des rapports, Sait-Marcellin 1900.

Bransiet, Frère Philippe [F. P. B.], Nouveau traité d'arithmétique décimale, contenant toutes les opérations ordinaires du calcul, les fractions, l'extraction des racines, le système métrique (…), Tours und Paris [40]1849.

Ders. und Léon Constantin [L. C.], Nouveau traité d'arithmétique décimale, contenant toutes les opérations ordinaires du calcul, les fractions, l'extraction des racines, les réductions des anciennes mesures en nouvelles, et réciproquement (…), Paris [18]1839.

Briefwechsel zwischen Gauß und Bessel, hrsg. von der Königlich-Preußischen Akademie der Wissenschaften, Leipzig 1880.

British Pharmacopoeia, hrsg. vom General Council of Medical Education and Registration of the United Kingdom, London 1864.

Brix, Adolph, Bericht über die im Jahre 1863 angestellte Vergleichung zweier, dem Königlichen Handels-Ministerio angehörigen Metermaaße mit dem Urmeter der Kaiserliche Archive zu Paris, in: Verhandlungen des Vereins zur Beförderung des Gewerbefleißes in Preußen 43 (1864), S. 54–73.

Broc, A.-F. und P.-C. Lavenas, Nouveau code des poids et mesures, contenant les lois, décrets, ordonnances, circulaires et arrêtés ministériels, Paris 1834.

Broch, Ole-Jacob, Rapport de la Commission mixte chargée de la comparaison du nouveau Prototype du kilogramme avec le kilogramme des Archives de France. Avant-propos, in: Travaux et mémoires du Bureau international des poids et mesures 4 (1885), S. I–X.

Brockhaus' Konversations-Lexikon, 17 Bde., Leipzig u. a. [14]1892–1897.

Bruhns, Karl Christian, Ideler, Ludwig, in: Historische Kommission bei der Bayerischen Akademie der Wissenschaften (Hrsg.), Allgemeine Deutsche Biographie (Holstein – Jesup, Bd. 13), Leipzig 1881, S. 743–745.

Bugge, Thomas, Reise nach Paris in den Jahren 1798 und 1799, Kopenhagen 1801.

Bulletin du Ministère de l'Agriculture et du Commerce. Partie officielle, 1 (1840)-12 (1851); 15 (1852)-16 (1853).

Bulletin officiel du Ministère de l'Intérieur, de l'Agriculture et du Commerce, 1 (1838)-143 (1979).

Bundes-Gesetzblatt des Norddeutschen Bundes 1867–1871.

Burattini, Tito Livio, Misura universale. Podług wydania wile skiegoz roku 1675 wydal powtorne wydzrak mat.-przyr. Akademii umiejetnosci w Krakowie, Krakau 1897.

Burn, Richard, The Justice of the Peace, and Parish Officer, 4 Bde., London [16]1788.

Callet, Jean-François, Tables portatives de logarithmes, contenant les logarithmes des nombres, depuis 1 jusqu'à 108000; les logarithmes des sinus et tangentes (…), Paris 1795/an III (tirage 1806).

Cantor, Moritz, Eisenschmid, Johann Caspar, in: Historische Kommission bei der Bayerischen Akademie der Wissenschaften (Hrsg.), Allgemeine Deutsche Biographie. Fünfter Band. Von der Decken – Ekkehart, Leipzig 1877, S. 773–774.

Carl Friedrich Gauß Werke. Neunter Band, hrsg. von der Königlichen Gesellschaft der Wissenschaften zu Göttingen, Göttingen 1903.

Carporzen, Anne, Poids Public. France et colonies. Manuel à l'usage des commerçants, industriels, agriculteurs, peseurs, mesureurs et jaugeurs jurés, Oran 1887.

Cassini, Jaques, De la grandeur et de la figure de la terre, Paris 1720.

Chaney, H. J., Our Weights and Measures. A Practical Treatise on the Standard Weights and Measures in Use in the British Empire. With some Account of the Metric System, London 1897.

Chisholm, Henry Williams, On the Science of Weighing and Measuring and Standards of Measure and Weight, London 1877.

Circulaires, instructions et autres actes émané du Ministère de l'Intérieur, ou relatifs à ce département, de 1797 à 1821 inclusivement. Tome III. 1816 à 1819 inclusivement, hrsg. vom Ministère de l'Intérieur, Paris 1823.

Clairaut, Alexis Claude, Theorie de la figure de la terre. Tirée des principes de l'hydrostratique, Paris 1743.

Clarke, Alexander Ross, Comparisons of the Standards of Length of England, France, Belgium, Prussia, Russia, India, Australia, made at the Ordnance Survey Office, Southampton, London 1866.

Clémenceau, E., Le service des poids et mesures en France à travers les siècles, Saint-Marcellin 1909.

Clément, Pierre (Hrsg.), Lettres, instructions et mémoires de Colbert. Publiés d'après les ordres de l'Empereur, 8 Bde., Paris 1861–1873.

Clerke, Agnes Mary, Baily, Francis (1774–1844), in: Leslie Stephen (Hrsg.), Dictionary of National Biography (Annesley-Baird, Vol. II), London 1885, S. 427–432.

Cockburn, Alexander James Edmund, The Corporations of England and Wales; Containing a Succinct Account of the Constitution, Privileges, Powers, Revenues, and Expenditure of Each Corporation; Together with Details Shewing the Practical Working of the Corporate System in Each Borough or City, and Any Defects or Abuses Which May Have Been Found to Exist, 2 Bde., London 1835.

Codex medicamentarius sive pharmacopoea gallica jussu regis optimi et ex mandato summi rerum internarum regni administri, hrsg. von der Facultas medica parisiensis, Paris 1818.

Codex, pharmacopée française. Rédigée par ordre du gouvernement par une commission composée de MM. les professeurs de la faculté de médecine, et de l'école spéciale de pharmacie de Paris, Paris 1837.

Colenne, M., De la numération decimale, et du système métrique, Épinal 1839.

Ders., Le système octaval ou la numération et les poids et mesures réformés, Paris 1845.

Colenso, John William, A Text-Book of Elementary Arithmetic, Designed for the Use of National, Adult, and Commercial Schools, London 1853.

Colonial Conference, 1902. Papers Relating to a Conference Between the Secretary of State for the Colonies and the Prime Ministers of Self-Governing Colonies; June to August, 1902; P.P. 1902 [Cd. 1299], LXVI.451.

Colonies General. Papers Relating to the Proposed Adoption of a Metric System of Weights & Measures for Use Within the Empire; P.P. 1904 [Cd. 1940], LIX.617.

Comité permanent. Procès-verbaux des séances de 1872 et 1873, hrsg. von der Commission internationale du mètre, Paris 1873.

Compte rendu des travaux du Congrès général de statistique, réuni à Bruxelles les 19, 20, 21 et 22 septembre 1853, Bruxelles 1853.

Comptes rendus des séances de la troisième Conférence générale des poids et mesures, réunie à Paris en 1901, in: Travaux et mémoires du Bureau international des poids et mesures 12 (1902), S. 1–100 [separate Paginierung].

Conférence internationale pour la détermination des unités électriques. 16 Octobre – 26 Octobre 1882. Procès-verbaux, hrsg. vom Ministère des Affaires Étrangères, Paris 1882.

Conférence internationale pour la détermination des unités électriques. Deuxième session, hrsg. von dems., Paris 1884.

Congrès international des électriciens Paris 1881. Comptes rendus des travaux, hrsg. vom Ministère des Postes et des Télégraphes, Paris 1882.

Congrès international pour l'unification du numérotage des fils de toute nature, tenu à Paris, les 25 et 26 juin 1878 (Exposition universelle de 1878, à Paris. Congrès et conférences du Palais du Trocadéro. Comptes rendus sténographique No. 2), Paris 1879.

Conseil d'État, sections réunies des travaux publics, de l'agriculture et du commerce et del'intérieur und M. F. Le Play, Conseiller d'État, rapporteur, Question de la boulangerie du département de la Seine. Rapport aux sections réunies du commerce et de l'intérieur (Conseil d'État, 1857. Annexe au n° 686. Distribution du 23 janvier 1858), Paris o. D. [1858].

Dies., Question de la boulangerie du département de la Seine. Deuxième rapport aux sections réunies du commerce et de l'intérieur sur les commerces du blé, de la farine et du pain (Conseil d'État, 1859. n° 1143. Distribution du 22 août 1860), Paris 1860.

Copies of a Letter from the Comptroller General of the Exchequer to the Treasury, dated 3 June 1863 Transmitting a Report on the Exchequer Standards of Weight and Measure, Dated 27 April 1863, by Mr. Chisholm, Chief Clerk in the Office of the Comptroller General of the Exchequer, Together With a Copy of this Report; and, of a Memorandum by the Astronomer Royal, dated 24 April 1862, Containing Notes for the Committee on Weights and Measures, 1862; P.P. 1864 (115), LVIII.621.

Copy of a Letter from the Comptroller-General of the Exchequer to the Secretary of State for the Home Department, dated 9th February 1859, and of the Enclosed Copy of a Report from the Astronomer Royal, on the Subject of Weights and Measures; P.P. 1859 Session 1 (188), XXV.291.

Corn Averages (Memorandum Respecting). Copy of a Memorandum Addressed to the Board of Trade by the Comptroller of Corn Returns on the Diminution in the Quantities of Wheat Returned as Sold in the Different Markets of England and Wales; and on other Matters Connected With the Corn Returns; P.P. 1878–79 (247), LXV.127.

Cornu, Alfred, Détermination de l'étalon provisoire international. Rapport présenté au Comité international des poids et mesures au nom de la Commission mixte composée de MM. Broch, Foerster et Stas, Membres du Comité international du mètre, et MM. Dumas, Tresca et Cornu, Membres de la Section française de la Commission internationale du mètre, in: Travaux et mémoires du Bureau international des poids et mesures 10 (1894), S. 3–35 und S. III–XLVI.

C. T., James Yates, Proceedings of the Royal Society of London 20 (1871/72), S. i–iii.

Daléchamps, Louis-Anatole, Mémoire sur le système métrique dans la pratique et dans l'enseignement depuis la mise à exécution de la loi du 4 juillet 1837, Rueil 1883.

Dareste de La Chavanne, Antoine Elisabeth Cléophas, Histoire de l'administration en France et des progrès du pouvoir royal depuis le règne de Philippe Auguste jusqu'à la mort de Louis XIV, 2 Bde., Paris 1848.

Delamare, Nicolas, Traité de la police, 4 Bde., Paris ²1719–1738.

Delambre, Jean-Baptiste, Base du système métrique décimal, ou mesure de l'arc du méridien compris entre les parallèles de Dunkerque et Barcelone, exécutée en 1792 et années suivantes, par MM. Méchain et Delambre, 3 Bde., Paris 1806–1810.

De la substitution du poids à la mesure pour la vente des grains sur les marchés publics, hrsg. von der Chambre de Commerce d'Abbeville, Abbeville 1850.

Delisle, Carl, Th. Peters und H. Ludewig, Die metrischen Gewindesysteme für scharfgängige Schrauben und die Möglichkeit der allgemeinen Einführung eines derselben. Im Auftrage des Vereines Deutscher Ingenieure zusammengestellt und erläutert, Berlin 1876.

Denkschrift betreffend die Thätigkeit der Kaiserlichen Normal-Aichungs-Kommission von ihrer Einsetzung im Jahre 1869 bis zum Frühjahr 1882, o. O. [Berlin] 1882.

Denkschrift betreffend die Thätigkeit der Kaiserlichen Normal-Aichungs-Kommission vom Frühjahr 1882 bis zum Frühjahr 1900, o. O. [Berlin] 1900.

Der Deutsche Handelstag 1861–1911, 2 Bde., hrsg. vom Deutschen Handelstag, Berlin 1911–1913.

Deutsches Normalprofilbuch für Walzeisen zu Bau- und Schiffbauzwecken, in: Zeitschrift des Vereines Deutscher Ingenieure 49 (1905), S. 1487–1491.

Deville, Henri Sainte-Claire und Henri Debray, De la platine et des métaux qui l'accompagnent, Paris 1861.

Dickinson, John, Two Discourses on the Injustice and Wickedness of False Weights and Measures; Preached at the Parish Church of Sheffield On Sunday, December 15th, 1754, Sheffield 1755.

Diderot, Denis und Jean le Rond d'Alembert (Hrsg.), Encyclopédie ou Dictionnaire raisonné des sciences, des arts et des métiers, 28 Bde., Paris 1751–1772.

Die Baudenkmäler in Frankfurt am Main, 5 Bde., hrsg. vom Architekten- und Ingenieurverein und vom Verein für Geschichte und Alterthumskunde, Frankfurt a. M. 1896–1902.

Die Getreidewaagen auf den rheinpfälzischen Schrannen, in: Kunst- und Gewerbeblatt des Polytechnischen Vereins 45 (1859), Sp. 594–601.

Die Herstellung und die wiederkehrende Prüfung der Hauptnormale und Kontrollnormale nach den Festsetzungen der Kaiserlichen-Normal-Aichungs-Kommission, hrsg. von der Kaiserlichen Normal-Aichungskommission, Berlin 1886.

Die Korn-Schranne in München und der Bau der Maximilians-Getreidehalle, München 1853.

Diener, J., Schwilgué, Johann Baptist, in: Historische Kommission bei der Bayerischen Akademie der Wissenschaften (Hrsg.), Allgemeine Deutsche Biographie (Hermann Schulze – G. Semper, Bd. 33), Leipzig 1891, S. 447–448.

Die polizeilichen Revisionsmaßregeln im deutschen Maaß- und Gewichtswesen, in: Mittheilungen der Kaiserlichen Normal-Aichungs-Kommission 1 (1886/94), Nr. 13 (10.3.1891), S. 171–178.

Die Schranne. Wochenblatt für praktische Landwirthschaft. Organ des Landesprodukten- und Waarenmarktes in München, 1 (1862)-11 (1872).

Documents diplomatiques de la conférence du mètre, hrsg. vom Ministère des Affaires Étrangères, Paris 1875.

Doursther, Horace, Dictionnaire universel des poids et mesures anciens et modernes, contenant des tables des monnaies de tous les pays, Bruxelles 1840.

Dove, Heinrich Wilhelm, Über Maass und Messen oder Darstellung der bei Zeit-, Raum- und Gewichts-Bestimmungen üblichen Maasse, Messinstrumente und Messmethoden nebst Reductionstafeln, Berlin ²1835.

Dowson, J. Emerson, Decimal Coinage, Weights and Measures, in: Journal of the Society of Arts 39 (1890/91), S. 201–223.

Droysen, Johann Gustav (Hrsg.), Die Verhandlungen des Verfassungs-Ausschusses der deutschen Nationalversammlung, Leipzig 1849.

Dubois, A.-Léonce, Code des poids et mesures. Annoté des circulaires ministérielles, des arrêts de la Cour de cassation, de renvois et d'observations, précédé d'un tableau synoptique de la législation, suivi d'un complément concernant les dispositions répressives, Draguignan 1896.

Ducuing, François (Hrsg.), L'exposition universelle de 1867 illustrée. Publication internationale autorisée par la Commission Impériale, 2 Bde., Paris 1867.

Duhamel du Monceau, Henri Louis, Art de la draperie, principalement pour ce qui regard les draps fin, in: J.-E. Bertrand (Hrsg.), Descriptions des arts et métiers, faites ou approuvées par Messieurs de l'Académie royale des sciences de Paris (…). Tome VII. Contenant l'art de la draperie (…), Neuchâtel 1777, S. 3–182.

Dumas, Jean-Baptiste, Rapport sur les prototypes du système métrique: le mètre et le kilogramme des Archives, in: Comptes rendus hebdomadaire des séances de l'Académie des sciences 69 (1869), S. 514–518.

Duvergier, Jean Baptiste (Hrsg.), Collection complète des lois, décrets, ordonnance, réglemens, et avis du conseil d'état (…). Tome vingt-deuxième, Paris 1828.

East India (Metric System), Return of Certain Correspondence on the Subject of the Application to India of the Metric System of Weights and Measures (in Continuation of Parliamentary Paper, No. 16, of Session 1867-8); P.P. 1870 (225), LIII.875.

East India (Weights and Measures) Act, 1871. Copy of Act, No. 31, of 1871, Passed by the Governor General of India in Council, on the 30th Day of October 1871, to Regulate the Weights and Measures of Capacity of British India; P.P. 1872 (94), XLIV.613.

East India (Weights and Measures). Copy of the Report from the Committee of Weights and Measures to the Secretary to the Government of Bengal, dated 25 July 1866; with other Papers on the same Subject; P.P. 1867–1868 (16), LI.557.

Eisenschmid, Johann Caspar, Diatribe de figura telluris elliptico-sphaeroide. Ubi una exhibetur ejus magnitude per singulas dimensiones, consensu omnium Observationum comprobata, Argentoratum [Straßburg] 1691.

Ders., De ponderibus et mensuris veterum Romanorum, Graecorum, Hebraeorum; nec non de valore pecuniae veteris, disquisitio nova: testimoniis vetustis, rationibus, experimentis, calculis, recens factis, suffulta, Argentoratum [Straßburg] 1708.

Eleventh Annual Report of the Warden of the Standards on the Proceedings and Business of the Standard Weights and Measures Department of the Board of Trade; P.P. 1877 [C. 1846], XXXIII.1009.

Eliot, Francis Perceval, Letters on the Political and Financial Situation of the Country in the Year 1814; Addressed to the Earl of Liverpool, in: The Pamphleteer 4 (1814), No. VII, S. 1–21.

Emion, Victor, La taxe du pain, Paris 1867.

Encke, Johann Franz, Gedächtnisrede auf Johann Georg Tralles, in: Königliche Akademie der Wissenschaften (Hrsg.), Abhandlungen der Königlichen Akademie der Wissenschaften zu Berlin. Aus dem Jahre 1826. Nebst der Geschichte der Akademie in diesem Zeitraum, Berlin 1829, S. XI–XVII.

Engel, Ernst, Die Getreidepreise, die Ernteerträge und der Getreidehandel im preussischen Staate, in: Zeitschrift des Königlich Preussischen Statistischen Bureaus 1 (1861), S. 249–289.

Ders. (Hrsg.), Die Beschlüsse des Internationalen Statistischen Congresses in seiner V. Sitzungsperiode, abgehalten zu Berlin vom 6. bis mit 12. September 1863, Berlin 1864.

Ders. (Hrsg.), Rechenschafts-Bericht über die fünfte Sitzungsperiode des internationalen statistischen Congresses in Berlin, 2 Bde., Berlin 1865.

Enquête agricole. Première série. Documents généraux. Décrets, rapports, etc. Séances de la commission supérieure, 3 Bde., hrsg. vom Ministère de l'Agriculture, du Commerce et des Travaux Publics, Paris 1869–1870.

Entwurf des deutschen Reichsgrundgesetzes. Von den XVII Männern des öffentlichen Vertrauens bearbeitet und am 26. April der Bundesversammlung übergeben, Leipzig 1848.

Examen critique du décret du 26 février 1873 sur la réorganisation du service des poids et mesures par un ancien vérificateur révoqué par le Gouvernement du 4 Septembre, Troyes 1874.

Experiments Relating to the Pendulum Vibrating Seconds of Time in the Latitude of London; P.P. 1818 (361), XV.31.

Exposé de la situation des travaux au 1er octrobre 1874, hrsg. von der Commission internationale du mètre, Paris 1874.

Eytelwein, Johann Albert, Vergleichungen der gegenwärtig und vormals in den königlich preußischen Staaten eingeführten Maaße und Gewichte, mit Rücksicht auf die vorzüglichsten Maaße und Gewichte in Europa, Berlin ²1810 (nebst Nachtrag von 1817).

Ders., Über die Prüfung der Normal-Maaße und Gewichte für den königlich-preußischen Staat und ihre Vergleichung mit den französischen Maaßen und Gewichten, Abhandlungen der mathematischen Klasse der Königlichen Akademie der Wissenschaften Berlin 1825, Berlin 1828, S. 1–21.

Fabry, Charles und Alfred Perot, Sur les franges des lames minces argentées et leur application à la mesure de petites épaisseurs d'air, Annales de chimie et de physique 7ième série 12 (1897), S. 459–501.

Ders. und Alfred Perot, Théorie et applications d'une nouvelle méthode de spectroscopie interférentielle, Annales de chimie et de physique 7ième série 16 (1899), S. 115–144.

Faye, Hervé, Observations sur la lettre de M. de Pontécoulant relative aux prototypes du système métrique, in: Comptes rendus hebdomadaires des séances de l'Académie des sciences 69 (1869), S. 737–743.

Féaux, Berhard, Das alte und das neue Maass und Gewicht. Ein Hülfsbuch für Jedermann, Arnsberg 1872.

Ferber, C., Le Guide de l'instituteur primaire pour l'enseignement du calcul, et plus particulièrement du système métrique, Paris und Strasbourg ³1834.

Fifth Annual Report of the Warden of the Standards on the Proceedings and Business of the Standard Weights and Measures Department of the Board of Trade; P.P. 1871 [C. 409], XXIV.1003.

Fifth Report of the Council Adopted by the General Meeting, Held on the 26th June, hrsg. von der International Association for Obtaining a Uniform Decimal System of Measures, Weights, and Coins. British Branch, 1861, London 1861.

Final Report of the Decimal Coinage Commissioners; P.P. 1859 Session 2 [2529], XI.1.

First Report of the Commissioners Appointed to Consider the Subject of Weights and Measures; P.P. 1819 (565), XI.307.

First Report of the Council to the General Meeting, Held Feb. 26, 1857, hrsg. von der International Association for Obtaining a Uniform Decimal System of Measures, Weights, and Coins. British Branch, London 1857.

First Report of the Warden of the Standards on the Proceedings and Business of the Standard Weights and Measures Department of the Board of Trade; P.P. 1867 [3883], XIX.421.

Fizeau, Hippolyte, Recherches sur les modifications que subit la vitesse de la lumière dans le verre et plusieurs autres corps solides sous l'influence de la chaleur, in: Annales de chimie et de physique 3ème série 66 (1862), S. 429–482.

Ders., Recherches sur la dilatation et la double réfraction du cristal de roche échauffé, in: Comptes rendus hebdomadaires des séances de l'Académie des sciences 58 (1864), S. 923–932.

Ders., Mémoire sur la dilatation des corps solides par la chaleur, in: Annales de chimie et de physique, 4ième série 8 (1866), S. 335–361.

Foerster, Wilhelm (Hrsg.), Verhandlungen der ersten allgemeinen Conferenz der Bevollmächtigten zur mittel-europäischen Gradmessung vom 15. bis 22. October 1864. Nach den Aufzeichnungen und Berichten der Schriftführer und Referenten: nämlich der Herren Professoren Bruhns, Herr, Nagel, Schönfeld, Wittstein, und nach eigenen Aufzeichnungen redigirt, Berlin 1865.

Ders., Ueber Normal-Masse und Gewichte, in: Verhandlungen des Vereins zur Beförderung des Gewerbefleisses 57 (1878), S. 118–121.

Ders., Remarques sur le prototype international du Mètre, in: Comptes rendus hebdomadaires des séances de l'Académie des sciences 113 (1891), S. 413–414.

Ders., Lebenserinnerungen und Lebenshoffnungen (1832 bis 1910), Berlin 1911.

Fourcroy, Antoine François, Rapport au nom du comité d'instruction publique, et adopté par celui des finances, sur l'état du travail de la commission des poids et mesures, et sur la fabrication des nouveaux étalons qui doivent être envoyés dans les départements et districts de la république; fait à la convention nationale, 1 Brumaire an II [22.12.1793], in: J. Guillaume (Hrsg.), Procès-verbaux du Comité d'instruction publique de la Convention nationale. Tome 2: 3 Juillet-30 Brumaire an II (20 Novembre 1793), Paris 1894, S. 638–646.

Fréret, Nicolas, Essai sur les mesures longues des Anciens, in: Histoire de l'Académie royale des inscriptions et belles-lettre 24 (1756), S. 432–547.

Fresenius, Carl Remigius, Anleitung zur quantitativen chemischen Analyse oder die Lehre von der Gewichtsbestimmung und Scheidung der in der Pharmacie, den Künsten, Gewerben und der Landwirthschaft häufiger vorkommenden Körper in einfachen und zusammengesetzten Verbindungen. Für Anfänger und Geübtere, Brauschweig 1845.

Furrer, Alfred (Hrsg.), Volkswirthschafts-Lexikon der Schweiz, 4 Bde., Bern 1885–1892.

Gauß, Carl Friedrich, Bestimmung des Breitenunterschiedes zwischen den Sternwarten von Göttingen und Altona, in: Königliche Gesellschaft der Wissenschaften zu Göttingen (Hrsg.), Carl Friedrich Gauß Werke. Neunter Band, Göttingen 1903, S. 1–58 [Erstveröffentlichung 1828].

Ders., Die Intensität der erdmagnetischen Kraft, zurückgeführt auf absolutes Maass, in: Annalen der Physik und Chemie 104 (1833) (=Poggendorfs Annalen, Bd. 28), S. 241–273 u. S. 591–615.

Gesetzessammlung für die Königlich-Preußischen Staaten, Berlin 1810–1906.

Giorgi, Giovanni, Unità razionali di elettromagnetismo, in: Atti della Associazione Elettrotecnica Italiana 5 (1901), S. 402–418.

Ders., Proposals Concerning Electrical and Physical Units, in: Transactions of the International Electrical Congress St. Louis 1904, Bd. 1, St. Louis 1905, S. 136–141.

Glagau, Otto, Der Börsen- und Gründungsschwindel in Deutschland, Leipzig 1877.

Goodeve, T. M. und C. P. B. Shelley, The Whitworth Measuring Machine. Including Descriptions of the Surface Plates, Gauges, and other Measuring Instruments, Made by Sir Joseph Whitworth, London 1877.

Gosselin, Pascal-François-Joseph, Recherches sur la géographie systématique et positive des anciens; pour servir de base à l'histoire de la géographie ancienne. Tome Quatrieme, Paris 1813.

Ders., De l'évaluation et de l'emploi des mesures itinéraires grecques et romaines, Paris 1813.

Ders., Recherches sur le principe, les bases et l'évaluation des différens systèmes métriques linéaires de l'antiquité, in: Histoire et mémoires de l'Institut royal de France. Classe d'histoire et de littérature ancienne 6 (1822), S. 44–165.

Gréard, Octave (Hrsg.), La législation de l'instruction primaire en France depuis 1789 jusqu'à nos jours. Recueil des lois, décrets, ordonnances, arrêtés, règlements, décisions, avis, porjets de lois, suivi d'une table analytique et précédé d'une introduction historique, 3 Bde., Paris 1874.

Gross, Ferdinand, Einführung einer internationalen einheitlichen Garn-Nummerierung auf Grundlage des metrisch-dezimalen Systems. Verlesen auf dem Zweiten Internationalen Kongress der Baumwollspinner und Baumwoll-Industriellen zu Manchester, vom 5. bis 9. Juni 1905, Manchester 1905.

Groß, Ludwig Freiherr v., Allgemeine progressive Grund- und Einkommensteuer, gleiches Maaß und Gewicht für Deutschland, Jena 1848.

Großherzoglich Badisches Regierungsblatt, 7 (1809)-14 (1816); 43 (1845)-66 (1868).

Guérard, Adolphe, Emploi de la romaine pour le pesage automatique des grains (Extrait du „Bulletin de la Société scientifique industrielle de Marseille". 4e trimestre 1888), Marseille 1889.

Guerlin de Guer, E., Le Service des Poids et Mesures, in: Revue général d'administration 1885, Bd. 1, S. 405–421.

Guilhiermoz, Paul, De l'équivalence des anciennes mesures. A propos d'une publication récente, in: Bibliothèque de l'école des chartes 74 (1913), S. 267–328.

Guillaume, Charles-Édouard, Les récents progrès du système métrique. Rapport présenté à la quatrième Conférence générale des poids et mesures, réunie à Paris, en Octobre 1907, in: Travaux et mémoires du Bureau international des poids et mesures 15 (1913), S. 1–92 [separate Paginierung].

Ders., Les récents progrès du système métrique. Rapport présenté à la cinquième Conférence générale des poids et mesures, réunie à Paris, en Octobre 1913, Paris 1913.

Gutachten über Einführung gleichen Maßes und Gewichtes in den deutschen Bundesstaaten. Ausgearbeitet von der durch die hohe deutsche Bundesversammlung hierzu berufenen Commission, Beilage zu § 183 des Protokolls der 22. Sitzung der Deutschen Bundesversammlung vom 27. Juni 1861, in: Protokolle der Deutschen Bundesversammlung 45 (1861), S. 479–570.

Hachette, M., Mémoire sur les divers modes de numérotage employés dans les filatures et dans les tréfileries, in: Bulletin de la société d'encouragement pour l'industrie nationale 23 (1824), S. 349–361.

Haensch, Hermann, Leopold Loewenherz und A. Westphal, Verhandlungen des ersten deutschen Mechanikertages zu Heidelberg in der Zeit vom 15. bis 17. September 1889, in: Zeitschrift für Instrumentenkunde. Organ für Mittheilungen aus dem gesammten Gebiete der wissenschaftlichen Technik 9 (1889), S. 385–437.

Hagen, Gotthilf, Grundzüge der Wahrscheinlichkeits-Rechnung, Berlin 1837.

Ders., Deutsches Maass und Gewicht, Frankfurt a. M. 1849.

Ders., Zur Frage über das Deutsche Maass, Berlin 1861.

Halsey, Frederick A. und Samuel S. Dale, The Metric Fallacy and the Metric Failure in the Textile Industry, New York 1904.

Hanow, Michael Christoph, Vergleichung der Dantziger Maasse und Gewichte mit denen, die zu Paris und London von den Gesellschaften der Wissenschaften gebrauchet werden, in: Versuche und Abhandlungen der naturforschenden Gesellschaft in Dantzig. Erster Theil, Danzig 1747, S. 90–104.

[Hansard's] Parliamentary Debates. Official Report, 1 (1803/04)-199 (1908).

Hartmann, Carl, Die Waagen und ihre Construction. Beschreibung der Krämer-, Probir-, … und Centesimal-Waagen, in ihren wichtigsten Arten … nebst einem Anhange: Die Gewichtssysteme verschiedener Länder … enthaltend … (Neuer Schauplatz der Künste und Handwerke, Bd. 231), Weimar 1856.

Hauschild, Johann Friedrich, Zur Geschichte des deutschen Maß- und Münzwesens in den letzten sechzig Jahren, Frankfurt a. M. 1861.

Heinzerling, Friedrich und Otto Intze (Hrsg.), Deutsches Normalprofil-Buch für Walzeisen, Aachen und La Ruelle 1881.

Henschel, Carl Anton, Einheit im Münz-, Maß- und Gewichtswesen, in: Beilage zur Deutschen Zeitung Nr. 111 (19. 10. 1847), S. 1–4.

Herschel, John, An Essay, entitled The Yard, the Pendulum, & the Metre, Considered in Reference to the Choice of a Standard of Length, London 1863.

Ders., Two Letters to the Editor of the Athenaeum, on a British Modular Standard of Length. Recommended for Consideration to Members of Parliament, London 1863.

Hoffmann, Johann Gottfried, Über Maaße und Gewichte, veranlasst durch die Schrift des Herrn Adelfeld über die Maasse und Gewichte der deutschen Zollvereinsstaaten, in: ders., Nachlass kleiner Schriften, Berlin 1847, S. 594–610.

Hubaine, Auguste-Joseph, Traité sur la vente des grains à la mesure, au poids de l'hectolitre, ou au quintal metrique, et les moyens pratiques concernant un mode nouveau de vente (…), Paris 1854.

Hübbe, Karl Johann Heinrich, Ansichten der Freien Hansestadt Hamburg und ihrer Umgebungen, 2 Bde., Frankfurt a. M. 1824–1828.

Hultsch, Friedrich, Griechische und römische Metrologie, Berlin 1862.

Huygens, Christian, Die Pendeluhr. Horologium Oscillatorum. Herausgegeben von A. Heckscher und A. v. Oettingen, Leipzig 1913.

Ideler, Christian Ludwig, Über die Längen- und Flächenmasse der Alten, in: Königliche Akademie der Wissenschaften (Hrsg.), Abhandlungen der Königlichen Akademie der Wissenschaften in Berlin. Aus den Jahren 1812–1813. Nebst der Geschichte der Akademie in diesem Zeitraum, Berlin 1816, Historisch-philologische Klasse, S. 121–200.

Ders., Über die Längen- und Flächenmasse der Alten. Dritter Theil. Von den Wegemaßen der alten Geographie. Erster Abschnitt. Über die von den Alten erwähnten Bestimmungen des Erdumfangs und die von den Neuern daraus abgeleiteten Stadien. Gelesen in der Akademie der Wissenschaften am 27. Oktober 1825, in: Königliche Akademie der Wissenschaften (Hrsg.), Abhandlungen der Königlichen Akademie der Wissenschaften zu Berlin. Aus dem Jahre 1825. Nebst der Geschichte der Akademie in diesem Zeitraum, Berlin 1828, Historisch-philologische Klasse, S. 169–189.

Ders., Über die Längen- und Flächenmasse der Alten. Dritter Theil. Von den Wegemaßen der alten Geographie. Zweiter Abschnitt. Über die von d'Anville in die alte Geographie eingeführten Stadien. Gelesen in der Akademie der Wissenschaften am 13. Julius 1826, in: Königliche

Akademie der Wissenschaften (Hrsg.), Abhandlungen der Königlichen Akademie der Wissenschaften zu Berlin. Aus dem Jahre 1826. Nebst der Geschichte der Akademie in diesem Zeitraum, Berlin 1829, Historisch-philologische Klasse, S. 1–18.

Ders., Über die Längen- und Flächenmasse der Alten. Dritter Theil. Von den Wegemaßen der alten Geographie. Dritter Abschnitt. Fortsetzung des zweiten. Gelesen in der Akademie der Wissenschaften am 31. Mai 1827, in: Königliche Akademie der Wissenschaften (Hrsg.), Abhandlungen der Königlichen Akademie der Wissenschaften zu Berlin. Aus dem Jahre 1827. Nebst der Geschichte der Akademie in diesem Zeitraum, Berlin 1830, Historisch-philologische Klasse, S. 111–128.

International Conference on Electrical Units and Standards, 1908. Minutes and Verbatim Report of the Meetings of the Delegates: Together with the Final Report and its Translation into French and German, London 1909.

Internationaler Kongress für die Vereinheitlichung der Gewinde-Systeme, in: Schweizerische Bauzeitung 32 (1898), Heft 16, S. 114–115 u. S. 121–122.

International Metric Commission at Paris. A Report to the Board of Trade Upon the Formation and Proceedings of the International Metric Commission at Paris, 1869–1872; P.P. 1873 [C. 714], XXXVIII.557.

Jenkin, Fleeming (Hrsg.), Reports of the Committee on Electrical Standards Appointed by the British Association for the Advancement of Science (…) with a Report to the Royal Society on Units of Electrical Resistance, by Prof. F. Jenkin, and the Cantor Lectures Delivered by Prof. Jenkin before the Royal Society of Arts, London und New York 1873.

Jervis, Thomas Best, Records of Ancient Science, Exemplified and Authenticated in the Primitive Universal Standard of Weights and Measures. Communicated in an Essay Transmitted to Capt. Henry Kater, Vice-President of the Royal Society, Calcutta 1835.

Ders., The Expediency and Facility of Establishing the Metrological and Monetary Systems Throughout India on a Scientific and Permanent Basis, Grounded on an Analytical Review of the Weights, Measures and Coins of India […], Bombay 1836.

Jessop, William H. R., A Complete Decimal System of Money and Measures, Cambridge und London 1855.

Jollos, Gregor, Die Brottaxe in Paris, in: Jahrbuch für Gesetzgebung, Verwaltung und Volkswirtschaft im Deutschen Reich N.F. 9 (1885), S. 1161–1189.

Jolowicz, Joseph, Getreidepreis und Brodpreis. Vortrag gehalten im Volkswirtschaftlichen Verein zu Posen, Posen 1889.

Jomard, Edme François, Mémoire sur le système métrique des anciens Égyptiens, contenant des recherches sur leurs connoissances géométriques et sur les mesures des autres peuples de l'antiquité, Paris 1817.

Journal des poids publics de France. Echo des vérificateurs, pour l'extension en France et à l'étranger du système décimal des poids et mesures, 1 (1867), Nr. 1–3.

Journals of the House of Commons, Bd. 1.1547 ff. (laufend).

Journals of the House of Lords, Bd. 1.1509 ff. (laufend).

Käßner, B., Vergleiche gegenwärtiger Gewindesysteme vor Einführung eines einheitlichen deutschen Gewindesystems, in: Deutsche Industriezeitung. Organ der Handelskammern zu Chemnitz, Dresden, Plauen und Zittau 13 (1872), S. 373–376, S. 384–386 u. S. 392–395.

Kamptz, Karl Christoph Albert Heinrich von (Hrsg.), Annalen der Preussischen innern Staats-Verwaltung, 23 Bde., Berlin 1817–1839.

Karmarsch, Karl, Ueber die neue deutsche und österreichische Vereins-Drahtlehre, in: Dingler's polytechnisches Journal 212 (1874), S. 370–379.

Ders., Baumwollspinnerei, in: Johann Joseph von Prechtl (Hrsg.), Technologische Enzyklopädie oder alphabetisches Handbuch der Technologie, der technischen Chemie und des Maschinenwesens. Zum Gebrauche für Kameralisten, Ökonomen, Künstler, Fabrikanten und Gewerbtreibende jeder Art (Abdampfen-Baumwollzeuge, Bd. 1) Stuttgart 1830, S. 487–601.

Ders., Ueber die Unsicherheit im Messen der Steinkohlen, in: Dingler's Polytechnisches Journal 227 (1878), S. 1–13.

Karsten, Gustav, Vorschläge zur allgemeinen deutschen Maass-, Gewichts- und Münzregulirung, Berlin 1848.

Kater, Henry, An Account of Experiments for Determining the Length of the Pendulum Vibrating Seconds in the Latitude of London, in: Philosophical Transactions of the Royal Society of London 108 (1818), S. 33–102.

Ders., On the Length of the French Metre Estimated in Parts of the English Standard, in: ebd., S. 103–109.

Ders., An Account of Experiments for Determining the Variation in Length of the Pendulum Vibrating Seconds, at the Principal Stations of the Trigonometrical Survey of Great Britain, in: Philosophical Transactions of the Royal Society of London 109 (1819), S. 337–508.

Ders., An Account of the Comparison of Various British Standards of Linear Measure, Philosophical Transactions of the Royal Society of London 111 (1821), S. 75–94.

Ders., Report of the Progress Made in the Preparation of the Models of the New Weights and Measures, in: Mechanics' Magazine 3 (1825), S. 386–387.

Ders., An Account of the Construction and Adjustment of the New Standards of Weights and Measures of the United Kingdom of Great Britain and Ireland, in: Philosophical Transactions of the Royal Society of London 116 (1826), S. 1–52.

Keith, George Skene, Tracts on Weights, Measures, and Coins, London und Edinburgh 1791.

Ders., Different Methods of Establishing an Uniformity of Weights and Measures Stated and Compared, London 1817.

Kelly, Patrick, Metrology; or, An Exposition of Weights and Measures, Chiefly Those of Great Britain and France: Comprising Tables of Comparison, and Views of Various Standards; With an Account of Laws and Local Customs, Parliamentary Reports, & Other Important Documents, London 1816.

Ders., The Universal Cambist and Commercial Instructor; Being a Full and Accurate Treatise on the Exchanges, Monies, Weights and Measures of All Trading Nations and Their Colonies; with an Account of Their Banks, Public Funds, and Paper Currencies, 2 Bde., London ²1821.

Ders., The Universal Cambist and Commercial Instructor; Being a Full and Accurate Treatise on the Exchanges, Monies, Weights and Measures of All Trading Nations and Their Colonies, 2 Bde., London ²[sic]1835.

Kintzlé, F. und E. Schrödter, Kommmissionsbericht, erstattet von den Herren Kintzlé und Schröter, in: Zeitschrift des Vereines Deutscher Ingenieure 49 (1905), S. 1491–1497.

Krünitz, Johann Georg, Oeconomische Encyclopädie, oder allgemeines System der Land-, Haus- und Staats-Wirthschaft, in alphabetischer Ordnung, 242 Bde., Berlin 1773–1858.

Küntzel, Georg, Über die Verwaltung des Maß- und Gewichtswesens in Deutschland während des Mittelalters, Leipzig 1894.

Kutzer, Heinrich, Garn-Nummerirungen, Haspelungen und Vergleichende oder Umrechnungstabellen (Verbrauchslängen), Wien u. a. 1901.

La Condamine, Charles Marie de, Nouveau projet d'une mesure invariable propre à servir de mesure commune à toutes des Nations, in: Histoire de l'Académie royale des sciences avec les mémoires de mathématique et de physique tirés des registres de cette Académie 1751 [verfasst 1747], S. 489–514.

Ders., Remarques sur la toise-étalon du Châtelet, et sur les diverses Toises employées aux mesures des Dégres terrestres & à celles du Pendule à sécondes, in: Histoire de l'Académie royale des sciences avec les mémoires de mathématiques et de physique pour la même année tirés des registres de cette académie 1772, Bd. 2 [verfasst 1758], S. 482–501.

Lambert, Johann Heinrich, Beyträge zum Gebrauch der Mathematik und deren Anwendung, Berlin 1765.

Lamprecht, Karl, Deutsches Wirtschaftsleben im Mittelalter. Untersuchungen über die Entwicklung der materiellen Kultur des platten Landes auf Grund der Quellen des zunächst des Mosellandes, 3 Bde., Leipzig 1885–1886.

La Nauze, Louis Jouard de, Dissertation sur le poids de l'ancienne livre Romaine, déterminée par la comparaison de quelques autorités de Pline avec le poids des plus anciennes médailles Romaines en or, Paris 1764.

Langhans, Christophorus und Henricus Christophorus Wilhelm, De mensuris regni Borussiæ hodiernis, Königsberg 1717.

Lanzac, August, Entwurf zu einem reinen Decimal-Systeme für Teutschland, besonders aber für die Zollvereins-Staaten, Leipzig 1845.

Ders., Entwurf zu einem reinen Decimal-Systeme für Teutschland, Leipzig 1847.

Laplace, Pierre-Simon, Exposition du système du monde, Paris 1796.

Ders., Traité de mécanique céleste, 5 Bde., Paris 1799–1825.

Lasius, Otto, Deutsche Vorschläge für ein einheitliches Maßsystem, Oldenburg 1861.

Lavoisier, Antoine Laurent de, Traité élémentaire de chimie, présenté dans un ordre nouveau et d'après les découvertes modernes, 2 Bde., Paris ²1793.

Leech, Thomas, Dozens versus Tens or the Ounce, the Inch, and the Penny considered as Standards of Weights, Measure, and Money and with Reference to a Duodecimal Notation, London 1866.

Legendre, Adrien-Marie, Nouvelles méthodes pour la détermination des orbites des comètes, Paris 1805.

Legoyt, A. M. (Hrsg.), Compte rendu de la deuxième session du Congrès international de statistique, réuni à Paris les 10, 12, 13, 14 et 15 septembre 1855, Paris 1856.

Letronne, Jean Antoine, Les anciens ont-ils exécuté une mesure de la terre postérieurement a l'établissement de l'école d'Alexandrie?, in: Edmond Fagnan (Hrsg.), Oeuvres choisies de A.-J. Letronne. Deuxième série. Géographie et cosmographie. Tome premier, Paris 1883, S. 247–296 [Erstveröffentlichung 1822].

Levi, Leone, The Theory and Practice of the Metric System of Weights and Measures, London 1871.

Ders., The History of British Commerce and of the Economic Progress of the British Nation 1763–1870, London 1872.

Levrault, François-Laurent-Xavier, Le Guide de l'instituteur primaire pour l'enseignement du calcul et plus particulièrement du système métrique, Strasbourg 1822.

Levy, Maurice u. a., Discours prononcés aux obsèques de M. Tresca, in: Mémoires et compte rendu des travaux de la Société des ingénieurs civils 44 (1885), S. 130–153.

Liénard, J.-F., Moyens de faciliter dans la pratique du système métrique, l'emploi du poids et de l'aunage dans le commerce de détail, Charleroy 1835.

Lips, Alexander, Die deutsche Bundes-Münze oder über Einheit der Münze des Maases und Gewichts in Deutschland und über ein allgemeines Weltgeld und Weltmaas überhaupt ein Versuch die Wünsche des deutschen Volks in Hinsicht auf diese Gegenstände laut auszusprechen, Marburg 1822.

Ders., Der deutsche Zoll-Verein und das deutsche Maas- Gewicht- und Münz-Chaos in ihrer Abstoßung und Versöhnung betrachtet, Nürnberg 1837.

Littrow, Johann Joseph von, Vergleichung der vorzüglichsten Masse, Gewichte und Münzen mit den im Oesterreichischen Kaiserstaate Gebräuchlichen, Wien 1832.

Lommel, Eugen, Jacobi, Moritz Hermann von, in: Historische Kommission bei der Bayerischen Akademie der Wissenschaften (Hrsg.), Allgemeine Deutsche Biographie (Holstein – Jesup, Bd. 13), Leipzig 1881, S. 597–599.

Lucciardi, J.-S, Traité sur la balance, ou théorie des instruments de pesage, à l'usage des vérificateurs-adjoints des poids et mesures et des aspirants à la vérification, Annecy 1889.

Maasordnung für das Großherzogthum Baden. Mit den dazu gehörigen Instruktionen, Karlsruhe 1829.

Mackenzie, Henry, Introduction, Containing an Account of the Principal Proceedings of the Society, During the Years from April 1807 to January 1815, Both Inclusive, in: Prize Essays and Transactions of the Highland Society of Scotland 4 (1816), S. i-xlviii.

Ders., Introduction, Containing an Account of the Principal Proceedings of the Society, For the Period from February 1816 to November 1820, in: Prize Essays and Transactions of the Highland Society of Scotland 5 (1820), S. ix-lxviii.

Maeder, Adam, Manuel de l'instituteur primaire, ou principes généraux de pédagogie, suivis d'un choix de livres à l'usage des maitres et des élèves, et d'un précis historique de l'éducation et de l'instruction primaire, Strasbourg ³1841.

Maestri, Pierre (Hrsg.), Compte-rendu des travaux de la VIe session du Congrès international de statistique réuni à Florence les 29, 30 Septembre, 1, 2, 3, 4 et 5 Octobre 1867, Florence 1868.

Markt-Ordnung für die Stadt Münster, Münster 1846.

Martens, Georg Friedrich von (Hrsg.), Nouveau Recueil de traités d'Alliance, de Paix, de trève, de neutralité de commerce, de limites, d'échange etc. et plusieurs autres actes servant à la connaissance des relations étrangères des puissances et états de l'Europe, Tome VII, Première Partie, 1820-1827 incl., Göttingen 1829.

Martin, Alfred J., Martin's Tables or „One Language in Commerce". Containing Tables and Information upon Imperial, Metric, Indian and Colonial Measures and Weights[,] Simple Suggestions for Metric Adoption[,] Imperial Decimal Coinage [,] Foreign, Indian, and Colonial Moneys[,] Standard Time, Decimalisation of the Circle, Compass, etc., London 1906.

Martin St.-Léon, F.-L., Résumé statistique des recettes et des dépenses de la Ville de Paris pendant une période de quarante-quatre ans. De 1797 à 1840 inclusivement, Paris ²1843.

Maskelyne, Nevil, Introduction to the Following Observations, Made by Messieurs Charles Mason and Jeremiah Dixon, for Determining the Length of a Degree of Latitude, in the Provinces of Maryland and Pennsylvania, in North America, in: Philosophical Transactions of the Royal Society of London 58 (1768), S. 270-273.

Ders., Postscript, by the Astronomer Royal, in: ebd., S. 325-328.

Ders., An Account of Observations Made on the Mountain Schehallien for Finding Its Attraction, in: Philosophical Transactions of the Royal Society of London 65 (1775), S. 500-542.

Mason, Charles und Jeremiah Dixon, Observations for Determining the Length of a Degree of Latitude in the Provinces of Maryland and Pennsylvania, in North America, by Messieurs Charles Mason and Jeremiah Dixon, in: Philosophical Transactions of the Royal Society of London 58 (1768), S. 274-325.

Mathieu, in: La Revue scientifique de la France et de l'étranger. Revue des cours scientifiques, 2ème série 8 (1875), S. 883-884.

Matter, Jacques, L'instituteur primaire, ou conseils et directions pour préparer les instituteurs primaires à leur carrière, Paris ²1843.

Matthiesen, Augustus, Ueber eine Legirung, welche als Widerstandsmaass gebraucht werden kann, in: Annalen der Physik und Chemie 188 (1861) (=Poggendorfs Annalen, Bd. 112), S. 353-364.

Mavidal, Jerôme und Émile Laurent (Hrsg.), Archives parlementaires de 1787 à 1860. Recueil complet des débats législatifs et politiques des chambres françaises. Première série (1789 à 1800), 82 Bde., Paris 1867-1913.

Maxwell, James Clerk, A Treatise on Electricity and Magnetism, 2 Bde., Oxford 1873.

Ders., Address to the Mathematical and Physical Section of the British Association [Liverpool, September 15, 1870], in: W. D. Niven (Hrsg.), The Scientific Papers of James Clerk Maxwell, Vol. 2, Cambridge 1890, S. 215-229.

Mayers, William Frederick (Hrsg.), Treaties Between the Empire of China and Foreign Powers Together with Regulations for the Conduct of Foreign Trade, Conventions, Agreements, Regulaions, etc., etc., etc., the Peace Protocol of 1901, and the Commercial Treaty of 1902, Shanghai ⁴1902.

Meiffren, Alexis, Étude historique sur le poids public de Toulon (1221-1872), Marseille 1872.

Mémoire pour MM. Brun père et fils, négociants à Arre, Le Vigan 1862.

Mercator, Sketch for a New Division and Sub-Division of Monies, Weights, and Coins, in: The Pamphleteer 4 (1814), No. VII, S. 171-176.

Merlin, Philippe-Antoine, Recueil alphabétique des questions de droit qui se présentent le plus frequemment dans les tribunaux, 8 Bde., Paris ⁴1827-1830.

Meyer, Friedrich Johann Lorenz, Fragmente aus Paris im IVten Jahr der französischen Republik, 2 Bde., Hamburg 1797.

Michelson, Albert A., Détermination expérimentale de la valeur du mètre en longueurs d'ondes lumineuses, in: Travaux et mémoires du Bureau international des poids et mesures 11 (1895), S. 1-237.

Ders., Light Waves and their Uses (The Decennial Publications. Second Series, Volume III), Chicago 1903.

Miller, John Riggs, Speeches in the House of Commons upon the Equalization of the Weights and Measures of Great Britain, London 1790.

Miller, William Hallowes, On the Construction of the New Imperial Standard Pound, and its Copies of Platinum; and on the Comparison of the Imperial Standard Pound with the Kilogramme des Archives, in: Philosophical Transactions of the Royal Society of London 146 (1856), Part III, S. 753-946.

Minutes of Evidence Taken Before the Select Committee on the Bill to Amend and Render More Effectual Two Acts of the Fifth and Sixth Years of the Reign of His Late Majesty King George the Fourth, Relating to Weights and Measures; P.P. 1834 (464), XVIII.243.

Montesquieu, Charles-Louis de Secondat, De l'esprit des loix, ou du rapport que les loix doivent avoir la constitution de chaque gouvernement, les mours, le climat, la religion, le commerce, &c. A quoi l'auteur a ajoûté des recherches nouvelles sur les loix Romaines touchant les successions, sur les loix Françoises, & sur les loix féodales, 3 Bde., London 1751.

Morin, Arthur, Notice historique sur le système métrique, in: Annales du Conservatoire des arts et métiers 9 (1871), S. 573–640.

Ders. u. a., Procès-verbal de comparaison entre les étalons prototype du mètre et du kilogramme conservé aux archives de l'empire et ceux du Conservatoire impérial des arts et métiers, in: Annales du Conservatoire impérial des arts et métiers 5 (1864), S. 5–20.

Ders. u. a., Rapport à son Excellence M. le Ministre de l'Agriculture, du Commerce et des Travaux Publics sur la révision des étalons des bureaux de vérification des poids et mesures de l'Empire français en 1867 et 1868, in: Annales du Conservatoire des arts et métiers 9 (1871), S. 5–64.

Mouton, Gabriel, Observationes diametrorum solis et lunae apparentium, meridianarumque aliquot altitudinum solis & paucarum fixarum. [...] Huic adjecta est brevis dissertatio de dierum naturalium inaequalitate, & de temporis aequatione. Una cum nova mensurarum geometricarum idea: novaaque methodo eas communicandi, & conservandi in posterum absque alteration, Lugdunum [Lyon] 1670.

Münchener Amtsblatt, 1862–1923.

Muncke, Georg Wilhelm, Erde, in: Johann Samuel Traugott Gehler (Hrsg.), Johann Samuel Traugott Gehler's Physikalisches Wörterbuch. Neu bearbeitet von Brandes, Gmelin, Horner, Muncke, Pfaff, Dritter Band, Leipzig 1827, S. 825–1141.

Ders., Maß, in: Johann Samuel Traugott Gehler (Hrsg.), Johann Samuel Traugott Gehler's Physikalisches Wörterbuch. Neu bearbeitet von Brandes, Gmelin, Horner, Muncke, Pfaff, Sechster Band, Zweite Abtheilung, Leipzig 1836, S. 1218–1391.

Mylius, Christian Otto (Hrsg.), Corpus Constitutionum Marchicarum, Oder Königl. Preußis. und Churfürstl. Brandenburgische in der Chur- und Marck Brandenburg, auch incorporirten Landen publicirte und ergangene Ordnungen, Edicta, Mandata, Rescripta etc. Von Zeiten Friedrichs I. Churfürstens zu Brandenburg, etc. biß ietzo unter der Regierung Friedrich Wilhelms, Königs in Preußen etc. ad annum 1736 inclusivè, 6 Teile, Berlin und Halle 1737–1755.

Nasmyth, James, James Nasmyth, Engineer. An Autobiography. Edited by Samuel Smiles, New York 1883.

National Physical Laboratory. Report of the Committee Appointed by the Treasury to Consider the Desirability of Establishing a National Physical Laboratory; P.P. 1898 [C.8976], XLV.337.

Naudé, Wilhelm, Die Getreidehandelspolitik und Kriegsmagazinverwaltung Brandenburg-Preußens bis 1740 (Acta Borussica. Denkmäler der Preußischen Staatsverwaltung im 18. Jahrhundert. Die einzelnen Gebiete der Verwaltung. Getreidehandelspolitik, Bd. 2), Berlin 1901.

Nebenius, Carl Friedrich, Der deutsche Zollverein, sein System und seine Zukunft, Karlsruhe 1835.

Necker, Jacques, Compte rendu au roi par M. Necker, directeur général des finances, au mois de janvier 1781, Paris 1781.

Neues Maaß und Gewicht! Der kleine Nothhelfer für Jedermann bei der Einführung des metrischen Maaßes und Gewichtes. Enthält: Kurze Anleitung zum Rechnen mit Decimalbrüchen; Tabellen zur Vergleichung des alten Maaßes und Gewichtes mit dem neuen und zur Umrechnung der Preise, Kreuznach 1871.

Neumann, Jakob, Populäre Vorträge über das neue norddeutsche Maaßsystem. Zum Besten hülfsbedürftiger Kranken, gehalten in Bonn im November 1869, Bonn 1870.

Noback, Christian und Friedrich Noback, Vollständiges Taschenbuch der Münz-, Maass- und Gewichts-Verhältnisse, der Staatspapiere, des Wechsel- und Bankenwesens und der Usanzen aller Länder und Handelsplätze, 2 Bde., Leipzig 1851.

Nördlinger, Wilhelm, Vorschläge zu einem allgemeinen Münz-, Maaß- und Gewichtssystem. Den Mitgliedern der Nationalversammlung zu Frankfurt übersandt, o. O. 1848.

Ders., Die Zukunft des metrischen Systems und die deutsche Münz-, Maaß- und Gewichtseinigung, Stuttgart 1860.

Notice descriptive et rétrospective sur les appareils de pesage d'ordre ancien et d'ordre moderne classés et présentés à l'exposition internationale de Lyon 1894 par les usines de La Mulatière maison B. Trayvou, Lyon 1894.

Novum Corpus Constitutionum Prussico-Brandenburgensium Praecipue Marchicarum, Oder Neue Sammlung Königl. Preußl. und Churfürstl. Brandenburgischer, sonderlich in der Chur- und Marck-Brandenburg, Wie auch andern Provintzien, publicirten und ergangenen Ordnungen, Edicten, Mandaten, Rescripten etc. etc. Vom Anfang des Jahrs 1751 und folgenden Zeiten, 12 Bde., Berlin 1752–1822.

Observations à MM. les députés sur les graves inconvéniens [sic] qui résulteraient de la réunion du service de la vérification des poids et mesures à l'administration des contributions indirectes, par un vérificateur des poids et mesures, o. O. [Paris], o. D. [1832].

Official Report of the Proceedings of the Second International Congress of Delegated Representatives of Master Cotton Spinners' and Manufacturers' Associations Held in the Town Hall, Manchester on June 5th, 6th, 7th and 9th, 1905 and in the Town Hall, Liverpool on June 8th, Manchester o. D. [1905].

Ostertag, Johann Philipp, Ueber das Verhältniß der Maasse der Alten zu den heutigen Maaßen und ein bey allen Nazionen einzuführendes allgemeines Eichmaaß, nach Pauctons Metrologie, mit erläuternden Anmerkungen, Regensburg 1791.

Parkes, Josiah, R. S. Graburn und Geoffrey Legard, Report on the Exhibition of Implements at the Derby Meeting in 1843, in: Journal of the Royal Agricultural Society of England 4 (1843), S. 453–497.

Pasley, Charles William, Observations on the Expediency and Practicability of Simplifying and Improving the Measures, Weights and Money, Used in this Country Without Materially Altering the Present Standards, London 1834.

Paucton, Alexis-Jean-Pierre, Métrologie, ou traité des mesures, poids et monnoies des anciens peuples & des modernes, Paris 1780.

Ders., Théorie des Lois de la Nature, suivi d'une Dissertation sur les Pyramides d'Égypte, Paris 1781.

Pelletier, Mémoire sur le Poids Public, o. O. [Paris] 1806.

Peters, Carl Friedrich Wilhelm, Zur Geschichte und Kritik der Toisen-Maass-Stäbe. Ein Beitrag zur definitiven Einordnung der auf das altfranzösische System begründeten Messungen in das metrische System (Metronomische Beiträge Nr. 5), Berlin 1885.

Peters, Richard, Untersuchungen über Draht- und Blechlehren, in: Zeitschrift des Vereines Deutscher Ingenieure 11 (1867), S. 135–148, S. 241–250, S. 369–386, S. 565–575 u. S. 681–704.

Picard, Jean, Mesure de la terre, Paris 1671.

Pigeonneau, Henri und Alfred de Foville, L'administration de l'agriculture au contrôle général des finances (1785–1787). Procès-verbaux et rapports, Paris 1882.

Pitt, William, General View of the Agriculture of the County of Stafford: With Observations on the Means of its Improvement, London 1794.

Plato, Fritz, Die Maß- und Gewichtsordnung vom 30. Mai 1908 mit den Ausführungsbestimmungen. Unter Benutzung amtlicher Quellen erläutert und herausgegeben, Berlin 1912.

Pöhls, Meno, Darstellung des gemeinen Deutschen und des Hamburgischen Handelsrechts für Juristen und Kaufleute, 4 Bde., Hamburg 1828–1834.

Poids et mesures. Législation française. 1er Novembre 1899, hrsg. vom Ministère du Commerce, de l'Industrie, des Postes et des Télégraphes, Paris 1899.

Poirot, J., Nouvel appareil mesureur et metteur en sacs de grains, céréales, grains oléagineuses, café, riz, légumes secs, etc., etc., Marseille 1879.

Pontécoulant, Comte Philippe Gustave le Doulcet de, Observations relatives à la question des prototypes du système métrique, in: Comptes rendus hebdomadaire des séances de l'Académie des sciences 69 (1869), S. 728–730.

Pouchet, Louis-Ezéchiel, Métrologie terrestre, ou tables des nouveaux poids, mesures et monnoies de France (…), Rouen 1798.

Ders., Le numérotage des cotons filés et autres fils, ou l'art de les classer avec précision, dans tel état qu'ils soient, et de reconnaître la fraude qui pourrait avoir lieu sur ce commerce, Paris und Rouen 1807.

Powel, John, The Assize of Bread, with Sundry Good and Needful Ordinances for Bakers, Brewers, Inholders, Victualiers, Vintners, and Butchers; And other Assizes in Weights and Measures, which by the Laws of this Realm, are Commanded to be Observed and Kept by all Manner of Persons, London 1671.

Preliminary Report of the Decimal Coinage Commissioners; P.P. 1857 Session 2 [2212], XIX.1.

Première Conférence générale des poids et mesures, réunie à Paris en 1889, in: Travaux et mémoires du Bureau international des poids et mesures 12 (1902), S. 7–58 [separate Paginierung].

Prieur-[Duvernois], Clauce-Antoine, Mémoire sur la nécessité et les moyens de rendre uniformes, dans le royaume, toutes les mesures d'étendue et de pesanteur (...), Dijon 1790.

Prinsep, James, Useful Tables, Forming an Appendix to the Journal of the Asiatic Society: Part the First. Coins, Weights, and Measures of British India, Calcutta 1834.

Proceedings of the International Electrical Congress Held in the City of Chicago. August 21st to 25th, 1893, hrsg. vom American Institute of Electrical Engineers, New York 1894.

Proceedings: With an Introduction, by Professor De Morgan: and Notes, hrsg. von der Decimal Association, London 1854.

Procès-verbaux de la Commission internationale du mètre [Septembre-Octobre 1872], in: Annales du Conservatoire des arts et métiers 10 (1873), S. 1–155.

Procès-verbaux des séances de 1889, hrsg. vom Comité international des poids et mesures, Paris 1890.

Procès-verbaux des séances du comité des recherches préparatoires, Avril 1872, hrsg. von der Commission internationale du mètre, Paris 1872.

Prony, Gaspard de, Rapport sur les expériences faites avec un instrument français et un instrument anglais, pour déterminer le rapport du mètre et du pied anglais, et pour comparer entre eux les étalons originaux des mesures appartenant à l'Institut national de France (le 15 nivôse an X, 1802), in: Delambre, Jean-Baptiste, Base du système métrique décimal, ou mesure de l'arc du méridien compris entre les parallèles de Dunkerque et Barcelone, exécutée en 1792 et années suivantes, par MM. Méchain et Delambre, Tome Troisième, Paris 1810, S. 471–481.

Ders., Methode pour determiner la longueur du pendule simple qui bat les secondes, in: Société française de physique (Hrsg.), Collection de mémoires relatifs à la physique. Tome IV. Mémoires sur le pendule, précédés d'une bibliographie, Paris 1889, S. 65–76.

Protokolle der Deutschen Bundesversammlung, 58 Bde., Frankfurt a. M. 1816–1866.

Rachel, Hugo, Die Handels-, Zoll- und Akzisepolitik Brandenburg-Preußens bis 1713 (Acta Borussica. Denkmäler der Preußischen Staatsverwaltung im 18. Jahrhundert. Die einzelnen Gebiete der Verwaltung. Handels-, Zoll- und Akzisepolitik, Bd. 1), Berlin 1911.

Rapport fait à la société d'agriculture, sur le meilleur mode de livraison des grains sur les marches du département, le 19 avril 1850, in: Mémoires de la Société d'Agriculture, Sciences, Arts et Belles-Lettres du Departément de l'Aube 15 (1849/50), S. 127–130.

Rapport sur l'exposition universelle de 1867, à Paris. Précis des opérations et listes des collaborateurs[,] avec un appendice sur avenir des expositions[,] la statistique des opérations, les documents officiels et le plan de l'exposition, hrsg. von der Commission Impériale, Paris 1869.

Rapport verbal sur le protocole de la conférence géodésique tenue à Berlin en avril 1862, in: Comptes rendues hebdomadaire des séances de l'Académie des sciences 56 (1863), S. 28–37.

Rapports et procès-verbaux. Catalogue officiel. Exposition universelle de 1867 à Paris, hrsg. vom Comité des poids et mesures et des monnaies, Paris o. D.

Rathbone, Theodore William, Comparative Statement of the Different Plans of Decimal Accounts and Coinage which have been Proposed by the Witnesses Examined Before the Committee of the House of Commons, and others. Paper Prepared for the Statistical Section of the British Association for the Advancement of Science, at their Meeting at Liverpool, London 1854.

Regnault, Henri Victor, Arthur Morin und Adolph Brix, Rapport sur les comparaisons qui ont été faites à Paris en 1859 et 1860 de plusieurs kilogrammes en platine et en laiton avec le kilogramme prototypes en platine des Archives Impériales. Etudes sur les diverses circonstances qui peuvent influer sur l'exactitude des pesées, Berlin 1861.

Reichs-Gesetz-Blatt, Frankfurt 1848,1–1849, 21.

Reinsch, Paul S., Public International Unions. Their Work and Organization. A Study in International Adminstrative Law, Boston und London 1911.

Report by the Board of Trade on their Proceedings and Business under the Weights and Measures Act, 1878; P.P. 1878–1879 (368), XXVI.831.

Report from the Committee on Laws Relating to the Manufacture, Sale, and Assize of Bread; P.P. 1815 (186), V.1341.

Report from the Committee on the Alnage Laws of Ireland; P.P. 1817 (315), VIII.5.

Report from the Select Committee of the House of Lords. Appointed to Consider of the Petition of the Directors of the Chamber of Commerce and Manufactures, Established by Royal Charter in the City of Glasgow, Taking Notice of the Bill, Intituled, „An Act for Ascertaining and Establishing Uniformity of Weights and Measures;" and Praying their Lordships to Give the Matter of their Petition due Consideration; and that they will Introduce Into the Bill such Parts of the Petition as Shall to their Lordships Appear Likely to Prove Beneficial: Together with the Minutes of Evidence Taken Before the Said Committee; P.P. 1824 (94), VII.431.

Report from the Select Committee on Decimal Coinage; Together with the Proceedings of the Committee, Minutes of Evidence, Appendix, and Index; P.P. 1852–1853 (851), XXII.387.

Report from Select Committee on the Sale of Corn; with the Minutes of Evidence, Appendix, and Index; P.P. 1834 (517), VII.1.

Report from the Select Committee on the Weighing of Grain (Port of London) Bill; Together With the Minutes of Evidence Taken Before Them; P.P. 1864 (479), VIII.571.

Report from the Select Committee on Weights and Measures; P.P. 1813–1814 (290), III.131.

Report from the Select Committee on Weights and Measures; P.P. 1821 (571), IV.289.

Report from the Select Committee on Weights and Measures; Together With the Proceedings of the Committee, Minutes of Evidence, Appendix, and Index; P.P. 1862 (411), VII.187.

Report from the Select Committee on Weights and Measures; together with the Proceedings of the Committee, Minutes of Evidence, Appendix, and Index; P.P. 1895 (346), XIII.665.

Report of the Chief Inspector of Weights and Measures for the City of Manchester for the Year 1871–1872, with Statistical Tables appended thereto, hrsg. vom Office of Weights and Measures, Manchester 1873.

Report of the Commissioners Appointed to Consider the Steps to be Taken for Restoration of the Standards of Weight & Measure; P.P. 1842 [356], XXV.263.

Report of the Commissioners Appointed to Superintend the Construction of New Parliamentary Standards of Length and Weight; P.P. 1854 [1786], XIX.933.

Report of the International Conference on Weights, Measures, and Coins, held in Paris, June 1867; communicated to Lord Stanley by Professor Leone Levi: and Report of the Master of the Mint and Mr. Rivers Wilson on the International Monetary Conference held in Paris, June 1867; P.P. 1867–1868 [4021], XXVII.801.

Report of the Proceedings of the Fourth Session of the International Statistical Congress, Held in London July 16th, 1860, and the Five Following Days, London 1861.

Report of the Proceedings of the Second General Peace Congress, held in Paris, on the 22nd, 23rd and 24th of August, London 1849.

Report on Weights and Measures, hrsg. von der Highland Society of Scotland, o. O. [Edinburgh], o. D. [1812].

Reports on the Vienna Universal Exhibition of 1873. Part IV; P.P. 1874 [C.1072-IV], LXXIII Pt.IV.1.731.

Return from the Inspectors of Corn Returns of the Various Measures and Weights by Which Corn is Sold in Each of the Towns from Which the Returns are Made, and the Mode in Which they are Respectively Returned, in Imperial Bushels; P.P. 1857–1858 (176), LIII.461.

Return of the Number of Sets of Exchequer Standards of Weights and Measures Now in Use, When Issued, and the Dates when Adjusted and Re-Verified; P.P. 1857 Session 2 (312), XXXVIII.575.

Reuleaux, Franz, Der Konstrukteur. Ein Handbuch zum Gebrauch beim Maschinen-Entwerfen, Brauschweig [4]1889.

Réunion des membres français. 1872–1873. Procès-verbaux, hrsg. von der Commission internationale du mètre, Paris 1873.

Réunion des membres français. 1874. Procès-verbaux, hrsg. von ders., Paris 1874.

Réunion des membres français. 1875–1877. Procès-verbaux, hrsg. von ders., Paris 1877.

Réunion des membres français. 1877. Procès-verbaux, hrsg. von ders., Paris 1877.

Reynardson, Samuel, A State of the English Weights and Measures of Capacity, As well Antient as Modern; with some Considerations Thereon: Being an Attempt to Prove, that the Present Avoirdepois Weight is the Legal and Ancient Standard for the Weights and Measures of this Kingdom, London 1750.

Ders., Farther Considerations and Conjectures, Relative to an Original Universal Standard for Measure and Weight, but more Particularly as to the English Standard, London 1765.

Richard, Gustave, Rapport au nom de la Commission des Filetages, sur l'unification des filetages, in: Bulletin de la Société d'encouragement pour l'industrie nationale 92 (1893), S. 173–178.

Richer, Jean, Observations astronomiques et physiques faites en l'isle de Caïenne, Paris 1679.

Rönne, Ludwig von (Hrsg.), Die Gewerbe-Polizei des preußischen Staates; eine systematisch geordnete Sammlung aller auf dieselbe Bezug habenden gesetzlichen Bestimmungen, insbesondere der in der Gesetzsammlung für die Preußischen Staaten, in den von Kamptzschen Annalen für die innere Staatsverwaltung, und in deren Fortsetzungen durch die Ministerial-Blätter enthaltenen Verordnungen und Reskripte, in ihrem organischen Zusammenhange mit der früheren Gesetzgebung dargestellt unter Benutzung der Archive der Königlichen Ministerien, 2 Bde., Breslau 1851.

Ders. und Heinrich Simon, Das Polizeiwesen des Preußischen Staates; eine systematisch geordnete Sammlung aller auf dasselbe Bezug habenden gesetzlichen Bestimmungen, insbesondere der in der Gesetzessammlung für die Preußischen Staaten und in den von Kamptzschen Annalen für die innere Staatsverwaltung enthaltenen Verordnungen und Rescripte, in ihrem organischen Zusammenhang mit der früheren Gesetzgebung dargestellt, 2 Bde., Breslau 1840–1841.

Rohrscheidt, Kurt von, Die Brottaxen und die Gewichtsbäckerei, in: Jahrbücher für National-ökonomie und Statistik N.F. 15 (1887), S. 457–485.

Ders., Geschichte der Polizeitaxen in Deutschland und Preußen und ihre Stellung in der Reichsgewerbeordnung, in: Jahrbücher für Nationalökonomie und Statistik N.F. 17 (1888), S. 353–408.

Romé de l'Isle, Jean-Baptiste, Métrologie, ou tables pour servir à l'intelligence des poids et mesures des anciens, et principalment a déterminer la valeur des monnoies grecques et romaines, d'après leur rapport avec les Poids, les Mesures, et le Numéraire actuel de la France, Paris 1789.

Rondonneau, Louis (Hrsg.), Collection des lois Françaises, constitutionelles, Administratives, judiciaires, commerciales, militaires et religieuses, actuellement en vigueur dans l'Empire, et declarées, par les Décrets des 8 novembre 1810, 6 janvier et 19 avril 1811, exécutoires dans les Départemens de la Hollande, et autres réunis à la France depuis 1810 (…), 6 Bde., Paris 1811.

Ders. (Hrsg.), Collection générale des lois, décrets, arrêtés, sénatus-consultes, avis du conseil d'État et réglemens d'administration publiés depuis 1789 jusqu'au 1. Avril 1814, 16 Bde. [Bde. 13–16 unter dem Titel: (…) réglemens d'administration et ordonnances du Roi, publiés depuis 1789 jusqu'au 1819], Paris 1817–1820.

Roy, Ferdinand (Hrsg.), Congrès international pour l'unification du numérotage des fils. Tenu à Paris les 3 et 4 septembre 1900. Compte rendu in extenso, Paris 1901.

Ders. (Hrsg.), Report of the International Congress for the Unification of the Numbering of Yarn, Held at the International Exposition, Paris, September 3–4, 1900. Translated by Mr. C. T. H. Woodbury, New England Cotton Manufacturers' Association, April 25, 1901, Waltham (Mass.) 1901.

Roy, William, An Account of the Measurement of a Base on Hounslow-Heath, in: Philosophical Transactions of the Royal Society of London 75 (1785), S. 385–480.

Sabine, Edward, An Account of Experiments to Determine the Figure of the Earth, By Means of the Pendulum Vibrating Seconds in Different Latitudes; as Well as on Various Other Subjects of Philosophical Inquiry, London 1825.

Sammlung der Gesetze, Verordnungen und Ausschreiben für das Königreich Hannover, Hannover 1818–1866.

Sammlung der lübeckischen Verordnungen und Bekanntmachungen, Lübeck 1 (1813/14)–66 (1899).

Sammlung der Verordnungen und Proclame des Senats der freien Hansestadt Bremen im Jahre 1837, Bremen 1838.

Saurin, F., Atlas et traité de système métrique à l'usage des écoles primaires, Paris 1864.

Sauvage, Edmond, Mémoire sur l'unification des filetages, in: Bulletin de la Société d'encouragement pour l'industrie nationale 92 (1893), S.179–241.

Savary, Claude-Étienne, Lettres sur l'Égypte, où l'on offre le parallèle des moeurs anciennes & modernes de ses habitans, où l'on décrit l'état, le commerce, l'agriculture, le gouvernement, l'ancienne religion du pays, & la descente de S.Louis à Damiette, tirée de Joinville & des auteurs arabes, avec des cartes géographiques, 3 Bde., Paris 1786.

Savary, Jacques, Le Parfait négociant, ou Instruction générale pour ce qui regarde le commerce de toute sorte de marchandises, tant de France que des pays estrangers, Paris 1675.

Savary des Brulôns, Jacques und Philemon-Louis Savary, Dictionnaire universel de commerce: contenant tout ce qui concerne le commerce qui se fait dans les quatre parties du monde, 3 Bde., Paris 1748.

Saveney, Edgar, La physique de Voltaire, in: Revue des deux Mondes 79 (1869), S.5–40.

Scott, William A., Money and Banking. An Introduction to the Study of Modern Currencies, New York 1903.

Scheffler, Hermann, Vorschläge zur Reform der deutschen Maasssysteme, in: Archiv der Mathematik und Physik 12 (1849), Abschnitt „Deutsche Maasse, Münzen und Gewichte" [separat paginiert], S.1–42.

Schelle, Gustave, Oeuvres de Turgot et documents le concernant. Avec biographie et notes, 5 Bde., Paris 1913–1923.

Schmoller, Gustav, Die Verwaltung des Maß- und Gewichtswesens im Mittelalter, in: Jahrbuch für Gesetzgebung, Verwaltung und Volkswirtschaft 17 (1893),1, S.289–310.

Ders. und Otto Hintze, Die Behördenorganisation und die allgemeine Staatsverwaltung Preußens im 18.Jahrhundert. Siebenter Band: Akten vom 2.Januar 1746 bis 20.Mai 1748 (Acta Borussica. Denkmäler der Preußischen Staatsverwaltung im 18.Jahrhundert. Behördenorganisation und allgemeine Staatsverwaltung, Bd.7), Berlin 1904.

Schreiben des Professors Herrn Dr. Karsten, zu Kiel, an die Redaction, über die Vergleichung der preußischen Platinkilogramme mit dem kilogramme des Archives, nebst Bemerkungen des Herrn Brix über einige Punkte jenes Schreibens, in: Verhandlungen des Vereins zur Beförderung des Gewerbefleißes in Preußen 40 (1861), S.242–251.

Schreittmann, Ciriacus, Probierbüchlin. Frembde vnd subtile Künst, vormals im Truck nie gesehen, von Woge vnd Gewicht, Auch von allerhandt Proben, auff Ertz, Golt, Silber, vnd andere Methall etc. Nützlich vnd gut allen denen so mit subtilen Künsten der Bergkwerck vmbgehen, Frankfurt a.M. 1578.

Second Report of the Commissioners Appointed by His Majesty to Consider the Subject of Weights and Measures; P.P. 1820 (314), VII.473.

Second Report of the Council Adopted by the General Meeting, Held Feb. 25, 1858, hrsg. von der International Association for Obtaining a Uniform Decimal System of Measures, Weights, and Coins. British Branch, London 1858.

Session de 1870. Procès-verbaux des séances, hrsg. von der Commission internationale du mètre, Paris 1871.

Seventh Report of the Council Adopted at the General Meeting. Held on the 16th December, 1863, hrsg. von der International Association for Obtaining a Uniform Decimal System of Measures, Weights, and Coins. British Branch, London 1864.

Shaw, Hugh Robinson, The Egyptian Enigma. A Plea for the British Yard. Its Antiquity and High Authority as a Standard Linear Measure, London 1881.

Sheppard, William, Of the Office of the Clerk of the Market, of Weights & Measures, and of the Laws of Provision for Man and Beast, for Bread, Wine, Beer, Meal, &c., London 1665.

Shuckburgh, George Evelyn, An Account of Some Endeavours to Ascertain a Standard of Weight and Measure, in: Philosophical Transactions of the Royal Society of London 88 (1798), S.133–182.

Siemens, Werner, Vorschlag eines reproducirbaren Widerstandsmaaßes, in: Annalen der Physik und Chemie 186 (1860) (=Poggendorfs Annalen, Bd.110), S.1–20.

Ders., Über die Widerstandsmaasse und die Abhängigkeit des Leitungswiderstandes der Metalle von der Wärme, in: Annalen der Physik und Chemie 189 (1861) (=Poggendorfs Annalen, Bd.113), S.91–105.

Sixth Report of the Council Adopted at the General Meeting. Held on the 30th July, hrsg. von der International Association for Obtaining a Uniform Decimal System of Measures, Weights, and Coins. British Branch, 1862, London 1862.

Smith, Frank Edward (Hrsg.), Reports of the Committee on Electrical Standards Appointed by the British Association for the Advancement of Science. Reprinted by Permission of the Council. A Record of the History of „Absolute Units" and of Lord Kelvin's Work in Connexion with These, Cambridge 1913.

Smyth, Charles Piazzi, Our Inheritance in the Great Pyramid, London [3]1877.

Solly, Edward, Memorial of the Council of the Society for the Encouragement of Arts, Manufactures, and Commerce, to the Lords Commissioners of Her Majesty's Treasury, in: Journal of the Society of Arts 1 (1852/53), S. 205.

Spencer, Herbert, Against the Metric System. With Appendices, Containing Quotations from the Emperor Napoleon, Sir Joseph Hooker, Sir Frederick Bramwell, Prof. Corfield, Dr. Sweet, and Several Others, London [3]1904.

Standards Commission, Second Report of the Commissioners Appointed to Inquire into the Condition of the Exchequer (now Board of Trade) Standards. On the Question of the Introduction of the Metric System of Weights and Measures into the United Kingdom; P.P. 1868–1869 [C. 4186], XXIII.733.

Standards Commission. Third Report of the Commissioners Appointed to Inquire into the Condition of the Exchequer (now Board of Trade) Standards. On the Abolition of Troy Weight; P.P. 1870 [C. 30], XXVII.81.

Standards Commission. Fourth Report of the Commissioners Appointed to Inquire into the Condition of the Exchequer (now Board of Trade) Standards. With Appendix. On the Inspection of Weights and Measures, etc.; P.P. 1870 [C. 147], XXVII.249.

Standards Commission. Fifth Report of the Commissioners Appointed to Inquire into the Condition of the Exchequer (now Board of Trade) Standards. On the Business of the Standards Department, and the Condition of the Official Standards and Apparatus; P.P. 1871 [C. 257], XXIV.647.

Stein, Siegfried, Ueber Normal-Masse, Normal-Gewichte und Präzisions-Arbeiten aus Bergkristall, in: Verhandlungen des Vereins zur Beförderung des Gewerbefleisses 56 (1877), S. 551–558.

Steinhäuser, Johann Gottfried, Réflexions sur les mesures universelles, sur la figure de la terre et la longueur du pendule à secondes, Wittenberg 1807.

Steinheil, Carl August, Über das Bergkrystall-Kilogramm, auf welchem die Feststellung des bayerischen Pfundes nach der Allerhöchsten Verordnung vom 28. Februar 1809 beruht, in: Abhandlungen der mathematisch-physikalischen Classe der königlich bayerischen Akademie der Wissenschaften 4 (1844), S. 163–244.

Ders., Copie des Mètre der Archive, Abhandlungen der mathematisch-physikalischen Classe der königlich bayerischen Akademie der Wissenschaften 4 (1844), S. 245–280.

Stenographische Berichte über die Verhandlungen des Reichstages des Norddeutschen Bundes 1867–1870.

Stenographische Berichte über die Verhandlungen des Deutschen Reichstages 1 (1871)–325 (1914/18) [durchlaufende Bandzählungen erst ab 227 (1907)].

Steuart, James, A Plan for Introducing an Uniformity of Weights and Measures within the Limits of the British Empire, London 1790.

Stopford, Joseph, A Compendious Table, or, the Cotton-Manufacturer's Useful Assistant, in Buying or Selling all sorts of Cotton-Yarn [...], London 1786.

Ders. und Nehemiah Gerrard, A Compendious Table, or, the Cotton-Manufacturer's Useful Assistant, in Buying or Selling all Sorts of Cotton-Yarn [...], Manchester 1813.

Stouder und Gourichon, Code des poids et mesures, ou recueil complet et textuel des lois, décrets, arrêtés du gouvernement, ordonnances du roi, arrêts de la cour de cassation, instructions, circulaires et décisions ministérielles, relatifs à l'établissement du système métrique, à la fabrication et à la vérification des poids et mesures, Arras 1826.

Suchodoletz, Johann Vladislaus von, Gegründete Nachricht von denen in dem Königreich Preussen befindlichen Länge- und Feld-Maassen, dererselben Ursprunge, Veränderung und jetzigem Gebrauch; imgleichen von ihren Verhältnissen gegen einander in Ruthen, Schuen und Zollen.

Wobey zugleich angewiesen wird, wie man nach diesen Verhältnissen die Flaechen in Huben, Morgen und Quadrat-Ruthen berechnen und eins ins andre reduciren solle, Königsberg 1772.

Swinton, John, A Proposal for Uniformity of Weights and Measures in Scotland, by Execution of the Laws now in Force. With Tables of the English and Scotch Standards ... Addressed to his Majesty's Sheriffs and Stewarts Depute, Edinburgh 1779.

Tallent, Gustave, Histoire du système métrique, Paris 1910.

Talleyrand-Périgord, Charles-Maurice de, Proposition faite à l'assemblée nationale sur les poids et mesures, Paris 1790.

Tarbé des Sablons, Sébastien-André, Manuel pratique et élémentaire des poids et mesures et du calcul décimal, Paris an VII [1799].

Tarnier, Etienne Auguste, Tableaux du système métrique accompagnés d'un livret explicatif, Paris 1865.

Taylor, John, The Great Pyramid. Why was it Built? And who Built it?, London 1859.

Ders., The Battle of the Standards: The Ancient, of Four Thousand Years, Against the Modern, of the Last Fifty Years – the Less Perfect of the Two, London 1864.

Tenth Report of the Council, Adopted at the General Meeting. Held on the 29th January, 1868, hrsg. von der International Association for Obtaining a Uniform Decimal System of Measures, Weights, and Coins. British Branch, London 1868.

The Enyclopaedia Britannica. A Dictionary of Arts, Sciences, Literature and General Information, 29 Bde., Cambridge [11]1910–1911.

The History of the Last Session in Parliament, in: The London Magazine, or, Gentleman's Monthly Intelligencer 27 (1758), S. 225–231.

The Illustrated Catalogue of the Industrial Department. The International Exhibition of 1862. Vol. IV: Foreign Division, London o. D. [1862?].

The Position We Take Up, hrsg. von der British Weights and Measures Association, London 1904.

The Times, 1788 ff. (laufend).

Thévenot, Arsène, Projet de réorganisation du service de la vérification des poids et mesures. Mémoire soumis à M. le ministre de l'agriculture, du commerce et des travaux publics, Arcis-sur-Aube 1866.

Third Report of the Commissioners Appointed by His Majesty to Consider the Subject of Weights and Measures; P.P. 1821 (383), IV.297.

Third Report of the Council Adopted by the General Meeting, Held March 30, 1859, hrsg. von der International Association for Obtaining a Uniform Decimal System of Measures, Weights, and Coins. British Branch, London 1859.

Thomée, Friedrich, Untersuchungen über Drahtlehren. Ein Beitrag zur Erörterung der Zweckmäßigkeitsfrage über die obligatorische Einführung einer allgemein gültigen Normallehre für Draht, Blech und andere verwandte Artikel. Nebst einigen praktischen Notizen über Drahtzieherei, in: Zeitschrift des Vereines Deutscher Ingenieure 10 (1866), S. 545–564 u. S. 611–669.

Thomson, William u. a., First Report of the Committee for the Selection and Nomenclature of Dynamical and Electrical Units, in: British Association for the Advancement of Science (Hrsg.), Report of the Fourty-Third Meeting of the British Association for the Advancement of Science; Held at Bradford in September 1873, London 1874, S. 222–225.

Tillet, Mathieu und Louis-Paul Abeille, Observations de la Société royale d'agriculture sur l'uniformité des poids et des mesures, Paris 1790.

Thury, Marc, Systématique des vis horlogères. Exposition d'un système général fixant les proportions et dimensions des vis à filet triangulaire principalement pour les vis à l'usage de l'horlogerie. Rapport fait à la Section d'horlogerie de la Société des arts de Genève, Genf 1878.

Tocqueville, Alexis de, Der Alte Staat und die Revolution (Bibliothek der besten Werke des 18. und 19. Jahrhunderts, Bd. 1), Leipzig 1867.

Tralles, Johann Georg, Rapport de M. Trallès à la commission, sur l'unité de poids du système métrique décimal, d'après le travail de M. Lefèvre-Gineau, le 11 prairial an 7, in: Delambre, Jean-Baptiste, Base du système métrique décimal, ou mesure de l'arc du méridien compris entre les parallèles de Dunkerque et Barcelone, exécutée en 1792 et années suivantes, par MM. Méchain et Delambre, Tome Troisième, Paris 1810, S. 558–580.

Transactions of the International Electrical Congress St. Louis 1904, 3 Bde., St. Louis 1905.

Tresca, Henri Édouard (Hrsg.), Visite à l'exposition universelle de Paris, en 1855, Paris 1855.

Trollope, Anthony, Phineas Redux. With Twenty-Four Illustrations, London und New York 1874.

Ders., The Prime Minister, London 1876.

Ueber den durch Erlaß vom 14. Mai 1891 zur Eichung zugelassenen Apparat zur Qualitätsbe-stimmung des Getreides (Getreideprober), hrsg. von der Kaiserlichen Normal-Aichungskom-mission, Berlin 1891.

Ueber die Einführung des Gewichts an Stelle des Hohlmasses im Kohlen und Cokeshandel, in: Polytechnisches Centralblatt 27=N.F. 15 (1861), Sp. 366–371.

Ure, Andrew, The Cotton Manufacture of Great Britain. Systematically Investigated, and Illus-trated by 150 Original Figures, Engraved on Wood and Steel; with an Introductory View of Its Comparative State in Foreign Countries, Drawn Chiefly from Personal Survey, 2 Bde., Lon-don 1836.

Vagedes, A. von und J. W. Windgassen, Vorschlag zu einem gemeinsamen Maass- Gewicht und Münz-Fusse für Europa, und die diesem Welttheile verbündeten, oder von demselben abhän-gigen Länder der anderen Welttheile, nebst einer vorläufigen tabellarischen Uebersicht, dem Völker-Congresse zu Wien vorgelegt, Düsseldorf 1814.

Verhandlungen der am 28. und 29. September 1888 in Frankfurt a. M. abgehaltenen Generalver-sammlung des Vereins für Socialpolitik über den ländlichen Wucher, die Mittel zu seiner Ab-hülfe, insbesondere die Organisation des bäuerlichen Kredits und über Einfluss des Detail-handels auf die Preise und etwaige Mittel gegen eine ungesunde Preisbildung, hrsg. vom Verein für Socialpolitik, Leipzig 1889.

Verhandlungen der ersten General-Conferenz in Zollvereins-Angelegenheiten, München 1836.

Viollet, J.-B., Poids et mesures, in: Alexandre-Edouard Baudrimont u. a. (Hrsg.), Dictionnaire de l'industrie manufacturière, commerciale et agricole. Ouvrage accompagné d'un grand nombre de figures intercalées dans le texte. Tome neuvième, Paris 1840, S. 1–13.

Volkhard, Albrecht (Hrsg.), Entwurf einer allgemeinen Handwerks- und Gewerbeordnung für Deutschland. Berathen und beschlossen von dem deutschen Handwerker- und Gewerbe-Congreß zu Frankfurt am Main vom 15. Juli bis 15. August 1848, Augsburg 1848.

Volney, Constantin-François, Voyage en Syrie et en Égypte, pendant les années 1783, 1784 et 1785, 2 Bde., Paris 1785–1787.

Vyse, Richard, Operations Carried on at the Pyramids of Gizeh in 1837: With an Account of a Voyage into Upper Egypt, and an Appendix, 2 Bde., London 1840.

Wachter, Hans (Hrsg.), Sammlung der ortspolizeilichen Vorschriften und Statuten für die Stadt Bamberg nebst den einschlägigen oberpolizeilichen Vorschriften, Bamberg 1895.

Webb, Beatrice und Sidney Webb, The Assize of Bread, in: The Economic Journal. The Journal of the Royal Economic Society 14 (1904), S. 196–218.

Dies., English Local Government. The Story of the King's Highway, London u. a. 1913.

Weber, Wilhelm, Messungen galvanischer Leitungswiderstände nach einem absoluten Maasse, in: Annalen der Physik und Chemie 158 (1851) (=Poggendorfs Annalen, Bd. 82), S. 337–369.

Weighing of Grain (Port of London). A Bill to Regulate the Weighing of Grain in the Port of London; P.P. 1864 (119), IV.631.

Weights and Measures. A Bill to Consolidate the Law Relating to Weights and Measures; P.P. 1878 (111), IX.239.

Weights and Measures Bill. Memorandum as to Object and Effect of Bill; P.P. 1878 (111), IX.211.

Weights and Measures (Metric System). [H. L.] A Bill Intituled an Act for Rendering Compulsory the Use of the System of Weights and Measures Commonly Known as the Metric System; P.P. 1904 (225), IV.763.

Weights and Measures. Report by the Board of Trade on their Proceedings and Business under the Weights and Measures Act, 1878; P.P. 1884 (322), XXVIII.851.

Weyrauch, Jakob Johann von, Normalprofile für Walzeisen, in: Otto Lueger (Hrsg.), Lexikon der gesamten Technik und ihrer Hilfswissenschaften. Mit zahlreichen Abbildungen. Sechster Band: Kupplungen bis Papierfabrikation, Stuttgart und Leipzig o. D. [²1908], S. 663–673.

Whitehurst, John, An Attempt toward Obtaining Invariable Measures of Length, Capacity, and Weight, from the Mensuration of Time, Independent of the Mechanical Operations Requisite to Ascertain the Center of Oscillation, or the True Length of Pendulums, London 1787.

Whitworth, Joseph, A Paper on an Uniform System of Screw Threads, read at the Institution of Civil Engineers, in 1841, in: ders., Miscellaneous Papers on Mechanical Subjects, London und Manchester 1858, S. 21–36.

Ders., A Paper on Standard Decimal Measures of Length, read at the Meeting of the Institution of Mechanical Engineers, Manchester, 1857, in: ders., Miscellaneous Papers on Mechanical Subjects, London und Manchester 1858, S. 55–69.

Ders. u. a., Second Report of the Committee Appointed for the Purpose of Determining a Gauge for the Manufacture of the Various Small Screws used in Telegraphic and Electrical Apparatus, in Clockwork, and for other Analogous Purposes, in: British Association for the Advancement of Science (Hrsg.), Report of the Fifty-Fourth Meeting of the British Association for the Advancement of Science; Held at Montreal in August and September 1884, London 1885, S. 287–293.

Wild, Heinrich, Ueber die Einführung des metrischen Masses in der Schweiz, Bern 1864.

Wild, Michael Friedrich, Über allgemeines Maß und Gewicht aus den Forderungen der Natur, des Handels, der Polizey und der gegenwärtig noch üblichen Maase und Gewichte abgeleitet. Mit Vorschlägen zu mittleren Maasen und Gewichten und zu Münzen in leichtfaßlichen Verhältnissen mit den metrischen, unter vorzüglicher Rücksicht und Anwendung auf rheinische Lande, 2 Bde., Freiburg 1809.

Wilkins, John, An Essay towards a Real Character, And a Philosophical Language, London 1668.

Wolf, M. C., Recherches historiques sur les étalons de l'observatoire, in: Annales de chimie et de physique, 5ème série 25 (1882), S. 5–111.

Wolff, Frank A., The So-Called International Electrical Units, in: Bulletin of the Bureau of Standards 1 (1904), S. 39–76.

Wrottesley, John u. a., Report on the Best Means of Providing for a Uniformity of Weights and Measures, With Reference to the Interests of Science, in: British Association for the Advancement of Science (Hrsg.), Report of the Thirty-Fourth Meeting of the British Association for the Advancement of Science; Held at Bath in September 1864, London 1865, S. 102–111.

Yates, James, Narrative of the Origin and Formation of the International Association for Obtaining a Uniform Decimal System of Measures, Weights, and Coins, London 1856.

Young, Arthur, Travels during the years 1787, 1788 and 1789, undertaken more particularly with a view of ascertaining the cultivation, wealth, resources, and national prosperity, of the kingdom of France. To which is added the register of a tour into Spain, 2 Bde., Dublin 1793.

Young, Thomas, A Course of Lectures on Natural Philosophy and the Mechanical Arts, 2 Bde., London 1807.

Ders., Remarks on the Probabilities of Error in Physical Observations, and on the Density of the Earth, Considered, Especially with Regard to the Reduction of Experiments on the Pendulum, in: Philosophical Transactions of the Royal Society of London 109 (1819), S. 70–95.

Ders., On Weights and Measures, in: George Peacock (Hrsg.), Miscellaneous Works of the Late Thomas Young, M. D., F. R. S., &c., and One of the Eight Foreign Associates of the National Institute of France, Vols. I & II., Including his Scientific Memoirs, &c., Volume II, London 1855, S. 427–435 [Erstveröffentlichung 1823].

Zedler, Johann Heinrich, Grosses vollständiges Universal-Lexicon Aller Wissenschafften und Künste, 64 Bde., Halle und Leipzig 1732–1754.

Zero, Standard of Measure. To the Editor of the Mechanics' Magazine, in: Mechanics' Magazine 5 (1826), S. 376.

4. Weitere Literatur

Achilles, Walter, Deutsche Agrargeschichte im Zeitalter der Reformen und der Industrialisierung. Mit 35 Tabellen, Stuttgart 1993.

Adell, Rebecca, The British Metrological Standardization Debate, 1756–1824: The Importance of Parliamentary Sources in its Reassessment, in: Parliamentary History 22 (2003), S. 165–182.

Agricola, Georg, Die Wiederfeststellung der Gewichte und Maße, in: Hans Prescher (Hrsg.), Georgius Agricola. Schriften über Maße und Gewichte (Metrologie) (Georgius Agricola – Ausgewählte Werke, Bd. 5), Berlin 1959, S. 305–328.

Aimone, Linda und Carlo Olmo, Les expositions universelles 1851–1900, Paris 1993.

Albert, William, The Turnpike Road System in England 1663–1840, Cambridge 1972.

Alberti, Hans-Joachim von, Maß und Gewicht. Geschichtliche und tabellarische Darstellungen von den Anfängen bis zur Gegenwart, Berlin 1957.

Alder, Kenneth, A Revolution to Measure: The Political Economy of the Metric System in France, in: M. Norton Wise (Hrsg.), The Values of Precision, Princeton 1995, S. 39–71.

Ders., Engineering the Revolution. Arms and Enlightenment in France, 1763–1815, Princeton 1997.

Ders., Making Things the Same: Representation, Tolerance and the End of the Ancien Régime in France, in: Social Studies of Science 28 (1998), S. 499–545.

Ders., Das Maß der Welt. Die Suche nach dem Urmeter, München 2003.

Allen, Douglas W., The Institutional Revolution. Measurement and the Economic Emergence of the Modern World, Chicago und London 2012.

Allgemeines Landrecht für die Preußischen Staaten von 1794. Textausgabe. Mit einer Einführung von Hans Hattenhauer und einer Bibliographie von Günther Bernert, Frankfurt a. M. und Berlin 1970.

Althin, Torsten K.W., C.E. Johannson 1864–1943. The Master of Measurement, Stockholm 1948.

Antoine, Michel, Le dur métier de roi. Etudes sur la civilisation politique de la France d'Ancien Régime, Paris 1986.

Ambrosius, Gerold, Regulativer Wettbewerb und koordinative Standardisierung zwischen Staaten. Theoretische Annahmen und historische Beispiele, Stuttgart 2005.

Ders., Standards und Standardisierungen in der Perspektive des Historikers – vornehmlich im Hinblick auf netzgebundene Infrastrukturen, in: ders. u. a. (Hrsg.), Standardisierung und Integration europäischer Verkehrsinfrastruktur in historischer Perspektive (Schriftenreihe des Instituts für Europäische Regionalforschungen, Bd. 13), Baden-Baden 2009, S. 15–36.

Ders. und Anne Nieberding, Die institutionelle Revolution. Eine Einführung in die deutsche Wirtschaftsgeschichte des 19. und frühen 20. Jahrhunderts (Grundzüge der modernen Wirtschaftsgeschichte, Bd. 5), Stuttgart 2004.

Archer, John E., Social Unrest and Popular Protest in England 1780–1840, Cambridge 2000.

Armstrong, Christopher Drew, Julien-David Leroy and the Making of Architectural History, London und New York 2012.

Arthur, W. Brian, Competing Technologies, Increasing Returns, and Lock-In by Historical Events, in: The Economic Journal 99 (1989), S. 116–131.

Ashworth, William J., Customs and Excise. Trade, Production, and Consumption in England 1640–1845, Oxford 2003.

Atkinson, Norman, Sir Joseph Whitworth. „The World's Best Mechanician", Stroud 1996.

Atorf, Lars, Der König und das Korn. Die Getreidehandelspolitik als Fundament des brandenburgisch-preußischen Aufstiegs zur europäischen Großmacht (Quellen und Forschungen zur Brandenburgischen und Preußischen Geschichte, Bd. 17), Berlin 1999.

Aznar, José Vicente und José Ramón Bertomeo, La polémique sur l'adoption du système métrique décimal en Espagne, in: Suzanne Débarbat und Antonio E. Ten (Hrsg.), Mètre et système métrique, Paris und Valencia 1993, S. 97–110.

Aznar García, José Vicente, La unificación de los pesos y medidas en España durante el siglo XIX. Los proyectos para la reforma e introducción del sistema métrico decimal, 2 Bde., Diss. rer. nat. Valencia 1997.

Baberowski, Jörg (Hrsg.), Was ist Vertrauen? Ein interdisziplinäres Gespräch (Eigene und Fremde Welten, Bd. 30), Frankfurt a. M. 2014.

Baecque, Antoine de und Françoise Mélonio, Lumières et liberté. Les dix-huitième et dix-neuvième siècles (Histoire culturelle de la France, Bd. 3), Paris 2005.

Baker, John Leon, Wyatt, John (1700–1766), in: Oxford Dictionary of National Biography, Online-Ausgabe, Oktober 2013. URL: <http://www.oxforddnb.com/view/10.1093/ref:odnb/9780198614128.001.0001/odnb-9780198614128-e-30106> (Stand: 15.8.2018).

Baker, Keith Michael, Condorcet. From Natural Philosophy to Social Mathematics, Chicago und London 1975.

Barjot, Dominique, Jean-Pierre Chaline und André Encrevé, La France au XIX siècle 1814–1914, Paris ²2008.

Barker, G. F. R. und J. M. Alter, Proby, John, first Baron Carysfort (1720–1772), in: Oxford Dictionary of National Biography, Online-Ausgabe, September 2004. URL:

<http://www.oxforddnb.com/view/10.1093/ref:odnb/9780198614128.001.0001/ odnb-9780198614128-e-22831> (Stand: 15.8.2018).

Barth, Volker, Mensch versus Welt. Die Pariser Weltausstellung von 1867, Darmstadt 2007.

Batten, Alan H., Resolute and Undertaking Characters: The Lives of Wilhelm and Otto Struve (Astrophysics and Space Science Library, Bd. 139), Dordrecht u.a. 1988.

Baumgart, Winfried, Europäisches Konzert und nationale Bewegung. Internationale Beziehungen 1830–1878 (Handbuch der Geschichte der internationalen Beziehungen, Bd. 6), Paderborn u.a. 1999.

Baumgarten, Dieter, Die Entstehung und Entwicklung des staatlichen Eichwesens in Berlin und Brandenburg, in: Landesamt für Mess- und Eichwesen Berlin-Brandenburg (Hrsg.), 225 Jahre staatliches Eichwesen. Kompetenz aus Erfahrung, Kleinmachnow 2010, S. 9–20.

Bayly, Christopher A., Die Geburt der modernen Welt. Eine Globalgeschichte 1780–1914, Frankfurt und New York 2006.

Beauchamp, Kenneth G., Exhibiting Electricity (IEE History of Technology Series, Bd. 21), London 1997.

Beaurepaire, Pierre-Yves, La France des Lumières 1715–1789, Paris 2011.

Beauroy, Jacques, La représentation de la propriété privée de la terre. Land surveyors et Estate Maps en Angleterre de 1570 à 1660, in: Ghislain Brunel, Olivier Guyotjeannin und Jean-Marc Moriceau (Hrsg.), Terriers et plan-terriers du XIIIe au XVIII siècle. Actes du colloque de Paris (23–25 septembre 1998) (Bibliothèque d'Histoire Rurale, Bd. 5), Rennes und Paris 2002, S. 79–101.

Beck, Rainer, Maß und Gewicht in vormoderner Zeit. Das Beispiel Augsburg, in: Zeitschrift des Historischen Vereins für Schwaben 91 (1998), S. 169–198.

Becker, Jean Jacques und Pascal Ory, Crises et alternances (1974–2000) (Nouvelle Histoire de la France contemporaine, Bd. 19), Paris 2002.

Beckert, Sven, Homogenisierung und Differenzierung: Die Entwicklung globaler Baumwollmärkte, in: WerkstattGeschichte 45 (2007), S. 5–12.

Ders., King Cotton. Eine Globalgeschichte des Kapitalismus, München 2014.

Behrisch, Lars, Die Berechnung der Glückseligkeit. Statistik und Politik in Deutschland und Frankreich im späten Ancien Régime (Francia Beihefte, Bd. 78), Ostfildern 2015.

Belmar, Antonio García, L'agence temporaire des poids et mesures et la diffusion du système métrique decimal en France, in: Suzanne Débarbat und Antonio E. Ten (Hrsg.), Mètre et système métrique, Paris und Valencia 1993, S. 67–77.

Bennett, James A., The Mathematical Science of Christopher Wren, Cambridge 1982.

Ders., The Divided Circle. A History of Instruments for Astronomy, Navigation and Surveying, Oxford 1987.

Benoît, Serge, Gérard Emptoz und Denis Woronoff (Hrsg.), Encourager l'innovation en France et en Europe. Autour du bicentenaire de la Société d'encouragement pour l'industrie nationale. Contributions réunis à l'occasion de la célébration du Bicentenaire de sa fondation le 9 Brumaire An X (2 novembre 1801) (Collection CTHS Histoire, Bd. 22), Paris 2006.

Bensaude-Vincent, Bernadette, Chemistry, in: David Cahan (Hrsg.), From Natural Philosophy to the Sciences. Writing the History of Nineteenth-Century Science, Chicago und London 2003, S. 196–220.

Berkel, Klaas van, Part One: The Legacy of Stevin. A Chronological Narrative, in: ders., Albert van Helden und Lodewijk Palm (Hrsg.), A History of Science in the Netherlands: Survey, Themes, and Reference, Leiden 1999, S. 3–235.

Berz, Peter, 08/15. Ein Standard des 20. Jahrhunderts, München 2001.

Bialas, Volker, Erdgestalt, Kosmologie und Weltanschauung. Die Geschichte der Geodäsie als Teil der Kulturgeschichte der Menschheit (Vermessungswesen bei Konrad Wittwer, Bd. 9), Stuttgart 1982.

Bianchi, Serge, Terriers, plan-terriers et Révolution, in: Ghislain Brunel, Olivier Guyotjeannin und Jean-Marc Moriceau (Hrsg.), Terriers et plan-terriers du XIIIe au XVIII siècle. Actes du colloque de Paris (23–25 septembre 1998) (Bibliothèque d'Histoire Rurale, Bd. 5), Rennes und Paris 2002, S. 309–324.

Biggs, Norman, A Tale Untangled: Measuring the Fineness of Yarn, in: Textile History 35 (2004), S. 120–129.

Ders. und Jenny Hutchinson, Knowles' Patent Yarn Balance, in: Textile History 40 (2009), S. 97–102.

Black, Jeremy, Eighteenth-Century Europe, Basingstoke und London ²1999.

Ders. und Donald N. MacRaild, Nineteenth-Century Britain, Basingstoke und New York 2003.

Blaise, Clark, Die Zähmung der Zeit. Sir Sandford Fleming und die Erfindung der Weltzeit, Frankfurt a. M. 2001.

Boas Hall, Marie, Promoting Experimental Learning. Experiment and the Royal Society, 1660–1727, Cambridge 1991.

Boch, Rudolf, Staat und Wirtschaft im 19. Jahrhundert (Enzyklopädie deutscher Geschichte, Bd. 70), München 2004.

Bohnsack, Almut, Spinnen und Weben. Entwicklung von Technik und Arbeit im Textilgewerbe, Reinbeck bei Hamburg 1981.

Bonney, Richard, France 1494–1815, in: ders. (Hrsg.), The Rise of the Fiscal State in Europe, c.1200–1815, Oxford 1999, S. 123–176.

Boser, Lukas, Natur – Nation – Sicherheit. Diskurse über die Vereinheitlichung der Masse und Gewichte in der Schweiz und in Frankreich (1747–1801) (Berner Forschungen zur Regionalgeschichte, Bd. 10), Nordhausen 2010.

Boser Hofmann, Lukas, Modernisierung, Schule und das Mass der Dinge. Die Schweizer Volksschule als Modernisierungsgarant – dargestellt am Beispiel der Einführung neuer Masse und Gewichte im neunzehnten Jahrhundert, Diss. Phil. Bern 2013.

Boujut, Pierre, Célébration de la barrique, o. O. 1970.

Bourguet, Marie-Noëlle, Déchiffrer la France. La statistique départementale à l'époque napoléonienne, Paris 1988.

Bourguinat, Nicholas, Les grains du désordre. L'État face aux violences frumentaires dans la première moitié du XIXe siècle (Civilisations et Sociétés 107), Paris 2002.

Bowler, Peter J. und Iwan Rhys Morus, Making Modern Science. A Historical Survey, Chicago und London 2005.

Brandt, Otto, Urkundliches über Maß und Gewicht in Sachsen, Dresden 1933.

Brewer, John, The Sinews of Power. War, Money and the English State, 1688–1783, London u. a. 1989.

Brock, William H., Viewegs Geschichte der Chemie, Braunschweig u. a. 1997.

Broder, Albert, L'économie française au XIXe siècle, Gap und Paris 1993.

Brotton, Jerry, A History of the World in Twelve Maps, London u. a. 2012.

Brunsson, Nils und Bengt Jacobsson (Hrsg.), A World of Standards, Oxford u. a. 2000.

Buchwald, Jed Z., The Rise of the Wave Theory of Light. Optical Theory and Experiment in the Early Nineteenth Century, Chicago und London 1989.

Budde, Gunilla, Sebastian Conrad und Oliver Janz (Hrsg.), Transnationale Geschichte. Themen, Tendenzen und Theorien, Göttingen 2006.

Bühler, Martin, Von Netzwerken zu Märkten. Die Entstehung eines globalen Getreidemarktes, ca. 1800–1900, Diss. Phil. Luzern 2017.

Büttner, Jochen, The Pendulum as a Challenging Object in Early-Modern Mechanics, in: Walter Roy Laird und Sophie Roux (Hrsg.), Mechanics and Natural Philosophy before the Scientific Revolution (Boston Studies in the Philosophy of Science, Bd. 254), Dordrecht 2008, S. 223–237.

Busch, Lawrence, Standards. Recipes for Reality, Cambridge (MA) 2011.

Butel, Paul, L'économie française au XVIIIe siècle, Paris 1993.

Butrica, Andrew J., From Inspecteur to Ingénieur: Telegraphy and the Genesis of Electrical Engineering in France, 1845–1881, PhD Thesis, Iowa State University, Ames 1986.

Ders., La politique de l'innovation et la règlementation des Telecommunications en France au XIXe siècle, in: Catherine Bertho-Lavenir (Hrsg.), L'Etat et les télécommunications en France et à l'étranger 1837–1987. Actes du colloque organisé a Paris les 3 et 4 novembre 1987 par l'École Pratique des Hautes Études – IVe Section et l'Université René Descartes – Paris V (École Pratique des Hautes Études – IVe Section. Sciences historiques et philologiques, Bd. V. Hautes études médiévales et modernes, Bd. 68), Gènève 1991, S. 107–114.

Cahan, David, Meister der Messung. Die Physikalisch-Technische Reichsanstalt im Deutschen Kaiserreich, Weinheim u. a. 1992.

Cardwell, D. S. L., Turning Points in Western Technology. A Study of Technology, Science and History, New York 1972.

Cardon, Dominique, La draperie au Moyen Âge. Essor d'une grande industrie européenne, Paris 1999.

Cardot, Fabienne, Le milieu des électriciens, in: François Caron und Fabienne Cardot (Hrsg.), Espoirs et conquêtes 1881–1918 (Histoire générale de l'électricité en France, Bd. 1), Paris 1991, S. 17–53.

Caron, François, Frankreich im Zeitalter des Imperialismus 1851–1918 (Geschichte Frankreichs, Bd. 5), Stuttgart 1991.

Chaigneau, Marcel, Jean-Baptiste Dumas. Sa vie, son œuvre 1800–1884, Paris 1984.

Chaline, Olivier, La France au XVIIIe siècle (1715–1787), Paris 2004.

Champagne, Inez Ruth, The Role of Five Eighteenth Century French Mathematicians in the Development of the Metric System, PhD Diss. Columbia 1979.

Chang, Hasok, Inventing Temperature. Measurement and Scientific Progress, Oxford 2004.

Chapman, Allan, Dividing the Circle. The Development of Critical Angular Measurement in Astronomy 1500–1800, Chichester u. a. [2]1995.

Charbonnier, Pierre und Abel Poitrineau, Les anciennes mesures locales du Centre-Ouest, d'après les tables de conversion, Clermont-Ferrand 2001.

Chassagne, Serge, Le coton et ses patrons. France, 1760–1840 (Civilisations et sociétés, Bd. 83), Paris 1991.

Chester, Norman, The English Administrative System 1780–1870, Oxford 1981.

Chickering, Roger, Karl Lamprecht: A German Academic Life (1856–1915), Atlantic Highlands 1993.

Clark, Christopher, Preußen. Aufstieg und Niedergang 1600–1947, München 2007.

Cochrane, Rexmond C., Measures for Progress. A History of the National Bureau of Standards, Washington 1966.

Cocula, Anne-Marie, Du tonneau à la bouteille: métrologie et commerce. L'exemple des vins du Bordelais et des régions voisines, in: Bernard Garnier, Jean-Claude Hocquet und Denis Woronoff (Hrsg.), Introduction à la métrologie historique, Paris 1989, S. 263–284.

Cohen, Floris, Die zweite Erschaffung der Welt. Wie die moderne Naturwissenschaft entstand, Frankfurt a. M. und New York 2010.

Ders., How Modern Science Came Into the World. Four Civilizations, One 17th-Century Breakthrough, Amsterdam 2010.

Cohen, I. Bernard, The Triumph of Numbers. How Counting Shaped Modern Life, New York und London 2005.

Comptes rendus des séances de la douzième Conférence générale des poids et mesures, Paris, 6–13 octobre 1964, Paris 1964.

Connor, R. D., The Weights and Measures of England, London 1987.

Ders., A. D. C. Simpson und A. D. Morrison-Low, Weights and Measures in Scotland: A European Perspective, Edinburgh 2004.

Conze, Werner und Wolfgang Zorn (Hrsg.), Die Protokolle des Volkswirtschaftlichen Ausschusses der deutschen Nationalversammlung 1848/49. Mit ausgewählten Petitionen (Forschungen zur deutschen Sozialgeschichte, Bd. 6), Boppard am Rhein 1992.

Cooper, Carolyn C., The Portsmouth System of Manufacture, in: Technology and Culture 25 (1984), S. 182–225.

Corvol, Andrée, La métrologie forestière, in: Bernard Garnier, Jean-Claude Hocquet und Denis Woronoff (Hrsg.), Introduction à la métrologie historique, Paris 1989, S. 289–330.

Cox, Edward Franklin, A History of the Metric System of Weights and Measures, with Emphasis on Campaigns for Its Adoption in Great Britain and in the United States Prior to 1914, Diss. Phil. Indiana University, Bloomington 1956.

Ders., The Metric System: A Quarter-Century of Acceptance (1851–1876), in: Osiris 13 (1958), S. 358–379.

Crease, Robert P., World in the Balance. The Historic Quest for an Absolute System of Measurement, New York und London 2011.

Crosland, Maurice, The Congress on Definitive Metric Standards 1798–1799: The First International Scientific Conference?, in: Isis 60 (1969), S. 226–231.

Ders., ‚Nature' and Measurement in Eighteenth Century France, in: Studies on Voltaire and the Eighteenth Century 87 (1972), S. 277–309.

Ders., Science under Control. The French Academy of Sciences 1795–1914, Cambridge u. a. 1992.

Cymorek, Hans, Georg von Below und die deutsche Geschichtswissenschaft um 1900 (Vierteljahrschrift für Sozial- und Wirtschaftsgeschichte Beiheft 142), Stuttgart 1998.

Danson, Edwin, Weighing the World. The Quest to Measure the Earth, Oxford u. a. 2006.

Daston, Lorraine und Peter Galison, Objektivität, Frankfurt a. M. 2007.

Daumas, Maurice, Les instruments scientifiques aux XVIIe et XVIIIe siècles, Paris 1953.

Daunton, Martin J., Progress and Poverty. An Economic and Social History of Britain 1700–1850, Oxford 1995.

Ders., Wealth and Welfare. An Economic and Social History of Britain, 1851–1951, Oxford 2007.

David, Paul A., Clio and the Economics of QWERTY, in: The American Economic Review, 75 (1985), S. 332–337.

Ders. und Shane Greenstein, The Economics of Compatibility Standards: An Introduction to Recent Research, in: Economics of Innovation and New Technology 1 (1990), S. 3–41.

Davis, James, Baking for the Common Good. A Reassessment of the Assize of Bread in Medieval England, in: Economic History Review 57 (2004), S. 465–502.

Ders., Medieval Market Morality. Life, Law and Ethics in the English Marketplace, 1200–1500, Cambridge u. a. 2012.

Débarbat, Suzanne und Antonio E. Ten (Hrsg.), Mètre et système métrique, Paris und Valencia 1993.

Dejung, Christoph, Spielhöllen des Kapitalismus? Terminbörsen, Spekulationsdiskurse und die Übersetzung von Rohstoffen im modernen Warenhandel, in: WerkstattGeschichte 58 (2011), S. 49–69.

Delano-Smith, Catherine und Roger J. P. Kain, English Maps. A History, London 1999.

Démier, Francis, La France du XIXe siècle 1814–1914, Paris 2000.

Denzel, Markus A., Jean-Claude Hocquet und Harald Witthöft (Hrsg.), Kaufmannsbücher und Handelspraktiken vom Spätmittelalter bis zum beginnenden 20. Jahrhundert (Vierteljahrschrift für Sozial- und Wirtschaftsgeschichte Beiheft 163), Stuttgart 2002.

Dessert, Daniel, Argent, pouvoir et société au Grand Siècle, Paris 1984.

Dew, Nicholas, The Hive and the Pendulum: Universal Metrology and Baroque Science, in: Ofer Gal und Raz Chen-Morris (Hrsg.), Science in the Age of Baroque, Dordrecht 2013, S. 239–255.

Dickinson, H. W., The Bicentenary of the Platform Weighing Machine, in: The Engineer 178 (1944), S. 504–506.

Dijkman, Jessica, Shaping Medieval Markets. The Organisation of Commodity Markets in Holland, c. 1200-c. 1450 (Global Economic History Series, Bd. 8), Leiden und Boston 2011.

Doyle, William, The French Revolution. A Very Short Introduction, Oxford 2001.

Drake, Stillman, Galileo at Work. His Scientific Biography, Chicago 1978.

Drobesch, Werner, Bodenerfassung und Bodenbewertung als Teil einer Staatsmodernisierung. Theresianische Steuerrektifikation, Josephinischer Kataster und Franziszeischer Kataster, in: Histoire des Alpes – Storia delle Alpi – Geschichte der Alpen 14 (2009), S. 165–184.

Duchhardt, Heinz, Europa am Vorabend der Moderne 1650–1800 (Handbuch der Geschichte Europas, Bd. 6), Stuttgart 2003.

Dugan, Sally, Measure for Measure. Fascinating Facts about Length, Weight, Time and Temperature, London 1993.

Dunez, Paul, Histoire du libre échange et du protectionnisme en France, Paris 1995.

Durand, Alain, AFNOR. 80 années d'histoire, La Plaine Saint-Denis 2008.

Eco, Umberto, Die Geschichte der legendären Länder und Städte, München 2013.

Edney, Matthew H., Mapping an Empire. The Geographical Construction of British India, 1765–1843, Chicago und London 1997.

Ehrhardt, Marcus, Netzwerkeffekte, Standardisierung und Wettbewerbsstrategie, Wiesbaden 2001.

Einaudi, Luca, Money and Politics. European Monetary Unification and the International Gold Standard (1865–1873), Oxford 2001.

Ellis, Keith, Man and Measurement, London 1973.

Erbe, Michael, Belgien, Niederlande, Luxemburg. Geschichte des niederländischen Raumes, Stuttgart u. a. 1993.

Erdmann, Manfred, Die verfassungspolitische Funktion der Wirtschaftsverbände in Deutschland 1815–1871 (Sozialwissenschaftliche Abhandlungen, Bd. 12), Berlin 1968.

Evans, Eric J., The Forging of the Modern State. Early Industrial Britain 1783–1870, Harlow u. a. ³2001.

Fahrmeir, Andreas, Revolutionen und Reformen. Europa 1789–1850, München 2010.

Farnie, Douglas, Cotton, 1780–1914, in: David T. Jenkins (Hrsg.), The Cambridge History of Western Textiles, Bd. 2, Cambridge u. a. 2003, S. 721–760.

Favre, Adrien, Les origines du système metrique, Paris 1931.

Feavearyear, Albert, The Pound Sterling. A History of English Money, Oxford ²1963.

Fehrenbach, Elisabeth, Vom Ancien Régime zum Wiener Kongress (Oldenbourg Grundriss der Geschichte, Bd. 12), München ⁵2008.

Félix, Joël, Finances et politique au siècle des Lumières. Le ministère L'Averdy, 1763–1768, Paris 1999.

Ders. und Frank Tallet, The French Experience, 1661–1815, in: Christopher Storrs (Hrsg.), The Fiscal-Military State in Eighteenth-Century Europe. Essays in Honour of P. G. M. Dickson, Aldershot 2009, S. 147–166.

Fell, Ulrike, Disziplin, Profession und Nation. Die Ideologie der Chemie in Frankreich vom Zweiten Kaiserreich bis in die Zwischenkriegszeit (Deutsch-Französische Kulturbibliothek, Bd. 14), Leipzig 2000.

Fernand-Laurent, Camille Jean, Jean-Sylvain Bailly. Premier Maire de Paris, Paris 1927.

Ferreiro, Larrie D., Measure of the Earth. The Enlightenment Expedition that Reshaped Our World, New York 2011.

Feuerhahn, Wolf und Pascale Rabault-Feuerhahn (Hrsg.), La fabrique internationale de la science. Les congrès scientifiques de 1865 à 1945 (Revue Germanique International, Bd. 12), Paris 2010.

Fifty Years of British Standards 1901–1951. With a Foreword by John Anderson, London 1951.

Fisch, Jörg, Europa zwischen Wachstum und Gleichheit 1850–1914 (Handbuch der Geschichte Europas, Bd. 8), Stuttgart 2002.

Forbes, Eric G., Origins and Early History (1675–1835) (Greenwich Observatory. The Royal Observatory at Greenwich and Herstmonceux 1675–1975, Bd. 1), London 1975.

Forrester, Robert Blair, The Cotton Industry in France. A Report to the Electors of the Gartside Scholarships (Economic Series No. XV. Gartside Reports on Industry and Commerce No. 11), Manchester u. a. 1921.

Fox, Angelika, Die wirtschaftliche Integration Bayerns in das Zweite Deutsche Kaiserreich. Studien zu den wirtschaftspolitischen Spielräumen eines deutschen Mittelstaates zwischen 1862 und 1875 (Schriftenreihe zur bayerischen Landesgeschichte, Bd. 131), München 2001.

Franck, Pierre, La normalisation des produits industriels, Paris 1981.

Frercks, Jan, Creativity and Technology in Experimentation: Fizeau's Terrestrial Determination of the Speed of Light, in: Centaurus 42 (2000), S. 249–287.

Ders., Die Forschungspraxis Hippolyte Fizeaus. Eine Charakterisierung ausgehend von der Replikation seines Ätherwindexperiments von 1852, Berlin 2001.

Frevert, Ute, Vertrauen – eine historische Spurensuche, in: dies. (Hrsg.), Vertrauen. Historische Annäherungen, Göttingen 2003, S. 7–66.

Dies., Vertrauensfragen. Eine Obsession der Moderne, München 2013.

Froeschlé, Michel, Le Mètre ou la canne. Applications et résistances au système métrique en Provence, in: Suzanne Débarbat und Antonio E. Ten (Hrsg.), Mètre et système métrique, Paris und Valencia 1993, S. 79–96.

Fuchs, Eckhardt, Popularisierung, Standardisierung und Politisierung: Wissenschaft auf den Weltausstellungen des 19. Jahrhunderts, in: Franz Bosbach und John R. Davis (Hrsg.), Die Weltausstellung von 1851 und ihre Folgen (Prinz-Albert-Studien, Bd. 20), München 2002, S. 205–221.

Gailus, Manfred, Die Erfindung des „Korn-Juden". Zur Geschichte eines anti-jüdischen Feindbilds des 18. und frühen 19. Jahrhunderts, in: Historische Zeitschrift 272 (2001), S. 597–622.

Garnier, Bernard, Les enquêtes métrologiques du milieu du XVIIIe siècle. Métrologie pour les états de prix de subdélégation, in: Cahiers de métrologie 1 (1983), S. 21–121.

Ders., Les mesures et les hommes, quinze ans après, in: Institut d'histoire moderne et contemporaine – Centre national de la recherche scientifique (Hrsg.), Les mesures et l'histoire. Cahiers de métrologie. Numéro spécial. Table ronde Witold Kula, 2 mai 1984, Paris 1984, S. 5–14.

Ders., Les enquêtes métrologiques sous l'Ancien Régime, in: ders., Jean-Claude Hocquet und Denis Woronoff (Hrsg.), Introduction à la métrologie historique, Paris 1989, S. 43–57.

Ders. und Jean-Claude Hocquet (Hrsg.), Genèse et diffusion du système métrique. Actes du colloque La Naissance du système métrique, URA-CNRS 1013 et 1252, Musée National des Techniques, CNAM, 20–21 octobre 1989, Caen 1990.

Ders., Jean-Claude Hocquet und Denis Woronoff (Hrsg.), Introduction à la métrologie historique, Paris 1989.

Gascoigne, John, Ideas of Nature. Natural Philosophy, in: Roy Porter (Hrsg.), Eighteenth-Century Science (The Cambridge History of Science, Bd. 4), Cambridge 2003, S. 285–304.

Ders., Science in the Service of Empire. Joseph Banks, the British State and the Uses of Science in the Age of Revolution, Cambridge 1998.

Gauß, Carl Friedrich, Bericht über die Darstellung der Hannoverschen Normalfusse, in: Gesellschaft der Wissenschaften zu Göttingen (Hrsg.), Carl Friedrich Gauß Werke. Elften Bandes erste Abteilung, Berlin 1927, S. 3–6.

Gérardin, Licien, La circonférence terrestre étalon naturel de longueur, selon la métrologie (1780) du mathématicien A. J.-P. Paucton, in: Henri Lacombe und Pierre Costabel (Hrsg.), La figure de la Terre du XVIIIe siècle à l'ère spatiale, Paris 1988, S. 267–279.

Gerhard, Hans-Jürgen, Merkantilpolitische Handelshemmnisse (im territorialen Vergleich) am Beispiel eines territorial relativ einheitlichen Gebietes, in: Hans Pohl (Hrsg.), Die Auswirkungen von Zöllen und anderen Handelshemmnisssen auf Wirtschaft und Gesellschaft vom Mittelalter bis zur Gegenwart. Referate der 11. Arbeitstagung der Gesellschaft für Sozial- und Wirtschaftsgeschichte vom 9. bis 13. April 1985 in Hohenheim (Vierteljahrschrift für Sozial- und Wirtschaftsgeschichte Beiheft Nr. 89), Stuttgart 1987, S. 59–83.

Geyer, Martin H., One Language for the World. The Metric System, International Coinage and the Rise of Internationalism, 1850–1900, in: ders. und Johannes Paulmann (Hrsg.), The Mechanics of Internationalism. Culture, Society, and Politics from the 1840s to the First World War, Oxford 2001, S. 55–92.

Gigerenzer, Gerd u. a., Das Reich des Zufalls. Wissen zwischen Wahrscheinlichkeiten, Häufigkeiten und Unschärfen, Heidelberg und Berlin 1999.

Gildea, Robert, Children of the Revolution. The French, 1799–1914, London u. a. 2008.

Gillispie, Charles Coulston, Science and Polity in France at the End of the Old Regime, Princeton 1980.

Ders., Pierre-Simon Laplace 1749–1827. A Life in Exact Science, Princeton 1997.

Ders., Science and Polity in France. The Revolutionary and Napoleonic Years, Princeton und Oxford 2004.

Goblirsch, Richard, Die Normaleichungskommission und ihre Zeit, Wien 2011.

Godechot, Jacques, Les constitutions de la France depuis 1789, Paris 1970.

Godlewska, Anna Marie Claire, Geography Unbound. French Geographic Science from Cassini to Humboldt, Chicago und London 1999.

Gömmel, Rainer und Rainer Klump, Merkantilisten und Physiokraten in Frankreich, Darmstadt 1994.

Golinski, Jan, „The Nicety of Experiment": Precision Measurement and Precision of Reasoning in Late Eighteenth-Century Chemistry, in: M. Norton Wise (Hrsg.), The Values of Precision, Princeton 1995, S. 72–91.

Ders., Making Natural Knowledge. Constructivism and the History of Science, with a New Preface, Chicago und London 2005.

Gooday, Graeme J. N., The Morals of Measurement. Accuracy, Irony, and Trust in Late Victorian Electrical Practice, Cambridge 2004.

Grab, Alexander, Napoleon and the Transformation of Europe, Basingstoke u. a. 2003.

Graham, Hamish, Rural Society and Agricultural Revolution, in: Stefan Berger (Hrsg.), A Companion to Nineteenth-Century Europe 1789–1914, Chichester u. a. 2009, S. 31–43.

Grau, Conrad, Die Preußische Akademie der Wissenschaften zu Berlin. Eine deutsche Gelehrtengesellschaft in drei Jahrhunderten, Heidelberg u. a. 1993.

Greenberg, John Leonard, The Problem of the Earth's Shape from Newton to Clairaut. The Rise of Mathematical Science in Eighteenth-century Paris and the Fall of ‚Normal‘ Science, Cambridge 1995.

Greenhalgh, Paul, Ephemeral Vistas. The Expositions Universelles, Great Exhibitions and World's Fairs, 1851–1939, Manchester 1988.

Grelon, André, La formation des ingénieurs électriciens, in: François Caron und Fabienne Cardot (Hrsg.), Espoirs et conquêtes 1881–1918 (Histoire générale de l'électricité en France, Bd. 1), Paris 1991, S. 254–293.

Grevet, René, L'avènement de l'école contemporaine en France (1789–1853). Laïcisation et confessionnalisation de la culture scolaire, Villeneuve d'Ascq 2001.

Groß, Florian, Integration durch Standardisierung. Maßreformen in Deutschland im 19. Jahrhundert (Schriftenreihe des Instituts für Europäische Regionalforschungen, Bd. 23), Baden-Baden 2015.

Gruter, Edouard, Le concept de mesure, in: Bernard Garnier, Jean-Claude Hocquet und Denis Woronoff (Hrsg.), Introduction à la métrologie historique, Paris 1989, S. 3–22.

Guedj, Denis, Le mètre du monde, Paris 2000.

Günther, Hubertus, Die Rekonstruktion des antiken Fußmaßes in der Renaissance, in: Dieter Ahrens und Rolf C. A. Rottländer (Hrsg.), Ordo et Mensura IV. Ordo et Mensura V. Internationaler interdisziplinärer Kongreß für Historische Metrologie. Ordo et Mensura IV. 6.–8. Oktober 1995 im Schloß Hohentübingen. Ordo et Mensura V, 4.–7. September im Deutschen Museum München (Sachüberlieferung und Geschichte, Bd. 25), St. Katharinen 1998, S. 373–393.

Guillaume, Charles-Édouard, L'œuvre du Bureau international des poids et mesures, in: ders. (Hrsg.), La création du Bureau international des poids et mesures et son œuvre, Paris 1927, S. 33–258.

Haarmann, Harald, Weltgeschichte der Zahlen, München 2008.

Haas, Peter M., Introduction: Epistemic Communities and International Policy Coordination, in: ders. (Hrsg.), Knowledge, Power, and International Policy Coordination (International Organization, Bd. 46, Nr. 1), Cambridge (MA) 1992, S. 1–35.

Hacking, Ian, Was There a Probabilistic Revolution 1800–1930?, in: Lorenz Krüger, Lorraine J. Daston und Michael Heidelberger (Hrsg.), The Probabilistic Revolution. Volume 1: Ideas in History, Cambridge (MA) und London 1987, S. 45–55.

Ders., The Taming of Chance, Cambridge u. a. 1990.

Ders., Einführung in die Philosophie der Naturwissenschaften, Stuttgart 1996.

Haeberle, Karl Erich, 10 000 Jahre Waage. Aus der Entwicklungsgeschichte der Wägetechnik, Balingen 1967.

Härter, Karl und Michael Stolleis (Hrsg.), Repertorium der Policeyordnungen der Frühen Neuzeit, 10 Bde., Frankfurt a. M. 1996–2010.

Hager, Claus, Württembergische Stein- und Metallgewichte 1557–2000, Stuttgart 2006.

Hahn, Hans-Werner, Geschichte des Deutschen Zollvereins (Kleine Vandenhoeck-Reihe, Bd. 1502), Göttingen 1984.

Hahn, Roger, The Anatomy of a Scientific Institution. The Paris Academy of Sciences, 1666–1803, Berkeley u. a. 1971.

Hanke, Michael, Geschichte der amtlichen Kartographie Brandenburg-Preussens bis zum Ausgang der Friderizianischen Zeit (Geographische Abhandlungen Reihe 3, Heft 7), Stuttgart 1935.

Harrison, Giles V., Agricultural Weights and Measures, in: Joan Thirsk (Hrsg.), The Agrarian History of England and Wales. Volume V: 1640–1750, II. Agrarian Change, Cambridge u. a. 1985, S. 815–825.

Hase, Wolfgang und Gerd Dethlefs, Damit mußten sie rechnen … auch auf dem Lande. Zur Alltagsgeschichte des Rechnens mit Münze, Maß und Gewicht, Cloppenburg 1994.

Hatcher, John, The History of the British Coal Industry. Volume 1. Before 1700: Towards the Age of Coal, Oxford 1993.

Haupt, Heinz-Gerhard, Sozialgeschichte Frankreichs seit 1789, Frankfurt a. M. 1989.

Ders., Meister, Gesellen und Arbeiter unter nachzünftlerischen Bedingungen: das Paris der Restaurationszeit, in: Ilja Mieck (Hrsg.), Paris und Berlin in der Restaurationszeit (1815–1830). Soziokulturelle und ökonomischer Strukturen im Vergleich. Erstes Paris-Berlin-Colloquium am 11. und 12. Juni 1990 im Haus der Historischen Kommission zu Berlin, Sigmaringen 1996, S. 97–111.

Ders., Von der Französischen Revolution bis zum Ende der Julimonarchie (1789–1848), in: Ernst Hinrichs (Hrsg.), Kleine Geschichte Frankreichs, Stuttgart 2003, S. 255–310.

Haustein, Heinz-Dieter, Weltchronik des Messens. Universalgeschichte von Maß, Zahl, Geld und Gewicht, Berlin und New York 2001.

Heilbron, J. L., Introductory Remarks, in: Tore Frängsmyr, J. L. Heilbron und Robin E. Rider (Hrsg.), The Quantifying Spirit in the 18th Century (Uppsala Studies in History of Science, Bd. 7), Berkeley u. a. 1990, S. 1–23.

Ders., The Measure of Enlightenment, in: ebd., S. 207–242.

Heit, Alfred und Klaus Petry, Bibliographie zur Historischen Metrologie (Wissenschaftliche Arbeitshilfen zur Geschichte des Mittelalters und der Neuzeit Heft 7,1/2), 2 Bde., Trier 1992–1995.

Helden, Albert van, Johannes Bosscha 1831–1911, in: Klaas van Berkel, Albert van Helden und Lodewijk Palm (Hrsg.), A History of Science in the Netherlands. Survey, Themes and Reference, Leiden u. a. 1999, S. 425–426.

Henning, Friedrich-Wilhelm, Deutsche Wirtschafts- und Sozialgeschichte im Mittelalter und in der frühen Neuzeit (Handbuch der Wirtschafts- und Sozialgeschichte Deutschlands, Bd. 1), Paderborn u. a. 1991.

Henry, John, The Scientific Revolution and the Origins of Modern Science, Basingstoke und New York [3]2008.

Herbert, Ulrich, Europe in High Modernity. Reflections on a Theory of the 20th Century, in: Journal of Modern European History 5 (2007), S. 5–21.

Herren, Madeleine, Internationale Organisationen seit 1865. Eine Globalgeschichte der internationalen Ordnung, Darmstadt 2009.

Hessenbruch, Arne, The Spread of Precision Measurement in Scandinavia 1660–1800, in: Kostas Gavroglu (Hrsg.), The Sciences in the European Periphery during the Enlightenment, Dordrecht u. a. 1999, S. 179–224.

Hewitt, Rachel, Map of a Nation. A Biography of the Ordnance Survey, London 2010.

Hinrichs, Ernst, Absolute Monarchie und Ancien Régime (1661–1789), in: ders. (Hg.), Kleine Geschichte Frankreichs, Stuttgart 2003, S. 187–253.

Hippel, Wolfgang von, Maß und Gewicht im Gebiet von Bayerischer Pfalz und Rheinhessen (Departement Donnersberg) am Ende des 18. Jahrhunderts (Südwestdeutsche Schriften, Bd. 16), Mannheim 1994.

Ders., Maß und Gewicht im Gebiet des Großherzogtums Baden am Ende des 18. Jahrhunderts (Südwestdeutsche Schriften, Bd. 19), Mannheim 1996.

Ders., Maß und Gewicht im Gebiet des Königreichs Württemberg und der Fürstentümer Hohenzollern am Ende des 18. Jahrhunderts (Veröffentlichungen der Kommission für geschichtliche Landeskunde in Baden-Württemberg. Reihe B: Forschungen, Bd. 145), Stuttgart 2000.

Hitzfeld, Karlleopold, Alois Quintenz, ein Erfinderschicksal, in: Die Ortenau. Zeitschrift des Historischen Vereins für Mittelbaden 49 (1969), S. 164–169.

Hoare, Michael Rand, The Quest for the True Figure of the Earth. Ideas and Expeditions in Four Centuries of Geodesy, Aldershot u. a. 2005.

Hochedlinger, Michael, Austria's Wars of Emergence. War, State and Society in the Habsburg Monarchy 1683–1797, London u. a. 2003.

Ders., The Habsburg Monarchy: From ‚Military-Fiscal State' to ‚Militarization', in: Christopher Storrs (Hrsg.), The Fiscal-Military State in Eighteenth-Century Europe. Essays in Honour of P. G. M. Dickson, Aldershot 2009, S. 55–94.

Hocquet, Jean-Claude, Le roi et la réglementation des poids et mesures en France, in: Bernard Garnier und Jean-Claude Hocquet (Hrsg.), Genèse et diffusion du système métrique. Actes du colloque La Naissance du système métrique, URA-CNRS 1013 et 1252, Musée National des Techniques, CNAM, 20–21 octobre 1989, Caen 1990, S. 23–33.

Ders., Weißes Gold. Das Salz und die Macht in Europa von 800 bis 1800, Stuttgart 1993.

Ders., La métrologie historique, Paris 1995.

Ders., Harmonisierung von Maßen und Gewichten als Mittel zur Integrierung in Deutschland im 19. Jahrhundert, in: Eckart Schremmer (Hrsg.), Wirtschaftliche und soziale Integration in historischer Sicht. Arbeitstagung der Gesellschaft für Sozial- und Wirtschaftsgeschichte in Marburg 1995 (Vierteljahrschrift für Sozial- und Wirtschaftsgeschichte Beiheft 128), Stuttgart 1996, S. 110–123.

Hoffmann, Dieter, Normung von Maß, Zeit und Gewicht: Vom deutschen Zollverein bis zur Physikalisch-Technischen Bundesanstalt, in: Hartwig Junius und Kurt Kröger (Hrsg.), Europa wächst zusammen. 6. Symposium zur Vermessungsgeschichte in Dortmund am 12. Februar 1996 im Museum für Kunst und Kulturgeschichte (Vermessungswesen bei Konrad Wittwer, Bd. 30), Stuttgart 1996, S. 7–29.

Hoke, Donald R., Ingenious Yankees. The Rise of the American System of Manufactures in the Private Sector, New York und Oxford 1990.

Hong, Sungook, Theories and Experiments on Radiation from Thomas Young to X Rays, in: Mary Jo Nye (Hrsg.), The Modern Physical and Mathematical Sciences (The Cambridge History of Science, Bd. 5), Cambridge u. a. 2003, S. 272–288.

Hoock, Jochen, Pierre Jeannin und Wolfgang Kaiser (Hrsg.), Ars Mercatoria. Handbücher und Traktate für den Gebrauch des Kaufmanns, 1470–1820. Eine analytische Bibliographie, 3 Bde., Paderborn u. a. 1991–2001.

Hoppe-Blank, Johannes, Vom metrischen System zum internationalen Einheitensystem. 100 Jahre Meterkonvention (Bericht ATWD-5), Braunschweig 1975.

Hoppen, K. Theodore, The Mid-Victorian Generation 1846–1886, Oxford 1998.

Hoppit, Julian, Reforming Britain's Weights and Measures, 1660–1824, in: English Historical Review 108 (1993), S. 82–104.

Hounshell, David A., From the American System to Mass Production. The Development of Manufacturing Technology in the United States (Studies in Industry and Society, Bd. 4), Baltimore und London 1984.

Hubatsch, Walther, Friedrich der Große und die preußische Verwaltung (Studien zur Geschichte Preußens, Bd. 18), Köln und Berlin 1973.

Hughes, Thomas P., Networks of Power. Electrification in Western Society 1880–1930, Baltimore 1983.

Huhn, Michael, Zwischen Teuerungspolitik und Freiheit des Getreidehandels: Staatliche und städtische Maßnahmen in Hungerkrisen 1770–1847, in: Hans Jürgen Teuteberg (Hrsg.), Durchbruch zum modernen Massenkonsum. Lebensmittelmärkte und Lebensmittelqualität im Städtewachstum des Industriezeitalters, Münster 1987, S. 37–89.

Hull, James P., Revolution in Measurement: Western European Weights and Measures since the Age of Science. Ronald Edward Zupko [Buchrezension], in: Canadian Historical Review 72 (1991), S. 273–275.

Hume, Kenneth J., A History of Engineering Metrology, London 1980.

Hunt, Bruce J., The Ohm Is Where the Art Is: British Telegraph Engineers and the Development of Electrical Standards, in: Osiris 9 (1994) (2nd Series), S. 48–63.

Hunter, Michael C. W., Establishing the New Science. The Experience of the Early Royal Society, Woodbridge u. a. 1989.

Hunter Dupree, Anderson, Measures and Men. By Witold Kula [Buchrezension], in: The Journal of Modern History 60 (1988), S. 569–571.

Ifrah, Georges, Universalgeschichte der Zahlen, Frankfurt und New York ²1991.

International Vocabulary of Metrology – Basic and General Concepts and Associated Terms (VIM). 2008 Version with Minor Corrections, hrsg. vom Joint Committee for Guides in Metrology, o. O. [Paris] ³2012.

Isaachsen, D., Introduction historique, in: Charles-Édouard Guillaume (Hrsg.), La création du Bureau international des poids et mesures et son œuvre, Paris 1927, S. 1–31.

Iseli, Andrea, „Bonne police". Frühneuzeitliches Verständnis von der guten Ordnung eines Staates in Frankreich (Frühneuzeit-Forschungen, Bd. 11), Epfendorf 2003.

Dies., Gute Policey. Öffentliche Ordnung in der frühen Neuzeit, Stuttgart 2009.

Isenmann, Moritz, War Colbert ein „Merkantilist"?, in: ders. (Hrsg.), Merkantilismus. Wiederaufnahme einer Debatte (Vierteljahrschrift für Sozial- und Wirtschaftsgeschichte Beiheft 228), Stuttgart 2014, S. 143–167.

Jäcklin-Volkert, Gabriele, Die Münchner Schrannenhalle, München 2003.

Jackson, Myles W., Fraunhofers Spektren. Die Präzisionsoptik als Handwerkskunst, Göttingen 2009.

Jacquart, Jean, Réflexions sur la métrologie des grains, in: Bernard Garnier, Jean-Claude Hocquet und Denis Woronoff (Hrsg.), Introduction à la métrologie historique, Paris 1989, S. 195–210.

Jacoby, A., Maß, Messen, in: Eduard Hoffmann-Krayer und Hanns Bächtold-Stäubli (Hrsg.), Handwörterbuch des deutschen Aberglaubens. Band 5: Knoblauch–Matthias, Berlin und Leipzig 1933, Sp. 1853–1862.

Jaeger, Wilhelm, Die Entstehung der internationalen Maße der Elektrotechnik (Geschichtliche Einzeldarstellungen aus der Elektrotechnik, Bd. 4), Berlin 1932.

Janorschke, Johannes, Bismarck, Europa und die „Krieg-in-Sicht"-Krise von 1875 (Otto-von-Bismarck-Stiftung Wissenschaftliche Reihe, Bd. 11), Paderborn u. a. 2010.

Jeannin, Pierre, Les poids et mesures dans les manuels de pratique commerciale, in: Bernard Garnier, Jean-Claude Hocquet und Denis Woronoff (Hrsg.), Introduction à la métrologie historique, Paris 1989, S. 71–79.

Jedrzejewski, Franck, Histoire universelle de la mesure, Paris 2002.

Jenkins, David T., The Western Wool Textile Industry in the Nineteenth Century, in: ders. (Hrsg.), The Cambridge History of Western Textiles, Bd. 2, Cambridge u. a. 2003, S. 761–789.

Jessen, Ralph und Jakob Vogel, Die Naturwissenschaften und die Nation. Perspektiven einer Wechselbeziehung in der europäischen Geschichte, in: dies. (Hrsg.), Wissenschaft und Nation in der europäischen Geschichte, Frankfurt und New York 2002, S. 7–37.

Jozeau, Marie-Françoise, Géodésie au XIXe siècle: de l'hégémonie française à l'hégémonie allemande. Regards belges. Compensation et méthode des moindres carrés, 2 Bde., Diss. Paris 1997.

Kaelble, Hartmut, Der historische Vergleich. Eine Einführung zum 19. und 20. Jahrhundert, Frankfurt und New York 1999.

Kaelble, Hartmut und Jürgen Schriewer (Hrsg.), Vergleich und Transfer. Komparatistik in den Sozial-, Geschichts- und Kulturwissenschaften, Frankfurt und New York 2003.

Kain, Roger J. P. und Elizabeth Baigent, The Cadastral Map in the Service of the State. A History of Property Mapping, Chicago und London 1992.

Kaplan, Steven L., Provisioning Paris. Merchants and Millers in the Grain and Flour Trade during the Eighteenth Century, Ithaca u. a. 1984.

Kaplan, Steven L., The Bakers of Paris and the Bread Question, 1700–1775, Durham u. a. 1996.

Kassung, Christian, Das Pendel. Eine Wissensgeschichte, Paderborn u. a. 2007.

Kellermann, Rudolf und Wilhelm Treue, Die Kulturgeschichte der Schraube, München ²1962.

Kennelly, Arthur E., Vestiges of Pre-Metric Weights and Measures, Persisting in Metric-System Europe 1926–1927, New York 1928.

Ders., Adoption of the Meter-Kilogram-Mass-Second (M.K.S.) Absolute System of Practical Units by the International Electrochnical Commission (I.E.C.), Bruxelles, June 1935, Proceedings of the National Academy of Sciences of the United States of America 21 (1935), S. 579–583.

Kern, Ulrich, Die Physikalisch-Technische Reichsanstalt 1918 bis 1945, in: Jürgen Bortfeld, W. Hauser und H. Rechenberg (Hrsg.), Forschen – Messen – Prüfen. 100 Jahre Physikalisch-Technische Reichsanstalt/Bundesanstalt 1887–1987 (Forschen – Messen – Prüfen, Bd. 1), Weinheim 1987, S. 68–112.

Ders., 175 Jahre preußische Maß- und Gewichtsordnung, in: PTB-Mitteilungen 101 (1991), S. 109–113.

Ders., Forschung und Präzisionsmessung. Die Physikalisch-Technische Reichsanstalt zwischen 1918 und 1948, Weinheim u. a. 1994.

Kershaw, Michael, The International Electrical Units: A Failure in Standardisation?, in: Studies in History and Philosophy of Science 38 (2007), S. 108–131.

Ders., ‚Diogenes in Search of an Honest Man'. The Genesis of the Industrial Inch, the First Global Standard of Length, in: History and Technology 25 (2009), S. 89–114.

Ders., The ‚nec plus ultra' of Precision Measurement: Geodesy and the Forgotten Purpose of the Metre Convention, in: Studies in History and Philosophy of Science 43 (2012), S. 563–576.

Ders., Twentieth-Century Length. The Origins, Use, and Formalization of Electromagnetic Standards, in: Historical Studies in the Natural Sciences 43 (2013), S. 162–201.

Ders., A Different Kind of Longitude: The Metrology of Location by Geodesy, in: Richard Dunn und Rebekah Higgitt (Hrsg.), Navigational Enterprises in Europe and its Empires, 1730–1850, Basingstoke und New York 2016, S. 134–156.

Kertscher, Dieter, Carl Friedrich Gauß und die Geodäsie, in: Elmar Mittler (Hrsg.), „Wie der Blitz einschlägt, hat sich das Räthsel gelöst." Carl Friedrich Gauß in Göttingen (Göttinger Bibliotheksschriften, Bd. 30), Göttingen 2005, S. 150–167.

Kiesewetter, Hubert, Industrielle Revolution in Deutschland 1815–1914, Frankfurt a. M. 1989.

Kindleberger, Charles P., Standards as Public, Collective and Private Goods, in: Kyklos 36 (1983), S. 377–396.

Kisch, Bruno Zacharias, Scales and Weights. A Historical Outline (Yale Studies in the History of Science and Medicine, Bd. 1.), London und New Haven 1965.

Knight, David, The Making of Modern Science. Science, Technology, Medicine and Modernity: 1789–1914, Cambridge und Malden (MA) 2009.

Koch, Jürgen W., Der Hamburger Spritzenmeister und Mechaniker Johann Georg Repsold (1770–1830). Ein Beispiel für die Feinmechanik im norddeutschen Raum zu Beginn des 19. Jahrhunderts, Diss. Hamburg 2001.

König, Wolfgang, Massenproduktion und Technikkonsum. Entwicklungslinien und Triebkräfte der Technik zwischen 1880 und 1914, in: ders. und Wolfhard Weber, Netzwerke, Stahl und Strom 1840 bis 1914 (Propyläen Technikgeschichte, Bd. 4), Frankfurt a. M. und Berlin 1990, S. 265–552.

Krajewski, Markus, Restlosigkeit. Weltprojekte um 1900, Frankfurt a. M. 2006.

Ders., Genauigkeit. Zur Ausbildung einer epistemischen Tugend im ‚langen 19. Jahrhundert', in: Beiträge zur Wissenschaftsgeschichte 39 (2016), S. 211–229.

Kramper, Peter, Klio gegen Frankenstein? Objektivitätsfrage und Fortschrittsdenken in der deutschen und englischen Geschichtswissenschaft im 19. Jahrhundert, in: Freiburger Universitätsblätter 179 (2008), S. 69–88.

Ders., Warum Europa? Konturen einer globalgeschichtlichen Forschungskontroverse, in: Neue Politische Literatur 54 (2009), S. 9–46.

Ders., Die Erde als das Maß aller Dinge. Antike Bezüge einer naturphilosophischen Debatte des 18. und 19. Jahrhunderts, in: Geschichte in Wissenschaft und Unterricht 67 (2016), S. 695–711.

Kretschmer, Winfried, Geschichte der Weltausstellungen, Frankfurt und New York 1999.

Kröger, Kurt, Das Vermessungswesen im Spiegel der Hausväterliteratur (Europäische Hochschulschriften, Reihe III: Geschichte und ihre Hilfswissenschaften, Bd. 280), Frankfurt u. a. 1986.

Krüger, Lorenz u. a. (Hrsg.), The Probabilistic Revolution, 2 Bde., Cambridge (MA) und London 1987.

Kuczynski, Thomas, Charakteristische Verhältniszahlen zwischen älteren Maßsystemen. Konjekturen über latente Zusammenhänge innerhalb des mittelalterlichen europäischen Gewichtssystems, in: Technikatörténeti Szemle/Review of History of Technics 10 (1978), S. 33–42.

Kuhn, Thomas S., The Structure of Scientific Revolutions, Chicago und London [3]1996.

Kula, Witold, Measures and Men, Princeton 1986.

Kunisch, Johannes, Friedrich der Grosse. Der König und seine Zeit, München 2004.

Kurrer, Karl-Eugen, Geschichte der Baustatik, Berlin 2002.

Laak, Dirk van, Infra-Strukturgeschichte, in: Geschichte und Gesellschaft, 27 (2001), S. 367–393.

Labrousse, Ernest, Les „bons prix" agricoles du XVIIIe siècle, in: ders. u. a. (Hrsg.), Histoire économique et sociale de la France. Tome II: Des derniers temps de l'âge seigneurial aux préludes de l'âge industriel (1660–1789), Paris 1970, S. 367–416.

Ladurie, Emmanuel Le Roy, L'Ancien Régime. De Louis XIII à Louis XV (1610–1770), 2 Bde., Paris 1991.

Lagerstrom, Larry Randles, Constructing Uniformity. The Standardization of International Electromagnetic Measures 1860–1912, PhD thesis, University of California, Berkeley 1992.

Landes, David, Revolution in Time. Clocks and the Making of the Modern World, Cambridge (MA) und London 1983.

Langford, Paul, A Polite and Commercial People. England 1727–1783, Oxford 1989.

Latour, Bruno, Science in Action. How to Follow Scientists and Engineers through Society, Cambridge (MA) 1987.

Laurent, Robert, L'octroi de Dijon au XIXe siècle (Ports, Routes, Trafics 12), Paris 1960.

Lawrynowicz, Kasimir, Friedrich Wilhelm Bessel 1784–1846, Basel u. a. 1995.

Leadley, Avril D., Some Villains of the Eighteenth-Century Market Place, in: John Rule (Hrsg.), Outside the Law: Studies in Crime and Order 1650–1850 (Exeter Papers in Economic History, Bd. 15), Exeter 1982, S. 21–34.

Leclant, Jean, Une tradition. L'épigraphie à l'Académie des inscriptions et belles-lettres, in: Comptes-rendus des séances de l'Académie des inscriptions et belles-lettres 132 (1988), S. 714–732.

Lederer, Winfried, Friedrich Alois Quintenz – Erfinder der Dezimalwaage, in: Gengenbacher Blätter 39 (2007), S. 12–16.

Lee, Oliver Justin, Measuring our Universe. From the Inner Atom to Outer Space, New York 1950.

Leinweber, Paul, Gewinde. Normen, Berechnung, Fertigung Toleranzen, Messen. Leichtfaßliche Darstellung für Studium, Büro und Werkstatt, Berlin u. a. 1951.

Lelong, Benoît und Alexandre Mallard, in: Présentation, Réseaux. Communication – Technologie – Société 18 (2000),102, S. 9–34.

LeMaistre, C., Summary of the Work of the British Engineering Standards Association, in: Annals of the American Academy of Political and Social Science 82 (1919), S. 247–252.

Lemarchand, Guy, Maximum, in: Albert Soboul (Hrsg.), Dictionnaire historique de la révolution française, Paris 1989, S. 729–730.

Lenz, Friedrich, Friedrich List. Der Mann und das Werk, München und Berlin 1936.

Lenzen, Victor F. und Robert P. Multhauf, Development of Gravity Pendulums in the 19th Century, in: Museum of History and Technology (Hrsg.), Contributions from the Museum of History and Technology Papers 34–44 (Smithsonian Institution. United States National Museum, Bulletin 240), Washington 1966, S. 301–347.

Léon, Pierre, Les nouvelles repartitions, in: ders. u. a. (Hrsg.), Histoire économique et sociale de la France. Tome III/2: L'avènement de l'ère industrielle (1789-années 1880), Paris 1976, S. 543–580.

Lequeux, James, François Arago, un savant généreux. Physique et astronomie au XIXe siècle, Paris 2008.

Ders., Le Verrier. Savant magnifique et détesté, Paris 2009.

Le système international d'unités. The International System of Units, hrsg. vom Bureau international des poids et mesures, Sèvres [8]2006.

Levallois, Jean-Jacques, Mesurer la terre. 300 ans de géodésie française. De la toise du Châtelet au satellite, Paris 1988.

Linebaugh, Peter, The London Hanged. Crime and Civil Society in the Eighteenth Century, London 1991.

Link, Jürgen, „Normativ" oder „Normal"? Diskursgeschichtliches zur Sonderstellung der Industrienorm im Normalismus, mit einem Blick auf Walter Cannon, in: Werner Sohn und Herbert Mehrtens (Hrsg.), Normalität und Abweichung. Studien zur Theorie und Geschichte der Normalisierungsgesellschaft, Opladen und Wiesbaden 1999, S. 30–44.

Ders., Versuch über den Normalismus. Wie Normalität produziert wird, Göttingen [4]2009.

Löwe, Heinz-Dietrich, Teuerungsrevolten, Teuerungspolitik und Marktregulierung im 18. Jahrhundert in England, Frankreich und Deutschland, in: Saeculum 37 (1986), S. 291–312.

Ludwig, Karl-Heinz, Technik im hohen Mittelalter zwischen 1000 und 1350/1400, in: ders. und Volker Schmidtchen (Hrsg.), Metalle und Macht. 1000–1600 (Propyläen Technikgeschichte, Bd. 2), Berlin 1992, S. 11–205.

Macey, Samuel L., Clock Metaphor, in: ders. (Hrsg.), Encyclopedia of Time, New York und London 1994, S. 113–119.

Maenen, Johannes Maria Augustinus, De invoering van het metrieke stelsel in Nederland tussen 1793 en 1880. Aspecten van een beschavingsproces, Diss. Phil. Nijmegen 2002.

Magnello, Eileen, A Century of Measurement. An Illustrated History of The National Physical Laboratory, Bath 2000.

Magraw, Roger, France, 1800–1914. A Social History, London u. a. 2002.

Maily, Jacques, La Normalisation, Paris 1946.

Mann, Michael, The Autonomous Power of the State: Its Origins, Mechanisms and Results, in: Archives Européennes de Sociologie 25 (1984), S. 185–213.

Marciano, John Bemelmans, Whatever Happened to the Metric System? How America Kept Its Feet, New York u. a. 2014.

Marec, Yannick, Les sources métrologiques révolutionnaires, in: Bernard Garnier, Jean-Claude Hocquet und Denis Woronoff (Hrsg.), Introduction à la métrologie historique, Paris 1989, S. 59–68.

Ders., Autour des résistances au système métrique, in: Garnier, Bernard und Jean-Claude Hocquet (Hrsg.), Genèse et diffusion du système métrique. Actes du colloque La Naissance du système métrique, URA-CNRS 1013 et 1252, Musée National des Techniques, CNAM, 20–21 octobre 1989, Caen 1990, S. 135–144.

Ders., Vers une République sociale? Un itinéraire d'historien. Culture, politique, patrimoine et protection sociale aux XIXe et XXe siècles, Mont-Saint-Aignan 2009.

Margairaz, Dominique, Le maximum: une grande illusion libérale ou de la vanité des politiques économiques, in: Comité pour l'histoire économique et financière de la France (Hrsg.), État, finances et économie pendant la Révolution Française. Colloque tenu a Bercy les 12, 13, 14 octobre 1989 à l'occasion du Bicentenaire de la Revolution francais, Paris 1991, S. 399–427.

Marquet, Louis, Le pendule à secondes et les étalons de longueur utilisés par l'expédition à l'Équateur: la Toise du Perou, in: Henri Lacombe und Pierre Costabel (Hrsg.), La figure de la Terre du XVIIIe siècle à l'ère spatiale, Paris 1988, S. 191–207.

Mascart, Jean, La vie et les travaux du Chevalier Jean Charles de Borda (1733–1799). Épisodes de la vie scientifique au XVIIIe siècle (Annales de l'Université de Lyon Nouvelle Série 2, Bd. 33), Lyon u. a. 1919.

Matthews, Michael R., Time for Science Education. How Teaching the History and Philosophy of Pendulum Motion Can Contribute to Science Literacy, New York 2000.

Matthews, Michael R., Colin F. Gauld und Arthur Stinner (Hrsg.), The Pendulum. Scientific, Historical, Philosophical and Educational Perspectives, Dordrecht 2005.

Mayes, Victor, Miller, Sir John Riggs, first baronet (c.1744–1798), in: Oxford Dictionary of National Biography, Online-Ausgabe, September 2004. URL: <http://www.oxforddnb.com/view/10.1093/ref:odnb/9780198614128.001.0001/odnb-9780198614128-e-64753> (Stand: 15. 8. 2018).

McClellan, James, Scientific Institutions and the Organization of Science, in: Roy Porter (Hrsg.), Eighteenth-Century Science (The Cambridge History of Science, Bd. 4), Cambridge 2003, S. 87–106.

McConnell, Anita, R. B. Bate of the Poultry 1782–1847. The Life and Times of a Scientific Instrument Maker, London 1993.

McDonald, Donald und Leslie B. Hunt, A History of Platinum and its Allied Metals, London 1982.

McPhee, Peter, Town and Country, in: Malcolm Crook (Hrsg.), Revolutionary France 1788–1880, Oxford 2002, S. 123–150.

McWilliam, Robert C., The First British Standards: Specifications and Tests Published by the Engineering Standards Committee, 1903–18, in: Transactions of the Newcomen Society 75 (2005), S. 261–287.

Méhaye, Florent, Le système métrique en pratique. La vérification des poids et mesures en France (1840–1870), ethnographiques.org Nr. 10, Juni 2006. URL: <http://www.ethnographiques.org/2006/Mehaye> (Stand: 15. 08. 2018)

Mehrtens, Herbert, Kontrolltechnik Normalisierung. Einführende Überlegungen, in: Werner Sohn und Herbert Mehrtens (Hrsg.), Normalität und Abweichung. Studien zur Theorie und Geschichte der Normalisierungsgesellschaft, Opladen und Wiesbaden 1999, S. 45–64.

Mende, Michael, Massenfertigung in der Einzelfertigung. Der Dampflokomotivenbau bei der HANOMAG, in: Technikgeschichte 56 (1989), S. 219–236.

Menninger, Karl, Zahlwort und Ziffer. Eine Kulturgeschichte der Zahl, 2 Bde., Göttingen ²1958.

Meyer-Stoll, Cornelia, Die Regulierung der bayerischen Landesmaße. Ein Beitrag über den Akademiker Carl August Steinheil (1801–1870), die Bayerische Akademie der Wissenschaften und ihre internationale Wirksamkeit, in: Akademie Aktuell 2005, Heft 3, Ausgabe Nr. 15, S. 20–25.

Meyer-Stoll, Cornelia, Die Maß- und Gewichtsreformen in Deutschland im 19. Jahrhundert unter besonderer Berücksichtigung der Rolle Carl August Steinheils und der Bayerischen Akademie der Wissenschaften (Bayerische Akademie der Wissenschaften, Philosophisch-Historische Klasse, Abhandlungen: N.F., Heft 136), München 2010.

Miller, Judith A., Mastering the Market. The State and the Grain Trade in Northern France, 1700–1860, Cambridge u. a. 1999.

Minard, Philippe, La fortune du colbertisme. État et industrie dans la France des Lumières, Paris 1998.

Mokyr, Joel, The Enlightened Economy. An Economic History of Britain 1700–1850, New Haven und London 2009.

Momigilano, Arnaldo, Ancient History and the Antiquarian, in: Journal of the Warburg and Courtauld Institutes 13 (1950), S. 285–315.

Morrell, Jack und Arnold Thackray, Gentlemen of Science. Early Years of the British Association for the Advancement of Science, Oxford u. a. 1981.

Morrison, Tessa, Isaac Newton's Temple of Solomon and His Reconstruction of Sacred Architecture, Basel 2011.

Morrison-Low, A. D., Making Scientific Instruments in the Industrial Revolution, Aldershot 2007.

Moutet, Aimée, Les logiques de l'entreprise. La rationalisation dans l'industrie française de l'entre-deux-guerres (Civilisations et Sociétés, Bd. 93), Paris 1997.

Müller, Jürgen, Deutscher Bund und deutsche Nation 1848–1866 (Schriftenreihe der Historischen Kommission bei der Bayerischen Akademie der Wissenschaften, Bd. 71), Göttingen 2005.

Murdin, Paul, Full Meridian of Glory. Perilous Adventures in the Competition to Measure the Earth, New York 2009.

Murphy, Craig N., International Organization and Industrial Change. Global Governance since 1850, Oxford und New York 1994.

Ders. und JoAnne Yates, The International Organization for Standardization (ISO). Global Governance through Voluntary Consensus, London und New York 2009.

Muschalla, Rudolf, Zur Vorgeschichte der technischen Normung (DIN-Normungskunde, Bd. 29), Berlin und Köln 1992.

Musson, A. E., Joseph Whitworth and the Growth of Mass-Production Engineering, in: R. P. T. Davenport-Hines (Hrsg.), Capital, Entrepreneurs and Profits, London und Savage (MD) 1990, S. 232–272.

Nassiet, Michel, La France au XVIIe siècle. Société, politique, cultures, Paris 2006.

Nipperdey, Thomas, Deutsche Geschichte 1800–1866. Bürgerwelt und starker Staat, München 1983.

Ders., Deutsche Geschichte 1866–1918. Zweiter Band. Machstaat vor der Demokratie, München 1992.

North, Douglass C., Measures and Men. By Witold Kula [Buchrezension], in: The Journal of Economic History 47 (1987), S. 593–595.

Ders., Theorie des institutionellen Wandels. Eine neue Sicht der Wirtschaftsgeschichte (Die Einheit der Gesellschaftswissenschaften, Bd. 56), Tübingen 1988.

North, Michael, Kleine Geschichte des Geldes. Vom Mittelalter bis heute, München 2009.

O'Brien, Patrick K., The Political Economy of British Taxation, 1660–1815, in: Economic History Review 41 (1988), S. 1–32.

O'Connell, Joseph, Metrology: The Creation of Universality by the Circulation of Particulars, in: Social Studies of Science. An International Review of Research in the Social Dimensions of Science and Technology 23 (1993), S. 129–173.

Ogle, Vanessa, The Global Transformation of Time 1870–1950, Cambridge (MA) und London 2015.

Olesko, Kathryn, The Meaning of Precision. The Exact Sensibility in Early Nineteenth-Century Germany, in: M. Norton Wise (Hrsg.), The Values of Precision, Princeton 1995, S. 103–134.

Dies., Precision, Tolerance, and Consensus: Local Cultures in German and British Resistance Standards, in: Jed Z. Buchwald (Hrsg.), Scientific Credibility and Technical Standards in 19th and Early 20th Century Germany and Britain, Dordrecht u. a. 1996, S. 117–156.

Dies., Precision and Accuracy, in: John L. Heilbron (Hrsg.), The Oxford Companion to the History of Modern Science, Oxford 2003, S. 672–673.

Dies., Der praktische Gauß – Präzisionsmessung für den Alltag, in: Elmar Mittler (Hrsg.), „Wie der Blitz einschlägt, hat sich das Räthsel gelöst." Carl Friedrich Gauß in Göttingen (Göttinger Bibliotheksschriften, Bd. 30), Göttingen 2005, S. 236–253.

Dies., Geopolitics and Prussian Technical Education in the Late-Eighteenth Century, in: Actes d'Història de la Ciència i de la Tècnica 2 (2009), 2, S. 11–44.

Olivier-Martin, François, La police économique de l'Ancien Régime, Paris 1988.

Olmsted, John W., The Scientific Expedition of Jean Richer to Cayenne (1672–1673), in: Isis 34 (1942), S. 117–128.

Oncken, Hermann und Friedrich Ernst Moritz Saemisch (Hrsg.), Vorgeschichte und Begründung des Deutschen Zollvereins 1815–1834, 3 Bde., Berlin 1934.

O'Rourke, Kevin H. und Jeffrey G. Williamson, Globalization and History. The Evolution of a Nineteenth-Century Atlantic Economy, Cambridge (MA) und London 1999.

Osterhammel, Jürgen, Die Verwandlung der Welt. Eine Geschichte des 19. Jahrhunderts, München 2009.

Otto, Frank, Die Entstehung eines nationalen Geldes. Integrationsprozesse der deutschen Währungen im 19. Jahrhundert (Schriften zur Wirtschafts- und Sozialgeschichte, Bd. 71), Berlin 2002.

Overton, Mark, Agricultural Revolution in England. The Transformation of the Agrarian Economy 1500–1850 (Cambridge Studies in Historical Geography, Bd. 23), Cambridge 1996.

Owen, Tim und Elaine Pilbeam, Ordnance Survey. Map Makers to Britain since 1791, Southampton 1992.

Papworth, K. M., The Geodesy of Roy, Mudge and Kater 1784–1823, in: W. A. Seymour (Hrsg.), A History of the Ordnance Survey, Folkestone 1980, S. 33–43.

Patel, Klaus Kiran, Transnationale Geschichte, in: Institut für Europäische Geschichte (Hrsg.), Europäische Geschichte Online (EGO), 3. 12. 2010. URL: <http://www.ieg-ego.eu/patelk-2010-de> (Stand: 15. 8. 2018).

Paulinyi, Akos, Die Umwälzung der Technik in der Industriellen Revolution zwischen 1750 und 1840, in: ders. und Ulrich Troitzsch, Mechanisierung und Maschinisierung 1600 bis 1840 (Propyläen Technikgeschichte, Bd. 3), Berlin 1991, S. 271–495.

Pelletier, Monique, La carte de Cassini. L'extraordinaire aventure de la carte de France, Paris 1990.

Peltre, Jean, Systèmes de mesures agraires: l'exemple de la Lorraine, in: Bernard Garnier, Jean-Claude Hocquet und Denis Woronoff (Hrsg.), Introduction à la métrologie historique, Paris 1989, S. 167–193.

Pérard, A., Les idees actuelles sur la définiton de l'unité de longueur, in: Charles-Édouard Guillaume (Hrsg.), La création du Bureau international des poids et mesures et son œuvre, Paris 1927, S. 259–292.

Perdijon, Jean, Das Maß in Wissenschaft und Philosophie. Ausführungen zum besseren Verständnis. Anregungen zum Nachdenken (Mensch und Wissen, Bd. 93045), Bergisch Gladbach 2001.

Pernau, Margrit, Transnationale Geschichte, Göttingen 2011.

Perovic, Sanja, The Calendar in Revolutionary France. Perceptions of Time in Literature, Culture, Politics, Cambridge u. a. 2012.

Perren, Richard, Markets and Marketing, in: Gordon E. Mingay (Hrsg.), The Agrarian History of England and Wales. Volume VI: 1750–1850, Cambridge u. a. 1989, S. 190–274.

Perrier, Georges, Wie der Mensch die Erde gemessen und gewogen hat. Kurze Geschichte der Geodäsie, Bamberg 1949.

Petersen, Christian, Bread and the British Economy, c1770–1870. Edited by Andrew Jenkins, Aldershot 1995.

Pfeiffer, Elisabeth, Die alten Längen- und Flächenmasse. Ihr Ursprung, geometrische Darstellungen und arithmetische Werte (Sachüberlieferung und Geschichte, Bd. 2), 2 Bde., St. Katharinen 1986.

Pfister, Ulrich, Metrologie, in: Friedrich Jaeger (Hrsg.), Enzyklopädie der Neuzeit. Bd. 8: Manufaktur – Naturgeschichte, Darmstadt 2008, Sp. 452–458.

Pirrong, Stephen Craig, The Efficient Scope of Private Transactions-Cost-Reducing Institutions: The Successes and Failures of Commodity Exchanges, in: The Journal of Legal Studies 24 (1995), S. 229–255.

Plackett, R. L., Studies in the History of Probability and Statistics. XXIX: The Discovery of the Method of Least Squares, in: Biometrika 59 (1972), S. 239–251.

Plaum, Bernd D., Zur metrischen Garnnumerierung in der deutschen Baumwollindustrie, in: Rainer S. Elkar u. a. (Hrsg.), „Vom rechten Maß der Dinge". Beiträge zur Wirtschafts- und Sozialgeschichte. Festschrift für Harald Witthöft zum 65. Geburtstag, Bd. 1 (Sachüberlieferung und Geschichte. Siegener Abhandlungen zur Entwicklung der materiellen Kultur, Bd. 17), St. Katharinen 1996, S. 199–210.

Pöll, J. S., The Story of the Gauge, in: Anaesthesia. The Official Journal of the Association of Anaesthetists of Great Britain and Ireland 54 (1999), S. 575–581.

Pohl, Hans, Aufbruch der Weltwirtschaft. Geschichte der Weltwirtschaft von der Mitte des 19. Jahrhunderts bis zum Ersten Weltkrieg (Wissenschaftliche Paperbacks Sozial- und Wirtschaftsgeschichte, Bd. 24), Stuttgart 1989.

Pollard, Sidney, Capitalism and Rationality: A Study of Measurements in British Coal Mining, ca. 1750–1850, in: Explorations in Economic History 20 (1983), S. 110–129.

Pommier, Aimé, Quelques échanges d'étalons de mesure entre la France et d'autres pays au XIXe siècle, in: Bernard Garnier und Jean-Claude Hocquet (Hrsg.), Genèse et diffusion du système métrique. Actes du colloque La Naissance du système métrique, URA-CNRS 1013 et 1252, Musée National des Techniques, CNAM, 20–21 octobre 1989, Caen 1990, S. 173–178.

Porter, Andrew, The Empire and the World, in: Colin Matthew (Hrsg.), The Nineteenth Century. The British Isles: 1815–1901, Oxford 2000, S. 135–160.

Porter, Theodore M., The Rise of Statistical Thinking 1820–1900, Princeton 1986.

Ders., Trust in Numbers. The Pursuit of Objectivity in Science and Public Life, Princeton 1995.

Portet, Pierre, La mesure géometrique des champs au Moyen Âge (France, Catalogne, Italie, Angleterre): état des lieux et voies de recherche, in: Ghislain Brunel, Olivier Guyotjeannin und Jean-Marc Moriceau (Hrsg.), Terriers et plan-terriers du XIIIe au XVIII siècle. Actes du colloque de Paris (23–25 septembre 1998) (Bibliothèque d'Histoire Rurale, Bd. 5), Rennes und Paris 2002, S. 243–266.

Posner, Ernst, Die Behördenorganisation und die allgemeine Staatsverwaltung Preußens im 18. Jahrhundert. Vierzehnter Band: Akten vom April 1766 bis zum April 1769 (Acta Borussica. Denkmäler der Preußischen Staatsverwaltung im 18. Jahrhundert. Behördenorganisation und allgemeine Staatsverwaltung, Bd. 14), Berlin 1934.

Ders., Die Behördenorganisation und die allgemeine Staatsverwaltung Preußens im 18. Jahrhundert. Fünfzehnter Band: Akten vom April 1769 bis zum September 1772 (Acta Borussica. Denkmäler der Preußischen Staatsverwaltung im 18. Jahrhundert. Behördenorganisation und allgemeine Staatsverwaltung, Bd. 15), Berlin 1936.

Prell, Heinrich, Bemerkungen zur Geschichte der englischen Längenmaß-Systeme (Berichte über die Verhandlungen der Sächsischen Akademie der Wissenschaften zu Leipzig, Mathematisch-Naturwissenschaftliche Klasse, Bd. 104, Heft 4), Berlin 1962.

Puffert, Douglas J., Tracks across Continents, Paths through History. The Economic Dynamics of Standardization in Railway Gauge, Chicago und London 2009.

Purrington, Robert D., Physics in the Nineteenth Century, New Brunswick und London 1997.

Pyatt, Edward, The National Physical Laboratory. A History, Bristol 1983.

Pyenson, Lewis und Susan Sheets-Pyenson, Servants of Nature. A History of Scientific Institutions, Enterprises and Sensibilities, London 1999.

Quinn, Terry J., From Artefacts to Atoms. The BIPM and the Search for the Ultimate Measurement Standards, Oxford u. a. 2012.

Rachel, Hugo, Der Merkantilismus in Brandenburg-Preußen, in: Otto Büsch und Wolfgang Neugebauer (Hrsg.), Moderne Preußische Geschichte 1648–1947. Eine Anthologie, Bd. 2 (Veröffentlichungen der Historischen Kommission zu Berlin, Bd. 52/2), Berlin und New York 1981, S. 951–993.

Radkau, Joachim, Technik in Deutschland. Vom 18. Jahrhundert bis heute, Frankfurt und New York 2008.

Randeraad, Nico, States and Statistics in the Nineteenth Century. Europe by Numbers, Manchester u. a. 2010.

Raphael, Lutz, Recht und Ordnung. Herrschaft durch Verwaltung im 19. Jahrhundert, Frankfurt a. M. 2000.

Régie du poids public. Documents constitutifs. Règlement organique. Règlement intérieur, hrsg. von der Mairie de la ville de Bordeaux, Bordeaux 1925.

Reichardt, Rolf E., Das Blut der Freiheit. Französische Revolution und demokratische Kultur, Frankfurt a. M. [2]1999.

Reinhard, Wolfgang, Geschichte der Staatsgewalt. Eine vergleichende Verfassungsgeschichte Europas von den Anfängen bis zur Gegenwart, München [2]2000.

Reisenauer, Eric J., „The Battle of the Standards". Great Pyramid Metrology and British Identity, 1859-1890, in: The Historian 65 (2003), S. 931-978.

Reverchon, L., Documents divers, in: Charles-Édouard Guillaume (Hrsg.), La création du Bureau international des poids et mesures et son œuvre, Paris 1927, S. 313-318.

Richeson, A. W., English Land Measuring to 1800: Instruments and Practices, Cambridge (MA) und London 1966.

Robb, Graham, The Discovery of France. A Historical Geography, New York und London 2007.

Robinson, Andrew, The Last Man Who Knew Everything. Thomas Young, The Anonymous Polymath Who Proved Newton Wrong, Explained How We See, Cured the Sick, and Deciphered the Rosetta Stone, Among Other Feats of Genius, Oxford 2006.

Ders., The Story of Measurement, London 2007.

Rocke, Alan J., Chemical Atomism in the Nineteenth Century. From Dalton to Cannizzaro, Columbus 1984.

Ders., Nationalizing Science. Adolphe Wurtz and the Battle for French Chemistry, Cambridge (MA) und London 2001.

Ders., The Theory of Chemical Structure and Its Applications, in: Mary Jo Nye (Hrsg.), The Modern Physical and Mathematical Sciences (The Cambridge History of Science, Bd. 5), Cambridge u. a. 2003, S. 255-271.

Rode, Jörg, Der Handel im Königreich Bayern um 1810 (Studien zur Gewerbe- und Handelsgeschichte der vorindustriellen Zeit, Bd. 23), Stuttgart 2001.

Roe, Joseph Wickham, English and American Toolbuilders, New Haven u. a. 1916.

Rolt, L. T. C., Tools for the Job. A Short History of Machine Tools, London 1965.

Roncin, Désiré, Mise en application du système métrique (7 avril 1795 – 4 juillet 1837) (Numéro spécial des cahiers de métrologie, Bd. 2), Caen und Paris 1985.

Ross, Lester A., Archaeological Metrology: English, French, American and Canadian Systems of Weights and Measures for North American Historical Archaeology (History and Archaeology, Bd. 68), Ottawa 1983.

Rotter, Friedrich, SI – gestern, heute und morgen, in: Bundesamt für Eich- und Vermessungswesen (Hrsg.), Jubiläumsveranstaltung. 100 Jahre metrisches Maßsystem in Österreich 1872-1972, Wien 1972, S. 67-94.

Rowe, Michael, Napoleon and State Formation in Central Europe, in: Philip Dwyer (Hrsg.), Napoleon and Europe, Harlow u. a. 2001, S. 204-224.

Ruppert, Louis, History of the International Electrotechnical Commission. L'histoire de la commission electrotechnique internationale, Genf o. D. [1956].

Rusnock, Andrea, Quantification, Precision, and Accuracy: Determinations of Population in the Ancien Régime, in: M. Norton Wise (Hrsg.), The Values of Precision, Princeton 1995, S. 17-38.

Russell, Andrew L., Standardization in History: A Review Essay with an Eye to the Future, in: Sherrie Bolin (Hrsg.), The Standards Edge: Future Generations, Ann Arbor 2005, S. 247-260.

Ders., Open Standards and the Digital Age. History, Ideology, and Networks, Cambridge 2014.

Safier, Neil, Measuring the New World. Enlightenment Science and South America, Chicago 2008.

Sanders, L., A Short History of Weighing, Birmingham 1960.

Sarasin, Philipp, Was ist Wissensgeschichte?, in: Internationales Archiv für Sozialgeschichte der deutschen Literatur 36 (2011), S. 159-172.

Schaffer, Simon, Late Victorian Metrology and its Instrumentation. A Manufactory of Ohms, in: Robert Bud und Susan E. Cozzens (Hrsg.), Invisible Connections. Instruments, Institutions, and Science (SPIE Institutes for Advanced Optical Technologies, Bd. IS 9), Bellingham 1992, S. 23–56.

Ders., A Social History of Plausibility: Country, City and Calculation in Augustan Britain, in: Adrian Wilson (Hrsg.), Rethinking Social History. English Society 1570–1920 and its Interpretation, Manchester und New York 1993, S. 128–157.

Ders., Metrology, Metrication, and Victorian Values, in: Bernard Lightman (Hrsg.), Victorian Science in Context, Chicago und London 1997, S. 438–474.

Ders., Modernity and Metrology, in: Luca Guzzetti (Hrsg.), Science and Power: the Historical Foundations of Research Policies in Europe. A Conference Organised by the Istituto e Museo di Storia della Scienza (Firenze, Italy). Firenze, 8–10 December 1994, Luxembourg 2000, S. 71–91.

Schaich, Michael, The Public Sphere, in: Peter H. Wilson (Hrsg.), A Companion to Eighteenth-Century Europe, Malden und Oxford 2008, S. 125–140.

Schlesinger, Georg, Die Normung der Gewinde-Systeme, Berlin [2]1926.

Schlögl, Alois (Hrsg.), Bayerische Agrargeschichte. Die Entwicklung der Land- und Forstwirtschaft seit Beginn des 19. Jahrhunderts, München 1954.

Schmidt, Siegbert, Rechenunterricht und Rechendidaktik an den rheinischen Lehrerseminaren im 19. Jahrhundert. Eine Studie zur Fachdidaktik innerhalb der Volksschullehrerbildung an Lehrerseminaren, 1819–1877, Köln und Wien 1991.

Schmidtchen, Volker, Technik im Übergang vom Mittelalter zur Neuzeit zwischen 1350 und 1600, in: Karl-Heinz Ludwig und Volker Schmidtchen (Hrsg.), Metalle und Macht. 1000–1600 (Propyläen Technikgeschichte, Bd. 2), Berlin 1992, S. 209–598.

Schmitz, Edith, Leinengewerbe und Leinenhandel in Nordwestdeutschland 1650–1850 (Schriften zur rheinisch-westfälischen Wirtschaftsgeschichte, Bd. 15), Köln 1967.

Schneider, Ivo, Maß und Messen bei den Praktikern der Mathematik vom 16. bis zum 19. Jahrhundert, in: Harald Witthöft (Hrsg.), Die historische Metrologie in den Wissenschaften. Philosophie – Architektur- und Baugeschichte – Geschichte der Mathematik und der Naturwissenschaften – Geschichte des Münz-, Maß- und Gewichtswesen. Mit einem Anhang zur Sachüberlieferung an Maßen und Gewichten in Archiven und Museen der Bundesrepublik Deutschland (Sachüberlieferung und Geschichte, Bd. 2), St. Katharinen 1986, S. 118–133.

Schneider, Michael C., Wissensproduktion im Staat. Das königlich preußische statistische Bureau 1860–1914, Frankfurt und New York 2013.

Schneider, Ute, Die Macht der Karten. Eine Geschichte der Kartographie vom Mittelalter bis heute, Darmstadt [3]2012.

Schremmer, Eckart, Steuern und Staatsfinanzen während der Industrialisierung Europas. England, Frankreich, Preußen und das Deutsche Reich 1800 bis 1914, Berlin u. a. 1994.

Schubring, Gert, Zur Bedeutung von Johann Georg Tralles als erstem Mathematikprofessor der Universität Berlin, in: Hanno Beck u. a. (Hrsg.), Natur, Mathematik und Geschichte. Beiträge zur Alexander-von-Humboldt-Forschung und zur Mathematikhistoriographie (Acta Historica Leopoldina Nr. 27), Halle 1997, S. 325–338.

Schulin, Ernst, Die Französische Revolution, München [4]2004.

Schuppener, Georg, Die Dinge faßbar machen. Sprach- und Kulturgeschichte der Maßbegriffe im Deutschen (Sprache – Literatur und Geschichte, Bd. 22), Heidelberg 2002.

Scott, James C., Seeing Like a State. How Certain Schemes to Improve the Human Condition Have Failed, New Haven und London 1998.

Searle, Geoffrey R., A New England? Peace and War 1886–1918, Oxford und New York 2004.

Shalev, Zur, Measurer of All Things: John Greaves (1602–1652), the Great Pyramid, and Early Modern Metrology, in: Journal of the History of Ideas 63 (2002), S. 555–575.

Shaw, Matthew, Time and the French Revolution. The Republican Calendar, 1789-Year XIV, Woodbridge und Rochester 2011.

Sheldon, Richard u. a., Popular Protest and the Persistence of Customary Corn Measures: Resistance to the Winchester Bushel in the English West, in: Adrian Randall und Andrew Charlesworth (Hrsg.), Markets, Market Culture and Popular Protest in Eighteenth-Century Britain and Ireland, Liverpool 1996, S. 25–45.

Sheynin, Oscar, The History of the Theory of Errors (Deutsche Hochschulschriften, Bd. 1118), Egelsbach u. a. 1996.

Siemann, Wolfram, Die deutsche Revolution von 1848/49, Frankfurt a. M. 1985.

Simaan, Arkan, La science au péril de sa vie. Les aventuriers de la mesure du monde, Paris ³2008.

Simpson, A. D. C., The Pendulum as the British Length Standard: A Nineteenth-Century Legal Aberration, in: R. G. W. Anderson, J. A. Bennett und W. F. Ryan (Hrsg.), Making Instruments Count. Essays on Historical Scientific Instruments presented to Gerard L'Estrange Turner, Aldershot und Brookfield 1993, S. 174–190.

Ders. und R. D. Connor, The Mass of the English Troy Pound in the Eighteenth Century, in: Annals of Science 61 (2004), S. 321–349.

Smith, Crosbie und M. Norton Wise, Energy and Empire. A Biographical Study of Lord Kelvin, Cambridge u. a. 1989.

Smith, Cyril Stanley, A Sixteenth-Century Decimal System of Weights, in: Isis 46 (1955), S. 354–357.

Smith, Paul, La division décimale du jour: l'heure qu'il n'est pas, in: Bernard Garnier und Jean-Claude Hocquet (Hrsg.), Genèse et diffusion du système métrique. Actes du colloque La Naissance du système métrique, URA-CNRS 1013 et 1252, Musée National des Techniques, CNAM, 20–21 octobre 1989, Caen 1990, S. 123–135.

Smith, Raymond, Sea-Coal for London. History of the Coal Factors in the London Market, London u. a. 1961.

Sobel, Dava, Longitude. The True Story of a Lone Genius Who Solved the Greatest Scientific Problem of His Time, London u. a. 2005.

Solar, Peter, The Linen Industry in the Nineteenth Century, in: David T. Jenkins (Hrsg.), The Cambridge History of Western Textiles, Bd. 2, Cambridge u. a. 2003, S. 809–823.

Somerville, Meredyth, The Standardization of Weights and Measures in Scotland (Department of Geography Occasional Publications No. 11), Edinburgh 1989.

Spichal, Reinhold, Jedem das Seine. Eenem yeden dat syne. Markt und Maß in der Geschichte am Beispiel einer alten Hansestadt, Bremen 1990.

Spiekermann, Uwe, Basis der Konsumgesellschaft. Entstehung und Entwicklung des modernen Kleinhandels in Deutschland 1850–1914 (Schriftenreihe zur Zeitschrift für Unternehmengeschichte, Bd. 3), München 1999.

Spur, Günter, Vom Wandel der industriellen Welt durch Werkzeugmaschinen. Eine kulturgeschichtliche Betrachtung der Fertigungstechnik. Herausgegeben vom Verein Deutscher Werkzeugmaschinenfabriken e. V. zu seinem 100jährigen Bestehen, München und Wien 1991.

Stahlschmidt, Rainer, Der Weg der Drahtzieherei zur modernen Industrie. Technik und Betriebsorganisation eines westdeutschen Industriezweiges 1900 bis 1940 (Altenaer Beiträge. Arbeiten zur Geschichte und Heimatkunde der ehemaligen Grafschaft Mark, N.F. Bd. 10), Altena 1975.

Staley, Richard, Einstein's Generation. The Origins of the Relativity Revolution, Chicago und London 2008.

Starke, Wolfgang, „… na Gewichte, Münte unde Mathe dersülvigen Stadt" – metrologische Aspekte in kommerziellen Arithmetiken des 16. und 17. Jahrhunderts, in: Jean-Claude Hocquet (Hrsg.), Acta metrologiae IV. Une activité universelle, peser et mesurer à travers les âges (Cahiers de métrologie, Bd. 11/12), Caen 1993/94, S. 77–89.

Steeds, William, A History of Machine Tools 1700–1910, Oxford 1969.

Stein, Hans Wolfgang, Die Kataster- und Matrikelbestände der Grundsteuer in den deutschen Territorialstaaten des Alten Reichs in der frühen Neuzeit, in: Archivalische Zeitschrift 86 (2004), S. 151–197.

Stenzel, Rudolf, Maß- und Gewichtsordnung für das vereinigte Deutschland aus dem Jahre 1848, in: Technikgeschichte 43 (1976), S. 20–32.

Ders., Zeitgenössische Vorschläge über einheitliche Längenmaße in deutschen Bundesstaaten Mitte des 19. Jahrhunderts, in: Technikgeschichte 47 (1980), S. 40–51.

Stiefel, Karl, Baden 1648–1952, 2 Bde., Karlsruhe 1977.

Stigler, Stephen M., Statistics on the Table. The History of Statistical Concepts and Methods, Cambridge (MA) und London 1999.

Stollberg-Rilinger, Barbara, Europa im Jahrhundert der Aufklärung, Stuttgart 2000.

Storrs, Christopher, Introduction: The Fiscal-Military State in the ‚Long' Eighteenth Century, in: ders. (Hrsg.), The Fiscal-Military State in Eighteenth-Century Europe. Essays in Honour of P. G. M. Dickson, Aldershot 2009, S. 1–22.

Straßer, Georg, Die Toise, der Yard und das Meter. Das Ringen um ein einheitliches Maßsystem, in: Bundesamt für Eich- und Vermessungswesen (Hrsg.), Jubiläumsveranstaltung. 100 Jahre metrisches Maßsystem in Österreich 1872–1972, Wien 1972, S. 19–65.

Strecke, Reinhart, Anfänge und Innovation der preußischen Bauverwaltung. Von David Gilly zu Karl Friedrich Schinkel (Veröffentlichungen aus den Archiven preußischer Kulturbesitz. Beiheft 6), Köln u. a. 2000.

Switalski, Martina, Landmüller und Industrialisierung. Sozialgeschichte fränkischer Mühlen im 19. Jahrhundert (Internationale Hochschulschriften, Bd. 450), Münster u. a. 2005.

Tanner, Jakob, Standards and Modernity, in: Christian Bonah u. a. (Hrsg.), Harmonizing Drugs. Standards in 20th-Century Pharmaceutical History, Paris 2009, S. 45–60.

Tannery, Paul (Hrsg.), Correspondance du P. Marin Mersenne. Bd. 3: 1631–1633, Paris 1946.

Taton, René, La tentative de Stevin pour la décimalisation de la métrologie, in: Gustav Otruba (Hrsg.), Acta metrologiae historicae. Travaux du III. Congrès International de la Métrologie Historique. Organisé par Comité International pour la Métrologie Historique. Linz 7.–9. Oct. 1983, Linz 1985, S. 39–56.

Ders., L'expédition géodésique de Laponie (avril 1736-août 1737), in: Henri Lacombe und Pierre Costabel (Hrsg.), La figure de la Terre du XVIIIe siècle à l'ère spatiale, Paris 1988, S. 115–138.

Tavernor, Robert, Smoot's Ear. The Measure of Humanity, New Haven und London 2007.

Taylor, David, The New Police in Nineteenth-Century England. Crime, Conflict, and Control, Manchester u. a. 1997.

Taylor, E. G. R., The Mathematical Practitioners of Hanoverian England 1714–1840. A Sequel to the Mathematical Practitioners of Tudor and Stuart England, Cambridge 1966.

Taylor, George V., Les cahiers de 1789. Eléments révolutionnaires et non révolutionnaires, in: Annales. Économies, Sociétés, Civilisations 28 (1973), S. 1495–1514.

Ten, Antonio E., Les expeditions de Méchain et Biot-Arago et le prolongement de la méridienne de Paris jusqu'aux Iles Baléares, in: Lacombe, Henri und Pierre Costabel (Hrsg.), La figure de la Terre du XVIIIe siècle à l'ère spatiale, Paris 1988, S. 245–265.

Terrall, Mary, The Man Who Flattened the Earth. Maupertuis and the Sciences in the Enlightenment, Chicago u. a. 2006.

Thiemeyer, Guido, Internationalismus und Diplomatie. Währungspolitische Kooperation im europäischen Staatensystem 1865–1900 (Studien zur Internationalen Geschichte, Bd. 19), München 2009.

Thomas, Jack, Le temps des foires. Foires et marchés dans le Midi toulousain de la fin de l'Ancien Régime à 1914, Toulouse 1993.

Thompson, Edward P., The Moral Economy of the English Crowd in the Eighteenth Century, in: Past and Present 50 (1971), S. 76–136.

Thompson, F. M. L., *Chartered Surveyors. The Growth of a Profession*, London 1968.

Thorne, R. G., Clerk, Sir George, in: ders. (Hrsg.), The House of Commons 1790–1820. Bd. 3: Members A-F, London 1986, S. 449–450.

Timmermans, Stefan und Steven Epstein, A World of Standards but not a Standard World: Toward a Sociology of Standards and Standardization, in: Annual Review of Sociology 36 (2010), S. 69–89.

Todd, David, L'identité économique de la France. Libre-échange et protectionnisme (1814–1851), Paris 2008.

Torge, Wolfgang, Von Gauß zu Baeyer und Helmert. Frühe Ideen und Initiativen zu einer europäischen Geodäsie, in: Hartwig Junius und Kurt Kröger (Hrsg.), Europa wächst zusammen. 6. Symposium zur Vermessungsgeschichte in Dortmund am 12. Februar 1996 im Museum für Kunst und Kulturgeschichte (Vermessungswesen bei Konrad Wittwer, Bd. 30), Stuttgart 1996, S. 39–65.

Ders., Geschichte der Geodäsie in Deutschland, Berlin u. a. 2007.

Torrance, Richard, Weights and Measures for the Scottish Family Historian, o. O. 1996.

Touzery, Mireille, Contribution à la géographie des mesures agraires: Le travail des arpenteurs de Bertier de Sauvigny (1776–1790), in: Bernard Garnier und Jean-Claude Hocquet (Hrsg.),

Genèse et diffusion du système métrique. Actes du colloque La Naissance du système métrique, URA-CNRS 1013 et 1252, Musée National des Techniques, CNAM, 20–21 octobre 1989, Caen 1990, S. 63–84.

Dies., Atlas historique et statistique des mesures agraires (fin XVIIIe – début XIXe siècles). III: Île-de-France, Caen 1997.

Trapp, Wolfgang, Organisation des gesetzlichen Messwesens vom 18. Jahrhundert bis zur Gegenwart, in: Jean-Claude Hocquet (Hrsg.), Acta Metrologiae Historicae III (Sachüberlieferung und Geschichte. Siegener Abhandlungen zur Entwicklung der materiellen Kultur, Bd. 10), St. Katharinen 1992, S. 40–48.

Ders. und Torsten Fried, Handbuch der Münzkunde und des Geldwesens in Deutschland, Stuttgart ²2006.

Ders. und Heinz Wallerus, Handbuch der Maße, Zahlen, Gewichte und der Zeitrechnung, Stuttgart ⁵2006.

Treat, Charles F., A History of the Metric System Controversy in the United States (U. S. Metric Study Interim Report, Bd. 10), Washington 1971.

Troitzsch, Ulrich, Technischer Wandel in Staat und Gesellschaft zwischen 1600 und 1750, in: Paulinyi, Akos und Ulrich Troitzsch, Mechanisierung und Maschinisierung 1600 bis 1840 (Propyläen Technikgeschichte, Bd. 3), Berlin 1991, S. 11–267.

Tunbridge, Paul, Lord Kelvin. His Influence on Electrical Measurement and Units (IEE History of Technology Series, Bd. 18), London 1992.

Ulbrich, Karl, Das Klafter- und Ellenmaß in Österreich, in: Blätter für Technikgeschichte 32./33 (1970/71), S. 1–34.

Ulff-Møller, Jens, Systems of Calculation in „Long Hundreds", in: Jean-Claude Hocquet (Hrsg.), Acta metrologiae IV. Une activité universelle, peser et mesurer à travers les âges (Cahiers de métrologie, Bd. 11/12), Caen 1993/94, S. 501–518.

Vaillé, Eugène, Histoire des postes françaises depuis la Révolution, Paris 1947.

Vec, Miloš, Recht und Normierung in der Industriellen Revolution. Neue Strukturen der Normsetzung in Völkerrecht, staatlicher Gesetzgebung und gesellschaftlicher Selbstnormierung (Studien zur europäischen Rechtsgeschichte, Bd. 200. Recht in der Industriellen Revolution, Bd. 1), Frankfurt a. M. 2006.

Velkar, Aashish, Markets, Standards and Transactions: Measurements in Nineteenth-Century British Economy, Diss. Phil. London School of Economics 2008.

Ders., Caveat Emptor: Abolishing Public Measurements, Standardizing Quantities, and Enhancing Market Transparency in the London Coal Trade c1830, in: Enterprise and Society 9 (2008), S. 281–313.

Ders., Transactions, Standardisation and Competition: Establishing Uniform Sizes in the British Wire Industry c.1880, in: Business History 51 (2009), S. 222–247.

Ders., Markets and Measurements in Nineteenth-Century Britain, Cambridge u. a. 2012.

Vercoutter, Jean, The Search for Ancient Egypt, London und New York 1992.

Verdier, Roger und Michel Heitzler, Balances, poids et mesures. De l'antiquité au XXe siècle, 4 Bde., Saint-Martin-de-La-Lieue 2001.

Vieweg, Richard, Maß und Messen in kulturgeschichtlicher Sicht, Wiesbaden 1962.

Ders., Aus der Kulturgeschichte der Waage, Balingen 1966.

Vogel, Jörg, Von der Wissenschafts- zur Wissensgeschichte. Für eine Historisierung der „Wissensgesellschaft", in: Geschichte und Gesellschaft 30 (2004), S. 639–660.

Wang, Victor, Die Vereinheitlichung von Maß und Gewicht in Deutschland im 19. Jahrhundert. Analyse des metrologischen Wandels im Großherzogtum Baden und anderen deutschen Staaten 1806 bis 1871 (Siegener Abhandlungen zur Entwicklung der materiellen Kultur, Bd. 32), St. Katharinen 2000.

Weber, Eugen, Peasants into Frenchmen. The Modernization of Rural France 1870–1914, London 1979.

Weber, Wolfhard, Verkürzung von Zeit und Raum. Techniken ohne Balance zwischen 1840 und 1880, in: König, Wolfgang und Wolfhard Weber, Netzwerke, Stahl und Strom 1840 bis 1914 (Propyläen Technikgeschichte, Bd. 4), Frankfurt a. M. und Berlin 1990, S. 11–261.

Wehler, Hans-Ulrich, Deutsche Gesellschaftsgeschichte. Erster Band: Vom Feudalismus des Alten Reiches bis zur Defensiven Modernisierung der Reformära 1700–1815, München ³1996.

Ders., Deutsche Gesellschaftsgeschichte. Zweiter Band: Von der Reformära bis zur industriellen und politischen „Deutschen Doppelrevolution" 1815–1845/49, München ³1996.

Ders., Deutsche Gesellschaftsgeschichte. Dritter Band: Von der „Deutschen Doppelrevolution" bis zum Beginn des Ersten Weltkrieges 1849–1914, München 1995.

Weigl, Engelhard, Instrumente der Neuzeit. Die Entdeckung der modernen Wirklichkeit, Stuttgart 1990.

Weiß, Hildegard, Vereinheitlichung von Maß und Gewicht im 19. Jahrhundert. Unter besonderer Berücksichtung Bayerns (Beihefte zur Zeitschrift für Metrologie Nr. 1), Solingen 1996.

Wengenroth, Ulrich, Unternehmensstrategien und technischer Fortschritt. Die deutsche und die britische Stahlindustrie 1865–1895 (Veröffentlichungen des Deutschen Historischen Instutits London, Bd. 17), Göttingen und Zürich 1986.

Wenzlhuemer, Roland, The History of Standardisation in Europe, in: Institut für Europäische Geschichte (Hrsg.), in: Europäische Geschichte Online (EGO), 3. 12. 2010. URL: <http://www.ieg-ego.eu/wenzlhuemerr-2010-en> (Stand: 15. 8. 2018).

Werner, Michael und Bénédicte Zimmermann, Vergleich, Transfer, Verflechtung. Der Ansatz der Histoire croisée und die Herausforderung des Transnationalen, in: Geschichte und Gesellschaft 28 (2002), S. 607–636.

Werrett, Simon, The Astronomical Capital of the World. Pulkovo Observatory in the Russia of Tsar Nicholas I, in: David Aubin, Charlotte Bigg und H. Otto Sibum (Hrsg.), The Heavens on Earth. Observatories and Astronomy in Nineteenth-Century Science and Culture, Durham und London 2010, S. 33–57.

Whatley, Christopher A., Bought and Sold for English Gold? Explaining the Union of 1707, East Linton ²2001.

Widmalm, Sven, Accuracy, Rhetoric, and Technology: The Paris-Greenwich Triangulation, 1784–1788, in: Tore Frängsmyr, J. L. Heilbron und Robin E. Rider (Hrsg.), The Quantifying Spirit in the 18th Century (Uppsala Studies in History of Science, Bd. 7), Berkeley und Los Angeles 1990, S. 179–206.

Wilford, John Noble, The Mapmakers. The Story of the Great Pioneers in Cartography – From Antiquity to the Space Age, London u. a. 2002.

Wilson, Curtis, Astronomy and Cosmology, in: Roy Porter (Hrsg.), Eighteenth-Century Science (The Cambridge History of Science, Bd. 4), Cambridge 2003, S. 328–353.

Wilson, Peter H., Prussia as a Fiscal-Military State, 1640–1806, in: Christopher Storrs (Hrsg.), The Fiscal-Military State in Eighteenth-Century Europe. Essays in Honour of P. G. M. Dickson, Aldershot 2009, S. 95–124.

Wischermann, Clemens und Anne Nieberding, Die institutionelle Revolution. Eine Einführung in die deutsche Wirtschaftsgeschichte des 19. und frühen 20. Jahrhunderts (Grundzüge der modernen Wirtschaftsgeschichte, Bd. 5), Stuttgart 2004.

Witthöft, Harald, Umrisse einer historischen Metrologie zum Nutzen der wirtschafts- und sozialgeschichtlichen Forschung. Maß und Gewicht in Stadt und Land Lüneburg, im Hanseraum und im Kurfürstentum/Königreich Hannover vom 13. bis zum 19. Jahrhundert (Veröffentlichungen des Max-Planck-Instituts für Geschichte, Bd. 60), 2 Bde., Göttingen 1979.

Ders., Scheffel und Last in Preußen. Zur Struktur der Getreidemaße seit dem 13. Jahrhundert, in: Blätter für deutsche Landesgeschichte 117 (1981), S. 335–372.

Ders., Münzfuß, Kleingewichte, Pondus Caroli und die Grundlegung des nordeuropäischen Maß- und Gewichtswesens in fränkischer Zeit (Siegener Abhandlungen zur Entwicklung der materiellen Kultur, Bd. 1), Ostfildern 1984.

Ders., Die Maße und Gewichte, in: Jürgen Ziechmann (Hrsg.), Panorama der Fridericianischen Zeit. Friedrich der Große und seine Epoche – Ein Handbuch (Forschungen und Studien zur Fridericianischen Zeit, Bd. 1), Bremen 1985, S. 618–623.

Ders., Georg Agricola über Maß und Gewicht der Antike und des 16. Jahrhunderts – als Arzt, Humanist und Ökonom, in: Hermann Kellenbenz und Hans Pohl (Hrsg.), Historia Socialis et Oeconomia. Festschrift für Wolfgang Zorn zum 65. Geburtstag (Vierteljahrschrift für Sozial- und Wirtschaftsgeschichte Beiheft 84), Wiesbaden 1987, S. 338–369.

Ders., Metrologische Strukturen und die Entwicklung der alten Maßsysteme: Handel und Transport – Landmaß und Landwirtschaften – Territorium/Staat und die Politik der Maßvereinheitlichung, in: ders., Jean-Claude Hocquet und István Kiss (Hrsg.), Metrologische Strukturen und die Entwicklung der alten Maß-Systeme: Handel und Transport – Landmaß und Landwirtschaften – Territorium/Staat und die Politik der Maßvereinheitlichung (Siegener Abhandlungen zur Entwicklung der materiellen Kultur, Bd. 4), St. Katharinen 1988, S. 13–24.

Ders., Wirtschaftliche und soziale Aspekte des Umgangs mit Agrarmaßen in Mittelalter und Neuzeit, in: ders., Jean-Claude Hocquet und István Kiss (Hrsg.), Metrologische Strukturen und die Entwicklung der alten Maß-Systeme: Handel und Transport – Landmaß und Landwirtschaften – Territorium/Staat und die Politik der Maßvereinheitlichung (Siegener Abhandlungen zur Entwicklung der materiellen Kultur, Bd. 4), St. Katharinen 1988, S. 104–118.

Ders., Längenmaß und Genauigkeit 1660 bis 1870 als Problem der deutschen historischen Metrologie, in: Technikgeschichte 57 (1990), S. 189–210.

Ders., Von der Einführung und Sicherung eines einheitlichen Längenmaßes im Königreich Preußen (1714–1839), in: Dieter Ahrens und Rolf C. A. Rottländer (Hrsg.), Ordo et mensura. 1. interdisziplinärer Kongreß für Historische Metrologie vom 7. bis 10. September 1989 im Städtischen Museum Simeonstift Trier (Sachüberlieferung und Geschichte, Bd. 8), St. Katharinen 1991, S. 95–102.

Ders., Der Staat und die Unifikation der Maße und Gewichte in Deutschland im späten 18. und im 19. Jahrhundert, in: Jean-Claude Hocquet (Hrsg.), Acta Metrologiae Historicae III (Sachüberlieferung und Geschichte. Siegener Abhandlungen zur Entwicklung der materiellen Kultur, Bd. 10), St. Katharinen 1992, S. 49–72.

Ders., Maß und Gewicht in Mittelalter und Früher Neuzeit – Das Problem der Kommunikation, in: Helmut Hundsbichler (Hrsg.), Kommunikation und Alltag in Spätmittelalter und Früher Neuzeit. Internationaler Kongress Krems an der Donau, 9. bis 12. Oktober 1990 (Veröffentlichungen des Instituts für Realienkunde des Mittelalters und der Frühen Neuzeit Nr. 15), Wien 1992, S. 97–125.

Ders., Maß, Zahl und Gewicht, in: Beck, Friedrich und Eckart Henning, Die archivalischen Quellen. Mit einer Einführung in die Historischen Hilfswissenschaften, Köln u. a. ⁴2004, S. 341–351.

Ders., Maß und Gewicht in Gesetzen und Verordnungen seit Fränkischer Zeit und dem frühen Mittelalter, vor allem im Deutschen Reich vom 17. bis zum 19. Jahrhundert (Handbuch der Historischen Metrologie, Bd. 8), St. Katharinen 2007.

Ders., Maß und Gewicht, in: Friedrich Jaeger (Hrsg.), Enzyklopädie der Neuzeit. Bd. 8: Manufaktur – Naturgeschichte, Darmstadt 2008, Sp. 103–110.

Ders., Ökonomie, Währung und Zahl – Wirtschaftsgeschichte und historische Metrologie. Ein Literatur- und Forschungsbericht 1980 bis 2007, in: Vierteljahrschrift für Sozial- und Wirtschaftsgeschichte 95 (2008), S. 25–40.

Ders. (Hrsg.), Handbuch der Historischen Metrologie, 8 Bde., St. Katharinen 1991–2007.

Ders. u. a., Deutsche Maße und Gewichte des 19. Jahrhunderts. Nach Gesetzen, Verordnungen und autorisierten Publikationen deutscher Staaten, Territorien und Städte. Teil 1: Die Orts- und Landesmaße. Mit ausgewählten Daten und Texten zur Vereinheitlichung und Normierung von deutschen Maßen und Gewichten seit dem 16. Jahrhundert (Handbuch der Historischen Metrologie, Bd. 2), St. Katharinen 1993.

Ders., Karl Jürgen Roth und Reinhold Schamberger, Deutsche Bibliographie zur historischen Metrologie. Das deutsche und deutschsprachige Schrifttum. Erweitert um ausgewählte Arbeiten zur historischen Metrologie europäischer und außereuropäischer Staaten (Handbuch der historischen Metrologie, Bd. 1), St. Katharinen 1991.

Wölker, Thomas, Entstehung und Entwicklung des Deutschen Normenausschusses, Diss. Phil. FU Berlin 1991.

Ders., Der Wettlauf um die Verbreitung nationaler Normen im Ausland nach dem Ersten Weltkrieg und die Gründung der ISA aus der Sicht deutscher Quellen, in: Vierteljahrschrift für Sozial- und Wirtschaftsgeschichte 80 (1993), S. 487–509.

Wußing, Hans, 6000 Jahre Mathematik. Eine kulturgeschichtliche Zeitreise, 2 Bde., Berlin und Heidelberg 2008–2009.

Yoder, Joella G., Unrolling Time. Christiaan Huygens and the Mathematization of Nature, Cambridge u. a. 1988.

Ziegler, Heinz, Überregionale Maßanpassungen in Nordeuropa – handelspolitische Reaktionen?, in: Harald Witthöft, Jean-Claude Hocquet und István Kiss (Hrsg.), Metrologische Strukturen und die Entwicklung der alten Maß-Systeme: Handel und Transport – Landmaß und Land-wirtschaften – Territorium/Staat und die Politik der Maßvereinheitlichung (Siegener Ab-handlungen zur Entwicklung der materiellen Kultur, Bd. 4), St. Katharinen 1988, S. 201–214.

Zupko, Ronald E., British Weights and Measures. A History from Antiquity to the Seventeenth Century, London 1977.

Ders., The Weights and Measures of Scotland before the Union, in: Scottish Historical Review 56 (1977), S. 119–145.

Ders., French Weights and Measures before the Revolution. A Dictionary of Provincial and Lo-cal Units, Bloomington 1978.

Ders., Italian Weights and Measures from the Middle Ages to the Nineteenth Century (Memoirs of the American Philosophical Society, Bd. 145), Philadelphia 1981.

Ders., A Dictionary of Weights and Measures for the British Isles: the Middle Ages to the 20th Century (Memoirs of the American Philosophical Society, Bd. 168), Philadelphia 1985.

Ders., Revolution in Measurement. Western European Weights and Measures since the Age of Science, Philadelphia 1990.

Abstract

Why is a metre a metre? The question may seem to be banal, but standardized weights and measures cannot be taken for granted. The book investigates their development in an historical perspective. It concentrates on Britain, France and the German territories between 1660 and 1914 and gives equal weight to political, economic, and scientific aspects of the topic. The main finding is that the standardisation of weights and measures in the 18th and 19th centuries was primarily driven by scientific interests and, to a lesser extent, by the interest of states in taxation. Economic motives played only a minor role as the handling of measurement units in the context of trade and industry hinged more on decentralized conventions than on centralized specifications of their dimensions.

The book identifies three phases that bear out this central argument in different ways. During the first phase (1660-1795), the premodern units and practices of measurement were still largely intact. While they may appear to have been chaotic and confusing, closer investigation reveals that they were structured in a comprehensible fashion and largely able to inspire confidence in the reliability of everyday measurement. Only a very small group of natural philosophers felt the need to reform them. These (proto-)scientists developed schemes for their standardization that were highly utopian in character. The exceptional situation of the French Revolution allowed them to push through with their agenda and to establish a coherent system of weights and measures that was based on a newly created measure of length – the metre.

During the second phase (1795–1870), the interest of the state in the process of standardization gained in importance, mainly due to its relevance for taxation. However, the implementation of standardized measures took on a variety of different (mostly non-metric) forms in the countries and territories under investigation and was met with considerable obstacles in each of them. This was all the more true since the economic relevance of standardized measures was relatively minor. Yet again, it was the scientific community that acted as the pacemaker of standardization. Geodesists and astronomers in particular began to question the conceptual basis of the metre and other standard measures in the 1820s and 1830s. Their activities eventually led to a fundamental revision of the metric system in the 1870s.

This revision was part and parcel of the central development during the third phase that the book identifies: the internationalization of the metric system (1850–1914). It was most pronounced with regard to the scientific supervision of the metre which, in 1875, was placed in the hands of the *Bureau international des poids et mesures*. In political terms, however, its impact was ambivalent: While newly formed states such as the German Empire adopted the metric system, countries such as the United Kingdom stuck to their indigenous measures. And in an economic perspective, while there were numerous international measurement and product standards emerging in this period, they were almost exclusively down to decentralized decision-making rather than to centralized regulation.

https://doi.org/10.1515/9783110581959-014

In conclusion, it seems useful to regard the standardization of weights and measures not as a unitary phenomenon, but as a combination of two closely related developments: a top-down process of homogenization and a bottom-up process of differentiation. This combination marks the period from 1660 to 1914 as a formative phase for the development of "standardization societies" during the 20th and 21st centuries.

Personenregister